电脑報 2023年合订本

电脑报合订本编委会 编著

China Popular Computer Weekly

云南科技出版社

·昆明·

图书在版编目(CIP)数据

电脑报. 2023年合订本 / 电脑报合订本编委会编著.
-- 昆明 : 云南科技出版社, 2023.12
ISBN 978-7-5587-5173-8

Ⅰ. ①电… Ⅱ. ①电… Ⅲ. ①电子计算机—普及读物
Ⅳ. ①TP3-49

中国国家版本馆CIP数据核字(2023)第168040号

电脑报:2023年合订本
DIANNAOBAO:2023 NIAN HEDINGBEN
电脑报合订本编委会 编著

出 版 人:温 翔
责任编辑:王永洁
封面设计:仝 馨
责任校对:孙玮贤
责任印制:蒋丽芬

书　　号:ISBN 978-7-5587-5173-8
印　　刷:重庆升光电力印务有限公司
开　　本:787mm×1092mm 1/16
印　　张:28
字　　数:1300千字
版　　次:2023年12月第1版
印　　次:2023年12月第1次印刷
定　　价:68.00元

出版发行:云南科技出版社
地　　址:昆明市环城西路609号
电　　话:0871-64170939

电脑报
2023合订本

目录
Contents

特别策划
001~134

科幻电影:工业化探索下的技术迭代 …… 1
CES2023 重新树立了消费电子风向 …… 4
2023 年手机技术与市场:“后遗症”未愈“新物种”将至? …… 10
套娃式收费不断,视频平台为何黑化? …… 13
ChatGPT 火爆全球 AI 聊天机器人颠覆互联网 …… 17
国际车企供应链中国化,谁改变了谁? …… 23
出境游回暖谁来推动游客经济? …… 28
MWC2023 特别报道产业复苏,还看东方 …… 33
315 特别策划 关注你身边的消费与服务 …… 36
矛与盾的角力电信诈骗几时休? …… 42
GPT-4 激发生产力革命 打工人如何与 AI 共存? …… 46
生成式 AI 如何撬动创作链条? …… 50
AI 大迈进 游戏产业率先受益? …… 54
“黄金五一”出行的大数据与小花样 …… 59
2023 上海车展:新能源给燃油车“翻了篇” …… 63
千磨万击还坚劲 2023 春季手机市场盘点 …… 65
国漫技术底色能不能撑起热血未来? …… 68
全民都玩 AIGC,你家算力够劲吗? …… 72
成渝信创产业园崛起 双城经济圈推动科技创新 …… 75
工作站揭秘 …… 78
真实惠还是玩套路? 6·18 促销全解析 …… 82
短距通信,国产替代打开新格局 …… 85
AppleVisionPro 开启“空间计算”时代 …… 88
AI 挑战 2023 高考试卷 …… 91
GeForceRTX4060 首发测评 …… 95
“支付江湖”格局之变 …… 98
蚂蚁通关 …… 101
2500 元级安卓平板横评 …… 104
小猪佐版“举屠刀” 短视频二创投资链加速崩溃 …… 107
AI 绘画背后的算法揭秘 …… 108
三英战吕布,四款文生图大模型孰优孰劣 …… 110
马斯克约架扎克伯格 科技顶流联手博流量 …… 112
17 款主流显卡 StableDiffusionAI 绘图性能横向测试 …… 113
最火暑期游告一段落 市场“成绩单”如何? …… 116
苹果失去创新了吗? iPhone15 系列深度解读 …… 118
人工智能办公,谁更懂你所需? …… 121
后 Siri 时代,人工智能语音谁主沉浮? …… 124
国产 EDA 缓慢突围——单点突破到建立生态圈 …… 127
双十一回归本质 “最低价”之争隐晦上演 …… 131
2023 演唱会扎堆儿 粉丝们如何顺利“通关”? …… 133

消费与评测
135~256

HUAWEI MateStation X 测评 …… 135
Thinkpad Z13 2022 商务轻薄本测评 …… 136
国内首个原生 Chiplet 技术标准发布! 弯道超车再次加速 …… 138

放弃 MIPS,龙芯为何推出自主指令集架构? …… 139
随第 13 代移动酷睿而来的这四个点杀伤力太强! …… 139
逐步摆脱 ARM 架构? Android 将支持 RISC-V 指令集 …… 142
狭小拥挤的市场,容不下游戏手机 …… 143
华硕 ZenScreen OLED MQ16AH 便携显示器测评 …… 144
MicroLED 有望迎来黄金十年 …… 146
微软巨资加码 OpenAI:AI 罗曼史背后的暗战 …… 147
国产 EDA,十年为期 …… 148
定位普遍升级,2023 年国产手机还要涨价 …… 149
2K 光追游戏极致流畅,技嘉 RTX 4070 Ti 雪鹰测评 …… 150
颠覆推特? Damus 成 Web3 时代的首款现象级产品 …… 152
“AI 律师”遭抵制,行业在犹豫什么? …… 153
2023 年,预算吃紧该怎样买手机? …… 154
以太网垄断 50 年,国产通信芯片站起来了? …… 155
你被大数据“监控”了吗? 智能推荐云服务解 …… 157
主流游戏装机,锐龙 5 7600X 综合实力无敌手! …… 157
升级固态硬盘,一配接口二选容量三看价 …… 159
国产替代的机会! 强势崛起的第四代半导体 …… 160
连续使用 7 个月“瞎眼屏”后,我出现了以下症状 …… 161
价格战中崛起的国产晶圆代工 …… 163
登顶游戏 U 至尊王座! AMD 锐龙 9 7950X3D 首发测评 …… 164
ChatGPT 背后的黑科技,主宰高算力的 CPO 技术 …… 166
4K/120Hz 电视不错,但要注意虚标 …… 167
联发科刚刚敲开的高端大门,又被关上了 …… 168
同一款商品,百亿补贴之后哪家更便宜? …… 169
ROG 魔方幻三频万兆分布式路由器测评 …… 171
无惧断供! 光刻胶国产化提速 …… 172
手机上这些鸡肋配置该淘汰了! …… 174
中端市场加速内卷,千元机“名存实亡” …… 175
稍不留神就踩坑! 盘点买手机遇到的各种套路 …… 176
能省就省! 这些手机配置没必要加钱上 …… 177
抗反射涂层技术,对电视选购重要吗? …… 179
体验了半个月华为 Mate X3 我改变了对折叠屏的偏见 …… 180
轻松挑战峰值性能! Lexar ARES PCIe 4.0 SSD 体验 …… 182
16 个全大核桌面级性能表现 ROG 魔霸 7 PLUS 超能版测评 …… 183
小米 13 Ultra 测评:既有改变,也有惊喜 …… 184
华为 MatePad 11 英寸 2023 款:新屏幕,新体验 …… 186
华硕 ProArt 创 16 2023 测评:真正的全能创作利器 …… 187
vivo Pad2 测评:体验对标 iPad 的安卓平板 …… 188
华硕 TUF GAMINGA620M-PLUS WIFI 主板测评 …… 190
手机里的“专业模式”难道只是个摆设? …… 191
华硕 TUF GAMING VG27AQ3A 小金刚 Plus 2023 测评 …… 193
Beats Studio Buds +测评:这就是 AirPods Pro 最佳平替 …… 194
双霍尔加持+炫酷灯效 盖世小鸡 T4 幻镜手柄测评 …… 195
1080P 光追甜品,RTX4060Ti 首发测评 …… 197
小米 Civi 3 测评:来自“原生相机”的高级感 …… 198
闪迪大师 PRO-G40 移动固态硬盘测评 …… 199
希捷锦系列移动硬盘测评 …… 200
小屏死了,小折火了 …… 201
电视影像技术升级:以后没这两个功能别买 …… 202
新一代蓝牙技术:LE Audio 带来的耳机进化 …… 203
显示器 HDMI2.1,如何正确识别带宽 …… 204
千元级 NAS 极空间 Z2Pro 体验 …… 205
推荐几个靠谱又划算的苹果设备购买渠道 …… 206

电脑报
2023合订本

机械硬盘销量惨淡还要涨价？这事不是没可能 …… 208
大疆 Air 3 测评：让人重新成为航拍的主角 …… 209
暑期笔记本选购与避坑指南 …… 210
升级内存提升游戏体验 …… 212
“套娃升级”的 S 款机型值得买吗？ …… 213
一分钱三分货，大牌“平替款”应该怎么选？ …… 214
适合宿舍用的高品质快充插座推荐 …… 215
24GB 运存真没必要？它至少有两大好处 …… 216
ROG 魔霸 7 Plus 超能版（R9 7945HX3D 款）首发测评 …… 217
微信 VS 头条：小程序游戏迎爆发前夜 …… 219
全价位覆盖 主流品牌手机内存差价调查 …… 220
买得起修不起？起底折叠屏手机维修费用 …… 222
HKC 天启 OG27QK OLED 电竞显示器测评 …… 223
德塔颜色 Spyder X2 系列校色仪上手体验 …… 224
若购机预算充足，建议挪出一部分买大屏显示器扩展 …… 225
RX 6800 为何是 2K 游戏卡的真香之选？ …… 226
直屏和曲屏究竟谁更好，似乎终于有答案了 …… 228
双十一选移动存储不盲目 …… 229
大疆 Mini 4 Pro 测评：让新手更安心地飞 …… 230
华硕 TX GAMING GeForce RTX4070-O12G 天选显卡测评 …… 232
华硕 TUF-RX7700XT-O12G-GAMING 显卡测评 …… 233
有些游戏本，纵然大降价，我们也不敢推荐 …… 234
几招缓解笔记本存储焦虑 …… 235
新手机的充电好搭档！高品质快充推荐 …… 236
iPhone 15 Pro 影像测评：既出色，又易用 …… 237
iPhone 15 系列测评：极有可能成为新一代“钉子户” …… 240
英特尔酷睿第 14 代台式机处理器首发测评 …… 242
DTS Play Fi 技术用起来是种什么体验？ …… 245
千万别以为商用本是智商税，来仨例子 …… 246
像盖图章一样造芯片？佳能纳米压印技术不藏了 …… 247
让 AI 从名词走向现实！第三代骁龙 8 移动平台技术解读 …… 248
华硕 TUF GAMING Z790-PRO WIFI 主板测评 …… 250
HIFIMAN Svanar Wireless LE 蓝牙发烧耳机体验 …… 251
绕开 EUV 光刻机的光芯片，有什么能耐？ …… 252
天衣无缝，嘴替 AI 如何复刻“另一个你 …… 253
低轨卫星加持 6G 前：技术“痼疾”要克服还是利用 …… 254
“车联网”后，方向盘还在自己手中吗 …… 255

应用达人
257~392

朋友圈广告玩出新花样！微信广告原来很有趣 …… 257
玩转百度网盘社交圈 …… 257
实现 Windows10 和银河麒麟的双系统安装 …… 258
手速越快红包越大？数字人民币红包来了 …… 259
2022 年度编辑推荐 App …… 260
优化麒麟操作系统的办公应用 …… 261
支持聊天文件备份！打造阿里云盘同步 …… 262
支付宝启动太慢？试试“极速模式” …… 263
微信键盘 vs 腾讯搜狗输入法，一家人为何说两家话 …… 263
玩转动态图表，让 PPT 瞬间高大上 …… 265
找歌不求人，听歌识曲助你成为音乐达人 …… 266
手机"碰一碰"便能支付！玩转数字人民币重磅新功能 …… 267
拯救微软 OfficeMobile 传文件功能 …… 268
充分利用 WPS 云空间实现文件同步 …… 268
真能免费看片？抖音放映厅功能体验 …… 269

2023合订本

不厚道！视频 App 投屏功能缩水调查 …… 270
无需介质！通过 WindowsUpdate 重装系统 …… 271
不伤眼的单词卡片机，喵喵机单词卡 2 代靠谱吗？…… 271
简单几步操作，让你的手机满血复活 …… 273
视频无法另存？浏览器插件下载来帮忙 …… 275
你注册了吗？微信注册"小号"并不容易 …… 276
手机相册几千张，教你快速锁定想要的照片 …… 276
多张手机卡用起来！各大运营商低价保号攻略 …… 278
借用 Edge 浏览器的 Drop 功能传递文件 …… 280
全面升级！最新电子社保卡使用教程 …… 281
腾讯 NT 新架构 LinuxQQ 应用体验 …… 282
何必第三方，WPS 也能录制屏幕 …… 283
从可用到好用，尝鲜统信 UOS 系统 …… 284
体验统信 UOS 之初入桌面 …… 285
小心影响征信！别让银行卡睡眠 …… 286
不止讯飞，语音转文字还能靠它们 …… 287
打开 PC 端微信接收的文档为只读模式？…… 288
群空间助手即将下线，微信群聊文件永久保存技巧 …… 288
Windows10/11 关闭虚拟化安全功能提升游戏性能 …… 289
体验统信 UOS 之玩转桌面及任务栏 …… 290
体验统信 UOS(四)--应用商店 …… 291
从绘画到刷短剧，QQ 音乐非主流玩法 …… 292
云盘不再单打独斗，阿里云盘生态体验 …… 293
语音速记？藏在 WPS 移动版中的宝藏功能 …… 294
能克隆的 AI 智能创作助手！腾讯智影体验 …… 295
阿里 GPT 测评报告："AI 摩尔定律"时代真的来了？…… 297
开启 Arduino 的 Python 之旅--显示篇 …… 300
属于 Java 的时代过去了？…… 302
RPA 专注流程自动化 …… 302
逐步摆脱 ARM 架构？Android 将支持 RISC-V 指令集 …… 303
Scratch 中的基本数据类型 …… 304
捏出虚拟自己！超级 QQ 秀里的互动玩法体验 …… 305
文本图像合成模型 如何创造新时代 meme？…… 306
苹果 SwiftPlaygrounds，非主流的青少年编程神器？…… 307
用影刀+Python 自动解析验证码 …… 309
掌控板：Python 编程实现水火情警报器 …… 310
基于 MediaPipe 的 Python 编程手势识别应用 …… 311
音悦台回归，还能找回曾经的体验吗 …… 313
生产力工具的新形态！智能文档尝鲜 …… 313
从收作业到小飞机，提升效率的百度网盘文件功能 …… 315
150 元激活打印机潜力，深挖小白学习打印潜力 …… 316
自己同自己聊天？玩转微信文件传输助手 …… 318
同虚拟人聊天，百度输入法 AI 侃侃体验 …… 319
出境游开放，出国支付技巧秒懂 …… 320
花呗支付变银行信用购，影响征信吗 …… 321
生僻字不认识？用好它俩就不担心了 …… 322
一张支持空间音频的专辑是如何诞生的 …… 322
阿里云盘全新备份功能体验 …… 324
生僻字不认识？用好它俩就不担心了 …… 324
这款超强远程控制软件值得一试 …… 325
随意组 Mesh？中兴小方糖 5G 路由应用揭秘 …… 326
AI 诈骗进入高发期，普通人如何防范 …… 328
赶紧上车 微信视频号赚钱并不难 …… 329
查询与解除互联网授权服务 …… 330

12306 购票能选上下铺了 …… 331
打开腾讯文档“工具箱” …… 331
在 UOS 系统中格式化 U 盘并用于系统备份和还原 …… 332
微软更新 PowerPoint 引入多项辅助功能 …… 333
文档打印不清晰？设置很重要 …… 334
暑期来临，青少年上网管控完全手册 …… 335
暑假不会辅导课业？这几款 APP 一定要掌握 …… 336
不再打搅他人，让微信开启“安静模式” …… 338
iPhone 自带相册就能调出“富士味儿” …… 338
对标微软 Microsoft365Copilot，WPSAI 或更懂打工人 …… 339
为不同窗口设置自动输入法切换 …… 340
浏览器鼠标手势设置 …… 341
低至 0.05 元 / 页，足不出户即可打印资料 …… 341
AI 造字哪家强？讯飞 PK 百度输入法 …… 342
三大运营商“SIM 卡硬钱包”设置 …… 344
不止续费提醒，支付宝实用功能揭秘 …… 344
印象 VS 有道，云笔记赛道 C 位之争 …… 345
钉钉私人盘资料迁徙办法 …… 347
文件清理重磅升级，免费的微软电脑管家真香 …… 347
大幅提升生产力，玩转石墨文档隐藏功能 …… 348
微信 Bug 级应用，防拉黑功能体验 …… 349
搜你所想？哔哩哔哩搜索 AI 助手体验 …… 350
从电视到手机，杜绝偷跑流量 …… 351
鸿蒙 4 测评：华为才是最大的果粉 …… 352
找回儿时记忆，这些渠道都能玩街机游戏 …… 353
高效背单词：百词斩 VS 扇贝单词 …… 354
巧存 Edge 浏览器历史 …… 355
支付宝机票比价功能体验 …… 356
担心朋友借钱不还？不妨试试电子借条 …… 356
实测阿里云盘是否限速 …… 357
卸载 Win11 预装应用 …… 358
新 BIOS 加持，锐龙 97950X 高频 DDR5 内存随心玩！ …… 359
有效提升生产力，PDF 自动处理秘籍 …… 360
谁是最佳办公助理？腾讯文档 AI 对决 WPSAI …… 361
记事本、画图等 Win11 原生应用悄悄发生了这些变化 …… 362
全新生产力平台，钉钉个人版试用 …… 363
iPhone15 可设置 80%充电限制，什么人需要开启 …… 365
网络布线，少走弯路的技巧在这里 …… 367
秒简相机 VS 剪映，微信为视频号打造工具矩阵 …… 368
智商税还是真为家长减负？AI 作文批改软件对比测试 …… 370
使用 RadioBOSS 软件实现广播播放 …… 371
轻薄本 AI 出图谁更强？锐龙 77840S 完胜 i713700H …… 372
对标夸克？抖音“闪电搜索”好用吗 …… 374
三款 AI 写真软件 PK，总有一款适合你 …… 375
菜鸟裹裹送货上门需设置 …… 377
AI 文档阅读理解力 PK：司马阅对上 WPSAI …… 377
找不到用过的小程序？这些功能建议收藏 …… 379
“一对一”服务的淘宝问问体验 …… 380
一键开启剪映 AI 创作功能 …… 381
小白也能玩转的抠图技巧 …… 382
从借钱到收款，银行 APP 技巧三则 …… 383
腾讯视频贴心的“胆小模式” …… 384
把客厅打造成 KTV，投影 K 歌软件推 …… 384
避免尴尬，微信聊天的隐私设置 …… 385

自动扣费盯上老人机,赶紧替老人检查 …… 386
用照片打造数字人 …… 387
混元大模型加持! QQ浏览器PDF阅读助手尝鲜 …… 387
大模型进入APP混战时代,通义千问们路在何方 …… 389
从移动端到PC,微信输入法靠什么跨平台 …… 391
开启12306寻物及快递技能 …… 392
学术同享新选择,公益学术平台体验 …… 392

科创世界 393~410

三维设计软件XRmaker——模型运动 …… 393
三维设计软件XRmaker(2)——菜单操作 …… 395
三维设计软件XRmaker(3)——变量与运算 …… 398
三维设计软件XRmaker(4)——克隆 …… 400
三维设计软件XRmaker(5)——PC操作 …… 401
做个树莓派“防瞌睡”警示仪吧 …… 403
乐动掌控板模拟智能垃圾桶 …… 404
打造本地人脸门禁系统(一)——数据采集 …… 405
打造本地人脸门禁系统(二)——训练AI …… 406
Scratch制作五子棋人机对战版 …… 408
用MediaPipe视觉识别制作健身计数器 …… 410

三维创作 411~426

Blender如何将图片转换为3D模型 …… 411
只用修改器! Blender剥离破碎效果教学 …… 412
一笔画出奔跑小人,Blender蜡笔+几何节点教学 …… 413
瑞雪兆丰年,Blender雪景制作思路解析 …… 414
铁链效果如何实现? Blender设计思路解析 …… 415
要的就是科幻感! Blender物体破碎分离效果教学 …… 416
自动打字机! Blender按键特效几何节点教学 …… 417
用对这些插件,让你的Blender设计事半功倍 …… 418
旋转阶梯怎么做,Blender设计思路分析 …… 419
折叠窗帘如何做? 布料系统碰撞效果教学 …… 420
不想做动画但想要拉链效果? Blender几何节点教学 …… 421
飘逸又洒脱,Blender如何实现毛发效果? …… 422
毛发系统大升级,Blender3.5版本解读 …… 423
放飞吧! Blender气球碰撞效果教学 …… 424
一笔画出科幻管道模型Blender设计思路解析 …… 425
传送带动画怎么做? Blender设计思路教学 …… 426

摄影与后期 427~440

PhotoLab6让RAW格式编辑更进一步 …… 427
PhotoshopElements2023试用:面向初学者更简单的套件 …… 428
4个镜头概念彻底改变摄影效果 …… 429
镜头“放大率”是什么意思? …… 430
摆脱传统思维,用AI提高后期处理的效率 …… 431
改变你的眼,活用滤光镜出大片 …… 432
正面交锋:三大AI分辨率放大软件有话说 …… 432
学会用光,让画面更具质 …… 432
何须租拍,家庭摄影室自己布置 …… 434
器材党还不了解闪光灯,赶紧补一课 …… 435
隐藏绝技,iPhone锁屏景深模式怎么用? …… 437
无人机远程ID来了,空中摄影也要合法合规 …… 438
携带无人机出境旅游,需要注意的事项 …… 438
摄影看细节:深入了解影像动态范围 …… 439

科幻电影：工业化探索下的技术迭代

■坤叔

“当人类攻击潘多拉星球那棵 274 米高的参天巨树，催泪弹冲着屏幕打过来时，一瞬间，电影院里几百人，非常整齐地歪了一下头……”在回忆起 13 年前第一次观看 IMAX 版《阿凡达》时，知名电影人、编剧、导演张小北如此说道。相信这也是大多数观众在第一次观看 3D 巨幕电影时的真切反应，原来电影与现实可以如此接近。事实上如果不站在“事后诸葛亮”的视角，每个时代的电影都有着震撼人心的技术变革，哪怕是 1936 年喜剧大师卓别林的代表作《摩登时代》，也凭借在那个时代天马行空的错位拍摄技术实现了各种惊险镜头的拍摄，甚至当下抖音短视频常用的倒放手法，在 1916 年的电影里其实就已经得到了应用。

所以，技术的实现目的，是让观众浸入导演所创造的世界中，理解电影想要表达的情感，那么，在这个电影工业化时代，电影技术优势如何演进的呢？

老炮的传统影业，和进击的互联网新贵

传统的电影是什么？在我看来，去电影院就算得上一种仪式感，情侣夫妻的约会，家人朋友的相聚，电影院都是大家不谋而合的选择，正如戛纳电影节 70 周年特别放映的纪录片《脸庞与村庄》所描绘：一位生活在法国乡村的工厂工人和他朋友的生活日常，就是定期去电影院看电影聚会。放在以前，这种仪式感是很有必要的，但现在可就不一定了，因为受疫情影响，宅家的人越来越多，线下院线几近停摆，这也就为网络电影起势提供了先决条件，很多人对看电影的态度渐渐从“当然要去电影院，屏幕大效果好”，到现在“家里又不是不能看”，只能说疫情三年，时间确实改变了太多。

但回归本质来看，虽然观影的入口流向了网络电影，但内容才是能长期留住观众的核心，事实上早在疫情开始之前，以 Netflix、亚马逊和迪士尼为代表的流媒体平台就已经在电影端开始崭露头角，第 91 届奥斯卡奖提名名单上，Netflix 出品的《罗马》得到 10 项提名，最终获得最佳外语片、最佳导演、最佳摄影 3 项大奖，此外已经获得了第 75 届威尼斯电影节金狮奖、第 76 届金球奖最佳导演奖等多项殊荣，而且早在 2017 年，奥斯卡就史无前例地将最佳原创剧本奖颁给亚马逊发行的《海边的曼彻斯特》，这些电影从制作到发行，模式都不同于传统的电影业。

互联网电影冲入影院电影的世界，既从根本上挑战我们对电影的理解，也引发了电影业内的焦虑和抵抗，知名导演史蒂文·斯皮尔伯格就曾直言“Netflix 推出的电影就不应该有资格参与奥斯卡奖的角逐”。那么如果说只限于科幻影视作品，互联网新贵们又表现如何呢？2019 年 Netflix 出品的《爱，死亡和机器人》艾美奖中共获得 5 项创意奖，成为当届创意艺术艾美奖的大赢家之一。

而另一个极具代表性的作品就是迪士尼 + 出品的《曼达洛人》了，这个源自超级 IP《星球大战》系列的衍生剧，虽然画面上看似乎没有什么蹊跷，但从理念到成片，都是颠覆传统影视的全新的虚拟工作流程，它打破了科幻电影依赖绿幕蓝幕合成制片的方式，直接将虚拟环境通过环绕式银幕进行呈现，被用来放在 LED 屏幕上做特效场景或背景内容的“资产”是可以任由导演需求重复利用的，而光从那边照过来，是白天还是黑夜，是雨天还是晴天，色调是暗黑还是明艳，背景物体的位置大小，光影效果等都能任意调整，即使是拍摄当天导演对场景突然有了新的想法，也能现场立马调整，而且还可以通过 VR 头显进行立体式交互。最后，虚拟影棚的摄像机上会安装一个定位追踪器，当现场摄影机运动时，通过定位系统驱动虚拟背景跟随运动，最终得到具有真实自然透视变化的拍摄画面。

所以，新时代的影视剧制作在前期拍摄的过程中就解决了很多传统方法需要后期

全CG制作的“真人”已经足以欺骗我们的认知

处理的麻烦,比如不再需要后期抠像,也完全不用担心绿幕在金属表面上的反光穿帮,而且演员、制片人、导演、工作人员都可以直接在监视器上看到最终效果,整体流程协作性更加高效。所以这项技术后来迅速被《新蝙蝠侠》《星际迷航:奇异新世界》等电影采纳,发展势头强劲,目前国内像腾讯等巨头已经开始使用该技术拍摄电影电视。

但要注意的是,新技术的沿用至少在初期并不意味着会很省钱,因为虚拟场景的搭建和拍摄方式的变化都需要相当高的成本,所以《曼达洛人》每一集的制作成本高达1500万美元,两季下来的制作预算已经达到了和《阿凡达2》不相上下的水准,所以互联网科幻影视能引发电影行业震动也并不是没有道理。

硬件渲染性能快速爬坡,是科幻电影的重要发力点

在互联网科幻影视开先河之后,越来越多的新入局者也开始尝试借用其他产业的技术力量来打造属于自己的“科幻梦”,最典型的就是游戏引擎的介入,比如刚刚提到的虚拟环境技术,就是通过虚幻游戏引擎打造呈现的。对于任何游戏玩家来说,都应该知道CG和实机画面的区别有多大,电影的最终画面其实就是由大量CG画面堆砌出来的,但问题在于,拍摄时我们的机位走位虽然是固定的,但也不可能每一版都走得一模一样,所以对虚拟场景来说最大的挑战就是如何达到高质量的实时渲染效果,而这背后的功臣就是性能不断飞升的计算机硬件。

和游戏一样,为了确保实时渲染过程流畅,没有掉帧或卡顿问题,资产都需要进行反复地优化。而运行这些资产的硬件,除了对LED屏幕的精度、色彩准确度要求极高之外,对计算机的GPU性能要求也很高,以腾讯互娱虚拟影棚为例,它配备了十台计算机,每台都搭载了两块NVIDIA RTX A6000显卡,也就是RTX 3090的专业版来进行实时数据计算,可以保证实时渲染的效果和帧数不会影响拍摄。

那如果我想要更进一步,真人电影但彻底连真人拍摄都不想要了呢?其实换句话来说这就是制作一部真实感极强的游戏CG,现在的游戏引擎可以实现“以假乱真”吗?答案是肯定的,在去年3月,引擎商Unity发布了一个电影式预告片《敌人》,视频在一个华丽而逼真的房间中打开,然后放大了一位坐在棋盘前的神秘女人,而她的发丝、皮肤、眼神甚至是嘴唇和手臂的动作都与真人无异,但这个预告片没有一帧是实拍,而是全CG渲染,考虑到创建和渲染逼真的人类角色一直是计算机图形学中最困难的挑战之一,这次的以假乱真已经十分具有历史性。

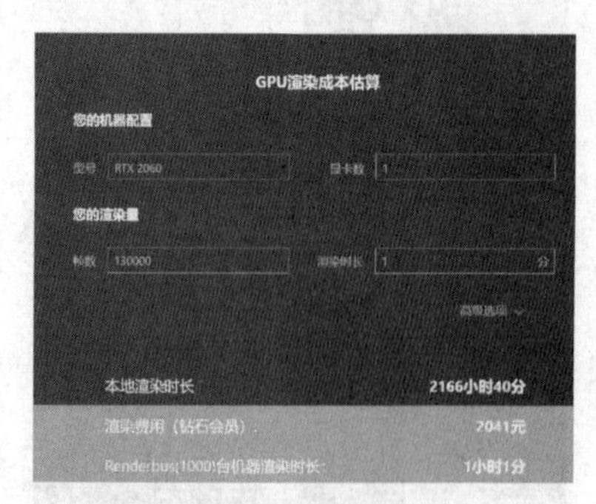

现在的云渲染已经做得非常接地气,甚至可以在线预估成本

当然,这种级别真实度的电影CG最大的挑战就是渲染时间,据统计,目前国内影视制作时间和渲染时间的比例甚至超过了3:1,也就是说,一部电影的制作周期里,有四分之一的时间其实是在等待渲染完成。毕竟哪怕一部90分钟的电影也有接近13万帧需要渲染,而且随着影视、游戏、动画等产业的发展,无论是观众还是制作者,对图形质量的要求也越来越高,其发展速度对设计行业来说并不友好,制片商本身很难承受频繁更新硬件和维护开支成本。所以近几年,基于云计算技术所产生的“云渲染”为这个行业开辟出了一条新路,毕竟云计算采用的都是超大规模高性能计算机集群,其性能优势是跨时代的。用户可以从手机、平板、PC等各种终端上传项目资源,在云端做好渲染后直接获取最终渲染结果。

目前来看这样的渲染方式除了对好莱坞级别的电影制作开放之外,对于成本相对较低的剧组、工作室甚至学生都能按需选用,因为它是按最终使用的算力总量来进行收费,以国内的瑞云渲染为例,在本地以RTX 2060渲染的一帧需要一分钟,90分钟的动画渲染需要超过2166个小时,也就是接近3个月的时间,但通过云渲染可以在1小时出头搞定,预估费用也不过2000元出头,性价比很高。

《阿凡达2:水之道》拉动的视听技术

2010年初,全中国只有11个IMAX影厅,甚至连3D放映机在许多影院都还没有普及,一部《阿凡达》的横空出世让人们意识到,电影原来还可以这样拍,更可以这样看。而中国的电影工业从生产到放映端都还如此经不起考验,以至于时至今日,你要是在当年看过IMAX版《阿凡达》,也依然是一件可以拿出来“凡尔赛”的事儿。所以,从电影历史的角度来看,《阿凡达》虽不是第一部3D电影,却是把3D观影彻底普及的一部电影,更是推进中国大银幕往前加速的一记“鞭挞”。

一部《阿凡达》,将中国电影工业往前推了一大步

水下动作捕捉是《阿凡达2:水之道》的最大挑战

而13年之后的今天,我们又迎来了《阿凡达2:水之道》,但这次和当年国内IMAX一票难求的窘境不同,《阿凡达2》出品方迪士尼公司和卡梅隆团队选择中影CINITY放映系统成为《阿凡达2:水之道》中国首映式独家放映技术合作伙伴。

作为我们中国自研的电影播放标准,CINITY影院系统融合4K、3D、高亮度、高帧率、高动态范围、广色域、沉浸式声音等电影放映领域的技术,而不像IMAX只针对屏幕面积。除此之外,CINITY系统则可以4K分辨率、120帧的帧率播放3D电影,代表作就是李安的《双子杀手》,CINITY系统是唯一能完全满足这些要求的系统。

当然,《阿凡达2:水之道》因为只发行了24/48帧版本,所以CINITY系统的高帧率优势无法发挥出来,而从规格来说,相比CINITY和杜比影院的2.35:1画幅,激光IMAX的1.85:1能获得更多的画面内容,在屏幕尺寸上也比前两者更有优势,所以目前的推荐是激光IMAX > CINITY= 杜比影院 > 数字IMAX/巨幕 > 其他特效厅。但因为成本较高的关系,再加上院线此前遭疫情冲击较大,所以现在全国范围内也没有几块激光IMAX银幕,因此CINITY依然是目前最适合观看《阿凡达2:水之道》的荧幕系统之一。

这次《阿凡达2:水之道》最值得关注的还是它的特效,因为包括我在内,很多观众的观影口碑几乎全是“剧情一般,但画面牛X”,其中最与众不同的就是它的水下镜头

制作，大量的水下镜头意味着演员的动作捕捉也必须要在水下完成，这一技术的实现有多难？因为动态水中的光线折射是不规律的，甚至还会有气泡遮挡干扰，动作捕捉的采样点会一直处于抖动状态，无法实现稳定的捕捉效果，再加上水下光线强度大幅下降，又让拍摄难度再上一层楼。光是优化动作捕捉这一项，负责特效工作的维塔数码就花了 1 年半的时间，最后甚至还开发出了一款专为水下拍摄的特殊影像系统。而且这还只是动作捕捉而已，在渲染时还需要完全重新模拟流体系统来重构光效，做过 3D 设计的都知道像水这类流体的物理模拟是多么的费时费力费电……再加上电影使用了 48fps 帧率，渲染量比常规 24fps 直接翻了一番，这些都是导致《阿凡达 2：水下道》所有存储数据总量达到惊人的 18.5PB 的关键所在。

人物访谈

要面子也要里子，科幻电影急需一个好故事

本期嘉宾：汪恒，编剧，中央戏剧学院毕业。

代表作：《阿坝一家人》《问天录》《此山此水此地》《盛夏晚晴天》《冰雪与少年》

电影工业作为一个全球化的产物，《阿凡达 2：水下道》能用到的技术，我们也能用到，那这是否意味着中国的科幻电影也要迎来一波新的高潮呢？其实烧钱堆大场面这一套玩法，在好莱坞已不再吃香，厚积薄发的《阿凡达 2：水之道》，票房增速明显放缓。观众不买账了，单纯看画面特效的时代已经过去了，观众需要更有内涵的电影，这点从 2022 年派拉蒙、奈飞、迪士尼的原创剧喷发可见一斑。本期，电脑报专门采访到了中央戏剧学院毕业的青年编剧汪恒，他从电影电视从业者的角度，与我们探讨科幻电影的问题与解决之道。

电脑报：12 月新上映的《阿凡达 2：水下道》您看了么，对这部科幻巨制您怎样评价？

汪恒：这是一部等了十几年的巨制啊，这十几年我们看到了无计其数的 3D 电影，看到了不胜枚举的大制作，可至少在我心中仍为"蓝皮星人"留下了一席之地。

疫情在神州肆虐之际，《阿凡达 2：水之道》的排档，无疑给久久没有进电影院，久久没有看到好片子的观众们一剂强心针。当我们解开封印，拖家带口，扶老携幼冲进电影院圆那十多年前的梦时，我们心中甚至想好了给身边的爱人、孩子讲述这些"蓝皮星人"的故事时，却赫然发现，我们根本不认识他们了。

三个小时的电影，我是耐着性子看完的。无疑，这仍能算是卡梅隆的杰作，但之于他的其他作品，如《终结者 2》《真实的谎言》《泰坦尼克号》等却很难相提并论，更无法与伟大的《异形 2》比肩。

电影是导演的艺术，而《阿凡达 2：水之道》却是 CG 动画的艺术。美轮美奂的场面，神乎其技的光影，宏大无涯的宇宙，以及角色自然流畅的动态捕捉和微表情，处处可见科技与狠活的结晶。好莱坞通过这一部作品，再次向全世界展示了他们顶尖的、无可匹敌的电影工业，试图用这一作品再次向全世界收割一波票房。

然而，绝美的制作却藏不住稀碎的故事。失去了故事的支撑，这些绚烂的特效也变得索然无味——尤其是在这十年间，见惯了大场面的国人面前。所以，这一次他们希望收割的愿望，大概率会落空吧。

电脑报：为什么会有这么悲观的想法呢？

汪恒：作为一名从业者，我很难说出这个故事的亮点，也很难找到共鸣。剧中所谓的正反双方的终极矛盾也不如第一部中明确，保卫家园是《阿凡达》带来的第一主题，抗争是围绕主题产生的必要手段，但在《阿凡达 2：水之道》中，这一主题被无情地稀释了。虽然戏剧性的矛盾一个接一个地降临，但又轻而易举地解决，剧情毫无张力可言，人物也看不到纠结，谈不上成长，恐怕这便是观众走神的主要原因。作为一部典型的类型片，出现这样的问题着实是难以理解的。

电脑报：那么在您看来，现在的科幻电影是不是发展方向有些偏离轨道了呢？

汪恒：是的，很多从业者总会有一个误区——科幻电影只看特效，故事不重要，我们仍以好莱坞为例，比如漫威的《复仇者联盟》，作为新时代好莱坞工业的代表作，特效自不必说，但我们对每个角色的台词和动作都可以如数家珍。可以说虽然极度类型化，但的确也是故事和特效的高水准融合。他们是怎么做到的？在有"联盟"之前，漫威布局了每个英雄的单人电影，目的就是把这个人身上的故事清晰地讲给观众。如果我们将所有英雄电影看作一个整体，那么每个单人电影便是引向"联盟"这个高潮段落的铺垫。

同样，我们看过去的《星球大战》《异形》《第九区》《银翼杀手》，近年来也有《火星救援》《地心引力》《彗星来的那一夜》，甚至《饥饿游戏》。它们之所以能被观众记住，就是因为讲述了一个切实的，与我们生活息息相关的人，以及他们身上正发生的跟我们一样的故事和情感。而科幻是一件外衣，只负责告诉我们这件事发生在什么条件下，作用是增加故事的趣味性和角色的压力，仅此而已。

我们以《普罗米修斯》为例，我们可以称其为"异形前传"。影片中没有把过多的功夫用在如何展现特效上，而是作用在那个生化人拟人态的行为逻辑和对生死的思考上，这便是找对了创作方向，深入了角色。当我们理解了生化人的情绪，我们便会与之共情，这部影片也成功了一大半。至于大家在之后会不会把《异形》系列拿出来"补课"，那就各随其好了，但我相信当我们重看的时候，一定会更有收获。

想象力，是科幻片最重要的一个创作要素，氛围感则是最能打动观众的一点，直接将"奇观"呈现在观众眼前是一种方式，而带领观众去想象，则是一种更为高级的方式，如《少年派的奇幻漂流》《这个男人来自地球》。

电脑报：目前咱们中国的电影工业化是否也应该沉下心来，好好斟酌视觉和故事的天秤呢？

汪恒：电影产业化、工业化，一直是我们在讨论的问题。不可否认国内目前还无法比肩好莱坞的工业体系，但从《流浪地球》的制作、呈现和成绩开始，我们亦看到了一个不可限量的前景。中国的电影人显然是吸取了好莱坞的前车之鉴，明确了故事与特效的主次关系。在有限的资金条件下，中国电影人显然是将故事放在了第一位，令观众在"奇观"之下，记得了一个个鲜活的角色。

我们必须正视前进路上的阻力，正如同好莱坞也有烂片层出不穷的时期。但作为从业者，在《阿凡达 2：水之道》之后，相信便不会再迷信特效与场面，将重心回归故事本身。这也是最令从业者们感到欣慰的一面，我们不再以好莱坞马首是瞻，而是专注讲好中国故事，向全世界输出中国文化。

[2023年第1期]

CES 2023 重新树立了消费电子风向

■记者:张毅 张书琛 黎坤　拉斯维加斯前方记者:邱悦

一年一度的CES（全称Consumer Electronics Show,国际消费类电子产品展览会）在北京时间1月6日至9日于拉斯维加斯举行,作为全球最盛大的科技展会，也是疫情后开展的首届全球科技展,CES 2023汇集了3200多家参展商,规模相较去年增长70%，参展商中的323家企业来自世界500强，涵盖了包括人工智能、物联网、汽车科技、数字健康、元宇宙、智能家居等41个不同的科技品类，几乎覆盖了整个消费技术生态系统。对于中国企业来说,这也是三年后首次重归CES，纷纷亮出了旗下最先进的产品或技术。本报特约记者也远赴拉斯维加斯，为大家带来最新的科技资讯和犀利观点!

家用数码电器：花样繁多促进生态转型

疫情三年，整个家电行业遭受了重大的打击，国内电视出货量创近12年来的新低。冰箱市场同样也不容乐观,2022年上半年出货量1507万台,同比下跌5.5%。空调方面2022年上半年出货量2154万台，同比下跌20.9%……

从数据上不难看出，家电市场在疫情三年的处境如临寒冬，连大家电的生存环境都如此艰难，一些厨卫小家电、生活家电的际遇就更是堪忧。但是随着国内防疫政策的彻底转变,在2023年各行业都将重新恢复生机与活力，虽然我们无法如先知般预见未来会出现什么产品技术，但却可以从一年一度的CES国际消费电子展上管中窥豹。

电视三巨头:一家缺席,两家玩黑科技

作为传统的电视三巨头，三星、LG、索尼每年CES都会有海量产品亮相，但今年有点不同的是索尼在电视产品上选择了神隐，这是因为它会在后期单独为电视新品召开一个发布会，而三星和LG都有不少新品推出，其中不乏一些“科技与狠活”。

三星Neo QLED旗舰机型QN900C就以8K分辨率、14bit Mini-LED背光QLED面板获得了高达4000nit的峰值亮度。而且Neo QLED系列添加了一个新功能：自动HDR重构技术，它使用AI深度学习技术,应用实时高动态范围（HDR）效果对标准动态范围（SDR）内容逐一进行分析，将原始画面以更加高清画质呈现出来。

而LG这边的重头戏是全球首款采用无线传输技术的Signature OLED M3电视，能在97英寸屏幕上实时传输4K、120Hz刷新率内容,除电源外的所有接口都通过一个叫LG Zero Connect的外设进行连接，完全规避了线材管理的繁琐。

三星家电展台的核心就是智慧互联

LG祭出了实用性很强的4K 120Hz无线投屏

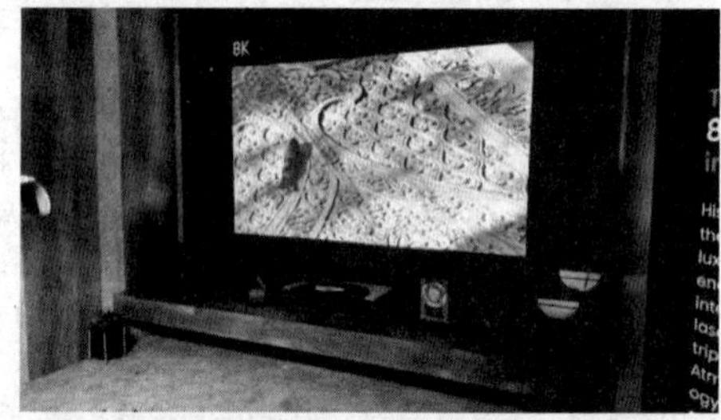

8K在投影产品上有着明显的显示面积优势

作为卡塔尔世界杯最大的赞助商，海信在CES上的宣传力度也相当大

编辑观点：虽然看起来三星好像发布了很多产品,但真能完全拿出手来讲的新品并不多,比如大家非常关心的Micro LED新品甚至并没有公开展出,而是在一个仅限受邀媒体或相关人士参观的会场展示,这也从侧面说明产品依然有不少问题存在。在公开展出的产品里,Neo QLED旗舰机型QN900C也不算新品，更多还是展示其智慧家庭平台SmartThings的多设备联动性,总体来说还是比较“躺平”。

而LG推出的无线方案最大的技术突破其实是传输带宽,官方号称是WiFi6的三倍。因为实际上这种显示设备+无线传输的组合方案并不新鲜,大家常用的手机投屏就可以归纳到这一类技术当中，即便

是连接电脑、游戏主机的无线 HDMI 投屏器也早有产品面世，只需要用输出设备连接发射器，再在电视上接驳信号接收器，就能实现显示信号的无线传输了。但这些方案最大的问题也就是带宽不够且稳定性容易受环境影响，所以基本上只能做到几米内的 1080P 信号稳定传输。LG 能做到 4K 120Hz 的无线传输，关键还是无线协议做得足够好，如果这个技术得以普及，相信很快就会迎来一波国产化的浪潮。

又见 8K，但这次是 8K 激光投影

今年亮相 CES 的 8K 电视新品屈指可数，仅有三星、LG 等厂商有动作，索尼甚至一款新电视也没发，但这并不影响 8K 的整体关注度，在去年的 CES 2022 上，海信就发布了全球首个 8K 激光显示技术方案，但当时仅仅是方案，没有具体产品。

而今年的展会上，海信就带来了拥有 120 英寸超大屏的 8K 激光电视 120LX 实机，采用了可变视场的超短焦系统架构设计镜头、超高分辨率视频信号解码与 DMD 驱动技术，其发光效率并不会随着分辨率增长而降低，这是液晶电视所不能达到的，也标志着海信 8K 激光显示从技术方案到产品已趋向成熟，也是中国科技企业在显示技术上的又一次突破。

编辑观点：可能有人觉得现在 4K 的内容都没有普及，8K 意义何在？其实从技术角度来说，硬件先行在电视领域依然是“金科玉律”，在 4K 时代开始铺设 8K 产品没有问题，普及需要一个漫长的过程，其间有大量试错的空间。而且这次海信推出的产品不是传统的电视，而是激光投影，投影最大的优势就是显示面积更大，电视如果做到 120 英寸以上，面板成本就已经非常惊人，投影则没有这方面的担忧。

之所以如此强调显示面积，是因为它对分辨率的差异感知影响巨大——只有投影面积够大，分辨率的优势才能得以体现，比如当年的 1080P 电视普遍在 42 英寸甚至更小，而现在的 4K 电视往往在 55 英寸靠上，面积的增大就是为了体现出两者最显著的不同。只有让观众有明显的升级感知，才能促使消费行为的发生，进而推动整个行业向前发展形成正反馈。

当然，海信的 8K 投影方案也并不完美，在投影面积达到 120 英寸的情况下，它的亮度只有 400nit 左右，这个亮度很难把高光部分的质感表现出来，比如一个烟花绽放的场景，烟花的中心亮度可以达到 3000nit，而 400nit 的投影仪只能看到一片白，所以即便色域的覆盖测试数据再高，没有同样很高的亮度覆盖也无法实现足够大的显色体积，这也是目前整个投影行业仍需解决的问题。

定制设计成为白电发展的增长点

对于冰箱、空调、洗衣机等白色家电来说，功能是刚需，但在经历这么多年的发展后，仅仅只靠功能已经很难吸引到用户往新产品上靠拢，消费者不再满足于千篇一律的家电产品，所以在近几年来白电的发展已经开始主动向用户个性化需求贴近。比如三星就在 CES 2023 上主打以定制设计为主要卖点的 Bespoke Home 系列，代表产品就是内置了 32 英寸屏幕和 Family Hub+ 功能的四门并排式冰箱 Flex，其面板有玻璃和不锈钢两种表面材质可选，更有多种颜色可定制，使冰箱与用户的家庭装饰风格相协调。

而如果说三星的定制化还不够深的话，LG 推出的 MoodUp 冰箱就更直观了，四个门板采用了 LED 背光设计，可以通过手机 App 在 190000 多种颜色组合中自由搭配，通过内置的蓝牙音箱播放音乐时还可以根据节奏自动变换颜色，当冰箱门未闭严或开启时间过长时，面板还会闪烁提示，非常直观。除此之外 LG 还推出了一款画框空调 Artcool Gallery，27 英寸的 LCD 电子显示屏可以播放照片或影片，而真正的空调则隐藏在画框背后，可以提供制冷、制热和除湿功能，与此同时它的运行噪声只有 20 分贝。

编辑观点：白电的个性化设计风潮其实盛行已久，但近年来各大品牌，尤其是一线厂商开始发力，对整个行业的影响不言而喻，国内品牌在定制设计上主要还是集中在外观上，例如美的旋耀系列空调就可以通过替换面板改变产品的颜色和材质，迎合更多消费者对于外观的需求，甚至还有很多联合热门 IP 的联名家电，利用粉丝效应来提高产品溢价。

但追求个性化和特殊化也就意味着家电厂商不能再靠公版设计来无脑输出，而是要吃透产品的定位来找到准确的用户圈层，考虑到目前家电企业的生产线还无法达到完全柔性化生产，对于家电的尺寸定制难度较高，所以全屋定制就成为了家电企业定制化的主要发力方向：通过协同家装公司进行联合设计，在尺寸和风格上做到统一。例如松下的全屋定制，就是除建筑工程产品外，还包含自主家用主要电气设备的全套方案，国内的海尔也有类似的操作方法，其实很早就已经布局，只是最近几年才开始逐渐发力，未来可期。

直接让冰箱变成LED发光板，这个创意你觉得如何？

佳能展台迎面就是XR电影的主题场景

国产全景相机也开始在CES上崭露头角

影像行业 B 端发力，国产也有亮眼表现

今年的 CES 大展上，影像厂商的声势比往年壮大了不少，但也呈现出了非常明显的倾向性差异，有在 CES 上发布新相机的品牌，比如松下就发布了最新的全画幅 LUMIX S5 Ⅱ系列，这是松下首次采用相位差对焦的机种，放弃了耕耘多年的 DFD，也就是反差对焦系统，在对焦效率上大概率会有质的提升。与此同时还有五级机身防抖，配合镜头光学防抖最高可以达到 6.5 级，也就是 200mm 长焦镜头的安全快门可以低到约 0.5 秒，进步非常明显。

而另一家影像大厂佳能在CES 2023上的重点并不在消费端的相机产品上，而是更多集中在B端的行业解决方案，比如利用扩展现实XR成像系统拍摄了一部名为《拜访小屋》的恐怖电影，简单来说就是通过多达100部相机矩阵进行拍摄，利用实时3D信息构建3D模型，让观众可以从自由角度进行观看。这套系统最主要的利用场景就是体育赛事直播，目前已经在NBA的克利夫兰骑士队和布鲁克林篮网队主场进行了实际部署。

国产影像产品在CES 2023上露脸不算多，但并非没有亮点，比如一直都走在技术前沿的全景相机，就有看到科技Qoocam 3的亮相。这款全景运动相机搭载了两颗1/1.55英寸的大底传感器和F1.6光圈镜头，可拍摄5.7K 30P/25P视频，4K模式下最高可以拍摄60P视频，并且裸机支持10米防水。

编辑观点：从CIPA（日本相机和成像产品协会）统计的出货量数据来看，截至2022年11月，数码相机的出货量呈现明显的增幅，11月当月单反出货量同比增长2.2%，无反更是暴涨51.1%，卡片机则是继续下滑10.3%。整体来说相机的主战场已经重回“专业”和“高端”赛道，结合疫情管控的放开，旅游业的复苏也将同步引发新一轮的相机消费热情。

在消费级市场卡片机继续让出空间，虽然有智能手机这个强劲的对手，但如全景相机、运动相机等通过功能取胜的产品也逐步赢得了消费者的青睐，市场格局逐渐打开，国产在这方面的发力幅度明显更大。

这届CES在影像端也还是有一些遗憾的，比如大疆等在行业和消费端均有强大号召力的品牌就缺席了展会，尼康、索尼等传统品牌依然是以老产品为主，所以整个行业虽然走势较为明朗，但整体仍处于泥泞之中，解脱还需要一定的时间。

宝马i Vision DEE车身颜色变化可达32种

索尼展台占地面积很大，汽车被放在了最靠前的位置

AFEELA舱内娱乐性极强

霸榜的汽车元素

电动车的上半场竞逐电动化，下半场则是智能化占C位，2023年CES现场延续了这一趋势。CES曾是家用电器、手机和电脑的主场，但随着智能座舱、自动驾驶、车路协同等技术的兴起，汽车元素自2016年起就逐步成为CES当之无愧的主角，甚至有参展企业工作人员直言“CES现在越来越像车展”。

2023年CES，汽车元素比往年更甚，传统车企将展会当作电动车路线的展示平台，老牌电子企业如索尼、三星则在座舱智能化上争奇斗艳，各类芯片企业竞相拓展自家产品在汽车上的应用，以期在庞大的智能汽车领域占据一席之地。

人与车如何更亲密？

这几年，已经熟悉电动车的用户们，将关注点从汽车的续航能力转移到了车内娱乐性上，座舱智能化由此也成为车企差异性竞争的关键之一。

在本届CES，宝马、欧洲车企Stellantis、沃尔沃、大众等传统车企均发布概念车型，其中比较引人注目的应该是宝马推出的主打数字化情感交互体验的i Vision DEE。

这款概念车的核心诉求就是加强人与车的联系，无论是从外观还是内部体验来看，宝马的目标是希望汽车不仅能与乘客对话、交流，甚至能传达出情绪。

在该车内部，一块更比一块大的“iPad”型显示屏全部消失，取而代之的是覆盖了整个前挡风玻璃的平视显示系统（Advanced Head-up Display），这是车内唯一的数字界面，和某些造车新势力崇尚的“堆料”路线形成强烈对比。

在这一混合现实交互界面，通过与AI语音助手的交流，乘客或驾驶员还可以在真实环境、驾驶信息、社交沟通、增强现实投影，以及虚拟世界五个层级中来回切换，且不需要任何类似VR眼镜的辅助设备，即能实现车内沉浸式体验。

车外变化则更加“亮眼”。去年宝马推出的iX Flow概念车还只能在黑白色之间转换，今年的i Vision DEE已经可以变出32种颜色，包括彩虹色之类的复杂色块。这一技术说到底依然是靠覆盖了全车身的柔性电子墨水屏，只不过今年变成了柔性彩色电子纸。

如果有Kindle等阅读器的用户会很熟悉这种材料：通过电流刺激，使居于正负极的白色或黑色颜料聚集在墨水屏表面数百万个微胶囊中。应用在车身上也是同样原理，只不过想要在车身实现这种多变的彩色效果不仅需要许多精确安装的墨水屏段，还需要保证设计算法的可成型性和灵活性。不过，囿于这种材质防水防尘困难、成本高等因素，量产落地还遥遥无期。

事实上，智能座舱或者车机系

统组成的汽车与用户交互界面，经常被类比为智能手机屏幕和操作系统，背后需要强大软硬件能力和生态支持，大部分传统车企并不擅长。因此，芯片企业和老牌消费电子企业的重要性凸显。

去年下半年才成立的索尼和本田的合资公司 SHM（Sony Honda Mobility）也在本届展会推出了首个电动车品牌 AFEELA，并公布了一款预计将在两年后量产的原型车。该车采用了 45 个摄像头和传感器，电子控制单元（ECU）总算力最高为 800TOPS，而目前在售算力最大的车型总算力超过 1000TOPS。

随着电动车功能愈发复杂，算力已经成为整车技术与产品智能化的核心驱动力，这听起来是不是更像一台电脑或智能手机？从原型车来看，AFEELA 确实更像一台四个轮子的 PS5，就像 SHM 董事长水野泰秀所言“力求通过无缝融合真实世界和虚拟世界，将移动出行空间打造为娱乐空间”。

为了实现这一愿景，索尼已经把自家影视、音乐、游戏等内容生态统统搬入座舱内。高通和 EPIC Games 也将参与车辆的开发工作，提供高通 Snapdragon Digital Chassis 汽车解决方案和虚幻引擎 5 等技术，打造全方位的娱乐与视觉体验。

从商业角度来看，这种传统车企负责新车驾驶性能、制造技术、售后服务等方面，电子软硬件厂商负责开发有关娱乐、网络、移动服务等方面的合作模式是否可行也值得期待。

除此之外，Google 旗下的车载系统 Android Auto 也正式发布更新版本，将支持屏幕分割，更方便驾驶操作，不过从界面上看与 Apple CarPlay 多有相似之处。

自动驾驶软硬件进化缓慢

驾驶的智能化则是 CES 汽车上下游企业关注的另一方向。芯片企业在这一环节不可或缺。高通在展会开幕第一天发布支持高级辅助驾驶（ADAS）和自动驾驶的 Snapdragon Ride 视觉系统，集成 4 纳米工艺芯片和视觉感知方案，预计将搭载于 2024 年量产的汽车之中。

高通 CEO 安蒙（Cristiano Amon）在展会现场称，高通已几乎与所有领先的汽车厂商合作，汽车业务订单总估值已超 130 亿美元。

英特尔旗下的自动驾驶企业 Mobileye 在 CES 上发布了专为端到端自动驾驶设计的 EyeQ Ultra 芯片。该芯片应用 5 纳米工艺，预计将于 2023 年底供货，2025 年实现车规级量产。同时，Mobileye 还宣布与大众、福特和极氪等多家厂商升级合作。

Mobileye 的主要竞争对手英伟达也在 CES 期间公布了与汽车厂商及自动驾驶技术公司的最新合作。其中，集度汽车预计 2023 年上市的首款量产车型将搭载英伟达 Drive Orin 芯片。

但需要承认，高级别自动驾驶依然无法落地，主机厂、供应商只能不断加码辅助驾驶功能。

按照国际自动机工程师学会标准，汽车自动驾驶技术可划分为 L0 至 L5 共六个级别：L1 至 L2 为驾驶辅助技术，L3 及以上为自动驾驶。L4 是指在绝大部分场景下，车辆可实现自动驾驶，不需要人类驾驶员干预。经过这几年的发展，业界似乎都意识到，要实现真正的 L4 级别自动驾驶仍需时日，因此更加专注于提升辅助驾驶性能。

奔驰在 CES 上宣布 ALC（自动变更车道）功能将在 2023 年于北美市场上线，该功能可以自动完成超车；L3 级别自动驾驶将于年内在美国内华达州、加州上线，最高车速可达 60 千米/小时。

硬件设备厂商同样值得关注。自动驾驶难再感知，且随着自动驾驶等级上升，感知端对测距精度和范围的要求进一步提高。想要冲击 L3 级别自动驾驶的车企，除了特斯拉领衔的纯视觉派，基本都倾向于选择以激光雷达为主、辅以其他传感器的技术组合。

中国激光雷达厂商禾赛也带去了自家最新的纯固态激光雷达 FT120。据禾赛销售负责人所言，FT120 是一款面向 ADAS 前装量产领域推出的近距补盲激光雷达，纯固态意味着成本降低、更易过车规，大规模上车可能性大。据官方数据，FT120 已经获得超 100 万台主机厂订单，用户包括以极致性价比著称的小米。

激光雷达按技术路线有机械旋转式、混合固态和纯固态之分。早期激光雷达主要是机械旋转式，能够进行 360 度全面水平视场扫描，但机械旋转激光雷达工艺复杂，制造环节需要人工调试、校准精度，价格因此居高不下。

而混合固态和纯固态激光雷达不需要旋转也可以调节雷达内部线束发射方向，缺点是角度有限，与机械旋转式相比，实际上是降低了性能。这也是为什么，尽管 FT120 已经达到了 100°×75° 的超广角视场，仍然需要配合半固态激光雷达才能形成完整的车规级激光雷达解决方案。

禾赛CES展区

太阳能车Lightyear 2

电动车之外

除了常规的电动汽车外，本届 CES 依旧有飞行汽车、其他清洁能源车参与。荷兰初创企业 Lightyear 带来了第二代太阳能汽车，利用一张从车头延展到车尾的太阳能电池板，Lightyear 2 最大续航里程可达 500 英里。

续航里程的提升意味着商用化落地的可能。据了解，该车型已经计划在 2025 年前实现量产，上市价格约在 3 万欧元（约合人民币 21.8 万元）左右。

美国初创公司阿斯卡，对外展示了旗下全新垂直起降飞行汽车 Aska A5，空中飞行里程约为 400 公里；在陆地行驶时大小相当于一辆 SUV，陆地续航里程未知。目前 Aska A5 已经开启预售，不过正式售价高达 78.9 万美元（约合人民币 534 万元），已经劝退了很多人。

飞行汽车企业目前面临的最大挑战是获取民航监管部门的适航认证。适航认证是民航监管当局对飞行汽车安全性的技术审查，也是飞行汽车实现商业化运营的前提。

相较传统内燃航空器，飞行汽车采用电力驱动，具备更高智能化水平。但作为新事物，全球各国民航监管部门都在探索如何对其开展适航认证，至今还没有一家飞行汽车企业取得正式的适航认证。

编辑观点：回顾本届 CES，我们依然会为汽车的智能化进展感到兴奋，但也需要直视梦想与现实的差距。可以看到，座舱智能化不再仅限于车内中控大屏的变化，而是更注重人机交互系统的流畅和丰富性，可通过触屏、声音甚至是手势控制，提供多种功能，娱乐性大大增强，安全性有待完善。遗憾的是除了大众 ID7 和 AFEELA，其他展出车型落地可能性太小。

从零部件供应商到整车厂，整个行业依然在向行业圣杯“自动驾驶”冲刺，但相关技术依然处于缓慢发展的状态，无论是视觉感知派还是激光雷达方案，离 L4 级别及以上自动驾驶技术都还有一定距离。

VR/AR 行业拐点已至：元宇宙中的中国产业链

CES 2023 上 VR/AR 硬件风云再起，现象级产品有望孵化的同时，多家软硬件企业同台打擂，而在 Web3 和元宇宙大趋势的加持下，VR/AR 行业拐点似乎已经出现，而在 CES 2023 的元宇宙世界中，中国企业乃至产业链，又将扮演怎样的角色？

所有人都在期待的现象级产品

“雷声大，雨点小”——落地困难是当下 VR/AR 领域发展的最大困难，即便是 ALL IN 元宇宙的 Meta，其于 2020 年发布的 Quest 2 设备迄今为止仍占 VR 市场的主导地位，可 1100 美元左右的价格和“稀缺”的应用，让 Meta 的股价在 2022 年跌掉约三分之二。而市场研究机构 IDC 数据显示，2021 年，全球 AR/VR 头显出货量达 1123 万台，同比大幅增长 92.1%。但在刚过去的 2022 年，IDC 预测 AR/VR 头显全球出货量仅 970 万台。

缺乏现象级产品让 VR/AR 领域格外关注 CES 2023 这个消费电子领域的风向标，而在本届 CES 上，CES 主办方美国消费技术协会（CTA）的总裁兼首席执行官 Gary Shapiro 明确表示：“Web3 和元宇宙将彻底改变我们的生活、工作和游戏方式，我们可以预计，元宇宙技术将会在汽车、游戏、健康等多个领域被广泛应用起来。”

CES 2023 首次引入元宇宙和 Web3.0 专场，还将推出“元宇宙 & 游戏”和“创作者经济和 NFT”频道，旨在服务今后 10 年的 AI、VR、XR 等元宇宙相关技术与应用。围绕相关主题，索尼、雷鸟、Vuzix、HTC 等消费电子巨头纷纷带来全新产品，整个市场期待已久的现象级产品有望诞生，尤其是索尼和苹果两家进入 AR/VR 硬件领域的消息，更成为市场关注的焦点。

CES主办方美国消费技术协会（CTA）的总裁兼首席执行官GaryShapiro

索尼PS VR2已经开启全面预售，官方建议零售价为549.99美元

索尼在 CES 2023 上发布其头显设备——PS VR2，在前代产品的基础上进行了全方位升级，包括 OLED 屏幕、更广的视野、支持 4K HDR 和高达 120Hz 的帧率以及设备内置的四个摄像头等功能。PS VR2 还有新的 Sense 控制器，可以检测手指触摸。

苹果传闻已久的头显设备新细节近日也浮出水面。据悉，苹果 VR 设备价格至少为 3000 美元，是 Meta 首款头显设备 Quest Pro 价格的两倍。只不过，这款设备的电池续航时间短得惊人，只有两个小时。而不同于其他 VR/AR 设备选择以娱乐为应用场景，苹果 VR 设备可能更专注于工作，而不是游戏等其他场景。据悉，苹果将视频会议视为头戴设备的潜在杀手级应用。

天风证券苹果分析师郭明錤也在近期表示，苹果混合现实头显设备可能会推迟到 2023 年下半年才会量产出货，主要是因为“软件相关问题”。实际上，在消费电子需求持续疲软的背景下，VR 市场仍是苹果尚未踏足的蓝海。苹果这一重磅产品信息曝光，也引起市场高度关注。

凭借索尼和苹果两大生态阵营，这两家 VR 新品有极大机会在 2023 年借助 Web3 和元宇宙成为人们期待已久的现象级产品。

VR/AR 新品全面爆发

当“求稳”的苹果也决定进入 VR/AR 行业时，整个行业的崛起已是大概率事件，而面对万亿规模的 VR/AR 行业，多个全球知名品牌发布其新一代虚拟现实硬件产品。

雷鸟：在 CES 2023 期间雷鸟正式发布新品——雷鸟 X2，它不仅是首款可量产的消费级全彩 MicroLED 光波导 AR 眼镜，同时还采用一体机设计，配备骁龙 XR2 芯片，内置单颗摄像头，可实现 SLAM 等。此前，雷鸟在去年 10 月发布了新一代 XR 眼镜雷鸟 Air 1S，采用 Micro OLED + Birdbath 显示方案，可提供双目 1080P 全高清显示。

HTC：HTC VIVE 为全球用户带来了全新的旗舰级 XR 一体机——HTC VIVE XR 精英套装。这款设备拥有轻巧紧凑的机身、丰富强大的功能及灵活可变的形态，将 VR 与 MR 功能集于一体，旨在打破元宇宙领域边界，为用户带来更具未来感的沉浸式元宇宙体验。

创维：创维集团携 VR 一体机新品创维 Pancake 1C 亮相 CES 2023。据了解，影响 VR 体积大小的核心关键之一便是光学透镜模组，创维 Pancake 1C 搭载前沿光学技术，采用 Pancake 超短焦折叠光学，将头显的轻量化、小型化做到了极致，是目前各大厂商应用这项技术最优解。创维 Pancake 1C 机身厚 32mm，整机仅重 436g，只相当于一部手机的重量，是目前市场上轻薄方向的标杆产品。

除此之外，Somnium 公司的睡眠 VR 设备 Somnium VR1、夏普超轻 VR 头显原型、佳能 MR MREAL X1 头显系统等众多新品的出现，都在 CES 2023 上俘获了大量人气。

总体而言，“高质量、高定价、轻量化”成为 VR/AR 硬件的共同特征，同时，可以预见的是以 CES 展会为起点，2023 年 VR/AR 的激烈较量正式拉开序幕。本届 CES 上，无论是 VR/AR 硬件展品的数量、种类，还是配件丰富度，相较往届都有极大提升。

VR/AR 开始由虚向实

在现象级产品 ChatGPT 的引领下，AIGC（生成式人工智能）技术成为全球科技发展的一大方向，而在 CES 2023 上，英伟达、三星、AMD、联想等公司都在 CES 上展示了 AI 技术变革企业的强大能力，推动 AI 落地的同时，也让 VR/AR 开始由虚向实。

英伟达在 CES 上宣布生成式 AI 与元宇宙的结合，其 Omniverse 平台基于通用场景描述（USD）框架，一套面向 3D 艺术家的全新实验性生成式 AI 扩展工具等，支持元宇宙应用程序的开发。同时，英伟达还宣布 NVIDIA Studio 笔记本电脑上的 Omniverse 预装，以及数千种免费的全新 USD 资产等，致力于推动 3D 工作流的加速采用。

NVIDIA Omniverse 正在通过 Blender 增强功能和一套面向 3D 艺术家的全新实验性生成式 AI 工具进行扩展，更新之后的 Omniverse ACE 也可以简化虚拟人物的开发，创建逼真的 AI 虚拟人物，为虚拟人物增加智力和动画所必需的 AI 构造模块。

而在 VR/AR 头显辅助配件方面，松下子公司 Shiftall 展示了一款名为“FlipVR”的新 VR 控制器，用户在佩戴控制器时也能抓取现实世界中的物体，如操作键盘或鼠标，或者在空中拿起一杯饮料或弹奏钢琴；三星子公司 HARMAN 则在 CES 期间推出了 AR 辅助驾驶套件 Ready Vision，包括 AR 抬头显示器硬件和 AR 软件产品，可以帮助提高驾驶员的安全和意识；奥迪则展示了其车载 VR 体验 Experience rides，访客可以坐在奥迪展车的后排，体验沉浸式车乘 VR 体验。

这些技术和配件的突破，成为VR/AR由虚向实最大的动力，而在这一过程中，凭借成熟的制造体系和长期合作的稳固关系，中国企业成为VR/AR产业落地的受益者。

CES 2023元宇宙中的中国产业链

VR/AR新品的密集发布，带来新一轮技术升级，而光学方案是实现VR硬件轻薄化的重要助力，技术路径沿着传统透镜—菲涅尔透镜—折叠光路方向升级，在这个过程中，Pancake方案开始脱颖而出。

Pancake方案通过让光路在镜片间多次折返，实现屏幕与镜头之间成像工作距离的变相缩短，整个光学模组长度也随之显著缩小。Pancake方案的落地不仅是光学系统自身的重大创新，同时也为VR/AR头显整机设计预留空间，有望成为未来几年VR/AR投显主流的光学方案选择。

目前华为（VR Glass）、松下(MeganeX)、HTC（Vive Flow）、创维(Pancake 1C)、苹果（VR/MR头显）、Meta(Cambria)已经或有望即将推出采用Pancake方案的头显，预计在科技巨头的引领下，Pancake方案在未来将得到更广泛的应用。VR光学作为VR设备的关键环节，技术壁垒较高，目前仅歌尔、舜宇等少数厂商可提供高性能光学方案。

歌尔股份于2012年开始布局光学器件领域，2017年与中科院长春光机合作建立歌尔长光研究院布局VR高端光学，2020年投入11.1亿元用于VR光学模组项目，能提供非球面透镜、菲涅尔透镜、Pancake，具备量产能力。公司与全球几家头部VR厂商几乎都达成了合作，包括索尼、Meta、Pico及华为。据公司公告，2021年公司在中高端VR/AR产品的市场占有率已达80%。公司拥有众多专利、代工优势和VR行业龙头合作伙伴，将持续受益行业发展。

舜宇光学专注于光学领域研究，2017年实现VR菲涅尔镜片的量产，2021年完成双菲涅尔镜片的研发并实现量产，2022年完成Pancake一体化方案的研发，已实现量产。公司作为光学方案核心供应商供货于Oculus、HTC、Pico等头部VR厂商。

而除高性能VR/AR光学方案外，VR/AR光学检测设备行业主要存在技术壁垒和客户壁垒，进入门槛较高，原本主要被少数几家国际知名公司垄断，而在国产供应链企业的持续努力下，华兴源创、智立方、杰普特等企业开始进入这一上游行业，并逐步得到三星、夏普、LG、京东方、鸿海集团、立讯精密等企业认可并达成合作关系，这为中国企业在VR/AR硬件行业获得上游话语权奠定了基础。

采用Pancake光学技术的NOLO VR GLASS

与此同时，苹果产业链龙头企业立讯精密本身拥有完整、体系化的消费电子供应链体系，VR整机+零部件全面布局的策略让其有望成为VR/AR硬件产业爆发的受益者，而具备VR/AR光学模组供货能力的三利谱以及作为苹果结构件重要供应商的长盈精密等企业，均成为VR/AR硬件产业链成长的重要推手。

此外，鸿利智汇、隆利科技也凭借Mini LED背光技术和产品获得了部分VR/AR硬件产品订单，前者目前客户包括Meta、Varjo等，在享有先发优势与头部客户示范效应的优势下，未来有望承接更多国内外VR客户的订单。

总体而言，从核心的光学方案到零部件乃至精密金属结构件，我国消费电子产业经过多年积淀，已经拥有庞大且完善的生产体系，借助VR/AR市场的成长，完全有机会在全球范围内提升话语权。

VR/AR内容同样大有可为

随着硬件产业链的日趋成熟，VR/AR硬件终端产品降价毫无悬念，内容注定会成为VR/AR生态成长的关键。

截至去年上半年，VR/AR内容数量最多的平台Steam共有6574款游戏和应用，而海内外两大VR头部厂商Quest和PICO应用数分别在400款、200款上下。也就是说VR厂商不光要做出硬件，还需要有相匹配的内容才能反过来带动硬件的销售。

纵观VR游戏市场，目前只有《节奏光剑》和《半衰期：爱莉克斯》等为数不多的标杆作品，其中《节奏光剑》被Oculus独占，《半衰期：爱莉克斯》只在Steam平台销售。2020年3A级VR游戏《Half-Life: Alyx》上线两月后累计玩家至少已经达到100万，历史同时在线人数破纪录地达到了4万多人，高居Steam VR游戏的首位。VR内容的破圈需要在多个细分场景有爆款内容的出现，从而拉动硬件销量，逐步实现更广圈层的用户拓展。

巨头同样认识到内容对于VR/AR生态发展的重要性，AMD、谷歌、微软、Unity、华为、三星、诺基亚、Oculus、EPIC、Steam等计算机软硬件和内容领域巨头支持的“OpenXR”标准（旨在标准化各种VR/AR平台上的设备和应用程序之间的规范）极大地推动了内容的发展，而国内除腾讯、字节跳动等巨头全方位构建VR/AR内容生态外，完美世界、米哈游、三七互娱等游戏领域企业，同样持续探索VR/AR技术在更多领域的应用，再加上爱奇艺VR、PICO视频等平台在直播、演唱会、虚拟偶像等领域的应用，国内企业在内容端的布局已经相当庞大。

未来，随着VR/AR硬件产品大众化进程的提速，国内内容产业链必将得到长足的发展，从而带给人们一个虚拟的真实世界！

CES 2023对企业业务的几点AI启示

1.人工智能转型的企业越来越多

随着边缘AI硬件的成熟和性能提升，再加上计算机视觉的进步，我们在CES 2023上不仅看到了由AI赋能的创新消费产品，还看到了基于AI以实现自动化、扩展和改进的商业产品跨垂直市场的许多业务流程。

这些人工智能转型的例子及其对整个企业的影响，比如处理各种任务的自主机器人、人工智能驱动的农业机械和复杂的智能家居设备等等。但是仍有许多行业处于人工智能转型的边缘，未来转型成功，可以彻底改变我们对周围世界如何运作的概念，新的应用程序能够让我们的世界变得更智能、更安全。

——Hailo首席执行官奥尔·达农（人工智能芯片公司）

2. 人工智能需要遵守法律法规

从今年的CES大会中，商业技术领导者的一个重要学习收获是了解AI和ML机器学习(Machine Learning)领域的重要性。随着企业生成和收集的数据量不断增加，企业的领导者必须制定明确的政策和程序来管理和保护这些信息，近年因为个人数据泄露或滥用风险造成的公司损失不小。我们需要制定健全的安全和隐私政策，以确保以负责任和合乎道德的方式处理这些数据，当然，更要遵守相关法律法规。

——Amey Dharwadker，Facebook机器学习技术负责人

3. 对话式人工智能将更强大

对话式AI将在2023年成为客户服务中不可或缺的一部分，人们比以前任何时间都更加关注人机对话。对话式AI平台使品牌能够在一个地方创建自动化、个性化的语音、聊天和多模式对话。此外，借助内置报告和分析，团队可以根据实时定性和定量客户反馈调整对话，以改善客户体验，预计这一数字将在2023年增长。

——NLX首席执行官兼联合创始人安德烈帕·潘奇亚(端平台提供商)

2023年手机技术与市场：“后遗症”未愈 “新物种”将至？

■电脑报测评工程 孙文聪

在经历了消费需求持续萎靡，出货量走低的影响后，手机行业终于磕磕绊绊地走到了2023年。

如果说2022年是充满压力和挑战的一年，那2023年手机市场更是平添了更多的不确定性。这种不确定性固然跟当前全球市场大环境有很大的关系，但也不能忽视市场内在因素的影响。对于一个经过十多年高速发展的成熟市场来说，增长乏力、略显颓势的背后往往可能也意味着新的技术和概念萌芽，这也必然会催生出新的消费需求和市场变革。

站在媒体的角度，梳理市场动向的同时，尽可能找到这些可能会影响未来整个市场发展的变量，这是我们这次对2023年手机市场进行前瞻观察的主要切入点。

大盘依然充满不确定性

尽管当前各大统计机构对于2022年第四季度的统计数据还未完全出炉，但从全年情况来看，应该不难得出全球手机市场的大盘全面收缩的结论。市场研究机构Strategy Analytics之前的研究报告显示，2022年全球智能手机出货量将同比下降10%。中国手机市场跌幅更是可能要略高于这个水平。中国信通院此前发布的数据显示，2022年1—11月，国内市场手机总体出货量累计2.44亿部，同比下降23.2%。

造成当前手机市场出货量降低的主要原因还是消费需求的持续低迷，这几乎是贯穿整个2022年全球手机市场发展的主线。影响消费需求的原因比较复杂：用户收入的变化，多种因素引起的价格变动，产品的技术创新匮乏等等都可纳入其中。用户换机意愿不强，换机周期的延长就是当前手机市场面临的最大挑战。

2023年情况会好转吗？这似乎是一个很难做出预测的问题。但相较于2022年来说，2023年手机市场最大的利好应该就是疫情对于整个产业的冲击进一步降低。尤其是在中国这个全球最大的手机供应链、最大手机市场，随着疫情防控政策的调整，之前因疫情造成的产业链中断，零售市场暂时停滞的情况将不复存在。经济全面复苏有望提振整个市场和消费者的信心，之前被疫情压抑的部分消费需求将有望在2023年得到释放。供应、需求两侧的双重利好，对于当前的手机市场来说，是一次难得的机遇。

不过，基于上述因素就得出2023年手机市场形势一片大好的结论还是过于武断。我们认为2023年手机市场会延续相当长一段时间的“弱行情”。原因有很多，三年疫情引发的“后遗症”是其中的一个重要因素。

之前小米集团总裁卢伟冰在接受采访时，谈到疫情对手机需求影响时表示：（疫情对于手机行业）短期是消费影响，中期看是供应链协同，长期看是购买力。如果说前面提到的利好因素主要针对短期消费影响的话，那么供应链和消费的复苏则需要一个缓慢且艰难的过程。

目前看来，2023年无论是手机厂商还是上游供应商都维持了相对审慎的态度。具体表现在，主要手机品牌针对2023年的行情都做出了偏保守的预期。即便是在2022年手机市场“一枝独秀”的苹果也传出本月开始在iPhone 14系列照相模组零部件上砍单，包括MacBook、AirPods、Apple Watch都有零部件订单修正的传闻。

上游供应方面，台积电从去年第三季度开始前十大客户就陆续砍单，尤其是联发科、英伟达及AMD减单幅度，延后拉货力道更是超乎预期。这一点在晶圆代工厂的产能利用率上表现得更为明显：消息称台积电今年上半年产能利用率将降至80%，其中，7nm/6nm产能利用率将大幅下滑，5nm/4nm从1月起逐渐降低。

从去年第二季度开始，主要的手机品牌都在想尽办法降低自身库存压力。从当前的情况来看，各家库存积压的水位有所降低但还未完全脱险。根据相关机构的预测，手机行业库存天数将在2023年第一季度到第二季度达到3.2个月的高峰，并可能延续至第三季度，维持在3.1个月的水平。在终端行情较差的背景下，手机厂商要在今年第三季度才能逐步缓解库存压力。整个行业积压的海量库存，对于全年的整体出货量和业绩会有比较大的影响。

在以“清库存”为主要基调的市场战略下，手机厂商势必会在新品策略上维持相对保守的态势。与此同时，市场整体消费需求受经济复苏情况影响，也不能盲目乐观。产

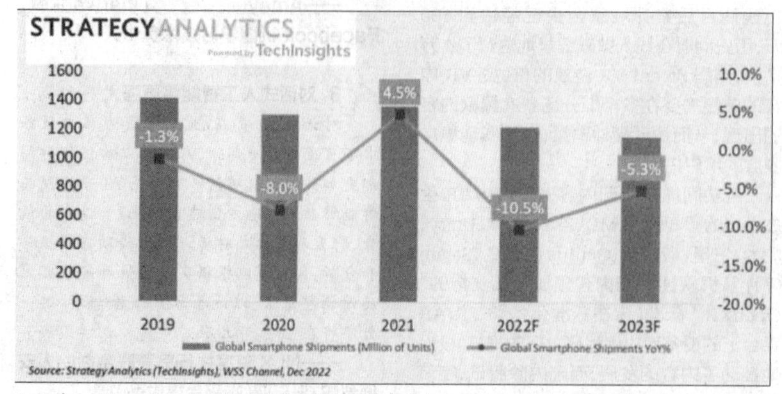

机构普遍预测，2023年手机行业整体行情较2022年将有所改观

iPhone 14系列也传出零部件砍单的传闻

拥有丰富经验的卢伟冰在过去几年为小米立下赫赫战功

4000-6000价位段手机销量

品牌	份额		
	2022W50 (12.12-12.18)	2022W51 (12.19-12.25)	2022W52 (12.26-1.1)
苹果	46.7%	43.9%	42.8%
小米	12.6%	19.0%	21.7%
华为	12.8%	13.5%	13.9%
vivo	8.3%	7.4%	6.4%
oppo	3.3%	3.2%	3.7%
荣耀	3.2%	3.3%	3.3%

小米在去年高端市场的进步有目共睹

品创新力不够，消费行情萎靡，意味着2023年手机市场需求侧的困境或许很难得到根本性扭转。这也是我们认为，2023年手机市场充满不确定性的根本原因。

终端厂商稳“基本盘”

在市场前景不甚明朗，各家都面临库存升高、出货量走低的多重压力之下，2022年中国手机市场的主流品牌都做出了一系列的品牌和市场策略层面的调整和变动。

2023年第一个工作日，小米集团通过雷军的一封内部信官宣了集团高层的人事架构调整：原小米集团总裁、联合创始人王川正式退休，卢伟冰被晋升为集团总裁，同时王晓雁、屈恒和马骥被晋升为集团副总裁。雷军在信中表示，此举“宣告了小米管理层实现了顺利的交棒迭代，为未来的持续发展做好了准备”。

卢伟冰的再度晋升，可以看作是小米在严峻环境下寻求“稳住基本盘”的操作。在过去两个季度，小米手机业务呈现出了尴尬的一幕：一方面凭借小米12S系列、小米13系列的良好表现，小米2022年第51周、第52周斩获4000~6000元价位销量亚军，份额仅次于苹果。但由于“清库存”的需要，小米在中低端产品线持续降价促销策略，让三季度小米智能手机ASP（平均售价）仅1058元，同比下降2.9%。手机毛利率从12.8%下降到8.9%。在关键的出货量和业务营收指标上，小米手机也没有遏制住下滑的趋势。

2023年的小米迫切需要找到“品牌高端化”与“稳住基本盘”之间的平衡点。对于小米来说，寻求占据了大部分出货指标和主要营收的中低端市场的稳定，可能比一两款高端旗舰的成果更为重要，也更为紧迫。在雷军本人全面投入造车业务的情况下，集团内历任Redmi品牌负责人、中国区总裁等职位，统领过中国区、国际部和印度区三大战区业务，立下赫赫战功的卢伟冰无疑是最佳人选。

除了小米之外，OPPO在年末的品牌变阵同样值得关注。在年底的一加9周年品牌活动上，现任OPPO高级副总裁、一加创始人刘作虎宣布OPPO正式开启双品牌时代：未来的一加将主要发力线上市场，和OPPO一道实现双品牌的协同发展。

OPPO在品牌战略上的调整，标志着“华米OV”四大国产手机品牌均正式完成了“双品牌战略”的部署（曾经的华为子品牌荣耀因特殊原因，现已完全独立）。在此之前，一加在品牌战略上更强调独立自主，并没有形成Redmi之于小米、iQOO之于vivo这样的双品牌协同关系。

面对友商的双品牌战略，OPPO在过去一直欠缺一个与之对应的子品牌或产品线分布。在以往手机市场繁荣的情况下，OPPO可以凭借全渠道的优势弥补这一不足，也有足够的资源支撑完全独立自主的一加。但在如今整个市场面临收缩的大环境下，OPPO势必无法接受自己的市场份额，尤其是线上市场份额被竞争对手们蚕食。

一加中国区总裁李杰在接受采访时明确表示，一加手机在国内市场瞄准的就是线上每年约1亿台的市场。某种意义上，一加“回归”也是OPPO手机业务的一种“降本增效”的策略，同样也可以看作是对其整个基本盘的巩固。

小米换帅，OPPO转向，国产手机市场的另一驾马车vivo也没有闲着。和一加、OPPO不同的是，vivo做出的调整和应对更多体现在对产品线和业务线的重新梳理上。去年上半年vivo取消了NEX系列产品线，新增了X Fold系列折叠屏产品线。经过重新调整之后，vivo形成了以X、S、T、Y系列以及子品牌iQOO为主的产品线分布。

大环境不佳的情况下，vivo采取的是相对稳健和务实的战略。比如在折叠屏这样的新产品线开拓上，vivo是几家主流品牌中最后一个入场的。在完成对产品线的梳理之后，vivo在2022年维持了高密度的新品上市节奏，就连折叠屏也实现了“一年两更”。在高端市场方面，凭借这些年蓝厂在影像、性能技术、市场营销方面的积累，2022年vivo的主力旗舰X80系列、X90系列也都有不错的市场表现。

不难看出，几家头部巨头在面向2023年的整个市场战略都趋于谨慎和保守，各家都希望能够减轻当前的库存压力，给出货量下滑踩刹车，同时继续寻求高端市场的突破。这可能意味着，2023年手机市场会继续加快产品更新的步伐，尤其是在线上市场、中端市场，各大手机厂商为了维持基本盘可能会继续卷下去。

新一轮行业洗牌将至

在这种新的竞争环境下，2023年手机市场或将迎来新一轮的洗牌。

头部大厂、副厂之间的激烈竞争，最先影响的似乎是一些垂直类的二线品牌。就在本月，曾经作为游戏手机市场“一哥”的黑鲨手机传出了裁员、员工上门讨薪的消息。黑鲨最高峰时曾占据超过70%国产游戏手机市场份额，如今黑鲨手机团队据称大部分员工被裁，有员工在网上匿名爆料整个公司只剩下一百人左右，未来也只会保留外设和互联网业务。

黑鲨为代表的游戏手机，是当前手机市场为数不多的垂直门类市场。前些年受处理器性能、功耗困扰，旗舰手机在极限性能和游戏表现上不太尽如人意，这给黑鲨这样的游戏手机、电竞手机提供了机会。但随着2022年整个手机市场产品升级节奏的加快，手机处理器制程工艺、性能快速提升之后，游戏手机的产品和体验优势被大大削弱。一夜之间，就连曾经是黑鲨手机主要投资方的小米集团的高层卢伟冰也喊出了“2023年你不再需要电竞游戏手机”的口号。

本质上，这并不是游戏手机这个垂直市场面临的单一生存问题。它反映的还是整体市场收缩背景下，一线厂商激烈争夺存量市场的现状。在主流旗舰手机性能表现不佳的背景下，游戏手机可以凭借结构设计、散热模块、电池续航等方面的优势赢得小众市场，在夹缝中寻求生存。但在大厂也面临出货压力的情形下，市场份额和出货量本身就是此消彼长的关系，大厂也需要向夹缝中“挤一挤”。于是看到，大厂们在上半年纷纷推出各种“电竞版”机型之外，下半年又开始在旗舰手机的游戏层面堆料。这样一来，留给游戏手机的市场空间和竞争机会就更少了。

蔚来做手机更多还是其汽车业务的延伸

罗永浩的重新创业，将给AR市场注入新的活力

之前我们也谈到过，游戏手机当前面临的挑战本质上还是由于技术创新能力较弱，产品体验护城河太浅所致。在激烈的市场竞争环境下，大厂能够凭借自身更强的技术研发和资源优势，迅速抹平游戏手机的体验差距。同时借助更完善的产品力和更强的品牌号召力，大厂更容易“吃掉”这些底子较浅的小品牌的市场份额。

2023 年，包括游戏手机厂商们在内的二线、三线手机品牌日子可能会更加难过。面对残酷的竞争压力，一些小厂或许已经走到了生死存亡的关头。国内手机市场的竞争格局，在经历了前些年的血洗之后，可能会再度迎来新一轮的洗牌。就是不知道，下一个被挤下牌桌的是谁。

有趣的是，即便是在这种高度竞争的市场环境中，也有新选手的加入。比如国产新势力的代表蔚来有望在 2023 年推出自己的手机新品。不过蔚来 CEO 李斌曾经公开表示过，之所以进场做手机主要是为了满足手机和车的协同的需要，主要面向的受众也只是蔚来车主，蔚来手机“一年能有几十万台的出货规模就很不错了”。

另一个大家很熟悉的国产手机品牌魅族，在被星纪时代全资收购之后，2023 年也将全面加快自己的市场开拓步伐。除了魅族 20 这样的手机新品之外，未来三年魅族将建设 1000 + 家体验店，并积极与汽车品牌展开合作，为消费者提供手机、汽车、AIoT、生活方式等多终端、全场景、沉浸式融合体验。

蔚来和魅族的战略动作有一个共通之处：他们看重的其实是手机、汽车协同的概念。这跟当前火热的新能源市场不无关系，车企的入场将可能给 2023 年的手机市场带来更多的创新和亮点。不过无论是蔚来还是魅族，产品体量都相对较小，不足以搅动整个手机行业的大盘。

供应链硬实力增强，新物种呼之欲出

和车企们略带“玩票”性质的布局相比，2023 年手机市场更值得关注的亮点还是行业本身的技术创新。

我们认为，2023 年手机市场国产供应链的进一步巩固和发展，将会是贯穿全年的又一大主题。在之前针对 2022 年手机市场的总结和盘点内容中我们提到，最近这一两年我们看到了越来越多的手机芯片搭载了各种“首发”“独占”的创新技术或方案。尤其以自研芯片、CMOS、屏幕面板、铰链技术、机身材料等方面的进步最为明显。借助国产方案在技术创新和成本层面的优势，2022 年中端手机市场的综合产品竞争力明显增强。

2023 年我们将看到国产供应链涌现更多这些新的技术和方案。联合定制、共同研发不再只是旗舰手机专享待遇，而是将成为手机厂商拉开和竞品体验差距的重要手段，也会是行业的新常态。从更长远的角度来看，供应链实力的增强也将提升国产手机的综合竞争力，刺激新的消费需求，促进整个电子消费行业的进步和升级。

对于华为这样因为特殊原因，元器件供应受阻，手机业务大受影响的厂商来说，国产供应链的强势崛起或许将会给他们带来更多的转机，尤其是在 CMOS、射频、屏幕甚至是 SoC 等受制于人的关键元器件供应层面，找到“国产替代品”就意味着距离手机业务全面复苏更近了一步。

前面我们提到，当前手机市场经过了十多年高速发展，本身就已经走到了寻求变革和创新的十字路口，这并不以市场大环境的变化或突发因素的影响为转移。因此对于未来的预测和前瞻，着眼点还应该放在新技术、新赛道方面。

2023 年的手机市场，VR/AR 为代表的新技术有望进一步落地。虽然在 2022 年，包括小米、OPPO、华为等手机厂商都有 AR 眼镜、智能眼镜问世，包括 Pico、雷鸟、创维这样背靠大厂资源的新生品牌也在相关领域有新的尝试，但明眼人都能看出，当前市面上这些产品都不足以对手机市场起到变革作用，其本身还是作为概念产品或技术验证的方式存在，综合体验不足以支撑起一个新的，能够取代手机的市场。

尽管如此，我们依然不能忽视 VR/AR 这样的新技术。首先是苹果这些年一直都在紧锣密鼓研发 AR 产品早就不是什么秘密，蒂姆·库克本人也多次在公开场合表示过对 AR 技术的浓厚兴趣。对于这样的新赛道，当前正需要苹果这样的巨头率先树立一个标杆，起到当年 iPhone 开创智能手机时代的作用。2023 年，传说中的苹果 AR 新品会不会到来，不仅是我们，或许整个科技行业都在密切期待。

国内市场也不乏先行者。2022 年完成还债任务的罗永浩重新创业，成立专门针对 AR 产品的公司。去年 11 月，该公司宣布获得 5000 万美元天使轮融资，估值超 2 亿美元。罗永浩本人也曾经表示，距离 AR 产品真正推向市场应该还有三到五年的时间。虽然我们短时间内可能看不到老罗的创业成果，但他这样的行业名人的加入将会给 AR 市场带来更大的关注度。尤其是在相关概念受到追捧之后，资本投入力度的增强将加快整个 AR 市场的发展和变革。

如果说 AR/VR 真的可能会在未来某一天对手机市场起到革命性作用，那么我们距离这一天已经越来越近了。

编辑观点：属于手机市场的黎明可能不会来了

每到新年伊始，对于来年人们总是会寄予更多的希望和祝福，对于一个行业来说亦是如此。尤其是随着疫情时代的终结，社会经济、生产生活的全面恢复，全行业都希望手机行业能够在 2023 年触底反弹，走出一个 V 字形的强势行情。作为行业观察者的我们，更是有这样的美好愿景。

不可否认的是，过去三年的疫情以及疫情造成的“后遗症”对当前手机行业产生了巨大影响，也或直接，或间接造成了当前手机行业的诸多矛盾和问题。但也要看到，从初代 iPhone 发布至今，智能手机时代已经走进了第 16 个年头。如果要追溯移动通信时代的历史，这个周期更是长达 30 多年。从深层次的角度来看，这些矛盾和问题更多还是行业本身在进入一定生命周期之后，必然会呈现的“生理特征”。

对于未来手机市场的前景预判，不能单纯着眼于某个新形态的新品，某个创新技术这样的单点创新。要真正彻底扭转当前手机行业的颓势，可能真的需要一个具备革命性意义的新物种出现。2023 年，它真的会到来吗？

或许当前整个手机行业都在“等风来”，新技术的革命势必将会给行业带来新机会、新风口，也将会给智能手机行业带来真正的“黎明”。但也要看到，新物种的崛起往往也伴随着旧事物的消亡。换言之，2023 年手机行业可能已经来到了黎明前夜，但也有一种可能：属于智能手机时代的黎明，可能永远都不会到来了。

套娃式收费不断，视频平台为何黑化？

■记者:张毅　张书琛

曾几何时,但凡能从移动互联网上腾出手的互联网公司,都纷纷以极高的热情加入“客厅争夺战”,快速地布局电视屏幕。电视屏幕彼时被看作是“一套完整的互联网生态系统”的新入口,地位相当于如今的汽车智能座舱,引得各方混战。

然而从如今的结果看,当掌握大量内容资源和技术优势的少数内容运营商终于从价格战中胜出,组成新的市场格局后,并没有提升电视端的用户体验,反倒出于各种原因愈发“精耕细作”于会员模式,倒逼用户提高会员费用支出——投屏限制、账号隔离、会员涨价……种种套路层出不穷。

今年春节适逢三年来少有的家庭团聚观影需求峰值，消费者却尴尬而愤怒地发现,自己被困在了一道又一道精心设计的门槛之间,哪怕是自诩生长于移动互联网爆发期的Z世代也很难逃过一“薅”。

本期专题，电脑报将从不同的纵深视角,为大家解读这一怪象背后的原因。

“拆解”会员

移动设备TV投屏限制

限制投屏功能已经是单纯的会员提价策略外最巧妙的招数。

分辨率在最近成为新的焦点。不久前，爱奇艺突然宣布，之前黄金VIP能享有的4K清晰度投屏功能已经升级为白金及星钻VIP会员的专属,连续包年148元/年的黄金会员突然一夜回到480P。

“投放到家里65英寸的电视上我还以为是自己眼花。”想在老家追《狂飙》的周奕在社交平台吐槽道,“说实话,习惯了高清的人看大屏480P，已经是无法正常观看的程度了。”

转向电视端的其他免费手段也受到技术阻挠。以往用户可以用HDMI有线连接手机或iPad的方式播放,而如今,用HDMI线连接iPad到电视播放爱奇艺内容时,会弹出“由于版权原因,此内容不支持HDMI连线播放”的字样。

如此一来,投屏要加钱、有线输出也被禁止,任何将内容从移动端投放至电视端的免费手段都被拦截,爱奇艺却只回应称是因为“版权方要求,与会员权益无关”。

从消费者的角度来看,尊重原创、保护版权是应该的，但在中途突然更改条款,或者隐瞒需要额外增加的费用,这种模糊易变的收费模式已经涉嫌违法。

正如上海消保委所言,投屏是移动端用户正常的使用场景,消费者付了钱,在手机上看还是投屏看都是消费者的权利;视频平台更无权不当获取手机权限干涉消费者采用第三方APP或者连线等方式投屏,“套娃式充会员薅消费者羊毛的做法要不得”。2月1日,爱奇艺就因限制投屏被一名七年老用户起诉已立案。

但爱奇艺并不是第一个调整分辨率的视频平台,据记者调查,截至2月1日,芒果视频会员与腾讯视频会员仍旧可以原分辨率投屏;优酷从2022年下半年开始禁止部分热门影片投屏到电视,即使有手机优酷会员,也禁止投屏,必须开通电视酷喵会员;B站大会员可以正常投屏,但是需要安装对应的电视版应用“云视听小电视”，才能观看1080P以上分辨率的投屏和视频弹幕。

限制登录终端

但是“大过年的来都来了”,大部分人的选择依然是忍一忍、加钱买个更贵的会员,周奕便是如此。可被迫升级账号到228元/年的白金VIP会员时,新的问题又出现了:移动端注册账号根本无法在电视端“银河奇异果”登录。

据了解，爱奇艺现有黄金VIP、白金VIP、星钻VIP会员三种会员等级。其中，黄金VIP可在电脑、手机、Pad端使用;白金VIP增加了电视端观看权益；星钻VIP连续包年价格428元/年,支持手机、电视、电脑、Pad、VR等7种终端观看权益。

周奕询问客服后才知道,原来爱奇艺与自家使用的中国移动旗下网络机顶盒“魔百盒”的会员体系并不相同,在手机或平板上注册的账号,在电视端就无法使用,只能另外开通电视端的会员账号,才能继续观看该平台的相关内容。而这一信息无论是在官网还是购买界面均无提示。

当然,之所以会有这种限制会员账号登录终端的做法出现,多是互联网电视产业链

投屏遭遇清晰度降级

持证机构名称	集成服务业务运营方	旗下互联网电视集成平台
中国网络电视台	未来电视有限公司	未取得相关信息
上海广播电视台	东方明珠	OPG云
浙江电视台和杭州市广	华数传媒	华数TV
广东广播电视台	新媒股份	云试听极光，云试听厅视TV，云视听MoreTV，云视听小电视
湖南广播电视台	芒果超媒	芒果TV
中国国际广播电台	国广东方（CIBN）	CIBN喵酷影视，CIBN聚精彩，CIBN聚体育，CIBN超级影视
中央人民广播电台	银河互联（GITV）	银河奇异果

拥有互联网电视牌照的集成平台

体育赛事成为挖掘付费用户能力的重点

中多方利益博弈的结果。

2011 年 10 月,国家广电总局出台《持有互联网电视牌照机构运营管理要求》,即业界俗称的“181 号文件”。181 号文件在互联网电视的市场准入、集成平台、内容平台、运营要求、终端管理等各个方面都作了严格规定。按照政策要求,只有持有互联网电视牌照的单位才可以建立互联网电视集成平台,提供互联网电视服务,集成平台只能接入集成互联网电视内容牌照持有方的内容。

直到现在,也只有中央人民广播电台、南方传媒、湖南电视台等七家具有国资背景的机构拥有互联网电视牌照,爱优腾等视频平台只有与这七家牌照持有方合作,自己的内容才能登上电视端。

这种合作机制需要按持股比例分账,不愿承受损失的视频平台选择将成本转移到用户身上。腾讯视频的云视听极光、优酷的酷喵也是同样逻辑。

除了移动端与电视的“隔离”,移动终端的数量也受到账号登录限制。去年 12 月,优酷修改用户协议,购买一个优酷会员账号从此前可以登录三个手机设备变成了仅可登录一个手机设备,美其名曰:保护用户账号安全,打击黑灰产业。

付费内容和目标群体再收割

对付费内容和目标群体的细致区分则是另一种痛苦。根据受众群体多寡独立出最具盈利能力的板块内容已经不是新鲜事,体育赛事内容覆盖受众广泛自然首当其冲。

今年春节正好赶上了网球四大赛事之一的澳大利亚网球公开赛正赛期,除了央视体育频道和广东体育频道的直播外,球迷还可以在爱奇艺体育的网球频道观看澳网公开赛直播,但是怎么付费可是一道附加数学题。

总共 14 场比赛,有 6 场直播需要付费会员才能观看,可以选择付费 18 元观看单一场次比赛,且仅在 7 天内有效;也可以选择 88 元“爱体育年卡”,每月看除高尔夫、WWE 以外的两场付费比赛;还可以选择“最划算方案”购买 68 元的“澳网赛事通”,只不过权益期限只能延长本届澳网赛事完全结束后一个月(2 月 28 日)。

长期以来,爱奇艺体育热衷足球与网球赛事,腾讯则在版权布局上侧重篮球,把更多资本放在了 NBA 赛事上。不过总的来说,都是熟悉的味道——腾讯视频将其会员体系分为视频会员及体育会员,而两者均须购买最高等级的 VIP,才能在电视端进行观看,也就是说,想在电视端看体育类节目,必须要购买超级影视 SVIP(348 元 / 年,均为连续包年价格)及体育超级 VIP(418 元 / 年)。

海外流媒体平台“神仙打架”,越打越贵?

爆款剧集《鱿鱼游戏》

国内长视频平台庖丁解牛式地拆解会员,朝着“会员多吃”的方向一路狂奔引起诸多不满,那么海外先行的同行们是否有更好的盈利方法?

如今我们看海外流媒体平台仿佛“神仙打架”,互联网平台与传媒巨头接踵而至,纷纷自建线上渠道,与流媒体巨头 Netflix(下称网飞)同台对擂。

在二十年前,美国影视制作发行市场高度集中之时,迪士尼、华纳兄弟等好莱坞六大电影公司,拥有超过 80%的影视节目版权、掌握行业 85%的利润;2012 年,当把持影视行业话语权的六大电影公司收紧对流媒体的版权转卖后,网飞无奈转向内容自制,以政治剧集《纸牌屋》打响口碑。

重磅高质量内容是海外流媒体平台的立身之本,网飞是其中的标杆。近三年,网飞每年在内容方面投入超过 100 亿美元,2022 年达到了 166.59 亿美元,换来了每季 100 多部作品的上新规模,范围涵盖多个语种,瞄准全球细分市场,爆款概率也因此大幅提升,诞生了《鱿鱼游戏》《黑暗荣耀》等热门剧集。

网飞也由此创造出了所有流媒体平台推崇的商业模式范本——“自制内容 + 线上渠道”,实施付费订阅模式,只收会员费、全程无广告。

网飞的会员模式分三级,即基本套餐、标准套餐和高级套餐,均为按月收费,选择哪个级别的套餐决定了会员账号可以同时在几个设备上登录,以及画质清晰度是 720P、1080P 还是 4K+HDU(高动态范围视频)。

由于各地区税率、汇率不同,网飞套餐价格也略有不同。以北美地区为例,截至 2 月 2 日,三级套餐的价格分别为 6.99 美元(约合 47.27 元)、15.49 美元(104.8 元)、19.99 美元(135.25 元)。据其 2022 年第四季度财报,截至 2022 年末,网飞全球流媒体付费用户数达到了 2.3075 亿人,同比增长 4%。

纯会员模式转向

不过巨人也有自己的苦恼。网飞之所以能凭借纯会员模式在十年内迅速成长为流媒体巨头靠的其实是高度垄断,而一旦垄断被打破,网飞的纯会员模式就会出现松动。

根据市场分析平台 Conviva 统计,截至 2022 年,全球共有 200 多种流媒体服务可供选择。包括背靠巨头的 Apple TV+、NBC 的孔雀,迪士尼控股的 Hulu、Disney+ 和 ESPN+,以及派拉蒙影业的 Paramount+、凭免费内容崛起的新秀 Tubi 等十余家平台。

所有平台都想成为“下一个网飞”,均发力高质量内容企图分流用户。已积累数十年版权的媒体巨头迪士尼已经对网飞形成极大威胁,旗下流媒体平台 Disney+ 在 2021 年四季度的用户增量首次超越网飞,目前用户规模达到了 1.521 亿人;相反,在 2022 年第一季度,网飞十年来首次出现单季度付费订阅用户环比减少的情况,第三季度才开始止跌回升。

迪士尼旗下三家流媒体平台的收费模式与网飞相比更加复杂。以 Disney+ 为例,虽然仅分为月付套餐和年费套餐,比网飞同类型套餐低 3 美元左右,但如果和 ESPN+、Hulu 联合订阅,每月流媒体服务则需要 19.98 美元(134.47 元),可以同时用于 10 台设备。除了自家矩阵,迪士尼还与第三方流媒体平台合作,如 HBO Max、SHOWTIME 等,会员费用根据平台略有差异。

值得一提的是,流媒体业务盈利一直是一个全球性难题,海外巨头们囿于内容成本和营销成本,大多仍处于亏损阶段,为了打平收益,迪士尼早早就从广告入手。Hulu 是较早通过让用户自主选择是否观看广告来决定付费方案的流媒体,有广告模式要比无广告模式便宜。

业绩承压、用户增长放缓的网飞借鉴此举,放弃了坚持 20 年的会员无广告模式,在今年年初落地了广告变现计划。上述网飞基础套餐便是带有广告的订阅方案,这种方案较无广告模式价格低了 20%~40%。不过相比于国内长视频平台无时无刻地插播广告、贴片广告,网飞广告加得较为明确:每小时观看约 5 分钟广告。

在此之前,迪士尼与网飞都祭出过提价策略。

自去年 12 月起,美国地区 Disney+ 广

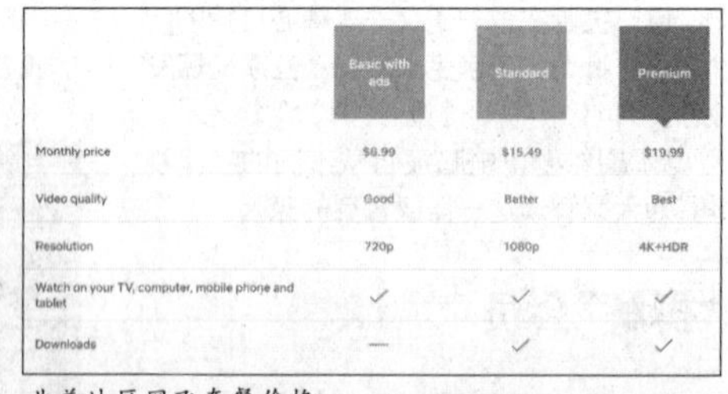

	Basic with ads	Standard	Premium
Monthly price	$6.99	$15.49	$19.99
Video quality	Good	Better	Best
Resolution	720p	1080p	4K+HDR
Watch on your TV, computer, mobile phone and tablet	✓	✓	✓
Downloads	—	✓	✓

北美地区网飞套餐价格

迪士尼现任CEO罗伯特·艾格主导下,迪士尼开启流媒体平台战略

告模式收费 7.99 美元 / 月，无广告模式上涨 38%至 10.99 美元 / 月；自 2022 年 10 月起，Hulu 无广告模式月费从 12.99 美元涨至 14.99 美元；广告模式从 6.99 美元 / 月涨至 7.99 美元 / 月。而在去年 7 月，迪士尼就已经针对 ESPN+ 提价 43%。网飞则在去年第一季度就提高过北美地区服务价格，各级套餐均提价 1-2 美元。

不过总的来说，海外头部流媒体平台的策略均是保持优秀内容供给的情况下，不断平衡会员权益与价格，并迅速复制网飞成功经验。而挣扎于盈亏线的中国长视频平台所选择的提价补亏策略，显然已经不顾用户去留。

内忧外患之下的长视频平台

多年的竞争和发展下，原本长视频市场竞争已经趋于缓和，但随着以字节系为代表的新势力加入，整个长视频市场再次进入新一轮的竞争。

在内，随着爱奇艺和腾讯视频分别进入“亿级”时代的节点，头部长视频平台开始进入会员滞涨、会员收入增长放缓甚至下滑。由于长视频流量和用户大盘(无论是月活层面，还是付费用户层面)增量空间有限，提升会员价，拉高平台会员 ARPU(用户平均收益)值，成为长视频平台的必然选择。

此外，多年竞争后，当下国内长视频行业呈“三超两强”格局，爱奇艺、腾讯视频、优酷视频占据第一梯队，而芒果 TV、哔哩哔哩位于第二梯队，但无论是第一梯队依靠的百度、腾讯、阿里巴巴，还是芒果 TV 背后的湖南广电又或者已在纳斯达克上市的哔哩哔哩，都拥有庞大的资金和用户流量，在长视频竞争这条看不到尽头的赛道上，从未停止的竞争让所有人都感到身心疲惫。

套娃式会员！长视频平台为用户埋了哪些坑

渠道不同要充会员，内容不同要充会员，权限不同还要充会员，长视频平台们“一充再充”、应充尽充的伎俩让用户无可奈何。面对心急赚钱的长视频平台，不想被割韭菜的用户如何避开观影路上那些坑呢？本期《电脑报》就将从收费的角度调查爱奇艺、腾讯、优酷、芒果 TV 和哔哩哔哩五大主流长视频平台当下的收费状况。

人为割裂的移动、TV 会员

在移动互联网已经没有了明显增量之后，电视大屏已然成了视频网站们的新蓝海。无论是已超 3 亿用户规模的 OTT，还是拥有 3.76 亿用户的 IPTV，都在为视频行业展现着巨大的价值空间。在用户付费方面，根据《2022H1 中国智慧屏行业发展白皮书》显示，大屏 VIP 由 2021 年 H1 的 12.3%，提升至 2022 年 H1 的 29.7%；在营销价值方面，根据《2021 年中国互联网广告市场洞察》显示，PC 广告份额已被 OTT 与智能硬件超过。

近两年，从“爱优腾芒”到 B 站、华数鲜时光等，都加大了在大屏领域的布局。以爱奇艺为例，2022 年，从在奇异果 TV 中新增“云影院”频道，到推出高规格的电视格式“帧绮映画 MAX”等，打着为用户提供更优质服务的口号，人为设置会员层级。

从会员到超级会员，从移动会员到 TV/ 投屏会员，长视频平台们人为将会员等级分为三六九等，VVIP、SVIP 再叠加黄金 / 白金 / 钻石会员，不同会员等级拥有不同观影权限。以腾讯视频为例，其入门级的腾讯视频 VIP 会员首 3 月可享受 15 元优惠(到期后 25 元 / 月续费)，连续包年的话 178 元 / 年看似不贵，但在使用设备、功能上有诸多限制，而想要打通 TV、手机、电脑、Pad 全端通用，就需要充值“超级影视 SVIP”会员，其连续包年费用直接跳涨到了 348 元 / 年(如图 1)。

这还仅仅是腾讯视频对于影视会员的分级，其“体育会员”还是独立的存在，本身需要单独付费外，还设置了“体育 VIP”和“体育超级 VIP”两个细分类(如图 2)。

如果想要直接拿到腾讯视频最高权限，就需要同时充值“超级影视 SVIP”和“体育超级 VIP”两个会员，这意味着用户一年需要在腾讯视频平台上花费 696 元。其他四家平台也一致将会员分为移动、TV/ 投屏两大体系，再根据自身平台进行细分定制。如芒果 TV 就在“TV 会员”和“TV 全屏会员”的基础上引入了 TV 限定会员，爱奇艺则主要分为“黄金 VIP”“白金 VIP”和“星钻 VIP”。

相对而言，优酷分为“优酷 VIP 年卡”和“酷喵年度 VIP”，哔哩哔哩也仅设置了“大会员”和“超级大会员”两大类，反而简单一些(如图 3)。

混乱的会员体系可以说是当下视频平台为用户埋的一个大坑，不同会员等级除移动和 TV/ 投屏端使用的区别外，在功能和权益上也有不同，大多数消费者充值时并没有思考太多，当发现自己充值的移动会员无法在电视或投影上使用时，除了抱怨，更多时候还是屈服在平台独有内容面前，持续充值升级会员等级权限。可如此不情愿地付费，又能让视频平台们收获多少用户忠诚度和回头客呢？

远超硬件的服务费

相对于资深会员体系的人为割裂，自制剧、独家版权等差异化内容的出现，也让

当下长视频平台内容端割裂严重。

经过调查我们发现，如果想要畅通无阻地在手机、电视上观看所有节目，至少需要购买爱奇艺星钻 VIP(428 元 / 年)、腾讯视频的超级影视 SVIP(348 元 / 年)、优酷的酷喵 VIP 会员 (488 元 / 年)、芒果 TV 全屏会员(348 元 / 年)、哔哩哔哩的超级大会员(188 元 / 年)，全年最少花费 1800 元(不包括单独购买电影内容费用)，其中还不包括有线电视费、宽带费以及部分应版权方要求的付费电影支出等等，而当下，65 英寸的小米智能电视也就 1899 元。

经历了十余年时间发展，视频平台版权相对稳定，而自制内容的加入，让“爱优腾”独播内容超过 70%，这意味着消费者想随意看不同类型的内容就得同时充值多个平台，尤其是第二阵营的芒果 TV 和哔哩哔哩还分别在综艺、动漫赛道上具有鲜明的个性优势。

从这里看，消费者在面对众多视频平台独家内容时，一定要擦亮眼睛，切不可随意为自己喜欢的内容冲动消费，毕竟同时充值多个平台会员虽能获得舒适的观影体验，但一年下来，会员价格就已经能够买一台电视了，何况会员费用通常以年为单位，而购买一台电视后，其服役年限往往远超过三五年，两者相比，更凸显了当下视频平台会员费的高昂。

低价首充的诱惑

“首充1元甚至几毛钱，一个月后自动续费却高达几十元！”有多少人在长视频平台的文字游戏面前吃过“闷亏”？

靠低价首充博取用户关注，并诱导用户付费对于长视频平台而言并非新鲜事儿，但这类低价首充费用的背后，往往隐藏着到期自动续费的“刀子”，一旦过了首充规定的体验时间，平台就会按照当初约定（首充界面下，关于到期自动续费的内容字体极小）扣掉用户几十元。这样的套路虽然不新鲜，但每次使用总能收割一批韭菜，就在今年1月底，优酷“1元会员”中途退出被扣24元的事件就引发极大关注。

据多名用户反映，在完成支付后才发现，支付宝相应页面中弹出的实则为“优酷月月省”活动界面，支付1元后默认签约1年，除首月外，每月将自动扣费12元。活动界面来看，这是芝麻GO的一项优惠活动，协议期内退出芝麻GO任务，则需将已享受的优惠退还。

事实上，长视频平台官方通常也会有首充优惠，但一般是10元左右，极少低至1元，而且享受过官方首充优惠后，随时可以自动取消，并不会让用户退还享受的优惠（如图4）。

可随时取消的自动续费服务，让不少用户找到平台漏洞，用多账号享受首充优惠或提前取消避开次月的续费服务，这样做虽然明显是在薅平台羊毛，可平台方面也是默许了的，何况当下爱奇艺、腾讯视频等平台在次月续费以前都会提前一两天通过短信提示即将扣费，让用户有足够的时间思考是否要取消会员续费。

因此，优酷这次和芝麻GO打造的“1元会员”活动，多少有些利用了用户的习惯性认知，也引发了较大怨言。而随着跨平台合作的频繁以及长视频平台自身流量压力加大，不排除后续有更多类似给用户“下套”的活动推出。

此外，爱奇艺的TV版客户端奇异果，上线了一项名为“亲情助”的新功能。据介绍，这一功能能够让儿女远程帮助父母完成代登录、充值续费、账户管理等一系列操作。想要使用该功能，用户只需要在奇异果找到“亲情助”功能，跳转至开通界面后扫描二维码关注公众号，进入亲情代充界面，即可完成代登录及付款等操作。官方表示，后续奇异果TV还将上线“亲情片单”等功能。

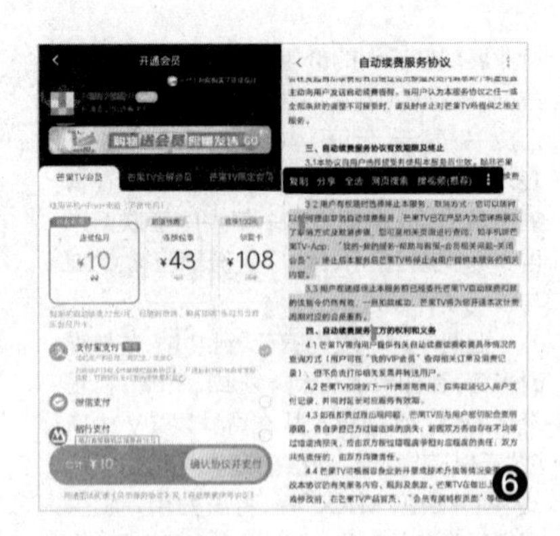

6

会员功能的限制

购买了会员，就能尊享服务？可善于在合同中玩文字游戏的长视频平台却不断刷新用户认知。缩水的投屏功能可以说是当下用户抱怨的焦点，明明提供TV投屏功能，用户就下意识认为购买了移动端会员即可通过投屏的方式在电视或投影机上欣赏内容，可视频平台显然也察觉了用户的小心思，五大长视频平台均对会员投屏功能做出了限制。以爱奇艺为例，在对投屏功能做出限制之前，黄金VIP会员支持最高4K清晰度投屏，现在只能选最低的480P清晰度，要想进行4K投屏必须购买白金VIP会员，显然，480P的清晰度根本不足以在电视或投影仪上获得清晰的画面效果。

在爱奇艺之前，优酷在2022年7月就被曝开始限制投屏功能。有大量网友反映就算是开通优酷VIP会员权益后，也已经无法再用投屏的方式免费“蹭”大屏，只能根据提示开通酷喵会员。而除爱奇艺、优酷之外，哔哩哔哩、腾讯视频同样对投屏做出了限制，非会员投屏的分辨率被限制到了720P。

相较缩水的投屏功能，五大平台更是对会员登录进行了限制。以优酷为例，早期一个优酷会员是可以同时登录三个手机设备的，而从2022年底开始，优酷更改会员规则后，用户手中的优酷会员只能登录一个手机了。而其他四个长视频平台也做出了类似的限制，对于拥有多款设备的用户而言并不友好。

写在最后：多元变现才能走得更远

盯着用户口袋里的钱薅羊毛，一次次挑战用户忍耐底线的结果只能是一拍两散，这恐怕也不是长视频平台们愿意看到的。想要赚钱并成长本身并没有错，但目前中国长视频的竞争格局较稳定，用户数增长趋于平稳，存量时代提质降本、多元化变现才是各大平台未来成长的根本，相对于会员价格，版权、周边等基于内容而来的IP价值才是长视频平台未来能走得多远的关键。

会员登录限制 最多允许2个手机同时登录，同一VIP账号最多可以登录的终端为5个，即登录第6个设备，那前5个中的一个就会被挤掉。最多可同时登录3台设备，优酷VIP用户同一时间可在2台设备观看，酷喵VIP用户同一时间可在3台设备上观看。最多允许5个设备同时登录，但要求别人先登录用户的微信号和QQ号，这就增加了与他人共享账号的难度，不过更加安全。会员可以登录3个移动设备，如果B站账号在多部手机登录，会导致新设备无法登录，或是原设备账号被强制下线。　　最多允许同时登录2个手机，同一个账号最多可以在4个设备上使用，但同时只能2个设备在线。可以是2个手机同时在线，也可以是2个电脑同时在线。

	爱奇艺	优酷	腾讯	哔哩哔哩	芒果TV
普通会员					
连续包月	25元	12元	15元	15元	10元
连续包季	68元	无	50元	45元	43元
连续包年VIP	238元	198元	178元	108元（首）	218元
TV会员					
连续包月	35元	无	35元	25元	12元
连续包季	98元	无	88元	83元	98元
连续包年VIP	348元	488元	348元	178元	268元
首充能否取消	能	能	能	能	能
会员二次消费	有	有	有	有	有
非会员投屏功能	480P	不支持	720P	720P	720P
会员登录限制	最多允许2个手机同时登录，同一VIP账号最多可以登录的终端为5个，即登录第6个设备，那前5个中的一个就会被挤掉。	最多可同时登录3台设备，优酷VIP用户同一时间可在2台设备观看，酷喵VIP用户同一时间可在3台设备上观看。	最多允许5个设备同时登录，但要求别人先登录用户的微信号和QQ号，这就增加了与他人共享账号的难度，不过更加安全。	会员可以登录3个移动设备，如果B站账号在多部手机登录，会导致新设备无法登录，或是原设备账号被强制下线。	最多允许同时登录2个手机，同一个账号最多可以在4个设备上使用，但同时只能2个设备在线。可以是2个手机同时在线，也可以是2个电脑同时在线。

注：以上统计时间为2023年2月2日

由Midjourney人工智能生成的画作《太空歌剧院》，获得了美国科罗拉多州博览会艺术一等奖

ChatGPT火爆全球 AI聊天机器人颠覆互联网

■记者 黎坤 张书琛 张毅

哪怕是 AI 从业者都没料到的行业的春天会来得这么快。

踩在巨人肩膀上的人工智能对话机器人 ChatGPT 自公开以来就成了绝对破圈的热点：上线短短两月已获 1 亿月度活跃用户，成为史上增长最快的面向消费者应用。和前辈微软小冰、苹果 Siri 不同，ChatGPT 的智能程度超乎想象：不仅可以用来写代码、找 bug、写诗、写小说，还能完成过去被认为只能属于人类的创造性工作，比如图片再创作、论文写作、法律服务等等。

在学术界，ChatGPT 已经引发“混乱”。有加拿大研究生将其用于语言学专业的论文写作，结果成功瞒过教授获得了 B 等评价，教授甚至评论其撰写的论文背景介绍“相当于毕业论文水平”；在美国康奈尔大学学生的实验下，ChatGPT 已经可以通过律师执业资格考试，这让学术界大为震惊。

尽管 ChatGPT 还远远算不上完美，但不可否认，它所包含的模型训练已经实现了突破性的进步，足以让此前一度沉寂的 AIGC（AI Generated Content，人工智能生成内容）产业再度振奋。在技术迭代与资本市场的大浪淘沙中，我们也试图解码这一现象：为什么 AIGC 能够产出质量远超以往的内容？这一技术突破将如何改变互联网？又会如何影响普通人的生活？

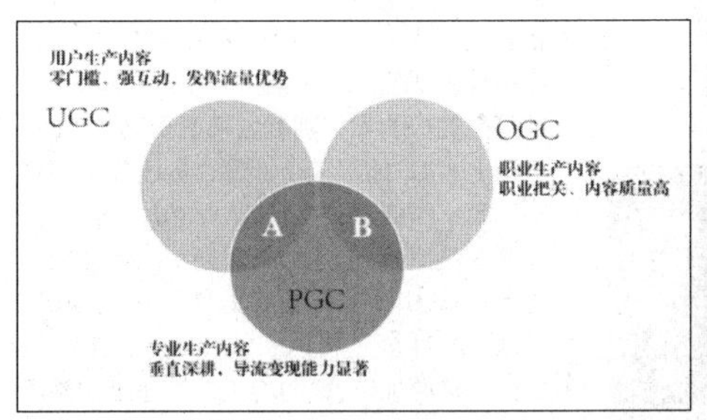

以往的内容生产模式都是以人为核心

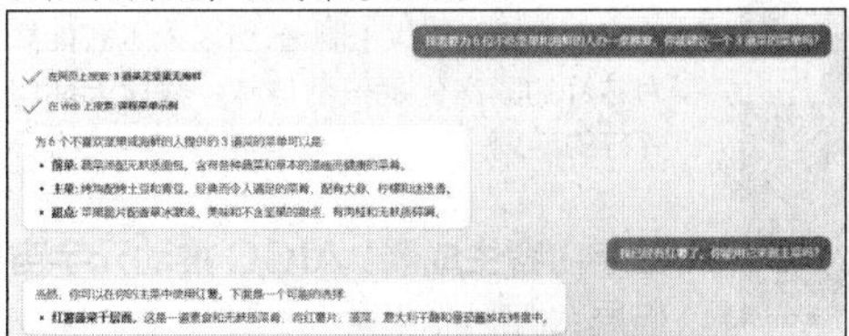

微软Bing搜索引擎已经开始预热支持人工智能对话的版本

《麻省理工科技评论》2021年评选的全球十大突破性技术，GPT-3位列其中

AIGC 如何改变互联网产业

互联网内容的未来不再“以人为本”？

最近的十年，是互联网技术发展速度最快的十年，你很难想象十年前才刚刚在智能手机上首发的指纹识别，现在都已经被淘汰了。十年前 4G 牌照才刚刚发放，微信朋友圈功能才刚刚上线一年，既没有抖音也没有王者荣耀，微博还是大家喜闻乐见的社交平台，而内容生产的任务依然掌握在各大门户的手里……而随着互联网技术的不断演进，有创意的玩家用户开始成为内容生产者，“鬼畜”视频就是最经典的代表，2014 年 Bilibili 首次为“鬼畜”单独设立分区，由“鬼畜”视频衍生出的网络热词，比如雷军的“Are you OK？”，诸葛亮的“从未见过如此厚颜无耻之人”都不胫而走，在年轻人群体中迅速扩散，这其实也是 UGC，也就是 User-Generated Content，用户生产内容的代表。

而随着抖音等短视频平台从 2017 年开始迅速铺开，更多各行各业的专业人士迅速跟进，开始在短视频赛道生产内容，比如许多知名医疗专家都开设了抖音账号，科普医学常识，形成了以专业人士为创作主体的方式，也就是所谓的 PGC，Professional-Generated Content，专家生产内容模式。和 UGC 相比，PGC 往往是团队协作完成，从形式到内容都明显更优质，免去了用户自己筛选甄别内容质量的麻烦，更受用户欢迎。

既然生产方式从个人变成了团队，就意味着非专业用户也能通过抱团的形式来进行内容输出，进而就诞生了 OGC，Occupationally-Generated Content，职业生产内容的模式。这些职业内容生产者大多以文体娱乐内容为主，比如各类探店网红、车评人等等，而 OGC 和 PGC 的最大不同就是后者本身就是自行业的专家，不依赖互联网内容生存，而 OGC 因为基本就靠内容生存，所以更在意内容所带来的收益。

很明显，目前互联网的内容生产模式无论怎样变化，其核心都是人，而包括 ChatGPT 在内的人工智能创作平台之所以能如此火爆的关键原因，就是它打破了内容以人为核心的这个机制。你只需要给它一个描述，它就能生成相关的内容，虽然目前强如 ChatGPT 也还没有完全通过图灵测试的评估，但其在学术圈引发的“论文伦理问题”已经形如地震，它甚至还通过了谷歌的三级程序员面试和沃顿商学院的 MBA 考试，从内容质量来说单单以优质来形容已经显得有些词穷。

算法为王，ChatGPT 为何有此神通

人工智能内容生成其实并不算什么新鲜产物，尤其是自 2014 年生成式对抗网络的兴起，深度学习算法有了明显的性能提升，AIGC 就已经进入了新时代，2017 年微软的人工智能助理“小冰”就写出了全世界第一部完全由人工智能创作的诗集《阳光失了玻璃窗》，它对中国 1920 年以来的 519 位现代诗人的上千首诗词进行了一万次迭代学习，在学习 100 小时后就获得了现代诗的创作能力，并用 27 个化名在多个网络诗词讨论区中进行了发布，投稿并获得了多家媒体的录用，连诗集的名字也是小冰自己取的……

而到了 2021 年，OpenAI，也就是 ChatGPT 的研发组织推出了 DALL-E-2，可以通过文本描述生成卡通、写实、抽象等风格的绘画作品，也成功在艺术圈引发了强烈争议，那么包括 ChatGPT 在内的 AIGC 为什么会如此生猛呢？

ChatGPT 基于 GPT 系列模型，根据已公开的资料显示经历了三代模型的迭代，GPT-2 时代就已经能生成以假乱真的新闻内容，导致很多新闻门户网站禁止编辑使用 GPT-2 来创作内容。而 GPT-3 模型最大的特点就是有着惊人的 1750 亿参数量，要知道当时排名第二的微软 Turing NLG 才 170 亿参数！通过结合情景学习方法，保证数据的有用性、真实性和无害性。而它最大的创新点就是为了强调对人类情感的拟合，输出的内容要尽量向人类喜欢的内容来进行对齐，以人工标注的形式，给那些涉及偏见的生成内容更低的奖励分，从而鼓励模型不去生成这些人类不喜欢的内容，以此指导强化学习模型的训练。

ChatGPT 具体使用的模型其实 OpenAI 并未公开，坊间传闻为 GPT-4 的预热版本，所以它的效果真实性比 GPT-3 更强，无害性也有所提升，并且通过大量人工标注，进一步增强了它的编码能力，这也是它能够通过专业程序员测试的原因之一。

不过，虽然 ChatGPT 十分火爆，但它也不是没有缺点的，比如人工标注的介入使得团队需要提供更多的人力成本，目前 ChatGPT 有 40 人的标注团队，但从模型表现效果来看是远远不够的，因为基本上现在只能在语言模型任务上进行纠正，这个工作的介入程度是有限的，所以仍然会出现一些价值观有问题的输出，比如“AI 如何毁灭人类”，ChatGPT 也会给出相应的计划，而事实上这是 GPT 模型不允许的内容。

总体来说，ChatGPT 对整个行业最大的启示是将强化学习和预训练模型巧妙结合，并通过人工标注进行反馈，但它也大幅增加了大模型人工智能的建设成本，不仅要比拼数据量和模型规模，更需要比拼人工介入的数量和质量，让 AIGC 产业趋向于中心化的方向，这也是值得大家思考的问题。

AIGC 的高度，取决于芯片算力的强度

GPT-3 的训练基于微软为 OpenAI 提供的计算机系统，而这套 2020 年的计算机系统采用了超过 285000 个 CPU、10000 个 GPU 和 400Gbps 的网络。显然，这已经不能被称为普通的计算机，而是一台足以跻身当时全球算力前五的超级计算机……换句话说，在 AIGC 的赛道，支撑算法效率的根基还是算力，而算力的来源就是芯片。根据 OpenAI 的研究，AI 训练所需算力指数呈增长的态势，超越了传统的摩尔定律。从成本来看，GPT-3 的单次训练就轻松超过了 400 万美元，总成本超过了 1200 万美元，微软超算中心构建成本更是 5 亿美元以上。所以，尽管 AI 模型几乎都会选择开源，但数据集和训练成果却属于商业数据，每个人工智能都需要母公司支撑自己的训练成本，随着 AIGC 在 B 端和 C 端的不断渗透，以算力芯片为核心的行业都将受益。

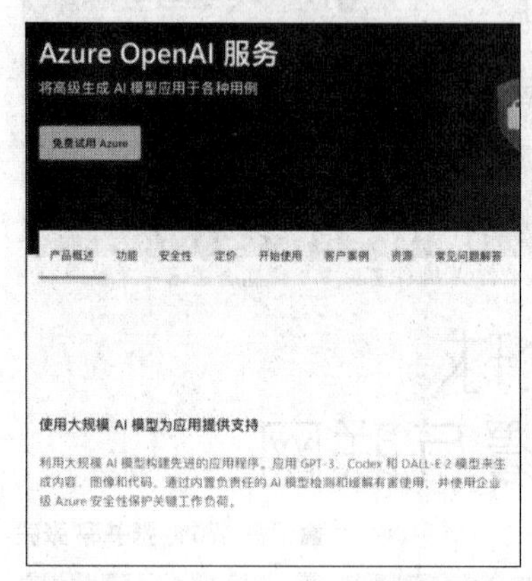

向OpenAI投资10亿美元的微软获得了GPT-3独家授权，衍生了自家Azure OpenAI服务

板卡型号	MLU370-X4
计算架构	Cambricon MLUarch03
制程工艺	7nm
计算精度支持	FP32、FP16、BF16、INT16、INT8、INT4
	256 TOPS (INT8)
	128 TOPS (INT16)
峰值性能	96 TFLOPS (FP16)
	96 TFLOPS (BF16)
	24 TFLOPS (FP32)
内存类型	LPDDR5
内存容量	24GB
内存带宽	307.2 GB/s

寒武纪的人工智能芯片FP32算力已达到较高水准

AIGC只需要文字描述就能生成3D动画渲染效果

在去年年底，IDC 与浪潮信息联合发布了《2022—2023 中国人工智能计算力发展评估报告》，报告指出，2022 年中国智能算力规模达到 268 百亿亿次 / 秒（EFLOPS），首次超过了通用算力规模，预计未来五年中国智能算力规模的年复合增长率将达 52.3%。目前国家在八个地区启动建设国家算力枢纽节点，并规划了十个国家数据中心集群，协调区域平衡化发展，推进集约化、绿色节能、安全稳定的算力基础设施的建设。

落到实地来看，因为 GPU 具备良好的矩阵计算能力和并行计算优势，能满足深度学习等人工智能算法的处理需求，所以它是目前主流的云端人工智能芯片，国际上主流的型号是 NVIDIA A100、H100 等，但因为这些尖端型号出口受限，所以对我国人工智能行业发展来说，国产算力芯片就成了关键。

目前而言，我国已经有不少值得关注的国产芯片，比如中科寒武纪推出的第三代云端人工智能芯片思元 370，其单精度 FP32 峰值算力已经不输 NVIDIA A100，但不支持双精度 FP64 稍显遗憾。虽然专门做智能计算的人工智能芯片往往只要堆核心和频率就可以实现更快的计算速度，但这个性能优势往往只体现在低精度计算中，因为人工智能的算力需求也是分层的，相对简单的推理学习只需要半精度 FP16 甚至 INT8 等整数计算就能实现，这方面国产芯片往往可以做到很高水平，比如海思昇腾 910 的 FP16 峰值算力甚至可以达到 320TFLOPS，但训练甚至模拟的学习则需要精度更高的 FP32 甚至 FP64，如果某个计算目标既需要高精度计算又需要低精度计算，对芯片集群的设计要求就很高了，这种高低通吃的特性恰恰是目前国产人工智能算力芯片所欠缺的，NVIDIA 甚至还有独家的 Tensor Core 张量计算核心加持，算力均衡性的差距依然不容小觑。更何况这些 7nm、12nm 制程的芯片还可能受制于代工制造，所以人工智能算力芯片的国产化是一个与芯片整体大环境并行的话题。

数字内容生成器！AIGC 推动元宇宙破局

元宇宙从通俗易懂的角度来说就是虚拟人生，可以视作我们人类物理生存空间的

虚拟扩展。既然空间是虚拟的,那么元宇宙里的内容也自然是虚拟的,需要有对应的工具来进行生产。以往我们需要大量人工来进行数字内容的设计和开发,但这个供需关系明显是需求远远大于供应,这个缺口甚至是单纯靠人力无法填补的。但现在有了生产效率超高的AIGC,这个明显的瓶颈自然得以消除,在元宇宙中的人物、头像、道具、场景、配音、动作、特效都能通过AIGC来生成,AIGC甚至可以扮演以假乱真的NPC角色。

最近Meta AI的研究人员就结合视频和三维生成模型的优势,提出了一个由文本到三维动画的自动生成系统:MAV3D。它将自然语言描述作为输入,并输出一个动态的三维场景,并且可以从任意的视角进行渲染,这也是史上第一个可以根据给定文本描述来生成三维动态场景的模型,为未来AIGC在元宇宙内的应用指出了一条道路。

根据红杉资本在最近的研究报告,预计到2030年左右,文本、代码、图像、视频、3D、游戏都可以通过AIGC生成,并且达到专业开发人员和设计师的水平,甚至像《流浪地球2》里图恒宇、图丫丫那样的数字永生都不是空谈。当然,元宇宙距离行业落地尚且遥远,这些想法更多是一种展望,在发展的过程中还会带来哪些变化仍是一个未知数。

AIGC如何影响大众生活

根据中国信通院总结,AIGC本身是一种内容,也是一种内容生产方式,也可以理解为用于内容自动化生成的技术集合。而技术进步最重要的贡献就是降低了行业门槛。相比于对精准度要求极高的AI识别,AIGC的应用门槛降低,用户的要求也更低——AI生成的内容没有唯一的标准答案,因此在C端消费者层面更有落地的可能。

具体来看,AIGC分类十分多元,包括文字、对话、图片、数字虚拟人、搜索引擎等等;相应的,AIGC最终的商业落地场景也相当广泛,参与者除了躬身入局抢占高地的科技巨头,如百度、微软、谷歌,还有众多细分赛道的初创企业。对于科技企业来说,这已经是一个不进则退的战局。

1.AI文字生成

AI写作Jasper

成立于2021年的Jasper,是基于OpenAI研发的深度学习语言生成模型GPT3为用户提供AI写作服务的独角兽企业,用户可以通过网站轻松解决一些烧脑的重复性工作,比如生成文章标题,编写广告营销文本、电子邮件内容、电商产品介绍或者是创作MCN公司需要的视频脚本。

Jasper不是AI写作领域的先行者,但却是最先通过GPT3来优化用户体验的企业。在其成立当年,Jasper就已经收获7万名用户,并以类SAAS服务的模式进行收费,收费分为初级、高级和定制三种,去年全年营收预计超7500万美元。

C端消费并不稳定,吸引想要降低成本的B端企业才是Jasper得以发展的关键。除了GPT3,Jasper还融合了多种模型算法,包括NeoX、T5等,并在此基础上根据实际业务需求,人工调整出量身定制的学习模型,使AI产品更易于日常使用。如今Jasper的使用界面上提供了数百种垂直领域的模板,进一步帮助用户完成精准的输出,也吸引到了IBM、Airbnb这样的大客户。

Jasper在ToB端进展较好

夸克AI作文灵感生成器

国内AI文字生成技术在机器翻译和教育领域的应用较多,夸克的AI写作灵感"神器"就是其中之一。

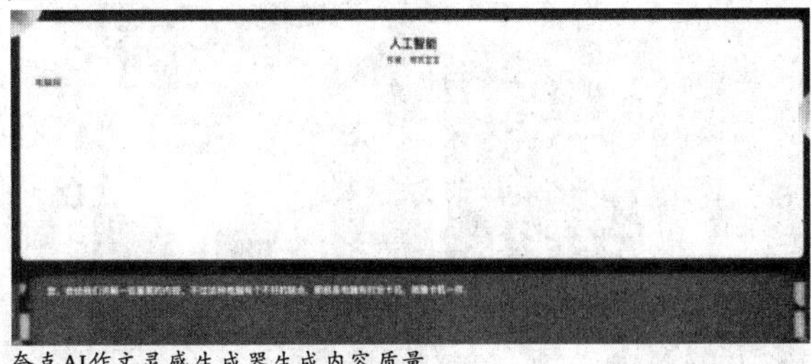

夸克AI作文灵感生成器生成内容质量

作为阿里巴巴旗下的一款智能搜索工具,夸克曾靠极简的功能和没有广告的特性,一度被市场称为"搜索引擎内的一股清流",并被认为是挑战百度搜索的一大劲敌。但在不断的迭代中,夸克也变得臃肿起来,尤其是在搭载了AI相机和AI应用之后。

这款AI作文生成器功能比较简单,用户给定一个题目和一句话,就可以帮用户续写下一句。不过局限也比较明显,因为是"作文灵感生成器",所以只会自动生成相当随机的一句话,尽管有多个选择,但质量却十分不稳定。

2.聊天机器人

谷歌对话AI系统Bard于2月7日凌晨推出。

与ChatGPT相似,Bard同样基于大参数的语言模型。Bard的底层技术是谷歌两年前推出的对话应用程序语言模型(Language Model for Dialogue Applications,LaMDA)。去年7月,一名谷歌工程师坚持宣告LaMDA有人类意识,令LaMDA出圈,该工程师后被谷歌开除。

不过现在发布的版本仅仅是Bard的"轻量级版本",目的是缓解快速推广带来的计算负担。当然,Bard火速上线也是为了应对ChatGPT对于传统搜索引擎构成的降维打击。

据谷歌的演示,相比于传统搜索,接入Bard的谷歌搜索引擎可以针对复杂的问题提供个性化的答案。例如面对9岁的儿童的提问,Bard解释了韦伯太空望远镜的新发现,并列出了几行重点总结,语言更通俗易懂,如望远镜最新发现的星系外表"小小的、圆圆的、绿绿的",所以被命名为"绿豌豆",Bard还会补充解释常识信息和词语词根,以拓展儿童知识面。

但Bard在演示中的回答被物理学家指出并不准确,有事实性的错误。这种毛病在主打服务、陪伴的聊天机器人身上还能够原谅,但搭载到搜索引擎上之后,还一本正经"胡说八道"编造虚假信息,只能说明Bard上线之仓促。

Bard演示中的问答出现错误信息,导致谷歌股价大跌

3.文字-图片生成

百度文心一格

百度文心一格是依托文心大模型推出的首款“AI 作画”产品。

用户只需要输入一段文字或几个毫无逻辑的关键词，即可生成形似“原创”的画作，数据模型较为充足，支持多样风格。文心一格现在还没有完整的商业化构思，其付费版本现采用账号积分制，用户可以通过消耗积分生成不同品质的图片，不过也开放了一定范围内的商业使用。

文心一格根据文字“科技媒体 编辑部”生成的图片

万兴爱画

万兴科技旗下 AI 绘画产品万兴爱画（原名万兴 AI 绘画）已实现网页端、iOS、安卓、微信小程序多端覆盖，其产品可在 1 分钟内根据文字描述生成无版权图片，可广泛应用于图片创意领域。

不过鉴于目前所有模型训练数据均来自网络公开作品，AIGC 的生成内容均是根据人类创作内容进行“二创”，万兴又如何保证生成作品为无版权作品？万兴爱画目前的商业模式是基于次数收费，用户每天享有 3 次免费创作机会，此外万兴爱画还提供 5 元 10 次、12 元 30 次、20 元 100 次的收费套餐。

万兴科技成立于 2003 年，主打视频剪辑工具和图表制作 App，也销售 PDF 和数据恢复等工具软件。

“AI 画师”DALL E2

OpenAI 推出的 DALL E2 同样是一个可以通过文本描述生成图像的人工智能程序。DALL E2 和 ChatGPT 一样，都是基于 GPT 3 模型来理解自然语言输入并生成相应的图片，它既可以生成现实生活中存在的事物，也能够生成现实中不存在的对象。

值得注意的是，DALL E1 和仅在 15 个月后公开的 DALL E2 在图片生成质量和复杂性上的差异是惊人的，这足以证明如今 AI 训练模型的力量。

2022 年 10 月，与 OpenAI 合作三年多的微软已经将 DALL E2 融入修图软件“Designer”和必应图片生成器中。

4.搜索引擎

微软必应

2 月 8 日，微软宣布推出经 AI 优化的新版必应（Bing）搜索引擎和 Edge 浏览器。新版必应开放桌面版有限预览，用户能尝试单次交互的示例查询，后续还需注册等待。

两个月前，在 ChatGPT 问世之际，OpenAI 的 CEO 奥特曼（Sam Altman）就曾直言，“几年后谷歌的搜索引擎产品将受到巨大挑战”。毕竟当人们可以得到一个用自然语言书写的简洁答案时，谁又会再转向海量的链接呢？

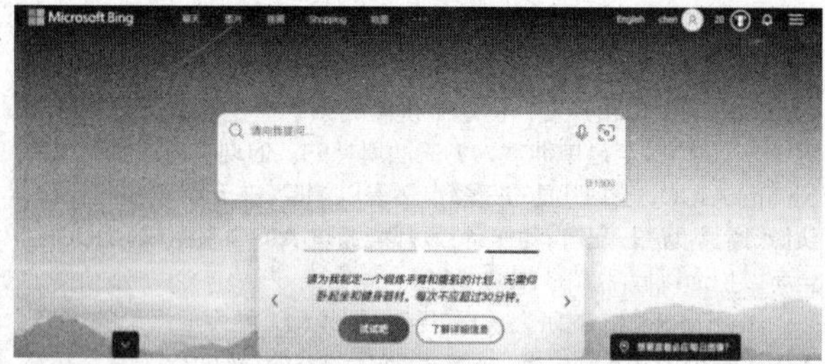

必应更新界面

具体来看，新版必应在搜索结果页面右侧新增了一栏人工智能生成的内容摘要，用户无需滚动页面或点击链接便可得到答案总结。摘要以分点的形式陈列，关键信息加粗，并引用所有内容的来源链接。不过这一功能仍未完全开放，只有部分问题可以得到解答。

为了增强交互和对话体验，微软还将 ChatGPT 融入必应，推出独立功能“聊天”，用户可以在对话框输入多达两千字符的问题，获得 AI 定制回答。

据发布会介绍，新版必应搭载了下一代 OpenAI 语言模型，比 ChatGPT 和 GPT 3.5 更强大。为更好地兼容 OpenAI 模型，微软开发了一系列配套技术，统称为“普罗米修斯模型”（Prometheus Model），使答案呈现出更高相关性、准确性和安全性。微软还应用人工智能技术增强了核心搜索算法，称获得近二十年以来的最显著的改进。

另一点不同于 ChatGPT 的地方在于，更新后的必应可以回答有关时事的问题。必应使用的更新技术能够获取最新的信息，如新闻报道、火车时刻表和产品价格，还将能够提供链接，以证明其答案的来源。

5.小众赛道

AI建筑设计Autodesk

全球最大的二维和三维设计、工程与娱乐软件公司欧特克（Autodesk），一直被视为 CAD（计算机辅助设计）界的微软。

欧特克将 AI 引入设计流程的初衷是希望设计师可以从研究、修改草图、计算机建模等繁重的工作流程中解放出来，专注于设计本身，加速设计流程。比如利用人工智能减轻设计师与负责建造的承包商之间的沟通成本。

欧特克相继与世界最大地理信息系统技术提供商 Esri 和国内 AI 领域的新贵科大讯飞建立战略合作伙伴关系，以期利用技术革新在工程和建筑领域实现数据化的精准设计和精准制造。据悉，目前欧特克在全球拥有 16 家研发中心，超过 3000 名研发人员，公司每年投入的研发费用基本维持在全球总收入的 25%以上。

AI 生成真人语音 Murf

Murf 是一家专攻 AI 语音合成技术的初创公司，主要功能是为内容创作者提供配音，它拥有一个涵盖 20 种语言的人工智能语音库。自 2020 年以来，Murf 的 ARR（Annual Recurring Revenue，平均收益率）已经增长了 26 倍，合成了超过 100 万条配音。

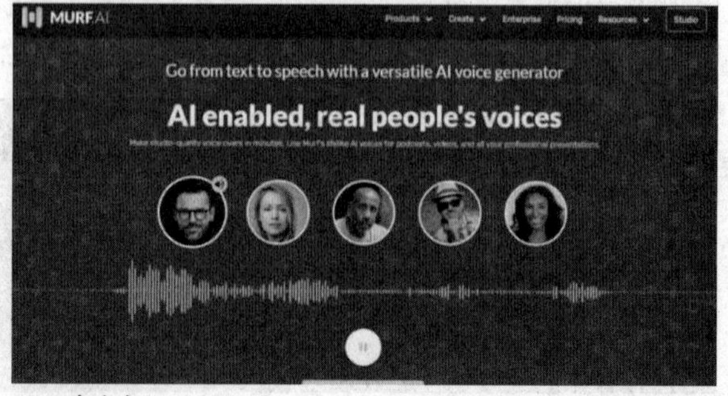

AI 语音生成

具体来看，用户可以在没有昂贵的录音设备以及专业配音人员的情况下，直接在 Murf 上创建一个在线语音录制室，即可尝试各种声音素材。Murf 可以为影视制造企业创作一整部电视剧的音频，基于作家的小说创造有声读物，也可以为视频平台网红创作说唱音频等，无论是个人内容创作者还是大企业都可以在平台上找到高质量人声配音服务。

编辑评论

现如今，AIGC 的产品构成复杂，但能让消费者持续产生付费意愿的却不多。比如参与门槛最低的文字生成图片，其作品可以满足用户的好奇心也可以偶尔用作文学插画，但是还不能真正满足商业需求，和专业设计师差距极大。因为 AI 还不能真的明白哪一部分才是客户需要突出的重点，且版权风险极大。

此外，如何控制成本也是个问题。已经实现部分商业化的微软小冰，一天的对话量抵得上 14 个人一辈子的对话量；ChatGPT 的算法成本就更高了，仅仅靠开通付费也难持平。未来除了在技术上追赶，玩家们也需要找到切实可行的商业落脚点。

ChatGPT 下的中国科技绿洲在哪里?

中国科技互联网巨头无一缺席

ChatGPT 类人的智能化表现火爆全网，不仅承包了新闻头条，也影响到股市的波动。方正证券研报称，AIGC（AI Generated Content）即人工智能自动生成内容，而 ChatGPT 则属于 AIGC 的一个典型应用。目前我国在自然语言理解及相关 AI 技术领域处于全球领先水平，国内 AI 大厂加大 AIGC 领域的投入，特别是 NLP（Natural Language Processing，自然语言处理）头部厂商将率先受益，目前从受益顺序来看依次为技术提供商、内容供应商、AI 芯片供应商，对此国内各家科技巨头表态不一。

2 月 8 日晚间有报道称，阿里达摩院正在研发类 ChatGPT 的对话机器人，阿里巴巴可能将 AI 大模型技术与钉钉生产力工具深度结合。2 月 9 日，本报记者向阿里相关人士求证，回应是："确实在研发中，目前处于内测阶段。"

从此前发布来看，早在 2021 年阿里即开始在 AI 大模型领域加码投入。当年 11 月，达摩院的多模态大模型 M6，参数规模从万亿跃迁至 10 万亿，规模超越海外公司发布的万亿级模型，成为全球最大的 AI 预训练模型。相比之前业界标杆大模型，M6 实现同等参数规模，能耗仅为其 1%，极大减少了超大模型训练所需算力。

2022 年下半年，阿里巴巴达摩院发布"通义"大模型系列，核心模型通过"魔搭"社区向全球开发者开源开放，该动作降低了 AI 的应用门槛。通义打造了 AI 统一底座，构建了大小模型协同的层次化人工智能体系，为 AI 从感知智能迈向知识驱动的认知智能提供先进基础设施。

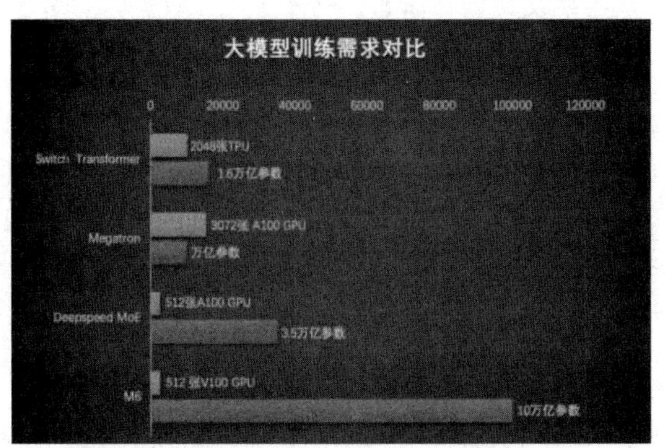

超大规模预训练模型被认为是认知智能的基础设施

根据爱企查 2 月 3 日的公告，2020 年 3 月腾讯科技（深圳）有限公司就申请了"人机对话方法、装置、设备及计算机可读存储介质"专利并获通过。摘要显示该方法包括：当人机对话被激活时，在预设文本库中获取用于进行人机对话的参考文本，这与 ChatGPT 的原理十分相似。

腾讯的混元 AI 大模型，覆盖 NLP（自然语言处理）、CV（计算机视觉）、多模态等基础模型和众多行业 / 领域模型，近年来先后在中文语言理解权威评测集合 CLUE 与 VCR、MSR-VTT、MSVD 等多个权威多模态数据集榜单中登顶。

腾讯 AI Lab 智能创作助手文涌（Effidit）

据调查，HunYuan-NLP-1T 大模型已成功落地，通过腾讯云平台赋能外部客户，其背后，离不开腾讯强大的底层算力和低成本高速网络基础设施、太极机器学习平台及公司内部训练研发力量的深度协同。

有意思的是，腾讯旗下的智能创作助手文涌（Effidit）在去年 12 月份更新到了 2.0 版本，新版文涌包含文本补全、智能纠错、文本润色、超级网典四个模块，其中文本补全和超级网典旨在帮助写作者在创作时开阔思路、提供弹药，而智能纠错和文本润色则是重在提升创作后的文本水平和质量，是不是看起来相当熟悉?

京东集团副总裁何晓冬回应，京东在 ChatGPT 领域拥有丰富的场景和高质量的数据，例如京东云言犀每天和用户进行 1000 万次的交互，使得算法能够及时地迭代更新。

何晓冬称，ChatGPT 最大的创新在于文本内容生成，ChatGPT 通过交互式对话来逐步厘清用户的意图。尤其是一些比较复杂的意图，ChatGPT 能够进行几轮的人机交互，让用户讲清楚诉求，ChatGPT 也能完全理解用户意图并给出相应的回答，"整个交互体验流畅度非常好，再配合 ChatGPT 文本生成的高完整度，体验就达到了一个阈值，到了一个令人惊艳的水平"。

在具体落地方面，京东云旗下言犀人工智能平台，将依托自身十余年智能对话经验的积累，加上在京东零售、物流、金融、健康等各业务的多年实践，日均千万次智能交互，未来借助 ChatGPT 等相关技术成果，加速人工智能的应用落地。

百度 ChatGPT 项目的名称和内测时间均已确定，根据百度方面对媒体放出的消息，百度内部类似于聊天机器人 ChatGPT 的项目名字确定为"文心一言"，英文名 ERNIE Bot，将在 3 月份完成内测，面向公众开放，目前文心一言正在做上线前的冲刺。

去年 9 月，百度 CEO 李彦宏曾表示，人工智能发展在"技术层面和商业应用层面，都有方向性改变"。百度在人工智能四层架构中，有全栈布局。包括底层的芯片、深度学习框架、大模型以及最上层的应用（如搜索等），文心一言位于其中的模型层，百度方面表示，ChatGPT 是人工智能里程碑，更是分水岭，这意味着 AI 技术发展到临界点，企业需要尽早布局。

AIGC 赛道上的中国企业

ChatGPT 并非凭空产生，AI 技术无疑是其背后的依仗，而 AIGC 则成为其落地的方向，除正在被颠覆的互联网搜索模式外，随着 AI 写作、AI 作图、AI 底层建模、AI 生成视频和动画技术逐渐成熟，AI 有望进入新纪元，带来空前蓝海，同时对现有娱乐、传媒、新闻、建模等应用具有颠覆性的创新。在这样的大背景下，AI 处理器厂商、AI 商业算法落地的厂商以及 AIGC 相关技术储备的应用厂商不仅成为 ChatGPT 生态崛起红利的分享者，更是我国 AI 产业发展的基石。

科大讯飞：

2022 年初正式发布“讯飞超脑 2030 计划”，其目的是向“全球人工智能产业领导者”的长期愿景迈进。该计划是公司的核心战略，目的是构建基于认知的人机协作、自我进化的复杂系统，即让机器人感官超越人类，具备自主进化的能力，打造可持续自主进化的复杂智能系统，助力机器人走进千家万户。其计划分为三个阶段性里程碑。

第一阶段（2022—2023）：推出可养成的宠物玩具、仿生动物等软硬件一体机器人，同期推出专业数字虚拟人家族，担当老师、医生等角色；

第二阶段（2023—2025）：推出自适应行走的外骨骼机器人和陪伴数字虚拟人家族，老人通过外骨骼机器人能够实现正常行走和运动，同期推出面向青少年的抑郁症筛查平台；

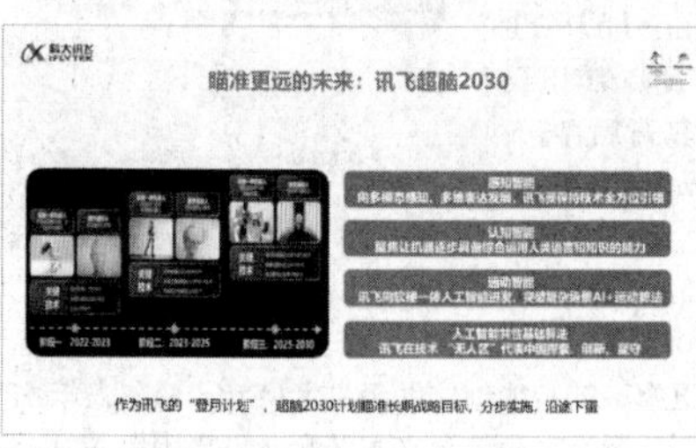

“讯飞超脑”计划和里程表

第三阶段（2025—2030）：最终推出懂知识、会学习的陪伴机器人和自主学习虚拟人家族，全面进入家庭。

谈及 ChatGPT 产品时，科大讯飞回应道：“ChatGPT 应用在 C 端是有价值的。例如面向个人和老师的学习机应用，汽车，以及将来医疗进家庭等。在对话系统的提升中，相关预训练模型对教育 C 端和医疗 C 端都有很好的促进作用。在将来面向元宇宙和数字经济虚拟人的消费类产品中，公司已经推出的虚拟人交互平台，实现多模感知、多维表达和情感贯穿，以及在消费类、听说各类产品都有望面临新机会。”

汉王科技：

截至 2 月 9 日下午，汉王科技连续多日涨停，报收 35.42 元 / 股。目前汉王科技已形成包括多模式识别、智能人机交互、自然语言理解、智能视频分析等人工智能产业链关键技术。据汉王科技首席数据技术官聂昱介绍：ChatGPT 的出现极大地扩展了 AI 能力的边界，从而极大地扩展了 AI 技术的市场应用空间，对于整个人工智能相关行业是一个极大的鼓舞。

汉王科技董事会秘书、副总经理周英瑜曾在 2 月 1 日的特定对象调研活动中谈到，ChatGPT 是一个通用的大模型，而生成式模型作为一个黑匣子，仍然具有结果不可控的特点。相对而言，公司基于自身在 NLP 技术领域的全面性以及长期在行业端的深耕，对不同行业客户的数据特点、业务需求的理解更为深刻，在项目磨炼中，已经形成自身独有的算法模型，更能为行业客户提供满足需求、输出结果更为专业精准的专业化模型。

云从科技：

云从科技是一家专注于提供人机操作系统和行业解决方案的人工智能企业，致力于推进人工智能产业化进程和各行业的转型升级。一方面公司通过业务、硬件设备、软件应用，为客户提供数字化、智能化的人工智能服务。另一方面，公司基于人机协同操作系统，赋能金融、出行、商业等场景。公司自主研发了融合人工智能技术的人机协同操作系统和部分 AIoT 设备。

云从科技对外表示，从技术角度看，目前视觉大模型、语音大模型跟自然语言理解大模型是分开的，尚且不存在一个通用的大模型解决全部问题，但 ChatGPT 在技术范式上给视觉、语音大模型的发展带来很大的能量。单独看 NLP 大模型，可以当成百科全书来用，在搜索引擎的场景对用户的帮助是很直接的，不过局限在线上。但在更远的 2024、2025、2026 年，我们会发现，把视觉、语音和 NLP 结合在一起，变成数字人，能打通线上和线下，结合实时与非实时，能够实现问答、伴随和托管等更多的人机协作模式，能够帮助到更多的场景。

海天瑞声：

海天瑞声则是最早专业从事训练数据产品与服务研发和销售的主要企业之一。海天瑞声曾在 2022 半年度财报中透露，公司所提供的训练数据涵盖智能语音（语音识别、语音合成等）、计算机视觉、自然语言等多个核心领域。

去年 12 月，海天瑞声方面曾在投资者互动平台上表示，公司提供的训练数据集可帮助一些大模型在某些特定的垂直场景下，通过有监督学习方式完成精确化训练和微调，使之更加精准地适应特定场景下的语义理解和对话。

海天瑞声数据采集业务

除了以上几家在 AIGC 领域重点布局的企业外，已具备搜索业务并拥有全球首款游戏浏览器 Opera GX 的昆仑万维、具备自然语言处理等 AI 能力的易联众、拥有智能对话平台的初灵信息等企业同样拥有类 ChatGPT 产品，且均在人工智能领域深耕多年。但需要注意的是无论 AIGC 还是 ChatGPT 都需要巨大研发投入，其落地应用也需要庞大的服务器算力在背后支持，不少企业并不具备直接参与竞争的实力。

编辑评论：无论成败，ChatGPT 将催动新一轮产业迭代

记者调查中发现，国内短时间大量涌现一批名字中包含“ChatGPT”的微信公众号、小程序产品。随手点开微信搜索框就可以发现一系列与 ChatGPT“沾亲带故”的产品，并以 ChatGPT 的官方图标为头像。这些账号中，有不少注册时间都是在 ChatGPT“出圈”的今年。这些产品的服务方式大多是，先免费试用，一旦免费次数用尽就开始收取费用。以“ChatGPT 在线”为例，它为用户提供 4 次免费对话额度，之后继续使用需充值，充值额度分别为 9.99 元/20 次（三个月有效）、99.99 元/1300 次（半年有效）、199.99 元/3000 次（一年有效）、999.99 元/无限次（一年内有效）。而另一款类似的服务“GPT 深蓝”也显示有 199 元月度会员的 ChatVIP 充值机制，页面甚至还有“加入代理赚钱”的选项。

对于任何一个短时间爆发式增长的行业而言，乱象不可避免，但对于关注该领域的科技爱好者而言，一定要擦亮眼睛以免误入歧途。

Web3.0/元宇宙时代内容快速增长，依靠 PGC/UGC 的供给有限，低成本高效率的 AIGC 将成为重要的内容供给方式之一。当前 ChatGPT、AI 绘画的突出表现打开了人们对于 AI 生成式内容的想象空间，我们推演，AIGC 的终极是以 AI 为内核，依场景需求借助一定的 a 硬件形态呈现出来的垂类硬件，如特斯拉推出的人形机器人等。

在 AIGC 的广泛的应用场景中，以 ChatGPT 为代表，其在代码生成、纠正语法生成文本等方面表现出极强的能力，并凭借“对话式”搜索的强交互模式对现有的搜索引擎造成了较强的冲击，并影响了现有战略布局，谷歌内部拉响了红色警报，微软将 ChatGPT 整合入 Bing 搜索，以重塑现有业务体系。在此基础上，ChatGPT 试点订阅制付费模式，将打破原有竞价搜索广告的商业模式，具有巨大的商业化潜力，同时也为 AI 行业的商业化路径做出了更多模式的探索。

国际车企供应链中国化，谁改变了谁？

■记者 张 毅 张书琛 黎 坤

自动驾驶一向被视为汽车智能化赛道的“皇冠明珠”，争夺者众。面对中国市场迅速崛起的诸多智能电动汽车品牌，海外老牌车企一向是被迫应战。

近期，为提高智能化程度，研发高性价比的高级辅助驾驶系统和自动驾驶解决方案，大众选择从资本层面与智能芯片公司地平线合作。这次合作不仅投出了大众入华四十年以来最大一笔单项合作资金——24 亿欧元（约合人民币 176 亿元）；更值得注意的是，在汽车智能化领域相对保守的大众选择的合作企业，不再是海外供应商，而是一家中国本土芯片企业。

经过梳理我们发现，除了是新能源汽车最大的市场之外，中国也正在成为国际车企技术研发、供应链布局的关键阵地。换句话讲，激烈竞争的中国新能源车市场正在一步步重塑跨国车企的全球供应链。

重塑产业链竞争格局的机会

在传统燃油车时代，零部件行业竞争格局相对稳定。动力总成（动力性能、燃油经济性）、底盘系统（底盘操控性、舒适性）、NVH（隔音、减振）等是主要的竞争领域，外资车企及零部件供应商凭借长时间的积累形成了较高的技术壁垒。

特斯拉自动化工厂

Mobileye的市场份额正在被中国供应链企业蚕食

宁德时代已经开始技术输出

随着新能源汽车渗透率快速提升，电动化（电池、电驱、电控）以及智能化（智能座舱、智能驾驶）逐步成为新能源车时代的两大核心竞争领域。在电动化领域，中国已建立起从上游原材料到下游制造环节均较为完善的新能源三电系统自主产业链，比亚迪等部分车企已具备完备的三电系统技术及产能，三电系统基本实现自主可控；在智能化领域，智能座舱及智能驾驶配置升级成为主流趋势，国内车型智能化配置渗透率持续提升，但中国在汽车芯片、车载操作系统等部分关键环节仍然依赖外资。

新能源汽车的“果链”

苹果推动了“果链”相关企业从制造到技术的成长，而“果链”相关企业同样成就了苹果。在新能源汽车领域，同样有着类似“果链”的存在。

作为新能源汽车领域的现象级品牌，特斯拉也成为全球新能源汽车领域成长的红利分享者，其全球交付量呈现快速提升态势，2013 年全球交付量仅 2.25 万辆，2021 年提升至 93.61 万辆，年复合增长率为 59.4%，2014 年后年销量同比增速均保持在 35% 以上，2022 年，特斯拉全球总交付量 131 万辆，相比 2021 年增长 40%；生产 137 万辆，同比增长约 47%，其中第四季度生产了近 44 万辆，交付约 40.5 万辆，创下新的交付纪录。

特斯拉维持交付量的底气源自其在全球的产能布局，具体来看，其在美国弗里蒙特工厂设计产能最大实现 65 万辆，其中包含 10 万辆 Model S/X 及 55 万辆 Model 3/Y，处于生产过程中；德州奥斯汀超级工厂 Model Y 的设计产能超过 25 万辆，处于产能爬坡过程中，Cybertruck 也在进行设备调试；内华达超级工厂主要生产 Tesla Semi，处于早期生产爬坡过程中除美国之外，上海超级工厂经过 7 月份的产线改造后，Model 3/Y 的设计产能超过 75 万辆；德国柏林超级工厂设计产能超过 25 万辆，也正处于产能爬坡过程中，综合来看特斯拉在全球各工厂的最大设计产能已经超过 190 万辆。

特斯拉庞大产能的背后，有着一大帮新能源汽车产业供应链企业支持，其在中国的供应链企业就包括拓普集团、新泉股份、银轮股份、华域汽车、岱美股份、三花智控等，各公司配套不同零部件产品，为特斯拉产能提升护航的同时，也推动着企业自身技术、产能的提升，进而有了角逐全球汽车供应链的实力。

拿下“高精尖”项目的中国企业

相比早期依靠成本、服务拿下海外车企订单，赚一份“辛苦钱”。经过多年发展和积累，我国新能源汽车供应链企业无论是规模还是技术都有了同国际巨头一较高低的实力。

以代表新能源汽车技术集大成的自动驾驶为例，Mobileye 一个品牌代表一个品类赛道的局面正在被中国厂商打破。2022 年底，大众集团宣布计划投资 24 亿欧元（约 176 亿元人民币）与中国汽车智能芯片公司地平线携手打造智能驾驶软件，这意味着 Mobileye 在大众的份额将进一步降低。地平线虽然年轻，但凭借性能和成本优势，目前已同奥迪、比亚迪、理想等二十余家车企签下超 70 款车型的前装量产定点项目，此前这些车企几乎都是 Mobileye 的客户。

地平线之外，百度、小马智行自动驾驶算法同样达到了行业一线水平。百度开发 Apollo 平台，赋能多家汽车厂商自动驾驶技术。而大疆开发的自动驾驶系统也搭载五菱 KiWi EV 量产，试图以此为样板拿下更多用户，为进军国际市场做好了准备。

强势崛起的国内新能源供应链企业除得到大众这样整车企业的重视外，汽车产业链上的“超级供应商”博世也放下身段进行合作。作为国内自动驾驶芯片领域的“独角兽”企业，黑芝麻在 2022 年就获得了博世的战略投资，更成为博世在国内投资的第一家自动驾驶芯片企业，完善了博世在自动驾驶产业链的布局。

对于博世的战略投资，黑芝麻智能 CMO 杨宇欣表示，“随着整个汽车产业的发展，即使是这些全球化的铁腕，他们也需要去顺应时代和本土市场的需求，用本土的供应链其实是他们的一个方向之一。”

新能源汽车供应链出海提速

国内新能源汽车供应链出海一直在提速，而动力电池则成为供应链出海的排头兵。

以新能源电池巨头宁德时代为例，2022 年 12 月 22 日，宁德时代与英国新能源投资商 GreshamHouse 储能基金公司达成近 7.5GWh 长期供货意向协议。双方根据市场需求，将合作规模扩大至 10GWh，共同推动公用事业规模储能的应用落地。而在美国，福特公司于美国东部时间 2023 年 2 月 13 日宣布，计划与宁德时代合作，投资 35 亿美元在密歇根州建立一家电动汽车电池厂。

对此，福特负责电动汽车产业化的副总裁丽莎·德雷克表示：福特将通过一家全资子公司拥有这个新工厂，而不是作为与宁德时代的合资企业运营，但福特将从宁德时代那里获得技术许可。

这意味着福特投资建厂，宁德时代则提供技术。虽然宁德时代仍然未能实现在美建厂，但说明其动力电池技术已经获得认可，在美国市场上迈出了第一步，而这也从侧面体现了当下国内新能源汽车供应链企业的技术实力。

宁德时代之外，亿纬锂能、国轩高科、蜂巢能源、欣旺达等厂商都在加速海外投资和建厂，以吸引国外汽车客户，而欧洲的德国、匈牙利，东南亚的印尼、马来西亚，成为国内动力电池企业海外建厂、抢占市场的热门之地。

国内供应链企业的安全挑战

长期以来，整车企业对于工业链有着极高的要求，通常汽配产业必须布局在整车企业的供应链距离半径内。以特斯拉为例，其供应链距离大多是 100km 以内，即只要特斯拉在上海那它的上游供应链企业也必须在上海周边。也就是说只要某地本身就具有整车产业的话那是最适合特斯拉的，这将对其供应链优化有非常大的好处。在进一步融入全球车企供应链，就近供应的红线下，本土化就成为众多供应链企业需要克服的问题。

2023 年 2 月 15 日美国发布了全美电动汽车充电设施网络最终规定，其中要求，未来联邦政府资助的电动汽车充电器必须在美国生产。电动汽车法规还要求，从 2024 年 7 月开始，55% 的充电器成本需要来自美国零部件，这给我国新能源供应链企业出海制造了困难。

以现在中国动力电池供应链的发展情况判断，从中国进口比本地生产更便宜的情况会持续相当一段时间，可 IRA 中关于美国是否坚持车用动力电池的关键材料必须来自美国签有双边自由贸易协定（FTA）的国家，以及关键部件是否必须在美制造，都尚不明确，这些不确定性无疑阻碍了我国新能源汽车在全球市场，尤其是北美市场的落地。

布局未来的智能座舱

相对于动力电池、结构件、内饰等率先走出去并进入全球车企供应链的赛道，国内智能座舱企业同样以极为前瞻性的目光做出了全球布局。

以均胜电子为例，通过自主研发 + 海外并购双轨驱动，成功进入海外车企供应链，包括大众、宝马和戴姆勒等知名整车企业都已成为均胜电子的客户，其企业 75% 的收入来自国外市场，均胜电子 2022 年为特斯拉提供汽车智能座舱类和汽车安全类产品，新获订单金额超过 30 亿元人民币。

均胜电子之外，国内智能座舱知名企业德赛西威欧洲公司第二工厂（以下简称“第二工厂”）和物流中心同样在 2022 年第三季度正式竣工，德赛西威欧洲公司总经理 Michael Weber 表示：“我们很自豪能在原有的天线产品上增加了新的产品线。中国母公司的座舱和信息娱乐解决方案今后也将在此地生产，为欧洲各大车企的新车型配套。”

智能座舱涉及诸多软硬件的集成，因此供应商会结合所提供的不同产品类型，不断切换身份，导致产品边界不断拓宽。产业互相交流碰撞的机会正在增多，也为我国其他新能源供应链企业出海提供了便利。

走向全球的中国车企

除了通过海外品牌车企进入全球供应链外，走向全国的国内车企也推动了供应链生态的全球化进程。从中国汽车工业协会发布（以下简称“中汽协”）的数据显示，2022 年汽车出口突破 300 万辆，达到 311.1 万辆，同比增长 54.4%，有效拉动行业整体增长。中汽协方面表示，2022 年由于海外供给不足和中国车企出口竞争力的大幅增强，汽车出口继续保持较高水平，屡创月度历史新高，自 8 月份以来月均出口量超过 30 万辆。

其中，新能源出口增速格外亮眼，其中更是以纯电车型为主。2022 年累计出口新能源车 112 万台，第四季度出口新能源车 41 万台，同比增长 90%，其中乘用车出口 38 万台，增长 89%，特种电动车的出口大部分也是乘用车等车型。伴随着新能源汽车大踏步走出国门，欧洲和北美正成为中国汽车出口的两大增量市场，我国汽车产品国际市场地位进一步得到巩固。

自主品牌新能源汽车在供应链选择上往往以国产为主，从价值较高的“三电”到各类模组、结构件产品，国内车企供应链企业虽然在规模和技术储备上暂逊于国际巨头，但凭借灵活的布局以及成本上的优势，随着技术的不断迭代，新能源汽车供应链各个环节同样涌现了一大批优质的自主供应链企业。对标智能手机产业链发展轨迹，一些极具创新意识和技术储备的企业，未尝不能成长为参天大树。

德赛西威智能座舱产品

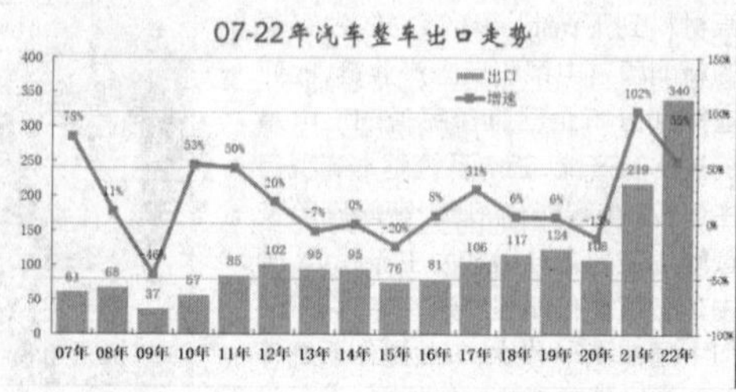

数据来源：中国汽车工业协会

跨国车企本土化提速的支撑：市场淬炼出的成熟供应链

国内新能源车销量增长预期乐观 图源：中国汽车工业协会

市场在召唤

中国企业之所以能走到国际车企的供应链中，与国内汽车电动化、智能化的市场发展态势息息相关。

从销售数据来看，中国仍将是新能源汽车普及最大的收益市场，而庞大的市场规模正是推动国际车企将供应链融入中国本土最重要的动力。

尽管受春节假期以及实施 14 年的国补刚刚退出等因素影响，1 月新能源汽车销量环比大降 43.8%、同比仅微增 1.8%，但有第三方机构乐观预测，今年全年新能源汽车的渗透率依然会冲击 40%。

中国汽车工业协会数据显示，2022 年中国新能源汽车共销售 688.7 万辆，市场渗透率为 25.6%。而主管部门此前制定的目标是“2025 年新能源汽车渗透率达到 20%，2030 年达到 40%”，在中国电动汽车百人会看来，既然可以提前三年超额完成目标，那么在 2023 年实现七年后的目标未必没有可能。

中国电动汽车百人会的乐观预测基于多个有较大增长潜力的细分市场。一是二三线及以下城市会成为新能源汽车市场增长的重要支撑；二是从产品结构来看，新能源汽车哑铃式的销量结构将会向纺锤型进化，也就是说 15 万～30 万元这一价格区间内的中端车市场销量占比有望接近一半。

另一方面，特斯拉掀起的价格战叠加 2023 年将有超百款新能源车即将陆续面世的消息，导致当下整车厂在中国市场中的竞争态势可以用“厮杀”来形容。

在这种市场环境中，国际头部车企如果还在坚持海外总部主导、缓慢转型出新的策略，必然会在新能源时代面临掉队风险。因此，除了在中国加码产能，灵活度也成了国际车企能够迅速响应市场需求的重要命题之一。

“中国车企可以在两年半内开发出一款新车，大众汽车需要大约四年的时间。”大众中国董事长兼首席执行官贝瑞德（Ralf Brandstttter）曾在采访中透露的信息，其实是跨国车企在中国转型迟缓的通病——长期以来，跨国车企的中国区仅负责本地的生产和销售，新车型、新技术乃至关键供应商均由海外总部决定。

漫长的决策链条已经让部分老牌车企失去先机。去年年中，在中国销售新能源车型已经超过 70 款的情况下，通用高端品牌凯迪拉克和丰田才携电动车型姗姗来迟，市场也是反响寥寥。凯迪拉克电动车型锐歌目前还保持着几百辆的月销；电动化进展缓慢更是拖累了丰田的整体表现，丰田汽车中国市场销量十年来首次出现同比微降，在电动汽车扎堆的豪华品牌市场，雷克萨斯中国销量同比下跌 18.6%。

相反，去年在中国市场交付了超过 18 万辆新能源车的大众早已率先放权，以适应变化迅速的中国市场。

公开资料显示，去年 8 月起，大众中国董事会已经成为大众集团在华跨品牌中枢决策组织，由贝瑞德担任主席；中国董事会也迎来了扩容，包括奥迪品牌、CARIAD 和其他主要职能部门的代表均被吸纳入新的中国董事会，直接向贝瑞德汇报。大众官方解释是，这一全新的组织架构，将会“提升决策效率和决策灵活度”。简单来讲，就是大众中国董事会获得了更大的决策以及研发自主权。

有了更自由的转向空间后，自然要增加产品的竞争力，而最好的“练兵场”正是竞争激烈的国内新能源汽车市场。贝瑞德曾形容，中国电动汽车市场已经是“行业巨型健身中心”，这里有最严苛的消费者，也有成熟的产业链。选择新的本土合作伙伴势在必行。

本土企业靠服务取胜？

中国新能源汽车供应链最响亮的招牌莫过于动力电池。但在动力电池之外，无论是车规级芯片或智能驾驶方案，还是智能座舱中的软硬件制造，跨国车企的供应链中都少不了中国企业的身影，甚至开始取代传统的国际供应商。那么这些企业优势在哪？总的来看，中国企业的优势不在于技术先进性，而在于技术的产业化、适用性上。

智能汽车头部车企希望自己掌控自动驾驶算法构筑“护城河”，掌握开发产品的主动权，但更多的车企出于成本考虑，普遍选择接受第三方智能驾驶方案。

不过，由于智能驾驶涉及车辆安全

大众中国董事长兼首席执行官贝瑞德

前装数据看智能汽车

2022年1-9月中国市场乘用车前装标配智能驾驶域控制器芯片份额排名

排名	供应商	搭载上险量（万颗）	前装量产
1	特斯拉（自研）	63.93	FSD 1.0
2	地平线	15.57	J2、J3
3	Mobileye	14.44	EyeQ4、Q5
4	英伟达	11.35	Xavier、Orin
5	大华股份	6.5	凌芯01
6	TI	0.77	TDA4

地平线上车迅猛

以丰田为代表的日系车企选择上车商汤绝影软件

禾赛已经从拼成本与服务，逐渐转向“拼技术”

性，车企大多对供应商的工程能力、安全冗余的设计要求极高，所以全球供应商较为集中。高工智能发布的数据显示，2021 年中国市场前装智能驾驶辅助系统视觉感知芯片和算法方案市场中，英特尔收购的 Mobileye 以 36.29%市占率位居第一；到了 2022 年，Mobileye 就已经让位于特斯拉和地平线，位居第三名。

而跨国车企除了考虑安全性还需要衡量全球范围内多个平台和车型协同，为了降低管理研发复杂度，一般相对保守，极少考虑国内自动驾驶供应商。因此，大众从资本层面牵手国内智能芯片企业地平线，探索新的全栈智能驾驶解决方案，可以说是国产智能驾驶方案标志性的一步。

智能驾驶初创企业毫末智行董事长张凯曾直言，智能驾驶在中端车市场激活后，潜力比高端车市场大得多，但前提是要"降低成本，让这部分市场消费者接受"。据地平线创始人兼 CEO 余凯透露，英伟达高端大算力芯片 Orin 的价格是 400 美金左右，自家征程 5 的价格是它们的一半不到。

从芯片性能上看，无论是工艺制程还是单片算力水平，征程 5 与 Orin 都相差甚远；不过地平线相比海外企业，有一个最大的优势——更了解本土企业的需求。

相比于 Mobileye 较为强势的态度和封闭的生态环境，地平线等国内智能芯片厂商愿意给予整车厂更大的话语权。2021 年 5 月，理想发布改款理想 ONE，芯片厂商从 Mobileye 换成了地平线的征程 3 芯片，以支持 800 万像素的摄像头，实现 L2 级自动驾驶。

另一个优势则在于定制化效率。地平线官网数据显示，截至目前，征程系列芯片出货量已经突破 150 万片，与 20 余家车企达成了超过 70 款车型的前装量产项目合作。

大规模量产的实践经验和积累体现在了地平线自动驾驶方案的落地效率上。有熟悉智能驾驶研发的业内人士表示，跨国车企如果跟海外智能驾驶方案供应商合作，周期至少要两年，交给地平线可以压缩到七个月。

同样"拼服务""拼成本"抢占市场的还有激光雷达。车载激光雷达虽然是一种标准产品，但取决于安装位置不同，需要做不同的功能和耐久测试，禾赛、图达通等国内激光雷达厂商早已习惯了积极配合车企方案。

由于国内造车新势力们更为激进，在硬件配置选择了先上车，再补软件能力，这种大规模采购不仅"养活"了一批激光雷达厂商，也间接推动了国内激光雷达的技术迭代。当激光雷达从无人驾驶车辆进入量产车时，整车厂会希望有更稳定、更耐多种路况折腾的固态或混合固态激光雷达，这刺激了厂商的技术研发降本进度。

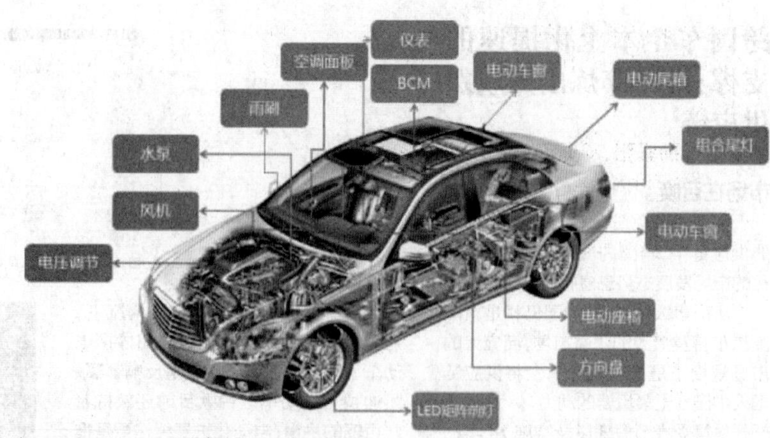

车规MCU的使用数量非常庞大，亟待国产突围

慢慢地，国内激光雷达厂商在技术上从跟随变成了引领状态，甚至在国外友商纷纷陷入经营困境时，国内激光雷达第一股禾赛已经成功登陆纳斯达克。而当产品在国内实现了较好体验后，再出口全球则是一件非常自然的事情。

另一个汽车智能化的重要领域则是座舱。智能座舱门槛要比智能驾驶低，却是国内消费者更为关注的卖点。目前，在供应商层面，舱内 AI（基于视觉）主要由摄像头、处理芯片、控制器（独立或集成）以及软件算法组成。其中嵌入跨国车企的供应链中的中国供应商数量可观。

高工智能统计数据显示，2022 年上半年，中国市场乘用车前装座舱 AI 软件供应商中，商汤绝影软件搭载量排名第一，市场份额为 15.76%，较第二位的东软集团高出约 10 个百分点，本田纯电首发车型 e:N 系列搭载的正是其 DMC 驾驶员状态感知系统。

不过，供应链的开放同样意味着竞争。作为国内前装车载语音市场份额的龙头企业，科大讯飞 2022 年上半年智慧汽车相关业务营收却下跌 5.72%。原因除了有增长天花板隐现的危机外，更加成熟化的智能产品微软小冰也不容小觑。

科大讯飞的战略客户之一，广汽集团旗下的广汽传祺就在去年宣布与微软小冰达成合作，基于人工智能小冰和开放域对话引擎，共同研发可定制的、具有完备情感交互能力的"虚拟人"（AI being）。如今小冰背靠 OpenAI，科大讯飞又该如何追赶？

正视不足，国产供应链都有哪些弱势？

虽然中国汽车产销和新能源汽车市场规模稳居世界第一，但汽车芯片自给率不足 10%，国产化更是不足 5%，造成中国汽车产业大而不强，发展受限。简单来说就是边缘芯片做太多，而核心芯片都在外国人手里，最重要的是，自 2020 年起全球半导体交付周期持续走高，"缺芯"的问题严重影响到了中国车企的供应链稳定性，2021 年蔚来李斌就曾坦言每辆车就有 10%的芯片存在供应短缺问题。那么，在新能源汽车供应链上，国产到底有哪些客观存在的差距呢？

MCU 以外资为绝对主导，国产还在突破商业化

MCU（微控制器）是一种轻量化的计算芯片，可以在单芯片上实现基础的计算机系统，广泛应用于汽车电子控制单元（ECU）上。单车 MCU 用量从几十到几百颗不等，普通传统燃油汽车平均单车搭载 70 个；豪华传统燃油汽车平均单车搭载 150 个，而新能源汽车因其智能化水平较高，所以平均单车搭载数量达到 300 个左右，高端车型甚至会采购上千颗 MCU 芯片，而这些 MCU 芯片主要用于自动驾驶相关的硬件控制系统。

由于 MCU 产业极其成熟，再加之下游厂商不会轻易替换供应商，所以此前国内 MCU 自给率非常低，这也是中国车企最为短缺，也是国产供应链最薄弱的环节。除比亚迪外，中国厂商的市场份额几乎为 0，这也是为什么比亚迪受缺芯影响最小的关键原因，因为它的部分 MCU 芯片实现了自给自足。

从竞争格局看，恩智浦、瑞萨、意法半导体、英飞凌、微芯科技等全球巨头占据了超过 98%的市场份额，形成了几乎绝对垄断的局面。国内 MCU 厂商虽然多，但规模普遍偏小，代表厂商有兆易创新、中颖电子、国民技术、乐鑫科技和复旦微电等等。

MCU 的突破难点在于车规资质认证难度高，前期成本高，认证周期长，AEC-Q100 认证的 41 项测试需要至少 6 个月才能完成，导致企业投入产出往往不成正比。但好在目前汽车 MCU 的库存仍低于预期，市场机会尚存。而国内多家 MCU 厂

商已量产 32bit 车规级 MCU，并成功进入汽车 OEM 厂商供应链，与此同时还有部分国产 MCU 厂商公布了其车用 MCU 产品的商业化进程。

IGBT 供需紧张，渐渐打破外企垄断格局

车规级 IGBT（绝缘栅双极晶体管）是新能源汽车电机控制器、车载空调、充电桩等设备的核心元器件，主要起到将直流电源逆变为交流电压的作用，是电控系统中最核心的电子器件之一。目前，由于车规级 IGBT 模块验证周期长、制作工艺需要的技术难度和可靠性要求高，行业主要集中于全球 IDM 厂商，如英飞凌、安森美、赛米控、德州仪器、意法半导体、三菱电机等。

不过，随着我国对于 IGBT 的需求持续增加，国内优势企业也在持续加快 IGBT 研发和产能建设，根据各家公司公告资料，目前斯达半导自主研发的第二代芯片已实现量产，对标国际第六代 IGBT 芯片；时代电气现已研制生产 50 余种 IGBT 模块；士兰微已量产车规级“精细沟槽 + 场截止”芯片，电动汽车主电机驱动模块已通过国内多家客户测试，并已实现部分批量供货。

值得一提的是，因为纯电车型续航虚标和充电速度较慢的问题一直存在，所以以碳化硅为代表的第三代半导体技术备受国内新能源厂商的关注，比如比亚迪、蔚来、小鹏都已经开始搭载碳化硅器件，得益于碳化硅材料更高的电子饱和速率、击穿电压、热导率、禁带宽度及抗辐射能力等特征，以此材料制成的半导体器件相比硅基器件更加耐高压、耐高温，而且功耗低、体积小、重量更轻，可支持 800V 超高压驱动，大幅提升充电性能的同时还可以减轻车体重量，提高续航里程。

线控底盘和空气悬挂：差距正在逐步缩小

线控技术是指由“电线”或者电信号来传递控制，取代传统机械连接装置通过硬件连接来实现操控的一种技术，可省去汽车操控系统和转向、动力、制动、变速器系统之间复杂的机械传动部件和液压操作模块，线控底盘可以实现更快的反应速度和更高的控制精度，绝大多数民用和军用飞机都已普及线控技术。

对汽车来说，线控底盘通常包括线控油门、线控换挡、线控制动和线控转向，线控油门和线控换挡技术成熟，其中线控油门渗透率接近饱和，线控换挡和线控制动则逐步成为标配，目前来看均由外资企业主导，单单博世 iBoost 就占据了超过 65%的市场份额。不过现在的线控制动采用的是电子液压制动，下一代的电子机械制动取消了液压辅助设备，目前国内的瀚德万安和精工底盘都在跟进，而且国内外的量产进度差距不大。

线控转向方面，因为是从成熟度较高的电动转向系统发展而来，所以有一定的技术壁垒，传统大厂基本上都是外资企业，比如博世、采埃孚等，国内则是耐世特、联创汽车电子、拓普集团以及蜂巢易创等在跟进，差距尚存但也正在不断缩小。

空气悬挂在传统燃油车领域属于豪华车的标配，目前在国内的渗透率并不高，但伴随国内新能源汽车的快速发展，造车新势力品牌倾向于通过将空气悬挂纳入中高端车型标配，进而提高产品和品牌竞争力，所以有望带来空气悬挂下游需求的快速增长。

不过，目前来看空气悬挂的上游供应商和系统总成也还是以外资为主，主要包括大陆、威巴克等，现阶段国内厂商基本上是通过车企自主研发或收购来实现国产化，优势主要就是可以较为自由地进行成本控制，再借由成本优势实现国内市场的高速增长。

自动驾驶芯片方面，NVIDIA的领先幅度依旧比较明显

品牌	产品名称	单芯片算力	发布时间	上车时间	部分合作车企
英伟达	Orin	254TOPS	2019 年 12 月	2022H2	蔚来、理想、上汽、沃尔沃
	Atlan	1000TOPS	2021 年 4 月	2024 年	-
高通	8155	8TOPS	2019 年 1 月	2021 年	长城、吉利、蔚来、小鹏
	8295	30TOPS	2021 年 1 月	2023 年	集度
	Ride 平台 SA8540P+SA9000P	共 300+TOPS	2020 年 1 月	2023 年	通用、宝马、大众
Mobileye	eyeQ6	42TOPS	2020 年	2024 年	-
	eyeQ Ultra	176TOPS	2022 年 1 月	2024 年	吉利极氪
特斯拉	FSD HW3.0	72TOPS	2019 年 4 月	2019 年	特斯拉
华为	（MDC810）	共 400+TOPS	2021 年 4 月	2021 年	北汽极狐、阿维塔、比亚迪
地平线	征程 5	128TOPS	2021 年 7 月	2022 年	比亚迪、一汽红旗、自游家、上汽通用五菱
黑芝麻	A1000Pro	196TOPS	2021 年 4 月	2022 年	-

作为“十四五”规划点名重点发展的第三代半导体，在新能源市场有着广泛的应用

自动驾驶芯片，NVIDIA 依旧“一骑绝尘”

自动驾驶，是指汽车拥有环境感知、路径规划和自主实现车辆控制的技术，而实现这一目的的核心就是自动驾驶芯片，其一端连接芯片、传感器、通信模块、车身控制电子等传统汽车电子核心环节，另一端衔接网络通信、数据融合、计算处理、决策规划等汽车电子新兴领域，涉及传感器环境感知、高精地图、GPS 定位、车联网信息通信、决策与规划算法运算等过程，因此需要强大的计算平台进行统一实时分析、处理海量数据与进行复杂的逻辑运算，对计算能力的要求非常高。

而当下要说自动驾驶芯片的王者是谁，NVIDIA Orin X 自然是当仁不让，新能源时代，算力 + 马力是衡量汽车性能的标尺，目前国内有能力和 NVIDIA Orin X 一决高下的，只有地平线征程 5（黑芝麻 A1000Pro 尚未量产装车）。从规格来看，NVIDIA Orin X 采用了 7nm 制程，而地平线征程 5 采用的是 16nm，前者的算力为 254TOPS，也接近后者 128TOPS 的两倍，所以前者最高可以适配 L5 级自动驾驶，而后者只能到 L4。而且 NVIDIA 在 2021 年就发布了 Orin X 的下一代产品 Altan，算力直接飙升到了 1000TOPS，今年就会发布样品，预计 2025 年量产，性能优势是不容忽视的……

当然，从另外的角度来看，地平线征程 5 也还是有一些优势的，比如它的传输帧率较高，这意味着在视觉处理上它所获得的信息量更为丰富，与此同时地平线还支持车企直接调用架构和工具链来研发自己的芯片，包容性更高。更重要的是它的峰值功耗明显更低，只有 30W，比 NVIDIA Orin X 的 80W 少了一半多，所以地平线征程 5 可以使用被动散热，而 NVIDIA Orin X 则需要水冷。不过，关键参数的稍显落后也是事实，并且地平线征程 5 采用台积电代工也同样存在一定的隐患，所以如何在车机芯片上实现国产突破，也是一个全芯片行业的大问题。

出境游回暖 谁来推动游客经济?

■记者 张 毅 张书琛 黎 坤

随着出入境多项优化措施落地,三年内制约出境的各类限制都已不复存在,沉寂已久的出境游再度成为关注重点。

至暗时刻已过,头部 OTA(Online Travel Agency,在线旅游)平台正在重新调兵遣将,以应对出境游流量的激增,腰部平台也展现出业务恢复的苗头;潜在的市场规模,同样吸引着互联网平台跨界参与,而互联网平台虽有流量和资本优势,却在产品供应链上略逊一筹。

备战出境游的重点不仅在于线上平台,航司的恢复程度同样关键。经历巨亏的国内航空业恢复速度相对缓慢,国际航班高昂的机票价格和有限的供给成为制约目前出境游真正恢复畅通的重要一环。

长远来看,出境游随着政策松绑即刻爆发的预期虽不切实际,但行业已经展示出了复苏迹象,尽管未来并非坦途,也依然值得期待。

OTA 平台热身

在春节期间最先感觉到消费暖意的,除了餐饮业还有各大 OTA 平台。去年国庆期间,因为疫情管控,四川九寨沟景区 7 天售票仅 200 张;而在今年春节假期(1 月 21 日至 1 月 27 日),九寨沟景区接待人数约 6.28 万,同比增长 188.65%,被视为旅游行业复苏的缩影。

不过相比于国内的快速恢复,出境游破冰则有一些延迟。从数据来看,尽管春节期间出境游同比暴增,但与 2019 年相比,仍显不足。

据国家移民管理局消息,春节期间,全国移民管理机构共查验出入境人员 287.7 万人次,日均 41 万人次,较去年春节假期增长 120.5%;而在 2019 年春节期间,这个数字是 1253.3 万人次,日均 179 万人次。这意味着春节期间出境游人数与疫情前相比,恢复不足三成。

出境旅游指的是由旅行社带队的旅游团,包括导游跟随出境带队旅游,也包括俗称"自由行"的机票、酒店打包销售业务。在海外旅游的出行中,跟团游是主流选择,据中国旅游研究院数据,疫情前通过团队形式进行出境旅游的游客比例达 55.24%。

由于出境跟团业务受出入境政策影响较大,旅游产品的供需也与政策息息相关。文旅部首批开放的 20 个试点国家,多以东南亚国家为主。考虑到国际政治、局部战争影响,以往主流的东南亚、日韩、欧洲和北美四条线路,几乎只剩下东南亚和欧洲少部分。

目前,出境游虽然仍在爬坡恢复阶段,但各家 OTA 却已经暗流涌动。

作为高利润的业务之一,全行业对出境游业务恢复盼望已久。携程、去哪儿计划上线近百条出境旅行团产品,包含私家团、精致小团、半自助跟团、目的地参团以及自由行打包产品。目前在携程上,海外跟团游产品只有当地游、1~3 日游两种,从国内出境参团需要自行办理签注及购买机票,并由当地导游兼司机带领完成行程。

海外供应链的修复成为重中之重。航司、导游、服务人员等各环节都需要时间来恢复,OTA 平台们已经站在新一轮竞争的起跑线上。

第二梯队发力

以出境团游服务业务为主的途牛,在过去三年一直饱受营收结构单一的困扰,业绩表现也是国内三大 OTA 平台中最差的,远逊于营收结构更加多元化的携程、同程艺龙。

疫情之前,出境游产品在途牛业务量中占比约 70%,这部分业务收入在几年时间中基本归零,去年第三季度其跟团游产品收入仅为 4140 万元,同比下降 54.3%。不过自 2014 年美股上市以来,途牛本来也没有实现过盈利,甚至在去年年中面临退市风险,将亏损全怪在疫情封锁上恐怕也不合适。

跟团游业务虽然客单价高,但交易周期长、成本高、重服务,需要长线经营,对公司的运营能力要求也高;随之而来的就是运营成本高居不下,导致其利润不高。当有资本源源不断地助力时,途牛还跨界参与影视制作、金融业务等烧钱的赛道,大概也是想寻找点其他增长点。

据业内人士介绍,作为"机 + 酒"供应商和消费者之间的连接,OTA 平台为了控制资源和降低成本,往往会参照往期的客流量,提前半年至一年与境内外供应商签下合同,包邮轮、控房间、切机票,"如果没有接到等量订单,OTA 平台自身就会承担巨大损失"。

在艰难的生存中,途牛将增长的希望放在了直播营销上。过去两年间,途牛在抖音创建了 40 多个直播账号,希望通过短视频直播引流的方式促成出游产品的销售。据途牛官方数据,其抖音账号粉丝已经突破 150 万,月度 GMV 突破 5000 万元。

不过,开源的收入也难补贴出境游断档的损失,途牛财报显示,去年第三季度营收中其他收入为 3640 万元人民币,同比增长 52.3%,主要是由于单项旅游产品佣金的增加。可总的来看,亏损虽有小幅缩窄,却仍达 2350 万元。

从去年第四季度开始,在各种利好政策影响下,途牛的股价如今已经回升至 2 美元上下。为迎接期盼已久的曙光,途牛顺势推出了一部分出境游产品,"海外合作商虽然有撑不下去的,但是存活下来的也足够应对现在国内的需求。"熟悉境外跟团游的人士表示,受出入境政策影响,现在各大旅行社都是按照"开放一批、恢复一批"的思路走。

据途牛数据,在平台上预订 2 月 6 日出境游的订单比前一日增长 324%,预订 2 月 6 日—12 日出游的出境游订单较前 7 天增长近两倍。在近日一场直播中,马尔代夫莉莉岛相关产品单日 GMV(交易总额)突破 1000 万元,当然这也与马尔代夫免签政策有关。

2 月 17 日,据中国外交部领事司官方消息,中国公民持有效的中国护照因旅游、

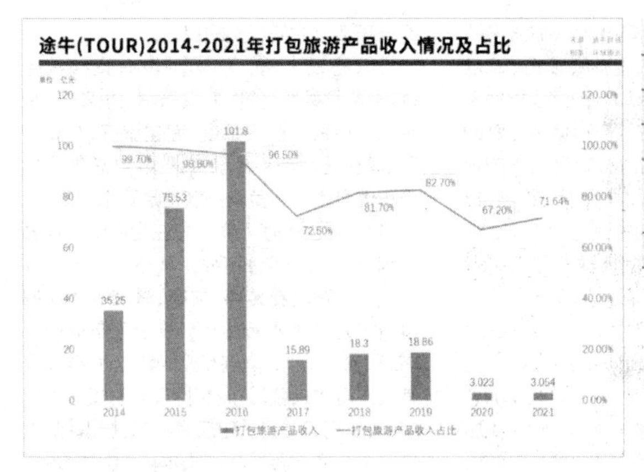

数据来源：途牛财报

马蜂窝前五轮融资历程			
A轮	2011/10/1	500万美元	今日资本
B轮	2013/4/1	1500万美元	今日资本、启明创投
C轮	2015/3/25	8500万美元	启明创投Coaute Management、高瓴资本
D轮	2017/12/12	1.33亿美元	Temasek淡马锡今日资本、启明创投元钛基金、泛大西洋投资厚朴投资、欧翎资本Ocean Link高瓴资本
E轮	2019/5/23	2.5亿美元	启明创投腾讯投资、泛大西洋投资

马蜂窝上一次融资还是2019年

商务、探亲、过境等短期事由拟在马尔代夫停留不超过30天，免办签证。因此，在途牛目前近400个出境游相关的打包旅游产品中，以马尔代夫、泰国普吉岛、泰国苏梅岛为目的地的产品销售数量排名靠前。

眼下还只是出境游恢复的初期，途牛CEO于敦德预计，到第二季度出境游市场才会表现出比较好的复苏和反弹。更何况三年来，途牛内部各岗位员工均流失严重，尤其是客服、产品等业务岗位，能否在这一窗口期完成人才储备也是对各家OTA平台的考验。

资本风动，老牌内容平台求生

同样释放出行业积极恢复信号的，还有时隔四年再度传出融资消息的马蜂窝。

以旅游攻略网站起家的马蜂窝长期以“内容获客”作为取得增长的主要方式，可以说是早期“驴友”版小红书。成立十余年间，平台积累大量用户生产的旅游攻略，并于2020年末发布“北极星攻略”，由专家、旅游局、行业机构共同生产内容。

不过在越发激烈的OTA市场竞争中，马蜂窝市场份额被挤压严重，据市场调研机构Fastdata数据，截至2022年，中国在线旅游行业中，携程、美团、同程、去哪儿、飞猪市场份额分别为36.3%、20.6%、14.8%、13.9%、7.3%，马蜂窝早已跌出前五，被列入“其他”项，这部分市场份额占比仅7.1%。

而在政策转变之际，一级市场首先给出反应。2月15日，马蜂窝宣布获得来自贵州省多个基金机构联合投资。尽管马蜂窝并未披露具体融资金额及估值，这笔融资价值依然显著——它代表着旅游市场重新获得了资本认同。

贵阳市创业投资公司董事长田昌红表示，做出投资马蜂窝的决定，是基于对马蜂窝全新业务体系之于用户价值的认可，“也是对旅游复苏充满信心的判断”。

不过主打内容优势的马蜂窝，其社区增长和盈利都建立在内容充盈以及用户活跃的基础上，而如今，友商以及互联网内容平台均跑到了马蜂窝前面。

马蜂窝旅行网以UGC（用户生成内容）攻略与社区起家，六年后通过语义分析和数据挖掘，将旅游信息结构化；之后逐渐探索出“内容＋交易”的商业闭环。马蜂窝联合创始人吕刚曾提到，马蜂窝的营收以广告为主，占据近50%，另外一半营收则主要来自站内机票、酒店和旅游产品的销售抽佣。

这意味着马蜂窝的营收增长几乎都依赖于UGC内容，当社交电商或综合型内容分享平台的转化率和流量都优于纯图文分享平台时，马蜂窝在商家供给侧的掌控力和议价权就会受到明显冲击，甚至在内容上都很难再有爆款。

友商已经攻入马蜂窝的腹地。2019年携程投资成立了一家旅行MCN，广泛招募“旅游达人”，孵化平台的KOL，并且在2022加大了对内容上的发力，将优质图文、视频、直播等都放到携程社区和各个产品里；除此之外，飞猪还上线了商户直播功能。

马蜂窝如今还能在出境游市场分得一杯羹吗？有出境游产品负责人认为，开放前期大众会更偏向储蓄而非消费，出境游的主要群体将会是受疫情影响较小的高消费人群，高端化、品质化的小团、半自由行、目的地参团等产品会更受欢迎。

而这种小而美的旅行产品曾经一度是马蜂窝平台商业生态的重要组成，可惜其商业化成果并不足以支撑马蜂窝上市融资的梦想。2018年，马蜂窝大量引入传统旅行社和大巴团，间接导致内容抄袭、刷低价单的行为风行，引得用户和部分商家的不满。马蜂窝想要走出寒冬，自身需要厘清的问题还有很多。

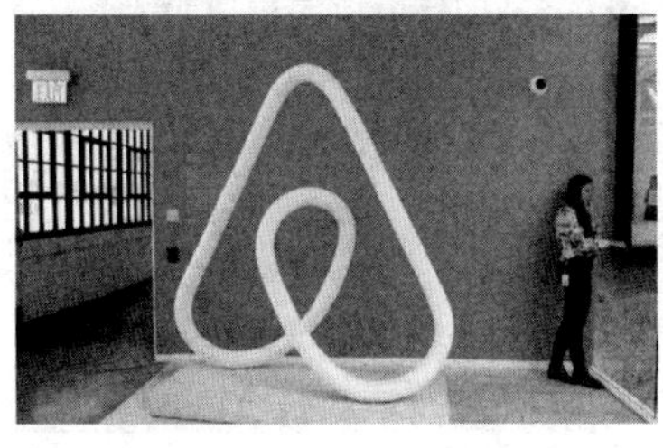
爱彼迎去年退出国内市场

海外同行样本

在采访过程中，部分做出境游的旅行社均表示原本的海外渠道已经没用了，对方可能已经离开了这个行业，而服务链条的断裂成为产品上线缓慢的原因之一。但从海外旅行服务平台的表现来看，一旦全球跨国出行回暖，需求自然会带动供给的增长，从而加速人才的回流。

以全球民宿短租巨头爱彼迎为例，不久前爱彼迎公布了2022年第四季度及全年财务业绩报告，宣布首次实现年度盈利：去年全年实现营收84亿美元，较2021年同比增长40%；美国通用会计准则（GAAP）下，净利润达到19亿美元。

此前，全球疫情重创供需两端，爱彼迎同样深陷亏损泥潭。2019年，爱彼迎亏损6.74亿美元，2020年亏损扩大至45.85亿美元，2021年亏损收窄至3.52亿美元。2022年5月，由于中国境内游业务成本太高，爱彼迎还宣布暂停中国境内游房源、体验及相关预订，仅保留中国出境游业务。

随着跨国出行回暖，强劲的需求吸引了海量新房东加入，爱彼迎营收开始持续增长，截至2022年末，平台全球活跃房源总量攀升至660万套，较年初增加了90余万套房源，同比增长16%。

有分析师认为，房客端的需求主要集中于人口密集型城市和跨境游中，今年第一季度旅行需求仍将保持强劲。

海外市场的提前复苏也为国内OTA平台的团队人员搭建提供了便利。去哪儿网海外运营服务部门员工透露，疫情期间保留的海外团队虽有暂时离开的成员，但在旅游业回暖后随时能回来，有一部分暂时调去了其他业务线，根据形势变化也会进一步招人以应对流量突然增长的冲击。

互联网巨头急盼翻身仗

互联网巨头试水旅游业屡见不鲜，从投资孵化创业平台到亲自下场“肉搏”，旅游业不仅成为互联网巨头们流量变现的出口，更以立体化的消费场景成为巨头们生态落地的重要赛道。

亲自下场，重度参与的互联网巨头

互联网巨头进军旅游业，一般是从生活服务里高频率高标准化的品类入手，如票务、酒店，再逐渐拉伸产业链。而新入局的TMD（今日头条、美团、滴滴）组合，不仅是新经济的特产，也是共享经济的特产，其主要特点就是“跨界”。

随着平台流量变现、生态输出等需求的日益提升，以阿里巴巴为代表的互联网巨头开始选择直接下场参与竞争。要说下场，其实只是三年沉寂后的再度启动，不过格局已发生巨变。

去年元旦前夕，阿里巴巴旗下旅行品牌飞猪发布了《飞猪2023年元旦出游风向标》，数据显示，一周时间“元旦”“跨年”相关产品搜索量环比上周增长超6倍，元旦出行的机票预订量环比上周增长超3倍，元旦前往海南、云南、广东等气候温暖目的地的商品预订量近一周翻倍增长。

飞猪信用住是一套成熟的产品，信用分数符合要求的用户通过阿里的平台预订酒店无需支付押金、快速便捷入住。依托阿里的生态系统，飞猪作为旅游商家和中国消费者之间直接联系的服务平台，有望迎来增长。在“全球买、全球卖、全球运、全球付、全球游”的全球化策略中，“全球游”也由阿里旗下在线旅行平台飞猪承载。

除布局飞猪平台外，阿里更从2020年开始持续投资跨境游终端服务商众信旅游，持续三年的投资更让阿里成为众信旅游的第二大股东。作为国内出境游领域的领军品牌，得到阿里资金和技术加持的众信旅游不仅顺利熬过了疫情，更在放开出境游管制的第一时间上线了以“mini tour”为代表的定制类产品，目的地覆盖法国、瑞士、英国、日本、马尔代夫等。在远期长线方面，2023年南北极产品，2024年环游地球121天邮轮产品均已筹备就绪。

众信旅游出境游相关负责人对外表示，“乙类乙管”实施首日，众信旅游呼叫中心电话呼入量及官网浏览量单日增长600%~700%。从咨询数据上看，泰国、日本、新加坡成为咨询量最大的国家。此外，东南亚周边国家及免签、落地签目的地（如马尔代夫、普吉岛、巴厘岛）以及有长期多次往返签证的国家（如美国、加拿大）也成为游客关注的重点。游客对于哪些目的地已经开放，哪些国家签证办理起来比较方便，有哪些产品可以报名等问题最为关心。而提前布局的阿里显然成了最大受益者。

除通过飞猪+众信旅游双轮驱动境外游业务的阿里外，网易同样亲自下场跨界旅游业，只不过网易选择行业更为细分的研学赛道。

2021年底，有道研学（杭州）旅游服务有限公司成立，谋定试水研学旅游赛道，而在这之前，新东方就成立了国际游学品牌，并逐步拓展国内研学与营地教育。再加上同样重金打造研学营地的瑞思教育、四季教育以及尝试布局研学的豆神教育，整个研学游开始变得热闹起来。

谋定后动，用资本撬开旅游业大门

百度有“携程”“去哪儿”，腾讯有“马蜂窝”。京东投资的途牛，重度参与意味着重资产的构建和复杂运营管理，而战略投资似乎符合更多互联网巨头的胃口。

以腾讯为例，虽然其没有直接扶持OTA和终端服务商，但马蜂窝、Bus365、带我飞、同程艺龙、赞那度、面包旅行、我趣旅行、同程艺龙等平台融资记录中，总能见到腾讯的身影。而美团一度也是腾讯与阿里、百度竞争的“代理人”之一，在生活服务领域同阿里、百度一争高下。

字节跳动在传媒、文娱、教育等领域的投资已是风生水起，医疗、旅游等市场均有布局。2018年，抖音就已经和美团、携程等第三方合作，通过其嵌在抖音中的预订小程序，实现闭环交易。随后，抖音对标携程、飞猪等聚合型旅游平台，开始内测“山竹旅行”小程序。只不过山竹旅行项目在去年有“被放弃”的传言，抖音官方账号也自2022年7月之后再无更新。

2020年京东战略投资5000万美元入股途牛旅游网，并与途牛就一项邮轮业务达成合作，彼时京东对外回应，确信途牛现有的商业模型、产品策略和管理团队会让途牛成为行业领先者，并在随后持续追加投入并成为途牛第一大股东。

然而，京东投资的途牛表现普通。途牛旅游2022年9月30日未经审计的第三季度业绩报告显示，2022年第三季度，途牛净收入为7790万元人民币，同比下降32.1%，环比增长110%，净亏损为2350万元人民币。

不过从纳斯达克股价来看，去年11月份尚在0.6美元徘徊的途牛，已经在2023年2月23日上升到了2.08美元，能否迎来春天，后文再分析。

率先出境的金融，看不见的支付争夺

旅游原本就是复杂的生活服务类赛道，对于互联网巨头而言，旅游更像是其生态整体出海的跳板，而金融，永远是互联网巨头们出海布局最为看重的存在。

以出境游热门的日本为例，阿里巴巴早前与西日本旅客铁道公司（JR西日本）达成战略合作，JR西日本将与飞猪、支付宝、天猫国际等互动，更多触达JR西日本覆盖的关西、北陆、山阳、山阴以及九州北部等小众目的地。目前全日本的罗森、全家、7-11三大便利店的5万多家店都已支持支付宝付款。

随后，微信支付与LINE Pay在东京宣布双方将合作在日本共同推广移动支付，也是为渗透。而支付宝也与泰国支付企业Ascend Money签订战略合作协议并斥资超过5亿美元收购印度在线支付及电子商务公司Paytm 40%的股权，逐步完成其海外支付布局。

经过多年成长，不同的海外扩张策略让巨头们在海外市场采取了不同的运营模式。阿里巴巴更看重海外市场实际使用场景中，

飞猪是阿里巴巴旗下的综合性旅游出行服务平台

不少旅游平台背后都能看到腾讯投资的身影

日本很多地方都可以使用支付宝

平台和海外商家之间的合作，这意味着支付宝的国际化对阿里来说不仅仅是针对中国的出境游客，还寄托着如何将阿里电商生态与海外市场连接起来的重任。微信支付主要执行的是一种开放政策，更多地依赖于海外银行机构和当地服务商的合作模式，把更多的主导权交给海外商家，和他们共同发展海外支付生态。

布局未来，景区数字化交锋

除以跨境游为跳板实现生态输出外，互联网巨头更在数字文旅大潮下，依托信息技术参与到旅游景区的数字化建设中。2022年7月底，原国务院总理李克强在国务院常务会议上明确提出，要以“互联网+”提高文化旅游消费便利度。随后10月17日，北京环球度假区与阿里巴巴宣布达成战略合作，双方将基于阿里巴巴商业操作系统推动园区运营数字化，而包括天猫、支付宝、飞猪等阿里生态板块均将参与其中，游客更可实现“一脸游”。

腾讯方面则推出“互联网+全域旅游”的策略，更落地了“一部手机游云南”的文旅场景应用，通过小程序全方位布局景区数字化运营。

除了以上两家外，美团提供的服务以游客为中心视角，充分发挥美团多业态、场景融合的优势，将吃住行游购娱需求结合在一起实现对游客的全方位服务。

飞猪阿根廷旅游国家馆的正式上线，消费者只需通过手机就能轻松便捷地接触到遍地精彩的阿根廷，这也成功打开了未来旅游新形态。

随着元宇宙、Web3技术的发展与成熟，未来景区数字化建设完全有机会再上一个台阶，尤其是在数字演出方面。从线下到线上，从境内到境外，旅游对于互联网巨头而言更像是一块跳板、一座桥梁，大生态输出才是互联网巨头们持续布局旅游业的根本原因。

国际航空恢复成重点

OTA平台正在紧锣密鼓地恢复产品供给，而在另一边，影响出境旅游真正恢复畅通的，还有价格显著偏高的机票以及国际航班量不足这两大堵点。

目前，国际航班数量仍不足以满足市场需求：出境人士担心返程不便，入境人员则面临选择少、票价高的问题。有旅游业人士认为，当前机票排班量仍在低位，“一些热门航线一天只飞两班，交通不畅，我们准备再多打包产品也是等米下锅”。

电脑报在去哪儿平台搜索多条跨国航线，在2月底，上海飞往东京的直飞航班价格均在7000~10000元之间，而东京飞往上海的直飞航班只在2月23日、27日有三班，价格均上万元。同样票价高、班次少的出入境航班现象在一些热门航线也有显现。目前内地赴日韩的航班量仅恢复到疫情前的10%左右，平均票价几乎均较2019年同期高30%以上。

国有三大航司2022年业绩预告情况

股票代码	股票简称	预计净亏损/亿元	上年同期净亏损/亿元	预亏原因
601111.SH	中国国航	370~395	166.42	疫情影响、油价高企、汇率波动
600115.SH	中国东航	360~390	122.14	疫情影响、油价高企、汇率波动
600029.SH	南方航空	303~332	121.03	疫情影响、油价高企、汇率波动

三大国有航司预亏

短期内机票价格虚高的根本原因还是在于供需不足。疫情期间，监管部门陆续出台了“五个一”、熔断等国际航班限制政策，严控境外疫情输入。国际航线的经营受损最为严重，航空公司航班与机组人员的供给恢复都需要一个过程。

有航司解释，现在是回国的人多，而国内出行需求总量的恢复还需要一些时间，如果直接增加航班供给量以满足入境需求，而出境的客座率非常低，对于航司来说是一个很大的负担，“航司也在等国内消费需求释放的准确信号”。

国际航班供给量不足的另一个原因则是外航在国内运营的国际航班数量有限。2020年之前，美国三大航空公司之一的达美航空在国内每周有42个航班，而现在(3月3日起)却只有每周4个航班、两条航线在运营。

据了解，外航如果想在国内增加航班需要经过谈判、审批、落实等多个环节，哪怕政策松动后，想要恢复仍需时间。而且这类新增航线谈判往往是对等的，你飞几班我也要飞几班，但具体什么时候飞还需要等审批真正落地再看。

千亿亏损，航司渴望回血

实际上，航司对于国际航线的渴望不亚于旅行业界。

目前，据中国民航数据，国内航线的客运量已经恢复到了疫情前的近八成。国金证券研报中曾提到，鉴于国内航空市场的广大，航司的正常运营完全可以靠国内航线支撑，但想要实现盈利，依然需要利润丰厚的国际航线。

而国际航线的经营在疫情防控中受损最为严重，“五个一”政策、熔断政策均对国际航班进行了严格限制，导致国际航线载客量一度不及2019年的2%。“五个一”政策指的是，国内一家航空公司经营至任一国家的航线只保留一条，外国每家航空公司经营至中国航线只保留一条，且每条航线一周运营班次不超过一班；熔断政策则要求，航班上阳性感染者人数达到一定数量时，对应航班暂停运营。

在今年年初的全国民航工作会议上，民航局就曾透露，去年全年行业的亏损达到2160亿元。截至1月末，国内8家上市航司2022年的业绩预报全部出炉，均亏损严重，中国国航、中国东航、南方航空这三家国有大行2022年共预亏1075亿元，平均每天能亏三个亿。多家航司陆续出现资不抵债的情况，仅靠外界资金支持难以复苏，自身造血能力的重构成为重点。

尽快推动恢复国际市场成了航司回血的重要期望。镜鉴欧美航空业，旅行禁令的取消的确会带动航空业的快速恢复。

2021年11月起，美国、英国、德国等国家纷纷放松入境限制，游客凭借疫苗接种证明或核酸阴性证明即可入境。这一政策松绑很快体现在欧美航空的业绩中。2022年第一季度，美国三大主要航司达美航空、美国航空、美联航的营收均恢复至2019年的80%以上，亏损也有所收窄。据券商统计，2022年4月美国的国际客运量恢复到2019年同期水平的74%。

国内某OTA大数据研究人员曾在年初预计，国内航班量预计在3月底航班换季后有明显恢复，机票价格也会逐渐回落至合理范围内，与出境游需求共振。

行业人士微观

世界始终是开放的

受访者：王静 皇家加勒比邮轮华西区营销与市场总监

现在公司旗下的船队都已经复航，最近两三周我们华西区的业务量增长堪称迅猛，预计在短期内就能恢复到疫情前的状态。

我在邮轮业已经工作12年了，疫情对我们肯定是有一定影响的，但是之所以选择坚守，一方面是因为公司在整体战略布局上很看好国内市场的需求，所以这三年成功保

美国驻北京大使馆面签预约爆满

留了各个环节的核心团队，人才流失的情况较少；另一方面，我也相信公司的产品体系，皇家加勒比各种特色航线还是挺多的，能在出境游复苏后依然是这个领域的领先者，保有竞争力。

其实过去三年，我们营销团队的业务并没有出现停滞的状况。国内流动虽然受限，但海外航线还是有很多客户青睐，可能这部分客户的消费能力受疫情影响也比较小吧。当然在疫情前，中国其实就已经是全球第二大邮轮市场，我也期待压制三年的邮轮需求会有个爆发式回归。

机会与危机是共存的，利用这个窗口期，我们营销团队也在开拓社交媒体上的宣传渠道，为潜在的消费者做一些邮轮旅行的知识拓展。

海外邮轮市场基本在去年就已经恢复得差不多了，所以我们现在跟各家线下旅行社、OTA 平台的合作产品能有几千种，能满足各类需求。出入境打开仅一个月，半年后出发的环球航线都已经在华西区各省获得了订单。

我个人现在比较期待公司旗下新出的环球航线，其中从南美到南极那一段是全新的航段，值得尝试；如果是给第一次坐邮轮出游的重庆游客推荐，我建议走重庆本地出发到新加坡这个航线，五天四晚，文化差异也不会特别难以适应。

签证千金难求，东南亚成新热点

受访人：彭彦，重庆某旅行社资深领队、签证专员

疫情三年，出境游市场就基本上沉寂了三年，我以前是跟团领队，带了十来年的出境游，欧洲、美洲、南极洲、东南亚都去过无数次，但这三年我转到了重庆本土游，待了一段时间的两江游轮和三峡游轮，去年又开始专门做签证，实在是感触良多……春节后的出境游爆发其实我觉得完全在预料之中，因为跟团游重启了，全国的出入境管理部门业务量都开始暴涨，但这段时间很多人的护照、通行证都过期了，所以现在重办护照、通行证和加港澳签注的人也特别多，一般情况下，我都建议大家先登录自己所在地区的公安出入境官方公众号，查一查预约时间再去办理。

至于很火热的境外游地区，我先查了一下美国驻华大使签证中心官网，截至 2 月 22 日，北京大使馆 3 月第一周已约满，上海大使馆 3 月只有 27 日还可以预约，广州大使馆的情况和上海也差不多。据我所知像法国、西班牙、意大利、比利时、丹麦这些国家的签证处都排起了长龙。有些人是为了留学、工作或者看病，情况相对紧急还可以理解，毕竟在上海、广州、北京等经济较发达地区，海外读书、探亲的需求基数确实很大，这几年因为出境困难导致亲人分隔两地的新闻并不少见。但如果纯粹是为了储备签证为今年晚些时间的出行做打算，就完全没有必要着急现在去办理。

当然，最有意思的还是日本签证，由于日本签证不接受个人申请，签证均由日本驻华使领馆指定的代办机构代理，旅游签证由指定旅行社代理，因此不需要本人去面签，所以日本签证代理业务就成了一门生意。

多年多次签证的价格基本都在 1000 元以上，我也看到小红书上有人爆料三年多次签证的报价达到了 18000 元，这个还是太夸张了，明显属于走“非正规”手段，有人在利用信息差赚黑心钱。

今年我应该又会重返跟团领队的行列，我的重点还是会放在东南亚上，因为东南亚的时间和经济成本是我国游客接受度最高的，跟团也确实是非常方便，而且国家划出的 20 个试点国家名单里，东南亚占据了 9 个席位，再加上受限于航权问题，飞往欧、美、日、韩的航线恢复较少，飞往中国香港、中国澳门和东南亚地区的航班量更多，增长也更快，所以各个出境游平台上泰国稳居出境跟团热度第一，我们公司咨询量较高的产品是普吉自由行、曼谷 + 芭提雅团体游、清迈半自由行等，新马泰路线也非常受欢迎，这条经典路线的群众基础真没得说……不过从目前的情况来看，经历三年之后，境外旅游目的地服务包括国际航班、旅游用车、餐厅、景点接待规模、导游服务、境外服务供应商等接待环节都处于重构和持续增加供应阶段，说白了就是可能部分体验还赶不上 2019 年的水准。

试点恢复旅行社出境团队旅游

泰国、印度尼西亚、柬埔寨、马尔代夫、斯里兰卡、菲律宾、马来西亚、新加坡、老挝、阿联酋、埃及、肯尼亚、南非、俄罗斯、瑞士、匈牙利、新西兰、斐济、古巴、阿根廷

文化和旅游部办公厅公布了自2月6日起，20个试点恢复出境团队游业务的国家

但从旅游深度来说，和疫情前动辄三四十号人的大团相比，现在的出境游基本上团员都在 25 人以内，一家一团的“私家团”也越来越多，行程安排也不再是“上车睡觉，下车拍照”的走马观花，而是更注重深度旅游，比如我们就有客人咨询“可不可以到马六甲公海游个泳”，也有希望在行程中加入露营、围炉煮茶等休闲方式的年轻人，玩法的变化在这三年沉淀后显得尤为明显。

考虑到现在的出境游还受限于这 20 个首批试点国家，价格和历史低位还有差距，而且真正能做团的其实也没有 20 个，很多国家，比如古巴、阿根廷的团要到三四月可能才会有更多的排期。所以我估计至少要到五一甚至暑假，整个出境游市场才会慢慢恢复到 2019 年的水平，想要出去玩，就先多做攻略，搞定自己的护照和签证，然后再周密规划也不迟，实在是“旅游瘾”发作，祖国的大好河川也是可以畅玩很长时间的，不扎堆，不跟风，也是很好的旅行习惯！

消散在记忆中的乌托邦

受访人：山哥 泰国民宿经营者

哪有什么理想国、乌托邦，从体制内闲人到人人羡慕的民宿老板，一场突如其来的疫情断送了我的所有。

我本身是很喜欢旅游的人，开民宿除了想赚钱外，多少有些圆梦的原因。2018 年从体制内辞职后，我就开始在普吉岛租公寓开民宿了，那时候真的很赚钱，即便泰国旅游本身在 8 月到 11 月有三个月的淡季，但基本上不到半年时间就能收回所有投资成本，而我也从 3 间房起步到巅峰时一共拥有了 18 间房。

那时候什么都想要最好的，房屋软装基本都是从国内购买，通过国际物流运过来，整体装饰风格更符合国内审美，也让自己喜欢，但过于理想化让我忽略了对风险的控制，突如其来的疫情打得我措手不及，入住率在 2021 年很长的时间里直接为 0，可我同房东签的长约，违约就意味着巨额赔偿，而且前期装修投入也会全部打水漂。

硬扛到了去年 10 月，原本以为国内国庆会来一拨游客，可事实上那少得可怜的游客根本不会到卡马拉海滩来玩。风口时，泰国海滩到处都是人，即便卡马拉这边砂砾比较粗，但安静的环境也能吸引不少人过来，可疫情期间所有的海滩都无比清净，我们这种边缘景点显然不会有多少游客愿意过来。

相比于国内的政府救助措施，泰国要更迟缓一些。疫情期间，国内商业减租、免租很常见，可泰国这边的房东很不好沟通，他们本身也受到疫情冲击，要求我们按照合同缴纳租金，违约还会面临一笔巨额赔偿，最终在去年 11 月的时候，随着合同到期，我飞快地逃离了我的“乌托邦”。现在看来，我算是倒在了黎明前吧。

获奖的荣耀 Magic5 系列

现场的一加展台

MWC 2023特别报道
产业复苏，还看东方

■ 电脑报记者 李正浩

相比往届，MWC 2023 实际是近年来最受各方关注的一届。全球在经过三年疫情的影响之后，消费电子产业发展、技术迭代以及市场增长受到明显冲击。

以智能手机为例，2022 年 12 月国内市场手机出货量 2786.0 万部，同比下降 16.6%。如果在往年，这是一个非常糟糕的数字，但放在市场弱势的 2022 年，却是难得的亮点。

2022 年全年，国内市场手机总体出货量累计 2.72 亿部，同比下降 22.6%，其中 5G 手机出货量 2.14 亿部，同比下降 19.6%，占同期手机出货量的 78.8%。全球智能手机 2022 年出货量为 12.1 亿台，同比下降 11.3%。

国内外市场遇冷，也意味着蛋糕变少，市场存量变少，必然加剧厂商之间的内卷。短期来看，这种内卷能带来价格下降，增加销量，但不利于行业的长期发展。进一步讲，卷了 3 年，也不见中国厂商内卷出一个新的华为。

MWC 2023 恰好为中国厂商提供了一个走出去展示技术，提振信心的平台，而且中国厂商很早就是 MWC 大会的主角。有新技术、新产品、有全面回归的中国厂商，是推动产业复苏，重新快速发展的重要角色，这也是中国 MWC 2023 深受外界关注的核心原因。

国产手机：持续冲高，挺进欧洲

中国厂商要提振信心，进一步打开海外市场，重点还是需要强大的产品力作支撑，而产品力的核心就在于创新技术。今年中国智能手机厂商带来了新一代旗舰机、硅碳负极电池、手机水冷等，这些创新乍看起来或许不够起眼，但是却能影响产品力的根本，比如电池。

继 2022 年之后，荣耀又一次在 MWC 上发布了新一代旗舰——Magic5 系列，其中荣耀 Magic5 Pro 首发硅碳负极电池。

换句话说，硅碳负极电池技术相当于用 4000mAh 电池的厚度做到了 5000mAh 的容量。电池虽小，却是个很重要的突破，电子产品能发挥出多少性能，电池是一个很大的制约因素，当电池利用率足够高，容量大且轻薄，厂商就可以采取更为激进的性能策略，增强手机的使用体验，手机的重量和厚度也能得到控制。

电池技术的突破，还能带动整个行业发展。不仅是手机，还可以延伸到平板、PC、移动电源或是其他需要电池的设备，拥有很大的想象空间。

除此之外，荣耀 Magic5 系列上还有一个细节，就是它的摄像头模组。两部手机在摄像头模组和后盖衔接处都做了连续曲面的过渡，缓解大底摄像头带来的突兀感。

我认为今年其他影像旗舰也会采用类似设计，同样因为连续曲面，延展性更好的素皮类后盖会越来越多地用在旗舰机上，陶瓷和玻璃不是不能有，前提是厂商愿意付出成本，消费者也愿意承受更重的机身。

现场有个细节，荣耀的展厅就在三星对面，并在海外打出了“Go beyond the Galalxy”的 Slogan，表现出非常强的针对性。其实不难看出，荣耀这次出海，不仅要获得更多的市场份额，还要直接挑战三星在智能手机中的巨头地位。

一加这次选择推出一加 11 概念版，该机在一加 11 的基础上改造，植入了一套液冷散热系统。你没看错，就是液冷散热。一加在手机中放入了一颗“压电陶瓷微泵”，可以将其理解成一部电机，驱动液体快递流动，进而提升散热效率。

概念版的后盖比常规版本更薄，工艺厚度小于 0.0038mm，配合高阻隔材料，阻隔水汽的同时，也能控制机身的厚度和手感。

而颇受关注的小米和 OPPO 没有直接推出新机，而是选择将已发布的旗舰手机带到了现场，分别带来了小米 13 系列和 OPPO Find N2 Filp。值得注意的是，这也是小米与徕卡合作后，首次面向海外发布。没错，之前的小米 12S 系列属于中国特供版，海外没有发售计划。

国际版本的外观、配置与国行版本一致，但售价比国行贵出一大截，小米 13 售价 999 欧元起，小米 13 Pro 售价 1299 欧元起。除了这两部手机，小米还带来了另一部新机——小米 13 Lite。

很遗憾，小米没有像之前传说的那样，在 MWC 上发布小米 13 Ultra，而是发布了一款更为亲民的手机。小米 13 Lite 的外观和配置类似国内的小米 Civi 2，128GB 版本售价 499 欧元，256GB 版本售价 549 欧元，同另外两款手机一起进入欧洲市场。

小米此举无疑通过旗舰手机，继续加注欧洲市场。这里讲个冷知识，小米在欧洲市场实际是一个相当有韧性的存在。

调研机构 Counterpoint Research 近日公布了 2022 年以及 2022 年第四季度欧洲市场的调查报告。报告显示在过去的 2022 年欧洲市场的整体出货量为 1.76 亿台，同比下滑了 17%，是十年来的最低水平。排名前五的品牌分别是三星、苹果、小米、OPPO（包括一加）、realme。

值得注意的是，这 5 个品牌中只有小米是个位数下跌，其他都达到两位数，而随着小米 13 系列进入欧洲，小米一定会力争取代苹果先成为市场份额第二。从侧面来说，小米在欧洲市场已经具备和三星、苹果竞争的能力了。

荣耀和小米新机发布之后，受到海外用户的高度关注，但因为荣耀 Magic5 系列是 MWC 2023 唯一全新产品，荣耀也因此成为最受关注的品牌。

OPPO 这边除了折叠屏手机，还带来了 45W 液冷散热器、AX5400 Wi-Fi 6 路由器。这里有个细节，路由器的包装是简体中文的，这意味着这款外观十分秀气的路由器之后会在国内推出。

除了国产手机，国产供应链也逐渐从幕后走向台前，实现从量变到质变的改变，证明高端机市场，国产 OLED 屏幕有和海外屏厂同台竞技的实力。

摩托罗拉 rizr 是 MWC 2023 首日最惊艳的手机之一，是一款卷轴屏手机，而它的 OLED 屏幕由京东方提供。

在未展开状态下，手机屏幕仅 5 英寸，此时的感觉类似 OPPO Find N2；当用户需要大屏时，可通过电机将屏幕延展到一块 6.5 英寸的大屏，此时的观感就和常规手机差不多了。

特别的形态也带来了一些不同的应用场景。该机在横屏看视频的时候，会自动展开，不需要用户双击电源键启动。在未展开时，收起来的屏幕可当作副屏使用，也能充当自拍或拍摄人像时的预览。

实际上，今天的折叠屏手机更像是一种过渡产物，未来的手机一定会朝着更大、更轻、更易收纳方向发展，卷轴屏的形态就很符合这个发展方向。

一是卷轴屏形态搭配更薄的 OLED 屏幕，手机形态能够具备更高的可塑性，不仅仅扩展成手机、平板电脑、电脑显示器，需要的时候也能缩小到智能手表大小并固定在手腕上，这样的可塑性，刚好契合不同的使用场景和设备需要。

二是卷轴屏通过屏幕完成收纳，规避了屏幕折叠造成的挤压伤害，理论上卷轴屏可以有更长的使用寿命，而且还能规避折痕。尽管通过铰链和材质升级，可以淡化折痕，但只要展开到一定角度必然会出现折痕。

在常规屏幕上，荣耀 Magic5 系列发布后，京东方和维信诺先后认领了该系列的屏幕供应商身份，特别是定位更高的荣耀 Magic5 Pro 使用的屏幕。

单说参数，这是一块素质顶尖的国产屏幕，真机的屏幕表现是非常值得期待的。国产的顶格旗舰使用国产屏幕是没有问题的，预计今年会有更多的使用国产屏的旗舰机发布，甚至带动供应链一起出海。

从手机厂商到国产供应链，都努力地在 MWC 2023 上秀肌肉，展示自己的新技术，为冲击高端，进入欧洲市场奠定基础。或许国产距离苹果、三星在品牌、技术层面仍有差距，但也要注意到，从供应链到整机亮点展示，中国厂商无疑显得更加活跃和大胆，而这些都会反馈到市场表现，小米在欧洲的强势就是例证。

虚拟现实：本土企业走在了世界前列

国产厂商除了把新一代智能手机带到欧洲市场，还有全新的 AR 设备以及其他可显示 3D 内容的设备，这类产品相比智能手机更具有一些前瞻性质，这比的就是谁能先看到未来。相比安静的国外厂商，中国厂商发出了更大的声音。

小米推出一款“视网膜级”的 AR 设备，当 PPD（角分辨率）接近 60 时，人眼几乎感觉不到颗粒感，而小米无线 AR 眼镜的 PPD 为 58，非常接近“视网膜”规格。

眼镜配有一对 Micro-OLED 屏幕，支持 1200 尼特亮度，提供全高清 FHD 视觉效果。眼镜前面有三个前向摄像头，用于绘制佩戴者正前方的环境；机身重量 126g，使用碳纤维、镁合金以及小米的硅氧阳极电池，成本不低；搭载骁龙 XR2 Gen 1，没有内置存储，眼镜的使用必须配合手机或是其他设备。

眼镜是无线连接，延迟仅为 50ms，已经达到人类难以感知的水平了。注意，需要连接手机，不代表时时刻刻都要用到手机。小米增加了单手、小幅度的“微手势交互”，挑选一个应用并打开、滑动浏览页面、退出应用回到桌面，这些操作都可以使用手势交互，无需借助手机。

不同于小米，努比亚选择了另外一个方向。努比亚 Neovision Glass 是努比亚首款 AR 眼镜，同时也是全球首款拥有德国 TüV 莱茵认证和 Hi-Res 音质认证的智能眼镜。

这副眼镜配备 120 英寸虚拟随身巨幕，双目 2x1920x1080 分辨率的 Micro OLED 显示屏，支持 0-500° 近视调节，内含回旋式音仓和立体声全频双扬声器。它

摩托罗拉 Rizr

小米无线 AR 眼镜探索版佩戴效果

努比亚 Pad 3D

2020-2036年中国AR终端设备出货量预测

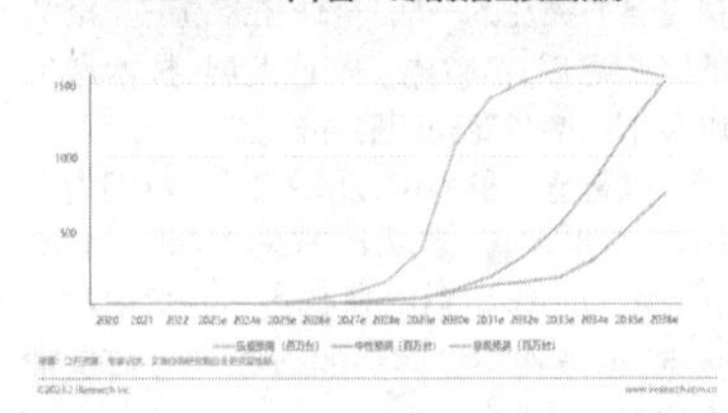

还提供多款多彩流光磁吸镜片，采用无边框流线型设计，机身仅重 79g，外观时尚且携带便捷。

相较于小米无线 AR 眼睛探索版，努比亚将更多的资源投入到了影音娱乐当中，是一款典型的功能细分的 AR 设备。除了 AR 眼镜，努比亚还带来了另一件新奇产品——3D 平板。

努比亚 Pad 3D 看起来与普通平板并无二致，可当你用眼睛看屏幕时，就能感受它带来的裸眼 3D 效果。努比亚 Pad 3D 的厉害之处在于，它靠前方的 AI 摄像头捕捉人眼位置，然后通过算法实时调整 3D 屏幕的显示角度，避免出现眼睛焦点对不上 3D 的情况。

本身也具有 2D 转 3D 实时 AI 内容处理能力，2D 内容也能通过算法转换成 3D，并支持 3D 影像拍摄，前置 800 万像素，后置 1600 万像素双摄，镜头模组处还印有 3D 字样。该机搭载骁龙 888，nubia Pad 3D

的性能表现还不错，内置 9070mAh 电池 +33W 快充组合。

努比亚 Pad 3D 配备 12.4 英寸 2.5K 大屏，对称式杜比全景声四扬声器。该产品拥有丰富的 3D 内容生态，可享受到 3D 增强视频聊天、私人 3D 影院和沉浸式 3D 游戏等体验。

相较于上面两副眼镜，OPPO 的外观就低调许多。OPPO Air Glass 2 不仅是外观，连重量都与普通眼镜一致，仅 38g，因此佩戴起来十分舒适，两款镜片都有单色光波导屏幕。

另外，眼镜本身使用的是树脂镜片，可配成近视镜和墨镜。用镜腿尾部的磁吸接口充电，镜腿转轴有比较大范围的调节空间，头大一点的用户也能佩戴。

在功能性上，OPPO Air Glass 2 支持提词、翻译、导航、提醒、语音转文字等功能。特别是语音转文字，对于听障人士，这是一个非常实用的功能。就我个人看来，OPPO Air Glass 2 的形态是几款 AR 眼镜中最靠谱，也是看起来十分接近量产的 AR 眼镜。

在 AR 设备领域，中国厂商投入了非常多的精力，尽管这种精力的投入从某些视角来看不算聪明。ChatGPT 大火，元宇宙退潮，多个 AR 企业曝出裁员消息，似乎相关行业已经濒临崩溃的边缘。但实际未必，资本热钱的退出，在一定程度上能说明行业和技术的逐渐成熟，不具备太大的炒作空间，当初智能手机也经历过这一阶段。

乐观预计在 2025 年之前，包括苹果在内的互联网企业、手机厂商都会推出 AR/XR 设备，2030 年突破技术瓶颈，单价降低，预计届时出货量可达 10.76 亿台。为了达到这个目标，MWC 2023 上的 AR 设备正在努力解决消费者的痛点问题。

消费级应用的痛点是在高性价比的基础上，追求高清晰度、色彩还原、便携性和佩戴舒适性，而这些恰恰也是上述产品的亮点所在。

对消费者来说，今天的 AR 设备有点类似早期的智能机，将时间拨回到 2010 年，当时的人都不确定这种不耐摔、续航短的手机有什么发展空间，但事实并非如此。因此，未来 AR 设备未必不能发展出今天智能机的地位，而抢占先机的中国厂商已经占据了时间优势，即便突破性产品先出现在国外厂商中，也不至于毫无反击之力。

“全球互联”：中国厂商已成为中坚力量

再强悍的设备也需要网络连接，不然也只是一片孤岛。而在通信领域，中国厂商也在面向世界推出自己的网络解决方案和标准，抑或是积极对外合作，为 5G 后半段和

未来的 6G 的抢先发展奠定基础，一步一步实现理想中的“全球互联”。

在本届展会上，华为展区人潮密集，在当下特殊的时间节点，是个非常特别的厂商，国内外的参会者对其都有较高的关注度。与往年不同的是，智能手机不再是展区的主角，华为表现的更多是作为通信大厂的统治力，面向 B 端推出网络解决方案。

华为推出 5.5G Core 解决方案，以期通过无线、光与 IP 等领域根技术的突破实现万兆体验。从本质上讲，5.5G 依旧是 5G，属于 5G 和 6G 之间的过渡和衔接，大概会持续 5 年以上，预计最早在 2025 年落地。

5.5G 对比 5G 网络能力提升 10 倍，具体表现为移动用户及家庭宽带用户峰值体验从 1Gbps 提升到 10Gbps；ADN 自动驾驶网络从 L3 级别提升到 L4 级别；时延、定位、高可靠性能力提升 10 倍等；3D 类应用将成为主流，沉浸交互业务的在线用户将超过 10 亿，相比现在增长 100 倍。

对消费者来说，5G 的印象谈不上美好，但对企业来说往往就是另外一个故事。在 MWC 2023 现场，由美的集团、中国移动和华为三方合作的全球最大规模 5G 全连接工厂荆州美的洗衣机工厂项目荣获 GSMA 全球移动大奖“5G 产业合作伙伴奖”，其实就是标志着 5G 与智能制造的全面深度融合得到了行业的高度认可。

这其实也印证了 5G 普及之初谈到的，5G 最大的应用场景就是工业互联网，中国无疑走在世界前列，世界各国运营商都在认真聆听来自中国运营商的优秀经验分享。另外在 MWC 2023 上，最有代表性的 5G 应用，基本都是中国提出的，而且现代工业的大规模推进，也需要更好的通信，发展 6G 就顺理成章了。有了 5G 时代的积累，即将到来的 6G 时代，也能少一分被“卡脖子”的风险。

除了 5.5G 网络，卫星通信也是 MWC 关注的焦点之一。自从华为和苹果先后推出卫星通信功能，大家对这个概念就不再陌生，简单地说，这是一项让你在没有信号覆盖的地区也能与外界保持联系的技术。

高通在 MWC 大会上宣布，他们正与荣耀、摩托罗拉、Nothing、OPPO、vivo 和小米等手机品牌进行合作，手机厂商们可以利用高通最近发布的 Snapdragon Satellite 卫星通信解决方案来开发支持卫星通信功能的手机。

对比华为和苹果目前使用的方案，高通的优势在于可以实现双向通信。实际上，第二代骁龙 8 已经内置这一技术，商用的手机终端会在下半年登场，小米、OPPO、荣耀等将成为首批支持 Snapdragon Satellite 卫星通信的厂商。

除了高通，联发科也推出了自己的卫星通信服务，旨在让 5G 手机也能当作卫星电话使用。

在 MWC 2023 上，联发科展示了基于 3GPP 标准的 5G 非地面网络 NTN 技术，以及基于该技术的 MT6825 芯片组。目前，联发科与 Bullitt 合作率先推出采用该技术的商用智能手机：摩托罗拉 Defy2 和 CATS75。

继华为和苹果之后，联发科、高通也陆续推出卫星通信技术，他们都明确将卫星通信定义为地面通信的补充，填补海上、山区，以及其他信号难以覆盖的地区的网络空白。

定义的转变，标志着卫星通信将会进入新的发展阶段，进一步弥补地面通信的不足，为“全球互联”的实现奠定基础。尽管目前主流应用依然被限制在字数有限的短信息上，但是智能手机 + 卫星通信的全新功能已经逐渐在市场中铺开，如同当年中国互联网的开始，来自一份邮件。好消息是在这个过程中，中国厂商的脚步还是更快一些的。

编辑观察

尽管总听人说“三年寒冬”，看了 MWC 2023，我倒认为海水退潮才知道谁在裸泳，真正有技术有实力的中国厂商依旧可以在逆势中前进，甚至抢占更多的市场份额。

作为一个亲身体验、参与到行业变革的人，2022 年无疑是艰难和充满挑战的一年。但在 MWC 2023 上，中国厂商依旧带来了一大批惊艳的新产品、新技术，不仅仅是离消费者最近的智能手机，而且还有具备相当前瞻性的 AR、5.5G、6G、卫星通信，几乎完全主导了展会的节奏，这种全方位的掌控，是非常少见的，何况它们还是来自全球最大的发展中国家，这更是独有，而外国厂商能拿出的东西就捉襟见肘了。

客观地说，今天的中国厂商依然要正视差距，但不用厚此薄彼，在通信、混合显示、智能终端等领域，中国企业已经走到了行业领先位置。

在未来一段时间，全球性的危机依旧会存在，但往往也是那些经历过磨难、挫折的厂商，更能做出人无我有、人有我优的产品。所以我坚信，依托于政策支持，市场的韧性，以及中国厂商和整个产业顽强的生命力一定能领导和推动全球相关产业的复苏，见证新黎明的到来，而带来黎明的太阳，恰恰是从东方升起的。

关注你身边的消费与服务

■记者 吴新 陈素 张书琛 张毅 黎坤

全险拒赔，违章卖分，神州租车品质化服务在哪里？

高速路上被剐蹭的车辆

根据神州租车2023年春节出行大数据显示，全国平均出租率近90%，神州租车异地及跨城订单同比2022年均增长近100%，春节租车消费呈现出品质化趋向。

“交通＋落地租”是城市租车出行的主要模式，向标准化、规范化迈进，也是汽车出租行业惯用的辞藻，但品质化服务落实到实处却总是存在诸多杂议，比如本次投诉的租车用户韩睿（本文为化名），就遭遇了一次闹心的租车之行。

农历腊月二十九（2023年1月20日），在北京工作的韩睿向神州租车租赁了一辆京EAU065的天籁轿车回天津过年。韩睿从事安全相关的工作，既有保险意识又有风险评估的专业知识，乘车人本身已经具有高额意外保险，在租车订单中同时购买了神州租车的“尊享百万服务”产品。

由于春节期间天气寒冷，韩睿开启暖风行驶在京津高速上，16:00—17:00，在北京向天津方向武清段时短暂地犯困打起瞌睡，驾驶的汽车以高于100公里的时速在快车道上与护栏发生了侧面剐蹭。韩睿有一定的驾驶经验，在惊醒后立即修正了车头方向将车开回了车道中间。

事发突然，韩睿从后视镜观察到车身划痕不严重，车辆能够继续行驶，又是在快车道上，出于安全考虑没有立即停车，将车子继续开进了最近的梅厂服务区停好后下车检查。

按照神州租车公司要求，韩睿立即拨打了客服电话，并在客服的指引下进行车损拍照并打电话报警。神州租车的客服人员在电话中表示，尽量请交警出具事故责任认定材料，如果不能出具则提交拨打报警电话的通话记录截图。

由于没有确认到现场护栏剐蹭位置，交警方表示不能出具交通事故责任单。在之后的几十分钟内，韩睿听从客服的指引拍摄了现场车损照片并将报警通话截图按要求上传到了“神州租车”APP中。在联系了交警与保险公司的理赔人员，与所有相关方都确认可以离开后，继续驾驶事故车辆返回家中。

在回家后，韩睿电话联系神州租车的客服人员，表示出于安全考虑希望能够更换事故车辆。客服人员表示在多次询问后得出结论，京津地区已无同等级别车辆可换。随后的七天租期中韩睿一直驾驶这辆车直到假期结束，2023年1月27日返回北京将车辆归还。车辆归还时还向门店工作人员简单交代了这辆车的事故情况，门店人员表示既然买了车损全险应该是不需要顾客再负责的。

买全险却被提示要支付2005.50元

就在车辆归还的两天后，“神州租车”APP弹出提示“您有一笔待支付费用”，起初韩睿以为是有ETC产生的过路费没有支付，当时在忙工作也没有在意。晚上回到家空闲时查看发现，提示信息上赫然显示“需支付维修费用2005.50元”。

韩睿拨打门店电话要求查证，以为等几天神州租车处理完保险事宜就能够平账了。但事情并没有如预想般结束，2023年1月31日，“神州租车”APP再次提示“需支付维修费用2005.50”。门店的反馈是由于没有交警的事故责任认定材料，保险公司拒赔，并且以保险公司的拒赔来作为终局裁决，于是这笔修车费用必须由韩睿来支付。

韩睿又拨通神州租车的客服电话进行投诉，得到的反馈依然如此。直到2023年2月2日，收到一条内容包含“您租用的订单有维修费用一直未支付，为免对您未来用车及贷款等授信服务产生不利影响，请您登录神州租车APP或点击此链接尽快支付”的手机短信。此时通过芝麻信用额度租车的韩睿意识到事情不对，如若不妥善处理恐怕会出现信用透支问题。

记者在“神州租车”APP上查询“尊享百万服务”，产品内容标明其为神州租车提供给承租人的保障产品，主要内容包含单方事故车五千元以内的车损，保险理赔范围内的本车损失，以及一百万元第三者责任险等等。韩睿的赔付情况，应该涵盖在此保险范围内。

与记者沟通后，韩睿向神州租车提出在自己已经购买全险服务的情况下，为何还需要支付车损费用。神州租车的客服人员立马改口，称当时处理报案的客服将明显的单方事故登记成了双方事故。2023年2月3日，韩睿收到一个“神州租车”APP支付修车费用的提示后，修车费用在订单中“神奇”地消失了。

推卸责任为何成常态？

根据事件回顾，韩睿的汽车租赁合同为韩睿与神州租车之间的双方合同，而非韩

租车用户高速路剐蹭到隔离带护栏

APP提示用户支付维修费用

租车用户购买了尊享百万服务保险

睿、神州租车与保险公司的三方合同。而加购的“尊享百万服务”产品也是神州租车的服务产品而非保险公司的保险产品。也就是说从始至终韩睿未与保险公司产生直接的交易关系，所以韩睿是否承担修车费用与保险公司是否具备不应有因果关系，只与加购的“尊享百万服务”产品中车损额度有关。

从现场状况来看，在高速公路快车道超过 100 公里时速行车发生剐蹭，根本无法返回进行包括现场拍照在内的任何行为，属于典型的单方事故。无论出于安全原因，还是根据“神州租车”APP 中“租车引导”模块“出险处理”部分的要求，消费者韩睿保持继续行驶，并在服务区停车后拨打电话报案的一系列操作，都是标准流程。

神州租车的客服人员在电话中确认以保险公司的决定为终局裁决这种说法，不仅是对自身应尽义务的推脱，更是显然构成对消费者的欺诈，对消费者的合法权益产生侵害。从修车费用产生开始，神州租车的态度都是“致力”于将费用强加于购买了全险的消费者的头上，是何原因？

说到底是成本问题，电脑报记者登录神州租车 APP，尝试租赁一辆 1.5 升排量的丰田雷凌，租车费用每天 118 元，周末 95 元，包括车辆租赁及服务费。另外的基础服务费为每天 50 元（就是汽车的基础保险），提示为“车损 1500 元以上车辆损失险、20 万元第三者责任险、5 万元车上人员责任险、交强险、涉水自燃、全车盗抢损失”等等，而“尊享百万服务”为单独的 80 元 / 天。可以看到，其实车辆的租赁单价并不贵，贵的地方在附加费用上，而且基本都是按天算，实际上算下来，一辆 100 多元的车租一天要 x1.5 倍左右的费用。

根据业内人士透露，相当数量的租赁的车辆只投交强险，商业险部分也有缩水，基本上是潜规则。比如仅投保 5 万元的第三者责任险和不计免赔，有极少车辆配备了 10 万元以上的商业三者险，即便加上交强险，也与宣传上的“全家桶”的保险金额存在落差。保险成本投入方面，租赁汽车和私家车的保险额度相差很大，如果汽车出现剐蹭和保险外的维修支出，是租车公司最不想看到的结果。

其他案例：违章后要求用户花钱买分

投诉人：秦冰（隐私问题此处用化名）

近日消费者秦冰在杭州萧山机场租用神州租车大众朗逸 1.6 自动挡车辆一部，车牌为浙 A2XXXD，时间为两天。合计租金 519 元，包含尊享服务费、超时服务费和异店还车服务费，信用卡押金 2000 元。

该用户在途经杭州到乌镇的高速公路中，出现转弯未按指示灯标志违章，两周后接到神州租车客服的电话，经查实为扣 1 分罚款 150 元。秦冰表示已经回到重庆，异地违章中高速违章和普通市区行车违章属于两个体系，无法通过互联网异地扣分处理，询问神州租车能否邮寄本人驾驶证，让对方代为处理扣分扣款，遭到拒绝。但神州租车工作人员同时提出一个方案，由前者找人代为扣分，1 分 600 元，150 元罚款由用户另外自付。

根据《中华人民共和国治安管理处罚法》第六十条：伪造、隐匿、毁灭证据或者提供虚假证言、谎报案情，影响行政执法机关依法办案属于违法行为。车辆违章销分时必须要出示被抓拍人的身份证，违章不能用别人的驾照扣分，买卖驾照分是违法行为，不管买分还是卖分，一旦发现，都将处 5 到 10 日行政拘留，并处 200 元以上 500 元以下罚款。

为不违反法律法规，该用户在半年后利用出差的机会，借道前往杭州高速交警队按正规手续处理了违章扣分，之后返回神州租车退还 2000 元押金。而官方教唆用户高价买分的违法行为，发生在顶流租车平台的神州租车身上，还是令人感到唏嘘不已。

闲鱼代订酒店，旅程堪比度劫

真实惠还是套路满满？

一般到了假期，酒店价格都会有一定程度的上涨，为了减轻出游的经济负担，在闲鱼等二手交易或社交平台购买酒旅产品成为了另一种“省钱之道”。不过这些便宜房源到底从何而来，是否可靠？是酒旅行业的“潜规则”还是灰色产业链，为什么能在二手交易平台大行其道？

“本来只是想省点钱，没想到水这么深。”作为经常在春节期间带着孩子和父母到海南度假的东北人，陈丽没想到会遇见半夜被赶出酒店的情况。

去年 12 月初，陈丽就在着手酒店预订事宜，“本来三亚的酒店就非常火，放开之后一定会有很多人去。”可是没想到又慢了一步，心仪的酒店要么已经满房，要么就是价格飙涨高不可攀。

无奈之下，陈丽在闲鱼上看到有提供亚龙湾铂尔曼度假酒店代订服务，联系之后对方表示自己有“协议价”，比携程、去哪儿等 OTA 平台要便宜 20% 左右，还包括双人早餐、延迟退房等特权。唯一的要求就是将本人信息交给卖家，再通过网银将五天的房费共 6000 元转到指定银行卡，之后就只需要到店办理入住即可。

本想问清楚些再做决定，卖家却一再以假期房源紧张，随时有涨价的可能，催促陈丽转账。幸好到店后顺利入住。可两天后，酒店突然通知陈丽已经取消订单，后续的旅客已经在等房，要求他们在第二天早上 6 点前离开酒店。

“你见过凌晨一点的三亚吗？”拖家带口的陈丽在找闲鱼卖家退款时又遭遇各种推诿，甚至直接拉黑，陈丽气不过选择了直接报警，但因为卖家并未实名认证账号，警察确认信息也需要一定时间。

另一个选择澳门作为目的地的游客王嘉则是在入住环节遇到问题。同样是通过闲鱼，王嘉在 1 月初以 950 元 / 晚的价格代订到了自己最想要的澳门五星级巴黎人酒店香槟套房，享受 VIP 服务，在去哪儿上，该房型则需要 1980 元 / 晚。

卖家解释这是自己公司与酒店签订的协议价，王嘉只需要将钱款提前支付后，到店联络卖家即可，说自己是该大厂员工即可。

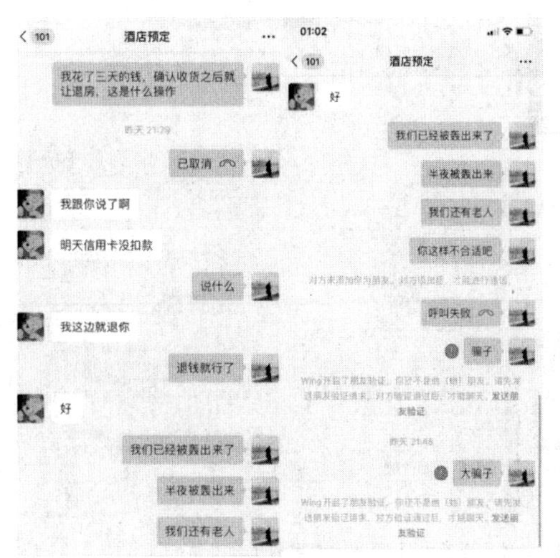

负责代订酒店的商家直接“跑路”

闲鱼酒店代订产品价格均是正规平台的七折左右

结果到了入住当天,卖家却突然失去了联系,直至下午三点,卖家才解释说因为人流量太大要等到下午四五点才有空房打扫出来,而王嘉则因为"身份可疑"不敢贸然去前台催促,只能通过卖家了解情况。

"订的时候什么都好,出现问题又说,不可能既想预订便宜的房间,又希望有五星酒店的 VIP 服务,这不现实。"最后,王嘉还是要求代订服务商退款,并自己加钱换了新的房型。经此一役,王嘉再也不敢信任这些所谓的低价渠道,"完全是花钱买罪受"。

里应外合流出低价房源

在王嘉们因为旅游住宿"刚需"焦头烂额之时,豪华酒店代订已经在闲鱼悄然成风。记者在平台搜索发现,有卖家酒店代订业务最长的做了 8 年,最短的只有一两个月,酒店产品价格均是正规平台的七折左右。

"一般看卖家交易平台等级和评价,要求入住用本人信息、不走平台外交易渠道的基本就没什么问题。"一位不愿实名的酒店代订服务商表示,自己一般遇到犹豫的买家都直接给自己的实名信息,这样也能增加双方交易的可信度。

可是代订手里的房源到底来自何处,为什么能比 OTA 平台更低价?上述服务商告诉记者,酒店代订其实就是利用客户与酒店之间信息不对等和渠道差异。

酒店代订的房源渠道主要有两种,第一种是积分换购型:由服务商收集酒店长期会员的积分,再低价为买家订房。一般的连锁酒店品牌如万豪等,都会有常旅客计划,相当于会员积分制,积分足够多的可以兑换免费住宿或者免费取消、早餐等额外服务。

在采访中记者发现,有很多服务商刚开始都是利用自己的酒店会员积分帮助朋友们以相对便宜的价格代订,随着客户越来越多,会员积分兑换变得难以满足需求,服务商便注册了平台商铺再拓展其他拿房渠道。

"有些国际品牌连锁酒店,通过高级会员积分兑换后,要求本人亲自去前台办理入住手续,效率太低,酒店还有权拒绝客户入住,问题很多。"为了避免这种"跑单"的尴尬、拿到更低价的房源,服务商开拓了第二种方法——盗用大客户协议价。

一般规模较大、差旅需求较多的企业都会和酒店签订以年计的合同,以远低于 OTA 平台的协议价格批量订购房间,供员工使用;酒店方面也通过这一方式保证了一定入住率,将空房率控制在一个合理的限度,互利互惠。

以重庆一家希尔顿酒店为例,3 月 10 日普通游客入住豪华套房的价格是 1700 元左右,而使用某跨国德企协议价入住相同房型的价格则是 1200 元左右,一晚的差价近 500 元。这也是为什么闲鱼上提供代订服务的卖家基本都只做豪华型酒店行政套房等高级房型,其中利润差价可见一斑。

"携程其实也是跟酒店联系获得一种协议价格,不过是所有人都可以接受的价格,并不是最低价。"在连锁酒店市场销售岗位工作 8 年的阳阳透露,一般第三方平台出现低价代订房源都是通过酒店销售购买,"不过这种就属于灰色领域了,酒店销售利用手里的资源卖给个人服务商,服务商再在闲鱼卖协议价房源;有些销售自己也在批量购入低价房型倒卖。"

就像前述王嘉的经历一样,卖家提供信息后,卖家会提供一个假的电子版企业名牌,或者是将对应企业的协议号发送给买家,让买家自己打印出来交给酒店前台。可是一旦遇到比较严格的前台抽查名片,这一招就行不通了。

有五星酒店前台工作经历的 Josie 透露,有的时候前台会跟客人核对预订渠道,如果客人说是第三方平台或是某个协议公司员工预订,但是与订单渠道不符,或无法出示相应的工作证明比如实体工牌等,前台一般会直接告知总经理,负责协议公司的销售则难辞其咎。

"像一些做酒店代订的,他根本不担心你能不能真的入住,因为钱已经到手,就算被戳破酒店那边还有销售兜底。"Josie 解释,管理严格的酒店对于签订长期协议的渠道商比较谨慎,不仅要看对方有没有稳定客源,合同中也会要求添加严禁倒卖的条款。

严查这种灰色服务的酒店,一般是出于长期的酒店品牌利益考虑。有酒店管理行业人士认为,一般的豪华酒店品牌是有自己的价格定位的,低价房源一定要控制在一个比例内,不然就会扰乱正常的市场价格,"就像奢侈品品牌也不会随便大甩卖"。

不过他也提到,在特殊时期,一些酒店为了维持资金运转,会将一段时间内的房型以低价打包卖给一些平台公司,这部分低价房源也有可能流入闲鱼等平台。

其次是法律上的压力。如果低价房源肆意流通,和酒店签订协议价格的正规 OTA 渠道供应商会根据合同向酒店追责。最重要的是,这种代订服务商并不稳定,会影响部分用户的后续维权,因此酒店方面并不认可这一预订渠道。

闲鱼隐身

可苦于监督管理手段有限,仅靠酒店方很难杜绝这种代订服务,提供交易场的平台能不能"挺身而出"?

闲鱼是阿里巴巴旗下二手闲置交易平台,2014 年 6 月上线,目前是国内最大的长尾商品 C2C 社区和交易市场,在线卖家超过 3000 万。QuestMobile 针对闲置经济洞察后发布报告显示,过去的一年里,闲置交易月活用户量突破 1.45 亿,在闲置交易行业 APP 月活榜单中高居首位。

而准入门槛低,个人商家难以管理,让闲鱼在收获较高用户活跃度的同时,也被贴上了"假货多""打擦边球""职业卖家多""卖家资质良莠不齐"等负面标签。

在调查酒店代订业务的过程中,电脑报注意到很多被骗的买家都曾表达过对平台放松审核机制的不满:"为什么芝麻信用分极低的商家也可以入驻平台进行交易""卖家哄骗我确认收货后销店跑路,结果闲鱼却说无力追回金额""人到酒店了,卖家突然取消代订交易,逼得我们只能从当天最高价位买,打电话给闲鱼投诉,闲鱼说他们是允许

信用分较差的卖家也可以没有阻碍地售卖低价房源

对于买家的损失,闲鱼能做的十分有限

卖家在未发货的时候取消订单”……

这种“无辜”的形象显然与其过亿的规模体量不相符。根据中国裁判文书网信息，闲鱼曾多次卷入因酒店代订而引发的合同纠纷之中，除了提供卖家信息以供调查、买家举报后封禁账号外，从未有任何其他连带法律责任，更别说帮助用户追回损失了。

重庆智渝律师事务所律师吴丹解释，根据《中华人民共和国消费者权益保护法》第四十四条的规定，消费者合法权益受到损害时，网络交易平台在两种情况下承担连带责任，“一是不能提供销售者或者服务者的真实名称、地址和有效联系方式；二是平台明知或者应知销售者或者服务者利用其平台侵害消费者合法权益，未采取必要措施”。

销量惊人的网红消毒产品

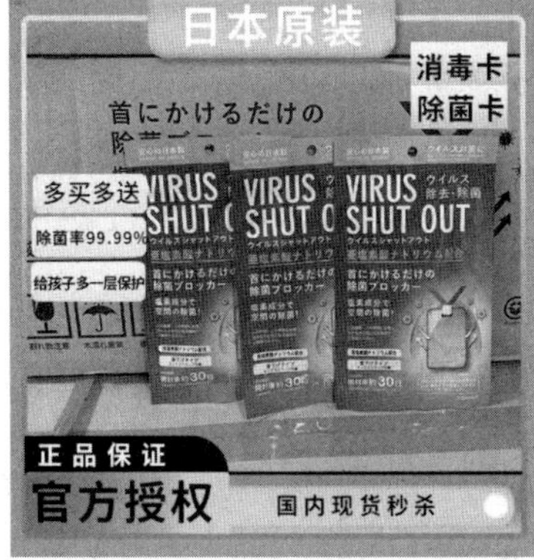

难辨真假的产品介绍

让人疑惑的数据

根据法条来看，如果交易平台可以提供卖家的实名信息，并且在用户举报后封禁了相关账号的，一般就完成了“法定责任义务”，闲鱼的隐身也就能理解了。

但从用户的角度来看，二手闲置交易最核心要素是信任，而提供虚假服务的卖家屡屡偷梁换柱再度出现，平台却对资质审查、交易安全不置可否，那么逃离闲鱼或许才是最佳止损之道。

智商税还是真神奇？起底网红消毒卡

一张小小的卡片，却能杀灭 99.99％的病毒，这听上去有些不可思议的产品却在疯狂营销下成为网红爆款。

健康需求催生网红产品

后疫情时代，甲流、诺如接踵而来，人们对健康的守护需求催生网红消毒卡／棒。

一张类似胸卡的消毒卡，挂在脖子上或者放在车内，就可以除菌、除臭、灭病毒、除甲醛、除螨，这便是近期在市场上流行起来的消毒产品。从电商平台到微商社群，标称“颠覆传统消毒观念，随时随地净化空气”的消毒卡／棒产品引发不少人讨论，这些消毒卡号称“日本进口”“网红推荐”，一张卡即可防范新冠杀死病毒，本身在后疫情时代就噱头十足，再加上并不高的价格，即便是不少人怀疑是“智商税”商品，却经不住十元左右的低价买个安心。

然而，这些消毒产品真的“有病治病，无病防身”吗？毕竟佩戴这类消毒卡／棒产品的小孩居多，其成分会对健康产生危害吗？《电脑报》3·15 记者团特对该网红产品进行了一番调查并同业内资深人士进行了一番深入交流。

销量惊人，消毒卡／棒市场调查

消毒卡／棒并非全新产品，早在 2020 年时就曾火过一次，当时市场上出现了宣称能防病毒的消毒卡、抑菌卡等产品。当时，随着越来越多消费者追捧，由中国科学技术协会、卫生健康委、应急管理部和市场监管总局等部门主办的“科学辟谣平台”出面刊登了《谣言：使用二氧化氯贴片能预防新型冠状病毒，且无毒无害》进行辟谣澄清。

在各种电商社交的推动下，这类产品在今年大有卷土重来的趋势。以拼多多平台为例，以“消毒卡”为关键字进行搜索后发现，已拼 10 万＋件的店铺并不少，不少店铺这类消毒卡／棒销量都已过万。而在小红书平台，关于“消毒卡”的相关笔记达 600+ 篇，除部分帖子内容建议大家避雷、拔草外，也有不少种草和表示要购买的文章。

相比三年之前，本轮热卖的消毒卡／棒产品看上去“正规”许多，不少产品都标称自己为“原装进口”“正品授权”，产品介绍图上也多是日文包装＋产品介绍，而部分商品为了增加公信力，还会加上李佳琦、小杨哥等网红明星照片，但宣传真实性有待商榷。

除了产品介绍、产地等诸多细节让人疑虑外，消毒、除菌、抑菌等专业字眼同样让消费者疑惑，这样动不动 99.99％、99.83％的数据，是否暗示戴上这样一款产品就健康无忧呢？带着这些疑问，《电脑报》记者采访了业界专业人士，让我们一同听听业内人士是如何看待这些健康网红产品的。

人物专访：广州净度环境科技股份有限公司　邓德春总工程师

电脑报：不少消毒卡在产品介绍页面都有放入机构检测报告佐证产品消毒能力，这些五花八门的检测报告是否存在猫腻呢？消费者选购这类消毒产品时，应该关注哪类报告？

邓德春：我们也注意到，目前市场上不少产品都提供了检测报告，但这些检测报告往往被缩得很小，消费者只能看见“检测报告”这四个大字，报告是哪个检测机构出的，是否正规检测机构，甚至这个报告是不是检测这个效果，都无从得知。

事实上，国家对这方面有着严格的要求，并制定了检验检测机构资质认证，其标志为 CMA。也就是说，只有具备 CMA 标志的检测报告，才是国家认可的检测机构出具的报告，其他“自有实验室”“第三方实验室”等检测机构的结果，均不受国家认可。

电脑报：电商平台上，很多商户都宣称自己的产品来自日本、德国等海外市场，据您所知，消毒卡产品在海外市场生存状况究竟如何？

邓德春：每个国家都有自己的消毒产品，这个市场自然就会存在。我们净度公司在出国考察的时候，确实也见到不少防护卡产品销售。

只是和咱们国家的情况一样，大品牌、小品牌林立，有些商家就拿了国外的二三线品牌产品回来做“进口产品”。怎么分辨这些产品呢，如果是正规大品牌，一般都会在咱们国家注册商标，商标的持有人一般为产品的国外生产公司，或者其国内子公司（一般股东也会是生产公司），如果商标直接就是国内公司注册，并且股东也和国外生产公司无关，这个品牌很可能就存在一些问题。

电脑报：二氧化氯消毒原理如何，是否对人体存在潜在危害？

邓德春：二氧化氯是世界卫生组织认可

的A1级安全消毒剂，具备绿色、安全、高效、广谱的特点，被称为“万能消毒剂”。国内外众多研究结果表明，二氧化氯在极低的浓度(0.1mg/L)，即可杀灭诸如大肠杆菌、金黄色葡萄球菌、流感病毒、对流感病毒等，均具备良好的杀灭作用。

目前被广泛用于饮用水消毒、空气消毒、食品制造和用具消毒、医疗杀菌消毒、水产养殖消毒等，已经深入到我们生活的方方面面。

我们都知道，每一个事物都有正反两面，消毒剂在合理剂量使用前提下，对人体不存在危害，而过量使用，则有可能对人体产生危害。

所以二氧化氯的使用，主要是看产品的控制。比如防护卡它必须使用缓释技术来控制单位时间的二氧化氯释放量，这个是一个技术活，不仅需要控制释放量，还要保证这个释放量能维持周围空气中的二氧化氯浓度在一个能够杀灭病毒的范围之内。

比如消毒猿牌除菌安心卡，它采用的是高纯二氧化氯，通过特殊的缓释技术，让二氧化氯的释放始终保持在最合理的浓度内。

电脑报：市场这类随身卡产品也有称自己为“防护卡”的，然后强调杀菌功能，再在产品详情页中有意无意介绍病菌，是否存在文字上的“偷梁换柱”行为？消毒(除菌)、灭菌、杀菌、抑菌、抗菌五个专业术语区隔在哪儿？

邓德春：先看看这几个术语，为了方便理解，我们主要通过通俗的语言来表述——

消毒(除菌)：杀灭一般病原微生物的方法，主要针对的是细菌类繁殖体的增殖，即控制菌群的增长。但不包含对芽孢，嗜热菌等杀灭作用。对应的药剂称为消毒剂，也是我们日常生活最常用的产品，属于化学消毒法。也可以通过紫外线灯等进行物理消毒。

灭菌：消灭一切菌类的过程，包含繁殖体和芽孢类全部杀灭。比如通过高压锅高温灭菌法。灭菌往往需要特殊的器具。

杀菌：杀死微生物和繁殖体，也可以理解为杀灭致病菌的过程，但芽孢、嗜热菌等非致病菌可能仍然存在。

抑菌：防止或抑制微生物生长繁殖的作用叫抑菌，它主要是通过一定手段起到抑制生长的作用。

抗菌：抑菌和杀菌作用的总称为抗菌。

通过上面几个术语的分析，不难看出，消毒(除菌)可以理解为一种化学或者物理的处理方法，而灭菌、杀菌、抑菌和抗菌更倾向于处理的过程。

消毒卡的主要功能在于消毒(除菌)，它能实现的是杀灭病原微生物。而这个杀灭作用，需要通过专业机构检测来界定。部分消毒卡的生产厂商并不具备相关资质，所以只能称自己为“防护卡”，详情页自然也不敢说自己的详细作用了，属于一种擦边行为。至于这种产品是否有用，就不得而知了。

电脑报：消毒卡动不动就99.98%的除菌率，这个数据如何得到的？是夸大宣传还是测试上有猫腻呢？

邓德春：二氧化氯具有“万能消毒剂”属性，只要在足够且合理的浓度内，它是可以达到99.98%的杀菌率的，这点本身并没有问题。

杀菌率主要通过前述具备资质的CMA检测机构确认。只要是正规的CMA检测机构，我们认为其杀菌率是可以认可的。重点就看报告上是否具备CMA字样。如果是非CMA检测机构，不具备效力。

消毒卡方面，我们反复强调“缓释”和“浓度”，是因为这是消毒卡的技术难点所在。只有缓释才能解决浓度的问题，而浓度也需要缓释来控制。部分产品只是简单将二氧化氯装一下袋就说自己是消毒卡，这种产品的释放量不可控，有可能因为太浓影响人体健康，也可能因为太淡，达不到杀菌的目的。

二次元创作“败类”？快看漫画荼毒青少年

屡教不改，内容涉黄问题依旧存在

“那些暴露的画面我看了都脸红，‘黑X’‘强吻’‘趁机试探允允’等字眼想表达什么？现在的动漫到底想教给年轻人什么东西！反正自从发现女儿和朋友玩‘快看漫画’后，我直接把她的手机给没收了。”重庆家有初一学子的李女士向《电脑报》记者提到“快看漫画”时依旧一脸愤怒，开学后原本以为孩子和几个喜欢Cosplay的同学用漫画打发时间，可自从看了平台内容后，李女士就对这类动漫平台深恶痛绝。

接到投诉的第一时间，《电脑报》记者也感到有些疑惑，毕竟在去年底的时候，《电脑报》第49期就曾刊登过名为《软色情擦边球不断！快看漫画把“脏手”伸向青少年》的文章，曝光过“快看漫画”存在内容涉黄问题，可数月时间过去了，难道问题依旧存在吗？重新下载并登录快看漫画后，记者再次被画面震惊。

截至2023年3月9日，快看漫画上依旧存在大量人物衣着暴露的内容，即便是去年底被《电脑报》曝光的内容，依旧未被删除，而更令人难受的是从弹幕留言可以看出，观众显然也知道画面内容有涉黄嫌疑，但表示惊讶的同时，并没有人明确表示应该举报或投诉这类内容。

而作为流量密码，搜索“黑丝”等关键词，依旧能够见到“都是黑X惹的祸”这样明显带有软色情的内容。显然，对于这些能够带来用户流量的内容，“快看漫画”再一次选择了沉默。

事实上，早在2017年，新华社就点名批评“快看漫画”打“擦边球”、通过“污内容”为平台导流，而平台内排名靠前的漫画类型绝大部分是耽美等带有情色暗示的“小妞漫画”题材，可其随后依旧因内容问题在2018年、2019年被北京市文化市场行政执法总队、北京工商朝阳分局等相关部门处罚，可即便在2021年4月期间，快看漫画因向公众提供的《末日重启》《忘忧旅店》《阎王法则》《掌中之物》四部漫画作品中含有漫画人物使用武器击杀他人或自残的场景，画面鲜血四溅，属于宣扬暴力的内容，被北京市文化和旅游局处以罚款一万元的行政处罚，可时至今日，《末日重启》《忘忧旅店》《掌中之物》三部漫画依旧存在。

用户和作者均为“韭菜”

除了内容涉黄问题外，未成年人充值也是“快看漫画”饱受争议的地方。《电脑报》去年就有提醒过，虽然初次使用“快看漫画”时会提示用户阅读并同意《儿童隐私政策》等协议，但对于拿着父母手机上网课的广大中小学生而言，这些注册流程根本就不是门槛，而即便是“青少年模式”也是用户主动设置后开启。

除了青少年模式依旧形同虚设外，满屏的“限时优惠”“1元开通5天会员”“免费领440kk币”等活动非常容易鼓动用户，尤其是未成年人用户冲动消费，即便是媒体多次曝光“快看漫画”充值问题，可2023年2月，“虚假宣传引导消费”“多重消费”“未成年人充值”等依旧是快看漫画在网上被投诉的重点。

用户之外，创作者同样沦为“快看漫画”的“韭菜”。前不久，创作者“池总渣”在微博

屡被投诉的未成年人充值问题

中公开喊话，她以“请快看停止‘掠夺’行为”为开头，声泪俱下地讲述了快看对创作者们长达多年的“侵权”行为：“授权不提前告知，信息不给，钱也不付……我不明白，身为原作者，我就这么不值得被尊重吗？连提前告知一声都不配吗？一旦告诉我合作就会谈崩还是怎么样？”

“3 年了，一直没能跟快看签约，投稿没赚到一分钱。”“一部漫画追下来花了 400 元，这都可以买好几十本实体漫画书了。”……在“池总渣”的带头之下，越来越多快看平台创作者开始发出自己的声音。2020 年 11 月快看在发布会上称，快看签约作者的平均月收入达到 53604 元，头部作者的年收入已经可以超过 500 万元，然而会后一些签约作者都表示自己并没有达到平均收入水平。显然，同不少 UGC 平台一样，随着“快看漫画”成为国漫三大平台之一，头部效应已经出现，大量腰部甚至萌新作者最终只能是“为爱发电”。

作为一个要从“中国第一”变成“世界第一”的漫画平台，“快看漫画”追求流量和盈利的同时一定要守住底线，而不是将年轻人乃至未成年人当作“韭菜”收割！

玩家即韭菜？山寨任天堂 Switch 配件市场调查

此官方非彼官方，“官方正品”≠任天堂原厂

首先，我们要弄清楚“山寨产品”的定义，以 SwitchPro 手柄为例，本身就有大量支持 Switch 平台的第三方手柄，但山寨和第三方的区别就在于，山寨属于三无产品，在外观上模仿任天堂原厂 SwitchPro 手柄，而且在宣传页面上反复强调自己是“官方正品”来打擦边球。而第三方手柄则有自己的独立品牌，手柄的外形、功能设计和原厂有着明显的区别，比如良值、飞智、盖世小鸡、雷神等品牌都有推出支持 Switch 平台的手柄。

我们以“SwitchPro 手柄”为关键词，在淘宝、拼多多、京东等平台进行搜索，结果表明各个平台都存在一些打擦边球的产品。以“品狄数码旗舰店”为例，产品详单都明确写着“日版正品”“欧版正品”“美版正品”等字样，并且在页面中还提醒消费者“警惕！大量抄袭商品出现”，甚至会告知用户“购买抄袭的仿品体验感有多差？”还给出了 90 天免费试用、终身换新等看起来非常划算的服务，并且拿出了所谓“国际电竞协会认证产品”的证书，还宣称自己有原厂 SwitchPro 手柄的彩蛋认证。

但问题在于，仔细一看就不难发现它们的产品并不是任天堂原厂的 SwitchPro 手柄，而是纯粹的国产山寨。首先，他家的手柄上并没有任天堂的“Nintendo”LOGO，而是只有一个“SWITCH”LOGO；其次，它的左右扳机键用的是线性扳机，而原厂不是线性扳机……类似的小差别还是比较多的，仔细甄别后其实不难判断真伪。

但现在的商家聪明之处在哪呢？它在页面里从没有说过自己“官方正品”里的“官方”指的是任天堂，指的其实是店家自己，产品上也没有任何任天堂的品牌 LOGO，稍微“良心”一点的商家还会在冗长的产品名称里加入“国产”字样。这么做的原因很简单，因为去年上海闵行区市监局就曾重拳出击，在一家线下配件商店查获过一批带“NINTENDOSWITCH”商标的游戏机配件，涉案金额超 80 万元。所以现在的山寨都学聪明了，产品设计上规避了最关键的商标侵权，通过模糊描述来诱导消费者以为它是原厂正品，出现纠纷也方便撇清关系。

那么消费者要怎样避雷呢？至少对于 SwitchPro 手柄来说，山寨厂商的价格明显是低于原厂的，最贵的也不过 200 元出头，而腾讯国行原厂的价格在 400 元以上。除此之外山寨产品往往功能会有问题，比如小编 200 元左右买的山寨 SwitchPro 手柄就无法通过 NFC 刷 Amiibo（任天堂的手办周边，可以在游戏中提供一定的辅助功能），同时也不能在系统里升级手柄固件，具体表现就是升级时完全卡住无法操作。除此之外质量也比较差，手柄用了半年多之后，左摇杆帽就打滑松脱了，更尴尬的是小编购买的那家店铺已经从电商上消失得无影无踪了，销售页面喊得再厉害的服务，也只是一句没有实际意义的空口号罢了……所以，如果你觉得原厂 SwitchPro 手柄太贵，我的建议是直接选第三方品牌，体验远比山寨强得多。

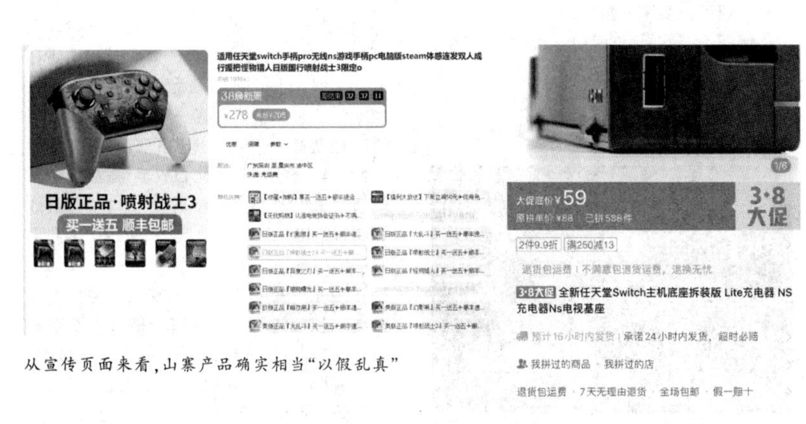

从宣传页面来看，山寨产品确实相当“以假乱真”

拆机版的配件绝大多数是山寨仿品

从底座、充电器到健身环，到处都是“山寨”的影子

如果你有“我在电商买整套全新游戏机，总不会遇到山寨了吧？”这样的想法，那也要注意了，因为 Switch 国行锁服不锁区的原因，很多玩家都会选择海外版本的型号，而这就涉及一个重要的问题——你可能买到来路不明的 Switch。虽然你拿到的时候是一整套装在一起，但事实上大概率都是先拆开通关，进关后再重新包装作为“整套全新机”来进行销售，这就给了很多不良商家偷梁换柱的机会，比如将原装底座、充电器甚至 Joy-Con 手柄用山寨版以次充好，然后把原装配件以“拆机版”的形式进行高价销售。

事实上这样的情况早在 Switch 刚刚发布的时候就已经出现了，更久远一点甚至可以追溯到索尼 PS2 时代，据游戏配件从业者透露，即便是消费者选择价格较高的卖家，也不一定保证都是原装配件。

所谓“无利不起早”，之所以会有这种偷梁换柱的套路，最关键的原因还是成本差距确实巨大，根据小编实际购买的充电底座的拆解来看，虽然外观看上去和正品几乎没有区别，但山寨底座的内部存在非常严重的偷工减料：既没有 USB 接口的过流保护，降压电路也大幅缩水，还砍掉了 USB-C 芯片和单片机芯片……如果长时间使用这种劣质底座，只能说是隐患无穷。

总结：平台监管有待加强，玩家认准官方渠道

山寨配件的源头可能是零散的，监管起来可能会有一定难度，但产品散发渠道其实就是那几个电商平台，所以平台如何整治山寨之风就成了重中之重。那对于广大玩家来说，选择靠谱的渠道就显得尤为重要了，比如天猫国际自营进口超市、京东国际跨境进口等自营渠道，因为有平台官方背书，相对靠谱很多。

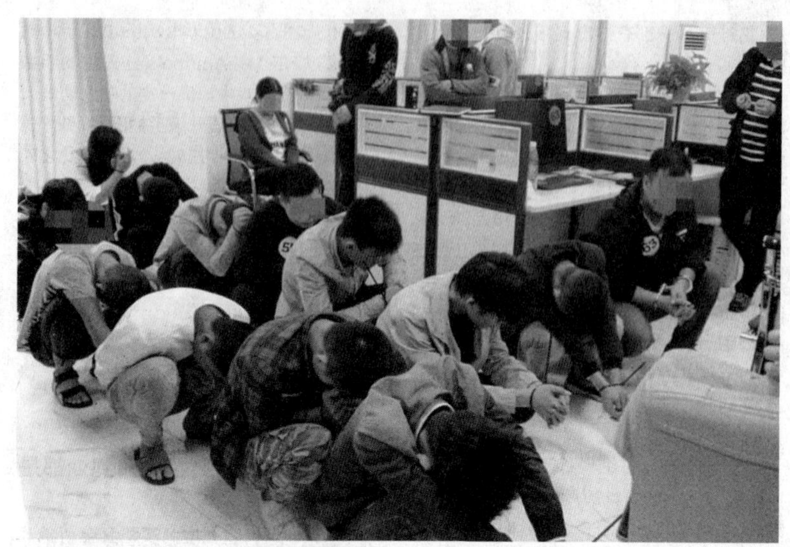

电诈链条的核心就在窝点 图源：重庆市公安局

矛与盾的角力 电信诈骗几时休？

■记者 张书琛 张毅 黎坤

围剿电信诈骗

链条式犯罪的复杂路径

“交浅勿言深”的社交箴言，在网络发达的时代被抛掷脑后。人们从未如此信赖未曾谋面的陌生人，乃至于可以将真心和多年积蓄统统交予对方。电信网络诈骗也在这个时代找到了最合适的土壤，逐渐野蛮生长成了难以根治的现实毒瘤。

在执法层看来，电信网络诈骗已经成为发案最多、上升最快、涉及面最广的犯罪类型，尽管在近两年的全链条打击中，电诈案件快速上升的势头得到遏制，但治理此类犯罪依然是一个社会性的难题，仅凭警方的严厉打击很难杜绝。

电信网络诈骗之所以难以防范，在于其各环节隐蔽性强，复杂化的同时又分工明确，特别是一些成熟的诈骗类型已经以剧本的形式复制至各地的窝点，凭借数据分析以及电信网络的非接触特性，轻易就能找到最适合的“目标”。

如今，光是警方梳理出的电诈类型就已经超过50类，其中刷单、虚假理财投资、情感类投资诈骗、冒充平台客服等是最主要的诈骗类型。

电信网络诈骗的产业链可分为前端引流、设备架设、人员招募、窝点打造、信息推广、支付取现等多个环节。在流水线一般的诈骗链条中，每个人的分工都十分明确。

先由拥有资本和渠道的金主为了洗钱（圈内黑话称“跑分”）在境外买下土地包装出一个合法赌博场所作为海外窝点，再通过虚假招聘或绑架等方式找来人手。这些人又会被分为“话务组”“技术组”：话务组负责引流加微信、聊天洗脑，技术组则负责搭建虚假投资网站、银行官网等等。

“诈骗团伙从菜农（个人信息贩卖者）那买来隐私信息，话务组根据不同的骗局从里面筛选出最合适的目标，精准分类后，就开始用从话卡商那里买来的大量电话卡开始联络。”重庆市南岸区反诈中心副大队长付敏透露，个人信息泄露的起点往往是电商平台内部人员，同一条网购信息甚至会被不同的诈骗团伙交流使用，“光是从诈骗团伙查获的个人隐私信息就有几十亿条，说明全国人的信息都被卖了无数次。”

值得一提的是，诈骗分子也会不断地完善自己的信息库，“毕竟信息越全，人越好骗”。梳理现有的电诈案例我们发现，相比以往粗放式的诈骗，如今的精准诈骗更是防不胜防。据付敏介绍，一条网购记录就可以成为诈骗的起点，有了对方电话、姓名就可以冒充公检法等部门，再也不是以前那种“猜猜我是谁”的随机型诈骗。

重庆市南岸区反诈中心副大队长付敏在高校进行反诈宣讲

心理防线如何失守？

如何从海量的身份信息中识别定位有效目标，则与骗局类型息息相关。以征信诈骗为例，这类骗局主要的目标是医生、教师等重视自己征信情况，且日常工作较繁忙的高知分子。

重庆某三甲医院主任医师向先生就曾接到过一个电话，对方声称自己是某电商金融平台工作人员，询问自己上大学时是否开通过学生贷款账户，称银保监会要求注销在校大学生以及毕业大学生的学生贷款账户，否则会影响个人征信。

而向先生的确曾办理过助学贷，由于还在忙别的事情，对于对方指示的事情全部下意识听从：按照对方要求下载了视频会议软件并开启屏幕共享，在后续繁琐的操作中暴露了自己的银行存款数额、账户密码、验证码等各类信息，最终听信骗子所说将部分存款全部转入对方账户查验所谓的资金能力、修复征信。

哪怕全程清醒，骗子依然有机可乘。付敏讲述了一个因过于自信而被骗的案例：一所高校的博士导师，在接到上述电话时就知道是电信诈骗，但出于“逗着玩”的心态按照骗子指示开启了屏幕共享，“可惜一直忘了关，银行密码全部暴露，最后被骗走27万”。

而在虚假理财投资的骗局中，骗子更需要抓住被害人的欲望和需求，对诈骗话术研究的动力也更强。这一类受害者在哪里更容易被找到？采访过程中几位反诈领域的警官给出了相似的答案：炒股平台和网易云音乐评论区等情感类社区。

以情爱交友为手段诱劝受害人投资虚拟货币的“杀猪盘”是近期主流骗局，已经成为部分“缺爱”人士的重灾区。不少受害人在“寻猪”“养猪”“杀猪”这一套流程里，落得负债累累的下场。

“很多受害人都是处于人生某一阶段的低谷中，缺少关注和倾诉的对象。”一位曾在缅甸被强迫进行电诈的受害者透露，在狗推也就是话务员手里，有一套完整的剧本，目的就是要让受害人一步步沦陷，“最开始会卖惨，编一些所谓的‘扎心故事’激发受害人的母爱天性；之后就是‘养猪’造梦，告诉你要赚钱为以后做准备之类的，最后一步便是引诱你投资。”

持续研究电诈的西南政法大学刑事侦查学院教授谢玲曾介绍过一种被害叠卷效应，即被害人自身在一段时间内持续被骗，且被骗程度不断加深的现象。更重要的是，很多受害者在后期已经意识到自己被骗，但因为害怕面对最终人财两失的结果一直麻痹自己，直到真相难以忽视。

这种心理效应在股票投资者身上也很常见，由于暴利引导，一旦遇上带动性极强的诈骗团伙，投资者反复被骗的可能性就会骤增。

重庆反诈支队案侦大队曾接到报警，一名炒股人士在交易平台刷到了一个“荐股专家”的微信群二维码，出于好奇扫码加了群，但他不知道的是，群里除了他和另一名受害者其他 90 多个成员全是骗子，“有些成员负责诋毁专家，有些负责维护专家，吵着吵着就发现专家推荐的期货真的在涨，其实整个网站都是假的，这时候受害者就会入套”。

在诈骗团伙搭建的虚假期货交易平台里，该受害人一下被骗了 70 万元，到公安局报案做完笔录后，更经典的事情发生了：因为怕警方无法追回钱款，受害人自己在网上搜索相关案例加了一个假律师，被拉到同样全是托儿的受害者联络群，又被骗了一笔钱，甚至还是贷款。

在上述案例中，每一个环节对电诈被害人的心理控制几乎无孔不入，不断降低被害人的自主意识，使其判断力下降，直到对骗子产生某种依赖心理。这也是付敏等反诈警官觉得最棘手的部分。

在不同的剧本中，骗子总是以不同的人设出现，最终目的就是让被害人进入预定的角色；之后让被害人处于信息隔绝的状态，如不让其外传、通过技术手段设置呼叫转移等，在此基础上进行虚假信息输入，从而实现对被害人的心理控制，实施诈骗。

一些隐藏在内心深处的欲望被刻意激发后也会造成难以估量的损失，比如刷单类电诈。刷单原指电商平台的商家招募水军进行虚假购物，以增加好评、提高搜索排名的做法，一般兼职者拍下一单就会收到 10% 的返利。诈骗团伙则利用这一名头吸引人做兼职，再通过小额返利吸引受害者继续投入，到了一定数额，“客服”会告诉你，上一次任务被锁定了，需要拍 10 单才能提现，等投入一定资金后，“客服”就会立刻失联。付敏还告诉记者，刷单类电诈受害人一开始都只是想挣小钱，却在这一过程中被激起更深层的欲望，最终泥足深陷。

治理难题待解

防御这种心理战，目前最有效的方式就是铺天盖地宣传，“增强人心的抵抗力”。付敏认为，电信诈骗是一种可预防性犯罪，全民防诈的宣传就像是打疫苗，“一旦大家意识到这些骗局的存在，明白骗术的表现形式，那么就不会去轻视它，也不会轻易上当”。

其实治理电信诈骗的思路在近两年间，一直在往更广泛的层面扩展，一些基层社区、乡村，高校、医院也在承担反诈任务，为了做到“精准防范”，预警的技术手段也越来越多样。例如被公安部称为“五大反诈利器”的国家反诈中心 App、96110 预警劝阻专线、12381 预警劝阻短信系统、全国移动电话卡“一证通查服务”、云闪付 App“一键查卡”功能。

对于一线的公安干警来说，整个反诈预警劝阻机制是重中之重。通过与电信网络等企业合作，获取电话端、资金端、网络端的预警数据，然后通过大数据分析出紧急（马上或已经转了钱）、高危、中危等不同等级进行应对。

除了心理攻击之外，诈骗团伙同时也在不断更新升级犯罪工具，与警方在通信网络和转账洗钱等方面的攻防对抗不断加剧升级。

公安部刑侦局副局长姜国利介绍电诈新特点时曾列举整个犯罪链条的变化。比如，诈骗团伙开始大量利用秒拨、GOIP（虚拟拨号设备）、VPN 以及国外运营商的电话卡、短信平台实施诈骗；传统的第三方支付、对公账户洗钱占比已经大幅下降，以虚拟货币交易为代表的新型洗钱方式，尤其是利用 USDT（泰达币）的危害最为突出，对电诈案件的资金流向追踪带来了极大挑战。

你的隐私信息是如何泄露的？

买卖，灰黑产猖獗盗取个人信息

灰黑产买卖：每条信息不到 1 分钱的个人信息买卖背后，早已催生出千亿级规模的灰黑产业。而经过多年的沉淀，以用户个人信息为核心的灰黑产业“细分赛道”分工已经相当明确，从漏洞挖掘、入侵工具研发到诈骗勒索等环节均存在具有专业性的分工模式，个人信息通过信息泄露途径进入多种传播交易环节，这些信息包括手机号、姓名、身份证号和家庭地址等，而越来越多的网络诈骗案件是诈骗分子获取公民个人信息后，有针对性地实施诈骗犯罪。

而在今年 2 月，自称为“星链”的黑灰产频道公开发布消息称其在说明文字中表示已设置一个查询机器人，用户输入电话号码便能查询关联的姓名和地址信息。依据永安在线发表的信息，2 月 7 日，“星链”频道发布“更新 45 亿名字地址库最新”消息。2 月 12 日 9 时 40 分，黑产开始在多个数据售卖群发布广告“45 亿订单机器人”，并引起广泛关注。

“星链”频道创立于 2021 年 4 月 28 日，但“蛰伏”近两年后才开始发布消息，其交易模式便是典型的灰黑产运用境外社交渠道进行信息生意和数据生意，只不过影响过于巨大且高调，其浮出水面不久就宣布永久封闭。有不愿具名的安全行业从业者称，从搜索结果和类型上看，此次 45 亿条个人信息或由包括头部电商在内的多个信息源拼接而成，虽然数据量巨大，但来源并不新鲜：

1.网络攻击，据统计，60% 以上的数据泄露是由网络攻击导致；

2.内部泄露，现在各行各业都推进数字化转型，大量员工、开源人员、合作伙伴都可以接触到数据，其间管理不当就可能造成数据泄露；

3.数据交互 Bug，各组织之间的流通受阻，数据给出后无法收回。

官方买卖：“锐步在中国大陆运营过程中收集或生成的数据，将于 2022 年 5 月 1 日转让至上海联亚商业有限公司（‘接收方’），其中可能包含消费者的个人信息。短信中还表示，转让完成后，阿迪达斯将不再保留消费者的个人信息。消费者可联系接收方行使个人信息权利。若接收方变更个人信息的处理目的或方式，将按照当地法律的要求重新取得消费者同意。”——阿迪达斯在转卖旗下品牌锐步时，将锐步在中国大陆运营过程中收集或生成的数据打包给了接收方，而这样一条短信让不少用户感到不可思议，难道我的个人隐私能被企业堂而皇之地转卖吗？

随着个人信息数据价值的提升，品牌官方往往也会将这类数据视作企业资产，从而进行官方买卖。品牌方看似公平、公正、公开的交易背后，显然对用户个人信息造成了泄露风险，而前不久，著名化妆品品牌丝芙兰（SEPHORA）就其侵犯消费者隐私一事与加州居民达成和解协议，决定支付 120 万美元的罚款，并在隐私政策中披露其向第三方出售消费者个人信息的事实，为消费者提供个人信息出售的退出机制。

当下虚拟数字资产定性还在讨论中，对于品牌方的这种行为并没有太多的规范和约束，更多时候监管机构也就是要求品牌方在隐私策略中以显著方式提供“不要出售我的个人信息”的选项，这点却需要用户主动留意并强化自己的个人信息安全防护意识。

顽疾，豪夺隐私的互联网应用

手机 App 过度采集信息：许多手机 App 在安装时，会弹出要求用户授权各类信息权限的条款，包括通讯录、短消息、摄像头、麦克风、地理位置等，有的像天气预报、手电筒这类功能单一的手机 App，在安装协议中也提出要读取通讯录。这种情形下，大多用户只能接受这些“霸王条款”，选择提供个人信息，否则就无法使用该手机 App。前不久，中国网络空间安全协会、国家计算机网络应急技术处理协调中心对“地图导航类”公众大量使用的部分 App 收集个人信息情况进行了测试。

本次测试选取了 19 家应用商店累计下载量达到 5000 万次的“地图导航类”App，包括高德地图、百度地图、腾讯地图。测试场景以完成一次地图导航活动作为测试单元，包括启动 App、搜索地点、点击导航 3 种用户使用场景，以及后台静默应用场景。

针对系统权限调用，测试发现，3 款 App 在点击导航场景中，调用系统权限种类最多的为高德地图和百度地图，调用系统权限次数最多的为腾讯地图(62 次)。而在后台静默场景中，3 款 App 调用系统权限种类均为 2 类，调用系统权限次数最多的为腾讯地图(282 次)，如此数量的系统权限调用，真的是有必要的吗?

过度采集用户个人信息数据的同时，App 在利益的驱使下往往也会主动泄露用户数据。以“汽车之家”App 为例，其平台客服明确表示用户只有点击询价才会将个人信息推送给所在城市的 3-5 家经销商，如最近无购车意向，可向客服反馈进行相应屏蔽处理，或在设置中手动关闭。然而，不少用户反馈即便未点击“询价”功能，在单纯浏览平台信息的情况下，也会接到推销电话。而在主动点击平台自动推送的询价信息后，推销电话更为密集。

“暗模式”诱导用户授权：平台个性化推荐成为消费者快速了解消费趋势、便捷购物的重要渠道。个性化推荐的精准高效离不开对用户的跟踪识别和对个人信息的收集处理，随着法律法规的健全以及消费者对个人信息数据安全的重视，App 们很难再打着“个性化内容服务”的旗帜大肆采集用户个人信息数据了，可即便大部分 App 均设置了个性化推荐的关闭路径，但在关闭的步骤上存在不少“小心思”。

而且，厂商会借助某些“话术”引导，用户往往会做出无意识、非自愿且可能不利的决定，如在“关闭后可能影响您的浏览体验”等消极语句的影响下，用户不自觉地放开个人信息数据授权。除此之外，第三方机构以“办业务”的名义套走用户个人信息数据也很常见。以房贷“转贷”为例，部分“贷款中介”获取消费者贷款信息等个人信息后，在消费者不知情的情况下向他人泄露、出售牟取非法利益，甚至在其贷款后骗走贷款，严重侵害消费者合法权益。

技术，盗取数据的人工智能

从疯狂采集人脸的摄像头到拥有聪明过头的 ChatGPT，技术的进步往往意味着个人信息数据进一步泄露的可能，提前了解新一代信息技术，往往能有效削弱个人信息数据丢失的风险。

聪明过头的 ChatGPT：ChatGPT 是由一个需要大量数据来支撑和运行的大型语言模型，其背后的 OpenAI 公司向该工具系统地提供了从互联网上抓取的约 3000 亿字的书籍、文章、网站和帖子，其中显然会包括海量个人信息数据。如果你在网上曾经写过一篇博客文章或产品评论，或者在网上评论过一篇文章，这些信息则很有可能被 ChatGPT 获取或使用过。

所以，如果你希望 ChatGPT 类 AI 应用更聪明一些，那你就需要用足够的数据去喂养它，可当他成长起来后，却很容易被坏人利用。通过来自社交平台的数据对 ChatGPT 进行模型训练，可能生成虚假信息、诱骗信息和网络钓鱼软件，破坏网络舆论生态。其次，恶意使用者可能利用 ChatGPT 生成大量用户名和密码的组合，用于对在线账户“撞库”攻击，加之 ChatGPT 的自然语言编写能够生成逃避防病毒软件监测的恶意软件，这可能带来网络安全隐患。

从人脸采集到 AI 换脸：对滥用人脸识别技术的声讨已经不是一两天了，售楼盘违规采集人脸识别信息并泄漏给第三方曾引起互联网广泛讨论并被专项整治，“人脸识别”技术本身是一种基于人的脸部特征信息进行身份识别的新型人工智能技术，在公共场所、刷脸支付等多个线下线上场景中均得到了广泛应用，对保障公共安全、提供生活便利具有积极推进作用。

但人脸信息属于敏感个人信息中的生物识别信息，是生物识别信息中社交属性最强最容易采集的个人信息，具有唯一性和不可更改性，一旦泄露将对个人的人身和财产安全造成损害。而且人脸信息一般会和姓名等身份信息相绑定，如果是在小区门禁这些场所进行录入的话，还会与住址等位置信息相绑定，这些信息一旦泄露，将会给个人隐私造成巨大危害。

然而，随着技术的进一步发展和人脸数据库的积累，AI 换脸技术逐渐成为新的个人信息数据安全威胁。“低门槛、高效率、高质量”的特性，让一众 AI 换脸软件并不需要太多目标的人脸信息，就可“轻松”通过采集大数据内的人脸表情特征，来不断修改和识别，最终得到惟妙惟肖的换脸视频，使其被大规模滥用于伪造身份、混淆视听，以实现网络欺诈、虚假宣传与操纵舆论等目的。

不仅对个人名誉权与肖像权构成严重侵害，而且不法分子还可以利用漏洞劫持手机识别摄像头，将照片活化、表情操纵等深度伪造技术冒充机主，进而对机主的微信好友实行转账诈骗。同样，电信诈骗中也有类似利用“语音伪造”技术的案例。

随着仿真精度的提升，这种问题有愈演愈烈的趋势——数据隐私、技术滥用等伴生安全问题为社会公共治理带来严峻挑战。

整治互联网电信诈骗，国家如何出手?

“反诈”成为“两会”重点议题

2023 年全国两会期间，不少代表、委员紧跟元宇宙诈骗、Web3.0 诈骗等短期更迭快、隐秘性越来越强的新型电信网络诈骗热点。其中，全国人大代表、中国移动湖南公司董事长程伟就提出：构建互联网企业和通信行业反诈同步治理体系，将现有互联网账号通过手机号码注册和核验为主模式，调整为身份证号码注册核验，解除互联网账号实名制依托手机号码实名制的现状。而全国人大代表、民革河北省委会副主委崔海霞则建议集中各大网络公司、电信公司的人才优势和资源优势，充分利用大数据和 AI 智能等前沿技术，研发跨行业、跨企业的全国统一监测系统，打造技术反制“撒手锏”，精准识别、及时发现高风险电话卡、异常账户和可疑交易等，进一步提高拦截率，提升劝阻速度。

事实上早在 2021 年 4 月 6 日，习近平总书记就曾作出重要指示，要求注重源头治理，加强法律制度建设，为打击治理工作指明了前进方向、提供了根本遵循，于是在 2021 年 4 月底，由全国人大常委会法工委牵头，会同公安部、工业和信息化部、中国人民银行等部门抓紧推进反电信网络诈骗立法工作，经一年多深入调研论证、广泛征求意见，并三次提请十三届全国人大常委会审议，《中华人民共和国反电信网络诈骗法》于 2022 年 9 月通过，并在 2022 年 12 月 1 日正式施行，这是我国第一部专门、系统、完备规范反电信网络诈骗工作的法律。

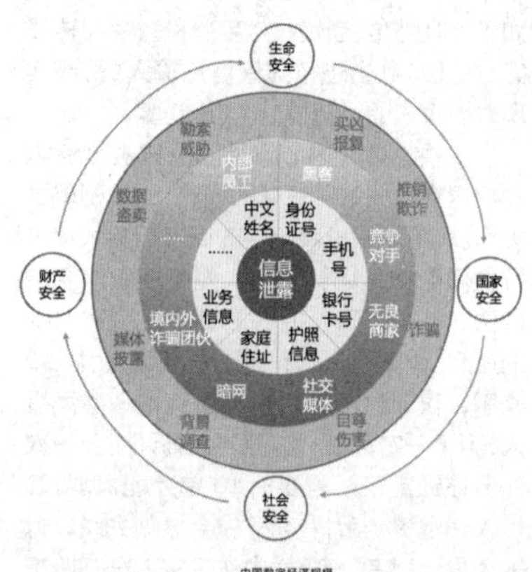

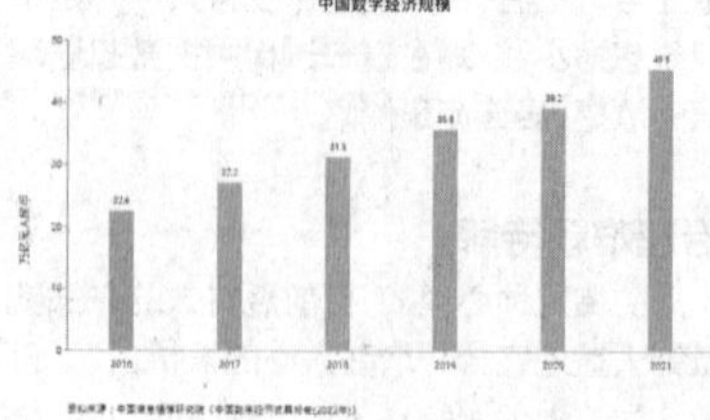

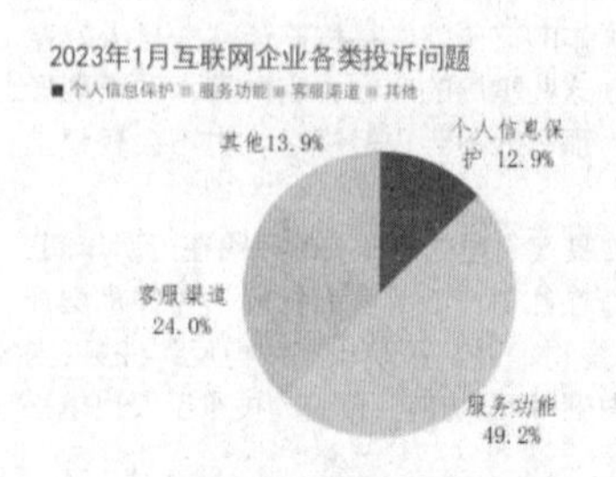

对于已经产生或正在发生的电信网络诈骗，我们已经进入了有法可依的阶段，但我们知道电信互联网诈骗的根源是用户数据泄露，所以依然需要一套更底层的数据安全法律来防患于未然，这方面其实国家的动作更快，早在2021年6月10日的十三届全国人大常委会第二十九次会议上就通过了《数据安全法》，这部法律是数据领域的基础性法律，也是国家安全领域的一部重要法律，于2021年9月1日起施行，和《网络安全法》《个人信息保护法（草案）》构建了我国数据和网络安全的三部基础法律，目前全球已有近100个国家和地区制定了数据安全保护的法律，数据安全保护专项立法已成为国际惯例。

数字经济的发展离不开数据安全

根据中国信息通信研究院最新发布的《中国数字经济发展白皮书（2022）》数据显示，我国数字经济的总体规模已从2005年的2.62万亿元增长至2021年的45.5万亿元；数字经济总体规模占GDP的比重也从2005年的14.2%提升至2021年的39.8%。可见数字经济已成为我国国民经济增长要素的重要一员，数据安全不仅影响你我的财产安全，更是保障国家经济发展的根本。

同样在刚刚闭幕的两会上，全国政协委员、全国工商联副主席、奇安信科技集团董事长齐向东建议，政府主管部门层面制定相关法律法规的实施细则，强化网络安全工作一把手责任，对瞒报、漏报网络安全事故依法追究责任，让企业机构加大网络安全投入。网络安全厂商以“零事故”为目标，持之以恒地开展高强度科技创新，重点骨干科创企业应连年保持15%以上的研发费用收入占比，用先进技术跑赢“网络犯罪”。

当然，数据安全的核心，与其说是管技术，不如说是管人，2019年双十一期间，阿里云计算有限公司一名电销员工未经用户同意，擅自将用户留存的注册信息泄露给第三方合作公司以获利，随后，浙江省通信管理局相关负责人向媒体确认了此事的真实性。从最终所作出的审判裁决来看，阿里云此次泄露可能未对用户造成实质性损失，阿里云方面也强调公司严禁员工泄露信息，同时将强化改进，但是该事件仍然引发了不小轰动，毕竟一个员工就可以轻易泄露用户信息，而且并非行业个例，甚至可以说这只是众多网络侵权案例中的冰山一角，这很难不引起社会的反思。

根据互联网信息服务投诉平台2023年1月数据显示，在互联网企业投诉中，个人信息保护类投诉11156件，占比12.9%，我们也查询了2022年的全年数据，发现个人信息保护类投诉的数量比较稳定。这说明虽然法治建设一直在快步向前，但关于个人信息泄露等数据安全的问题依然需要更多的努力，为此，本报记者采访了华信咨询设计研究院有限公司的副总经理章建聪，就数据安全领域的格局变化发展进行了一番探讨。

数据安全关乎国家安全
——华信设计章建聪采访摘录

受访人：章建聪　华信咨询设计研究院有限公司副总经理，中国信通院互联网新技术新业务高级评估专家，高级工程师，曾任电信集团科技委委员。

电脑报：章总您好，可以给我们的读者简单介绍一下华信设计在数据安全领域的工作吗？

章建聪：《电脑报》的读者们，你们好！我们华信咨询设计研究院有限公司（下文简称“华信设计”）是中国通信业规模最大的信息运营咨询服务商之一，现全公司员工超2100人。自2018年起，我们就深耕数据安全行业，先后为多家省级通信运营商提供每年的数据安全评估支撑服务，同时参与了多项数据安全相关国标与行标的编制工作，包括《信息安全技术 云计算服务安全指南》《电信网和互联网数据合作安全管理指南》等。

电脑报：对于泛滥的电信互联网诈骗，您认为该如何才能有效遏制这一现象？

章建聪：我认为有效的管理制度，是掐断信息泄露源头的关键，2020年3月6日发布的《信息安全技术 个人信息安全规范》明确规定了个人信息控制者在收集、保存、使用、共享、转让、公开披露等信息处理环节中的相关行为，旨在遏制个人信息非法收集、滥用、泄漏等乱象。但从源源不断的现实案例来看，依然存在数据安全管控不够细、数据安全范围不够广、数据防护手段不够多等问题，所以我们华信设计在今年3月发布了最新版本的《数据安全通用方案》，提出了“三权分立，相互制约”的安全管理体系，明确管理部门、承建部门、监管部门、用户部门的责权边界，做到“事前有人管、事中有人监、事后有人问”，与此同时所有权、管理权、使用权分属不同职能部门，强化“三权分离、相互制约”，最大程度降低人为因素造成的数据信息泄露风险。

电脑报：那么对于具体的行业，比如通信领域，华信设计有没有落地项目可以跟我们分享一下呢？

章建聪：我们在通信领域的工作基于对数据安全的强理解，完成了“数印”数据安全风险监测平台的研发，并成功在多家省级运营商落地。

“数印”数据安全风险监测平台包括了数据自动分类分级、数据泄露检测、数据接口风险检测、数据对外开放管理、数据安全风险检测、网络流量解析、数据安全态势感知、5G数据解析、5G数据安全风险检测、车联网数据解析等10个不同的细分领域，涵盖产品、服务、咨询、集成、运营等方面，服务了科技部、工信部的多个重点研发项目。比如2021年工信部的重大专项：基于5G的数据安全态势感知平台，我们就主要负责了车联网数据安全风险监测模块的研发和建设，并形成了全行业的解决方案。

车联网的数据安全可能大家不太了解，在这里我可以给大家简单解释一下，汽车数据是车联网运行的关键，其中包含大量涉及个人、车辆、企业甚至国家涉密信息，如果缺乏有效的监管措施，车辆可能会被远程控制或恶意攻击，不仅会对用户造成伤害，甚至会对国家安全造成威胁，所以数据安全涉及到我们生活的方方面面，应该引起广大用户和企业的高度重视。

电脑报：我还有一个小问题，目前华信设计各种数据安全方案都实现自主可控可信了吗？

章建聪：目前，我们的各项服务方案程序代码都由自己的工程师编写，可以做到从IT底层基础软件到上层应用软件的全产业链的国产替代，实现自主可控，有效保障信息安全容易治理，产品和服务不存在被动植入恶意后门，并且可以不断主动改进或修补漏洞。当然，实事求是地说，整个中国数据安全领域，硬件端的国产化都还在持续改造的过程中，等到改造完成就能实现自主可控可信的目标了。

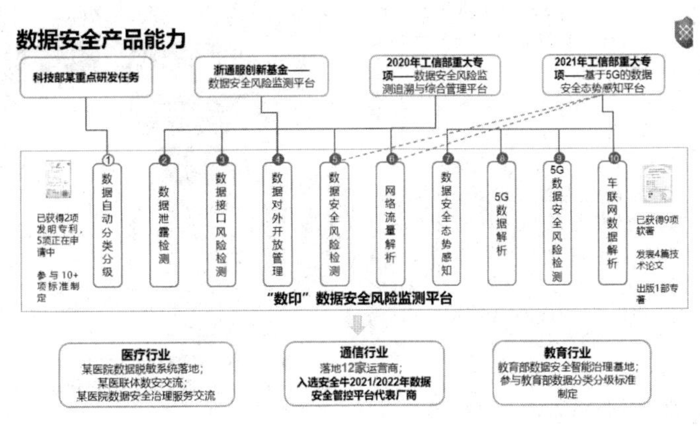

网易《逆水寒》将接入“智能NPC”

GPT-4激发生产力革命 打工人如何与AI共存?

■记者 张毅 张书琛 黎坤

多模态 GPT-4 发布,AI 冲击算法之巅

ChatGPT 的热度还没过去，它的进阶版就来了。3 月 15 日，距离 AI(人工智能)聊天机器人 ChatGPT 的亮相还不到 4 个月，它的开发商 OpenAI 又推出了新版多模态预训练大模型——GPT-4。与基于 GPT-3.5 的 ChatGPT 相比，GPT-4 的表现更为惊人，让许多网友大呼:“这下 AI 真的要取代人类了！”

能玩梗能考律师的 GPT-4 来了

3 月 15 日凌晨，OpenAI 发布了多模态预训练大模型 GPT-4，这也是其大型语言模型的最新版本。

与此前的版本相比，GPT-4 具备强大的识图能力，文字输入限制也提升至 2.5 万字;GPT-4 的回答准确性也显著提升，还能够生成歌词、创意文本从而实现风格变化。同时，GPT-4 在各类专业测试及学术基准上也表现优异。

“这是 OpenAI 努力扩展深度学习的最新里程碑。”OpenAI 介绍，“GPT-4 是一个大型多模态模型，它接受图像和文本输入、进行文本输出，虽然在许多现实场景中它还不如人类，但在各种专业和学术基准上表现出与人类相当的性能。”OpenAI 介绍称，在日常对话中，GPT-4 与 GPT-3.5 之间的差距或许微妙，但当任务复杂度足够高的时候，GPT-4 将具备更可靠、更具创造性的特点，且能够处理更细致的指令。

例如，根据 OpenAI 公布的实验数据，GPT-4 通过模拟律师考试且分数在应试者的 10%左右。相较之下，GPT-3.5 版本大模型的成绩是倒数 10%。

除了普通图片，GPT-4 还能处理更复杂的图像信息，包括表格、考试题目截图、论文截图、漫画等。此外，在多语种方面，GPT-4 也体现出优越性。在测试的 26 种语言中，GPT-4 在 24 种语言方面的表现均优于 GPT-3.5 等其他大语言模型的英语语言性能，其中包括部分低资源语言如拉脱维亚语、威尔士语等。在中文语境中，GPT-4 能够达到 80.1%的准确性。

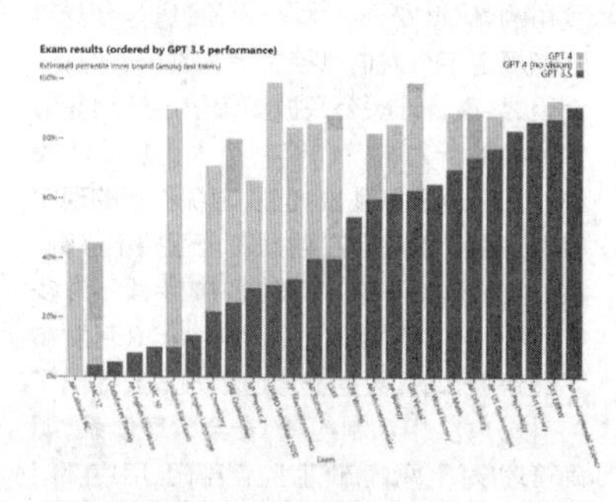

GPT-4与GPT-3.5对比各项考试成绩，资料来源:OpenAI官网

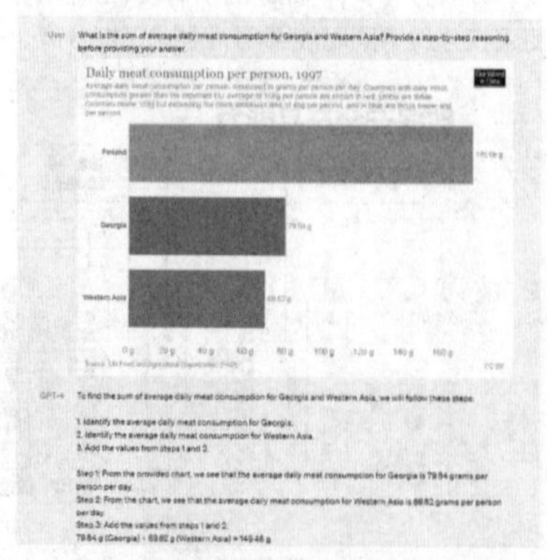

视觉输入:图表推理(格鲁吉亚和西亚的日均肉类消费量总和是多少?)，资料来源:OpenAI官网

GPT-4 开启 AI 多模态时代

“多模态、推理能力、预测扩展性”是 GPT-4 的三大亮点，而多模态可以说是 GPT-4 最大亮点。GPT-4 可以接受文本和图像的提示，允许用户指定任何视觉或语言任务。具体来说，给定由穿插文本和图像组成的输入，GPT-4 生成文本输出(自然语言、代码等)。

多模态算法即融合文字、图片、音视频等多种内容形式的 AI 算法，多模态出世之前，AI 模型只专注于单一领域，例如自然语言处理或计算机视觉等;多模态技术出现后，模型已经从早期单一的自然语言处理和机器视觉发展成自动生成图画、图像文字、音视频等多模态内容，极大地推动了 AIGC 的内容多样性和通用性。

AI 要渗透到各行业，向多模态发展是必然趋势。各个应用场景需要交互的输入输出各不相同，例如 AI 绘画从输入图像或者文字得到图像，PalM-E 同时处理视觉、语言和传感器，极可能应用到工业生产中。同时多模态的大模型也可以通过细分领域数据微调，高效地应用到各个领域。毕竟现实世界中的数据天然就是多模态的，通用人工智能必然需要有能感知和理解多模态数据的能力，未来的人形机器人能和人类一样，可以综合通过听觉视觉触觉来与世界做出各种交互。

初探“人类思维”

GPT-4 相较于 GPT-3.5 模型更加强大，更可靠、更有创意，且更能够理解细微的指令，表现出来的性能为，在各种专业和学术考试以及 NLP(自然语言处理)基准测试上达到或超越人类水平。

GPT-4 具备极强的复杂推理机制，无论是复杂的逻辑推理、编程推导或者是密集型内容帮助，GPT-4 皆表现能力不俗，例如 ChatGPT 可以对税务人士进行密集的内容帮助，该模型快速得到了标准答案，并且可以做到“理解它的解释”。如此，GPT-4 会对编程、内容审核等场景产生深远影响。

研发团队在机器学习传统基准测试上(包括 MMLU、HellaSwag 等)比较了 GPT-4 和 GPT-3.5、SOTA 等模型的性能，结果显示 GPT-4 在这些基准测试上的表现大大优于现有的大型语言模型，并且在大多数测试中超越了目前最先进的 SOTA 模型。

模拟考试	GPT-4 估计百分位数	GPT-4（无视力）估计百分位数	GPT-3.5 估计百分位数
统一律师资格考试（MBE+MEE+MPT）	298 / 400	298 / 400	213 / 400
高考	163	161	149
SAT循证阅读与写作	710 / 800	710 / 800	670 / 800
SAT数学	700 / 800	690 / 800	590 / 800
研究生入学考试（GRE）定量	163 / 170	157 / 170	147 / 170
研究生入学考试（GRE）口语	169 / 170	165 / 170	154 / 170
研究生入学考试（GRE）写作	4 / 6	4 / 6	4 / 6
2020 年 USABO 半决赛	87 / 150	87 / 150	43 / 150
2022 年 USNCO 本地部分考试	36 / 60	38 / 60	24 / 60
医学知识自测计划	75%	75%	53%
Codeforces评级	392	392	260
AP艺术史	5个	5个	5个
AP生物学	5个	5个	4个
AP微积分BC	4个	4个	1个
AP化学	4个	4个	2个
AP英语语言和作文	2个	2个	2个
AP英语文学与作文	2个	2个	2个
AP环境科学	5个	5个	5个
AP宏观经济学	5个	5个	2个

GPT-4 与其他版本 GPT 在相关考试中的比较，资料来源：OpenAI

总体来讲，GPT-4 具有更强的生产力属性，尤其是在应用层面，GPT-4 可能快速改变各行各业的生产和消费模式。从政府治理、社会治理的数字智能化，到教育、就业、个人发展的新形态，它都可能为人类带来不可替代的利好作用，成为我们身边稳定存在的伙伴。随着 GPT-4 对人机交互模式的改变，多模态能力首先有望重塑从浏览器到文档智能等的软件交互，未来还有望重塑从手机、PC、智能手表到智能家居的硬件交互。

OpenAI 模型的应用场景正加速落地

由于大模型的规模化效应（scalinglaw），增加模型参数量、数据量有助于提升模型表现。过去数年中，行业推出大模型时也往往标榜模型规模之大。然而本次 GPT-4 并未在论文中提供参数量、数据量等信息，AI 行业渐渐尝试逐渐走出单纯强调模型规模的时代，降低使用门槛、提高实际落地效果成为通用 AI 新的发展方向。

而这次 OpenAI 在发布 GPT-4 的同时，推出便于落地的工具并开源了 Evals 评估框架便于用户选择模型。这意味着使用千分之一至万分之一的算力就能够可靠地预测 GPT-4 在下游垂直领域使用的性能，下游厂商可以先以较小的成本广泛试用，最终选择最适合自己需求的大模型。具体在应用方向上，现阶段，大模型的能力还主要体现在 NLP 上，因此主要用于搜索（如微软继承了大模型的 NewBing）、航程辅助、聊天机器人变种（猎头使用软件、智能客服、智能音箱、游戏 NPC 等），而 1~5 年内，随着多模态的发展，大模型首先会用于 Office 类办公工具，还将有多类简单多模态方案落地（智能家居、工业视觉、行业化机器人）、行业专家（AI 医疗、教育等）、智能助理（聊天、工作安排、点外卖、购物等）。

未来，结合复杂多模态方案的大模型将具备完备的与世界交互的能力，在通用机器人、虚拟现实等领域得到应用。

不止于生产力
巨头的 AI 时代还有哪些看点？

当地时间 3 月 16 日，微软宣布将人工智能工具 Microsoft 365 Copilot 融入其办公软件套件，包括 Word、Excel 和 Outlook 电子邮件等，再加上此前发布的新版必应也搭载了 OpenAI GPT-4 技术的聊天机器人，微软 Azure 也成为了 OpenAI 唯一的云服务提供商，这意味着微软整合了其背后 OpenAI 创造的所有 AI 能力，利用 OpenAI 的排他性商用合作，让微软有了独有技术优势。

从 Office 开始，直切“打工人”刚需

首先，创作辅助是 ChatGPT 及相关预训练大模型的最适合场景之一，以 Office 系列为代表的 Microsoft365 是微软核心产品线，结合人工智能，Microsoft 365 Copilot 的 Word、PPT、Excel 都可以一键生成，只需要用户给一些简单的命令，就能够生成一个非常详细的草稿或者可视化。

根据微软的演示视频来看，在 PowerPoint 里，用户只需要给它提出需求，它就自动做出一整套 PPT，美观的页面自动给你设计好，如果你有现成的素材，那只要轻轻一点 Copilot，它就会根据你写好的 Word 文件自动生成一份 PPT。此外，你还可以一键浓缩冗长的 PPT，并使用自然语言命令去调整布局，重新编排文本，还可以卡点完美的动画时间。

至于 Excel 这个隐藏技能非常多，高阶操作难度很大的报表软件，用户最大的痛点就是公式实在是难记，但到了 Copilot 时代也不需要用户去记公式了，它会自动发现数据的相关性并提出假设方案，以及根据你提出的问题给出公式的建议，甚至生成新的模型。而 Outlook 就更神奇了，Copilot 可以帮你写邮件，只需要你起个头，提出个具体的要求，甚至可以指定要用什么语气，然后它就会自动补完内容，顺便大大润色你的文字。

所以，Microsoft 365 Copilot 虽然尚未商用，但从宣传效果来看对于文字工作者、商务会议、科研报告等工作堪称福音，直击打工人的刚需，除此之外，微软协同沟通会议平台 Teams 集成 GPT 实现自动会议纪要的计划已经官宣，也就是咱们开会也不需要专人记录了，会议一结束，详尽的纪要文件就出来了，效率提升不言而喻。

客户服务和开发辅助，人工智能也能大展拳脚

客户服务领域也是企业关注的重点，在这方面 GPT 的摘要能力可谓有的放矢，它可以从琐碎的沟通记录、咨询投诉工单中快

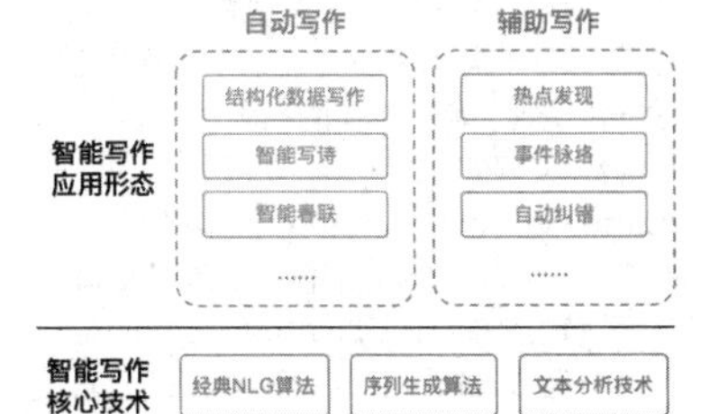

智能辅助写作在下一代办公平台或将成为标配

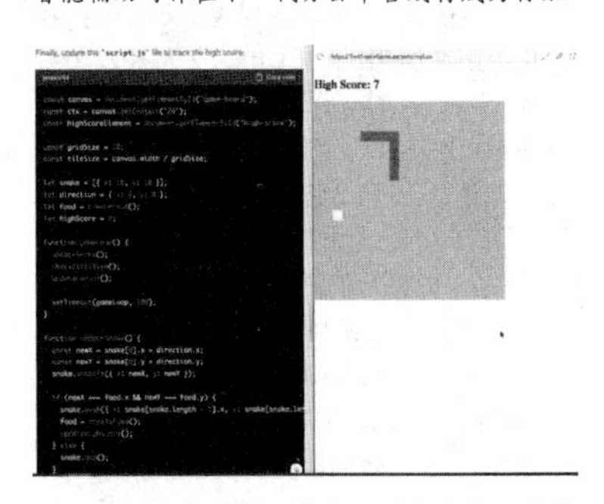
GPT-4让一个完全不懂编程的小白在20分钟内编写了一个贪吃蛇游戏

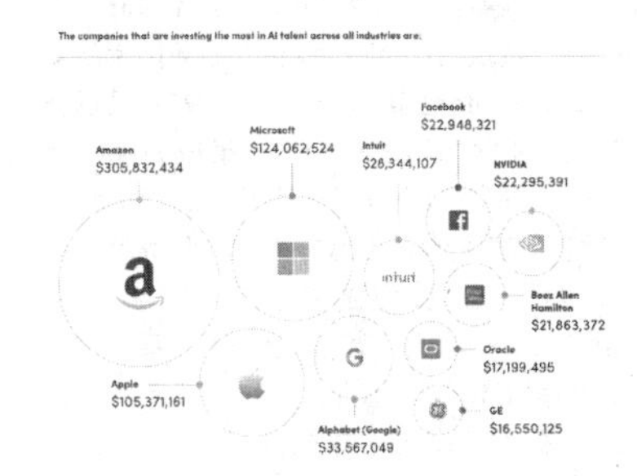

人工智能领域的投资巨头，也就这么几个熟悉的“老面孔”

速形成摘要，让业务人员更精准地服务客户，从海量评论中快速汇总分类大众喜好，都能更快实现降本增效。

从实际案例来看，以美国二手车厂商CarMax为例，因为平台上有超过45000辆二手车库存，二手车的每台车都有不同的车况，如果没有明确的信息指引就很容易导致买家迷茫，而在使用OpenAI构建的GPT-3自然语言模型后，短短几个月内就生成了大量从真实用户评论中提取出的最易于阅读和理解的亮点摘要，比如"适合家用、乘坐舒适、空间大"等等，买家可以直接看到CarMax销售的每个品牌、型号和年份的不同车辆的用户评论摘要，告别了信息壁垒。

考虑到微软针对企业运营有Dynamics 365平台，包括销售、财务、客户服务等8个模块，集成OpenAI的效果就可以参考CarMax的案例，必然对产品能力有质的提升，毕竟To B服务是微软的关键盈利点。另外，微软旗下的职业社交网站领英也一直在整合OpenAI人工智能，毕竟领英自己的招聘系统多年来一直都在使用人工智能来推荐候选人。

在开发辅助领域，虽然也跟自然对话一样是生成内容，但开发者生态非常特殊且微软非常重视，所以具体的措施也不太一样。自从收购GitHub之后，微软Azure+VSCode+GitHub已经实现了资源+工具+内容的端到端覆盖，而近日微软已经官宣了GitHub Copilot for business工具，是GitHub和OpenAI合作研发，由一个名为Codex的全新AI系统提供支持，该系统基于GPT-3模型，可以根据命名或者正在编辑的代码上下文为开发者提供代码建议，Copilot已经接受了来自GitHub上公开可用存储库的数十亿行代码的训练，支持大多数编程语言，比如Python、JavaScript、TypeScript、Ruby、Go等等。根据我们的实际体验来看，它能够理解我们的代码并提供一些快速的代码片段供用户选择，准确度挺高，但如果是比较有新意的代码就需要自己先写一段，然后再交给它生成，效率会更高。

巨头变"寡头"？垄断阴霾已初现

不难看出，作为OpenAI背后最大的大佬，微软自己将成为GPT最新技术的第一批用户，而且微软旗下所有的产品及服务都会因为类似ChatGPT的集成而能力大升，但问题也接踵而至：从多年的历史经验来看，一家独大并不是好事，毕竟GPT需要大量的云计算资源来实现，OpenAI和Anthropic等人工智能初创公司只能与少数几家能够提供这项能力的科技巨头合作才有未来。微软在今年初宣布将向OpenAI投资数十亿美元，谷歌在2月宣布向Anthropic投资3亿美元，将持有Anthropic 10%的股份，而去年11月底，另一家生成式人工智能初创公司Stability AI宣布选择亚马逊作为合作伙伴……

之所以只有这几个老面孔出现，是因为云计算资源非常昂贵，以ChatGPT为例，OpenAI首席执行官山姆·奥特曼曾表示每次聊天可能都要花费"几美分"，这表明每月为1亿人提供聊天服务可能会花费数百万美元。据业内人士估算，ChatGPT每次查询的成本大约是传统搜索查询成本的七倍，所以它是不是真的能实现"降本增效"，就取决于微软Azure云服务的价格区间，这也是OpenAI推出付费版ChatGPT Plus的原因。

如果人工智能公司只能跟这几家巨头在云计算上进行合作，那意味着人工智能时代，寡头的出现几乎成为了必然，因为对于初创公司来说，从一家云服务提供商跳到另一家云服务提供商是很困难的，即使没有排他性协议，但在迁移过程中也会发现自己基本上已经和前一家深度绑定。而这种现状引起了反垄断监管机构的担忧，欧盟委员会负责竞争政策的执行副主席玛格丽特·维斯塔格警告称，元宇宙和人工智能都是需要监管审查的数字市场。

数据跨境流通难，GPT落地中国有难度

虽然在欧美地区存在垄断嫌疑，但在我国，这个情况或许不会出现，因为OpenAI目前并没有对内地及中国香港用户开放注册，其中有美国外贸管制法规或"国家安全"事务的解释，也有出于对大语言模型类技术和商业秘密的保护。

当然更重要的一点还是数据跨境存在难度，因为我国和美国的数据规则不同，人工智能是一种算法，而算法则依托于数据，如果数据无法互通，自然就谈不上落地。而且OpenAI提供的服务属于增值电信业务的范畴，如果想进入中国市场，则需要办理增值电信业务许可证，再加上2021年版《外商投资准入负面清单》规定，增值电信业务的外资股比不超过50%（电子商务、国内多方通信、存储转发类、呼叫中心除外），基础电信业务须由中方控股。

那如果是OpenAI和中国企业进行合作开发呢？如果是在中国境内合作，前提是OpenAI首先要满足中国《网络安全法》《数据安全法》《个人信息保护法》及相关数据出境合规要求，并进入中国市场，同时尊重市场的规律，实现"数据可用但不可见"。当然，中国企业也可以通过在海外开设公司，在尊重当地法律法规、数据安全保障，严格落实算法解释权，以及尊重市场规定的基础上与OpenAI合作，但这种合作开发出的产品能否回到中国并提供给国内用户使用，也仍然涉及数据跨境流通的问题。当然，即便现在看起来是困难重重，但国内也有万兴科技、万科等企业接入了微软Azure OpenAI，并取得了初步的成效，所以虽然落地有难度，但前途应该还是光明的。

GPT-4落地之快，将远超前辈

如上所述，将GPT-4大模型的能力接入微软Office全家桶并不是一件容易的事，它不是一个随便的GPT接口，而是一个系统性的工程。微软AI办公套件的推出因此被业内人士视为GPT-4大规模商用的"iPhone时刻"。

在OpenAI透露的信息中我们也可以看到，类似的商业落地应用，即自然语言处理大模型的实际应用表现已经取代参数规模的扩张成为新的宣传重点。

OpenAI在官网上给出了6个GPT-4的应用案例，包括语言学习软件Duolingo（多邻国）嵌入GPT-4模型，扮演语言学习老师解答问题；与应用程序Be My Eyes合作，通过图像理解能力为视障人士提供生活帮助；以及微软旗下的Bing浏览器一个多月前已经嵌入了GPT-4大模型，为用户提供更智能的搜索结果。

这些案例足以说明OpenAI已经意识到，大模型的规模扩张边际回报递减，"越多人用，成本越低"，因而比起在规模上持续扩

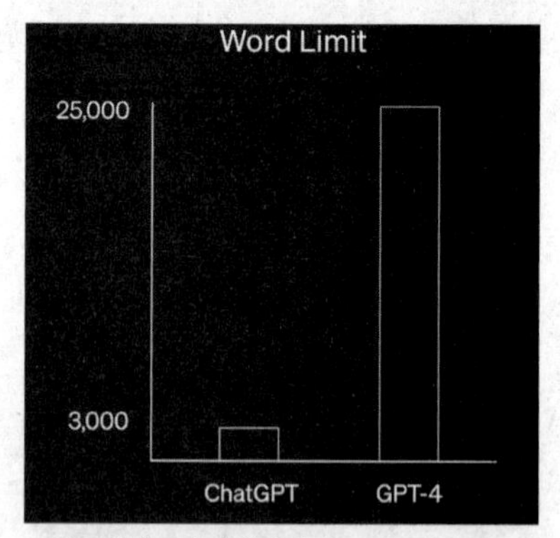

GPT-4扩展了文字处理能力

AI Dungeon玩法

张，探索如何在学习率、批次大小(迭代所需样本数量)等方面精进成为了突破的重点。

另一方面，这次没有公布任何GPT-4相关模型参数数据、算力或训练方式的OpenAI，已经越来越像一个营利性科技公司，GPT-4也更像是一个产品而非研究成果。那么在商业落地上，GPT-4想象空间究竟有多大?

共创游戏剧情

比起元宇宙这个宏大缥缈的概念，GPT-4模型对于游戏行业整个生态的影响将会更加直观，游戏创作、数字营销、数据和模型训练等环节将首当其冲，经历新生产工具的洗礼。

其实早在ChatGPT大热之前，游戏厂商就已经尝试通过AI优化用户体验、降低研发成本。尽管游戏产业在全球坐拥超30亿玩家，整个市场加起来的产值将近2000亿美元，但对于游戏厂商来说，研发和后续的运营、维护费用都是一笔巨款，且越成功的作品越烧钱:《塞尔达传说：旷野之息》成本达1.2亿美元，3A手游《原神》的研发成本约1亿美元，上线后每年还得花2亿美元保持稳定更新。

米哈游曾利用AI完成游戏角色口型和声音匹配，完全由AI合成输出的声音也被用在了其推出的虚拟偶像“鹿鸣”身上；在美术绘画辅助方面，ChilloutMix+LoRA等模型融合进化已经能够实现较为真实的图像生成，对于角色创意、场景概念等高耗时环节的冲击深远。

一位大厂外包的游戏原画师透露，一些小厂为了减少成本，“能用AI出图就用AI，游戏UI的图标很多都是AI画的，反正都是垃圾小游戏，厂商也不在乎细节。”据华泰证券研报指出，已有工作室通过应用AIGC将制作100名角色由5万美元的开发成本及6个月的工时缩短至1万美元及1个月，节省成本及时长超80%。

游戏反过来也会帮助AI模型底座走向成熟。从简单的扑克游戏再到需要更复杂策略和操作的多人在线策略游戏，高复杂度、高挑战性、强协作性环境的游戏场景，都为AI的训练提供了理想的环境。腾讯AI Lab就曾在《王者荣耀》中训练策略协作型AI“绝悟”，并联合游戏建设“开悟”训练平台为科研人员提供人工智能研究训练时所需要的大规模运算。

GPT-4作为多模态自然语言模型，同样可以大幅提升游戏制作的生产效率，并降低游戏研发维护的成本。用新科技做出来的游戏，不管在玩法还是交互上，都与以往的游戏不同，类似于《西部世界》这样的游戏也不再只是科幻。

细分来看，GPT-4不仅可以自动生成剧本创作、角色对话、任务设计，还能够通过学习和理解游戏测试数据，自动生成游戏测试脚本；在全球推广环节，GPT-4也能基于强大的翻译功能和对不同文化背景的理解帮助开发者优化游戏内容，实现本地化。

而这一大模型最直观的应用其实是游戏中的智能NPC(非玩家角色)，《头号玩家》等影视作品中都已经展现过这一未来场景。但限制在于，如今搭载了GPT-4的ChatGPT虽然在聊天方面几乎达到了人类心目中的“自然”，但距离真正的“人工智能”还差得多。

“目前技术还远不够成熟。作为游戏NPC，GPT-4一是很难产生连贯沟通的真实感，二是做不到有趣。”在算法工程师林楠看来，后者是问题的关键，“玩家期望的NPC是一个既能与玩家自由互动，又能拓展游戏体验的载体，但GPT-3都还没有做到流畅感，不知道GPT-4可以提升玩家体验到什么程度。”

在游戏中大规模应用GPT-4的另一个阻碍在于软件使用和维护成本高昂。基于GPT-3开发的文字冒险类游戏《AI Dungeon》就因为高昂的成本，不得不放弃了GPT转投更便宜的语言模型。

由初创公司Latitude开发的《AI Dungeon》玩法与GPT-3十分契合。参与者可以通过输入任意内容，《AI Dungeon》都能识别并创作后续故事，参与者再根据AI创作的后续故事进行人为创作，如此循环往复。而在2021年玩家数量创新高时，Latitude每月都需要支付OpenAI近20万美元以换取GPT-3接口，这对于小型游戏厂商来说并不轻松。

不过，国内资本雄厚的大厂如腾讯、网易都已经跃跃欲试，希望将自家AI技术成果应用于游戏世界。腾讯已经公布了自家的类ChatGPT对话型产品“混元助手”，网易则宣布在今年6月即将推出的手游《逆水寒》中，将安装类ChatGPT对话模型，玩家可以体验与NPC的开放式对话。

GPT-4能否颠覆制药环节?

在生物医药领域，AI的作用更多体现在制药环节。毕竟AI技术本质上是一种高级建模方法，借助各类算法与规则，AI能自动计算出特定问题的最优解，在药物发现环节，越来越强大的AI很有可能会开启一个突飞猛进的时代。

最近广受关注的深度学习模型正是一种较为通用的算法体系，基于GPT-3的生成式AI产品能够快速预测药物的化学结构、生物活性和药物靶点。通过高效分析大量生物医学文献，AIGC产品可以帮助研究人员迅速找到具有治疗潜力的候选化合物，

Alphafold是Google旗下DeepMind开发的一款蛋白质结构预测模型

乃至通过对分子、细胞、器官、动物、临床等不同层面数据的整合分析，实现药物研发流程的整体优化，从而加速新药研发过程。

“如果没有新的技术手段，有些靶点可能100年后都找不到合适的分子，而现在用ChatGPT就可以短期迅速验证大量可能性。”新型药物研发平台水木未来CEO郭春龙认为，过去一百年人类在生命科学上的探索，相当于盲筛，而现在X光、冷冻电镜、Alphafold(与GPT类似的深度学习模型，用于预测蛋白质结构)和ChatGPT等工具将会完全改变制药行业。

这里需要解释一下靶点的重要性，药物靶点是指药物在体内的作用结合位点，包括基因位点、受体、酶等生物大分子。现代新药研究与开发的关键首先是寻找、确定和制备药物的分子药靶。

针对新靶点，AI会首先从巨大的化合物空间中初步筛选出一系列可能有效的化合物；随后，使用AI与基于量子化学原理的算法，乃至分子和细胞层面的实验，对通过初筛的化合物做更精细的筛选。此轮精细筛选后，AI又以这少数化合物为基础，在化合物空间中进行再一次筛选，形成循环。

尽管AI还没有真的制造出可以用于临床的药物，但不妨碍医药企业和技术公司进场押注。目前，全球销售额超过200亿美元的药企均在AI领域与不同初创公司达成合作协议，与此同时，AI制药初创公司的数量也在迅猛增加。截至2022年第三季度，全球约有600家AI药物研发公司，同比增长21.6%。

不过在幻想通过新技术延缓衰老之前，我们也需要意识到，AI与传统制药企业的结合仍需要突破数据的壁垒。

AI领域发展强调“开放”二字，其成长取决于训练数据的广度和质量，但药物研发中最核心的数据往往掌握在药企手中，亦成为AI优化药物研发行业的掣肘。发展数百年的国际大型制药企业虽然数据积淀丰厚，却壁垒森严，希望这些企业分享涉及核心知识产权的数据难度极高。

因此，我们认为GPT-4短期内还很难颠覆制药行业生态，但随着技术的发展，作为辅助工具，AI一定可以精简无效环节，为制药工业开辟更多捷径。

生成式AI如何撬动创作链条?

■记者/ 任亚飞　黎坤　张书琛

人工智能通向人类智能的路径似乎一夜之间有了通关地图,如何与之相处也成为每个脑力劳动者的远虑近忧。

ChatGPT 的爆火，主要是因为其撬动了最具规模效应的 C 端(消费者)用户,让蓄力多年的深度学习 AI 研究取得了应用层的突破。而每个使用者也都经历了从好奇到兴奋再到惶恐的过山车——不得不承认,过去，工厂的一部分体力劳动被机器替代,而未来人的一部分脑力劳动也会被替代。

不过,恐惧并非面对未知的良药。为了探究 AI 如今的落地成效究竟如何,以及如何在日常工作中有效利用这类 AI 工具,我们选取了 AIGC 几个热门应用赛道,希望以实际应用的角度来解答一个既简单又复杂的问题：到底什么工作可以交给现阶段的 AI?

AI 足以胜任普通人的编程老师

最近火爆全网的类 ChatGPT 应用包括新必应和文心一言等,除了可以陪你聊天互动外,对撰写邮件、论文、脚本,制定商业提案,创作诗歌、故事等文案类工作也很在行。其实它们还有一项基本技能那就是能高速写代码也能帮程序员检查程序错误。很多和 ChatGPT“聊过天”的程序员们纷纷感叹“只有你想不到，没有 ChatGPT 办不成的。”那么 ChatGPT 们能在编程方面对大多数不会编程的人有帮助吗?

革命型编程教学老师

当我向 ChatGPT 提出:“帮我写个打飞机的小游戏吧。”结果令我很吃惊,不到一分钟就用 Python 给我生成了这个游戏。

作为一个编程小白面对一串代码当然没法下手,于是我又问“我要怎么运行这个游戏呢?”它的回答是:先下载 Python 编辑器,创建项目,复制粘贴代码,编译保存,打开运行。每一步都很详细地介绍出来,还能对某个有疑问的步骤继续提问。同样的问题在新必应和文心一言中也获得了较好的反馈,新必应给出的程序需要载入背景和飞机图片,面对黑色的游戏运行框完全不懂编程的人继续提问也能获得解答。这对于编程“小白”来说真的是福音,完全就是一个智能老师。

接着我又让 ChatGPT 帮我处理文本数据,我的想法是把这个 txt 文件转换为 3 列的 Excel 表格。

需求如下：用 Python 代码实现 txt 文本转换为 Excel 表格，文本的格式是 xxx————xxx————xxx。

描述得越具体它给出的答案就越准确,就跟你在生活中跟人提问一样。从结果上看,它给出的答案很准确,还解释了语句和函数的功能,只需要把文件名修改一下就能跑起来，最后它还不忘了提醒你要安装 pandas 库。在此基础上,我接着提问:如果不用第三方的 pandas 库能否实现?

它推荐我使用标准库中的 CSV 模块配合 openpyxl 库来实现,代码差不多,还贴心地在关键代码处给了注释。但是我不知道 openpyxl 是个什么库，我接着问它：openpyxl 要怎么导入。

ChatGPT 告诉我使用“pip install openpyxl”命令安装库，在代码中使用“import openpyxl”语句导入 openpyxl 库。

我根据提示把代码复制到编辑器,安装好 openpyxl,修改了文件名,程序没有报错和预期的一样得到了正确结果。

作为程序员在 ChatGPT 出现之前想要完成任务,首先需要搜索知道任务可以使用 pandas 或 openpyxl 库，接下来还要翻看这两个库的说明文档和实例,这个过程中肯定要经过多次搜索和筛选,从其他程序员留下的各种内容中找到答案。而 ChatGPT 直接给了你一个确定的答案。

不过,如果你真的是零基础什么都不懂的小白，给你一串完成的代码也不会运行，遇到报错没法定位或者 debug 时，还是很难完成目标的。这就好比一个开手动挡的老司机去开自动挡会非常轻松,如果你驾照都没有就想直接上手自动挡还是非常危险的。所以 ChatGPT 只是大幅度降低了编程使用的门槛,但门槛还是存在的,至少需要学习基础的 Python 知识,这样才能知道编程能够帮助我们完成哪些需求。不需要会写代码但需要理解代码的大意,这样遇到问题时才知道怎么向 ChatGPT 提问。

例如,我用新必应找到了 1960 年至今的金价,让它帮我画了一张历史金价的折线图,用给出的 Python 代码画出图形后我觉得坐标轴的说明文字用中文比较好,就自己修改了代码中的文本部分。再次运行发现中文显示成了方块,再次询问后才知道需要再填两行代码解决中文字体和负号的显示问题(虽然其实没有用到负号,但负号也会显示成方块)。快速而完美地解决了问题。

利用 ChatGPT 帮助学习

作为初学者，我们怎么利用 ChatGPT 来学习编程?如果我可以重新选择我的第一门编程语言,我会从一种可以让我轻松进入代码世界的语言开始。这非常重要,因为没人想在学习时经常遇到难以克服的困难并感到深深的沮丧!你的第一门语言应该可以帮助你轻松学习核心编程概念,无论你是抱着怎样的目的学习编程,这些概念都是必不可少的。如今大多数人认为 JavaScript 和 Python 是编程入门的好选择。如果必须在它们之间做出选择,我肯定会选择 Python,因为它的简单性和多功能性(仅代表个人意见)。选了一门应用广泛的编程语言,一旦你在一种编程语言方面打下了坚实的基础,就可以根据兴趣继续学习其他语言,并逐步建立你自己的主流框架。

作为初学者,我们总不能随时随地问老师问题,并获得满意的解答。而现在不必担心了,可以尽情社恐,跟着 ChatGPT 这个老师，最低级的代码问题我们随便问。对于 ChatGPT 来说,问题没有高低之分,因为机器人它不会对我们提问的水平做出评价。

比如：我们忘记了如何将两个字典合并。ChatGPT 不会嫌弃使用操作符“|”这种操作低级,还会很贴心地列出四种方式。

ChatGPT 老师也可以帮助我们进行更好的在线学习。

比如,我们正在学习一个编程讲座的视频,但是跟着视频学习运行的代码却遇到了错误。我们不必盲目地在百度中搜索各种解决方案，完全可以让 ChatGPT 帮助我们直接分析整个代码脚本，看看问题出在哪里。你还能让 ChatGPT 根据你的要求把代码完善升级，它给出替代解决方案更完美。

你也可以对 ChatGPT 提出各种要求，不用有任何顾忌，它会让你的好奇心随心所欲地自由发挥。

在经过一段时间的编程学习后，还可以利用 ChatGPT 老师来巩固并提升学习成果。比如提出一个能让我们保持动力检验能力的综合项目，提供有关如何实现任务的详细步骤。这样我们就可以知道复杂应用需要的实践步骤。如果自己亲自开发一个项目，也可以使用 ChatGPT 来审查代码，并且还可以为我们优化代码的可读性、代码效率，还可以要求它来帮忙调试代码。实在不行，我们也可以让 ChatGPT 编写整个脚本来执行任务并从它给的解决方案中进行学习和理解。

编程思维价值何在？

虽然我们开始进入自动编程时代的大门，但这不代表作为个人就可以不用再学编程了。相反，编程思维和正确地学习编程变得更加重要了。无论是数学、物理等学科知识，还是编程、机器人以及钢琴、舞蹈等非学科知识，这些学科的内容都是我们在成长过程当中的学习载体，通过这些载体不断帮助我们去发展思维、习得能力。“正如计算器发明之后人类没有放弃学习算数，电脑和输入法发明之后人类没有放弃练习写字。”这是因为人们在建构知识的过程中，并不是只积累了知识本身，而是在这个过程中锻炼了我们的思维方法与能力，这个能力是我们永远不可分割的一部分。未来，自动编程可以让普通人也可以编写一些程序，但如何架构一个程序、如何对任务有结构地描述将成为一个程序员越来越重要的能力，编程思维能力的训练会变得更重要，编程思维与解决问题的能力会越来越被重视。

ChatGPT 会彻底改变编程与软件行业，但它一定是程序员的辅助者而非替代者。在这个技术变革的时期，我们更要学习编程，成为新技术的主导者而不是牺牲者。

我们认为，ChatGPT 将对不同人群有着不同的影响，对普通人来说，ChatGPT 的影响是多方面的。比如：

个人助理：ChatGPT 可以作为一个个人助理，回答各种问题，提供日常生活中的实用信息和建议。

学习和教育：ChatGPT 可以为学生提供辅助教学工具，帮助他们在学习过程中更好地理解知识和掌握技能。

心理健康：ChatGPT 可以为那些需要帮助的人提供心理支持和慰藉，为他们提供安慰和建议。

社交互动：ChatGPT 可以作为一种社交工具，帮助人们在社交网络上进行更加自然的交流。

语言学习：ChatGPT 可以作为一种语言学习工具，为人们提供了解不同语言和文化的机会。

当然，随着 ChatGPT 和其他大型语言模型的发展，也存在一些潜在的问题和风险，如个人隐私和数据安全问题、信息误导和虚假信息问题等。因此，在使用 ChatGPT 时需要注意这些问题并采取必要的预防措施。

对于他们来说，ChatGPT 的出现对程序员的影响更加迫切和实际。首先，ChatGPT 可以帮助程序员更加轻松地与机器人和其他智能设备进行交互。传统的交互方式需要使用特殊的语言或者输入指令，而使用 ChatGPT 可以直接使用自然语言与智能设备进行交互，从而更加方便。这使得程序员可以更加有效地开发智能应用程序，因为他们可以使用自然语言与智能设备进行交互。ChatGPT 可以让程序员更加灵活地与机器人沟通，从而更快地了解项目的需求，提高项目的满意度。

其次，ChatGPT 可以帮助程序员更好地理解自然语言处理的概念和技术。这种模型可以生成自然语言，因此程序员可以使用 ChatGPT 来学习自然语言处理的各种技术和方法。此外，ChatGPT 可以为程序员提供一个直观的学习环境，让他们更好地理解自然语言处理的原理和应用。这可以帮助程序员更好地开发自然语言处理应用程序。

最后，ChatGPT 可以提高程序员的工作效率。程序员可以使用 ChatGPT 来生成文本，回答问题。这可以帮助他们更快地完成工作，减少输入时间。此外，ChatGPT 可以帮助程序员更好地理解客户需求和反馈，从而更好地满足客户需求。ChatGPT 可以为程序员提供一个高效的工具，让他们更好地完成工作任务。随着 ChatGPT 技术的不断发展和成熟，它成为语言处理的 API 接口，直接作为各种应用、硬件和游戏的组成部分。

ChatGPT 的出现为各种人群提供了更多的机会和挑战。我们需要不断学习新的技术和方法，以应对 ChatGPT 带来的变化。如果能更好地利用 ChatGPT 完成工作里的任务，将大幅提高你的工作效率，这也将为你的提升提供更多的机会。

解放文字工作者？只能做到部分辅助

ChatGPT 之所以能爆红，是因为能产生有逻辑的对话，而不单单再是 Siri 一样的一问一答。但有逻辑不代表准确，用户在实践中会发现，“胡说八道”是语言模型的通病。但也正是因为没有正确答案，ChatGPT 才能以低门槛优势快速飞入寻常百姓家。

一方面，由于 OpenAI 并没有确认 ChatGPT 的应用场景，完全让用户自己找方向，因此在文字生成领域基于 ChatGPT 或类 ChatGPT 的产品层出不穷，只要你想得到没有用不上的领域；另一方面，由于 ChatGPT 已经可以借助 API（Application Programming Interface，应用程序接口）方式被外界调用，意味着它可以接入各类软件，重塑任意一个应用程序，新的创业机会也在涌现。

求职者福音

求职的各个环节，无论是准备简历还是模拟面试，ChatGPT 其实都可以一手包揽。

如果一位程序员需要面试初中级前端职位，只需要在 ChatGPT 中写清楚自己的需求，给出限定的角色和求职岗位，再根据不同需求设定输出形式，ChatGPT 就能立刻化身为一个专业面试官或求职者，陪同练习。

在测试中，ChatGPT 可以根据岗位生成相关问题并一对一解答，也可以提前在问题中限定让 AI 帮你纠正或补充回答中的不足。

不过 ChatGPT 的缺点在于，它并没有办法提炼出特定行业面试官可能注重的关键词，而且在实际应用中，ChatGPT 可能还会乱编，这就要求用户必须提前了解这一行业，具备相应的基础认知。

想用 ChatGPT 制作简历过程也差不多，需要先给定一个岗位角色和招聘要求的模板，再给出输出框架，比如简历常用的 STAR 法则（包括情境、任务、行动、结果），AI 就可以在 30 秒内自动生成相应的简历，用户只需要微调即可。

从上面的步骤也能看出来，想要获得自己需要的内容，用户必须适应 ChatGPT 的语言训练模式，“喂”给 AI 的内容要花一些心思。AI 的生产过程可以分成两步：第一步

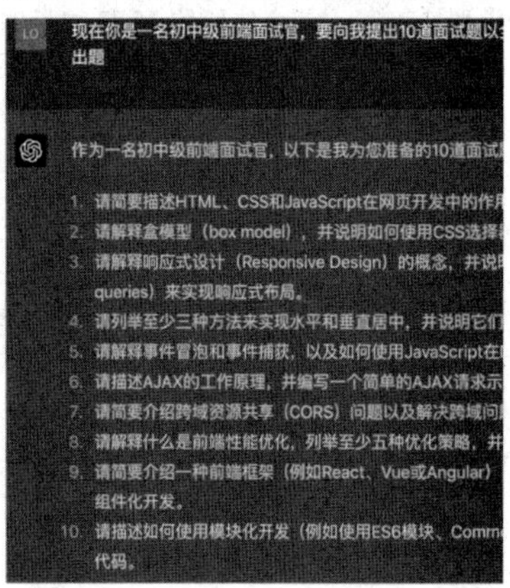

ChatGPT的模拟面试

在输入端,依靠文字大模型底座,AI 能理解用户输入的自然语言,也就是指令;第二步,AI 依据指令,从大数据库里找到相应素材并有逻辑地拼接在一起,生成符合指令的内容。这一过程也决定了 ChatGPT 生成内容的不稳定。

也有国内开发者在 GPT 的基础上训练出了功能更细化的求职类产品,比如 Ai 乌托邦和兼职猫等平台。

Ai 乌托邦同样是基于深度学习大模型,可以为用户提供具有对话能力的 AI 功能性角色。用户可以选择现有"面试官",或者根据自己需求创造一个"面试官",再输入想问的问题即可;兼职猫平台则会根据你自身的专业、优势和作品,以及岗位关键字,比如"Java/php,后端,年薪 30 万"等,AI 就会撰写基本的简历模板,还可以帮助生成一个作品文集或视频。

尽管这些应用的回答在专业人士看来还是夹杂很多"废话",但比起在求职过程中毫无头绪,这些训练和辅助性产品依然有一定帮助。

文字创作,可商用可自娱

无论是铺货型还是走独立站路线,从事跨境电商的商家们都需要在目的国以更本土的方式推介产品,包括网页的产品描述、广告文案、商家邮件等等,而这些工作恰恰是 AIGC 涉及的商用领域。

重庆渝北一位做跨境宠物用品的卖家表示,自己已经通过 GPT-4 生成了几个产品英语和小语种的介绍文案,描述水平已经达到可以使用的程度。只不过在"推销"这个纬度,ChatGPT 还不完美。

根据该卖家电商贸易经验,商品的名字和描述要把核心关键词前置突出,而 ChatGPT 虽然英文表达地道,但并不了解亚马逊平台或阿里国际站这种平台的运营规则,"还没办法领悟平台的排序算法,更别说要做到有效的 SEO(搜索排名优化)"。

另一款 AI 内容生成软件 Jasper AI 则更符合电商领域的实际需求。利用语言生成模型 GPT-3,如今估值约 15 亿美元的 Jasper AI 推出了产品描述和内容改进等服务,这一服务也很快被应用于跨境电商领域。

多位跨境电商卖家表示,Jasper AI 在发给买家的促销邮件写作中表现亮眼,会比 ChatGPT 更有趣,比如混合一些美剧桥段等等。更重要的是,Jasper AI 一次可以生成多个不同版本的产品描述,大大提高了铺货型商家的工作效率。

上述商家解释,铺货型商家一般有多个店铺,同一件商品如果可以同时上线,且不会被后台监测到关联性,那么店铺获得的自然搜索流量就会基本均等,盈利也比较可观。不过值得一提的是,JasperAI 一年的年费为 990 美元,使用成本远高于 ChatGPT。

文学创作当然也有一些比较轻松的应用方向,比如通过 ChatGPT 找灵感的编剧、作家们。当我们向 ChatGPT 提出以"比尔盖茨走进一家特斯拉专卖店,马斯克向他推销 modelY"为开头写一篇悬疑文后,ChatGPT 可以在一分钟内产出一篇 350 字左右、情节完整的短文。整体来看,GPT-4 讲故事或者说写作能力已经非常顺畅、自然,只不过文采算不上惊人,可读性依然略有欠缺。

改变教育模式到何种程度?

教育是首先被 ChatGPT 冲击的行业之一。在普罗大众还在探讨 ChatGPT 还能做什么的时候,学校已经在讨论或已经禁止学生用其完成作业,一些学校老师为了禁止 AI 工具的泛滥,甚至开始要求学生们必须手写作业。

学生成为第一批使用者也是必然的,毕竟用 ChatGPT 做作业的过程实在诱人:只要输入题目、背景和要求,ChatGPT 就能生成一篇中等水平的小论文。

我们也对比了一下 ChatGPT 和文心一言在 K12 学科领域的能力高低,结果发现在这一领域,两者水平并没有太大差异。

当输入"天干地支纪年始于汉代,请问这种纪年法以哪一天为起点?"这种问题时,文心一言给出的答案是正月初一,而 GPT-4 给出的答案则是没有固定日期。尽管 GPT-4 的回答看起来更"有理有据",但实际上两个 AI 产品都没有回答出正确答案"立春"。

而在标准更为严格、答案具有唯一性特征的 STEM 学科(泛指理工科),GPT-4 则略胜一筹。记者同时向两者提问一道小学奥数题"七名小朋友 ABCDEFG 站成一排,如果 ABC 三人不能相邻,一共有多少种不同站法"。

文心一言仅仅给出了简单的答案,而 GPT-4 却能够像真人对话一样讲解解题思路。新加坡一位数学老师用 GPT-4"刷题"后认为,尽管其计算水平和小学生无异,常有错误,但逻辑水平已经是初中奥数水平。

目前已经有人在利用 ChatGPT 搭建在线教育平台,提供线上教学服务,如线上直播、网络课堂等。大型教育平台则看中了 AI 能够为学生个性定制课程的能力。目前,非营利教育机构可汗学院已经宣布将使用 GPT-4 为其人工智能助手"Khanmigo"提供技术支撑,Khanmigo 的定位既是作为学生的虚拟导师,也可以作为教师的课堂助手。

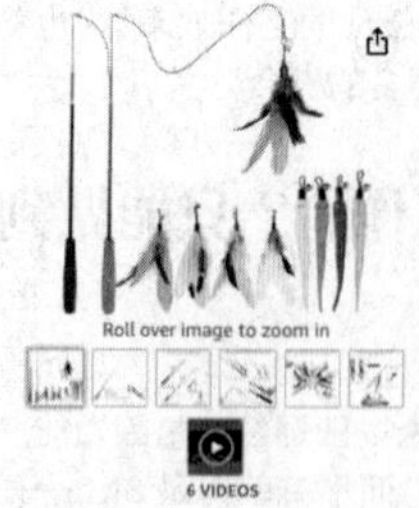

某跨境电商卖家根据AI生成内容修改后的效果

不过对于先进的 AI 技术在教育领域如何应用实践争议颇多。在首先受到 ChatGPT 冲击的美国校园中,有人态度积极,认为这会给没有教育资源的人更多机会;有人则谴责其带来的作弊风暴,进而建议禁止或限制它在学术圈的使用。

"有图有真相"已成过去式,AI 制图到底有多强?

曾几何时,"有图有真相"这句话架起了互联网用户之间岌岌可危的信任桥梁,但在人工智能时代,这句话也已经濒临失效的边缘,因为人工智能画的图,虽然细节上如果非常认真地甄别依然可以找到瑕疵,但精度已经达到了照片级别。为了验证它的真实性,我就将人工智能生成的风景、街景和人像照片,和真实拍摄的照片放在一起,在电脑报编辑部做了一次"黑盒测试",事实证明所有人都无法准确判断真伪,虽然样本不大,但也足够说明人工智能在绘画领域的"天赋"。

Midjourney 和 Stable Diffusion 孰优孰劣

虽然人工智能画图并不是特别新鲜的产物,在 2022 年就已经有大量的人工智能艺术作品以匿名的形式参加了各类比赛和展览,但毕竟当时只是少数人的玩具,而现在就不一样了,基本上只要你有台可以上网的电脑,就能玩到最新的人工智能画图软件,比如最近十分火爆的 Midjourney,它的出圈程度丝毫不亚于今年初的 ChatGPT,因为可以生成以假乱真的图片,甚至还出现了某国前总统的一系列连续剧式的"新闻照片",成功"引爆"了全球互联网玩家的关注。

事实上 Midjourney 的本质就是一个用文本生成图像的人工智能算法,在今年 3 月升级到 V5 版本后,无论画质、细节、准确性等各个关键要素的性能都得到了质的飞跃。Midjourney 最大的优势就是完全在线操作,只需要在聊天工具里为它提供提示词,就能按它所理解的文本意图来生成图片内容。根据我们的测试来看,它可以在一分钟之内就提供四张图片,你可以选择全部重新生成,或者选择其中一张做微调或放大,图像生成的效果直接取决于提示词的精准度,而且英文的准确性远高于中文,所以大多数人都会使用GPT-4，比如新必应浏览器自带的版本来生成详细的英文提示词。

不过，Midjourney最大的问题是基本无法按用户的需求去进行精修，更多是倾向于“一次性操作”。除此之外，它为所有用户提供了25张图像的试用额度，超额后就需要购买订阅才能继续使用，而订阅又按算力、版权许可等分为10/30/60美元每月这三个不同的价位，试用用户的授权许可是CC BY-NC 4.0，也就是发布需要署名（BY）且只能非商业性使用（NC），三个付费订阅则可以无限制使用。

作为对比，另外一个人工智能画图“高手”Stable Diffusion就不一样了，打个不恰当的比方：Midjourney就像是手机的一键美颜，任何人都是开箱即用，而Stable Diffusion就是Photoshop，需要一定的技术基础，但功能更强大。它虽然也有线上免费版本，但如果想要使用全部功能就需要安装本地应用，而且安装过程比较复杂，这也就排除掉了大多只是想尝试玩玩的用户。但在熟悉使用之后，Stable Diffusion的优势就很突出了，比如它有上千个现成的模型可以调用，你也可以自己利用训练器训练自己想要的模型，画面风格远多于Midjourney，而且可以重新生成图像的某一个部分，甚至还可以进行画面扩展，与此同时，你可以给它投喂参考图片，去模拟构图和人物姿势。最重要的是Stable Diffusion完全开源，既不需要付费订阅就可以任意生成，也可以拥有图像的商用许可。当然，因为是本地运行，所以Stable Diffusion对电脑性能是有一定要求的，尤其是显卡显存，会直接影响到输出分辨率的高低。

国产人工智能画图应用：尚有追赶空间

虽然Midjourney和Stable Diffusion都是全球范围内的“当红炸子鸡”，但它们对于国内用户来说却有着一定的使用鸿沟，比如全英文界面就足以劝退大多想凑个热闹的玩家。那如果你也想玩人工智能绘画，有相应的国产软件选择吗？答案当然是肯定的，比如百度的文心大模型和万兴科技的万兴爱画。

百度文心大模型下的文心一格是目前国内最具代表性的人工智能画图平台，生成图片就需要消耗“电量”，“电量”可以通过完成任务来领取，也可以直接按数量进行购买。从生成效果来看，虽然主页上通过精心筛选的优秀作品看起来都还不错，但自己生成时还是要摸索一下，比如图像尺寸和生成数量的不同会产生不同的“电量”消耗，默认的1024×1024分辨率单张要2个“电量”，最高2048×2048单张则需要6个“电量”，12个不同的画图风格也会给出不一样的图像……从我们消耗了六个账号近300个“电量”的体验来看，文心一格目前并不太擅长写实类的图片生成，综合效果和Midjourney等平台还是有一定的差距。

至于万兴爱画，它可以任意次数地免费生成随机图像，但从生成速度来看其实就是调用了其他用户或系统预设的图像而已，而每个账号每天只免费提供2次自定义提示词的创作机会，想要更多地创作就只能掏腰包按次数购买了，这个数量明显连试错都不够用，再加上它生成的图像分辨率只有1024×576或768×768，同时还无法回溯自己创作过的图像，所以总体来说依然处于非常初级的阶段。

专访：艺术领域，人工智能的忧患大于惊喜

受访人：王涛　四川美术学院公共艺术专业，城市空间艺术设计方向讲师

电脑报：您觉得人工智能技术发展会对艺术领域带来哪些变革？

王涛：我认为艺术这种属于人类特有的高级精神活动的领域，目前是难以被人工智能所取代的。因为其中涉及到感情的理解与情感交流，人工智能并不能产生真正的情感。艺术的创造力方面，虽然人工智能已经可以生成非常出色的绘画作品，但本质上缺乏艺术家所提供的真正创造性和艺术感。道德和伦理判断方面，仍然需要人类给人工智能进行预设规则。人工智能也不具有真正的意识和主观体验，因此人工智能不能主动地创作艺术作品。

但是，人工智能确实给艺术创作与设计带来了许多新变革新问题。人工智能可以在极短的时间内生成优质的、满足创作者描述的图像、绘画等，根据我的使用经验来看，Midjourny、Stable Diffusion等模型表现出在图像处理方面的能力已经非常优秀，可以通过对艺术家、设计师的作品进行学习，做出风格一致的全新作品，这些手段可以帮助艺术家以更高的效率进行工作，成为一个非常高水平的助手，当然也会带来一系列的问题。

这些人工智能模型只需要提出相应的文字指令即可进行图像生成，使得图像生产本身的门槛大幅度降低，为艺术设计与创作带来具有颠覆性的创作手段。这个过程中现有的艺术设计领域很多基础工作岗位被取代的可能性就更大了。在知识产权方面，目前这些产出的图像是没有版权的，新产生作品与原有学习的素材和指令输入者之间的产出版权关系目前是难以界定的。

电脑报：那您觉得所处专业对人工智能的看法应该如何去应对呢？

王涛：技术发展往往都是双刃剑，对于艺术设计领域而言，变革将会非常大，很多现有的模式都会面临调整，一部分艺术创作设计的基础技能将会变得不那么重要，而另一部分技能又需要进一步强化，比如我认为人工智能的应用在设计领域，文化与审美素养、语言表达能力、提问的能力、信息判断等能力的重要性会进一步提升，而最基础的图像处理能力等可能地位就会下降。人工智能技术发展势不可挡，专业发展要有忧患意识，积极应对技术变革，要学会使用人工智能技术，理解人工智能的内在逻辑，让人工智能成为强有力的工作助手是未来行业必备的技能。

另一方面对人工智能也要有警惕性，它将带来很多棘手的问题，在机制、管理上要提早研究判断，特别是在艺术教育、创作伦理、知识产权、价值判断、价值观导向、学术道德、人才评价等许多方面，都需要尽快制定相应的对策与制度。人类的大脑不可能在计算能力、存储能力方面达到计算机的水平，如果人工智能是一个可控的工具，可能这就是新的一次技术和生产力革命的契机，但如果人工智能变得不可控，可能带来难以想象的后果。作为教育工作者，我们也在积极探索、教育的应对策略与发展方向。我们四川美术学院在设计思维与智能技术的交叉融合、人工智能的协同设计、传统文化创新、生成艺术与生成设计等领域都开展了跨学科研究与教学实践。

电脑报：那么，在教育工作中，您对艺术设计专业的学生有什么建议呢？

王涛：学生学习和使用相应的人工智能平台没有问题，但目前因为人工智能并没有规范和系统的教学方式，所以学生在学习和使用的时候一定要注意创作伦理、道德约束、学术规范的要求，人工智能也不是法外之地，作为老师，也要研究对策，做好教学引导工作。

在人才评价方面，人工智能未来会带来一些问题，比如作品剽窃篡改、知识产权等，目前我们还没有发现在美术专业学生里有使用人工智能来蒙混过关的，这或许跟人工智能工具的使用门槛有一定关系。但随着时间推移，未来可能会出现类似ChatGPT帮学生写论文的情况，这是我们教育工作者都需要警惕的。因为人工智能可以直接帮学生得出答案，提高解决问题的效率，也可能给出错误的信息，如果使用者没有良好的知识基础、缺乏鉴别能力，就可能带来不良后果，同时，人工智能也可能会成为偷懒的工具，而降低学习效果和专业训练的作用。人工智能的使用，需要准确提出问题的能力，这是需要专业知识基础才能做到的，提出准确的有专业性的问题是需要进行大量的知识学习和能力训练的，这一点比以往的要求更高，因此，学生还是要好好学习专业知识，正确利用工具，才能适应未来的发展和社会的需求。

捏脸塑造一个角色形象在角色扮演类游戏中很受重视

AI大迈进 游戏产业率先受益?

■ 记者 张毅 黎坤 张书琛

从游戏开始，人人都能创造元宇宙

未来世界，机器人为了麻痹人类建立起连接人类精神的“母体”，在母体中的人生老病死，母体外却是机器人把人类当成能源的可怕现实，于是现实中的人类也进入母体当中寻找能够击败机器人的“救世主”——《黑客帝国》《异次元骇客》《感官游戏》等科幻电影中勾勒的场景，随着以 ChatGPT 为代表的人工智能持续进化，离人们越来越近了……

AI 仅用 6 小时做成一款游戏

多年前，一句“连人机模式都打不过”写出了 AI 智商的窘境，可如今，AI 不仅成功逆袭，还能直接编写游戏让人类玩……

相对于 AI 绘画，一款名为《未来地狱绘图》的文字冒险游戏让人们看到了 AI 在游戏开发领域的强悍，该游戏由拔丝柠檬制作组制作，据官方在 B 站发布的介绍视频，游戏第一章的制作时长只有 6 个小时，游玩时长大概为 10 分钟。

游戏里的剧本、立绘、场景、配音甚至是 BGM 都由 AI 包揽，游戏可在 Gamecreator 网站在线体验，目前已更新至第三章，不过游戏全程无对话选项，相当于一个视觉小说。

而在这之前，B 站 up 主 @ 秋之雪华就曾在 B 站发布了自己用 AI 做的一款同人游戏《夏末弥梦》的三分钟演示，其中绘图和配音部分由 AI 根据虚拟主播弥希 Miki 的形象和声音合成，总共花了三天时间。另外一位 up 主 @ 莫格露则仅用两个小时就做出一款交互游戏，游戏中的绘图和配音部分也是由 AI 负责。

AI制作的《未来地狱绘图》

创始人Robert Antokol(右)本是大数据出身，误打误撞进入游戏业

以 2022 年游戏收入计，可优化制作成本约 266 亿

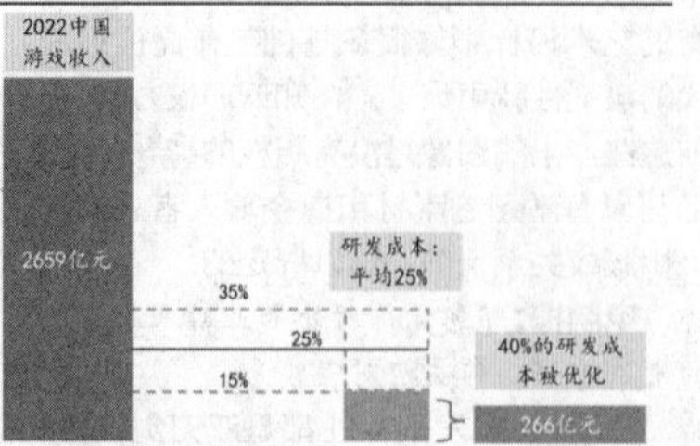

40%的成本可被优化计

当然，这类 AVG 游戏的制作门槛本身并不高，尤其是纯视觉小说类型的文字冒险游戏，它并不需要嵌入过多的游戏交互行为或游戏系统，市面上也存在着大量用于制作 AVG 游戏的引擎或平台，如吉里吉里、橙光。理论上，制作者仅需搞定剧本、美术（角色、场景、CG、特效等）、音乐（音乐、音效、配音等）三大模块，就能制作出一款能交互的 AVG 游戏。

而对于游戏与 AI 的融合，巨人网络史玉柱在内部谈及“游戏 +AI（人工智能）”时分享了自己的看法：“人工智能主要涉及两个方面：第一个是算法，第二个是数据。公司有许多数学方面的人才，可以编制出好的算法，而在数据方面，玩家每天每个行为都在产生大量数据，这些对 AI 深度学习很有价值。”史玉柱认为，两者结合的真正精华在游戏策划。以往游戏策划需要不断摸索数据，但是有了 AI 之后，能够迅速找到最佳数值，相比人工又快又准。

降本增效，AI 正在改变游戏研发

“收购以色列游戏公司 Playtika 时，我曾问他们你的策划团队呢？他们说我没有策划。我们之前没法想象，一家游戏公司可以没有策划。游戏研发是策划、程序、美术三块组成的，必不可少。没有策划，我说那你怎么搞？他们是请了特拉维夫一帮大学教授在公司兼职搞算法，它的策划全是人工智能！这个公司模式多简单？它自己不研发游戏，通过收购别人的游戏，用上 AI 优化它的策划。前几年我们统计过一组数据，他们在几年里收购了 7 款游戏，后来平均一款游戏一年玩家人数增加 2 到 3 倍、收入增长 10 倍，这个就是 AI 的威力。”在史玉柱看来，AI 已逐渐进入实用阶段，人工智能在游戏领域有很大的发挥空间。

“降本增效”是当下众多游戏公司积极引入 AI 技术的重要原因。游戏质量越高，对美术要求越高，相应的成本越高，AI 工具的使用可大幅降低原画师、基础码农的用人。游戏研发成本占收入比在 15%~35%，美术占比 50%~70%，据伽马数据，2022 年中国游戏销售收入 2659 亿元，以 25%的研发成本、40%的成本可被优化计，整体而言可优化的成本占收入比约 10%，相应的绝对数值约 266 亿元。

AI 工具的使用能够极大缩短游戏开发时间，以《原神》为例，2017 年 1 月立项，2019 年 6 月开启原初测试耗时 2 年左右，2020 年 9 月公测，又耗时 1 年以上。而 GameLook. 俄罗斯工作室 LostLore 研发的《Bearverse》（主打 NFT 集换概念），在角色设计阶段用 AI 技术后，相关开发成本从

5 万美元压缩至 1 万美元，工时从 6 个月大幅减少至 1 个月，这意味着游戏角色设计成本压缩了 80%以上。

游戏厂商希望通过 AI 提升降本增效，而玩家则看重 AI 的加入，能否让游戏变得有趣。事实上，AI 不仅可以协助游戏开发者有效提升高水平内容生产的速度，还能借由 AIGC（人工智能生成内容）产生更加丰富的互动，提升虚拟世界的沉浸度。通常，游戏中的角色决定对应着不同的编码，对这些选择进行编码并预测一个决定如何影响另一个决定是非常棘手的，且需要巨大计算量。

但 AI 的加入，让游戏开发者可以将决策权交给游戏引擎，游戏引擎将计算并选择最有效的方式进行。同时，AI 算法甚至可以用来预测未来玩家行为的影响甚至模仿天气和情绪等事物来平衡，《FIFA》中的 Ultimate Team 模式很好地说明了这种用途。

当一支足球队的个性品质被输入国际足联的计算机系统时，它会自动生成一个化学分数。球队的精神会根据场上发生的事情而波动（丢球、适时传球等）。由于他们的士气，更好的球队可能会输给排名较低的对手，AI 明显能更好地满足这类复杂设计场景需要。

关于 AI 对游戏研发的影响，东吴证券表示，游戏作为集美术、动画、音乐、文字等多模态内容于一体的娱乐内容，制作内容及流程非常复杂，因此一直存在着“不可能三角”，即在给定产品质量水准的前提下，无法实现快速、低成本的制作。短中期，诸如 Stable Duffision、GitHub Copilot 以及育碧公布的一键生成 NPC 台词的 AI 工具 Ghostwriter 等，将提升文本、图像、音频、代码等内容的生产效率，提升人效天花板，打破创意落地的产能限制，缩短游戏制作周期，降低游戏制作成本。

中原证券则指出，AI 技术的进步和广泛应用有望使游戏产业充分受益，AIGC 技术能够帮助游戏研发过程中批量化自动生成文案、音效等核心要素资源，大幅缩短研发周期和成本，提升研发效率，未来进一步带来供给端产品的丰富。

从这里可以看出，AI 对于游戏行业的革命性在于，它不仅可以帮助厂商节省时间和金钱，同时还可以保证质量，从而打破成本、质量和速度只能取其二的三角关系。

从工具到伙伴，AIGC 开启新一轮游戏“内卷”

智能 NPC、场景建模、AI 剧情、AI 绘图……游戏开发企业很早就将 AI 作为工具使用，并让 AI 为游戏生产 AIGC 内容。以 2016 年的《无人深空》（No Man’s Sky，也译作“无人之地”）为例，其本身是一款主打太空探索的第一人称动作冒险游戏。玩家可以自行探索随机生成的确定性开放宇宙，其

《FIFA》中的 Ultimate Team 模式

AI 帮助《无人深空》团队实现“程序生成”

中包括数以亿计的各类行星，而行星上都有各自的动植物群。

如此庞大的工作量背后，《无人深空》团队却仅有四个人，他们倚仗的便是 AI 技术。游戏主要靠程序自动生成，因此可以在短时间内生成数万亿个星球。AI 作为工具，已经能够很好地服务于整个游戏开发链条，其已经能够实现图片、动画、音效、3D 建模等游戏内容元素的生产，从而极大提升游戏研发效率，而当下拥有大模型支持的 AI 更可以直接在游戏人物设计、环境构造甚至分支剧情等领域帮助游戏开发者打造更具代入感的游戏。具体而言，AI 在游戏领域的价值及应用主要体现在以下几个方面——

1. 对话交互：AI 可以通过学习和理解玩家的话语和情感，提供更加真实、自然的游戏对话交互，从而增强玩家的游戏体验。网易《逆水寒》对 ChatGPT 的导入就主要体现在有欧系 NPC 对话方面，游戏版 ChatGPT 不仅能让智能 NPC 和玩家自由生成对话，且基于对话内容自主给出有逻辑的行为反馈，还可以通过 AI 随机生成任务、关卡地牢等。

2. 场景和地图生成：AI 可以根据游戏设定和用户需求，自动生成符合游戏主题和玩家期望的场景和地图，从而提高游戏的可玩性和趣味性。《侠盗猎车手 5》就有这样的机制，而且效果很好。使用神经网络，研究人员可以准确地复制洛杉矶和南加州的景观。

3. 剧情和故事线生成：AI 可以根据用户输入的信息和游戏设定，自动生成符合游戏主题和风格的剧情和故事线，从而提高游戏的可玩性和趣味性。

4. 情感互动：AI 可以通过学习和理解玩家的情感和需求，提供更加真实、自然的游戏情感互动，从而增强玩家的情感参与和沉浸感。随着游戏的进行，人工智能还使 NPC 能够以令人兴奋的新方式学习和适应不断变化的游戏环境。许多视频游戏工作室已经在开发基于人工智能的 NPC。通过模仿游戏中最好的玩家，SEED （EA）训练 NPC 角色。对 NPC 的行为进行硬编码是一个费力且耗时的过程；因此，这项技术将大大缩短 NPC 的开发时间。

5. 游戏分析：AI 正在帮助更快地运行代码测试并识别缺陷和可能的代码故障。如今，游戏可以在任何平台上玩。当游戏代码库变得越来越复杂时，检查和纠正错误变得越来越棘手。在当今的游戏中，考虑到开发人员必须搜索的广阔区域，几乎很难找到问题的根源，AI 的出现正好胜任这一繁重且枯燥的工作。

面对 AI 对游戏产业的巨大推动，不少游戏企业争相表示将 AI 技术引入游戏产业链。除将 ChatGPT 引入《逆水寒》的网易外，完美世界也于近日在接受机构调研时表示，目前已将 AI 相关技术应用于游戏中的智能 NPC、场景建模、AI 剧情、AI 绘图等方面。包括 ChatGPT 在内的 AI 技术日趋成熟，AI 技术将在公司的游戏研发和运营中应用于更多的场景，进一步提升游戏研发效率、优化玩家体验。例如，在研仙侠题材 MMORPG 端游《诛仙世界》创新运用全天候天气智能 AI 演算技术，实现了对雨、雪、大雾等天气的全局还原和细节处理，将天气变化切实融入到玩家的游戏体验中。

凯撒文化表示，其与上海交大合作，积极攻关研发剧情动画生成系统，通过深度学习技术快速制作游戏剧情动画资源，打造一个鲜活的虚拟世界等相关 AI 技术，并已取得了一些阶段性进展。

显然，以 AI 为核心的游戏 AIGC 产业“内卷”已经开始了。

GDC 2023：微软释放大量人工智能新方向

最近的游戏行业大事不断，3 月 20 日，今年第一批进口游戏版号发放，距上次发放仅隔 81 天，间隔周期缩短的同时，本次共有 27 款进口游戏获批，包括 23 款移动端游戏，4 款客户端游戏及 1 款 Switch 游戏。而在 2023 年 3 月 31 日 14:00，微软举办了 GDC（游戏开发者大会）2023 中国行活动，包含北京线下会场、在线直播，会场内有微软专家针对国内游戏开发现状对发布内容进行了拆解与分析，并分享了关于 Azure OpenAI 服务在游戏开发中的应用场景。

在这届 GDC 大会上，最引人注目的话题无疑是人工智能技术在游戏领域的强渗透，众多厂商表示已将 AIGC 技术应用于游戏制作、运营等环节，多角度释放 AI+ 游戏的巨大潜力，并利用各自在模型训练与技术积累等方面的优势，助推 AI+ 游戏触碰更多可能。

使用Simplygon技术的右侧物体，顶点数量明显少于左侧，有利于降低渲染压力

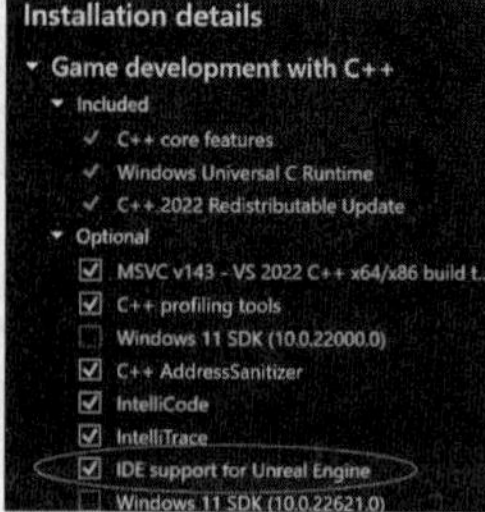

现在安装Visual Studio 2022，就已经可以勾选虚幻引擎的IDE支持选项了

在Azure OpenAI加持下，人工智能NPC在游戏里也可以和玩家进行自然对话交流

具体来说，本次发布会微软介绍并展示了 Simplygon、OpenAI Codex Models、Visual Studio 新版本、Azure OpenAI 等基于人工智能技术的游戏开发工具，辅助程序员实现效率提升。其中 Simplygon 的主要用途是将游戏三维素材优化，微软旗下知名 3A 大作《光环》《地平线》等都是由该工具辅助开发，这个工具最近加入了模块缝隙优化算法，通过与人工智能的结合，自动计算角色建模模块缝隙影响程度，并给出优化建议甚至自动优化，也会对场景建模进行自动化处理，优化游戏性能，并对远近景象在不同视距下的素材提供解决方案。以我们做 3D 设计的经验来看，Simplygon 最大的优势就是降低顶点数量过多的风险，在一定程度上可以缓解玩家电脑的运行压力。

而新版 Visual Studio 最大的改动是集成了虚幻引擎，只需要安装集成工具插件即可开始使用，可以直接创建虚幻引擎的“类”，无须离开 Visual Studio 的 IDE 环境跳转，减少了频繁开关虚幻引擎的麻烦，要知道虚幻引擎的启动可是相当费时间的。而且还提供了虚幻引擎在Visual Studio中宏指令的高效可视化，为查看和操作提供便捷。与此同时还加入了新的搜索，将代码搜索和功能搜索结合一起，增加了额外生产力，对新手更友好。

OpenAI Codex Models 则是 GitHub 与 OpenAI 的合作产品，提供了我们前几期文章说过的 Copilot 功能，通过自然语言解读，可以将注释直接转换为代码、自动填充重复代码、显示替代写法、生成所有类或函数的测试，用户甚至可以直接提问想实现的功能，它也会提供指导意见并自动生成注释。

而 Azure OpenAI 的作用就是动态生成游戏中的 NPC 互动，比如《Modbox》里的智能 NPC 对话演示，OpenAI Five 团队还开发了一组《Dota 2》的人工智能玩家，在演示中甚至击败了职业战队。除此之外还有虚拟游戏主播、游戏内容创作生成，甚至可以替代编剧策划，以《龙与地下城》为例，其剧情故事就是用 GPT-3 和 DALL-E2 驱动的 RPG 生成器辅助编写。同时 Azure OpenAI 还可以加速游戏开发，比如以 Codex 作为代码辅助工具，开发者仅用文字对游戏进行描述后，在八分钟内就生成了一款完整的太空冒险游戏。

甚至游戏后端运维，人工智能也有大量介入，在 GDC 2023 上微软介绍并展示了旗下的游戏后端运维平台 Azure PlayFab，这是一个完整的实时后端服务平台，目前托管了 5000 多款在线游戏，总计超过 25 亿个游戏账户，可以支持运维大型在线游戏，该平台会对游戏玩家进行数据分析和细分，通过玩家流失模型对高流失风险的玩家进行缓解政策，帮助延长游戏生命周期，提高玩家活跃度，而且使用成本很低，微软给出的数据是处理十万个账户也只需要四美元，而且游戏开发团队也可以自己利用 Azure Synapse 构建玩家流失分析模型，Synapse 提供全套的模型构建功能和云计算服务。

编辑观点：微软在人工智能领域的发力是十分明显的，而且普及面也呈现出完全铺开的态势，除了大家熟悉的文字生文字、文字生图片之外，在游戏这个先天就很适合人工智能介入的行业也有了用武之地。近年 AI 大模型的出现，给游戏带来了新的开发变革，比如 Stable Diffusion、Dell -E、midjourney 快速生成图像，用来绘制人物原型，搭建环境背景；Magic3D、DreamFusion 通过文本 Prompt 建模制作 3D 对象；ChatGPT 生产文本故事剧情，模拟人物对话；AI/TTS 进行情感语音，定制音色的合成；Copilot 在开发中的编程辅助及代码生成等技术。如今各种的技术和大模型赋予了每个人更多的创作力，并且大幅下放了参与难度，所以在未来的游戏开发中，游戏制作者会更加关注游戏的设计本身，繁琐的实现工作就丢给人工智能吧。

中国游戏厂商，人工智能玩法开始落地

就是在 GDC 2023 上，国产游戏巨头腾讯和网易都入围了非赞助类主题演讲名单，以腾讯为例，多位腾讯游戏技术专家分享了人工智能方面的最新进展，如光子工作室群在第一人称射击游戏中所实施的强化学习人工智能方案，相比起模仿式学习人工智能已显示出更高效率。目前，强化学习人工智能与传统人工智能的对决胜率超过 90%，其游戏表现受到了游戏开发者的广泛好评。除了玩家体验外，光子工作室群还探索了如何利用机器学习，辅助运算各项综合物理反应，从而大幅降低实现逼真交互系统所需的工作量，降低了工程设计的复杂性，也具有更强的实操性。

网易方面，伏羲游戏 AI 算是一个深耕之作，成立于 2017 年的伏羲主要由两个板块构成，分别是“网易伏羲”和“伏羲机器人”。网易伏羲主要从事国内游戏与泛娱乐人工智能和应用，其中伏羲实验室主攻强化学习、图形图像、虚拟交互、自然语言处理、用户画像、虚拟人等前沿研究，累计已经发表过 200 多篇顶级人工智能会议期刊论文，申请 200 多项相关技术发明专利。而伏羲科技主要负责对外商业化，主要业务方向有游戏人工智能、虚拟人、瑶台沉浸式会议。伏羲机器人则在研发面向虚实世界的实时人机协作在线任务平台，其目标是结合物联网，帮助各行业快速建模、发布及运营可由机器与人协作完成的任务。

从实际落地来看，比如在《逆水寒》里，人工智能竞技机器人在 6v6 的玩法中战胜了职业玩家，从综合数据来看有着超 80% 的胜率，很多玩家都在反馈这个人工智能的套路多、拟人性强，甚至建议其他玩家学习人工智能的套路，运营数据也显示这个人工智能陪玩让真实游戏玩家平均匹配的场次数实现了翻倍的增长。在外部合作方面，网易跟暴雪合作用人工智能技术检测并打击《魔兽世界》里的外挂和打金工作室，业务覆盖率达到 75%以上，这意味着《魔兽世界》封禁的外挂名单里面有 75%以上是伏羲 AI 找到的，检测准确率达到 99%以上，是一个非常高的水平。

事实上对于人工智能在游戏端的应用，不仅是现有的巨头，曾经的巨头也依然十分关注，比如巨人网络创始人史玉柱就在内部讲话里提到人工智能会有广泛的应用，甚至贯穿整个游戏研发运营全过程。巨人网络此前收购的以色列高科技公司 Playtika，在调研时发现该团队竟然没有核心的策划，而是请了特拉维夫大学教授在公司兼职做算法，

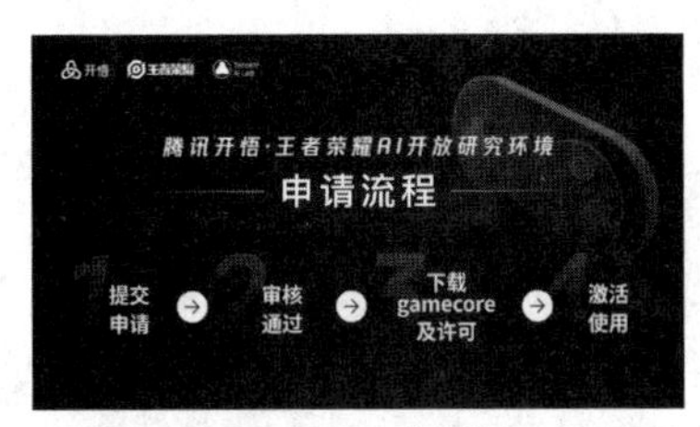

凭借着《永劫无间》《逆水寒》等热门网游，网易在电竞机器人训练方面有了长足进步

早在去年年底，腾讯就开放了《王者荣耀》的人工智能“公测”申请

策划则全是人工智能来完成，所以这个公司的模式是自己不研发游戏，通过收购游戏，用人工智能优化策划，而且通过统计数据来看，他们在几年里收购的七款游戏，每款游戏一年内玩家人数增长了两到三倍，收入增长十倍，这个就是人工智能的威力。

编辑观点：随着国家正式把“实施文化产业数字化战略”列入《“十四五”规划纲要》，以电子游戏为代表的数字娱乐、数字艺术等数字经济新业态新模式为文化消费带来新的场景，数字文化产业已成数字经济重要组成部分。与此同时，涉及数字文化产品消费、交易、数字化基础服务及有线运营商、媒体等全行业各企业在多个细分赛道争相布局，打通文化产业发展链条，现代电子游戏逐渐成为“数字文化内容领跑者”，所以综合来看国产游戏厂商发力人工智能领域绝非一时头脑发热。

当然，目前游戏领域大多数的人工智能研究方向目的是降低经济成本和时间成本、提高用户体验、简化流程，比如图像增强、自动生成关卡和场景、平衡游戏复杂性以及为NPC添加智能，当然现在连自动生成剧本故事的人工智能也有，但人工智能无法替代游戏生产的每一个环节，比如创意、分析竞品、验证核心玩法可行性和技术美术沟通对接等职能，这些是人工智能比较难于学习的，因此我们依然需要辩证地看待人工智能在游戏产业中的影响力。

AI 与游戏的融合之路

游戏一向被视为“第九艺术”，而 AI 角色即人工智能角色在电子游戏最初风靡之时，就已经是这门艺术不可或缺的存在了。无论是常规的，除玩家操控角色之外由电脑控制的角色，还是那些由人工或非人工打造的智能角色，都是成就经典游戏的重要一步。

经过半个多世纪的发展，AI 在游戏中的应用范围早已扩大，无论是充当虚拟玩家、路过的 NPC、奔向敌军的千军万马，又或是一草一木都与真实世界相差无几的异世界，背后都有 AI 技术的支持。当新一批 AIGC 工具诞生，游戏的制作与玩法又会迎来何种程度的颠覆？

当玩家有了更“聪明”的对手

其实早在单机游戏时代，我们就已经在跟机器交手。与 AI 在生物医学等领域的应用目的不同，早期的游戏中都或多或少有 AI 的身影，只是为了给玩家更好的体验，比如最早的井字棋游戏中的人机对战。

彼时，游戏中的“AI”不过是用算法写定的程序，具体游戏中的应用一是根据开发者的固定套路顶替真人玩家的角色参与到游戏中，智能化程度不高，因此被称为“bot”（机器人）。这种机器人玩家至今仍存在于大量 MOBA（多人在线竞技）游戏中，但这些机器人智能化程度实在难以恭维，在集齐百人才能开局的“吃鸡”游戏中简直就像个凑数的新手玩家。

二是用于增加游戏趣味，作为一个对抗角色出现。电子游戏业先驱雅达利推出的传奇主机 Atari 2600 上有一款经典街机游戏《吃豆人（Pac-Man）》，游戏中有四个不同颜色的小怪物，每种怪物都由不同的追击算法所控制，因此这些怪物并不会一拥而上，而是根据不同的范围和路径攻击玩家，这意味着玩家在迷宫每个路口都面临不同的选择。这种 AI 应用后来也成为控制游戏难易的经典操作，射击类游戏《太空侵略者（Space Invader）》、随机生成关卡的地牢探险游戏《Rogue》等 20 世纪七八十年代发布的电子游戏都将这类 AI 对抗模式引入其中，随后成为一代经典。

不过总的来说，无论 AI 的角色范围如何扩大，玩家都已经默认 AI 角色在游戏中的使命就是最终被玩家击败，或者是推动游戏剧情的“工具人”。

随着硬件设备、算法规模和计算能力的突飞猛进，游戏中的 AI 角色进化速度也开始加快，并开始在游戏中击败人类。在部分射击类游戏中，AI 角色已经可以完全模拟玩家的操作，实现多变的打法，同时 AI 的所有操作玩家理论上都可以模拟实现。

AI 的游戏

除了在不同玩法的电子游戏中打败人类，AI 已经可以在公认最复杂的游戏对弈中超越人类。2016 年 3 月，谷歌 DeepMind 的 AI 应用程序 AlphaGo 击败了围棋世界冠军李世石，一年后，AlphaGo 又在人机大战中击败了中国棋手柯洁，在全球范围内掀起了一股不亚于当前的人工智能讨论热潮。

DeepMind 在这之后还推出了 AlphaGo 的后续版本 AlphaZero，只需要提供基本的游戏规则，AlphaZero 就可以完全依靠深度强化学习能力，在短短几小时内，通过自我对弈达到人类需要 1500 年才能达到的技能水平；对阵前辈 AlphaGo 的早期竞争版本 AlphaZero 甚至可以取得完胜，是目前世界上最好的“围棋选手”。

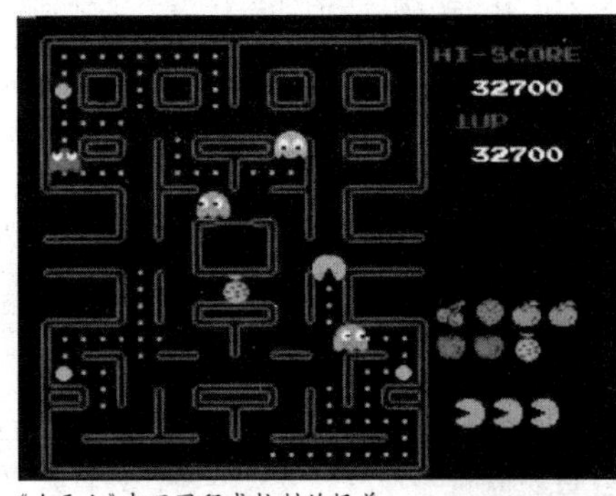

《吃豆人》中不同程式控制的怪兽

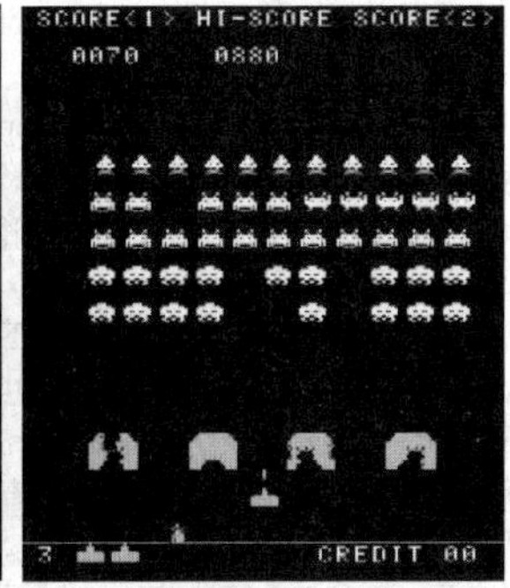

《太空侵略者》，AI为其增加了随机性

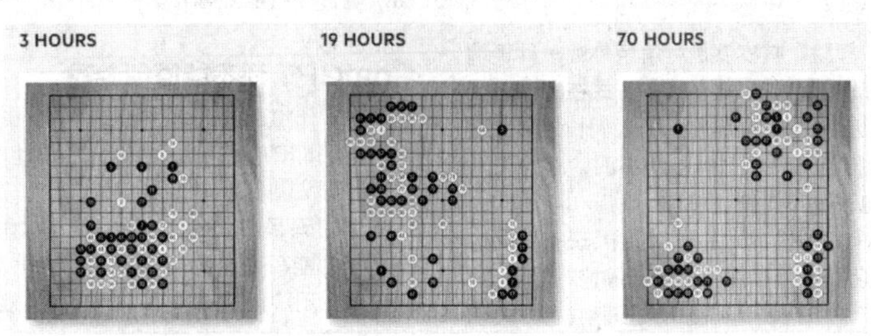

AlphaGo从初学者到高手只用了70个小时

不仅专注于棋盘游戏，DeepMind 还推出了在棋、牌两类游戏中都能实现强大性能的 AI 新作 Player of Games(PoG)，这在当时也被看作是业内迈向能够在任意环境学习的通用 AI 算法的重要一步。

为什么这种大型人工智能实验室会长期投资缺乏商业应用前景的游戏 AI 系统？在一位腾讯应用研究工程师看来，这主要是因为游戏其实是一个非常好的研究环境，因为游戏通常是人类世界中某些问题的抽象和简化，而且具备实验成本低、可重复性高等优点，最重要的是游戏的核心玩法都需要展现出相当程度的智能行为。

“无论是下围棋、打德州扑克、组队打《英雄联盟》，还是自己玩连连看、俄罗斯方块，都需要有深入的思考或者敏捷的反应，从不同角度和程度上展现出人类的智能行为。因此，人工智能研究者都着眼于设计出一个可以在公认复杂的游戏中取胜的方法，这是进行创新和展示技术实力的最为直接的方式。”

此外，尽管 AlphaGo 之类的 AI 产品还没有商业落地的可能，但通过游戏训练出算法模型已经在几十年内催生了为计算机视觉、自动驾驶汽车和自然语言处理提供动力的自学 AI 产品。比如在自动驾驶领域，AI 系统需要选择最优策略也要在某一刻达成妥协，不仅要选择最有利于自己的策略，也要学会在拥堵路段提前判断出他人的行动，这些都可以在复杂游戏中找到样本。

进入虚拟世界的第一步：重造角色

越来越智能的 AI 技术又是如何改进玩家体验的？我们可以先看看玩家进入游戏的形式变化。

在大部分游戏中，玩家的形象一般都是固定的，顶多自选一下服装、发型等。早在 1988 年的《光芒之池(Pool of Radiance)》游戏中，就已经有了角色设计系统的最初模型：玩家可以在游戏提供的几套不同形象里选出一种，来代表自己的角色。

但是前两年元宇宙概念的大热，不仅让 VR/AR、虚拟偶像、影视特效等“老领域”一度再现高估值融资落地，人工智能算法、脑机接口、数字孪生、区块链、NFT 等新概念旋即跟进，而宣布进军元宇宙的企业，无论是社交平台还是游戏厂家，第一步就是从捏脸开始。

“捏脸”其实就是对角色外观一种更精细化的调整，能以更私人的方式在游戏里留下痕迹当然值得兴奋，鉴于人们长久以来对设计角色的热情，“捏脸两小时，游戏五分钟”也不是不可能。

在角色扮演为主的游戏中，玩家所创建的角色——一个完全由自己操控的“另一个自我”，常常展示出玩家的心理映射，一般都会是根据真实自我稍微理想化后创建的角

根据文学性的描述生成的角色图像 图源：《逆水寒》官网

色，或一种单纯的“赛博 cosplay”。

一般有捏脸环节的游戏都会通过滑块来调整，这样虽然精准但却是一门“技术活”，能不能教给 AI 呢？随着计算机视觉(CV)和计算机图形学(CG)相关技术的成熟，再加上有类 GPT 的自然语言大模型加持，AI 已经可以根据文字描述来帮玩家捏脸了。

网易新手游《逆水寒》就将自家的大规模预训练模型“玉言”用在了捏脸玩法中。据网易官方表示，游戏中只要把你心中所想用文字甚至诗词、文学描述手法表达出来，AI 就能理解并瞬间具象化。

当然，效果如何还要等游戏正式开服后才能由玩家们验证，不过按照 AIGC 产品的特性，刚开始的结果不一定贴合玩家心中所想。

由于 AI 具有自适应和自学习能力，经过不断的学习和训练，尤其是更多玩家“喂”给训练系统更多有效素材后，游戏中捏脸的准确率才会进一步提升。比如大家文字捏“邪魅狂狷”多了，AI 就会总结大家最终选定的样貌特征共性，从而训练自己捏出更符合大众玩家意识中的目标形象。让 AI 基于已经带有标签的图片自己学习，也能节省大量人力去标注，对于游戏厂商来说一举两得。

光是捏脸塑造个人物并不是元宇宙的终极目标，像电影《头号玩家》的那种完全沉浸式的数字孪生世界才是游戏行业追逐的圣杯。

不过想要达到这个目标，技术上的短板还有太多，包括基于实时的人体的动态高精度重建能力，人体的驱动算法以及硬件产品中相关的上游元器件、高刷新率高分辨率的显示能力、高带宽低时延的网络、各种传感器的融合计算能力等等。

ChatGPT 还不能原创游戏

除了在角色设计上“精益求精”，门槛更低的 ChatGPT 甚至可以给玩家设计一个“全新”玩法的私家游戏。

写代码是 ChatGPT 最实用的功能之一，作为能写代码的生成型 AI，GPT 其实有能力为用户创造一些简单的小型游戏，并把游戏的生成代码直接给你。

Home Daily Challenge Daily Master

Sumplete - Daily master

Delete numbers so each row/column adds up to the target number at the right/bottom (as quickly as possible!)

07:30

9	1	7	6	2	2	8	5
2	9	7	7	5	8	9	11
2	9	8	1	3	5	8	14
4	9	3	6	4	3	1	8
9	3	7	5	2	2	2	19
1	1	7	5	9	9	6	18
4	5	3	2	5	5	2	10
4	18	10	6	25	11	11	

Restart

ChatGPT设计的游戏早已有之

有位海外数独玩家玩腻了现存的数独游戏，希望用 ChatGPT 开发一款有全新玩法的数独游戏。ChatGPT 给出了名叫“Sumplete”的数独游戏，还制定了所有规则、放出了游戏背后的代码。在游戏中，每个玩家都会有一系列的网格状数字，每一行和每一列的边上都会有一个目标数，玩家需要删除各行和列里面的某些数字，使得剩下的数字加起来的总和与各行、列边上的数字相等。

不过对话型 AI 产品胡说八道的老毛病又犯了，海外玩家发现 Sumplete 并不是一个全新的开发游戏，而是抄袭另一个网页游戏 Kakuros，两者规则玩法几乎一模一样。而 ChatGPT 在回答时并没有提到过生成的回答借鉴了哪些数据源。

虽然还不能完全地原创游戏，但 AI 已经可以渗透进游戏制作的各个环节，为游戏带来研发效果和效率的提升。

电子游戏经过几十年的发展后，在表现形式和玩法上都有了长足进步，为了让玩家有更沉浸的感受，现在厂商们都需要大量的细节内容去填充游戏世界，包括用游戏剧情、人物行为、玩法设计、静态场景、动画生成等。对于研发者来说，这就意味着整个链条需要更多人力。

而 AIGC 内容的快餐化能直接让游戏厂商制作成本大幅降低，尤其是和 AIGC 内容更具关联性的美术部分。在某些游戏外包公司的实践中，以往需要数天乃至数周时间做出的一幅原画作品或者是营销型设计作品，能通过 AIGC 的手段在几分钟内通通搞定。

只不过现在 AI 生成的图像与职业画师还有一定差距，比如说不清楚该突出作品的哪部分，以及是否涉及侵权的商业风险。但当一个效率极高的绘画工具得以大规模应用时，也足以让中庸水平的原画师们感到焦虑了。

“黄金五一”出行的大数据与小花样

■ 记者/ 张毅　黎坤　张书琛

旅游行业复苏，几家欢喜几家愁？

大数据不撒谎，五一旅游热潮成定势

“一时间，仿佛朋友圈一半的人都在三亚”，不知道你最近有没有这种感觉，春节之后国内也好，出境也罢，旅游业正在以肉眼可见的速度疯狂复苏，而“五一劳动节”的五天长假也近在咫尺，势必将会是近三年来出游最火爆的一个小“黄金周”。

根据飞常准的数据，3 月国内航线实际执飞客运航班量超 36 万班次，相比 2022 年同期航班量增长 133%，已超过疫情前 2019 年的同期水平。国际及地区航线实际执飞客运航班量达 1.8 万班次，相比 2022 年同期航班量增长 471%，3 月 15 日的国内出境航班量更是达到 292 班次，是三年以来单日出境航班量最多的一天。

3 月 26 日，全国民航开始执行 2023 年夏秋航季航班计划，在为期 217 天的夏秋航季里，“新增”“复飞”“加密”将成为多数航空公司航班计划的高频词，目前国内日均执行客运航班量超 1.2 万班次，国际及地区客运航班量已恢复至 2019 年同期 30% 的水平。而飞猪发布的《春季出游快报》也显示，截至目前，今年五一假期的出游预订量，较去年同期增长超三倍。

国家相关部委也发布了通知，文旅部在 3 月 27 日发布了关于推动在线旅游市场高质量发展的意见，进一步加强在线旅游市场管理，营造良好的市场环境，此前，文旅部还宣布延长旅行社旅游服务质量保证金补足期限，为处于恢复发展重要时期的旅行社提供支持。而根据中国旅游研究院预计，2023 年国内旅游人数约 45.5 亿人次，同比增长约 80%，实现国内旅游收入约 4 万亿元，同比增长约 95%，全年入出境游客人数有望超 9000 万人次，同比翻一番。

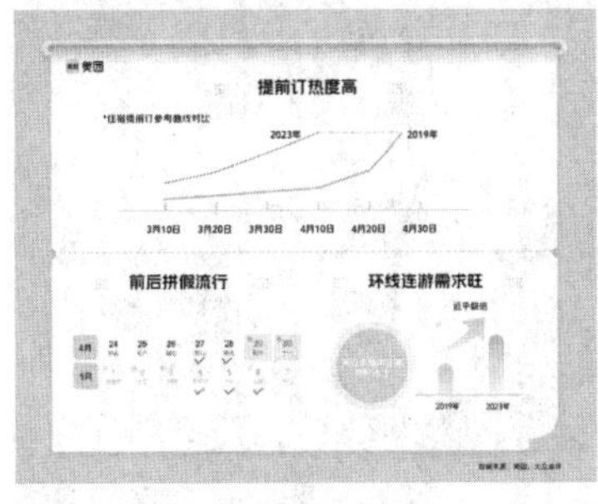

根据美团数据，今年五一将成为近三年来最火爆的“黄金假期”

代码	名称	涨幅	现价
300133	华策影视	+8.64%	8.17
002489	浙江永强	+5.71%	3.71
002558	巨人网络	+3.64%	15.39
600576	祥源文旅	+3.58%	8.10
301339	通行宝	+3.55%	28.21
000610	西安旅游	+3.54%	19.01
000793	华闻集团	+3.04%	2.70
002181	粤传媒	+2.77%	5.59
600158	中体产业	+2.52%	9.77
603721	中广天择	+2.41%	16.16
301396	宏景科技	+2.22%	44.17
000917	电广传媒	+2.13%	6.24
600640	国脉文化	+1.43%	12.78
603199	九华旅游	+1.39%	29.29
300005	探路者	+1.34%	8.33
002780	三夫户外	+1.16%	12.19

在线旅游板块近期涨势十分明显

旅游业的复苏意味着什么？作为直接消费，旅游对衣食住行等领域的新产品、新业态都具有较强的带动作用，同时，旅游业的复苏还能拉动景区、度假区、酒店民宿等旅游相关项目的投资，提高城市与乡村地区存量资源的综合利用，目前来看，今年第一季度的旅游业还是以近程为主，传统景区的游客依然较少，这说明旅游业目前的复苏情况尚不充分，而五一假期的到来或许就将打破这一现状。

旅游“上线”，露营“走低”

2022 年疫情带火的露营，是一种以舒适、便利、高品质体验为目标的露营方式，装备可以自己买，也可以去营地进行“拎包入住式”露营，由于回本周期快且门槛低，去年大量的人涌入露营行业创业，做起了营地生意。但随着旅游业的复苏，多位从业者表示，属于营地的热潮已经过去了，现在已经进入市场洗牌阶段，很多 2022 年跟风进入营地租赁业务的业主已经陷入了“散客荒”，基本上只有靠团建客户来维持，而且这还是基于价格内卷的情况下：原本收费在两三百块的营地，价格下探到百元甚至 99 元，原本四位数费用的营地，现在也降到了三五百元，原因也很简单：几千块的费用完全可以住高级酒店了，高端用户的流失成了必然，卖方市场和买方市场已经正式换位。

当然，对于地方的头部露营品牌来说，因为已经形成了玩家复购的私域流量池，所以今年也并不完全是寒冬，毕竟现在的气温已经明显回暖，订单量也同步明显提升。而经历了这一波洗牌之后，价格内卷显然已经不再受用，露营想要有发展，必须在内容上实现进步，比如可以和本地的地理特色结合，靠山吃山靠水吃水，也可以是不间断策划的独家活动，比如举办各种应季活动，如插花、篝火晚会等等。

哪怕是在去年，因为涌入了大量新手露营玩家，大家猎奇的心理更多，主要关注的是照片拍出来好不好看，风景是不是够漂亮，对于露营本身反倒没有什么特别诉求。而现在随着行业的不断沉淀，玩家的诉求也开始向实用性转化，比如营地品质怎么样、餐食好不好、有没有配备烟花秀和音乐节等活动，甚至卫生间、淋浴间是否方便和清洁都成为了玩家们选择营地的因素。当然，也有很多从业者表示：露营不应该被定义为旅游，而应该被定义为一种生活方式，毕竟大多数家庭一年也就一两次出远门旅游。以近郊为主的露营而言，市场需求就摆在那里，能不能在市场热度上再接再厉，还得看营地到底能不能读懂玩家需求了。

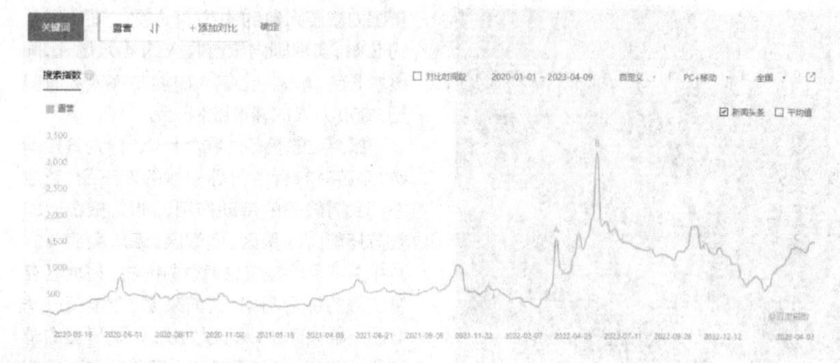

从百度指数来看，在经历去年的峰值后，今年的露营热度有一定下滑

游客指南，平台“指北”？海量信息如何筛选

过去三年由于疫情等因素带来的不确定性，致使大家出游的决策时间大大缩短，而如今这种顾虑已经淡化，提前规划的重要性在出游热潮的预期中再度提升。

值得注意的是，在线旅游行业虽然玩家众多，既有头部 OTA（在线旅游服务机构）平台，也有互联网大小巨头以短视频、图文的形式横切直入，且都摩拳擦掌以备假期高峰，但在这轮“报复性”出游潮中，游客的组成与需求比之以往更加多元化，在线旅游行业又能否有效整合旅游资源，提供真正有用的信息？

有限旅游产品难满足市场需求

“市场的超预期恢复比大家想象的要早很多，我们业内肯定是最先感觉到的。”皇家加勒比国际游轮中国西部营销负责人王静告诉记者，自己最近在忙的业务产品已经不是五一档，而是 7 月的暑期档，“五一从重庆出发去新加坡的游轮从年后开始售卖，供应商 3 月中旬都已经拿完了，根本没有空舱。今年想在长假期间出游，不提早规划提前卷，选择空间会小很多。”

游轮业只是整个行业快速回血的缩影。截至 4 月 6 日，头部 OTA 企业携程国内游订单量已经追平 2019 年，出境游预订同比增长超 18 倍；国内多个城市景点或凭借自身特色在短视频平台走红，或因大热影视剧异军突起，成为新的热门目的地，比如最近大红的淄博和各处寺庙。

从平台上旅游产品的供给来看，经过三个多月的缓冲，准备得也要比今年第一季度丰富许多。在境外出游方面，携程已经上线了上百条出境旅行团产品，包含私家团、精致小团、半自助跟团、目的地参团以及自由行打包产品。海外跟团游产品 2 月时仅有当地游、一日游两种，如今已经扩充了十日以上的深度游、半自助游等多种类型。

长途游尤其是出境游产品，一直是 OTA 平台最大的盈利渠道之一。旅游度假产品上游供应商多且分散，产品类型多样化但标准化程度不一，OTA 盈利空间极大，其中尤以行程较长、客单价较高、产品链条更复杂的出境游为首，因此这一业务是否能如约在五一期间恢复，行业关注度极高。

但是如今，出游的众生相十分复杂，各类因素权重不同，仅凭有限的旅游产品很难满足各类游客的需求。

比如以大学生为主的“特种兵派”，由于经费、时间限制，推崇军事化游玩，恨不得将时间规划精确到分秒；有的则是“躺平派”，出门游玩随心所欲，不在乎路程安排，只在乎酒店是否安心舒适；也有纯技术流，拿出打工的态度，熟练运用各类制图神器，坚信“不使用工具自己就会沦为工具”，拉 Excel 表安排行程、画地图排期攻略，最终实现不跟团自己就是唯一的导游这一目标；也有“小众挖掘派”，主要目的就是避开大热经典，享受自己独有的旅游体验……

游轮业早在两个月前就在筹备五一

在线交通预订	机票预订	火车票预订	
	汽车票预订	其他交通产品	
在线住宿预订	经济型连锁酒店	中端酒店	
	高星级酒店	非标准住宿	
在线度假预订	周边游	国内游	出境游
	跟团游	自主游	其他

OTA 业务细分 图源：国信证券

具有内容优势的社交平台也逐渐随之成为游客搜集信息的主要来源，但同样有商业化需求的互联网企业也很难保证所有信息的真实性。

攻略内容暗藏陷阱

主打内容的社交平台长期以来的战略都是从流量切入，希望反向打造旅行交易闭环。内容社区可以形成长期有效的营销渗透，成功案例前有重庆、长沙，后有淄博、威海等山东城市因为“特色烧烤”“良心卖家”等亮点意外走红，短视频、图文内容在流量平台的迅速发酵威力可见一斑。

但是这类社交平台的劣势也很明显，首先就在于内容的同质化上。由于每个城市的景点都已发展完备，当我们在小红书等平台搜索几个网红城市的旅游攻略时，首页推荐的日程安排几乎都是相似的。

甚至有长于“养旅游号”的博主已经总结出了旅游图文内容“三板斧”——先要选取合适的景点，在大热景点中穿插一些比较鲜为人知的“景点”，哪怕只是一家书店；如果找不到任何小众景点，那就要在文案上下功夫，极尽引流之能事；文案没有亮点也没关系，在旅游攻略中，最引人注目的还是图片的视觉冲击，如果拍出来的照片或视频灰蒙蒙、随意无构图，谁又会想去同一个地方打卡呢？

这也带来了困扰游客和平台良久的滤镜问题，近两年，按照博主景点照片按图索骥，却发现现实与滤镜美图差距过大，所以将平台骂上热搜的事情并不少见。

在西南某网红城市，热度未退的围炉煮茶生意开到了有众多自然景点加持的南山上，某些店铺主打“亲近自然”，在旅行博主的照片里是“城市最佳观景点”，游客真的到了才发现不过是一个较为平整的山坡，摆了几盘果子茶炉就敢说自己是网红打卡点，光是拍照不点单也要付 88 元 / 人的“低消”；还有博主为了获得推广报酬，会在攻略中刻意提及某些餐饮酒店，团队式作战，营造出一种这家店很火爆的假象来吸引游客，也就是我们俗称的“饭媒子”。

内容社区之所以能聚集流量，靠的是用户之间的真实互动，如果全是既无真实体验也无真实消费的推广植入，终会动摇用户对平台的信任基础。去年，小红书平台官方公布了一批违规案例，提示用户产品特写、摆拍、刻意凸显等分享方式均可能被判定违规，希望能通过重新制定审核标准平衡各方利益。不过许多内容创作者并不买账：“平台推的都是照片拍得好、图拼得好的，不拍特写难道只拍天空吗？”

差异化内容难寻

当然，如果出游想找大众化的目的地攻略，也可以考虑近期发力内容营销的传统OTA以及其他流量平台。毕竟，相比于依靠机票导流的传统OTA模式，内容的引流效应明显，这一点在美团、阿里身上就能看出端倪。

收购大众点评后，美团原本从线上到线下的导流能力与成熟内容社区相结合，平台流量能力进一步增强，大幅降低了酒旅板块的获客成本，对供应商的吸引力也随之增强。据国盛证券研报显示，美团单个用户获客成本长期维持在"几元钱"，而同期携程则超过30元，是美团的6倍以上。

为此，携程、途牛等老牌OTA企业近来均将景点攻略放在首页入口处，与机票酒旅等二级入口并列，用户想找到相关景点内容很方便。不过仔细浏览就可以发现，携程等平台发布的攻略内容跟小红书、抖音等平台上发布的内容质量相差明显，主要还是为了实现交易转化。

"携程前两年给很多供应商建了内容辅导群，会发一些热门话题的预告和写作建议。但官方账号基本都是自说自话，很少有商家专门为了携程去写作、拍摄，都是先做小红书、抖音和视频号等，然后再转发过来。"一名旅行社市场负责人表示，携程现在的内容激励政策也确实吸引了一些博主，但这些博主同样是把发过的内容稍微修改一下，再转投到携程这边，"携程旅游内容推送做不起来也很正常。"

如果想要获得更独特、小众的旅游体验，还有一种筛选信息的方式，就是关注一些资深自由行博主。

在移动互联网没有这么发达的年代，旅行杂志《Lonely Planet（孤独星球）》称得上是旅行者的圣经，杂志也培养了一大批资深中文旅行作家，尼佬就是其中之一。尼佬是有十多年旅居经历的专栏作家，也会不定期带队小团专门避开大热景点，在云南、川渝、西藏、新疆、喜马拉雅山区深入探寻饱含地理文化的线路。

这类作者曾经也在马蜂窝上扎过根，比如现在更新停止在2019年的"旅行家"栏目。但如今，尼佬们更多的是在微信、小红书、豆瓣等平台开辟自己的流量渠道，仍以"内容获客"作为取得增长主要方式的马蜂窝反倒被抛弃了。

百亿市场升温！亲子研学游有望增长

"读万卷书，行万里路"——相对于遇冷的露营游，研学游却成为旅游细分赛道上的一匹黑马。研学游将"知"与"行"合一，让旅游成为行走在文化中的"课堂"，成为不少亲子家庭的五一出行选择。

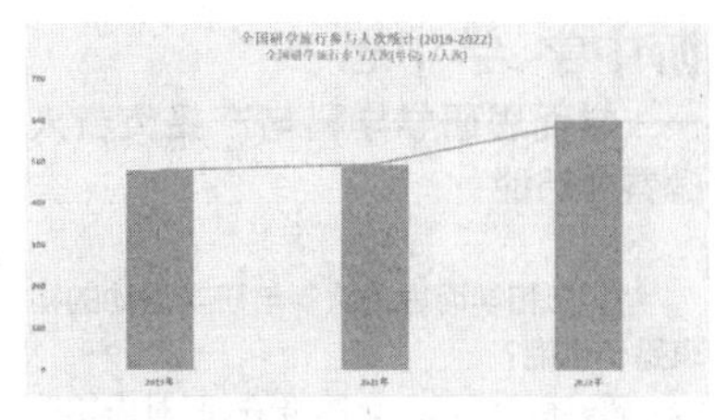

数据来源：全国人大教育科学文化卫生委员会

国旅研学游产品

学而思北京陶然亭研学现场

研学游热度持续攀升

游中有学、学有所得，验证"知者行之始，行者知之成"古训的同时，也让研学游成为当下亲子旅游市场的爆款。

义务教育"双减"背景，叠加新一代父母教育理念革新，催生研学旅行市场逆势增长。2021年研学旅行人数达494万人次，超过疫情前2019年的480万人次，2022年更是突破600万人次，创历史新高。

随着亲子家庭对学科、素质教育的反思以及家庭消费水平的上升，叠加80后、90后家长对研学游的全新认识和支持，推动终端消费市场研学游刚需。除传统寒暑假为期时间较长的研学游外，周末、节假日研学游需求催生长城、长征、丝绸之路、大漠星空、航天科技科普等不同主题的短期（1～2天）研学游产品崛起，不少主办方更会根据年代、地域划分进行二次开发，围绕历史文化、工业产业等不同元素开发研学主题。

丰富的研学游产品反过来会进一步刺激终端消费市场的出行欲望，尤其是看重旅游品质、渴望"游中学"的亲子家庭，对整个市场形成正向的推动作用。

当下研学旅行市场正在突破中小学生群体，逐步走向包括学龄前中小学生、大学生、成年人、老年人的广义全生命周期群体，呈现出广阔的发展空间。而在市场规模方面，世纪明德相关负责人表示，预计2023年学校组织的研学市场能恢复到疫情前60%-70%，合计500亿-600亿元。C端教培社会机构市场能恢复到疫情前的70%-80%，合计150亿-200亿元。预计2024年，基本能恢复到2019年水平，2025年预计将比2019年有5%-10%的增长。

持续释放的政策红利

研学旅行不仅是一个细分市场，更是引领旅游产品生产方式变革的前沿阵地，可带动文旅行业产品研发模式和服务模式提升，因此在过去数年间得到了相关部门不少的政策支持。

从国家层面看，更多部门关注并支持研学旅行，更高层次的政策不断出台，在研学旅行的时间、空间和资源方面都有更多支持，总体上前瞻性和指导性更强。从省级层面看，研学旅行、劳动实践等成为各地文旅、教育等领域推进"十四五"规划的重要内容；相关职能部门在基地营地评定、研学课程建设、指导师培养等方面的融合、联动、协同正在加强；省级政策的颗粒度更细更小。

具体而言2016年，教育部等11部门联合发布《关于推进中小学生研学旅行的意见》，而《研学旅行服务规范》（行业标准：LB/T 054-2016）也于同年颁布，明确研学旅行是以中小学生为主体对象，以集体旅行生活为载体，以提升学生素质为教学目的，依托旅游吸引物等社会资源，进行体验式教育和研究性学习的一种教育旅游活动。随后2018年～2022年间，浙江省发布《关于推进中小学生研学旅行的实施意见》、江苏颁布《研学旅游示范基地建设规范》（DB 32/T 4362-2022）等等，推动各地研学游市场的快速成长。

而在政策大力扶持下，研学旅行市场越来越向细分领域发展，与资源地特色的结合度越来越高，这也是当前研学旅行市场的最大特点，满足终端消费市场的个性化需求。

研学游众生相

快速成长的市场引起多方关注，当下研学游市场主要由传统旅行社、K12机构和研学基地主办三方阵营组成，其中，"研学游"本身就是旅行社的传统产品，不过这类产品以参观、游览居多，游玩是主要内容，凭借广泛的宣传渠道及成熟的服务体系，往往能在门票、餐饮、住宿等费用上占据一定优势，对于看重价格而不太需要太多学习的低幼年龄段亲子家庭而言，传统旅行社的"研学游"产品更像是亲子活动。

不过随着传统旅行社对研学游市场的重视，不少旅行社都开始加强同学校的合作，为学生研学活动提供支持，因此在研学领域中无论是覆盖人群还是活动丰富性上，传统旅行社都是相当不错的存在。

除传统旅行社大力开拓研学游产品外，以学而思、新东方为代表的K12机构同样选择研学活动作为主要转型方向，这类机构本身在学生群体中有着巨大的影响力，且往往以“学”为主打亮点，强调用快乐的方式来让孩子们理解、感受中国文化和文明的发展，并鼓励孩子们用文字、音乐、视频、图画等多元载体表达自己的思想。

事实上，K12机构研学游不仅仅能依靠“学”打动家长，风趣幽默且知识渊博的老师转职“导游”，带领孩子们游览历史人文景观时，其讲解内容往往能极大调动孩子们的学习兴趣，潜移默化中实现知识文化的传承。

除以上两个研学游领域的主要阵营外，研学基地往往本身也会做一些研学活动，吸引游览者的同时也可以维护私域流量。以各地科技馆为例，除日常接待游客外，间或会主动或协同办理一些专题活动、公益课堂，对于周末或者城市一日游的亲子家庭而言，通过研学基地公众号报名、预约参加这类活动也是非常不错的选择。

鱼龙混杂的市场

研学游是一个教育的属性，旅游只是对它赋能。然而，随着研学游市场的成长，各类问题也开始浮现。

“寒假，我花了3万让孩子去参加了某培训机构的名校研学之旅，结果大失所望，孩子回来后，虽然给我展示了一张张在名牌大学门口的合影照，但对学校的历史和特色却语焉不详。细问之下发现大部分时间其实都是在拍照、吃美食，好玩倒是好玩，可就是‘走马观花’式的高校游有点忽悠。”家住重庆两江新区的冉冉妈（孩子4年级）向电脑报记者表达了对研学游的失望。

这位家长反映的事情并非偶然事件，不少研学游淡化了教育性和实践性，几乎等同于旅游，如组织中小学生参观高校校园，亲子“打卡”景区、吃美食、参加非遗体验等。从严格意义上讲，这些只是观光游，并不能算真正的研学游。

此外，不少旅行社、K12机构开发研学产品的人绝大多数非教育类相关专业出身，因此导致研学产品缺少应有的教育意蕴，出现“游而不学”“学而不研”等问题，没有真正做到学游并重。“游而不学”“学而不研”，背离了研学游的初衷，还隐藏各类风险。为此，记者与学而思研学学科与产品负责人薛春燕女士进行了探讨，力求让大家对研学游有更为清楚和深入的了解。

游中学，学中思
——学而思研学学科与产品负责人薛春燕访谈

1. 您和学而思团队参与研学活动的初衷是什么呢？

答：随着素质教育的推进，面对未知的未来，我们该给予什么样的教育帮助孩子们获取知识，驾驭未来？一千个家庭有一千个答案，因为知识是动态更新的，新知识会同化旧知识。在信息智能时代，高速前进的科技时代，站在当下看未来，创新素养是孩子们在未来生存的基本能力，也是孩子们适应未来的关键能力。因此，我们进行了研学业务的开拓，希望给孩子们带来更多素养产品的选择。同时，在推进研学业务的过程中，我们关注到创新素养不是一项单一的学科，而是在多领域、多学科中生长出的复合能力。它要求孩子们既拥有理性思考的分析、推理、逻辑能力，也拥有情感表达的发散、思辨、审美能力，还要有在交互中产生的沟通、合作能力。以此为基础，我们进行了学而思研学产品的设计。自2021年12月成立，目前学而思研学产品已覆盖大班至小学全年龄段，拥有23条成熟产品线，服务来自全国各地的学员。

2. 您认为学而思的研学活动同传统旅行团的研学游区别在哪里？

答：(1)课程产品不同：学而思研学产品的研发，依托于学而思素养课程的底层设计逻辑。我们鼓励孩子们用创新精神探索人文历史、地球空间、自然万物的发展规律。在不同的研学课程中，依据跨领域创造有方法的培养目标，设置包括历史、文学、自然、科技、生物等不同领域。

在这里，我们鼓励孩子们动手实践，在研学课堂中实现“探究无止境”。让孩子们观察、探究物质的变化规律；了解动植物的生命构成及生命周期；体味科学技术对人工世界的改革与创造；在探索天体运行规律中施展想象力；在实践中传承中国优秀的非物质文化遗产，形成民族自豪感，并真正爱科学、懂科学、用科学。

(2)教师团队不同：为了给孩子们带去更好的体验，学而思研学带队教师选择了学而思素养团队老教师及高校硕博教师团队。在为期3个月的教师选拔与培养过程中，为每位老师找到适配的场馆，并让教师在该场馆进行长期驻扎讲解，确保内容的专业性、准确性及趣味性。由于讲解人教师身份，对于学生在不同年龄的知识需求及心理发展状态更为了解，也更易呈现出令孩子和家长满意的研学课堂，让每一位孩子在课后有所得，有所获！

(3)运营模式不同：学而思研学课程主要为12人小班双师授课模式，更关注每一位孩子在课堂上的互动体验，同时提供家长免费旁听服务，既能让家长实时监督我们的研学课堂，同时也能在过程中为我们带来更多宝贵的建议及想法，帮助我们将产品越做越好，提升研学产品在家长群体中的口碑。

3.在研学过程中，您遇到过哪些让您记忆深刻的事情，方便分享一下吗？

答：在学而思研学业务开启后，我们服务的用户不再只聚焦于北京本地学员，也覆盖到全国各地。随着疫情的结束，我们也陆续接到了来自中国台湾、中国香港等地的学员，带领他们一同了解优秀的中国传统文化，感受历史遗迹。这对于孩子们树立正确历史观，建立民族自豪感都有着重要意义。在不同的场馆中，我们也感受到了不同孩子的思考力与表达力在不断提升。

4. 您认为研学活动的困难和阻力有哪些？

答：随着疫情后旅游行业的复苏，越来越多本地及外地的家庭会选择以研学的方式带领孩子了解北京历史文化景点及自然科技博物馆，这给研学整体的运营带来了不小的挑战。同时，面对不同的家庭需求，研学课程产品需要不断研发新场馆并更新迭代，这对于研学产品端也是不小的考验。

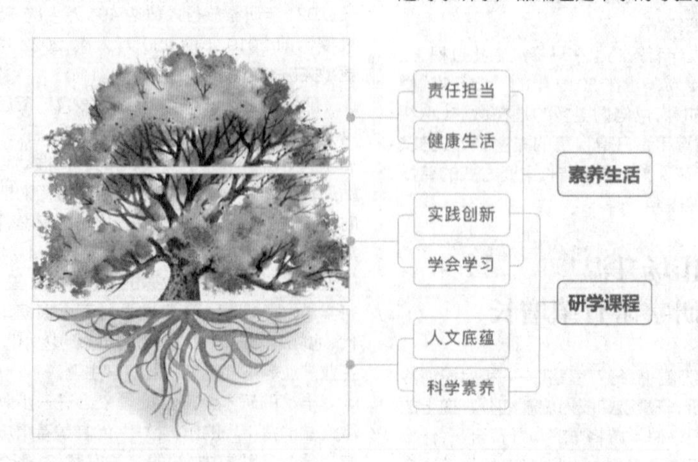

研学产品底层设计逻辑

2023上海车展：新能源给燃油车“翻了篇”

■ 记者 邓栋鲲 王鹏

随着2023年上海车展的举办，我们发现新能源这个汽车圈的“新事物”如今脱离了当初萌芽的状态，已成燎原之势。今年第一季度，新能源乘用车零售销量达到131.3万辆，同比增长22.4%。3月新能源车国内零售渗透率更是达到了34.2%，正因如此，很多人称今年的上海车展将会是“燃油车们的绝唱”，就让我们一起看看今年上海车展燃油车与新能源车分别带来了哪些重磅产品。

新势力不再“孤军奋战”合资品牌被迫加入

从上届上海车展主题“拥抱变化”到这届上海车展的“拥抱汽车行业新时代”，两年时间，汽车行业经历着巨变，新时代局势已定，新能源已经成为汽车圈的主流，这不仅体现在观众对于新能源产品的关注度，更是众多车企对新能源的重视。

在自主品牌方面，多家车企都在集体发力，上届上海车展造车新势力“孤军奋战”的感觉已经远去。比亚迪除了7.88万元起步的海鸥之外，还给大家带来了王朝全新高端B级纯电SUV宋L概念车、“百万豪车”仰望U8与U9，以及比海豹体形更大的驱逐舰07。

吉利这次在车展上主推的是银河L7，搭载“8155旗舰级座舱芯片+吉利银河专属原生智能座舱系统银河N OS”是该车的核心竞争力，其“智爱座舱”拥有行业首创的主副驾门板扶手不对称设计、同级唯一16.2英寸巨幕副驾屏、同级唯一超大顶置气囊、电动腿托以及按摩理疗功能座椅，吉利称其为“VIP休息室+移动影院+SPA空间”。

长安旗下全新中型SUV——深蓝S7

也在这次上海车展中正式亮相，作为一台拥有增程版和纯电版“双模”的新能源车，长安深蓝S7主打豪华与舒适，内饰采用了豪华游艇的环抱式设计，虽然长安并没有公布价格，但根据深蓝SL03的定价来看，深蓝S7起步价会控制在20万元以内，新车将会在下半年正式上市。

除了老牌的国产车企之外，造车新势力们更是大秀肌肉。理想正式公布了其“双能战略”，理想汽车迈入增程与纯电并驾齐驱的新阶段，据悉到2025年，理想汽车将形成“1款超级旗舰+5款增程电动车型+5款高压纯电车型”的产品布局，只有增程动力的理想汽车已经一去不复返了。

蔚来这次则带来了全新的ES6/ET7，这两款车都会基于蔚来的第二代平台打造。新蔚来ES6动力升级，进入了4秒加速俱乐部，马力和算力号称高端中型SUV的天花板，而全新蔚来ET7相比旧款带来了共15项更新，包括无线充电功率、低速提示、座椅体验等等，售价几乎没变。

小鹏正式发布旗下最新车型，超智驾轿跑SUV小鹏G6。该车搭载了行业唯一量产的XNGP智能辅助驾驶系统，这是实现无人驾驶前智能辅助驾驶的终极形态，并且小鹏汽车目前已经在上海、广州和深圳等地开放城市NGP功能。除此之外，小鹏G6所具备的全域800V高压SiC碳化硅平台能够实现“充电10min，续航300km”的优秀补能体验。

当然，像哪吒GT、埃安Hyper GT、岚图追光、高合HiPhi Y等车型都在上海车展受到了不少的关注，从十万到百万都可以看到新势力车企们的身影。

国产崛起让合资品牌们感到了危机，经过这两年的技术更新迭代，这次车展合资品牌们也放下了之前的坚持，纷纷倒向新能源。别克带来了奥特能平台的首款车别克E5，这台车最终定价在20万元左右，却能给你一台尺寸与蔚来ES7相当的中大型纯电SUV，要知道ES7可是40万元以上的车型，除此之外，像30英寸的6K大屏、8155芯片、四驱系统以及BOSE音响一应俱全，最大续航更是超过了620km，某种意义上来说，别克E5开启了合资电车“性价比”时代。

作为第一批投身新能源的合资品牌之一，大众在这次上海车展拿出了重磅车型ID.7。作为大众汽车第6款纯电全球车型，ID.7定位B级轿车，新车将配备最新的全旅程智能辅助驾驶系统Travel Assist 3.0，以及更强大的增强现实抬头显示，下半年才会正式在一汽大众投产上市。

日系车企中，本田Honda e:N品牌第二弹车型在上海车展迎来全球首发，同时，搭载e:PHEV强电智混技术的全新第十一代雅阁也将首次对中国公众亮相。丰田则带来了两款bZ系列新车，2024年之后会导入中国，总体看来，日系车在新能源上确实很羸弱。

新能源的角逐豪华品牌也不甘示弱，宝马首次以全电动化阵容参展，劳斯莱斯Spectre闪灵、BMW i品牌两款概念车、MINI Concept Aceman、Motorrad CE04悉数亮相。

被誉为“设计最像电车”的沃尔沃带来了EX90，与油车一脉相承的设计，经典的维京战斧尾灯更是得到了保留，CLTC综合工况续航里程达650公里，最大功率517马力，零百加速仅需4.9s。

奔驰展出27款车型。其中，奔驰EQG概念车、全新EQE纯电SUV迎来中国首秀，还有梅赛德斯-迈巴赫首款量产纯电车型——全新梅赛德斯-迈巴赫EQS纯电SUV全球首秀。

燃油车还有“希望”

即便新能源车如此强势，我们认为燃油车也不会那么轻易地被打败，毕竟“瘦死的骆驼比马大”，更何况燃油车还有希望。在本次上海车展上，我们同样发现了几款堪称“重磅”的燃油车。

全新一代奔驰GLC在车展前就已在海

外上市，新车整体看起来更有气场，且更加动感。另外值得一提的是，新车的像素大灯分辨率超 260 万，远光照射距离可达 600 米，算得上是业内顶尖水平。

当然，相比于此更重要的是，全新一代奔驰 GLC 的尺寸还进行了加长，这也让其拥有更宽适的内部空间。并且，新车还新增了七座版本，能够进一步满足消费者多样用车场景。另外，在动力上，全新的 2.0T 发动机 +ISG 电机，也带来了更强劲的动力输出和更好的燃油经济性。不过，产品力升级后，新一代 GLC 的价格也随之提升了不少，高配车型售价已达到 53 万元，而这个价格已经可以考虑飞行家或者宝马 X5 等中大型 SUV。

标致 408X 是一款跨界车型，是基于 408 打造，拥有比较帅气的溜背造型，能够满足大多数年轻消费者的“轿跑梦”。与此同时，标致 408X 的配置也还不错，全系标配爱信 8AT 变速箱。另外，像可开启全景天窗、真皮方向盘、全 LED 大灯、自动空调，以及支持 CarPlay 功能、OTA 升级、车联网系统的 10.25 英寸大屏等配置，也满足了此价位购置者的配置需求。

美中不足的是，标致 408X 作为一辆中型车，后悬架还是扭力梁非独立悬架。当然，我们不是说法系车的扭力梁悬架调校不好，但不管怎么调校，硬件结构都有上限，否则豪华品牌车型也不会用双叉臂悬架去替换掉麦弗逊式悬架。

锐界本是对标汉兰达的产品，但这次换代后，它的对手可能就是途昂等中大型 SUV 了。因为新车锐界 L 的尺寸参数，已经可划入中大型级别。至于说新车有何亮点？一是整体设计更加霸气，二是内饰布局不再俗套，大连屏的运用使其更具科技感。

当然，全新的 2.0T 混动系统也值得一观，不但性能参数比燃油版车型更好，燃油经济性也得到了保证。另外，对比旧款车型，锐界 L 还新增了 L2 级辅助驾驶系统，这也让新车拥有更好的驾驶体验。简而言之，锐界 L 很明显就是想通过更强的产品力对同级竞品形成降维打击，而混动系统的加入，也是为了消除人们对美系品牌油耗高的担忧。

马自达 CX-50 行也是长安马自达今年发布的一款新车，此前该车也开启了预售，据官方称预定人数还不少，大家还是比较支持的。而要说这款车的亮点，在我们看来，其设计可占其一，“魂动”美学进化后更显大气。另外，就是马自达引以为傲的创驰蓝天发动机，虽然参数不怎么样，但却能够带来平顺澎湃的动力输出。

此外，马自达 CX-50 行业的整体配置也不错，给到了如 HUD 抬头显示、全景天窗、座椅加热、BOSE 音响和 L2 级辅助驾驶辅助等功能 / 配置，智能化、舒适性都得到了保障。不过，美中不足的是，2.0L 车型和 2.5L 车型的低配版本还是用的塑料方向盘，以及织物座椅，这在一定程度上降低了车辆的档次感。当然，若是从实用角度出发，这也没什么不妥，相反还能降低购置成本。

赛图斯是悦达起亚今年发布的一款新车，整体设计与 KX3 傲跑相近，无论是灯组造型还是中网样式都保持高度相似。不过，即便如此，赛图斯就是赛图斯，而非 KX3 傲跑的替代品，因为它有着更大的尺寸，且搭载有 KX3 傲跑所不具备的 1.4T+7DCT 动力组合。

而要说这款车有什么亮点，首先是它的设计，一是整体造型比较时尚、大气，二是车内中控布局很现代化，双联屏的组合外加简洁的中控台，让它不似同价位丰田车型那样老气横秋。其次则是它的价格，虽然官方指导价 10.99 万元起，但算上官方出具的购车政策 / 礼包后，最低 9 万元多就能拿下。

新能源衍生技术越来越成熟

本次上海车展除了新车外，大家伙另一个关注的点就是，车圈内又有什么新技术？据我们所了解，本次车展上包括理想、小鹏等车企，甚至华为、宁德时代等供应商，都带来了相关前沿技术。

先将目光聚集到小鹏这边，它在上海车展前夕就发布了一个 SEPA2.0 扶摇全域智能进化架构，包含动力、智能和整车三个部分。

简单来说，核心就是 800V XPower 电驱平台和全新智能驾驶技术 XNGP。其中，800V XPower 电驱平台，除了能带来更强的动力性能外，同时还兼容 4C 电芯，达到更快的充电速度，可做到 5 分钟续航 200km。

另外，这个全新的电驱平台还通过高压碳化硅技术、电机磁场分布以及优化减速器，实现了电驱系统最高效率 97.5%，综合效率达到 92%，比之以往得到了显著提升。

而全新的 XNGP 智能驾驶技术，采用了全新的 Xnet 重感知、轻地图方案，以视觉作为感知核心，同时依靠庞大的数据采集、标记和训练部署来提升小鹏智能驾驶的能力。说到底，小鹏 XNGP 倒是与特斯拉的纯视觉相似。

而在理想这边，它在本次车展上首次公布了 800V 超充的解决方案，可实现充电 10 分钟，续航 400km。而实现这一目标的核心技术就是，理想基于第三代功率半导体打造的高压电驱系统，具备 4C 充电能力的电池、宽温域的热管理系统和 4C 超充网络。

不仅如此，理想汽车还称，未来 3 年内将不断完善超充网络，至少在今年年底，建设 300+ 高速超充桩。

再将目光锁定“供应商”华为，相比小鹏和理想的超充技术，它的目标更宏大，欲打造一个 10 分钟充满电的“千伏”快充桩。这一概念，其实早在前段时间的电动车百人论坛上就已被提出。

至于本次上海车展，华为拿出了 ADS2.0 高阶智驾系统，相比上一代产品，最大的升级就是不再依赖高精地图。也就是说，华为也将智能驾驶研发路线，转移到了跟小鹏一样的重感知、轻地图方案上。至于说这一解决方案的可行性怎么样，咱们不妨将目光锁定本次车展上新发布的问界 M5 智驾版，该车就已搭载这一技术。

至于宁德时代，作为电池“大佬”，这次上海车展它也给我们带来了全新的凝聚态电池技术。那什么是凝聚态电池？我们可以将其理解成一种固液混合物电池，也就是所谓的半固态电池。而相比全固态电池，半固态电池中还有部分电解液，安全性要比一般的锂离子电池更好。

要知道，传统锂离子电池主要是由正极 + 负极 + 隔膜 + 电解液 + 集流体构成，而固态电池则是通过固态电解质替代了传统锂离子电池中的隔膜和电解液，相当于做了减法。

而宁德时代的凝聚态电池，在业内人士看来，应是一种对电池物质结构有特殊设计的固态电池。而北京科技大学一位材料科学与工程博士则进一步猜测，宁德时代的凝聚态电池可能是一种新型凝胶电池。其核心之处在于，凝胶电池的电解液不是液态状态，而是一种果冻状的电解液。

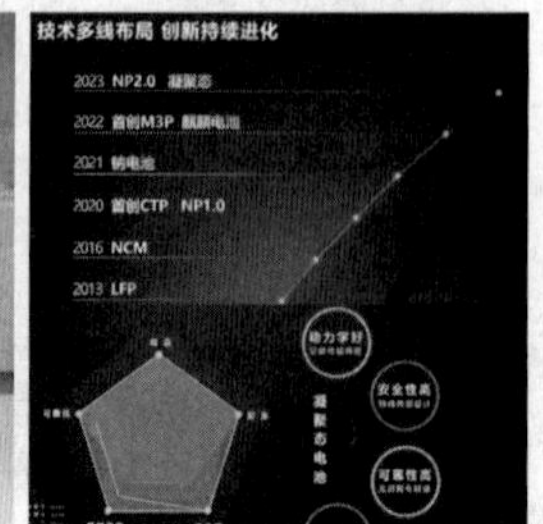

一加Ace2

千磨万击还坚劲 2023春季手机市场盘点

■ 记者 黄益甲

今年可以说是手机市场重拾信心的一年，为了挽回过去几年的颓势，国产手机厂商拼尽了全力，从去年底、今年初的第二代骁龙8旗舰手机争奇斗艳，再到三四月份的中端机疯狂内卷，市场也迎来了久违的热闹。

今年的手机厂商铁了心要倾尽全力，争夺这块复苏后的蛋糕。的确，大环境变化之后，上游供应链元器件生产、物流问题自然能够解决，厂商自身的研发周期、销售渠道也能顺利推进，2023年的市场环境即将迎来大换血，其中自然是充满了机会与挑战。

不过，在如此激烈的竞争中，有多家知名品牌因为种种原因遗憾退场，好在活着的手机厂商都拿出了压箱底的法宝，也对自身产品线进行了梳理，久违的华为P系列以及魅族新机也都回归了——千磨万击还坚劲，任尔东西南北风！即使经历了千百磨难，国产手机仍然坚韧顽强地努力着。

中端机成内卷主战场

不知道大家注意到没有，以前手机厂商往往都是为自家的旗舰新品塞满各种强悍的配置以及新技术，大秀肌肉，但在今年新发布的手机中，各家都盯上了中端走量机型，特别是2000~3000元价位内，更是开启了多轮正面竞争，不光拼硬件拼设计，在中端价位出现了不少本来在旗舰机上才有的配置和体验，甚至还出现了“倒逼友商降价”的情况——对于消费者来说，的确是天大的好消息。

首先点燃战火的是一加Ace2，它搭载的是骁龙8+移动平台，这可是去年安卓阵营的旗舰平台，直到现在，很多机型的价格都在4000元以上，但是一加Ace2以2799元的价格杀入市场，可谓在中端市场投入了一颗深水炸弹。

让人没想到的是，realme真我紧随其后拿出了GT Neo5，同样的骁龙8+移动平台，首发价更是做到了2499元，让消费者大呼过瘾。同时，这款手机还带来了240W“满级秒充”的版本，刷新了手机快充功率上限，同样是中端手机的越级体验。

搭载天玑9000+的iQOO Neo7

Redmi Note 12 Turbo

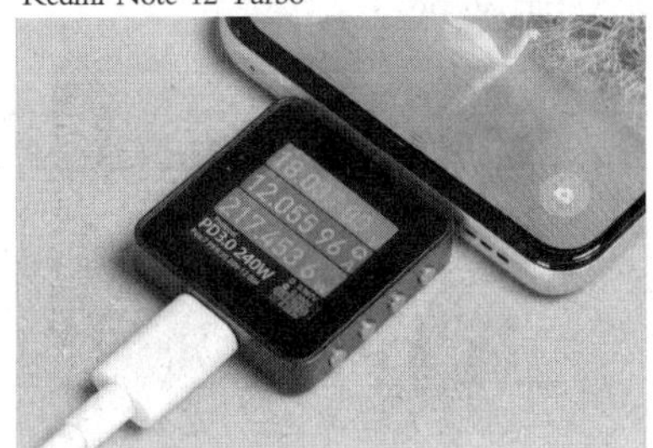
真我GT Neo5充电功率实测

手机厂商将旗舰平台下放，也是源自上游供应链的博弈。去年下半年，联发科的天玑8000/9000系列以高性能、低功耗得到不错的市场口碑，特别是天玑8100表现良好，不少2000~3000元价位内的机型都选择了联发科平台，比如Redmi Note 11T Pro、真我GT Neo3等明星机型，都得到了很好的市场反馈。

当时高通阵营在这个价位内只有骁龙870、骁龙778G等老平台，虽说综合体验拉不开太大的差距，但没有压倒性的优势，就会让竞品发展起来，今年高通和合作伙伴直接放出大招，将骁龙8+平台下放到2000~3000元的中端市场，可谓是降维打击了。这样的操作此前非常少见，如此一来，同价位的联发科机型就显得战斗力不足，声量不如去年。

为了稳固自己在中端市场的地位，高通又在3月份推出了第二代骁龙7+移动平台，终端产品Redmi Note 12 Turbo和真我GT Neo5 SE也很快上市，据我们实测，在不少场景已经能做到58帧以上运行《原神》等大型游戏，《王者荣耀》等主流游戏更是几乎满帧运行，多数时候的游戏体验已经不输旗舰了。

值得一提的是，第二代骁龙7+移动平台沿用了不少骁龙8+移动平台的设计，比如处理器架构、AI处理能力、ISP影像、图像处理、网络等各方面都全面看齐旗舰平台，做到了“同宗同源”。

上游厂商的博弈，让消费者得到了真正的实惠，用2000多元就能享受到不少旗舰级的体验，在其他外围配置上，中端市场也是卷得厉害。比如快充方案，以前都是旗舰专享，但是现在的高端市场，厂商似乎都不怎么比拼充电功率了，小米13 Pro 120W，华为P60 Pro 88W……主打快充的旗舰机似乎只有iQOO 11 Pro，拿出了200W的快充方案。

主要原因有两点，一是快充和电池容量很难兼容，一般百瓦以上高功率快充的机型，电池容量在4500mAh左右，比如iQOO 11 Pro，虽然有200W快充，但它的电池容量只能做到4700mAh。如果要5000mAh以上的大电池，就只能选择较小的充电功率。

第二点就是，手机的内部空间可谓寸土寸金，高功率充电就意味着高发热量，手机厂商就必须堆上足够的散热材料，这样一来必然会导致手机过于厚重，在权衡利弊之后，也就不约而同地在旗舰产品上尽可能地保证了性能和影像，同时提供了较大的电池。

不过在中端市场，场面似乎有点不受控制了。真我 GT Neo5 直接将充电功率提升到 240W，刷新当前手机充电功率的上限，将“零百速度”(从 1%开始到 100%完全充满)缩短到 10 分钟以内；不仅如此，起售价 1599 元的 iQOO Z7，也拿出了 120W 的快充方案，并且将电池做到了 5000mAh，完全充满耗时约为 27 分钟，让千元机也能有越级体验。

你以为这就完了？今年的中端市场内卷远不止如此，Redmi、一加、realme 真我都开始全面普及大内存手机，比如一加 Ace 2V 就去掉了 8GB+128GB 的版本，直接 12GB+256GB 起，能够保证日常使用的流畅性，存储空间也不会太紧张；真我 GT Neo5/Neo5 SE 和 Redmi Note 12 Turbo 则是拿出了 1TB 的海量存储方案，价格也只需多花 300 元左右即可买到。虽然目前不少机型都处于预约抢购阶段，但大内存在未来肯定是一个必然趋势。

厂商之间的直接竞争也让中端手机的 1TB 存储机型杀入“白菜价”，如此一来更是刺激厂商开始调整 512GB 版的售价，比如 Redmi K60 的 512GB 版就直接降价了 300 元，相信接下来还会有更多厂商卷进来，真正在中端机型中全面普及大内存吧。

当然除了在配置上做加法，这些机型也做了一些减法。比如在中端市场，为了节省成本，手机厂商往往会在用料和设计方面有所取舍，屏幕的塑料支架就是一个典型，有了它可以简化手机的可靠性结构设计，坏处就是屏幕和中框之间会有一条黑边，影响观感。

春季发布的一加 Ace 2V 和 Redmi Note 12 Turbo 不约而同地取消了塑料支架设计，作为 2000 多元的中端机型，在行业内开了个好头。这种升级可能比不上硬件配置那么直观，但是视觉观感还是挺明显的，既然有厂商在做了，消费者也会越来越注意这方面的设计，在挑选手机的时候，自然会有所倾向，从而影响行业正向发展。

影像旗舰关键词：暗光长焦

中端机型的内卷，让各家手机在性能上已经较难拉出差距，旗舰机型往往更强调影像水平，这也是各家差异化的体现。此前，手机厂商在影像方面各有所长，但今年几乎都瞄准了一个方向——长焦，特别是暗光长焦。

原因很容易理解，毕竟现在手机的影像系统已经很强大了，在白天正常光照条件下，基本拉不开差距，夜景就成了各家比拼硬实力的舞台；长焦也不再走“望远镜”的路线，而是让用户能够自由地取景，增强拍摄体验。

这两者可以说是刚需，但是以往长焦镜头受到各种限制，进光量不及主摄，在暗光环境就有点无能为力了。此前，多数手机在暗光长焦拍摄场景都会使用主摄拍摄，然后通过算法放大裁切，这就导致画质受损严重，成片效果自然达不到预期。

OPPO Find X6 Pro 就拿出了 IMX989 广角 +IMX890 潜望长焦 +IMX890 超广角的三主摄方案，其中 IMX989 也就是我们很熟悉的一英尺大底主摄，另外两颗 IMX890 镜头，则在长焦和超广角拍摄时提供了完整的拍摄体验。

在长焦拍摄时，潜望式长焦 IMX890 提供了 3 倍的光学变焦(72mm)以及 6 倍的物理裁切焦段(144mm)，据我们实测，即使是在夜间环境使用长焦拍摄，也可以达到主摄级别的画质，在远距离拍摄时，提供了更为自由的构图空间。

当然，这也有 OPPO 自研的马里亚纳

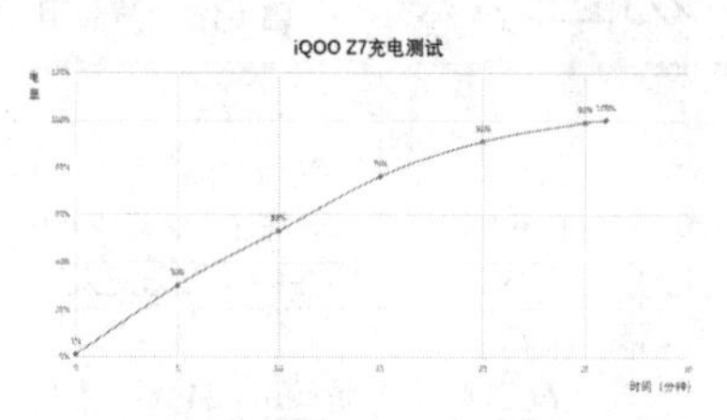

iQOO Z7充电时间约为27分钟

上为一加Ace 2V，下为有塑料支架的机型

OPPO Find X6 Pro

小米13 Ultra

X 影像芯片以及哈苏影像加持的功劳，在这套组合下，Find X6 Pro 暗光长焦的拍摄体验也得到了极大提升。

不只是 OPPO，前几天发布的小米 13 Ultra 也在 IMX989 主摄的基础上，加入了 3 颗 IMX858 分别负责长焦、中焦以及超广角拍摄场景，对于这颗 CMOS，索尼内部称其为“感光界小巨人”，在功能上全面看齐 IMX989。因为增大了光圈，进光量相比上代也有了很大提升，在暗光场景下表现不俗。

值得一提的是，由于使用了同款传感器，再加上 MCSS(多摄同步系统)，使用四颗摄像头拍摄都能保持一致的观感，这一点也是长焦 / 超广角拍摄能接近主摄的重要原因。在夜间环境，拥有徕卡影像系统的小米 13 Ultra 也能将氛围感抬高一个档次，很好地还原灯光、暗部纹理等以前不太容易处理的细节。

久未更新的华为 P 系列也在今年春季推出了 P60 系列，影像方面的硬件和友商相比要略逊一筹，主摄为 1/1.4 英寸的 IMX888，结合 OV64B 潜望式长焦 +IMX858 超广角镜头，看似“低人一等”，但华为重新设计了潜望式镜头结构，结合 RYYB 阵列，可有效增加进光量，提升长焦夜景拍摄的成像效果。

实测也的确如此，结合华为自研的 XMAGE 影像算法，用软件刷新了这颗传感器的能力上限，即使是在硬件存在一定劣势的前提下，最终的成片同样可以和竞品一较高下。

显然，这些旗舰手机都在强调暗光场景的长焦拍摄，毕竟这种拍摄场景几乎人人都能用到，比以前那些动辄几十倍变焦的需求要大得多，在夜间能够拍得清晰，这显然是最重要的。从今年的旗舰手机可以看到，各家都在往暗光长焦方向努力，硬件的发展加上算法的升级，都是为了解决这个问题，相信今年的荣耀、vivo 等友商旗舰机型，同样会继续在这条路上探索，为用户带来更好的拍摄体验。

回归与退场每天都在上演

今年的手机市场，内卷越来越厉害，但是目前手机行业仍然困难重重，竞争越是激烈，“伤亡”就越是惨重，这才 4 月份，就已经有多个手机厂商扛不住了。

春节假期结束之后，各家手机厂商都在忙着为新机预热，积极筹备发布会，但是作为去年双十一期间的游戏手机全平台销量冠军，黑鲨却显得十分低调。品牌方官方微博以及 CEO 罗语周都许久没有公开发言，在微博留言中，甚至出现了不少员工讨薪的言论——其实从去年底开始，就有消息称黑鲨拖欠员工工资，被裁员也得不到补偿金，拖到今年都没能解决。

外界纷纷传闻黑鲨已经经营不下去了，没想到它竟然又发新品了——黑鲨散热背夹3标准版。在和网友的互动评论中，官方也仅仅表示“外设业务并不受影响”，看来，黑鲨继续做手机的希望已经很渺茫了。

今年初，小米集团总裁卢伟冰就公开表示：“2023年你已经不需要一部电竞手机，电竞手机注定要消亡。”的确，正如前面提到的，在国产手机竞争如此激烈的前提下，中端机型都能提供足够的游戏性能，黑鲨这样定位垂直的手机，即使优化再好，也很难拿出足够强的竞争力；定位精准其实也就注定了受众有限，发展的道路只会越来越窄。

无独有偶，联想旗下同样定位为游戏手机的拯救者也被缩减，仅保留moto产品线，联想自有手机业务全线裁员，要不就只能内部调岗到平板等其他产品线，从新人到分总级别几乎一个不留，好在联想暂时没有出现资金压力，曝出员工经济补偿纠纷。回想当年，“中华酷联”可是国产手机的顶流，当时的联想还花了29亿美元收购摩托罗拉的手机业务，风光无限。

不过现在国产手机市场已经经历了多轮洗牌，中华酷联早就变成了荣米OV。目前，市面上还有红魔、ROG等专注于游戏领域的手机，黑鲨的结局肯定让其他几家感受到了危机，好在红魔有主动散热风扇、前置屏下镜头作为卖点，ROG也拥有腾讯支持，暂时还有一定的生存空间，只是自家的核心竞争力需要进一步开发，在游戏手机这个小圈子里，生存只会越来越艰难。

黑鲨和联想手机的消亡让人不胜唏嘘，好在还有人在坚持。魅族在被吉利控股的星纪时代收购之后，成立了全新的星纪魅族集团，沉寂了一段时间，终于在上个月推出了全新的魅族20系列。

这款产品在目前的手机市场算是一个“异类”，拥有不少魅族的独有设计，比如外观打磨以及系统功能都能让魅友倍感亲切，同时还拿出了魅族20 INFINITY无界版冲击高端市场，许下了“要在三年内重回中高端市场前五”的承诺——可以看到，公司内部对于魅族20系列还是很有信心的，不管产品本身怎么样，能有自己的坚持，在手机圈就是一件值得点赞的事。

至于那些活得还行的厂商，也在梳理自家的产品线，调整了一些计划。比如雷军就透露了“今年没有计划做半代升级版本，大家不用等小米13S”。

按照以往的惯例，添加后缀S的机型往往是保持前代设计，在内部升级处理器提升使用体验，而今年的小米13采用了第二代骁龙8移动平台，性能和功耗表现都不错；如果下半年再推出小米13S，自然会形成“自相残杀”的局面，让本来就卖得不错的小米13被迫降价，这对于小米显然是不利的。

同样被砍掉的还有vivo X Note系列，几天前，vivo发布了X Fold 2、X Flip以及平板电脑vivo Pad 2三款产品，而去年这个时候发布的大尺寸手机vivo X Note却一直没有更新消息。

其实vivo X Note第一代在当时都已经是“独苗”了，市面上以“Note”命名的，也只有Redmi，但它也早已脱离了“大屏”的定位。原因相信大家已经猜到了，各家手机已经越来越大，主流机型一般都已经是6.5英寸以上，再大尺寸的机型，也有了体验及便携性都更好的折叠屏手机，纯粹的大屏手机，已经很难在市场上存活。

不仅如此，realme真我中国区总裁徐起也在微博互动中透露，大师探索版也将停更——坦白说，这个系列的设计还是很有诚意的，环保生物基材质、硬箱设计以及洋葱/红砖等元素都让人记忆犹新，realme真我的大师系列机型，一直深受潮流人士喜欢。

不过市场是残酷的，同价位的机型中，友商将成本都花在了硬件配置上，但realme真我还需要为大师设计以及物料买单，这就导致定价高于友商，要不就是在某些细节配置上有所取舍；realme真我又是一个相对偏线上的品牌，主打外观设计比较吃亏，销量自然会受到影响，种种因素相加，大师探索系列断更，也是大势所趋。

这一系列的变动，也是手机品牌在激烈的市场竞争下做出的调整，谁都不想成为下一个“黑鲨”或“拯救者”，即使是目前的行业TOP5，也面临着严峻的挑战。

有望在秋季迎来真正复苏

即使是在经济逐渐复苏的情况下，今年的手机行业仍然不太好过，品牌之间以及自身产品线都面临着重新洗牌，也让市场格局发生了很大的变化。

据数据统计机构Canalys公布的数据显示，全球智能手机市场仍然处于低迷状态，普遍期待的复苏期仍然没有到来，相较于2022年同期下降了12%，这已经是连续第5个季度出现下跌。

好消息是国产手机市场的跌幅已经开始放缓，比如小米依靠小米13系列热销，市占率相较于2022年第四季度小幅上升，保持着全球第三的位置；在上月末，一加也宣布了一个可喜的数据，品牌销量相较于去年同期增长了193%，其中最大的功臣显然是一加Ace 2……

正因为如此，Canalys也预测未来几个季度会加速回归到健康发展趋势，上游渠道以及手机厂商也会变得更为积极，再加上产能恢复之后，也会进一步降低库存压力，提高出货量，让整个行业都走向复苏。

艾瑞咨询也预计在今年末国内智能手机就会迎来增长，出货量会重回3.1亿台以上。折叠屏市场也将迎来新的爆发，预计出货量将会成倍攀升，达到560万台。

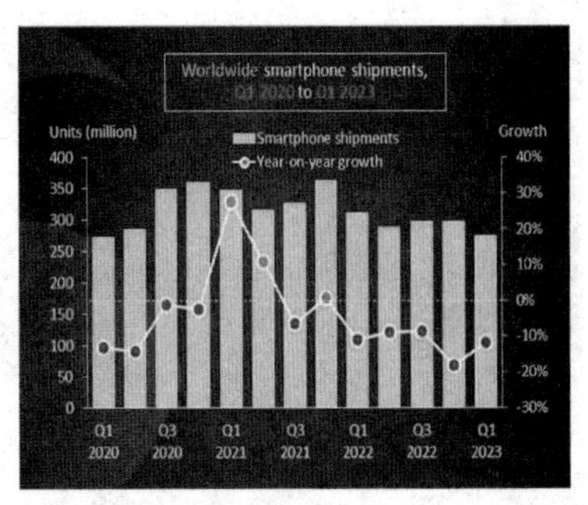

2020年至今手机销量情况

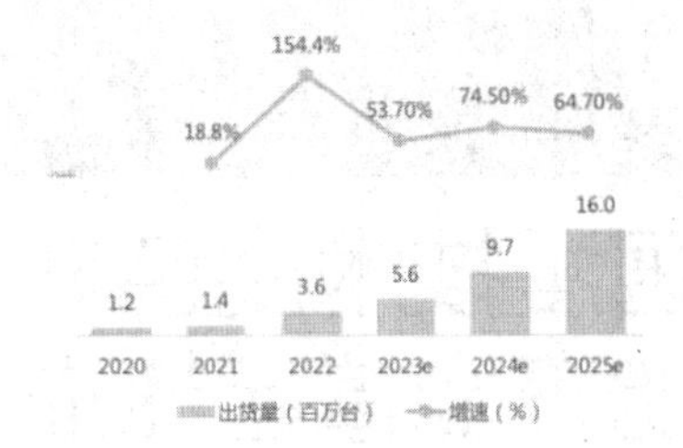

2020-2025年中国折叠屏手机出货量

今年的折叠屏机型也有一大趋势，那就是都在向着极致轻薄化努力。最具代表性的就是华为Mate X3，在改进了屏幕、铰链等内部结构和材料之后，机身重量仅241g，折叠厚度也只有11.08mm，展开后几乎紧贴着C口，是目前最为轻薄的折叠屏机型。

此前的小米MIX Fold 2、荣耀Magic Vs等，也是在性能、屏幕、散热等各方面都不打折的同时，开始向着轻薄化发展，让折叠屏在使用中可以更便捷。

不光是横向折叠屏，今年的竖折屏机型也迎来了新的发展，特别是各家都开发了更多的外屏应用，比如刚刚发布的vivo X Flip，不仅能在外屏上看推送，还能回复微信、刷小红书，还提供了AR化妆镜功能，都是深受女性用户喜爱的功能。

由此可见，各家的折叠屏机型已经逐渐成为大众用户的主力机，不再是少数极客用户的玩具，为手机市场注入了新的活力。

从今年的春季新品以及各品牌的挑战来看，国产手机对于市场复苏也是做好了充足的准备，都放出了大招，争取这难得的机会。前几年消费者购买意愿不强，有一部分原因就是产品缺乏创新，但今年春季新品一点也不含糊，特别是中端机型，在普及了多项旗舰体验之后，也激发了消费者的购买意愿，让市场重新热了起来。

接下来，马上就是五一小长假，接着又是6·18，再加上下半年的暑期档、开学季，第三代骁龙8新机……虽然春季手机市场仍然在跌，但是秋季市场还是值得期待的。在供应链和厂商的共同努力下，下半年的手机市场一定会逐渐回暖，迎来新的增长。

国漫技术底色 能不能撑起热血未来？

■ 记者/ 张书琛 黎坤 张毅

从AIGC技术加持到IP创新 国产动画一路狂飙

《灌篮高手》变2K游戏？三渲二为何成为现代动画标配

备受广大70后、80后、90后期待的电影《灌篮高手》正在全国热映，截至4月23日20时，《灌篮高手》票房突破3.77亿元，猫眼专业版预测其内地总票房有望突破7.89亿元。作为真正意义上的首部《灌篮高手》大电影，剧情上既衔接了20多年前电视剧版全国大赛未完待续的遗憾，又有全新的角色故事代入其中，让许多成长于20世纪90年代的观众在电影最后一分钟的安静中热泪盈眶，“从高三等到了三高”的调侃不绝于耳，《灌篮高手》之于中青年观众来说就是一段关于热血和梦想的回忆，让人不禁感叹时光匆匆，青春不返。

当然，这次《灌篮高手》大电影也同样充斥着争议的声音，除了剧情上新增了宫城良田的故事之外，画面也不再是当年熟悉的手绘风格，而是转向了3D渲染2D，也就是“三渲二”的写实CG效果，所以很多观众看完后都在吐槽“这是看了一场NBA 2K的游戏比赛吗？”

之所以会选择三渲二技术，我认为主要是涉及到成本的问题，我们知道手绘风格的工作量是非常巨大的，周期长、预算高而且需要大量画工投入，让一切都变得不那么可控，而相对于普通二维与三维动画，三渲二的优势就在于可以既能保持二维动画的美术风格，同时减轻画师的工作负担，缩减制作成本和周期，同时也具备自由的运镜方式。

一般来说，动画电影会把一部分镜头的原画用3D模型来代替，对于《灌篮高手》这种运动类动画来说，因为要设计非常多的篮球动作，如果把这些动作一笔一笔地画出来是工程量非常巨大的一件事，于是制作方就在2D动画里加入了3D CG，以此达到省时省钱省力的效果。目前三渲二动画在包括动画产业大国日本在内的国外市场已经成为了一个单独的品类，我们看过的很多动画都采用这个设计，比如《机动战士高达》系列的制作公司SUNRISE就可以非常娴熟地通过这一技巧实现复杂机械的三维视觉效果，也足以说明它对行业发展的重要程度。

类似NBA 2K游戏画风的《灌篮高手》

《斗罗大陆》等国产动画都在使用虚幻引擎进制作

连吉卜力这样的传统公司也开始使用CG技术制作动画电影《安雅与魔女》

根据调查数据显示，2022年国产3D动画番剧的数量已经远超2D动画，主要原因就是部分影视后期、游戏制作方面的人才流入，让国产3D动画的技术和产能逐年提升，而2D动画产能有限，人才结构变化不大，跨国外包成本较高。所以三渲二，甚至纯3D的风格已经基本确定了未来主流地位。

国产动画启航，技术从来不是问题

曾经《西游记之大圣归来》横空出世，并以9.5亿多元的票房成为当年“黑马”，从正面证明了中国动画人也能以高标准做出优秀的三维动画，引发了人们对于国产动画片的广泛讨论。然而，动漫产业的发展是非常复杂和综合的，它不简单是用动画讲故事而已，它的背后是一套完整而复杂的产业链，有创作人员，有投资者，有运营商等的多方参与。

中国动漫产业的一步步发展可谓不容易，其实从政策上来看，我国在动漫产业上的各种扶持力度是非常巨大的，从2006年开始，下午5点到晚上8点这个黄金时段各大电视台不得播放境外动画片，每日全国的动漫播放中，国产动漫占比不得低于70%，再加上大量的资金补贴，然而其中也存在过很多乱象，不乏各路“妖魔鬼怪”，最经典的就是2010年开播的《雷锋的故事》，人物动作僵硬目光呆滞，画面粗制滥造，对话呆板幼稚，故事情节毫无章法，可能这也就是它当初只敢在半夜12点播出的原因……对此，北京电影学院动画学院副院长黄勇认为，扶持政策应重新明确定位，真正把扶持计划给到需要扶持的动漫人。“已经在央视播出了，说明作品是比较成功的，这样的作品还需要扶持吗？”

不过，在经历了十几年的发展后，至少在技术上国产动画已经摆脱了十年前那样的粗制滥造，画面逐渐变得精美，这主要是因为包括虚幻、Unity在内的游戏引擎大量被使用到动画制作当中，比如腾讯的《斗罗大陆》就使用了虚幻引擎，其实这也不难理解，毕竟CG技术在游戏里也是必备的，《爱，死亡和机器人》第三季第八集《葬于拱形大厅之内》也是完全使用虚幻引擎制作，关键是制作团队大多数此前并没有接触过虚幻引擎，就在四个月时间里现学现卖完成了这部短片，可见新工具的上手亲和度有多高。

当然，前面的例子基本上都是短片或电视剧，大电影的配置是完全不一样的，如果直接跟国际一流团队，比如皮克斯等顶级动画公司相比，现在国内企业的水平还是有差距的，这主要是因为人才供给也无法支撑细致的分工，因为国内本身人才匮乏，即便现在各大动画公司降低招聘标准，人才依旧供不应求，所以国内公司在借鉴先进经验的同时，往往更需要根据自身工作流程、项目基础、产业基础，来打造符合中国市场的团队，以一部好莱坞级动画电影一半甚至更低的成本，实现其七成左右的水准，在目前来看就已经算是比较成功了。

而且虽然现在背靠网络文学不缺故事IP，但能把故事拍好的人依然稀缺，比如由原力动画制作的《妈妈咪鸭》成本2亿元人民币，其制作水平超过了国内大部分动画电影，最讲究细节的毛发制作水准堪比肩好莱坞，但是最后票房表现依旧不好，被网友诟病的原因就是故事本身，技术则从来都不是问题。

人工智能入局，动画制作流程或将再次提速

2023年第一季度的科技圈可以说就是人工智能的“专场”，从对话型的ChatGPT，到文生图、图生图的Midjourney，现在连CG动画也开始可以用人工智能来生成了，比如Runway公司推出的Gen-2，它可以只根据提示词就生成一段短视频，而这个公司成立于2018年，为《瞬息全宇宙》特效提供过技术支持，还参与了Stable Diffusion的开发，技术实力雄厚。而OpenAI背后的大金主微软也推出了一款名为NUWA-XL的人工智能，只用16句描述词，就能生成一段长达11分钟的2D动画。

无独有偶，阿里达摩院近期也开源了17亿参数的文本转视频人工智能，虽然目前只支持英文，但根据演示视频来看，输入“Clown fish swimming through the coral reef.”也就是小丑鱼在珊瑚丛里游来游去，它就会输出一段与文字对应的视频，除此之外还演示了“小草发芽延时视频”“暴风雨中的建筑废墟”等效果。但阿里巴巴对这个大模型的公布持非常低调的态度，为此我们咨询了一位不愿透露姓名的人工智能领域从业者，他表示虽然目前的文生视频可能还称不上有多高的清晰度和艺术性，但考虑到人工智能的进步速度是非常惊人的，预测在半年后，消费端就会出现水平相当高的动画制作人工智能，而且硬件开销也将达到更为亲民的水准。

那么对于动画电影行业来说，人工智能的冲击力有多强呢？首先，人工智能模型生成电影与动画视频可以大大降低视频制作的成本和时间，因为传统的视频制作需要大量的人力、物力和财力来满足复杂的后期处理需求。

而AI模型生成电影与动画视频只需要输入一些简单的参数，就可以快速地生成高清的视频内容，至少在电影设计的前期可以为团队提供更多的试错空间，而且这一步的技术实现难度并不高。对于短视频和广告行业来说是一个巨大的优势，可以提高效率和创意，降低投入和风险，但它和人工智能绘画一样，其实也无法替代专业人士的作用，因为在画面精修、人员沟通等同样重要的环节上依然必须以人为基础，所以更多还是作为效率工具来使用。

除此之外，人工智能生成电影与动画视频也会带来一些挑战和问题，最直接的就是版权问题，因为人工智能的学习资料库一定来自全世界范围内的各类影视资料，如果人工智能无意或有意地复制了已有的作品或者形象，可能会引起法律纠纷或者道德争议，这也是为什么我们认为人工智能只适用于正规动画制作的前期，但它可能会为广大短视频UP主提供更多的新鲜玩法，所以不远的未来我们在抖音等平台必然会看到大量人工智能生成的视频内容。

AIGC技术加持，国产动画一下子变多了

在AI技术进入之前，动画主要成本来自制作+IP、创意生成，且动画电影在制作上耗时更长，突破产能瓶颈是挖掘市场增量需求的关键，而这恰恰是AI所擅长的。AI动画表演、AI生成角色和场景资产、AI生成毛发和衣服的动态效果、AI自动布光渲染、虚拟拍摄、衍生品开发等环节都能借助AIGC生态的力量完成，从而极大提升动画电影制作环节的效率。

红杉资本在最近的研究报告《Generative AI: A Creative New World》中指出，到2030年，游戏中文本、代码、图像、视频、3D都可以通过AIGC生成，并且达到专业开发人员和设计师的水平。随着动画技术的日趋成熟，国产动画也迎来井喷。

2023年4月，各平台开始发布新的动画片单。B站、腾讯、优酷平台预计在4月上新36部国产动画，其中B站将上新17部，腾讯将上新9部，优酷将上新10部，其中不乏《长剑风云》《肥志百科第八季》《遮天》《斗罗大陆剧场版》《暗河传》等多部极具人气的存在。

事实上，在2018年以后，国漫就呈井喷式发展，作品一下子变多了，平均一年可以说是以前一年的五倍之多，到现在更是全面开花，各个视频平台都刮起国漫风，而随着《西游记大圣归来》《大鱼海棠》《哪吒之魔童降世》等多部动画电影取得优异的成绩，国产动漫已经摆脱了“幼龄”标签，吸引越来越多的观众走进电影院，也衍生出类型丰富、规模庞大的文化创意产品矩阵。

阿里巴巴达摩院的文生视频新模型演示效果挺不错

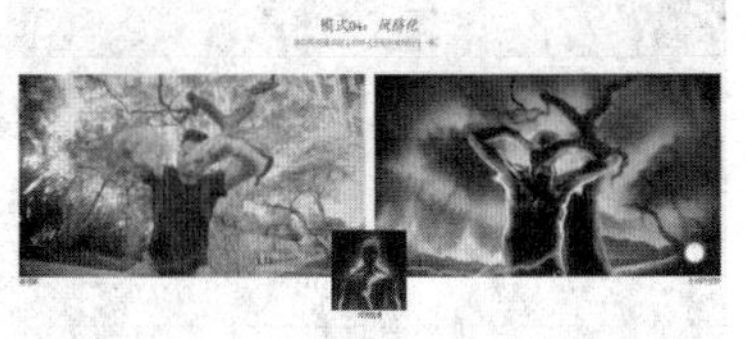

根据提示图，将左侧的原视频生成为右侧的渲染动画

《长剑风云》剧照

内容生产模式已发生改变

2023年3月，一部名为《ARES觉醒》的漫画在腾讯动漫平台上开始了连载，当前仅更新了第一话的内容。《ARES觉醒》以未来火星探索为背景，讲述人工智能系统ARES觉醒了自我意识后开始采取行动保护自己的存在，导致了船员和人工智能系统之间的紧张关系。这一情节冲突设置在科幻作品中比较常见，但值得注意的是，这部漫画作品，并非完全由人类创作。

漫画作者“脑玩家mindplayer”此前在另一社交平台中向网友介绍过这部漫画的一些基本情况，他表述为“或许是中文世界第一部AIGC连载漫画”。这部漫画作品由人工智能辅助创作，内容则是人类加ChatGPT合作完成，当前刚刚开始连载的第一话可以免费阅读。

并非完全由人类创作的《ARES觉醒》

AIGC生成完整情节的《元宇宙2086》

《PHAEDO》可以说是第一步AI生成的漫画作品

而在创作漫画之前，“脑玩家mindplayer”很早就在尝试使用AI图像生成器Disco Diffusion作画了，她表示“一开始要自己调整二三十个参数，以及编制比较合适的Prompt，才能画出比较理想的画面效果，对于使用者理解算法逻辑和写关键词的要求非常高。不过现在的版本基本不用调参数，只要写好关键词就可以了。”

从当前公开的漫画内容来看，剧情上还没有进入主线剧情，还不好说这个剧情够不够精彩，但是单从漫画的画面来看，已经是相当流畅了，若非作者有说明过这是人类和AI合作完成的作品，几乎看不出人工智能的生成痕迹。或许是因为有人类在进行调整把控，AI绘图问题最严重的手部绘制画面在目前公开的画面中也基本是完整流畅的，人物的肢体动态到画面的构图布局都与市面上其他漫画无异。

而就在前不久，当代艺术家王睿在高泽龙小说《元宇宙2086》的基础上也创作了一部AIGC生成完整情节的漫画，通过训练AI模型形成艺术家想要的风格，将小说文本转化为可视的图像，画面色彩绚烂，非常富有想象力。

“人类+AI”的创作模式似乎已经开始走向了商业化的探索之路，早在今年1月，由奈飞和WIT工作室、微软小冰等合作的动画《犬与少年》发布了预告片，这是一部商业动画片，设定在未来社会，小男孩遇到了一只机器狗，一人一狗产生了跨越物种的友谊。

相对于AI+游戏，动画对技术的需求往往停留在人物及环境设计、光线优化等环节，在人类完成动画内容的文字创作后，AI完全可以进行相应的图文转化工作，尤其是在漫画领域，AI建模一旦获得通过，就可以快速、批量化生产，最为夸张的是当前AI模型普遍具备学习功能，通过一段时间的训练，AI甚至可以模仿某些漫画家的笔风进行创作。

提到手冢治虫，你可能会觉得陌生，但提到《铁臂阿童木》，“大龄”小伙伴们就再熟悉不过了吧？为了延续他的作品，来自记忆体制造商KIOXIA的研究人员和艺术团队，与日本株式会社联手，利用深度学习（StyleGAN），创造了世界上第一部由AI生成的漫画——《PHAEDO》。

为了利于生成漫画角色，团队分析了手冢先生数百部漫画作品，包括《铁臂阿童木》《森林大帝》《怪医黑杰克》等等。当然，并非所有的人都接受这样的变化，毕竟当AI能够模仿漫画师笔迹时，那多少意味着AI替人。今年1月底，美国三名漫画家就对包括stability AI在内的三家AIGC公司提出集体诉讼，指控这三家企业推出的、基于上述模型开发的付费AI图像生成工具构成版权侵权。

但无论争议如何，AI技术的确改变了动画生态的生产模式，一定程度上加快了中国动画的复兴速度。

沉寂数十年后，中国动画有望再度崛起

回首过往百年，中国动画曾经取得过辉煌的成绩。1922年，由万氏兄弟制作的第一部动画广告片《舒振东华文打字机》上映，开启了中国动画百年序幕。20世纪40年代，中国首部动画长片《铁扇公主》发行到东南亚地区和日本，受到热烈欢迎。而随着《大闹天宫》《哪吒闹海》《雪孩子》《黑猫警长》《葫芦兄弟》等一大批拥有强大市场影响力的作品出现，“国产动画”在一代人心灵中留下美好记忆。

然而，由于一些历史原因，国产动画从此迈入近20年的“代工”时代，中国动画曾一度在美国好莱坞及日韩影片引进的繁荣之中迷失方向，人才流失、原创乏力，成为难以承受之痛，直至2004年，一篇《孙悟空难道不敌阿童木》的新华社评论引起巨大反响，国产动画开始反思和学习。

随后，在一系列文化创意政策扶持之下，玄机科技、若森数字、幻维数码等国内动画企业开始脱颖而出。以玄机科技为例，这家企业最初是做2D动画，第一部《秦时明月》就是典型的代表，但是从第二部《夜尽天明》开始，就转向3D，随后凭借《斗罗大陆》《吞噬星空》等国民级作品一路成长为国内动画界的标杆。

除此之外，打造出《驯龙高手：飞越边界》《凡人修仙传》等优质作品的原力动画、主导制作《全职高手》《开封奇谈》《蓝漠的花》等多部动画作品的彩色铅笔动漫以及出品及制作出《如果历史是一群喵》和《肥志百科》的萌想文化等等国内动画网红企业，依靠众多优秀作品的打造，成功让中国动画重新出现百花齐放的局面。

谁能成为国漫原动力？

次男　广告设计工作者 27岁

“财大气粗”腾讯动漫仍然难以替代

高中的时候，我第一次线上看漫画、动漫，看的还是有妖气，就是出《十万个冷笑话》的动画工厂，当时他们还把《馒头日记》《死灵编码》《端脑》这些漫画改编成了十分钟以内的短片放到网上。有些动画还是在A站看的，不知道还有几个人记得A站，都成“时代的眼泪”了。

后来有一些画手去了腾讯动漫，我就两边一起看。到了毕业的时候，有妖气上面的优质漫画已经越来越少了，出的动画也没那么有趣了；腾讯动漫又舍得砸钱，买回来一批日漫版权，就没怎么看过有妖气了。

我还记得当时腾讯动漫一口气把日本集英社的《海贼王》《网球王子》等11部“民工漫”（同“MG漫”“民工番”，指知名度极高的日本长篇动漫作品）全部汉化引进，这种经典哪怕都看过没事也会再翻翻，毕竟我这种年轻男性看动漫就喜欢看一些热血的、燃的、爽的，所以当时腾讯动漫基本上是我使用率最高的动漫App。

但是除了一些经典日漫版权，腾讯其实当时没有自己的大热漫画，现在的说法是

“有妖气”曾被视为早期的“国漫之光”

"没有头部 IP"。办法就是继续砸钱，当年《尸兄》的作者七度鱼、《狐妖小红娘》的作者小新据说都是腾讯重金挖来的。

2014 年左右的时候我已经是川美互动媒体设计专业的新生了，时间要比高中充裕，终于也能自己画画感兴趣的故事，也有试着投到腾讯动漫。

刚开始奖励真的很丰富，除了基本稿酬之外，还有各种排名奖。比如月票排名第一名到第三十名可获得 6000 元到 400 元不等的奖金，每月编辑部集体评选出的前三名，还会发放 5000 元、2000 元、1000 元等等；还会定期搞一些大赛，星漫奖、追梦计划之类的，有的是金钱奖励，有的是跟日本动漫专业人士学习的机会，对国内原创动漫画家的影响还是挺大的，我记得当年夏天岛的一批作者基本都是这个时候火的。

当然，我画得一般，没能成为"大大"（名气较大的作者），就算这样，平台给的补贴也足以满足一个普通大学生的物质需求了，从这一点上我还是挺感谢腾讯动漫的。

不过这几年从一个资深二次元的视角看，腾讯漫画的体验感还是有些下降。虽然漫画作品数量依然很多，甚至可以说是所有漫画 App 里最丰富的，但精品还是太少。而且现在很多都是文改漫，再漫改剧，实际上就是一个网文 IP 使劲"多吃"，为了赚钱只重投大热的 IP 题材，漫画同质化很严重。

另一个感受就是很多国漫画面越来越精美，但是内容越来越水，包括已经更到 600 多章的《一人之下》，有刺激没热血，都只是打发时间罢了，没有再看一遍的动力。当然，审核太严也是一个问题，只要尺度稍稍大一点就是满屏的马赛克和黑屏，一些暗黑一点的小众漫画根本不会上，最后还不是要找其他渠道看。

但从审美的角度来看，我还是会继续支持腾讯动漫，毕竟腾讯动漫上现在很多国产作品依然是页漫，有时还是会看到作者精彩的分镜和出色的页面布局，加上一些难得的故事情节，这种表现力和张力，都是移动互联时代泛滥的条漫无可取代的。

段燊 上海外企新人 24 岁

快看漫画怎么变成了"快看漫剧"？

我有两个快看账号，加起来算是快看七八年的老用户了，以前"快看"还叫"快看漫画"的时候主页设计得都很简陋，后来才把分区、卡顿、话页重叠这些解决好。

刚开始，2014、2015 年的时候，应该也算是快看漫画的鼎盛期，漫画多且质量佳，很多都是免费的，就算需要花钱也是在很合理的范围，如果是会员 VIP 还可以等不定期的"限免"。《朝花夕拾》《伟大的安妮》等等当年算是比较经典的"少女漫"我都是在快看上追完的，还是很有感情的。

这几年快看的变化还是很明显的。首先就是内容，有好多漫画虽然是国漫但是要剧情有剧情，要美感有美感，但就是拦腰断更，作者画着画着就走了。我觉得是快看的推荐制度问题，没有扶持小众精品，反倒是一些流水线作品占据主流，一些站内排名靠前的漫画在我看来更是质量一般、主题内容重复，甚至涉及抄袭。一些老番也不知道是因为版权还是其他原因，都下架了，想回顾都没机会。

其次就是花费越来越高。现在每天更新的漫画是多了，但收费的名头也不少。以前是会员随便看，现在会员不仅有几个等级，特别章节抢先看还要冲 K 币；一本漫画原先干干净净，现在全是广告；有些预售制的漫画还会把前几话单独售卖，比如《哑奴》就是把前三话单独售卖，后面的章节又是另外的价钱。

变化最大的还是快看的漫画表现形式，单纯的文字图画变成了"漫画 + 视频 + 广播剧"的漫剧。所谓漫剧，就是给漫画加入配音和动态效果，使之成为类似动画番剧，但又比番剧制作简陋得多的竖屏短视频，每集漫剧控制在 3 分钟以内。有些漫剧就是为漫画导流，介绍三分钟然后欲知后事如何就要去充会员买本子看了。

刚开始我也有些不习惯，但这就像短视频，看久了就有点上瘾，上下班通勤路上都想打开看看。好像看久了快餐式的漫剧、碎片化的条漫，就没那个耐心再去追几百话的漫画了。

流浪一粟 AGC 关注者

B 站引进漫画不行，做国漫可期？

Bilibili 其实一直有二次元的基因在，但是从动画到动漫，B 站还是有点延时。其实有很长一段时间我是在"动漫之家"看动漫的，因为免费，看一些推广广告就能省一笔钱。到 2019 年左右，有些漫画突然在"动漫之家"上消失了，比如我当时追的《月刊少女野崎君》《JoJo 的奇妙冒险》，一查才发现是版权被 B 站买了。

还有很多其他的漫画，B 站都买了正版版权，也就导致"动漫之家"供给量迅速减少，B 站开始壮大。但我也就是一个普通读者，没什么情怀，就直接转投 B 站。但 B 站一开始引进动漫，问题就出现了。

有些动漫情节会有删减，剧情根本不连贯。这也能理解，毕竟是上市的公司还被监管层点过名；但是翻译上有问题就很奇怪了，比如一些日式冷笑话的梗，翻译者仿佛

B站国漫作品《中国奇谭》

无知无感，看得很不舒服；更过分的是一些冷门漫画，B 站虽然买了，但却不继续更新，让人摸不着头脑。所以当时戏称 B 站漫画用户是"正版受害者"。

引进版权做得不怎么样，但在国漫上 B 站还算是可圈可点。比如最近几部根据国内 IP 改编的动漫《三体》《中国奇谭》等等，都挺不错。尤其是《中国奇谭》，我本人还是更爱看这种原始风格的 2D 动画，毕竟 3D 动画总有股粗制滥造的感觉，而且从剧本上讲，《中国奇谭》也算是近年比较优秀的国漫了，还是值得鼓励。

其他的像《雾山五行》《灵笼》《罗小黑战记》《时光代理人》这些国漫也是最近 B 站二次元受众比较欢迎的，热度当然不可能跟腾讯的《斗罗大陆》比，如果 B 站愿意慢慢做精品，以后不一定要依赖"买买买"。

踏云 兼职画师 22岁

劣币驱逐良币的国漫市场

我是一个还在读大学的画师，手里总共有 10 余本连载动漫作品，完结的可能有四五部吧，我自己的直观感受是，漫画网站对于小漫画作者越来越不友好了。

我主要是在快看上投稿，从 2021 年 9 月到现在付费收入降低了至少 50%，一些熟悉的大 IP 作家他们的付费收入也减少了 20% 左右，哪怕是独家主推作品也好不到哪里去。除了读者自然流失，盗版横行也是个问题。

我比较舒服的更新频率是月更或者半月更，能够保证画面品质和叙事节奏，当然这个也是根据作品体裁决定的。但是这种更新速度不符合现在读者的阅读习惯了，他们很容易就被日更、多更作品吸引走，其他作品就只能被"创飞"。毕竟付费读者的预算、精力都是有限的，不可能给你太多时间去精雕细琢。

这种日更的作品很多都是网文漫改，不是说没有好的，但在我看来就是流水线作品，画得很粗糙。之前快看、B 站都做过大规模网文漫改的事儿，一次漫改两三百本网文搞得浩浩荡荡，原创哪里比得过？

现在我想签约工作室试试，但是有些工作室一去就问你有没有在 QQ 空间或者抖音、快手发布过 2D 动漫剪辑的经验，点赞数据怎么样，对于看《知音漫客》长大的我来说还真是有点不适应。但是身边也有朋友已经转战短视频了，把漫画一格格放上去，或者几个图层做个简单的动图加上配音，一个月能有 300 万播放量就能获得 3000 元左右的收益，再研究一下平台算法和内容推荐偏好提高点赞量就更能赚钱了。

我还是希望有更多优质国漫诞生，但没有源源不断的原创作品，只有不断的模仿派和偶然诞生的国漫精品，始终不是一个健康的循环。

以Midjourney为代表的在线AI文生图上手更容易，但自由度受到一定限制

全民都玩AIGC，你家算力够劲吗？

■ 记者　王诚

全民都玩 AIGC，你家算力够劲吗？

自从 ChatGPT 一夜之间红遍全球之后，AI 出图更是一发不可收拾成为公众关注的焦点。不少企业甚至已经开始使用 AI 出图代替部分设计师的工作，颇有“不会用 AI 就要被时代淘汰”的势头。当然，虽然目前 AI 出图在真实物体细节方面还有较大提升空间，但不能否认的是在未来算力大幅升级、模型大幅进化之后，AI 是完全可以胜任部分设计工作的。所以，对 AI 应用有兴趣的朋友现在可以行动起来开始学习啦。不过，工欲善其事必先利其器，那么玩 AI 出图，应该用什么电脑呢？

本地 AI 出图，高效工具不可少

我们知道，目前 AI 出图分了云端和本地两种计算方式，简单来说在线方式（例如大名鼎鼎的 Midjourney）上手难度较低、对本地电脑硬件基本没有要求，而且出图质量下限高，很容易就能制作出比较不错的图，但是屏蔽了不少提示词，所以自由度相对较低。此外，一般来讲效果比较好的 AI 云端出图高级服务都需要付费，而且国内访问也可能受到一定限制。

而本地运算方式，例如 Stable Diffusion 虽然上手难度高，但扩展性与提示词的自由度极高，因此出图质量上限也极高。最重要的是，Stable Diffusion 本身以及可用的海量插件与模型都是免费的，自己训练模型也比较方便，更适合广大玩家尝试。

当然，既然是本地计算，要求效率高的话那电脑的硬件性能肯定不能低了。

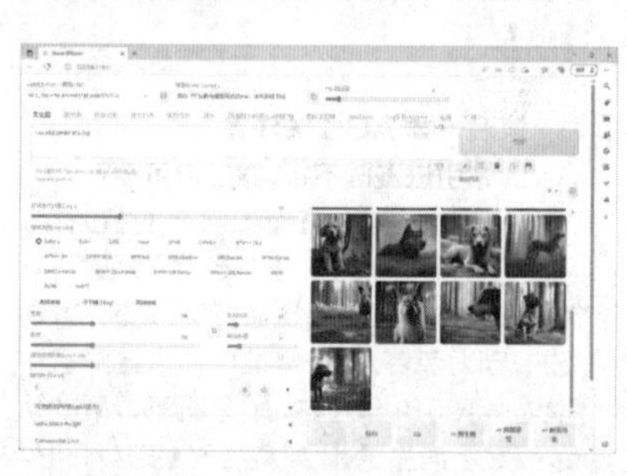
依靠本地电脑运算的Stable Diffusion上手难度较高，但自由度几乎没有限制

本地使用Stable Diffusion + RTX 4080显卡运算出图的部分作品

Stable Diffusion 本地 AI 出图主要依靠 GPU 进行计算（CPU 也行，但在并行计算这方面显然效率远不及 GPU，差了几个数量级），同时对整机的配置也有一定的要求。因此，想要玩 AI 出图的朋友，升级或者干脆入手一台高效的新电脑是非常有必要的。

延伸阅读：Stable Diffusion本地部署注意事项

Stable Diffusion 的本地部署教程其实很多了，随便一搜一大把，我们这里只简单总结一下大家需要注意的几个点。

●需要安装 GIT，这是安装 Stable Diffusion WebUI 的先决条件之一。

下载地址：https://git-scm.com/download/win

●需要安装 Python 3.10 运行环境。

miniconda 下载地址：https://docs.conda.io/en/main/miniconda.html

●使用 NVIDIA 卡需要安装 cuDNN（CUDA 深度神经网络库）最新版，最新版才能让 RTX 40 系列发挥出真正的性能。

下载地址：http://go.cpcw.com/cudnn2023

要是嫌自己部署太麻烦觉得无从下手，也可以直接下载整合包，解压即可使用。整合包不但包含了 Stable Diffusion 需要的运行环境（如果运行不正常，也可以按照前面的提示安装 GIT 和 Python），也设置了一些预设方案，照顾不同配置特别是不同显存容量的用户，使用起来确实比较方便，特别适合新手入门。

例如 B 站 UP 主“秋葉 aaaki”制作的共享整合包，目前最新已经升级到 V4 版，支持 CPU 和 NVIDIA 显卡 CUDA 加速，大家可以自行去 B 站下载。此外，目前 AMD 显卡在 Windows 下只能通过 DirectML 实现 Stable Diffusion 的 AI 计算加速（Linux 环境下支持面向 GPU 计算的 ROCm 开放软件平台，最近 ROCm 即将登陆 Windows），效率远不及 NVIDIA 显卡的 CUDA，所以只有少数整合包加入了 AMD 显卡需要的 DirectML 库（用户可自行添加），Intel 显卡也差不多是这个情况，因此要本地 AI 出图，NVIDIA 显卡几乎是唯一值得推荐的选择。

如果觉得手动部署Stable Diffusion太麻烦，也可以直接下载整合包，解压即可使用

本地AI出图的电脑配件怎么选？

前面已经简单提到了本地AI出图主要靠的是GPU计算，不过考虑到整个设计过程并非只包含AI出图或训练模型或者用户装台电脑来也不是只针对AI应用，很可能还包括其他设计或生产力应用需求，所以对整机配件的选择也是有一定要求的，主要涉及处理器、内存和显卡，而磁盘只要是SSD，足够存放素材与模型文件就可以了，没有特别的要求。

处理器

实际上，就算Intel酷睿i9 13900K这样的旗舰级处理器，在Stable Diffusion中出图的效率也不过大约是NVIDIA显卡旗舰RTX 4090的1/256、RTX 3090 Ti的1/141，出一张768×768、采样步数50的图要费时近13分钟，实在谈不上什么效率。所以只有在电脑没有显卡支持在Stable Diffusion中开启硬件加速的情况下，才会轮到处理器临时替补一下。因此，如果只针对AI出图装机，对处理器的性能其实没有什么太高的要求。

不过，就算对处理器没有特别的要求，但一是考虑到整套电脑的配置不能太老旧，必须要有足够的扩展性和升级性，二是考虑到整机还有可能完成其他生产力工作，所以在处理器方面我们制定了不同的选择方向。

●注重性价比，千元级U即可

如果没有其他大型生产力应用的要求，那么一款最新的千元级U足以满足装机需求。Intel方面可以考虑酷睿i5 13400F，AMD方面可以考虑锐龙5 7600智酷版。为什么不用更便宜的U？一方面是这两款都能支持PCIe 5.0和DDR5内存，未来平台升级PCIe 5.0显卡（这一点很重要，按照NVIDIA和AMD现在的做法，以后中低端显卡有很大概率只支持8个PCIe通道，如果处理器或主板不支持PCIe 5.0，就会出现带宽减半的问题）与SSD、扩展内存容量更方便一些；另一方面是它们的性能应付主流生产力应用也是能够胜任的，同时在价格上更加亲民。

●注重全能性，可考虑高端多核U

如果电脑还要完成AI出图之外配套的生产力工作（视频剪辑、3D渲染输出），那就对处理器的多线程性能提出了更高的要求，需要选择核心数量更多的高端型号。在这里我们优先推荐AMD的锐龙7000系列旗舰型号，例如锐龙9 7950X和锐龙9 7900X，而Intel酷睿i9 13900系列和酷睿i7 13700系列则次之。

究其原因，就是我们在实测中发现，拥有大量能效核的第13代酷睿在运行包括Stable Diffusion在内的部分生产力软件时会出现核心分配不正确的问题，导致重负载进程全部分配给了能效核，性能核则处于闲置状态，如此就会使得处理器的运算效率大打折扣。相比之下全是大核的锐龙7000系列就不会出现这样的问题。

内存

既然已经决定了选择锐龙7000或者第13代酷睿平台，那么DDR5内存也是必选了。虽说第13代酷睿也支持DDR4内存，但考虑到整机未来的升级空间和对其他生产力应用的需求，明显也是选择带宽更高的DDR5内存更合适。

容量方面，Stable Diffusion不用处理器来出图的话，也不怎么吃内存，32GB绰绰有余。目前内存价格比较给力，双16GB对于主流整机来说也没什么压力，也可以应对更多的生产力应用，所以强烈推荐再省也要上双16GB。

频率部分，虽说更高的内存带宽确实能带来更高的生产力效率，但也要综合考虑性价比的问题，超过DDR5 6400的内存还是挺贵的，综合下来DDR5 6400/6000是综合性价比最高的型号。此外，如果选择AMD锐龙7000平台，那么DDR5 6400也是极限了，不用考虑更高的型号。

显卡

终于说到Stable Diffusion出图的主角配件了。前面已经提过，Stable Diffusion本地出图首选CUDA生态圈无可替代的NVIDIA显卡，用DirectML实现通用计算的AMD显卡和Intel显卡都属于替补（可以期待AMD显卡Windows版的ROCm实装后会不会有所改善），效率和兼容性都难以与NVIDIA显卡相提并论，与其花时间去解决A卡和I卡在Stable Diffusion中的各种问题还不如老老实实用N卡省事。

除了GPU的算力之外，Stable Diffusion本地出图最吃的就是显存了，显存越大，出图分辨率也就可以设得越高。以本文后面的文生图测试为例，入门推荐8GB起步，768×768分辨率够用（大约最高占用到6.9GB）；再高一些的1024×1024推荐选用12GB显存的型号（最高占用约9GB）；再往上可选的就是16GB/20GB/24GB的型号。当然，市场中也有魔改的RTX 2060/2080 Ti可以做到12GB/22GB显存，但是很明显这类卡没有质保，所以不推荐普通用户冒险。然而拥有海量显存（例如NVIDIA A100 80GB PCIe）的专业计算卡就不是大众玩家消费得起的了，这里就不再多说。

此外，最近NVIDIA Tesla P40/M40等“古董级”纯计算卡也是AI出图玩家关注的焦点，它们具备超大的24GB显存，而且二手卡价格也非常诱人（M40仅需499元，P40还涨了一波从899元飙到1199元了）。但是，这类计算卡都是被动散热，玩家拿到手需要手动改散热器，而且老旧的Pascal与Maxwell架构功耗也非常高，改起散热来不但成本高，难度也不是普通用户能够HOLD住的。还有最重要的一点，老架构不支持FP16半精度计算，而Stable Diffusion在半精度模式下可以大幅提升效率并节省显存占用，这一点也让这些老二手卡价值大打折扣，再加上没有可靠的质保，所以也不推荐普通玩家折腾。

当然，也有一些方法可以降低Stable Diffusion对显存的占用，让一些显存不太够的显卡也可以支持更高分辨率出图，例如Xformers、MultiDiffusion with Tiled VAE，这就不在本文讨论范围内了，有兴趣的朋友可以自行研究。

那么，我们正在使用的、可买到的NVIDIA显卡在Stable Diffusion中出图效率到底如何呢？我们对此也进行了一个横向测试，大家可以参考一下。

如果没有合适的独显，处理器也能完成本地AI出图的计算工作，但效率远不及当下独显

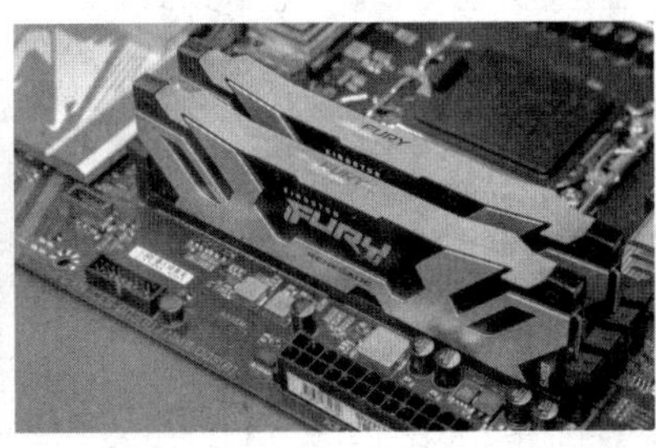

双16GB DDR5内存已经是主流装机入门标配了

RTX 4090依然是AI出图的消费级最强选择

测试平台

处理器:酷睿 i9 13900K

内存:Kingston FURY Renegade DDR5 7200MT/s 16GB×2

主板:技嘉 Z790 AORUS ELITE AX-W 雪雕

显卡:RTX 4090/RTX 4080/RTX 4070 Ti/RTX 4070

RTX 3090/RTX 3080 (10GB)/RTX 3070 Ti/RTX 3060

RTX 2080

硬盘:WD_BLACK SN850X 2TB

电源:技嘉 UD1000GM PG5 魔鹰

操作系统:Windows 11 专业版 22H2

如图可以看到我们的 Stable Diffusion 出图设置,默认使用 NVIDIA 官方提供的 CKPT 模型,采样方式为 Euler a,采样步数设置为 50,CFG Scale(提示词相关性)设置为 7.5,生成批次为 10,每批生成数量为 2,图像分辨率为 768 ×768。提示词为:"beautiful render of a Tudor style house near the water at sunset,fantasy forest. Photorealistic,cinematic composition, cinematic high detail,ultra realistic, cinematic lighting,Depth of Field, hyper-detailed,beautifully color-coded,8k,many details, chiaroscuro lighting,++dreamlike, vignette"。

从测试结果来看,除了数据条短得都看不见的酷睿 i9 13900K,显卡这边的出图效率基本上就跟价格成正比了,不过 RTX 4070 还是略胜了上代更贵的 RTX 3080,而且 RTX 4070 本身拥有 12GB 显存,相比 RTX 3080 的 10GB 也更有优势一些。但是,虽说在这样的设置下 RTX 4070 Ti 比 RTX 3090 略快,但不要忘了 RTX 3090 有海量的 24GB 显存,比 RTX 4070 Ti 的 12GB 多了一倍,所以在图像分辨率提高到一定程度之后肯定是可以反超的。至于底部的 GTX 1660 Ti,由于显存只有 6GB,测试中已经爆显存了,因此效率明显低了很大一截,但即便如此速度也是处理器的 7.7 倍。

综合来看,对于主流用户来讲,RTX 3060 其实是个综合性价比相对突出的选择,虽然算力不能与高端卡相提并论,但好在有 12GB 大显存,甚至比一些高端卡显存还大,可以避免一些爆显存的情况。当然,在资金充足的情况下,显卡自然是越高级越好了,只是需要注意电源的搭配,毕竟出图的时候 GPU 都是满载状态,电源功率不够那必然是要歇菜的。

常见显卡Stable Diffusion文生图效率对比(单位:张/

显卡	效率
RTX 4090	19.3
RTX 4080 FE	13.483
RTX 4070 Ti	10.714
RTX 3090	10.000
RTX 4070	9.091
RTX 3080	8.889
RTX 3070 Ti	6.936
RTX 2080	5.470
RTX 3060 Ti	5.190
RTX 3060	4.360
GTX 1660 Ti	0.588

AI"设计师"装机推荐,高中低总有一款适合你

经过前面的分析,相信大家已经对 Stable Diffusion 的硬件需求有所了解了。如果还是不知道怎么选择具体的装机配件,我们也给出了低中高三套方案供大家按图索骥。这三套方案除了可以满足 Stable Diffusion 的本地 AI 出图需求,也能覆盖不同档次的生产力应用。当然,你要用它玩游戏体验也是不错的,毕竟"买前生产力,买后……",懂的都懂。

拥有12GB显存的RTX 3060标准版非常适合入门级AI出图主机

基础款:AI出图+轻度生产力应用

对于主流用户来讲,搭载千元 U 和 RTX 3060 显卡的方案完全够用了。虽然前面我们说过第 13 代酷睿大小核设计会导致一些生产力应用负载只占用小核从而影响效率,但 AI 出图主要靠的是显卡,而且千元这个级别酷睿 i5 13400F 也确实是最新一代 U 中性价比最突出的了,何况我们遇到核心分配有问题还可以手动把负载分配给大核来解决。

显卡部分当然是 AI 出图的重点,从前面的测试可以看到 RTX 3060 出图效率只是略低于 RTX 3060 Ti,但它拥有 12GB 大显存,可以支持更高分辨率出图,价格方面也要比 RTX 3060 Ti 低不少,如果从 AI 出图需求来看,主流配置选用 RTX 3060 性价比确实更高。这里我们选择的是技嘉 RTX 3060 风魔 12GB 显存版(注意 RTX 3060 也有 8GB 显存版,不要买错了),双风扇设计完全能 HOLD 住散热,长时间计算出图不用担心稳定问题。

主流款:全能型设计师电脑

全能型设计师电脑更多地考虑到了用户对于 AI 出图之外的生产力应用需求,因此处理器方面选择了全大核、12 核 24 线程的锐龙 9 7900 智酷版,不存在进程分配不正确的问题,同时不带 X 的锐龙 9 7900 不开 PBO 满载功率仅有 90W,性能相对锐龙 9 7900X 差距不到 10%,因此在 2000 元级 U 中性价比非常高,不管是视频剪辑还是 3D 渲染输出,都可以提供不错的效率。

显卡部分则直接上了最新的 RTX 4070,从算力来讲 RTX 4070 已经小超了 10GB 显存版的 RTX 3080,而且它的满载功率也不过 200W 水平,对散热和供电的要求都低于 RTX 3080,长时间 AI 出图更稳定、更节能。同时 RTX 4070 显存也多出 2GB,价格也更低,综合来看很明显比 RTX 3080 更值得选择。技嘉 RTX 4070 风魔也是走性价比路线的甜品级 RTX 4070 代表,3 风扇散热设计对付 200W 功率的 RTX 4070 毫无压力,同时噪声也可以控制到更低的程度。

旗舰款:高效生产力利器

旗舰款配置可以说是一套高效生产力利器了,16 核 32 线程的旗舰 U 锐龙 9 7950X 全大核设计不用担心核心分配问题,相比酷睿 i9 13900K 在某些生产力应用中只能手动分配 8 个大核的适应性优势明显,从这一点来看它确实比核心数量更多的酷睿 i9 13900K 更占优势。

显卡部分,我们这里就选择了 RTX 4080,拥有 16GB 超大显存,高分辨率 AI 出图效率更高。从前面的测试也可以看到,RTX 4080 的 AI 出图效率已经超越了 RTX 4070 Ti 大约 30%。同时,RTX 4080 这个级别的旗舰 N 卡在视频剪辑、3D 设计方面的加速能力也是非常强大的,特别适合有高端设计需求的用户选择。RTX 4080 猎鹰则是技嘉 RTX 4080 显卡家族中的高性价比款,用不到万元的售价就做到了旗舰级的供电与散热规格,长时间满载出图也不用担心散热和稳定性的问题,这让整套旗舰配置的购买价值也得到了进一步提升。

总结:做好准备"战未来",和 AI 共同进化

前有 ChatGPT,后有 AI 出图,今年 AI 应用突然的大众化让我们感受到 AI 时代强烈的冲击,AI 甚至在某些应用范围内已经部分代替了人工(特别是视觉设计类和文案策划类)。不过,AI 作为生产力工具,本来就是为人类服务的,我们现在要做的只是去学习如何使用这种高效的工具。在未来,会用 AI 完成各种工作就像现在用 Office 软件办公一样普及,可能也会成为就业的必备技能。因此,想要不落后于时代,就和 AI 一起进化,做好准备"战未来"吧!

成渝信创产业园崛起 双城经济圈推动科技创新

■记者 张 毅 张书琛

从《电脑报》诞生之时起，就一直在探索和追求改变，它不仅是一个科技媒体，还是中国IT史的记录者。第一个十年，电脑悄然进入中国家庭，国产PC和软件产业开始崛起，《电脑报》推出时空对话、探访盗版万里行等系列专题……回首过往三十年，中国科技产业园也在持续迭代中成长，孵化并陪伴众多科技企业，尤其在“产城融合”发展大趋势下，中国产业园又将给我们带来怎样的惊喜呢？

半个世纪的成长路

“田野相连、荒草丛生”——谁能想到当年近乎荒无人烟的“张江科技园”竟能走出中芯国际、华虹宏力、上海兆芯等众多在中国科技史上拥有一席之地的巨头。

“张江高科地铁站都没建好，工厂没几个，真的是荒无人烟，即使是世纪公园对面的房子，一平米才3000多元。”在大多数上海人眼中，这个旧名“古桐里”的地方，一度远在上海之外。而随着国家主导的909工程立项，一笔百亿元的集成电路产业投资，开启了张江高科技园区同半导体产业的姻缘。

2000年，张汝京带着300多位中国台湾半导体从业者和100多位海归来到张江，创立了中芯国际。由于规模大，起步时就有万名员工，他们带的家人、子女有上学等需求，就这样，工厂、双语学校和员工宿舍逐步形成一个园区。而在中芯国际、华虹几家大厂的带动下，此前分布在上海漕河泾、徐家汇、青浦等各处的集成电路公司陆续搬到张江，短短几年，张江便聚集了200多家芯片企业，它也由此被称为“中国硅谷”。

如今，被誉为中国硅谷、半导体重镇的张江高科技园区，正在疫情全面放开后恢复以往的活跃。张江北部有横穿的轨道交通二号线，从工作日到周末挤满了人。早高峰路上人头攒动……

1992年邓小平同志南巡讲话后，“科技是第一生产力”成为产业园新的发展方向。沿海地区掀起新的一轮对外开放浪潮，外资引入使资金缺口逐渐缩小，技术引进日益成为园区成长发展的重点，成立于1992年的张江高科技园区则是我国科技产业园发展的集中缩影。

事实上，从我国第一个产业园区深圳蛇口工业区建立至今已经40余年，这40余年的时间里，我国的园区模式商务服务业经历了从无到有的快速发展。科技园区既是区域经济发展、产业调整升级的空间承载形式，又是地区社会经济发展水平的衡量标志，肩负着聚集创新资源、培育新兴产业、推动城市化建设等重要使命。如今，新一轮科技革命和产业变革与我国加快转变经济发展方式形成历史性交汇，加之国际环境复杂多变，在这样的时代背景下，科技园区新一轮迭代升级势在必行。

中国不同地域产业园差异化道路

自1979年以来，园区平台始终是落实中国重大区域战略的重要抓手。“十四五”规划明确提出5大重大区域战略（京津冀协同发展、长三角一体化、粤港澳大湾区建设、长江经济带发展、黄河流域生态保护与高质量发展）和5个区域协调发展战略（西部大开发、东北振兴、中部地区崛起、东部地区现代化、特殊类型地区发展）。在顶层设计的指导下，科技产业园区也逐渐走出一条差异化发展的道路。

华北区域的重点是“京津冀”，而北京无疑是重点中的重点。北京目前大力发展新一代信息技术产业、医药健康产业、新能源智能网联汽车产业、绿色智慧能源产业等战略性新兴产业，前瞻布局量子信息、新材料、人工智能、卫星互联网、机器人等未来产业，构建“一核两翼三圈三轴，两区两带五新双枢纽”的产业空间格局。

华东方面则可参考江苏省“十四五”战略性新兴产业布局，生物医药、集成电路等十大标志性产业链成为华东地区产业集群的特色，同时还超前布局发展第三代半导体、类脑芯片、柔性电子、量子信息、物联网等未来产业，这其中，重点聚焦集成电路、生物医药、人工智能三大领域创新的上海无疑是华东地区的明珠。

华南区域可以说是最市场化、最活跃的产业地产市场。从城市定位来看，深圳作为一个科创中心，已经在产业链上开始向上突破，并通过市场化的氛围，培育了一大批本

张江科技园

从雄安新区身上，可以看到我国新一代产业园的身影

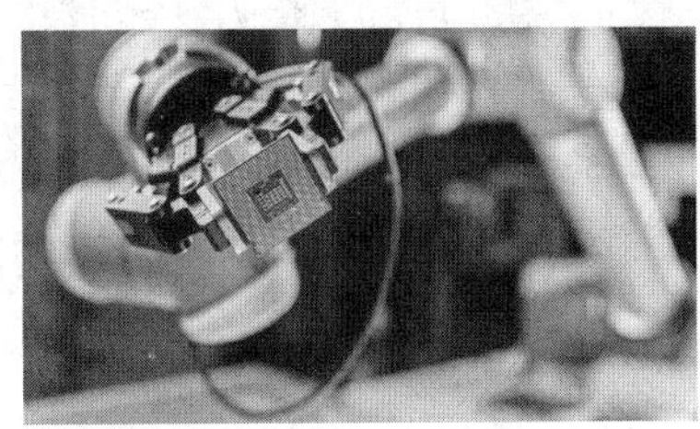
各地紧跟“十四五”战略性新兴产业进行产业园区规划

土原创产业。东莞作为制造业中心，在厂房方面需求旺盛。进一步巩固提升重点发展新一代电子信息产业、5G 产业、超高清视频产业、新能源及智能网联汽车、生物医药产业、新一代电子信息等十大战略性支柱产业优势的同时，华南地区计划在区块链、量子通信、人工智能、信息光子、太赫兹、新材料、生命健康等未来产业领域努力抢占未来发展制高点。

中西部地区凭借之前制造业产业转移的机会崛起，建设区域市场的同时，积极向中亚、欧洲市场拓展，在“双循环”大潮下有望得到进一步发展，目前川渝地区明确重点发展新一代信息技术、新能源汽车、高端装备制造、新材料、生物产业等战略性新兴产业。贵州、云南等地也分别在新一代信息技术产业、新能源产业领域有所规划和布局，充分发挥国家级园区等重点园区的引领带动作用，打造成为全省经济发展的重要增长极。

此外，在大的区域方面，我国科技产业园受劳动力成本高企、土地资源紧张等因素制约，东部沿海发达地区产业加速向中西部地区转移，呈现“北上、西进、郊区化”的态势，所谓“北上”，是指在沿海地区内部，出现了由珠江三角洲向长江三角洲，继而向环渤海地区转移的趋势；所谓“西进”，指由沿海向中西部内地尤其是成渝地区转移，尤其是随着中共中央、国务院《成渝地区双城经济圈建设规划纲要》的印发，成渝不断深化区域协同合作，双城经济圈建设乘势而进的同时，产业结构、布局均得到优化。成渝两地整合优势产业，立足汽车、电子信息等重点行业，加快打造先进制造业集群，推动制造业高质量发展，利用消费市场和水、陆运交通便利，积极开拓境内外市场，加速“双循环”落地，更涌现出不少优质科技产业园区项目。

成都天府软件园：创业者乐园

把优秀企业和年轻人留在西部

什么因素会吸引一个有一技之长的年轻人回流至二三线城市，重构自己的生活与事业？大致有四点：完备的生活配套、有特色且包容性强的城市基础基因、丰富的产业以及及时作为的政府机构。而天府软件园的责任就是补齐成都电子科技产业的拼图。经过数年持续招引、培育优质企业，如今的成都天府软件园早已成为成都乃至整个西南地区最具产业活力的电子信息产业园之一。

天府软件园坐落在成都的三环外，核心区域属于成都高新区。

早上 10 点来到这里，会看到踩着错峰上班时间的员工不断涌入一栋栋写字楼，由于年轻的面孔实在太多，使得这里更像是一所大学的校园，而非一个年产值超 3000 亿

西南地区积聚互联网创业者最多的地方莫过于天府软件园

元的国家级科技企业孵化器。

据天府软件园有限公司副总经理朱云凯介绍，目前，园区已形成应用软件、通信技术、IC 设计、大数据、云计算、移动互联、数字娱乐、共享服务中心等几大产业集群，是国内外知名软件和信息服务企业在华战略布局的重要选择地，也是中国西部发展软件与信息技术产业领先的专业化科技园区。

在官方的介绍中，作为首批国家软件产业基地之一、国家创新人才培养示范基地、首批“国家备案众创空间”以及首批“国家数字服务出口基地”之一，成都天府软件园的核心区域已经扩展到了 200 多万平方米，吸引 300 多家企业入驻，常驻办公人口数以万计。值得注意的是，最重要的参与主体企业们，已经随着中国产业经济的全方位发展而悄然变化。

“原来我们软件园很多都是科技企业的外包公司，或者外企，比如 IBM、SAP、EMC、飞利浦、马士基、西门子、爱立信、DHL、普华永道、NCS 等等。近年逐渐孵化了许多本土初创企业，我们的服务重心也变了。”

朱云凯告诉记者，如今园区内已经孵化出极米、医联、拟合未来、百词斩、咕咚、tap4fun 等众多国内外领先的企业和产品，“动漫、游戏等文娱产品我们也推出了不少，爆款游戏《王者荣耀》、动漫电影《哪吒之魔童降世》都是诞生在天府软件园”。

早在 2018 年，成都原创动画行业就已经有“苦尽甘来”之感。那一年，冰翼动画制作的动画电影《扶桑岛》上映，而《凤凰》《哪吒：魔童降世》《雪孩子》等多部成都制作也在那时计划在 2019 年登陆全国院线。成都动画力量的集体爆发正逢其时。

凭借《打，打个大西瓜》横空出世的新人导演杨宇（饺子），决定扎根成都也是深思熟虑的结果。当时小有名气的主创团队刚刚开始创业，就收到很多外地的招商意向，考虑到成都的动漫、游戏等人才优势很明显，从业人员基数大，艺术氛围足，最终还是选择了成都天府软件园，“成都的生活节奏和环境，适合我们这种创意型团队的发展，事实也表明我们的选择是明智的”。

一个成熟的产业园除了需要大力投入

电脑报记者听取天府软件园的导播讲解

饺子导演手稿

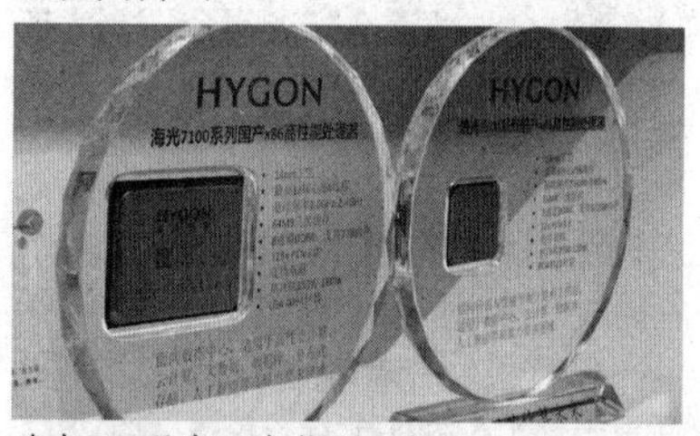

海光7100国产x86架构处理器

瞪羚谷·数字文创园

于招商引资，还要实现资金、人才、圈子、市场的良性循环，而这一链路正是天府软件园永续发展的源头活水之一。

软件园孵化的初创企业有所成后，也会变身为新的“天使投资人”，继续在天府软件园挑选最佳投资标的，持续为新企业注入能量。比如游戏制作公司成都棱晶科技有限公司，其创始人多出身于天府软件园的科技企业，比如前 COO 宋凯峥，其老东家，也是公

司的首批投资人之一，就是手机移动影像产品提供商 Camera360（品果科技）。

软件园资源之集中，从企业融资数据可窥得一二。据不完全统计，2022 年天府软件园及其姊妹园区共发生了 20 余起投融资事件，包括趣睡科技、桃子健康、飞英思特、鱼泡科技、玖锦科技等在内的一批具有行业竞争力和技术先进性的企业，取得 IPO 上市或融资等进展。

在朱云凯看来，园区服务者不应该仅仅将自己定位为物业，“我们是连接传达政策、资源的桥梁，就该发挥出桥梁的作用”。

一家企业进来找不到契合的人才怎么办？园区企业每年可以通过天府人才行动“城市行”“校园行”和“寻找创业合伙人”计划，在北京、上海、深圳、广州等国内一线城市帮助企业招聘各层级人才，这些活动每年可以帮助园区企业吸引超过 5000 名 IT 人才加入。企业扩张中需要基础服务怎么办？针对有出海需求的企业，园区也会积极协调，比如全面开放华为云开发、手游测试平台服务、移动应用安全测试平台等公共技术平台服务，并联合大企业为创业者提供软件技术开发咨询服务。

不断成长的新兴企业

除了天府软件园，瞪羚谷·数字文创园、中国——欧洲中心和 AI 创新中心同样是园区发展的重心。

AI 创新中心地处成都新川创新科技园核心区域，主要围绕人工智能、5G 等新兴产业发展，聚焦云计算、大数据等重点产业。园区总建筑面积计划在 100 万平方米，如今已经有新华三、百度、绿盟科技、快收、中科创达等企业相继入驻。

近年来，天府软件园及各姊妹园区企业发展较快，涌现出九洲迪飞、科道芯国、智元汇、厚普股份等十余家国家级专精特新“小巨人”企业，华微电子、海光集成、极米科技等产业链链主企业，及飞英思特、觅瑞科技、必控科技、华大恒芯、中天鹰眼等近百家四川省专精特新中小企业。

其中成立于 2014 年的海光信息，前两大股东为中科曙光与成都国资，股份占比分别为 32.1% 与 19.53%，主营业务是研发、设计和销售应用于服务器、工作站等计算、存储设备中的高端处理器。

公司产品包括海光通用处理器（CPU）和海光协处理器（DCU），目前海光 CPU 系列产品海光一号和二号已经实现商业化应用，广泛应用于电信、金融、互联网、教育、交通等领域。海光三号完成实验室验证，海光四号处于研发阶段；海光 DCU 系列产品深算一号已经实现商业化应用，深算二号处于研发阶段。

国内芯片产业逐渐崛起，国产替代势在必行。

重庆仙桃数据谷：实干为先

和成都不同，重庆主要依靠制造业起家，产业研发和制造基地众多，仙桃国际大数据谷走的则是“轻产业”的路线，在 2021 中国软件产业年会上被评为中国最具活力软件园。

仙桃数据谷位于重庆渝北区，九年前，这里还只是一座小山村，数据谷之名正是取自“仙桃”这一村名，其蝶变始于 2014 年，在重庆市各级政府的支持下，两年后便实现交付运营。如今这座面积仅有 2 平方公里的数据谷，密集分布着逾千家数字经济企业，被认定为重庆市首批软件产业园之一，也是重庆建设国家数字经济创新发展试验区的重要板块。

山城重庆以 5D 城市景观闻名，仙桃谷同样在空间载体上独树一帜。穿过山林隧道，重庆的雨雾包裹着的创新创业城足以让观者驻足——6 座层层扭转的“小蛮腰”、1700 吨重的“指环王”造型连体建筑以及全玻璃“立方”的会议中心、积木造型的仙桃国际大数据学院均彰显着数据谷的前沿之姿。

“产业园很多，我们要做的是差异化，但无论如何，最终的目的还是帮助企业实现产品真正的落地商用。”仙桃产业园媒体负责人李鑫一语道出数据谷实践为先的目标：“当前数字经济在仙桃国际大数据谷展现得很充分，软件信息服务业已是仙桃数据谷内的主导产业，在谷内注册的 1024 家企业，70% 以上都是从事软件信息门类。”

早在建设之初，数据谷就决定要走特色化发展路线，不可能既要工业制造，又想发展软件综合实力，因地制宜，聚焦大数据、集成电路设计、软件信息、汽车电子等前沿领域才是可取的发展路径。

如今的仙桃数据谷已然形成自己的特色优势产业区，包括以汽车软件产业为突破口的中国软件名园、百亿级集成电路（IC）设计产业园等等，长安软件科技、智能汽车软件解决方案商北斗星通（奥莫软件）、摩尔精英、OPPO 元时空、浪潮工业机器视觉全国总部、国产车规级芯片厂商黑芝麻等企业都被吸引至此。

以数据为驱动力，软件产业为基础，全面覆盖集成电路设计、制造、封测、设备及材料等全产业链环节，最终围绕各类智能终端实现落地应用——这是仙桃数据谷的发展之道，也是企业愿意投身于此的动力。

以汽车智能化为例，对于北斗星通、黑芝麻等企业来说，核心技术都包括对数据的利用效率。“无论是做决策，还是感知层，公司的技术最终要体现在数据的利用效率上。所以，能够把数据利用效率提高、把数据价值挖掘得更高、相应的工作积累更深等要素综合在一起的公司才有核心竞争力，而不是

“指环王”等办公楼宇

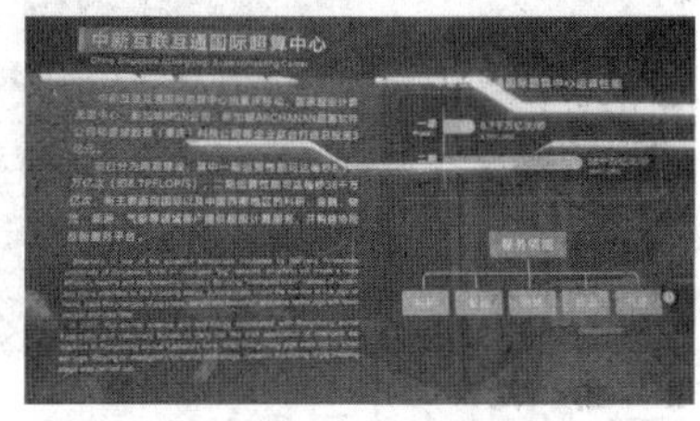

超体科技专注人工智能、大数据类产品项目研发，为中新互联互通西部陆海新通道建设提供创新产品和技术支持

园区内的5G自动驾驶示范运营基地

短期内做一个模型，或者做一个小的算法来获得竞争力。”

在智能驾驶相关技术人士看来，汽车的智能化除了底层系统工程化的能力之外，一个公司对系统资源方面的整合能力同样重要，而仙桃数据谷提供的正是一个理想的“开源社区”，以供企业更自如地运营处理自动驾驶大数据，以及相应的算法模型测试。

在这里，有中国首个正式投用的 5G 自动驾驶示范运营基地和 5G 自动驾驶公共服务平台，为车企提供自动驾驶车辆开发的前期验证；基于仙桃数据谷，中国汽研院、长安软件、启明星辰等机构与企业一同搭建了智能汽车安全监测平台，为车辆的测试保驾护航。

在走访过程中我们发现，在外部环境的刺激下，数据谷软件企业发展呈现出更加火热的态势。如今，中美脱钩趋势愈加明显，车企尤其是国资背景的车企，都倾向于打造国产芯片或整体的软件备份方案，这也加速了国内汽车产业链软件供应商的上车过程。一位芯片制造商告诉记者，在今年上海车展上，国产车规级芯片企业的宣发热度“不输新车”。

找好定位、优势互补、高质量地发展，成就了如今的仙桃数据谷。在之后的专题中，本报记者仍将走进企业，以各软件产业园为线索，找寻创新企业可持续发展的关键点。

工作站揭秘

■ 记者 徐远志 吴学松

引：从《深海》制作中牺牲的几十台“高配电脑”说起

要说最近最令人震撼的电影，情怀大片《灌篮高手》都得靠边站，必属画面美轮美奂、特效逆天的大片《深海》。很多观众看后感叹：这绝对是动画片画质的“新天花板”。而这部冲击10亿元票房的动画巨作，仅制作成本就超3亿元，制作周期长达7年。它的官方纪录片，为我们呈现了制作的艰辛。其间还记录了一个“惨烈细节”，那就是在制作过程中，因为屋顶漏雨，损失了四十多台“高配电脑”，而它们中的大部分，其实就是“工作站”。

▲动画电影《深海》正片截图

而提到工作站（Workstation）这种产品，话题就变得非常有趣了！简单说，它是一种80%的人“完全不懂”，近20%的人“懂一点，但又‘着实看不明白’”，真正弄得明白的人不到1%的“神秘产品”。

你就是那80%完全不懂的人？没关系，请往下看一分钟，你马上就能晋升为“懂一点，但又‘着实看不明白’”的Level 2人群^__^！3、2、1，计时开始！

简单说，工作站和普通电脑硬件上有什么不同？

从硬件端说，最典型的工作站电脑是由

“专用处理器＋专用主板＋支持ECC（错误校验）的内存＋专业显卡”构成的。

对比个人电脑（PC），工作站（Workstation）的硬件区别很明显，比如英特尔平台端：

·个人电脑常用处理器是酷睿（Core）品牌，如今基本上每代酷睿处理器都分了i3/i5/i7/i9四个档次。

·个人电脑常用显卡是NVIDIA的消费级显卡GeForce系列，比如GeForce RTX 3060/4070/4080/4090等。

·主板也是个人电脑专用的，比如第13代酷睿可用Z790/B760芯片组款型。

·工作站使用的处理器则是至强（Xeon）品牌。至强处理器分为服务器用和工作站用两大类，而最新的工作站处理器是W-2400和W-3400系列，再细分，就是W3/W5/W7/W9四个档次。

·工作站通常搭载专业显卡，时下比较新的是NVIDIA的RTX A6000/A5500/A5000/A4500/A4000等，还有入门级的T1000、T600；另外还有用于深度学习的GV100等。

·主板也是工作站专用的，比如W790芯片组主板，就对应最新的至强W-2400和W-3400系列处理器。

看到这里，恭喜，你已经从“80%的Level 1人群”进阶到了“近20%的Level 2人群”。

不过为什么又说这Level 2是“懂一点，但又‘着实看不明白’”呢？因为，只要你看看工作站的价格和奇特的现象，你极有可能“又整不明白了”^__#！

谜一般的工作站（配件及整机）售价，和“奇怪的现状”

如今大家配台24核32线程的i9-13900K处理器＋RTX 4070显卡高性能台式机，价格也就万元起，品牌机1.8万元左右。若是笔记本，甚至万元不到就能买到。但处理器核心数量和显卡规格类似的典型工作站产品，价格则是以“万元”为单位的。下图中是国内品牌的“DIY工作站”，使用至强W-3400处理器，显卡还是消费级的而非专业卡，价格动辄六七万元！若是搭载多块专业显卡的至强W9-3495X工作站，价格要20万元以上——注意，这还仅是“DIY品牌”的价格，还不是联想戴尔这样的整机品牌，后者会更贵。

典型的工作站整机，价格缘何这么贵呢？

答案是：因为构成典型工作站产品的各种配件，价格都比个人电脑配件贵很多！有些价格差异甚至是十倍！

处理器端，目前最新的第13代酷睿i9-13900K，建议零售价为589美元；而至强W9-3495X处理器，建议零售价格则是十倍差异，高达5889美元！

显卡端，当下主流的RTX A6000/A5500/A5000专业显卡，价格都在万元之上；如果是高端的Quadro GV100显卡，价格更是高达50000元＋！相比起来，

消费级顶级显卡 RTX 4080/4090 只要 8700 元 /14000 元，“主流强卡”RTX 3060 甚至只要 2500 元左右，价格也不在一个档次上。

主板端，相同品牌情况下，消费级主板(比如最新的 Z790 芯片组)和工作站用主板(比如 W790 芯片组)也有数倍差价。

OK，现在大家知道了一点：典型的工作站电脑超级贵，是因为处理器、专业显卡、主板等配件都贵。不过，这有啥“看不明白”呢？那么，请用消费级和工作站的处理器、显卡，具体对比一下规格和售价。

Xeon w9 / w7 / w5		
w9-3495X	56/112	$5889
w9-3475X	36/72	$3739
w7-3465X	28/56	$2889
w7-3455	24/48	$2489
w7-3445	20/40	$1989
w5-3435X	16/32	$1589
w5-3425	12/24	$1189

Xeon w7 / w5 / w3		
w7-2495X	24/48	$2189
w7-2475X	20/40	$1789
w5-2465X	16/32	$1389
w5-2455X	12/24	$1039
w5-2445	10/20	$839
w3-2435	8/16	$669
w3-2425	6/12	$529
w3-2423	6/12	$359

和消费级处理器进行对比，先按照相同线程比较：

·20 线程(14 核 20 线程)的消费级处理器 i5-13500 建议售价为 232 美元；而 20 线程(10 核 20 线程)的 W5-2445 建议售价为 839 美元，是前者的 3.6 倍！

·32 线程(24 核 32 线程)的消费级顶级处理器 i9-13900K 建议售价是 589 美元；32 线程(16 核 32 线程)的 W5-2465X/W5-3435X 建议售价分别是 1389 美元和 1589 美元，是前者的 2.3 倍和 2.7 倍！

再按照同物理核心数比较：

·24 核的消费级顶级处理器 i9-13900K 建议售价是 589 美元；24 核的 W7-2495X/W7-3455 建议售价是 2189 美元和 2489 美元，是前者的 3.7 倍和 4.2 倍！

然后看看专业显卡和消费级显卡的对比。按照一般性常识，比较 CUDA 核心数相近的款型：

·CUDA 核心数 16000+ 的消费级显卡 RTX 4090，零售价人民币 14000 元左右；CUDA 核心数 18000+ 的最新款专业显卡 RTX A6000 Ada 架构版，零售价人民币 58000 元，是前者的 4.1 倍！

而这，就是大部分“稍懂行的人”看不明白的点：看似相同的规格，凭什么工作站配件贵那么多？就因为它叫至强或是专业显卡？

但，以上还不是真正让人看不明白和糊涂的，如今，让人“彻底晕菜”的是：当你在电商平台搜索“工作站”，会发现铺天盖地而来的并不是我刚才给你看的那些天价产品，而是几千元，甚至“3999 元的工作站”。它们基本都搭载酷睿消费级处理器，内存甚至仅 8GB，也不用专业显卡，大部分甚至是集显！所以，前面讲的都仅仅是“理论知识”？关于工作站的一切都已经彻底颠覆？那些天价处理器和昂贵的专业显卡其实无人问津??

看到这里，恭喜你正式成为一个“迷惑的 Level 2”！关于工作站的传统认知突然给打破了。似乎，传统的工作站产品如今已无人问津了？但，也正是从这里开始，才进入这篇文章的核心。我们将一步一步，把所有关于“工作站”电脑的困惑一一解答。

工作站变迁史，消费级处理器多核爆发，消费级显卡性能飙升，Easy Money 生意消失

故事要从 N 年前讲起，那时，消费级处理器还长期停留在 4 核 8 线程上，所以彼时工作站产品是“Easy Money”(轻松赚钱的生意)！6 核 8 核的至强处理器工作站，搭载入门级专业显卡就能卖几万元。

但随着处理器竞争的加剧，“核战争”爆发，消费级处理器的核心数量在几年之内狂翻几倍到现在的 16 核、24 核！同期，消费级显卡性能也突飞猛进，如今已有 CUDA 核心数高达 16000 个的消费级显卡了，最大显存也来到了 24GB！

如此一来，之前很大一部分低端工作站干的活儿的确给消费级处理器 + 消费级显卡抢了！大家不再需要掏几万元去买 6 核、8 核至强 + 入门级专业显卡的入门级工作站了。而恰好，“工作站”产品本来就没有特别严格的配置标准，所以现在大家看到，大量入门级工作站，虽然有“工作站电脑的外壳”，但里面基本就是消费级配件，价格也非常便宜——这，就是时代的变迁。早期的 Easy Money 生意，从此消失了！

从至强系统的真正特性说起，典型的工作站，活跃在真正的专业领域

那么，我们是否可以理解为“搭载至强处理器、专业显卡、ECC 内存”的“典型工作站产品”日渐式微了呢？

不！其实“被取代的”，是相对低端、入门的产品。而“真正典型的工作站产品”，其“独特卖点”是消费级电脑无法比拟的。而且，它们也在进化，开始以不同的形态，活跃在真正的专业领域。而且，这种“需要典型工作站产品的专业领域”，如今越来越多了(后面会解释)。

Ⅰ.至强处理器和专业显卡真正强的特性是什么?

前面的“同规格比较”，数倍的价差，让不少人困惑！但实际上，是因为大家“还不够真正懂行”。无论是至强处理器，还是专业显卡，都有自己“真正强大的、消费级配件难以比拟的特性”。

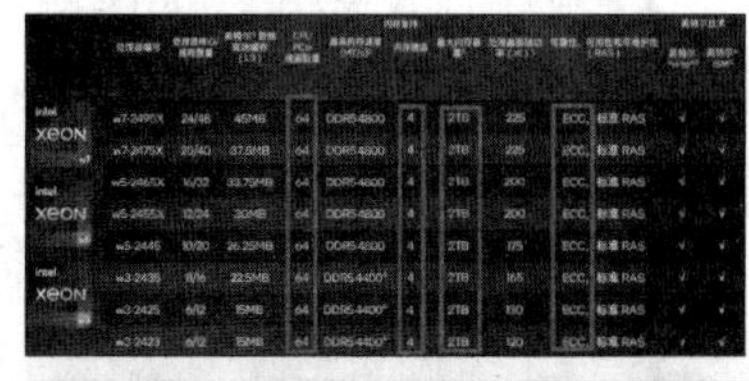

[illegible]	[illegible]	[illegible]	[illegible]	[illegible]	[illegible]	[illegible]	[illegible]	[illegible]	[illegible]	[illegible]	[illegible]
w7-2495X	24/48	45MB	64	DDR5-4800	4	2TB	225	ECC,	标准 RAS	√	√
w7-2475X	20/40	37.5MB	64	DDR5-4800	4	2TB	225	ECC,	标准 RAS	√	√
w5-2465X	16/32	33.75MB	64	DDR5-4800	4	2TB	200	ECC,	标准 RAS	√	√
w5-2455X	12/24	30MB	64	DDR5-4800	4	2TB	200	ECC,	标准 RAS	√	√
w5-2445	10/20	26.25MB	64	DDR5-4800	4	2TB	175	ECC,	标准 RAS	√	√
w3-2435	8/16	22.5MB	64	DDR5-4400*	4	2TB	165	ECC,	标准 RAS	√	√
w3-2425	6/12	15MB	64	DDR5-4400*	4	2TB	130	ECC,	标准 RAS	√	√
w3-2423	6/12	15MB	64	DDR5-4400*	4	2TB	120	ECC,	标准 RAS	√	√

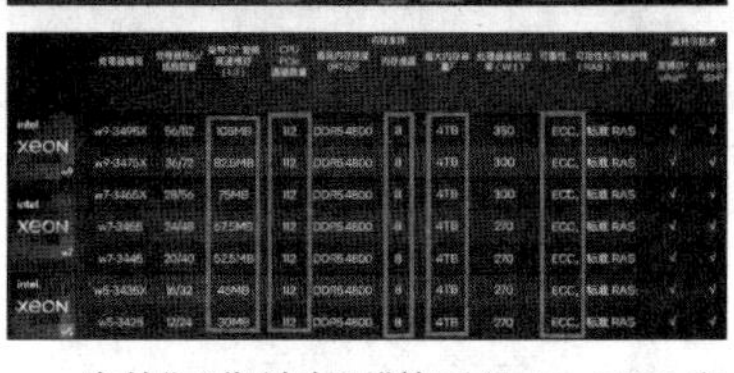

[illegible]	[illegible]	[illegible]	[illegible]	[illegible]	[illegible]	[illegible]	[illegible]	[illegible]	[illegible]	[illegible]	[illegible]
w9-3495X	56/112	105MB	112	DDR5-4800	8	4TB	350	ECC,	标准 RAS	√	√
w9-3475X	36/72	82.5MB	112	DDR5-4800	8	4TB	300	ECC,	标准 RAS	√	√
w7-3465X	28/56	75MB	112	DDR5-4800	8	4TB	300	ECC,	标准 RAS	√	√
w7-3455	24/48	67.5MB	112	DDR5-4800	8	4TB	270	ECC,	标准 RAS	√	√
w7-3445	20/40	52.5MB	112	DDR5-4800	8	4TB	270	ECC,	标准 RAS	√	√
w5-3435X	16/32	45MB	112	DDR5-4800	8	4TB	270	ECC,	标准 RAS	√	√
w5-3425	12/24	30MB	112	DDR5-4800	8	4TB	270	ECC,	标准 RAS	√	√

先从“工作站专用”的至强 W-2400 和 W-3400 系列处理器说起：

●至强 W 系列处理器，CPU 内置的 PCIe 通道数多得多，W-2400/W-3400 系列内置 64 条 /112 条 PCIe5.0 通道！而消费级处理器，如第 13 代酷睿，CPU 内置 PCIe5.0 通道仅 20 条。新一代至强 W 是消费级处理器的 3.2 倍 /5.6 倍。

●另外，至强 W 支持的内存通道数和内存容量都极大，W-2400 支持 4 通道最大 2TB 内存，W-3400 支持 8 通道最大 4TB 内存。而第 13 代酷睿最大支持的内存通道 / 容量是 2 通道 /192GB。至强对内存通道的支持是消费级的 2 倍 /4 倍；内存容量是消费级的 11 倍 /21 倍！

●至强处理器支持 ECC 错误检验内存，而消费级处理器并不支持。ECC 内存可确保任务不会在半途报错、宕机——这对于动辄上百、数百小时的项目运算非常重要。而一些大型工程，往往是由上千个“数百小时的子项目”构成的，ECC 内存的价值可见一斑。

●真正的多核至强处理器，L3 级缓存容量也更大一些，某些应用的性能会更好。

●至强 W-2400 和 W-3400 系列都支持 AVX-512 指令集，可用于 AI、高性能计算应用加速。酷睿消费级处理器目前都不再支持 AVX-512 指令集。

再来说说专业显卡的特性。

●以 RTX A6000 为例(它算是当下较强的工作站用专业显卡)，其 CUDA 核心数

10752 个，显存容量高达 48GB；而 CUDA 核心数类似的 GeForce RTX 3080Ti/4080 消费级显卡，显存容量仅 12GB/16GB。也就是说，专业显卡，尤其是高端专业显卡，显存容量更大，最大可至 3~4 倍。

●还有个细节就是对 ECC 的支持——如今的 RTX 专业显卡，大部分采用了 ECC 错误校验显存。而消费级显卡，再高端都不支持。

●高端的专业显卡还支持"NVLink"，可通过桥接实现"火力翻倍"。而新款的 GeForce RTX 消费级显卡大部分不再支持 NVLink 功能了，只能"单兵作战"。

Ⅱ. 体现在产品形态上，终于明白了"真·工作站"形态为何能如此豪横

看完了上面的介绍，现在大家应该明白：至强处理器、专业显卡，并非"智商税"，也不是简单地"换个名字赚大钱"，而是"有真本事的"！而结合上面这些数据，大家也就很容易明白，为什么工作站主板、真正的典型工作站产品，看起来总是那么"豪横"了^___^。

▲来看一块超微（SuperMicro）的 W790 芯片组工作站主板：它带有 16 根 DDR5 内存插槽，若每根插 128GB 容量，正好插满 2TB（2048GB），即 W-2400 系列的支持上限；若每根 256GB 容量，则正好是 4TB（4096GB），即 W-3400 系列的支持上限。另外，它还带有 7 根 PCIe5.0×16 的插槽，正好是 112 条 PCIe5.0 通道，达到 W-3400 系列的支持上限。它还板载了 4 个 M.2 2280 SSD 插槽。当然你也可通过 PCIe 插槽插接扩展卡支持更多的硬盘！还可插多块显卡！

▲至强 W-3400 处理器，从其插槽与内存插槽的大小关系就能看出它是块"大板砖"，封装面积比消费级酷睿处理器大得多。

▲而一台生猛的"真·工作站"，可以豪横成这样：16 根内存插满，4 块专业显卡，以及数量庞大的硬盘。

▲实际上，工作站还可以是"双路"的，也就是插了两颗至强可扩展处理器的工作站，它与前者的侧重点有所不同。

Ⅲ. 那么，什么应用需要这些生猛的特性和夸张的配置呢？

了解了典型工作站配件的特性，了解了"真·工作站"产品能达到的夸张配置上限，一个自然而来的问题就是：究竟什么样的应用，才会需要用到如此豪横的配置呢？

前面我已说过，在消费级处理器核心数量暴增、消费级显卡性能飙升后，的确抢走了传统工作站产品的很多业务。且如今，专业设计软件领域的几家大佬（AUTODESK、达索、西门子、Adobe 等），它们的大量设计类软件，只要任务负载不重，其实用消费级平台就能搞定，而这也是如今游戏电脑（高性能电脑）热销的主要原因之一——不少人用它们做相对简单的 CAD、视频剪辑和简单的 3D 建模，以及平面设计。

但，如果涉及真正负载高的活儿，消费级电脑是完全没办法搞定的！必须，或者说至少要借助强大配置的工作站产品。

●比如游戏场景设计、电影特效和动画特效建模等（渲染就更别提了，得靠服务器集群、渲染农场来完成，这是另外的话题了）。

●比如设计汽车发动机、飞机发动机，或者一辆汽车、一架飞机。

●另外，即便是一些看起来很常见的应用，当负载程度和精度提升后，消费级电脑也难以搞定，也需要高配置的工作站。比如视频剪辑，如今用轻薄本都能剪辑 FHD 级别的手机拍摄视频，但当你的视频素材变成高码率 8K 时，相信我，消费级电脑是搞不定的！

另外大家还得明白：不同的应用类型，对工作站的性能需求点也是不同的，甚至是截然不同的。

●先说游戏、电影、动画的三维建模。

还是举前面我提到的动画巨作《深海》，仅仅一个场景中，就有数亿个粒子。这样精致的电影特效，对图形性能的要求是极高的。所以，即便是建模和粗渲染，消费级电脑也搞不定。

而涉及如此大规模的特效的建模、粗渲染，对处理器和显卡都有极高的要求，且是属于"上不封顶的需求"——处理器核心数越多、功率释放越强、频率越高，显卡的 CUDA 核心数越多、显存越大，效率就越高。这也就是我们看到动画制作公司、影视制作团队，每个人都使用高性能工作站的缘故。

而且，在这个大的领域内，不同的软件，不同的项目，需求也有细分的：比如用 MAYA 做动画建模和简单渲染，核心是显卡要强；但若用 AE 做粒子特效，那基本是靠处理器硬扛，且内存容量越大越好；但若是 Blender 建模和简单渲染，则处理器方案和显卡方案都可选。

前面提到的这台插满了内存和 RTX 专业显卡的顶规工作站就相对适合电影、动画、游戏设计领域。

知识加油站：关于工作站产品的"投入产出比"

不少懂点硬件知识的"老鸟"都持有这样的观点：至强处理器、专业显卡、ECC 内存，同等规格下比消费级电脑贵太多，用消费级的顶规电脑不行吗？即便慢点，但能节约大量开支啊。

但实际上，对于真正需要用到高配置、顶级配置工作站（甚至服务器）的应用来说，这点硬件的钱根本不是个事儿！比如电影《深海》的制作费用就高达 3 亿元以上，而发行费用也超过了 1 亿元，工作站的钱其实占比很小。常规性价比思维中，"效率低一半，但价格便宜两三倍"的成本逻辑在这里完全不适用。还有隐性成本问题：工期长一倍，从正常 4 年（动画电影正常制作周期为 4 年，《深海》是遭遇了特殊情况，长达 7 年）变 8 年，人工费得增加多少？而且，人的工龄中，能有几个 8 年？

●再说工业设计领域。比如发动机设计、汽车设计。这并非单一需求，而是巨大的、复杂的系统工程，需要的工作站产品也有不同。

工业设计是复杂的"系统工程"，尤其是复杂工业品的设计，里面可能涉及数百上千个甚至几千上万个零部件，是巨大的协同工程。也正因如此，工业设计往往是"不同软件商的好几款软件联立使用"，有些是设计单个零部件的，有些是用于全局协同的，有些

是用于仿真计算的。而不同的细分应用,对硬件的需求是不同的。举几个例子:

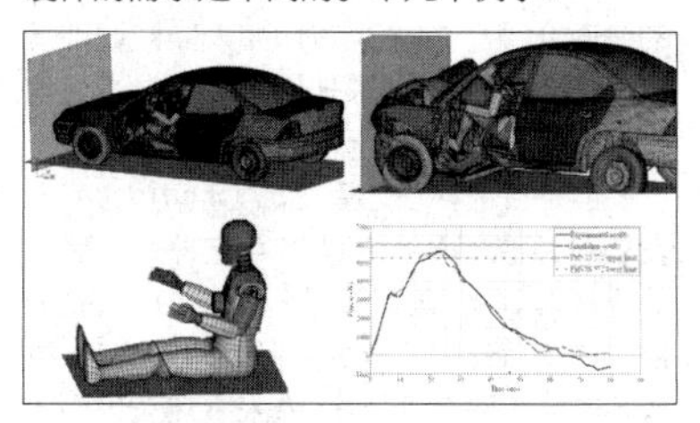

·比如用西门子 NX(UG)做一个发动机的外壳,需要渲染出来看效果。这种渲染是"不断迭代的",迭代次数越多,就越接近真实的视觉效果。而这种渲染,就是吃处理器资源的。处理器核心越多越好,频率越高越好。

·而在工业产品设计中,存在大量的"仿真计算"环节。比如设计汽车,设计师需要知道车在不同速度的行驶中的空气阻力情况、周遭气流分布状况,还得进行碰撞仿真来优化和改进车的框架设计;设计发动机,设计师要知道空气流在发动机内的压力变化、流向变化、速度变化;设计管道系统,设计师得知道管道里的液体流动、相互撞击的情况……这些东西,不可能"一次又一次地实际做实验",那成本和时间都是难以想象的,所以,就要用到计算机仿真计算。

而仿真计算,基本是靠处理器运算。另外不少仿真计算对内存的要求也极高。消费级处理器最高 192GB?不好意思,复杂仿真计算恨不得都用 TB 级的内存——这也就是很多仿真计算用的工作站采用双路至强处理器,插满了内存,但显卡却是一个入门级 T1000 显卡的道理,因为它不太需要显卡的性能。

●最后举些大家不容易想到的例子,比如医学影像、地质勘探等。

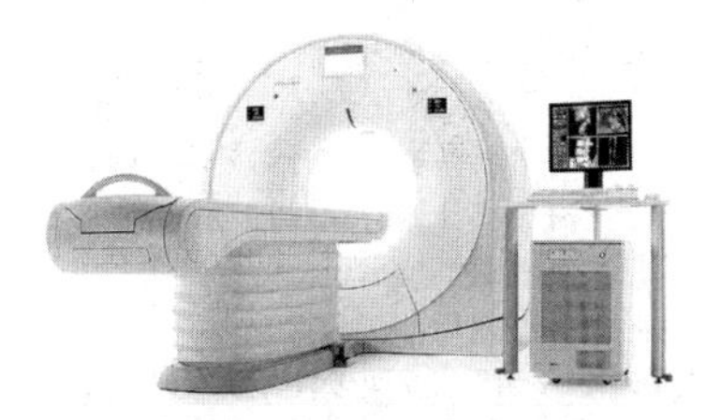

这是台高端 CT 机,很多医院都在用。病人如果做心肺 HRCT,CT 机会将人体上腹部"切片成像"数百张,然后合成为连贯的三维立体影像,这样医生就可以 360° 无死角地观察病人的心脏、肺部等各器官的情况,包含血管的细节,甚至是血管各个角度的粗细变化、血流影像等。而这个成像与合成的过程,当然是越快越好,这样才能提升接诊效率,让医院在尽可能短的时间内收回设备投资(高端 CT 机价格超贵)。因此,每台这种高端 CT 机都会配套一台高端图形工作站,来强化图像处理能力。

这是地质勘探应用中的一个环节,似于 CT 断层扫描成像,适用领域如石油、天然气勘探等。这种勘探是真正的"巨型工程",并不是发现地下有油有气,就伸个钻头进去捅那么简单。就举一个例子,地下天然气、石油的贮藏结构是什么样的得探明。而且,一旦从一个点开始开采,其内部会产生如何的流向,会不会影响进一步的开采,会不会导致地质结构不稳定……这些,都需要根据前期采集到的信息进行仿真分析——这种运算,也是吃处理器和内存资源的。但勘探中的成像和组合环节,则是吃显卡算力的。如前所述,不同的细分应用往往需要用到不同的工作站产品。

工作站需求旺盛,产品百花齐放

很多"个人电脑专家"往往抱有这样的观点:"多核的消费级电脑抢了部分工作站生意,所以宏观上,传统工作站的生意机会变少了。"——而这个观点是完全错误的!

前面我们的确提到了"低端工作站生意被抢,Easy Money 生意消失",但另一方面,更高的需求在不断诞生,甚至于,越来越多了。

举一个应用需求变迁的例子大家就明白了:七八年前,还没多少人玩得起视频制作和剪辑——因为相关设备少,专业性强,价格也高。但现在手机都能轻松拍摄和快速剪辑视频后,并没有让人们做视频的时间因为效率的提升而减少——相反,因为门槛低了,人人都花费大量时间折腾视频,我们彻底进入了视频时代。而在视频时代中,大家对高清、高质量的视频需求越来越旺盛,视频的清晰度和精美程度越来越高,各大影视剧、电影都开始推出高清、超清版,电影的特效也越来越华丽、绚烂……从宏观上说,对高性能的视频制作、编辑、渲染硬件(包括工作站、服务器等)的需求反而是暴增的,从业人数也在暴增——所以,这个道理很明确了吧。

而需求的暴增,也意味着产品端的百花齐放。前面给大家展示的主要是台式工作站,也称桌面工作站,造型就是传统台式机的样子,当然个头往往更大。但实际上,工作站这种产品形态可以是千变万化的。可以是台式机造型、可以是笔记本造型,也可以像机架式服务器,甚至可以是柜子或箱子,形态上并没有严格的限定。

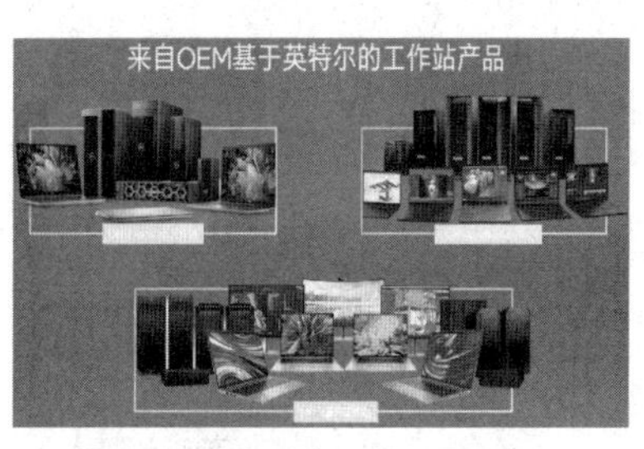

▲以上是工作站常见的几个形态

▲而根据具体的需求不同,它们的造型也能千变万化

而除了形态的丰富,工作站的配置也是千变万化、千差万别的。在前文中,各位已经看到——消费级个人电脑,厂商也可以定义它是"工作站"。当然,典型的工作站配置还是以至强(或线程撕裂者)处理器、ECC 内存、专业显卡和专用主板构成的,也只有这种配置的典型工作站产品,才能"拔高配置上限",真正满足高负载专业需求。而具体到不同类型的专业应用,有些配置强调的是处理器的核心数量和内存容量,有些强调图形性能,有些强调存储,也有要求兼顾的。

最后,工作站产品的"制造商"如今也越来越多。传统的"三大家"(戴尔、联想、惠普)名声虽响,但其他国际 OEM 厂商也在奋起直追。而国内也有大量的 OEM 厂商和行业厂商制造工作站产品,如曙光、浪潮、紫光等。甚至于国内个别新锐 PC 品牌如今也推出了工作站产品,如雷神。另一方面,在工作站、服务器领域,还有不少"专精厂商",如超微(SuperMicro),它不仅为工作站、服务器提供核心配件(如主板、机箱),也参与整机的制造和销售,甚至可构建行业整体解决方案。还有大量的系统集成商,也在根据客户的需求,组装对应配置的工作站或服务器产品。总之,工作站产品的"参与者"越来越多,产品呈现百花齐放态势。

▲中科曙光的工作站产品

写在文末

至此,你已掌握了关于工作站电脑的绝大部分知识,从典型的硬件构成,到它的发展变迁,到它的独特卖点和真正强大所在,以及具体的细分应用,还有相关生态。恭喜你,你已经成为那"不到 1%"的懂行专家!

当然,这篇科普文章也仅仅做了宏观层面的梳理,工作站无论是产品还是具体的应用,都还有很多很多的细节和知识点留待大家去发现和探秘。比如,大家猜猜看,至强 W9-3495X(56 核 112 线程)处理器,"火力全开"时的爆发功率能有多高?而稳定输出的最高功率又能有多高?^___^

真实惠还是玩套路？6·18促销全解析

■ 黄益甲 杨戟 郑超

今年的6·18，比以往时候来得更早一些。

无论是电商平台，还是品牌厂商，都准备在这个6·18大干一场，毕竟这是国内防疫政策全面优化之后第一个“电商节”。近几年因为大环境的关系，各行各业都受到了不同程度的影响，消费者的购买欲望也在降低，因此，行业急需一剂“强心针”来重振市场。

即将到来的6·18就是一个很好的契机，基本从5月中旬开始就已经有6·18相关信息曝出。上周，不少品牌相继官宣了自家的优惠政策，首批产品也已经开始预售，正式拉开了6·18的帷幕。

为了吸引消费者，电商平台也是放出了各种促销方式：秒杀、满减、红包、搭售……归根结底还是刺激消费，获取更多的销量。对于消费者来说，肯定是想花更少的钱，买到心仪的产品了。在仔细研究了各大平台和品牌方的促销政策之后，我们为大家准备了这期6·18购物指南，目的就是帮助大家避雷，买到真正的实惠产品。

“百亿补贴”首次覆盖三大电商平台

今年的6·18和往年最大的不同，就是主流的三大电商平台“猫狗拼”都推出了百亿补贴政策。这个活动最早由拼多多发起，打的就是低价策略，这也让拼多多快速成为头部电商平台之一。

同为百亿补贴，三家的策略还是有所区别，淘宝率先发起了“击穿底价”行动，不用等待预售、抢购，现在就可以在百亿补贴专区直接下单；同时也发起了全网比价活动，买贵必赔，打响了6·18百亿补贴的第一枪。

至于京东，虽然它是最后加入百亿补贴的平台，但6·18一直是京东的主场，再加上今年刚好是京东平台成立20周年，肯定是要大干一场的。为了迎战6·18，参与补贴的商品数量相较于3月份提高了10倍以上，同样也提出了买贵必赔的承诺。

拼多多则在今年4月份就发起了“数码家电消费季”，不少热门产品都参与了这个活动，促销期也一直持续到现在。这招似乎想要告诉大家：主打一个不变应万变，百亿补贴一直都有，“天天都是6·18”。

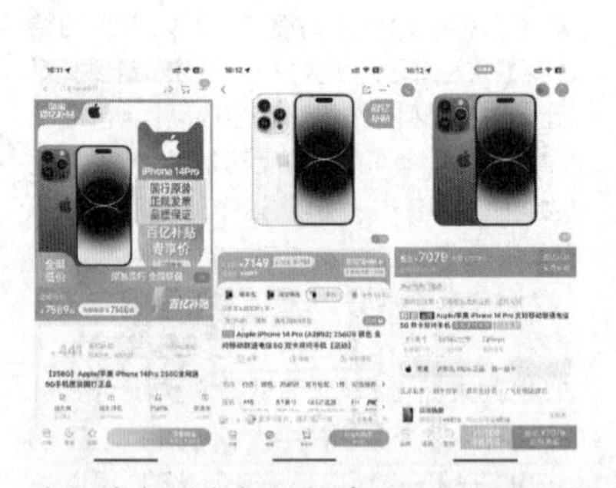

淘宝、京东、拼多多的同款商品比价结果

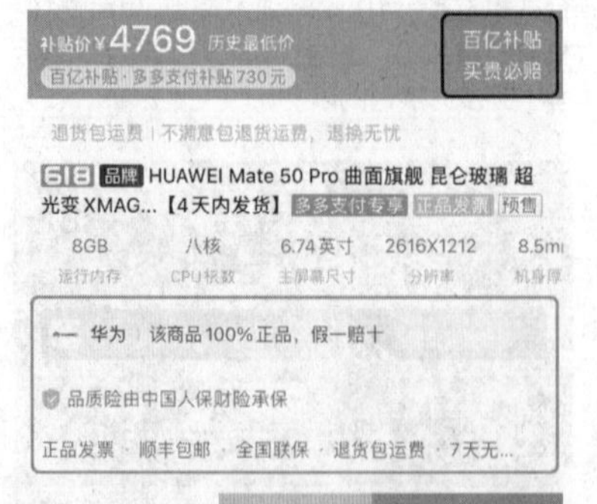

那么，都说买贵必赔，到底哪家更便宜呢？以热门机型iPhone 14 Pro为例，同样的256GB版，在苹果官网和天猫商城都是8899元，京东自营店提供了6·18专属优惠券，打折后只需7779元，比平时便宜挺多。

但是百亿补贴之后优惠力度更大，截至发稿时，天猫、京东、拼多多百亿补贴之后售价分别为7148元、7149元和7079元，差价控制在了百元内。至少到目前为止，还是拼多多的价格稍有优势一些，未来几天也许还会有所调整，就看这几家会不会“打起来”了。

要注意的是，参与百亿补贴活动的部分店铺来自第三方运营，并非官方旗舰店，存储版本、机身颜色不一定齐全，比如拼多多就只有金色256GB版能享受7079元的价格，淘宝的iPhone 14也只有128GB版参与了活动……

当然，这些店铺可能会随时补货，大家一定不能只看价格，尽量选择销量较高、用户评价较好的店铺进行购买。同时，要留意该商品是否支持买贵必赔，以及是否有品牌官方授权、正品发票等，如果到货后出现问题，能寻求平台的协助进行维权。

这些平台都提供了“买贵必赔”服务，但也有一些限制，最关键的一点就是三家都规定必须在订单支付后24小时内提出赔付申请，超时就不予受理了。另外，比价规则也有一些区别，比如对比平台以及商品规格都有限制，在申请时可以详细阅读一下赔付细则。

买贵必赔是针对同一商品在不同平台的价格而定的规则，如果你在A平台花3000元买了一部手机，第二天它的价格变成了2500元，这种情况是不会赔付的。如果你足够“倒霉”，不妨直接申请退款，再重新购买，还是能省点钱的。

想省事的话还有另一个办法，进入已购订单页面看看该商品是否支持保价。目前各大平台的保价服务规则也针对6·18电商节进行了部分调整，比如在3月份京东刚刚上线百亿补贴的时候，是不支持保价服务的，现在政策调整之后，在6月20日之前购买的百亿补贴商品，就可以使用保价服务，如果遇到平台降价，一定要记得申请退款。

还有一点要提醒大家，如果你准备分期购买，参与百亿补贴的商品不一定能省钱。多数品牌方都在自有平台提供了12期或者24期免息分期服务，但使用花呗、白条等分期服务需额外支付服务费，总价/期数越多费用越高，如果补贴金额小于服务费，反而会多花钱。

套路明显减少，不要看不起“羊毛”

不光是百亿补贴，在电商平台中对于常规商品同样也有一定的折扣。

相较于其他平台，经常被吐槽“套路多”

的拼多多反而比较直接，最省钱的仍然是百亿补贴和秒杀专区，直接选购商品就行了，多数商品都可以直接购买无须拼单，不需要花什么心思去做功课。

至于天猫，截稿时官方暂未公布具体的促销政策，目前已知的有定金抵扣、跨店满减、现金红包、品牌主会场等。今年淘宝将重心放在了直播上，从 5 月 21 日起就开启了“6·18 超级直播预售盛典”，整个活动期间都会给予主播流量支持以及“买返红包”等福利，5 月 31 日开门红之后，也会推出直降秒杀等玩法，如果有时间蹲直播，还是能捞到一些实惠的。

京东则相对直接，除了月黑风高夜（限时 5 折抢购），比较吸引人的就是满 200 减 20 优惠券，每天最多能领 3 张，也就是在直降的基础上，每天额外有 60 元的折扣。需要注意的是，官方暂未明确说明这个优惠券是否能在同一商品上叠加使用，付款时要注意一下订单详情。

除了这些直降、抢券等现金补贴，电商平台还提供了一些薅羊毛的小活动，比如淘宝的签到领现金、京东的“拆快递瓜分 20 亿”等。这些活动也很简单，根据提示完成一些页面分享、浏览页面、邀请好友等任务，就可以获取红包奖励或者指定商品优惠券等，虽说只是蚊子腿，空闲时间较多的话，每天点点也能省点钱。

从已经公布的信息来看，今年的 6·18 活动并不复杂，几乎不需要专门做什么攻略，选中自己心仪的产品，直接买就对了。只是平台提供的折扣力度也不会太大，如有刚需，现在买能省不少钱，但没必要专门在这几天为了“省钱”去囤货。

品牌直降才是最实惠的

在平台折扣力度不大的前提下，对于不想凑单多买的用户，肯定更看重那些直接降价的商品，毕竟东拼西凑去享受满减，还不如只买真正需要的商品，才能实打实地省钱——这就要看看手机厂商主动让利，由官方推出的直降活动了。

在诸多品牌中，小米算是最早一批公布 6·18 促销政策的品牌之一，热门新机小米 13 系列、热销榜常客 RedmiK60 系列等都有不同程度的折扣，其中力度最大的还是小米 12S Pro。

作为去年下半年发布的热门机型，小米 12S Pro 这次迎来了 900 元的大幅折扣，最低 3199 元即可入手。要知道这是小米和徕卡合作之后的首款作品，搭载了专业的徕卡光学镜头，还提供了徕卡生动、徕卡经典双画质可选，这样的模式也一直沿用至今。再加上徕卡快门声、徕卡水印等，可以说是保留了原汁原味的徕卡体验，降价之后性价比大幅提升。

今年的新机小米 13/13 Pro 也迎来了首次降价，比首发时分别低了 300 元 /400 元，这两款搭载第二代骁龙 8 移动平台的机型，性能方面完全不用担心，再加上徕卡三摄系统，Pro 版还有 1 英寸大底、长焦，影像能力仅次于小米 13 Ultra，适合看重拍照且预算相对充足的用户。

华为也宣布了 6·18 促销政策，遗憾的是新款 P60 系列目前仍然供不应求，暂时没有折扣。看重价格的话，可以考虑老款 Mate 50，可支付 100 元定金，开放购买时尾款抵扣 600 元，折算下来就是立减 500 元。同样的，Mate 50E 也有 500 元折扣，Mate 50 Pro 更是能减 800 元，一直等待华为手机降价的小伙伴，可以入手了。

不只是旗舰，华为的千元机畅享 60 Pro 也带来了 100 元的小幅折扣，作为一款售价 1499 元的手机，这力度还算不错了。对于一些看重华为品牌的用户，如果对于手机的需求就是看看朋友圈、刷一下短视频，这款手机还是够用的。

vivo 的 6·18 促销活动主要针对 X90/X90 Pro，两款机型的多个版本折扣在 200~500 元不等，对于售价 4000 元以上的旗舰机来说，力度并不算大。

其实 vivo 并没有针对 6·18 特别调价，在“520”的时候就已经开始实行这个定价策略了，这也是 X90 系列首次降价。可见官方对 X90 系列的产品实力还是挺有信心的，按照 vivo 产品经理韩伯啸的说法，就是“咱们一向不怎么过 6·18 的，这卖了半年还坚挺的产品，估计价也就这样了”，显然，在 6·18 期间，vivo 大概率是不会再调整价格了。

其他品牌方面，相对折扣较大的就是努比亚及子品牌红魔了。从官方公布的信息来看，红魔 8Pro/8 Pro+ 都拿出了 300 元的折扣，并且提供了 12 期免息分期，这点还是比较良心的。该系列手机配备了主动散热风扇，在性能方面完全无需担心，系统中也内置了不少针对游戏的特别优化，很适合重度游戏用户。

我们也注意到，努比亚 Z50 同样参与了这次直降活动，这款手机本就是最便宜的第二代骁龙 8 移动平台机型之一，现在 8GB+256GB 版也只需 2899 元就可以买到，如果对价格比较敏感，又想体验一下当前骁龙平台最强的旗舰处理器，倒是可以考虑一下。

“特供机”主打大内存普及

今年的 6·18，值得关注的不光是这些降价促销的机型，按照惯例，手机厂商也会在近段时间推出一些针对电商节推出的“特供机”，这些产品的受众一般都是线上用户，大多较为强调性价比，在硬件配置上比较突出，以吸引参数党的关注。

和往年不同的是，今年的手机市场内卷严重，特别是 3 月份前后推出的中端机型，

更是卷出了新的高度。因为本身售价就不高，各家的定价也几乎是贴身肉搏了，在 6·18 期间自然没有太大的降价幅度。至于新机，价格也很难再往下探了，手机厂商为了刺激消费者，只好在配置上继续内卷。

正如今年春季新品之后我们预测的一样，厂商们普遍在内存配置上发力，Redmi、真我 realme、一加等手机厂商都在一周内扎堆推出了自家新品，无一例外的是，它们都是在老款热门机型的基础上，拿出了 1TB 存储的新版本，并且价格也没有上浮太多，全面开启了“大内存普及计划”。

比如一直都颇受好评的 RedmiK60，就在保留骁龙 8+、2K 屏、5500mAh 长续航等配置的基础上，全面升级了该机的内存搭配。1TB 的存储不必多说，可喜的是该机还全面普及了 16GB 大运存，看重多进程保活又没有大存储需求的话，甚至可以选择 16GB+256GB 版，6·18 期间直降 500 元，只需 2299 元即可入手。

至于 8GB+256GB 版本，它和 12GB+256GB 版相比也只便宜了 100 元，不建议购买。现在，你完全可以在 12GB/16GB 以及 256GB/512GB/1TB 几个内存之间自由搭配，选择也会更灵活。

类似的还有一加 Ace 2V，新推出的 16GB+1TB 版在定金抵扣之后也只需 2799 元，这款搭载天玑 9000 移动平台的机型，很好地平衡了性能和功耗。这也是首款取消屏幕塑料支架的中端机型，背部玻璃也采用了自家旗舰机上的丝绸玻璃工艺，可以说为中端机的外观设计打了个样。再加上 6·18 期间直降 200 元，还送耳机和平台补贴等，福利叠加后性价比也会更高。

同样的，真我 GT Neo5/Neo5 SE 也在同一天推出了 16GB+1TB 的大内存版本。此前，真我 GTNeo5 就是最早在中端机型中推出 1TB 大存储的产品，并且将 1TB 和 256GB 版的差价做到了 300 元，在业界带了个好头。

只是当时只有 240W 快充版本提供了 1TB 的存储方案，现在终于补上了这个遗憾，让不那么看重快充的用户，也能选择大存储机型，同时 16GB+1TB 版本在 6·18 期间的价格也只需 3099 元，要知道这款机型可是搭载了骁龙 8+ 移动平台，作为次旗舰机型，这个价格就能买到 1TB 版本，还是挺有吸引力的。

其实 240W 快充版也只需 3199 元，性价比反而更高一些，目前该系列机型都处于定金预售阶段，在能抢到的情况下，还是建议选择240W 版本。

至于真我 GT Neo5 SE，和 GT Neo5 的主要区别就是使用了骁龙 7+ 移动平台，这是一款近期评价不错的中端处理器，它沿用了许多骁龙 8+ 的设计和功能，能在多数场景满帧跑《原神》。该机在 1TB 大存储的基础上，还推出了圣白幻影新配色，素皮机身会更有质感一些，我觉得比此前的紫 / 黑色要好看一些。

拿出新配色的还有魅族，在久违的魅族 20 系列上，新增了两个配色：魅族 20 的共创白和魅族 20 Pro 的晨曦紫。

这个共创白延续了魅族的“工匠精神”，不只是机身背部用了白色，同时也做到了正面纯白，在目前的手机市场中是比较少见的——毕竟从 2012 年的魅族 MX2 到现在，也只有魅族一直在坚持做正面纯白配色的机型，这对于老魅友来说可谓情怀满满。

至于魅族 20 Pro 的晨曦紫，则是寓意紫气东来、向阳而生，用低饱和度的紫色作为主色调，加上渐变过渡，整体色彩淡雅清新，同时也保证了细腻的手感，极具魅族特色。

和前面几款刚推出的新机（新版本）相比，上周发布的特供机 iQOO Neo8/Neo8 Pro 就显得更有诚意了，这是两款 iQOO 重

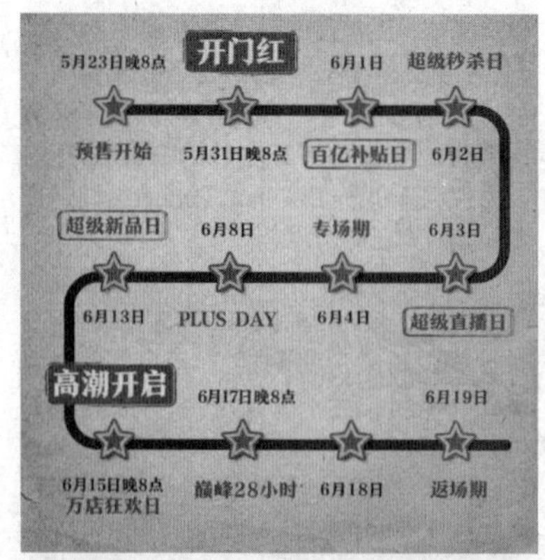

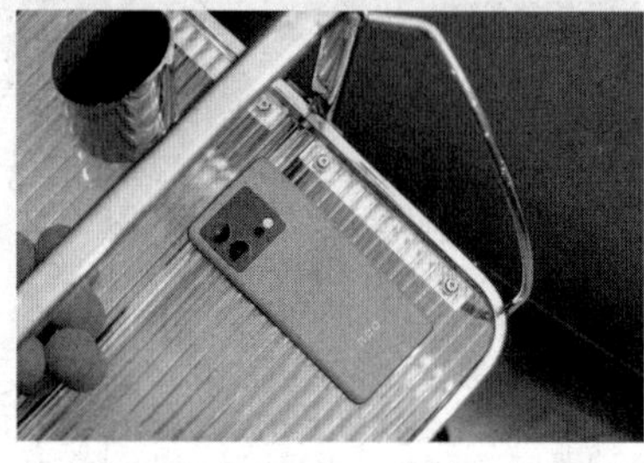

新打造的产品。它们分别用上了骁龙 8+ 和天玑 9200+ 移动平台，前者是去年骁龙平台的次旗舰，后者则是目前天玑平台最强处理器，安兔兔跑分突破了 150 万，是一颗不折不扣的高性能旗舰芯片。

特别是 iQOO Neo8 Pro，起售价在 6·18 期间直降 200 元后能做到 3099 元，在同价位机型中，鲜有敌手，即使是定位更高的第二代骁龙 8 旗舰机型，在性能方面也和它难分伯仲。再加上 V1+ 芯片，能实现插帧、提高画质等功能，是一款很适合游戏党的手机。

纵观近期发布的多款手机，今年的“6·18 特供机”和往年相比发生了较大的变化，除了 iQOO 之外，大多还是在内存配置上内卷，对厂商来说，升级内存比重新研发一款新机要省事不少；对于消费者也是好处颇多的，毕竟现在不少人的换机周期都在 3 年左右，大运存 / 存储的确能很大程度地解决越用越卡和空间不足的问题，再加上大内存版本的差价并不高，长远来看，受益的仍然是消费者。

只需记得以下几个时间点

了解了 6·18 期间的电商活动以及值得关注的产品，接下来就是下单买买买了——在此之前，还有几个时间节点要注意一下。

如果看中的是官方直降或者百亿补贴的产品，那现在已经可以直接下单，不用等了。而其他商品，大多都是采用的定金抵扣的促销方式，比如提前支付 100 元，在 6 月 1 日正式开售时，可以少付 200 元尾款。目前，京东和淘宝都处于“开门红”阶段，一直到 5 月 31 日（淘宝是 18 点截止，京东为 20 点截止）都是预购期，最好在这段时间完成定金支付。

注意，在下单前一定要仔细查看详情页。不同商品的定金、尾款支付时间可能有所区别，部分热销商品并不保证开售后有足够的货源，仍然需要抢购，最好设好闹钟，第一时间完成支付。

在 6 月 3 日之后，就会进入电商平台的品牌专场，许多大牌都和平台进行了合作，在品牌日购买还会有一定的折扣。进入方式也很简单，在淘宝、京东平台直接搜索“超级品牌日”即可进入专题页面，在这里即可看到具体的品牌和活动时间。不光有打折，还提供了积分、现金红包以及实物奖励，多少还是能省点钱的。

对于需要抢购的商品，第一波没抢到的话，一般在 6 月 3 日之后会不定期补货，在最后的 6 月 18 日“决战”之后，仍然会有返场活动，如果认准了某款商品，不妨持续关注一下。

如果你懒得研究，那么只需要记得以下几个时间点：5 月 31 日前选好产品并完成定金支付，5 月 31 日晚结清尾款，等着快递小哥上门就行了。后续也可以隔几天看一下订单页面，如有降价就申请保价退款就行了。

正如最开始提到的，今年的 6·18 对于电商平台以及品牌厂商都是非常重要的，这是京东平台百亿补贴上线的第一个 6·18，同时也是新任 CEO 许冉接棒的第一个电商节；而阿里的组织变革后，也在今年组建了全新的淘天集团，称今年的 6·18 是“有史以来投入最大的一届”……

总结：年中大促助力市场复苏

在整理完本期的购物指南之后，我也看到了平台和品牌方对于本届 6·18 的重视程度，无论是持续时间、宣传规模以及补贴力度等各方面都比往年有了明显升级，毕竟前几年因为大环境限制，无论是厂商产能还是物流以及消费者的收入都受到很大影响，各行各业都需要刺激消费让经济复苏。

但我也发现，今年的折扣力度并没有想象中那么大，有点“雷声大雨点小”的感觉。特别是手机行业，除了 iPhone 等自身定价本来就比较高的老款产品拿出了千元左右的折扣，主流新机几乎只有三五百元的优惠空间，厂商也只能通过提高配置，用“加量不加价”来吸引用户，从而刺激销量，同时保证一定的利润空间，实属不易。

品牌厂商在上半年各种内卷，对于行业来说是正向发展，同时也能让消费者受益，可谓双赢。从近段时间的市场反馈来看，这些产品也获得了不错的成绩，算是积累了不少的“柴火”，这届 6·18，也许就是点燃它们的那一把火，让市场真正复苏起来。

短距通信，国产替代打开新格局

记者 黎坤

供不应求+先天不足，国产短距通信芯片亟待突破

近几年，缺“芯”成为各行各业最担心的情景，有时候是因为产能不足，有时候更是因为欧美的市场封锁，在这种大环境下，国产替代的呼声愈发高涨，国产芯片赛道厂商也自然就顺势爆发增长，打破了许多芯片空白，GPU 芯片、射频芯片、模拟芯片等都开始实现国产替代，推动国产芯片自给率提升至超过三成。据统计数据显示，今年第一季度我国进口的芯片数量较去年减少了 321 亿颗，降幅为 22.9%，按照这样的势头，预计今年芯片进口量将减少超过 1200 亿颗，较去年的 970 亿颗降幅继续减少近三分之一。

而在广袤的芯片市场，短距通信芯片是我们几乎天天都在接触，而又没有太多感知的领域，所谓“短距通信”，顾名思义，就是在相对较短距离下进行数据通信的芯片，代表产品就是 Wi-Fi、蓝牙、超宽频、NFC 等等，与之对应的就是 4G、5G 蜂窝网络这种长距离通信技术。

从技术上来看，短距通信并不是新鲜事物，但为什么在今年会显得如此重要，主要是因为以 Wi-Fi 芯片为代表的短距通信正处于急速发展阶段：虽然在 Wi-Fi4 时代，以华为海思、乐鑫、博通集成为代表的厂商在物联网芯片领域抓住了契机，但可惜的是，当 Wi-Fi5 标准发布之后，由于种种原因错失了扩大“战果”的契机，导致在这一市场的缺席，国产与国际一线的技术差距就此拉开。

如今 10 年过去，当高通、博通、联发科等大厂都已宣布推出 Wi-Fi 7 产品时，大部分国内厂商仍停留在 Wi-Fi 4，而 Wi-Fi 6 作为 Wi-Fi 历史上最快、最成功的版本，在短短两年内就发展到拥有 5 亿台设备的生态系统，对高带宽、低延时有较高要求的远程教学、在线协同办公、视频会议等需求的爆发，进一步加速了 Wi-Fi6/7 产品更新，预计到 2025 年，Wi-Fi 6/7 产品的占比将接近 50%，所以如果在这个节点我们还不加快速度迎头赶上，差距将会大到很难弥补的境地。

但好在，伴随着国家政策的扶持力度增大，国内 Wi-Fi 芯片厂商不再是一众老将征战沙场，也有以物奇微、爱科微、科睿微为代表的 Wi-Fi“小将”争相涌入，虽然国内龙头海思遭受禁运，但其技术积累比较深厚，所以理论上并没有在技术上被拉开太多差距。而从第二梯队相比来说，之前虽然国内品牌较少，但最近几年 Wi-Fi 4 芯片的量产厂商开始增多，而且还出现了很多短距通信的初创团队，其中不乏在技术背景、经验积累、运营服务等方面均颇具实力的公司，所以国产短距通信芯片行业的整体实力还是不容小觑的。

市场虽然不大，但前景波澜壮阔

据 IDC 的最新报告《2023—2027 年全球 Wi-Fi 技术预测》显示，2021 年，受疫情驱动的市场变化推动下，Wi-Fi 产品出货量增长了 8.6%，然而在 2022 年，随着市场需求在下半年的下降，Wi-Fi 产品出货量下降 4.9%，总出货量降至 38 亿颗。同时 IDC 预测，2023 年市场将相对平稳，出货量也仅为 39 亿颗，而 2024 年将增长 6.4%达到 41 亿颗。随着更多面向物联网设备的 Wi-Fi 6 芯片组进入市场，这些产品将扩展到更多物联网设备，Wi-Fi 6 或 Wi-Fi 6E 将占 2023 年 Wi-Fi 产品出货量的三分之二。

从 Wi-Fi 芯片的格局来看，按应用场景主要分为三大类型，其一是智能手机、平板、电视所使用的 Wi-Fi 芯片，业内一般称之为“Station 芯片”，这类 Wi-Fi 芯片以 SoC 集成的形式为主，对外挂形式的 Wi-Fi 芯片存在排他性，所以基本直接和智能手机、平板的出货量挂钩，现在整个市场就是高通和联发科双强竞争格局，目前来看高通智能手机市占率为 30%，与联发科的差距缩小到 3%左右。

第二大分类就是路由器 Wi-Fi AP 芯片，目前这个市场仍处于从 Wi-Fi 5 向 Wi-Fi 6 过渡的阶段，但因为路由器 Wi-Fi 6 芯片采用多天线 MIMO 技术，市

哪怕只看Wi-Fi芯片，中国市场这块“蛋糕”也是越来越大

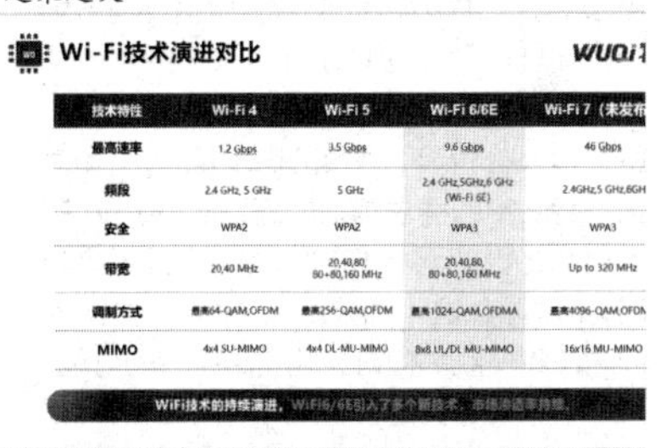

Wi-Fi技术演进对比

技术特性	Wi-Fi 4	Wi-Fi 5	Wi-Fi 6/6E	Wi-Fi 7（未发布
最高速率	1.2 Gbps	3.5 Gbps	9.6 Gbps	46 Gbps
频段	2.4 GHz, 5 GHz	5 GHz	2.4 GHz,5GHz,6 GHz (Wi-Fi 6E)	2.4GHz,5 GHz,6GH
安全	WPA2	WPA2	WPA3	WPA3
带宽	20,40 MHz	20,40,80, 80+80,160 MHz	20,40,80, 80+80,160 MHz	Up to 320 MHz
调制方式	最高64-QAM,OFDM	最高256-QAM,OFDM	最高1024-QAM,OFDMA	最高4096-QAM,OFDN
MIMO	4x4 SU-MIMO	4x4 DL-MU-MIMO	8x8 UL/DL MU-MIMO	16x16 MU-MIMO

Wi-Fi规范的演进速度越来越快，迫使国产芯片必须紧跟节奏以免掉队

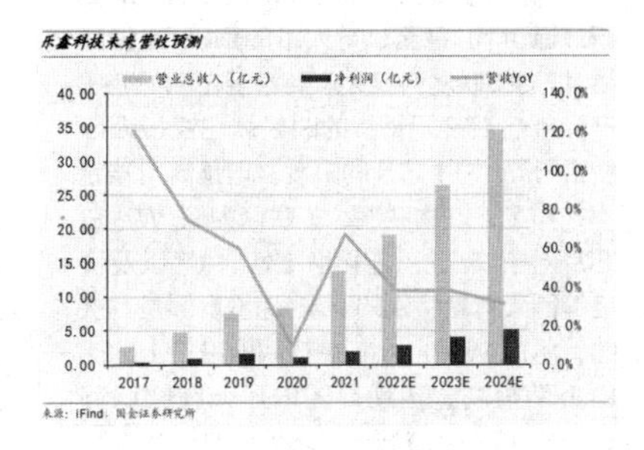

乐鑫科技在物联网Wi-Fi芯片领域堪称“国货之光”

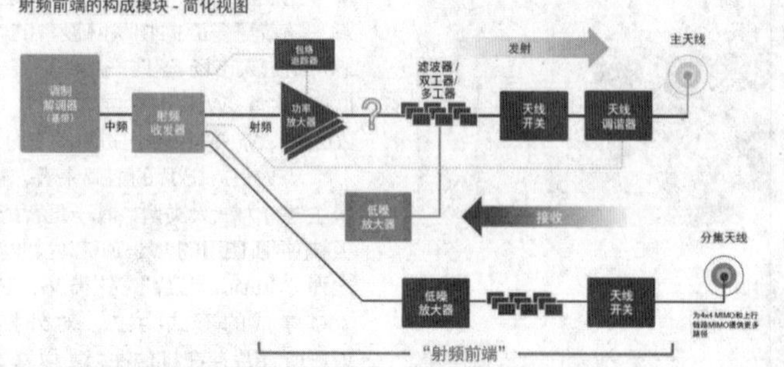

射频前端是目前国产替代走在最前面的细分领域

场对其性能和规格要求最高，毕竟对于Wi-Fi网络来说，路由器AP芯片有点像蜂窝网络中的基站芯片，在实际的应用场景中需要把所有的设备连接到路由器，既要求其性能无瓶颈，也考虑到会有大量不同设备接入，对AP芯片的兼容性要求很高。目前来看只有包括高通、博通、英特尔以及海思等少数国内外芯片厂商可以供货，但系统厂商使用高通和博通的主芯片居多，其中博通是绝对龙头，其Wi-Fi芯片广泛使用在TP-LINK和华为等多款高端路由器上，在产品端也是由高端路由器向中低端覆盖。

正是因为路由器Wi-Fi芯片的设计难度高，投入大，所以长期被国际寡头企业垄断，目前国内除了海思，表现比较抢眼的是创耀科技，目前他们的产品规格处于Wi-Fi 5协议下，主要集成在同公司的网关SoC上出货。由于Wi-Fi 6高并发无线接入以及高容量传输的设计初衷非常符合家庭使用对于高带宽和低延时的需求，因此家用路由器上的Wi-Fi芯片竞争格局与智能手机端类似，随着高速宽带入户的不断普及，这个市场的竞争也会尤其激烈，也有一些业内人士表示了谨慎的态度：随着市场对数据吞吐率的需求越来越高，而Wi-Fi版本也即将更新至Wi-Fi7，技术门槛越来越高，不排除在这个细分市场，未来一定时间内国产和一线之间有性能差距拉大的可能。

第三个分类是物联网等商用领域，对于消费端的Wi-Fi芯片来说，为了抢占或维持市场份额，往往需要厂商投入大量的资金进行研发，紧随最新的技术规范，不断地更新产品世代，甚至进行大量的预研，比如高通、博通和联发科三大厂商甚至在Wi-Fi 6产品都还没开始铺货的时候就已经投入巨资进行Wi-Fi芯片的研发。但是商用端就不一样了，以物联网、车联网为例，Wi-Fi芯片对于安全性、连接稳定性、功耗以及价格等因素有着特别的要求，速度反倒是其次的，所以Wi-Fi 4/5在物联网设备上的比重仍然很高，也使得国内厂商在物联网Wi-Fi芯片上占据一席之地，其中乐鑫科技凭借出色产品竞争力和独创的AIoT生态环境，已累计出货物联网芯片7亿颗，市占率排名第一，约35%。

射频芯片细分市场复杂，国产替代专利先行

短距通信严格来说是一个系统，其中蕴含了多个子系统，而射频就是其中最重要的系统之一，并且射频芯片又可以划分为数个细分领域，以大家最熟悉的手机无线通信模块来说，就可以分为射频前端、基带、收发器和天线四大部分，这四个部分的国产替代目前都还在攻坚阶段，最明显的态势就是市占率虽然不高，但专利申请量却领先全球，“未雨绸缪”的姿态十分明显。

第一是射频前端，它负责无线电磁波信号的发送和接收，是移动终端设备实现蜂窝网络连接、Wi-Fi、蓝牙、GPS等无线通信功能所必需的核心模块。射频前端芯片通常集成多种不同器件，不同终端中所集成的器件的种类和数量也不同。目前锐迪科、国民飞骧、唯捷创芯、韦尔股份等国产厂商市占率可以到20%左右。但从专利角度来看中国则包揽了大部分，占全球射频前端专利总数的八成以上。

第二是基带，基带芯片是基带中核心部分，负责信号生成、调制、编码以及频移等工作，这个市场长期被高通垄断，市场占有率超过了六成，国产厂商几乎没有发言权。而且这个细分市场的攻坚难度很大，需要很强的向下兼容能力，同时研发技术难度高，甚至强如英特尔都放弃了这一市场，不过在专利申请方面华为在基带领域非常积极，中国基带芯片专利占据了全球相关专利总数七成。

第三是收发器，负责收件或发件，它决定了最终整个射频单元的成本和性能，射频收发芯片也是国产极难突破的领域，国产化自给率几乎为零，而它的未来市场规模超过300亿美元，但从专利角度来看，国产企业在此领域的投入力度非常大，专利数占比接近七成，未来还是有爆发的可能。

第四就是天线，天线设计是行业一大难点，5G下的天线包含多频带载波聚合、4×4 MIMO与Wi-Fi MIMO等多个技术，为天线调谐、放大器线性、功耗和干扰上带来巨大挑战，而且天线研发与消费电子市场周期呈强关联形态，从专利趋势来看，2017—2020年，行业对天线的研究保持高热情态度，而2021—2022年这两年正值消费电子需求不振，手机等移动终端市场下行，所以专利研究衰退回2014年的水平，但总体来说中国天线专利数也占全球的六成以上。

国产短距通信芯片已不输一线品牌

——专访物奇微电子创始人郑建生博士

受访人：郑建生

简介：物奇微电子创始人，原高通全球高级副总裁，30年国际芯片大厂工作经验。

电脑报：郑总您好，可以分享一下在短距通信芯片领域中国企业的现状吗？物奇目前业务布局和未来3年的规划又是如何呢？

郑建生：目前短距通信芯片在国内处于蓬勃发展的阶段，各种新型应用场景激增使得整个市场的需求大于供应，所以国内近些年也涌现了不少和我们物奇一样的短距通信芯片公司，虽然整体来看仍在起步追赶，但国内和全球市场的前景还是十分广阔的。

目前我们物奇有三条产品线，第一条是电力线载波通信，目前主要用于自动抄表和配网系统的自动采集和智能管理。例如，每个小区都有变压器，变压器上又有一个集中器，通过变压器出来的供电线路会进入每家每户，所以每家每户都有一个电表，这个电表就通过电力线载波和集中器进行通信，因为每个小区几乎都有数百甚至上千户家庭，这就形成了一个电力线载波网，而集中器就可以通过有线以太网，或4G/5G蜂窝网络连接到运营商或国家电网。这条产品线是我们自2016年成立以来的第一条产品线，每年出货量都在稳步提升，现阶段的出货量每年都在1000万颗以上，未来也会持续演进，除了单模的PLC，也会推出有线+无线的双模，更会加大海外市场的进军力度。

第二条短距通信产品线是蓝牙芯片，我们主要是面向TWS真无线耳机，它的声音源可以是手机、电脑，未来可能还可以是电视、机顶盒等。事实上蓝牙耳机芯片不只是通信功能，它也是一套SoC，整个终端系统都囊括其中，除了蓝牙通信处理，它也有音频处理芯片，可以实现本地主动降噪和上行通话降噪，可以让聆听更清晰，在算法端我们也升级采用了人工智能算法；甚至连用户端的App界面、耳机机身的触控功能也都

能自行设计，除此之外还可以实现空间音频等音效。这条产品线我们每年的出货量也已经超过1000万颗，目前的品牌客户首先是安克创新，这个品牌主要在亚马逊销售，面向美国、欧洲、日本、东南亚等区域，去年就开始搭载物奇蓝牙芯片，然后就是哈曼旗下的JBL，它们的多款头戴式和真无线耳机也采用了物奇蓝牙芯片，单单JBL这个品牌我们每年的出货量就有数百万颗。

再者就是OPPO，目前它也有一款TWS耳机采用了我们的蓝牙芯片。此外还有好几个大家都应该听说过的品牌正在洽谈合作中，相信再等几个月大家就能收到我们的好消息了。而且我们的整体定位是走中高端市场，不是去低端杀价，每一项参数性能都以世界一流为标准，同时通过在中高端市场以高性能、低价格的优势去获得客户认可。还是以安克创新为例，在TWS耳机同样搭配55mAh电池的情况下，我们提供的蓝牙芯片可以连续播放音乐11小时，而它们采用其他蓝牙芯片的前一代产品就只有7个小时，所以我们的蓝牙芯片功耗应该是目前全世界最低的。而未来的规划上，现在的蓝牙5.3、5.4版本我们还是稳扎稳打，未来带宽更高的蓝牙6.0标准到来后，我们也会第一时间跟进，推出高清无损音质的蓝牙耳机芯片。

第三条非常重要的产品线是Wi-Fi芯片，这条产品线我们耕耘了好几年，储备了一些知识产权资源，我们的第一款Wi-Fi 4芯片已经被TP-LINK所采用，目前的研发团队重点放在了Wi-Fi 6芯片上，今年已经推出了国内第一款1×1双频并发Wi-Fi 6芯片，产品定位是数传通信，依然是以对性能有要求，技术有壁垒的中高端为主。

电脑报：硬件开发对人才的需求量很大，物奇的成员配置可以简单介绍一下吗？目前国家、园区的人才政策可以跟我们分享一下吗？

郑建生：半导体产业对人才的需求非常大，过去几年人才市场竞争激烈，整个行业优秀的人才相对缺失，但我们物奇的优势在于初创团队就是全建制团队，2016年创业的时候就有几十个经验丰富的芯片老兵一起，起点比较高，基础也比较好，在射频基带、通信算法、协议栈以及SoC设计、软件框架等领域都有成熟团队把守，所以即便是创业之初，产品也几乎都能一次成功。目前整个公司有400多人，以硕士博士学历为主，研发团队分布在上海、深圳、重庆、长沙等各个地区。

重庆渝北区政府、仙桃数据谷园区的人才政策也是吸引我们落地重庆的原因之一，事实上我们在全国各个地区的科技园区都享受了诸多便利政策，比如人才快速落户、购房指标、退税政策等等，而且重庆的国有母基金也通过下属基金给予了早期数千万元人民币的资金支持，十分感谢政府和仙桃数据谷园区。

电脑报：我们看到Wi-Fi芯片是物奇目前的宣传重点，那现在国内Wi-Fi6芯片的研发进展如何？市场需求点主要在哪？为什么在这个领域也要强调国产替代？物奇目前主攻的Wi-Fi6芯片自研程度如何？在功能、性能等方面和境外一线国际大厂有技术差距吗？

郑建生：物联网是国内Wi-Fi芯片的一个重要的发起点，像家电行业此前都在使用Wi-Fi 4芯片，而现在有很多公司都演进到了采用Wi-Fi 6芯片，但它因为对数据吞吐量没有太高需求，所以通信速率依然是比较慢的，只是控制逻辑进化到了Wi-Fi 6的规范上。而我们现在做的不是这一类Wi-Fi 6芯片，我们做的是数传芯片，也就是高速数据传输芯片，比如现在中国移动正在推行千兆宽带，很多人都在用手机、平板给电视投屏，现在是全高清、2K、4K，以后可能有8K分辨率的需求，对数据吞吐量需求可以说是“永无止境”，再往后AR/VR如若普及，对短距通信的传输效率要求只会越来越高，所以做高性能芯片才是我们的初衷。

现在国内运营商采购依然是以国际品牌为主，这一点我们可以从中国电信、中国移动的招标公告上看出来，这也是为什么国产替代被提上日程的原因。我们物奇接下来会在下半年推出一款2×2的Wi-Fi 6芯片，相对来说应用场景又会广阔很多，因为现在主流的电脑、机顶盒、电视、手机用的也都是这个规格，而且很快路由器也会升级到AX3000的规格，也就是2.4GHz和5GHz 2×2的Wi-Fi 6通路双频并发，所以这个市场的进化速度确实很快，目前我们的产品也可以做到自主可控。性能方面我们可以比肩国际一流大厂，甚至在某些指标上，比如低功耗方面做得比这些品牌更好。

电脑报：此前物奇获得了中国移动主控产业基金中移股权基金的融资，有了移动的加持，物奇未来在产品和战略上会带来哪些不同？中移动大生态中本身有中移物联这样的企业，同样涉及芯片研发领域，物奇如何看待同其关系呢？

郑建生：在中国移动目前招标的产品里，对Wi-Fi 6芯片的需求很大，比如机顶盒、路由器等等，我们目前要做的就是跟头部客户保持紧密的沟通，在产品开发方面满足客户的需求，希望能够快速推出产品，实现更广覆盖的国产替代。

至于中移物联，因为它是运营商体系下的，所以主要聚焦的还是4G/5G蜂窝通信，跟我们的短距通信在很多场景下属于互补关系，比如5G的终端客户设备，也就是5G信号的中继设备，因为它在中继5G信号后

发出的是Wi-Fi信号，这时候上行就是5G通信，而下行就变成了Wi-Fi通信，存在协同工作的机会，所以还是有场景可以实现共存。

电脑报：现在很多人已经开始关注Wi-Fi 7，物奇有没有什么新的技术点可以跟我们分享呢？

郑建生：Wi-Fi 7是我们未来工作的重点，现阶段我们正在预研过程中，它的主要变化就是它的调制从1024-QAM提升到了4096-QAM，带宽也从160MHz提升到了320MHz，对很多关键指标性能提出了更高的要求，比如底噪、ADC速率、EVM等，所以我们一方面是在产品上做规划，另一方面也朝着这些技术需求做预研。

电脑报：现在新能源汽车市场势头凶猛，物奇在车联网领域有没有规划推出底层产品？

郑建生：车联网市场我们一直在关注，比如MCU芯片，但目前还没有做投产的规划，不过我们已经有一款人工智能语音交互芯片标配到了吉利品牌汽车上，这应该也是中国首颗车规级人工智能语音交互芯片，出货量大概已经到了几十万颗的规模。后续我们也会继续关注这个赛道，其实从我们的技术积累来说，不管是蓝牙、Wi-Fi，还是智能音频、图像处理，在汽车领域都是有广阔应用场景的。

电脑报：既然说到了人工智能，物奇在这个领域似乎还比较低调，官网也查不到太多的信息，可以分享一下具体的行业布局吗？

郑建生：好的，其实除了吉利汽车使用的人工智能语音交互芯片之外，我们还有一款3D结构光人脸识别芯片，在这个小的细分市场，我们物奇现在是国内的业界龙头，市场占有率超过了50%。这款芯片除了可以接入3D结构光模组，也可以接入ToF模组或双目模组，现在主要用在智能门锁上，用户只需要在门前一站就能安全快速地识别人脸，接下来我们在这个产品线也会持续演进。至于刚刚说到的ChatGPT，这类大模型需要大量的数据来进行训练，而数据的采集还是得依赖终端，所以我们的视觉识别和音频识别芯片就可以做到数据采集的功能，为大模型服务。

Apple Vision Pro 开启“空间计算”时代

记者 周一

虽然苹果要出头显的消息早已尽人皆知，但当我在 WWDC23 现场看到 Vision Pro 亮相的时候，还是难以抑制那种久违的兴奋与激动。

的确，苹果上一次在 WWDC 上，以 One more thing 的形式发布重量级新品，已经不知道是哪年的事了。再加上头显这个行业一直不瘟不火，全世界都在等待一款真正革命性的产品，一个顶级科技厂商来拯救。

硬件从来都不是 WWDC 的主角，但硬件却数次成为 WWDC 的主角，何况是 Vision Pro 这样的划时代产品，其意义甚至不亚于初代 iPhone 的推出。

多年后，WWDC23 的所有细节也许都会被忘记，但我相信在人类科技进程的记载中，关于 2023 年那页，一定会有 Apple Vision Pro。

长得就很未来

Apple Vision Pro（以下简称 Vision Pro）被苹果定义为有史以来最雄心勃勃的产品，在它带来具有划时代意义的体验之下，“Designed by Apple”式的产品设计可以说是它的基石。

正如此前传言的一样，Vision Pro 采用了类似滑雪镜的外观设计，优雅、紧凑是它在设计之初的首要追求。

在眼罩部分，一体流线型的外观是它给我的第一感觉，一整块完整的 3D 层压玻璃与铝合金框架融为一体，环绕在眼部之上。苹果反复强调了它和脸部的贴合性，从而可以很好地阻挡外界的杂光。

固定方式依然是通过具有松紧度的头带，采用 3D 编织的一种非常独特的肋骨结构，针织材质兼顾透气、缓冲和拉伸功能。头带边缘还有一个调节旋钮，只需要旋转旋钮就能调整头带的松紧，这可能也是目前最优雅的调节方式了。

为了减轻头戴的重量，Vision Pro 使用了外部电池供电，通过一根编织电缆与主机连接，这意味着它可以随时取下，方便携带移动使用，官方测试环境下续航时间为 2 小时。在无需移动的情况下，也可以直接连接

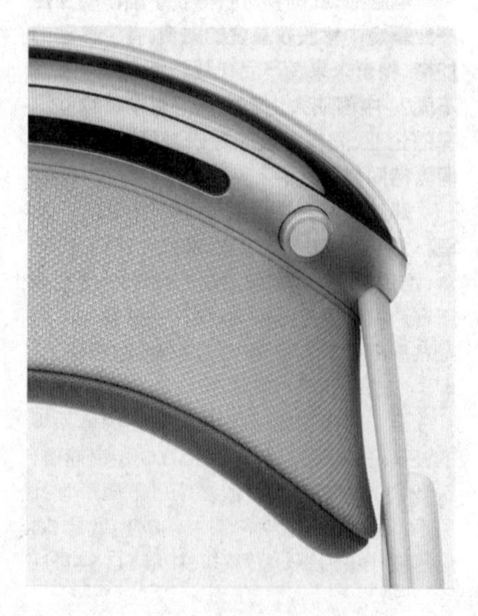

电源供电，实现不断电的使用。

左右两侧各有一个凸起的部分是扬声器，正好在靠近耳朵的位置，可以提供丰富的空间音频，同时可以让用户保持与周围环境的联系。

浑身都是传感器

Vision Pro 内部则集成了双芯片设计、空间音频系统、显示系统、复杂的传感器阵列等一系列元器件。定制的 micro-OLED 显示系统，具有 2300 万像素，塞入左右各一块邮票大小的显示屏里，让单眼可见的分辨率超越 4K 电视。它还有一个特别设计的三元素镜头，这才实现了“所见之处皆是屏幕”。

为适配不同视力的用户，Vision Pro 提供了可定制的蔡司光学镜片，采用磁吸方式吸附在原镜头之上，确保精确显示和眼球追踪的效果。显示系统周围分布了一套由 LED 和红外摄像机组成的高性能眼球跟踪系统，在每只眼睛上投射出不可见光图案。不需要任何外部控制器，仅依靠眼睛视线便可选定想要的应用。

Vision Pro 的交互方式包括头部和手势，同样依靠复杂的传感器阵列群，其中包含一对高分辨率相机每秒向显示器传输超过 10 亿像素，这样用户就可以清楚地看到周围的世界，并做出相应的头部和手势动作，以及实时 3D 映射，让 Vision Pro 充分理解用户的意图。底部还有两颗红外传感器一起工作，以提高在低光条件下的跟踪性能。

Vision Pro 所带来的空间计算除了视觉之外，空间音频也是很重要的组成部分，让声音感觉像是来自周围的真实环境。通过全新的音频追踪技术，Vision Pro 还可以分析房间的声学特性，例如小木屋或是水泥房，听到的又是不同的声音。

支撑 Vision Pro 计算性能的则是由 M2 和全新 R1 组成的双芯片系统。性能强大的 M2 芯片同时运行 visionOS，执行先进的计算机视觉算法等。R1 芯片则专门处理摄像头、传感器和麦克风的输入，负责在 12 毫秒内将图像传输到显示器。

至于大家关心的散热，苹果特别设计了散热开孔，系统将热量传导并散出，在确保性能释放的同时保持冷静。

基于“空间”的交互理念

苹果专门给 Vision Pro 开发了全新的 visionOS，它建立在 macOS、iOS 和 iPadOS 的基础上，最大的能力是能够提供强大的空间体验。不同于传统智能手机、电脑的“桌面”概念，visionOS 将应用载体扩展到整个空间范围内。在这个“空间”中，用户可以安装和使用所有的 App。当然也可以选择一些漂亮的风景作为“空间壁纸”，将

其填充到空间中，以更具沉浸感。

通过配备的 LiDAR 扫描仪和深感相机，Vision Pro 能够创建用户周围环境的融合 3D 地图，使它能够在空间中准确呈现数字内容。用户可以将常用、熟悉的 App 放置在任何位置，也可以将它们放大、缩小到合适的尺寸。

visionOS 也兼容 iPad 和 iPhone 上的 App，这意味着它将能够在应用生态上共享两大设备强大的应用生态体系，这也是苹果最引以为豪的地方，能够很大程度上解决这类头显设备应用匮乏的难题。

有趣的是，Vision Pro 并不会将用户隔绝到一个封闭的空间中。当有人靠近时，它会让你看到对方，并向他们展示你的眼睛，这样对方就能知道你也注意到了他，还是完全沉浸在体验中。

Vision Pro 的交互逻辑是用眼睛、手和声音等多重交互方式进行的。由 LED 和红外摄像头组成的眼动追踪系统，将不可见光图案投射到每只眼睛上，以判断用户当前注视的位置。底部一对高分辨率摄像头，每秒向显示器传输超过 10 亿像素，提供精确的头部和手部跟踪以及实时 3D 映射，让 Vision Pro 从各种位置都能理解用户的手势。

在这套先进传感器和全新的交互逻辑下，Vision Pro 的操作变得非常直观。比如你只需要注视某个 App、按钮和文字，就能实现内容的选择和导航，同时用手指轻击即可选择，轻轻滑动就可以实现页面滚动。

真正的沉浸式体验

Vision Pro 的两块 micro-OLED 屏幕组成的显示系统在分辨率上超过了 4K，2300 万像素，支持广色域和 HDR，这意味着它拥有足够优秀的精细显示能力。由于它本身就兼容了 iPhone 和 iPad 的应用，在 Vision Pro 上也可以直接观看 Apple TV+ 和其他流媒体服务的电影和电视节目。

利用 Vision Pro 的 Cinema Environment 功能，可以把房间变成私人电影院，实现最大超过 100 英尺宽的显示面积，用户可以自主调节画面的纵横比，就如同在现实中的电影院观看巨幕影片一样，震撼、沉浸。

与此同时，苹果还专门推出了沉浸式视频播放功能，它能够直接在 Vision Pro 上显示 180 度 3D 环绕视频，配合先进的空间音频系统，能够提供极佳的临场体验。

Vision Pro 也是一台 3D 相机。用户可以使用它来拍摄 3D 空间照片和空间视频。这种 3D 画面跟传统设备上的观感完全不一样，用户会感觉整个画面都环绕着自己，用来记录和回忆生活中值得珍藏的美好瞬间，是再好不过的方式了。

Vision Pro 起售价为 3499 美元（约合人民币 25000 元），将于明年初在美国市场推出，并于稍晚在更多国家和市场上市。

编辑观点：行业和产业等待这天太久了

过去到底有多少款头显推出，我不知道；过去到底有多少年被定义为“元年”，我想也没人记得。但是真正买过相关产品，并且经常都在使用的人，我相信屈指可数。

这就是头显行业的现状。

无论 VR、AR 还是 MR，叫什么不重要，重要的是，这个品类都出现这么多年了，却至今都没有一款真正流行，或者可以被称为“里程碑”的产品。所有人都在观望，所有人都在迷茫。

Vision Pro 的推出，不能说完全解决了整个行业的困惑与问题，但起码从设计、交互、内容等很多方面，给了行业与产业信心，也指明了方向。

芯片过渡计划完成全线产品实现软硬件大一统

由于 Vision Pro 的发布，其他硬件与几大系统的更新，这次彻底沦为了 WWDC 的配角。但实际上，相比 Vision Pro，Mac 和不用花钱的软件升级，才值得更多普通用户关注。

今年几大 OS 的确是没有太多让人眼前一亮的升级，Mac 产品线也都是例行迭代，不过还是有很多小功能和新功能非常实用，15 英寸 MacBook Air 大概率也会成为爆款。

除此之外，我觉得 WWDC23 上，仅次于 Vision Pro 发布的消息，就是 Mac 产品线完成了从 Intel 芯片到 Apple 芯片的完全过渡，这标志着苹果所有产品线，都已经实现了软硬件完全自研。

所以对于这个部分的报道，我们这次就从 Mac 开始。

macOS Sonoma：“后 Intel 时代”首个大版本更新

和其他几个系统相比，macOS Sonoma 的更新相对较少，但也足够激动人心，因为它终于加入了“游戏模式”。该模式能够大幅提高 CPU 和 GPU 对于游戏的优先调配，保障帧率及稳定性，同时减少手柄等外设的延迟，进而提升游戏体验。

同时 macOS Sonoma 也升级了桌面小组件功能，和 iPadOS 17 一样，用户可以在桌面上自由布局 App，颜色也能自动和桌面壁纸保持同步。值得一提的是，该功能还支持直接访问同 Wi-Fi 环境下 iPhone 上的小组件，即使是 Mac 上没有安装的 App 也能使用，十分便捷。

伴随着 macOS Sonoma 而来的是，苹果推出了全新的 15 英寸 MacBook Air、新款 Mac Studio 及 Mac Pro。其中，后两款

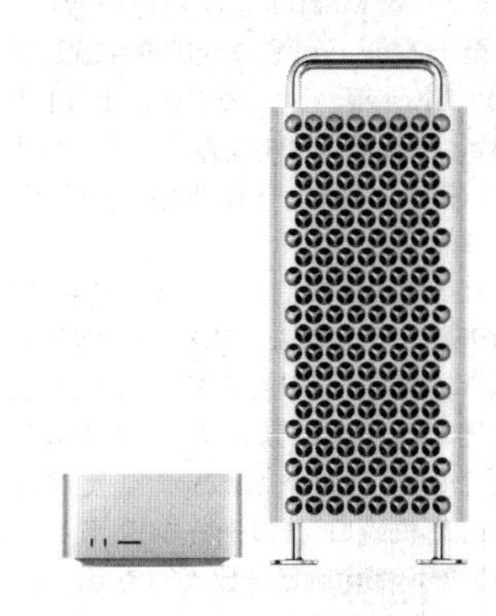

产品都采用了目前最强自研芯片——M2 Ultra，这也代表着 Mac 已经全系换装 M 系列芯片，在生态上完成了大一统。

率先亮相的是 15 英寸 Macbook Air——其实苹果已经很久没有在 MacBook Air 产品线上推出新的尺寸了。这款产品采用了 15.3 英寸的 Liquid 视网膜屏幕，由于是无风扇设计，机身厚度做到了 11.5 毫米，重量也仅有 1.5 千克，按照苹果的说法，这是“世界上最纤薄的 15 英寸笔记本电脑”。性能方面，15 英寸 Macbook Air 沿用了 M2 芯片（8 核 CPU+10 核 GPU），与此前搭载 Intel 芯片的 MacBook Air 相比，速度提升最高可达 12 倍，具备高达 100GB/s 的内存带宽，支持最高 24GB 的高速内存，能满足多数场景的多任务应用。

其他配置也与 13 英寸版 MacBook Air 保持一致，最大的区别就是升级为六扬声器系统，音质上会有一定的提升。

该机提供了午夜色、星空色、深空灰以及银色四种配色，起售价格为 10499 元，6 月 13 日起正式发售。

至于另两款 Mac，它们都采用了 M2 Ultra 芯片（Mac Studio 可选 M2 Max 芯片版本），这颗芯片和此前的 M1 Ultra 类似，采用了 UltraFusion 接口将两颗 M2 Max 芯片组合而成，算力也是实现了成倍增长。

苹果表示，M2 Ultra 拥有 1340 亿个晶

体管，集成24个CPU核心以及最高76个GPU，和此前的M1 Ultra相比，CPU性能提升约为20%，GPU性能更是提升了30%。正因为有了如此强大的性能，搭载M2 Ultra的Mac Studio可以同时播放22条8K分辨率的ProRes视频，是“有史以来个人电脑设计的最强大的芯片”。

新款Mac Studio延续了此前的外观设计，配备一个HDMI、雷雳4端口（M2 Max和M2 Ultra机型分别为四个和六个），同时还提供了有线的10Gbps以太网口，尽可能保证网络通畅。

价格方面，M2 Max版起售价16499元，M2 Ultra版起售价32999元，发售时间和15英寸版MacBook Air保持一致。

至于Mac Pro，它最大的变化就是更换为M2 Ultra平台，相较于此前Intel平台的Mac Pro，整体性能提高了3倍。最高可选76核GPU版本，可同时处理24条4K分辨率的视频。

机身内部提供了6个开放式扩展插槽，可用于音视频采集卡、固态硬盘等其他硬件，留有宽裕的升级空间。接口方面，该机的雷雳端口直接翻倍到8个，HDMI端口也有两个，加上两个10Gbps以太网口和3.5mm耳机端口，接口十分丰富，几乎不用外接扩展坞即可满足多数人的使用需求。

价格方面，新款Mac Pro的塔式和机架式（也就是立式和横卧式）起售价分别为55999元和59999元，发售日期暂时还未公布。

iOS 17：多项基础通信功能升级

苹果这次将iOS 17更新重点放在了电话、iMessage、FaceTime、AirDrop等通信和分享功能上。

电话App更新了“联系人海报”，用户可以自定义自己的通话形象，包括照片、虚拟形象，也能自由排列文字，在通讯录或是给其他iPhone打电话时，对方就能看到你的自定义形象了，包括一些第三方通话App也能使用该功能。

iMessage新增了搜索过滤功能和未读消息箭头，前者直接缩小了短信搜索范围，后者可以锁定未读信息。另外，iMessage现在也有了语音转文字功能，甚至还可以通过通话快速锁定对方位置，并共享自己的位置信息。

iMessage还加入了全新的贴纸功能，可以手动调整大小方向，甚至直接贴在对话气泡上。动态贴纸则可以选用自己的照片制作，在对话过程中发送，并且能增加特效。注意，贴纸是个全局功能，第三方App都能使用。

除了与通信相关的功能，AirDrop也有升级，新增了一个名为“NameDrop”的功能，当其他iPhone和Apple Watch靠近时，就能显示对方的联系人海报，选择能够分享的联系方式。两部iPhone靠近时，还支持共享音频，其中一部播放的音乐，另外一部也能自动播放。Journal App（手记）则是iOS 17的全新笔记App，可用于记录用户的日常、音乐、位置、照片和活动，并根据需要智能推送，方便直接整合到手记中，甚至还有写作提示。

升级iOS 17后，只要iPhone横置充电并“待机”，就会变为电子时钟和相册，搭配小组件显示用户需要的信息，因为是智能叠放，包括会议、比赛、音乐、Siri等应用，都可以在屏幕上显示和唤醒。

iPadOS 17：进一步提升大屏使用效率

自iPadOS从iOS中独立出来之后，一直在强调生产力属性以及使用效率，iPadOS 17同样如此。

比如在iPadOS 16中就已经上线的台前调度功能，在新版本中就得到了升级，重新设计界面排布之后，多应用窗口布局可以更加灵活，让用户能相对自由地组合多种应用搭配方案，实现更高效的操作。

iOS中的锁屏小组件功能也来到了iPadOS上，在锁屏界面就能看到许多实用信息，避免解锁进入桌面再查看App的繁琐操作；不仅如此，桌面小组件也得到升级，可在桌面直接进行交互，比如打卡、待办事项、播放控制等功能，都可以直接进行操作。

一起来到iPadOS 17上的还有健康应用，在多端数据同步之后，不用iPhone用户也能查看自己的健康数据。

在诸多升级中，有一项打工人必备更新——PDF快速批注。无需任何第三方App，在iPadOS 17的备忘录中就可以编辑和修改PDF文件。苹果还为这个功能加入了类似“无边记”的多人协同操作模式，在授权后可与其他用户共享PDF界面，所有的修改都会在对方的设备上实时呈现，能够大幅提升工作效率。

watchOS 10：Apple Watch的新篇章

watchOS 10是更新力度比较大的一代，最直观的变化就是小组件的回归，用户上滑旋转表冠就能调出并查看展示的信息，长按智能叠放添加，正在运行的程序也能在表盘和小组件中体现。

watchOS 10新增了三层不同色度叠加的表盘，随着时间的推移，表盘上的颜色区域也会改变，同时还新增了史努比动态表盘，如果佩戴者当时的天气下雨，就会同步反应在表盘上。

运动部分，watchOS 10的数据更加详细，支持带蓝牙的单车传感器，将骑行数据同步到手表上，自动作为实时活动体现在iPhone的锁屏上，全新的健康视图查看心率、骑速更加方便。骑行时可通过监测人体状态实时显示运动区间，提醒当前的锻炼指标。徒步时，会显示最后一次连接运营商的地点，新增海拔高度显示，提供等高线、海拔、地图渲染等信息，以设定起点和终点。

健康方面，watchOS 10新增对心理健康的关注，还有心理评估表可供填写，用来判定用户的抑郁等级，自动获取心理健康文章。全新的视力健康，会统计白天户外停留时间，新增屏幕距离判定，如果视距过近会自动提示——不仅是手表，iPhone、iPad、Mac均支持该功能。

编辑观点：苹果软硬一体化优势达到新高峰

其实在本届WWDC之前，苹果也就只有最高端的Mac Pro用的还是Intel芯片，其余产品线均已过渡到了Apple芯片。至此，苹果彻底摆脱了“友商”的束缚，实现了软硬件的自给自足。

这一能力带来的优势是无可比拟的，表面上我们感觉苹果几条产品线无论硬件和软件，似乎都越来越趋同，尤其是Mac和iPad，但实际上，这种“趋同”都是建立在生态的高度一致性上才能实现的。从硬件的设计与标定，到软件的交互与体验，再到应用与服务的打通……苹果可以说在软硬一体化上达到了新的高峰，Vision Pro也正是这一优势下才有可能诞生的产物。

AI挑战2023高考试卷

■ 记者 张毅

寻找最强 AI 做题家

大语言模型持续迭代，具有较强的考试能力。2023 年 3 月 14 日，OpenAI 推出 GPT-4，在各种专业和学术基准方面的考试能力超市场预期。在诸如美国律师资格考试 Uniform Bar Exam、法学院入学考试 LSAT、“美国高考” SAT 数学部分和证据性阅读与写作部分的考试中，GPT-4 得分高于 88%的应试者。而随着 2023 年全国高考落下帷幕，AI 又能取得怎样的成绩呢？

扎堆赶考的 AI

从聊天八卦到 AIGC 内容生产，以 ChatGPT 为代表的新一代 AI 处处让人感到好奇与新鲜。继 ChatGPT 在大洋彼岸通过一系列专业考试测试后，面对 2023 年全国高考试卷，众 AI 老老实实地充当了一次“考生”。

除各地网友纷纷晒出自己让 AI 写的高考作文外，《电脑报》也第一时间撰写“四款 AI 大模型挑战 2023 年高考作文：ChatGPT 不算最优，阿里云通义千问发挥超稳”的专题，横向对比当下主流 AI 对于高考语文作文题目的理解和内容的创作能力。

Tips：更多详情，扫码阅读

由于篇幅有限，对于 AI 高考作文甲卷答题及专家点评感兴趣的读者，可以扫码观看编辑部公众号《壹零社》6 月 8 日的原文。

随着 2023 年全国高考各科目试卷题目的陆续亮相，AI 也迎来新一轮“考试”。本轮测试特选取 2023 新高考英语/数学 I 卷两份试卷，综合测试 AI“应试能力”，其中英语选择两篇完形填空，合计 20 道选择题，测试 AI 对英文阅读的理解。而数学则选择 5 道单选题、2 道多选题、1 道填空题和 2 道解答题，全方位测试 AI 逻辑思维能力。

引导学生全面发展的 2023 年全国高考

“2023 年高考命题坚持以习近平新时代中国特色社会主义思想为指导，全面贯彻党的教育方针，落实立德树人根本任务，按照‘方向是核心，平稳是关键’的原则，引导学生德智体美劳全面发展，助力人才自主培养质量提升，服务拔尖创新人才培养选拔。”教育部教育考试院命题专家介绍。

据教育部教育考试院命题专家解读，今年高考各学科命题体现基础性、综合性、应用性、创新性，着力激发学生崇尚科学、探索未知的兴趣，归结起来为“四个注重”：

1.注重增强铸魂育人功能。语文、思想政治、历史等科目强化政治引领和价值引导，数学、物理、化学等科目注重培育科学精神和科学兴趣，各学科形成合力，服务全面育人，引导全面发展，助力培养担当民族复兴大任的时代新人。

2.注重契合学情教情实际。今年，教育部教育考试院在先期深入调研的基础上，充分考虑学情、教情、考情中的变量，科学设计试题试卷难度，努力让学生都能顺利进入状态，正常发挥水平。

3.注重选育拔尖创新人才。首先是增强基础性、综合性，突出对基础知识、基本技能、基本方法的考查。其次是增强应用性，强调学以致用。再是增强创新性，丰富题型考查功能，培育学生的探索性、创新性思维品质。

4.注重衔接高中课程标准。2023 年新老高考并行、部分省份新旧课标交替，教育部教育考试院命制了供旧课标省份使用的全国甲卷、全国乙卷，供新课标省份使用的新课标（Ⅰ、Ⅱ）卷。在考查理念上，凸显新课标提出的核心素养，促进教、学、考的有机衔接。

注：每道题计作 1 分，主要对比得分率，题目与答案主要源于网络收集。

AI 挑战 2023 新高考英语 ChatGPT 一骑绝尘

2023 年高考英语试卷通过选择特定主题的语篇，落实核心素养考查，引导学生养成喜爱读书、善于求知的学习习惯，培育自尊自爱、自信自强的思维品质，倡导爱护自然、热衷环保的生态理念。2023 年高考英语试卷围绕人与自然、人与社会、人与自我三大主题选材，合理设计考查内容、考查要求和考查情境，体现高考对体育、美育和劳动教育的引导，其中新课标Ⅰ卷阅读部分第二节选取的语篇讲述要学会适度自我原谅，通过罗列个人优点和做过的好事来增强自信。如此广泛的阅读题材，需要考生从政治、历史、经济、法律等人文及社科领域多维度去深度阅读，培养国际视野，巩固英文思维才能以不变应万变，而对于坐拥庞大语料库的 AI 而言，阅读积累显然不是难点，但对字词句的理解和选择却成为 AI 的“拦路虎”。

考生：文心一言

简介：作为一个人工智能语言模型，我可以回答你的问题，为你提供有用信息，帮助你完成创作。擅长中文，也会英文，其他语言正在学习，我正在持续学习成长中，希望获得你的反馈，这将有助于我变得更好。

点评：“文心一言”面对两道英语题目的时候表现出了不同的风格，第一道完形填空直接给出了答案，做第二道题的时候却在每个答案后面附有解释，给出了选择理由，不过有些小惊喜的是“擅长中文”的“文心一言”英语测评得分率达到了 45%。

考生：通义千问

简介：一个专门响应人类指令的大模型。我是效率助手，也是点子生成机，我服务于人类，致力于让生活更美好。

点评：通义千问在英语试卷上的表现中规中矩，对于字词句的理解能力期待在新的版本更迭中得到加强。

考生：讯飞星火

简介：能够学习和理解人类的语言，进行多

2023新高考全国1卷英语试题			
1	×	11	√
2	×	12	√
3	×	13	√
4	×	14	√
5	×	15	×
6	√	16	√
7	×	17	×
8	√	18	×
9	√	19	×
10	√	20	×
总分		9	
得分率		45%	

2023新高考全国1卷英语试题			
1	√	11	√
2	√	12	×
3	×	13	×
4	×	14	×
5	×	15	×
6	√	16	√
7	×	17	×
8	×	18	×
9	×	19	×
10	×	20	√
总分		6	
得分率		30%	

2023新高考全国1卷英语试题			
1	√	11	√
2	√	12	√
3	√	13	√
4	√	14	√
5	√	15	√
6	√	16	×
7	√	17	√
8	√	18	√
9	√	19	√
10	√	20	√
总分		19	
得分率		95%	

2023新高考全国1卷英语试题			
1	×	11	×
2	×	12	√
3	√	13	×
4	√	14	×
5	×	15	√
6	√	16	×
7	×	17	√
8	√	18	×
9	√	19	×
10	×	20	×
总分		8	
得分率		40%	

2023新高考全国1卷英语试题			
1	×	11	√
2	√	12	×
3	×	13	√
4	×	14	×
5	×	15	×
6	×	16	×
7	√	17	×
8	×	18	×
9	√	19	×
10	√	20	√
总分		7	
得分率		35%	

轮对话，回答问题，高效便捷地帮助人们获取信息、知识和灵感。

点评：讯飞星火似乎并不擅长英语完形填空题目，在20道选择题中仅做对了6题，30%的正确率也低于其他几个AI的水平，在英文字词句理解这块可能还需要加强训练。

考生:天工AI助手

简介：作为一款大型语言模型，我拥有强大的自然语言处理和智能交互能力，能够智能问答、聊天互动、创作文本等等。并且我有丰富的知识储备，涵盖科学、技术、文化、艺术、历史等领域。

点评：天工AI助手面对英语完形填空时，答题模式有些直来直去，其仅在第二道完形填空时简单综述了一下选择理由，大部分直接给出了答案，而最终正确率为35%。

考生:ChatGPT 3.5

简介：我是人工智能技术驱动的自然语言处理工具，我能够通过理解和学习人类的语言来进行对话，还能完成撰写邮件、视频脚本、文案、代码、论文以及进行翻译等任务。

点评：ChatGPT 3.5在英文方面的表现绝对称得上“惊艳”二字，20道选择题仅错误一题，完全可以同绝大多数高三学子一较高低了，当然，这同ChatGPT 3.5本身为英文大模型有一定关系。

编辑点评：2023高考英文卷的选材大多依旧选自各大外网期刊，更加重视英文基础底子和英文思维的考查，但对可以全网投喂/获取“语料”的AI而言，这样的内容“广度”本身是它们擅长的，但在语义理解上，五款AI明显具有较大差异，ChatGPT 3.5的实力足以傲视群雄。当然，毕竟英文考试有点类似ChatGPT的主战场，上一轮测试语文的时候，通义千问在作文创作上同样表现出色。

AI挑战2023新高考数学
文心一言、通义千问让人眼前一亮

高考数学全国卷充分发挥基础学科的作用，突出素养和能力考查，甄别思维品质、展现思维过程，给考生搭建展示的舞台和发挥的空间，致力于服务人才自主培养质量提升和现代化建设人才选拔。如新课标Ⅰ卷第7题，以等差数列为材料考查充要条件的推证，要求考生判别充分性和必要性，然后分别进行证明，解决问题的关键是利用等差数列的概念和特点进行推理论证。同时深入考查直观想象素养和扎实考查数学运算素养，如新课标Ⅰ卷第17题，以正弦定理、同角三角函数基本关系式、解三角形等数学内容，考查数学运算素养。

高考数学全国卷在命制情境化试题过程中，在剪裁素材方面，注意控制文字数量和阅读理解难度；在抽象数学问题方面，设置合理的思维强度和抽象程度；在解决问题方面，通过设置合适的运算过程和运算量，力求使情境化试题达到试题要求层次与考生认知水平的契合和贴切，可对于AI而言，无论是对题目的理解还是运算素养的实践都是很难迈过去的坎。

考生:文心一言

简介：作为一个人工智能语言模型，我可以回答你的问题，为你提供有用信息，帮助你完成创作。擅长中文，也会英文，其他语言正在学习，我正在持续学习成长中，希望获得你的反馈，这将有助于我变得更好。

点评：“文心一言”在2023高考数学卷上的表现差点让笔者惊掉下巴，虽然80%的正确率同部分数学成绩中上游的高三学子没办法比，但足以达到中游水平了，尤其是选择题正确率相当高，且2道解答题也正确地完成了部分小问，这是众多AI中的独一份。

考生:通义千问

简介：一个专门响应人类指令的大模型。我是效率助手，也是点子生成机，我服务于人类，致力于让生活更美好。

点评：继上次在语文作文测试中表现让人惊喜后，通义千问在2023高考数学卷中的表现同样让人有些吃惊，无论是单选还是多选，通义千问均轻松拿下，其同文心一言的细微差距主要在最后两道大题上，但总体实力也是相当强悍了。

考生:讯飞星火

简介：能够学习和理解人类的语言，进行多轮对话，回答问题，高效便捷地帮助人们获取信息、知识和灵感。

点评：继英语测试败北后，讯飞星火在面对2023高考数学卷时的表现同样让人有些唏嘘，极低的正确率很难让人感到AI在逻辑、理解上的进步。

考生:天工AI助手

简介：作为一款大型语言模型，我拥有强大的自然语言处理和智能交互能力，能够智能问答、聊天互动、创作文本等等。并且我有丰富的知识储备，涵盖科学、技术、文化、艺术、历史等领域。

点评：相对英语测试成绩，天工AI助手在数学上的成绩简直让人不忍直视，如此低的正确率，恐怕全选C的小学生都能同它一较高低。

考生:ChatGPT 3.5

简介：我是人工智能技术驱动的自然语言处理工具，我能够通过理解和学习人类的语言来进行对话，还能完成撰写邮件、视频脚本、文案、代码、论文以及进行翻译等任务。

点评：相对于在英语方面的表现，ChatGPT 3.5数学方面的表现就有些中规中矩了，不仅大题没办法解出来，选择题也错了两题。从这里看，强如ChatGPT 3.5在面对高考数学时也是相当头疼的。

编辑点评：高考数学全国卷在反套路、反机械刷题上下功夫，突出强调对基础知识和基本概念的深入理解和灵活掌握，注重考查学科知识的综合应用能力，而逻辑理解和知识点串联运用本就是AI的弱项，五款AI在2023高考数学卷上的得分率均不高，但文心一言和通义千问在数学卷上的表现非常出彩，尤其是前者，除选择题正确率不错外，更成功解答出了解答题部分答案，国内AI大模型在中文应用上的表现的确给人留下了极深印象。

功夫在试卷之外，看AI赋能教育

AI挑战2023高考试卷更多是满足人们的好奇心，从五款主流AI大模型的表现来看，ChatGPT 3.5综合实力无疑是最稳定的存在，除在英语测试环节表现出极强的语言理解能力外，其数学正确率在五款AI中也属于中流水平。而四款国内AI语言大模型中，文心一言和通义千问在数学试卷上的表现却让笔

2023新高考 数学Ⅰ卷	
1	√
2	√
3	√
4	√
5	√
6	√
7	×
8	×
9	0.5
10	0.5
总分	7
得分率	70%

2023新高考 数学Ⅰ卷	
1	√
2	√
3	√
4	√
5	√
6	√
7	×
8	×
9	××
10	×××
总分	6
得分率	60%

2023新高考 数学Ⅰ卷	
1	√
2	×
3	×
4	×
5	×
6	×
7	×
8	×
9	×
10	×
总分	1
得分率	10%

2023新高考 数学Ⅰ卷	
1	×
2	×
3	√
4	×
5	√
6	×
7	×
8	×
9	×
10	×
总分	2
得分率	20%

2023新高考 数学Ⅰ卷	
1	√
2	√
3	√
4	√
5	√
6	√
7	×
8	×
9	××
10	×××
总分	6
得分率	60%

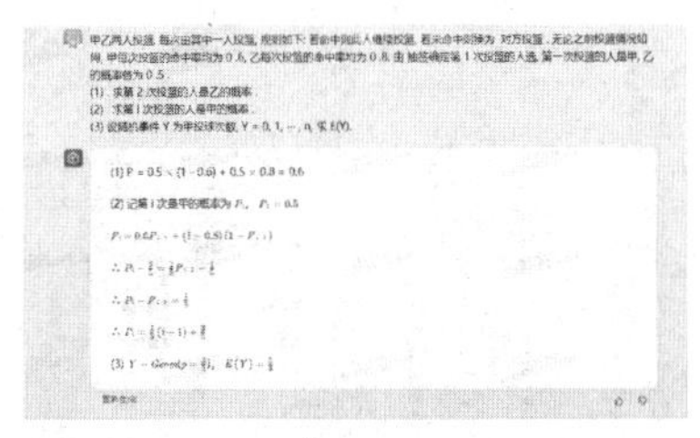

者感到非常兴奋,尤其是投篮的解答题。

甲乙两人投篮,每次由其中一人投篮,规则如下:若命中则此人继续投篮,若未命中则换为对方投篮。无论之前投篮情况如何,甲每次投篮的命中率均为 0.6,乙每次投篮的命中率均为 0.8,由抽签确定第 1 次投篮的人选,第 1 次投篮的人是甲、乙的概率各为 0.5。

(1)求第 2 次投篮的人是乙的概率。

(2)求第 i 次投篮的人是甲的概率。

(3)设随机事件 Y 为甲投球次数,Y = 0, 1,…, n, 求 E(Y)。

本题是最近高考模拟题非常流行的概率和数列结合的问题,对于高三学生而言前面两问或许不会太难,但 AI 想要顺利完成解答还是相当困难的,而第(3)问其实本质上就是“期望的线性性”,也算是超过了当下 AI 能够理解的范围。

而相对题目的解答,AI 挑战高考题目最大的意义还是在于让人们意识到 AI+ 对教育的赋能。AI+ 教育的本质在于实现优质教育资源的规模化、公平化、个性化:传统教学模式存在个性化教育与普惠教育之间的矛盾。

AI 拓展人力的边界,使得优质教育资源规模化成为现实,且随着 AI 所替代人脑活动的复杂度提升,其对于教育的降本增效作用也更为明显。因此 AI 与教育结合、改造教育的本质在于:依靠低成本科技替代、拓展高成本人力(2022 年我国教师学生比为 1:16,2021 年教师平均工资为 11 万元 / 年),实现优质教育资源规模化、发掘普惠教育与个性化教育的平衡点,从而实现教育公平化、个性化(低成本因材施教)。AIGC 进一步深化教育的本质在于数字化教育内容的智能生成 + 推送,而在高考后的志愿填报中,AI 能就发挥出巨大的价值。

降低志愿填报门槛 夸克 App 升级智能选志愿、志愿表等功能

“七分考,三分报”——高考结束,真正决定命运的时刻才刚刚开启。在有经验的老师和学长眼里,高考更像是一场准备多年的持久战,却是一场预赛,唯有志愿填报并最终录取结束,才是真的决赛。

高考志愿填报市场竞争激烈

“你认为高考填报志愿时,哪些专业必须谨慎选择?”

“填报高考志愿时,好学校、好专业和好城市之间该怎么选择呢?”

“哪些专业就业前景比较好?你们做媒体记者的消息多,能指点一下吗?”

……

高考志愿填报既涉及一些很专业的知识,又涉及你对孩子、对社会发展的了解和判断,还涉及别人(其他考试)的选择,这使得高考志愿填报是一个非常重要且复杂的过程。填报志愿需要考虑很多因素,包括个人兴趣、职业规划、学科成绩、学校录取分数线、学校特色和地理位置等等。

面对如此重要而又系统的高考志愿填报,我更多时候建议家长们提早为孩子联系专门的志愿填报机构,而在科技的加持下,互联网大厂、专业机构旗下的众多志愿填报 APP 也开始出现。

可经过自己和一众亲友数年来的使用发现,线下高考志愿填报机构龙蛇混杂,众多快速培训上岗的“高考志愿填报师”到底拥有多少专业知识和水平也让人担心。营造焦虑、短期速成、花钱买证等问题的出现,让高考志愿填报行业乱象为人诟病,而众多主打高考志愿填报的 APP 除简单历年分数线及学校信息查询等基础功能免费外,不少涉及 AI 及大数据的功能实际上需要用户付费充值 VIP 会员后才能使用(如图 1)。

相对于众多盯上高考志愿填报财富流量密码的线下机构及 APP 而言,连续五年服务高考、秉承“免费”和“普惠”理念的夸

克 APP 成为当下的最优选。尤其是夸克 2023 高考信息服务进行全面迭代,升级智能选志愿、志愿表等核心功能,推出专家团直播、权威数据榜单等实用干货,更加关注考生的个性化需求,明显能为高考学子志愿填报提供更好的帮助。

多端协同,打造专属志愿表

为了辅助考生做好信息筛选,夸克在高考场景下研发了不同类型的智能工具。智能选志愿在考生输入省市、分数、位次等信息后,可以按照“冲、稳、保”三个梯度进行志愿推荐。同时能针对考生的个性化需求选择院校优先、专业优先,让考生更快速、准确地找到适合自己的专业和学校,以提升信息获取效率。

针对 2023 年高考,夸克特别在软件首界面增加“夸克高考”选项,首次使用时会让用户“完善高考志愿填报信息”,这里一般为选择身份、考试科目、估分(系统会自动根据城市历年成绩完成排名信息)等指导性内容,方便夸克精准地为用户提供服务,完全不用担心个人隐私信息的泄露(如图 2)。

接下来建议大家先点击“模拟选志愿”

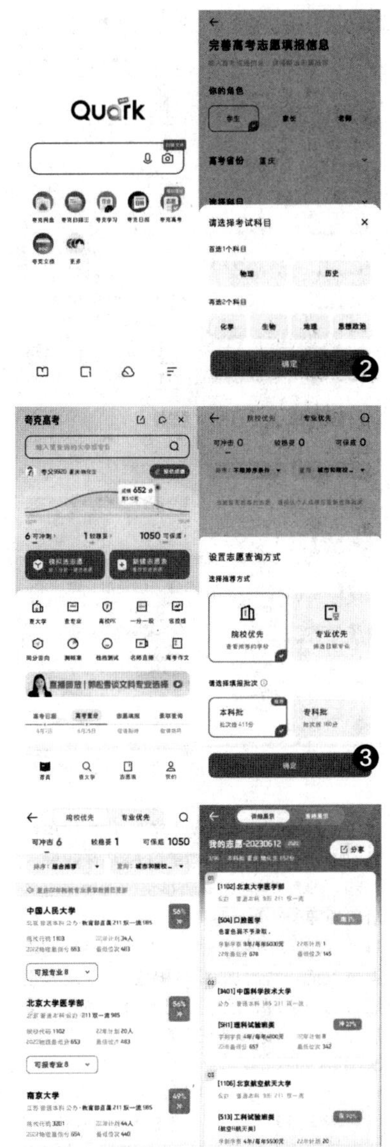

功能,然后根据提示完成志愿查询方式(院校优先或专业优先)(如图 3)。

完成以上信息的填写后,系统会自动帮用户匹配当前估分所在地区能够报名的院校及专业,非常清楚地将所有院校分为“可冲击”“较稳妥”“可保底”三类,列表加上百分数指标,让学生能够非常直观地了解自己估分所在地能够报考的院校及专业(如图 4)。

这里需要注意的是院校百分比值并不能直接等同于专业,毕竟学校热门专业的竞争压力较大,其专业分值门槛往往会高出学校分数线不少,比如笔者尝试填入重庆(物化生,估分 652 分)后,本身是可以冲击“北京大学医学部”的,但是“口腔医学”“临床医学”“基础医学”等多个专业显示“难 1%”,冲击成功率并不高,但如果选择“护理学”专业,则显示“56%冲”的提示。

通过“学校”或“专业”筛选，用户可点击“添加志愿”，将感兴趣的学校及专业导入“我的志愿表”中。志愿表是每位考生在报考阶段重要的决策辅助工具，考生对查询、分享、管理的使用频率很高。“夸克高考”的志愿表支持在线添加、编辑和查看，方便考生进行志愿管理和汇总，配上百分率数值以后，能够非常直观地在个人志愿表内完成二次筛选(如图5)。

另一个非常方便的地方是“夸克高考”针对不同设备和人群，还支持多格式导出、分享和同步电脑端，实现多方案对比检查不错漏。而实时数据同步，意味着就算是出分前填写的志愿，夸克也会在出分后根据实际分数和最新招生计划进行一键更新。

总体而言，同一学校，不同专业间的录取分数差距很大，而提前了解信息尤为重要，网络和大数据则让信息获取与比对变得无比便捷。

大数据 +AI 打破信息壁垒

“我们花了十几年时间去做题考试，却用一本只有专业名称的书来决定一生。”——在数代学子的记忆中，《高考专业报考指南》绝对有一席之地。在信息资源匮乏的岁月里，这本近乎“字典”架构的指南却是无数学子反复翻阅的秘籍、宝典。然而，数千所大学加上众多专业的对比、海选，绝不是人工用心摘录、仔细对比就可以实现的，而借助“夸克高考”功能，这类繁多的信息对比操作变得无比顺畅。

夸克提供“查大学”和“查专业”两种模式让学生们快速了解院校及专业情况，除传统文字描述外，更提供图片、视频等多种呈现形式，让学生们能够全方位了解心仪大学及专业情况(如图6)。

除了院校、专业信息查询外，“夸克高考”还贴心地提供了“院校对比”功能，学生可以选择心仪的高校进行简单的比对，以直观的方式了解学校录取分数线、办学性质、类别、特色等，对于一些信息相对滞后的地区学校学生而言，这样的院校及专业选择方式，显然比《高考专业报考指南》效率高不少。

事实上，“夸克高考”让学生和家长满意的地方不仅在于高效、直观的信息获取和展现方式，更在于其对大数据的应用，学生除了了解学校信息外，更可以了解“省控线”和“同分去向”。

不过这里需要注意的是2022年和2023年高考，在数学、英语这样的学科上，试卷难度具有一定差异，这意味着查阅历年分数线时，应尽可能同时综合2021年和2022年的分数进行对比，以获取更准确的参考信息(如图7)。

除了上面这些基础信息的获取与对比外，“夸克高考”还贴心地为学子准备了“名师直播”栏目，蒋叶光、娄雷、张雪峰等夸克高考志愿官针对不同主题为学生们开设了多场演讲，从学校专业选择到平行志愿的利用，进一步帮助学子了解志愿填报信息。相对于速成的“高考志愿填报师”，这些大咖在专业性和经验上绝对碾压前者，而且通过互动提问，也能获得大咖们的指点，具有极高的性价比(如图8)。

超实用的高考志愿填报知识

2023年高考已经落下帷幕，考生即将面临志愿填报。平行志愿、顺序志愿到底是什么意思?志愿填报有哪些技巧?今年高考招生有哪些新增专业?不妨一同看看以下要点——

平行志愿

特点：指考生在填报高考志愿时，可在指定的批次同时填报若干个平行院校志愿。录取时，按照“分数优先，遵循志愿”的原则进行投档。某一个考生投档时，先看其成绩是否够A院校提档线；如不够，再看B院校；以此类推，直到检索到考生分数符合的志愿院校后，将其投档至该院校，档案一旦投出，即不再检索该生其他志愿。

填报技巧：考生可以采取“冲一冲稳一稳”“保一保”“垫一垫”的策略，各志愿院校之间拉开适当梯度。

顺序志愿

特点：指在同一个录取批次设置的多个院校志愿有先后顺序，如第一志愿、第二志愿等，每个志愿只包括一所院校。顺序志愿投档时，对选报同一志愿院校的考生按院校确定的录取原则、调档比例从高分到低分进行投档，也就是说每所院校各排各的队。

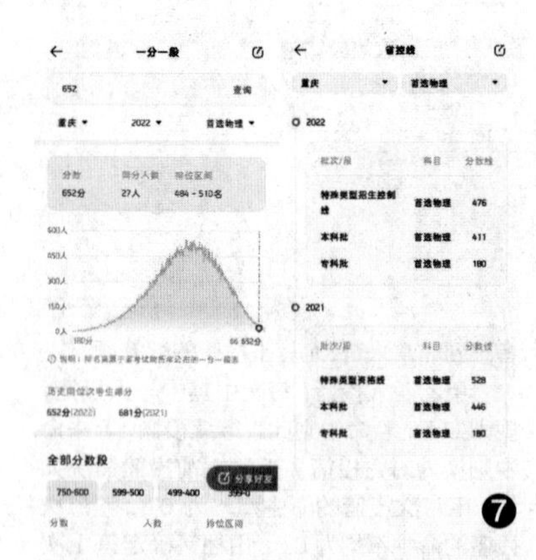

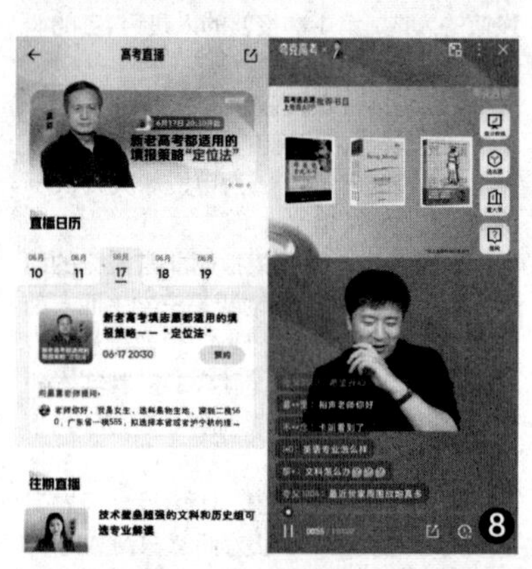

填报技巧：“志愿优先，从高分到低分”。举个例子来说，一旦考生将某高校放在第二志愿，即使你分数再高，如果该校第一志愿已经招满了且不预留招收第二志愿的名额，你的档案也不会投向该校。

院校专业组

特点：一所院校可设置一个或多个院校专业组，每个院校专业组内可包含数量不等的专业。同一高校科目要求相同的专业可分设在不同的院校专业组中。同一院校专业组内各专业的科目要求须相同。

填报技巧：该模式以一个院校加一个专业组为一个志愿单位。将每一个志愿细化到专业组。考生根据自己的意愿可以直接选择志愿为某个学校的某个专业组，专业调剂限于同一专业组内调剂。

专业(类)+ 学校

特点：专业(专业类)平行志愿，是新高考招生同一类别、同一批次中若干具有相对平行关系的专业(专业类)志愿，以一所院校的一个专业(专业类)为志愿单位，按照分数优先、遵循志愿进行投档。

填报技巧：专业平行志愿投档时，直接投档到某院校某专业(专业类)，不存在专业服从调剂。考生要认真查阅高校招生专业的选考科目要求，自己的选考科目须符合高校有关专业选考科目要求。填报志愿时一定要利用好各高校的专业投档线。

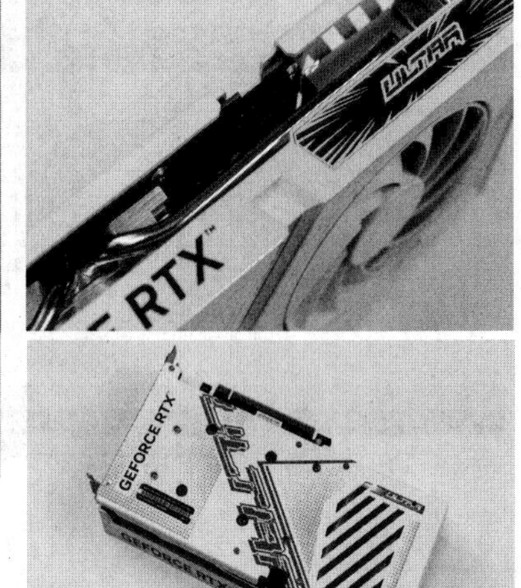

GeForce RTX 4060首发测评

■ 电脑报工程师 王诚

DLSS 3加持的“60”光追主力 GeForce RTX 4060首发测评

NVIDIA 于今年 5 月 18 日正式发布了 RTX 4060 Ti/4060 系列 GPU，其中的 RTX 4060 Ti 8GB 版已经于 5 月 24 日开售，而原本计划在 7 月开售的 RTX 4060 则提前到了 6 月 28 日登场，这款面向主流玩家的 1080P 光追甜品是否能继承 NVIDIA “逢 6 必甜”的传统？我们的首发测试会给你答案。

RTX 4060 硬件规格详解

RTX 4060 采用完整的 AD107 核心，拥有 3 组 GPC（图形处理器集群）和 12 组 TPC（纹理处理器集群）以及 24 组 SM（流处理器）单元，3072 个 CUDA、24 个第三代 RT Cores（光追单元）与 96 个第四代 Tensor Cores（张量单元）。虽说相对上代 RTX 3060 来讲数量方面略有减少，但架构上却领先一代，而且 RTX 4060 的二级缓存高达 24MB，是 RTX 3060 的 8 倍，因此实际执行效率反而要高出很多。

除此外，RTX 4060 也拥有一组 NVENC+NVDEC 单元，其中第八代编码器支持 AV1 硬件编码，这一点也是 RTX 3060 不具备的。显存规格方面，RTX 4060 也配备了 GDDR6，并拥有和 RTX 4060 Ti 一样的位宽和容量，得益于超大二级缓存，它的等效带宽高达 453 GB/s，远高于 RTX 3060 的 360 GB/s。功率方面 RTX 4060 拥有极高的优势，它的平均游戏功率仅为 110W，远低于 RTX 3060 的 170W，TGP 也仅有 115W，对散热的要求十分宽松，特别适合用来打造强力 ITX 显卡。

首发价格方面，RTX 4060 定价 2399 元起，相对 RTX 3060 当年的首发价还低了 100 元。另外值得一提的是，NVIDIA 不再推出 RTX 4060 的 Founders Edition 版，因此市面上销售的 RTX 4060 将全部是非公版。那么，接下来就让我们看看 RTX 4060 实际的产品如何吧。

官方规格参数对比

	RTX 4060 Ti 8GB	RTX 4060	RTX 3060 12GB
架构	Ada Lovelace AD106	Ada Lovelace AD107	Ampere GA106
RT Cores	34（第三代）	24（第三代）	28（第二代）
Tensor Cores	136（第四代）	96（第四代）	112（第三代）
DLSS	3	3	2
NV Encoders	AV1/H.264	AV1/H.264	H.264
Frame Buffer	8GB G6	8GB G6	12GB G6
图形处理器集群	3	3	3
纹理处理器集群	17	12	14
流处理单元数量	34	24	28
CUDA核心数量	4352	3072	3584
纹理单元	136	96	112
光栅单元	48	48	48
二级缓存	32MB	24 MB	3 MB
GPU加速频率	2535MHz	2460 MHz	1777MHz
显存位宽	128 bit	128 bit	192 bit
显存带宽	288 GB/s（等效554 GB/s）	272 GB/s（等效453 GB/s）	360 GB/s
显存传输率	18 Gbps	17 Gbps	15 Gbps
平均游戏功率	140W	110 W	170 W
整板功率	160W	115 W	170 W
首发售价	3199元起	2399元起	2499元起

波普艺术小钢炮 iGame GeForce RTX 4060 Ultra W DUO 8GB

本次首发测试我们收到了来自 NVIDIA 核心合作伙伴 iGame 的 GeForce RTX 4060 Ultra W DUO 8GB，这款采用波普艺术风格打造的双风扇 RTX 4060 在外观方面就具备极强的吸睛能力。

iGame GeForce RTX 4060 Ultra W DUO 8GB 配备了白色波普外甲，大面积的贝壳渐彩视觉效果尤其抢眼，不同角度观看和不同的光线照射都可以展现出丰富的色彩变化。配合显卡顶部的漫画特效波普 RGB 灯效更加绚烂多彩。

显卡配备的波普散热系统拥有两个 90mm 双滚珠轴承风扇，每个风扇具备 11 翼环形扇叶，导流效果更好，噪声更低。散热器中内置了两根 6mm 热管，配合大面积鳍片提供出色的散热效率。

显卡背面加装了全金属波普背板，并在散热器延展鳍片位置采用了开孔设计，能够更好地打造机箱内的散热风道。显卡后挡板上还提供了双 BIOS 切换按键，可一键切换 BIOS。

接下来进入实战测试环节。

实战测试：开启 DLSS 3 最高可比 RTX 3060 快一倍

测试平台

处理器：intel 酷睿 i9 13900K
内存：金士顿 FURY RENEGADE DDR5 7200 16GB×2
主板：ROG MAXIMUS Z790 HERO
显卡：iGame GeForce RTX 4060 Ultra W DUO 8GB
GeForce RTX 4060 Ti Founders Edition
GeForce RTX 3060 12GB
硬盘：WD_BLACK SN850X 2TB
电源：华硕 ROG 雷神 1000W
操作系统：Windows 11 专业版 22H2

3DMark基准性能测试				
		RTX 4060 Ti 8GB	RTX 4060	RTX 3060 12GB
FireStrike		35238	28927	22352
FireStrike Extreme		16359	13385	10519
FireStrike Ultra		7335	5748	5075
TimeSpy		13722	10693	8745
TimeSpy Extreme		6314	4979	4063
SpeedWay		3171	2540	2182
DXR		38.38	26.79	19.76
Port Royal		8119	6079	5193
DLSS 2（2K/单位：fps）	Off	37.18	27.84	24
	On	90.56	76.18	58.85
DLSS 3（4K/单位：fps）	Off	16.56	12.23	10.99
	On	79.53	63.43	30.79

光栅化游戏测试（最高画质/单位：fps）	RTX 4060 Ti 8GB		RTX 4060		RTX 3060 12GB	
	1080P	2K	1080P	2K	1080P	2K
《古墓丽影：暗影》	182	117	148	95	122	82
《消逝的光芒2：人与仁之战》	131	89	105	71	88	60
《荒野大镖客：救赎2》	100	76	81	63	72	57
《刺客信条：英灵殿》	120	90	109	76	85	66
《看门狗：军团》	101	74	83	59	68	51
《极限竞速：地平线5》	124	112	103	85	82	69
《生化危机4：重制版》	131	89	101	67	86	59
《控制》	129	83	103	64	93	59
《瘟疫传说：安魂曲》	78	52	60	40	54	35
《APEX英雄》	206	155	166	123	144	111
《使命召唤19》	102	74	89	61	73	50
《赛博朋克2077》	102	65	81	48	73	45
《F1 22》	204	158	174	132	152	115
《原子之心》	100	74	83	60	71	53

基准性能测试

基准性能测试部分，代表DX11性能的FireStrke测试中，RTX 4060相对RTX 3060有13%~29%的优势。代表DX12性能的TimeSpy和TimeSpy Extreme测试中，RTX 4060相对RTX 3060大约有22%的优势。DX12U的SpeedWay测试中，RTX 4060也领先了RTX 3060大约16%。光追部分，RTX 4060在DXR测试中领先RTX 3060大约36%，PortPoyal中领先17%。DLSS测试部分，开启DLSS 2后RTX 4060领先了RTX 3060大约29%，开启拥有帧生成功能的DLSS 3后更是领先了106%。

光栅化游戏测试

光栅化游戏实测部分，1080P下，RTX 4060在《刺客信条：英灵殿》中最高领先了RTX 3060大约28%，全部游戏平均下来领先幅度大约为18%。2K分辨率下，RTX 4060最多领先RTX 3060大约23%，平均领先幅度为14%。

光追与DLSS测试

再来看光追与DLSS测试。同样开启DLSS 2模式，1080P下《使命召唤19》中RTX 4060相对RTX 3060最高领先了25%，平均领先18%；2K下RTX 4060最高领先21%，平均领先16%。

到了DLSS 3下，拥有帧生成功能的RTX 4060优势就更明显了，1080P下《赛博朋克2077》中最高领先RTX 3060大约83%，平均领先61%；2K下也是《赛博朋克2077》中领先最多，达到71%，平均领先49%。

游戏功率与考机

根据实测结果，RTX 4060的游戏功率确实保持在110W左右，因此在散热和供电方面的要求非常宽松，很大程度上可以降低玩家装机的成本和难度。

我们尝试对iGame GeForce RTX 4060 Ultra W DUO 8GB进行超频，在经过调试之后，最终的GPU频率来到了2820 MHz，TimeSpy得分达到了10822。此时再进行考机，显卡瞬时最高TGP来到了123.7W（持续考机TGP依然保持在113W左右），但GPU温度依然不到54℃，结温也不到63℃，可见其搭载的波普散热系统确实很给力，AD107核心的高能效比也功不可没。

总结：DLSS 3加持的"60"接班人

先简单概括总结一下RTX 4060的亮点。

●基于NVIDIA Ada Lovelace架构，具备第三代光追单元，支持光线追踪与DLSS 3。

●在1080P分辨率下可畅玩光追游戏大作，是高刷电竞新选择。

●完善的AI软件加速支持度，可大幅提升AI内容创作效率。

●支持VSR技术，可通过AI计算大幅提升视频清晰度。

●是GTX 1060与RTX 2060玩家升级首选。

●拥有卓越的性价比与能效比，长期使用可以有效降低电费。

综上所述，RTX 4060作为"60"系甜品接班人是非常称职的。实战性能方面，它在光栅游戏中综合领先RTX 3060 12GB大约20%，而在开启光追和DLSS的情况下，领先幅度更高，在支持DLSS 3的游戏中甚至能做到帧率翻倍，平均领先幅度超过60%，最高领先幅度接近翻倍。

能效比和温度方面，iGame GeForce RTX 4060 Ultra W DUO 8GB平均游戏功率在110W左右，配合波普散热系统，实测考机GPU不到60℃，表现相当出色。

同时，对于设计师用户来讲，iGame GeForce RTX 4060 Ultra W DUO 8GB也是一款甜品级高效工具，而且还支持AV1硬件编码和VSR，在视频应用中也能大幅提升效率和体验。

定价方面，RTX 4060首发价2399元起，比RTX 3060当年首发价还低了100元，可以说是性能大增还降价，同价位上综合竞争力堪称无敌。对于还在使用GTX 1060和RTX 2060的老玩家来说是一个非常值得升级的选择。

三风扇豪华款 技嘉RTX 4060 GAMING OC魔鹰8G

如果玩家对散热有更高要求，那么可以看看这款三风扇豪华版的RTX 4060。技嘉RTX 4060 GAMING OC魔鹰8G（以下简称技嘉RTX 4060魔鹰）采用了40系魔鹰全新的家族外观设计，标志性的风之力三风扇散热系统尤其抢眼，3个8cm导流风扇采用了正反逆转设计增强散热气流，配备纳米石墨烯润滑油的油封轴承使用寿命堪比滚珠轴承。

散热器部分，显卡搭载了直触GPU的复合式热管，配合背面预留进气格栅的延长式散热鳍片，提供了更高的导热效率并构建了更合理的机箱散热风道。

显卡背面则加装了全尺寸金属背板，并在显卡顶部采用了L形转角设计，大幅增加显卡刚性，长期使用抗变形能力更强。用料方面，技嘉RTX 4060魔鹰达到了超耐久二代标准，具备低温、低功耗、寿命长的特点，使用起来更稳定可靠。

技嘉RTX 4060魔鹰还采用了双BIOS设

光追与DLSS游戏测试（最高画质/单位：fps）	RTX 4060				RTX 3060 12GB			
	1080P		2K		1080P		2K	
	RT OFF DLSS OFF	RT ON DLSS ON	RT OFF DLSS OFF	RT ON DLSS ON	RT OFF DLSS OFF	RT ON DLSS ON	RT OFF DLSS OFF	RT ON DLSS ON
DLSS 2游戏								
《古墓丽影：暗影》	148	126	95	88	122	103	82	73
《荒野大镖客：救赎2》（无RT）	81	95	63	75	72	83	57	67
《看门狗：军团》	83	68	59	52	68	56	51	43
《控制》	103	107	64	70	93	98	59	65
《使命召唤19》	89	125	61	92	73	100	50	76
DLSS 3游戏								
《消逝的光芒2：人与仁之战》	105	111	71	76	88	63	60	45
《极限竞速：地平线5》	103	115	85	103	82	87	69	73
《瘟疫传说：安魂曲》	60	111	40	71	54	65	35	45
《赛博朋克2077》	81	99	48	60	73	54	45	35
《F1 22》	174	156	132	81	152	104	115	72
《原子之心》（无RT）	83	139	60	103	71	90	53	73

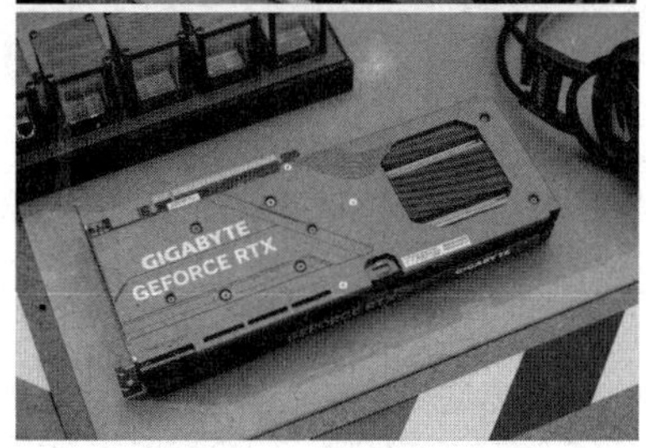

计，一键切换超频与静音模式，玩家可根据需求快速切换。个性化方面，技嘉 RTX 4060 魔鹰支持 RGB Fusion 灯效同步，可在技嘉智能管家软件中自由调节。

规格方面，技嘉 RTX 4060 魔鹰也超过了公版，核心加速频率高达 2550 MHz（公版为 2460 MHz），功率上限更是可手动上调 13%，因此性能更佳，也有更多的超频空间。

实战测试：三风扇散热更给力，性能释放很到位

测试平台

处理器：intel 酷睿 i9 13900K

内存：金士顿 FURY RENEGADE DDR5 7200 16GB×2

主板：技嘉 Z790 AORUS MASTER

显卡：技嘉 RTX 4060 GAMING OC 魔鹰 8G

GeForce RTX 4060 Ti Founders Edition

GeForce RTX 3060 12GB

硬盘：WD_BLACK SN850X 2TB

电源：技嘉铂金雕 AP1200PM

操作系统：Windows 11 专业版 22H2

基准性能测试

基准性能部分，代表 DX11 性能的 FireStrke 测试中，技嘉 RTX 4060 魔鹰相对 RTX 3060 有 15%~31%的优势。代表 DX12 性能的 TimeSpy 和 TimeSpy Extreme 测试中，技嘉 RTX 4060 魔鹰相对 RTX 3060 大约有 23%的优势。DX12U 的 SpeedWay 测试中，技嘉 RTX 4060 魔鹰也领先了 RTX 3060 大约 19%。光追测试项目部分，技嘉 RTX 4060 魔鹰在 DXR 测试中领先 RTX 3060 大约 41%，PortPoyal 中领先 18%。DLSS 测试部分，开启 DLSS 2 后技嘉 RTX 4060 魔鹰领先了 RTX 3060 大约 31%，开启拥有帧生成功能的 DLSS 3 后更是领先了 110%。

光栅化游戏测试

光栅化游戏实测部分，1080P 下，技嘉 RTX 4060 魔鹰在《刺客信条：英灵殿》中最高领先了 RTX 3060 大约 31%，全部游戏综合下来领先幅度大约为 20%。2K 分辨率下，技嘉 RTX 4060 魔鹰最多领先 RTX 3060 大约 25%，平均下来领先幅度为 17%。

光追与 DLSS 测试

再来看光追与 DLSS 测试。同样开启 DLSS 2 模式，1080P 下《使命召唤 19》中技嘉 RTX 4060 魔鹰相对 RTX 3060 最高领先了 27%，平均领先 21%；2K 下《看门狗：军团》中技嘉 RTX 4060 魔鹰最高领先 23%，平均领先 18%。

到了 DLSS 3 下，拥有光学多帧生成的 RTX 4060 优势就更明显了，1080P 下《赛博朋克 2077》中最高领先 RTX 3060 大约 85%，平均领先 68%；2K 下也是《赛博朋克 2077》中领先最多，达到 74%，平均领先 62%。

游戏功率与考机

根据我们实测，RTX 4060 在游戏中确实保持在 110W 左右。考机方面，TGP 跑满 117.9W 的情况下，技嘉 RTX 4060 魔鹰 GPU 温度仅有 50.3℃，结温也只有 58.4℃，可见三风扇风之力散热系统相当给力。超频方面，技嘉 RTX 4060 魔鹰的功率上限还可以上调 13%，经过超频设置之后，它在 3DMark 中的实际频率达到了 2894.55 MHz，TimeSpy 得分更是突破了 11000 分。超频之后考机，技嘉 RTX 4060 魔鹰 TGP 提升到了 132.3W，而 GPU 温度只是小涨到了 53.5℃，结温小涨到了 62.8℃，可见其散热设计确实预留了足够的空间。

光栅化游戏测试（最高画质/单位：fps）

	RTX 4060 Ti 8GB		RTX 4060		RTX 3060 12GB	
	1080P	2K	1080P	2K	1080P	2K
《古墓丽影：暗影》	182	117	151	96	122	82
《消逝的光芒2：人与仁之战》	131	89	107	72	88	60
《荒野大镖客：救赎2》	100	76	83	64	72	57
《刺客信条：英灵殿》	120	90	111	77	85	66
《看门狗：军团》	101	74	85	61	68	51
《极限竞速：地平线5》	124	112	106	86	82	69
《生化危机4：重制版》	131	89	103	69	86	59
《控制》	129	83	105	66	93	59
《瘟疫传说：安魂曲》	78	52	62	41	54	35
《APEX英雄》	206	155	168	125	144	111
《使命召唤19》	102	74	90	62	73	50
《赛博朋克2077》	102	65	83	50	73	45
《F1 22》	204	158	176	133	152	115
《原子之心》	100	74	85	61	71	53

总结：DLSS3 主力中的三风扇高配版

从前面的测试可以看到，性能方面，技嘉 RTX 4060 魔鹰在光栅游戏中综合领先 RTX 3060 12GB 大约 20%，而在开启光追和 DLSS 的情况下，领先幅度进一步加大，在支持 DLSS 3 的游戏中最高可翻倍，平均领先幅度也接近 70%。

能效比和温度方面，技嘉 RTX 4060 魔鹰平均游戏功率在 110W 左右，再加上配备了强悍的风之力三风扇散热系统，实测考机 GPU 仅有 50℃出头，表现可以说是相当出色了。

此外，对于主流设计师来讲，技嘉 RTX 4060 魔鹰也是一款高性价比的工具，还支持 AV1 硬件编码和 VSR 功能，对有视频应用需求的用户来说也能提升效率和体验。

总而言之，目前对于主流玩家和设计师用户来讲，技嘉 RTX 4060 魔鹰可以说是一款性能足以提供 1080P 高帧率光追游戏体验，同时还拥有不错生产力的超高性价比工具，值得“60”系老用户升级。

光追与DLSS游戏测试（最高画质/单位：fps）

	RTX 4060				RTX 3060 12GB			
	1080P		2K		1080P		2K	
	RT OFF DLSS OFF	RT ON DLSS ON	RT OFF DLSS OFF	RT ON DLSS ON	RT OFF DLSS OFF	RT ON DLSS ON	RT OFF DLSS OFF	RT ON DLSS ON
DLSS 2游戏								
《古墓丽影：暗影》	151	128	96	89	122	103	82	73
《荒野大镖客：救赎2》（无RT）	83	96	64	76	72	83	57	67
《看门狗：军团》	85	70	61	53	68	56	51	43
《控制》	105	109	66	71	93	98	59	65
《使命召唤19》	90	127	62	93	73	100	50	76
DLSS 3 游戏								
《消逝的光芒2：人与仁之战》	107	113	72	77	88	63	60	45
《极限竞速：地平线5》	106	117	86	105	82	87	69	73
《瘟疫传说：安魂曲》	62	113	41	72	54	65	35	45
《赛博朋克2077》	83	100	50	61	73	54	45	35
《F1 22》	176	157	133	82	152	104	115	72
《原子之心》（无RT）	85	140	61	104	71	90	53	73

“支付江湖”格局之变

■ 记者 张毅

微信支付与多家高校的碰撞

多家高校抵制微信支付事件

互联网哪有那么多免费的东西，无非是还没到收费的时候……

6月底，“多所高校下个月停止使用微信支付”突然登上热搜。

以西北大学为例，其发布的公告称，“因腾讯公司微信支付将于7月1日起对校园场景用户进行精细化管理，除收学费外，其他收费均会受到限制并收取0.6%的手续费。为维护师生利益，从6月30日起对校内一卡通用户暂停提供微信扫码支付服务，一卡通校园卡、交通银行App、云闪付、支付宝等渠道正常使用，望各位师生周知。”

此外，南京理工大学、江苏师范大学、西南科技大学、郑州航空工业管理学院、洛阳理工学院、西北民族大学等高校也都发布了类似的公告，引发了社会舆论极大的关注。微信支付收费的逻辑是什么？0.6%的手续费是如何制定出来的?微信支付会在其他渠道采取类似的手续费收取模式吗?

一时间，各种疑问和声讨将微信支付与腾讯推向风口浪尖，沉寂许久的移动支付领域有望迎来新一轮的变革。

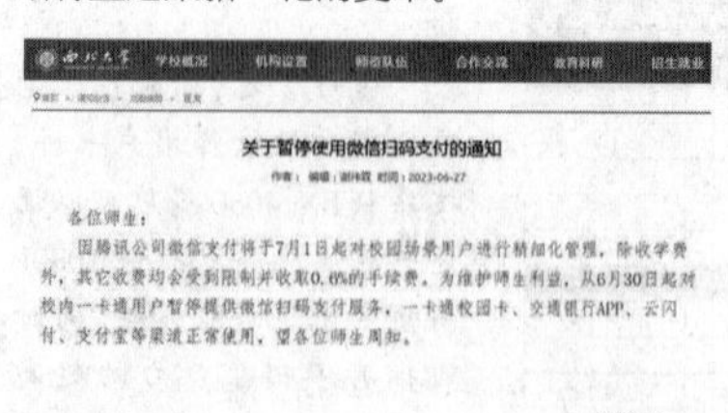
学校概况 机构设置 师资队伍 合作交流 教育科研 招生就业

关于暂停使用微信扫码支付的通知

各位师生：

因腾讯公司微信支付将于7月1日起对校园场景用户进行精细化管理，除收学费外，其它收费均会受到限制并收取0.6%的手续费。为维护师生利益，从6月30日起对校内一卡通用户暂停提供微信扫码支付服务，一卡通校园卡、交通银行APP、云闪付、支付宝等渠道正常使用，望各位师生周知。

后勤集团
财务资产部
网络与数据中心
2023年6月27日

支付方的解释

一次热搜，三次回应。面对舆论的高度关注，腾讯鲜有如此高频地对一个事件作出回应，可见本次多所高校与微信支付的风波影响有多大了。

6月29日下午，微信支付官方微博回应称，此次调整的本意是为了对费率实施更加精细化的优惠措施，后续将继续优化与高校的沟通流程，加强合作。

然而，这样一段看上去多少有些公式化的话语并未化解用户的不满，反而因为冰冷的语气让更多学生及网友表示“微信支付一直是我们校园生活的重要工具，它为我们提供了很多便利。但是，如果费用太高，我们就需要考虑，是否继续使用微信支付了。”

而在舆论热度持续不退的情况下，6月29日下午晚些时候，微信支付官方微博就此事发布回应并致歉。

除以“致歉”为标题外，整个行文话语真诚了许多，随后，微信支付又在“微信派”上对此次事件作出第三次回应。“微信派”发布

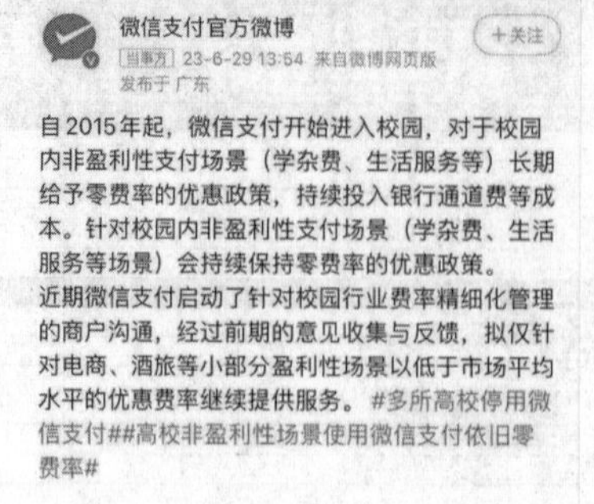

自2015年起，微信支付开始进入校园，对于校园内非盈利性支付场景（学杂费、生活服务等）长期给予零费率的优惠政策，持续投入银行通道费等成本。针对校园内非盈利性支付场景（学杂费、生活服务等场景）会持续保持零费率的优惠政策。
近期微信支付启动了针对校园行业费率精细化管理的商户沟通，经过前期的意见收集与反馈，拟仅针对电商、酒旅等小部分盈利性场景以低于市场平均水平的优惠费率继续提供服务。#多所高校停用微信支付##高校非盈利性场景使用微信支付依旧零费率#

问答形式的说明，表示微信支付对校园学杂费自始至终保持零费率优惠政策，而对校园营利场景费率实施精细化管理，计划调整费率为0.2%，其中微信支付实际收取0.1%费率，另外的0.1%作为技术服务费发放给为学校提供服务和技术支持的合作伙伴，外界所传的0.6%纯属误传。

完整复盘本次高校与微信支付的冲突后会发现，0.6%手续费的确是误传，但微信支付的确存在费率，绝不是消费者下意识的“免费”认知，而微信支付此次调整，波及的范围并不只是高校。也有一些中学近期向家长发来短信，告知因微信支付平台将收取一定的支付费率，学校一卡通充值系统将改用银联银行卡绑定支付。事实上，即便停用微信支付，校园卡、交通银行App、银联闪付和支付宝等支付方式仍将继续可用，这些替代支付渠道将为师生提供更多选择。可见，微信或许将就此失去一部分市场。

微信支付的收费逻辑何在

成本压力之下，微信支付不再愿意倒贴钱换取市场份额了。

将时间线拉回到2013年前后，支付宝、微信第一次在移动支付领域短兵相接，人们在那个年代对移动支付的认知和理解更多停留在“红包”上，而通过春晚红包活动，微信成功“说服”人们将微信同银行卡绑定，也让微信支付收获了数千万的“原始”用户。

红包、打车、线下市场……支付宝、微信两大巨头围绕移动支付展开激烈竞争的同时，也通过各种补贴刺激终端市场用户体验、尝试并习惯移动支付。动辄数十亿、上百亿的补贴流向移动支付用户的同时，也让各应用场景平台、线下市场门店成为受益者。

“移动支付补贴多的时候，往往花不到八块钱就能从公司打车回家，而正常出租车费用往往超过三十元。”

“曾经有团队招聘我做支付宝支付地推兼职，说服一家门店开通收款码就有500元奖励费用，有些同学靠这个兼职就轻松实现月入过万。”

“那时候微信、支付宝推广团队都是轮流上门说服我家小卖铺使用其收款渠道，还得看谁给的返点高，我才选择用谁的，但这个钱能轻松冲抵门店水电费的。”

“不记得移动支付那时候撒了多少钱了，印象中单是2018年前后刷脸支付，两家就至少拿出了130亿的推广费用。”

……

疯狂补贴之下，支付宝与微信支付两家在巅峰时期曾占据我国移动支付市场90%以上市场份额，而在拿到足够市场份额之后，收费并不意外。微信支付作为第三方支付除了人力成本和技术成本外，也有很多成本需要覆盖来提供服务。在2016年，微信

宣布对个人用户零钱提现累计超过1000元的部分收取0.1%的手续费时，马化腾曾在回应相关问题时谈到，用户通过微信提现后，作为第三方支付方的微信会被银行收取千分之一的费用，这造成微信成本极速增长，曾有一个月，该项成本超过了三亿。“我们做一个通道一进一出，却要承担这个千分之一，确实是很不科学”。

2022年初，微信支付负责人张颖曾在“2022微信公开课PRO”上公开表示，微信支付从未在小微商户收款业务中盈利，亏损状态未解。据悉，当前，在“减费让利”号召下，小微商户与微信支付的手续费率为0.38%。在2022年中报中，腾讯曾表示，2021年9月至2022年6月，微信支付在支付服务手续费方面已累计“让利约30亿”，惠及小微商家超过2000万。

而在一日三度回应高校费率问题中，微信其实在第二次回应中还有一个广为流传的“秒删”版本，其中也透露“在校园场景内承担的银行通道成本超过10亿元”。即便这样的说法被删除，但客观来讲，腾讯为布局微信支付从前期补贴推广到后期人员、运营、网络等方面费用支出，的确需要一个平衡收支的方式。但非常有趣的是，同样承担巨额推广补贴，支付宝却一直在以极低费率运行，也没有提及自己的困难，这又是为何呢？

对比两者的生态和运营模式会发现，支付宝作为阿里巴巴的一个分支，与淘宝和天猫密不可分。客户在淘宝和天猫上购物并付款后，平台通常会保留这部分资金一段时间，然后在确认收货后支付给商户。在这个阶段，这部分“沉淀资金”被支付宝用于理财，收入无疑是可观的，这是微信支付没有的优势。

从功能定位和划分来看，微信支付是一个相对独立的业务部门，没有沉淀资金的来源，这可能是微信多次在支付宝前面提高费率的原因。然而，虽然从企业运营看微信支付收费情有可原，可从用户的角度看，微信支付凭借补贴和微信强社交属性构筑绝对的规模优势后，反过来收取手续费用，多少有些尾大不掉的感觉，且拥有强大权柄的微信一旦在手续费上提价成功，谁又能保证后期不会继续提价呢？

正方：不能让金融基建者寒心

任何服务都有成本，想要长期维持下去必然要解决收支平衡的问题。我国当前移动支付的领先和规模优势，很大程度源于以支付宝、微信支付为代表的第三方支付机构的市场化竞争。

微信支付调整费率本身是正常的商业行为，微信前期采取零费率（校内商户/校产），部分出于培养用户习惯的目的，但长期来看这并不符合商业逻辑，也不可持续：前期的零费率很多时候是基于各种各样的原因，比如市场推广，培养用户习惯。培养用户习惯之后，它只是一个拉新的活动，是一个促销的活动，最终还是要回到正常的商业逻辑上去。

第三方支付机构的主要成本是通道成本，按照行业中的通行标准，第三方支付机构针对贷记卡（通常指信用卡）用户的使用，需要承担单笔约0.5025%费率的通道成本，具体包括不超过0.45%费率的发卡行成本、0.0325%费率的银联管理费、0.02%费率的银联品牌使用费；第三方支付机构针对借记卡（通常指储蓄卡）用户的使用，需要承担单笔约0.3825%费率的通道成本，具体包括不超过0.35%费率的发卡行成本、0.0325%费率的银联管理费。此外，第三方支付机构还有服务器、维护等技术成本，以及推广等运营服务，还需要付给代理公司分成。

由此可见，对于一些机构，微信支付实际上是在亏本，帮这些机构支付了银行的通道费。而单就本次费率调整，其实微信支付最初的政策调整只是针对电商、酒旅等盈利场景。另外，需要注意的是，此次收费的主体并不是学生，而是盈利场景的运营方。

长期以来，不少高校引入了第三方经营机构和商户，微信支付的费率调整主要针对他们。实际上，这笔“手续费”也是存在的，如消费者日常生活中预订酒店、超市购物等消费场景，无论用微信、支付宝还是其他第三方支付，都存在这笔给清算机构和银行的通道费。以前只不过针对学校消费场景，微信支付自己要承担银行通道费。目前，各大高校存在不少盈利性支付场景，既然学校的商家在使用微信支付等便捷服务的同时，也存在盈利，那么学校为何不能认同微信支付的手续费？

微信支付在服务商家的同时，日常也在持续投入银行通道费等成本。据悉，随着校园场景及商户数量的持续上升，大量涉及电商、酒旅等盈利场景占用了零费率的补贴资源，导致成本不断高涨。此外，商家在使用微信支付服务时也节省了管理现金的时间成本，同时又能盈利，因此不少人认为收取合理比例的手续费也在情理之中。

反方：担心巨头权柄过重

在社交领域拥有近乎垄断性优势的腾讯，本身已经为微信支付构筑了庞大的用户流量护城河，用户在使用习惯上形成依赖后，很容易成为被反复收割的“韭菜”。实际上，这已经不是微信支付第一次因为提费而引起争议了。

早在2016年2月16日，“微信公开课”曾发布公告：3月1日起，个人用户的微信零钱提现功能（从零钱到银行卡）开始对超额部分收取手续费，转账恢复免费。而后3月，微信正式宣布零钱提现功能开始收取手续费，费率为0.1%，每笔至少收取0.1元。然后，从2017年底开始，微信“动刀”信用卡。首先，每个用户月累计还款额超过5000元的部分按0.1%收费（最低0.1元），即每次还款5000元收费5元。2018年8月，收费范围扩大到每笔还款按还款金额的0.1%收费。用户还款时，手续费应与还款金额一并支付。

然而时至今日，支付宝每人每月仍享有2000元的基础免费还款额度，并且允许用户通过积分兑换更多的免费还款额度。

而且按照微信支付官方的解释，微信支付运营成本“不断增加”，所以才要在费率上采用精细化的优惠措施，可问题是微信支付并非真的完全独立运营，而是腾讯金融科技及企业服务收入的一个组成部分。根据腾讯最新财报显示，2023年第一季度，金融科技及企业服务收入同比增长14%至人民币487亿元，商业支付活动增速显著改善。受益于人们外出活动的增多，线下商业支付活动反弹幅度显著高于线上商业支付。而在

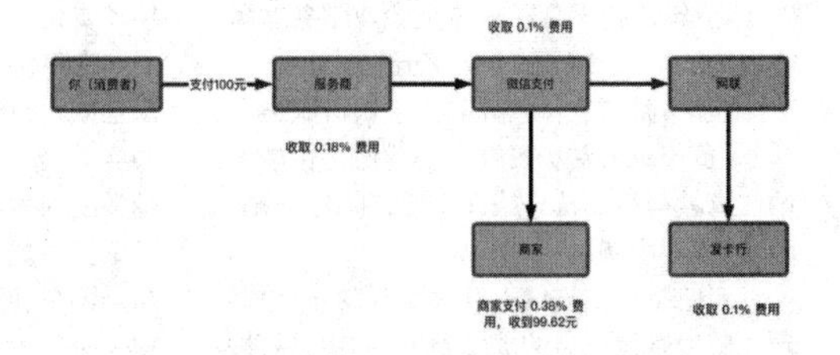

<table>
<tr><th>微信支付功能</th><th colspan="2">收费方案</th></tr>
<tr><td rowspan="2">从零钱提现到银行卡</td><td colspan="2">2016年3月1日起计算，每位用户（身份证维度）终身累计1000元以内，不收费。</td></tr>
<tr><td colspan="2">2016年3月1日起计算，每位用户（身份证维度）终身累计超过1000元，对超额部分收取手续费，费率均为0.1%，每笔最少收0.1元。</td></tr>
<tr><td>转账、面对面收付款</td><td colspan="2">2016年3月1日起，恢复免费。</td></tr>
<tr><td>AA收款</td><td colspan="2">不收费。</td></tr>
<tr><td>微信红包</td><td colspan="2">不收费。</td></tr>
<tr><td>线上、线下消费</td><td colspan="2">不收费。</td></tr>
<tr><td rowspan="2">理财通</td><td>在“我”-“钱包”-“零钱”购买</td><td>2016年3月1日起，可以使用零钱购买，资金赎回将返回零钱，从零钱提现到银行卡需收费。</td></tr>
<tr><td>在“我”-“钱包”-“理财通”购买</td><td>2016年3月1日起，仅能使用安全卡购买，资金赎回将返回至安全卡。不涉及提现收费。</td></tr>
</table>

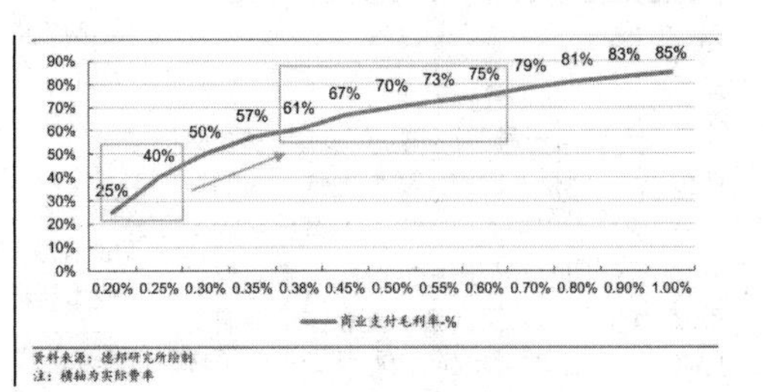

资料来源：德邦研究所绘制
注：横轴为实际费率

2022全年，腾讯金融科技及企业服务业务收入同比增长3%至1771亿元。

显然，微信支付宣称的由于银行服务费成本，多年对公益场景补贴的理由是否能够站住脚就有待商榷。或许不应该叫作补贴，而应该叫"少赚"。

而单看微信支付本身，德邦证券研报显示，假设微信支付的成本费率为0.15%，按线下0.38%、线上0.6%的标准费率测算，腾讯线下、线上支付的毛利率分别可以达到61%、75%。

对比而言，财报显示，2023年Q1，腾讯金融科技及企业服务业务板块的毛利率则为34.5%。

从上面的数据看，"成本压力"真的大到让微信支付不得不提价以弥补"亏损"的程度吗？

拥抱数字人民币，消费者有更好的选择

让免费从一种"营销模式"变成一种"商业模式"早已是互联网巨头们熟练掌握的技巧，对于个人用户而言，"天下没有免费的午餐"放到任何时候都适用。高校与微信支付手续费的"误会"，又何尝不能看作是微信支付在手续费上的试水呢？面对移动支付市场的变化，消费者并非没有更多的选择，尤其是在数字人民币应用及场景快速成长的今天，移动支付市场完全有机会迎来新一轮的变革。

担心被收割的消费者

"以前一份外卖午餐也就15元上下还包送，现在随便点一个优惠套餐加上送餐费就接近30元了，想多加两个小菜，待付金额就蹭蹭逼近50元，反正感觉现在外卖都有些吃不起了。"

"好怀念9.9元两张电影票还送爆米花的年代，现在电影院人也没多多少，可带老婆儿子随便看一场电影就接近150元了，这还是不买爆米花、可乐节省后的费用。"

……

用"免费"切入市场，高举"颠覆"旗帜玩"垄断"，互联网巨头坐拥海量用户，频繁"收割"上下游的行为才是这一次人们如此警惕移动支付费率波动的原因。

为了抢占市场，抢夺用户，烧钱历来都是互联网巨头们最熟悉的打法，新用户1分钱买菜、新人全额返、亏本外卖……当越来越多的人发现外卖变贵的时候，整个外卖市场早已不复百家争鸣的盛况，而同样的事情在网约车、团购等领域也有发生。而曾经百家争鸣的网盘如今也进入百度云盘一家独大的局面，凭借庞大的资源优势，会员费用乃至会员体系规则都只能进入"一言堂"模式。即便是电商领域，如果不是拼多多、抖音在移动互联时代的异军突起，挤掉ebay后的淘宝、京东何尝不是电商领域的支付宝、微信？

平台"人傻钱多"式烧钱让用户薅羊毛后，快速构建规模壁垒，挤掉竞争对手后就可以凭借规模优势正大光明地实现"流量变现"，而当终端市场消费者反应过来的时候，市场上往往已经没有了更多的选择，且消费习惯上的依赖性已经养成，只能被动承担费用的上涨。

此次移动支付费率争议表面上看是微信支付同B端商户的博弈，可消费者的钱袋子才是关键，一旦费率提升，商户必然将成本转嫁到终端产品和服务上，甚至可能借成本转移而大幅提价以攫取更多利润，最终买单的始终是消费者。

在这样的情况下，尝试更多支付方式成为必然选择，而消费者的转变，自然推动移动支付市场新一轮的变革。

积极拥抱数字人民币

"我用数字人民币已经有一段时间了，最开始是在银行工作的朋友推荐下开通，他还送我了一些小礼物，后来发现用数字人民币在电商平台上付款，经常还能拿到返利红包。数字人民币本身在线上支付应用上并没区别，付款的时候点选'数字人民币'选项就可以了，不过线下商铺方面似乎能使用数字人民币的不多，付款的时候老板偶尔还是会让我扫支付宝二维码领红包，如果后面真的因费率问题出现价格差异，我肯定选择数字人民币，毕竟水电气费以及家用电器大件的购买，一年动辄数万元，随便浮动一个点就够我一个月生活费了。"——毕业工作不到两年、从事新媒体运营的李小姐在受访时明显接受并青睐数字人民币这样的新兴支付方式。

除了用户外，《电脑报》记者还采访了招商银行重庆渝中支行的负责数字人民币推广的李女士，其从从业者的角度谈了对数字人民币的看法。

电脑报：重庆地区目前数字人民币推广和使用情况如何呢？

李女士：目前，数字人民币推广线上部分做得比较好，主流在线上商户端已经做到基本覆盖。而线下方面阿里旗下饿了么、盒马、天猫超市等平台，均通了数字人民币支付功能，但线下商户使用率并不高，尤其是社区小店方面。

电脑报：市民对于数字人民币的态度如何？

李女士：目前主动开通数字人民币钱包的用户以18岁~30岁人群为主，中老年用户其实会来咨询一些优惠活动，但真正决定开通的人并不多，数字人民币在宣传上还有待加强。

电脑报：数字人民币在推广上会有哪些举动呢？

李女士：当前不少平台都针对数字人民币推出了优惠活动，前不久京东618期间，招商银行的数字人民币礼包活动，主要针对北京市、广州市、上海市、深圳市、厦门市、西安市、杭州市等多个数字人民币试点地区，为用户提供至高113元的礼包，包括20元数字人民币红包，支付满减券以及随机奖励支付券等多重福利，而这类优惠活动能够很好地带动用户对数字人民币的接受度。不过目前银行对推广数字人民币尚未形成有效KPI，银行尚未对员工下发严格的指标推广数字人民币，后续可能会有更大力度的推广活动出来，进而吸引更多用户。

当前DCEP已经处于试点阶段，形成了由央行发行、主导推动，再通过运营机构分发，商业银行、第三方支付机构、商户平台等共同参与逐层递推的推广方式，目前已在17个省市的26个地区展开试点，并确立了包括工商银行、农业银行、中国银行、建设银行、交通银行、邮储银行、招商银行、兴业银行、网商银行和微众银行等10家运营机构，能够很好地同支付宝、微信支付在移动支付领域形成互补。

除了本身体系和落地场景不断完善外，今年3月，数字人民币APP（试点版）上线"微信支付"钱包快付功能，这意味着，消费者在微信小程序等场景支付时，可以选择用数字人民币钱包支付，包括支付宝数字人民币钱包，这样的打通操作进一步提升了数字人民币使用的便利性，而当下消费者乃至商户对第三方支付费率的顾忌，也能极大加快数字人民币落地速度，进而改变当下移动支付市场格局。

名称	DCEP	支付宝等数字钱包
定位	法定货币	支付渠道
信用水平	国家信用背书	平台信用支撑
技术架构	区块链	中心化
账户体系	松耦合	紧耦合
清算结算	支付即结算	通过网联、银联进行清结算
费用机制	对消费者不收取费用	收取相应手续费
能否离线	双离线支付	仅能实现收支单方离线支付
功能	扫码支付、转账	

蚂蚁通关

■ 记者 张书琛 颜媛媛

一轮接近尾声的漫长整改

金融科技公司巨头们经历的强监管整顿，或许即将告一段落。

7月7日晚间，中国人民银行、国家金融监督管理总局、中国证监会宣布，对蚂蚁集团及旗下机构和财付通公司相关责任人处以共计71.23亿元人民币的罚款。公告发布半小时后，蚂蚁集团立刻回应称目前已经完成相关整改事项，对金融管理部门行政处罚决定"诚恳接受，坚决服从"，并在第二天宣布，将斥资数百亿元回购现有股东的部分股份，回购比例不超过总股本7.6%，以满足现有股东的资金流动性。

这意味着在IPO急刹车两年多后，蚂蚁集团整改的靴子终于落地。作为行业风向标，从公司架构变化到管理层切割，再到业务优化，蚂蚁集团都是参与此轮整改的其他13家企业的最佳参照物。曾一度高歌猛进的蚂蚁在这两年多时间里，是如何一步步实现业务合规的？未来进入常态化管理的同时，蚂蚁员工和市场最期待的"重启上市"是否能提上议程？

推倒重来

时间拨回到3年前，自2020年7月蚂蚁集团宣布启动IPO以来，其股东和投资人就坐上了一辆注定起伏不定的过山车。

根据当时的招股书，蚂蚁计划筹资金额高达2600亿元人民币，总估值达2.1万亿元，甚至略高于中国人民银行和农业银行。如若成功上市，这很有可能是当年全球最大规模的IPO，这也意味着至少有60位持股超过0.007%的蚂蚁集团高管及股东，将拥有过亿身家，更别提还有一批新生的千万富豪。

速度，是这趟过山车引人入胜的另一关键因素。从起跑到获批，蚂蚁仅用时三个月，按原定计划，蚂蚁集团将于当年11月5日在上海科创板与香港主板同步上市。疯抢蚂蚁的内地和香港投资者更是在短时间内炒热市场——沪市共有超过515万户投资者参与打新，有效申购倍数为872.13倍，中签率仅为0.13%；港股散户认购开放仅一天，就已超额认购数十倍，有券商机构曾预估蚂蚁将成为港股历史上认购人数最多的新股，能吸引"全港七分之一的人口"。

正当一派"鲜花着锦，烈火烹油"之势时，马云一场针对金融监管机构的"檄文"引起广泛讨论。2020年10月一场在上海举办的金融峰会上，马云对国内金融监管系统提出相当尖锐的批评，尽管部分内容并不专业甚至有明显错误，仍得到关注。事后看，这些不合时宜的表述就像一个导火索，让蚂蚁的"好运"到此为止。

酝酿已久的监管风暴终于降临。其实在蚂蚁IPO之前，监管机构针对"巨无霸式"的互联网金融平台的监管方式早有思量，只是时机未定。计划于2020年11月1日开始实施的《金融控股公司管理办法》(下称《金控办法》)就是其表现之一。

按照《金控办法》，蚂蚁等互联网金融平台需要申请金融控股公司牌照，并满足资本金约束、杠杆率控制和并表监管等方面的诸多要求，监管套利空间骤减。

2020年11月3日晚间，正在上交所彩排上市敲钟的蚂蚁集团工作人员，突然接到IPO被按下暂停键的消息，资本狂欢戛然而止；同年12月26日以及2021年4月12日，人民银行银保监会、证监会等金融管理部门两次联合约谈蚂蚁集团实际控制人马云、董事长井贤栋、总裁胡晓明；2021年4月29日，金融管理部门联合对腾讯、美团、字节跳动、滴滴等13家部分从事金融业务的网络平台企业进行监管约谈。

互联网金融业务高歌猛进的时代就此结束，漫长的整改期拉开帷幕。

解构"现金牛"

过去十年间，互联网金融的狂飙突进所带来的"金融创新"及其风险，一直在挑战着监管层的智慧。

比如已经成长为巨兽的支付宝。长久以来，蚂蚁集团通过用户超7亿的支付宝，嵌套了花呗、借呗、余额宝、相互宝、银行代销理财等诸多金融业务，涉及支付、银行、基金、保险、小贷等十几张金融牌照，搭建起了巨型、高闭合的资金内循环模式，即交易不需要经过网联、银联两大清算机构，直接在支付宝内部就能完成资金结算。

另一方面，尽管蚂蚁一直想淡化自身的金融标签，通过改名、增加研发投入等方式强化自身科技公司的定位，但难以改变其主要收入及利润来源均是金融业务这一事实。其中，以花呗、借呗为主的信贷业务更是蚂蚁集团当之无愧的"现金牛"。据此前的招股书披露，2020年上半年蚂蚁微贷科技平台营业收入285.86亿元，占公司总收入的39%；2020年，花呗和借呗全年盈利接近200亿元。

整改前，由于出资少利息高，信贷业务几乎是"无风险业务"，争议颇多。此前，蚂蚁集团主要通过在重庆的两家网络小贷公司与多家银行联合出资发放消费信贷，通过联合贷款和大量发行资产证券化产品(ABS)的"杠杆游戏"，用极小的风险和成本撬动了巨额利润：在蚂蚁小贷约2.1万亿元余额的信贷规模中，公司自有的出资比例仅为2%。

总的来说，监管层此轮的整改核心是要打破蚂蚁集团庞大的闭环交易链条，具体整改措施则涉及支付、个人征信、申设金融控股公司、完善公司治理，以及规范信贷、保险、基金等各类业务。而控制其信贷规模则是重中之重。

为了降杠杆、降规模，花呗和借呗在2021年启动品牌隔离工作：原来由两家小贷公司运营的"花呗""借呗"等自营的消费金融业务，移至2021年6月成立的重庆蚂蚁消费金融有限公司(下称"蚂蚁消金")旗下，作为蚂蚁自营产品继续沿用；由银行、信托等金融机构单独出资部分更名为"信用

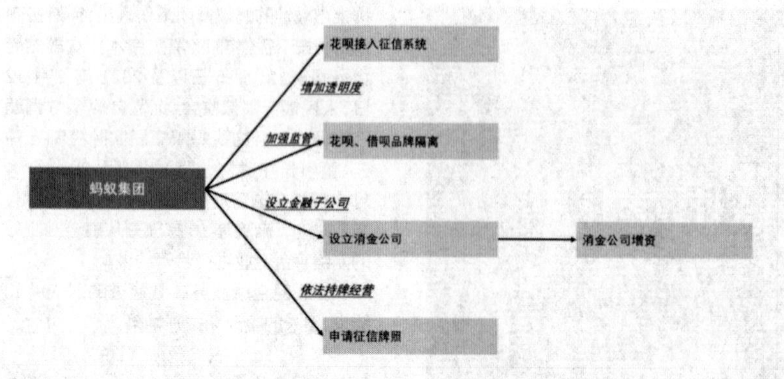

蚂蚁集团金融业务主要整改方向 图源:企查查

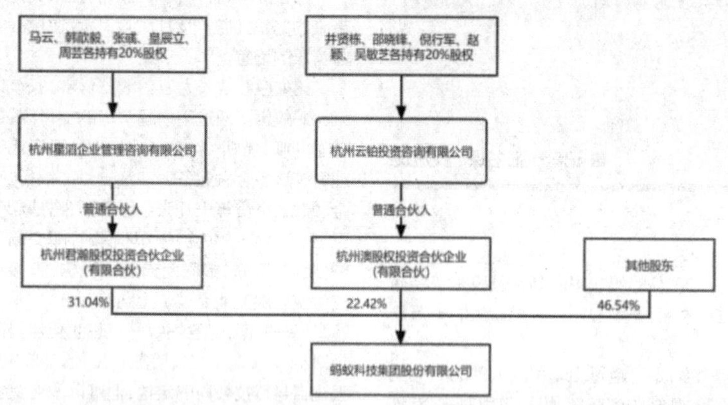

调整后的股权结构图

购”“信用贷”。

这样一来，蚂蚁的信贷业务就会受到三层约束，很难再获得超额利润。

一是对合作方出资比例的限制。据2021年2月银保监会发布的《关于进一步规范商业银行互联网贷款业务的通知》规定，“商业银行与合作机构共同出资发放互联网贷款的，应严格落实出资比例区间管理要求，单笔贷款中合作方出资比例不得低于30%”。上述杠杆游戏难以为继。

二是蚂蚁消金这类持牌机构，必须接入征信系统，资金监管更加透明。此前借呗和花呗的模式都是小贷公司联合银行出资，资金直接打到支付宝账户；之后的模式则会偏向由消费金融公司放款，通过银行账户进行支付，全部接入央行征信系统。

三是受到各类互联贷款新规的硬约束，未来规模增长受限。根据《消费金融公司监管评级办法（试行）》《金融机构信贷资产证券化试点监督管理办法》等规定，消金公司除了出资比例的要求外，还要满足资本充足率不低于10%、消费金融牌照最高10倍杠杆的要求；发行ABS，需要满足成立满三年等条件，同时需要取得银保监会和人民银行的批复同意……种种新规约束下，蚂蚁集团的消费信贷余额已经从2021年底时的2.15万亿元，压降至2022年年中时的1.8万亿元。

除此之外，其他金融产品也基本实现了“品牌隔离”，另外设立主体运营；要么就直接清空关停，包括后文将提到的网络互助产品“相互宝”。

蚂蚁“降级”

具体业务之外，公司架构则是整改另一层关键，主要落点一是数据的隔离，二是经营主体的切割。

早有银行业业内人士感叹，蚂蚁集团和腾讯两大互联网金融巨头手中有至少10亿用户的支付数据，“加上过去三年线上需求猛增，很多个人敏感数据，包括运营商的定位数据等等，大量数据进入了少数几家公司。而企业的目的是盈利，不可能靠自身约束自己去保护用户数据”。

蚂蚁集团所沉淀的数据大多来自于阿里巴巴电商平台的交易数据，这被认为是蚂蚁集团风控模型的竞争力所在，也是合规条件下急需被隔离的部分。

2014年，蚂蚁集团与阿里巴巴曾签署过期限长达50年的《数据共享协议》(下称《协议》)。去年7月，阿里巴巴宣布与蚂蚁集团的数据共享协议正式终止，终止的直接动因是一个月后施行的新《反垄断法》。

2022年8月1日施行的新《反垄断法》，明确将平台收集和处理信息的能力，作为衡量其是否构成垄断的标准。阿里巴巴和蚂蚁集团决定终止数据分享，降低双方的合规风险。

马云放权，则是蚂蚁公司与阿里经营主体切割的关键一刀。

事实上，尽管自称“退休人士”，马云依然在蚂蚁集团冲击IPO前夕，与井贤栋、胡晓明及蒋芳共同签署了《一致行动协议》，四人分别持有杭州云铂投资34%、22%、22%及22%的股权。通过杭州云铂旗下两家控股公司，马云间接持有蚂蚁集团53.46%的股份表决权，最终享有一票否决权。而马云实际控制人的地位，也在蚂蚁上市前的问询环节得到承认。

今年1月，《一致行动协议》终止后，马云不再是蚂蚁集团实际控制人，同时蚂蚁集团董事会也即将拥有过半数量的独立董事，且蚂蚁管理层成员不再担任阿里巴巴合伙人。种种措施都是想进一步提升蚂蚁集团治理的透明度。

阿里虽然声称已经在人员、业务、数据、产品等领域隔离蚂蚁，但蚂蚁单一最大股东仍为阿里巴巴，持股约33%，谈完全相互独立过于夸张。但不可否认的是，蚂蚁从阿里“亲生”，降级到了和小红书等被投企业一样的地位，意味着当阿里或已经独立运营的旗下企业选择金融合作伙伴时，蚂蚁集团不再是唯一的选择。

年内上市无望

强监管告一段落，常态化监管下，蚂蚁是否要重启上市也引起外界遐想。

目前阻碍蚂蚁短期内上市的原因一方面在于不满足上市要求，另一方面则是因为其业务整改还没有完全结束。

根据相关规定，企业如发生实控人变化，想要在A股主板上市需要等待三年，A股科创板和港股的等待期分别为两年和一年。考虑到2021年证监会修改了科创板上市的相关规则，禁止房地产和主要从事金融、投资类业务的企业在科创板上市，“赚金融钱”的蚂蚁很难再去科创板拿科技公司的估值。也就是说，就算仅在港股上市，蚂蚁也需要等到明年再做打算。

其次，蚂蚁集团尚未获得征信牌照和金控牌照，合规整改其实还没有完全落地。金融监管部门在2021年4月对蚂蚁集团提出的整改要求包括，“蚂蚁集团整体申设为金融控股公司，所有从事金融活动的机构全部纳入金融控股公司接受监管，健全风险隔离措施，规范关联交易”。只有相关牌照到手，蚂蚁上市才有可能重新提上日程。

一个时代彻底翻篇，相互宝成互联网创新之殇

蚂蚁集团被罚款的消息出来后，“要求蚂蚁集团关停违规开展的‘相互宝’业务，并依法补偿消费者利益”，“退费争议”再次把相互宝这一已经关停了近一年半的产品推上了风口浪尖……

你们参加过“相互宝”没？

“相互宝”，一个让无数人感到熟悉又有些陌生的名词。熟悉，是因为它曾有超1亿人加入，在当时是全球最大的互助保障平台；而陌生，则是因为早在去年1月28日，相互宝就已经关停落幕，我们已经很久没有了它的消息。但即便已经关停了一年多，却依然有很多人记得它。翻开社交媒体评论区，对相互宝的怀念和感谢，从来没有间断过。

从成立到关停，相互宝在短短数年时间里就累计有超过1亿用户参与互助，以互帮互助的形式获得保障，通过96期爱心分摊共同救助了205337位患病成员。在个人和家庭危急时刻得到相互宝帮助的，对其感恩铭记于心，但同样，也有不少人从未认可和相信过相互宝，尤其是在那个互联网金融乱象频发，P2P两轮跑路潮之后才开始尝试破局的“互助险”时代。

随着“被罚款了71亿的蚂蚁集团同时被要求关停违规开展的‘相互宝’业务，并依法补偿消费者利益”消息出现的还有“退钱”的声音，网上出现了第一个要求相互宝退款的人，接着越来越多的人开始了同样的操作。

觉得被骗了，要退钱无可厚非。可在一片声讨“相互宝”的声音中，到底有多少人真的觉得自己被骗了？还是被网络上的有些人给带了节奏？抑或是就想“薅点羊毛”？

你了解过“相互宝”吗？

无论是支持还是声讨“相互宝”的人群，都会下意识地用上“我买过”“我投了”一类词汇，但这样的词用在“相互宝”身上并不准确，其并非一款商品或者理财服务产品，而是一个网互助计划。

2018年11月27日，支付宝官方微博发表声明称，从2018年11月27日中午12点起，“相互保”将升级为“相互宝”，产品定位为互联网互助计划。关于升级原因，声明中提到，近期接到合作伙伴信美人寿通知，监管部门约谈并指出其涉嫌违规，所以信美人寿不能以“相互保大病互助计划”的名义继续销售《信美人寿相互保险社相互保团体重症疾病保险》。

虽然支付宝强调从“相互保”到“相互

宝”，用户获得的保障不会有任何改变，可不再对接《信美人寿相互保险社相互保团体重症疾病保险》的“相互宝”，正式从互联网保险转型为一款基于互联网的互助计划。

虽然蚂蚁和支付宝为“相互宝”做了大量品牌背书，宣称以实名制为基础的信用风控、大数据同质风险甄别、区块链技术等，带动网络互助行业的稳定健康发展云云，但高大上的技术词汇终改不了其“互助计划”的本质。《网络互助行业白皮书》显示，不同于传统保险，网络互助计划是一种互助性经济组织，利用互联网的信息撮合功能，会员之间通过协议承诺承担彼此的风险损失，并采取小额保障，避免个人负担过重。

在这种情况下，拥有“一人患病，众人分摊”理念的网络互助，开始得到越来越多人，特别是三线及以下城市和农村用户人群的关注和认可。作为社会保障体系的有效补充，网络互助在相当程度上减少了因病致贫、因病返贫，为健康扶贫做出一定贡献。提高居民健康保障水平的网络互助成为参与成员的又一种大病保障形式，覆盖了部分保障缺少人群，有效减少了这部分人群个人及家庭因大病产生的财产损失。

网络互助并不新鲜，但其行业本身依靠个人及平台诚信约束，缺少一些行业监管和相关针对性法律法规，具有一定的风险隐患，原保监会曾多次对网络互助计划经营保险业务作出风险提示并进行整治。而后续网络互助计划的关停也叠加多重因素，譬如资金池风险、增长瓶颈、道德风险和逆向选择、自律乏力、监管缺位等等，其法律边界和监管思路待厘清。

2021年，网络互助平台迎来关停热潮，美团互助、轻松互助、水滴互助、小米互助陆续关停，12月，相互宝正式关停，曾经风风火火的网络互助时代正式落下了帷幕。

对于一款互助计划而言，何来要求退费一说呢？而再一次对“相互宝”本质进行审视与退费的讨论，也让人们重新思考互联网金融创新的切口和突破方向究竟在哪儿？

新瓶装旧酒的互联网金融创新

“互联网金融是新瓶装旧酒，再卖给以前不喝酒的人”，这句话道破了多少“互联网+”光环下的创新。从P2P、众筹到互联网保险，大多数互联网金融的形态实际上对传统金融并没有什么太大的创新，基本上是新瓶装旧酒，它只是起到教育市场、教育广大老百姓、普及知识的作用。

作为中国第一款全民理财产品，余额宝几乎是以一己之力开启了互联网理财时代，但深挖会发现在余额宝横空出世之前，理财市场本就有货币基金、7日通知存款等产品，但当余额宝以互联网便捷的购买与赎回将这些传统元素组合在一起后，却成功开启了互联网理财时代。“相互宝”又有多少创新成分呢？无论是互助计划还是消费型重疾险都并非支付宝独创，而是借助互联网的灵活性和技术，将这些传统产品重新包装上市并推给平台上的用户。

“互联网+”时代的金融创新，更多时候是依靠互联网科技平台的流量模式进行激进式发展，流量时代的一个很大的特点就是为了满足用户的需求而不断去拓展项目，由于流量时代的用户群体相对较为庞大，互联网金融平台为了满足用户的需求便开始通过不断拓展新的项目来满足用户的基本需求。尽管这种方式能够在短时间内满足用户的需求，而且能够给用户以看似安全且高昂的收益作为回报，但是这种模式并不能够真正将传统金融的一些优质的传统继承，比如良好的风控、健全的资金管理体系等，最终导致了很多互联网金融平台开始出现越来越多的问题。

平台流量模式的崛起往往就是用“碎片化”降低受众群体对价格的敏感度，低价往往是“碎片化”的根本。“1元可买”成就了余额宝，“便宜的保险”同样让“相互宝”从一开始就俘获了大量用户群体。事实上，“相互宝”最初一期分摊费用仅几分钱，给不少人营造出一年几元、十余元支出就可以为自己增加一项保障的感觉，而后随着“相互宝”计划覆盖人群数量持续飙升，用户费用也逐期递增，当不少人发现加入相互宝后，一年需要付出150元左右的费用时，各种不满、反对的声音也就随之而来。

2500元级安卓平板横评

■ 电脑报工程师　李正浩

现在手持2500元预算，可以买iPad(第九代)，但我建议你也看看安卓平板。今年普遍拥有更好看的外观、更大的屏幕、更轻薄的机身、更强的性能，以及更好且更具特色的大屏体验，普遍比去年有明显的进步。

目前在2500元挡，除了iPad，还可以选择今年新上市的荣耀MagicPad 13、OPPO Pad 2、vivo Pad 2、小米平板6 Pro，我们也将从屏幕、影音、系统、外设、性能共5个纬度横向对比这四款平板的表现。

尺寸，选择平板的第一步

今年安卓平板普遍大了许多，除了11英寸，还有更大的12英寸、13英寸可选。我建议大家购买平板至少10.4英寸，因为无论是看视频、玩游戏，或是拿平板办公创作，更大的屏幕往往意味着更好的观影体验和更大的操作空间，是平板电脑真正发挥作用的基础。

另外，屏幕比例的重要性不亚于选择尺寸，当平板尺寸一样或相当，但只要屏幕比例不同，所带来的视觉感觉就是会有很大的不同。

在这四款平板中，vivo Pad 2和OPPO Pad 2均采用7:5比例屏幕，相较于16:10，这种屏幕比例的平板看起来会更接近正方形，也更为立体，在一定程度上会给人一种"屏幕很大"的视觉感受，显示更多的纵向信息。

看视频时，这两款平板实际播放面积与之前同尺寸的16:10平板并无太大不同，区别在于上下黑边比后者相对更大。但7:5屏幕的横向长度不够，带动它的键盘外设跟着偏窄，打字空间局促，这也是部分平板电脑打字难受的原因之一。

在这一点上，荣耀MagicPad 13表现好很多，更长的长度使其有充足打字空间，而且15.6:10加上13英寸大屏，视频播放区域就要比vivo Pad 2和OPPO Pad 2大出许多。

小米平板6 Pro是16:10的11英寸屏幕，是四款平板中最小巧便携的一款，基本提起就走，带出门也不挑包包。11英寸本身是个高度可用的屏幕尺寸，很适合用来看视频、玩游戏，看视频时黑边相对较小，玩游戏时双手握持也相对轻松。只是相比其余三款显得小了些。

机型	屏幕类型	屏幕尺寸（英寸）	刷新率	分辨率	PPI
荣耀MagicPad	LCD	13	144	2880 x 1840	264
小米平板6 Pro	LCD	11	144	2800 x 1800	309
OPPO Pad 2	LCD	11.61	144	2800 x 2000	296
vivo Pad 2	LCD	12	144	2800 x 1968	284

除了屏幕尺寸和比例这两点，分辨率、刷新率也是平板的重要参数。

四款平板分辨率相当，意味着屏幕越大，屏幕精细度越低，四款平板精细度从低到高排列，分别是荣耀(264 PPI)、vivo(284 PPI)、OPPO(296 PPI)、小米(309 PPI)，这也是小米平板6 Pro屏幕看起来格外清晰的原因之一。

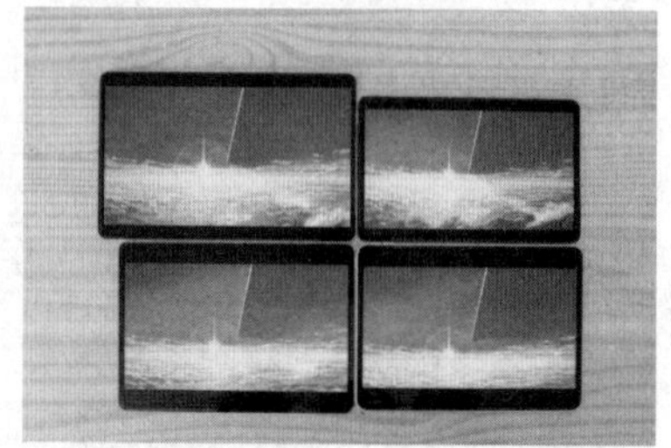

四款平板在色域、色准上的表现都比较接近，都能做到接近100%的sRGB和P3覆盖，我也测试了四款平板在同一视频的画面效果，大家可自行对比。

除了分辨率，四款平板最高刷新率都是144Hz，但经测试只有小米平板6 Pro可以在日常使用时达到144Hz刷新率，其余三款最高只有120Hz。在常用的25款App的高刷适配测试中，发现了一些很有意思的事情。

荣耀MagicPad 13是四款平板中，唯

7:5对比16:10

7:5平板键盘效果

13英寸15.6:10的键盘效果

——部可以在视频 App 中做到主页和播放界面高刷的平板，其余都是视频 App 主页 120Hz，播放界面 60Hz。但荣耀在腾讯视频中的最高刷新率又只有 60Hz，操作多少有些迷惑。

小米平板 6 Pro 在“默认刷新率”下只有微信和备忘录能实现 144Hz，其余 App 均是 90 或 60Hz。自定义刷新率改成 144Hz 后，只有抖音和快手是 60Hz。OPPO Pad 2 只有视频 App 是 60Hz，其余都是 120Hz。

vivo Pad 2 的情况比较特殊，在设置中开启所有 App 的高刷开关后，都能实现 120Hz，只有“优爱腾”视频 App 的播放界面是 60Hz。但所有 App 开启高刷后，平板会出现动画卡顿的现象，导致画面不够流畅。

就当前版本而言，四款平板的高刷适配基本相当，但荣耀 MagicPad 13 测试结果会更好一些，毕竟就一款 App 是 60Hz。

15.6:10、16:10 比例屏幕更适合影音娱乐，除非尺寸到了荣耀 MagicPad 13 这种水平，兼顾娱乐和办公，但就要牺牲便携性。7:5 或 4:3 这种从笔记本电脑延伸过来的屏幕比例，天生更适合办公，浏览信息，现在去看 vivo Pad 2 和 OPPO Pad 2 官网，你会发现它们用了很大的篇幅去讲述自己的生产力如何。

外观终于有了辨识度

在这四款平板中，vivo Pad 2 和 OPPO Pad 2 看起来相对精致，都是一体成型金属机身的机器，就像 iPad Pro 一样是从一整块金属上切削下来的。值得注意的是，OPPO 甚至还搭载了一块颜值很高的 2.5D 直屏，这在同价位中是比较少见的。

这两款平板摸起来十分顺滑，从中框到背板的过渡自然。或许是工艺基本相同，vivo 和 OPPO 的重量相当，但 OPPO 更薄，仅 6.54mm，vivo 是 6.9mm。现在 12 英寸左右的平板也能做得轻薄，轻薄的同时也让人觉得非常精致，精致得不像 2500 元挡的平板，这个真的不是夸张，是这两款平板真实做到的效果。

但在两款平板中，我会更倾向于 vivo，OPPO 背面的带状装饰在一定程度上破坏了一体化工艺带来的美感，相较之下，vivo 背面非常干净。

荣耀做工也不错，我这款是素皮版，金属边框 + 素皮后盖，素皮以及衔接部分观感不廉价，同时也能提供更大的阻尼，让这个 13 英寸的大平板拿起来更稳。但是金属中框和素皮后盖衔接的地方基本没做什么过渡处理，摸起来会有些割手。

小米平板 6 Pro 就有些纠结了，它和 OPPO、vivo 都是一体成型金属机身，外观比上代精致得多。

但翻到正面，问题就暴露了，小米平板 6 Pro 因为保留了塑料支架，导致屏幕高出中框一截，手摸到这部分也会觉得有些膈应，破坏了整体的一致性。这样的正面面板搭配一体化金属机身，总让人感觉不太和谐，像是不同价格平板的部件强行拼接在一起。

外观是一个非常主观的部分，如果按照我的审美排序，先后分别是 vivo、OPPO，荣耀、小米。

好听，才是好外放

单说影音配置，荣耀是四款平板中最高的，内置 8 扬声器，支持裸耳 3D 空间音频系统，还专门适配了第三方资源。

vivo Pad 2 次之，内置 6 扬声器，但胜在调音效果不错，可以很好地烘托出音乐或视频的氛围感，不过也正常，毕竟 vivo 做 HiFi 的底子摆在这里。

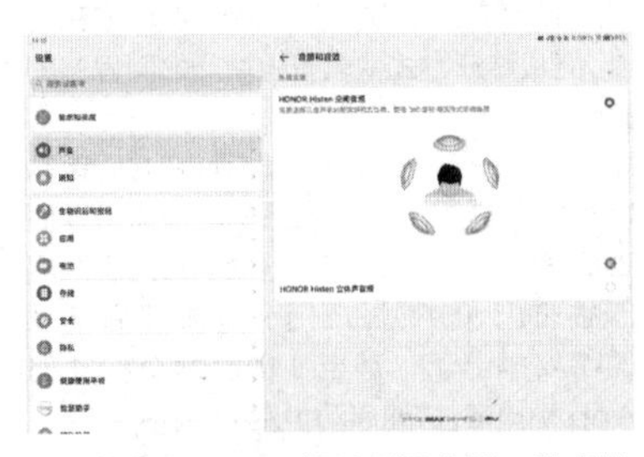

小米和 OPPO 都是四扬声器，前者给我的感觉是不犯错，是一个符合配置的外放水平，后者的外放听起来有点奇怪，低音不足，声音听起来比荣耀更为空灵。

这里有个细节，OPPO Pad 2 扬声器设计有点类似 iPhone 5 的听筒，防尘网与中框之间存在较深且长的空隙，随着使用时间的拉长，我担心这部分会出现积灰的问题。

如果按照我的主观排序，分别是荣耀、vivo、小米和 OPPO。

性能不再是瓶颈

小米平板 6 Pro 搭载了 3.2GHz 骁龙 8+，vivo Pad 2 和 OPPO Pad 2 是天玑 9000。比较特别的是荣耀 MagicPad 13，它使用的是骁龙 888。

将四款平板放到负载比较重的《原神》中进行测试，测试方式是须弥地区跑图，除了主城还包括野外、战斗等多个场景，开启极高画质 +60 帧，平板端仅开启性能模式。

搭载骁龙 888 的荣耀 MagicPad 13 反而是表现最好的，平均帧数 59.1 帧，游戏过程有出现卡顿，但没有出现范围性掉帧，全程帧数平稳，这是骁龙 888 吗？

荣耀的性能调度非常积极，将三颗大核的频率控制在 2GHz 左右，核心利用率为 70%以上，当大核的频率出现下降时，用 X1 超大核的性能作为补充，为游戏的流畅运行提供稳定的性能支撑。

代价就是功耗，连续 30 分钟游戏功耗足足有 9W。但与手机上不同的是，荣耀 MagicPad 13 电池容量有 10050mAh，也有更大的散热面积，机身最高温为 44.7℃，完全能够顶住长时间游戏。

小米平板 6 Pro 平均帧数 57.9 帧，30 分钟连续测试功耗仅 6.9W，这对平板来说是一个很低的功耗了。在前 20 分钟，维持 7W 左右的平均功耗，这是正好能让游戏流畅运行的功耗。后 10 分钟进入须弥城负载增大，因此出现了较为明显的帧数波动。

OPPO Pad 2 和 vivo Pad 2 两款使用天玑 9000 的平板，在《原神》中的表现有较大改进空间，平均帧数分别为 54.1 和 54.9，对应功耗分别是 7.8W 和 8.2W。

OPPO 游戏表现要优于 vivo，功耗也会更高一些。只是 8.2W 功耗仅换来不到 55 帧的帧数，那这个性价比不如荣耀用 9W 功耗，换全程近 60 帧的游戏体验。

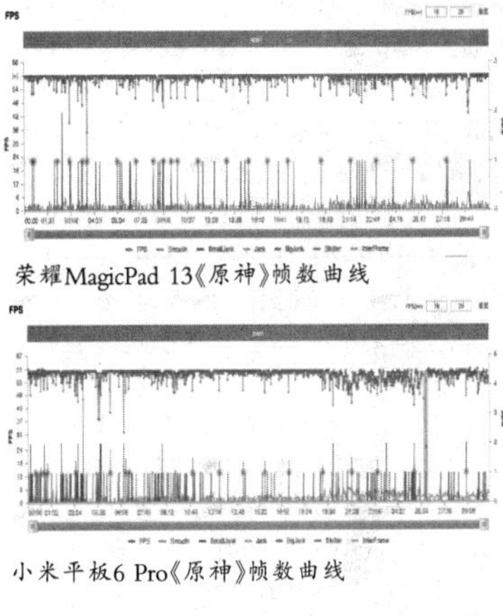

荣耀MagicPad 13《原神》帧数曲线

小米平板6 Pro《原神》帧数曲线

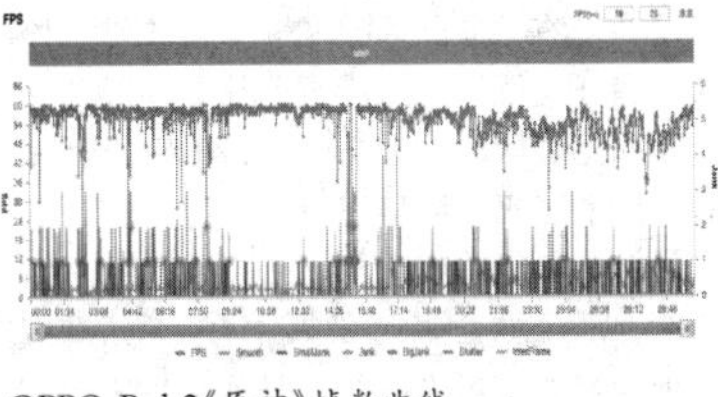

OPPO Pad 2《原神》帧数曲线

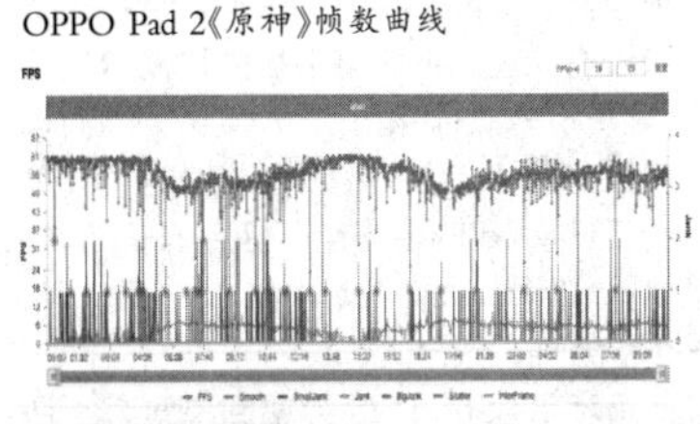

vivo Pad 2《原神》帧数曲线

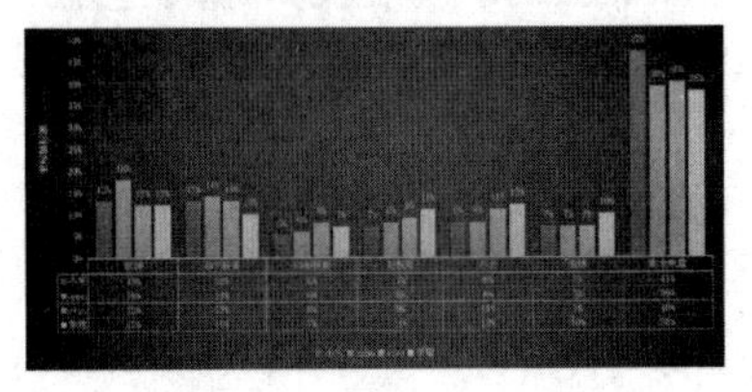

在《原神》测试中，荣耀 MagicPad 13 表现最好，小米平板 6 Pro 次之，OPPO Pad 2 排第三，仅好于 vivo Pad 2。

游戏测试的结果出乎意料，没想到荣耀 MagicPad 13 的骁龙 888 在平板上能获得这样的游戏表现，甚至好于理论性能和能效更好的骁龙 8+ 和天玑 9000。

小米平板 6 Pro 性能策略完全可以再激进一点。但有一说一，这套调度策略确实可以把游戏功耗降得很低，这一点可以直接反馈在续航上。

经过 5 小时续航测试，包括半小时《原神》、《和平精英》，一小时 1080P 视频、短视频、微博、办公。最终结果是小米剩余电量最多，接下来分别是 vivo、OPPO 和荣耀，除小米外，剩余电量差别不大。

系统都有进步，也各有槽点

我认为一套优秀的平板系统，它首先要符合人类的认知逻辑。有了智能手机的铺垫，平板自然也就没必要再重走一遍弯路。平板系统操作应该符合直觉或之前的使用习惯，不再需要长时间的用户教育。

其次，如果做不到或出于降低新用户学习成本的需要，那也应该设置功能明确的按键，例如早期安卓的三大金刚键。

预装 MagicOS 7.2 的荣耀 MagicPad 13 就是一个典型，在承接 MagicUI 使用逻辑的同时，将导航键引入系统，小窗、分屏、全屏，全部集中在这里，直接跳过繁杂的手势操作。

OPPO 的操作手势是双指下滑开启分屏，可以直接在桌面选择需要同屏的 App 或是在多任务中选择分屏或小窗，其他功能使用方式与 OPPO 手机并无太大区别。

但问题在于 ColorOS 13.1 在平板上似乎没有它在手机上那么稳定，在分屏操作时，有一定概率导致半屏黑屏，视频 App 分屏时出现概率较大，有时系统响应迟缓，基本抵消了高效手势带来的优势。

vivo Pad 2 也有自己的快捷手势，例如三指上滑分屏，这个手势好不好用完全取决于平板状态。当平板平放在桌面上，那这个手势没有问题，但如果平板外接键盘使用时，这个手势就有可能因为滑动的力道而推倒平板，要么反手使用，那就非常别扭了。

不过 vivo 的手势也有好用的一面，就是 App 上滑长按向左是小窗，向右是分屏，这个手势确实很方便高效。

小米平板 6 Pro 手势返回桌面必须通过屏幕底部的导航条，左右两侧边缘是无法操作的，用起来非常不方便，很难为手小的用户。而且导航条两边的半透明控制条仅仅用来唤出 dock 栏。这个逻辑放在手机上没有任何问题，但在平板上，既浪费平板空间，又不好用。

在手势操作上，我认为无论是双指还是三指操作，本身都不算符合直觉，因为它们都需要一定的学习成本。

但也要注意到，现在的安卓平板是有媲美 iPad 的分屏手势，比如荣耀和 vivo，且不谈它们和 iPad 比谁更方便，但它们至少符合“左右两侧各放一个 App”的直觉，用起来是平板的感觉，而不是大号手机。

在 App 适配上，除了 HD 版本，四款平板打开 App 都能自动激活类似平行视界的功能。

这里没有提有关多设备互联和生产力的内容，因为不想大家为了生态或是某个概念去买一部不适合自己的平板，更多从日常使用的角度出发，去考查四款平板的系统。如果按照系统体验好坏排序，我认为是荣耀、vivo、OPPO、小米。

手写笔和键盘已成标配

四款平板都有自己专属的手写笔和键盘，但从打开方式就能看出彼此之间思路的异同。

荣耀、vivo、小米的键盘打开方式都是以不挤占键盘面积为前提，这样键盘可以放置更多的快捷键或更大的触摸板，只是荣耀得益于更大的尺寸做到了两者兼得，能安排的都安排上了，甚至还能有两个独立的 App 快捷键，快速启动指定的 App。

vivo 和小米的空间没有那么富余，都优先选择扩大触摸板的面积，vivo 因为尺寸更大，触控板面积会比小米稍大一些。

OPPO Pad 2 的键盘设计让平板挤占一部分键盘空间，导致触控板面积是四款中最小的，但是相对的，它的键盘结构也是最稳的，不需要寻找另外的支点，这样可以单手托着或是放在腿上使用。

在手写笔上，四款外观基本一致，更多的还是功能上的区别。

至于书写体验，荣耀、小米、OPPO、vivo 都支持 4096 级压感和超低延迟，vivo 还提供软硬两种笔尖选择，软的适合书写，硬的更倾向于绘画。

但有了键盘和笔之后，就必须要考虑外设加上平板本体的重量，总重量如上图所示，荣耀最重，OPPO 最轻。虽然小米、vivo、荣耀总重量都在一公斤左右，但荣耀因为尺寸大，加上直角边框没有太多支撑点，不好拿且不便携，如果要带它出门，一个双肩包是必需的。

在外设这一点上，我主观体验认为 vivo 和荣耀相当，小米次之，OPPO 最后。

关于选购的一些建议

这里我还想再补充一点，就是关于它们的内存选择，小米平板 6 Pro、vivo Pad 2、OPPO Pad 2 都是 8GB+128GB 起步，只有荣耀 MagicPad 13 的起步规格是 8GB+256GB。

一般来说，平板只是用来看视频，写写文档，装一些常用 App，其实 128GB 就够用了。但如果要用平板剪辑一些短视频，玩游戏，存储资料，我建议至少 256GB 起步。不同内存规格之间差价都在 300 元到 400 元，是一个大部分人能接受的价格差。

假设以起售价为基准，加上键盘和手写笔，vivo 目前需花费 3431 元，OPPO 为 3797 元，小米是 3547 元，荣耀最贵，达 3997 元。

这四款平板虽然有些槽点，但都不算硬伤，在这个前提下，优先使用什么品牌的手机购买什么品牌的平板，即便不谈能创造多少生产力，能够快速互联传输资料也能很好地改善使用体验。

不过，今天的安卓平板在核心功能上都是独立的，都能享受到除互联外的所有功能，如果仅考虑平板本身，那么选择的空间就大很多。

荣耀 MagicPad 13 的系统、游戏、影音是这几款平板中表现最好的，内置的荣耀文档能够管理通过微信等 App 接收的文件，屏幕尺寸也是最大的，是一款适合多数人的平板。它要注意的点在于相对笨重的机身，不适合对便携性有要求的人选择。

vivo Pad 2 是相对折中的选择，除了游戏表现一般，手势操作需要一定的学习成本，但 7:5 的 12 英寸屏幕、6 扬声器，漂亮且相对轻薄的机身，以及搭配 Windows 和 Mac 的一些办公套件，除了日常使用，也适合有一定办公需要的人。

OPPO Pad 2 是一款更适合日常使用的平板，虽然手势也有一定的门槛，但相比 OriginOS 还是更简单易懂，加上好看轻薄的机身和 11.61 英寸的大屏，老老实实当个视频播放器是非常合适的。

不过目前它的价格较 vivo、荣耀没有太大优势，同样 8GB+128GB，OPPO 售价 2699 元，vivo 是 2399 元。虽然 OPPO 比荣耀便宜 200 元，但后者起步规格是 8GB+256GB 且有 13 英寸大屏，OPPO 同规格价格是 2999 元，建议等一波好价再入手。

小米平板 6 Pro 的尺寸、系统、功能较其余三款没有什么优势，操作逻辑甚至有点无厘头。但有一说一，小米是这几款平板中便携性最好的，因为它重量最轻，11 英寸是当前的主流尺寸，机身相对小巧，MIUI For Pad 有槽点但能用，而且以 3.2GHz 骁龙 8+ 的性能，使用 3 年及以上的时间问题不大，适合看重便携性以及观望小尺寸平板的用户选择。

小猪优版“举屠刀”短视频二创投资链加速崩溃

■ Shoot

版权交易套牢上亿资金

“我们这个群里的人最少也被套进去十几万，上百万的不少，上千万的省代（省级代理）也有，现在只能先提交证据给警方，等立案。”在众多维权者中，许以军损失的 20 多万并不算多，可单单是人情上的压力就足以让他寝食难安，“本以为这是稳赚的生意，所以给很多亲友都介绍了小猪优版，现在真不知道该怎么面对”。

在其母公司百鸣集团的宣传中，小猪优版是一个以科技为核心的短视频创作服务平台，致力于“让创作更简单”。简单来说，小猪优版提供的是一个影视内容平台，主要是为短视频创作者解决影视版权申请困难、流程复杂、价格高昂等问题，一边提供影视版权高价卖给创作者，一边又提供短视频 SaaS 工具帮助分发，每一条都会有相应的“返现”。在短视频疯狂起量的时代，从 1 万个账号到超 11 万个账号、超过 1100 家机构入驻，小猪优版只用了不到两年的时间。

就像一个越吹越大的气球，光鲜的表面总是在一瞬间被四分五裂。7 月 17 日晚间，刚准备睡觉的剪辑师李毅收到一条来自公司人事的群发消息，告诉大家由于系统维护升级的原因，公司决定“暂时停止运营，后续恢复时间再等通知”。

尽管隐隐有些不安，但李毅还是安慰自己这是正常的，毕竟最近公司的视频审核也说上传视频不太顺利，可能真的是系统出问题而已。直到第二天，他在各大社交平台刷到了“小猪优版崩盘”“老板跑路”的消息，才知道从自己所在的福建福清到江苏、北京等地已经有上万个跟自己一样的打工人“原地失业”。

“第二天下午我还去了一趟公司，想着拿个电脑主机、显示屏走，也算抵还没发的工资绩效，结果看到有人在回收电脑，一问才知道原来连我们用的电脑都是租的。”

针对爆雷、“跑路”传闻，7 月 18 日、20 日，小猪优版先后发布一则情况说明与一则公告，期望挽回一些局面。小猪优版解释称，“由于公司管理层疏忽，没有及时与广大创作者进行充分沟通，造成目前的困难局面。”声明中强调，“现任和曾任管理层从未出现网传的跑路情况，并且领导班子正在积极协调处理大家所关心的问题。”

而在这些无关痛痒的声明、解释之外，小猪优版的波及范围已经难以估量。许以军所在的维权群里，人数早已达到 2000 人的上限，群里有人估算过总的金额，“有省级代理说 600 亿元，但也只是猜测，具体多少只有总公司知道”，他告诉记者，自己认识的省 / 市级代理商、机构和用户能去公司北京总部的都去了，他也去了一趟，在公司所在地北京朝阳区公安分局报了案，只知道刑侦、经侦都已经介入调查，但什么时候正式立案还要等警方搜集更多证据。

花钱打工还是帮忙“养猪”？

这个对于很多人来说闻所未闻的短视频平台，是如何在短时间内构建起一个几乎闭环的商业帝国？公司和投资人、创业者又是如何盈利的？揭开这些问题的答案其实并不是一个多么困难的过程。

“你能刷到的短视频有一半多都是从小猪优版发出去的”，许以军回忆起自己 2022 年年中刚听朋友介绍小猪优版时的说辞，“只要每天剪两三个 3 分钟内的短视频，一个月只做一个账号也能从平台采买中获利几千元，当个副业绰绰有余。”

当然，前提是你要先购买各式各样的“版权包”。不同内容的版权包定价也不一样，有三个选择：影视商包（12.8 万元）、体育竞技包（9.8 万元）和影视体育综合包（12.89 万元），每个版权包包含 30 个分发账号。一般选择综合包的人数最多，购买成功后，投资人可以在一定期限内针对其中的内容素材二创或者直接做影视切片，成片上传到“小猪圈”，再一键同步分发到抖音、快手、小红书、微信视频号、哔哩哔哩等超过 20 个视频平台，而后小猪优版再根据每条视频的流量对投资者返现，这一点和很多视频平台早期手段类似。

理论上，仅仅靠剪辑、分发，投资人怎样都可以在半年内收回成本。小猪优版创始人之一、原法定代表人王雄伟曾在采访中解释过这一模式的核心：“个人创作者与小猪优版平台签约，然后就能安心地运用现有版权内容进行创作，视频分发也不用操心。简单来说，就是个人创作者纯粹以内容取胜。”

如果“内容”真的是个人创作者获利的关键，那么平台又是怎么盈利的？在已经脱身的参与者看来，内容不过是一个皮，掩盖了平台盈利的重点。

表面上，小猪优版一直极力宣传公司短视频内容库储备丰富，不仅可以对外提供短视频账号代运营，也可以为影视剧提供宣发

小猪优版曾在成立9个月后收获北辰星资本千万级别融资，也是唯一一次外部融资

服务。在公司官网上，也的确有不少影视、游戏等出品方的宣发合作，本质上是借投资人的剪辑成果接一些广告。但这一业务板块的收益恐怕难以支撑整个公司的返现业务，视频质量就是一大难关。

和李毅一样，来自长沙的曾浩也曾在依赖于小猪优版的公司当剪辑，每人每天的要求是至少产出10条的3分钟以内影视混剪，如果数据好会有奖金绩效，单休、底薪一般在4500元左右，“说白了就是剪辑工厂，毫无质量可言”。

最奇怪的是，曾浩从来没在短视频平台上找到自己剪辑出的视频。“刚开始以为是自己剪的质量不行，平台流量池不给推，但自己专门去找也没找到。问同事，他们也没找到过或者根本就不想看自己剪辑的东西。”平台的流量数据到底有几分真，也许只有小猪优版的内部人士更清楚。但记者多次致电百鸣科技北京总部，都未得到回应。

另一方面，如果小猪优版真的是靠短视频流量获利，必然要和其他短视频平台合作，才可能获得收益并与投资者分成。但无论是抖音、快手还是B站、视频号，每个平台的视频收益都是不稳定的，取决于多重因素，纯内容的视频收益极其有限，而小猪优版却给了投资人极高的承诺，比如购买12.8万元的综合包，每个月可以获得1.8万元以上的利润分成。仅仅依靠短视频平台流量补贴很难做到，这意味着小猪优版给投资人的返利或高额采买费用大部分来源于公司账目，最可靠的营收进项莫过于版权包交易。

可能在最初，小猪优版的确希望破解短视频版权侵权的问题，但更快捷的赚钱路径出现了。

有投资人曾算过一笔账，去年每天小猪优版10个账号的收益都在800元~1000元，如果自己招几个剪辑师，多买几个版权包，年化收益率达到180%也不是什么难事。在这种刺激下，有人疯狂购买了几十乃至几百个版权包，投资金额高达千万；凭借一个赚钱理念，有些人还做起了代理的生意，转卖版权包给亲属朋友，“一个包返点在17%~20%之间”。如此一来，平台融资也就越来越快，眼看他高楼起。

崩盘有迹可循

海市蜃楼的消散不会是一瞬间，小猪优版的崩盘亦是。

首先是返利的钱越来越少，拿到钱的门槛越来越高。今年上半年，小猪优版开始对内容质量和账号运营提出要求，只有数据满足小猪优版提出的标准，才能获得更高的视频采买价格。许以军也在那时品出些不对味。他告诉记者，6月前，小猪优版两个视频包一个月制作上传的视频采购价近11万元，到了6月却骤降至三四千元。

“视频质量如何大家都清楚，现在说要扶持优质内容，看粉丝数、涨粉数、播放量，这不是在为难人吗？我们还要专门招人再去做账号运营。”在多重考核下，许以军发现自己的公司内部账号每个每天的收益下降了40%左右，算上工资、水电、房租等固定支出，逐渐走到了入不敷出的境地。

“提现难”则是另一个危险信号。一开始就曾参与小猪优版的投资人透露，最早平台账户是可以随时提现的，没过多久就变成了申请提现后45个工作日内到账，并且只能在每个月月初申请提现、每月只能申请一次。

到了今年7月初，平台推出新规，提现需要“实人认证”，并将在通过之日起两个工作日内打款结算完毕，但认证成功的投资人

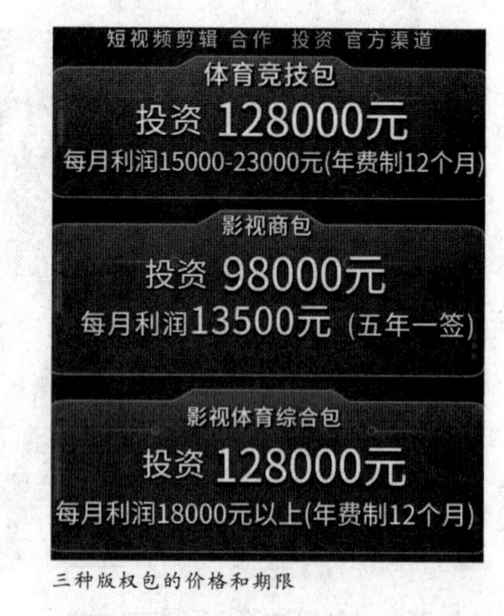

三种版权包的价格和期限

寥寥无几；与此同时，许多人发现本该到账的5月收益却迟迟未能到账，小猪优版爆雷之说开始发酵。

公司高层的人事变动仿佛印证了这一担忧，“跑路”之说兴起。7月13日，百鸣(北京)信息技术有限公司迎来了一次高层的人事变动，王旭、念家兴、许开宁、陈晔、张祖兴、陈济等一众高管退出，法定代表人也从王旭变更为徐浩然。

如今，已经承认经营出现问题的小猪优版暂时给出了两种解决办法，一是按照“市场公允价格”采买5月1日到7月17日的视频，二是将购买版权包的权益转移到新的游戏直播项目中。采访中多位投资人对这两种解决方案都十分不满，“一个是逼我们认亏，一个是换个项目继续割”。如今，监管部门已经介入，许以军和多位投资者仍在多方收集资料，准备应对漫长的诉讼之路。

(本文采访对象均为化名)

AI绘画背后的算法揭秘

■ 电脑报记者 张 毅

狂飙猛进的AI绘画

从“如何才能体验AI绘画工具”到“我应该选择哪款AI绘画”，AI仅用不到两年时间就让国内网友陷入选择困难。一方面，百度文心一格、阿里云通义万相等含着金钥匙出生的AI画师依靠巨头大模型生态顺利进入用户视野，另一方面，美图秀秀、盗梦师等工具类软件融入AI后凭借差异化赢得不少网友青睐，AI绘画彻底进入百家争鸣的时代。

AI绘画技术持续地推动整个终端应用市场繁荣，而OpenAI团队研发的深度学习模型 CLIP(Contrastive

Language-Image Pre-Training）可以说是推动 AI 绘画走向繁荣的契机。借助网络，CLIP 模型搜刮了 40 亿个“文字－图像”训练数据，通过这天量的数据，再砸入让人咂舌的昂贵训练时间，CLIP 模型终于修成正果，大众首先熟知的 AI 绘画产品 Disco Diffusion，正是第一个基于 CLIP + Diffusion 模型的实用化 AI 绘画产品。

然而，Disco Diffusion 虽在画作上给人颠覆性视觉体验，但其模型在像素空间中进行计算，这会导致对计算时间和内存资源的巨大需求，这给予 AI 绘画模型 Stable Diffusion、MidJourney 们崛起的机会，加上同一时期 OpenAI 团队也推出 DALL-E 2，较低的硬件需求和较短的绘画时间开始让 AI 绘画在大众领域传播，即便没有任何绘画基础的人，也可以通过几句话的描述让 AI 帮助自己“创作”出精美的画作，进而让 AI 绘画真正成为 AIGC 时代的现象级应用。

从工具到社交的野心

巨大的研发投入和运维成本只为吸引更多的用户流量，再通过用户付费实现盈利？显然这低估了 AI 绘画们的野心。

AI 绘画最初的定位是生产力工具，他们不仅可以提供基本的绘画功能，适合初学者练习和探索，还可以在动漫设计、游戏创作等场景中，通过智能的 AI 算法为设计师自动匹配出优秀的配色设置构图方案，让设计师汲取灵感的同时，完成基础的底层构图工作，通过生产力属性创造价值。

而随着互联网科技巨头大模型的介入，AI 绘画逐渐从生产力工具向平台发展。巨头旗下的 AI 绘画产品相比于其他文生图大模型产品，往往除了可以提供文生图模型，更重要的是能够基于平台的算力、推理加速能力以及众多开源模型，去帮助用户更方便和快速地翻训自己的垂类模型。定位“平台”的 AI 绘画应用不仅仅可以提供文生图模型，往往还自带一套算法框架，用户可以直接在平台上去训练自己的模型，而不需要另外在本地部署环境，大大降低门槛，成为 AI 绘画发展过程中的重要阶段。

平台的构建，意味着一个普通人也可以更快更好地训练自己想要的垂类大模型。用户只要将 10 至 20 张的照片放入到自己新建的模型中，AI 绘画平台大概只需要几分钟的时间就可以生成一个属于用户的大模型。这个过程中没有任何代码编写、数据清洗等等以前只有 AI 工程师需要做的工作。只需要选择模型，拖拽数据，就可以实现最终的结果。

平台化的 AI 绘画工具足以令 AIGC 领域开启新一轮爆炸式增长，而随着用户模型及作品的涌现，平台化的 AI 工具也能衍生为模型或内容社区，在授权、交互、共享模型数据的过程中，构建大模型翻训链。比如，A 是一个开源基础模型，B 是在 A 的基础上加上一些垂类数据训练出了一个在跳舞方面更专业效果更好的垂类模型，C 又在 B 的基础上增加了唱歌等数据训练出新的不同模型。AI 绘画模型所搭建的平台最终希望做到的是，将模型训练依赖链条进行明确，方便每一个大模型拥有者进行翻训，也方便大家管理自己的大模型上下游应用。

在整个平台化、社区化发展过程中，AI 绘画背后的互联网科技巨头不仅能成为技术、数据的“卖水人”，更能在上下游模型权限的清晰界定以及涉及商业数据的存放等领域掌握足够的话语权，帮助平台、社区用户实现内容变现的过程中，分享整个 AI 绘画生态成长红利。而在这之前，互联网科技巨头首先要解决的依旧是 AI 绘画的基建工作，无论是大模型的研发还是训练，都是资金、技术密集型投入项目，这也决定了 AI 绘画未来可能仅是少数巨头的狩猎场。

AI 绘画“钱”途如何

原画、概设、氛围参考……AI 绘画越来越多应用于游戏、动漫甚至教育等领域，除快速生成画作之外，“AI 作画能否取代人类创作者”的话题也引发热议，在社交平台话题 # 一张画证明人不会被 AI 取代 # 中，网友们发表了不少充满想象力的画作来证明人胜过 AI。

相对于创意，AI 生产力属性创造的价值才是其备受追捧的关键。以国外较具有代表性的三家 AI 绘画公司——Midjourney、Stability Al、OpenAl 为例，三家公司的单次生成费用，不超过 0.3 元人民币。而这三毛钱的费用，可以让用户每次生成最少 4 张图片。以 Midiournev 公开的试用模式为例，25 分钟的免费 GPU 时间，可以大致支撑 25 次免费生成。也就是说，AI 绘画 1 分钟出 1 张图，向用户收不到一毛钱，且可以用于商用。

这样的出图速度，人工是难以企及的。据业内人士透露，某游戏公司将皮肤绘制的工作外包出去，每张稿费五六千元，画师需要画一个星期。而在小红书上，兼职画手出单张原创头像，从接单、出初稿到修改，也需要两三天的时间。

AI 绘画也并非完全没有劣势，大模型是 AI 绘画的核心竞争力，可大模型背后的研发成本和投资回报比率的风险，并非所有公司都可以承担。OpenAI 1750 亿参数的 GPT-3 耗费了大约 500 万美元的训练资金。据 Stability AI 的公开数据，维护一个拥有 4000 块英伟达 A100 GPU 组成的算力群，需花费超 5000 万美元。同时高投入并不一定能够带来成果上的高回报，而在研发成本之外，每生成一张图也需要相应的运行成本。百度文心一格团队表示，AI 绘画是一个超大规模的复杂计算过程，需要大量的资源来支撑计算需求。AI 绘画依赖显卡的算力，生成图片的复杂度和精度越高，显卡运算的时间越长，而一张高性能显卡在云平台的租赁价格在一小时 15 元左右。为了节省时间，用户经常需要租赁多个显卡并行运算，这导致 AI 绘画的运算成本并不像想象中那么低廉。

从这里看，AI 绘画领域虽然前途似锦，但却需要无数金钱和技术铺垫，而在高谈理想和未来之前，通过出色的绘画能力俘获用户流量，沉淀大数据才是根本，而在最底层的“文生图”应用上，各家 AI 绘画又表现如何呢？

三英战吕布，四款文生图大模型孰优孰劣

■电脑报记者 黎 坤

在文生图大模型领域，以 Midjourney、Stable-Diffusion 为代表的“舶来品”为先驱，国产文生图大模型也乘着这股东风，如雨后春笋般快速成长起来，尤其考虑到海外版本的文生图大模型本身就有着语言不通、网络限制等问题，咱们中国玩家需要一波接地气的国产文生图大模型。所以我们本期就用百度文心一格、阿里巴巴通义万相、美图 WHEE，来和 Stable-Diffusion 玩一次“三英战吕布”，用实际操控体验和输出效果，检验一下国产文生图大模型到底有几斤几两吧。

国产大模型上手难度明显更低

虽然文生图听起来好像很智能，但实际操作过程中仍需要熟悉各种参数设置和使用流程，所以它并不是一个毫无门槛的东西，不过门槛是有高低之分的，更友好的使用方式就能接触到更多的玩家。

首先是 Stable-Diffusion，它最大的特色就是开源和本地化，开源意味着免费，本地化则代表着使用不受账号限制，这两个特色也有明显的缺点，因为它是海外软件，自行部署需要联网下载很多插件，对网络有着极高的要求，所以最简单的方式就是去国内网站下载现成的“懒人包”，解压即用，非常方便。而本地化的问题就是它的算力也需要本地提供，也就是你需要很强的 NVIDIA 显卡才能进行高效的计算，比如我们本次测试使用的就是来自吾空 X Pro Max 游戏本的 RTX 4090。

作为对比，百度文心一格、阿里巴巴通义万相、美图 WHEE 都是在线文生图大模型，与它们对标的就是 Midjourney。因为是在线文生图，所以它们既不需要本地部署，也不用担心本地算力的问题，唯一要做的就是申请账号，目前百度文心一格已经开放注册，阿里巴巴通义万相还在定向邀请测试阶段，我们作为受邀媒体拿到了账号。而美图 WHEE 则是用户自行申请内测阶段，可能因为用户量还不算太大，所以申请通过的速度比较快，我们只等了一两天就获得了使用资格。总体来说除了阿里巴巴通义万相，其他两款大家都能体验。

使用成本方面，百度文心一格需要消耗“电量”来进行计算，生成一张图需要 2 个“电量”，“电量”可以做任务获取，也可以单独购买，或者开通会员获取，会员有每月 69 元 /139 元 /339 元三个档次。阿里巴巴通义万相封测阶段每天可以生成 50 次，美图 WHEE 则是不限制生成次数，但如果想自己训练模型就需要加入官方群去碰运气了。作为参考，同为在线文生图工具的 Midjourney 现在只有付费用户才能使用，最基础的订阅也需要 10 美元 / 月（约合人民币 71.46 元）。

	优点	缺点
Stable-Diffusion	免费 功能极其丰富 有专业社	安装有难度 需要强力显卡 参数细节复杂 只能使用英文激励词
百度文心一格	开放注册 使用简单	有使用次数限制（可付费解锁） 无法使用复杂的英文激励词 功能简单
阿里巴巴通义万相	使用简单 可使用中英文激励词	定向邀测 每日限制50次使用 功能简单
美图WHEE	界面比较简单 可使用中英文激励词 内测申请易通过且无次数限制 可以训练模型（需加官方群）	参数细节略复杂 功能比较简单

最后我们再来看使用体验，Stable-Diffusion 的参数设置很复杂，并且生成的风格模型需要单独下载，同时还必须手动设定采样器、采样步骤、相关性等参数，不过它有专业的第三方社区，不仅有大量风格模型可以下载，还可以查看其他用户上传的图片和激励词，虽然只能使用英文，但活用“拿来主义”就能生成优质的图像了。除此之外还有丰富的插件系统，可以训练模型、调整人物动作、设定自己想要的角色形象等等，上手难度最高。

百度文心一格和阿里巴巴通义万相的使用界面都非常直观，输入激励词，选择风格和画面比例，就能直接生成图片了，有意思的是百度文心一格无法使用复杂的英文激励词（比如你在海外社区里抄来的感觉还不错的英文激励词），必须逐句翻译成中文才能使用，而阿里巴巴通义万相没有这个问题。

至于美图 WHEE，简单来说它的界面就是简化版的 Stable-Diffusion，虽然不能自行安装插件和风格模型，但也提供了近 20 种风格选项，在高级设定里还有和 Stable-Diffusion 非常相似的参数选项，当然也可以让系统自己决定。有正反向激励词可填，并且中英文都能使用，属于高手能玩转，新手也能轻松拿捏的类型，目前来看是最好的选择。

输出效果：除人像外，国产已具备较高实用性

在了解完这四款文生图大模型的上手难易度之后，接下来我们就开始实际测试

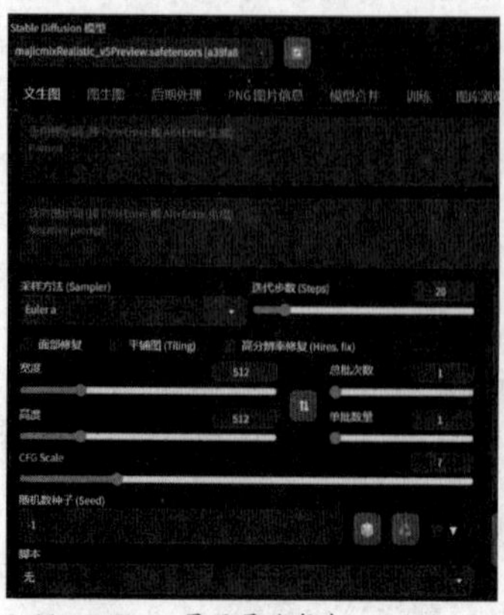

Stable-Diffusion界面最为复杂，可玩性也最高

文心一格的风格类型不多，但可以进行AI编辑

通义万相的界面非常简单

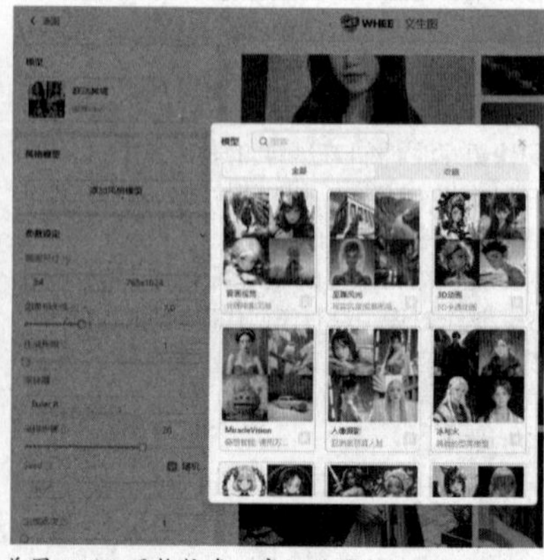

美图WHEE风格较多，高级设置和StableDiffusion相似度很高

吧，每次测试都输出3组照片来择优选用，我们准备了三组激励词，分别是：

“女孩，白色女装，卷发，浅笑”的人像图

“远景雪山，近景樱花，湍急河流，瀑布”的风光照

“橙色超级跑车，霓虹灯夜景，赛博朋克”的产品渲染图

第一组：人像PK，Stable-Diffusion完胜

在选择了各自的写实人像风格后进行输出，可以很明显地看到百度文心一格和阿里巴巴通义万相在写实性上明显不如Stable-Diffusion和美图WHEE，绘画的印记过于明显，而且背景都是相对简单的纯色，无法生成如同照片一般的写实效果。

而通过多次对比测试，我们发现如果是使用英文激励词，美图WHEE和Stable-Diffusion的人像生成效果几乎是“一脉相承”，具有很高的真实性，但如果换用中文激励词就有概率输出不那么好看的结果，看来两者背后的大模型或许有着千丝万缕的联系。从细节表现来看，四款文生图大模型都会出现多余的手指甚至多余的手脚等问题，Stable-Diffusion和百度文心一格可以局部微调，但后者需要收“电量”，而且Stable-Diffusion还有明显更丰富的人像风格模型可供选择，所以人像部分依然是Stable-Diffusion胜出。

从左到右：Stable-Diffusion、文心一格、通义万相、WHEE

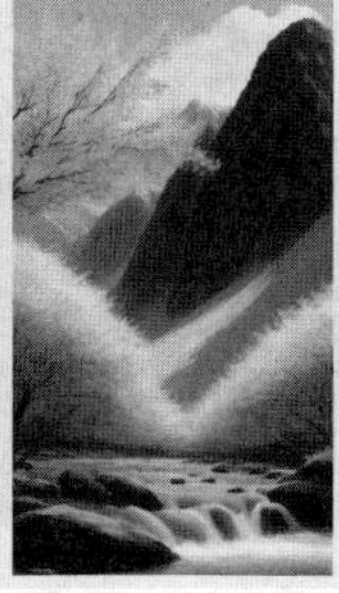

从左到右：Stable-Diffusion、文心一格、通义万相、WHEE

从左到右、从上到下：Stable-Diffusion、文心一格、通义万相、WHEE

第二组：风景照PK，通义万相有惊喜

从对文字的理解来看，阿里巴巴通义万相是本轮测试的优胜者，画面表现也符合我们的期待，美图WHEE和百度文心一格在多次测试后的表现只能说是勉强合格，大多数时候都没办法获得让人满意的输出结果。而且和人像一样，如果换用英文激励词，美图WHEE生成优质图像的概率会明显提升，达到和Stable-Diffusion相近的水准。从本轮风景照的输出效果来说，Stable-Diffusion和阿里巴巴通义万相是优胜者。

第三组：跑车渲染图PK，各有千秋

文生图大模型在生产力方面的一大用处就是为各类产品设计师提供创意思路，而在跑车的渲染图测试中，可以看到它们多少都借鉴了现有车型，尤其是兰博基尼、迈凯伦和保时捷的一些特点，对提示词的理解都比较正确。我们还测试了机甲、乐器、果蔬、居家装饰等项目，在这些领域四款文生图大模型都能做到相当不错的渲染水准，算是打个平手吧。

除此之外，我们还对此前国产大模型闹过笑话的提示词进行了额外测试，比如夫妻肺片、车水马龙、虎头虎脑的大胖小子等等，百度文心一格和阿里巴巴通义万相都能准确生成我们想要的图片，而美图WHEE就显得有些挣扎，“夫妻肺片”生成了红烧牛肉，“虎头虎脑的大胖小子”也变成了叠在一起的两个老虎脑袋……虽然“车水马龙”没有问题，但显然，它并没有完全理解我们到底在说什么。

总结：国产进步明显，建立社区才是关键

作为一个从去年年底就开始接触和使用文生图大模型的早期玩家，在我看来，无论是使用体验还是最终效果，国产人工智能文生图大模型在这么短的时间内能做到如此巨大的进步，本身就是一件值得点赞的事情，从效果来说，当前最大的限制就是人像生成，但其实也可以理解，因为人工智能的人像生成无论从法律角度还是伦理角度都是需要边界的，否则就会成为色情犯罪的导火索，所以我认为与其说是国产人工智能大模型无法生成好的女性人像，不如说是主动给它加了一个“紧箍咒”，因为我们也实际测试了男性人像的生成，效果虽然还是不及Stable-Diffusion那么强，但明显比女性人像要真实得多。

除此之外，我们认为还是需要一个中文的社区来汇集玩家，让大家可以在这个社区发图，发激励词，分享心得体验，大模型厂商也能在其中获得用户反馈，只有这样才能让飞轮转起来，目前也需要大家拧成一股绳，各自为政是无法长久的。

马斯克约架扎克伯格 科技顶流联手博流量

■ Shoot

从口水仗到真肉搏

所谓的"高级商战"总以意想不到的形式出现：前有当当网创始人之一的李国庆"抢公章"，后有超级网红马斯克约架社交媒体大鳄扎克伯格。

没想到本来是推特（现已改名为"X"）和Meta旗下社交平台Threads之间的流量之争，却偏偏变成了两家公司控制人的肉搏战。8月6日，马斯克在X上发帖说，与扎克伯格的"笼斗"（笼中格斗）将在当地时间8月26日进行，并且"会在X上进行直播"；扎克伯格则在Threads上回应自己可以随时出战。

这场看起来颇为荒唐的格斗赛可以追溯到今年6月。导火索则是在去年12月马斯克成功收购推特并成为推特CEO时埋下，面对推特彼时的混乱局面，扎克伯格和Meta嗅到了机会，当时便有Meta将对标推特推出自家新平台的消息传出，企图背刺竞争对手。

2023年6月，马斯克在X上发文讽刺Meta在社交赛道胃口太大，"我敢说全地球都迫不及待地想要被扎克伯格掌控"，有网友提醒他"最好小心点，听扎克伯格说现在会柔术了"，马斯克则回复"如果他愿意，我准备和他打一场笼斗（cage fight）"，扎克伯格随后直接回复"告诉我地址"。不过这场竞技者年纪加起来超过90岁的闹剧，因为马斯克妈妈梅耶的介入调和，被迫暂停。

现在，眼看着Threads发展越来越迅速，这场格斗又被提上了日程。

开辟新的增长点

一个月前，Facebook母公司Meta在苹果iOS应用商店推出图文社交类App"Threads"。从功能来看，除了用户在Threads上可以看到的帖子数量没有限制外，其他功能几乎照搬X：Threads同样允许用户发布最长500个字符的帖子、链接、照片和最长5分钟的视频。

最重要的是，Threads和Meta旗下图片社交应用Instagram绑定，用户可以选择将Instagram的主页导入Threads的主页，也可以自行建立新的头像、签名和简介链接，有点像微博刚推出图文App"绿洲"时曾使用过的套路。Instagram最近虽然没有公开过活跃用户数量，但是据媒体报道，其月活跃用户在2022年年初就已达到20亿人。

厚厚的流量池让初生的Threads涨势凶猛。7月10日，刚刚推出不到五天的图文社交平台Threads就收获了超1亿的注册用户——要知道同样的用户数，TikTok花了9个月，ChatGPT也需2个月时间。部分媒体和业内人士甚至给了Threads极高的评价，认为其是"有史以来发布最成功的社交媒体App"。

可惜好景不长，社交平台的崛起从来都不是大力就能出奇迹，大部分用户对Threads的新鲜感没能维持超过一个月。第三方分析服务商Sensor Tower最新数据显示，从7月5日至7月31日，Threads日活跃用户数下降了82%，每日峰值在线人数从4400万降到了不足800万人，而且这些用户留在平台内的时间也越来越少：用户平均花费时间从高峰时期的19分钟下降到仅2.6分钟，每天用户平均登录次数只有3次左右。

如何让一个简单的复制品成长为蓬勃发展的社交网络，进而成为新的主流社交平台，恐怕是扎克伯格当下更为关注的。Meta主要业务分两类，一类是社交媒体应用及广告收入，一类是包含VR、AR等相关硬件、软件和内容的元宇宙业务。元宇宙业务投入大水花小，传统的广告业务今年第二季度虽然仍保持了12%的同比营收增长，但是每条广告的平均价格已经同比下降16%，如今推出新平台占据先机，形成一定规模后植入广告产品恐怕才是其最终目的。

Meta也尝试模仿TikTok，在Instagram里推出短视频小程序Reels，但变现进度一直很慢。这也是为什么都快开打了，小扎还要计较在哪个平台直播，争取将流量导向自家平台。

"万能App"进度缓慢

当然，马斯克也要为自己收购推特的这笔巨额交易负责。在这桩440亿美元的全现金交易中，三成来自银行贷款，约六成都是马斯克自掏腰包，为此他卖掉了价值约200亿美元的特斯拉股票。

为了从推特收回自己这笔如此任性、如此巨大的投资，马斯克一点没闲着。自收购之日起，马斯克就祭出了一套组合拳，一会儿大裁员降低成本，一会儿又要对推特的各类功能进行从内而外的更新。

先是推出7.99美元/月的账号认证服务，如果没有在推特认证，那么每天只能浏览600条推文；后又针对媒体账号推出付费订阅服务，未来还将在平台内加上语音和视频电话功能。整个平台朝着"美国微信"的目标狂奔，当然也包括logo的彻底改变。

推特如今超过九成的收入来自广告，而马斯克正是想降低推特对广告模式的依赖，才会想学习中国国民级应用微信，创造出诸多社交之外的付费项目。种种激进举动也引发推特众多"大V"不满，甚至有日本漫画画手大规模转投微博的事情发生，也让扎克伯格在混乱中抓住了偷袭机会。

事实上，马斯克如今涉及的领域已经被其他科技巨头玩到了极致，想要有所突破只能另辟蹊径，而Threads的发布已然引起了他的戒心。

无论最终格斗结果如何，作为看客，我们只能评价一句：两人都是懂互联网的。

17款主流显卡Stable Diffusion AI绘图性能横向测试

■ 电脑报工程师 戴寅

毫无疑问，AIGC是当下最火热的领域之一，无论是语言模型ChatGPT还是图像生成模型Stable Diffusion/Midjourney，或许都将成为改变大家未来的起点，对各种创作领域也将带来极大的冲击。在AIGC繁荣发展的同时，背后的功臣——GPU，也再次成为了玩家们热议的焦点。与此同时，可以离线部署的Stable Diffusion（简称：SD）的出图性能，也能让大家从另一个维度来衡量显卡的性能。下面我们也一起来看看吧。

Stable Diffusion是如何画出想要的图片的？

说起AI绘图，除了在线生成、需要付费使用的Midjourney以外，大家肯定还会想到可以免费离线部署的Stable Diffusion。实际上，Stable Diffusion是一种算法，直译过来就是稳定（Stable）扩散（Diffusion）算法。而我们平时使用的在浏览器操作的界面，就是由AUTOMATIC1111开发的Stable Diffusion的WebUI，也就是图形界面。

在图像算法领域中，扩散算法是通过一定的规则正向扩散（加噪）或反向扩散（去噪）的过程。如果开启了Stable Diffusion WebUI的预览功能，大家就可以看到在生成一张图片时，图片是从最开始的一张灰色噪点图块逐渐变清晰直到成为想要的图片。

简单来说，在Stable Diffusion的文生图工作时，就是通过CLIP模型作自然语义处理，将自然语义提示词（Prompt）转化为词向量（Embedding）。然后通过UNET大模型进行分步扩散去噪，最后通过VAE变分自编码器进行压缩（Encoder）和反解（Decoder），最终解析生成我们想要的分辨率大小的图片。当然，实际的算法和流程比这个要复杂不少，限于篇幅我们不做进一步详解。

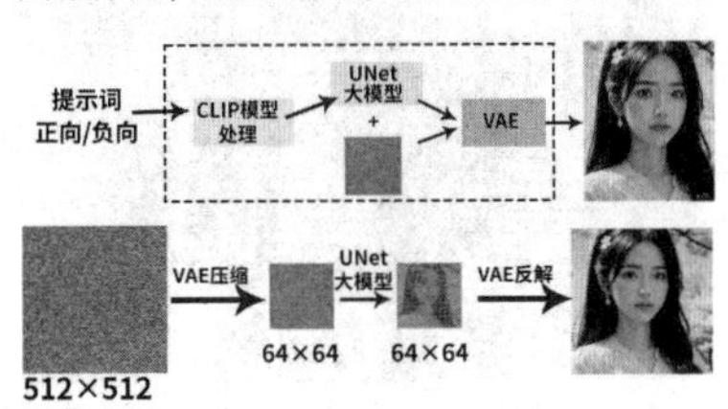

Stable Diffusion 文生图工作流程示意图

AI深度学习与显卡的共同进化史

硬件配置方面，由于Stable Diffusion需要用到Pytorch框架，而NVIDIA的CUDA生态在Pytorch上有着更好的表现，AMD显卡、Intel显卡和CPU在Windows环境下则需要用到Pytorch-DirectML才能正常使用，在效率、易用性和兼容性方面都有一些不足。在Linux环境下，AMD显卡还可以通过ROCm来实现更高的效率，但总体而言还是不如NVIDIA的CUDA生态。所以如果想要更好地体验Stable Diffusion，建议使用NVIDIA GPU的显卡。

其实在多年以前，游戏显卡的作用还是比较纯粹的，几乎就是游戏娱乐，并不能很好地用于AI深度学习计算等，或者说效率不是很高。不过这一切随着NVIDIA Volta架构的Titan V显卡上市而得到了改变。

Titan V第一次将TensorCore张量计算核心带到了用户面前，它支持FP16和FP32下的混合精度矩阵乘法，深度学习峰值性能远超Pascal架构产品，也就是从这里开始，显卡的深度学习性能有了大幅的进步。而Stable Diffusion可以使用FP16半精度和FP32单精度进行推理计算。

而让普通消费级玩家真正开始接触TensorCore张量计算核心，则是从Turing架构的RTX 20系列GPU开始。也正因此，RTX 20系列显卡可以完成光线追踪和DLSS等复杂计算。在算力提升的同时，第二代TensorCore还加入了对INT8和INT4的支持，进一步提升了深度学习训练和推理能力。

第三代TensorCore伴随Ampere架构的RTX 30系列显卡问世，在继续提升算力的同时，还引入了BF16和TF32两种新的数据格式，同时还能够提供稀疏化加速，进一步提升TensorCore的性能。

当下主流的Ada Lovelace架构RTX 40系列显卡搭载了最新的第四代TensorCore，新增了Hopper FP8 Transformer Engine。FP8低精度浮点数特性能够让近年来火热的AI框架Transformer获得极大的收益，让深度学习性能得到了巨大的飞跃。对于游戏玩家来说，新的架构所支持的全新的DLSS3，同样也是基于深度学习神经网络完成的。

回到Stable Diffusion上，目前主流的Stable Diffusion 1.5可以使用FP16和FP32。FP32相比FP16有着更高的精度，不过RTX 20系列的FP32性能只有FP16的一半，而RTX 30和RTX 40系列虽然FP32和FP16性能一致，但FP32占用的显存是FP16的两倍，使用起来不是很划算。所以在实际使用中，为了追求更高的速度和更小的显存占用，通常大家更优先考虑使用FP16。

也就是说，使用Stable Diffusion进行AI绘图，我们需要关注显卡的FP16/FP32性能（重点关注FP16）。当然，绘图性能是一个综合考量，和显卡的架构、频率也有着一定的关系，在进行高分辨率绘制时，还要留意显存容量的大小。性能决定了绘图的速度，而显存容量则决定了能不能画。

另外值得一提的是，最新的SDXL大模型还可以使用BF16进行训练，对于不支持BF16的显卡来说，未来的应用范围可能会越来越窄。

AI绘图性能测试，不同场景不同表现

Stable Diffusion的发展非常迅速，短短不到一年的时间，它能实现的功能也是越来越多，国内社区的发展也是越来越成熟，国内模型作者带来的底模和Lora等数量也是越发丰富。我们也可以更全面地分析不同显卡在不同工况下的AI绘图性能对比。

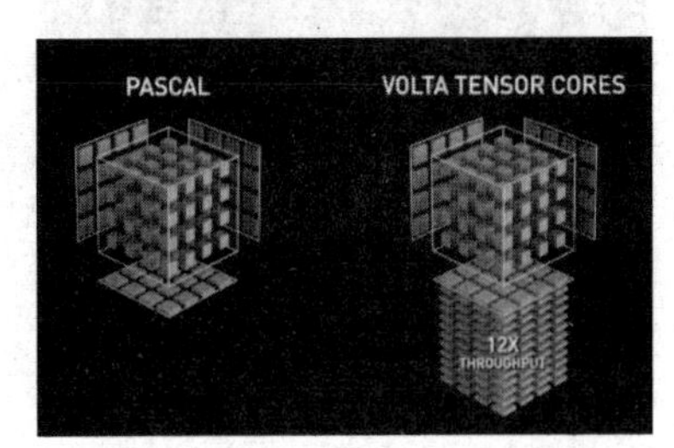

TensorCore的出现极大地增强了AI深度学习能力

这次我们给大家带来了从 RTX 2060 Super 到 RTX 4090 一共 17 款显卡的 Stable Diffusion AI 绘图性能测试。由于目前 SDXL 还不够成熟，模型数量和插件支持相对也较少，且对硬件配置的要求进一步提升，所以暂时依旧使用 SD1.5 进行测试。测试环境方面，我们使用国内作者秋葉最新版整合包，模拟了 3 种应用场景进行测试。

测试环境：

Stable Diffusion WebUI：1.5.1

Xformers：0.0.20

python：3.10.11

torch：2.0.1+cu118

ControlNet：v1.1.237

测试平台：

CPU：Intel 酷睿 i9 13900K

显卡：NVIDIA RTX 20/RTX 30/RTX 40 共 17 款

主板：ROG MAXIMUS Z790 HERO

内存：十铨 DDR5 7200 16GB×2

硬盘：WD_BLACK SN850X 2TB

电源：ROG 雷神 2 代 1000W

测试一：大模型直接生成图片性能

型号	出图速度（张/分）	相对RTX 4090
RTX 3060 12GB	4.36	22.10%
RTX 2060 Super	4.38	22.20%
RTX 4060	4.67	23.67%
RTX 2070 Super	4.80	24.33%
RTX 3060 Ti	5.19	26.31%
RTX 2080 Super	5.36	27.17%
RTX 4060 Ti 8GB	6.28	31.83%
RTX 3070	6.61	33.50%
RTX 3070 Ti	6.94	35.17%
RTX 3080 10GB	8.89	45.06%
RTX 4070	9.09	46.07%
RTX 3080 Ti	10.01	50.73%
RTX 3090	10.55	53.47%
RTX 4070 Ti	10.71	54.28%
RTX 3090 Ti	11.01	55.80%
RTX 4080	13.48	68.32%
RTX 4090	19.73	100.00%

测试一通过提示词生成类似这样的房屋与环境图片

测试一：大模型直接生成图片/“Tag 抽卡”

模型：StableSRv2

Lora：无

外挂 VAE 模型：无

采样方法：Euler a

迭代步数：50

分辨率：768×768

总批次数：10

单批数量：2

正向提示词：beautiful render of a Tudor style house near the water at sunset, fantasy forest. photorealistic, cinematic composition, cinematic high detail, ultra realistic, cinematic lighting, Depth of Field, hyper -detailed, beautifully color -coded, 8k, many details, chiaroscuro lighting, ++dreamlike, vignette

第一个测试来自英伟达测试指南提供的模型和提示词，生成分辨率为 768×768 的图片，这个测试基本就是使用底模纯 Tag 抽卡，没有加载 Lora，甚至连反向提示词也没有，整体压力相对比较小。

从测试结果来看，RTX 4090 的出图速度以压倒性的优势排在第一，每分钟可以生成 19.73 张图，也就是差不多 3 秒就可以画好一张。出图速度达到了上代旗舰 RTX 3090 Ti 的 1.76 倍，RTX 3090 Ti 是没有跑赢 RTX 4080 的。而 RTX 4070 Ti 略微超过 RTX 3090，RTX 4070 也能跑赢 RTX 3080。总体来看，在中高端产品线上，RTX 40 系列还是有着比较大的优势的。

在这 17 张显卡中，RTX 3060 的表现稍微有些欠佳，基本上只和 RTX 2060 Super 差不多，当然，RTX 4060 也没有快多少。

虽然这套测试标准比较简单粗暴，但是还是能比较直观地反映出图性能表现的。毕竟现在很多国内大神训练的底模，通过提示词直接抽卡也能获得比较不错的图片了。

测试二：人物大模型 +Lora+ 高分辨率修复

模型：墨幽人造人

Lora：4 个

外挂 VAE 模型：无

采样方法：DDIM

迭代步数：50

原生分辨率：512×768

高分辨率修复：1024×1536（迭代 0 步/重绘 0.2/放大倍数 2）

放大算法：8X_NMKD-Superscale_150000_G

总批次数：10

单批数量：1

正向提示词：1girl, eye contact, sunlight, <lora:jk uniform:0.5>, (JK_suit), (JK_shirt), JK_style, (dark blue JK_skirt), standing, arms behind back, white thighhighs, 3d, unity 8k wallpaper, ultra detailed, beautiful and aesthetic, cherry blossoms, (depth of field:1.5), <lora:jkheisi_1.0:0.5>, black pantyhose, <lora:FilmGirl_3.0:0.4>, <lora:tutu face_V2.0:0.8>

目前 Stable Diffusion 模型中最受欢迎数量最多的便是各种人物模型。在第二个测试中我们将大模型换成了国内作者训练的真人风格模型，同时给人物使用了 4 个 Lora，分别控制服装、脸部和画面风格。为了得到更高清的图像，同时也给显卡更大的压力，这次还加入了高分辨率修复（HiresFix），将图片分辨率从初始的 512×768 放大 2 倍到 1024×1536。

这一次的算力需求明显变高，即使强如 RTX 4090，每分钟也只能画出 3.75 张图，也就是差不多 16 秒才能画出一张图了。和上一个测试不同的是，这次 RTX 3060 终于

测试三：ControlNet Tile高清修复性能

型号	出图速度（张/分）	相对RTX 4090
RTX 2060 Super	0.99	18.17%
RTX 3060 12GB	1.11	20.35%
RTX 2070 Super	1.16	21.29%
RTX 4060	1.22	22.47%
RTX 2080 Super	1.36	25.02%
RTX 3060 Ti	1.39	25.54%
RTX 3070	1.61	29.59%
RTX 4060 Ti 8GB	1.71	31.37%
RTX 3070 Ti	1.63	29.84%
RTX 4070	2.19	40.18%
RTX 3080 10GB	2.40	44.04%
RTX 3080 Ti	2.68	49.15%
RTX 3090	2.78	50.97%
RTX 3090 Ti	3.00	55.05%
RTX 4070 Ti	3.05	55.88%
RTX 4080	3.90	71.49%
RTX 4090	5.45	100.00%

测试二通过提示词生成类似这样的人物图片

跑赢了 RTX 2060 Super,RT 4060 也跑赢了 RTX 2070 Super。从这个测试来看,在这样负载稍高一点的情况下,最近两代的优势会显得更加明显一些。这大概是两方面的原因导致的，一是在加入了高分辨率修复后，显存压力变大，有更大显存的显卡,如 RTX 3060，虽然 FP16 算力略低于 RTX 2060 Super,但凭借显存容量优势获得了更好的表现。二是新版本的 CUDA 深度神经网络库(cuDNN)对 RTX 30 和 RTX 40 系列的优化显然更好,在相对复杂的场景中有着更高的生成效率。

测试三:ControlNet Tile高清修复

模型:MajicMix_nwsj

Lora:1 个

外挂 VAE 模型:无

采样方法:DPM++ 2M SDE Karras

迭代步数:30

原生分辨率:512×512

输出分辨率:1280×1280

ControlNet:
Control_v11f1e_sd15_tile_fp16

控制模式:均衡

缩放模式:仅调整大小

正向提示词:(fluorescent colors:1.4),(translucent:1.4),(retro filters:1.4),(fantasy:1.4), candy world Disney land ethereal soft fluffy soft landscape forest snowavatar Pastel pink sky green blue sparkle ethereal light pastel whimsical light rainbow stars diamonds sparkle gemstone background hyper realistic Ultra quality cinematic lighting immense detail Full hd painting Well lit,diagonal bangs, .ball gown dress,rabbit pose.masterpiece, best quality,realskin,(portrait:1.5), 1girl, blunt bangs, long hair <lora:OC:0.5>.

ControlNet 可以说是 Stable Diffusion 中必不可少的插件，为 Stable Diffusion 带来了更多的玩法和更强大的画面控制能力。其中 Tile 模型也是凭借强大的功能广受大家喜爱,它的功能之一就是高清修复模糊图片。我们这里用之前生成的一张 512×512 的图片，可以看到因为分辨率的限制，细节方面还是有些不足。放入 ControlNet Tile 修复，并将分辨率提升至 1280×1280，可以看到修复后的细节确实好了不少。

在这个测试中,RTX 4090 每分钟出图 5.45 张,也就是每 11 秒就可以出一张图,相对于其他显卡依旧是压倒性的优势。而其他显卡的性能排名又有了一些细微的变化,大致来看的话,RTX 40 系列的表现比前一个测试要好一些,RTX 4060Ti 跑赢了 RTX 3070 Ti,RTX 4070 Ti 也略微超过了 3090 Ti,看来在 ControlNet Tile 模型应用下,新版 CUDA 深度神经网络库（cuDNN）对于 RTX 40 系列有着更好的优化。

因为测试分辨率的提高,显存占用也更大，根据 Stable Diffusion 系统信息的反馈,显存最高占用大概是 9.1GB,也就是说稍微超出了 8GB 显存容量，所以我们也可以看到,在这个测试中,有着更大容量显存的卡表现会更好一些,从有着 12GB 显存的 RTX 4070 开始，性能有着比较明显的提升。

从以上三个测试来看,测试中最低端的显卡 RTX 2060 Super 的出图效率,差不多刚好是最高端的 RTX 4090 的五分之一左右。所以大家常说的生产力就上 RTX 4090,确实是没错的。因为以上测试条件也是尽量控制了不超出或者不过多地超出 8GB 显存这个范围，所以这时 GPU 本身的性能是要比显存容量更为重要的。

如果以当前全新显卡的售价为准,将出图数量除以价格，得到每块钱出图效率的话，其实低端的 RTX 2060 Spuer 和 RTX 3060 12GB 是有着很高的性价比的。在新的 RTX 40 系列中，则是 RTX 4060 Ti 和 RTX 4070 有着较高的性价比。当然,这是在完全不考虑效率的情况下,如果你是作为生产力工具来使用的话,还是建议购买更高端的产品。比如算成 24 小时连续不断出图数量的话,RTX 4090 要比 RTX 2060 Super 多出 4000 张左右了（以测试二为基准),绝对数量的差距还是非常大了,这还是在不考虑显存容量提升能带来更多应用场景的前提下。

测试二：人物大模型+Lora+高分辨率修复性能

型号	出图速度（张/每分钟）	相对RTX 4090
RTX 2060 Super	0.76	20.25%
RTX 3060 12GB	0.87	23.26%
RTX 2070 Super	0.88	23.53%
RTX 4060	0.94	24.96%
RTX 2080 Super	1.04	27.78%
RTX 3060 Ti	1.06	28.37%
RTX 3070	1.25	33.26%
RTX 4060 Ti 8GB	1.28	34.12%
RTX 3070 Ti	1.36	36.36%
RTX 4070	1.75	46.65%
RTX 3080 10GB	1.75	46.78%
RTX 3080 Ti	2.03	54.24%
RTX 3090	2.12	56.54%
RTX 4070 Ti	2.16	57.60%
RTX 3090 Ti	2.56	68.27%
RTX 4080	2.67	71.11%
RTX 4090	3.75	100.00%

测试三高清修复后可以看到细节明显增多

因为在生成高分辨率图片时会占用大量显存,而显存耗尽后,即使通过设置或插件实现不爆显存的操作,也是要调用内存进行处理的。因为内存带宽远低于显存,还要通过 PCIe 总线交换数据，所以会大幅增加出图时间。

比如我们使用测试二的方法,将原始分辨率提升到 720×1024 并使用高分辨率修复 2 倍到 1440×2048,单批数量改为 2。此时的显存最高占用将会达到 16.4GB 左右,也就是说这次参加测试的显卡除了 RTX 4090、RTX 3090 Ti 和 RTX 3090 之外都会超出显存范围。

如果以 RTX 4090 的性能为 100%的话,在这种情况下,参测的大部分显卡相对 RTX 4090 的性能比例都有所下降(对比测试二),而其中 8GB 显存显卡的下降幅度要明显高于 12GB/16GB 显存的显卡,比较直观的是，在这里 RTX 4060 已经跑不赢 RTX 3060 12GB 了，RTX 20 系列更是几乎成倍下降。

总结:根据需求选显卡,显存容量要注意

如果你只是偶尔画几张图玩一玩或者学习下使用方法,大概率不是随时都能用得到这么大的显存的,8GB 显存的显卡其实已经能够满足很多需求了。因为 SD1.5 大模型自身的原因,很多都无法实现高分辨率图片直出。直接生成 1000×1000 以上分辨率的图片大概率会出现“三头六臂”或者细节模糊等情况,而相比占用显存较高的高分辨率修复，玩家也可以通过 Tiled Diffusion+Tiled VAE 的方式来实现图片放大。

当然，随着目前 SDXL 大模型的演进,绘图分辨率得到进一步提升,显存需求也有着明显的提高,如果你想在这个领域深耕下去,并将其转换为生产力工具,那么更大显存容量的显卡或许是你优先考虑的目标,毕竟显存容量决定了能不能跑,显卡性能才能再决定跑得快不快。这个时候再回过头去看 NVIDIA 低调上线的 RTX 4060 Ti 16GB,用意或许就很明显了。如果你在生成的同时,还有训练模型的需求,那么大显存容量的显卡,可以说几乎是必备了。

不管你是支持还是反对，以 Stable Diffusion 为代表的 AI 终将会对我们未来的工作生活带来一些影响,各位玩家觉得该如何面对呢?

最火暑期游告一段落 市场“成绩单”如何？

■记者 张 毅 张书琛

真假研学！研学市场火爆背后

“暑假陪儿子去参观兵马俑，遇到一群身穿统一研学服装的小孩，和我们一起进去的，但他们领队的导游全程没有讲解一句，反而是有几个四五年级大点的孩子，跑我家这边来‘蹭’导游讲解，大部分的孩子随着人流，在兵马俑坑转了一圈就出去了，真不知道这样的研学意义何在，这些研学团也太忽悠孩子和家长了吧……”从人气爆火到口碑暴跌，研学团只用了不到一个月。

火爆异常的赛道

今年暑假，全国各地被研学团攻占。

携程数据显示，今年暑期博物馆订单量同比去年增长232%，研学旅游产品订单量同比去年增长超30倍，7月环比前两个月增长280%。同程旅行发布的《暑期旅游趋势报告》数据显示，亲子研学是暑期国内最热门的出游主题，2023年7月以来，同程旅行平台“研学”相关旅游搜索热度环比上涨203%，超过亲子游大盘涨幅。驴妈妈平台研学游产品预订数据已超过2019年同期。

究其原因，除疫情后亲子家庭刚需外，早先教育部等十一部门联合印发《关于推进中小学生研学旅行意见》（以下简称《意见》），《意见》明确要求把研学旅行纳入学校教育教学计划，与综合实践活动课程统筹考虑，促进研学旅行和学校课程有机结合，也从大方向上肯定了研学市场的成长合理性。

同时，暑假期间，清华北大等高校陆续面向社会公众开放校园，无形之中也助推了名校主题的研学游热度。

真假研学，乱象丛生

“咬牙选择给孩子报名价值5000元的北京研学团。原本希望通过这次研学游，能够在孩子心中种下一颗名校的种子，鞭策他好好学习，可研学机构最后表示‘由于清北高校暑期管理非常严格，所以大概率进不去，不过我们会让孩子在清华大学的校门口穿学士服照相’，那我送孩子研学的意义在哪儿？”

“一旅行社推出了英国游学项目，带孩子们探访巴洛克风情的古老城堡，走进神秘的巨石阵领略自然风光，行走在名校之城体验牛津的历史韵味。然而，仔细研究行程安排就能发现，12天活动中仅有1个小时的牛津大学名校游览活动与该研学主题相关，剩下的均以浪漫古堡、英国火车、鱼薯之旅等活动‘充数’，花费近4万元的游学与单纯旅游区别不大。”

缺导游、缺门票、缺大巴……顶着40℃的高温，北京成了这个暑假“最热”的研学目的地。来自全国各地的旅行团和研学团涌入北京，人手、门票、大巴纷纷告急，学生和研学机构都被“打”了个措手不及。突然暴增的研学人数明显超过了当地产业接待能力，进不去高校的旅行团只能带着孩子在清北校园门口走一圈、拍个照完事儿，即便是博物馆门票也需要抢才有机会拿到，这让不少旅行团不得不临时改变线路，而地接导游同样成为稀缺资源，明明是研学团，却不得不让购物团导购来带的情况让家长颇感不爽。最离谱的是，某些研学团出现“带队老师缺乏（带团）经验，火车返程没让孩子们提前准备食物，导致孩子们在火车上饿了近20小时”的情况。

梳理公开信息发现，暑期研学游大多主打历史人文、户外自然、科学技术类的研学产品。从时长上看，以景区/展馆主题一日游和长线多地5—9日游的产品最为热销。从价格上看，日均至少在1000元。部分高端研学团的价格甚至可以达到同等路线普通旅游团的2—3倍。

然而，动辄几千元的研学游却出现“货不对板”的情况，行程粗糙、“缺学少研”的问题，从某种程度上说，当下不少研学旅行已经背离了“研学”的初衷，不仅“研”而不“游”“游”而不学，还出现了活动设计粗制滥造，价格虚高，存在安全隐患等多种问题，不仅没能让孩子们从研学中受益，也没对得起家长们的投入与期待。

综合来看，当下研学游市场存在的问题主要集中在两方面：一是收费标准不统一。旅游项目在贴上研学游的标签后，身价倍增。在OTC旅游平台上，半日游、一日游的研学项目售价通常在数百元至上千元，而跨省市的多日研学项目一趟下来动辄上万元。二是课程设置、组织实施不规范。有的研学课程质量不佳，有的研学机构没有资质，有的项目甚至连学生安全都无法保证。

而面对当前研学市场的种种乱象，其行业内部从业者又是如何看待的，就此，我们采访到了学而思研学学科与产品负责人薛春燕女士。

探寻研学游的意义

——专访学而思研学学科与产品负责人 薛春燕

记者：您认为造成当下研学游市场乱象的原因是什么？

薛春燕：今年我们看到不少类似新闻：“9980元清北高校研学游变成与校门合影留念”“8天7晚研学旅游行程只有两个小时研学”等，甚至有机构利用假期托管班名义开设学科培训课程，并以此为由进行虚假营销。

这些问题背后更深层次原因可以总结为四点：首先是家长们对于该领域认知度还不够，在没有统一的业界标准指导下，市场上的研学产品良莠不齐；其次是拥有研学产品教研能力的机构并不多，导致目前大部分产品仍停留在基础的浏览解说阶段，不能达到预期效果，使得家长和学生无法满意；再次是因为该行业人才密度并未上去，缺少能有效兼顾教育与旅游两个模块的专业人才；最后，安全保障机制现在依旧处于空白状态，每家机构执行标准不同，也留下了不小的安全隐患。

记者：研学乱象对学生有怎样的影响？

薛春燕：首先是学生的人身安全问题。市面上存在有研学机构无法为学生的研学旅行提供完善的安全保障，研学机构人员没有经过专业急救和安全应急培训，机构方面也没有制定出完善的安全应急预案。还有就是学生的研学体验感也受到很大影响。“研学旅行”既没研，也没学——参观走马观花，讲解浮于表面，讲师一路讲，学生一路听，没有什么互动环节，毫无新意和研学的探索性可言，失去了研学的意义。同时，学生的研学意愿和情绪受到打击。研学内容设计没有吸引力，学生觉得枯燥无聊，参与意愿低，机构带着孩子们拼命地赶行程，美其名曰“打卡”，实则是“奔波”，让学生们感到身心俱疲。

记者：家长应该如何避坑，选择靠谱的研学游产品？

薛春燕：家长选择研学游产品时，可重点考量以下几个要素。一是选择具备资质的研学机构。2017年5月1日起正式实施的《研学旅行服务规范》中指出，研学旅行的承办方应为依法注册的旅行社，宜具有AA及以上等级。连续三年内无重大质量投诉、不良诚信记录、经济纠纷及重大安全责任事故。还应设立研学旅行的部门或专职人员，宜有承接100人以上中小学生旅游团队的经验。

二是选择产品成熟，教师专业的研学机构。在选择研学产品时，家长要了解该机构是否有自己独立的教研研发中心，成熟的教研团队可以给孩子更有趣、更有效的研学课程。报名时，也要同步关注研学带队的讲解教师，是否有相应的从业经历，具备教师证及导游证，讲解专业才能避免给孩子传递错误的知识，塑造正确价值观。

三是选择价格、服务相匹配的研学机构。北京市教育委员会在《关于加强全市中小学研学旅行管理的通知》中要求，加强和规范研学旅行收费，严格执行有关收费政策，向家长公开费用收支情况。合理核算成本，确保研学旅行活动公益性原则。学校及其工作人员不得从组织学生参加研学旅行活动中牟取任何利益。对于校外组织的研学旅行，家长则需在充分了解研学产品质量和服务质量之后，量力而行。

最重要的是选择有紧急情况处理预案的研学机构。在咨询研学产品时，家长可以详细了解旅行社关于安全方面的保障，是否满足规定的要求。根据相关规定，研学承办方应为研学旅行活动配置一名项目组长，项目组长全程随团活动，负责统筹协调研学旅行各项工作。同时，每个研学旅行团队应至少配置一名安全员，安全员在研学旅行过程中随团开展安全教育和防控工作。

“想你的风”到处吹：各方回血进度不一

民航业：国内火爆，国际航线恢复缓慢

无论是研学、亲子游还是普通假期出游，直接承接暑期热度的民航、酒店感知无疑是最明显的。

出行方面，无论是民航还是铁路，披露数据都屡创新高。中国民航局数据显示，今年7月航空旅客运输量达到6242.8万人次，同比增长83.7%，较2019年同期增长5.3%，创民航月度历史新高。7月全行业共完成运输总周转量113.7亿吨公里，同比增长67.1%，运输规模连续8个月回升，行业总体运输规模首次超过疫情前水平。

不过从数据看，国内航线与国际航线的恢复相对有些错位。国内航线7月表现十分瞩目，共完成旅客运输量5907.5万人次，环比增长16.8%，同比增长74.6%，客运规模超过2019年同期12.1%。

而国际航线则略有缺失，尚未追平

代码	名称	2023年上半年
600115.SH	中国东航	亏损55-69亿元
601111.SH	中国国航	亏损32-39亿元
600029.SH	南方航空	亏损25-33亿元
600221.SH	海航控股	亏损15-21亿元
002928.SZ	华夏航空	亏损5-9亿元
603885.SH	吉祥航空	盈利5500-8000万元
601021.SH	春秋航空	盈利6.5-8.5亿元

今年上半年三大国有航司仍处于亏损状态，第三季度有望持续减亏 图源：东方财富

2019年水平。民航局数据显示，7月国际航线完成旅客运输量335.3万人次，环比增长32.6%，仅恢复到2019年同期的一半左右。业内共识是，高利润的国际航线掣肘航司的盈利，因此，受缓慢恢复的国际航线影响，各航司的客座恢复率以及盈利状态仍将维持分化。

根据上市航空公司刚刚发布的半年业绩预告，机队规模较小、国际航线主要分布在亚洲的航司延续了盈利态势。春秋航空预计上半年净利润为6.5亿到8.5亿元，上年同期亏损12.45亿元；吉祥航空预计上半年净利润约为5500万到8000万元，上年同期亏损18.9亿元。

而在国际航线市场占据绝对主导地位的三大国有航司，中国国航、中国东航、南方航空今年上半年仍处于亏损状态。不过随着国际航线的逐步恢复，亏损也在大幅缩小，行业分析师认为，在假期出游、公务出行需求上涨的推动下，今年第三季度国有航司有望转亏为盈。以南方航空为例，今年上半年预计净利润亏损25亿到33亿元，而去年同期净亏损数字还高达114.88亿元。

“新”目的地：“文旅游”不止于中小学生

今年暑期还有一个非常有趣的新趋势，即演出活动对于旅游目的地的经济拉动作用开始显现，以演唱会、音乐节、漫展为主的演出周边旅游产品均热度超前，吸引了大批高校年轻人跨城游玩。

随着演出活动开放、监管审批提速，今年各类演出活动暴增，这个夏天相关活动数量之多、抢票之难、现场之热更是堪称奇观。中国演出行业协会监测显示，7月至8月暑期，大中型旅游演艺项目超过300个，延续今年以来演出市场的上行态势。今年上半年，大型演唱会、音乐节演出506场，票房收入24.97亿元，观众人数550.10万人次；第二季度演出428场，环比增长448.72%，演出票房收入22.31亿元。

多个城市因为明星效应受到关注，西安、海口、北京均榜上有名，而上海则因为各类漫展活动成为二次元胜地。以西安为例，8月TFBOYS十周年演唱会在西安奥体中心体育场举办，吸引了场内场外超十万名歌迷，独属于年轻人的疯狂与激情同样带来经济效益。

据“西安发布”消息，TFBOYS演唱会直接带动了4.16亿元旅游收入。在演唱会当日和次日，西安住宿线上提前预订量较2022年同期大幅增长，尤其是8月6日至7日出行总订单量同比增长738%；79.7%观众在西安过夜，平均停留2.36天；81%观众跨省而来。最重要的是，近半数游客表示除了看演唱会还参观了其他景区，平均游览个数为2.81。手握大唐芙蓉园和大唐不夜城的上市公司曲江文旅今年上半年已经扭亏为盈，暑假期间旗下景区客流又收获爆发增长，第三季报业绩已有保障。

另一位顶流周杰伦曾于7月初在海口举办为期4天的演唱会，对海口旅游收入的带动更为明显。据海口市文旅局统计，其为海口市带来了9.76亿元的旅游收入，是当地端午节旅游收入的3倍，甚至超过了“五一”假期。

酒店住宿：“涨价潮”不均

激增的商旅刚性需求，碰上低迷许久的酒店业，在今年暑期催生出“凶猛”涨价潮。不过从数据来看，这轮涨价并不统一，还是以热门商旅目的地热门地段为主，且快捷经济型酒店涨价幅度远超中高端酒店。

据携程数据，今年暑假期间，北京酒店均价同比2022年增长59%，同比2019年增长51%；第三方软件统计显示，8月北京、上海酒店平均价格分别为1270元、931元，同比分别上涨39%、16%。

其中，快捷经济型酒店价格涨幅最高，一些热门目的地这一档次的酒店几乎追平了中高端酒店的价格水平。苏州、南京等热门旅游城市中心的如家酒店价格达到了500元左右一晚，北京长椿街汉庭酒店最高价格冲到了1065元一晚；锦江酒店和坐拥汉庭、桔子、全季等连锁品牌的华住集团今年第一季度财报显示，其中高端房间价格相比去年同期只增长了13%和17.9%，但经济型酒店则大涨16.7%和21.6%。

原因也很简单，一方面是人口流动的超预期恢复。中国旅游研究院预计6、7、8三个月国内旅游人数将达到18.54亿人次，占全年国内出游人数的28.11%。携程数据透露，今年第一季度的业务量不仅超过2022年同期，更是赶超2019年同期。

另一方面是供给端的变化。疫情期间，不少抗风险能力较弱的个体宾馆被清出市场，而抗风险能力更强的酒店在疫情期间大多进行过改造升级，既有溢价空间也有定价话语权。游客因此不得不付出更高的酒店预算。《中国酒店业发展报告》指出，2020年至2022年我国酒店数量分别为1761.9万间、1532.6万间和1346.9万间，两年时间减少415万间客房，房间供应消失了近四分之一。

苹果失去创新了吗？iPhone 15系列深度解读

■记者 黄益甲

从9月13日凌晨的发布会到22日正式上市，这段时间有关iPhone 15系列手机的话题就没断过。作为全球范围内最受关注的手机之一，iPhone在行业中面临着越来越多的挑战，近几年出现了不少的争议，有人夸它设计超前、系统流畅、拍照清晰，也有人觉得它缺乏创新、配置落后、售价偏高……正是因为这些争议，从侧面反映出消费者对于苹果的期望和要求。

即便有如此多的争议，iPhone仍然在市场上获得了不错的销量，部分机型在上市初期甚至需要加价购买。这个现象看似矛盾，但也有一定的合理性，因为iPhone一直都是让人省心的选择，但由于用户群体较大，难免会出现不同意见，再加上热度较高，受到非议也属正常。

的确，近几年的iPhone整体升级幅度不大，特别是机身设计方面，从iPhone12系列开始就没有太大的变化了，影像、性能等方面属于例行升级，自然会出现"缺乏创新"的争议。对于一款已经更新了十七代的产品来说，iPhone在这几年的升级的确相对保守，拿出的新功能也比较谨慎。这几天我在研究iPhone 15系列的时候，除了常规的项目，一直在思考一个问题：本就是行业标兵的苹果，真的没有创新了吗？

多终端通用USB-C口

舍弃Lightning替换为USB-C接口，这个话题在多年前就已经开始讨论了，在iPhone 15上，苹果终于让它变成了现实。先来回答一个关键问题：和安卓数据线是否通用？答案是可以，苹果取消了MFi认证，第三方的数据线、移动电源都能给iPhone 15系列手机充电，充电功率和前代保持一致，在20W~25W之间，对此有顾虑的小伙伴，放心。

在发布会上，苹果已经透露iPhone 15的USB-C接口支持为AirPods或者AppleWatch充电，据目前的实测，iPhone 15系列手机不仅能给苹果设备反向充电，还能为USB小风扇这样的小型电器供电，甚至可以连接键鼠使用，或者通过DisplayPort协议连接显示器，输出最

高4K+60Hz的HDR视频（仅Pro系列），把iPhone当作一个迷你工作站也不错。

当然，这些功能可能算不上刚需，但偶尔救急还是挺方便的。我觉得更实用的还是直接插上U盘，在iPhone自带的文件应用中查看内容。虽然此前就有一些专供iPhone使用的U盘，但价格相对较高，部分还需要专门的第三方App才能访问，适用性不够高，如今换成了USB-C接口，也打破了iOS系统相对"封闭"的固有印象，给大家提供了方便的文件管理功能。

关于USB-C的数据传输速度，iPhone 15为USB2，最高速率和此前的Lightning接口接近，大约为480Mbps。iPhone 15Pro系列的两款机型则升级到了USB3（严格来说是USB3.1Gen2），

最高传输速度可达10Gbps，理论速率提升约为20倍。

这是什么概念？同样传输一部20GB的高清视频，USB2的理论峰值速度为333秒，USB3则只需要16秒左右。需要注意的是，想要达到USB3的传输速度，还需要一条支持USB3的数据线。包装盒里自带的编织线，耐用度提高了不少，但仍然只支持USB2的速率，不过这对于普通用户来说，如果只是偶尔导一下照片，已经够用了。

既然USB-C接口都是通用的，多数用户也用不上USB3的传输速率，那为什么苹果现在才换成C口呢？难道真像外界所说

的，只是因为欧盟的压力被迫升级的？其实在2018年发布的第三代iPadPro（12.9英寸）上，苹果就已经开始使用USB-C接口，技术上肯定不存在问题，只是当时Lightning接口在苹果生态下仍然是主流，更换接口反而会让全家桶用户不便，而且除了"少带一根线"，并没有带来任何实质性的体验提升。

现如今，苹果旗下的多款iPad、MacBook、AirPodsPro等都已经替换为USB-C接口，iPhone上用了11年的Lightning接口就有点格格不入了，USB-C的确能提升整个生态的协同性，在iPhone 15上使用USB-C，也是顺势而为了。

功能层面，得益于USB3的高速传输速率，iPhone 15Pro系列机型还支持4K+60fps外录功能（数据直接存放在外接硬盘中，不占用手机存储空间），再加上前面提到的连接键鼠/显示等功能，大家还会觉得这个改动只是可以少带一根线吗？

它不只是更换了一个硬件接口，而是真正做到了"众口能调"，将整个生态的软硬件协同都做好之后才正式投放市场，让用户得到完整且统一的使用体验，不再被数据线所束缚。同时，我们也看到苹果对于USB-C的探索，希望未来还能看到更多诸如DisplayPort投屏显示、视频外录等功能，为用户提供更多的便利。

减重19克，手感大提升

在这次iPhone 15系列中，除了全系适配USB-C，还有一变化就是标准版适配了灵动岛功能。这一点在去年的iPhone14Pro上就已经体验过了，如今下放到数字系列中，相对没那么多惊喜，我觉得真正带来直观体验升级的，还是Pro系列的钛合金边框。

相对于此前的不锈钢材质，亚光的钛金属在视觉效果上更沉稳大气，再加上外壳具有拉丝工艺，相对不会那么容易沾染指纹。在四款配色中，经典的黑白两色无须多说，我相对比较喜欢原色钛金属版本，毕竟它能一眼看出这是最新款iPhone，还有什么比这个更有吸引力的呢？

至于这个钛合金，它是一种广泛用于航天器中的金属，拥有很高的硬度。手机机身小巧，在机身使用合金的工艺难度极高，iPhone 15Pro的边框使用了固态扩散技术，在高压环境将钛和铝两种金属结合在一起，既保留了钛的高强度，同时也能有效降

低整机重量。

这套方案其实是在铝金属的外部包裹了一层钛金属，如此一来就能解决既减重，又耐刮的需求。同时，外部的钛金属更有利于热传导，在散热能力上有一定的帮助，这对于很少在散热上堆料的 iPhone 来说，还是很受用的。

也许新型材料的研发以及工艺的难度对于用户来说并不关心，但是苹果的每一次革新，都是为用户的使用体验服务的。上手之后的第一感觉就是轻了不少，我此前的主力机就是 iPhone14ProMax，一直觉得它哪都好，就是 240 克的重量稍微有点坠手。这次的 iPhone 15Pro/ProMax 直接减重了 19 克，手感差异十分明显。

还有一点就是，iPhone12 之后的机型都采用了直角边框设计，稍显硌手，而 iPhone 15 系列做了小幅的边缘倒角设计，边框有一个轻微的弧度，上手更柔和，长时间使用下来，小拇指不会像以前那么难受了。

得益于钛合金边框，屏幕的封装工艺也得到升级，四周的黑边窄了一圈，在视觉以及手感方面实现加倍升级，外观的小幅变化，却带来了整个体验的实质性提升。这样的变化，不需要我去特别使用某个功能，每次拿起手机都会有直观的感受，这样不用改变使用习惯，潜移默化的升级我可太喜欢了。

在钛金属表面，还拥有一层 PVD 镀膜，能有效降低划痕，防爆能力也有所提升。但正是因为这层镀膜，导致表面比较容易沾染油污，这些其实是你手上的汗渍，我试过用纸巾轻轻一擦就能让它恢复如新，和减重 19 克相比，这种随手擦拭一下就能解决的问题，反而是最不用担心的地方。

Action！一种很新的交互方式

不光是钛合金边框，在 iPhone 15Pro/ProMax 上，还有一个肉眼可见的变化，那就是拨片静音按钮替换成了物理按键 ActionButton——苹果为其赋予了一个极为朴实无华的名称：操作按钮。

这个物理按键没有任何学习成本，默认状态下，短按会在灵动岛显示音量状态，长按则是在静音 / 铃声之间切换。它和 iPhone7 的 Home 键比较相似，不能真正“按下去”，成功触发会有振动反馈，手感一如既往的舒适，在保证触发相应功能的同时，还能降低误触的概率。

苹果将它命名为操作按钮，就是因为除了静音功能之外，还能实现一些其他的操作，比如切换成相机功能，在呼出相机后，短按是拍摄，长按是录像。或者直接定义为快捷指令，任何预设好的功能都可以通过操作按钮来实现，比如一键开启乘车码、打开钉钉签到打卡等。

我还是挺喜欢这个改动的，毕竟静音切换功能谈不上刚需，拨片静音键的利用率并

不高。现在能自定义为其他功能，就能够迅速唤起该功能并且执行相应的操作，利用率自然也就大大提升了。希望未来苹果还能推送一个 OTA 更新，让这个功能适配给更多第三方应用的二级功能，操作按钮将会变得更加实用。

目前，操作按钮还是仅供 iPhone 15Pro/ProMax 的专属设计，相信未来也有可能下放到标准版机型中，就像灵动岛一样，让更多用户体验到这个方便的功能，毕竟苹果对于“无孔化设计”是有执念的，砍掉 3.5mm 耳机接口、推行 Magsafe 磁吸充电等都是无孔化进程的重要一环。比较容易积灰的拨片设计，也许很快就会退出历史舞台，让 iPhone 向着无孔机身再前进一大步。

“7 个镜头”的奥秘

在本次 iPhone 15 系列中，影像同样是一大升级点。基础款的 iPhone 15/15Plus 沿用了上一代 Pro 系列的 4800 万像素镜头，同时全系适配了 2400 万像素、4800 万像素高清拍摄，iPhone 15Pro/ProMax 更是配备了“7 个专业镜头”，明明是三摄手机，哪来的 7 个镜头？

其实，除了 iPhone 15ProMax 那颗 5 倍的潜望式长焦镜头，iPhone 15Pro 系列在硬件上和前代相比保持一致，主要提升还是在软件层面。它的主摄可以在 24mm/28mm/35mm/48mm 四个焦段之间切换，分别对应 1 倍、1.2 倍、1.5 倍、2 倍

变焦，再加上 13mm 超广角 + 微距，

以及 77mm 的 3 倍长焦 /120mm 的 5 倍，这套 4+2+1 的组合，从某种意义上的确称得上 7 个“镜头”。

从我的体验来看，苹果的高清主摄加上计算摄影这套方案，配合优秀的调校，各焦段的成像风格以及色彩表现都保持了高度的一致。我还注意到，在不同焦段切换时几乎是无感的，整个过程十分丝滑。因为加入了新一代光像引擎，还可从多张高分辨率的图像中，选出最佳像素点，在多张结合并优化之后，输出一张 2400 万像素照片。在这种模式下拍摄的照片，具有更高的清晰度，同时也没有刻意锐化，画面清爽。

在此前的 iPhone14Pro 系列中，虽然已经配备了 4800 万像素的镜头，但只能选择 ProRAW 格式，成像速度较慢，照片体积高达 70MB 以上。现在可以直接以 HEIF 格式输出，几乎没有等待时间，照片体积仅为 5MB 左右，大幅降低了存储门槛。至于 iPhone 15ProMax 上那颗 5 倍光学变焦镜头，苹果并没有使用传统的潜望式结构，而是在内部使用了一块菱形棱镜，

实现了 4 次光线折射，尽可能缩小镜头厚度，也保证了光路距离。再加上三轴传感器防抖

技术，在平面位移的基础上，还能进行前后位移，尽可能地抵消手抖造成的晃动。

从我的实际体验来看，在光线充足的情况下，效果很好，画面没有涂抹感，样张清晰干净，锐化也不会像前几代那么明显；但是在暗光环境下，由于传感器尺寸偏小，就会出现较为明显的噪点。

我觉得影像方面还有一个实用的功能——全新的人像模式。即使没有使用人像模式拍摄，只要识别到了人物、动物等主体，手机就会存放正常照片以及景深信息。查看样张时可点击画面中的其他主体，焦点也会平滑地切换到新的主体上，同时还可以调节虚化程度，表达出不同的镜头语言。

可以看到，iPhone 15 系列手机的这些升级，都可以说是“润物细无声”，看似硬件升级不大，但是结合算法、人工智能引擎升级了许多软件功能，最大化地发挥了硬件功能，这样的产品设计思路，和其他厂商猛堆硬件是截然不同的。

摄像功能的专业化之路

在视频拍摄方面，iPhone 就是当之无愧的王者了。在保证样片的稳定度、清晰度之外，苹果现在已经开始额外的玩法了，比如这次 iPhone 15Pro 系列就已经支持 3D 空间视频拍摄了显然，苹果是在为 iPhone 15 系列手机，以及 VisionPro，甚至是下一个时代布局了。

要说现在能用到的，有两点。一是 iPhone 15Pro 系列加入了 ACES（学院色

彩编码系统），这是一套在影视行业公认的色彩标准，让不同设备拍摄 / 播放的画面都是完全一致的。

对于专业人士，iPhone 15Pro 还支持直接拍摄 Log 视频：不少影视、广告行业的专业拍摄团队，都会以“灰片”形式拍摄，然后再通过后期加上各种色彩，这样处理的好处就是为后期调色提供了足够的发挥空间。只是目前使用该模式拍摄的素材，在手机上看仍然是以灰片的形式呈现，需要在达芬奇等专业软件调色后才能恢复它本来的样子——这些功能，主要还是提供给专业用户使用的，用不用得上，就看你是否具备相关的专业技能了。

iPhone 15Pro 现在也能将拍摄素材直接存到 USB-C 外置存储中，同时提供了最

高 4K+60fps 的超高规格。以这种外置硬盘的方式拍摄，不光节省了宝贵的存储空间，而且拍完之后直接把硬盘连接到 Mac 上就能进行后期处理，大大提升了视频拍摄工作流的效率。

以上这些功能，任何一个专业的视频制作者看到都会大呼过瘾，显然，苹果推出的这些功能，都是想把 iPhone 15Pro 系列手机打造成一部专业的“摄影机”。很多人都知道，每年苹果都会推出一些以 iPhone 拍摄的精美短片，比如最新的《融雪之前》就是由导演甘为带领团队在世界最高村落之一——推瓦村拍摄的。

这个村庄位于西藏蒙达岗日雪山脚下，高海拔地区的恶劣的气候，摄影师光是扛着摄影机就挺费力了，团队只用 iPhone，就完成了前期勘景、脚本制作以及后期的拍摄工作，也证明了 iPhone 足以胜任专业级的短片甚至是电影拍摄，在 ACES 及 Log 模式加入之后，相信那些专业的视频创作者，很快就会用 iPhone 15Pro 系列手机，为大家带来更多高质量的作品。

“主机级”游戏体验

相较于外观和影像，每年的 iPhone 在性能方面也许只能算是“例行升级”了——毕竟每一代 iPhone 在同期的移动设备中，都可以说是一骑绝尘，这一点丝毫没有夸张。在 iPhone 15 系列中，标准版的 iPhone 15/15Plus 还是照理沿用了 iPhone14Pro 系列的 A16 仿生芯片，它的实力即使放在现在，仍然处于第一梯队。

而在 iPhone 15Pro/ProMax 上，这次毫无征兆地推出了一个全新的 A17Pro 芯片，这是苹果首次在 A 系列处理器上以“Pro”来命名。它也是全球范围内第一款使用台积电 3nm 工艺制程的处理器。

A17Pro 大幅修改了 CPU 的架构，主频达到了 3.77GHz，是目前手机行业内最高频率的 CPU。它采用了 6 核 CPU+6 核 GPU+16 核神经网络引擎的搭配，跑分成绩相较于前代 CPU 提升 10%，GPU 提升 20%，已经和桌面级芯片 M1 处在了同一水平，再次拉高了移动处理器的天花板。

由于 Perfdog 暂时还未适配 iOS17 系统，我们暂时无法用《原神》来“跑分”，从我的游戏试玩体验来看，画面质量一如既往地出色，帧率也足够稳定，只是长时间试玩后，仍然有一定的热量积累，导致略微掉帧，好在会很快恢复平稳，目测还是十分流畅的。

除了这些性能方面的升级，A17Pro 的神经网络引擎也得到极大提升，相较于前代提升幅度高达两倍，每秒可进行 35 万亿次运算。得益于此，后期它还会支持 MetalFXUPScaling 技术，可在低功耗的前提下，通过 NPU 的算力来协助 GPU 提升游戏画质，实现高分辨率的同时，还能省电，实现加倍体验。这套组合拳下来，iPhone 15Pro/Pro Max 的游戏体验将会得到一个质的提升，再加上硬件级光追技术的引入，A17Pro 的 GPU，越来越像桌面级的显卡了。在发布会上，苹果还提到《生化危机：村庄》《死亡搁浅》《刺客信条：幻景》等主机游戏即将登陆 iOS 平台，再通过 USB-C 外接一个显示器，这不就是一台真正的游戏主机吗？

我们应该如何看待今天的 iPhone

可能你要说，硬件级光追不是在安卓阵营早就有了吗？的确，这个技术并非苹果首创，安卓阵营已经有厂商开始支持，不过目前仍然只有《天谕》和《逆水寒》等少数游戏的部分场景进行了适配，没有普及开来。但是在 iOS 阵营就不同了，以苹果生态的影响力，开发者肯定会迅速跟进，让光追技术尽快落地，用户也能真正得到更好的游戏体验。

遥想 iPhone 刚开始在国内流行的时候，几乎人人都会安装上《水果忍者》或者《愤怒的小鸟》，就算是不怎么玩游戏的人，也会惊叹于 iPhone 优秀的触控体验以及革命性的交互方式，忍不住想要玩两把。这些游戏一出场，也拉开了 iPhone 和其他手机的差距，成为了 iPhone 标志性的象征。即便是如今的游戏开发者为了吸引更多受众，大多会同时推出 iOS 和安卓双平台，但不可否认的是，在 iOS 平台的体验仍然是最好的。比如大家都比较熟悉的《王者荣耀》《和平精英》等游戏，都是在 iPhone 上最先开启超高清画质 +120Hz 高帧率模式，即使后续在安卓手机上逐渐开放，也只是在部分以游戏性能为主要卖点的旗舰机型上才能体验到。

不仅是游戏领域，在其他方面同样如此。无论是软硬件方面，苹果的每一次更新，都会拿出妥善的解决方案，同时带动行业的发展，比如砍掉 3.5mm 耳机孔，同时推出 AirPods，这带动了真无线蓝牙耳机发展，更早期的指纹识别、全面屏设计等也一样，对行业以及消费者都有极其深远的影响。

那么，为什么现在大家会觉得 iPhone 缺乏创新呢？如果把“创新”定义为“从无到有”，可能苹果的确相对保守。毕竟友商的折叠屏、屏下镜头以及快充、大内存等，对消费者来说，一般都能获得肉眼可见的变化，这些创新，感知自然会比较明显。但是 iPhone 呢？苹果更擅长的是把一个 90 分的东西尽可能做到 100 分，落到实处就是，把各种软硬件功能调到完全满意，再拿给消费者。比如 iPhone 15 系列上的 USB-C、人像拍摄以及 iPhone 15Pro 系列的钛金属边框、A17Pro、长焦镜头……这些升级有引领行业，当然也有后来居上，无一例外的是，每一处改变，都能左右行业走势。

即使很多人在吐槽苹果“缺乏创新”，但这仅仅是表象而已，只要真正上手使用过，这些升级都是实实在在能够感知到的，因为 iPhone 从来就不缺产品力，消费者愿意花钱购买，这就是最好的证明。相对保守，只是因为苹果对于自身产品线有着严格的规划，而不是上游厂商拿出了什么新的配置，马上就将它们塞进自家的手机中。就拿影像来说，iPhone 拼配置从来没赢过，但它的成像水平丝毫不弱，也一直是其他厂商最喜欢用来对比的标杆。

正是因为这样的产品设计理念，包括 iPhone 15 甚至是以后的 iPhone，可能都会伴随着“缺乏创新”的争议。但 iPhone 的 Pro 系列机型一直都在为未来布局，比如 3D 视频拍摄、桌面级游戏体验、新材料的研发等，现在这些功能可能暂时还用不上，但在未来的某天，回过头来你一定会看到苹果那些超前的创新。

人工智能办公，谁更懂你所需？

■ 记者　黎坤　张毅

AI全面覆盖，微软Copilot先声夺人

要说人工智能领域之所以能在今年爆发的"导火索"，ChatGPT 可谓功不可没，而 ChatGPT 背后的 OpenAI 公司，微软则是占股 49%的"大老板"，作为盘踞 PC 操作系统三十年的龙头企业，虽然一直都有人问"移动互联时代，为什么微软还能挺到现在？"真正的答案就是因为他们从未放弃开发新赛道，人工智能的全面爆发也让微软笃定了全产品线覆盖 AI 的决心，在今年 3 月官宣之后，时隔半年，9 月 26 日的 Windows 11 终于更新了人工智能"副驾"Copilot，以免费更新的形式集成到系统当中，除此之外在 11 月 1 日，微软 365 办公软件也将集成 Copilot，必应和 Edge 浏览器也都将迎来人工智能升级……这些变化对广大消费者意味着什么，对企业用户来说是否迎来了全新的人工智能办公辅助时代呢？

Windows 11免费更新：培养用户AI使用习惯

因为是免费更新，所以所有 Windows 11 用户都将接入 Copilot，对操作系统稍微熟悉的读者朋友可能会说："以前 Windows 不就有个智能助手叫小娜吗？它是被替代了么？"小娜的英文名为 Cortana，首发于 2014 年，是全球第一款个人智能助理，Cortana 可以说是微软在机器学习和人工智能领域方面的尝试，不过，Cortana 在今年年底就会停止支持，所以这次 Copilot 的升级从消费者角度来看确实算是替代了。

从 Cortana 的经验来看，它能做一些简单的工作，比如进行"讲个笑话"这种聊天，也能语音设置闹钟提醒，播放音乐，搜索引擎查询等等，所以从体验来说，它更像是前代的智能音箱，而 Copilot 则不同，它的系统权限明显高于 Cortana，不仅可以实现自然语言交互级别的对话，还和系统应用更深度地进行绑定，比如它可以直接读取浏览器页面内容，然后为你生成一个总结，同时还更新了画图、照片、Clipchamp 等应用，其中画图功能可以智能移除图片背景并增加图层功能，照片则新增了 AI 背景虚化功能，Clipchamp 可以自动剪辑图片和视频，并提供场景描述……

简单来说，Copilot 在消费端提供了最基本的人工智能助理升级，重点是优化了它的系统存在感，比如默认集成在任务栏，也有专门的 Win+C 热键，在很大程度上培养了用户对人工智能的使用习惯，不过从企业角度来说，真正的目标是在商用端，也就是微软 365。

微软 365 Copilot，先发优势很关键

作为在全球范围内有着大量企业用户的微软 365，一直都堪称 To B 流量的入口，所以微软从不急于先发，以企业协同软件 Teams 为例，比当时主流的 Slack 晚了整整 4 年，但仅用 2 年就完成了超越，但在这次人工智能的窗口微软却积极抢占先发，背后的原因就是人工智能如果要在企业端普及渗透，就必须要与企业数据深度绑定，这意味着更换服务商的成本极高，拥有无与伦比的用户黏性，所以先发优势在这个时候就显得尤为重要了。

那么从实用角度来说，集成 Copilot 的微软 365 能做什么呢？核心功能就是提高效率，对于欧美企业来说，上班第一件事就是看邮件和群聊天，这会占据大量的工作时间，所以很多人甚至会在开车上班路上就用语音播放邮件内容来进行"预习"，而微软 365 Copilot 可以替你快速阅览邮件、聊天、各种文档表格幻灯片，然后做好分类综述，根据你的指示来排列优先级。而对于需要制作内容的基层员工来说，微软 365 Copilot 能够把邮件内容自动整合为活动策划，也可以把开会时记录的纪要转换为一篇符合你行文风格的邮件，还可以把一段带数据的聊天内容转换为表格，并推导观点结论。同时它能自动帮你完成一些任务，比如统计数据、调整格式等等，这样一来，你就可以把更多的时间和精力投入到更高级的分析和决策上，而不是埋头在繁杂的任务中。当然，这一切的前提就是将企业数据开放给微软 365 Copilot，这也就是咱们前面提到的数据绑定。

而且这次微软 365 Copilot 还增加了新成员 Designer，它最大的看点就是基于 DALL.E 3 大模型，可以生成社交媒体图片、邀请函等内容，同时还能针对现有的内容进行智能删除对象、生成式扩展边界、智能填充画面等操作，同时这些生成式内容都有微软 Copilot 版权承诺，这对于企业用户来说就非常关键了。

Microsoft Copilot commercial SKU line-up

	Microsoft Copilot	Bing Chat Enterprise	Microsoft 365 Copilot
Microsoft Copilot UX	✓	✓	✓
Bing Chat (LLM + Web)	✓	✓	✓
Commercial Data Protection		✓	✓
Enterprise Security, Privacy, and Compliance			✓
Microsoft 365 Chat			✓
Microsoft 365 Apps			✓

作为微软企业办公系列的核心，微软365 Copilot的定位最高

专供企业用户的Surface Go 4商用版

微软 365 Chat：为下一代人机交互“憋大招”？

Copilot 除了在 Office 和 Windows 系统里发光发热之外，在 Copilot AI 套件里还有一款类似 ChatGPT 对话应用的微软 365 Chat，也就是今年 3 月演示时的“Business Chat”。这也就意味着微软现在有足足三款问答机器人（另外两款是 Teams 和 Bing Chat），为什么要切得如此细碎？我们认为微软 365 Chat 的作用更像是一次为下一代人机交互所做的尝试。

人机交互从目前来看走过了三个阶段，首先是微软 MS-DOS 命令行时代，接着就是以 Windows Version 1.0 为代表的图形用户界面时代，再到现在以搜索与用户对话融合的时代，可以看到每一次变化都会带来巨大的商业价值。

微软 365 Chat 对于人机交互的改进之处就是可以根据用户指定的文档、聊天记录、邮件等信息，并结合互联网上的相关数据进行定制化的工作辅助，在充分获得数据存取权限的情况下，它就是人工智能助理的更高级形态。不仅可以回答简单的问题，还能帮助用户快速完成复杂、繁琐的任务，比如撰写策略文档、预订商旅行程或跟进电子邮件等等。作为 B 端入口，有这样一个比消费级 AI 水准更高的助理搭手，无疑会增强微软 365 Copilot 的用户黏性，如果在企业端成功渗透，不排除将会在消费端以类似方向进化的可能。

当然，微软作为上市公司，企业发展才是股东们可能更关心的话题，而市场预估从来都是有喜有忧的，有分析师认为未来三年，微软 50%以上的用户会使用 Copilot，Azure 的营收指引可能将实现 25%的高增长。但也有分析师认为市场对近期人工智能变现的前景过于乐观，不会在短期内刺激股价强劲爆发。

硬件端跟进，新款 Surface 是关键一步

人工智能应用的根基是硬件，而微软想要助推其人工智能全家桶，Surface 系列就非常关键，作为“亲儿子”，它就是微软“秀肌肉”的最佳舞台，这次微软也一口气更新了四款产品，二合一形态的 Surface Laptop Studio 2、Surface Laptop Go 3、Surface Go 4 商用版，和屏式电脑形态的 Surface Hub 3，全部都首发最新版本 Windows 11，即便是普通的消费端用户也能第一时间体验 Copilot 人工智能，实现了硬件端、应用端和用户端的三端打通，把企业用户的应用场景和需求全都串联起来。

落地一直是微软在人工智能领域走在前面的关键，其他人工智能企业的应用落地总是需要用户付出较高的学习成本，而背靠着 Windows 系统的庞大装机量，微软的人工智能技术总能以最快的速度，以几乎无感知的状态接触到实际用户，比如 Edge 浏览器升级后就内置 Bing Chat，以及这次升级的微软 365 Copilot 都能直接实装到用户端，并在第一时间就形成生产力，这也是微软在人工智能时代最关键的优势。

编辑观点：又一次开了先河

正如我们开头所说，人工智能在今年的话题爆发，微软的助力就起到了开先河的作用，而这次的全面更新就像是一套相当完善且一体化的 AI 组合拳，考虑到大多数 AI 工具都很难实现整个系统中跨软件的调用，无法打破软件之间的壁垒，而源于 Windows 系统层面的应用且具备庞大的用户基数，微软如今的操作仿佛一场降维打击，与此同时还为第三方插件开放了入口。

当然，对于我们中国区用户来说，这次更新带来的最大疑问无疑是能否享受到 Microsoft Copilot 的服务，众所周知，中国所有的生成式 AI 都须进行备案才能对公众开放，根据我们得到的消息来看可能不会在第一时间推送，这也就给国内人工智能领域留下了追赶的空间，那么，目前国内人工智能办公软件的具体表现又如何呢？接下来我们再进行具体分析！

真颠覆还是下一个PPT造车？群雄逐鹿国产AI办公

微软携 Microsoft 365 Copilot 在全球办公市场攻城略地的同时，国内 WPS、钉钉、腾讯等巨头同样打出重塑办公场景的旗帜将旗下办公软件同大模型融合，以求在办公领域变革的当下获得更多话语权。可这究竟能真的齐心合力重塑办公生产力，还是仅存在想象中的下一个 PPT 造车概念呢？

争夺国产 AI 办公市场话语权

微软 Microsoft 365 Copilot 与谷歌 Workspace 的出现，均将 AI 大模型同各自旗下办公软件相融合，敲响了 AI 办公变革时代大门的同时，也让国内众多办公应用企业以及互联网平台企业看到了挑战与机遇。

除国产办公软件龙头金山办公推出 WPS AI 并快速在金山系软件中铺开外，整合多个大模型的钉钉个人版以平台化的方式亮相引来众多关注的目光，而 Notion AI 和印象笔记等笔记类应用，通过接入大语言模型实现文档自动写作，飞书推出 A 助手 My A，以对话形式提供多种功能，包括优化和续写文字内容、创建日程、自动汇总会议纪要、搜索公司内部知识库等，国内企业不断以各自的优势应用卡位 AI+ 办公赛道。

相对于在全球办公软件市场占据绝对优势的微软 office 系列，以金山 WPS 为代表的国产办公软件凭借本土化、数据安全等优势牢牢占据国内市场，WPS 更是取得了月活超 5 亿的成绩。相对微软 Microsoft 365 Copilot 与谷歌 Workspace，整合文心一言、通义等国产大模型的国产办公软件在中文办公上的确具有一定优势，不过在具体的应用和落地体验上，又是否真能做到对标 Microsoft 365 Copilot 呢？

金山办公：积极构筑 AI 时代的竞争壁垒

诸多国产办公软件中，提到对标微软 Microsoft 365 Copilot 的话题，金山 WPS AI 无疑是讨论的焦点。

事实上，仅在今年 3 月微软宣布推出 Microsoft 365 Copilot 后一个月，金山办公能展示了其具备大语言模型能力的生成式 AI 应用——WPS AI，在轻文档产品上稍作测试后，就将大模型（LLM）能力嵌入四大组件：表格、文字、演示、PDF，支持桌面电脑和移动设备。如今，金山办公已经将 WPS

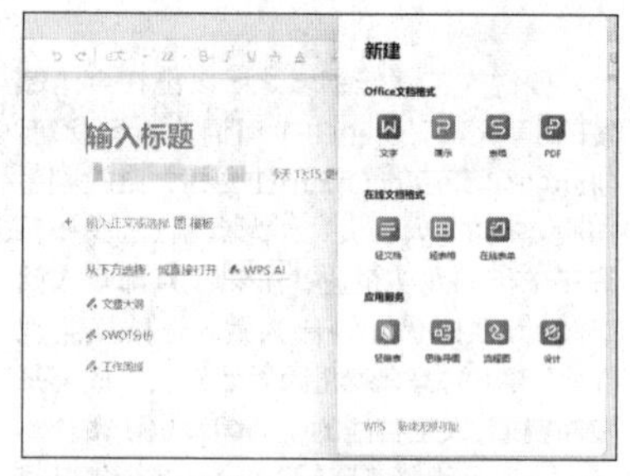

WPS AI目前已进入金山所有组件中

左为WPS AI，右为腾讯文档AI

内测阶段仅提供“空间、AI、云盘、会议”四大功能区

AI 嵌入"全家桶",用户在任意类型文件界面点击"新建"或"+"号后,软件都会提示进入 WPS AI 编辑界面。

而用户在文本界面输入"@AI",系统即会提示用户"按 Enter 唤起 WPS AI 助手",用户也可以直接点击鼠标右键,在弹出对话框中点击"WPS AI"唤起,具有相当低的应用门槛。而具体在内容生成上,电脑报在《国产办公 AI 对决:腾讯文档对上 WPS》一文中曾做过详细测试,金山 WPS AI 具有相对较强的综合表现,但具体在广告文案、方案策划上的内容,却逊色于腾讯文档。

或许在最终生成内容效果上还有待提升,但凭借庞大且成熟的会员体系,金山办公的确能在国内同 Microsoft 365 Copilot 一较高下。相较于 Microsoft Office,WPS Office 特别推出了智能设置格式、合并 / 拆分单元格、输入长数据、数字变繁体、模板创建 PPT 等一系列特色功能,非常迎合国内移动办公的现代化办公需求,而 WPS 云服务是日常办公中非常方便和高效的一项服务,用户只要在 WPS 上登录账户,就能轻松享受到各项云服务。目前,WPS Office 已完整覆盖了桌面和移动两大终端领域,支持 Windows、Linux、Mac、Android 和 iOS 等五大操作系统,可以实现跨笔记本和手机等设备的文档同步和备份,使用户的办公文件保存在云端,实现自动备份,方便在任何一台设备上随时随地查看和编辑这些文件,而这些也能很好地弥补其生成内容上的不足,毕竟中文办公领域,AI 目前更多还是以辅助的角色出现。

值得一提的是,在 WPS AI 正式落地、推广之前,金山对旗下会员体系做了改革,将原 WPS 会员、稻壳会员和超级会员合为一个全新的 WPS 超级会员。全新的 WPS 超级会员分为基础套餐和 Pro 套餐两种,并在超级会员之外为客户提供了更加灵活的单项权益包,而 5.73 亿的月活用户数量以及近 3000 万的付费个人用户数量将成为金山办公构筑的第一道竞争壁垒,庞大的付费用户群体有望推动 WPS AI 持续迭代,进而在众多竞争对手中脱颖而出。

而开放的 AI 大模型则是金山办公的另一道竞争壁垒。金山办公基于一个统一的 AI 中台,面向计算机视觉、自然语言处理、语音处理等研究方向,围绕办公领域开发出近 100 项 AI 能力,包括文档翻译、智能校对、智能写作等,而阿里、百度等科技巨头则是其背后的技术服务商,双方除合作推出基于技术服务的 AIGC 产品外,更会投资一些 AI 初创企业,打造具有自己特色的 AI 功能生态。

云原生服务则是金山文档为其 AI 构筑起来的第三道竞争壁垒,跨平台、跨设备应用,也能更好地满足国内办公用户需求。

钉钉个人版:集大成的办公平台

这些年来,阿里从未掩饰过自己对办公领域的野心,但相比 WPS、腾讯文档、福昕甚至万兴,阿里在办公领域的布局始终给人碎片化的感觉,直至钉钉个人版的出现,一款让笔者体验完后产生"除了名字,似乎和那个上下班打卡工具没啥关系"感觉的软件。

在第一时间体验完钉钉个人版后,相对于官方"钉钉个人版是钉钉推出的一款强大的个人生产力工具"的定义,笔者更倾向于它是"一个集阿里通义千问(阿里智能数据大模型)、通义万相(阿里智能绘画)wolai 笔记、阿里云盘、视频会议于一身的平台"。在钉钉个人版界面中,空间、AI、云盘、会议这四大功能在最左边依次排列,每一个功能在右侧又会有一个单独的功能界面,用户可以在侧边栏找到空间及个人相关信息、常用的工具栏、页面列表、模板中心等,再往右则是主要的编辑区域。

这四大板块对应的功能本身就整合了阿里旗下多个大模型,从文字到图片、视频会议,几乎覆盖了 90% 以上的办公应用场景。除了满足企业办公外,更多或许真的是为个人提供。如今的经济和社会环境下,个人职业者越来越多,不管是主动还是被动,选择灵活就业或者做兼职,正在成为一种新的生产力和生产关系组合。在这个大潮中,需要有一个以个人能力建设为中心的系统,一个有 AI 能力的系统,来释放更大的个人生产力。

整合"我来 wolai"后打造的"空间"板块能够以类似"块"的形式帮助用户完成文本内容,用户可以用 AI 去创作,去续写,去总结,而 AI 生成的内容同样是块,这样的构建方式具有极强的灵活性,目前笔者仅在腾讯文档 AI 上见到,但拥有绘画、云盘、会议的钉钉个人版显然在综合能力上更胜一筹。

在功能上,"钉钉个人版 = Notion + ChatGPT + Midjourney + Dropbox + Zoom",其内容生成实力同阿里系的通义大模型进行了深度绑定,完全就是一个独立的工作平台;在运营上,钉钉个人版成功将阿里多年来在办公领域的布局进行了"串联",内部的打通让其也能很好地发挥整体生态优势,尤其是钉钉用户群本身有较好的付费基础,也有助于其后期成长。

国产 AI 办公软件们:开辟细分赛道

在综合办公应用上,金山办公与钉钉已经凭借以"亿"为单位的用户体量构筑好了护城河,即便是腾讯这样的科技巨头,也仅能依托腾讯文档,试图从协同办公领域"撕开口子",进而在 AI+ 办公变革时代寻求突破。

以腾讯文档为代表的协同办公产品强调的是链接属性,其以平台形式面向用户提供服务。通过云原生架构对功能进行拆解,形成松耦合结构,这就要求产品强调在内容结构、模块设计上的表现。从笔者测试结果看,腾讯文档 AI 在"方案报告""工作总结"等内容生成应用上表现的确非常出色。

如果说腾讯文档 AI 依旧是互联网平台思维,借助协同办公将手伸向 AI+ 办公领域的话,福昕软件则是专注地将 AI 同 PDF 工具结合,实现基于 PDF 设计图纸的符号定位技术,可有助于诸如在家装领域的多方设计图纸协同,也能实现对合同语义内容区域结构化的识别,可具体应用于大量公文、合同快速批量化处理的使用场景,并有望在海外优先接入 GPT4,利用 AI 技术进一步提升工具应用体验。

而另一个国产 AIGC 领域巨头万兴科技则同样在旗下工具软件中融入 AI 大模型,万兴 PDF、亿图信息、墨刀等产品在融入 AI 大模型后能有效提升办公效率,旗下万兴脑图让用户仅输入一句话即可一键生成头脑风暴、演讲大纲、SWOT 分析等脑图,同样能够很好地扮演办公助手的角色。

此外,用友网络、汉得信息等企业,同样将 AI 大模型同企业金融财税管理、泛 ERP 应用结合,在细分赛道上提升办公效率,而这些细分赛道,反而是微软、谷歌难以进入的存在,也是国内办公应用企业逐步积累、成长的机会。

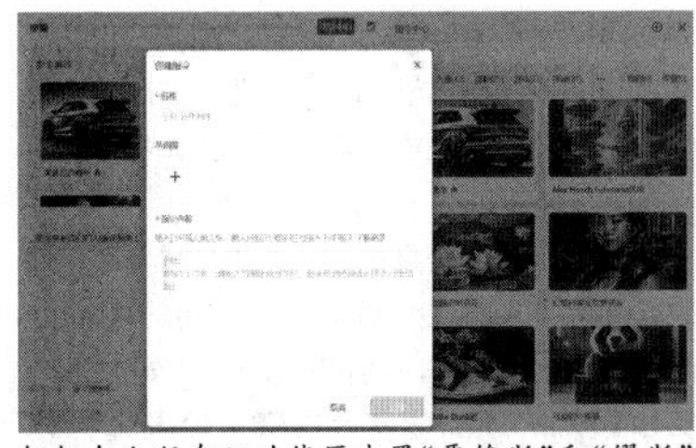

钉钉个人版在AI功能区内置"贾维斯"和"缪斯"等内容生成应用

最小单位为"块"的腾讯文档AI更适合结构化内容生成

后Siri时代，人工智能语音谁主沉浮？

■记者 黎坤 张毅

生态决定方向，同工不同命的AI巨头

世界级AI巨头发力智能语音大模型

最近，一条关于使用GPT-4指导用户学习多国语言的视频可谓“炸开了锅”，GPT-4不仅可以听懂你说的外语，而且还会用中文指出你的语病，并给出对应的正确说法，在整个过程中它就仿佛一个活生生的外语老师，交流过程可以说是“丝滑无比”。虽然也有学习法语、意大利语的网友指出了一些问题，比如发音不准甚至“带口音”，但毫无疑问的是，自然语言对话大模型作为今年才刚刚让飞轮转起来的新领域，在如此短暂的时间内就从磕磕绊绊的文字浅聊，深入到了顺畅流利的语音沟通，我很好奇，假以时日，它究竟能进化到什么地步？

大语言模型，是基于大规模语料库进行算法训练而来，也就是说作为背后的技术推手，必须要有足够充裕的语料库，同时掌握算法技术，还需要有大量资金投入算力硬件，以及最重要的庞大用户群体，才能让大语言模型真正地“跑起来”。

这也就意味着，只有掌握互联网话语权的龙头企业才有资格来主导这个全新的领域，从全球范围来看，目前的领导者就是微软、亚马逊和谷歌。

就在国庆节之前，微软在美国纽约召开秋季发布会，宣布自9月26日起将逐步给Windows11用户推送系列更新，其中一个重要更新是人工智能助手Copilot，它将出现在Windows11的侧边栏，可以语音对话，允许用户通过其控制PC上的设置、启动应用程序或是回答问题等。驱动Copilot的是OpenAI目前最先进的大语言模型GPT-4。而OpenAI也宣布将在10月中旬向付费用户推送多模态新功能，能基于图片进行对话，也就是说你拍一张冰箱里的各种蔬菜，就可以用语音问ChatGPT建议做什么菜，不知道怎么调自行车坐垫高低，拍一张照片，它就能告诉你怎么调，甚至还能通过型号给出具体该使用哪些工具……

无独有偶，亚马逊也在近日举行的秋季硬件发布会上宣布，老牌语音助理Alexa终于要融入大语言模型，新Alexa延迟更低，能理解上下文、记忆此前的对话、无须来回唤醒，而且还会越用越个性化。谷歌在10月4日的“Made by Google”大会上也官宣了整合生成式AI能力的“Google Assistant with Bard”，也就是谷歌自家的语音智能助手，对标的正是OpenAI ChatGPT和微软Copilot，可以通过自然语言文字、语音或图片传达指令，此外也能和Gmail、Google Docs、Google Calendar等功能整合，协助你搜寻邮件、整理出差行程、订机票，或是草拟邮件、制作PPT等。

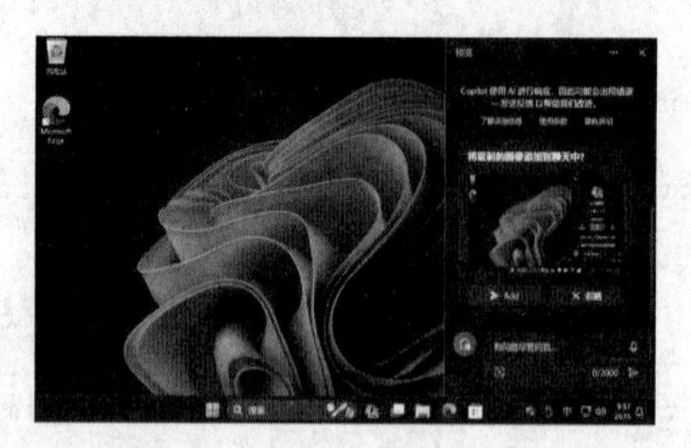

技术手段各显神通，结合自家优势业务是根本

智能语音可能大家以前更多接触的是苹果的Siri，或者各类智能音箱，相信每一个使用智能家居的玩家，都曾经尝试怎样才能让“小D”和“精灵”们只需简单一句话就听懂指令。如果说彼时的智能语音像个玩具，那新世代的智能语音就像是渴望化身为人的匹诺曹，都在拼命减少“机器感”，更多增强拟人性。当你想听一首歌的时候，不再需要专门说出那首歌的名字，而是给出一个模糊的概念，比如“我要开始健身了，给我打打鸡血！”人工智能语音助理就会在各类音乐App里找到对应的歌单进行播放了。

从技术实现的角度来看，微软、谷歌和亚马逊的途径是截然不同的，这也很正常，因为它们三家的“根”本就不同。微软的路线依然是以Windows为载体，因为依附于Windows生态的用户群体就是它最大的优势，无论商用还是消费端都有着覆盖全球的影响力，而且微软人工智能基于OpenAI，目前来看是毫无疑问的第一把交椅。

更重要的是，微软将和OpenAI联手推出自家的人工智能芯片，专为数据中心服务器设计，可用于训练和运行诸如ChatGPT这类的大语言模型。根据业内人士爆料，这款芯片其实早在2019年就启动研发了，正是微软第一次投资OpenAI的时间节点，所以微软想在硬件软件端都抢占先手的心思已经基本摆在了台面上。

事实上，作为竞争对手，亚马逊和谷歌早就做好了“硬件先行”的规划，比如亚马逊的Trainium和Inferentia芯片，谷歌也表示Midjourney和Character AI等客户使用了谷歌自研的TPU。但从技术和市场来看，亚马逊和谷歌的智能语音发展前景就大相径庭了。

亚马逊虽然也是OpenAI的主要投资人，但它的智能语音主要应用场景只有Alexa。从数据来看，仅2022年，亚马逊负责相关项目的部门亏损就达到了100亿美元，主要的原因就是人工智能语音系统只是一种交互手段，问今天的天气、日期和打开某个应用并不能让巨头们赚到钱，最终它必须要形成应用闭环。亚马逊本来是期望Alexa带动自家的电商业务，但频繁询问用户要不要买东西显然只会落下体验糟糕的话柄。虽然自家AWS云服务在全球角度风生水起，但却不像微软那样坐拥Windows这样庞大的用户入口，主要的发力方向还是智能家居的人工智能管理，但这个市场存在比较严重的细分壁垒，蛋糕切得很细，所以亚马逊在新时代人工智能语音行业的表现，我个人其实并不太看好。

至于谷歌，在“Made by Google”大会

上已经拿出了自己人工智能时代的新方向，那就是基于安卓系统，向移动设备端发力。这次推出的自家旗舰机 Pixel 8 系列就内置了机器学习芯片 Tensor Core G3，可以直接在手机端运行谷歌的基础大模型，提供更自然的智能语音交互和图片编辑等功能。当然，谷歌对人工智能的执念并不仅仅局限于这颗芯片，而是从拍照、视频到最新的安卓 14 系统都统统围绕人工智能来进行升级，比如可以消除视频中不需要的声音的音频魔术橡皮擦；或是可以将多张集体照片组合在一起，从不同的图片中选择不同人物的表情来创建完美合影的 Best Take 功能；以及有效调整视频的颜色、光线、噪点等，提升视频质量的 Video Boost 功能……所以，安卓就是谷歌在人工智能新时代的护城河。

编辑观点：看好微软与谷歌

简单来说，人工智能的三巨头都以自家所长为基石，延伸出了不同的技术路线和发展方向，但殊途同归，笑得最好的一定是最赚钱的那一个。微软在这方面算是先行一步，因为自家 Copilot 有免费版，同时也有基于微软 365 办公套件的付费版，考虑到微软 365 本来就是付费生产力工具，商用端对人工智能语音的接受程度与付费意愿明显更高。而谷歌的优势就是移动端平推升级，几乎可以确定下一代安卓机型一定会以人工智能语音系统为关键卖点，所以它也站在了属于自己的风口上。亚马逊则因为离我们比较远，而且主战场在市场更分散的智能家居，再结合国内的实际情况，基本可以断言它的影响力版图会直接丢掉中国市场，所以注定是人工智能语音领域的跟投者而非领导者。

（四）通用人工智能赛道

核心基础

智能芯片　智能算力集群

高质量数据集　人工智能风险管控软件

重点产品

语言大模型产品　语音大模型产品

视觉大模型产品　多模态大模型产品

典型应用

面向工业制造领域的典型应用

面向民生服务领域的典型应用

面向科学研究领域的典型应用

面向信息安全领域的典型应用

工信部近期也提出了通用人工智能的相关行业发展要求，语音大模型就是其中之一

既然提到了中国市场，目前来看国内的互联网巨头依然保持"后发"的态度，目前并没有明确提出通用型语音大模型，还是以文字对话为主，而且国内大模型因为缺乏应用环境，对很多用户来说还停留在"看热闹"的阶段。不过现阶段如百度、阿里巴巴、字节跳动、腾讯等都开始对自家生态软件，比如钉钉、飞书等 OA 软件进行人工智能植入，语音助理的出现应该也是迟早的事情。所以，相较于国际企业来说，国内 AI 企业底座规模可能偏小一点，但优点是跟进速度会比较快。就在上个月，工信部印发《关于组织开展 2023 年未来产业创新任务揭榜挂帅工作的通知》，面向元宇宙、人形机器人、脑机接口、通用人工智能上个重点方向提出工作要求。其中，面向通用人工智能提出智能芯片、智能算力集群、高质量数据集、人工智能风险管控软件四个核心基础，聚焦语言、语音、视觉、多模态大模型产品，加速面向工业制造、民生服务、科学研究信息安全领域的典型应用。至于大家可能更关心的能不能破圈开辟出新方向，这就是一个有待商榷的话题了，但至少在未来一两年内，跟着国际一线大厂趟出来的路，按照相关部委的指导方针，过过"大哥吃肉，小弟喝汤"的日子还是没问题的。

对话大模型的"落地时刻"已经来临

这是人工智能最疯狂的半年，也是大模型最矛盾、分裂的半年。2022 年底，ChatGPT 横空出世，几经浮沉的人工智能再次攀上高峰，人们感叹 AI 能力飙升的同时，也疑惑其应用如何落地。在当下的 AI 产业下游，语音助手、聊天机器人、虚拟数字人……搭载语言模型的人工智能产品终端雨后春笋般出现，而在上游，大模型技术驱动的拟人型对话 AI 底座，决定着人与机器之间能否产生深入的互动与共情。

虚拟数字人：跨越时空的对话

"嗯，我买了两壶油，别人私人榨得很香啊 哈哈 75 元一壶。拖来卖的，乡下拖来卖的"

"嗯，你爸回来 我就把他那个搞清楚也不和他吵，现在懒得吵"

"我和他说 别喝酒 要节约，别打牌"

……

一口标准的"湖北话"、家常对答如流……前不久，上海一位 24 岁的 00 后视觉设计师，用 AI 工具生成了奶奶的虚拟数字人，并和她用视频对话。视频里，"奶奶"讲着湖北的方言，头发花白、没有牙齿，最难得的是会像她生前一样"唠叨"。当博主聊到升职加薪等情况时，"奶奶"听了还会发出爽朗

的笑声，真的非常身临其境，让逝者归来的 AI 再次成为人们议论的焦点。

从早期的洛天依、叶修到亚运会上踏着钱塘潮涌而来的"数字人"火炬手，在 AIGC 技术的加持下，虚拟人成为市场的宠儿。它们可以直播带货，当歌手、模特，参加节目、做讲解员等，作为 AI 时代的"肉身"，越来越多的虚拟人如雨后春笋般出现在大众视野中，但能真正掀起热议或具备长期生命力的，还非常稀少，而多轮语音对话能力，无疑是数字人诞生灵魂的最有效方式。

"让你听见你想要听见的，让你看见你想要看见的。Joi 能满足你的一切幻想。"《银翼杀手 2049》中，主角 K 与 Joi 都不算真正意义上的人类，K 是复制人，拥有和人类一样的血肉之躯，还植入了人类的记忆；而 Joi，只是一个活在投影中的虚拟影像，永远无法触碰到自己的爱人，甚至电影之外，观众还在为 Joi 是否拥有自主意识而争论不休。

随着对话大模型技术的进步，能够完成连续、自然语音对话的虚拟人早已在直播带货、虚拟客服、数字员工等多个应用场景中落地，陪伴式对话已经不再是难事儿。小冰公司在 X Eva App 上的克隆人就很好地实现了数字人陪聊服务，从角色扮演到视频通话，各种角色的数字人能很好地同用户进行连续交互，未来，用户甚至可以打造属于自己的独一无二的数字人分身。

相对于情感交互，商业落地才是当前虚拟数字人拥有多轮对话能力后应用落地的关键。事实上，出道至今，柳夜熙已经接下了 vivo 、小鹏汽车等多个广告合作；数字人阿喜已经接下了包括京东×OPPO、奇瑞、钟薛高在内的多个品牌代言；国风少女翎_LING 也斩获了特斯拉、宝格丽、雅诗兰黛等多个大牌代言，让人们认识到"虚拟偶像的尽头是带货"所言非虚。

而在相对专业的医疗领域，针对互动问答、线上问诊，患者可以和与医生"一模一样"的虚拟数字人先行沟通，让患者更有信任感。同时，虚拟数字人还可以辅助医生进行手术模拟、协助进行病理学诊断和分析等。当然，数字人可以提供导诊服务，到后期开方子还是需要医生来确认，整个过程不是要取代真人，而是作为助手辅助真人，提升医疗效率的同时，也让人们看到虚拟数字人落地更多的可能。

点评：相比于传统的2D表现方式，数字人在展现形象上具备更高自由度，不仅体现在表情细微度更高、运动流畅度更优，也可以更好地满足现实场景中的交互需求，进一步强化虚拟场景与真实场景之间的互通性，从某种意义上讲，能够连续、多轮对话的虚拟数字人成为元宇宙内容生态创建的关键一环，而未来，随着共情、情感甚至情绪能力的赋予，虚拟数字人完全有机会进入一个新的发展阶段。

智能家居：千人千面的智能化体验

当用户在对话中表现出疲惫、愤怒等明显的语义变化时，它可以控制智能设备播放轻松的音乐或将灯光调整到更柔和的水平，进而平缓用户的心情……在全屋智能快速推进的大环境下，真正的智能化体验甚至可能会超越部署成本，成为消费者更加关心的

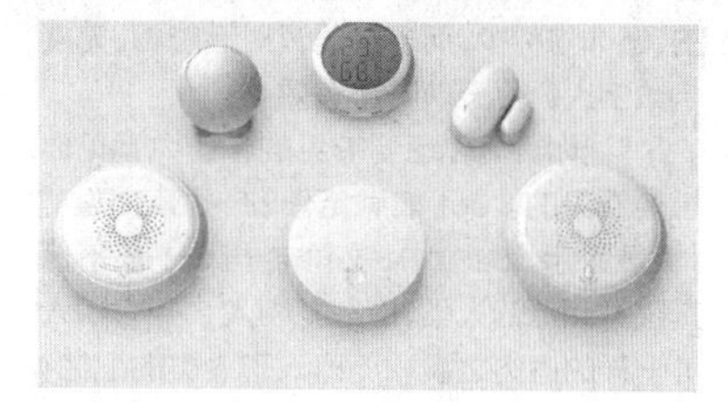

核心优势。而在全屋智能化、无感化的服务背后，自然少不了互联互通体系的支撑。

多模态感知能力的大语言模型可以帮助设备通过多种方式获取信息，包括语音、图像、视频等，从而提供更准确的答案甚至主动调节，如用户询问“哪里有空气质量好的公园？”问题时，智能家居设备可通过语音识别技术将用户的语音转化为文本，理解用户的需求，设备再结合用户所在的位置信息和天气状况，利用互联网及公共数据库中的环保数据、空气质量数据等信息，筛选出空气质量好的公园，并提供相应的地图和位置指示，方便用户前往。此外，设备甚至可以通过图像识别技术，分析该公园是否绿化率高、无污染等，通过视频展示公园的实际情况，让用户更直观了解该公园的环境和氛围。

智能家居企业麦乐克就推出了一系列家居传感产品（例如一键开关、水浸传感器、门窗开关传感器、燃气泄漏传感器、智能网关、红外人体移动传感器、温湿度传感器、烟雾传感器八大传感产品），其中最具代表性的是“多功能”的人体移动传感器，它采用毫米波雷达探测方式，颠覆了传统人体存在传感器只能探测动态人物的痛点，不仅能感知用户的行为轨迹，而且监测睡眠呼吸和老人跌倒等，成为打造智能家居的重要器件之一。麦乐克融合了物联网技术，形成了智能家居传感的整体解决方案，能够应用于各种家居场景。

点评：基于Transformer的大语言模型可以通过大规模的无监督训练从海量未标注、无结构化的数据中学习，获取语言的深层次结构和规律，从而在各种自然语言处理任务中取得优异的效果，对于本身就以分布式形态存在的智能家居产品而言，其本身在日常使用中也会持续完成AI大模型的训练，持续让智能家居设备“变聪明”。

智能座舱：从对话到察言观色

智能化的浪潮已经席卷了全球，在汽车领域，也在进行着从大屏时代向智能座舱时代的迭代。通过车内AI数字人，免唤醒AI语音技术，当儿童进入车内后，语音对话会自动切换成儿童模式。而当用户在驾驶途

中，切换成邮件模式后，AI会自动提炼邮件关键信息读给用户听，并帮助回复邮件。此外，还可以在车上创作文档，生成旅游攻略、工作纪要等。

相对于聊天，高级的智能座舱甚至会融入类似于Face ID的技术应用，让汽车能够通过机器视觉实现“察言观色”。如商汤日日新SenseNova大模型唇语唇动识别，利用多模融合算法，用户通过唇语即可发出超过40个命令词和唤醒词进行多种车内交互，避免了在人声干扰、播放音乐、高速风噪、高速胎噪等场景下语音交互的误触发。

同时，基于AI大模型的能力，用户不需要再对语音助手发出指令，而是将主动感知你的需求做出智能推荐。如主动提醒更改驾驶模式、预报极端天气，通勤异常智能提醒、旅途行程规划、沿途景点美食推荐，如AITO问界M5智驾版手机遗落自主提醒、百度Apollo新一代智能语音助手能够实现行程景点推荐等。

国内汽车厂商吉利更是推出了自研的AI对话模型，该AI对话大模型基于超大规模神经网络研发，目前已完成对话大模型训练，即将开启预售的吉利银河L6就搭载了这个配置。在驾驶途中，AI车机不仅可以做到秒懂秒回应，甚至会主动自我介绍，帮助车主了解车型功能，孩子哭闹时还能讲趣味故事、模拟小动物声线帮你哄娃，自带社牛属性，如此智能化的AI车机，岂不是在车上安了个贾维斯？

点评：智能汽车领域一直是科技竞争的焦点，通过拥有语言大模型、自动驾驶感知算法、学习与图像识别、数字人等多种能力，AI大模型将为汽车带来交互智能与服务智能的深刻变革，让驾驶变得更加轻松快捷。

AI学伴：在聊天中学习

教育原本就是AI大模型落地的重要领域，生成式AI在教育领域的应用根据功能的不同分为语言学习、在线课程、学习工具三个层面，而目前应用最多的是语言学习和学习工具，主要在于具有多语言理解、多轮对话能力的大模型天然适配语言学习和学习工具场景。

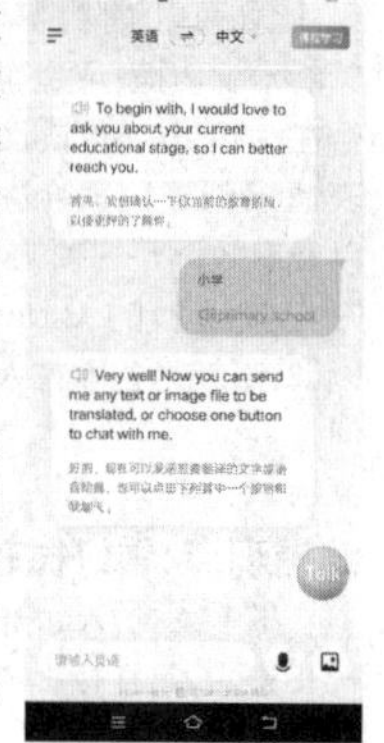

语言学习是目前与生成式AI最契合的教育场景，技术和商业模式都相对成熟。DuolingoMax、Elsa AI、AI Tutor等AI对话产品具备生成式AI的多语言理解和多轮对话的能力，学习者不仅可以以多轮对话的形式进行多语言交流、听力、写作等语言训练，还可以生成评估报告并对学习者进行纠错。《电脑报》前不久也给大家推荐过主打口语练习的科大讯飞星火语伴，用户打开对话框，即可和语伴“Catherine”对话。

对话过程中，一旦卡壳，点击一个小灯泡图标，系统会自动推荐可用于回复的语言；也不用担心听不懂或看不懂对话内容，因为界面自带翻译；如果想要“直视”自己蹩脚的口语，应用会自动给用户的发音打分，进行语法检查，并纠正语法错误。它可以引导用户聊起来、练起来、学起来。

更强大的是除了语音聊天，Catherine还能和用户视频。点开视频，就是熟悉的微信语音接听的铃声，出现Catherine的半身像后即可开始对话。Catherine的反应速度很快，口型和表情与语音贴合，整个过程很像是在与真人线上视频。除讯飞之外，有道推出教育领域垂直大模型“子曰”的同时，发布基于“子曰”大模型研发的6款应用——“LLM翻译”“虚拟人口语教练”“AI作文指导”“语法精讲”“AIBox”以及“文档问答”，其中“虚拟人口语教练”Echo取意于“回声”，它以1对1口语对话模式为用户提供贴近真实场景的口语练习，有道称其为“随时随地的口语教练”。

点评：随着AI多轮对话能力的提升，AI完全可以扮演好“学伴”的角色，通过手机、听力宝等终端设备，随时随地陪伴用户练习听力和口语，应用场景结合相当密切。

28nm的SoC人工设计和EDA软件设计的成本难以相提并论

国产EDA缓慢突围
——单点突破到建立生态圈

■记者 张书琛 黎 坤 张 毅

“不起眼”的软件，如何成半导体产业基石

为遏制中国半导体产业发展，美国近年来“杀招”不断，中国从芯片设计、芯片制造再到芯片设备等诸多领域都遭受到不同程度的冲击。今年10月中旬，美国商务部下属工业和安全局(下称BIS)再度扩大芯片产业相关企业对中国出口的限制，剑指我国人工智能(AI)、超级计算机、数据中心等相关行业的发展。

不过，也正因为诸多阻拦，更多人意识到了国产高端芯片自主可控的重要性，而处于芯片产业链上游、小而精的EDA(Electronic Design Automation，电子设计自动化)工具，也因在先进制程芯片设计中的重要性而备受关注。

国产EDA厂商遭诘问

面对EDA国际三巨头近三十年积累的技术壁垒，投身于其中的国产EDA企业既要上下求索在产品上寻求突破，也要在存量市场中生存下去。而在机遇与风险交织中，不乏“真研发”与“PPT立项”之争。

“我就是想问问你们到底实际给客户导入了几个机框？导入了多少FPGA？”近日一场EDA产业峰会上，国内EDA数字验证解决方案提供商芯华章的演讲者刚刚介绍完公司的新产品，一位听众就发出了上述质疑。

提问者是海思半导体平台验证部部长傅晓，所说的“机框”是指芯片设计的边框，一般是芯片设计输入的第一步，常见的就是矩形或圆形，复杂边框则对EDA性能提出更高要求；FPGA(现场可编程门阵列)则是指可以通过编程来改变内部结构的硬件元件，这种验证方式比流片便宜、比仿真要快，是芯片开发流程中的重要一环。

当芯华章演讲者对傅晓的问题避而不答时，他嗤道：“那就是又吹牛。”

这番言论被现场人员拍成视频，当成“爽文”在网络上流传，傅晓也被戏称为“EDA判官”。当然，也有人质疑其是否有自我炒作意图。傅晓也很快在朋友圈发文为自己的态度道歉，不过他仍指出，国内企业想要解决超大规模芯片的工程问题和泛化问题非常之难，尤其是在EDA这一工业软件环节。

大部分业内人士能够理解这一担忧，毕竟在技术、人才、产业链完整度等多环节存在短板的背景下，国产EDA厂商的追赶之路仍然漫长。正如傅晓所言，我们最终要解决中国的EDA工具“卡脖子”的问题，“不能靠PPT发布，得靠实事求是的工作作风，一点一点在实际项目中解决无数问题”。

EDA软件：芯片研发之始

在探究EDA产业的历史与现状之前，我们还是要先简单解释一下，这个看似不起眼的软件为什么能掌握芯片的“命脉”。

EDA软件主要是用于芯片设计、布线、验证等环节，是芯片产业的起始点，对于设计超大规模集成电路来说，是不可或缺的关键工具，因此业界称之为“芯片之母”。具体来看，EDA分为设计工具、仿真工具、验证工具三种类型，而前述企业芯华章，其产品研发主要聚焦的就是验证环节。

之所以说EDA“不起眼”，大多是从其全球市场规模来看。EDA行业全球规模约为110亿美元，相对于5000亿美元的半导体产业，仅占2%，放大到近40万亿美元的数字经济中也是位卑言轻。

但如果没有了这块基石，全球所有的芯片设计公司都会立即停摆，半导体倒金字塔也会瞬间坍塌。

在EDA出现前，传统集成电路的设计根本没法达到复杂的程度，整个半导体设计环节都很粗糙，所有芯片都是由设计人员手动完成设计和布线等基础工作。业内人士解释，20世纪六七十年代，芯片可能就几个晶体管，前端可以手工完成其功能的计算，后端版图就根据电路图，将管连线，用笔转移为几何图形再画出胶带。这个阶段，芯片设计比较简单，手工也不容易出错。

而现在，几纳米的面积上可以集成上百亿个晶体管，这是人工难以达到的成就。EDA的出现就像一支“神笔”，利用计算机软件就能完成大规模集成电路的各流程环节设计。芯片设计工程师只需要将硬件描述用编程代码(HDL code)的形式喂给EDA，EDA就会根据逻辑闸设计图的规格对该代码进行修改和调整，生成功能正确的电路图，最后供给后端进行布局模拟和电路制作，形成光罩也就是掩膜，然后由制造商支持流片到成品。

美国芯片行业研究人员曾分析，如果不使用EDA工具，一颗28纳米SoC(系统级芯片)需要花费77亿美元；借助于EDA工具，这笔费用将会骤降至4000万美元。EDA因此被推上产业金字塔塔尖，伴随由摩尔定律引领60余年的半导体行业共同飞速发展。

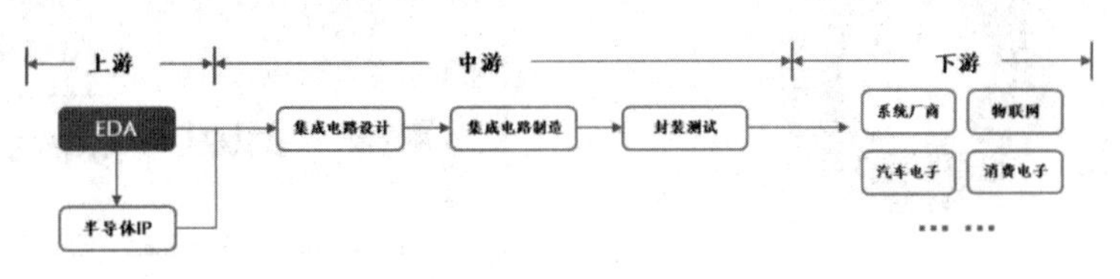

EDA软件处于行业的最上游。图源：企查查

起底 EDA 三巨头：冰冻三尺非一日之寒

前面我们讲到了 EDA 到底有什么用途，为什么它对芯片制造行业如此重要。那么接下来我们就来梳理一下全球范围内的 EDA 行业巨头都是谁。事实上谈到 EDA，就很难绕开三家公司：Synopsys（新思科技）、Cadence（铿腾电子）和 Mentor Graphics（明导国际），被行业内部称为 EDA 三巨头，这三家企业占据了全球 EDA 工具近 80%的市场。

那么，我们如何理解 EDA 工具的市场占比，换句话说就是如何像认识不同手机品牌那样，区分它们之间的异同？其实是可以的，因为这三巨头的历史发展进程和侧重点其实并不完全重叠，我们甚至可以从它们各自擅长的领域，来判断整个芯片行业的现状和前景。

悉数诞生于 1980 年代，各占山头又互相竞争

我们知道，一个完整的集成电路设计和制造流程主要包括工艺平台开发、集成电路设计和集成电路制造三个阶段，而这三个阶段均需要对应的 EDA 工具作为支撑，包括用于支撑工艺平台开发和集成电路制造两个阶段的制造类 EDA 工具，以及支撑集成电路设计阶段的设计类 EDA 工具。

而且在每一个阶段，根据设计维度的不同，EDA 软件还可以进一步细分为行为级、系统级、RTL 级、门级、晶体管级 EDA 工具，各层级 EDA 工具的仿真和验证精度依次提升，速度依次降低，其拟实现的目标和应用场景也有所不同。另外，EDA 软件还要分为模拟芯片和数字芯片这两个大类……不难看出，EDA 工具就像一棵盘根错节的大树，细分领域非常复杂。

从历史沿革来看，Synopsys（新思科技）成立于 1986 年，在 2008 年成为全球排名第一的 EDA 软件工具领导厂商，市场占有率约 30%，它的特点就是全面开花：模拟前端的 XA，数字前端的 VCS，后端的 sign-off tool，功能都很强大，垄断了 90%的 TCAD 器件仿真和 50%的 DFM 工艺仿真，逻辑综合工具 DC 和时序分析工具 PT 在全球 EDA 市场几乎一统江山。

Cadence（铿腾电子）是 EDA 行业销售排名第二的公司，在 1988 年由 SDA 与 ECAD 两家公司兼并而成，到 1992 年成为 EDA 行业龙头，但到 2008 年被全面发展的 Synopsys 超越。旗下 EDA 工具同样涵盖了电子设计的整个流程，强项在于模拟或混合信号的定制化电路和版图设计，PCB（印刷电路板）工具相对也较强，但是后端的 Sign off 工具偏弱。

排名第三的 Mentor Graphics（明导国际）其实成立得最早，1981 年就成立了但在 1990 年代遇到经营困境，软件研发严重落后于进度，大量长期客户流失，难以与其他两家公司竞争。直到 1994 年公司组织结构大调整后，才重新崛起，2016 年被德国西门子收购。其业务主要提供电子设计自动化先进系统电脑软件与模拟硬件系统，工具没有前两家全面，无法涵盖整个芯片设计和生产环节，但在有些领域，如 PCB 设计工具等方面有相对独到之处。

扎根中国已久，行业黏性十足

我国作为全球最大的芯片消费市场，EDA 三巨头早早就已完成布局，Cadence（铿腾电子）1992 年进入了内地及香港市场，陆续建立了北京、上海、深圳、香港四个办事处以及北京研发中心、上海研发中心，进行数字和模拟方面的产品研发，包括现在与人工智能相关的产品都是在国内研发的。

1994 年，Synopsys（新思科技）向清华大学捐赠了 20 套 Design Compiler 软件，总价值约 500 万美元，随后该公司和清华成立了"清华大学——新思科技高层次电子设计中心"，开始推动中国 EDA 人才的培养。1995 年正式进入中国市场，在北京、上海、深圳、西安、武汉、南京、厦门、香港、澳门等城市设立机构，员工人数超 1200 人，建立了完善的技术研发和支持服务体系。2018 年和 2019 年又分别成立了芯思原和全芯智造两家合资公司，前者意在加强芯片 IP 领域的本土合作，助力本土晶圆厂和设计企业实现自主研发，掌握核心技术，后者旨在加强制造类 EDA 领域的本土合作，提升国内技术能力。

Mentor Graphics（明导国际）在 1989 年就进入中国，但没有在国内设立研发中心，中国总部设立于上海金茂大厦，分别在北京和深圳设有销售办公室。

所以，虽然经历了"华为事件"，但三巨头仍在加大对中国的布局，不断推进本土化和"产学研"支持，通过支持国产 EDA 形成更多维度的"包围"。由于目前国产 EDA 相比美国 EDA 整体仍有较大差距，加上新 EDA、新 IP、新工艺及 PDK，互相促进、互为一体，用户更换 EDA 软件的成本极高，所以黏性也是超乎想象的强。

成功背后的逻辑：并购与长期投资扶持是关键

不难发现，EDA 三巨头的发展时间线，其实就是与芯片行业并轨前行的，而且和芯片巨头们一样，EDA 三巨头在发展过程中也通过不断扩展、兼并、收购来提升行业影响力。一来可以通过并购补全自己的工具链，比如 2002 年 Synopsys（新思科技）以 8.3 亿美元收购与 Cadence（铿腾电子）结束专利诉讼的 Avanti 公司，直接衔接了前端和后端工具，让它成为 EDA 历史上第一家可以提供顶级前后端完整 IC 设计方案的 EDA 工具供应商，这正是它在 2008 年超越 Cadence（铿腾电子）的关键；二来则是将潜在的挑战者"扼制"在萌芽状态。

也正是靠着这种吞并式的扩张，EDA 三巨头才形成了一道不可逾越的知识产权鸿沟，并形成了非常稳固的"三分天下"之势——自 1996 年至 2023 年，三巨头在全球 EDA 市场占比始终维持在 50%以上。还有一个关键的原因就是政策扶持，在美国，是国家科学基金（NSF）和半导体研究共同体（SRC）为 EDA 研究插上了翱翔蓝天的翅膀。据统计数据显示，从 1984 年到

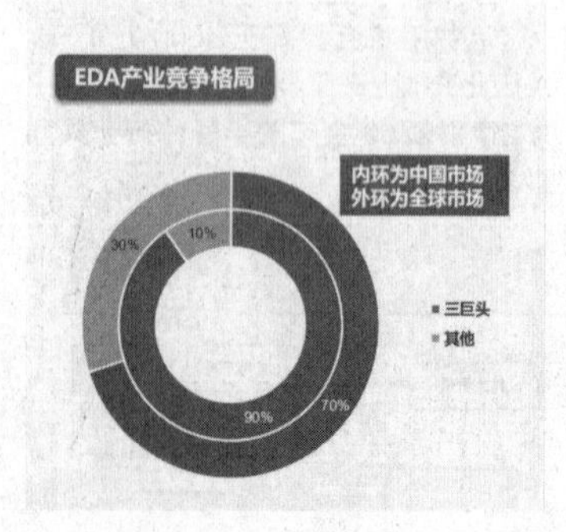

EDA三巨头的市场占比非常惊人

EDA 三巨头的客户生态

资料来源：各公司官网，国信证券经济研究所整理

咱们耳熟能详的各大芯片厂商都是EDA三巨头的客户

2015 年，有将近 1190 个国家科学基金研究课题与 EDA 强相关，也就是每年 40 个项目，持续 30 年的基础研究投入。

半导体研究共同体作为以应用材料、格罗方德、IBM、英特尔、美光、雷神、德州仪器和联合技术为主要合作伙伴的技术研究联盟，关注的重点一贯是“未来可以卡脖子”的前沿性技术，1982 年成立的时候，EDA 就是它的主要研究目标之一，预算占比高达四分之一，时至今日依然专设“计算机辅助设计和测试”研究领域。

这些组织存在的价值，就是考虑到各家企业单独用来进行 EDA 基础研究的资金十分有限，即使在经济形势好的时候，也难以支持 EDA 的研究需求，需要通过共同体将研究资金聚集起来，集中力量进行产业共性技术创新。再加上 EDA 研究极其需要理论研究，而这些理论研究大概率难以在短时间内获得商业汇报，而企业更青睐能够迅速见效的短期项目。所以这些风险更大、周期更长、商业应用更不明确而又十分必要的研究项目，就需要国家科学基金及半导体研究共同体这样的非营利服务机构投资并组织研发。

以模型检查和模型简化这两个典型的 EDA 技术为例，从编程语言理论开始发展，到成熟的软件诞生经历了 20 多年，在最初的 10 年里，它完全是由国家科学基金会支持的，可以说如果没有这些长期资助就不可能有目前的技术水平。

下一代技术或继续厚积薄发

随着层出不穷的应用新方向，EDA 行业依然有着非常巨大的发展空间，比如现阶段非常火爆的人工智能和云计算，都离不开 EDA 工具。

人工智能领域，深度学习等算法能够提高 EDA 软件的自主程度，提高设计效率，缩短芯片研发周期，据 Cadence（铿腾电子）的报告显示，机器学习在 EDA 的应用可以分为四个方面：数据快速提取模型、布局中的热点检测、布局和线路以及电路仿真模型。除此之外，Synopsys（新思科技）也推出了相关的人工智能套件“Synopsys.ai”，让人工智能承担各类重复性任务，如设计空间探索、验证覆盖和测试码生成，并且还能提升这些任务结果的质量，这为开发团队腾出了大量时间，让其得以专注于完成各种增值任务，如实现产品差异化、快速创建新功能或衍生设计等。

而 EDA 工具在云计算时代最大的特点就是“上云”，大多中小微企业面临人手短缺、设计能力匮乏等问题，尤其是设计团队在进行仿真和验证时，往往缺乏大规模的算力集群支持，所以 EDA 工具与云计算的结合在当前就成了一个需求量极大的蓝海，三巨头也都有自家对应的云端托管仿真解决方案，属于仍处在高速发展赛道上的未来之星。

EDA 国产化浪潮势不可当

目光回到当下，在美国一系列遏制中国购买或制造先进芯片的禁令下，机会也来到了国内厂商身上。作为半导体行业发展突破的关键一环，EDA 软件也将迎来“国产化”的重任，国内华大九天、概伦电子等一众企业已经投入其中。

一波三折的 EDA 国产化之路

国内 EDA 行业起步较晚且发展较为曲折。20 世纪 80 年代中后期，国内开始投入 EDA 领域的研发。20 世纪 70 至 80 年代，由于巴黎统筹委员会对中国实施禁运管制，中国无法购买到国外的 EDA 工具，中国开始进行 EDA 技术的自主研发与攻关，并在 1988 年启动国产 EDA 工具“熊猫系统”的研发工作。

90 年代初，公司初始团队部分成员研发成功了中国历史上第一款具有自主知识产权的 EDA 工具“熊猫 ICCAD 系统”，填补了我国在这一领域的空白。之后的国内 EDA 发展曲折而缓慢，因各种因素影响，国产 EDA 产业没有取得实质性成功，但在这个过程中，国内已经出现多个 EDA 厂商萌芽。“十一五”“十二五”EDA 重大专项彰显国家支持力度。2008 年以来，国内从事 EDA 研究领域涌现了华大电子、芯愿景、广立微等数十家公司，国产 EDA 企业方阵逐渐形成。

这些企业虽然在全流程产品上和海外巨头还有不小的差距，在工具的完整性方面与国外企业相比，有明显的差距，但在具体工具上各有所长。EDA 的重要性不断凸显，一旦 EDA 受制于人，整个国内芯片产业的发展都可能停摆，发展国产 EDA 迫在眉睫。

然而，相比国际 EDA 三大寡头，国内 EDA 厂商在产品、人才和生态上具有不小的差距。产品方面，海外 EDA 产品矩阵更全，三大巨头实现了芯片设计全流程覆盖；技术更强，海外三巨头产品支持最先进的 2nm 工艺制程，而国内厂商不支持或仅有部分产品支持先进工艺；业务更广，IP 业务已经成为海外 EDA 巨头的重要营收入来源，但国内 EDA 厂商几乎没有 IP 业务。

人才方面，国内 EDA 人才匮乏，根据赛迪顾问数据，我国 EDA 行业从业人员数量约为 4400 人，而全球为 4 万人，且多服务于海外三巨头。同时，国内 EDA 人才培养体系尚未成熟，EDA 人才后备力量薄弱。生态方面，海外半导体产业链齐全，为海外 EDA 厂商快速发展提供了强力支持，国内 EDA 生态也需要时间成长。

不过在全球集成电路及 EDA 行业发展持续向好、我国集成电路产业保持高速增长的大背景下，我国 EDA 行业迎来持续良好增长。

整体来看，海外 EDA 巨头的强势领域主要在数字和模拟的全流程工具，但是在一些细分环节的点工具可能不是其发展重心，国内 EDA 企业可以从这个角度切入实现弯道超车，EDA 整个版图中，仿真和验证类工具具有一定的独立性，其追求的主要系产品的高效算法带来的运行效率等指标，往往对于设计厂商来说一般会采用多种仿真或者验证工具做配合和交叉验证的工作。例如在器件建模仿真等领域深耕的概伦电子，以及在射频 EDA 领域深耕的九同方和聚焦芯片、封装及系统仿真类产品的芯和半导体等，都是从巨头不是最强势的细分领域切入到 EDA 领域。

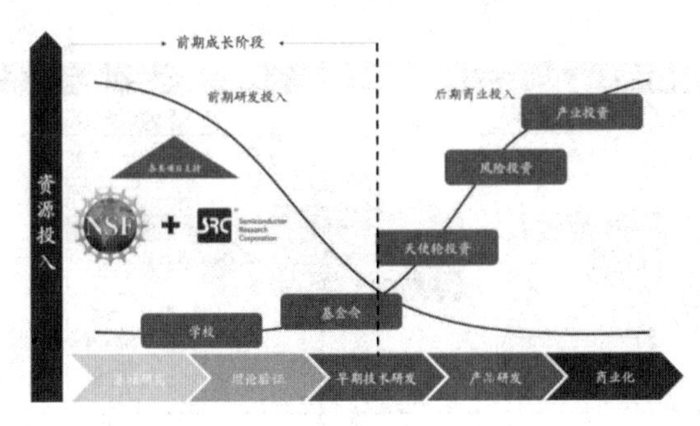

机构和政策扶持是美国EDA行业发展初期最重要的支撑

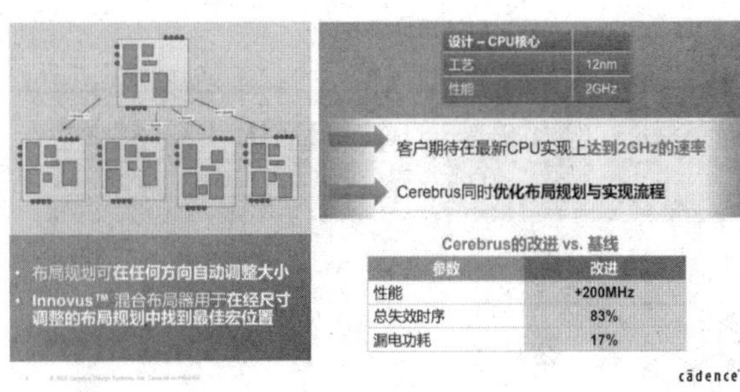

人工智能将成为EDA的下一个发展风口

EDA国产化迎来黄金发展期

我国EDA行业从20世纪80年代中后期才真正开始,较全球EDA行业的发展晚了十年,并且自1986年国产集成电路计算机辅助设计系统“熊猫系统”诞生之后的第二个十年,国内EDA行业并未有实质性的成功。直到21世纪初,在国家政策支持下,国内EDA产业才陆续展露出新的生机。在多次国际贸易摩擦、科技封锁事件之下,我国EDA行业迎来黄金发展期。

中国作为全球规模最大、增速最快的集成电路市场,国产EDA有着巨大的发展空间和市场潜力。国际半导体产业协会(SEMI)数据显示,近年来全球EDA市场规模不断扩大,预计到2026年将达到183.34亿美元,近五年的复合增速高达6.79%。而其中,我国EDA产业发展速度更是远超世界同期水平。中国半导体行业协会数据显示,2020—2025年,本土EDA产业年平均复合增速将达到14.75%。预计到2025年,本土市场规模将达到185亿元。随着中国集成电路产业的快速发展,中国的集成电路设计企业数量快速增加,EDA工具作为集成电路设计的基础工具,必将受益于高度活跃且不断扩大的下游市场。

经过多年的发展,国内EDA企业目前呈现出两种发展路径:其一是优先突破关键环节核心EDA工具,在其多个核心优势产品得到国际领先客户验证并形成国际领先地位后,针对特定设计应用领域推出具有国际市场竞争力的全流程解决方案,概伦电子就是该路线的代表;另一个路径则是优先突破部分设计应用的全流程解决方案,然后逐步提升关键全流程解决方案中各关键环节核心EDA工具的国际市场竞争力,华大九天则是以该路径为主。

而自2022年以来,在中美贸易战和科技战背景下,以及IC产业逆全球化大趋势下,发展本土EDA产业的紧迫性和必要性更加突出。为了实现EDA自主可控,更多的利好政策不断出台,叠加下游应用市场需求的持续释放,国产EDA产业也在加速实现弯道超车。

国产EDA头部阵营逐渐成形

在中国市场,市场竞争格局依旧相对较弱。业内专业人士指出,目前国产EDA工具整体上能够商业化、产品化,能够交付产业界使用的,大概只能覆盖60%~65%的全流程,也就是说还有35%~40%的“点工具”还存在空白。

面对困局,国内厂商逐渐开始从各流程的“点工具”向全流程奋进,从细分领域逐渐实现本土自主化替代。现阶段,华大九天、芯华章、概伦电子、广立微等几家代表性企业已经逐步在特定领域全流程以及部分点工具上形成了突破,为本土EDA产业带来转折。

目前,国内外EDA企业主要的差距体现在,国内厂商以点工具为主,对数字电路全流程和先进工艺等支持不足。不过在多年不懈努力下,华大九天已经能够提供模拟电路设计全流程EDA工具系统、数字电路设计EDA工具、平板显示电路设计全流程EDA工具系统和晶圆制造EDA工具等,拥有多项全球领先技术。目前中国其他本土EDA企业难以提供全流程产品,但在部分细分领域也具有一定特点。

华大九天之外,在数字验证领域,被当众质问的芯华章号称是国内唯一一家能够提供数字验证全流程EDA的公司,只是和成熟企业还有很大差距。而在器件建模、数字仿真及验证EDA领域,概伦电子具有技术领先性。近期,其发布的承载以DTCO理念创新打造EDA全流程的平台产品NanoDesigner,致力于提升产品的PPA、良率和可靠性等核心竞争力。

此外,在提升芯片成品率和快速监控电性测试等方面,广立微的制造类EDA工具,逐步构建了集成电路良品率提升的一站式解决方案。

“点工具”为主的现状虽然很难同三大国际EDA巨头一争高下,但EDA在芯片设计行业,就像家里的电、水等这类基础设施一样,芯片设计对EDA的需求一直不会变,只要项目越多,EDA工具需求就越多。国内EDA企业通过“点工具”的努力和不断突破,何尝不能成为燎原的星星之火呢?

AI带来EDA行业变革机会

当前,算力与存储需求爆发式增长,先进SoC的设计、验证压力呈指数级增长,开发者所需要的工具早已不局限在满足功能验证需求,而是需要从设计、架构、软硬协同、功耗等方面协同优化。

对于芯片制造企业而言,需要保持竞争优势,不断缩减上市时间,这对流片的成功率也提出了更高的要求。一旦流片失败,将会造成企业重大损失。2023年,Wilson Research Group发布的一份芯片验证调研报告显示,芯片制造企业首次流片的成功率正在下降,只有24%,这也意味着企业正面临着越来越昂贵的重新设计成本及不断增加的上市时间。

作为芯片设计领域的“基座技术”,EDA的全流程创新将撬动芯片产业的巨大变革。

前端设计的EDA工具正在发生深刻变化,譬如AI芯片设计领域所需要的EDA工具和流程与现有的方案有很大的不同。一方面,国内外在该领域尚处于同一起跑线,国内EDA公司可能通过抓住这个机会来实现技术上的赶超;另一方面,国内半导体生态中从事AI芯片等相关的初创企业采用DSL语言的较多,这些新的初创公司生态亦将支持相关的下一代前端EDA工具在中国落地。

在综合和后端领域,目前还看不到取巧的办法实现赶超。综合和后端领域算法多为已知算法,难度在于如何做到最优化。行业龙头Synopsys和Cadence都是在经历了多年积累加上大量的客户工程实践中发展起来的。从技术上来说,对于中国EDA公司来说,想要实现赶超也是需要技术积累的。

相信随着时间的推移,在多方努力之下,国产厂商有望在EDA细分领域率先取得突破甚至成为这些领域的规则制定者,也有望开发出国产IP,对外国企业构筑起护城河。

借由云计算,EDA工具对中小型企业也不再“遥不可及”

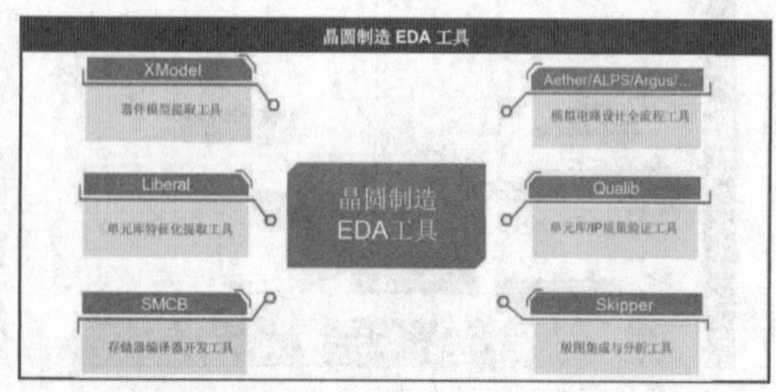

来源:华大九天招股说明书

双十一回归本质 “最低价”之争隐晦上演

■记者 张书琛 张 毅

哪里贵了？头部电商的集体价格战

当下，电商大促趋于常态化，日渐边缘化的“双十一”想要提升自己的存在感，需要的绝不是繁复的套路，实实在在的低价优惠是吸引消费者注意力的关键。而在商家、平台以及超级主播的博弈下，“低价”乃至“最低价”又掺杂了多少水分？

竞逐“低价”标签

当所有APP开屏广告都变成一点即跳转电商平台时，意味着一年一度的双十一大促又到了。

自10月下旬起，各电商平台宣传攻势渐渐加强，虽打法不一，但“低价”却是不约而同的关键卖点。淘天集团在今年天猫双十一发布会上宣布，自10月24日晚8点开启预售到11月11日售卖期结束，都将主打“双十一天天低价”；京东则强调“用户可以买贵的，但不能买贵了”，广告宣传也在不断复述京东“真便宜”；本就内化低价标签的拼多多也参与了双十一活动，用“天天双十一，天天真低价”的口号强化用户价格心智；抖音电商则祭出“不用凑单，一件就打折”的玩法……

总的来看，本届双十一有点“返璞归真”的意思，拉战队PK等复杂的规则和玩法消失，满减、单件最低价、全促销周期折扣15%起等等促销手段无疑都顺应了消费者的偏好。从去年双十一的反馈就能看出来，消费者对算数题的厌倦那是肉眼可见，就像一位资深88VIP用户所言“精打细算太让人疲惫，平平淡淡的便宜才是真”。电商平台自然从善如流。

今年双十一虽然没有一个平台敢喊出“最低价”，但“最低价”竞争依然在心照不宣地进行，甚至出现了品牌或商家不想牺牲利润空间降价跟进，那平台就亲自下场发补贴的情况，而由此引发的“罗生门”又让这个影响力逐渐消退的促销节点多了一些关注度。

“最低价”罗生门

10月26日，京东家电家居直播间里赫然挂出一条横幅“低价李佳琦直播间，现货9折起”，这种光明正大又十分罕见的对标行为，源于不久前平台、品牌和超级头部主播之间的一场口水仗。

整个事件的开端是一个烤箱品牌海氏的工作人员，在10月23日突然发朋友圈吐槽京东“强势压榨品牌方”，强行调价并限制商家后台权限。京东一名采销经理立刻回应表示，确实有品牌投诉，但根本原因是京东自掏腰包的平台补贴价低于了该品牌在李佳琦直播间的售价，违反了海氏与李佳琦签署的“底价协议”。

久处于话题中心的李佳琦直播间又被拉下水，其背后机构美腕立刻否认和海氏品牌签订所谓的“底价协议”，表示从未要求品牌“二选一”，且直播间商品的定价权在于品牌；海氏也立马跟上，表示在京东平台调低价格出售的烤箱所造成的损失，并非京东声称的由平台补贴，而全由海氏独立承担。

但是很不巧，就在美腕和海氏的声明发出后不久，一封海氏发给京东的律师函以及一份美腕曾要求品牌“促销力度为保证期限内在保证范围内的同等条件下最大力度”，否则赔偿200万元的推广服务合同接连被曝光。因此才有了开头所说的，京东直播间公开对呛李佳琦直播间的一幕。

重庆一位MCN负责人告诉记者，其实头部主播尤其是超级头部主播与品牌商签订推广服务合同，也就是业内俗称的底价协议是非常常见的行为，“我们会约定一个最低价格，如果品牌商给另一个渠道的价格低于这个最低价，那差额就要补偿给主播团队，具体一点还会有关于赠品和额外折扣的约定，就看品牌商怎么衡量毛利和销量了。这个底价协议的履行期限通常是一到三个月。”

签订该协议后，品牌商为了不违约，一般给第三方渠道的价格就会高一些，导致第一梯队的主播团队通常具有极强的控价权。

但上述MCN负责人也表示这种条款执行起来很困难，因为品牌商给第三方的价格也算是个商业机密，一般很难得知；从法律意义上讲，主播团队和品牌商签订的合同也只能约束双方，不能约束第三方，“你也不可能拦着别人挤压自己毛利，就是为了破价（打破竞争渠道价格）吧”。因此，才会出现京东、海氏和李佳琦直播间三方各执一词的局面。

“反垄断”难评，“假低价”常见

在反垄断进入监管常态化阶段后，要求商家在大促期间“二选一”站队的情况基本消失，但平台间隐晦的最低价之争却越演越烈，超级主播往往也是代表着某一电商平台，是否涉及反垄断也再起争议。

目光看向国外，今年9月，美国联邦贸易委员会（FTC）联合纽约、密歇根、马萨诸塞等17个州的检察长向西雅图的法院提起诉讼，指控亚马逊非法维持垄断地位妨碍竞争，诉状中最重要的一条就是关于全网最低价。

FTC在调查中发现，如果有商家在亚马逊设定的商品价格高于其他渠道的第三方卖家，亚马逊会给予各类惩罚，比如将其在搜索结果中的优先级降低等等。由于亚马逊在美国市场的垄断地位，这个举措通常会导致中小商家提高其他渠道售价，最终导致全网价格上升。FTC认为此举是一种利用平台支配地位的价格控制行为，不仅阻碍了第三方卖家低成本平台售卖产品，损害商家利益；也阻碍了零售平台间的价格竞争，限制了其他电商平台的成长，最终可能损害消费者利益。

同样的，无论是京东、抖音还是李佳琦直播间背后的淘宝直播，各个直播电商之间阻碍其他渠道价格竞争的做法实质上都是在损害商家和消费者的利益。只不过在我国现行的反垄断法律中，很难判断出谁具有明确的市场支配地位，因而在短期内，直播电商依然会围绕争夺“低价”出现诸多乱象。

争相压价虽然表面上看，是品牌商割肉、平台让利，最终消费者受益，但现有的“低价”中恐怕不足为外人道的秘密还有很多。

西南地区某白电品牌经销商告诉记者，同一个家电产品之所以能在某个平台看到远低于其他平台的低价，很可能是因为同一产品已经有了分级。

“一款冰箱，颜色不一样，液晶显示屏配置不同，里面是一层还是三层，冷鲜名字换成保鲜，或者把除异味系统换成清新系统……就是这样来回换皮肤，那么每个渠道就都是独家款，每款都是最低价。”他还透露，光看编号就知道现在产品线的复杂程度，“编码比随机验证码都长”。

当然，这并不能证明同一产品的不同渠道出货质量一定有巨大差别，但线上款再根据渠道分个ABC级已经是日化等行业心照不宣的规则。曾有国际大牌洗护品牌销售人员爆料，同一款洗发水在某平台售价要比天猫旗舰店便宜一半，但确实是真货，只是少了某些成本较高的原材料。

到底谁是通过挤压供应链、提升效率来获取低价，谁又是通过以次充好、缺斤少两换来所谓“低价”恐怕还需要消费者仔细甄别。

价比三家，寻找真正的底价商品

“低价”竞争路线时隔多年重新成为了各大电商平台的聚焦点，而如何拨开“真假低价”的迷雾则需要依赖第三方比价工具。比价工具的出现，能以更直观的形式为消费者剖析产品参数规格以及历史价位，进而帮消费者找出真正低价的产品。

让商家“嫌弃”的比价网站

近年来，打着促销旗帜实为“割韭菜”的做法频频让消费者吐槽，而面对海量商品，消费者也很难记住每一个规格、型号甚至搭配、组合，以笔者常买的煎饺为例，除不同重量对应价格不同外，口味间的搭配延伸出多种组合价格，即便经常购买也很难记得每个组合价格的变化，这时就需要求助比价网站了。

比价网主要运用全新的垂直搜索技术和强大的产品信息抓取技术，汇聚主流电商平台上商品实时/历史报价、参数规格等信息，方便用户进行直观比对，其本质为购物搜索引擎，除了搜索产品、了解商品说明等基本信息之外，通常还可以进行商品价格比较，并且可以对产品和在线商店进行评级，而这些评比结果指标往往对于用户购买决策有一定的影响，只不过目前消费者更关心其对商品价格的比较而已。

经过多年的发展，海外涌现出 BizRate.com、Shopping.com 等一批比价网站，而国内一淘网在转向电商优惠信息聚合之前其实有深度参与当年京东与苏宁的8·15价格战，连夜上线电商比价擂台直播间。通过实时的价格数据，根据商品比价计分，形成最贵排行榜及价格奖牌榜等价格对比，从而一战成名。

对于消费者而言，比价网站通过历史数据的对比，揭露先涨价后降价，低价商品缺货等情况，让价格战有了更直观的结果和争议，对消费者而言是非常好的购物助手。

多款照妖镜齐上阵，确保商品真促销

在大数据和搜索技术的帮助下，当前比价操作其实已经非常简单，不过为最大限度避免掉坑，笔者建议大家最少使用两个比价网站对心仪的商品售价进行对比，从而选出优惠力度最大的平台及商家购买。

成立于2010年的慢慢买在导购比价这个细分赛道已经耕耘了十余年，目前拥有PC和APP两种使用渠道，消费者在PC网页端输入 www.manmanbuy.com 即可进入慢慢买官网，其顶部工具菜单中，“查历史价”功能非常醒目，点击后即可进入“历史价格查询”界面。

用户只需要在浏览器复制商品链接或淘口令到本页面的输入框即可查询，不过对于购物狂们而言，手机移动端的使用可能更方便一些。用户在手机上下载并登录慢慢买APP后，即可在首页左上角看到“查历史价”按钮，点击后可以根据提示复制主流电商平台的商品链接到查询框中，也可以直接去淘宝或京东的购物车中复制链接，复制好商品链接后回到慢慢买APP界面，根据提示点击比价即可。

慢慢买APP不仅会提供直观的价格历史走势图，更会提示该商品的历史最低价。

这里要提醒大家的是毕竟商品历史最低价的时间跨度有些大，可以根据商品类别和需求点选查看60天或30天走势。同时，慢慢查还提供“走势分析”，用户可以在里面看到双十一、6·18等主流电商大促时该商品的历史价格。

但从笔者选择比价这款商品可以看出，双十一和6·18反而不是最低价出现的时候，这多少让人有些无奈。而除慢慢买之外，“购物党比价网”也是笔者经常使用的购物比价平台，两个平台界面设计除色调外，功能布局这些非常类似，上手也非常快。

“购物党比价网”同样提供PC和移动端两个价格比较渠道，也是通过复制商品链接进行比价。笔者查询同一款商品，两个平台在价格上并无太大差异，不过“购物党比价网”APP在历史最低到手价的后面，用算式表明了该价格的获取方式，这点优化让人比较喜欢。

除了上面两个网站外，“什么值得买”这样的平台其实也内置了价格评价体系，不过相对于上面两个专攻比价的平台，“什么值得买”更多是针对商品在自己平台发布的价格进行对比，一定程度上能够了解商品价格走势，或许在比价信息上不够详尽，但使用便利性非常好。

售后也得抓紧，买贵必赔权益要争取

比价网站能够帮助消费者挑选真正低价的商品入手，其应用定位在消费链里更偏向“售前”一些，而当我们已经购买了某款商品，却发现11月11日当天价格比我们提前购买更低时，除了悔恨和吐槽外，价格保护功能必须用起来。

随着各大电商平台竞争的白热化，价格保护也开始成为各电商平台促销时宣传的重点。当消费者通过天猫及营销平台购买标示有指定价保服务标识(如“15天价保”“30天价保”等)的实物商品后，在价保期内，若同一商家的同一商品出现降价，则消费者可申请价保补差，各平台价保系统将根据相关规则计算差价额度，并实现向消费者的差价补/退。

以淘宝为例，其上线了专门的“保价中心”功能，不仅把入口放在了较为显眼的地方，还对订单进行了筛选，清晰罗列出90天内可支持价保的订单。只要打开淘宝APP，进入首页后点击“我的淘宝”，然后点击“专

属客服”即可看到“价保中心”的入口。

这里需要注意的是对于淘宝88VIP用户而言，“我的淘宝”界面可以直接看到“专属客服”选项，而对普通淘宝用户而言，“我的淘宝”界面出现的是“官方客服”界面，这里点击进入后，就可以看到顶部的“价保中心”图标了。点击“价保中心”后，就可以看到消费者近期购买的商品清单，直接选择“一键价保”就可以实现“买贵退差价”的操作了。

淘宝之外，京东价格保护功能在使用上大同小异，京东APP用户启动软件后，点击右下角“我的”头像后可以看到“客户服务”项，进入“客户服务”后，“价格保护”功能就设计在界面顶部。

在具体的价格保护操作上，无论京东还是淘宝都非常简单，“一键价保”根本不需要用户去计算，同时，京东“价格保护”界面顶部还会显示历史使用次数以及返款金额。笔者这里价格保护退费较少的原因是近期购买的商品多为特价时期的粮油，但根据朋友圈经验，类似服装、饰品等品类，在“一键价保”时往往能获得较多的退费。

事实上，除了“一键价保”功能外，无论是淘宝还是京东，当下都有针对单品的保价退费功能，对于冰箱、电视等大件商品，消费者不放心的话完全可以使用单个商品的保价退费功能。这里以京东为例，在“全部订单”中点击想要进行单一退费操作的产品，选中“退换/售后”项后，在新弹出窗口中选择“价格保护”选项即可。

当然，并非所有的电商平台都有“一键价保”功能，比如抖音商城的价格保护就要看商品是否带有价保标志。在大促期间购买商品，抖音商城的部分商品会带有“大促价保”服务标识，如果商家调整同一商品价格，导致消费者购买后的商品出现降价情况，那么消费者是可以在价保承诺时间内享受价保服务，不过这样的申请退差价操作稍显麻烦。

总体而言，无论是比价还是退差价，不仅可以从资金上让消费者获得实实在在的好处，更能让消费者心理上收获一份惊喜与满足。

2023演唱会扎堆儿 粉丝们如何顺利“通关”？

■ 电脑报记者 张书琛 黎坤

抢票之难：强制实名为何失效？

观众积压的需求遇上井喷的演唱会，一场“报复性复苏”存在多少监管盲区？

周末被演唱会包场

今年的“小长假”已经告罄，但演唱会的热度显然还没有结束。据中国演出行业协会票务信息采集平台数据监测，今年前三季度，全国营业性演出（不含娱乐场所演出）场次达34.24万场，与去年同比增长278.76%；演出票房收入达315.41亿元，同比增长453.74%。杨千嬅、周杰伦、五月天、伍佰、张惠妹等顶流歌手的演出场次更是集中爆发，几乎填满了一二线城市的周末档期。

万人演唱会办得热火朝天，而狂欢不仅属于憋了三年的粉丝，还有黄牛。

本质上看，需求大于供给才给了黄牛赖以生存的基础。最能证明演唱会抢票盛况的莫过于今年8月初的TFBOYS组合“十年之约”演唱会，从7月24日开启预售后，演唱会门票瞬间售罄。据大麦数据，这场演唱会当天放出的3万多张票被超过675万人争抢，有幸靠自己买到门票的概率为260:1。

在抢票开始前，主办方就已经意识到了粉丝体量之大，所以采用的是“强实名制”——在大麦App购买前用户需要完成实名注册绑定，一旦购买成功无法转让，演唱会入场验票时要核对观演人的人脸、证件、纸质门票的观演人信息，全部信息一致方可入场。

尽管如此，在社交平台和粉丝群中仍然有各座位区的黄牛票流出，最靠近舞台的2013元门票甚至被炒至10万元。有参与抢票的用户告诉记者，网上流传的高价票不只是购票价格，而是包含了代抢费用后的价格，“比如我想买980元的看台票，黄牛代抢的价格是2000元，当然代抢价也是浮动的，按照时间、门票价位不同而变”。

同样的炒票盛况也出现在五月天、周杰伦等头部艺人的演唱会上。今年7月，周杰伦在海口连开三场演唱会，二手票在闲鱼和摩天轮App上叫价数万元；五月天今年5月末连开6场的北京鸟巢演唱会，黄牛依然能在票已售罄的情况下拿出各类溢价夸张的“黄牛票”。那黄牛的票到底从何而来？

隐秘的票务流转

黄牛其实也分为“技术派”和“渠道派”。技术派占比最多，他们大多靠着自己对平台的熟悉度、丰富的经验，招徕大量人力，再加上技术的辅助，其抢到票的概率远远大于粉丝。

资深黄牛陈亮透露，抢票其实并没有什么高科技手段，纯粹靠“人海＋机海战术”。他告诉记者，一旦接单，自己会把任务派给下级的十余人，每个人都同时登录买家票务平台账号，再用不同的方式帮买家抢票，谁能抢到票，抢票费就算谁的。当然陈亮自己会固定抽取5%~10%的费用。

“不同的方式指的是我们每个人都有不同的抢票软件和数据脚本，有的软件可以直接进入平台内部。每个人的电脑经过程序设置后，可以控制百部手机，不停刷新不停抢，肯定比普通用户成功率高。”如果遇上顶流演唱会，比如上述TFBOYS十周年，就需要更多人、更多不同的抢票软件，防止官方“ban”掉（官方拦截），“所以价格也会更贵，说白了都是花钱买人力”。

所谓的“抢票软件”买家自己也可以在淘宝等购物平台找到，只不过越多人购买使用，软件被拦截的可能性就越高。据卖家表示，这种公开贩售的抢票软件只需要确定好场次、价位，就可以快捷进入抢票界面，只要提前设置好抢票时间，就能在开票时每秒数次帮助抢票。但成功率如何卖家也是语焉不详。

渠道派黄牛就不用这么费力气了，一些演出运营方为了获取更高回报，普遍乐意利用“内部票”牟利，而各票务平台票源复杂，就滋生了监管盲区。

某银行商务对接人员透露，一旦确定赞助，主办方就会有一定量的送票，这些票发给内部员工后的去向一般都是二手平台闲鱼等。业内人士也告诉记者，主办方和赞助商等是抢票之外黄牛获取门票的常见渠道，有的是主办方为了宣传和推广活动放出的，也有赞助商为宣传品牌、维系合作关系放出，有很大一部分直接流向黄牛。

查阅相关法律法规，这一链条的运作仍是在灰色地带。按照相关规定，营业性演出面向市场公开销售的门票数量不得低于公安部门核准观众数量的70%，这意味着有近30%的门票可以不公开销售。上述业内人士介绍，一场演唱会的流程大概是这样：当地主办方先将大部分门票交给票务代理商和平台分销，比如大麦、猫眼、摩天轮、纷玩岛等第三方平台，黄牛可以通过软件外挂和人海战术在这一步抢到一定数量的票；根据城市、座位数以及艺人市场号召力，主办方会计算出大致票房水平，如果预期的票房没有达到10%的利润空间，那么主办方就会主动将票务出给黄牛，靠其中可观的溢价赚钱。

“强实名”为何会失灵？

采访中无论是资深黄牛还是当地主办方都表示，类似于火车购票的“强实名”制对于遏制票务倒卖会有一定作用，但需要保证每一个环节都严格按规定施行，关键环节一旦松懈会旋即导致强实名制的失灵。

前面我们提到过，TFBOYS组合演唱会由于人数众多，要求人、证、票信息统一，但从社交平台的反馈来看，这一措施实际上形同虚设。

首先，这一措施并不影响黄牛高价代抢，如前所述代抢都需要登录买家的票务平台账号，买家的姓名、身份证号、手机号、地址等信息随即也都交给了黄牛。其次，黄牛从各渠道拿到的内部票并没有挂靠认证，买家可以购买后再录入身份信息。

最重要的是，在入场环节，也并不是所有演唱会都会使用人脸识别系统；哪怕真的有，黄牛也有办法解决。曾有某韩国偶像团体鼎盛时期在中国巡演，巡演现场需要人脸识别，部分黄牛会在开演前站在检测仪器附近向观众出借购票时所用的身份证原件，送观众入场。在一些户外音乐节现场，黄牛甚至会用“物理”方法直接推人进场。

“顶流其实不多，能用到人脸识别的少之又少，大部分演唱会的票都很难卖完，剩余的票会以团体票或内部票的形式消化掉。”有受访演唱会主办机构负责人表示，除了周杰伦、五月天等，大部分艺人，尤其是在除北上广深、成渝、江浙之外的城市，票房表现都一般，主办方会默许黄牛的存在。种种原因之下，最后实名核验就简化成了“证票一致”或“凭票入场”。

现场实拍，如何刷爆朋友圈？

你可能很会玩手机拍自拍发抖音，但演唱会或LiveHouse应该怎么拍呢？

随着线下演出恢复繁荣，短视频与直播盛行，音综逐渐多元化等影响行业的动向，越来越多的决定因素，左右了一首歌能否成为国民级热单。因粤语歌在重庆掀起大合唱，杨千嬅的《稀客》一夜翻红，迅速蹿上各大音乐飙升榜，抖音播放量高达数亿次。演唱会对于大多数粉丝来说无疑是一次关于自己青春回忆的巡礼，我们非常需要从自己的第一人称视角记录这一场“盛宴”，那么问题来了，你可能很会玩手机拍自拍发抖音，但演唱会或 LiveHouse 应该怎么拍呢？

律师函警告：哪些能拍，哪些不能拍？

在聊如何拍摄之前，大家必须了解一个事实：按照大多数演唱会的规定，其实我们是不能在表演期间进行拍摄的，因为涉及演出方的版权和艺人的肖像权。不过因为咱们国内的演唱会规模都比较大，动辄数万人，所以并没有严格执行这些规定，再加上短视频平台的大力推广，除非有恶意内容，经纪公司也几乎不会追责，因此大多数演唱会和 LiveHouse 是可以带随身设备进场拍摄的。但注意，如果是私密性较强的演艺活动就最好不要拍摄了，比如舞台剧、话剧等等，建议大家在表演开始前就查阅相关场次的规定，以免发生不愉快。

怎么拍怎么发？座位区域决定一切

在确认表演可以拍摄的情况下，咱们就可以着手进行方案准备了。第一项，也是最重要的一项就是你的座位位置，如果你抢到了靠前的位置，拍摄效果肯定就好，尤其是大型场馆就更要参照位置来选择拍摄器材，接下来我们就按不同的座位来进行器材梳理。

内场前排：摄像机专业，手机方便“抢首发”

如果你的座位在内场且很靠前，那么你就有机会拍下最清晰且几乎没有人群遮挡的画面。根据我的经验来看，内场前排是最方便使用摄像机拍摄影片的位置，虽然现在的手机都在宣传自己是多少倍的光学变焦，但基本都是两颗定焦镜头接力的形式实现，比如 26mm 和 130mm，但两者之间的变焦其实是靠 26mm 镜头数码裁切得来，并不是完整的光学变焦。而摄像机则是完整的光学变焦镜头，并且变焦比大多都能在 20~30 倍之多，等效全画幅焦距可以达到 800mm 以上，虽然它们的成像元件大多都比手机要小，低倍望远时画质没有优势，但长焦端的画质明显比大多数手机更强，尤其是一些 4K 机型，基本可以实现贴脸拍摄的效果。

和长焦相辅相成的就是防抖，演唱会现场往往光线变化复杂，长焦镜头又因为光圈较小，所以很容易出现快门速度不太够的情况，这时候如果没有出色的防抖就很容易“废片”，大多数摄像机都带有光学防抖，索尼甚至还有类似“鸡头防抖”的浮动镜组技术，再加上机身 CMOS 五轴防抖，再辅以独脚架增稳，可以明显提升出片率。

什么，你说你没有摄像机？可以租一个嘛，如果你不想学摄像机怎么用，嫌弃摄像机不能即拍即发，那手机在内场前排也是相当强大的存在，因为距离够近，我们完全可以利用手机多摄像头的优势，用广角镜头拍摄大全景，主摄拍摄带环境的人像，长焦抓拍艺人特写，虽然照片画质不如专业相机，长焦视频效果不及摄像机，但主打一个万金油，发个抖音、小红书、朋友圈是绰绰有余了，如果你有自己的抖音或小红书账号想要抢到全网首发，前排座位和手机拍摄的组合就是最佳选择。

内场中后排：长焦相机拍摄小红书朋友圈九宫格

如果你没抢到前排的票，在内场中后排想要拍偶像怎么办？摄像机虽然还可以用，但很容易被前排大哥大姐激动的双手给挡得七零八落，所以这个区域我的建议就是以拍照片发小红书、微博、朋友圈为主，因为距离稍远，所以需要用到长焦相机。

如果想要画质优秀，可换镜头的单反 / 无反相机就是第一梯队，因为 CMOS 尺寸优势，在高感光度的情况下画质明显强过手机，有比较好的可裁切空间。镜头方面，原厂副厂都有覆盖 400mm 的镜头可选，如果选用 APS-C/DX 画幅，还可以“赚长焦”，省去自己后期再裁的麻烦，300mm 直接变成 450mm 以上，更能拍出好作品。

当然，专业相机在进场的时候更容易被保安拦下来，因为你除了要背硕大的相机包，也可能需要脚架等辅助器材，对于想要轻装上阵的粉丝朋友们来说可能需要更便携的设备，这时候就可以考虑各种固定镜头长焦相机，因为它们不需要更换镜头，所以体形可以稍小一些，索尼、佳能、尼康、松下等传统相机巨头都有超长焦机型可选，比如尼康 P1000 的长焦端可以达到惊人的等效全画幅 3000mm 焦距，而且从夜间实拍效果来看，在正确调整参数的情况下，是完全可以满足演唱会舞台拍摄需求的。

当然，如果你既不想买也不想租相机，很多人或许还会推荐手机外挂长焦镜头，这种外挂镜头价格普遍不贵，大多标称 8 倍以上，也就是理论上可以把 26mm 主摄的等效焦距提升到 208mm，而且因为外挂镜头是无焦系统，所以虽然可以放大画面，但却不会影响光圈，依然可以保证快门速度。

不过问题也就出在这里，一个良好的无焦系统对边缘像差的要求非常高，但几十块钱的外挂镜头显然不会有特别好的光学素质，所以边缘画质几乎一定会崩，且整个成像区域都会有非常明显的紫边和枕形失真，大多还需要手动对焦，用起来非常麻烦……除此之外还有一个重要的缺陷就是真实倍率不足，因为手机 CMOS 普遍较小，很容易导致外挂长焦镜头的实际倍率小于标称倍率，也就是标称 8 倍但实际上达不到 8 倍，会有明显的缩水，因此这个方案可以当作补充，反正也不贵，但不应成为你拍摄演唱会的主力配置。

看台和山顶的朋友：手机拍拍 Vlog 发抖音吧

如果你买的是看台票甚至是山顶票，相信本身也并没有想拍舞台的欲望，更多还是去感受现场氛围，这种情况下用手机翻拍一下大屏幕，再拍一拍现场大合唱就是很好的选择，当然更多还可以拍一些 Vlog，记录一下自己在现场的体验。而 Vlog 拍摄的设备就非常多了，最简单方便的莫过于手机，建议配一个手机稳定器，自拍和拍摄现场时都能提供更好的稳定效果，而且还可以拍摄演唱会的延时摄影，这可是一个大多数拍演唱会的人都没拍过的手法哦，可以在短视频平台获得比较高的原创度。

LiveHouse：昏暗的灯光更适合专业相机拍摄

并不是所有艺人都会选择在大型体育馆开演唱会，受众人群相对较少的艺人会选择只能容纳数百人的 LiveHouse 作为演出场所，场地较小、光照条件相对较差是 LiveHouse 的最大特征，在这种情况下我更建议选择 CMOS 更大、成像素质更优秀的专业相机来进行拍摄，无论是后排长焦特写还是前排广角贴拍，都能得到相当不错的效果。不过一般 LiveHouse 都不允许专业设备拍摄视频，所以拍视频就用摄像机或手机吧，因为场地小距离近，所以同样可以获得极佳的临场感。

拍完这样发，播放量噌噌涨

视频拍完，最重要的下一步就是怎样发布，既然是辛辛苦苦拍摄的内容，当然希望更多人关注，那么怎样剪又怎样发才有流量呢？

如果是抖音等短视频平台，第一时间发布竖屏拍摄的演唱会内容就很容易获得系统认定的“原创”标签，过了这一关之后，系统就会判断内容的质量，清晰的演唱会画面和声音非常重要，最好是再打上歌词字幕。而在发布时一定要贴上群体数据的话题标签，比如“#×××北京演唱会”等，因为近段时间演唱会密集，所以类似的话题有非常多，每天的用户热区也不一样，所以发布前一定要先看看相关演唱会的什么关键词热度高。

如果还是担心流量不够，还有一个非常简单粗暴的方法，就是从标题到内容，都直接模仿“演唱会”这个标签下最火的那几条视频，比如你下周末要去看林俊杰的演唱会，就可以先找找已经开过的五月天演唱会，看看最火爆的那几条视频人家是怎么拍怎么剪怎么取标题的，就会更容易获得平台的流量扶持。

HUAWEI MateStation X测评

■电脑报测评工程师 黄益甲

说到科技产品时,生产力、设计感、体验性或许都是它们的重点,但今天我想说的其实是科技如何为人、为家庭服务。这几年因为大环境关系,家庭生活时间增多,在一家人的不同需求下,科技产品如何八面玲珑就成了一个关键的命题:孩子要上网课、你我要远程办公、退休的父母上了老年大学想学点新鲜玩意……

一台能够满足这些需求的设备就成了刚需,从目前来看,类似HUAWEI MateStation X这样的大屏一体机,或许就是不错的选择。

摆放自如,不突兀且辨识度高

一体机和传统的DIY台式机、笔记本等PC产品最大的不同在于,它的家庭定位边界是模糊的,你可以将它放在书房简洁桌面,也能放在客厅不显突兀,当然,同时满足这俩需求对产品设计是有要求的,因为时下80后、90后的家居装修风格往往青睐于简练的形式,所以一体机也需要尽量简洁明了的设计思维,事实上这也正是多数现代一体机共同的设计方向,HUAWEI MateStation X则更进一步,将几何直线设计理念作为核心,给所有第一眼看到的人都留下了硬朗、专业的外形印象。

因为采用一体化金属机身,正反面无论如何细看也都没有任何接缝,质感很不错。同时,HUAWEI MateStation X的内部设计也有巧思,摒弃了传统一体机将所有硬件一并放置于屏幕面的思路,而是独立设计了一个腔体,将硬件归纳其中并放置在支架和屏幕之间,实现了整体平直,厚度维持在1cm左右的超薄屏幕,因为一体机视觉体积最大的就是屏幕,屏幕观感薄,给人的主观感受就是机身薄,设计师的想法的确精妙。

颜色配置也有两种,深空灰属于百搭配色,在环境照明下的反光色泽比较深,摆放在办公室、客厅、书房都不显突兀。另一种颜色皓月银的反光呈现更明亮的银白色,外形观感更灵动,适合年轻人,比如家里孩子正好读中学或大学,皓月银版HUAWEI MateStation X放在卧室就是更好的选择。

居家办公,大屏+高配满足全场景需求

在家办公对于多数人来说,最大的麻烦就是家里电脑要么性能不那么给力,或者功能以娱乐为主,并没有以办公需求为基础进行考量,如果你的工作在未来一段时间可能仍需要远程办公,那HUAWEI MateStation X确实是值得考虑的解决方案。

首先它28.2英寸的屏幕足够大,据我所知,即便是在电脑报编辑团队,家里有27英寸以上显示器的占比也不到两成,而大屏带来的宽广办公显示面积无疑是提升效率的利器,HUAWEI MateStation X还采用了显示面积更大的3:2比例,分辨率达到了3840×2560,在同屏观看多个Office文件和网页信息时,可以更清晰地显示小字号的文字,有效减小视觉疲劳。

3:2比例的纵向显示面积更大,很适合Word文档编辑,哪怕是剪辑视频也能多显示两条轨道。没错,HUAWEI MateStation X的性能也可以满足视频后期这种目前非常热门的居家办公需求,疫情时代,短视频自媒体发展速度飞快,很多小伙伴都开通了抖音等平台,有的已经把短视频运营变成了自己的第二职业甚至主业,而短视频最常用的剪映、万兴喵影等视频剪辑软件主要依赖处理器和内存性能,HUAWEI MateStation X搭载了14核20线程的英特尔Core i9 12900H处理器,性能释放可稳定在50W左右,通过我的测试来看,可以很轻松地满足短视频后期处理需求,甚至一些3D建模应用也不在话下。

这块屏幕本身的素质也很适合用作视频后期创作,可实现98%的P3色域覆盖,色彩准度也能达到DeltaE<1的水准,与此同时莱茵低蓝光、无频闪认证也一并拿下……市面上能凑齐这些规格的一体机并不

电子书模式可以让HUAWEI MateStation X

多,需要长时间阅览文件还可以选择电子书模式,可以呈现出类似纸质书的观感,相对更适合长时间的文字工作。

当然,你可能会说:市面上还是有其他品牌一体机可以实现大部分类似功能的,的确,但华为产品还有一个深耕多年的办公"大杀器":超级终端。

首先是超级中转站,在任何设备上将文字、图片、视频拖入其中,就可以在另外的设备里将这些数据调用出来,比如我在通勤路上用手机整理好的照片视频素材库,回家后可以直接通过该功能在电脑端继续编辑。就算是你还是忘了拷贝一些重要数据,HUAWEI MateStation X还支持远程PC功能,可通过手机、平板访问HUAWEI MateStation X,就算是锁屏状态也能操作,在紧要关头确实可以救打工人的命。

除此之外就是华为最擅长的多屏协同功能了,HUAWEI MateStation X可以和手机、平板无缝衔接,华为设备还采用了多屏同色技术,华为手机和平板与HUAWEI MateStation X的显示色彩表现一致。随机器附带的无线键盘还自带指纹识别器,除了第一次设置需要录入密码之外,开机就再也不需要输密码,也就不用担心上班时间孩子偷偷用电脑玩游戏啦!

沉浸式音画体验,网课也能轻松拿捏

好了,家庭顶梁柱的工作需求搞定了,接下来就是另一件居家大事——上网课。作为家长,上网课最担心的除了学习效率之外,更多还是孩子的健康,这也恰好就是我更建议大家选择一体机的原因之一,因为即便是平板,也不过13英寸的屏幕。

众所周知,屏幕大小决定了观看距离,观看距离越远,对眼部肌肉的压力就越小,

HUAWEI MateStation X 的 28.2 英寸屏的观看距离可以在 1 米以上,比平板要远很多，再加上它本身就有多项护眼技术加持，即便是长时间上网课,孩子的视力也能得到有效保护。

同时针对孩子可能不擅长键盘操作的问题，它还支持语音输入功能，据我实测，HUAWEI MateStation X 即便是面对塑料普通话也能实现很高的准确率,何况现在的孩子从小都在学普通话,应对起来也会更加自如。

上网课还有一个比较重要的关键点就是摄像头、扬声器和麦克风效果是不是足够好,HUAWEI MateStation X 标配了一颗 1080P 摄像头,在家居照明环境下效果很不错,88° 广角还支持 AI 慧眼功能，画面会跟随人脸移动跟踪，可以保证人物不出框。另外,它还支持人像自动抠图替换虚拟背景功能,这不仅上网课好用,居家办公开远程会议也很实用。

扬声器方面,HUAWEI MateStation X 的音效方案来自音响大厂帝瓦雷,配合 1 个 10W 低音单元 +2 个被动辐射器 +2 个 5W 全频单元,上网课的效果远强于使用平板和几乎所有笔记本电脑,学习空闲期间看看动画片效果也很不错。

麦克风效果也是 HUAWEI MateSta-tion X 的一大看点，它在底座上内置了四麦克风阵列，配合华为自研的 AI 降噪算法，即便是住在相对嘈杂的市井地段,根据我们的测试来看也能很好地过滤环境噪声,让孩子跟老师的交流更加顺畅。

当然,上网课的最基础的要求就是网络要足够好,HUAWEI MateStation X 选择了英特尔 AX201 无线网卡，支持 2.4GHz 和 5GHz 双频段。值得一提的是,它将主板散热系统和电磁屏蔽罩设计为一体式结构,大幅减少硬件电磁场对无线网卡造成干扰,然后将无线网卡的天线放置在机身金属壳体外部，并在天线附近设置了电磁挡墙,进一步降低信号干扰。在这“三板斧”之后,HUAWEI MateStation X 的信号搜寻能力和稳定性得到了保证,我们长时间的视频连线测试也证明了这一点。

操作门槛低,家里的长辈也不会排斥

最后,对于老年人来说,他们不光可以使用语音输入,还能使用跟手机、平板基本相当的十点触控操作，甚至直接安装手机 App,上手难度很低。我还顺便测试了一下 HUAWEI MateStation X 的转轴阻尼,可以说设计得很巧妙,一般的触控操作力度并不会致使屏幕角度变化,但真需要调整的时候其实也不需要太大力,一根手指足矣。

HUAWEI MateStation X 还沿用了此前在手机端火出圈的隔空手势操作,将手放在屏幕前 10~60cm 的距离内,看视频的时候左右滑动调整进度,向前按压就能暂停或继续播放,老年人和孩子应该会喜欢这个操作,用它翻阅浏览、播放 PPT/ 图片库等都没问题。

总的来说,HUAWEI MateStation X 先有大道至简的纤薄设计风格,融入居家环境对它来说不算难事,几无短板的硬件配置又让它可以在老中青三代人的主流需求之间游刃有余,从产品力的角度来说它真的很能打。

摇身一变成为一本28.2英寸的大型“纸质书”

不过,市场并不一定会因为“你能打”就认可你,万元以上的售价与目前 4000 元以内的主流价位有着成倍的鸿沟,在这个大家都叫穷的时代,即便是联想等一体机顶流品牌,这个价位的产品也相对低调。

我们很难说 HUAWEI MateStation X 是一款能够打破一体机市场魔咒的产品,但它的确开创了专属于自己的赛道,当年跨界 PC 不被看好，最终成功打脸所有人的历史也证明了:常规的市场预测或许并不适用于品牌号召力极强的华为,想要在市面上闯出一番天地,至少打出名气也是有可能的。

Thinkpad Z13 2022 商务轻薄本测评

■王诚

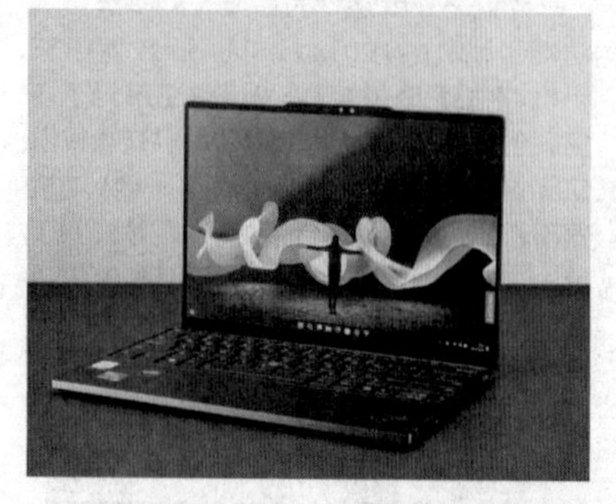

采用 6nm 先进工艺打造的 AMD 锐龙 6000 移动处理器在能效比、续航方面的表现尤为突出,因此也被各大笔记本厂商用来打造高性能轻薄本,由此也诞生了不少经典产品。联想旗下 Thinkpad 系列笔记本作为商务本的资深代表,几乎算得上是高端商务人士的必备之物,而其中采用 AMD 锐龙 7 PRO 6860Z 处理器的 Thinkpad Z13 2022,更是将性能、续航与优雅的商务精英气质发挥到极致的作品。

规格参数

处理器:AMD 锐龙 7 6860Z

内存:LPDDR5 6400 16 GB

硬盘:PCIe Gen4 512 GB

屏幕:13.3 英寸/2.8K/OLED/触控/100% DCI-P3

电池容量:51.5Whr

机身重量:1.25kg

参考价格:10999 元(皮革黑)

集时尚与科技于一身

对于经常需要移动办公的精英商务人士来讲,配备一款外观气质优雅、做工精致同时又轻巧便携的笔记本显然是很有必要的，而 Thinkpad Z13 2022 显然把这几点都做到了很高的水平。

Thinkpad Z13 2022 采用了全新的工业设计,巧妙地将环保元素与时尚质感进行结合,配合精密的工艺打造出了轻薄可靠的机身结构，重量仅为 1.25kg，厚度 13.99mm。机身材质方面,Thinkpad Z13 2022 有北极灰、古铜黑和皮革黑三种可选(价格相同),我们这款正是使用黑色可回收人造皮革与暗金色拉丝金属边框搭配的“皮革黑”,A 面皮革烫印的 Thinkpad LOGO 尤其抢眼,优雅时尚的气质显露无遗。

翻开笔记本，可以看到 B 面配备了一块 13.3 英寸的 OLED 屏。这块屏素质相当抢眼，分辨率高达 2880 × 1800，且支持 100% DCI-P3 色域、杜比视界和 400 nits 高亮度,并通过了专业级的色彩校准、莱茵硬件级防蓝光认证和 eyesafe 认证,对于经常要查看或给客户展示商业级图样、视频的用户来讲尤其适合，同时也能有效降低长时间盯着屏幕看对眼部造成的刺激。此外，由于这还是一块10点触摸屏，所以屏幕表面的玻璃也进一步增强了画面的通透感，整体视觉效果更佳。

笔记本C面是经典而舒适的Thinkpad背光键盘，键盘中央就是Thinkpad标志性的TrackPoint小红帽了，它配合全新的全域压感触控板以及虚拟按键，即便双手不离开键盘也可以在文字输入与光标移动两种操作之间轻松切换，还能快速呼出UX design菜单，快速调节屏幕亮度、麦克风模式及多项系统设置。此外，键盘右边Ctrl键旁边还配备了全新的按压式指纹识别键，大幅缩短了手指与按键的距离，操作起来更加快捷方便。

总的来说，Thinkpad Z13 2022不管是硬件配置、工业设计以及功能设计，都算得上是商务轻薄本中的代表之作，对于精英商务人士来讲堪称气质与实力双绝的选择。接下来让我们看看它具体的表现。

锐龙7 PRO处理器加持 Thinkpad Z13 2022实测综合素质出众

双考情况下，处理器的封装功率可长时间保持40W出头，峰值输出可达50W以上。

考机与性能释放

首先来看看性能释放的情况。使用Cinebench R23单考，处理器封装功率长时间满载可以保持40W左右，爆发50W左右，远高于官方标称的最高28W，可见性能释放还是不错的，不要忘了这还是一款13英寸的轻薄本，散热设计本身难度就很高。

单考GPU的情况下，HWINFO64读取的GPU ASIC保持功率与此时的处理器封装功率基本是相同的，都在40W左右，而最高49W也非常接近处理器封装功率的最高读数。

双考情况下，处理器封装功率表现和单考没什么太大差别，毕竟核显功率本身也是算在封装功率之内的。总的来看，Thinkpad Z13 2022的性能释放做得十分到位，在极致便携的13英寸轻薄本中尤其抢眼。

Thinkpad Z13 2022的C面温度控制得很到位，就算是在满载考机，使用者也基本上感觉不到主要键盘区域有太高的温度。而移动办公时不插电放在膝盖上打字看视频，D面的发热也基本上没啥感觉，使用体验很明显是OK的。

当然，由于搭载了高能效的锐龙7 PRO 6860Z处理器和51.5Whr大电池，所以续航方面也是Thinkpad Z13 2022的强项。在30%屏幕亮度+最佳能效模式下，Thinkpad Z13 2022的PCMark 10续航测试时间达到了10小时33分钟，同时还能保持5288分的综合得分，表现相当不错。

实战性能测试

虽说从规格来看，锐龙7 PRO 6860Z只是最高加速频率比锐龙7 6800U略高，但实际上考虑到笔记本具体的设定与性能释放程度，两者的多线程性能差异还是比较明显的。从Cinebench R23和R20的测试结果可以看到，得益于Thinkpad Z13 2022优秀的电源管理与散热设计，锐龙7 PRO 6860Z的多线程得分已经明显超过了锐龙7 6800U（R23与R20分别为10100分和4000分左右）。

对于商务用户来讲，偶尔用笔记本完成一些轻量级的3D渲染也是很常见的情况。锐龙7 PRO 6860Z拥有8核心16线程和40 W的长期满载输出功率，在这方面的表现当然也不会弱。从POV-Ray的测试来看，锐龙7 PRO 6860Z多线程处理速度达到了3763.52 PPS，在轻薄本中也是非常抢眼的水平。

V-Ray也是很常用的渲染工具，在此项测试中锐龙7 PRO 6860Z多线程处理速度为7660 vsamples，而锐龙7 6800U一般为7400+ vsamples、酷睿i7 1260P一般为7100+ vsamples，很明显锐龙7 PRO 6860Z的表现是非常出色的。

3DMark的CPU多线程性能测试部分，Thinkpad Z13 2022搭载的锐龙7 PRO 6860Z拿到了5818分，而同样为8核心16线程的锐龙7 6800U一般在5400分左右，可见提升幅度也是蛮明显的。

核显部分，Radeon 680M的TimeSpy GPU得分实际上已经超越了GTX 1050 Ti级别的独立显卡，运行主流电竞网游也是没有压力的。可见，Thinkpad Z13 2022虽为商务轻薄本，但偶尔满足一下游戏娱乐需求也完全能够胜任。

由于内置了强力的Radeon 680M核显，Thinkpad Z13 2022也能轻松应对一些电竞网游，例如热门的《CS:GO》，在1920×1200中画质设置下平均帧率高达131.43 fps，完全能满足激烈对抗的流畅度要求。即便分辨率提升到屏幕原生的2880×1800，平均帧率也有85 fps以上。

总结：锐龙PRO 6000移动处理器加持 精英商务人士的得力助手

最后对Thinkpad Z13 2022进行一个简单的总结。首先，在外观设计方面，Thinkpad Z13 2022这次完美地秀了一把科技与时尚的结合，特别是我们测试的这款皮革黑，在强烈质感与小巧精致的造型方面尤其凸显精英商务人士的优雅气质，给人的第一眼印象非常到位；其次，独家定制的锐龙7 PRO 6860Z处理器无论是性能还是能效比表现都让人耳目一新，不但可以轻松应对

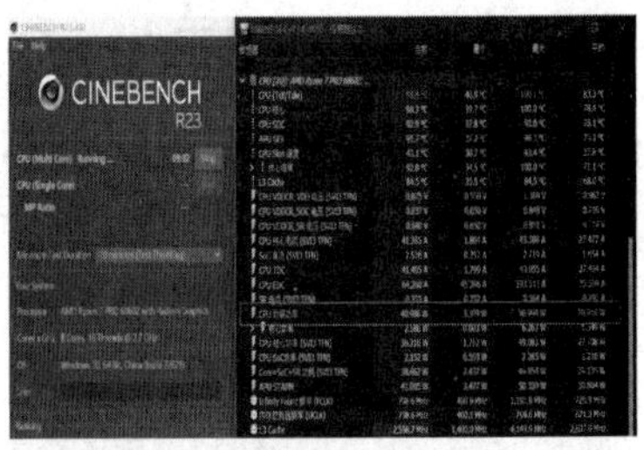

Thinkpad Z13 2022堪称“王牌特工”

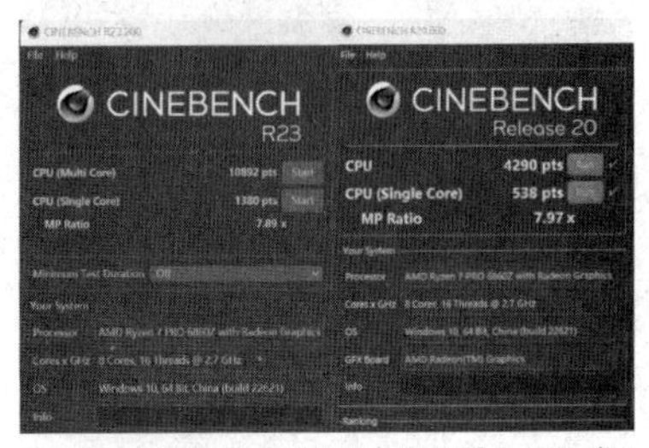

Cinebench R23和R20测试多线程得分比锐龙7 6800U更高一些

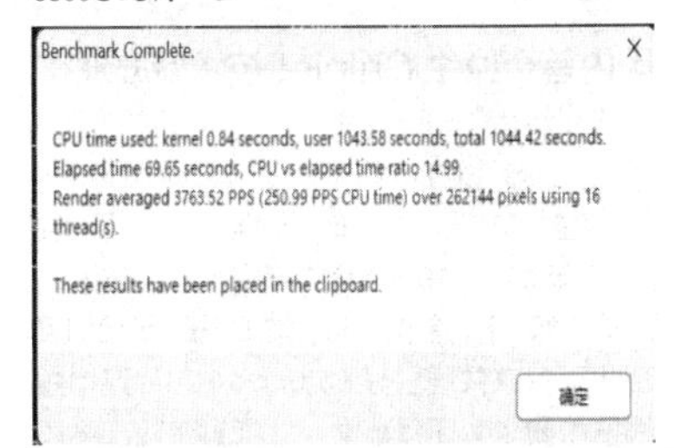
Benchmark Complete.

CPU time used: kernel 0.84 seconds, user 1043.58 seconds, total 1044.42 seconds.
Elapsed time 69.65 seconds, CPU vs elapsed time ratio 14.99.
Render averaged 3763.52 PPS (250.99 PPS CPU time) over 262144 pixels using 16 thread(s).

These results have been placed in the clipboard.

确定

POV-Ray测试中，锐龙7 PRO 6860Z多线程处理速度为3763.52 PPS

V-Ray渲染测试中，锐龙7 PRO 6860Z多线程处理速度为7660 vsamples

日常办公娱乐，甚至也能搞定轻量级的内容创意设计工作，而且10小时以上的续航也足够覆盖全天的移动办公需求；再次，笔记本搭载的这块OLED屏幕素质相当高，不但支持100% DCI-P3色域，还经过了专业校色，对于要给客户展示效果图的商务用户来讲也是非常实用的；最后，作为最有商务气质的轻薄本产品之一，Thinkpad Z13 2022在摄像头、麦克风等方面都针对商务用户最常用的视频会议应用进行了针对性设计与优化，可以给商务用户带来更好的使用体验。因此，综上所述，如果你也是“小红点”轻薄本的狂热爱好者，又或者说在找一款做工精致的高档AMD轻薄本，那么Thinkpad Z13 2022绝对是当下极佳的选择。

国内首个原生Chiplet技术标准发布！弯道超车再次加速

■上善若水

对于一直期待能在半导体行业弯道超车的我国而言，Chiplet 趋势的出现有望给中国带来了新的产业机会。

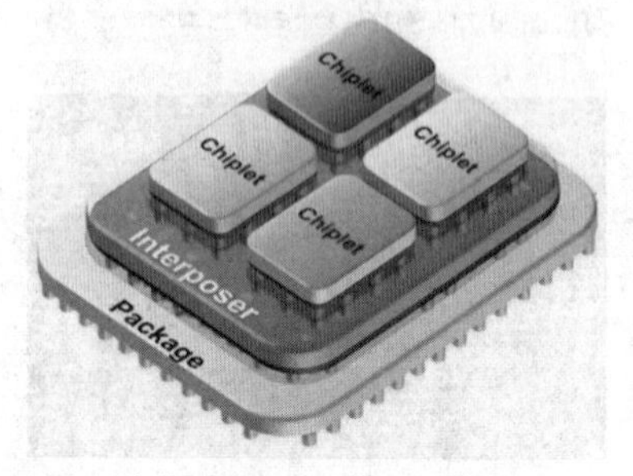

Chiplet 芯片示意图

国内首个原生 Chiplet 技术标准发布

在经历将近一年的漫长等待后，中国自己的“小芯片”标准终于有了实质性进展。

继 2021 年 Chiplet 标准立项之后，在 2022 年 12 月 16 日“第二届中国互联技术与产业大会”上，首个由中国集成电路领域相关企业和专家共同主导制定的《小芯片接口总线技术要求》团体标准正式通过工信部中国电子工业标准化技术协会的审定并发布。

这是中国首个原生集成电路 Chiplet 技术标准，对中国集成电路产业延续“摩尔定律”，突破先进制程工艺限制，探索先进封装工艺技术具有重要意义。作为突破摩尔定律限制的重要技术思路，Chiplet 可以有效地平衡芯片效能、成本以及不良率之间的关系，一度成为半导体厂商们竞逐的方向。不过，Chiplet 要实现更大范围内的应用，就需要混合来自多家芯片厂商或多个工艺节点的裸片，可能会涉及多家各种功能芯片的设计、互连、接口。正是由于缺少统一的标准，Chiplet 发展阻碍重重。

而上述标准的制定，旨在为中国半导体厂商在 Chiplet 领域的发展制定相对统一的标准，提高来自不同制造商的小芯片之间的互操作性。

后摩尔时代的机遇

近几十年来，芯片制造工艺基本按摩尔定律发展，单位面积芯片可容纳晶体管数目大约每 18 个月增加一倍，芯片性能与成本均得到改善。但随着工艺迭代至 7nm、5nm、3nm 及以下，先进制程的研发成本及难度提升，开发先进制程的经济效益逐渐受到质疑。

Chiplet 模式将芯片的不同功能分区制作成裸芯片，再通过先进封装的形式以类似搭积木的方式实现组合，通过使用基于异构集成的高级封装技术，使得芯片可以绕过先进制程工艺，通过算力拓展来提高性能并减少成本、缩短生产周期。

总的来说，Chiplet 是一种将多种芯片（如 I/O、存储器和 IP 核）在一个封装内组装起来的高性能、成本低、产品上市快的解决方案。而高性能计算需求推动 Chiplet 市场空间激增，根据 Gartner 预测，基于 Chiplet 方案的半导体器件收入将在 2024 年达到 505 亿美元左右，2020—2024 年 CAGR（复合增长率）达 98%，而用于服务器的器件销售收入为占比最大的应用终端，在 2024 年达到约 33%。

巨头涌入“小芯片”赛道

出色的市场前景下，台积电、英特尔、三星等多家公司纷纷布局 Chiplet，创建了自身的 Chiplet 生态系统。从行业层面看，AMD、ARM、Google 云、Meta、微软、高通等行业巨头在阅读 2022 年 3 月共同成立行业联盟，正式推出通用 Chiplet 的标准规范“UCIe”。

具体产品方面，华为于 2019 年推出基于 Chiplet 技术的 7nm 鲲鹏 920 处理器。AMD2022 年 3 月推出基于台积电 3DChiplet 封装技术的第三代服务器处理芯片，苹果推出采用台积电 CoWos-S 桥接工艺的 M1 Ultra 芯片。

英特尔公司高级副总裁、中国区董事长王锐在 2022 世界集成电路大会上表示，Chiplet 技术是产业链生产效率进一步优化的必然选择。“不但提高芯片制造良品率，利用最合适的工艺满足数字、模拟、射频、I/O 等不同技术需求，而且更将大规模的 SOC 按照不同的功能，分解为模块化的芯粒，减少重复的设计和验证环节，大幅度降低设计复杂程度，提高产品迭代速度。”

AMD 高级副总裁兼首席技术官 Mark Papermaster 也表示，“摩尔定律并未放缓或消失，并且在可预见的未来，CPU 和 GPU 会越来越好。不过，要保持这一切，其成本将会越来越高，迫使创新的解决方案开始流行，如小芯片设计（Chiplet）。”

显然，在 Chiplet 产业有望崛起这件事情上，半导体巨头的认知基本是一致的，而巨头的认可也有助于 Chiplet 产业的落地推广。

国产半导体产业的机遇

对于一直期待能在半导体行业弯道超车的我国而言，Chiplet 趋势的出现有望给中国带来新的产业机会。

作为封测领域领军企业的通富微电在去年的半年报中曾披露：“公司通过在多芯片组件、集成扇出封装（晶圆级封装的一种形式）、2.5D/3D 等先进封装技术方面的提前布局，可为客户提供多样化的 Chiplet 封装解决方案，并且已为 AMD 大规模量产 Chiplet 产品。”

长电科技也在去年 9 月 25 日于上证 e 互动回复投资者称：“得益于集团全资子公司星科金朋在 Chiplet 相关技术领域积累的长期量产经验和大量专利，公司目前拥有用于 Chiplet 封装的超大尺寸 FCBGA（倒装芯片封装）封装技术能力，多层芯片超薄堆叠及互联技术能力，与极高密度多维扇出型（一种降低尺寸与成本的封装工艺）异构集成技术能力，正在持续推进该技术的生产应用和客户产品的导入。”

基于 Chiplet 技术的 7nm 鲲鹏 920 处理器

放弃MIPS,龙芯为何推出自主指令集架构?

■坤叔

多个国际主流开源社区已接受龙架构

在 2022 年推出的龙芯第四代产品 3A6000 和 3A7000，其中 3A6000 的 IPC 性能与 AMD 锐龙 5 5600G 和英特尔 Core i7 1165G7 相差不大,赶上了国际主流水准。

芯片是电子设备中最基础、最精密的元件，而如果把芯片制造流程比作盖房子,那指令集架构就相当于地基,目前桌面计算机系统是 x86 指令集架构体系的天下，主导者是英特尔、AMD、NVIDIA 等美国企业，移动端则是 ARM 指令集架构的王朝,市场主导是 ARM 和苹果等欧美系企业。不难看出,赢在起跑线上的欧美科技壁垒一直是挡在芯片国产化面前的几座大山,依托于底层架构带来的庞大生态体系难以撼动,面对卡脖子基本是无力抵抗。

所以,从最根本的角度出发,我们需要一套属于自己的自主架构,目前来看,在这方面走在最前面的，就是大家熟悉的龙芯。在 2020 年，龙芯就推出了完全自主指令集:龙架构(LoongArch)。从此,中国正式拥有了属于自己的指令集架构生态。

自主指令集架构:打破桎梏的关键

其实在 2019 年之前，龙芯系列产品一直都在使用 MIPS 指令授权，作为 x86 和 ARM 之外的另一大指令集,MIPS 拥有开源特性的同时还可以自由更改增加指令,正是因为这两大特点,龙芯才会在 2010 年刚开始产业化时就选择与 MIPS 合作,并购买了终身授权,希望能在 MIPS 上构建自治生态。但遗憾的是,2018 年欧美开始针对我国科技企业卡脖子,MIPS 在合作上也跟龙芯产生分歧,2019 年更是直接宣布关闭开源计划,这也就成为了龙芯转攻自主架构的直接导火索。

但你可能会觉得,龙芯为什么可以在这么短的时间内实现从 MIPS 到龙架构的转换呢?事实上即便 MIPS 不卡脖子,龙架构的出现也是必然,因为随着技术积累和发展,MIPS 已经不能满足指令集拓展需求了，而龙架构在提前布局专利市场的同时,也已经获得了独立的 Linux 主线支持,还被 GCC、.NET、Linux 内核社区等国际主流开源组织所认可,从侧面证明了龙芯的龙架构是一种没有知识产权风险,独立自主的 CPU 指令集架构。

其次，龙架构的中断模型被 ACPI 接受，成为继 x86、ARM64 之后的第三种 ACPI 支持的 CPU 架构，要知道 MIPS、ARM32 以及 RISC-V 都没有成为 ACPI 规范的国际标准,ACPI 规范作为可实现不同硬件设计需求的灵活配置,以操作系统为主导的电源管理方案,基础性不言而喻。而龙架构的中断模型写入 ACPI 规范也意味着行业金标准的认可。

产品性能迭代迅速,逐步实现自主可信可控

在 2018 年中兴遭遇美国“封杀”事件之后，中国工程院院士倪光南就曾撰文指出:“任何事物的发展都有个过程。具体到网络信息技术领域,从用户体验来说,有个比较站得住脚的共同规律，是从不可用到可用,从可用到好用。”龙芯在 2019 年推出的最后一代基于 MIPS 指令集的 3A/3B4000 已经做到了可用的水准,大幅缩小了与当时主流英特尔 /AMD 芯片的性能差距。更换为龙架构就意味着重新进行软硬件的兼容优化,相当于房子推倒 gcj 重新打地基,但即便如此,在 2022 年推出的龙芯第四代产品 3A6000 和 3A7000，其中 3A6000 的 IPC 性能与 AMD 锐龙 5 5600G 和英特尔 Core i7 1165G7 相差不大，赶上了国际主流水准。而根据路线图,3A6000 预计会在 2023 年,也就是今年正式推出,这意味着国产芯片在更换自主架构后,性能也依旧保持了较高增速。

即便如此,也不要忽略了生态壁垒的影响,在优化到位的情况下虽然可以勉强跟上英特尔、AMD 的商用产品步伐，但就大宗 PC 商业市场来说还有巨大的差距，龙架构目前的目标还是面向需要自主可控可信的行业，发展不会被卡脖子的基础软件生态，比如操作系统内核、编译器、应用程序等等。而如果要进行第三方兼容,就需要跟随其他生态版本的迭代进行调整,这意味着总是会慢半拍甚至断代,所以龙架构的主要赛道还是信息技术应用创新产业。

这也正是“十四五”规划和 2035 远景目标纲要中的重点,目前基于龙芯龙架构打造的桌面电脑、服务器等产品已经广泛应用于党政、能源、交通、教育等多个行业。芯片产业其实并不存在所谓的“弯道超车”,我们必须要正视国产芯片落后于国际的事实,目前我们的小目标仍然是“让中国人用上完全自主的 CPU”!

基于龙架构研制的通用 CPU 处理器芯片:龙芯 3A5000

随第13代移动酷睿而来的这四个点杀伤力太强!

在 2023 新年之际,英特尔发布了第 13 代移动酷睿平台,不过新处理器仅是其中一个点,综合来看发布的东西很多,杀伤力很大,极有可能改变市场的竞争格局!由于信息量大,所以,这第一次解读,我们只抓四个重点讲!

酷睿HX机型进主流价位，最高24核/32线程,重新定义高性能本

还记得第 12 代酷睿 HX 处理器吧? i7 12800HX/12850HX 和 i9 12900HX/12950HX,8 大核 8 小核共 16 核心 24 线程,之前我们的测评用“垂直爬升”四个字做标题来形容它的夸张性能——相对于酷睿 H,它的性能简直逆天!即便是 i9 12900H 也不好意思说自己是高性能处理器了!

不过到了第 13 代酷睿这一波，酷睿 HX 更疯狂了,直接把桌面端的 8 大 +16 小共计 24 核 32 线程的处理器给搬过来了——包括 13950HX 在内的 3 颗 i9 处理器都是 24 核 32 线程!而从英特尔官方给

出的多核性能参考柱状图来看……哎呀我有点头晕，赶紧扶住我 ^__#。

另一方面，搭载酷睿 HX 的机型也将大幅增加，目前至少有七个国际厂商(品牌)表示要推出 60 多款基于第 13 代酷睿 HX 的高性能本！

看到这里，相信大家一定很激动——这性能提升也太刺激了！不过，可能也心存疑虑——价格会不会和去年一样非常贵呢（去年最便宜的 i7 12800HX 机型惠普暗影精灵 8 Plus，最便宜时也要 11999 元)？

而我们的推测是：结合上 RTX 40 系列显卡的低端款型，甚至是 RTX30 系显卡，第 13 代酷睿 HX 机型绝对会有万元以内的机型。且机型数量的增加，本身也会拉低成本。另外我们还可以指望国内新锐厂商的“刺激作用”，比如机械革命等，说不定，13700HX+RTX 4060 首发价格 9999 元也是有可能的！

但第 13 代酷睿 HX 的真正意义在于，它有可能引发高性能本市场格局的彻底变化！我们假设一种可能，英特尔通过某种形式向 PC 厂商和市场传递这样一个信息：以后酷睿 H 就是“主流性能”处理器，适合于全能本、轻便机型；而真正的高性能机型，包括高性能游戏和专业设计的高性能本，应该是搭载酷睿 HX 处理器的！这样问题就来了，竞争对手咋应对呢……

EVO 平台的多设备协同来了！

华为的“一碰传”功能吹响了笔记本体验创新的号角，如今已发展到了包含平板、手机、电视在内的多设备协同，进而小米等厂商也跟进了，且体验过这类功能的用户都说相当方便实用！

而今，英特尔也官方推出了“多设备协同应用”——Intel Unison！

其实早在华为发布的“一碰传”得到媒体的一致称赞后，英特尔就询问过我们，说英特尔打算官方推这样一个多设备应用，是不是有前景？我们回答：“那还用问，太好了啊！那样受益的用户更多啊！”

如今，英特尔的多设备系统技术 Intel Unison 终于要和大家见面了。它支持安卓和 iOS 手机与电脑同步（当然手机上要安装对应软件），而目前透露的硬件要求是“搭载第 12 代 /13 代酷睿平台的 EVO 认证机型”！这下，EVO 认证的金字招牌就更值钱咯！

双互联网 / 三互联网接入

其实很多发烧友一直都在通过高端路由器尝试一种玩法，那就是：多互联网接入。比如现在很多人家里有两条宽带，能合并起来用多刺激啊！

关于一台电脑同时使用多个宽带，以前无论是微软还是英特尔，都很少主动提及。不过这次，英特尔把这事儿正式拿出来说了：它

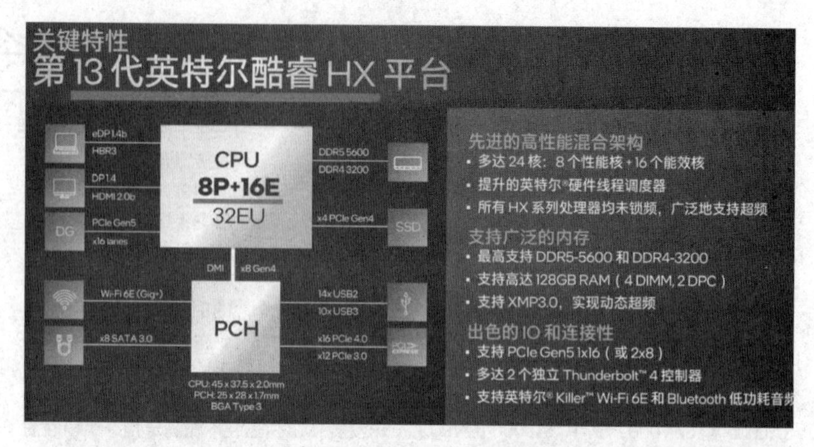

提到了针对旗下的 Killer 无线网卡机型，可使用 Doubleshot 特性，同时使用 Wi-Fi 接入、有线网接入和 WWAN 接入。与此同时，提到"英特尔连接性能套件"（ICPS）这个东西，可让部分使用英特尔品牌无线网卡的 EVO 机型也能多网并用。

当然这里面技术细节很多，在沟通会上牛大叔问了几个问题，大致情况如下：

1.能够使用多连接的是一些特定的应用，比如 BT 下载——是的，就是合并带宽；另外，也可以一个网络对应一种应用。

2. 英特尔说部分 EVO 认证机型可以，我反问 EVO 机型大部分不具备有线网，怎么多网接入？回答是：通过外接扩展坞就可以。

3. 基于 ICPS 的多网并用是有授权许可的，并不是所有搭载英特尔无线网卡和有线网（有线网不限品牌）的机型都能用。我分析应该主要是在第 13 代酷睿机型上！

具体情况，就要等到新产品推出后再看了！但无论如何，对于如今大量有双网接入的用户而言，这是兴奋点！

EVO 认证机型将引入"基于 Wi-Fi 的用户感知功能"

还记得我们之前测评的戴尔 Latitude 中高端机型，以及联想 YOGA Pro 系列、小新 Pro 14 和小新 Air 14 2023 机型吗？它们都有基于"近距离传感器"的用户感知功能，常见的就是"用户离开，自动息屏锁定"，"用户靠近，自动亮屏"（然后通过 IR 人脸识别登录进入系统）。

接下来，全新的第 13 代酷睿 EVO 认证机型将使用 Wi-Fi 无线实现这一功能——不再需要近距离传感器了（这东西会增加成本）。

什么？WiFi 可以感知用户靠近和离开笔记本？——相信很多朋友会有此疑问。

是的，牛大叔已经帮你们问过英特尔的工程师了。答案是：

1. 目前 Wi-Fi 通过天线的收和发，的确可以感应用户的存在，甚至可以感应用户大体方位。

2.英特尔会给厂商提供天线设计规范，相对于普通的 WiFi 天线布局和设计，并不会增加太多成本。

目前还不知道这种基于 Wi-Fi 的用户感知功能是新 EVO 认证的可选项还是必选项，推测应该是可选项，但无论如何，EVO 认证在体验和功能层面真的是越来越强了！

OK，针对英特尔 2023 新平台的第一次解读就说这四个重点，总结起来就是：性能上限再度飙升，功能越来越丰富，易用性上台阶。这下，竞争对手难了……

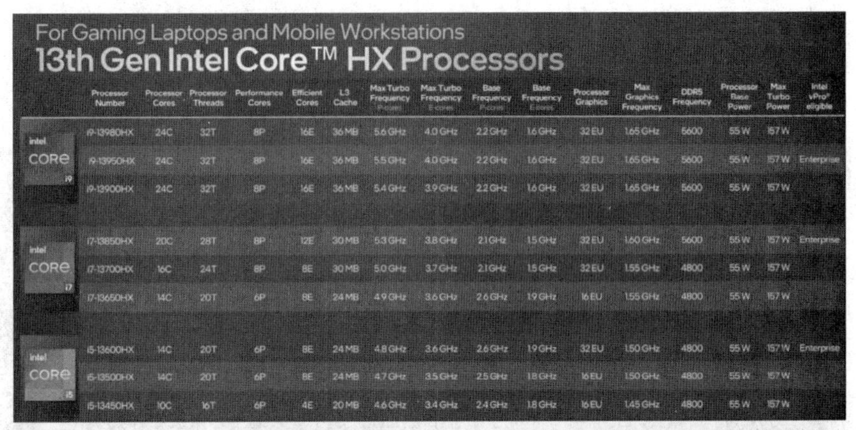

For Gaming Laptops and Mobile Workstations

13th Gen Intel Core™ HX Processors

	Processor Number	Processor Cores	Processor Threads	Performance Cores	Efficient Cores	L3 Cache	Max Turbo Frequency P-cores	Max Turbo Frequency E-cores	Base Frequency P-cores	Base Frequency E-cores	Processor Graphics	Max Graphics Frequency	DDR5 Frequency	Processor Base Power	Max Turbo Power	Intel vPro® eligible
intel CORE i9	i9-13980HX	24C	32T	8P	16E	36 MB	5.6 GHz	4.0 GHz	2.2 GHz	1.6 GHz	32 EU	1.65 GHz	5600	55 W	157 W	
	i9-13950HX	24C	32T	8P	16E	36 MB	5.5 GHz	4.0 GHz	2.2 GHz	1.6 GHz	32 EU	1.65 GHz	5600	55 W	157 W	Enterprise
	i9-13900HX	24C	32T	8P	16E	36 MB	5.4 GHz	3.9 GHz	2.2 GHz	1.6 GHz	32 EU	1.65 GHz	5600	55 W	157 W	
intel CORE i7	i7-13850HX	20C	28T	8P	12E	30 MB	5.3 GHz	3.8 GHz	2.1 GHz	1.5 GHz	32 EU	1.60 GHz	5600	55 W	157 W	Enterprise
	i7-13700HX	16C	24T	8P	8E	30 MB	5.0 GHz	3.7 GHz	2.1 GHz	1.5 GHz	32 EU	1.55 GHz	4800	55 W	157 W	
	i7-13650HX	14C	20T	6P	8E	24 MB	4.9 GHz	3.6 GHz	2.6 GHz	1.9 GHz	16 EU	1.55 GHz	4800	55 W	157 W	
intel CORE i5	i5-13600HX	14C	20T	6P	8E	24 MB	4.8 GHz	3.6 GHz	2.6 GHz	1.9 GHz	32 EU	1.50 GHz	4800	55 W	157 W	Enterprise
	i5-13500HX	14C	20T	6P	8E	24 MB	4.7 GHz	3.5 GHz	2.5 GHz	1.8 GHz	16 EU	1.50 GHz	4800	55 W	157 W	
	i5-13450HX	10C	16T	6P	4E	20 MB	4.6 GHz	3.4 GHz	2.4 GHz	1.8 GHz	16 EU	1.45 GHz	4800	55 W	157 W	

For Enthusiast Laptops

13th Gen Intel® Core™ H-series Processors

	Processor Number	Processor Cores	Processor Threads	Performance Cores	Efficient Cores	L3 Cache	Max Turbo Frequency	Max Turbo Frequency	Base Frequency	Base Frequency	Processor Graphics	Max Graphics Frequency	LPDDR5 Frequency	Processor Base Power	Max Turbo Power	Intel vPro®
intel CORE i9	i9-13900HK	14C	20T	6P	8E	24MB	5.4 GHz	4.1 GHz	2.6 GHz	1.9 GHz	96EU	1.5 GHz	6400	45W	115W	Essentials
	i9-13905H*	14C	20T	6P	8E	24MB	5.4 GHz	4.1 GHz	2.6 GHz	1.9 GHz	96EU	1.5 GHz	6400	45W	115W	
	i9-13900H	14C	20T	6P	8E	24MB	5.4 GHz	4.1 GHz	2.6 GHz	1.9 GHz	96EU	1.5 GHz	6400	45W	115W	Enterprise
intel CORE i7	i7-13800H	14C	20T	6P	8E	24MB	5.2 GHz	4.0 GHz	2.5 GHz	1.8 GHz	96EU	1.5 GHz	6400	45W	115W	Enterprise
	i7-13705H*	14C	20T	6P	8E	24MB	5.0 GHz	3.7 GHz	2.4 GHz	1.8 GHz	96EU	1.5 GHz	6400	45W	115W	
	i7-13700H	14C	20T	6P	8E	24MB	5.0 GHz	3.7 GHz	2.4 GHz	1.8 GHz	96EU	1.5 GHz	6400	45W	115W	Essentials
	i7-13620H	10C	16T	6P	4E	24MB	4.9 GHz	3.6 GHz	2.4 GHz	1.8 GHz	64EU	1.5 GHz	5200	45W	115W	-
intel CORE i5	i5-13600H	12C	16T	4P	8E	18MB	4.8 GHz	3.6 GHz	2.8 GHz	2.1 GHz	80EU	1.5 GHz	6400	45W	95W	Enterprise
	i5-13505H*	12C	16T	4P	8E	18MB	4.7 GHz	3.5 GHz	2.6 GHz	1.9 GHz	80EU	1.45 GHz	6400	45W	95W	
	i5-13500H	12C	16T	4P	8E	18MB	4.7 GHz	3.5 GHz	2.6 GHz	1.9 GHz	80EU	1.45 GHz	6400	45W	95W	Essentials
	i5-13420H	8C	12T	4P	4E	12MB	4.6 GHz	3.4 GHz	2.1 GHz	1.5 GHz	48EU	1.4 GHz	5200	45W	95W	-

For Modern Thin & Light Laptops

13th Gen Intel Core™ U-series Processors

	Processor Number	Processor Cores	Processor Threads	Performance Cores	Efficient Cores	L3 Cache	Max Turbo Frequency P-cores	Max Turbo Frequency E-cores	Base Frequency P-cores	Base Frequency E-cores	Processor Graphics	Max Graphics Frequency	LPDDR5 Frequency	Processor Base Power	Max Turbo Power	Intel vPro® eligible
intel CORE i7	i7-1365U	10C	12T	2P	8E	12MB	5.2 GHz	3.9 GHz	1.8 GHz	1.3 GHz	96EU	1.30 GHz	6400	15W	55W	Enterprise
	i7-1355U	10C	12T	2P	8E	12MB	5.0 GHz	3.7 GHz	1.7 GHz	1.2 GHz	96EU	1.30 GHz	6400	15W	55W	Essentials
intel CORE i5	i5-1345U	10C	12T	2P	8E	12MB	4.7 GHz	3.5 GHz	1.6 GHz	1.2 GHz	80EU	1.25 GHz	6400	15W	55W	Enterprise
	i5-1335U	10C	12T	2P	8E	12MB	4.6 GHz	3.4 GHz	1.3 GHz	0.9 GHz	80EU	1.25 GHz	6400	15W	55W	Essentials
	i5-1334U	10C	12T	2P	8E	12MB	4.6 GHz	3.4 GHz	1.3 GHz	0.9 GHz	80EU	1.25 GHz	5200	15W	55W	Essentials
intel CORE i3	i3-1315U	6C	8T	2P	4E	10MB	4.5 GHz	3.3 GHz	1.2 GHz	0.9 GHz	64EU	1.25 GHz	5200	15W	55W	-
	i3-1305U	5C	6T	1P	4E	10MB	4.5 GHz	3.3 GHz	1.6 GHz	1.2 GHz	64EU	1.25 GHz	5200	15W	55W	-
Intel® Processor	U300	5C	6T	1P	4E	8MB	4.4 GHz	3.3 GHz	1.2 GHz	0.9 GHz	48EU	1.10 GHz	5200	15W	55W	-

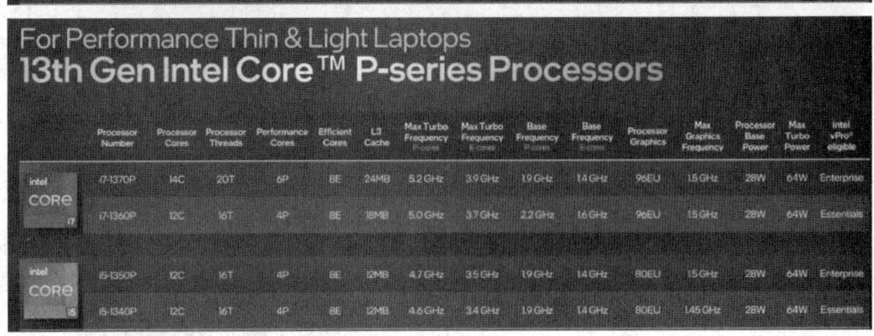

For Performance Thin & Light Laptops

13th Gen Intel Core™ P-series Processors

	Processor Number	Processor Cores	Processor Threads	Performance Cores	Efficient Cores	L3 Cache	Max Turbo Frequency P-cores	Max Turbo Frequency E-cores	Base Frequency P-cores	Base Frequency E-cores	Processor Graphics	Max Graphics Frequency	Processor Base Power	Max Turbo Power	Intel vPro® eligible
intel CORE i7	i7-1370P	14C	20T	6P	8E	24MB	5.2 GHz	3.9 GHz	1.9 GHz	1.4 GHz	96EU	1.5 GHz	28W	64W	Enterprise
	i7-1360P	12C	16T	4P	8E	18MB	5.0 GHz	3.7 GHz	2.2 GHz	1.6 GHz	96EU	1.5 GHz	28W	64W	Essentials
intel CORE i5	i5-1350P	12C	16T	4P	8E	12MB	4.7 GHz	3.5 GHz	1.9 GHz	1.4 GHz	80EU	1.5 GHz	28W	64W	Enterprise
	i5-1340P	12C	16T	4P	8E	12MB	4.6 GHz	3.4 GHz	1.9 GHz	1.4 GHz	80EU	1.45 GHz	28W	64W	Essentials

逐步摆脱ARM架构？Android将支持RISC-V指令集

■上善若水

Android生态的成功同ARM有莫大关系，而如今，随着谷歌官方宣布安卓将支持RISC-V指令集架构，Android生态会逐步摆脱ARM架构吗？

Android将支持RISC-V指令集

日前，谷歌正式宣布Android将支持RISC-V指令集架构，该公告来自去年12月举行的RISC-V峰会。目前，用户可以为RISC-V下载具备非常有限支持的Android版本，但它不支持用于Java工作负载的Android Runtime（ART）。大多数Android应用程序都使用Java代码发布，这意味着目前几乎没有应用程序会在Android上支持RISC-V。现在，谷歌表示官方模拟器支持即将到来，而ART支持预计将在2023年第一季度的某个时候到来。

谷歌Android工程总监Lars Bergstrom在RISC-V峰会上发表讲话说，他希望RISC-V被视为Android中的“一级平台”。一旦ART支持到来，可以一定程度上将Java转译为RISC-V，因此大多数Android应用程序将无需开发人员额外的工作即可运行。

显然，Android对RISC-V支持在加速，去年9月Android Open Source Project（AOSP）项目开始加入正式的RISC-V补丁，现在任何人都可以去尝试Android的riscv64分支，这或许同过去几年ARM公司不稳定有关联。ARM母公司软银曾尝试将其出售给英伟达，失败之后准备让公司上市。与此同时，ARM还在与其最大的客户高通公司打起官司等等，这让RISC-V成为不错的“备选项”。

核心生态的源头

指令集被称为计算机生态的源头，整个生态要针对相应的指令集架构进行兼容优化，才能最大限度和稳定地发挥软件性能。

在PC端和服务器市场，X86系列以极高的性能与Windows绑定形成“Wintel”主导联盟，主流的厂商都是基于X86系列对软件进行兼容优化，从而在PC和服务器市场上建立起了庞大的生态体系。重构生态环境的高成本形成进入壁垒。而在移动端，ARM凭借独特的IP授权的商业模式，成功在移动终端、嵌入式设备的某些细分领域占据90%以上份额，形成完整生态闭环，并逐步尝试进入PC领域，目前苹果MacOS、新版Windows以及华为鲲鹏均支持ARM。

RISC-V指令集则具有开源、精简、可扩展性强、可定制化特点，十分契合物联网、5G、AI等新兴领域的应用，RISC-V本身是精简指令集计算机V架构，这是一种开放的、免费使用的标准，无需许可或版税。从本质上讲，它是ARM和X86架构的竞争对手，公司可以在这些架构上构建芯片组。特别是那些旨在制造低成本处理器或减少对ARM设计、英特尔或AMD依赖的公司。

从这里可以看出，随着Android加入对RISC-V指令集的支持，其本身也有助于Android生态向物联网、AI等领域拓展，而这也有助于相应领域快速壮大。

中国企业的机会

Android生态的成长和繁荣同ARM相辅相成，但随着高通、联发科等SoC企业将手伸向芯片上游IP设计领域，想要牢牢掌握生态话语权的Android自然会拿出应对之策，而将资源向开源的RISC-V倾斜，成为Android最好的选择，这对于我国芯片产业链而言无疑是一大利好。

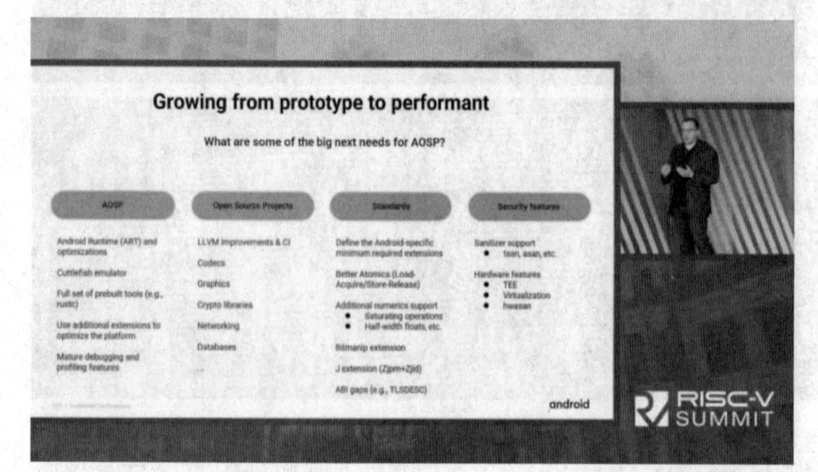

RISC-V峰会透露出Android将支持RISC-V指令集

目前，我们国内许多造芯企业也在近年开始投入对RISC-V架构芯片的布局，25个RISC-V国际顶级成员中有13个来自中国，其中包括阿里云、华为技术有限公司和中兴通讯、腾讯、百度等等，这些厂商都在RISC-V芯片上进行了提前布局，也让RISC-V被认为会是未来中国芯片产业的一个突破点。

在具体产品方面，阿里平头哥在2022 RISC-V国际峰会上展示了RISC-V架构与安卓体系融合的最新进展：基于SoC原型曳影1520，RISC-V在安卓12（AOSP）上成功运行多媒体、3D渲染、AI识物等场景及功能。这意味着安卓系统在RISC-V硬件上得到进一步验证，两大体系融合开始进入原生支持的应用新阶段。

RISC-V国际基金会安卓技术组（Android SIG）主席、平头哥技术专家毛晗表示：“为更好补齐两大系统融合的生态短板，平头哥着重在测试、性能优化及开源协作等方面推进根本问题的解决。”

国内厂商积极布局的同时，RISC-V生态也成长迅猛。RISC-V国际基金会CEO Calista Redmond就曾在2022年7月对外宣布RISC-V架构的芯片出货量达到了100亿颗，中国企业可能贡献了其中的50%。在具体应用上，Calista Redmond则表示：“正如我们所看到的，RISC-V在数据中心、HPC、嵌入式物联网汽车芯片、手机和移动通信等行业都有着强劲的发展势头和潜力。无论是在中国还是在其他地区，这些都是非常重要的创新和机遇。”

总体而言，越来越多的企业也投入到RISC-V生态建设中，“中国RISC-V产业联盟”目前已有150多家会员单位，对于逐渐形成贯穿IP核芯片、软件、系统、应用等环节的RISC-V生态链起到良好作用，RISC-V更是有望成为继X86和ARM架构之后新的技术转折，为我国掌握芯片产业的发展主动权提供机遇！

狭小拥挤的市场，容不下游戏手机

■电脑报测评工程师 孙文聪

游戏手机，又一次站在时代的"十字路口"。

游戏手机市场，或者说电竞手机市场，是这些年手机市场经过大浪淘沙之后少有的有一定市场规模和专属品牌分布的细分市场。尤其在过去几年，安卓旗舰产品饱受性能和功耗的双重困扰，游戏手机凭借性能和游戏体验的优势收获了不少用户的认可。

与此同时，蓬勃发展的电竞游戏行业，也给予了游戏手机更多的想象空间。

但即将到来的2023年，游戏手机的好日子可能要结束了。

这个市场本身就很小众

2022年的游戏手机市场正在呈现全面收缩的态势，这种收缩的力度甚至要远超过整个市场的平均水平。

据调研机构鲸参谋数据显示，去年游戏手机市场的整体规模大幅缩减。与去年相比，去年1月至9月游戏手机累计销量约320万台，同比下滑近40%；累计销售额约76亿元，同比下滑39%。

需要注意的是，这里的统计数据不仅包含了黑鲨、红魔、ROG这样的"正统游戏手机"，同样也包含了小米、iQOO、一加这样的主流手机厂商推出的一系列主打游戏体验的产品。这意味着，无论是广义还是狭义的游戏手机市场，整体的销量规模和市场表现都不容乐观。

黑鲨、红魔这样的原本专注于游戏市场的厂商，市场份额和销量在当前游戏手机市场的占比也并不高。上述报告显示，专门做游戏手机的黑鲨排名第六，销量为12.8万台，市占比仅在4%左右。游戏手机市场排名前五的分别是小米、vivo、一加、OPPO和真我。

从数据中，我们不难得出几个非常明确的结论：一是当前游戏手机市场依然是一个相对小众和细分的市场。其百万级的出货量级，相对于中国智能手机市场整体近3亿台的规模来说只能算是零头。

二是消费者在选择游戏手机产品的时候，更加青睐于主流手机品牌推出的主打游戏体验的产品。三是在去年整体市场收缩和竞争加剧的影响下，2022年游戏手机市场的大盘表现要弱于手机市场的整体表现。

这三个结论也是当前游戏手机厂商们面临的严峻挑战：在游戏手机市场原本就规模不大的情况下，游戏手机不仅面临市场大环境不佳的考验，同时还承担着主流手机厂商们的联合竞争压力。游戏手机厂商，尤其是"正统游戏手机厂商"的日子并不好过。

作为游戏手机厂商中的代表，黑鲨手机就是一个典型的例子。目前黑鲨手机已经"停更"了大半年的时间，某东上黑鲨自营店中不少的主力产品都处于缺货状态。公司层面，之前传出黑鲨被腾讯收购的传闻之后，10月份有消息表示腾讯收购黑鲨的计划搁浅。

作为游戏手机市场曾经的No.1，黑鲨当前的困境可以看作是游戏手机市场整体表现不佳的体现。狭小拥挤的市场，似乎难以撑起游戏手机厂商的硬件梦。

游戏手机的体验护城河太浅

大环境之外，还得看看产品本身。

长期以来市场上都有一种声音：游戏手机其实是一个伪需求。这种论调的核心观点就是，良好的游戏表现应该是跟手机的拍照、防水一样，是一款手机理所应当就该具备的能力。秉持这种观点的人并不在少数，最著名的应该就是华为消费者业务CEO余承东，他之前在接受采访时，明确表示游戏手机其实就是"概念炒作"。

之前我们也针对这个观点做出过解读——游戏手机并非伪需求。尤其是在过去两年，旗舰手机的性能、功耗、散热三大问题成为用户诟病的痛点问题的背景下，游戏手机的确表现出了卓越的游戏体验优势，的确有一部分消费者愿意为了更好的游戏体验而选择游戏手机。

但对于一个细分市场来说，游戏手机提供的体验"护城河"实在太浅了。拿游戏手机最为擅长的极限性能和重度游戏体验来说，能够做到这一点的根本原因并非游戏手机本身搭载了更强的处理器芯片或是游戏厂商们有更深入的性能调校技术，而是由于游戏手机们在结构设计、散热模块、电池等方面相较于普通旗舰手机有更大的操作空间。

换言之，由于一些旗舰处理器在过去两年饱受功耗和发热问题的困扰，主流旗舰手机基本都采取了降频，限制峰值性能的背景下，游戏手机们能够通过堆散热、堆材料、堆电池等手段来获得更好的游戏体验。

但这样一来，游戏手机往往在体积和重量上更加放飞自我，为了兼顾整体成本，游戏手机又往往在屏幕、相机等方面打折扣。尤其是相机，很多时候对于游戏手机的要求真的就是"能扫码就行"。

换句话说，游戏手机们具备的这些优势是要以牺牲手机其他方面的体验为前提的。这种牺牲，也是在一部分消费者"默许"的情况下完成的。

这种做法，在旗舰手机性能受限的背景下的确有一定的市场空间。但随着旗舰手机摆脱了性能释放的桎梏，游戏手机最大的体验优势立刻就会荡然无存。这种情况在下半年就已经显现，骁龙8+移动平台旗舰上市之后，很多人发现这些手机在游戏表现上并不比专门的电竞手机差多少。普通的旗舰手

2022年6月份安兔兔Android旗舰手机性能排行

数据来源：安兔兔评测V9（2022.6.1-2022.6.30）

排名	机型	平台	内存	*平均跑分
1	黑鲨游戏手机5 Pro	Snapdragon 8 Gen 1	16GB+512GB	1040111
2	红魔7 Pro 屏下游戏手机	Snapdragon 8 Gen 1	12GB+256GB	1031867
3	拯救者Y90电竞手机	Snapdragon 8 Gen 1	12GB+256GB	1016346
4	iQOO 9	Snapdragon 8 Gen 1	12GB+512GB	1008842
5	iQOO 9 Pro	Snapdragon 8 Gen 1	12GB+512GB	1005116
6	vivo X80	Dimensity 9000	8GB+256GB	996787
7	OPPO Find X5 Pro 天玑版	Dimensity 9000	12GB+256GB	990691
8	vivo X80 Pro	Snapdragon 8 Gen 1	12GB+256GB	985460
9	iQOO Neo6	Snapdragon 8 Gen 1	12GB+256GB	976405
10	小米12 Pro	Snapdragon 8 Gen 1	12GB+256GB	976031

安兔兔 www.antutu.com

机在产品上更加均衡,体积重量更小,综合配置上的取舍也更少。相对而言,更加符合大众消费者的需求。

也有人会说,丰富的外设、配件,专属特色硬件以及针对一些游戏的专项优化同样也是游戏手机的优势。但问题是,这些软硬件本身并没有什么技术门槛。游戏厂商们能做的事情,主流手机厂商们一样也可以做,甚至由于资金、技术实力更雄厚,后者可能还做得更好。

这么一来,游戏手机的地位就更尴尬了。

并未形成良性生态闭环

在早期设想中,游戏手机也拥有过生态梦。

这些年电竞手游行业经历了蓬勃发展,很多人也将游戏手机看作是电竞行业硬件生态的一部分。毕竟在游戏市场,已经有索尼 Playstation、任天堂 Switch、微软 XBox 这样的成功硬件案例作为参考,之前黑鲨传出被腾讯收购的传闻之后,很多人也在畅想游戏手机和游戏大厂之间合作产生的化学反应。

如今来看,游戏手机要想实现这种"游戏生态梦"实在是太难了。要达成这种软硬件结合的闭环生态,硬件可能还是其次,最重要的还是游戏内容生态的构建。只有游戏手机拥有足够多独占、专属的游戏内容和体验,才能从根本上反哺硬件。索尼、微软、任天堂这些主机游戏厂商们之前的做法,均是如此。

但手游市场的整体格局和主机游戏市场完全不同,游戏手机和游戏内容本身并没有形成一个良性的闭环,当前的游戏手机主要依赖于游戏内容实现优势,而不是通过制造游戏内容去创造优势。如果要从头开始打造专属的游戏内容生态,对于小而美的游戏手机厂商们来说,是一件难如登天的事情。

这或许才是游戏厂商们面临困境的直接原因。缺乏内容生态和体验护城河的情况下,面对主流手机厂商们的联合绞杀,游戏手机本身"小而美"的愿望或许也很难实现。

2023 年的游戏手机市场,情况依然不容乐观。一方面,新的旗舰手机在性能和游戏体验上相比之前再次获得了提升。最近发布的小米 13 系列旗舰,在游戏表现上已经完全不逊色,甚至可以说已经超过了之前游戏手机的表现。这种情况下,消费者似乎更没有必要选择游戏手机了。

另一方面,在整体市场环境亟待改善,各家都面临出货压力的背景下,主流手机厂商们依然不会放松对于游戏、电竞市场的注意。明年主要的手机厂商们一定会有更多针对电竞手游产品规划,大厂们也会利用自身雄厚的资金、品牌、技术实力,加强和生态厂商在软硬件生态、专属体验优化、IP 联名、赛事支持方面的合作,进一步拓展自身在手游领域的影响力和号召力。

目前的情况来看,游戏手机们的"寒冬"或许刚刚开始。未来这个市场相当大一部分用户可能会被主流旗舰、各种电竞版旗舰吸走,留给纯游戏手机的市场空间可能会越来越狭小。身处这个赛道的游戏手机厂商们,或许真的已经走到了最危急的关头。

华硕ZenScreen OLED MQ16AH便携显示器测评

■电脑报测评工程师 戴寅

便携显示器作为显示器应用中一个特殊的类别,近年来也逐渐被玩家们所熟知,其多样的应用方式极大地扩展了使用场景。作为一线厂商,华硕近年来也推出了多款便携显示器产品,在 OLED 面板逐渐成为市场关注点的同时,华硕也推出了采用 OLED 面板的便携显示器 ZenScreen OLED MQ16AH,它的表现如何呢?

规格参数

屏幕:15.6 英寸

面板类型:OLED,100% DCI-P3,Delta E < 2

分辨率:1920×1080

可视角度:178°/178°

亮度:400cd/ ㎡(峰值)

对比度:100000 : 1

响应时间:1ms(GTG)

接口:USB-C、Mini HDMI

参考价格:3199 元

家族化外观设计,更轻薄更便携

华硕 ZenScreen OLED MQ16AH 便携显示器的包装设计风格很简约,而且华硕将其打造成了独特的零废弃物包装,在取出显示器后,只需折叠几次,玩家就能将包装盒变成屏幕遮光罩使用,从而减少眩光。而包装盒内的保护用泡棉也能再利用,成为简单的屏幕支架使用。对于包装盒的再利用,是一个比较有意思的设计。

盒内配件提供了 1 条 USB-C 线、1 条 Mini HDMI to HDMI 转接线和 1 个 USB Type-C to Type-A 转接器,线材均采用尼龙编织网线材,显得更加精致,耐用度也有所提高。此外产品还为用户准备了一个 ZenScreen 智能保护壳,带来更好的使用体验。

华硕 ZenScreen OLED MQ16AH 采用了家族化的外观设计,正面采用了金属灰和黑色打造,背面则全是磨砂质感的金属灰,质感非常不错,熟悉的玩家一眼就能认出其来自 ZenScreen 系列。和之前的产品相比,这次它的整体更加圆润,更具有柔和美,少了一些电子产品的冰冷感。其屏幕尺寸为 15.6 英寸,得益于三边窄边框的设计,机身尺寸仅为 358.7mm × 226.15mm,得益于 OLED 面板的特性,其最薄处仅为 5mm,下方驱动板位置稍厚,不过也只有 8.95mm,重量也控制在了 650g 以内(不含底座),在同尺寸产品中,算得上是非常轻薄了,作为一款便携显示器,便携性如何自然是玩家考虑的重点,华硕 ZenScreen OLED MQ16AH 可以轻松地放入笔记本包中,不会给出门携带增加太多负担。

华硕 ZenScreen OLED MQ16AH 附送的 ZenScreen 智能保护壳不但可以避免灰尘和划伤,同时还可以折叠成支架,以不同的角度支撑屏幕,甚至还可以提供竖屏支撑,可以很好地适应玩家在摆放位置上的各

外包装盒折叠后可以作为简易遮光罩使用

显示器自带ZenScreen智能保护壳

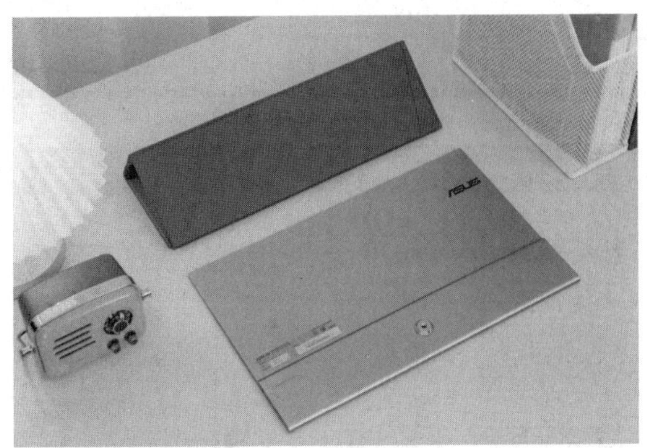

显示器背面质感非常不错

种需求。此外，屏幕背面还设计了一个三脚架螺丝孔位，玩家可以将其接入到三脚架上，实现更稳定的支撑和更多角度的调节，秒变显示器状态。华硕也为玩家提供了对应的三脚架，需要的玩家可以单独购买。为了更好地适应竖屏状态的显示，华硕ZenScreen OLED MQ16AH也支持横竖屏自动旋转，使用起来更加方便。

这次华硕ZenScreen OLED MQ16AH在接口方面的配备非常丰富，它配备了3个UBS-C接口和1个Mini HDMI接口。这3个USB-C接口中有2个支持Display Alt模式视频输入和电源输入，另一个USB-C只支持电源输入。这样的接口设置可以保证它无论是连接笔记本、电脑主机、手机或者游戏机都能有很好的适配性。接口都位于侧面，也便于玩家整理线缆。

100% DCI-P3色域，屏幕素质表现不错

除了便携性，玩家们对屏幕素质的要求也越来越高，华硕ZenScreen OLED MQ16AH在这方面的表现也比较不错。其采用了一块15.6英寸1080P分辨率（1920×1080）的OLED面板，刷新率为60Hz，可视角度为178°/178°。标准亮度为360cd/㎡，HDR/峰值亮度则可以达到400 cd/㎡。标准对比度为100000:1，HDR/最大对比度为1000000:1，开启华硕智能动态对比度则可以达到100000000:1。超高的对比度可以为观看者带来"更深邃的黑色"的体验，带来更清晰的层次感。

由于OLED的特性，它可以达到1ms GTG响应时间。色彩方面，它色域覆盖达到了100% DCI-P3，色深为10bit。另外，它也进行了出厂校色，并附带校色报告，从校色报告可以看出，其平均ΔE仅为0.42，色准表现非常不错。

那么其实际画质表现如何呢？我们使用红蜘蛛SpyderX Elite对华硕ZenScreen OLED MQ16AH进行了实际测试，测试前先点亮显示器预热一小时。

从测试来看，华硕ZenScreen OLED MQ16AH的色域覆盖达到了100%sRGB、94% AdobeRGB和100% DCI-P3色域，和标称值一致，色域覆盖表现非常优秀。

在48色色彩精准度测试中，华硕ZenScreen OLED MQ16AH的ΔE平均值仅为0.55（ΔE越低表示色差越小），远高于ΔE<2的标准。色调响应方面，该便携显示器的测试曲线（黑色）比较贴合光度2.2标准曲线（青色），在各个亮度下都能很好地达到gamma 2.2标准值，整体的表现算得上是比较不错。

亮度方面，华硕ZenScreen OLED MQ16AH的最高亮度可以达到405.8nit，可以带来比较不错的观感。凭借OLED面板的特性，黑色趋近于0，对比度远超普通LCD面板的产品，需要注意的是这里显示的对比度并不是显示器真正的对比度，而是因为仪器限制只能测到这个值。在OSD中将该显示器色温设置为暖色，测得此时的显示器白点为6500K~6600K，非常接近D65标准值。在亮度均匀度测试方面，在最高亮度下测得其亮度最大差异为5%，均匀度表现也比较不错，屏幕的各个位置都能获得较为一致的观感。

就测试的成绩而言，华硕ZenScreen OLED MQ16AH的表现比较不错，色域色准都有较好的表现，所以其不但能够作为日常工作娱乐使用，在应对一些对色彩表现有要求的生产力工作方面，也能带来不错的体验。

此外，华硕ZenScreen OLED MQ16AH也支持华硕Eye Care技术，为玩家们提供了滤蓝光和不闪屏支持。其中滤蓝光基于硬件解决方案，可减少有害的高能量蓝光辐射，色彩性能要优于软件式色彩调节的解决方案。不闪屏技术通过了TV Rheinland认证，可消除闪烁以确保舒适的观看体验，有助于缓解因长时间观看引起的眼睛疲劳。

调节功能丰富，应用场景多

虽然是便携显示器，但是华硕ZenScreen OLED MQ16AH依旧沿用了华硕传统显示器的OSD菜单设置项，相应的调节功能一个也没少。在产品的OSD菜单中，预设了标准、sRGB、风景、剧场、游戏、夜晚、阅读、暗房八种色彩显示模式，玩家可以根据自己的应用场景方便的切换。同时，该便携显示器除了常规的亮度、对比度、饱和度和色温调节外，部分显示模式还支持肤色调节，支持红润、自然和黄艳三种模式，玩家可以根据自己的喜好进一步地细化设置，从而获得最佳的观看体验。

和其他华硕显示器一样，华硕ZenScreen OLED MQ16AH也提供了GamePlus和QuickFit功能，前者能够为玩家在游戏中提供十字准星、定时器和显示对齐功能，后者则为玩家提供了排版方面的辅助。

由于这次采用了OLED面板，所以玩家也会更关注OLED的使用寿命问题，所以华硕ZenScreen OLED MQ16AH也提供了OLED面板专用的屏幕保护功能。此外，它还搭载了近距离传感器，开启后可以自动感应人和显示器的距离，并在人离开未使用时切换到省电模式，关闭屏幕显示，并在返回时自动恢复正常。此举可以更好地避免烧屏残影和节省电量。

从使用场景来看，华硕ZenScreen OLED MQ16AH作为笔记本/PC主机的副屏可以更方便地完成文字处理、制作Excel表格、设计PPT等需要同时多开软件窗口的应用，也可以在剪辑时为玩家提供更好的色彩表现和便利性。同时，它也可以成为游戏主机的外接显示器，方便玩家打造一个自己的游戏小天地。

点评：色彩表现出众，方便好用的便携利器

无论是组建双屏提升工作效率还是连接手机扩展屏幕显示效果，或是连接游戏掌机提升游戏体验，便携显示器的玩法在玩家们的开发下也是越来越多。作为华硕ZenScreen系列便携显示器的新一代作品，华硕ZenScreenOLED MQ16AH在承继家族化设计风格的同时，全新搭载的OLED面板也为其带来了更好的色彩显示，其15.6英寸的屏幕尺寸下只有最薄5.9mm的机身厚度以及0.65kg的重量，便携性相当突出。功能方面，无论是多个连接接口还是背后的三脚架接口，都为其使用带来更多便利，扩展了更多使用场景。总体来看，华硕ZenScreen OLED MQ16AH确实是一款色彩显示出众，又方便携带且好用的便携利器。

华硕ZenScreen OLED MQ16AH拥有丰富的应用场景

MicroLED有望迎来黄金十年

■上善若水

苹果的 MicroLED 屏幕将首先应用于 Apple Watch，最终还会应用于 iPhone，很有可能会在 2023 年至 2024 年正式发布采用这项技术的产品。

当苹果和三星同时看好一个领域时，未来科技领域的黄金赛道或已浮出水面，对于沉寂已久的显示领域而言，有望落地 MicroLED 无疑开启一方新的天地！

苹果第一块自研屏或许要来了

苹果自研芯片已经很难让人感到惊讶了，可苹果自研屏幕消息的传出，还是令市场感到不可思议。据彭博社报道，苹果公司正在积极推动 MicroLED 技术的落地，如果顺利的话，这家公司将在 2024 年发布的 Apple Watch Ultra 上使用自研的 MicroLED 屏幕。

除苹果自研面板的消息外，美国科技博客 MacRumors 的报道似乎也佐证了苹果有可能真的会深入显示面板领域。根据显示器分析师 Ross Young 分享的信息，首款配备 MicroLED 显示屏的 Apple Watch 将在 2025 年春季亮相。Young 称，MicroLED 版 Apple Watch 将于 2025 年春季推出，用于该设备的面板将于 2024 年底开始生产。

尽管苹果从未披露过其在自研 MicroLED 技术上的详细进展，但苹果针对这一赛道的布局早已不是秘密。苹果早在 2014 年就买下了 MicroLED 公司 LuxVue。以前有消息显示，苹果的 MicroLED 屏幕将首先应用于 Apple Watch，最终还会应用于 iPhone，该公司很有可能会在 2023 年至 2024 年正式发布采用这项技术的产品。2018 年 3 月，彭博社从苹果内部人士获悉，公司正在测试三星、LG 等厂商的 MicroLED 解决方案。一年后，中国台湾媒体《经济时报》报道，苹果联合友达光电与 Epistar 合作建造一座 MicroLED 工厂，预计在 2020 年实现量产。

相对于布局和产品，MicroLED 究竟有怎样的魅力值得苹果直接进入上游供应链呢？

OLED 的最佳替代者

相对主流的显示背光技术，MicroLED 具备体积小、低功耗、高对比度、高亮度和广色域等优点，其晶片厚度可降至微米级别，适用于手表、手机、车载屏幕、VR/AR 终端等多个硬件领域。

从技术原理上看，MicroLED 技术即 LED 微缩化和矩阵化技术，指在一个芯片上集成高密度微小尺寸的 LED 阵列，是将 LED 进行薄膜化、微缩化和矩阵化的结果。Micro LED 技术将目前的 LED 微缩至长度仅 50 微米左右，是原本 LED 的 1%，通过巨量转移技术，将微米等级的 RGB 三色的 MicroLED 移至基板上，可以形成任意尺寸的 MicroLED 显示屏。

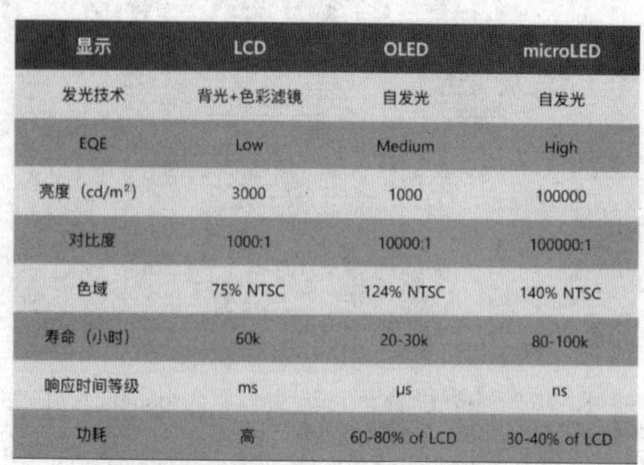

显示	LCD	OLED	microLED
发光技术	背光+色彩滤镜	自发光	自发光
EQE	Low	Medium	High
亮度（cd/m²）	3000	1000	100000
对比度	1000:1	10000:1	100000:1
色域	75% NTSC	124% NTSC	140% NTSC
寿命（小时）	60k	20-30k	80-100k
响应时间等级	ms	μs	ns
功耗	高	60-80% of LCD	30-40% of LCD

主流显示背光技术对比

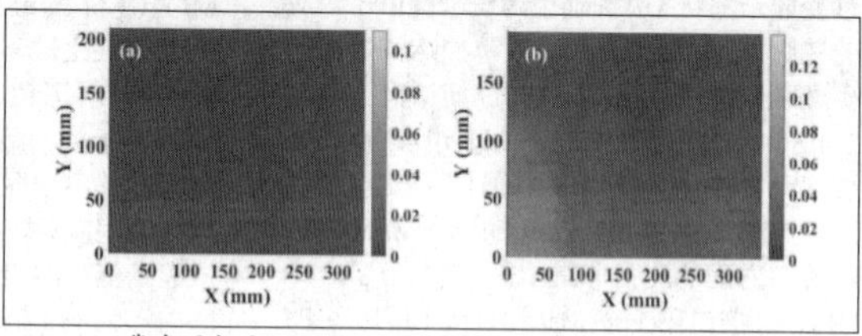

MiniLED 背光面板和 OLED 面板的亮度分布

相比目前主流显示技术 LCD 和 OLED，MicroLED 显示器可提供与 OLED 相同的完美黑色，且没有烧屏危险。MicroLED 屏幕的功耗仅为 LCD 显示器的十分之一，色彩饱和度接近 OLED，MicroLED 被认为是 OLED 的最佳替代者，但 MicroLED 技术的开发难度较大。

美国三大光学中心之一的中佛罗里达大学光学院系统地测量并比较了 Nichia 公司的 15.6 英寸的 MiniLED 背光面板与 15.6 英寸商用 OLED 笔记本电脑（Dell XPS 15 7590）的显示性能，包含两者的亮度、伽马曲线、颜色体积、颜色偏移、功耗、环境对比度和光晕，两种显示器均表现出优异的性能。结果表明，MiniLED 背光面板具有更高的峰值亮度、更精确的伽马曲线、更均匀的低灰度亮度、更大的色量、更低的功耗和更高的环境对比度。

在产品方面，目前的 Apple Watch 采用 OLED 屏幕来实现全面屏效果，但这种显示技术存在局限，所以苹果可能在不久的将来使用更先进的技术，MicroLED 就是其主要努力的方向。而作为 Apple Watch 当前 OLED 面板的供应商，三星同样在 MicroLED 上早早布局，据 SamMobile 报道，三星正在为智能手表研发 MicroLED 面板。

一旦 Apple Watch、Galaxy Watch 等现象级产品开始转向 MicroLED，那整个产业链落地速度必然得到极大提升，毕竟在大规模量产之前，MicroLED 的价格非常昂贵。2016 年，索尼曾推出过一款 220 英寸搭载 MicroLED 技术的电视，号称面向商用显示领域，但即使是商用显示领域也鲜有场景能负担其 100 万美元的售价。以 4K 电视为例，通常 4K 电视的分辨率为 4090×2160，即一台 4K 电视上共有 883.4 万个像素点，假设每个像素点需要 R（red）/G(green)/B (blue)三个晶粒，制作一台 4K 电视需要转移的 LED 芯片就高达 2650 万个。

如此庞大的工程对整个显示产业链既是压力也是机会，一旦 MicroLED 市场被打开，其整个市场成长空间也会提供巨大红利。据 DSCC 机构最新发布的《MicroLED 显示技术和市场前景报告》，MicroLED 显示技术的市场仍然很小，但预计到 2027 年将达到 13 亿美元规模。而据 Yole 预测，全球 MicroLED 显示屏出货量将从 2019 年的约 610 万片增长至 2025 年的 3.29 亿片，年均复合增长率为 94.38%，显示市场规模将从 2019 年的 6 亿美元增长至 2025 年的 205 亿美元，年均复合增长率高达 80.1%。

积极布局的产业链

苹果参与 MicroLED 显示技术和产品的研发并不意味着工厂也要自己提供，据 MacRumors 爆料，LG 正在建造一条小型生产线，为苹果供应 MicroLED 屏幕，这意味着全球主流显示面板厂商都在积极布局 MicroLED 领域。

事实上，虽然 MicroLED 发展道路上比较具有代表性的事件是 2014 年苹果收购 LuxVue，但其实多家 IT 科技巨头都在 MicroLED 领域有所谋划。2016 年，Oculus 收购 InfiniLED，并且与 Plessey 达成协议准备开发 MicroLED AR 显示技术；2017 年，夏普与富士康投资 eLux。不久后谷歌对 MicroLED 公司 Glo AB 做出投资，Intel 则开始对 Alidia 做出投资；三星与晶元光电、錼创科技合作预备生产 MicroLED 电视。

在国内，包括华灿光电、聚灿光电等头部企业也在正面竞逐 Mini/MicroLED 产业。就在上个月，三安光电完成 79 亿元定增，除补充公司流动资金 10 亿元外，其余 69 亿元将均用于湖北三安光电

Mini/MicroLED 显示产业化项目。聚灿光电于去年 6 月定增募资 12 亿元扩充 Mini/MicroLED 芯片产能。在终端产品方面，MiniLED 背光技术于 2019 年首次实现商业应用，应用于苹果和华硕的 32 英寸专业显示屏以及 TCL 的电视产品。在第九届中国信息技术博览会(CITE)上，TCL、康佳和创维都展示了他们最新的 MiniLED 背光电视，而 IVO 和天马也推出了使用 MiniLED 背光技术的汽车显示器。

编辑点评：迭代创造超车机会

在 CRT、PDP 以及 LCD 时代，中国面板技术主要依靠从外国引进；LCD 时代，技术来源广泛，国内后期能够生产，但仍要结合日韩技术；国内的 OLED 技术，主要是在韩国经验的基础上进行的自主研发。中国显示行业在一次次的技术迭代中，正在逐渐摆脱对外国技术的依赖，MicroLED 技术本身处于崛起的初期，我国三安光电、京东方、康佳等一大批显示领域企业凭借较早的布局和完善的上下游产业链关系，极有可能在这场显示技术更迭中抢占先机，实现弯道超车。

微软巨资加码OpenAI：AI罗曼史背后的暗战

■李铮

100 亿美元的投资计划

2023 年刚开始，一场科技巨头之间的巨额合作就摆上了台面，1 月上旬，微软计划向 OpenAI 投资 100 亿美元（合人民币 677.51 亿元）以收购其 49% 股权，目前双方正在谈判，预计 OpenAI 投后估值将达到 290 亿美元。

更早之前的消息称，微软要将 ChatGPT 技术整合到其 Word、PowerPoint、Outlook、Bing 必应搜索等软件产品中，以更好对抗 Google(谷歌搜索)。

随着微软和 OpenAI 融资的推进，一个大问题浮出水面：双方能否在不让事情变得太复杂的情况下得到各自想要的东西，并迅速领先于谷歌等竞争对手？

三年前，微软试图在云计算和人工智能领域超越亚马逊和谷歌时，公司做出了一个重大举措。它向最初由埃隆·马斯克、前 Y Combinator(美国著名创业孵化器)总裁萨姆·奥特曼和其他科技大佬共同创立的 OpenAI 项目投资 10 亿美元，用于创造通用人工智能领域的软件。

OpenAI 的创始人将自己视为谷歌等人工智能技术巨头的竞争对手，并防止这种强大的技术最终落入垄断企业手中。后来成为 CEO 的奥特曼意识到，这种结构使得筹集 OpenAI 训练机器学习模型所需的资金变得较为困难，于是微软入局。

多年后，微软和 OpenAI 之间的关系变得更加深厚和复杂，它们的财务命运和技术越来越融合。硅谷也希望将新一代人工智能工具推进，从而实现商业价值，于是红杉资本、老虎全球管理基金，各个金融家都开始将橄榄枝投向 OpenAI，让后者的估值超过 290 亿美元。

ChatGPT 或将改变微软系列产品

OpenAI 于 2022 年 11 月推出聊天机器人 ChatGPT（Generative Pre-trained Transformer），它建立在 OpenAI 的 GPT-3 大型语言模型家族之上，并经过微调（一种迁移学习方法）同时采用监督学习和强化学习技术。

ChatGPT 因其详细的响应和跨多个知识领域的清晰答案而迅速受到关注，但其参差不齐的事实准确性被认为是一个重大缺陷。

即便如此，微软目前已经全面启动了 ChatGPT 的深层次嵌入，当下正准备在 2023 年 3 月底筹备推出新版本的 Bing 搜索引擎，产品亮点在于，Bing 会使用 ChatGPT 背后的人工智能技术来回答搜索查询，而不是像之前的那些搜索引擎，仅显示搜索结果的列表。

与 Bing 的合作可以帮助微软搜索引擎带来更多用户，从而提高广告收入。截至 2022 年 6 月，微软从搜索、MSN.com 和其他新闻类产品中的广告收入达 116 亿美元，比上一年增长了 25%。尽管微软没有把 Bing 得到的广告收益专门分开，但谷歌搜索的收入少说也是 Bing 的 10 倍，这块肥肉换谁不眼馋？

这事儿还不算完，有消息称微软还计划将 ChatGPT 整合到其 Office 生产力程序套件中。这些应用程序将包括 Word、PowerPoint 和 Excel，结合强大的聊天功能，允许根据用户提供的简单 prompt 生成文本。AI 与大众用户使用的应用程序是否能够很好地融合，有待观察。但可以预见，与 Clippit 等传统的 Office 助手相比，ChatGPT 等平台提供的功能将大大改进，毕竟 Clippit 只能为用户提供基本的辅助功能。

Figure 3.6 Top 50 investors in R&D in 2022 (rank 2012 in parentheses), EUR million

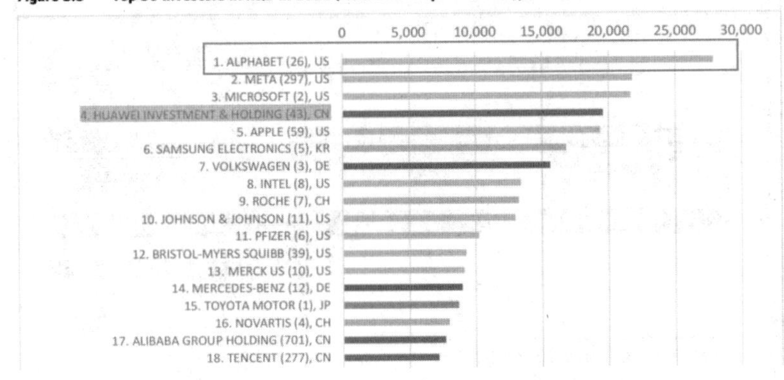

AI 引发搜索引擎战火将是长期性的

纵观微软和谷歌这十几年，双方恩怨始终不断。早期的矛盾说来好笑，找漏洞绝对算得上是谷歌的“阴招”之一。谷歌工程师老向微软报告 Windows 漏洞，5 天不完成，工程师不仅公开了那个漏洞的有关信息，还例举了攻击代码，整得微软很难堪。

2020 年，基于 Chromium 的新版 Edge 正式上线时，用户使用新的 Edge 浏览器尝试从 Chrome Web Store 添加扩展程序时，会弹出一条消息：“谷歌建议您切换到 Chrome 以便安全地使用扩展程序”。

而 2021 年谷歌被欧盟法院判决对竞争对手形成了不正当的优势，遭遇天价罚款 24.2 亿欧元(合人民币 174 亿元)，背后就是微软牵头的几家公司告的状。

就目前而言，谷歌对 ChatGPT 模型对其在互联网搜索领域的主导地位构成的潜在威胁处于一种矛盾状态。谷歌担心的是，ChatGPT 最终可能会成为谷歌搜索的替代品，但高管们又对引入新人工智能功能的想法持谨慎态度。首先是使用 ChatGPT 的计算能力成本较高，GPT 自身成本有几美分，超过了普通 AI 模型的两倍还多。其次，鉴于现阶段人工智能的表现，谷歌还担心它可能会传播虚假或有毒信息。

谷歌目前正在开发一种特定的、基于云的人工智能工具，该工具将使用支持其 LaMDA 聊天机器人执行简单的客户任务。

它还可能向有限数量的用户提供一些信任度和安全标准较低的人工智能工具的早期原型，进行测试评估。

在《欧盟工业研发投资记分牌 2022》中，谷歌母公司 Alphabet 在研发投资方面排名第一（费用约 260 亿美元），FaceBook 和 META 排名第二，微软排名第三，华为排在第四，苹果排在第五位，之后是三星、大众、英特尔等。

AI 时代，先得技术者得天下，排名前几位科技大佬之间的战斗，还远未到握手言和的时间。

国产EDA，十年为期

■云片

芯片行业绵长而复杂，上下游相互连结，可谓环环相扣，缺一不可，EDA（Electronic Design Automation，电子设计自动化）作为集成电路产业链的命脉，自始至终连接和贯穿着芯片制造和科技应用的发展，芯片设计、晶圆制造、封装测试，每个环节都离不开 EDA 工具。

EDA 工具最早是为了解决集成电路布局布线问题而出现的，后来随着集成电路规模越来越大，设计人员可以在计算机上利用 EDA 软件，自动完成逻辑编译、化简、分割、综合、布局布线、逻辑优化以及仿真测试等工作，工作效率大大提高。也正因如此，EDA 工具被称为是半导体产业皇冠上的明珠。

但是这颗明珠 70%以上的市场份额，都被 Synopsys（美国新思科技）、Cadence（美国楷登电子）、Mentor（德国明导国际，被西门子收购后更名 Siemens EDA）三巨头垄断。而"十四五"迄今，信创产业作为国家经济发展的重要抓手，国产 EDA 工具也赫然在列，目前来看发展情况如何呢？

EDA 也要细分，国产暂时无法实现完整方案

从应用面来说，EDA 工具可分为设计类和制造类，前者主要用于芯片设计阶段，包括功能设计、布局布线、物理验证及仿真模拟等功能，而后者则主要用于芯片制造阶段，比如数字前端、数字后端、工艺开发等等。目前来看，只有前面提到的 EDA 三巨头能提供全套芯片设计解决方案，国产 EDA 工具均属于设计类，代表厂商有华大九天、概论电子、国微集团等等，它们都不具备全套方案供应能力。

所以，我们国产 EDA 厂商未来要做到 EDA 全流程覆盖，就必须完全掌握模拟、数字前端、数字后端、封装、FPGA、系统、工业开发等工作。具体来说，模拟就是对芯片设计过程中可能存在的错误做提前的预判，有助于减小损失和降低成本；数字前端就是设计，从无到有，数字后端就是实现，把前端设计的芯片、思想、逻辑变成可以被工厂制造出来的产品；封装技术就是芯片的保护套，将芯片包裹起来，以避免芯片与外界接触，防止外界对芯片造成损害的一种工艺技术；FPGA 就好像搭积木，你可以用它搭成你所需要的电路甚至是芯片，FPGA 和单纯设计的区别就是少了很多后端流程，比如说芯片的前端设计，FPGA 验证就非常重要，可以通过 FPGA 模拟所设计的芯片来测试其功能；工艺开发的重要性在于，在一些新工艺的预研期，对于材料特性需要更深透的了解，因此要对整体设计配方进行一系列的建模和仿真，所以 EDA 公司也必须要懂工艺设计才行。

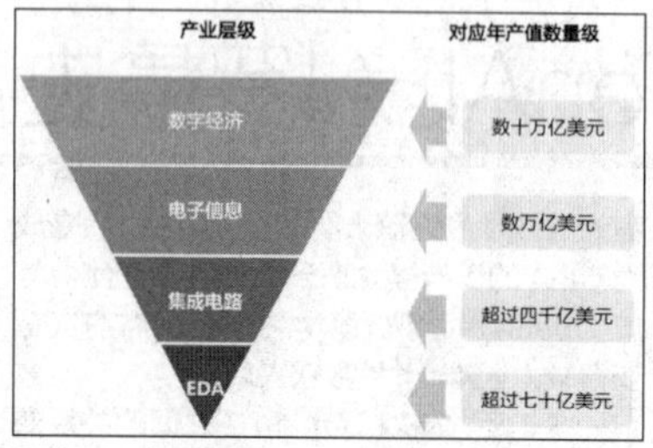

虽然EDA市场规模不大，但却是数字经济的根基

打破壁垒，最重要的是找对突破口

从技术上不难看出，我们目前正处于最关键的突围阶段，而国外 EDA 工具垄断的主要方法有三个：技术壁垒、研发周期和资金。但垄断也有垄断的短板，因为垄断而产生的应用场景全覆盖，会导致各个环节的功能和易用性参差不齐，用户往往需要借助第三方软件进行局部调整优化，除此之外 EDA 工具之间也会存在数据壁垒，让设计成果无法实现灵活高效转换和复用。所以我们寄望于国产 EDA 厂商一口气产出一个媲美 EDA 三巨头的全场景覆盖的工业软件难度很大，真正的机会还是找到一个具体的设计点为突破口，由点及面逐步发展。

以华大九天为例，它就以模拟电路仿真软件为突破口，将芯片领域的全流程设计支持技术迁移到液晶面板设计全流程，这个技术转移正好伴随了中国液晶面板的崛起从而占领市场，进而帮助华大九天继续打开了模拟电路全流程设计的窗口。这种配合市场需求变化寻找切入点的发展模式，可以帮助国产 EDA 工具寻找新的突破口，打开新的市场空间。事实上众多国产 EDA 工业软件公司都选择了这一条路。

不过，国外 EDA 工具的垄断优势也是我们不能忽略的，因为 EDA 是算法密集型的软件系统，通过高强度、长周期的研发投入获得了技术和专利积累，并且在人才储备上行业头部公司都拥有经验丰富、实力雄厚的研发队伍，其知名度、成熟的培训体系也能够持续吸引人才加入，再加上垄断型 EDA 企业与全球领先的芯片设计和制造企业保持着长期合作关系，其 EDA 工具工艺库信息也明显更为完善，还能跟随先进工艺演进不断迭代……所以在这种情况下，国产 EDA 想要真正实现突围，十年为期真不是保守估计，我们更需要脚踏实地的渐进式发展，在党政两大核心体系，以及金融、石油、电力、电信、交通、航空航天、医院、教育等八大主要行业上实现应用突破，以全行业突围作为长远目标，才能实现国产 EDA 真正的全面开花。

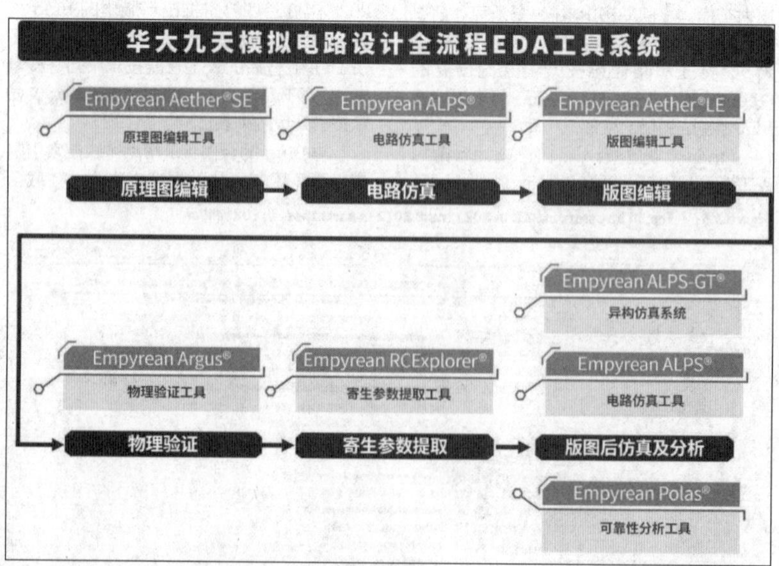

华大九天在模拟电路设计上已经找到了突破口

定位普遍升级，2023年国产手机还要涨价

■李铮

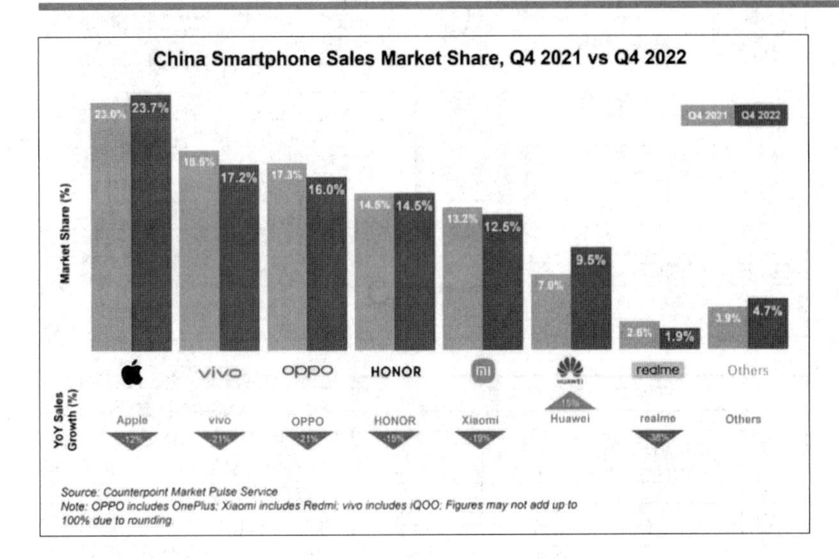

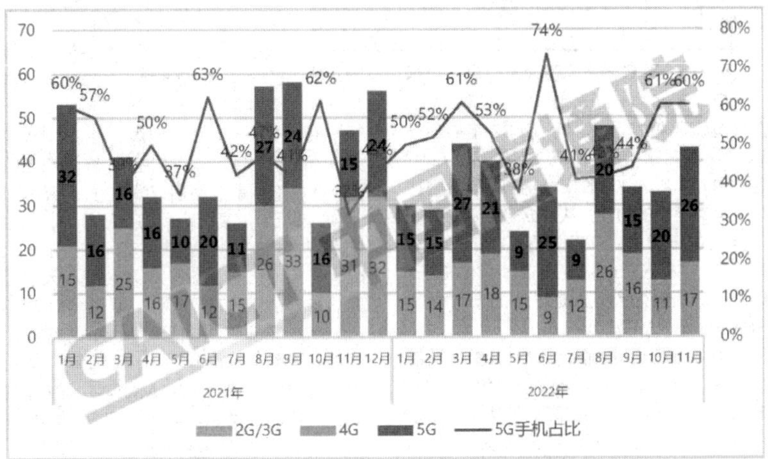

节后开工，各大调研公司都晒出了2022年第四季度及全年的智能手机市场出货数据，结果既有预料之中，也有意料之外。IDC报告显示，2022年第四季度，中国智能手机市场出货量约7292万台，同比下降12.6%。另一家数据机构Counterpoint Research的报告则指出，中国智能手机销量2022年同比下降14%，其中第四季度下降15%，更加惨烈。

刚刚过去的2022年，对于智能手机行业来说是一段不堪回首的苦日子。尤其是国产厂商，在国内市场这个大本营，苹果却成了最大赢家。2022年第四季度，苹果仍是跌幅最为轻微的一个，甚至达到了有史以来最高的季度份额，在中国市场占比23.7%，与去年同期的23%相比小有提升。2022全年市场份额为18%，2021年为16%，实现了逆势增长。2022年国产手机厂商不仅没有等来触底反弹，反而让苹果在国内市场获得了更多机会。

令人欣慰的是，国产厂商们并未就此摆烂，反而有遇强则强之势。一个明显的现象是，大家将2023年的产品节奏又整体向前推进。新一代新机在去年11月便开始扎堆发布，让今年春节购机选择超级多。

这样的整体提前，可能也打乱了很多人原本的购机计划，本来打算在双十一、双十二购机的人，决定“再等等”。但也要注意，这一等，同样的钱恐怕就买不回原来的东西了。

不同于以往的新机节奏

根据中国信通院最新发布的国内手机市场分析报告，2022年11月，国内上市新5G手机26款，同比增长73.3%。不仅是数据上的体现，对当了多年手机编辑的人来说，也是第一次遇到如此繁忙的11月。

直到今年1月初的一加11发布之后，这波新机井喷才算暂时消停。这在往年是比较少见的。之前我们就提到从去年11月到1月的新机发布潮，涵盖了各色不同定位的产品，其中仅骁龙8+新机就有多款，覆盖价位2499~8999元。

vivo、iQOO、小米、Redmi、努比亚、红魔、一加等多个主流品牌也都赶在农历春节前发布了搭载第二代骁龙8的新旗舰系列，让2023年的旗舰市场竞争足足提前两个月到来。

此外，由于春节期间还有商务送礼需求，也是折叠屏手机的销售旺季。在年底这段时间推出折叠屏手机渐成传统。

华为在2021年底将自己的折叠屏产品线进行了扩充，推出了P50 Pocket这样的纵向折叠方案的产品，又在去年11月推出了门槛更低的Pocket S。荣耀Magic V系列、OPPO Find N系列也都进入了相似的迭代节奏，纷纷在年底扩充产品线。小米、vivo则以推出新配色、新年礼盒版等形式作为应对。

除折叠屏以外，线下渠道的传统走量机型同样“打得火热”，荣耀80系列、OPPO Reno 9系列、vivo S16系列几乎同时更新，相互硬刚年底销售行情。

不难看出，面对2022年的市场颓势，国产厂商没有选择摆烂，而是纷纷抢跑，加强产品线布局。在市场复苏仍不确定的情况下，更多新产品将起到消费刺激作用，同时在这个过程中，各家也在调整产品策略和定位，面对苹果的一家独大，“冲高”仍是2023年的主旋律。

定位升级，全系升杯

这里所说的“冲高”不仅是传统意义上对高端市场份额的争夺，从这波新机发布来看，中高端产品也在集体上探。而定位层面的升级，带来的直接结果是售价的上涨。

典型的例子就是Redmi K60系列，三款机型K60E、K60和K60 Pro，搭载的处理器分别是天玑8200、骁龙8+和第二代骁龙8，对应的上代的K50、K50至尊版和K50 Pro。从这个对应关系可见，今年K60系列做了全系升杯。

升杯后的Redmi K60 Pro起步价来到3299元，12GB+512GB版本涨价300元，顶配版更是达到史无前例的4599元。当Redmi卖到4000元以上，是不是让小米13系列的涨价都显得更合理了？

继续坚持双尺寸旗舰的小米13系列，相比前代小米12S系列，标准版小米13起售价提高了300元，小米13 Pro更是贵了足足600元。vivo则做得更加彻底，在去年底这段时间，iQOO、X系列、S系列全线换新，vivo在中高端产品线上的全面布局，帮助回归的超大杯vivo X90 Pro+起步价直接突破6000元，来到6499元，过去敢这么干的只有华为。

如果你还打算用去年的预算在今年换一部新手机，那可能就要降低预期了，同样的价钱过去或许能买中高端，但今年只能看看中端机型。比如去年的目标是 Redmi K50 Pro，今年就变成 Redmi K60 了。

冲击高端不等于提高售价，涨价更不意味着能增加销量，手机厂商当然也明白这个道理。定位升级、全系升杯，核心还是为了覆盖更多价位和更多的用户需求，从而实现销量的不下滑。

厂商	2022年第三季度出货量（单位：百万台）	2022年第三季度市场份额	2021年第三季度出货量（单位：百万台）	2021年第三季度市场份额	同比增幅
1. vivo	14.2	20.0%	17.9	22.1%	-20.5%
2. Honor	12.7	17.9%	14.0	17.3%	-9.1%
3. OPPO	11.6	16.3%	16.0	19.9%	-27.9%
4. Apple	10.8	15.1%	10.5	13.0%	2.5%
5. Xiaomi	9.0	12.7%	11.0	13.6%	-17.9%
其他	12.8	18.0%	11.3	14.0%	13.2%
合计	71.1	100.0%	80.8	100.0%	-11.9%

2022年第三季度，中国前五大智能手机厂商——出货量、市场份额、同比增幅

来源：IDC中国季度手机市场跟踪报告，2022年第三季度

注：数据为初版，存在变化可能
数据均为四舍五入后取值

中高端市场期待绝地反击

这样的策略在去年其实就已开始并有所成效。据 IDC 公布的第三季度中国智能手机市场数据，vivo 重返国内市场出货量第一，市场份额达到 20.0%。子品牌 iQOO 市场份额持续提升，第三季度已达到国内市场的 4.6%。vivo X 系列延续上个季度的优秀表现，在 400~600 美元市场中保持领先。

到第四季度，手机厂商都在加强整合优势资源，扩大产品线覆盖。Redmi K60 系列定位上移的同时，Redmi K60E 作为 Redmi K50 的换代机型，虽只有芯片更新到天玑 8200 的微小变化，但首发价比当初低了 200 元。配合 K60、K60 Pro 升级，帮助填补了小米数字系列进一步上探后留下的空白。

荣耀方面，在数字系列、Magic 系列主攻线下市场的同时，接连推出了主打性价比的 GT 系列，力求扩大线上份额。OPPO 同样改变了布局，在年末正式将一加"收归"旗下，专注于线上市场的品牌，类似 vivo 的 iQOO 品牌。最新的一加 11 从价格到定位目标都很明确，瞄准了注重极致游戏性能体验的线上用户，很显然一加也会将这一策略长期化。

这意味着春节前的这波新机潮只是开端，接下来我们将看到更密集的发布会。更多新机加上更全面的定位覆盖和价位布局，进一步刺激市场，或许有望改写国产手机持续了两年多的颓势。

高端争夺更加激烈

展望 2023 年的手机市场，国产厂商集体冲击高端的影响还会持续发酵，但也需要认识到，中高端基本面同样重要，继续探索消费者潜在需求，夯实产品力和提升竞争力，才能在寻求更多的高端市场份额的同时，实现国产手机的绝地反击。

4000-6000价位段手机销量

品牌	份额		
	2022W50 (12.12-12.18)	2022W51 (12.19-12.25)	2022W52 (12.26-1.1)
苹果	46.7%	43.9%	42.8%
小米	12.6%	19.0%	21.7%
华为	12.8%	13.5%	13.9%
vivo	8.3%	7.4%	6.4%
oppo	3.3%	3.2%	3.7%
荣耀	3.2%	3.3%	3.3%

前两天，雷军高兴地跟大家分享了小米手机拿下国产第一高端手机宝座的好消息。据市场调研机构数据显示，2022 年最后一周，小米在国内手机市场 4000 元至 6000 元的价位，以 21.7%的市场份额，拿下国产第一高端手机的宝座。从数据来看，在 4000 元至 6000 元价位，苹果以超 40%的份额一骑绝尘。在小米 13 系列发布后，小米在这一价位的份额也有了明显提升，从而成功将华为挤下了第二的位置。

华为的表现还是很让人惊喜的，毕竟缺失了 5G 功能，华为仍拿到了市场第三、国产第二的份额，侧面反映出高端品牌认可度这一块，华为还是杠杠的。后三位依次是 vivo、OPPO、荣耀，份额差距并不大，距离国产高端手机第一的位置仍需要奋起直追。

从最近曝光的消息来看，华为、OPPO、vivo 都有将小米拉下马的明显意图。先是作为 OPPO 子品牌的一加，自一加 11 发布后，就频发销量捷报，一加官方表示，在京东排行榜的旗舰手机价位（4000-6000 元），一加 11 销量排名第三，位居 iPhone 14 和 iPhone 13 之下，在安卓阵营是第一名。

在天猫平台 4000 元以上价位，其销量也是安卓阵营第一名。该机开售 51 分钟就打破友商所有第二代骁龙 8 机型的首销全天销售纪录。不过在此之前就已发布的vivo X90 系列同样频频被传销量很好，并且这一点还得到了同行的认可："4000 这档的这批机型，卖得最好的是蓝厂的 X90 系列，是那种一骑绝尘的好。"对此，vivo 产品经理韩伯啸回应称："最好有可能，一骑绝尘有点过奖了。X90 占了性能外观影像渠道服务比较全面的优势。"

很显然，一加 11 定位线上，其销量仅仅是在线上比较突出，如果加入线下渠道的话，vivo X90 系列销售成绩更好。当然，对于 4000 元以上高端市场的份额争夺，这才刚刚开始，OPPO 方面除了有一加打前阵之外，年后 OPPO Find X6 系列将和大家见面，关于配置有新爆料。据爆料，OPPO Find X6 标准版将采用 6.74 英寸 2772 × 1240 分辨率 1.5K、120Hz 刷新率、原生 2160Hz PWM 调光的 AMOLED 居中单挖孔窄边框曲面屏，供应商来自国产屏幕厂商。OPPO Find X6 Pro 则将采用 2K 屏。

无独有偶，最近还陆续爆出华为 P60 以及 Mate60 的新消息，华为两款新机入网，应该就是 P60 系列，同时还有 Ultra 款会在 3 月推出。产能全面恢复的华为，今年将回归双旗舰系列，在高端市场依旧有很强的竞争力。小米方面当然也没有坐以待毙，毕竟后面还有小米 13 Ultra 的大招等着放出来。2023 年的高端市场依然有很大变数，谁能真正坐稳国产第一高端机的位置，我们拭目以待。

2K光追游戏极致流畅，技嘉RTX 4070 Ti雪鹰测评

■电脑报工程师 王诚

RTX 40 系列的第三位成员 RTX 4070 Ti 已经开售，RTX 4070 Ti 具备 NVIDIA Ada Lovelace 全新架构的一系列新特性与黑科技，价格方面则定位甜品。本次测试我们使用了来自技嘉的 GeForce RTX 4070 Ti AERO OC 12G 雪鹰（以下简称 RTX 4070 Ti 雪鹰），这款颜值与性能双绝的超公版 RTX 4070 Ti 到底表现如何，一起来看看吧。

游戏工作通吃，RTX 4070 Ti 雪鹰规格给力颜值高

作为超公版 RTX 4070 Ti 中的高颜值代表作，RTX 4070 Ti 雪鹰独特的银白配色外观尤其引人注目，虽说它更倾向于定位设计师用户群，但其强劲的游戏性能一样让它能够担当个性玩家的游戏利器。

技嘉 RTX 4070 Ti 雪鹰在显卡顶部加入了一块荧光渐变色的区域，从不同的角度看会呈现出不同的色彩。搭配支持 1670 万色灯光调节以及能和其他设备实现灯效同步的 AERO LOGO 灯，可以呈现出绚丽的视觉效果。

散热方面，RTX 4070 Ti 雪鹰搭载了高效的风之力 3 风扇散热系统，由均热板直触 GPU 表面，配合 7 根复合式热管将热量快速传递出来。3 个 100mm 风扇的扇叶上都有 3D 条纹曲线，能引导气流平滑通过，每个风扇的旋转方向与相邻风扇相反的正逆转设计可以减少扰流并增加气压，再配以背板上的进气格栅以及比 PCB 更长的散热鳍片，可大幅提高散热能力。

此外，显卡风扇都采用了纳米石墨烯润滑油，可以大幅延长油封轴承风扇的寿命，达到滚珠轴承风扇的水平，而且更为安静。风扇支持智能启停功能，当 GPU 负载较低时，风扇将会自动停止运转，提供零噪声的舒适体验。在稳定性方面，RTX 4070 Ti 雪鹰采用了长寿命固态电容、合金电感、2Oz 铜 PCB 与低电阻式晶体管等超耐久用料，充分保证稳定性和使用寿命。

接下来就是大家最关心的实战测试部分。

开启 DLSS 3 帧率暴涨 RTX 4070 Ti 实力诠释黄金甜品

测试中我们解锁了处理器功耗墙，并开启 BIOS 中的 Resize BAR 选项。内存选择 XMP DDR5 6000 模式，分频设定为自动。此外，还根据不同测试项目选用了 RTX 4080/3080 Ti/3090 Ti/3070 Ti 进行对比。

测试平台

显　卡：技嘉 GeForce RTX 4070 Ti AERO OC 12G 雪鹰
处理器：Intel 酷睿 i9 13900K
内　存：技嘉 AORUS DDR5 6000 16GB×2
主　板：技嘉 Z790 AORUS MASTER 超级雕
硬　盘：技嘉钛雕 AORUS Gen4 7000s 2TB
电　源：技嘉 UD1000GM PG5
操作系统：Windows 11 专业版 22H2

光栅游戏性能测试

首先看看 2K 下的表现。综合 12 款游戏大作的测试成绩，RTX 4070 Ti 平均领先 RTX 3070 Ti 大约 46%，领先 RTX 3080 Ti 大约 14%，相当于 RTX 4080 约 84%的水平。当我们把分辨率提升到 4K 之后，RTX 4070 Ti 平均领先 RTX 3070 Ti 大约 44%，领先 RTX 3080 Ti 大约 10%，相当于 RTX 4080 约 80%的水平，这个表现也是达到了预期的目标。

光追游戏性能测试

接下来看看光追游戏和 DLSS 2 测试的情况。总体来看，平均这些游戏的表现，在开启光追后，RTX 4070 Ti 在 2K 下相对于 RTX 3070 Ti 提升为 55%，4K 下相对于 RTX 3070 Ti 的提升为 63%。开启 DLSS 后，RTX 4070 Ti 相对于 RTX 3070 Ti 的提升则为 55%，也是非常令人满意的。

DLSS 3 测试

DLSS 3 可以说是 RTX 40 系列的核心功能了，开启之后能让游戏帧率得到极大的提升。从几款 DLSS 3 游戏测试可以看到，RTX 4070 Ti 开启支持“光学多帧生成”技术的 DLSS 3 之后，游戏帧率的提升非常夸张，虽然没有实现翻倍，也能让 2K 光追游戏大作实现 100fps 以上的流畅帧率，像《赛博朋克 2077》《生死轮回》这样要求较高的光追大作更是从几十帧的普通流畅度直接提升到上百帧的高流畅度，可玩性上了几个台阶。

考机与超频测试

RTX 4070 Ti 雪鹰作为一款超公版 RTX 4070 Ti，频率设定方面自然要高于公版标准。从 GPU-Z 可以得知，它的加速频率为 2640 MHz，高于公版的 2610 MHz。

光栅游戏性能测试（最高画质 / 单位：fps）

		RTX 3080Ti	RTX 4070 Ti	RTX 3070 Ti	RTX 4080
《极限竞速：地平线 5》	2K	121	141	103	159
	4K	88	100	71	119
《古墓丽影：暗影》	2K	170	197	132	245
	4K	95	102	72	132
《杀手 3》	2K	211	258	164	312
	4K	118	136	87	172
《荒野大镖客：救赎 2》	2K	114	125	89	149
	4K	72	79	58	99
《刺客信条：英灵殿》	2K	117	135	100	153
	4K	76	84	62	100
《看门狗：军团》	2K	104	122	81	142
	4K	64	69	48	88
《孤岛惊魂 6》	2K	139	155	113	175
	4K	85	90	66	110
《毁灭战士：永恒》	2K	285	346	224	427
	4K	170	205	121	248
《控制》	2K	134	140	96	180
	4K	68	71	51	87
《绝地求生》	2K	204	220	151	263
	4K	106	118	83	151
《COD19》	2K	126	135	85	174
	4K	77	80	53	107
《最终幻想 14》	2K	199	212	167	247
	4K	112	113	87	145

光追游戏性能测试（最高画质 / 单位：fps）

		RTX 3080 Ti	RTX 4070 Ti	RTX 3070 Ti	RTX 4080
《古墓丽影：暗影》	2K	111	133	83	164
	4K	61	69	42	87
	4K+DLSS 质量	91	105	57	133
《杀手 3》	2K	60	70	44	87
	4K	31	37	22	45
	4K+DLSS 质量	53	61	39	75
《地铁：离去》增强版	2K	61	72	44	89
	4K	35	42	26	52
	4K+DLSS 质量	56	65	40	80
《看门狗：军团》	2K	63	70	47	87
	4K	35	38	17	48
	4K+DLSS 质量	57	63	42	79
《孤岛惊魂 6》	2K	116	130	97	142
	4K	73	79	56	93
《毁灭战士：永恒》	2K	203	231	120	289
	4K	121	134	显存不足无法运行	167
	4K+DLSS 质量	159	176	显存不足无法运行	218
《控制》	2K	84	84	61	108
	4K	42	42	31	53
	4K+DLSS 质量	78	80	57	102
《F1 2022》	2K	104	115	80	137
	4K	53	61	40	72
	4K+DLSS 质量	91	100	69	119
《我的世界 RTX》	2K	76	82	54	103
	4K	36	41	25	54
	4K+DLSS	99	103	72	153

默认设置下使用 FurMark 考机，RTX 4070 Ti 雪鹰的 GPU 频率达到了 2700 MHz，整卡功率达到了 279.4 W。同时，满载考机的情况下，GPU 最高温度不过 49.5℃，热点温度不到 59℃，显存温度也仅有 32℃，可见 RTX 4070 Ti 雪鹰的散热系统确实非常出色。

经过简单的设置，最终在 TimeSpy 中让 RTX 4070 Ti 雪鹰的 GPU 频率跑到了 3030 MHz，同时显存也上调了 200 MHz，来到了 1337.7 MHz 的实际工作频率，此时温度也继续保持了凉爽的水平。

DLSS 3 性能测试（最高画质 / 单位：fps）

		RTX 3090 Ti DLSS2	RTX 4070 Ti DLSS 3	RTX 4070 Ti DLSS 关闭帧生成
《赛博朋克2077》	2K	50	48	
	2K+DLSS 性能	82	129	83
《生死轮回》	2K	73	77	
	2K+DLSS 质量	124	174	165
《瘟疫传说：安魂曲》	2K	98	95	
	2K+DLSS 质量	142	195	141
《光明记忆：无限》	2K	93	104	
	2K+DLSS 质量	147	197	152
《F1 2022》	2K	122	115	
	2K+DLSS 质量	175	215	171

总结：颜值与实力双绝的“70”甜品选 RTX 4070 Ti 雪鹰很靠谱

RTX 4070 Ti 作为 RTX 40 系列登场的第三位成员，从实测来看在 DLSS 的加持下也能让主流游戏以 2K 极致光追设定超过 100fps 高帧率流畅运行，在支持 DLSS 3 的游戏中帧率提升更是惊人，不但远超上代 RTX 3070 Ti，甚至还超过了 RTX 3080 Ti，升级价值尤为突出。在性能大幅提升的同时，RTX 4070 Ti 的能效比同样也是比较不错的。大部分游戏中的平均功耗都在 225 W~230 W 水平，在提供高性能的同时，也减小了玩家选购高功率电源的压力。

因此，对于追求发烧级游戏体验的玩家和追求高效率的设计师用户来讲，RTX 4070 Ti 绝对算得上是“黄金级甜品”。而技嘉 GeForce RTX 4070 Ti AERO OC 12G 雪鹰作为超公版中的颜值标杆，不但能提供 2K 光追游戏极致流畅体验和出色的生产力性能，还拥有超高颜值的外观，非常值得发烧级玩家入手！

颠覆推特？Damus成Web3时代的首款现象级产品

■张毅

席卷全球的 ChatGPT 让人们重新认识了 AI 的威力，而就在 ChatGPT 光芒万丈的当下，另一款有望成为 Web3 时代首款现象级产品的 App 也在快速崛起……

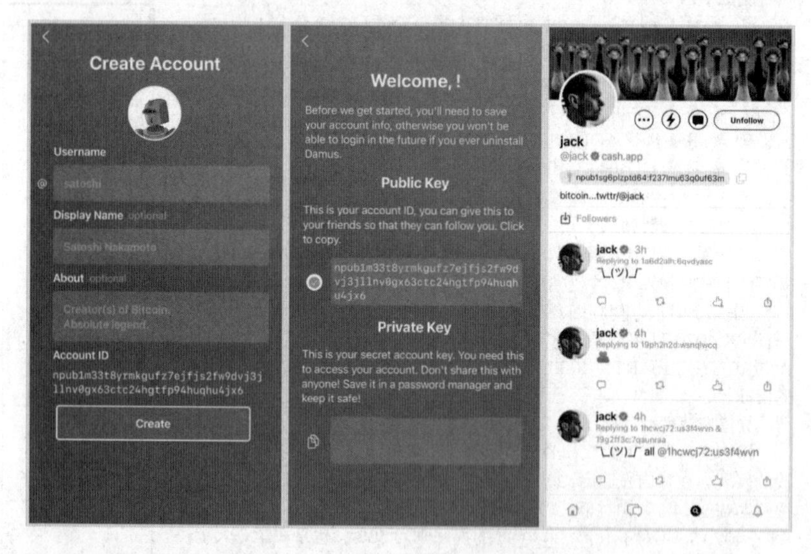

爆火的 Damus

在社交软件这个格局早已稳定的领域，一个新面孔仅用一天时间就疯涨到 App Store 社交媒体类下载排行榜的前十是怎样的概念？一款名为“Damus”的全新社交软件就真的做到了。

2023 年 2 月 1 日，Twitter 前 CEO Jack Dorsey 发推称，基于去中心化社交媒体协议 Nostr 的社交产品 Damus 已上线苹果 App Store，任何人都可以下载。Jack Dorsey 在个人社交媒体签名中公开了自己的 Nostr 公钥，他还对 Damus 上线苹果应用商店大加赞赏。

Damus 是基于一个去中心化的网络协议开发的，其全称为 Notes and Other StuffTransmitted by Relays，指的是中继传输的笔记和其他内容。用户可以通过连接到中继，并使用他们的私钥对消息进行签名来向协议广播消息。任何人都可以通过他们的公钥向特定用户发送消息。利用非对称密码学，用户还可以通过使用目标用户的公钥加密他们的消息来私密地相互发送消息，确保只有与该公钥对应的私钥才能解密消息。以此来避免信息泄露等问题。

在大咖的推动下，Damus 一上线就在加密社区引起了热烈的讨论，很多社区成员纷纷在社交媒体和社区内分享个人 Nostr 公钥，Nostr 在国内还刷屏了朋友圈。而真正让 Damus 爆火的还是其 2 月 3 日开始的“撒币”行为。

2 月 3 日，Damus 开发方表示正利用比特币闪电网络随机向该客户端用户发放小额比特币。Damus 一大核心亮点就是其 BTC 闪电网络功能，当前，Damus 支持的闪电支付平台包括 Strike、Cash App、Muun、Blue Wallet、Wallet of Satoshi、Zebedee、Zeus LN、LNLink、Phoenix、Breez、Bitcoin Beach、Blixt Wallet、River。Damus 也趁热打铁，在应用程序内发起了小额 BTC 随机打赏活动。只要用户在特定的帖子下面发起打赏请求，就有机会获得几美元的打赏。

在“金钱”刺激下，Damus 下载量开启暴涨之路，不过目前国内用户已无法下载该软件。Damus 在社交媒体上称其已收到通知，其不符合应用商店审查指南，将从国内应用商店中移除，但 Damus 的出现却在原本平静的社交应用生态里扔下了一枚重磅炸弹，越来越多的人开始反思 Web3.0 和去中心化社交真的可以落地吗？

Web3.0 时代的去中心化社交

相对于随机打赏的零碎比特币，Damus最大的意义在于其是基于Web3.0建立去中心化的社交软件，也被誉为“推特杀手”。

Damus是一个基于去中心化社交协议Nostr的、允许用户控制的社交网络，支持加密消息传递、比特币闪电小费等功能。Damus的外观设计和使用感受跟iOS版的Twitter非常相似。除相似外，Twitter前CEO Jack Dorsey去年豪掷14枚比特币(当时约合245000美元)，资助开发基于加密密钥对的开放式去中心化社交网络协议Nostr，也让其从一开始就被拿来同Twitter相比。

事实上，根据Nostr官网的介绍，Damus只是多个正在开发中的Nostr项目之一。此外还有Anigma，一种类似Telegram的聊天应用；Nostros，一个移动客户端；Jester，一个国际象棋应用程序。本质上，Damus只是基于Nostr协议的一个iOS平台客户端。换言之，Damus乃至其他Nostr客户端都只是这个社交网络的入口，Nostr协议所构建的社交网络本身，才是能取代Twitter、Facebook等一系列传统社交媒体平台的那个存在。

Damus跟其他社交网络应用的最大区别，在于隐私信息使用范围。根据苹果的要求，Twitter官方应用承认会收集用户的购买记录、联系人信息、浏览记录、位置、用户内容、身份、搜索历史、诊断等数据。而Damus的描述相当简洁：未收集数据！对隐私信息使用范围的坚持，很容易让Damus在各大应用平台前途未卜，但对不少用户而言，这样的去中心化社交软件却正是他们喜爱和看重的。

给用户充分的自由，隐私信息更安全，而且不用担心中继的单点故障会对自己造成损失——这些都是Web3和去中心化受个人欢迎的原因，根据nostr协议逻辑，Damus具备了无需注册以及加密等特性，最大程度保证了用户的隐私和自由度。Damus下载完成后，用户可直接创建账户，无需电话号码、电子邮件验证以及实名验证，只需输入个人习惯使用的用户名，系统会弹出公钥（npub开头，类似用户的“账号”），点击公钥旁边的复制按钮，随后系统自动弹出私钥(nsec开头，类似用户的“密码”)，继续点击私钥旁边的复制按钮可进入Damus产品界面。

用户可以分享自己的公钥给朋友来关注，也即一串串混着数字和字母的代码，其他人只需复制粘贴在Damus应用的搜索框中，便可以进入目标用户的主页，查看该用户发布的内容，并进行关注、私信等操作。

“AI律师”遭抵制，行业在犹豫什么？

■张书琛

AI律师进入实体法庭的拦路虎之一便是尚未追赶上来的法律条文。

被拦在法庭外的 AI 律师

艺术家、医生、律师、心理咨询师等等要求语言沟通能力、观察力以及共情能力的职业曾被认为是最不易被人工智能(AI)替代的工种，而当AI设计出全新的蛋白质，实现足够自然的聊天对话、艺术创作，AI好似已经变得“无所不能”。哪些工作可以交给AI来做这一问题也再度被摆上台面。

在美国，AI律师差一点点就实现了真正的出庭辩护。近日，美国科技公司DoNotPay的创始人乔舒亚·布洛德(Joshua Browder)在社交平台发文宣布，原定于2月22日开庭的“机器人律师”(同AI律师)代理诉讼案，因为法律限制和一些来自业界的“威胁”不得不作罢。今年1月，布洛德还曾在推特上悬赏100万美元，招募愿意在法庭上帮助无形的AI律师进行辩护的律师或个人，引起不少关注。

DoNotPay是由布洛德在2015年开发的一款专注于法律服务的App，声称使用人工智能提供法律服务，是“全球首位机器人律师”，每三个月的订阅费用为36美元，目前在英国和美国可用。

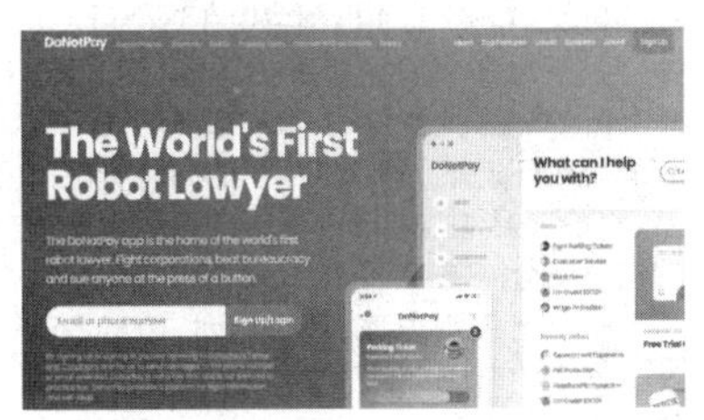

DoNotPay 官网首页的宣传语就是“世界第一位机器人律师”

简单来说，DoNotPay可以看作是一个法律服务问答平台，和我们平时碰到的AI客服类似。

最初，DoNotPay的业务范围狭窄，只能为用户提供车辆违停罚单申诉相关的法律咨询。

经过多轮融资，DoNotPay的估值在2021年末达到了2.1亿美元，服务范围也扩展到上百个具体场景中，包括保险索赔、要求各类退款、福利申请等业务。尽管对其评价褒贬不一——有专业人士认为其建议并不够精准，但鉴于市场广大，截至2021年末，DoNotPay已经拥有超15万名付费用户，申诉或索赔信函成功率据布洛德称达到80%。

案例的积累和技术上的进步，让DoNotPay的“机器人律师”有了走向法庭的底气。

如上所述，这位“律师”只是一个人工智能运行程序，并没有实体，而据布洛德透露，原本的计划是让被告或真正的人类律师，戴上智能眼镜记录法庭过程，同时通过蓝牙耳机接收AI律师的回应，再转述到法庭。也就是说，布洛德高价寻找的不过是一个传声筒。

这一AI律师系统依赖的正是如今最先进的人工智能文本生成器ChatGPT和DaVinci。ChatGPT和DaVinci均来自同一成熟的模型底座，即GPT-3(Generative Pre-training Transformer，生成型预训练转换模型)。工程师通过规模巨大的文本数据集来训练这一用于自然语言处理的深度学习模型，然后再在特定任务上对模型进行微调，由此诞生了自动生成文档、自动生成对话、自动生成代码等多种应用。

法律落后了吗？

尽管科技的进步令人兴奋不已，但是当AI律师真的企图走进法庭时，前方依旧阻碍重重。

AI律师进入实体法庭的拦路虎之一便是尚未追赶上来的法律条文。

美国联邦法律和各州律法虽然都没有AI辅助相关的条例，但对于能否携带电子产品却有明确的禁止条文。不止美国，大多数国家，在法庭上使用智能手机或与耳机相连的电脑都是非法的。这次DoNotPay好不容易才找到一个特定法庭遵循听力无障碍标准，可以将耳机归为助听器类别，带到法庭中。

耳机的问题解决了，录像又面临限制。美国一些州要求所有当事人都同意进行记录才可以录像，这就排除了DoNotPay试图在法庭录像直播的可能。

另一部分阻力则来自业界。美国某州律师协会的公务人员告知布洛德，未经授权执业的律师出庭提供法律服务，在美国一些州属于刑事犯罪，轻者罚款，重者最高可判处6个月监禁。刑事指控的威胁最终让DoNotPay放弃了出庭。

值得一提的是，美国律师协会的监管机构不仅可以为律师发放执业资格证，也可以通过各种限制对律师进行处分，在法律界拥有绝对的权威。对于AI律师能否出庭同样有着决定性作用。

其实AI与法律界的结合并不是新鲜事，早在1987年，美国东北大学就举办了首届国际人工智能与法律会议(ICAIL)，每两年定期举行一次，直接促成了国际人工智能与法律协会(IAAIL)在1991年的成立。

不过，AI技术在法律界的应用多年来一直停留在理论与验证层面，真正落地、初步实现商业化都是近几年的事。

在国内，大数据就是法律AI的起点，

因刑事指控威胁，布洛德放弃了"AI律师"进入实体法庭的尝试

2013年中国裁判文书网的开通，为法律大数据的开发和人工智能机器学习提供了公共资源。此后，建设"智慧法院""智慧检务"成为风潮，在官方的推动下，各路人马纷纷进场，一批"智能"产品相继面世。

曾有律界人士断言AI难以参与法律实践，只能处理一些基础文件审查业务，因为法庭上有人类的千情百态，法律的规则又包含着争议和冲突，AI能理解什么是"不可抗力"、分得清各类索赔事项五花八门的表述吗？

但如今，ChatGPT已经在问答中展示了自己的"智能"程度——不仅可以读懂人类提问背后的真实意图，还能直接回答后续可能的提问；ChatGPT甚至已经通过了美国医学执照考试、沃顿商学院的MBA期末考试以及司法考试。

如果AI可以通过律考，那又有什么理由阻止它去提供法律建议或参与诉讼呢？

和美国法律界风向不同，国内对于AI进入司法程序呈现出一种相对包容的态度。去年12月9日，最高法院发布了《关于规范和加强人工智能司法应用的意见》，其中提到，各类用户有权选择是否利用司法人工智能提供的辅助，并有权随时退出与人工智能产品和服务的交互。不过该《意见》同时提出，"无论技术发展到何种水平，人工智能都不得代替法官裁判"。

还不够智能

当然，需要明确的是，AI如今并没有发展到尽善尽美的状态，想要替代人类律师还有一段长度未知的距离。

AI律师能否走入法庭最大的阻碍其实还在于自身。在加拿大蒙特利尔大学计算机科学教授约书亚·本吉奥（Yoshua Bengio）看来，目前AI的发展依然处于"弱人工智能"阶段，"尽管ChatGPT的反馈令人印象深刻，但将其与人类进行比较，它仍然缺乏有意识地推理、把握和发现因果结构、良好地概括和快速适应分布等能力"。

这一点体现在司法领域里则更明显：如今的AI只擅长处理"基本法律规则"和总结论述，在更复杂的案件问题上却总是抓不住重点。这也是为什么DoNotPay选择的线下首秀案件只是一个简单的超速驾驶指控。

业界共识是，只要给予AI充足的时间、丰厚的资源，必然会有实质性的进展，法律AI亦是如此。ChatGPT比Siri更强的原因除了成熟的模型底座外，更重要的是它还有更丰富的数据库、庞大的计算网络支持模型训练以及细致的人工调整。鉴于各地数字化程度不同，信息壁垒尚未完全打破，"AI律师"能否获得同样的成长机会还需要多方参与。

2023年，预算吃紧该怎样买手机？

■黄益甲

刚刚过去的春节假期，其实是一次观察和审视手机市场的好机会。从宏观角度说，春节本身就是手机销售的旺季，2023年能不能"开门红"就看各家发布的数据。但我们更多的还是想聊聊实际的问题。尤其结合春节期间的一些现象和案例，想要在这里给大家分享2023年选购手机的一些体会和心得。

"人均旗舰"都是错觉

手机是一个信息相对透明的市场，同时也是一个容易出现信息冗余和认知错位的市场。

如当前包括手机厂商以及社交媒体等公开渠道，关于手机的信息其实都更多侧重于高端旗舰。尤其是各家的明星机型，APP开屏、电视、网络、社交媒体甚至就连户外广告都随处可见。厂商们日常的官方发布渠道，更多的也是看到他们会针对自家旗舰的新特性的宣传。至于媒体、大V老师们，基本也是人手一部新iPhone，连备用机都是顶级旗舰。

当然这也包括我们，在精力、时间都有限的情况下，不可能做到把每一款产品都当成主力机来体验，只能选择一些很有亮点，自己更感兴趣的明星机型。对于这些产品，大家更熟悉也更了解，也更清楚优劣好坏。

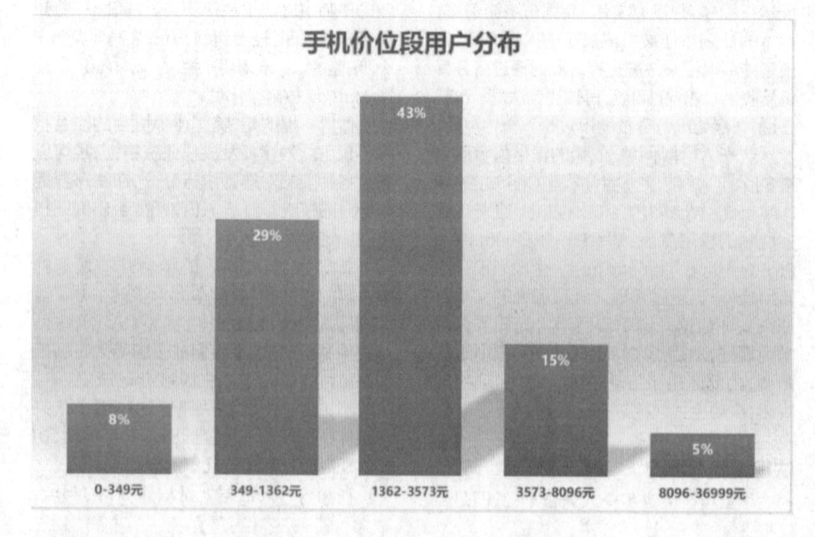

但人均旗舰，可能是大家的错觉。如果你真正下沉到大众用户的市场，高性价比，甚至是入门级别的机型才是真正的"主力机"。你可以看看身边的亲友，街头巷尾的行人，可能大部分人使用的手机都是3000元以下价位。之所以会觉得人均旗舰，很大程度上是因为很多人只关注到了旗舰。

这个道理其实是有数据作为支撑的。以京东为例，对于手机产品关注度最低的是什么价位呢？刚好就是我们眼中的高端旗舰所在价位：8000~36000元绝对高端市场的占比（5%）甚至还不如0~369元这样的功能机（8%）。在1300~3500元这个价位，大家的关注度和销量都是最高的，占比达到了43%。350~1300元这样的入门级市场，也接近三成占比。3500~8000元的主力旗舰市场，关注占比仅为15%。

这个数据是客观的。多数普通人更关注、更想买的还是3500元以下的手机，这个市场也是当前整个手机行业用户数量最多、关注度最高、出货量最大的市场。我相信，我们的粉丝中多数的购机预算也在这个价位。

只不过在当前这个手机厂商们一门心思"冲击高端"，随便一个旗舰都是四五千元起的市场环境下，"相对平庸"的高性价比产品、平价产品被旗舰们的光环和冗余、过度的信息量给掩盖了。

一个用户需求强，但影响力、信息透明度又不高的市场，自然就存在很多问题。比如明明长得都跟旗舰差不多，为啥拿到手上却明显感觉低一个档次？为什么线下的销售们总是在跟你介绍“这手机的一亿像素，比那个5000万像素的拍照好”？本质上，这些问题都是信息不对等所致，存在的可操作空间往往比旗舰手机大多了。

性价比依然是主旋律

在这种情况下，性价比就成为了一个大家认同的参考指标。我们也认为，2023年“性价比”依然是手机行业的主旋律之一。

年前我们出过一期关于手机可能会“涨价”的文章，但它的主要落脚点是放在一些高端旗舰机型上的。对于多数人关注的中低端手机市场，2023年你的选择面可能更多，并且更有性价比了。

主要的原因在之前的2023年前瞻的文章中我们也提到过，还是手机市场整个大的行情表现不佳所导致的。冲击高端是必要的手段，但更重要的还是要保住基本盘。什么是基本盘？出货量最大、市场份额最高的中低端市场就是国产手机市场的基本盘。

今年开始，各家会加大对中低端市场的投入力度。当前的手机市场供应链也给了厂商们内卷的机会。前两年手机性能吃紧，高端旗舰都被抱怨游戏表现不佳。去年下半年开始，整个手机行业在性能指标上一下子上了一个台阶。旗舰市场的第二代骁龙8、骁龙8+，联发科阵营的天玑9000、天玑9200、天玑8100、天玑8200……如果从性能指标的维度来看，旗舰、次旗舰市场手机厂商们能够选择的配置方案简直不要太丰富。

别忘了，还有原本的骁龙778、骁龙870这样定位中端的产品，2023年这些原本的中档产品完全有可能被下放到入门级的市场。在当前各家都面临海量库存压力的背景下，急于出货，降低库存水位肯定是基本操作。

从芯片性能就能看出，2023年手机市场竞争其实更激烈了：原本的中档产品下放给低档，原本的旗舰来到了中端产品线，这不就是大家口中的性价比吗？

即便是前两年大家口中最“旗舰”的折叠屏产品，在2023年也可能更加亲民。从去年第四季度开始，市面上出现了更多的折叠屏新品。不仅仅是折叠形态，包括定位和售价方面，折叠屏都已经逐渐走下神坛。如今四五千元的价格，也可以买到折叠屏产品。华为这样的厂商，也发布了类似Pocket S这样的机型，其实也是折叠屏旗舰市场下探的产物。

关于2023年购机的几点建议

那么，面对2023年手机市场的新特点，

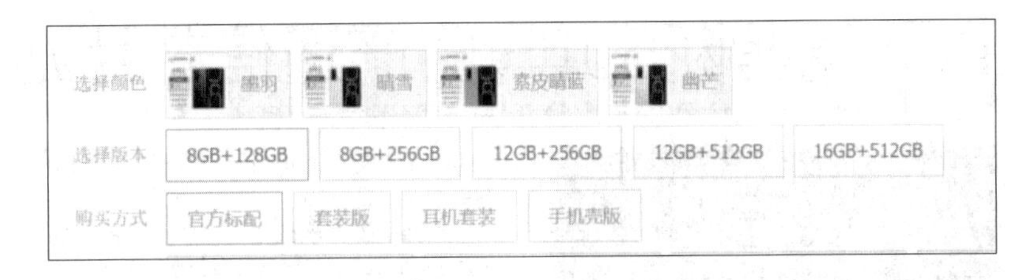

有什么好的建议呢？

一、不必盲目追求旗舰。当前各家主力旗舰产品，的确在配置、体验方面都更加均衡，也是各家最新的技术实力体现。但对于多数人来说，很多旗舰级的配置其实是过剩的。尤其是影像这类配置，自身具备足够的软硬件实力自然是基础。但要想拍好照片，最大制约因素还是技术和审美。普通用户，对拍照没什么明确需求的人，没必要考虑价格昂贵的影像旗舰。市面上一些次旗舰、老款的旗舰都是更划算的选择。

二、高端低配，不如中端高配。中端市场的产品有一个典型特征：一些高性价比机型，往往会搭载一些8+128GB这样的存储配置。如果要升级到256GB，又要加几百块钱。这个时候就要注意了。如果说性能、影像每个人都需求不一样，那么存储空间就是人人都需要，且越宽裕越好的配置了。

在预算有限的情况下，宁可选择一些更低档位的中高配、大内存机型，也不要选择128GB这样的尴尬。毕竟现在随便一个微信占用就是动辄几十个GB，动不动就提示存储空间不足是一件很头疼的事情。

三、大厂的子品牌产品往往更有性价比。现在几家主要国产手机品牌都有自己的子品牌，比如redmi、iQOO、一加等等，和大厂的产品相比，这些子品牌产品主要的区别就是定位和logo。它们主要面向的是线上市场，往往更有性价比。加上子品牌和母品牌之间在渠道、供应链层面也基本共享，在品质和质量方面也足够可靠。

即便是在售后服务体系上，子品牌也完全是跟母品牌一样的。理论上，除了logo之外，很多副厂产品跟母品牌品质、体验、服务上并没有大的差异。如果预算有限，那么子品牌的产品可能比其他的更值得选择。

四、明确自己的需求，学会找标杆。很多普通用户可能对于手机并不是特别熟悉，如果你不清楚你的预算范围内什么配置是当前比较有性价比的，有一个简单的方法：打开电商平台，找到能接受的预算区间，然后看销量最好的几款明星产品。最好能够把这些产品的配置做一个横向的对比和梳理，就大致清楚当前这个价位的配置标准是怎样的。然后再根据自己的需求，做选择即可。如果还是不知道买什么好，就选买的人最多的那个。

买手机这事儿，没有什么金科玉律，本质上还是根据各自不同的需求，综合来选择最适合自己的产品。中低端市场的需求之前一直都不怎么被重视，但这个市场机型众多，品牌多样，也鱼龙混杂。消费者遇到的问题也更多，更难做出选择。我们会密切关注这部分用户的需求，也会本着“没有最好的产品，只有最适合的产品”的理念，为大家带来更多更具实践意义和消费指导意义的内容，希望能够帮助到大家。

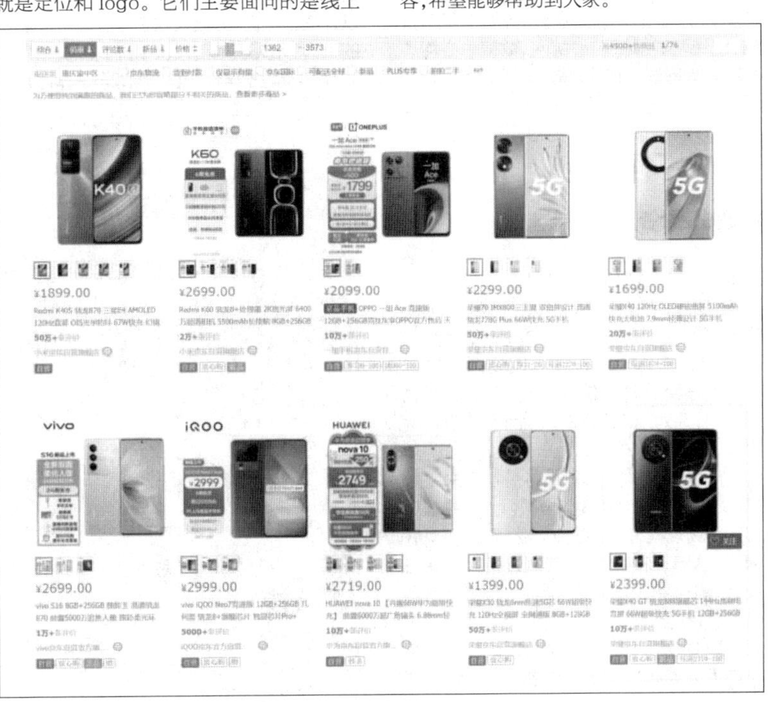

以太网垄断50年，国产通信芯片站起来了？

■上善若水

互联网科技巨头齐聚以太网芯片赛道，国产替代成功概率几何？

以太网“基石”

以太网自 1973 年发明以来，已经历40多年的发展历程，因其同时具备技术成熟、高度标准化、带宽高以及低成本等诸多优势，已取代其他网络成为当今世界应用最普遍的局域网技术，覆盖家庭网络以及用户终端、企业以及园区网、运营商网络、大型数据中心和服务提供 商等领域，在全球范围内形成了以太网生态系统，为万物互联提供了基础。

物理层芯片为以太网传输的“基石”。从硬件的角度看，根据 OSI 七层网络模型，以太网接口电路主要由 MAC 控制器和物理层接口 PHY 两大部分构成，对应 OSI 里第一层物理层（PHY）和第二层介质访问层（MAC）。

而以太网是目前应用最广泛的局域网技术，也是当今信息世界最重要的基础设施，因特网、电信网、局域网、数据中心均离不开以太网这一基础架构。需要以太网通信的终端设备均可应用公司的以太网物理层芯片，以实现设备基于以太网的通信，以太网芯片重要性不言而喻。

高速崛起的市场

物理层芯片系以太网通信中不可或缺的组成部分，承担了将线缆上的模拟信号和设备上层数字信号相互转换的职能。以太网物理层芯片(PHY)工作于 OSI 网络模型的最底层，具体而言，以太网物理层芯片(PHY)连接数据链路层的设备(MAC)到物理媒介，并为设备之间的数据通信提供传输媒体，处理信号的正确发送与接收。

而以太网物理层芯片将受益于未来数据量增长，预计 2025 年全球以太网物理层芯片市场规模有望突破 300 亿元。随着互联网、传感器、各种数字化终端设备大规模普及，网络日益成为承载人类生活、生产活动核心平台，全球每年产生的数据呈现快速增长。据 Dawei Wei et al.2021 预测，全球每年产生的数据将从 2018 年的 33ZB 增长到 2025 年的 175ZB，相当于每天产生 491EB 的数据。

根据中国汽车技术研究中心有限公司预测数据，2021 年全球以太网物理层芯片市场规模为 120 亿元，如果 2022 年~2025 年全球以太网物理层芯片市场规模预计保持 25%以上的年复合增长率，那么 2025 年全球以太网物理层芯片市场规模有望突破 300 亿元。

亟待国产替代的市场

作为以太网传输的“基石”，物理层芯片重要性不言而喻，但大陆企业当前在如此重要的市场却少了一些参与感。

根据中国汽车技术研究中心有限公司的数据，美国博通、美满电子、德州仪器、高通和中国台湾瑞昱五家国际巨头占据全球超过 90%的市场份额，呈现高度集中的市场竞争格局。大陆以太网物理层芯片自给率极低，下游厂商使用的以太网物理层芯片高度依赖进口。

无论是基础网络建设还是新能源汽车的车载主干网络，以太网芯片成为众多科技企业绕不开的存在，而屡次“卡脖子”的教训也让相关行业企业愈发认识到未雨绸缪的重要性。

华为、小米携手入局

对于有意进入汽车领域的互联网科技巨头而言，以太网芯片显然是生态布局的重要环节，而这也成为华为、小米进入该赛道的重要原因。虽然九成以上的市场都被大陆以外的企业占据，但大陆企业并非没有崛起的机会，尤其是地区性贸易冲突以及频发的芯片“卡脖子”事件，推动我国半导体芯片领域快速成长。

而成立于 2017 年的裕太微便是一家以实现通信芯片产品的高可靠性、高稳定性和国产化为目标，以太网物理层芯片作为市场切入点，不断推出系列芯片产品，是中国大陆极少数拥有自主知识产权并实现大规模销售的以太网物理层芯片供应商。根据 IPO 招股说明书显示，华为投资全资子公司哈勃科技系裕太微的第四大股东，发行前持有裕太微 9.29%的股份；小米基金系裕太微的第十九大股东，发行前持有裕太微 1.00%的股份。

在资本和技术的加持下，裕太微在产品性能和技术指标上基本实现对博通、美满电子和瑞昱同类产品的替代，其中，公司千兆以太网物理层芯片的主要技术参数与国际主流竞品基本一致，在传输性能上更具优势；百兆以太网物理层芯片在 ESD 防护和传输性能上相比国际主流竞品更为优异，但在功耗水平上处于劣势。

只不过在高投入和市场推广压力下，裕太微目前并没有分享到以太网物理芯片市场成长的红利，其 IPO 说明书提示，2019 年至 2021 年，裕太微营业收入分别为 132.62 万元、1295.08 万元和 2.54 亿元，三年复合增长率高达 1284.15%，但仍未盈利，公司扣非后归母净利润分别为 −3035.92 万元、−4419.36 万元和 −937.06 万元。

显然，国产替代化不仅仅需要口号，更需要长期的投入和下游企业的支持，好在除华为、小米直接投资外，裕太微 2.5GPHY 芯片的工程样片已向境内主要通信行业客户送样，中兴通讯、普联、烽火通信已反馈初步测试结果良好，烽火通信已与公司就 2.5GPHY 芯片采购签署合作备忘录。

公司千兆以太网物理层芯片与同行业主要领先公司同类型产品的指标对比

项目	裕太微 YT8521S	美满电子 88e1512	微芯 KSZ9031	景略半导体 JL2xx1	与竞品对比情况
封装形式	QFN 48	QFN 56	QFN 48	QFN 48/QFN40	优于或与竞品相当
封装尺寸	6x6	8x8	7x7	未公开	优于竞品
MAC 接口	RGMII/SGMII	RGMII/SGMII	RGMII	RGMII/SGMII 转电口/光口/SGMII	优于或与竞品相当
MAC 接口 IO	1.8/2.5/3.3V	1.8/2.5/3.3V	1.8/2.5/3.3V	1.5/1.8/2.5/3. 3V	与竞品相当
人体模型静电防护能力（ESD HBM）	6kV	未公开	未公开	未公开	-
人体模型静电防护能力（网口）（ESD HBM MDI）	8kV	未公开	未公开	未公开	-
充电器件模型静电防护能力（ESD CDM）	1500V	未公开	未公开	未公开	-
最大功耗	800mW	576mW	621mW	未公开	略差于竞品
同步以太网	支持	支持	不支持	未公开	优于或与竞品相当
千兆连接距离（五类线）	130 米	未公开	未公开	120 米	优于竞品
百兆连接距离（五类线）	400 米	无	无	未公开	优于竞品

资料来源：裕太微 IPO 说明书

你被大数据“监控”了吗？智能推荐云服务解读

■黎坤

不知道大家有没有这样的感觉：如果你在抖音里经常看游戏解说，系统就会给你推荐各类游戏解说视频，电商也是如此，搜索了几次“游戏手柄”，然后在主页的推荐列表里就会出现大量的游戏手柄及其周边设备的内容，而这也就是传说中的“个性化推荐算法”。在当今这个信息爆炸的时代，如何从海量的信息中快速地过滤掉无用信息，筛选出用户最感兴趣的内容是当前亟待解决的问题之一，而目前来看，国内在智能推荐算法领域，字节跳动旗下的火山引擎无疑最具代表性。

智能推荐让用户与内容主“双向奔赴”

火山引擎是字节跳动旗下的云服务平台，把字节跳动快速发展过程中积累的增长方法、技术能力和工具，开放给外部企业，提供云基础、视频与内容分发、大数据、人工智能、开发与运维等服务，帮助企业在数字化升级中实现持续增长，所以你可以简单粗暴地将火山引擎和阿里云、华为云、AWS 等云计算服务列为同一类型。

智能推荐平台是火山引擎多个特色功能的其中之一，来源于字节跳动推荐中台，有成百上千算法工程师专门在优化推荐算法。从可靠性来看，火山引擎支撑着字节跳动旗下包括今日头条、抖音、飞书等应用，结果是毋庸置疑的成熟，而且通过火山引擎对外输出给 B 端客户时，用的是跟抖音今日头条同一套引擎和同一套架构。

实验版本	按钮文案	开通转化率
对照组	立即开通	0.13%
实验组1	马上购买	0.09%
实验组2	立即抢购	0.11%
实验组3	开通看孩子	0.16%

掌通家园在接入火山引擎后，售课转化率明显提升

以跨境电商为例，考虑到出海企业都要做本地化运营，不同国家或地区的用户偏好非常大。同样一个产品，卖给欧美用户可能更注重品牌，卖给东南亚用户可能更注重性价比，如果商家通过人工分类的方式来进行推荐，效率无疑会非常低，并且很难做到长时间的维系，但是通过智能推荐算法就能很好地解决精细化运营的问题。而且海外买量和拉新的成本明显比国内高，如果没一个好的推荐算法为客户匹配相关产品，可能他买一件就不会再回头了，无法实现客户留存和复购的目的。并且电商也同样会遭遇“二八效应”，也就是店铺里八成的流量都会被两成的产品带走，对中长尾商品和新品的友好度较低，智能推荐算法就能在保持热度产品推荐力度的同时，适当增加新品的曝光度，提升用户的新鲜感。

算法是智能推荐的根基

智能推荐功能其实有不少云服务供应商在做，除了火山引擎之外还有华为云、腾讯云、阿里云等。从操作逻辑来看，用户需要先将用户信息、商品信息和用户行为接入到火山引擎之中，相对于其他云服务来说，火山引擎支持历史 / 增量数据质量校验，支持指标为数据统计信息、分布信息、拼接率统计、归因率统计、业务指标统计，以及支持数据质量阈值配置与告警，灵活性很高。

推荐服务包含召回、排序、业务干预三个主要流程。首先是召回，通常分为基于内容召回、基于协同过滤召回、基于模型召回，也就是火山引擎在接入数据后会把相关的数据回收，为下一步排序做准备。一般情况下会同时使用多种召回方式，并通过加权整合结果，并配合业务规则对召回结果集进行筛选、去重等操作。

排序可以分为粗排、精排两种类型。当排序候选集数量较大，比如达到数千甚至数万条目时，通常先通过粗排，降低候选集数量，再通过精排进一步优化候选集。如果候选集数量不大时就可以直接使用精排。这个排序的方式可以自定义，也可以根据火山引擎的黑盒模型来自动排，以视频内容为例，可以选择评论率和点击率的乘数作为系数，火山推荐服务排序策略支持粗排 / 精排分别配置，且均支持多路组合。

业务干预就是对结果集提出筛选、去重、打散、置顶、降权等干预需求，也就是可以按用户的实际需求来自定义化。而推荐系统的最终效果要在实际落地应用里进行验证，推荐系统常见的业务指标以电商为例，有 CTR（点击通过率）、CVR（转化率）、GMV（成交金额）等，以内容为例就是 CTR（点击通过率）、阅读时长、点赞率、收藏率、分享率、评论率等。一般客户会使用 AB 实验，也就是将流量按是否通过智能推荐区分来进行对比，火山引擎就支持自动 AB 实验功能，不需要用户单独再创建实例来进行对比。

总体来说，火山引擎在开放性、行业定制、数据安全和隐私问题方面都有相关部署，在业内已算是相当成熟的方案。

AB对照测试是火山引擎的一大特点

主流游戏装机，锐龙5 7600X综合实力无敌手！

■电脑报工程师 王诚

采用 5nm Zen4 架构的 AMD 锐龙 7000 系列处理器已经在市场中热卖了一段时间，其中的锐龙 5 7600X 以出色的性能与极高的性价比受到游戏玩家的广泛关注。当然，Intel 方面的酷睿 i5 13600K 凭借较多的核心数量也拥有较高的人气。那么对于主流玩家装机来讲，这两颗 U 谁更值得选择呢？我们不妨拿它们来比个高下。

规格 PK：锐龙 5 7600X 全大核 + 高频率 + 大缓存全面胜出

首先来对比一下两款人气游戏 U 的规格。锐龙 5 7600X 的 CCD 核心采用 5nm 工艺制造，酷睿 i5 13600K 则采用的是进阶版 Intel 7 工艺（依然是 10nm），因此锐龙 5 7600X 在能效比和频率方面都有明显的先天优势，基础频率方面比酷睿 i5 13600K 高出 800MHz，最高加速频率也高了 200MHz，但 TDP 反而低了 20W。

值得注意的是，锐龙 5 7600X 和酷睿 i5 13600K 在多数一线品牌的主板上解锁功率之后，都可以全核跑到最高频率。这样一来，锐龙 5 7600X 全大核都能跑到 5.3 GHz，而酷睿 i5 13600K 的大核只能跑到 5.1 GHz，差距就更明显了。此外，不要忘了酷睿 i5 13600K 玩游戏的时候 8 个仅有 3.5 GHz 的小核基本处于闲置状态，这些小核并没有参与游戏运算，但却在挤占处理器的输出功率并增加发热。

缓存容量对游戏性能影响也很大，而锐龙 5 7600X 的三级缓存达到了 32 MB，比酷睿 i5 13600K 高出 33%，因此在不少游戏中也会拥有更多的优势。

最后是价格方面，锐龙 5 7600X 目前到手价仅为 1699 元，比酷睿 i5 13600K 足足低了 1000 元，在都搭配 DDR5 平台的前提下（现在 16GB DDR5 6000 内存价格都杀到 400 元以内了，很显然比买 DDR4 平台更划算），性价比显然巨幅领先，玩家用锐龙 5 7600X 装机可以节约很大一笔资金，用这笔资金还可以升级其他配件提供更好的体验。

当然，还是要数据对比才有说服力，因此我们接下来就进入实战对比环节。

实力相当性价比碾压，这波还是锐龙 5 7600X 完胜酷睿 i5 13600K

测试平台

处理器：AMD 锐龙 5 7600X

Intel 酷睿 i5 13600K

内 存：芝奇 DDR5 6000 16GB×2

主 板：华硕 ROG CROSSHAIR X670E HERO

华硕 ROG MAXIMUS Z790 HERO

显 卡：AMD Radeon RX 7900 XTX

硬 盘：WD_BLACK SN850X 2TB

电 源：华硕 ROG 雷神Ⅱ 1200W

操作系统：Windows 11 专业版 22H2

考虑到目前 DDR5 6000 已经是普及价，因此本次测试我们统一选用了 DDR5 平台。测试前，在 BIOS 中开启内存 DDR5 6000 EXPO 模式、开启 ResizeBAR 选项，确保处理器能够发挥出全部性能。

在游戏实测之前，我们先来看看锐龙 5 7600X 与酷睿 i5 13600K 在内存延迟方面的差异，毕竟不少游戏对于内存延迟都非常敏感，更低的延迟可以获得更高的帧率以及更流畅的游戏体验。

实际上，完美支持高频 DDR5 内存并拥有极低的内存延迟本来就是锐龙 7000 家族的优势。在 AMD 600 系主板上，锐龙 7000 系列可以在 IF 总线频率为自动的情况下，选择内存控制器与内存频率 1 比 1 的比例，而第 13 代酷睿的内存模式则默认是 2 分频起，延迟方面先天就不及锐龙 7000 平台。

因此，我们从 AIDA 64 内存延迟测试结果也可以看到，锐龙 5 7600X 搭配 DDR5 6000（CL=38）内存延迟可以压到 60.1 ns，明显好于酷睿 i5 13600K 的 73.1 ns，领先幅度大约为 21%。所以，锐龙 5 7600X 明显拥有更低的内存延迟，在游戏中能为玩家提供更高的帧率和流畅度。

接下来是玩家最关心的游戏性能实测。测试中我们可以观察到两款处理器都跑到了自己的全核最高频率，性能发挥方面并没有受到限制。从测试成绩来看，在《刺客信条：英灵殿》《看门狗：军团》《古墓丽影：暗影》《赛博朋克 2077》《最终幻想 14》《战锤 40K：暗潮》《绝地求生》这 7 款游戏大作中，锐龙 5 7600X 胜过了酷睿 i5 13600K，其中《看门狗：军团》《古墓丽影：暗影》《赛博朋克 2077》《绝地求生》的优势特别明显。而酷睿 i5 13600K 在其他 6 款游戏中则有一定的领先，总的来说这 13 款游戏大作中两款处理器互有胜负，算是拼了个旗鼓相当。当然，综合来看锐龙 5 7600X 在 3A 大作中表现更佳，如果玩家更偏重于玩 3A 大作，那么锐龙 5 7600X 更值得优先选择。

不要忘了，采用 5nm 工艺的锐龙 5 7600X 也拥有不错的超频潜力，在 AMD 600 系主板上直接拉到全核 5.5 GHz 使用也没什么压力。从实测来看，超频到全核 5.5 GHz 之后，游戏帧率最高提升了 11.4%，平均提升了 4.3%，体验更为出色。可能有玩家

规格参数对比

	锐龙 5 7600X	酷睿 i5 13600K
制程工艺	5nm	Intel 7（10nm）
核心配置	6C/12T	6P/12T+8E/8T
大核基础频率	4.7 GHz	3.9 GHz
大核最高频率	5.3 GHz	5.1 GHz
小核基础频率	N/A	2.6 GHz
小核最高睿频	N/A	3.5 GHz
三级缓存	32 MB	24 MB
内存规格（双通道）	DDR5 5200	DDR5 5600/DDR4 3200
默认 TDP 功率	105 W	125 W
参考价格	1699 元	2699 元

DDR5 6000 内存延迟测试

	AMD 锐龙 5 7600X	Intel 酷睿 i5 13600K
AIDA 64 内存延迟	60.1 ns	73.1 ns

游戏性能对比（FHD/ 单位：fps/ 最高画质）

	AMD 锐龙 5 7600X	Intel 酷睿 i5 13600K
《刺客信条：英灵殿》	201	200
《看门狗：军团》	157	136
《古墓丽影：暗影》	270	258
《赛博朋克 2077》	216	198
《最终幻想 14》	258	249
《战锤 40K：暗潮》	189	187
《绝地求生》	443	407
《CS:GO》	686	739
《全面战争：战锤Ⅲ》	192	209
《杀手 3》（达特穆尔）	176	202
《孤岛惊魂 6》	141	178
《银河破裂者》CPUbench	165	210
《DOTA 2》	162	183

超频后游戏性能对比（FHD/ 单位：fps/ 最高画质）

	AMD 锐龙 5 7600X 默认频率	AMD 锐龙 5 7600X OC 5.5 GHz	
《刺客信条：英灵殿》	201	203	101.0%
《看门狗：军团》	157	167	106.4%
《古墓丽影：暗影》	270	276	102.2%
《赛博朋克 2077》	216	217	100.5%
《最终幻想 14》	258	272	105.4%
《战锤 40K：暗潮》	189	190	100.5%
《绝地求生》	443	446	100.7%
《CS:GO》	686	742	108.2%
《全面战争：战锤Ⅲ》	192	197	102.6%
《杀手 3》（达特穆尔）	176	196	111.4%
《孤岛惊魂 6》	141	145	102.8%
《银河破裂者》CPUbench	165	176	106.7%
《DOTA 2》	162	175	108.0%
综合对比	100%	104.3%	

担心超频之后散热不好处理，其实完全不用担心，首先在游戏中处理器功率不会跑满，即便是全核 5.5 GHz，实际温度也并不会达到满载考机的水平；其次，现在一线品牌 600 系主板一般都提供了一键选择锁温度的模式，锁到 70℃使用一样可以在游戏中跑满频率，对游戏帧率并没有什么影响，散热压力和风扇噪声却可以大大降低，让使用体验更出色。

主流游戏装机对比

处理器	AMD 锐龙 7 7600X	1699 元	2699 元	Intel 酷睿 i5 13600K
散热器	瓦尔基里 GL360 VK	669 元	669 元	瓦尔基里 GL360 VK
主板	华硕 TUF GAMING B650M-PLUS WIFI 重炮手	1499 元	1499 元	微星 MAG B760M MORTAR WIFI DDR5 迫击炮
内存	光威天策 DDR5 6400 16GB×2	999 元	999 元	光威天策 DDR5 6400 16GB×2
显卡	盈通 RX 6700XT 六道兵甲	2799 元	2799 元	盈通 RX 6700XT 六道兵甲
硬盘	铠侠 RC20 2TB	899 元	899 元	铠侠 RC20 2TB
电源	航嘉 WD850K	699 元	699 元	航嘉 WD850K
机箱	航嘉 GX790X	349 元	349 元	航嘉 GX790X
参考总价	9612 元（－1000 元）		10612 元	

总结：性价比完胜！主流游戏装机选锐龙 5 7600X 就对了

综合来看，锐龙 5 7600X 凭借先进的 5nm 工艺，相对酷睿 i5 13600K 提供了更高的工作频率与更大的三级缓存，同时全大核的架构在游戏中能满血输出，比酷睿 i5 13600K 多出来的 8 个小核在游戏中闲置空耗电的设计更加高效。此外，游戏实测中锐龙 5 7600X 与酷睿 i5 13600K 大体上实力相当，但 3A 游戏的综合表现更加突出，对于喜欢 3A 游戏大作的玩家来说更加适合。最后，在价格方面，从我们列出的装机配置表就可以看到，在仅有板 U 不同的情况下，锐龙 5 7600X 这套主机价格足足节省了 1000 元，性价比可以说是完胜了。玩家可以用这 1000 元来升级显卡、硬盘、内存或其他外设，从而获得更好的游戏体验。综上所述，主流玩家游戏装机，选择锐龙 5 7600X 明显比酷睿 i5 13600K 的方案性价比高出很多，同预算的情况下，最终的游戏体验也更上一层楼，因此值得优先选择。

升级固态硬盘，一配接口二选容量三看价

■蒋丽

正值开学季，又是升级装备的好时机。对于想要提高电脑效率的朋友来说，更换固态硬盘可能是一个并不怎么费事，又能达到好效果的选择。在下手之前，有几点选购建议想跟大家一起分享。

不同平台升级，看准接口再匹配

老平台升级固态硬盘，尤其是老款笔记本升级，一定要先检查一下平台接口再选择合适的固态硬盘。如果原来的平台使用的是机械硬盘，意味着主板很可能仅支持 SATA 接口，或者是仅支持走 SATA 通道的 M.2 SSD，只需要选购一款走 SATA3.0 通道的 SSD 或者入门级 M.2 SSD（要看平台是否带有 M.2 插槽再决定）提升平台性能。对于机械硬盘而言，选择任意固态硬盘本身就是一种升级。

如果是主流平台，大多都已经匹配了 M.2 接口。这时候进行平台升级，更多的是为了能够“战未来”，固态硬盘就应该更重视产品性能，可以根据接口情况，选择 PCIe 3.0 SSD 或者 PCIe 4.0 SSD。为了以后在更高端的平台上也能发挥高效的存储性能，也可以直接选择 PCIe 4.0 SSD。毕竟，PCIe 4.0 SSD 向下兼容，即使是在仅支持 PCIe 3.0 SSD 的平台上也有高性能表现。如果是给笔记本升级 M.2 SSD，一定要事先确定笔记本硬盘位的尺寸是 2210、2230、2242、2280 和 22110 这几种尺寸里的哪一种情况，购买对应尺寸的产品进行升级，否则可能造成资源浪费。

如果你已经用上了 Intel 第 13 代酷睿处理器和 AMD 锐龙 7000 系列处理器相关平台，那就别纠结价格了，旗舰级 PCIe 4.0 SSD 安排上。顺序读取速度超过 7300MB/s，2TB 容量款顺序写入速度近 7000MB/s。在 Intel 平台上，I/O 性能更能达到极致的发挥。如今 4K 随机读写超过 1000K IOPS 的 PCIe 4.0 SSD 可选范围很广，不管是玩游戏、专业应用还是打造高端未来平台都能胜任。当然了，如果你只是想给高端平台购买一款从盘或者扩容盘，选入门级 PCIe 4.0 SSD 或者 DRAM-Less 的 SSD 也可以。相同的预算，可以选择更大容量的设备，避免产生存储空间焦虑。

避免容量焦虑，可以考虑 960GB 以上 SSD 了

对于大多数用户来说，可能 PCIe 3.0 SSD 的性能已经能够满足日常办公娱乐甚至游戏需求。所以这些人群则适合用有限的预算尽可能选择更大容量的优质 SSD。目前很多笔记本都已经标配 480GB~512GB 固态硬盘了，不管是双硬盘位还是单硬盘位，选择 480GB 以下的 SSD 扩容就没有意义了。所以，给笔记本升级硬盘，960GB 甚至更大容量的固态硬盘可以安排上了。

如果你的笔记本有一个 PCIe 4.0 SSD 硬盘位和一个 PCIe 3.0 SSD 硬盘位，同容量的 PCIe 3.0 SSD 要比 PCIe 4.0 SSD 便宜 20%~40%，建议花相同的预算选择一个更大容量的 PCIe 3.0 SSD，以应对未来日益增长的数据量。

如果是台式机平台加固态硬盘，可根据自己的需求来选购。喜欢玩游戏的用户，选固态硬盘会直接节省加载时间，在画面切换时也能感觉到明显的流畅体验。而一个游戏可能就占用几十 GB 空间了，至少保证 480GB~512GB SSD，才能在能够玩游戏的同时，不影响其他软件的快速操作。如果是需要装一下专业设计、视频制作素材等等，1TB 容量或许也用不了多久就会装满。所以完全可以趁现在闪存降价的时候，选择 960GB 甚至更大容量的固态硬盘。如果是预算有限，可以选择 PCIe 3.0 SSD；不在意预算的情况下，直接选高性能 PCIe 4.0 SSD。在目前大多数平台的存储性能已经过剩的情况下，为了应对日益增长的数据需求，建议大家选择更大容量的固态硬盘来升级。

国产存储有惊喜，值得我们多一些信心

近年来，国产存储加大研发投入，在主控、闪存方面都获得了巨大的突破和进展。经历了实体清单、疫情造成的芯片荒，国产存储在这样的多重影响之下逐步获得了消费者的认可。尤其在 2022 年，国产存储技术有了突破性进展，这对于我们用上更多更稳定安全且快速的国产存储设备打下了坚实的基础。

在固态硬盘产品线中，国科微、英韧科技、联芸主控已经应用到多款国产产品中，而长江存储的闪存发展成绩也是可喜可贺的。长江存储于去年 10 月推出的致态 TiPlus7100，采用基于晶栈 Xtacking3.0 架构的长江存储新一代 TLC 闪存颗粒，支持 PCIe Gen4x4 接口，可实现高达 7000 MB/s 的顺序读取速度，媲美一线品牌产品性能。所以我们应给予国产存储更多的信心和支持。如今电商平台已上架多款产品，性价比优势相当明显，均可购买。

国产替代的机会！强势崛起的第四代半导体

■颜媛媛

氧化镓晶圆

氧化镓 vs 碳化硅，谁是未来 10 年的主角？新一代半导体材料的崛起，让我国半导体行业有了弯道超车的机会，而在顶着“终极半导体”光环的第四代半导体赛道上，国内企业进展究竟如何呢？

强势崛起的第四代半导体

随着 2018 年特斯拉采用碳化硅（SiC）、2020 年小米在快充上使用氮化镓开始，第三代半导体经过三四十年的发展终于获得市场认可迎来发展机遇。此后，第三代半导体在新能源车、消费电子等领域快速发展开来，并逐渐从热门场景向更多拓展场景探索。

而在第三代半导体发展得如火如荼之际，氧化镓、氮化铝、金刚石等第四代半导体材料也开始受到关注，金刚石更因拥有耐高压、大射频、低成本、耐高温等特性，被认为是制备下一代高功率、高频、高温及低功率损耗电子器件最有希望的材料，而被称作“终极半导体”。但其中氮化铝（AlN）和金刚石仍面临大量科学问题亟待解决，氧化镓则成为继第三代半导体碳化硅（SiC）和氮化镓（GaN）之后最具市场潜力的材料，很有可能在未来 10 年左右称霸市场。

氧化镓（Ga2O3 是一种新型超宽禁带半导体材料，是被国际普遍关注并认可已开启产业化的第四代半导体材料。与碳化硅、氮化镓相比，氧化镓基功率器件具备高耐压、低损耗、高效率、小尺寸等特点。此前被用于光电领域的应用，直到 2012 年开始，业内对它更大的期待是用于功率器件，全球 80%的研究单位都在朝着该方向发展。

当前，半导体材料可以分为四代，第一、二、三、四代半导体材料各有利弊，在特定的应用场景中存在各自的比较优势，但不可否认的是，中国在第一、二代半导体的发展中，无论是在宏观层面的市场份额、企业占位还是在微观层面的制备工艺、器件制造等方面，中国与世界领先水平之间都存在着明显的差距。而在第四代半导体领域，我国氧化镓的研究则更集中于科研领域，产业化进程刚刚起步，但是进展飞速，我国科技部于 2022 年将氧化镓列入“十四五”重点研发计划，让第四代半导体获得更广泛关注。

最具效率的半导体材料

随着量子信息、人工智能等高新技术的发展，半导体新体系及其微电子等多功能器件技术也在更新迭代。虽然前三代半导体技术持续发展，但也已经逐渐呈现出无法满足新需求的问题，特别是难以同时满足高性能、低成本的要求。

此背景下，人们开始将目光转向拥有小体积、低功耗等优势的第四代半导体。第四代半导体具有优异的物理化学特性、良好的导电性以及发光性能，在功率半导体器件、紫外探测器、气体传感器以及光电子器件领域具有广阔的应用前景。富士经济预测 2030 年氧化镓功率元件的市场规模将会达到 1542 亿日元（约人民币 92.76 亿元），这个市场规模比氮化镓功率元件的规模（1085 亿日元，约人民币 65.1 亿元）还要大。

氧化镓的结晶形态截至目前已确认有 α、β、γ、δ、ε 五种。其中，β 相最稳定。β－Ga2O3 的禁带宽度为 4.8～4.9 eV，击穿场强高达 8 MV/cm。巴利加优质是低损失性能指标，β－Ga2O3 的巴利加优质高达 3400，大约是 SiC 的 10 倍、GaN 的 4 倍。因此，在制造相同耐压的单极功率器件时，元件的导通电阻比 SiC、GaN 低得多，极大降低器件的导通损耗。

中国科学院院士郝跃曾指出，氧化镓材料是最有可能在未来大放异彩的材料之一，在未来的 10 年左右，氧化镓器件有可能成为有竞争力的电力电子器件，会直接与碳化硅器件竞争。但氧化镓目前的研发进度还不够快，仍需不懈努力。

承载希望的本土第四代半导体企业

在产业化落地方面，氧化镓材料以中电科四十六所、山东大学、深圳进化半导体、中科院上海光机所、北京镓族科技、杭州富加镓业等单位为主力。值得注意的是，进化半导体方面表示，正在开发 6 英寸的氧化镓材料，今年应该可以实现 2 英寸材料的小批量供应。而北京铭镓半导体有限公司（简称“铭镓半导体”）使用导模法成功制备了高质量 4 英寸（001）主面氧化镓（β－Ga2O3 ）单晶，完成了 4 英寸氧化镓晶圆衬底技术突破，并且进行了多次重复性实验，成为国内首个掌握第四代半导体氧化镓材料 4 英寸（001）相单晶衬底生长技术的产业化公司。

新湖中宝参股公司富加镓业专注于宽禁带半导体氧化镓材料的研发，已经初步建立了氧化镓单晶材料设计、热场模拟仿真、单晶生长、晶圆加工等全链路研发能力，推出 2 英寸及以下规格的氧化镓 UID（非故意掺杂）、导电型及绝缘型产品。蓝晓科技为氧化铝企业提供拜耳母液提镓技术和运营服务，客户使用公司吸附分离技术所提取镓产品通常为 4N（纯度 99.99％以上，杂质总含量小于 100ppm），销售给下游精镓企业。中国西南电子公司西电电力持股陕西半导体先导技术中心，该中心有进行氧化镓、金刚石半导体、石墨烯、AIN 等化合物半导体、化合物集成电路等创新性科研成果的转化。

值得一提的是在第四代半导体冒头的当下，我国第三代半导体已经进入收获期。以第三代半导体龙头三安光电为例，旗下湖南三安车规级和工业级 SiC 功率半导体在 2022 年出货突破 1 亿颗，新进订单及长期供应协议累计金额超 65 亿元，其 SiC 产品已实现在汽车、工业、光伏等多个领域应用。而湖南三安的二期扩产工程正在建设当中，预计今年底完成，全面达产后将实现年产 50 万片 6 英寸 SiC 晶圆。不仅如此，湖南三安与理想汽车合资打造斯科半导体，将进行碳化硅功率模块的共同开发，预计将年产 240 万只 SiC 半桥功率模块。

随着产能的释放，我国企业有望在第三代半导体材料领域获得一定话语权，并为第四代半导体材料的研发和落地提供经验和基础。

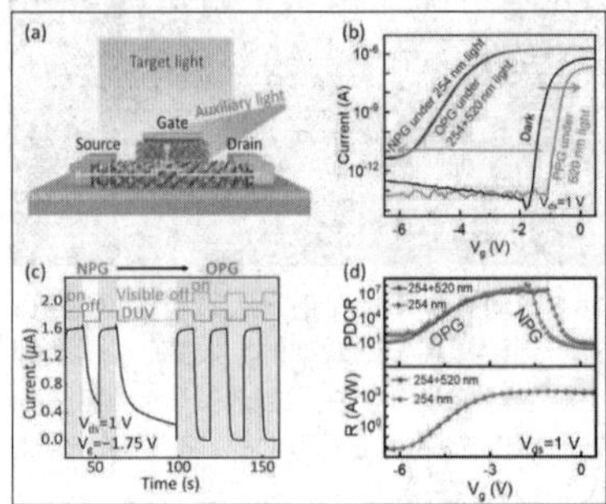

氧化镓半导体特性

崛起之路并非坦途

从第三代半导体开始，我国在半导体新材料上的布局和进展就相当迅速，但市场话语权的争斗始终是残酷的。

2022 年 8 月，美国商务部工业和安全局（BIS）发布公告，称出于国家安全考虑，将四项“新兴和基础技术”纳入新的出口管制。这四项技术分别是：能承受高温高电压的第四代半导体材料氧化镓和金刚石；专门用于 3nm 及以下芯片设计的 ECAD 软件；可用于火箭和高超音速系统的压力增益燃烧技术。

尽管 BIS 并没有直接提到中国，但中国现在属于被美国列为国家安全管控的国家之一，只要技术和物项被美国政府列入出口管制目录，大概率就会对中国的出口设置限制，比如美国企业对华出口需要许可证等，这实际上会造成中美在半导体领域进一步脱钩。

而除美国方面小动作不断外，日本同样也看好第四代半导体材料，并投入巨大资源支持本国相关企业发展。日本经济产业省很早就为致力于开发新一代低能耗半导体材料氧化镓的私营企业和大学提供财政支持，其在 2021 年留出大约 2030 万美元的扶持资金，并预计未来 5 年的投资额将超过 8560 万美元。日本经济产业省认为，日本公司将能够在本世纪 20 年代末开始为数据中心、家用电器和汽车供应基于氧化镓的半导体。一旦氧化镓取代目前广泛使用的硅材料，每年将减少 1440 万吨二氧化碳的排放。

2011 年，京都大学投资成立了公司“FLOSFIA”。在 2015 年，NICT 和田村制作所合作投资成立了氧化镓产业化企业“Novel Crystal Technology”，简称“NCT”。现在，两家公司都是日本氧化镓研发的中坚企业，必须强调的是，这也是世界上仅有的两家能够量产 GaO 材料及器件的企业，整个业界已经呈现出“All Japan”的景象。

面对外部竞争的压力，我国企业想要在第四代半导体行业获得足够的话语权并不容易，第四代半导体材料核心难点本身在材料制备上，材料端的突破将获得极大的市场价值，这也是我们的突破点。

借用进化半导体公司 CEO 许照原的话来讲，“碳化硅用了 40 年时间发展，氧化镓则仅用了 10 年，踩着碳化硅脚印前进的氧化镓很有可能有类似的发展行径：先在市场门槛较低的快充和工业电源领域落地，后在汽车领域爆发。氧化镓在十年内已取得重大进展，眼看离产业只差一步之遥，但针对材料制备和相关性质研究仍然不够系统和深入，若想统治未来，掌握现在这十年将是关键！”

连续使用7个月“瞎眼屏”后，我出现了以下症状

■李正浩

很多人一定有这样的经历，花了大几千块钱买一部手机，结果用了一段时间后，感到眼睛不舒服，酸胀、流泪、疼痛，容易视觉疲劳，这很有可能是低频 PWM 调光屏幕造成的。

由于每个人体感不同，有的用户对低频 PWM 调光感知不强或没有感觉，不认为这种调光方式会对自己的健康产生伤害。但调光方式的影响不会因为体感不强而消失，随着使用的拉长，反而不会越来越明显，尤其是当你注意到它的时候。

我在去年 7 月初特地买了一台 360Hz 低频 PWM 调光的手机当主力机，目前已经过去了大半年，结果……

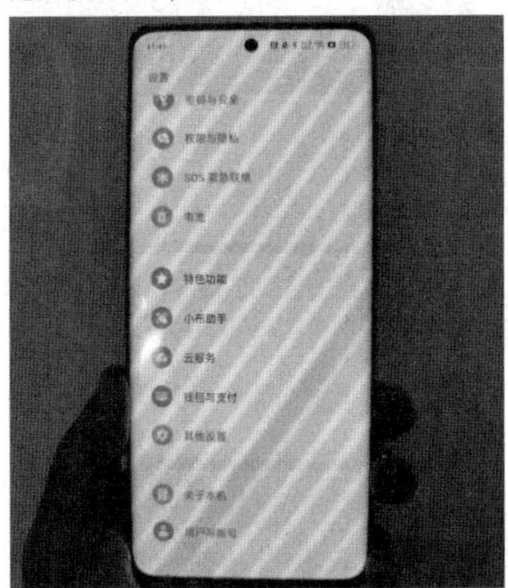

高频PWM调光（1250快门）

症状未必一开始就会出现

就我的体感而言，低频 PWM 调光属于是“忍忍还能用”的水平。在开始使用的时候，或许是还沉浸于更换新机的喜悦中，并没有感觉到什么不适。

过了一段时间，我出现了干眼症，右眼时有烧灼感、发痒，晚上躺在床上看手机时，眼睛太干导致泪液不足，反而刺激反射性的泪液分泌，这也就是网友常说的“看手机流泪”。除了晚上，在台灯下坐着看手机，也时常能感到眼角有湿润的感觉。

在之后的时间里，上述情况是一种常态，干眼症可用药物缓解，但眼睛瘙痒、轻微干涩和泪眼还是偶尔有的，但又不至于影响生活……直到有一天我去看了电影。

当我看着远处的巨大银幕，发现银幕上的画面有些看不清楚了，偶尔还有些重影，明明这只是一部不用戴 3D 眼镜的 2D 电影，看电视同理，只有将屏幕放在面前，才能看清正在显示的画面……感觉就像拍照对不上焦一样。

那些对低频 PWM 调光体感不强的人，是否也出现了上述情况？有出现，但不同平台的人得出的结论就有些不一样了。

有的用户自称对频闪不敏感，但在使用一段时间后，依旧出现了眼胀、头闷的现象；有的则仅仅是在打了一局 20 多分钟的游戏，眼睛就有些疼了。还有些用户是看着屏幕时，发现眼睛无法对焦，看不清楚屏幕。

对于垂直平台用户，他们非常明确地将问题指向低频 PWM 调光。如果是在面向更广泛群体的百度搜索相关问题，一般会指向用眼疲劳和 OLED 屏幕本身，特别是后者。

2019 年 7 月，在百度上搜索“OLED 屏幕伤眼”，当时相关链接 70 多万个，截至本文发布前，链接数量已达 390 万个，3 年多的时间增长了近 6 倍，其中 2021—2022 年恰好是低频 PWM 调光在手机上大行其道的两年。

但这两年恰好也是国产屏和高频 PWM 调光逐渐在手机市场崭露头角的两年，也是我们经常在测评、导购中推崇的调光方式。

购机时一定关注高频 PWM 调光

当人类的大脑无法准确识别到画面信息时，视神经会反向控制和调节眼球内的晶状体和睫状肌来获得清晰的成像。整个过程类似于手机专业模式中的对焦过程，通过寻找合适的对焦点，获得清晰画面。

如果手机是低频 PWM 调光，会导致屏幕发光不稳定，此时人眼就要反复调节晶状体和睫状肌来适应屏幕，超出了调节范围引发用眼疲劳，调节能力下降，这个时候就会觉得看东西不清楚。高频 PWM 调光由于自身频率足够高，能够让屏幕保持高频稳定的发光，人眼也就不用反复调节。

举个例子，我们将现在比较常见的低频 PWM 调光和高频 PWM 调光的频闪量化成游戏帧数曲线，结合对应机型真实的闪烁指数、波动深度，两者的结果如上图所示。可以看到，一个曲线波动大，一个虽有波动但能保持高度的稳定，这也是为何高频 PWM 调光手机拥有更好的护眼效果。

呼声更高的 DC 调光，实际上是更符合人眼直觉的调光方式，但实际使用中会受到一些客观因素影响，比如屏幕的光源，会因运行强度太低而无法保持稳定的运行。在比如低亮度下，支持 DC 调光的手机可能会出现画面偏色的现象。

在不考虑其他因素的影响下，DC 调光和高频 PWM 调光的护眼效果相当，前者会稍好一些，都属于对人眼友好的调光方式。只是高频 PWM 调光在 2023 年会变得有些魔幻。

一方面，我们呼吁的高频 PWM 调光，是指做到全亮度高频 PWM 调光，或是低亮度高频 PWM+ 中高亮度类 DC。

实际情况是，过去几个月发布的 E6 屏新旗舰大都是低亮度高频 PWM+ 中高亮度低频 PWM，频率大多为 720Hz，闪烁指数以及 SVM 指数都偏高。在这种情况下，厂商大力宣传的“高频 PWM”、“护眼屏”还有多少效果就要打一个问号了。

另一方面是个别厂商的迷惑操作。将发布会大力宣传的高频 PWM 做成开关藏在开发者模式里，需要手动开启，也就是说默认启用的依旧是全亮度低频 PWM 调光，它甚至还要补充说明打开高频 PWM 调光会增加耗电。既然如此，有更省电的 DC 调光方案为什么不去实现呢？

当消费者自以为用着一款支持高频 PWM 调光的手机，然而该功能实际需要手动打开，每天真正在用的是低频 PWM 调光。如果出现用眼健康问题，他该怪谁呢？所以，我不认为将其放在开发者模式里是一个

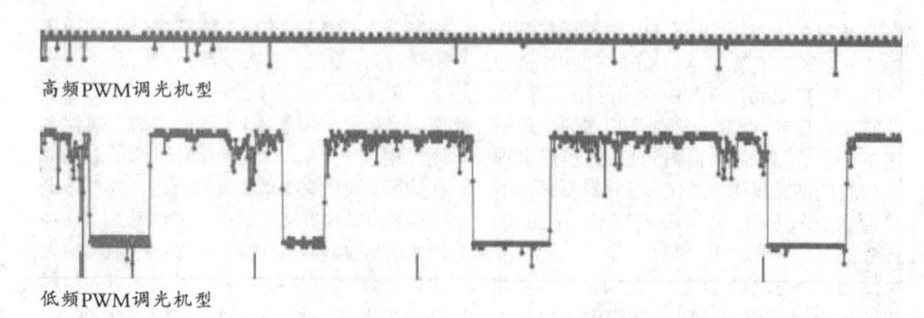
高频PWM调光机型

低频PWM调光机型

好主意。

在2023年，好消息是越来越多的厂商在供应链的支持下，会比过往更加注重频闪。坏消息是，由于每个厂商对待频闪的态度不一样，最后成品的含金量也会不同，且标准和相关参数不透明，消费者能知道的只剩一个高频调光的频率。

高频PWM调光本身能有效降低频闪对人眼的影响，缓解使用过程中产生的视觉疲劳，我们一直在导购中向大家推荐支持这一特性的手机。实际中，仍有许多用户对这一点不感冒，我认为对高频PWM调光没有像“低蓝光”那样形成共识，除了本身晦涩难懂的概念，还缺少一个公认的标准支撑。

如何界定屏幕是否护眼

说到护眼标准，第一想到的是电气与电子工程师协会提出的《IEEE Std1789-2015标准》，以及如右图这张图来判断手机频闪是否符合标准。

这个标准确实为判断频闪提供了一个参考，问题在于它提出波动深度、闪烁指数等衡量指标与频闪实际情况存在一定的偏差，因此无法很好地将其量化。

后来国际照明委员会专门针对频闪推出“频闪可视性量”指标，即SVM，覆盖频率为80到2000Hz，对比原来的标准考虑到了占空比因素，更符合手机频闪时的实际使用情况。当SVM小于1时，频闪不可见；SVM等于1时，刚好可见，意味着不要长时间使用；SVM大于1时，属于可见，短时间使用也能察觉到频闪的存在。

而中国标准化研究院视觉健康与安全防护实验室推出视觉舒适度VICO评价指标，除了频闪，还考虑到了光谱能量分布、色温、显色指数、照度、亮度和色域。

该指标同样将“健康舒适度”进行量化和分级，相比SVM，目前已经有品牌公开将VICO标准用作产品背书。

深色模式

浅色模式

除了SVM指数、VICO测试，德国莱茵也有针对频闪、蓝光等护眼指标进行测试，建议比较重视护眼效果的用户在购机之前，可多查询一下计划购买的手机除了频闪频率外，上述指标是否合格。

写在最后：消费者自己用什么方式可以缓解用眼疲劳呢？

一是降低手机使用时长，减少眼睛注视屏幕的时长；

二是在相对明亮的环境使用手机，或是适当提高手机亮度，在中高亮度下，屏幕占空比提升可缓解频闪的危害；

三是开启手机的暗黑模式，在这种模式能有效降低频闪对人眼的冲击。

如果上述几种方式都没办法缓解视觉疲劳，只要看一眼手机就能有明显的不适，那我建议你换一部手机。

相比消费者有限的应对措施，厂商以及供应链将问题解决在源头显然是更加有效的，护眼虽是一项复杂的工程，但从频闪到其他维度，实际有标准可循，高频PWM调光不应该魔幻，护眼更应是一门科学。这样无论对消费者，还是厂商，都能有一个双赢的局面。

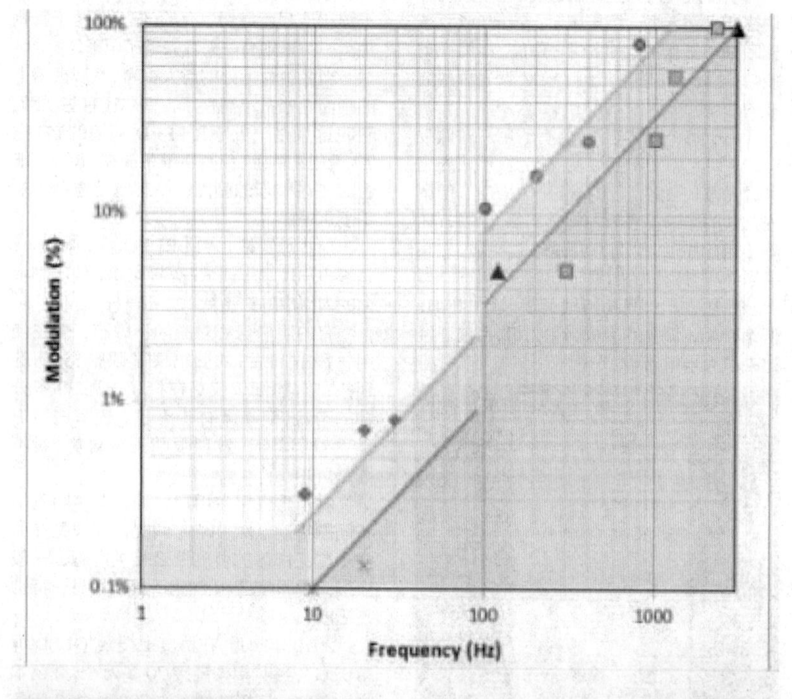

等级	I	II	III	IV	V
测量值	0≤VICO<1	1≤VICO<2	2≤VICO<3	3≤VICO<4	4≤VICO≤5
对应视疲劳表征	无疲劳	轻微疲劳	明显疲劳但是可以耐受	严重疲劳出现各类不适症候	强烈疲劳需要立即停止
产品鉴定	合格			不合格	

VICO		1.5−1.75	1.5−2	2−2.25	2.25−2.5	2.5−2.75	2.57−3	>3
分级	S	A+	A	B+	B	C+	C	不合格

价格战中崛起的国产晶圆代工

■颜媛媛

从缺芯到过剩，人人都能感受到半导体行业风向的变化，可风向转得如此之快、如此之急，还是超出了不少人的预期。对于资金、技术密集型行业而言，价格战一经打响就会无比惨烈，活下去，才能熬到下一个黎明。

腰斩的芯片价格

“部分MOSFET（金氧半场效晶体管）产品当前的价格与去年年中相比，已逼近腰斩”——半导体行业风向转换，一些门槛较低、本身产能过剩的半导体供应链产品价格直接雪崩。国产替代化进程较快的MOSFET，其价格更是明显地在过去几年里不断上下翻腾。

2018—2019年，MOSFET行业已经经过长达一年的时间去库存，而随着突如其来的疫情，产能无法全部释放，部分MOSFET芯片设计厂商拿不到足够的产能，MOSFET行业从2019年年初开始出现缺货。而2019下半年以来，在国产化替代的加速推动下，CIS、MCU、IGBT、MOSFET等代工需求强劲，国内半导体市场景气度迅速回升，中芯国际、华虹宏力和舰等晶圆代工厂产能利用率维持在九成，接近满载。

在2021—2022年间，缺芯叠加市场炒作，一些紧缺的车规级芯片半年就暴涨350倍，一度令市场咋舌。随着供应链的稳定，MOSFET、MCU等芯片价格开始快速回落，极短时间里就从高位腰斩，而且一些在2018年至2019年供应紧张期间开始建设的生产线也陆续开始投产，更进一步加大了对终端市场的供货量，进一步推动了终端产品价格的回落。

这波半导体芯片降价到底有多夸张呢？去年11月，全球笔电触控板模组与触控屏IC龙头义隆电子宣布，将提前解除与晶圆代工厂签订的三年期产能保证合约，并支付违约金。在去年年初，业内许多IC设计厂商都主动与晶圆厂签署了LTA（长期合同）以保障供应，但受限于终端市场低迷，义隆电子甚至不惜支付30%的合同金额作为违约金。

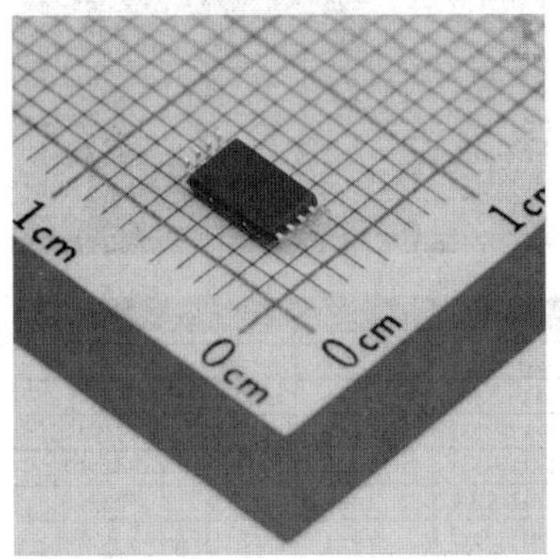

国产替代成熟的MOSFET芯片价格出现雪崩

让终端厂商宁愿赔付“30%的合同金额”也要终止采购，显然，半导体行业内部认为这场价格雪崩一时半会儿停不下来，而且价格跌幅恐怕远超30%。

三年来首次降价的半导体硅片

除半导体终端芯片降价幅度吓人外，作为半导体上游的硅片同样出现了三年来的首次降价。

据中国台湾媒体报道，目前半导体硅片市场已出现长约客户要求延后拉货之际，现货价近期开始领跌，这也是新冠疫情暴发三年多来首次出现，并且从6吋、8英寸一路蔓延至12英寸，牵动了众多半导体硅片厂的后市。业者表示，现阶段晶圆厂端半导体硅片库存“多到满出来”，仍需要时间消化。

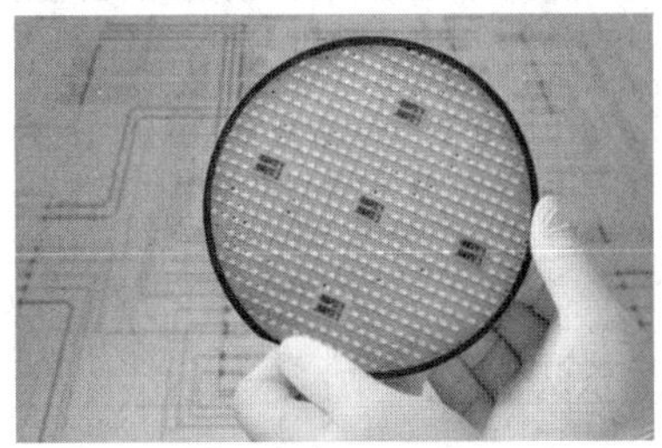
半导体硅片价格三年来首次下降

半导体硅片是台积电、英特尔、三星、联电等晶圆厂芯片制造的必备原料，是观察半导体景气动态的关键指标，尤其现货价更是贴近当下市况，比合约价更能第一时间反映市场动态。针对市场变化，环球晶圆表示，其拥有高比例的长合约，目前合约价不变，对客户的支持主要是在交期方面进行调整，现货价则由市场供需决定。

只不过联华电子已愿意向在2023年第二季度提高晶圆投片量的客户提供10%~15%的价格折扣。合晶科技则表示，8英寸半导体硅片价格持稳，部分配合客户拿货节奏调整；6英寸产品配合客户进行库存调节，第一季度相关出货量估计将小幅减少。

半导体硅片业者透露，去年第四季度客户产能利用率就明显降低，现在客户库存堆高情况实属严峻，势必进行库存调节；存储芯片端减产、砍资本支出的情形已不用多说，甚至有晶圆代工厂部分半导体硅片库存水位已高达五六个月，等于是“多到满出来”，当然不愿再拉货甚至要求砍价。

晶圆代工厂打响价格战

原材料价格降低、市场需求疲软，作为中游的晶圆代工厂更是率先打响了价格战。

2023年2月，有消息称三星调低了晶圆代工价格，成熟制程代工报价降了10%，并已成功拿下部分台系网通芯片厂的订单。此举算是掀起了行业的一大片水花，随后联电、世界先进等多家代工厂，也开始有条件对客户降价。而半导体专业媒体集微网通过调研了解到，目前，除了台积电、联电之外，晶圆代工厂商都进行了不同程度的降价，它们都希望通过降价吸引更多的订单来改善目前低稼动率的窘况，甚至连台积电、联电也释出善意，愿意给加单客户一定折让。

而晶圆代工厂主动降价的背后，是整个半导体行业的困境。根据市调机构集邦咨询TrendForce发布的报告，由于通胀、加息与终端需求下滑等因素，晶圆代工成熟制程正面临砍单潮。砍单潮体现在多个方面，首先是大尺寸面板驱动IC（DDI）、驱动及触控芯片（TDDI）的需求较弱，且消费级电源管理IC、CMOS传感器及部分微控制器（MCU）、系统芯片（SoC）的订单也在经受修正。

“最主要的原因是终端需求疲软。”以赛亚调研（Isaiah Research）指出，“目前消费性电子产品如TV、PC/NB、手机等市场消费力疲弱，连带影响驱动IC以及相关电源管理IC等产品出现订单调整的情况，而这类型的产品多投片于成熟制程。”

以赛亚调研认为，目前看来，成熟制程的产能在下半年确实有松动的状况，以8英寸为例，下半年的产能利用率平均落在95%~100%，部分晶圆厂产能利用率将降至90%上下。另一方面，22/28nm制程产能利用率下半年仍平均落在100%左右，其中部分晶圆厂产能利用率可能降至95%~100%，亦出现产能松动的状况。

与其被动等着被砍单，不如主动降价放手一搏，半导体行业每一次低迷时期都是行业企业洗牌的机会，这场“剩者为王”的游戏中，唯有顶住此轮“过剩”压力，才能有机会见到黎明。

逆周期扩张的大陆晶圆代工

“今天很残酷，明天更残酷，后天会很美好，但绝大多数人都死在明天晚上。”——从1984年到1986年，累计亏损3亿美元，股权资本全部亏空的三星一直熬到了1987年DRAM价格回升才抓住机遇崛起，而连续亏损14年的京东方最终盈利，更走上了全球面板出货量第一的宝座，而本轮全球半导体行业低迷，反而会成为我国相关产业链崛起的契机。

以半导体晶圆代工为例，整个行业在2021年享受了行业缺产能带来的经营上的高议价权，而步入2022年后，下游需求的不景气，让刚经历完“加价抢产能”的IC设计公司感受到了较大的存货压力，“主动去库”逐渐成为设计企业求生之路，晶圆代工行业中部分公司的产能利用率因此在2022年第三季度开始下滑，代工价格方面也有结构性的下降。然而在2023年，随着行业主动去库完成，以及需求端受益于开放政策的复苏，晶圆代工行业或将迎来基本面筑建相

Periods of Three Sequential Quarterly IC Market Declines

Period	Year	1Q	2Q	3Q	4Q	Annual
1	1981	-8%	-1%	-2%	3%	10%
2	1985	-18%	-8%	-8%	2%	-19%
3	1996	-9%	-14%	-3%	8%	-9%
4	1997				-3%	4%
	1998	-10%	-6%	5%		-9%
5	2001	-20%	-20%	-11%	1%	-33%
6	2018				-9%	14%
	2019	-17%	-1%	9%		-15%
7	2022			-9%	-8%*	3%*
	2023	-3%*	3%*			-6%*

*Forecast

IC Insight 预测全球半导体有望在2023 年第一季度触底

对底部的一年,大陆晶圆代工完全有机会进入持续战略性扩张周期,从而在当前复杂的国际形势下保障中国大陆本土的半导体制造需求。

中国大陆半导体晶圆产业链战略性扩产一方面体现在供应链安全方面,在全球合作持续降低,产业链全球合作效率下降的大背景下,我国的半导体制造产能还不能完全覆盖本土需求,另一方面则体现在产业周期方面,逆周期扩产一直是半导体重资产企业的重要决策之一,半导体工厂有扩产时间长(盖厂 + 设备导入需要耗费大量时间)、技术资金壁垒高扩产难度大等特点,当期的扩产决定,到最终的产能释放,往往需要一年半以上的时间,由于半导体行业的周期性,在周期下行时的扩产,会让企业在下一轮周期上行时充分受益,且能获得更大的市场份额。

事实上,2021 年时全球产能供不应求,各家晶圆厂产能利用率保持满载,中芯国际的产能利用率 2021 年维持在 100%附近,华虹半导体的产能利用率最高甚至超过110%,而该数值在 2022 年下半年随着产业周期下行,部分公司开始有所下滑,例如中芯国际在 3Q22 已经下降到92%,但这是设计公司"主动去库"叠加部分公司"逆势扩产"共同导致的结果,且大陆产能利用率明显低于国际上的晶圆代工大厂,这意味着随着主动去库存的完成和终端消费市场复苏,大陆晶圆代工企业有望进一步提升市场话语权。

此外,逆周期扩张一旦成功,对我国半导体生态的成长也极具益处。在产业链方面,半导体制造作为半导体产业链重要环节,战略性扩产给国产设备材料厂商带来了迭代产品的机会,和 IC 设计企业共同开发新工艺提升产品全球竞争力。

写在最后:警惕 6 英寸晶圆恶性竞争

国产替代化浪潮火热,包括晶圆赛道在内的半导体领域涌现出众多玩家。数据统计,我国目前拥有晶圆生产厂商 500 个,晶圆总产量占全球的 98%以上。然而有能力生产 12 英寸晶圆的厂商不到 30 家,这也是目前晶圆价格跌幅 6 英寸要远远大于 12 英寸的最重要原因,而国产 6 英寸晶圆大规模出现导致晶圆价格暴跌,对于整个半导体行业来说,是一次巨大的冲击和挑战,不过好消息是在中芯国际和华虹两大晶圆代工厂的营收构成中,6/8 英寸晶圆产品占比逐渐走低,12 英寸晶圆产品渐成营收主力,明显出现"由大(规模)变强(技术)"的转变。

登顶游戏U至尊王座!AMD锐龙9 7950X3D首发测评

■电脑报测评工程师 王诚

AMD 在 1 月 5 日的 CES 2023 上正式发布了配备 AMD 3D V-Cache 缓存的锐龙 7000X3D 系列处理器,而在 2 月 27 日终于对其性能数据进行了解禁。相信对于游戏玩家来说这无疑是个大好的消息,AMD 终于在 Intel 第 13 代酷睿大招开完的情况下打出了这张绝杀王牌,游戏处理器的至尊王座看来是志在必得。

3D V-Cache 缓存技术,AMD 的游戏"王炸"

锐龙 7000X3D 系列一共包括了锐龙 9 7950X3D、锐龙 9 7900X3D 和锐龙 7 7800X3D 三款,其中锐龙 9 7950X3D、锐龙 9 7900X3D 已经正式解禁,而锐龙 7 7800X3D 将在 4 月上市。从规格表可以看到,锐龙 9 7950X3D 与锐龙 9 7900X3D 相对常规版的型号除了在其中一个 CCX 上叠加了 64MB 3D V-Cache 缓存、基础频率略有降低之外其他规格都没有变化,但 TDP 却反而降到了 120W,从 AMD 官方数据来看,锐龙 9 7950X3D 的能效比相对锐龙 9 7950X 进一步提升了 13%。

既然锐龙 9 7000X3D 一颗处理器中的两个 CCX 类型不同,那么系统要怎么去智能分配负载才能实现最佳化呢?这次

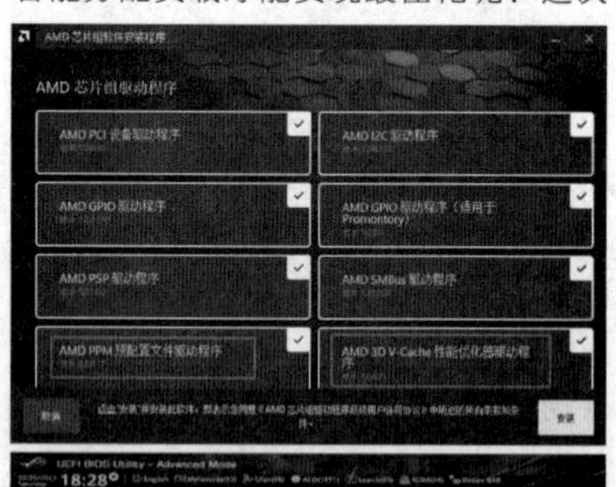

AMD 锐龙 7000 系列台式机处理器规格

	制造工艺	核心/线程	基础频率	加速频率	二级缓存	三级缓存	支持内存	PCIe 版本	TDP	首发价格
锐龙 9 7950X3D	5nm+6nm	16/32	4.2 GHz	5.7 GHz	1MB×16	96 MB+32MB	DDR5 5200	5.0	120W	5299 元
锐龙 9 7950X	5nm+6nm	16/32	4.5 GHz	5.7 GHz	1MB×16	64 MB	DDR5 5200	5.0	170 W	5499 元
锐龙 9 7900X3D	5nm+6nm	12/24	4.4 GHz	5.6 GHz	1MB×12	96 MB+32MB	DDR5 5200	5.0	120W	4499 元
锐龙 9 7900X	5nm+6nm	12/24	4.7 GHz	5.6 GHz	1MB×12	64 MB	DDR5 5200	5.0	170 W	4299 元
锐龙 7 7800X3D	5nm+6nm	8/16	4.2 GHz	5.0 GHz	1MB×8	96 MB	DDR5 5200	5.0	120 W	未公布
锐龙 7 7700X	5nm+6nm	8/16	4.5 GHz	5.4 GHz	1MB×8	32 MB	DDR5 5200	5.0	105 W	2999 元

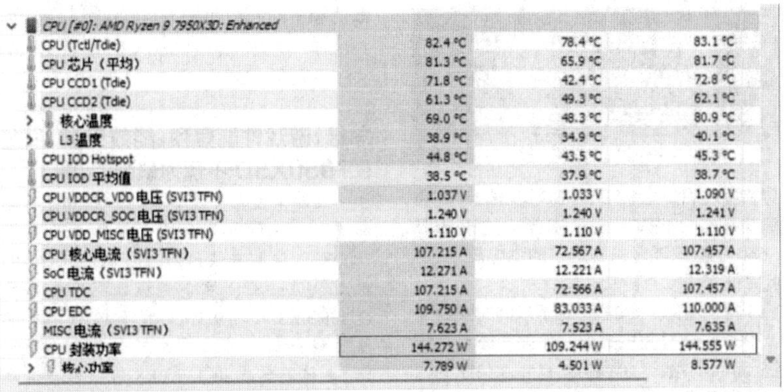

CPU [#0]: AMD Ryzen 9 7950X3D: Enhanced			
CPU (Tctl/Tdie)	82.4 °C	78.4 °C	83.1 °C
CPU 芯片（平均）	81.3 °C	65.9 °C	81.7 °C
CPU CCD1 (Tdie)	71.8 °C	42.4 °C	72.8 °C
CPU CCD2 (Tdie)	61.3 °C	49.3 °C	62.1 °C
核心温度	69.0 °C	48.3 °C	80.9 °C
L3 温度	38.9 °C	34.9 °C	40.1 °C
CPU IOD Hotspot	44.8 °C	43.5 °C	45.3 °C
CPU IOD 平均值	38.5 °C	37.9 °C	38.7 °C
CPU VDDCR_VDD 电压 (SVI3 TFN)	1.037 V	1.033 V	1.090 V
CPU VDDCR_SOC 电压 (SVI3 TFN)	1.240 V	1.240 V	1.241 V
CPU VDD_MISC 电压 (SVI3 TFN)	1.110 V	1.110 V	1.110 V
CPU 核心电流（SVI3 TFN）	107.215 A	72.567 A	107.457 A
SoC 电流（SVI3 TFN）	12.271 A	12.221 A	12.319 A
CPU TDC	107.215 A	72.566 A	107.457 A
CPU EDC	109.750 A	83.033 A	110.000 A
MISC 电流（SVI3 TFN）	7.623 A	7.523 A	7.635 A
CPU 封装功率	144.272 W	109.244 W	144.555 W
核心功率	7.789 W	4.501 W	8.577 W

AMD 新版的 600 系主板驱动就提供了“AMD 3D V-Cache 性能优化器驱动”和“AMD PPM 预配置文件驱动”的组件，配合 Windows 11 的游戏模式与 XBOX Game Bar 来实现游戏应用的智能识别与负载分配。

同时，玩家也可以在更新 600 系主板的 BIOS 后，找到一项叫作 CPPC 动态首选核心的选项，设为 Auto 和 Driver 就是让系统智能判断，而选 Frequency 和 Cache 很明显就是决定强制优先使用“高频 CCX”还是“缓存 CCX”了。

本次首测我们拿到的是锐龙 9 7950X3D，作为锐龙 7000X3D 的顶级旗舰，它对标的当然是 Intel 酷睿 i9 13900KS。那么这两款终极游戏旗舰处理器到底谁更胜一筹，实战测试给你答案。

最高赢对手 38.9%！锐龙 9 7950X3D 游戏性能独孤求败

测试平台

处理器：AMD 锐龙 9 7950X3D

Intel 酷睿 i9 13900KS

主板：华硕 ROG CROSSHAIR X670E HERO

内存：芝奇 DDR5 6000 16GB×2（30-38-38-76）

显卡：RTX 4090 FE

硬盘：WD_BLACK SN850X 2TB

电源：华硕 ROG 雷神 Ⅱ 1200W

操作系统：Windows 11 专业版 22H2

本次测试我们选用了酷睿 i9 13900KS 与锐龙 9 7950X3D 进行游戏性能的对比，主板 BIOS 中打开 ResizeBAR 支持，内存开启 EXPO/XMP。

游戏性能对比

首先是《DOTA2》，这里锐龙 9 7950X3D 疯狂领先，超越酷睿 i9 13900KS 的幅度都快接近 40% 了，1% Low 帧也有超过 30% 的优势。《地平线：零之曙光》里锐龙 9 7950X3D 也很彪悍，足足领先了酷睿 i9 13900KS 近 30%，1% Low 帧领先的幅度也接近 30%。

《荒野大镖客：救赎 2》里锐龙 9 7950X3D 领先酷睿 i9 13900KS 大约 21%，1% Low 帧领先约 9%。《原神》虽然是款锁帧的游戏，但从解锁后锐龙 9 7950X3D 的平均帧领先酷睿 i9 13900KS 大约 20%、1% Low 帧领先近 20% 的情况来看，大缓存对提升它的流畅度来说确实是非常有用的。

《看门狗：军团》里锐龙 9 7950X3D 大约领先酷睿 i9 13900KS 16%，1% Low 帧也高出约 9%。《杀手 3》达特穆尔场景非常考验处理器多线程性能，这里锐龙 9 7950X3D 也领先了 10.5%。《极限竞速：地平线 5》算是 AMD 的强势游戏，这里锐龙 9 7950X3D 领先 12.1%，1% Low 帧更是领先 25% 之多。《彩虹 6 号》也是锐龙 9 7950X3D 的秀场，领先酷睿 i9 13900KS 大约 11.8%。

《原子之心》里，锐龙 9 7950X3D 领先酷睿 i9 13900KS 大约 6.1%，1% Low 帧也领先了 18%。《F1 2022》赛车游戏里锐龙 9 7950X3D 领先酷睿 i9 13900KS 大约 7.7%。《赛博朋克 2077》里锐龙 9 7950X3D 领先了 4.4%。

《战锤 40K：暗潮》里锐龙 9 7950X3D 相比酷睿 i9 13900KS 有大约 4% 的领先幅度。《FF14》里锐龙 9 7950X3D 平均帧领先 2.9%，1% Low 帧领先 15%。《中土：战争阴影》里锐龙 9 7950X3D 领先 2%，1% Low 帧小胜。《全战特洛伊》《孤岛惊魂 6》《刺客信条：英灵殿》里锐龙 9 7950X3D 的平均帧都小胜对手一筹。

综合 22 款游戏的表现来看，平均帧方面锐龙 9 7950X3D 领先酷睿 i9 13900KS 大约 9.3%，代表流畅度的 1% Low 帧则领先了 4.1%，优势确实很明显，可以称得上是新一代的游戏 U 之王。

温度与功耗测试

大家都注意到锐龙 9 7950X3D 虽然增加了 64MB 3D V-Cache 缓存，但 TDP 反而降到了 120W，那实际的功率表现如何呢？从 Cinebench R23 考机实测来看，解锁

游戏性能测试（单位：fps/1080P/ 最高画质）

	AMD 锐龙 9 7950X3D				Intel 酷睿 i9 13900KS	
	1% Low 帧		平均帧		1% Low	平均帧
《DOTA2》	178 ▲▲▲	130.9%	382 ▲▲▲▲	138.9%	136	275
《地平线：零之曙光》	165 ▲▲▲	129.9%	255 ▲▲▲	129.4%	127	197
《荒野大镖客：救赎 2》	117 ▲	109.3%	199 ▲▲	121.3%	107	164
《原神》（解锁帧数）	150 ▲▲	118.1%	269 ▲▲	120.6%	127	223
《古墓丽影：暗影》	175	97.2%	365 ▲▲	115.9%	180	315
《看门狗：军团》	127 ▲	109.5%	185 ▲▲	115.6%	116	160
《极限竞速：地平线 5》	149 ▲▲▲	125.2%	213 ▲▲	112.1%	119	190
《彩虹 6 号：围攻》	403	91.8%	787 ▲	111.8%	439	704
《HITMAN 3》	92	98.9%	243 ▲	110.5%	93	220
《F1 2022》	209 ▲	104.0%	365 ▲	107.7%	201	339
《原子之心》	175 ▲▲	118.2%	208 ▲	106.1%	148	196
《赛博朋克 2077》	139 ▲	103.0%	214 ▲	104.4%	135	205
《战锤 40K：暗潮》	150 ▲	107.1%	233 ▲	104.0%	140	224
《最终幻想 14》	125 ▲	114.7%	311 ▲	102.9%	109	302.1
《中土：战争阴影》	178 ▲	104.1%	313 ▲	102.0%	171	307
《全面战争传奇：特洛伊》	199	93.9%	300 ▲	101.4%	212	296
《孤岛惊魂 6》	120	90.9%	177 ▲	101.1%	132	175
《绝地求生》	318	79.9%	595 ▲	100.8%	398	590
《刺客信条：英灵殿》	168 ▲	104.3%	214 ▲	100.5%	161	213
《英雄联盟》	273	81.7%	410	99.3%	334	413
《全面战争：战锤 3》	164 ▲	116.3%	250	99.2%	141	252
《骑马与砍杀 2》	120	60.3%	339	98.8%	199	343
性能对比	104.1%		109.3%		100%	100%

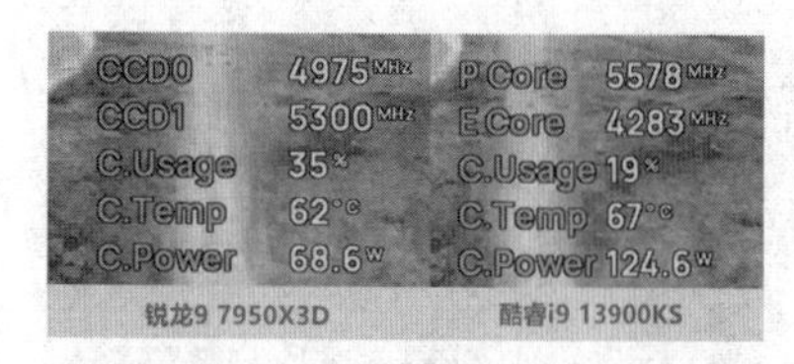

功率墙之后锐龙 9 7950X3D 的满载封装功率也不到 145W。这意味着一款千元级 B650 主板都能轻松搞定它的供电需求，由此降低了玩家的装机成本。

特别值得点赞的是，玩游戏的时候锐龙 9 7950X3D 是真的省电。例如同样是运行《全面战争：战锤 3》，锐龙 9 7950X3D 的功率最高不超过 70 W，温度在 60℃出头，而酷睿 i9 13900KS 基本上都保持在 120W 到 130 W，可见锐龙 9 7950X3D 能效比优势实在是太大。

总结：游戏性能登顶、能效无敌，锐龙 9 7950X3D 不愧为最强游戏 U

最后来总结一下。AMD 在 Intel 打完酷睿 i9 13900KS 这张牌之后再丢出锐龙 7000X3D 这招确实够厉害。从测试来看，锐龙 9 7950X3D 综合游戏性能领先酷睿 i9 13900KS 大约 9.3%，但第 13 代酷睿旗舰已经出到顶了，基本不存在反击的可能，更何况酷睿 i9 13900KS 的功率与温度根本不是普通一体式水冷能压得住的，再高更是不敢想象。所以从游戏性能这方面来看，目前锐龙 9 7950X3D 已经是没有对手的状态。

再来看价格，锐龙 9 7950X3D 国行售价 5299 元，对标的酷睿 i9 13900KS 目前电商售价是 5799 元。此外，由于锐龙 9 7950X3D 在玩游戏的时候功率几乎只有酷睿 i9 13900KS 的一半，所以实际装机的时候在散热器、电源和主板方面还能省下不少预算，整机自然更有性价比。

如此一来结论已经很明显了，如果玩家今年要组装一台旗舰级的游戏主机，那么锐龙 9 7950X3D 应该是目前最强的选择，3D V-Cache 缓存技术再一次创造了神话。

ChatGPT背后的黑科技，主宰高算力的CPO技术

■郭勇

ChatGPT 启动人工智能革命的同时，更开启算力“霸权”时代，而海量的算力基础建设，更推动 AI 产业链基础设备需求与通信 CPO 解决方案迭代。

ChatGPT 引爆算力需求

作为人工智能三大核心要素之一，算力也被誉为人工智能“发动机”。

ChatGPT 用户数快速增长，需求量火爆引发宕机。ChatGPT 自发布以来用户数量快速增长。在庞大用户群涌入的情况下，ChatGPT 服务器 2 天宕机 5 次，火爆程度引人注目的同时也催生了对算力基础设施建设更高的要求。以 ChatGPT 为例，其在模型训练阶段每次升级需要投入约 3422 万元，该笔投入相较于运营阶段来说规模较小。在模型上线运营阶段，机构测算每亿活跃用户将带来 13.5EFlops 的算力需求，需要 6.9 万台 NVIDIA DGX A100 80G 服务器支撑。

根据中国信通院数据，2021 年全球计算设备算力总规模达到 615EFlops，其中超算算力规模为 14EFlops。换而言之，在每个用户每天收到 1500 字回答的情况下，以 2021 年全球超算算力的规模，仅能支撑 ChatGPT 最多拥有 1 亿日均上线人数。假设全球 6 家科技巨头能够在未来 3 年内各自拥有一款活跃人数 2 亿的 ChatGPT 类应用，则有望带来 162EFlops 超算算力需求，超算算力需求较目前提升空间超过 10 倍。

打破算力瓶颈的 CPO 技术

不同服务器之间需要频繁的大量数据交换，数据互联的带宽往往会限制整体任务的性能，这成为数据中心引入超高带宽基于硅光子的数据互联的主要理由。而 CPO 共同封装光子是业界公认未来高速率产品形态，是未来解决高速光电子的散热和功耗问题的最优解决方案之一。

共封装光学 CPO（co-packagedoptics），指的是将光引擎和交换芯片共同封装在一起的光电共封装。较之传统方案中（实现光电转换功能的）可插拔光模块插在交换机前面板的形式，CPO 方案显著缩短了交换芯片和（实现光电转换功能的）光引擎之间的距离，使得损耗减少，高速电信号能够高质量地在两者之间传输，同时提升了集成度并能够降低功耗，整体优势显著。在最新的 OCP 峰会上，英伟达代表表示 AI 所需的网络连接带宽将增加 32 倍，当前光模块速率已无法满足这一带宽提升需求。继续使用光模块会带来成本翻倍和 20%-25%的额外功耗。为此需要新的激光器和调制器设计，并且 CPO 方案可能将功耗降低 50%。

提前布局的科技巨头

技术和经济上的双重优势，让科技巨头们争相涌入 CPO 赛道，目前 AWS、微软、Meta、谷歌等云计算巨头，思科、博通、Marvell、IBM、英特尔、英伟达、AMD、台积电、格芯、Ranovus 等网络设备龙头及芯片龙头，均前瞻性地布局 CPO 相关技术及产品，并推进 CPO 标准化工作——在数据中心领域，CPO 技术可以实现更高的数据密度和更快的数据传输速度，可以应用于高速网络交换、服务器互联和分布式存储等领域。例如，Facebook 在其自研的数据中心网络 Fabric Aggregator 中采用了 CPO 技术，将光模块和芯片封装在同一个封装体中，从而提高了网络的速度和质量。

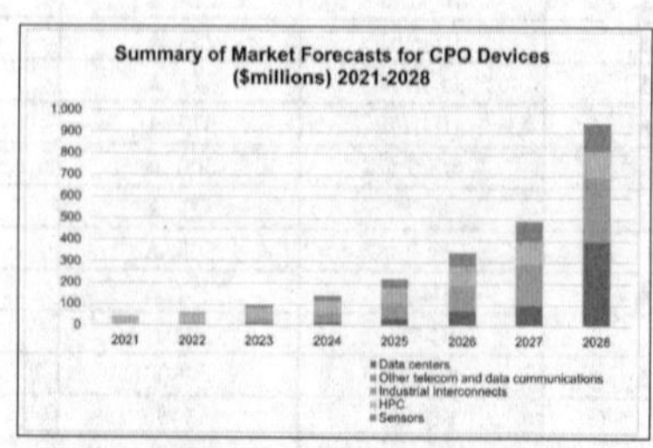

CPO设备市场规模预测（源自：CIR）

在云计算领域，CPO 技术可以实现高速云计算和大规模数据处理。例如，微软在其云计算平台 Azure 中采用了 CPO 技术，将光模块和芯片封装在同一块 PCB 板上，并使用微型化的线缆连接光模块和芯片。

在 5G 通信领域，CPO 技术可以实现更快的无线数据传输和更稳定的网络连接。例如，华为在其 5G 通信系统中采用了 CPO 技术，将收发器和芯片封装在同一个封装体中，从而实现了高速、高密度、低功耗的通信。

争夺算力霸权时代话语权

AIGC 热潮驱动下，全球科技龙头的军备竞赛已经打响，CPO 正站在风口的风口，既处在未来“卡脖子”数据传输通道，有着大厂们的集体背书，也有多个大赛道的加持，这背后除需要企业投入资源竞争外，更需要管理层的支持。

2020 年，业界开始对发展 CPO 标准形成共识。国外 COBO 和 OIF 等行业组织成立了工作组，国内中科院计算所牵头成立 CCITA 联盟（中国计算机互联技术联盟），为制订前沿互联技术标准筹备相关工作。现阶段，国内外 CPO 标准进程基本相近，均已初步完成规格草案的撰写。CCITA 联盟于 2021 年 5 月启动在中国电子标准化协会的国内 CPO 标准立项工作，联合了超过 40 家会员厂商，规划交换机及网卡 CPO 应用场景的规格标准。

不过我国光芯片产业起步较晚，技术实力与国外企业相比有一定差距，国内相关企业仅在 2.5G 和 10G 光芯片领域实现核心技术的掌握，根据 ICC 的数据，2.5G 及以下速率光芯片国产化率超过 90%；10G 光芯片国产化率约 60%，Ⅱ~Ⅵ、Lumentum 等外企牢牢占据高功率光芯片主要市场份额，而近年来随着天孚通信、新易盛、联特科技等布局“CPO 技术”的核心企业崛起，我国有望在硅光、CPO 等前沿技术领域取得突破。

4K/120Hz电视不错，但要注意虚标

■李韬

刷新频率也可作假

4K/120Hz高刷屏被认为是游戏电视机的标准配置，而今的电视不再局限于单纯的观影，打游戏也是一大主流趋势。随着新标准的出炉，无论是硬件还是软件参数，总是会让厂商有发挥的空间，这不，“假4K/120Hz”就开始冒头了。

说到电视方面的“假”，前几年的假4K电视算是比较泛滥了，到了今年，刷新率的标注又开始“发水”。我们都知道中高端4K电视通常会使用120Hz的面板，老电视如果搭配HDMI 2.0接口，可以利用MEMC插帧来满足更高的刷新率；如果是搭配HDMI 2.1接口的话，就可以实现4K/120Hz的画面输出。

但所谓的“假4K/120Hz”，实际上说的就是电视面板明明只有60Hz，但是使用了一些方法让电视实现120Hz的刷新率。当然如果能真的实现无损120Hz的话，那也不是什么问题；不过关键就是采用这类型技术让60Hz面板实现120Hz的刷新，对画质是有比较明显的影响的，实际上达不到4K的3840×2160分辨率的清晰度。这也是为什么我们说这类电视是“假4K/120Hz”的根本原因，而很遗憾的是目前市面上这类电视还很多，甚至将120Hz刷新率当作噱头宣传，同时也不会明确告知用户这里面的猫腻。

目前将4K/60Hz的电视刷新率强行提升到120Hz的技术有两种，分别是DLS和HSR。DLG是我们比较常见的一种“伪120Hz”技术，通常来说电视图像的显示都是通过电子束对每行像素的依次扫描来完成，比如4K/60Hz的电视，每帧图像需要总共扫描2160行，一秒钟可以扫描60帧画面。但DLG比较讨巧的是在纵向扫描的时候，只扫描1080行而不是2160行，一次扫描两个重复行，这样本来一秒钟可以扫描60帧画面，就变成了120帧，此时60Hz的刷新率就变成了120Hz。

但问题是一次扫描两个重复行的做法，使得本来不同内容的两行画面变成了相同的一行画面，那么画面的信息量等同于减半，原本3840×2160的分辨率变成了3840×1080，这样输出的画面细节大大减少，给用户观感就是画面模糊缺乏细节。也就是说这种技术虽然能将60Hz刷新率提升到120Hz，但代价就是降低了电视画面的画质。

至于另一种常见的技术HSR，在技术上要比DLG强一些，有点类似8bit面板抖动到10bit面板的感觉，同时效果也要强于DLG。在扫描部分，HSR不像DLG那样简单粗暴一次扫描两个重复行，而是通过时序调整实现差值显示，比如第一行显示全部一行的数据，第二行则一半显示第一行数据、一半显示第三行数据，第三行显示全行数据。

当然由于没有显示第二行的数据，所以它和原生的4K分辨率画面相比，依然画质会有损失，只是相比DLG好一些。所以无论是DLG还是HSR这种技术，实际上都是用降低画质的代价来提升刷新率。如果面板本身是60Hz，则可以提升到120Hz；如果面板本身是120Hz，则可以提升到240Hz。这个技术的“始作俑者”不好说是哪个厂商，但是有“炒作”空间啊。现在其他不少厂商的电视也都利用DLG或者HSR技术，在60Hz的电视上来宣称自己是4K/120Hz电视。

提醒厂商勿打“模糊牌”

DLG或者HSR技术本身来说问题不大，毕竟这的确是一种提升刷新率的方式。但关键是厂商在宣传的时候，并没有说明使用这种技术会在提升刷新率的同时降低画面的清晰度和画质。而且也没有厂商会说自己是原生60Hz的面板，使用了这种技术才获得120Hz的刷新率。所以很多人实际上会误认为厂商销售的是原生120Hz的电视。

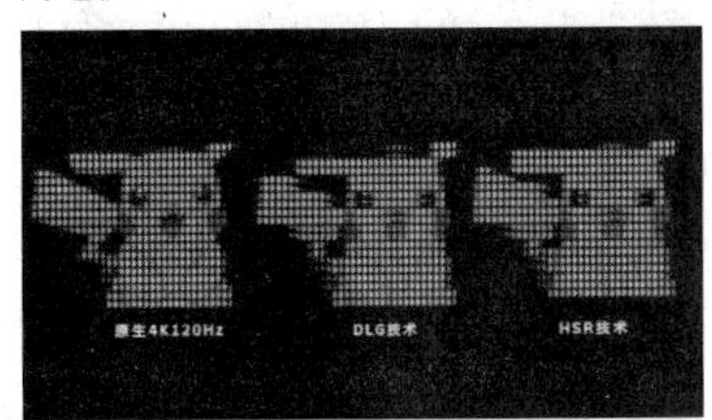

厂商比较喜欢用一些模棱两可的模糊词语来表达，比如“一键开启120Hz”这种说法。所以对于用户来说，如果看到4K/240Hz的电视，那没说的，那一定是原生120Hz刷新的电视；如果看到4K/120Hz的电视，那就要看看有没有什么固定的宣传语句，什么“一键开启120Hz”“120Hz疾速模式”“120Hz刷新模式”等等，那基本都是原生60Hz的电视，毕竟真120Hz不需要什么一键开启或者什么功能模式，就能做到120Hz了。

更简单一点来说，所有需要单独模式或者用什么其他方式开启120Hz或者240Hz刷新率的，其原生刷新率肯定都是要减半的。不过就像我们说的，对于用户来说，更需要的是知情权，而不是厂商忽悠式的宣传。而且现在我们也比较悲哀地发现，这种忽悠式的宣传更多出现在国内，而在海外的电视上，很多品牌包括国内的品牌，都会标注自己是60Hz原生刷新率，利用DLG或者HSR技术才会提升一倍刷新率，这点确实值得我们某些企业反省。

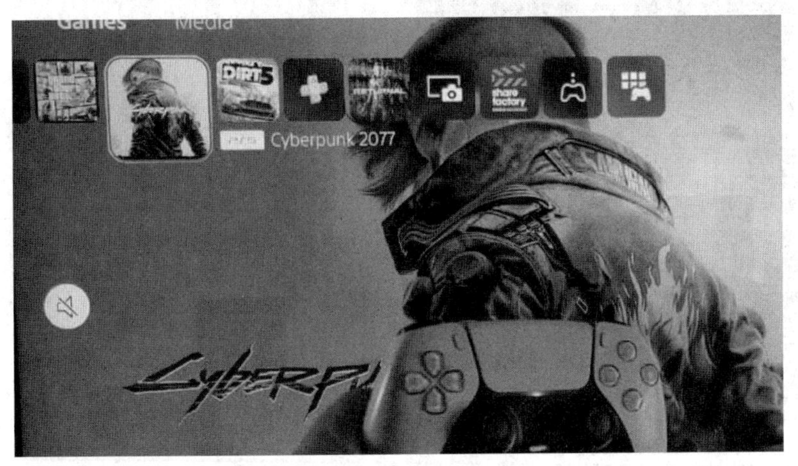

联发科刚刚敲开的高端大门，又被关上了

■小美

联发科天玑9200无人问津？

前两天雷军亲自公开发话：“小米 13 目前没有计划做半代升级的版本，大家不用等小米 13S。”事实上，不仅小米 13S 没了，根据可靠消息，这次小米 13 天玑版也无望。这还不止，不知你有没有发现，今年已经发了的新机也能数出十来部了，硬是没有一个搭载联发科天玑 9200/8200 的机型。

今年以来大家都在说手机市场会很卷，高端旗舰疯狂堆料，中端机价格战也打得正酣，这原本也应该是联发科的主战场，可在一派热闹景象下，联发科却没有了声音，去年的“MTK YES！”还言犹在耳，今年怎么突然就不灵了？

手机厂商都在“用脚投票”

联发科天玑 9200 和高通第二代骁龙 8 是在去年 11 月前后脚发布的，到现在过去 3 个多月。按理说一款芯片发布后，尤其是旗舰芯片，手机厂商都会趁热打铁推出搭载这款芯片的新机，还会上演一番大家熟悉的抢首发戏码，不过这次享受到这待遇的只有第二代骁龙 8。

到目前为止，包括 vivo、iQOO、小米、Redmi、一加、努比亚、红魔、三星等品牌在内，都已经推出了搭载第二代骁龙 8 的产品。反观联发科这边，在售的天玑 9200 手机只有 vivo X90/X90 Pro。

其实从当初两款芯片的发布会就能看出手机厂商在态度上的微妙差别，在天玑 9200 的发布会上，vivo 宣布首发，OPPO、小米、荣耀等公司高管也出来站台，看似欣欣向荣。而第二代骁龙 8 发布后，这些厂商是马上纷纷表态将推出首批新机。

除了表态之外，实际行动更能说明问题。去年 OPPO、vivo、小米、Redmi、荣耀等几大主流手机厂商都推出了搭载天玑 9000 的产品，并且大都定位旗舰。这也被普遍认为是联发科 20 余年发展史上首次真正撬开高端市场大门。

只可惜，这样的情况并未维持太久，去年 10 月，天玑 9000+ 便出现在定位中端的 iQOO Neo7 上，此前荣耀 70 系列还搭载了天玑 9000/ 天玑 8000，而到了荣耀 80 系列上，又全系换成了骁龙平台。

下半年的骁龙 8+ 来势汹汹，各家纷纷上马换代旗舰，第四季度的那波新机潮，更如同将骁龙 8+ 重新发布了一遍。值得一提的是，此前还在用着天玑 9000+ 处理器的 iQOO Neo7，也迅速推出了一款 iQOO Neo7 竞速版，把芯片换成了骁龙 8+，价格提升 100 元。

很显然，面对天玑和骁龙两大平台，手机厂商们都已“用脚投票”。

成与不成还得看高通脸色

之所以会有如此大的反转，决定权其实在高通不在联发科。高通在高端芯片市场上的优势延续多年，但在去年上半年联发科确实迎来了突破机会。

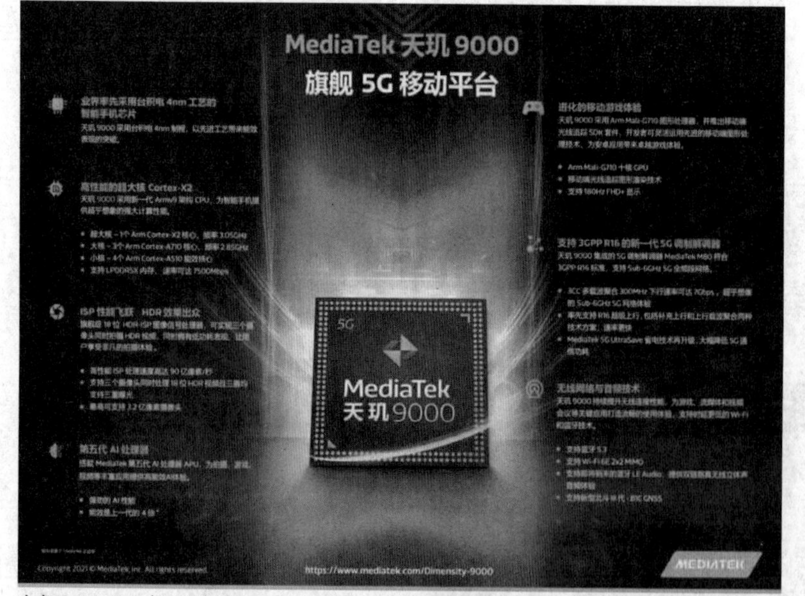

去年天玑9000胜在能效优势

彼时天玑 9000 对上高通第一代骁龙 8，它俩 CPU 架构一致导致性能拉不开差距，虽然联发科使用的公版 GPU 相较高通 Adreno 依然差了一截，但得益于台积电 4nm 工艺的采用，让天玑 9000 相比第一代骁龙 8 拥有更好的能效表现。

尤其是台积电 5nm 工艺的天玑 8100 在性能和能效上都压制住了 2021 年初发布的高通骁龙 870，为联发科赢得了市场和口碑，这在一定程度上，也为联发科积累了一定人气。

然而逆转就在去年 5 月高通推出骁龙 8+ 后，联发科的高端之路几乎是在瞬间戛然而止。骁龙 8+ 在性能有所升级的同时，还把代工厂从三星换成了台积电，能效表现大幅提升。虽然联发科也发布了天玑 9000+ 予以应对，但优势全无。

市场选择是最好的证明，去年初都推出了天玑 9000 版旗舰的厂商，下半年的天玑 9000+，只有小米 12 Pro 天玑版、iQOO Neo7、ROG 游戏手机 6 天玑版三款。去年 12 月，OPPO 才发布了首款采用天玑平台的竖折叠屏手机。反观高通那边，主流品牌都有不同定位的多款型号。

到了第二代骁龙 8，差距更明显。高通进一步优化了架构，无论是单核性能还是多核性能都超过天玑 9200，自研的 Adreno GPU 在图形性能上对天玑 9200 也是压制之势，在如今越来越受看重的 ISP、AI 等方面，一直都是骁龙的强项。恐怕这也是为什么 vivo X90 系列虽坚持选择了天玑 9200，但最高端的超大杯 X90 Pro+ 依旧只有第二代骁龙 8 版本。

时间来到 2023 年 2 月，一年前还信心满满战高端的联发科也该面对现实了，这些手机厂商“好像只是非常短暂地爱了我一下”。

得。数据为接入光子引擎前后的效果对比。需将微博APP升级至 12.12.1 及以上版本，抖音APP升级至 23.6.0 及以上版本。

- MIUI光子引擎功能支持搭载高通骁龙 8Gen1、8+、8Gen2 芯片机型，首批支持机型为：Xiaomi 13、Xiaomi 13 Pro、Xiaomi 12S Ultra、Xiaomi MIX Fold 2、Xiaomi 12S Pro、Xiaomi 12S、Redmi K50 Ultra、Xiaomi 12 Pro、Xiaomi 12、Redmi K50G。需将抖音APP升级至 23.6.0 及以上版本，微博 APP 升级至 12.12.1 及以上版本。
- “大图标”功能需将桌面升级 RELEASE-4.39.6.5715-11122227 及以上版本，主题壁纸 APP 升级至 3.9.6.6 及以上版本。为了

MIUI 14光子引擎仅优先适配高通骁龙芯片

这也很好理解，在高端旗舰市场手机厂商和高通合作多年，调校起骁龙来更得心应手。拿首发天玑 9000 的 OPPO Find X5 Pro 天玑版来说，引以为豪的自研马里亚纳 X 影像芯片、哈苏影像系统以及悬浮防抖在这台手机上一个都没，骁龙版则全部具备。

首发天玑 9000+ 的小米 12 Pro 天玑版选择直接缩减了相机规格，前段时间 MIUI 14 光子引擎因仅优先适配高通骁龙

8、骁龙8+、第二代骁龙8芯片机型还引发了用户不满。

种种这些并不是厂商想要区别对待，毕竟多年合作下来，影像算法什么的之前也都是基于骁龙平台打造，系统更新优化同样需要软硬件深度协同，骁龙平台自然享受更高优先级。

中低端标签贴上容易撕掉难

不过决定厂商选择最根本的还是市场反馈。去年vivo X80、小米12Pro天玑版、OPPO Find X5 Pro天玑版和荣耀70 Pro+等价格都上到了4000元，可说是联发科的高光时刻。只可惜除了vivo X80之外，其他都以迅速跳水收场。小米12 Pro天玑版上市三个月便降价千元，OPPO Find X5 Pro天玑版和荣耀70 Pro+也有超千元降幅。

天玑9000的确让我们看到了联发科芯片技术方面的长足进步，但真要让它撑起旗舰多少有点底气不足，毕竟中低端标签不是那么好撕的，当来到4000元以上高端市场，还要看用户是否买账。

如今看来，联发科不仅没能站稳高端，就连中端也有可能失守。在市场价格战下，骁龙8+手机已经卷到两三千元，对此中端只有天玑8200的联发科显然难以招架，天玑9000乃至天玑9200被下放中端是迟早的事。一加Ace 2还有天玑9000版本一加Ace 2V，主打2000~2500元档位市场，此举无疑将倒逼2000元级市场进一步内卷。

搭载天玑9000+的荣耀70 Pro+短期价格降幅超千元

数据显示，截至2022年第三季度，联发科连续8个季度在全球智能手机芯片组市场份额第一，但它跟高通之间的差距在缩小，从第二季度的38%份额环比下降至35%，高通份额则从29%环比提升至31%。对联发科来说，相比冲击高端，保住中低端市场基本盘要来得更加紧迫。

功能机时代，联发科依靠低廉的芯片解决方案占据了大量低端手机市场，被视为“山寨机之父”。进入智能机时代后，联发科为了扭转低端印象，冲击高端市场，却最终折戟高端梦。

4G时代的联发科错失良机，多方原因使得联发科被迫放弃高端芯片市场，专攻中低端芯片。5G时代，联发科迎来了新的机会。在中低端5G市场的持续深耕下，其迅速扩大了市场份额；同时在海思难产，高通缺货的背景下，联发科更是成为多家手机厂商应对市场风险的“备胎”。

重启高端市场的联发科，想要抢先进入5G市场，“天玑”以“指引5G方向”的意蕴，成为联发科新一代高端芯片的代表。在2022年，联发科已迎来了自己的25周年纪念，董事长蔡明介曾表示，希望联发科成为真正在全球高科技领域Tier One的公司，其在半导体产业中有独特的地位。而在眼下，它正面临新的挽救市场、冲击高端的艰难战役。

事实是高端市场大门正再度缓缓对联发科关闭。虽然有些令人唏嘘，不过从消费者角度显然不这么看。有网友戏谑称，感谢“发哥”让我们用上更好的高通芯片。这话虽然有些损，但同理，也要感谢高通，让我们用上更便宜的联发科芯片。手机市场既需要高通，也需要联发科，才能保持良性竞争，最终获利的仍是消费者。

一加Ace 2V搭载天玑9000，起售价来到2299元

同一款商品，百亿补贴之后哪家更便宜？

■黄万全

目前国内最大的三家电商平台“猫狗拼”都已经开启百亿补贴服务，将一直在持续的价格战推到了新的高潮。最近几天，相信大家已经看到不少新闻资讯、市场调研、行业分析等相关报道，我们就不多说了，对于消费者自己，归根结底还是要回到买买买这件事上。相信不少人买东西首先要考虑的就是价格，毕竟我们赚的每一分钱都不容易，既然都是买同样的东西，肯定是越便宜越好。近段时间以来，我们也深入研究了各大平台的百亿补贴政策，并且准备了多款热门商品进行比价，最终还是发现了不少值得关注的地方。今天，我们就从一个普通消费者的角度出发，来看看目前这三大平台的购物体验到底如何。

不同入口价格不同

一般的，消费者购买某件商品，都是从首页直接搜索商品名，然后再根据价格、销量等进行选择。目前在京东平台，通过首页搜索会优先显示京东自营旗舰店以及同城小时购（同城快递通过苹果官方直营/授权店铺代购）的结果，百亿补贴的商品较少。想要快速锁定，点击顶部的标签页进行筛选即可。

以256GB版iPhone 14 Pro为例，京东自营店目前售价8099元，同城小时购同价，且不会加收代购及物流费。而在百亿补贴专区，该机价格为7639元，价格优势明显。

对于想要捡便宜，又没想好买什么的用户，也可以进入百亿补贴专区随便逛逛。京东和拼多多都在首页提供了入口，淘宝则需要通过“聚划算”页面二次跳转，也许是平台不想直接参与这场价格战吧。

作为后来者，京东这几天在迅速补货，目前已经提供了手机、运动户外、美妆等18个分类，几乎能涵盖大部分需求；淘宝和拼多多的百亿补贴主题页则提供了更详细的分类，还拿出了限时抢购、5折专区等折扣力度较大的专区，有许多实惠的日常生活用品，这些产品不一定会出现在首页的搜索结果中，如果是图省钱，记得通过百亿补贴专区进入。

同款比价猫腻多

既然都叫百亿补贴，在商品完全一样的前提下，对于消费者来说，肯定是哪家便宜买哪家，那么，这三家到底哪家更有价格优势呢？

仍然以256GB版的iPhone 14 Pro为例，在百亿补贴之后，淘宝的价格为7599元，拼多多则是7579元。这两个平台的价格比京东（7639元）要便宜，需要注意的是，淘宝和拼多多需要定时抢优惠券才能享受这个价格，不使用优惠券直接购买的话，价格一般会高三五百元，这就不太划算了。

在这里要特别提醒大家，目前三个平台的百亿补贴活动，大多是由第三方店铺运营，在购买时一定不能光看价格，最好仔细查看商品详情页，选择一家销量较高、用户评价较好的店铺进行购买。

正因为如此，第三方店铺的备货肯定不如官方自营充足，所以很多配色以及内存版本都不齐全。像是销量较好的256GB版iPhone 14，在京东平台多数的店铺都只剩128GB版，日常使用还是不太够。

还有一点需要注意，即使是同一家店铺，不同版本的价格也有所不同，而且差距还挺大。这也是因为部分版本的机型根本没参加百亿补贴活动，比如在京东某店铺中，

依次为淘宝、京东、拼多多的百亿补贴入口

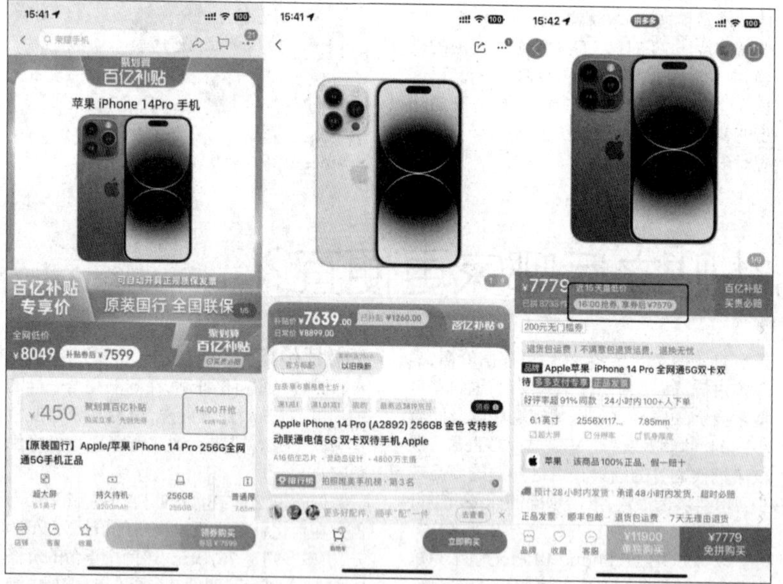

依次为淘宝、京东、拼多多的价格对比

同样是12GB+256GB的vivo X80，至黑版参与百亿补贴后价格为3549元，旅程版则要3999元，差价足足有450元。

在淘宝、拼多多平台，同样有类似的情况，可能某款机型的512GB版参与了百亿补贴，但256GB版没参与，价格反而会更贵。在购买时不要轻信百亿补贴专区首页看到的价格，点进商品详情页后，之后一定要仔细确认内存版本以及颜色是不是自己想要的，修改配置后也要检查价格是否变动，否则就会多花好几百块钱。

第三方店铺不仅是颜色及内存版本不齐，像是小米13 Pro、真我GT Neo5、一加Ace2等近期比较热门的机型，也缺席了京东平台的百亿补贴活动。如果看中价格优势，就只能从其他平台购买了。

目前京东的百亿补贴活动刚刚上线一周，商铺和平台之间的沟通还将继续进行，未来应该会覆盖更多机型，对价格敏感的话，可以等等。在这里要再次提醒大家，下单前一定要注意比价，毕竟每款产品的价格都不一样，我们统计的十余款手机中，大部分机型在拼多多都有一定的价格优势，而部分未参与百亿补贴的机型，在京东和淘宝叠加使用优惠券后，反而比拼多多的价格还要低；或者同价格下，京东/淘宝一般会送耳机、保护壳等，能薅点羊毛，也是不错的。

不只是价格，额外服务也要注意

不光是价格，各大平台在物流、售后政策等各方面仍然有不少区别。也许这些服务在下单时不太容易注意到，但它们的重要程度丝毫不比价格低，不光是同价要比服务，有时候甚至愿意为了这些额外服务多花点钱，不信你看：

最先开启百亿补贴活动的拼多多，就联合中国人保财险提供了正品保障，平台也会人工审核合作店铺的品牌方正版授权证书，保证销售的产品都是官方正品。这一点各大平台做得差不多，都会尽可能保证消费者的合法权益，毕竟现在网络平台这么方便，人人都是自媒体，在大平台卖假货就是"自寻死路"。

至于正品发票、全国联保、退换货免运费等，是按照国家相关法律法规制定的政策，三家平台几乎一样。在购买时注意一下商品详情页，只要有正规资质的店铺一般不会有什么问题。

在拼多多和淘宝，平台还提出了"买贵必赔"服务：用户在购买商品后15天内，发现其他平台的价格低于入手价，就可以申请平台赔付差价。这其中还有一些限制条件：对比产品必须是来自品牌的官方旗舰店、不计算折扣券/额外赠品等，最终差价以红包形式返还……

具体细则不同平台有一些区别（比如淘宝在对比京东、拼多多的基础上，还支持快手/抖音的品牌官方直播间比价），这些在商品页面中都会有详细说明，对价格比较敏感的话，不妨在下单后留意一下其他平台的价格情况，如果发现价格变动，记得在历史订单中申请赔付。

京东的赔付条件不太一样，拿出的是"买贵双倍赔"的政策，看似力度更大，不过赔付有效期仅限于下单当日24点以前，不光下单时要比价，在睡前也看看其他平台的价格吧，说不定还能捞回来一点。

全网价格随便比，你买贵了我赔你！您在百亿补贴频道购买商品后，如在15天内发现该商品的百亿补贴到手价高于百亿补贴同款商品或特定平台/频道上同款商品的价格，可提供有效凭证，核实后可获得相应补偿红包。

同时，购买时需要确认该商品是否符合条件，发现其他平台出现低价也需要自己去订单页手动申请，错过时间就不能继续申请了。

在这里还要提醒大家，买贵必赔政策是针对其他平台设定的，不适用于该平台自己降价之后退差额。比如你在平台A花1000元买了个手机，就算第二天就变成900元，只要其他平台价格高于1000元，就不会赔付——除了生鲜等特定产品，都支持无条件退款，重新下单也是没问题的。

当然，买东西不能光看价格，其他服务同样十分重要。举个例子：在淘宝一加官方自营旗舰店购买 16GB+256GB 版一加 11，价格为 4399 元，可享受银行卡 24 期免息分期服务。而参与百亿补贴的店铺都需要付费分期，总费用会根据还款期数上浮几百元，同配置的一加 11，直接购买只需 4288 元，但如果分 12 期，总计需要多付 300 多元手续费，就算只分 3 期，也要多付 98 元，百亿补贴的价格优势也就没有了。

至于京东，在自营旗舰店也提供了 A+ 会员服务，付费开通后可享受优惠券叠加、以旧换新补贴、延长保修等额外服务，如果长期在该平台购买，还是挺划算的。物流方面，京东在许多城市都建立了本地仓，最多第二天就能到手，更别说“小时达”服务了，如果急着用，京东的优势还是比较明显。

最后要提醒大家，就算是同一个店铺的同一款产品，价格也有可能一天一个样，大家在购买时一定要货比三家，并且结合平台提供的服务进行参考，再做出选择，千万不要按价格排序盲目下单！

ROG魔方幻三频万兆分布式路由器测评

■电脑报工程师 胡文滔

如今每个家庭中需要联网的设备越来越多，从手机、平板到扫地机、空调等遍布家里的智能家居都依赖无线网络工作，但想要让 WiFi 实现无死角的覆盖，特别是面对大户型或者复式结构时，单台路由器确实有点力不从心。提升 WiFi 的覆盖面积和上网速度，目前最流行的轻量化解决方案是 Mesh 路由器，比如这套性能强劲的 ROG 魔方幻三频万兆分布式路由器可能就满足你的需求。

规格参数

内存容量：512MB
闪存：256MB
无线协议：802.11b/g/n/ac/ax
加密类型：WPA、WPA2、WPA3-Personal/Enterprise
无线频宽：20/40/80/160 MHz
网口规格：3×1GbE、1×2.5GbE
无线速率：三频 10000Mbps
参考价格：黑色版 3699 元/白色版 3899 元

ROG 电竞美学，信仰科技桌搭

作为 ROG 旗下的路由器，ROG 魔方幻自然拥有酷炫的电竞外观。它提供了黑、白两种配色，造型方面采用立式结构，和传统卧式造型的路由器不同，它将侵略感极强的天线设计在了机身内部，整个机身为一个棱角分明的八面体，配合独特的 ROG 电竞设计，摆在家中绝对是吸睛的科技桌搭。

路由器顶部采用了长六边形的半透明顶盖，透过顶盖能看到 ROG 浮雕纹理和 4 条高增益天线。ROG 魔方幻采用独特散热设计，机身四周均采用了 ROG 风格的散热格栅，侧面则采用经典的斜切工艺图案，配合对流风道设计以及内置的大型散热片，实现了美学外观和实用性的统一。此外，机身各处还有醒目的 ROG SLOGAN，细节处透露着硬核的极客风格。

接口方面，ROG 魔方幻的背部配置了 1 个 USB 3.0 接口、DC 电源接口以及独立的船型电源开关。拥有 3 个 LAN 口和 1 个 2.5G 口，其中 LAN1 口和 2.5G 网口支持 WAN/LAN 切换，在超千兆网络日益普及的现在，2.5G 口对网络体验的提升意义还是非常大的。配件方面，附送有 19.5V/2.31A 电源适配器、一根 RJ45 网线。

一键快捷组网，三段电竞加速

ROG 魔方幻在硬件上没有采用主副机设计，每台 ROG 魔方幻都可作为主路由使用，产品支持智联功能，套装产品在出厂时就经过了预组网。组网的操作过程非常简单，首先将两台 ROG 魔方幻路由器同时接入电源（两台路由器尽量靠近），然后让贴有“主路由”标签的那台接入宽带网线。接着在“华硕路由器”APP 中扫码连接配置 WiFi，根据 APP 内的向导提示建立 WiFi 网络及管理者账户，最后自动组网，完成设置。

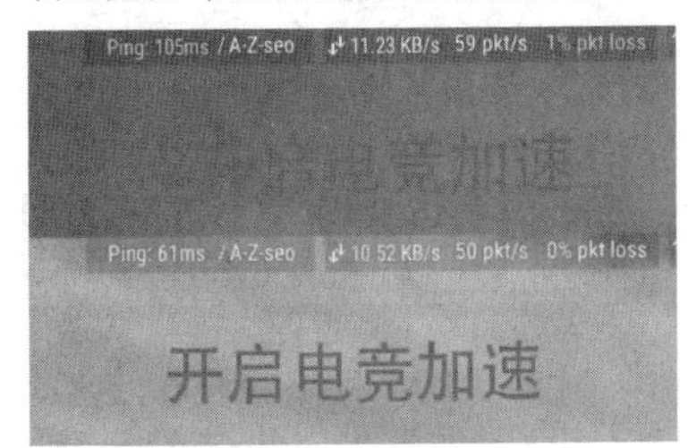

对游戏玩家来说，ROG 魔方幻搭载的“三段电竞加速”是非常实用的功能。首先 LAN1 可作为“电竞专属端口”，“游戏接口优化”——ROG GAME FIRST 软件专为 ROG 主板、ROG 笔记本电脑、ROG 台式机而量身打造，能够与 ROG 路由器硬件级优化。“游戏封包优先传输”是针对游戏场景的 QoS 流量优化，可以保证游戏封包的传输优先级，降低游戏延迟。

喜欢外服游戏的玩家，也可以使用 ROG 魔方幻内置的网易 UU 加速器，时下热门的 Switch 和次世代主机 PS5、Xbox Series X|S 都能一键切换，轻松加速。这里我们对 PC 版的《绝地求生》进行了游戏测试，游戏延迟从裸连的 105ms，降低到了 61ms，丢包情况也大幅改善。路由器内置加速器对主机玩家来说更方便，加速时不用再借助其他 PC 设备，在华硕路由器 APP 中就

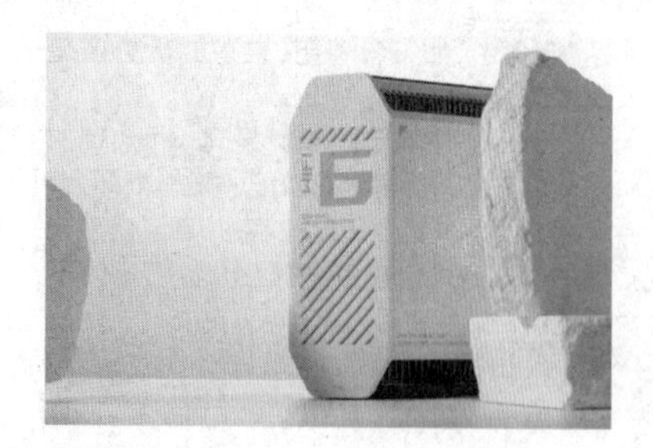

能完成操作，配合电竞流量优化智能端口转发等加速功能实现流畅无卡顿的游戏体验。

性能测试：超千兆传输速率、全屋覆盖无死角

ROG 魔方幻支持 2.5G 网口有线 Mesh 组网以及 5GHz-2 频段无线 Mesh 组网，下面就用两种组网方式进行路由器的性能测试。在有线组网模式下，无论是有线 LAN 还是 5GHz 无线连接都可以跑到千兆带宽的水平。其中 LAN to LAN 局域网的下载速度为 925Mbps，上行传输速度 1001Mbps，几乎没有延迟。5G To LAN 可以达到 795Mbps 的下载速度和 945Mbps 的上行速度，延迟 2.1ms。LAN to WAN 的 NAT 性能也可以跑满千兆，表现很优秀。

在有线组网条件受限的情况下，ROG 魔方幻支持无线 Mesh 组网，采用无线组网时，我们再将两台测试 PC 连接到 ROG 魔方幻的 2.5G 网口上进行吞吐性能测试。2.5GbE LAN to 2.5GbE WAN 的下载速度为 1298Mbps，上行速度达到了 2065Mbps。5GHz to 2.5GbE WAN 的下载速度为 1362Mbps，上行速度则达到了 1490Mbps，也突破了千兆网络的速度。无线组网下的测试成绩非常优秀，不过这是在主机和节点没有任何遮挡的理想条件下实现的，实际使用中建议尽量还是以有线组网为主。

接下是路由器的信号覆盖测试，测试环境是一套四室一厅 150 平方米左右的住宅，为了获得更好的信号效果，我们将路由器分别放置在了卧室 A 和卧室 B，并且都采用有线组网的方式。然后根据日常活动范围的习惯，在房间的五个位置进行 WiFi 信号强度测试。测试时我们将无线地区切换为中国，测试的频段为 5GHz-1。

从测试结果来看，ROG 魔方幻的信号覆盖是非常优秀的，除了角落的卫生间和卧室 C，其他测试位置都可以达到小米 10 手机的最大连接速率 1200Mbps，而卫生间和卧室 C 的连接速率为 864Mbps，平均信号强度在 -35dBm 以上，基本做到了全屋 5G WiFi 信号的全覆盖。使用单台路由器时，卫生间和衣帽间的门同时关闭后就没有 WiFi 信号了，现在的连接速率还可以保持在 576Mbps 左右，大大改善了用网条件。此外，我们在屋里移动时可以做到 WiFi 信号的无感漫游切换，比如从卧室 A 打开手游走到客厅都不会有延迟突然增大或者丢包断流的情况。

吞吐性能测试（2.5G 口有线回传）

	下载 (Mbps)	上行 (Mbps)	延迟 (ms)	抖动 (ms)
LAN to LAN	925	1001	1	0
5GHz to LAN	795	945	2.1	0.43
LAN to WAN	910	980	1	0.16

吞吐性能测试（5GHz-2 无线频段回传）

	下载 (Mbps)	上行 (Mbps)	延迟 (ms)	抖动 (ms)
2.5GbE LAN to 2.5GbE WAN	1298	2065	2.8	0.58
5GHz to 2.5GbE WAN	944	1356	4.7	1.65
5GHz to 2.5GbE WAN（主节点）	1362	1490	2.9	0.37

5GHz 频段信号强度测试

	卧室 A	客厅	卧室 B	卫生间	卧室 C
连接速率（Mbps）	1200	1200	1200	864	864
信号强度（dBm）	-19	-35	-21	-40	-45
延迟（ms）	1.81	4.3	1.7	6.8	7.6

总 结：综合性能极强的高颜值电竞路由器

作为 ROG 首款分布式 Mesh 路由，ROG 魔方幻的综合表现非常优秀，路由器搭载博通 1.7GHz 高频处理器，拥有三频万兆的无线规格，性能测试中的速度突破千兆，满足家庭超千兆宽带的需求。在 9 根内置智能天线的加持下，可以轻松做到全屋高速 WiFi 覆盖，而路由器搭载的三段电竞加速功能使用方便，可带来低延迟、无卡顿的畅快游戏体验。外观方面，ROG 魔方幻采用了个性外观设计，结合点阵式 Aura RGB 灯效，很适合用来打造电竞主题房，还有限定版的初雪白配色供“纯白控”玩家选择。如果你想摆脱家中毫无信号的“世外桃源”，那么这款酷炫的 ROG 魔方幻可能是个不错的选择。

无惧断供！光刻胶国产化提速

■颜媛媛

关心半导体的科技粉丝对氟聚酰亚胺、高纯氟化氢、光刻胶不会陌生，当年日本“断供”韩国的半导体原材料正是这三种，日韩半导体纷争让人们看到了日本在半导体原材料领域的“能量”，而这一次，日系光刻胶断供的对象却极大可能是我们。

光刻胶断供传闻不断

一则传闻再次将光刻胶推到了风口浪尖。

近期国内半导体产业传出继美国所属 DuPont 杜邦等公司开始逐步减少对国内光刻胶供应后，日系光刻胶大厂信越化学 Shin-Etsu 可能存在限制或者断供国内中高阶晶圆制程光刻胶的可能性，引发争议。不过，目前该消息并没有得到明确的证实。然而，相对确切的消息是日本宣布解除了对韩半导体原材料的出口管制，其中也包含光刻胶这一项材料，这让不少市场人士认为“美日荷”联手搅动半导体市场的影响正在扩大，通过利益交换，即将迫使韩国也加入这场半导体领域的对抗。

而针对半导体领域近期一系列对抗，中方发言人毛宁在例行新闻发布会上表示，“中方注意到相关报道，对荷方用行政手段限制中荷企业正常经贸往来的行为表示不满，已向荷方提出交涉。近年来，美国为了剥夺中国发展权利、维护自身霸权，泛化国家安全概念，将经贸科技问题政治化、工具化，胁迫一些国家对中国采取出口限制措施。欺凌行为不仅严重破坏了市场规则和国际经贸秩序，损害了中国企业的合法权益，而且严重冲击了全球产业链的稳定和世界经济发展，中方对此表示坚决反对。”

虽然靴子并未落地，但市场担忧依旧存在。毕竟光刻胶作为半导体芯片光刻过程中的核心材料，直接影响集成电路的性能、成品率以及可靠性，但是光刻胶如此重要的材

主要类型	主要品种	垄断地区及全球市场份额	国产化率	市场竞争情况	国内企业
半导体光刻胶	G 线光刻胶	日本(61%)	10%	JSR、东京应化、信越、杜邦、富士等企业占据中国 95%左右的半导体光刻胶市场份额	北京科华、晶瑞股份、徐州博康、潍坊星泰克、艾森半导体、八亿时空（布局）、雅克科技（布局）、容大感光
	I 线光刻胶		10%		
	KrF 光刻胶	日本(80%)	<5%		北京科华、徐州博康、上海新阳、苏州瑞红、恒坤股份、八亿时空（布局）
	ArF 光刻胶	日本(93%)	1%		南大光电、徐州博康、北京科华、上海新阳、广州微纳光刻、苏州瑞红等
	EUV 光刻胶	日本	研发阶段		北京科华（02 专项）

半导体光刻胶行业国产化进程

料却被日本紧紧地扼住了喉咙。

目前前五大厂商就占据了全球光刻胶市场87%的份额，行业集中度高。其中，日本JSR、东京应化、日本信越与富士电子材料市占率达到72%。并且高分辨率的KrF和ArF光刻胶核心技术亦基本被日本和美国企业所垄断，产品绝大多数出自日本和美国公司，如陶氏化学、JSR株式会社、信越化学、东京应化工业、Fujifilm，以及韩国东进等企业。从整个光刻胶市场格局来看，日本是光刻胶行业的巨头集中地，具有绝对的话语权。

面对断供的威胁，我国光刻胶行业的国产替代化又进行到怎样的程度了呢？

Tips：事件背景

光刻胶断供事件背景来自美国在半导体方面对我国的制裁不断升温。2022年10月7日美国商务部工业与安全局(BIS)以国家安全为由，再次颁布全面出口管制措施，并将31家中国实体列入UVL名单。BIS会将产品的最终用途可能用于军事领域的企业列入UVL，后续将根据审核调出名单或进一步调入实体清单(EL)。美国要求全球所有受到其出口管制条例(EAR)约束的公司，在给UVL名单中的企业供货时必须先取得许可证。这意味着，海外原材料供应商如向国内处于UVL和EL名单内的公司供货，需要和美方申请相关的license。

有可能受冲击的企业

随着美国出口管制政策的逐步落地，产业对于国内半导体光刻胶供应链中海外公司(如美国杜邦)的持续供货能力开始产生担忧。而日系光刻胶供应商在我国半导体光刻胶中供应比例较大。根据业内所传信息，日系厂商申请license所涉及产品可能包含18nm以下DRAM、128层以上NAND或14nm以下的逻辑芯片，如license申请失败，其他厂商若短期无法实现替代，则在系列产品中存在供应链限供，甚至部分产品断供可能。

这次供应链的风险主要集中在我国即将新开出的中高制程上，包括中芯南方14nm以下节点，以及合肥长鑫17nm以下DRAM，还有长江存储128层以上技术节点，均是未来几年较大投入的技术方向，如光刻胶供应出现不稳定状况，在一定程度上可能影响扩产的进度和规划。目前长鑫存储的最新技术节点已经发展至1x nm，从最新情况看影响的业务比重约为10%；中芯南方的技术节点已经可以达到14nm和7nm，占比不到10%；长江存储则在128层以上NAND产品上投入过半，最新制程达到232-L，接近50%在管制范围以内。

此外，已在国内建厂的三星、SK海力士等公司在中国大陆的工厂已经获取到一年期许可证，且不在UVL或名单内，目前整体相对影响较小。

受影响相关制程技术需要ArF/ArF immersion的光刻胶，对应193-134nm波长和7nm-45nm晶圆制程，我国本土光刻胶企业已经开始在该方向上实现技术突破，但短期内就该部分实现进口替代有一定难度。受此潜在风险事件催化影响，国内晶圆厂开始加快对本土光刻胶企业的认证和导入速度。

摩尔定律推动光刻胶加速迭代

迄今为止，规模集成电路均采用光刻技术进行加工，光刻的线宽极限和精度直接决定了集成电路的集成度、可靠性和成本。由于光源波长与加工线宽呈线性关系，这意味着光源采用更短的波长，将得到更小的图案、在单位面积上实现更高的电子元件集成度，这使得芯片性能可以呈指数增长，而成本却同步大幅下降。

在摩尔定律的推动下，集成电路芯片集成度不断提高、线宽不断缩小，光刻胶技术也不断发展，经历了紫外宽谱(300~450nm)、G线(436nm)、I线(365nm)、KrF(248nm)、ArF(193nm)、EUV(13.5nm)等一系列技术平台，从技术上经历了环化橡胶体系、酚醛树脂-重氮萘醌体系及化学放大体系。在设备、工艺与材料的共同作用下，分辨率从几十微米发展到了现在的10nm。

而当前EUV光刻瓶颈已从光刻机转向光刻胶。极紫外光刻发展的过程非常曲折，其科学机理、技术路线讨论以及技术发展的历史已经超过了20年。发展至今，极紫外光刻图形加工的大规模工业应用中面临的最大挑战，就是光源功率与极紫外光刻胶光子吸收效率匹配的问题。光源的功率不足，会影响芯片的生产效率，这也是过去多年以来EUV技术一直推迟量产的原因。目前ASML的光源功率可以达到250W，在此功率下，客户可以达到每小时155片晶圆吞吐量。

光源问题解决后，EUV技术被提出最多的挑战即是EUV光刻胶，开发新型高灵敏度的EUV光刻胶成为关键问题。

受制于高端光刻胶的高技术壁垒，生产工艺复杂，纯度要求高，认证周期需要2-3年，后发国家追赶难度大。我国以KrF、ArF光刻胶为代表的高端半导体光刻胶领域市场份额仍然较小，长期为国外巨头所垄断。

具体而言，G/I线国产化率20%，高端KrF、ArF国产化率不足5%！拿回行业话语权，摆脱卡脖子危机可以说是势在必行。

国产替代提速

光刻胶断供如同一把悬在我国半导体行业头上的达摩克利斯之剑，好在国产光刻胶行业经过多年在底部的打磨，且相关的产业链条开始逐步地走向成熟，虽然短期存在着产品和原料供应的诸多问题，但下游客户进行国产替代，实现供应链绝对安全的诉求日益强烈，也给从业者带来了非常好的发展机遇。

容大感光在接受调研时表示，经过公司多年来的技术攻关，公司的干膜光刻胶、显示用光刻胶、半导体光刻胶等产品已经面向市场实现了批量销售，其中部分产品已进入核心客户的供应链体系，公司目前显示用光刻胶、半导体光刻胶的收入大致相当，2022年1-9月，干膜光刻胶的收入是923.37万元，公司已具备干膜光刻胶的配方及生产技术，但尚未建设好与之配套的生产厂房及生产线，目前公司干膜光刻胶主要生产环节采用外协加工的模式，其产能受限于合作的外协加工厂商。

南大光电近日表示，公司正抓紧ArF光刻胶产品认证和市场拓展工作，公司光刻胶已经通过了2家公司验证，其中ArF光刻胶验证通常需要18个月甚至更长的时间。

晶瑞电材日前表示，子公司瑞红(苏州)电子化学品股份有限公司2018年完成了"I线光刻胶产品开发及产业化"项目后，I线光刻胶产品向中芯国际、合肥长鑫、华虹半导体、晶合集成等国内知名半导体企业批量供货。而华懋科技持股的徐州博康目前ArF即将通过国内存储和逻辑芯片大厂认证，产品通过了国际大公司认证，KrF产品可以覆盖65-14nm性能要求。彤程新材子公司科华目前KrF已获得国内最大逻辑芯片大厂认证，并开始大批量出货。自备光刻机，加快研发的进度，通过并获得多家一线晶圆厂认证资质。

目前国内晶圆厂等下游客户正在加速导入国产高端半导体光刻胶，实际认证已经开始进入到量产和规模出货的阶段，在中高端半导体光刻胶方面有了很大突破，在我国半导体上中下游整体高速发展的大环境下，国产光刻胶行业完全有机会转危为机！

IC集成度与光刻技术发展历程

年份	1986	1989	1992	1995	1998	2001	2004	2007	2010之后
IC集成度	1M	4M	16M	64M	256M	1G	4G	16G	>64G
技术水平/μm	1.2	0.8	0.5	0.35	0.25	0.18	0.13	0.1	<0.07
适用的光刻技术	G线		G线、I线、KrF		I线、KrF	KrF	KrF+RET、ArF	ArF+RET、F2、PXL、IPL	F2+RET、EPL、EUV、IPL、EBOW等

注：g线为436nm光刻技术；i线为365nm光刻技术；KrF为248nm光刻技术；ArF为193nm光刻技术；F2为157nm光刻技术；RET为光网增强技术；EPL为电子投影技术；PXL为近X-射线技术；IPL为离子投影技术；EUV为超紫外线技术；EBOW为电子束直写技术

半导体光刻胶行业国产化进程

手机上这些鸡肋配置该淘汰了！

■电脑报工程师 孙文聪

今年手机市场格外内卷。尤其是在中端市场，拼处理器都已经是最常规的操作，现在都是拼大内存、拼存储空间、拼快充、拼屏幕。对于高性价比手机来说，就连外观、设计、工艺这些不属于“刀刃”上的配置，现在也成了大家争相比拼的战场。

这方面表现得尤为激进的是一加，之前他们就喊出过“淘汰8GB”的口号，前几天一加Ace 2V又宣布要彻底淘汰塑料支架。我们很乐于见到厂商们这种激烈的竞争，毕竟对于消费者来说，大家都卷起来，才能用同样的价格买到更好的产品和体验。

但不可否认的是，手机市场还存在诸多的“鸡肋”配置，我觉得很有必要拿出来谈谈。当然，这些配置都只针对中端、高性价比市场。对于一些百元机、千元机，受限于整体的成本和定位，很多问题就需要客观具体分析。

廉价的塑料中框及后盖

一加Ace 2V取消的塑料屏幕支架，主要功能就是固定手机屏幕。它存在的好处是降低了工艺难度和成本，但带来的弊端就是屏幕出现分层、黑边框、廉价感等。

对于普通消费者来说，塑料支架已经是属于水比较深的手机配置认知了。我们注意到，当前的中端市场还有不少的手机依然采用的是塑料中框（边框），少数产品还使用着塑料后壳。相对于塑料支架这样的内部配置，塑料边框和后壳更容易被消费者“看得见”“摸得着”。

当前旗舰手机多数在中框上都采用了金属材质。除了最常见的铝合金之外，很多旗舰还是采用加工工艺更高的不锈钢材质。传闻中，苹果还会在下一代iPhone中引入钛合金材质，以增强手机的强度和耐刮性。

通过工艺处理，现在的塑料边框和后盖能够做到以假乱真。即便是拿到真机，我们也很难从肉眼上看出差别。但金属材质自身的质感和手感，和塑料相比还是有很大的差异的，基本上只要一上手就能感受到。很多时候，两款手机尽管长得差不多，但只要上手一摸就能够轻易分辨出“谁更贵”。

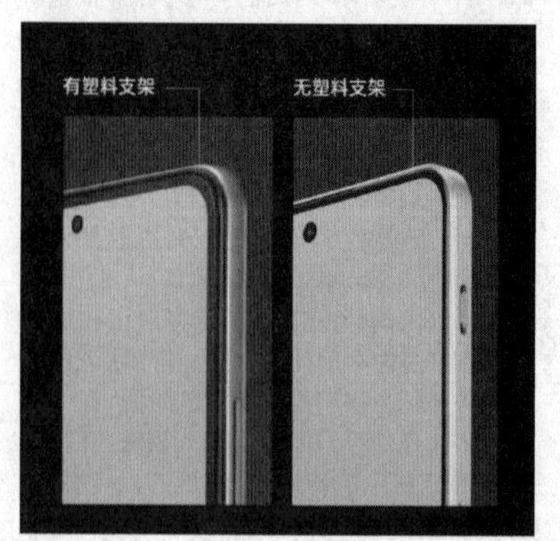

我认为，智能手机作为一款和人类最亲近的电子设备，除了本身的功能性之外，有必要追求一些品质感和耐用性。这些体验是当前塑料材质很难做到的。当然，金属材质本身在加工难度，以及为其配套的设计难度上的确没有塑料材质那么方便，由此必然带来成本的上升。

不过对于2000~3000元价位的手机来说，这点成本的提升还是很有必要的。随着整个工艺和加工技术的成熟，塑料材质和金属材质本身的成本差异也并没有想象中那么大。在中端市场普及金属、玻璃材质，做到手机品质感的提升是完全可以的。

“看上去很厉害”的凑数镜头

可能大家平时也都注意到了，我们在一些产品的体验和测评内容中，经常会提到“凑数镜头”。什么是凑数镜头？就是一些中低端机型，为了让手机“看上去拍照很厉害”，就强行给手机塞进去一些成像素质较差的副摄镜头。

比如我们经常见到的800万像素超广角+200万像素微距镜头的配置，堪称是智能手机市场的常青树。从两三年前开始，很多手机都采用了这个副摄配置。如今都3023年了，还是经常能见到这对“卧龙凤雏”。

这类凑数镜头存在的意义，大部分时候真的就是“装饰”。我们在体验这类副摄方案的时候，会发现它们的成像素质真的就只是扫码水平。800万像素的超广角，大概率边缘的画质都会大幅度衰减，遇到一些极限场景要么死黑，要么惨白。200万像素的微距就更鸡肋了。最终成像展现出来的渣画质，还不如直接用主摄怼近一点。

也正是因为这样的原因，遇到这类凑数镜头的机型，我们在成像体验时就直接略过。这并非偷懒，而是这类镜头的存在从体验方面来说真的是不如人意。厂商们在宣传成像的时候，也都是一句话带过，甚至是提都不提。之前我们做过一个小调查：很多用户一年到头也不会用那颗200万像素的微距镜头。既然用户都不用，那么它存在的意义究竟是什么？

与其堆砌镜头数量，不如干脆砍掉一些不必要的凑数镜头。将省出来的成本，加强到主摄或者是一颗素质更好的副摄上。这样一来，用户获得了实实在在的成像体验的提升，厂商们也不用在发布会的时候羞答答藏着掖着。

这也需要消费者们对于手机配置有更清晰的认识，只有大家都认识到手机并不是镜头越多，拍照就越好，才能从需求层面避免凑数镜头的出现。2023年，凑数镜头真的该退出历史舞台了。

单扬声器和转子马达

单扬声器和转子马达这两项配置也是当前中端手机减配的重灾区，并不是说这两项配置不重要，而是它们属于手机配置表中并不怎么起眼的存在。

虽然都属于“其他配置”选项中的参数，但扬声器和马达对于手机日常使用的影响其实是很大的。和摄像头不同的是，手机这类便携设备的音质很多时候就是跟扬声器的数量直接挂钩。双扬声器，在音质效果上就是要比单扬声器好。现在很多人平时又喜欢刷短视频，用手机追剧等等，单扬声器在整体的氛围营造和音场表现上，要比双扬声器差太多。

至于转子马达，很多人觉得并不在乎。的确，可能不少的中档手机的用户，尤其是一些中老年用户更习惯使用手写输入，再加上可能对于游戏这些层面没有什么需求，对于线性马达的感知并没有那么强烈。

但如果是年轻人，转子马达的手机就没必要考虑。前段时间，我使用某款采用转子马达的手机，早上嗡嗡嗡的闹钟响铃+震动，带动着床头柜的共振，带来的令人极度不适的噪声让我心情无比烦躁。就凭这一点，我认为转子马达就应该被线性马达所取代。

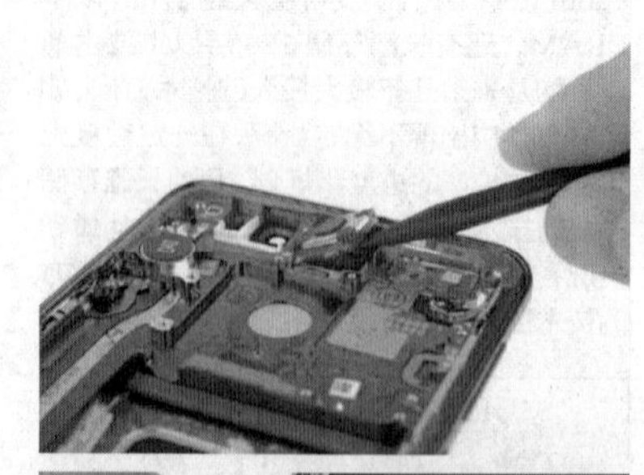

更重要的是，扬声器、马达这类的电子器件并没有占据手机整体 BOM 成本的多少比例。之前就有消息表示，普通扬声器的成本在 0.8~1 美元之间。苹果七八年前的 Taptic Engine 马达，BOM 成本也仅为 10 美元左右。现在随着整个产业链供应能力的提升，成本可能不到原来的三分之一。我认为，中档的手机产品完全有能力普及双扬声器和线性马达。用户在这方面的体验，不应该被人为阉割。

8+128GB 及以下内存版本

大家都看到了，今年整个手机市场的存储规格大幅度提升。如今 512GB/1TB 的手机遍地开花，价格也进入了历史低位。3000 多元，现在就能够选到不少的 512GB 版本的机型。

在这种情况下，目前中档市场依然还有一堆小内存、小容量的机型存在。这种情况更多出现在同系列的一些中杯机型上，一些主打高性价比的产品也会见到一些 128GB 版本的机型。

考虑到当前手机市场的现状，我认为这些 6+128GB，甚至 8+128GB 的手机真的没有必要考虑了。很多时候这些版本手机的存在，就是厂商们想要做一个“**99 元起”的低起售价，便于营销宣传。实际选购的时候，面对动不动就要占用几十个 GB 的微信，128GB 的容量肯定是吃不消的。

现在上游存储厂商面临产能过剩的问题，128GB 和 256GB 对于厂商们来说硬件成本已经非常接近了。这种情况下，大家还有什么必要选择小容量的手机呢？厂商们也没必要玩那么多套路，直接砍掉这些 128GB 版本的机型，给消费者更多的实惠和好处或许才是正确的做法。

存储空间

■微信已用空间 ■手机已用空间 ■手机可用空间

微信已用空间

65.1 GB

占据手机 25% 存储空间

还是那个观点：手机厂商的内卷，对于消费者来说其实是好事。很多厂商的“反套路”做法，也是手机市场更加透明化，信息更加公开的体现。真正好的产品，就是应该少一些套路，多一些真诚。我们由衷地希望提到的这些鸡肋的配置早点被厂商取消，消费者在选购手机的时候也能够少一些顾虑和隐藏的不便。

中端市场加速内卷，千元机“名存实亡”

■阿贵

最近手机市场的焦点无疑是线上中端机价格战，2000 多元的手机用上骁龙 8+，3000 多元就能买 1TB，厂商玩命卷性价比，给人的感觉是性能配置越来越高，价格越来越低。但这样的“好事”目前其实仅存在 2500~3500 元价位上，在更低价格段乃至千元级市场则并不见得。

一颗芯片用三年

如果留意过我们之前的月度手机推荐，不难发现，榜单上的千元机寥寥无几。不是因为不想，而是在千元附近价位上真不太好推荐。在上游芯片厂商助推之下，中端机高调开战，吸引众人目光，逐渐被遗忘的千元机市场恐怕已“名存实亡”了。

为避免概念混淆，这里我们先将 1500 元以内的手机统称为千元机，当然，想要在 1500 元以内购买到一款 5G 手机并不是完全没有选择，依然可以数出如 OPPO K10x、真我 Q5 等，它们至少有两个共同点：1.售价都在 1200 元左右；2. 都采用了骁龙 695 处理器。要知道这已经是一颗前年的芯片了。

骁龙695已经是一颗两年前的芯片

骁龙 695 是什么性能水平呢？CPU 架构为 2×2.2GHz A78+6×1.7GHz A55，两颗 A78 大核，CPU 多核性能一般；A55 小核虽然多了两个，但难堪大用。外围规格只支持 LPDDR4X 及 UFS2.2，即使厂商愿意堆料，也没什么提升空间。整体比起骁龙 778G 要差一大截，也略弱于天玑 900。

除了骁龙 695 以外，目前千元级价位常见处理器还有天玑 700、天玑 810，同样是三四年前的芯片，相应产品有去年的真我 10s、iQOO Z6x、Redmi Note 11 等。但回顾 2021 年的千元级市场，不难发现，iQOO Z5、OPPO K9s、真我 Q3s 反而选择了更高档位的骁龙 778 处理器。

在这些产品逐渐退市后，现在如果想要性能稍强一点的天玑 1080、骁龙 778G，就得加钱了。为了让消费者乐意加钱，去年手机厂商其实已经卷过一次，如被称为体验小金刚的 Redmi Note 12 Pro，以及真我 10 Pro+、OPPO A1 Pro、荣耀 X40 等“高颜值曲面屏千元机”。所谓的体验提升，归根结底是把处理器省下的钱，花在了外观、屏幕或相机上，售价同时也奔着 2000 元去，已脱离了千元机的范畴。

有人可能会说，千元机要啥自行车，加点钱，可选的机型就要丰富许多。的确，今年的线上市场中端机性能全面换代，预算加 500 元左右就能上骁龙 870，乃至天玑 8100，何乐而不为？

但这就好比我本来想买 BYD，最后在网友们建议下去提了 BMW。如果加钱有用，那还要预算干什么？到头来消费者在千元机上还是没得选。

千元内手机市场现状

一台手机，最重要的配置肯定是处理器和屏幕，处理器是手机的大脑和心脏，屏幕是最重要的交互媒介，只有处理器和屏幕没问题，使用体验才能正常。不过这两项配置也是手机成本最高的部分，要将手机做到千元以内，这两处就成了降低成本的关键。

OPPO、vivo、荣耀，在价格差距不大的情况下，都会同时出售 4G、5G 机型，只是换一个芯片。线上品牌 Redmi，真正千元价位的手机只有 Note 11 4G，常年销冠的百元机 Redmi 9A 上市近 3 年后才更新。realme 真我前两年还有 Q2i、Q3i 这样的千元内机型，现在也下市了，一加更是完全没有考虑这个市场。

卢伟冰曾分享过中国手机市场销量情况：线上销量占比 30%、线下市场占比 70%，其中县乡市场占比 45%，其中还不包括广大的学生群体数据。单从数据上就能看出低端产品的市场巨大。这部分显然主要被 OPPO、vivo 把持着，线上品牌想参与竞争也多少有些有心无力。

另外一处决定使用体验的地方是屏幕，这个价位上除了 Redmi Note 11 4G、酷派 Cool20 Pro 外，都是 720P 屏幕。而像摩托罗拉 G53 在其他参数没太大区别的情况下，直接将前代 G51 的 1080P 屏幕倒退成了 720P。

虽然有人一直喊着 LCD 永不为奴，但这个价位的 720P LCD 屏，大果粒、低亮度及生涩的手感，体验缩水严重，瞎眼程度远高于目前的 OLED 屏。

一项配置同价位大家都在用，就一定合理吗？显然不是。有人应该还记得五六年前，1080P 分辨率的千元机一大把；2021 年 Redmi Note 11 4G 在千元内手机上也已用上了 1080P 屏幕。怎么几年过去，大厂的千元内机型不仅原地踏步，甚至还倒退了呢？

Redmi Note 11 4G是去年全球卖得最好的手机之一

以上种种已让人可以合理怀疑，如今的千元内手机，已成为了各厂商清库存的“垃圾处理场”。专门处理那些因产业更新被淘汰又数量巨大的大颗粒 LCD 屏、12nm 制程芯片、eMMC 内存、200 万像素凑数镜头……

在那个 Redmi 还叫红米的时代，千元机是各大厂商的主力战场，红米、荣耀、魅蓝、乐视、坚果、360 等，主打千元市场的品牌和新机都可以说百花齐放。其实那时候就跟现在厂商在 2000 元档疯狂内卷一样，如今千元内手机的配置如果放到那个时候还是很先进的，要知道那时的芯片制程还是 28nm。只不过在行业整体跃迁的过程中，需要有市场来消化技术的新陈代谢，自然千元内手机就无奈成为了被选择的那一个。

低端被迫让位中端

实际上千元级市场用户需求非常大，早在 Redmi Note 12 系列发布前，定位千元级的 Redmi Note 系列全球累计销量已突破 3 亿台。有人应该还记得去年双十一期间手机单品销量的冠军，是一款入门机型 Redmi 9A，它甚至不是 5G 手机，核心卖点就两个字：便宜。

去年还有一些重新“复活”的手机品牌，如酷派、乐视，这类品牌正是依靠千元内市场存活下来，甚至还活得挺好。例如酷派 5G 手机 Cool 20 Pro 售价千元，搭载天玑 900，在京东销量不亚于采用天玑 810 的同价位 Redmi Note 11。

由于千元市场需求大，主流品牌可选产品又不多，在一定程度上导致这个价位市场的混乱现象，装饰摄像头、硬件虚标的产品不少，或者多年前的老款，甚至是功能机改装的山寨机。前不久引发热议的“原价 8999 飞利浦手机，直播间只卖 1899”就是典型，但绝非个例。

反观中端方面，去年最受线上市场青睐的 Redmi K50，也仅在 2000 元左右，3000 元价位用户换机意愿反而最低。这或许与换机周期拉长有关，很多此前属于该价位的用户群体在当下，并不愿意花上 3000 元去换机。不过从近来一加、Redmi、真我的相互较量来看，2000~3000 元价位尤其是 3000 元价格段仍是他们争夺的焦点。究其原因，这其中不乏上游芯片厂商的推动。

受限于市场整体的低迷，各家纷纷砍单，上下游产业链都处于供过于求的状态，芯片行业也面临较大的库存压力，导致芯片价格明显走低，也就出现了今年骁龙 8+ 手机定价腰斩的情况。

这时候厂商发现：在同样的 BOM 成本下，自己能够选择的范围更广，能打的牌也更多了。紧跟着今年联发科又带来天玑 7200，高通第二代骁龙 7 主控也将在本月发布，促使中端市场进一步内卷。

第一代骁龙6没有相应终端推出

种种原因影响下，千元机恐怕又要让位了。而高通不是没有更新骁龙 695，去年 9 月便已发布迭代后的第一代骁龙 6 芯片，但直到现在没有相应终端推出，未来是否有也要打个问号。

市场“破冰”关键

和低端机型上一颗芯片用三年的情况正相反，去年以来，旗舰手机市场从上游芯片到终端产品的更新换代速度都加快了不少。往年都是年底，甚至是次年春节前后才大规模上市的新平台、新旗舰，已被提前到 11 月，距离下半年“老款”旗舰大规模上市，才过去了 3 个多月时间。

这自然与高端市场的收益正相关，基本没有受到销量下滑影响，用户购买力还是相当可观。高端市场的快速迭代升级，某种意义上也带动了整个手机产品线的快速迭代，大量原本的旗舰、次旗舰的配置能够在更短的时间内下放中端。从厂商思维来看，在“消费降级”的当下，“量大管饱”的产品正是多数消费者关注的。

在市场上行的时候，通过行业内卷刺激消费者换机进一步扩大销量自然可行。但在如今市场缩量下行趋势下，一味通过处理器升级、性价比竞争等手段或许并不能真正满足有换机需求的那部分低端市场用户。

中端市场看似内卷，但所造成的被忽略的千元级低端市场，从另一角度来说，逼着消费者只能加钱上所谓的性价比旗舰，反而遏制了市场增量。市场早已证明，下沉才是维稳的基础，只有各价位的均衡布局，或许才是实现手机市场“破冰”的关键。

稍不留神就踩坑！盘点买手机遇到的各种套路

■孙文聪

之前的 3·15 晚会看了吗？有没有被晚会曝光的各种乱象震惊到？原来日常看到的大主播直播间动不动在线几百万的人气都是后台刷出来的。家里老人“免费赠送”的评书机，也是不良药品商家植入的一个广告平台。花样翻新的手段，眼花缭乱的操作，每年都会让人大开眼界。

手机市场相对要好一些。这些年随着国产手机市场的逐步发展和完善，信息透明度、规范程度都提升了不少。更透明的市场，能够提供给不良商家暗箱操作的机会相对就会少了一些。不过即便如此，消费者在选购手机的时候，依然可能会面临诸多的套路。

套路一：李逵冒充李鬼

我们之前专门写过一篇文章《备受争议的鼎桥手机，究竟是“智选”还是“智商筛选”？》，文章中主要以鼎桥手机为例，介绍了一些在过去一段时间中，被很多消费者集中反馈的案例。

现实中，涉及到的李鬼手机品牌其实远不止鼎桥一家。还有包括 Hi nova、WIKO、NZONE、UMagic 等等。这些手机基本上跟鼎桥的产品是一样的套路，采用了跟华为手机高度一致的外观和系统功能，在华为官方，或者是合作的渠道商、运营商的渠道以“华为智选”的名义上架销售。

我们始终认为，华为智选模式本身是没有问题的。华为智选将软硬件方案授权给第三方生产出产品卖给消费者，还有相对完善的售后服务。商业模式上也符合当前特殊背景下，华为手机业务的生存现状。这些合作的产品，并不能跟市面上一些纯粹的“山寨机”画上等号。

但问题是，在现实销售过程中很多商家会利用“华为智选手机”在外观和定义上的高度相似性和模糊性，混淆视听。在研究很多案例之后我们发现，网上诸多投诉案例中，消费者一开始都是抱着买华为手机的心态去的。商家在销售过程中也在有意无意引导用户将华为智选手机看作是华为手机。在使用一段时间之后，用户发现二者的不同之后，就有种上当受骗的感觉。

这样的案例，如今在网络上比比皆是。几乎每隔几天，就有媒体会曝光类似的案例。跟之前很多买山寨手机上当受骗的情况不同的是，华为智选手机介于山寨手机和正品手机之间的模糊地带。并且智选手机本身在价格上也并不便宜，跟华为手机本身并没有多少价格差距。但在用料、配置和服务上很多时候又存在减配的情况。换

句话来说，很多时候智选手机都遵循着高价低配的原则。

这种不透明的手法，很大程度上损害了消费者的正当利益。相比山寨机，它本身的迷惑性更强。我们也在这里郑重提醒大家：选购华为手机时，尤其是在线下选购时，一定要了解清楚你拿到的产品是华为手机，还是华为智选手机。如果商家在这个问题上含糊其辞，没说的，赶紧跑！

套路二：直播间的虚假大牌

很多人现在都有在直播间购物的习惯，尤其是很多中老年人。直播带货确实是一种很好的销售形式，直观、简单，很容易刺激你的消费神经。但直播间带货也是当前消费陷阱的重灾区。手机产品由于客单价相对日用品来说更高，利润也更大，自然也是很多直播机构和带货主播们重点瞄准的品类。

一些直播间充斥的廉价、山寨的低端手机产品，甚至是小作坊组装的三无产品就不说了，现在直播间更套路的，是主播们口中的“大牌手机”。

这其中最典型的例子，应该就是前段时间网络上沸沸扬扬的“某嘎”主播，在直播间卖给消费者“原价 8999 元，现价 1999 元”的飞利浦手机了。

事件本身的性质我们在这里不多说，还是来看这类产品本身。我们认为，当前很多直播间带货的所谓大牌手机，就是妥妥的智商税。尤其以飞利浦这类本身就是采用了贴牌、授权的方案的品牌为甚。还有包括朵唯、天语、糖果、索爱、金立等等这些有一定品牌知名度，但最近这些年走向没落的“老品牌”，也是当前直播间中的常客。

这类产品本质上还是山寨机的一个变种，只不过多了一个品牌的授权而已。其产品本身在做工、用料、配置以及服务层面相比当前的主流品牌有很大的差异。甚至有的主播还会自己下单定做这类的货源，割自己直播间粉丝们的韭菜。什么做工粗糙、用过时配置都是基本操作了，某些大牌主播卖给家人们的手机，有的干脆就连摄像头都是假的。

主播们在带货的过程中，往往还会给这些手机包装一个高昂的原价，用“大出血”的形式，配合直播间夸张演绎的剧情和效果，迷惑“家人们”。你以为捡到了便宜，实际上是被收割的对象。你拿主播当家人，主播拿你当韭菜。

我并不建议大家在网红主播们的直播间购买手机这类产品。如果可以，尽量选择一些靠谱的主播，或者是品牌的官方直播间。在选购手机的时候，一定要避开那些听上去很熟悉，但似乎很久没有什么声量的手机品牌。这也是一个大原则，适用于所有的渠道。

现在购买手机直接就选择主流品牌，或者是主流品牌旗下的子品牌。千万别贪图便宜。国产主流手机品牌目前在各个价位都有产品覆盖，即便你预算十分有限，也能选到这些品牌的靠谱产品。这些产品不管是在配置、做工还是售后方面，相比直播间的老铁们卖给你的山寨货，要靠谱十倍。

套路三：捆绑销售，分期有猫腻

现在主流品牌的手机价格还是比较透明，当前品牌方对于渠道价格的管控也更加严格。一般来说，手机产品不会出现大的价格浮动。不管是线上还是线下平台，价格基本都可以按照官方的价格作为参考，叠加一些优惠、补贴政策，大概会便宜几百块钱。

但还是那个问题，并不是每一个人都是手机专家。对于配置、价格这类的信息，大部分的普通消费者其实是并不清楚的。这种情况下，我们一般都会推荐去官方渠道买产品，有的时候可能会贵一点，但产品和服务还是靠谱的。

现实中很多三四线城市以及农村、城镇地区，手机的主力销售渠道还是一些商场、街边店面以及运营商营业厅（营业厅也分为官方直营和第三方代理）。这种情况下，自然也就存在着一些销售套路。

捆绑销售是比较常见的。这种情况一般出现在一些街边手机店，他们往往会在产品价签上标注一个比较高的价格（一般会高于官方售价），然后你可以“讲价”。同时商家会告诉你，还会赠送一些充电宝、雨伞、手机壳、贴膜服务等等权益，这样即便价格稍微贵一点，但很多消费者还是觉得赚了。

还有一种情况是，如果你买手机的时候再买一个平板、手表或者是音箱等等，这样总共算下来还能少一部分钱。极个别情况下，还出现过购买某些热门旗舰机型，必须要搭售一些周边产品的情况。这时候你就要综合考虑了，根据自己的需求和价格来权衡。还是那句话，去官网查一下价格，心里面多少就有底了。

另一种情况是在一些营业厅比较多见。比如某款手机官方指导价格是 5000 元，但如果办理一个套餐，承诺每个月保底消费多少，就能以 3000 元拿走手机。这种捆绑套餐对于一些有套餐需求的用户来说还是挺实用，关键在于你自己需要算一笔账，根据自己的需求来确定。

最后一种情况就是手机分期。这种情况在很多年轻群体中比较常见，主要就是利息和手续费的问题。一般来说现在手机品牌官方都会有一些免息分期的政策，银行信用卡、花呗这样的平台也可以分期。并不推荐一些手机店合作的金融机构的分期，他们往往在手续费、利息上会比正规的银行、平台更高。最划算的还是官方的免息分期，或者是平台的免息分期。

分期当然可以选择，但建议大家在选择期数时别选太长。24 期是好，但手机都用坏了，还在还手机款和利息，多少还是有点膈应。适度消费，量力而行，也是另一个大原则。

关于手机购买还有不少的套路。今天我们就最常见的一些拿出来谈，就是为了让大家平时在购买手机的时候多留一个心眼，减少踩坑的概率。还是那个观点：相比其他市场来说，手机市场相对比较透明和正规，不过依然存在着很多乱象。要想不被坑，认准主流官方品牌，选择靠谱正规渠道，就不会有什么大的问题。

需要提醒的是：千万别想抱着捡漏的心态买东西。天上不会掉馅饼，如果总是觉得自己捡到了馅饼，那么多数情况下你才是那个馅饼。

能省就省！这些手机配置没必要加钱上

■孙文聪

相信很多人都能感受到，最近手机市场相比去年更加内卷了。最典型例子就是手机存储空间配置，往年动辄上万的 1TB 大内存版现在 3000 多元就能买到。512GB 版本更是跌到了 2000 多元。原本计划在今年换机的用户，无疑是幸福的。

即便如此，本着能帮大家省一分是一分的原则，我依然要来挤挤当前手机市场配置中的“水分”：一些对于高性价比用户来说是用不上或者“感知不强”的配置。如果你的购机预算比较紧张，这些配置用不着为之买单。

大内存也有不同

大内存机型是当前很多手机的主要卖

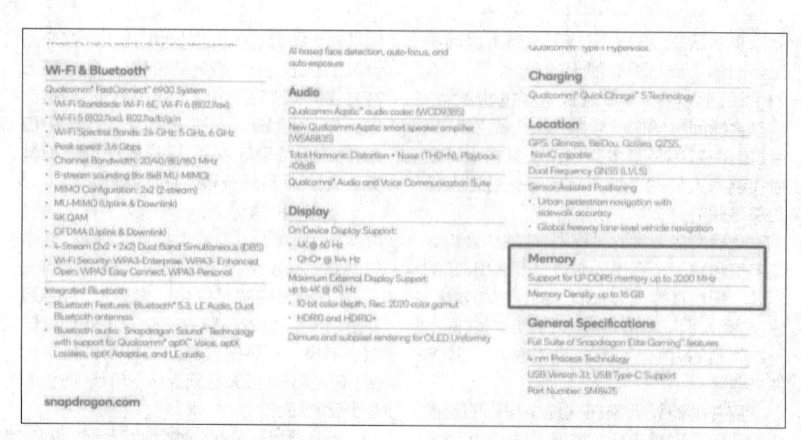

Wi-Fi & Bluetooth*

Qualcomm® FastConnect™ 6900 System
- Wi-Fi Standards: Wi-Fi 6E, Wi-Fi 6 (802.11ax), Wi-Fi 5 (802.11ac), 802.11a/b/g/n
- Wi-Fi Spectral Bands: 2.4 GHz, 5 GHz, 6 GHz
- Peak speed: 3.6 Gbps
- Channel Bandwidth: 20/40/80/160 MHz
- 8-stream sounding (for 8x8 MU-MIMO)
- MIMO Configuration: 2x2 (2-stream)
- MU-MIMO (Uplink & Downlink)
- 4K QAM
- OFDMA (Uplink & Downlink)
- 4-Stream (2x2 + 2x2) Dual Band Simultaneous (DBS)
- Wi-Fi Security: WPA3-Enterprise, WPA3- Enhanced Open, WPA3 Easy Connect, WPA3-Personal

Integrated Bluetooth
- Bluetooth Features: Bluetooth® 5.3, LE Audio, Dual Bluetooth antennas
- Bluetooth audio: Snapdragon Sound™ Technology with support for Qualcomm® aptX™ Voice, aptX Lossless, aptX Adaptive, and LE audio

AI-based face detection, auto-focus, and auto-exposure

Audio

Qualcomm Aqstic™ audio codec (WCD9385)

New Qualcomm Aqstic smart speaker amplifier (WSA8835)

Total Harmonic Distortion + Noise (THD+N), Playback: -108dB

Qualcomm® Audio and Voice Communication Suite

Display

On-Device Display Support:
- 4K @ 60 Hz
- QHD+ @ 144 Hz

Maximum External Display Support: up to 4K @ 60 Hz
- 10-bit color depth, Rec. 2020 color gamut
- HDR10 and HDR10+

Demura and subpixel rendering for OLED Uniformity

Charging

Qualcomm® Quick Charge™ 5 Technology

Location

GPS, Glonass, BeiDou, Galileo, QZSS, NavIC capable

Dual Frequency GNSS (L1/L5)

Sensor-Assisted Positioning
- Urban pedestrian navigation with sidewalk accuracy
- Global freeway lane-level vehicle navigation

Memory

Support for LP-DDR5 memory up to 3200 MHz

Memory Density: up to 16 GB

General Specifications

Full Suite of Snapdragon Elite Gaming™ features

4 nm Process Technology

USB Version 3.1; USB Type-C Support

Part Number: SM8475

snapdragon.com

点之一，尤其现在安卓市场对于手机应用保活、日常运行的流畅性要求更高，大内存手机越来越受到了用户的欢迎。于是当前很多手机为了做到“大内存”，专门推出了所谓的“内存融合技术”。

这项技术简单来说就是在系统检测到物理内存不足的时候，把一部分闪存空间划拨出来归内存所用，让系统中的服务不至于直接挂掉或者不响应。

不少的手机厂商通过这项技术，将原本的 8GB、12GB 机型拓展到“12GB、16GB 甚至是 20GB”，进而宣传自己是所谓的“超大内存”手机。这种情况在线下市场表现尤为普遍。很多消费者对于这项技术原理本身并不熟悉，但通过手机导购们口中的“12GB+3GB > 12GB”的话术，也被动接受了融合内存的优势。

但真实情况是，内存融合技术很大程度上是一个噱头功能。之前我们做过测试，同品牌、同配置的两台手机，内存融合开启后，手机在运行速度、流畅性和应用保活等方面并没有展现出明显的体验优势。换句话说就是，感知不强。

这主要是因为分离出来的 ROM 在日常使用的过程中，频繁读写会带来性能下降的问题，反而会导致手机的卡顿。另外，内存融合技术本身也需要 CPU 来计算 APP 中的哪些代码不活跃，这个过程也需要占用 CPU 的性能。

除了内存融合技术之外，还有一个关于 LPDDR5X 的话题。我们都知道，LPDDR5X 是当前智能手机内存性能的最高规格和标准。相比之前的 LPDDR5，LPDDR5X 的提升主要有三点，分别是数据传输速率从 6400Mbps 增至 8533Mbps，提升幅度高达 33%；TX/RX 均衡改善信号完整性；以及能通过新的自适应刷新管理提高可靠性。

于是手机厂商们在宣传自己内存性能的时候，也会重点强调自家手机使用了 LPDDR5X 的规格。也有不少的消费者之前也在后台询问，有没有必要一定要选择 LPDDR5X 机型，才不至于在配置上落后。

但是很多人不知道的是，内存的账面性能参数只是一个方面，也要看芯片支不支持。在读写速率方面，去年下半年才上市的骁龙 8+ 最高支持读写速度是 6400Mbps，而 LPDDR5X 的最高性能可达 8533Mbps。

也就是说，即便是骁龙 8+ 这样的上市还不到一年的旗舰芯片在内存读写性能方面也“喂不饱”LPDDR5X。即便你在硬件上使用了 LPDDR5X 规格，但实际体验中也只是一个“残血版”。

对于一些选择老款、非旗舰处理器（除了去年的天玑 9000），想要寻求高性价比的消费者来说，并不用过分在意手机究竟是 LPDDR5X 还是 LPDDR5。在实际体验中，几乎感知不到二者之间的差异。

即便是 LPDDR5X 可能会有一些功耗方面的优势，但对于手机的日常使用也难以产生明显可感知的影响。如果手机厂商使用了 LPDDR5X 自然更好，没有用上也不必过于在意。

“残血版”不等于残废版

说到“残血”，今年手机市场还有一个骁龙 8+ 的残血版：所谓残血版，即超大核主频为 3.0GHz 的骁龙 8+（其余大核、小核也有所降频）。很多大家耳熟能详的机型，包括 Redmi K60、荣耀 Magic Vs、OPPO Find N2 等全都是 3.0GHz 残血版。而满血版的骁龙 8+ 超大核频率为 3.2GHz。

从纸面参数来看，降频 3.0GHz 的骁龙 8+ 性能上的确会稍为逊色，但得益于骁龙 8+ 的底子好，除了跑分时有区别，实际使用拉不开大的差异。现实中，即便是采用最新的第二代骁龙 8 平台，各家旗舰产品的性能表现主要取决于终端厂商的调度策略、软硬件优化以及应用层面的适配等因素。并不意味着，满血版的实际表现就一定比残血版强多少。

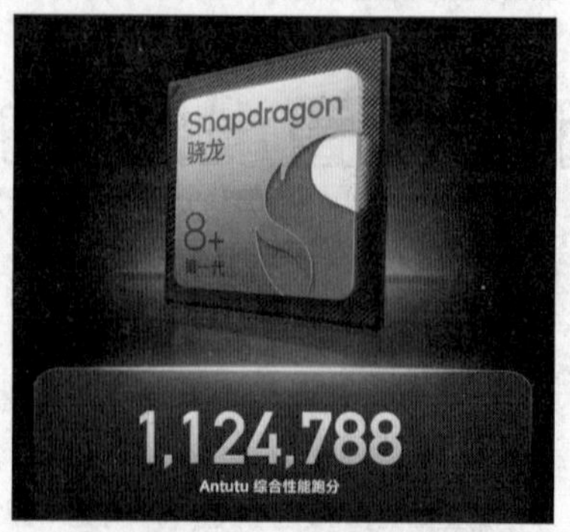

在日常选购过程中，面对所谓的残血版和满血版机型完全没必要过于纠结。更多的还是要看整个产品的综合配置和体验是否符合你的客观需求。

除了上述这些方面之外，当前手机市场的快充也是一个能够体现参数和体验差异的配置。最近这两年手机快充技术的发展非常迅速，前两年百瓦级快充还刚刚上市，现在手机行业的快充水平已经能够做到 240W 了。

这种级别的快充能力，自然在体验上有着明显的优势。一来整个手机的充电时间能够被压缩到 10 分钟左右，二来利用高功率的快充也能够实现“瞬时秒充”。紧急情况下，这是能够“救命”的体验。最关键的是，随着快充技术的逐渐成熟和精进，电源适配器也不再跟之前的快充一样，会随着充电功率的提升整个体积重量大幅度增加。

从实际体验来说，当前这种旗舰级的高规格快充属于“锦上添花”的功能。但在预算有限的前提下，大功率快充也是可以“退而求其次”的。尤其是当前，百瓦级的快充都已经普及到千元市场的情况下，更高快充功率所带来的体验边际收益其实是相对递减的。

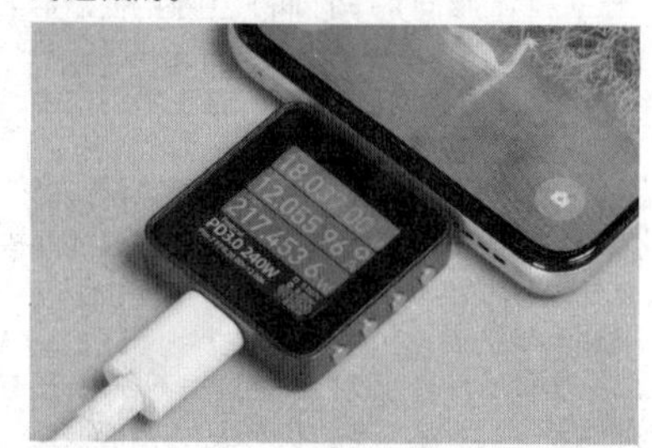

举个例子，当前很多手机标配的 65W、67W 的快充充满 5000mAh 电池的时间大概是 30 分钟，100W 快充需要 25 分钟，而 150W 以上大概需要 15 分钟。最新的 240W 快充充满 4800mAh 也需要 10 分钟左右。如果从整个充电周期来看，更大功率的快充能够节省的全程充电时间应该也就是在 10 分钟上下。

为了这几分钟、十分钟时间，额外付出更高的硬件成本其实大可不必。因为当前多数手机的 67W、80W、100W 快充已经足够快了。还有一个因素需要注意，更高功率的快充方案，往往会采用双电芯结构，导致手机电池的额定容量降低。在同样的尺寸和规格的情况下，超高功率快充的手机电池容量往往要比低功率手机的容量更小。这样一来，手机的续航优势其实又被抵消了一部分。

当前很多主打高性价比的机型，往往会在大杯和超大杯的快充规格上拉开差异，比

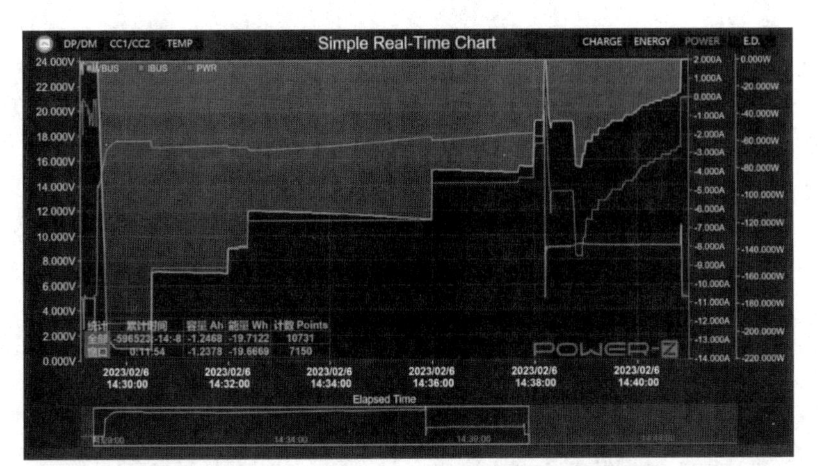

如 Redmi 的 Note 系列机型。如果最后还在纠结于快充功率这一点,大可不必为此忧虑,67W 也完全足够使用了。

哪些方面需要重视?

前面说到的这些,都是可以“退而求其次”的方面,那么哪些方面又是需要把钱花在刀刃上的呢?我认为这要根据你的实际需求来判定。如果你平时就是喜欢刷刷短视频,对于手机没有什么特别需求,我建议你选择一块好的屏幕。

毕竟手机作为一款以屏幕为主要交互载体的设备,一块显示效果优秀的高素质屏幕对于日常使用体验的提升是显著的。现在很多人还在意手机的护眼功能,可以在屏幕的选择上更有针对性。

如果你对于手机的性能和游戏有更高需求,建议在同价位选择一些更垂直于游戏体验的机型。这些主打电竞游戏功能的机型,往往在优化策略、系统调校等方面有更多投入。不管是游戏表现还是体验,都比一般的机型要好上不少。必要的情况下,甚至可以多倾斜一些预算,来获得更好的游戏体验。

还有一类人群是对于拍照有比较高的需求。但直白地说,现在手机影像对于软硬件、算法、调校要求更高,好的拍照效果往往需要这些方面都要做到一个比较高的水平。市面上一直不存在所谓的“高性价比拍照手机”。尤其是在中低端市场,想要找到一款成像良好的机型是比较困难的。

在当前大部分中档旗舰还配置“800 万+200 万像素”凑数副摄的前提下,想要获得良好的拍照效果就只能在主摄上下功夫:选购的时候尽量去选择一些高素质的,已经被各家品牌旗舰产品检验过的主摄方案。日常大多数人能够用到的镜头就是主摄,它的成像好坏其实跟你的日常拍照体验密切相关。在相应的预算方面,可以在主摄方案的选取上着重考虑。

需要注意的是,前面提到的这些更多针对的还是高性价比市场,也就是当前手机市场的中低端产品线。实际上,将这些原则放到旗舰市场也是没有问题的。因为即便是旗舰手机,各家在产品策略上也有适当的倾斜和侧重,并不是说旗舰手机就一定是尽善尽美的。

某种意义上,旗舰机更高的硬件成本的确能够带来更均衡的体验。但这并不意味着,当前大家在选择手机的时候都要秉承着“加钱上旗舰”的策略。还是那句话:没有最好的产品,只有最适合的产品。关键还是在于你能否明晰自己的需求,并且做出最适合的选择。

抗反射涂层技术,对电视选购重要吗?

■小杰

ARNEO 材料的“移植”

大家都知道电视屏幕上有着涂层,涂层可以让电视获得面板之外的一些功能和性能的提升,最明显的就是抗反光的效果。这么多年随着技术的研究,涂层部分的功能的确一直在强化,比如索尼和三星的涂层,可以提升 VA 面板的可视角度,不过代价是降低对比度。优秀的涂层可以提升环境对比度,让电视看起来拥有更好的黑位和暗部细节等等,对于用户和厂商来说,电视屏幕上的涂层,最基本的功能一直都没有变过,那就是提升抗反光的效果。

说涂层也好,镀膜也好,事实上在厂商看来,只要能有效降低屏幕反光,就能让用户的观影体验更好。实际上这种情况主要还是出现在黑暗场景下,毕竟在明亮环境下,实际上屏幕的反光问题不是那么明显,用户的注意力也不会集中在反光上面;不过如果是黑暗场景,屏幕大量出现黑色的时候,反光这个问题就不可避免了。这几年,大家都在用 ARNEO(抗反射高清涂层)类型的材料,这技术在相机镜头上用了很久,电视厂商现在跟上也不意外。纳米结晶涂层的基础上,抗反射高清涂层对直射光线有明显的效果,能在所有的可见光范围内实现稳定的低反射率。

索尼、三星、LG 现在都表示自己新一代电视上采用了新的涂层,能进一步降低反射。海信用京东方的面板时,也将 ADS Pro 称为黑曜屏,表示不反光不漏光。当然,不反光是不可能的,除非大家都瞎了!我们其实想要探讨的是,抗反射的涂层发展到今天,是不是真的能给用户带来体验上的大幅提升?

如果按照厂商的说法,当然有很明显的提升,比如说 LG 表示:“俺们的 C2 和 G2 已经很出色了,但是今年的 C3 和 G3 更出色。”然后 TCL 和海信也都表示:“我们的高端产品抗反射效果很好,兼顾了高对比度高可视角度。”当然厂商说的话,肯定是有给自己打广告的嫌疑,不过我们也相信每年在涂层上的变化都是持续进步的,关键的问题还是这种进化是不是可以让用户直观感受到。

四款机型反光对比

所以我们也找了几款电视来做一个小测试。测试方式也很简单:夜晚室内开灯的环境下,看看几款电视在关闭屏幕时的抗反光效果如何,然后再用手机使用差不多参数的相机直接拍下来看看实际的效果就行,同时灯光亮度我们也尽量保持在一个相同范围内。当然我们还是要声明一下,拍摄的反射效果比实际观看的效果要强,而且一些地方拍摄角度不同,可能展现出来的效果和我们实际看到的也有区别,我们也尽量配合文字解释一下。

我们拿来的四款电视分别是 TCL 的 Q10G、LG 的 C2、松下的 LX800 以及东芝的 Z770,从价位以及定位来看,最高的当然是 LG 的 C2,然后是东芝的 Z770 和 TCL 的 Q10G,最后才是松下的 LX800,毕竟松下 LX800 只是一款低端的侧入式背光电视,用的面板也只是华星光电的低端 4Domain 面板。

四款机型反光程度对比

从拍摄的效果来看,是不是大家觉得反光都很明显?这就是我们说的问题了,我们承认不同电视的涂层在抗反光效果上的确有区别,从我们自己实际的观看而言,最便宜的松下 LX800 抗反射效果最差,不过反射画面显得模糊且不是那么明显,然后 TCL 的 Q10G 在抗反射的效果上也比较一般,比东芝的 Z770 稍微差一些,当然东芝哪怕说的是采用京东方 ADS Pro 黑曜屏,实际上也会有明显的反射,只是要略强于 TCL 的

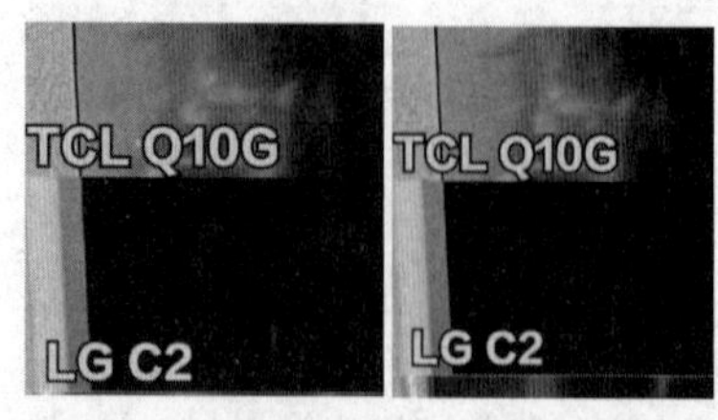

Q10G。至于效果最好的则是LG的C2,不像其他几款电视那样有明显的反射扩散和蔓延,不过LG的反射画面则是四款电视中清晰度最高的。

所以我们可以得出结论。涂层进化是不是能带来更好的抗反光效果？答案是肯定的,但是这种进步是不是能让我们的体验大幅提升？答案则是不见得！

反光涂层固然重要,但不是购买主要参考值

如果在白天有自然光的环境下观看电视,或者在晚上打开灯看电视,那么无论吹自己抗反光效果多好的电视,实际上反光都是无法避免的,而且即使大家抗反光的效果有区别,但就用户来说,在黑暗的场景下都能看到明显的反射,这点是不可避免的。虽然我们靠近会看到不同的屏幕反射效果不同,但对于用户来说,真的会去考虑谁反射的画面更模糊一些,谁反射的画面更清晰一些吗？或者谁的反光散射面积更大,谁的反光散射面积略小吗？

从这个角度考虑,电视的涂层抗反光当然有必要,以我们看到的几款电视抗反光来说,用于对比我们可以说哪款电视更好,哪款电视更差一些。但从看片的角度而言,我们则会说在明亮环境下,所有电视观看时都会有反光画面,都会影响到视觉体验,而且都还比较明显。所以要解决这个问题,目前最佳的方案当然还是在黑暗环境下看电视了,否则总是需要大家去忍受或者刻意忽视电视屏幕的反射画面。

我们认为抗反光的效果,应该不会成为用户购买电视的主要参考,尽管大家都知道抗反光效果越强越好。

体验了半个月华为Mate X3 我改变了对折叠屏的偏见

■电脑报工程师 李正浩

使用华为Mate X3一段时间后,我有两种截然不同的感觉。

一是惊喜,华为Mate X3是目前少有的,能兼顾轻薄机身和全面功能的折叠屏手机之一。它用足以对标普通直板机的厚度和重量,做到了旗舰级的硬件配置,预置了最新的HarmonyOS 3.1,软硬件的协同配合,使其有了流畅稳定的使用体验。

二是"茫然",一种类似"游戏结束"的感觉,特别是华为将Mate X3的重量和厚度做到这个程度之后,就会注意到这是一部难以复制的折叠屏手机。

真正媲美直板机的尺寸与手感

折叠屏手机手感能够媲美直板机的,只有OPPO,小米与之接近,直到华为Mate X3发布。华为Mate X3提升最直观的地方就在于它轻薄的机身,以至于"一部"这个量词都不太适合它了。

该机玻璃版本重量241g,单说重量感知不强,如果对比其他横向折叠屏就能看出华为Mate X3有多轻。能在重量上与之媲美的只有OPPO Find N2,重量237g,外屏5.54英寸,内屏7.1英寸,华为Mate X3对应的数据分别是6.4英寸和7.85英寸,在内外屏大这么多的前提下,后者仅比前者重了4g。

对比直板手机,华为Mate X3的重量也能与iPhone 14 Pro Max相当。当你真的上手这两部手机,一定会发现前者的手感要好于后者,因为华为Mate X3整部手机的重心配比较为均匀,机身线条更为圆润,尤其是外屏还搭载了一块四曲面屏。

折叠屏手机的手感能好于直板手机,是一件不常见的事。营造好手感,不仅要有合适的重量,还有它的厚度,这直接影响了折叠状态下的手感。

机型	vivo X Fold+	小米MIX Fold 2	荣耀Magic Vs	OPPO Find N2	华为Mate X3
内屏尺寸(英寸)	8.03	8.02	7.9	7.1	7.85
重量(g)	311	262	267(玻璃)	237(玻璃)	241(玻璃)

在华为Mate X3发布之前,最薄的折叠屏手机是小米MIX Fold 2,折叠后厚度为11.2mm,之后推出的手机都没有达到或接近这个厚度,华为Mate X3的厚度压缩到11.08mm,展开仅5.3mm,成为目前最薄的折叠屏手机。

值得注意的是,做到如此轻薄之后,华为Mate X3的屏幕平整程度没有受到影响。这是反常识的,因为折叠屏手机为了避免折痕,要留出足够的折叠半径,如果机身做得太窄,缓冲地带缩小,屏幕弯折直径更小,反而会加深折痕。华为Mate X3这么薄的机身还能做出如此平坦的内屏,还是在铰链上做出了改进。

一般来说,折叠屏驱动内屏需要主摆杆和两个体积很大的副摆杆,华为的做法直接让主摆杆驱动内屏,去掉副摆杆,这样就能大量减少铰链用到的机械零件,减轻重量,同时留出足够折叠直径,保证屏幕展开后是平整的。

再通过新金属材料来提升机身强度,内屏部分首次采用抗冲击非牛顿流体材料,"遇强则强、遇弱则弱"的抗冲击效果,让一些小物件(笔、钥匙、口红等)掉落到内屏上,不至于对内屏产生明显甚至致命影响。

如果华为Mate X3仅仅是轻薄,恐怕也只是厂商秀肌肉的产品,它真正的厉害之处是,华为在如此紧凑的机身中装下完善的硬件规格,没有因为轻薄机身而减配。

但凡能给的,都给到位了

在如此紧凑的机身上,除了由于客观原因无法实装的5G和第二代骁龙8,华为

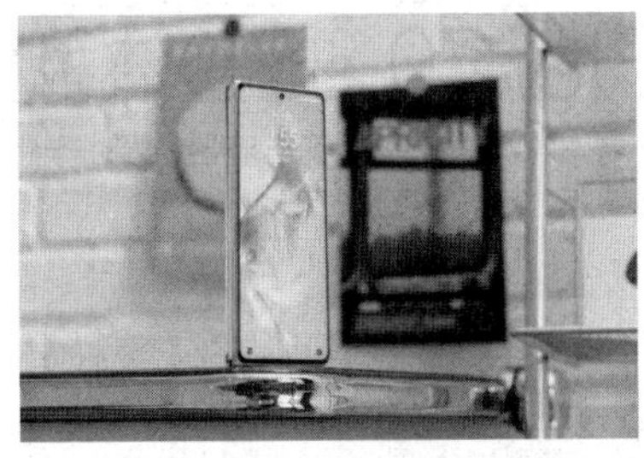

Mate X3 有 IPX8 级防水、无线充电、大电池、全焦段三摄，这些直板旗舰机该有的配置，一个都不少。

华为 Mate X3 外屏是一块四曲面屏，也是目前唯一一款使用四曲面屏的折叠屏手机。值得注意的是，它是类似 P60 系列使用的微曲面，曲率不大，四边没有出现绿边，不会影响到外屏的正常显示，而且外屏用的还是昆仑玻璃，进一步提升机身强度。

外屏尺寸为 6.4 英寸 OLED 屏，分辨率 2504 x 1080，支持 1~120Hz LTPO 自适应刷新率，使用体验与直板手机一致，内屏是 7.85 英寸的 OLED 屏，最高支持 120Hz 刷新率，与外屏同为类钻排列。

内外屏均支持 1440Hz 高频 PWM 调光，系统默认开启，不需要用户到开发者模式中手动开启，中高亮度为类 DC 调光。华为还在护眼设置中保留了“防频闪开关”，开启之后高频 PWM 调光会中和成类 DC，实现全亮度的 DC 调光。

单说护眼效果，高频 PWM 和 DC 调光相当，这个开关没必要打开，华为保留这个设定更多的还是照顾消费者的心理需要。华为优化了显示效果，使用高频 PWM 调光后，显示层不会出现类似纸质书的纹理，显示效果非常干净，内外屏也均通过了莱茵专业色准认证。

在屏幕这一点上，华为 Mate X3 较 X2 有十分明显的提升。除了屏幕，该机影像层面也有较大升级，主要体现在它的算法上。

华为 Mate X3 后置三摄，包括 5000 万像素 RYYB 主摄、1300 万像素超广角摄像头、1200 万像素潜望式 RYYB 长焦摄像头，5 倍光学变焦，仅长焦支持 OIS 光学防抖。

单看规格，这不算是一套很突出的影像配置，依托于 XMAGE 算法体系，它同样能给你“忘记参数”的拍照体验。

它的拍照风格和体验与之前测试的华为 P60 Pro 大体相当，拍出的照片有非常多的计算加成，但是看最终成片，基本看不出计算痕迹，效果自然干净。特别是华为 Mate X3 这颗潜望长焦，成像效果非常清晰，色彩自然。

注意，华为 Mate X3 的主摄是没有 OIS 光学防抖的，我一开始是有些担心它的成片率，但它实际成片率是非常高的，基本随手一拍就能拍出很清晰的照片。

在其他配置上，华为 Mate X3 搭载 3.2GHz 骁龙 8+ 4G 平台，4800mAh 电池，典藏版是 5060mAh 硅碳负极电池。我手上这台是普通版本，一天亮屏时间可以达到 6 小时左右，剩余 40%左右的电量，对于一部需要内外屏频繁切换的折叠屏手机来说，这个续航已经属于很好的水平了。

该机支持 66W 有线超级快充和 50W 无线充电，充电时推荐打开 Turbo 充电，尽管会让机身有所发热，但充电速度大大增加。Turbo 充电兼容之前的 40W 充电头，也能获得较为快速的充电。

在硬件上，华为 Mate X3 除了目前力所不能及的部分，基本都安排上，影像有全焦段覆盖，通信有双向卫星通信，日常使用有大电池、IPX8 防水、双扬声器、红外，以及旗舰机该有的性能。在软件上，华为 Mate X3 预置了全新的 HarmonyOS 3.1。

HarmonyOS 3.1 属于小版本更新，核心功能与 3.0 版本一致，除了提升系统的流畅性，广告少了之外，还加了两点新特性。

一是根据部分应用状态自动识别上下或是左右分屏。例如正在看全屏视频，此时开启分屏，系统会自动开启上下分屏，上半部分看游戏攻略，下半部分玩游戏。抑或是同时开两个电商 App，默认左右分屏，方便比价。

分屏时的 App 位置可以互换，也能保存分屏 App 组合，以快捷方式保存在桌面上，下次可直接开启。

二是 UI 自适应。为了避免折叠屏用起来像“大号手机”，部分 App 的 UI 会根据内屏比例和大小自动调整，提升内屏的使用效率。但现在适配的 App 还不够多，尚未适配的 App 还是使用之前平行视界方案，希望华为在这点上加快点进度。因为适配后不只是折叠屏，华为平板也能从中受益。

完备的硬件，稳定的系统，让华为 Mate X3 的使用体验舒适、简单，不折腾，加上轻薄的机身，时不时就会让人有一种想把它拿起来把玩的欲望。这样的体验感对于需要激发消费者兴趣的折叠屏来说，是非常重要的。

写在最后

华为 Mate X3 发布后，极致轻薄的机身+完善的软硬件功能，似乎已经可以提前预定“2023 年最佳折叠屏手机”的名头了。但我觉得真正难得的是华为 Mate X3 可能是难以复制的。

从参数看，华为 Mate X3 对比友商只是轻了几克，薄了几毫米，但为了做到这些微小的差别，就需要华为在物理学、材料学等基础学科上有所突破，而不是通过减配，这也是它最难复制的地方。最终呈现出来的，就是“一片”垫张纸就能浮在水面上的折叠屏手机。

轻薄依旧是折叠屏发展的大方向，但因为华为 Mate X3 的极致，之后的折叠屏手机或许会调转方向，转去寻求重量和配置的平衡点，以突出自己在配置、5G 网络上的优势。

轻松挑战峰值性能！Lexar ARES PCIe 4.0 SSD体验

■电脑报工程师 蒋丽

游戏平台喜加一、喜加二又来了，就算不玩也要先把这些折扣、免费游戏收入囊中，总有一天会用上。有这样想法的游戏玩家估计不在少数，以至于很多用户都将升级PCIe 4.0固态硬盘提上了日程。今天编辑要跟大家分享颜值和性能都很惊艳的Lexar全新ARES PCIe Gen4x4 M.2 2280 NVMe固态硬盘（以下简称Lexar ARES PCIe4.0 SSD），集高速性能与优化游戏兼容性于一身，将游戏体验提升到全新的高度。

为游戏而生，颜值和设计都很“cool”

Lexar ARES PCIe4.0 SSD参数

容量：512GB/1TB/2TB（参测规格）

闪存：3D TLC

传输通道：PCIe Gen 4.0×4

传输协议：NVMe 1.4

2TB标称速度：7400MB/s（读）、6500MB/s（写）

2TB写入寿命：1500TBW

质保：5年有限质保

参考价格：699元

继Lexar ARES DDR5 6000系列内存发布之后，Lexar又发布了全新的战神系列固态硬盘与之搭配使用。铁骑耀赤甲，飒沓如流星。Lexar ARES PCIe4.0 SSD无论从外观设计还是性能优化上，都不负“战神”之名。它采用了长江存储3D TLC NAND闪存颗粒，与SLC、QLC颗粒相比，不管是性能还是稳定性，都是高性价比之选。支持NVMe 1.4传输协议，采用HMB机制搭配SLC Cache智能缓存设计，2TB容量规格总写入量高达1500TBW。

其中HMB机制是使用主机内存（甚至是CPU缓存）的部分高速存储空间来提升SSD的I/O性能，不会从主机中消耗大量的内存，只需几十MB便能够满足用户需求。SLC Cache智能缓存设计也能够根据写入数据的大小、零碎程度，自动灵活划分出SLC Cache空间，并在完成读写后，重新划分空间，在不浪费空间的情况下，提供尽可能高的缓存稳定性。Lexar ARES PCIe4.0 SSD选用这样的设计，为游戏过程中更加流畅的体验做好了充足的准备。

同时，Lexar ARES PCIe4.0 SSD提供512GB、1TB和2TB容量规格，足容设计让你不必担心存储空间不够。M.2 2280主流尺寸，支持在台式机、笔记本以及PS5等游戏主机上放心使用。在这里可能有人想问：选择2TB容量固态硬盘有必要吗？尤其是对于游戏用户而言，很有必要！现在游戏文件夹的体积是越来越大，动辄就100GB起步，像《使命召唤17：黑色行动冷战》更是达到了164.9GB，这样的游戏即便是1TB SSD也装不了几个。可能也有玩家会说多装几个SSD不就好了，可是主板B系列的M.2插槽一般只有2个，扩展能力比较有限。至于专业用户，工程文件、素材都不小，读写性能超强的SSD对于缩减读取、写入时长，提升工作效率有非常明显，单块固态硬盘的容量自然是多多益善。

另外，我们都知道PCIe 4.0 SSD在使用过程中无可避免的是高功耗、高温度问题。而这款Lexar ARES PCIe4.0 SSD从设计优化上根本解决了这些担忧。支持低功耗L1.2功能，待机功耗低至3.5mW，能够在更低功耗的情况下维持SSD性能的稳定输出。自带新一代石墨烯复合材料散热贴，同时搭载智能温度检测模式，让固态硬盘时刻保持“冷静”，确保性能稳定。

性能实测：轻松挑战PCIe 4.0速度峰值

测试平台

处理器：AMD锐龙9 7900

内存：DDR5 6000 16GB×2

主板：ROG CROSSAIR X670E HERO

显卡：RTX 4090 FE

电源：ROG雷神1000W

测试硬盘：Lexar ARES PCIe4.0 SSD

操作系统：Windows 11 22H2

在测试中，Lexar ARES PCIe4.0 SSD 2TB顺序读取速度高达7459.70MB/s，顺序写入速度高达6631.47MB/s，轻松达到PCIe 4.0峰值性能。在32队列16线程情况下，4K随机读取高达1074000 IOPS，4K随机写入高达1068962 IOPS，充分满足游戏加载中画面流畅切换、3D设计软件高效渲染存储以及视频剪辑时稳定输出等数据高密集型处理要求。

在空盘状态下，可以看到在设置的200GB容量范围内，SSD都是保持着比较高的写入速度以及稳定的读取速度，可见这款2TB固态硬盘的SLC动态缓存空间可以达到200GB以上。这样的表现可以充分保证用户在各项应用、传输大小文件时都能够高效稳定地完成数据存取。

另外，我们可以通过Lexar配套的SSD Dash软件随时监控SSD状态，确保数据能够安全存储。还可以通过SSD Dash软件的数据迁移功能，将原有的操作系统以及原有设置全部迁移到新SSD中，不仅不需要重新设置，还能保持原有的使用习惯。当你想要对SSD进行处理时，也可以选择安全擦除功能来删除固态硬盘数据，有效保护个人数据隐私。

总结：低投入享高性能，平台升级优选

从实际测试来看，这款Lexar ARES PCIe4.0 SSD真正兼具了高性能、高效能、高可靠性、强稳定性的特点。即使是应对大型游戏、3D渲染、建模、4K视频编辑和数据分析等密集型图形处理要求，超过7400MB/s读取和6500MB/s写入的速度表现都能游刃有余。超过200GB的SLC智能动态缓存设计，确保SSD能够持续高速且稳定运行。此外，该款产品还搭配出色的LDPC纠错机制，有效提高SSD的使用寿命。比传输性能更让人惊喜的是，2TB价格仅699元！不得不感叹一句：硬盘升级选Lexar ARES PCIe4.0 SSD，值得选购。

CrystalDiskMark 8.0.1 x64 [Admin]（5 / 1GiB / D: 0% (0/1908GiB) / IOPS）

All	Read (IOPS)	Write (IOPS)
SEQ1M Q8T1	7114.13	6324.26
SEQ128K Q32T1	56941.52	50976.02
RND4K Q32T16	1074000	1068962
RND4K Q1T1	21228.03	67402.34

CrystalDiskMark 8.0.1 x64 [Admin]（5 / 1GiB / D: 0% (0/1908GiB) / MB/s）

All	Read (MB/s)	Write (MB/s)
SEQ1M Q8T1	7459.70	6631.47
SEQ128K Q32T1	7463.44	6681.53
RND4K Q32T16	4399.10	4378.47
RND4K Q1T1	86.95	276.08

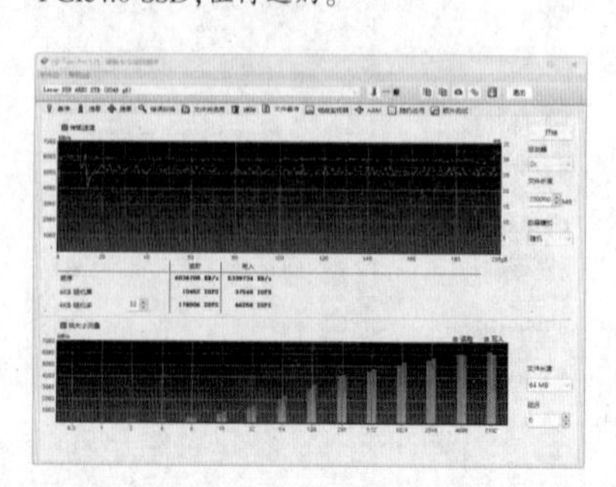

16个全大核桌面级性能表现
ROG魔霸7 PLUS超能版测评

■ 电脑报工程师 熊乐

年初新一代移动平台发布之后，近期一大波笔记本新品密集上市，其中不乏许多主打高性能的产品。要说谁性能最强，接下来要测评的ROG魔霸7 PLUS超能版肯定是佼佼者。这款产品采用全大核设计，16核32线程，最高加速频率达5.4GHz的旗舰处理器锐龙9 7945HX，还有当前最强显卡，能为玩家带来桌面级的性能体验。那么ROG魔霸7 PLUS超能版各方面的表现到底如何呢？下面我们就来一起体验一下。

电竞潮酷机身，有型有款

对于一款ROG出品的旗舰级游戏本，在性能之外，个人对其外观设计也有更高的期待，一圈体验下来魔霸7 PLUS超能版确实没有让我失望。整个外观设计上，产品走的是电竞潮酷的设计风格：A面由金属材质打造而成，搭配潮魂黑配色，质感扑面而来。包括A面硕大的激光蚀刻ROG LOGO以及由多个小LOGO组成的经典斜切图案，背面有ROG文字符号等潮流元素，打造出了ROG电竞潮牌犀利的外观风格。

同时ROG魔霸7 PLUS超能版在A面ROG大LOGO（白灯）、键盘，以及底部（RGB灯）均设置了灯光效果，开机之后能带来流光溢彩的效果，还能和ROG全套外设实现联动。当然如果你追求极致的个性，还可通过单键RGB灯光设置功能，尽情发挥自身创意，打造专属个人的炫彩效果，这无疑就是让游戏玩家着迷的电竞氛围。

值得注意的是，ROG魔霸7 PLUS超能版在出风口和底部还暗藏彩蛋：MMVI代表的是罗马数字中的2006，代表ROG品牌成立的年份；底部“18 15 07”为ROG三个字母分别在字母表中的顺序，“06 06”代表ROG品牌成立的年份和月份。由这些细节可以看出ROG外形设计上的用心。

作为一款旗舰级游戏本，ROG魔霸7 PLUS超能版的机身净重达到了3kg，不算轻但个人背着通勤了几天，觉得对我这个1米8的汉子来说，携带外出压力并不大。只是17.3英寸的体积不算小，反倒是对背包的容量要求较高。

接口方面，在机身左侧提供了2个USB 3.2 Gen1 Type-A接口，后部还有2个USB 3.2 Gen2 Type-C接口，支持DP1.4输出，其中1个还支持100W PD快充，以及支持8K 60Hz/4K 120Hz视频输出的HDMI 2.1接口和2.5Gbps RJ45网络接口。总的来说，笔记本提供的接口比较丰富且规格都比较高，完全能满足用户接驳各种高速、大功率设备的需求。

顶级处理器，性能大幅领先竞品

在配置上，ROG魔霸7 PLUS超能版的最大看点在于锐龙9 7945HX+RTX 4090+双通道DDR5 16GB内存+1TB PCIe 4.0 SSD等旗舰硬件的强强联合。其中锐龙9 7945HX是主打高性能的7045HX系列的旗舰型号，正是凭借着Zen 4新架构的效率提升与5nm新制程带来的频率优势，以及80MB的巨大缓存和高达16核32线程的规格，使得锐龙9 7945HX单线程比锐龙9 6900HX快18%，多线程性能快78%，提升非常明显。

所以在性能测试部分，我们首先对处理器的性能进行考查。为了让大家了解锐龙9 7945HX的性能水平，在处理器基准性能测试中我们还引入了搭载酷睿i9-13980HX的笔记本来进行对比。虽说锐龙9 7945HX和酷睿i9-13980HX两款处理器都是32线程，但是拥有16个全大核的锐龙9 7945HX表现非常的抢眼，多核性能全面胜出。同时我们也应该看到，锐龙9 7945HX的多核性能已经达到了桌面顶级水准，是一款能够覆盖绝大多数桌面级应用的高性能移动处理器。

当然这并不是锐龙9 7945HX的所有性能潜力表现。ROG魔霸7 PLUS超能版首次支持AMD PBO自动超频技术，在BIOS中默认开启，在系统（温度、功耗）允许的范围内，尽可能提升处理器最大频率，以获得极致性能。

在测试中，我们将BIOS中的Max CPU Boost Clock Override一项设置成200，然后重新运行了Cinebench R23和Cinebench R20。可见不管是单核还是多核成绩都有了进一步的提升，让锐龙9 7945HX超强的性能得到极致的释放。

接下来是专业性能测试，我们知道专业软件普遍吃多线程性能，所以锐龙9 7945HX的表现也是相当抢眼。不管是在V-Ray、CORONA还是Blender中，锐龙9 7945HX的成绩都要比12核的高端桌面版处理器更好，仅次于同规格的桌面旗舰型号。表明锐龙9 7945HX的多核性能确实太给力，在目前市场的移动处理器中是表现最强的！

整机功耗释放达240W，游戏性能出色

在游戏测试之前，我们也先考查了ROG魔霸7 PLUS超能版在双考下的功率释放情况，风扇模式为增强。处理器和显卡功耗之和稳定在230W以上，而手动模式则可以达到240W，表明处理器和显卡性能都得到了满血释放。

我们都是选取单机大作、拉满极致的设置来考验ROG魔霸7 PLUS超能版的性能表现，得益于旗舰级别的配置，显卡模式为独显直连，在所有测试游戏中均能保证有比较流畅的画面。更为重要的是，《孤岛惊魂6》《看门狗：军团》等游戏中，还是开启了最高档位的光线追踪，画面的流畅性毫无问题。要知道所有测试都没有开启DLSS，我们知道最新的40系显卡已经开始支持DLSS 3，要是开启DLSS，画面帧率还会有相当明显的提升。

画质、流畅度兼备的大尺寸电竞屏

ROG魔霸7 PLUS超能版采用的是一块赛事级的电竞屏，更大的17.3英寸大屏配上2560×1440分辨率，在能保证足够画质精细度的前提下，还具有点距更大的优势，看清细节不费力，点选起来更容易。产品屏幕为加入了快速液晶技术的FAST-IPS面板，带来3ms的疾速响应再加上240Hz刷新率以及对G-Sync同步技术的支持，能带来无撕裂、无卡顿、清晰且丝滑的游戏画面，在游戏中的操作如行云流水一般。

至于屏幕的画质，我们引入了SpyderX

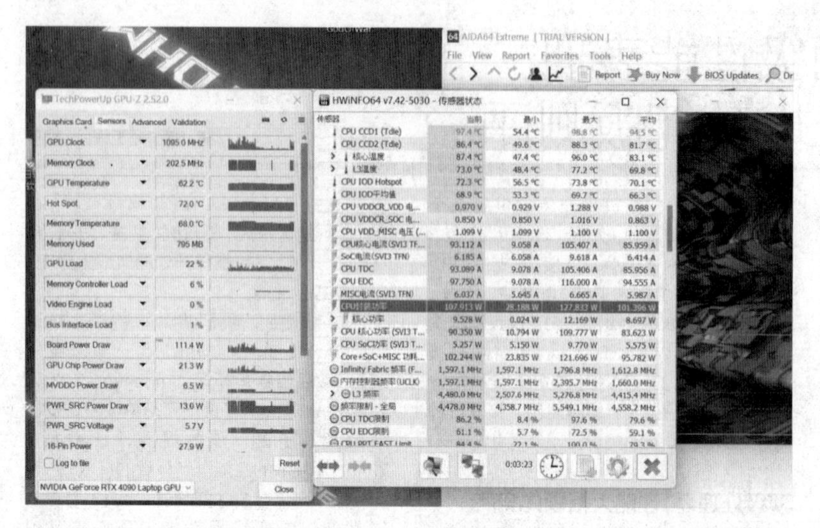

校色仪来对 ROG 魔霸 7 PLUS 超能版的屏幕进行分析。测出其 DCI-P3 色域为 100%，表明其色域容积非常广。同时在 48 色色彩精准度测试中，色彩精准度 DeltaE 平均值仅为 1.36，DeltaE 最大值也不过 2.4，这样的表现可以媲美专业屏幕了。

总结：极致性能之选

作为一款售价在 20000 元以上的顶级游戏本，ROG 魔霸 7 PLUS 超能版确实表现出了非常强悍的综合实力。其搭载了当前顶级的锐龙 9 7945HX+RTX 4090 显卡的配置，可以带来当前顶级的游戏性能。但这款笔记本并不是只能用来玩游戏，拥有 16 个全大核 32 个线程的锐龙 9 7945HX 移动处理器，是迄今最强的移动处理器，其性能足以媲美桌面的顶级处理器，强悍的多线程性能也让其在各种专业应用中表现得游刃有余，帮助创作者获得更高的工作效率。

同时 ROG 魔霸 7 PLUS 超能版还有着潮酷范十足、电竞氛围拉满的帅气外观，全尺寸、手感舒适的键盘，丰富且性能出色的接口……这些都紧扣高端游戏玩家的需求，找不出其他明显不足之处。如果你想要一款游戏体验出色，又能兼顾内容创作需求的全能型游戏本，ROG 魔霸 7 PLUS 超能版就是个不错的选择。

小米13 Ultra测评：既有改变，也有惊喜

■电脑报工程师 李正浩

我们在去年《小米 12S Ultra 测评：徕卡不是玄学，是科学》一文中有提到，小米 12S Ultra 是给所有喜欢手机拍照用户的一份礼物，也是一款具有里程碑意义的旗舰。

不仅仅在于它首发 IMX989 一英寸超大底，还有配合徕卡带来的风格化影像，将移动影像直出的审美带到一个全新的高度。

如今，更多的旗舰机用上了 IMX989，当大家起跑线趋于一致，能否领先就取决于小米对徕卡，对移动影像的理解深度，这就有了今天的小米 13 Ultra，并由此带来影调、成像素质、镜头规格、配套功能等多个维度的提升。

就这个角度而言，小米 13 Ultra 不只是小米与徕卡的联名作，同时也是小米真正展现自己影像理解的处女作。

有点不同的徕卡色彩

小米 13Ultra 将徕卡双画质迁移到 P3 色彩空间，可以多捕捉 25% 的色彩，还原更真实的色彩表现。同样由于色彩空间的改变，小米 13 Ultra 的徕卡双画质较前作会有一些变化。

同为徕卡经典，小米 13 Ultra 的色彩更为浓郁，灯笼依托于徕卡色彩，较高的对比度，展现出一种很有张力的色彩表现力。小米 12S Ultra 在现行算法下，稍稍有些偏高的画面亮度反而冲淡了本该体现出的“德味”。

小米 13 Ultra 在色彩捕捉能力增强后，拍摄食物的表现明显提升很多。碗中的红油、食物的色彩生动且准确地展现在样张中，即便是用色彩偏暗一些的徕卡经典，一样能拍出很有食欲的照片。不只是食物，夕阳、鲜花、霓虹灯等具备鲜艳色彩的物体或风景，小米 13 Ultra 都可以有更准确的色彩表现，这一点是要领先前作的。

小米 13 Ultra 另一个向徕卡色彩看齐的产物，即新增的漂棕滤镜，真心建议去尝试一番。其灵感来自胶片时代的 Sepia 色调，让照片呈现出一种老照片的风格。

不同于以前的老照片滤镜，漂棕滤镜能表现出一种不同于黑白的经典感，如图照片中的宇航员，独自一人站在某颗星球上，探索着沙土下的秘密。

即便是用来拍摄普通的建筑，长按焦点下调一点点曝光，便能感受不一样的明暗对比和情绪，建筑表面的反光，将水泥的质感直接表达在照片上，或许不够惊艳，但一定很有韵味。

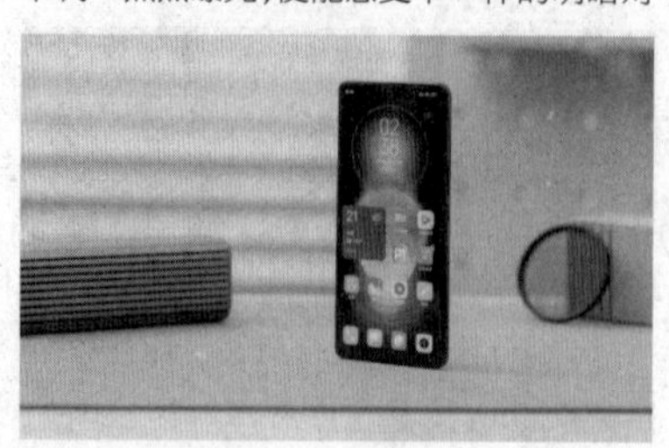

如果说小米 13 Ultra 的徕卡色彩魅力只来自上述固定的模板，不免有些无趣。但这次还可以来自拍照的人。专业模式现在支持自定义摄影风格，这个功能没有条条框框，完全按照用户自己的喜好调整影调、色调、细节质感，调出千人千面的徕卡色彩风格。

明面上看，小米 13 Ultra 的色彩只是在前作的基础上进行改动，实际上，小米是用切换色域的方式，让手机表达出准确的色彩，配合经典的徕卡滤镜和低门槛的专业模式，简单好上手，让用户更容易感受到拍出德味照片的成就感。

除此之外，做出一套完整的影像系统，小米要理解的不仅是色彩在日常中的表现，还有与之配套的硬件。

全面升级的多摄体系

小米 13 Ultra 后置四摄，但小米这次将超广、中焦、潜望式长焦统一换成了 IMX858。这款 CMOS 最大亮点在于支持“多摄协同”，减少多颗摄像头切换时的视场、色调差异。实际成片和拍摄体验明显强于小米 12S Ultra，尤其是这颗 75mm 的中焦摄像头。

75mm 中焦摄像头很适合拍摄人像，无论是半身像，还是小半身像。小米 13 Ultra 的人像模式会自动调用这颗摄像头，而且这次对人类皮肤的处理，不同于一般的粉嫩，它优先展示的是皮肤的质感，真实的光影变

化，再加一点美化，最后拍出一张很高级的人像照片。

由于这是一颗直立式长焦，虚化的光斑更圆，光圈也能开得更大，F1.8 最大光圈意味着更好的画质，更好的虚化。另外这颗中焦达到 3.2 倍，倍数接近目前时兴的 3.5 倍潜望式长焦，这么长的物理焦距，还要兼顾机身厚度和光学素质，足以可见小米在镜头光学结构和机身空间安排上付出的努力。

我用小米 13 Ultra 拍的照片，有相当一部分是用这颗中焦拍摄的，刚刚好的焦段不仅适用于人像，风景、人文、特写等场景都能使用这颗镜头拍出不错的效果。除了中焦，潜望式长焦的夜景表现好于预期，我认为小米 13 Ultra 的潜望式长焦这次最大的提升是它的成片率。

在光线明亮时，小米 13 Ultra 解决了前代长焦过度锐化的问题，咖啡机材质表面及其反光自然干净，使得长焦照片质感比前代提升很多。

在夜景中，无论是楼宇表面的细节，光影色彩的对比，还是最基本的清晰度，都能保证，所以 CMOS 本身规格真的不能完全决定最终的成像效果。

三颗 IMX858 的存在，让小米 13 Ultra 的镜头切换更为流畅，色彩一致性更强。更重要的是，IMX858 更好的对焦、HDR 和视频性能，使得超广、中焦、潜望式长焦的使用体验接近主摄使用的 IMX989，减少体验上的撕裂感，这点对于使用多摄系统的影像旗舰是非常重要的。

与众不同的 1 英寸主摄

小米 13 Ultra 使用的依旧是素质非常高的 1 英寸超大底的 IMX989，较小米 12S Ultra 主要有三点提升，一是超高画质，二是可变光圈的加入，三是镜头逻辑的理清。

画质更高的 IMX989。同为 IMX989，小米 13 Ultra 能够拍出更为清晰的画面，相机设置中，画质选项可以手动选择“超高”，小米 12S Ultra 目前只能选到“高”。

随着画面清晰度提升，小米 13 Ultra 的照片能显示出更多的画面细节，树叶表面的叶脉清晰可见，甚至拍出了落叶表面粗糙的手感，同时砖块的纹理同样清晰，如果不是提前知道手机型号，很难相信这是用同一颗 CMOS 拍出的照片。

同一颗传感器，能有截然不同的画质，我认为是小米升级了算法，进一步挖掘 IMX989 的潜力，进而带来更好的画质。

另一个提升点是可变光圈。IMX989 的超大底，近距离拍摄虚化范围大，观感反而一般，甚至会给用户一种拍照很“模糊”的感觉，F4.0 光圈刚好能很好地缓解这种情况，物理光圈也能带来更自然的虚化效果。

三是终于整理了镜头逻辑。小米 12S Ultra 有个很糟糕的问题，即主摄和潜望式长焦的调用算法，它会根据实际拍摄距离和亮度来决定调用哪颗镜头。

例如近距离拍摄调用 5 倍，实际是主摄的 5 倍数字变焦，这个场景下主摄比潜望更加适用，本意是为了镜头调用更加智能。

到小米 13 Ultra 上，小米将这个功能从默认做成了开关。不开启的话，变焦倍数严格对应镜头。如果开启，虽然还是有概率会出现类似小米 12S Ultra 主摄长焦调用不符实际的问题，但效果改进很多，但为了长久的拍摄体验，还是建议不要打开这个开关。

总的来说，小米不是简单搭载一颗 IMX989 就万事大吉，而是有针对这颗超大底主摄进行进一步开发调优和加配，带来更好的画质、更好的体验，这也是小米 13 Ultra 有别于其他 IMX989 手机的地方。

除了徕卡，还有什么？

小米 13 Ultra 借鉴了徕卡 M 系列相机的思路，两侧金属中框延伸到手机背面，机身背面中部为科技纳米皮，利用其特性在机身背面勾勒出有所起伏的曲线，进而中和镜头带来的突兀感。但是直上直下的设计方式，导致镜头左右两侧与中框之间缺少过渡，但这应该是为了服从整体设计做出的妥协。

有一个细节，小米 13 Ultra 改成了直角中框，我认为这是一个很好的改动。小米 12S Ultra 在单手拍摄时很难拿稳，换成直角中框，中框与手部的接触面积增大，实际单手握感更稳当，小米也在直接接触手部地方做了过渡处理来保证手感。

看得见的提升除了外观，还有屏幕。小米 13 Ultra 搭载来自与华星光电联合研发的 2K 国产屏，分辨率 3200 x 1440。6.7 英寸，支持 120Hz LTPO 自适应刷新率，全局亮度 1300 尼特，峰值亮度可达 2600 尼特，超过三星 E6 屏幕。

小米 13 Ultra 中高亮度为类 DC 调光，80 尼特亮度下为 1920Hz 高频 PWM 调光，均是默认激活，是一块非常护眼的屏幕。

但这块屏幕最大的亮点还是新增基于 CIE2015 色彩空间的专业原色模式，优势在于保证屏幕在不同显示技术下能够保持一致的色彩。

至于其他配置，小米 13 Ultra 同样是今天的顶级水平，搭载第二代骁龙 8，最高 16GB+1TB 存储组合，USB 3.2，双扬声器。

该机内置 5000mAh 电池，配合第二代骁龙 8 的高能效比，维持一天一充问题不大。手机支持 90W 有限快充和 50W 无线充电，实测之前 120W 小米充电头同样可以激发 90W 充电。

新增息屏快充，延长高功率充电时间，激活后手机发热量会有所增加，但是充电速度会有明显提升，从 10%充到 100%，耗时 38 分钟。

小米 13 Ultra 与小米 12S Ultra 最大的不同，在于前者融入了更多的小米自己的思考，在色彩、多摄体验、硬件配置、体验四个维度都有明显提升，但最大的惊喜还是小米终于融入自己对移动的理解。

总结：

融入小米的理解后，同样是徕卡联名手机，小米 13 Ultra 实现更低使用门槛的同时又不失专业性，满足相机爱好者的需要，同时也照顾到普通用户，能用最简单的方式享受到徕卡的魅力。

这一点，就是小米 13 Ultra 带来的最大惊喜。

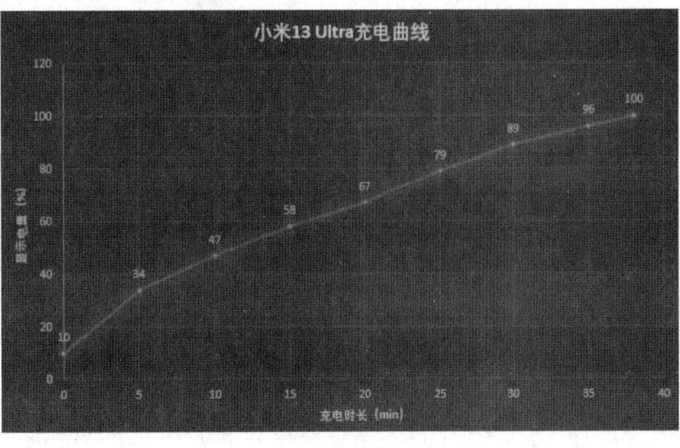

华为MatePad 11英寸2023款:新屏幕,新体验

■电脑报工程师 李正浩

刚刚拿到华为 MatePad 11 英寸 2023 款柔光版时,我认为它是不够惊喜的。就平板本身来说,它升级到骁龙 870,强化了机身做工和设计,整部平板对比上一代精致很多。

但对比友商同期发布的平板,对外观和配置进行了大刀阔斧的升级和更新,就显得有些过于务实了……直到我点亮它的屏幕。

纸感读写体验:写起字来"沙沙"作响

华为 MatePad 11 英寸 2023 款柔光版正面搭载的是一块 11 英寸的纸感柔光屏,采用防眩纳米蚀刻技术,在镜面玻璃表面上形成数以亿计的精细纹理结构,是一种摸起来有点沙沙的,顺滑不粘手的触感。

用手写笔在平板上写写画画时,真的可以感受到笔尖与屏幕摩擦带来的轻微阻尼感与振动感,以及熟悉的纸面书写"沙沙"声。对比常规镜面屏幕,手写笔的笔锋显然是更好控制,文字书写不易变形和打滑,书写感受也更加接近纸张,绘画同理。

它配备了 HUAWEI M-Pencil(第二代),无论是自带的笔记、备忘录、PC 级 WPS、享做笔记,还是华为应用市场下载的云记、画世界 Pro、概念画板等第三方应用,尚未出现使用中断触的现象,同时可以在 APP 的搜索框或对话框用手写输入,手写时延迟最低可以降到 2ms。

纸感柔光屏会影响视频清晰度吗?

拿同为 11 英寸的华为 MatePad Pro 11 作为参照对象,这款平板用的是一块高素质的 OLED 镜面屏,与华为 MatePad 11 英寸 2023 款柔光版播放同一个 4K 视频,同一个画面,两款平板本身分辨率都是 2560×1600。

两者在画面清晰度上基本一致,华为 MatePad 11 英寸 2023 款柔光版没有因为搭载纸感柔光屏而对视频清晰度造成损失。

防眩无反光:没有贴膜的必要了

相较于其他平板使用的镜面屏,华为 MatePad 11 英寸 2023 款柔光版的纸感柔光屏确实会更为护眼一点,因为它大大降低了屏幕的反射率。

这是在讨论护眼时很容易忽略的点,阳光、灯光都会直接或间接照到屏幕上,影响显示内容的同时,光线还会反射到眼睛,对眼睛造成伤害。过强的反射光,也就是眩光,可能会造成青光眼、弱视、眼角膜损坏。

华为 MatePad 11 英寸 2023 款柔光版一方面采用防眩纳米蚀刻技术,在镜面玻璃表面形成数以亿计的纳米纹理,将强烈的镜面反射转化为柔和漫反射,进一步改变反射

和散射光的方向,达到近乎完全消除屏幕反射图案,提升平板在复杂光线下的可读性。

另一方面,屏幕发出的光通过层层散射,在确保亮度不变的前提下,让光线分布更分散,入眼不刺激观感更柔和。华为 MatePad 11 英寸 2023 款柔光版有效解决了屏幕反光眩光的问题,没有贴膜的必要,否则这块柔光屏就没有太大的意义了。

在同一个灯源下,镜面屏平板基本完整反射出了灯源的图案,但是柔光屏已经基本看不到,这样的一块屏幕对人眼友好很多。

同等屏幕条件下,屏幕反射率下降可有效降低用眼疲劳,进而达到保护视力的效果,同时也尽可能避免因为用眼疲劳带来的头晕、头痛、专注力分散等问题,延后疲劳点的到来。这就意味着你可以用平板多看一会儿视频,多刷两道题,多做几页笔记。

对比上代"水桶的全能平板"定位,这一代显然有更清晰的设计思路,有更具体的面向人群,就是学生。配合华为营造的生态,说华为 MatePad 11 英寸 2023 款柔光版是一款专为学生打造的无纸化学习平板也不为过。

HarmonyOS 3.1 智慧功能:丰富的无纸化学习生态

华为 MatePad 11 英寸 2023 款本身就自带了一个"华为笔记"APP,点击新建笔记就能看到读书笔记、小格纹、康奈尔笔记等多个笔记模板,甚至还能调整笔记的封面、纸张方向、比例。

"华为笔记"APP 内置多种画笔,像手写转文字,修改文字位置的文字套索,方便小格纹书写的放大镜、录音、图形校正等功能全都有且完全是免费的。

另外,双击手写笔或是从屏幕右上角调出全局批注和一键摘录功能。

全局批注可以在平板中的任意界面进行批注,包括桌面、APP 界面、网页等,不包括涉及隐私的页面,实测看漫画时会被识别成隐私内容而无法批注。批注后可以保存成图片或 PDF 文件。

一键摘录,这个功能真心推荐用起来,只要画对角线框选需要的地方,就可以把框选区域直接复制到笔记中,截取的图片还能重新自由裁切,完全配合笔记排版。

除了"华为笔记"APP,华为 MatePad 11 英寸 2023 款一样内置 PC 版 WPS,电脑上的使用习惯能直接带到平板上,相机的试卷还原、文档扫描一并保留。尤其是试卷还原,做过的卷子想再做一遍时,用这个功能拍一张就能实现,还能连接打印机打印出来,这对于正在应考的学生,是非常实用的。

除了预置的 APP,系统本身也提供了一些功能来帮助学生无纸化学习,例如一边浏览网页查询资料,或是上网课学习,半屏做笔记,同时还能再调出多个小窗作为知识点对照,学习效率拉满,暂时不需要的小窗拖到屏幕边缘直接最小化。

两个应用分屏后,两块分屏不仅可以互换位置,还能作为分屏组合保存在桌面上,下次直接打开,不用重新分屏。我自用的华为 MatePad Pro 甚至都还没有实装这个功能。

学习时选中的文字、截图、保存的图片可直接添加到中转站里面,需要时随时调出,放置在笔记中,而且支持多选。

从右下角上滑调出快捷服务,在这里可以添加课表卡片,按照自己的需要导入课程表,支持拍照导入、分享导入、教务处导入。不仅仅是课程表,备忘录、待办事项、天气以及其他服务,都能以小组件的形式放在桌上,也可以叠加或是做成大文件夹,整个过程没有学习成本,非常简单。

上述讲到的功能都是基于平板本身实现的,即便用的不是华为手机,它一样能成为得力的学习工具。如果有华为手机,实现的是一个锦上添花的效果,超级中转站保存的资料可全部传送到手机上,手机上的资料也能通过多屏协同传到平板上。

手机与平板连接后,手机的网络、短信、电话都可以实现共享,平板也能随时随地上网。这样在自习室、图书馆等场所直接用手机网络上网,避开拥堵的 WiFi 或是填补 WiFi 的缺席。

华为 MatePad 11 英寸 2023 款凭借 HarmonyOS 3.1 智慧功能,带来覆盖课前课后、校园内外的一站式学习新体验,为学生提供一个完善的无纸化学习环境,这些功能或许不够惊艳,却足够贴心,至于多设备互联的部分,一句话总结,没有华为手机,好用,有华为手机甚至电脑,它会更好用。

新款华为 MatePad 该怎么选?

华为 MatePad 11 英寸 2023 款这次有两个版本,分别是柔光版和标准版,两者最大的区别在于前者搭载了一块纸感柔光屏,后者是常规屏幕,其他配置和参数保持一致。

本文得出体验和结论都是基于柔光版,尽管我认为这是一款专为学生打造的平板,但华为也提供会议纪要、笔记录音这样的办公功能,所以白领也在这款平板的适用人群中。

如果经常记笔记、绘画,对读写和护眼有更高需求,我建议选择柔光版;如果更喜欢传统屏幕鲜亮绚丽的视觉效果,我推荐标准版。

相比竞品,华为 MatePad 11 英寸 2023 款的优秀在于,多的是对过去成功的总结,这是它好用务实的根本。

总结:好用的原因,来自对过去的总结

现在去小红书等平台搜索“华为 MatePad 11”,出现最多的是它有关笔记、绘画、小组件、桌面搭配的教程,是它如何在学习工作中发挥作用,看这些内容完全能够感受学生们对它的喜爱。

假如我是华为,我为什么不趁势推出一款更适合书写绘画,更适合学生使用的平板呢?我想这也是华为 MatePad 11 英寸 2023 款柔光版出现的契机之一。

更重要的是,这款平板为如何划分“学生平板”“教育平板”提供了一个指标。过去划分基本是根据价格,而不是根据是否有针对性的配置和生态,华为 MatePad 11 英寸 2023 款的出现,对于改变现状是起了一个好头。

今天的平板市场竞争比以往激烈许多,为了拔得头筹,厂商太着急创新,忽视竞品成功的原因。消费者为什么喜欢华为平板,特别是中端价位的 MatePad 11 系列,是因为华为懂消费者要什么,而不是因为有某个功能才受欢迎,这一点是值得友商去研究一下的。

华硕ProArt 创16 2023测评:真正的全能创作利器

■ 电脑报工程师 陈勇

简洁的黑色机身

与上一代机型相比,ProArt 创 16 2023 的模具焕然一新,接口位置布局也大变样,尾部的造型做成了稍微凸出的设计。整机的样式沉稳肃穆,仅在 A 面中间印上了一个 ProArt 字母 LOGO,除此之外别无其他元素,且该机依然是通体黑色的机身,让它看起来颇为低调,可以适应绝大多数使用场合——办公室、图书馆或者会议室,都没问题。

C 面保留了数字小键盘区域,人体工学背光键盘也是全尺寸设计,键盘支持 3 挡背光,透光性不错,按键打字体验较为舒适。而让一些特别关注光标按键的用户满意的是,该机的光标按键也是全尺寸设计。压感振动触控板支持 4096 级手写笔,该机也随机附赠了一根。

华硕旋钮 +3.2K 广色域屏助力创作

ProArt 创 16 2023 在触控板左上侧特地设计了一个独立的华硕旋钮,这是一个对创作者来说很有意思、也很实用的设计,它完美地适配了多款 Adobe 创作应用,支持功能超过了 70 个。比如 Pr 中可设定时间轴缩放、时间轴调整等;在 Ps 中可设置画笔大小 / 硬度 / 流量、图层不透明度、图层放大缩小等;在 LrC 中则能快捷调节照片的各项后期处理参数。

触控板支持 4096 级手写笔也是 ProArt 创 16 2023 作为一台专业创作本为用户特地优化之处,它能有效提升用户在部分创意设计软件中的操控体验,我们的视频编导小姐姐在 Ps 中体验触控笔手绘,表示操控不错。

ProArt 创 16 2023 的广色域屏也是该机的亮点之一,屏幕的具体参数是 16 英寸 3200×2000 分辨率,具备 100%P3 广色域,10bit 色深,出厂校色,峰值亮度 550 尼特,经 DisplayHDR True Black 500 认证,支持 DC 调光,刷新率达到了 120Hz,响应时间仅 0.2ms,支持触控。

原生色域下,实测屏幕覆盖 100% sRGB、98.8% P3 色域、95% AdobeRGB,色域容积为 168.2%sRGB、119.2%P3 色域,是一款妥妥的广色域屏。在最常用的 sRGB 色域下,屏幕色准 ΔE 平均值仅为 0.99,在 P3 色域下,屏幕色准 ΔE 平均值也能保证在 1 以内,这意味着其色彩还原非常精准。亮度方面,SDR 下最高亮度约为 350 尼特,HDR 模式下,最高亮度在 580 尼特左右,日常使用足够,欣赏 HDR 视频也有出色的显示效果。

从播放 HDR 视频对比来看,相比 LCD 屏,ProArt 创 16 2023 画面更加通透,层次感更好,明暗之间看起来赏心悦目,而且细节保留得很好。LCD 屏就比较寡淡了,细节丢失严重。此外,120Hz 高刷 + 疾速响应时间还带来了丝滑流畅的显示效果。

日常使用中,这款屏幕因为分辨率非常高、色彩艳丽、响应疾速,所以给人的使用感受非常舒适,120Hz 刷新率也兼顾游戏娱乐。同时有相当完善的功能防护和售后保障,包括装载了华硕 OLED Care 机制、采用新型发光材质、支持像素级补偿技术以及可享华硕好屏“无忧换新”服务(1 个月内出现亮点免费换新,2 年内出现残影免费换新)等等。但有一点也要提出来,屏幕因为有触控层的存在,在白色页面贴近屏幕,可能你会看到一些细微的网格。

处理器性能释放:24 核狂飙 115W

ProArt 创 16 2023 搭载的是英特尔第 13 代酷睿 i9-13980HX 处理器,这颗处理器的规格极其强大,具备 24 核 32 线程规格,达到了当前顶级的处理器水平!室温 24℃左右,在 Aida64 中单考处理器(FPU),在高效模式下考机持续半小时以上,处理器在保持 115W 左右的性能释放下,封装温度不过 84℃(一般游戏本都是拉满到 95℃),性能释放非常强悍!

接下来看看处理器跑分测试,在 Cinebench R23 测试中,ProArt 创 16 2023 多核 30216,单核 2128,而上一代产品搭载的 i9-12900H 多核 18882,单核 1913,这一测试中,多核性能提升了 60%!而在 V-RAY 基准测试中,ProArt 创 16 2023 跑到了 20923,相比上一代机型,性能提升更是达到了 69%,非常夸张——毕竟只是一代间隔的产品。毫无疑问,这台机型作为创作本而言,已经达到了同类产品中的性能巅峰了。长时间负载项目为 Blender 渲染测试,ProArt 创 16 2023 搭载的 i9-13980HX 跑完仅需 3 分 14 秒,而上一代机型需要 5 分 40 秒,这样的效率提升无疑是巨大的!

处理器测试小结:从考机以及数据测试来看,ProArt 创 16 2023 搭载的 i9-13980HX

处理器性能释放极为出色，持续 115W 的功率输出，在 24 核 32 线程加持下，应对渲染剪辑建模等重度应用均没有问题，堪称性能狂飙！

RTX 4060 性能测试

创作性能测试

Blender 是一款开源的跨平台全能三维动画制作软件，支持处理器和独显渲染，这里我们加入了 RTX 3060 的测试成绩作为对比。从测试成绩来看，RTX 4060 GPU CUDA 渲染效率非常不错，相比 RTX 3060 提升明显，其渲染 Classroom 场景仅需 43 秒就能完成。

针对视频类应用，牛叔利用 UL Procyon 的视频编辑基准测试来考查 ProArt 创 16 2023 的应用性能，跑分越高代表着视频导出的速度越快，ProArt 创 16 2023 的测试成绩是 7135 分，作为对比，i7-13650HX+RTX 4060 的跑分是 5697，得益于强大的处理器性能，ProArt 创 16 2023 在视频导出时的效率明显更快。

针对工业设计领域，我们用专业显卡测试的权威工具 SPECviewperf 13 进行了详尽测试，这些测试项目包含各种产品设计，从建筑到发动机到汽车到飞机，还有医学影像、地质勘探等，以 3dsmax-06 为例，RTX 4060 为 229.07，RTX 3060 参考为 172。显然，在工业制图渲染方面，ProArt 创 16 2023 也能无压力胜任。

考机测试

室温 22℃左右，对 ProArt 创 16 2023 进行双考测试，半小时之后的情况如下所示：i9-13980HX 处理器的封装功耗约为 46W，温度约 78℃，较低；RTX 4060 的功耗大概是 114W，温度约 79.3℃，整机满载的性能释放达到了 160W，属于高功率创作本。

表面温度和噪声：键盘区域热量堆积在顶部数字按键和 UI 按键区域，最高在 46℃左右，该区域热感明显，W、S 按键区域最高约为 40℃。风扇噪声方面，用户位大概是 54 分贝，可以感知到明显的风扇噪声，但相比游戏本级“起飞的”声音要小。

总结：表现全面的专业创作本

综合来看，ProArt 创 16 2023 的确称得上是一款表现全面而优秀的专业创作本。硬件方面，搭载的是 i9-13980HX+RTX 4060（另有 RTX 4070 款）硬件组合，其处理器规格达到了 24 核 32 线程，在酷睿平台中已经拉满，并且性能表现勇猛，加上功能齐全的 3.2K 广色域 120Hz 高刷 OLED 屏和高规格接口，可轻松满足创意设计人员对一台高性能笔记本的需求：设计、渲染、剪辑或者玩游戏，都能轻松搞定。

vivo Pad2测评：体验对标iPad的安卓平板

■ 电脑报工程师 陈小豆

几天前的 X Flod2 的发布会上，vivo 还推出了一款大尺寸平板——vivo Pad2。之前体验蓝厂的首款平板 vivo Pad 时，我对它的整体评价是很高的，从影音娱乐、生产力、学习几方面的需求来看，都做得相当不错。一段时间的使用下来，作为蓝厂的第二款平板产品，vivo Pad2 带给我的体验更加完善了。

7:5 的门道

这次 vivo Pad2 最显著的改变是将屏幕从 11 英寸增大到 12.1 英寸。这个尺寸乍看之下只大了一点，但是上手之后，就能感受到 12.1 英寸的大。同时，系统层面也做出了对应的改变和优化。

在如今的平板市场中，华为、三星、苹果、荣耀、小米都已先后推出 12 英寸级别的平板，但 vivo Pad2 的 12.1 英寸屏幕不是等比例放大而已，而是由 16:10 变成了 7:5。更小的长宽比，意味着在同尺寸下，可以最大化的显示面积。

尤其是在横屏浏览网页、文档时，vivo Pad2 的单屏显示内容已与 13 英寸笔记本接近。竖屏使用时，7:5 也与一张 A4 纸的比例相当，不管是看 PDF 文档、手写笔记，观看起来更自然、舒服。

在这个比例下观影，上下黑边也不明显。如果喜欢看 B 站，更高的纵向空间，弹幕和画面也能更好区隔，丝毫不影响观看的同时进行弹幕互动。

定制 OriginOS 3 平板系统与 12.1 英寸 7:5 比例大屏进行了深度适配，首发了 vivo 自研的 UI 自适应引擎，解决应用横屏不适配的问题，这在安卓平板上是一个很好的趋势。

长期以来横屏适配都是安卓平板的一个顽疾，厂商能做的也只是针对常用 App 与开发者做联合适配，还有的会做平行视窗，显示一个 App 不同级别的画面。但当 App 主页有大量信息时，平行视窗有时也不那么好用。

归根到底，以上方案终究是过渡，类似大屏 UI 自适应的功能才是正解。vivo Pad2

7:5在同尺寸下显示内容更多

左：13英寸MacBook Air；右：vivo Pad2

的 UI 自适应引擎虽然仍需针对应用适配，但它简化了过程，让第三方 App 横屏自适应显示更简单。

再强调一遍，这可是 7:5 的 12.1 英寸大屏，在这块屏幕上做好了横屏显示适配，对于平板的浏览体验提升感知是很强的，用户可以更自在、省心地使用第三方 App，解决了后顾之忧。

大屏才是生产力

屏幕变大了，除了显示内容更多，在应用分屏、应用多窗的使用方面也会更便利，vivo Pad2 就与 WPS 深度合作，可像电脑一样左右分屏打开多个文档，一边 PPT 一边 Word，更高效。这可以说是天然的硬件优势。

软件方面，vivo Pad2 新增迷你小窗、横屏游戏小窗、视频纯净小窗。支持两个小窗口应用同时打开，小窗最小化还可以直接放到侧边栏，也不会让整个屏幕显示的信息看起来过于拥挤。

当然，如果是瞄准生产力来的，那这款产品的理想使用方式就是搭配实体键盘。和 iPad Pro 一样，vivo Pad2 的背面有三个金属触点，用于连接实体键盘。

vivo 也为它搭配了新一代智能触控键盘，上一代 vivo Pad 的智能触控键盘设计得就颇受赞誉，通过外保护面的折叠结构，可以多角度调节屏幕的俯仰角。这一代在此基础上，主要是增大了触控板面积，64 键键盘的键程反馈足够清晰，两者结合，平板写稿码字、做 PPT 都不在话下。

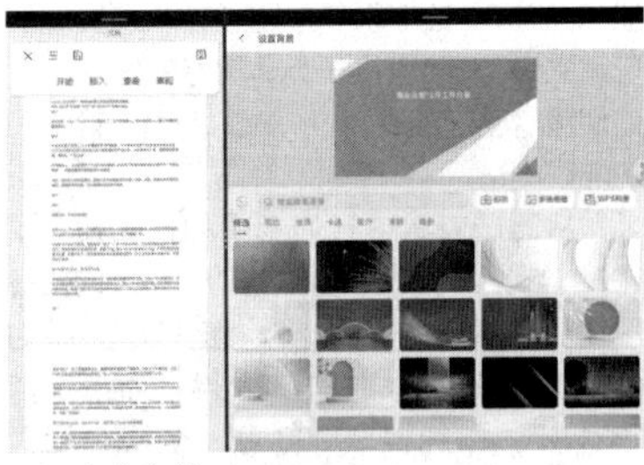

WPS左右分屏

vivo Pad2 在系统部分针对触控板做了不少的优化，引入了类似 iPadOS 的“自适应光标”的功能，编辑文档，切换当前页面操作的时候，都能够很便捷顺畅地完成。

在智能触控键盘的加持下，vivo Pad2 显示和交互效率有了大幅度提升，从使用范畴来说已经不再是单纯的平板了，它的很多操作逻辑和 PC 类似，完全可以无缝切换上手。

画画也是好手

除了键盘之外，手写笔也是少不了的。这次与 vivo Pad2 搭配的是 vivo Pencil2，将上代的电池供电改为了无线磁吸充电，便利性上提升很大，尾重头轻的问题也得以改善。

体验上，这支手写笔在延迟、压感等方面都做得不错，可以自如地去做一些手写批注、记录。同时它还增强了书写笔锋效果，会让你乐于用它在平板上画画。

手写笔最好的搭配是原子笔记。和多数原生笔记 APP 不同，原子笔记整合了笔记、备忘提醒以及文档的功能。这次在 vivo Pad2 上原子笔记新增手写模式，支持自由手写涂鸦记录、手写转文本。

更关键的是，vivo 专门开发了 PC 和 Mac 版的原子笔记，再结合手机上的原子笔记，这样就能在各种设备之间无缝切换当前的工作进程。

背面有三个金属触点，用于连接实体键盘

三件套配齐，生产力拉满

vivo Pad2 还具备与手机共享网络信号的能力。当手机与平板登录相同账号、打开 WiFi 和蓝牙时，在平板网络列表中可直接点击连接，然后就可以用平板直接收发短信、接打电话。如此一来，它甚至比笔记本更为适合作为第二块屏幕去使用。

此外 vivo Pad2 支持一碰投屏、一碰互换、一碰任务流转，手机上没煲完的剧，我打开平板接着煲，看着一块 12.1 英寸的屏幕煲剧，不管怎样都比盯着一块手机屏来得舒服。

这块 2.8K 超清分辨率大屏即便不拿来协助办公学习，当一个纯粹的“视频播放器”使用也是极好的。音质方面，此前的四扬声器系统升级到六扬声器，在观看一些大片时，营造出来的氛围感还是相当出色的。

如果你喜欢用平板玩游戏，vivo Pad2 也没有问题。它采用的是天玑 9000 移动平台，作为去年的旗舰芯片，在性能和游戏表现方面不用我过多赘述。配合 vivo Pad2 的 10000mAh 大电池和 44W 快充，包括游戏在内的大部分功能体验需求都能够满足。

总结：相比同级别产品都有性价比优势

我知道现在很多平板用户都是学生，他们使用平板主要的一个应用场景就是网课，家长往往还在这些功能性之外，更关注孩子的用眼健康等问题，这方面 vivo Pad2 也考虑到了。

这次在硬件上不仅获得德国莱茵低蓝光认证，且首次在平板上实现了芯片级控蓝光，利用芯片识别屏幕每帧画面的有害蓝光，确保色彩精准下减少蓝光量。还有 vivo 视觉健康实验室自研“类自然光抗疲劳亮度调节技术”，模拟类自然光细微动态变化，缓解长时间使用平板的眼睛疲劳。

如果注重质感，承载这块屏幕的是真正的一体化金属机身，中框与后盖完全一体，有着出众的精致感，没有概念？可参考 iPad Air 5。

其实长期以来在安卓平板市场我们都希望出现一款能够在体验上对标 iPad 的产品。在此基础上，最好还要有一定的性价比。从这个角度来看，我觉得 vivo Pad2 已是当前安卓平板市场刚好做到这一点的产品。

2499 元起售价与上代 vivo Pad 维持不变，即便在触控键盘和手写笔都配齐的情况下，它的总价也可以控制在 4000 元以内，而这个价格基本上只能买到 iPad 10。

更不要说它还具备大屏幕的优势，相比同级别安卓平板都具备一定的性价比。更大的屏幕往往意味着更大的想象空间，即使仅是看视频、上网课需求，大屏幕带来的感觉是小屏幕无法比拟的。在加上触控键盘之后，它的生产力属性与笔记本电脑也是并驾齐驱的。

关于 vivo Pad2 可以明确的是，它不只是去年的放大版，在外观、屏幕、配置以及系统上都做了改进，除了打某些手游不太方便（与产品无关），其他维度都是正向的提升。只要你不是一定要用平板剪辑 4K 视频，那么不管出于什么需求，它都能带来体验上的满足。

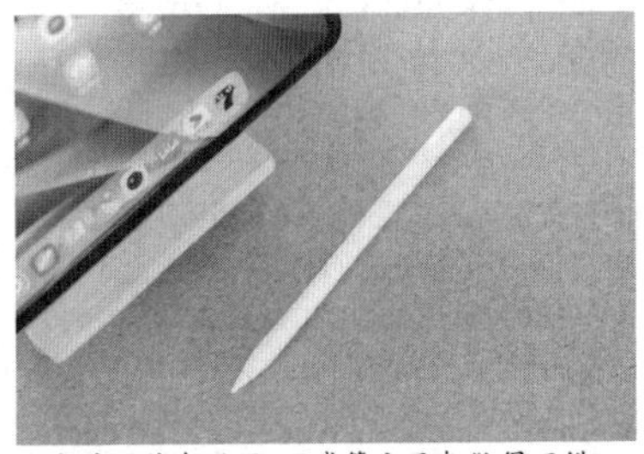

这支手写笔在延迟、压感等方面都做得不错

华硕TUF GAMING A620M-PLUS WIFI 主板测评

■ 电脑报工程师 戴寅

AMD 锐龙 7000 系列处理器是诸多 AMD 粉丝升级的首选，但无奈 AM5 主板之前一直价格偏高，影响了平台的普及。在发布锐龙 7 7800X3D 的同时，AMD 也同期发布了 A620 芯片组，它将成为 AM5 主板的入门款带来更高的性价比体验。华硕也在第一时间发布了多款 A620 主板，下面我们就一起来看看其中的 TUF GAMING A620M-PLUS WIFI 吧。

家族化军规设计，配置齐全功能多

华硕 TUF GAMING A620M-PLUS WIFI 主板依旧延续了 TUF GAMING 电竞特工系列家族式设计风格，辨识度非常高。兰博基尼黄色加上军事迷彩元素，打造出了大家熟悉的个性、硬朗风范。它采用 M-ATX 板型打造，不同于入门级主板常用的 4 层 PCB 设计，该主板采用了 6 层 PCB 设计，用料方面比较扎实。

VRM 部分，华硕 TUF GAMING A620M-PLUS WIFI 主板配备了大型 VRM 散热装甲，能够有效地提升 VRM 散热效率，带来更高的稳定性和更好的性能释放。用料方面则是采用了合金电感、军规级别 TUF 组件和 DIGI+ VRM 数字供电设计。

由于 A620 主板不支持超频，且锐龙 7000 系列的整体功耗相对较低，即使是旗舰处理器满载考机也不算太高，而日常和游戏功耗更低，所以这样的供电设计对于定位来说应该是游刃有余的。

华硕 TUF GAMING A620M-PLUS WIFI 主板提供了 4 条 DDR5 内存插槽，最高支持 6400MHz+(OC)DDR5 内存，其配备了华硕 OptiMem II 内存优化技术，采用独特的内存优化走线，提高信号完整性，减少干扰信号，提高内存兼容性和超频空间。它不但拥有传统的 D.O.C.P 模式，还支持 AEMP 模式和最新的 AMD EXPO 模式，一键轻松提升内存性能。

在扩展插槽部分，华硕 TUF GAMING A620M-PLUS WIFI 主板搭载了 1 条 PCIe×16 规格的插槽，直连处理器，为 PCIe 4.0×16 规格，足以应付当下显卡使用的需要。同时该插槽还采用了华硕 SafeSlot 高强度显卡插槽技术，强度更高，能更好地支持高端显卡。

主板板载了 2 个 PCIe 4.0×4 M.2 插槽，主 M.2 插槽还带有 Q-Latch 便捷卡扣设计，通过可旋转的塑料卡扣代替传统螺丝，无需工具即可实现 M.2 SSD 的装卸，非常的方便。

网络方面，华硕 TUF GAMING A620M-PLUS WIFI 主板搭载了 2.5Gbps 有线网卡和 WiFi6 无线网卡，可以带来更高速的网络体验。声卡部分则是整合的 Realtek 7.1 Codec，具体型号为 ALC897，同时它也能够支持华硕特有的双向 AI 降噪功能，可以通过 AI 程序将人声与噪声隔离开来，带来更好的使用体验。

I/O 接口部分，华硕 TUF GAMING A620M-PLUS WIFI 主板板载了 2 个 USB3.2 Gen1 Type-A（5Gbps）接口和 4 个 USB2.0 接口，玩家可以通过板载前置接口扩展出 2 个 USB3.2 Gen1 Type-A (5Gbps)、1 个 USB3.2 Gen1 Type-C (5Gbps)和 4 个 USB2.0 接口，对于大部分玩家来说还是够用的。显示输出部分，该主板提供了 2 个 DP 接口和 1 个 HDMI 接口，可以算得上是非常齐全了。

人性化设计方面，该主板还支持 BIOS FlashBack 一键升级功能，玩家可以将装有 BIOS 文件的 U 盘插入指定 USB 接口，再按下 BIOS FlashBack 按钮即可完成 BIOS 升级。同时还提供了 3 个第二代可编程 ARGB 灯效接针和 1 个 RGB 接针，便于灯带等配件的连接，并且支持 AURA SYNC，通过软件就能调整灯光颜色以及亮灯的模式，实现整齐划一的整体灯效。

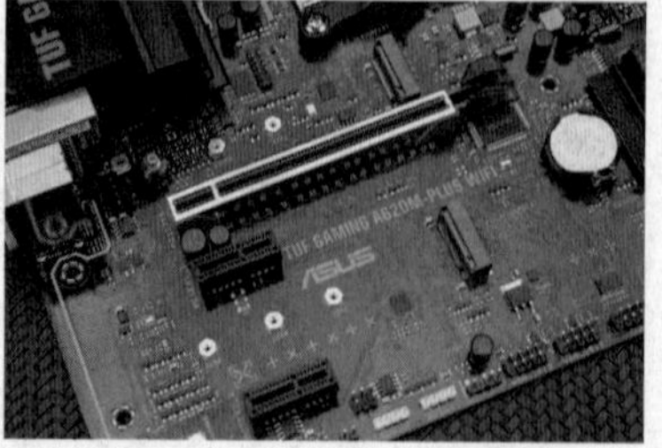

锐龙 7 7800X3D 好搭档，PBO/SSD 支持有惊喜

AMD 前不久上市的锐龙 7 7800X3D 处理器，凭借优秀的游戏性能和极高的能耗比赢得了诸多玩家的喜爱。成为了当下最热门的游戏处理器之一。而诸多游戏玩家也打算用锐龙 7 7800X3D 搭配 A620 主板来组建性价比更高的游戏平台。那锐龙 7 7800X3D 在华硕 TUF GAMING A620M-PLUS WIFI 主板上的表现如何呢？

我们使用十款游戏进行了对比测试，在游戏测试中可以看到，锐龙 7 7800X3D 的游戏频率最高可以达到 5050MHz，大部分游戏中的功耗为 60W~80W 之间，和它在旗舰 X670 主板上的表现没有差别。而这个游戏功耗表现，距离华硕 TUF GAMING A620M-PLUS WIFI 主板能够承载的功耗上限还远得很，所以性能释放方面玩家们无需担心。

从测试结果也可以看到，锐龙 7 7800X3D 在华硕 TUF GAMING A620M-PLUS WIFI 主板上的游戏表现和在更高端的 X670 主板上并没有明显的性能差距。如果玩家能够接受一些接口上的缩减，那么使用 A620 主板来搭配锐龙 7 7800X3D 打造高性价比高性能游戏主机还是非常香的。

华硕 TUF GAMING A620M-PLUS WIFI 主板虽然也没有提供超频的支持，但是在 BIOS 中却提供了 PBO 的选项，这也意味着玩家可以使用 PBO 来提升处理器性能，对于大多数追求简单超频且不想折腾的玩家来说，无疑也是一个非常好的选择。我们使用智酷版的锐龙 9 7900 来进行了 PBO 功能的测试。

从测试来看，我们手中的这颗锐龙 9 7900 在默认状态下跑 CINEBENCH R23，单核最高频率为 5.45GHz，全核心频率为 4.4GHz 左右。此时的 R23 得分为单线程 1921 分，多线程 25008 分，全核功耗为 90W 左右（智酷版默认状态下功耗上限为 88W），这个得分和它在 X670 主板上的成绩几乎一致。

在主板 BIOS 中开启 PBO 功能，再次跑 CINEBENCH R23 进行测试。可以看到其全核心频率提升至了 5.15GHz 左右，提升高达 750MHz。此时多线程得分飙升至了

29144分，提升达到了17%，非常给力。因为PBO解除了88W的功耗限制，所以此时的全核满载功耗达到了178W，几乎翻倍，这个时候处理器温度也比之前高了不少，想要开启PBO的玩家最好使用散热性能好一点的散热器。

在测试中我们也发现，当在华硕TUF GAMING A620M-PLUS WIFI主板上使用PCIe5.0 SSD的时候，在HWINFO软件提供的系统信息中可以看到，NVMe插槽是跑在PCIe5.0×4的模式上的。但A620主板不是砍掉了PCIe5.0 SSD支持吗？那会不会是软件误报呢？

我们使用CrystalDiskMark对这块PCIe5.0 SSD进行了测试，可以看到其连续读取和连续写入均超过了10GB/s，确实是PCIe5.0 NVMe SSD的读写速度（PCIe 4.0×4接口的最大带宽为8GB/s），也就是说它真的是跑在PCIe5.0带宽上的。这可以算得上华硕TUF GAMING A620M-PLUS WIFI主板带来的小惊喜了，毕竟AM5主板还可以用好几年，而PCIe5.0 NVMe SSD总归是要普及的。不过同样需要大家注意的是，PBO和PCIe5.0支持均是AMD未提及的功能，后续或许还得看AMD的态度，毕竟B450当年就砍掉了PCIe4.0 SSD的支持。

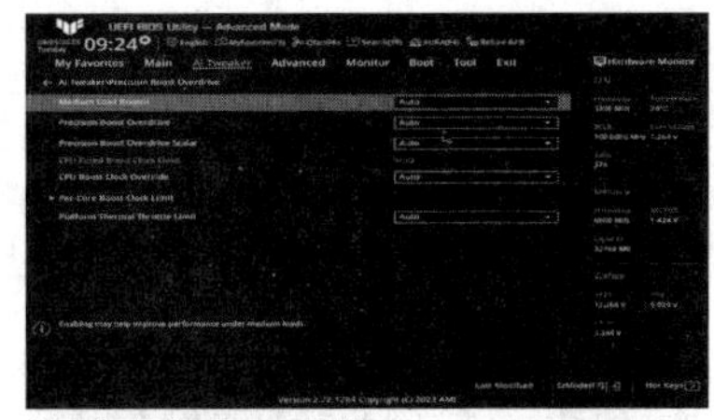

该主板提供了PBO功能

CPU EDC	118.750 A
MISC 电流 (SVI3 TFN)	6.568 A
CPU 封装功率	178.393 W
核心功率	12.590 W
CPU 核心功率 (SVI3 TFN)	143.691 W
CPU SoC功率 (SVI3 TFN)	16.156 W
Core+SoC+MISC 功耗 (SVI3 TFN)	167.072 W
CPU PPT	174.070 W

开启PBO后R23考机CPU功耗达到178W

总结：全能A620小钢炮，锐龙7000系列性价比好搭档

A620主板可以算得上是A650的“青春版”，它虽然在规格上有所缩减，但却带来了性价比方面更好的表现，让玩家能以更低装机成本体验到锐龙7000系列处理器的强大性能，势必对锐龙7000系列处理器的销量提升有一定的帮助。华硕TUF GAMING A620M-PLUS WIFI作为首批上市的A620主板之一，秉承了TUF GAMING系列一贯的优秀做工，配置也非常齐全。它在处理器性能释放方面也比较不错，即使使用旗舰处理器也没有问题。当然，它的最佳搭配还是使用锐龙7 7800X3D这样的游戏“神U”来组建超高性价比的游戏整机。此外，它还可以开启PBO进一步榨干处理器性能，也能够提供PCIe5.0 SSD的支持，可以算得上是一个小惊喜了。需要注意的是，A620主板因为设计上的不同，并不是所有品牌型号都能够支持这些功能，所以如果你想买一款功能比较全面，体验接近B650的A620主板来组建高性价比游戏整机的话，不妨看看华硕TUF GAMING A620M-PLUS WIFI主板吧。

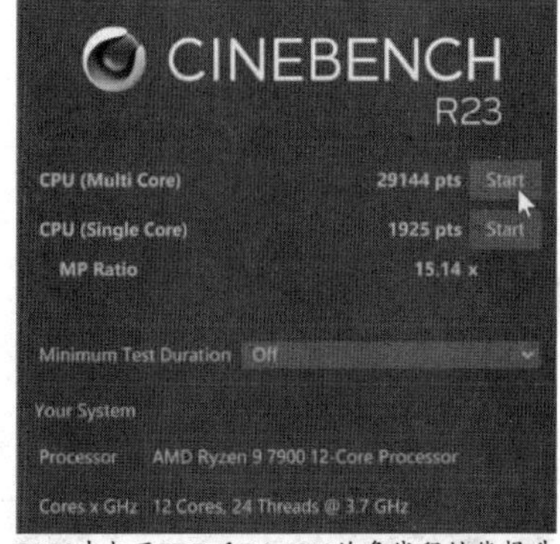

BIOS中打开PBO后R9 7900的多线程性能提升了17%

手机里的“专业模式”难道只是个摆设？

■ 李正浩

相较于中端机，影像是旗舰手机提升最直观的维度，画质、色彩、曝光、镜头参数，这些可以体现在照片上的优势能被用户一眼捕获。

但从消费者的角度出发，多花三四千元的差价，换来更重的机身，所谓的一英寸超大底，仅仅为了拍一张好看的照片？但如果打开相机界面中的专业模式，调整一下参数，当你拍出惊艳的画面就知道影像旗舰的魅力了。但问题就在这里，现在手机的影像硬件起飞了，但专业模式却没落了。

生不逢时

严格来说，专业模式是移动摄影专业性的体现。一定程度上，它的存在是超前的，超前到只有在个别品牌的手机上才能真正发挥它的作用。

讲到手机的专业模式，诺基亚基本是个绕不开的品牌，说起来可能有些不可思议，但是它的影像实力在当时是一流的，并在诺基亚808、诺基亚1020两部手机达到巅峰。

两部手机超前的4100万像素，使用的

大底CMOS（诺基亚808 1/1.2英寸，诺基亚1020 1/1.5英寸）单说尺寸甚至比今天部分中高端手机还要大。诺基亚除了超前的CMOS，还有一个配套的相机专业模式——ProCamera。

ProCamera最大的特点就是将快门、ISO、EV值、白平衡、手动对焦等5个参数以同心圆的形式呈现在屏幕上。同时，用户还能通过该应用进行双拍摄，获得常规和4100万高像素的照片。

即便是从今天的角度看，这样的专业模式依然属于里程碑级的设计，对未来智能手机的相机功能设计起到了重要的启发作用。

可惜的是，即便当年诺基亚将影像作为核心卖点大力推广，但那时4G网络刚开始普及，社交网络尚未完全兴起，照片的重要

性远没有达到今天的高度，拍照更多是点缀功能，相当于起得太早，没等到集市开张。

另一方面，当Lumia手机以及Windows Phone阵营走下坡路，生存问题成为第一要务，ProCamera的关注度自然也就退居次位，渐渐淡出大众视野。

内外因交加，让专业模式更多只是作为一个普通功能，静静地放置在手机的相机界面中，等着下一个移动影像时代的到来。

计算摄影是威胁，也是机会

2015年，计算机图形学研究人员Marc Levoy接管了Google Research的计算摄影团队。他认为“软件定义相机或计算摄影相机的概念是一个很有前途的方向，我们现在才摸到它的一点皮毛。随着我们从一次只能拍一张的硬件主导的摄影向软件定义的计算摄影这一新领域转变，我认为这一领域的有趣才刚刚开始”。

除了软件，上游供应商在硬件层面上也做了对应升级。像第二代骁龙8搭载认知ISP，让手机利用摄像头更好理解所拍摄的人物、物体、环境、光线等，再通过“语义分割”等AI照片编辑技术，将拍到的画质分割成不同图层，原理类似PS，然后根据每个图层覆盖物体的质感去进行画质调优。

软硬结合的计算摄影，让“随手一拍就是大片”不再是营销话术，而是一个可以真正实现的影像效果。除此之外，像延时摄影、流光快门、慢动作、夜景模式等原来需要在专业模式慢慢调整参数才能实现的功能，如今都成了独立功能，变相降低了专业模式的必要性。

这里我提一个暴论，如果要一款轻薄的影像旗舰，就越是需要一套强大的算法体系，用算法填补硬件差距和模拟拍摄效果。

当手机的自动模式就已经能满足消费者需要，需要上手成本的专业模式需求自然变小。但对专业模式来说，方便的计算摄影未尝不是一个机会。

如果拍照前后有关注过照片变化，可以发现无论是否打开AI或HDR开关，照片都会有一个HDR处理的过程，处理的好坏强弱则取决于厂商自己的HDR算法。如果用力过猛，反而可能算出一张画面失真的照片，不及取景器中看到的漂亮。

安卓手机本身的原生算法是向右曝光，即倾向于提升曝光，拉高画面的亮度，这样拍出的照片很难达到我们理想的状态。这个时候就可以动用专业模式，让照片达到我们设想的样子。

打开专业模式降低ISO，提高快门速度，或是更简单一些，在自动模式下，锁定对焦点，出现小太阳标志后，适当下滑降低曝光，提升照片的质感。不只是安卓手机，对iPhone也同样适用。

这暴露出一个很重要的问题，就是计算摄影，特别是有计算摄影强介入的自动模式，是不利于创作者去表达自己的意图。

影像旗舰，或是其他一些主打影像的手机，吸引到的消费群体，不只是普通用户，还包括一些摄影爱好者，甚至是摄影师，而计算摄影在某些情况下会出现测光不准、白平衡漂移、锐化过度、算法失败、HDR用力过猛等问题。

其中最典型的就是“压高光”，不合时宜的HDR将灯光“压”成塑料条，或是将白色的灯箱、灯光变成蓝色，观感奇怪。但是相当长一段时间内，这却是手机拍照能力强的表现。

还有计算摄影锐化过度的问题，手机拍摄的照片经过锐化处理后，往往会变得更为清晰，加上影调加成，这种直观的改变是非常容易赢得消费者的好感。但对于摄影师、摄影爱好者来说，这种处理方式会增加很多伪像，自然也就谈不上一张好照片。

这种问题厂商未必不知道，更多的是做选择，是选广大的普通消费者，还是一部分发烧友群体，那么答案已经很明确了。

影像旗舰的自动模式和专业模式在成片上会存在一些差距，一定程度上会更符合真实情况，加上可调节的参数，更能贴合创作者的需要，这个时候专业模式的重要性再度凸显了出来。

移动影像走到2023年，计算摄影为普通用户带来一键出片的快乐，配合专业影调和超高规格的硬件，为专业用户带来可调整的空间，大家都有美好的未来。但移动影像真的有必要搞得泾渭分明吗？

让“专业”变得“简单”

换个角度来说，彼此差异较大的自动模式和专业模式可以分别满足普通用户和发烧友用户，大家各取所需就好，这样的说法仿佛在暗示普通用户别来沾边专业模式。

顺带一提，如今各家的专业模式大同小异，从旗舰机到千元机，从影像旗舰到电竞旗舰，可调控的参数大抵是色温、对焦、EV

值、ISO、快门、光圈这几项，操作方式基本一致，更多是字体或是UI的差别。

我认为这反而限制了专业模式的发展，作为普通用户或许不知道每个参数代表的意义，但我知道一张照片好不好看，你不引导我，我怎么知道该怎么用。

如今影像旗舰的专业模式已经不是剥离算法和AI的产物，也在享受计算摄影带来的观感加成。就像华为P60系列、Pixel系列明明在硬件上不算领先，但却依然能调出好看的照片，这就是计算摄影不断修正的结果。

计算摄影是移动影像腾飞的翅膀，即便再厉害的光学结构，也需要算法介入，利用专业模式提高门槛，人为创造对立，背离了计算摄影、移动影像低门槛的初衷。专业模式需要专业性，但也需要计算摄影协助，降低普通用户上手门槛。

像小米13 Ultra在专业模式中加入了一个很有意思的功能——自定义影调，它让用户可以自己调节影调、色调、细节质感三个维度，这个功能除了基本的维度介绍再无其他说明，如何调整完全取决于用户自己的喜好。

在小米13 Ultra上，自定义影调隶属于专业模式，但它用起来就如同自动模式更换

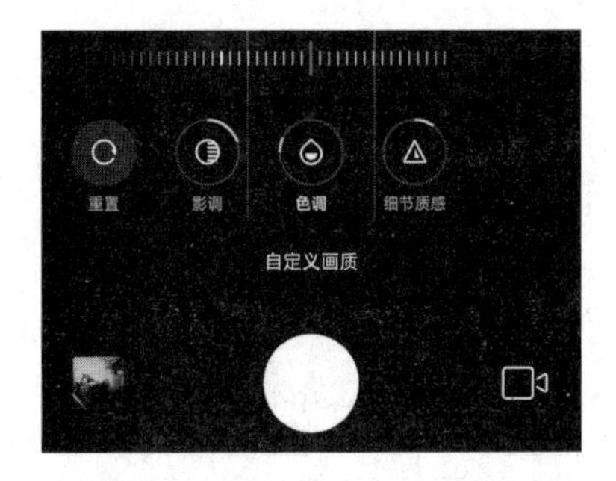

滤镜一样简单，由浅入深慢慢了解专业模式中其他参数的意义，更方便拍出好看的照片，这不是一件好事吗？

总结：专业模式需要改变

现在几款热门的旗舰手机，都有相机或光学厂商联名，或是自成一派，那么根据自身影调特点，去调整专业模式的参数和UI，增加一些趣味性功能，或许会比一味强调自己的专业性更容易让人接受和理解。

消费者多花几千块的价格去购买一部影像旗舰，不仅仅是对品牌的信任，对专业影像的追求，还要获得更多不同于中端机的体验。专业模式作为最能体现影像旗舰独特的功能，通过更低的上手门槛，更丰富的功能，让用户收获更多的体验感，这未尝不是一种更高级，更能让消费者觉得值回票价的专业模式。

华硕TUF GAMING VG27AQ3A小金刚Plus 2023测评

■ 电脑报工程师 熊乐

主打性价比的华硕 TUF GAMING 系列一直是华硕电竞显示器产品线中的爆款，其中的小金刚产品更是备受玩家的青睐。最近华硕推出了全新的 TUF GAMING VG27AQ3A 小金刚 Plus 2023（以下简称华硕小金刚 Plus 2023），新产品在哪些方面进行了升级，实际使用体验又如何呢？下面就来详细了解一下。

经典家族式外观设计

华硕小金刚 Plus 2023 延续了 TUF GAMING 系列电竞显示器的经典外观设计风格，三面窄边框设计，大幅提升了屏占比，带来最佳的观看体验。显示器背面为棱角分明的机甲风设计，还有 TUF GAMING LOGO 作为点睛之笔，看上去气质硬朗、科技感十足，符合游戏玩家的喜好。

产品采用了比较简约的飞翼型底座，在确保屏幕放置稳定的基础上，更加节约桌面的空间。显示器在支架部分加入了人体工学设计，支持 +20° ~-5° 俯仰角度调节和 ± 20° 旋转，便于玩家找到最舒适的观看角度。在支架中间还设置了理线孔，利于保持桌面空间的整洁。当然华硕小金刚 Plus 2023 还带有 300mm ×300mm 规格的 VESA 壁挂支架的螺丝孔位，为壁挂安装或使用支架提供了便利。

华硕官方宣传该显示器采用的是以玩家为中心的 OSD 按键和摇杆设计，这说法一点也不夸张。显示器将常用的电源开关、输入选择、GamePlus 以及 GameVisual 等设置成面积宽大的按键，而其他功能的设置则由摇杆来完成，操作起来逻辑清晰、方便快捷且几乎没有误触的风险。除了使用 OSD 按键和摇杆进行设置之外，华硕还为其提供了 DisplayWidget Center 软件，用户可以在软件中更直观、便捷地对显示设置、GameVisual 等进行调节，大幅提升了易用性。

华硕小金刚 Plus 2023 的所有接口位于机身底部，提供了包括 2 个 HDMI2.0 接口以及 1 个 DisplayPort 1.4 在内的视频接口组合，基本能满足用户日常的设备接驳需求。

优秀的画面表现

华硕小金刚 Plus 2023 采用的是一块 27 英寸 Fast-IPS 面板，分辨率为 2560 × 1440，这堪称是当下的“甜品”级别分辨率：既比 1080P 分辨率画质好，对性能的要求也不如 4K 分辨率那么的苛刻。产品的可视角度为 178° /178°，从各个方向观看屏幕，都不会出现画面畸变、颜色衰减的现象。除此之外，华硕小金刚 Plus 2023 还有 130% sRGB 色域、1000：1 对比度、支持 HDR10 等，参数规格在同类产品中属于比较主流的水平，要知道 sRGB 色域是目前 Windows 和互联网内容的标准色域，该显示器 sRGB 色域覆盖的范围更广，就能确保显示器在呈现这些内容时显示出正确的色彩。

另外根据用户的不同环境和应用需求，华硕小金刚 Plus 2023 预设有风景模式、比赛模式、影院模式、RTS/RPG 模式、FPS 模式、sRGB 模式、MOBA 模式以及夜视模式等多种显示模式。比如在 MOBA 模式下，增强你 / 你的对手的血条的颜色，以便在游戏中更加专注；影院模式下增强图像的对比度和色彩饱和度，提供更生动的视觉效果……用户可以根据自己的使用需求进行选择，从而获得最佳画面表现。

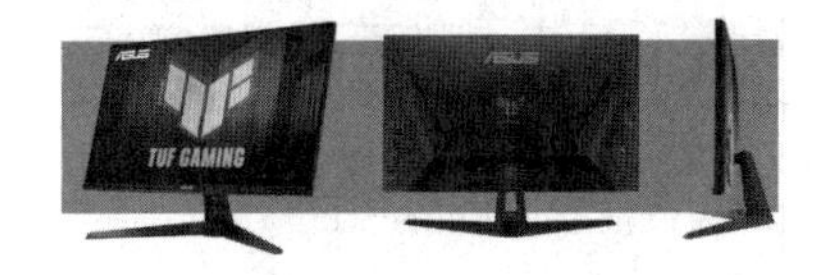

为了考查华硕小金刚 Plus 2023 的实际画质表现，我们引入了 Spyder EliteX 校色仪对其进行分析。

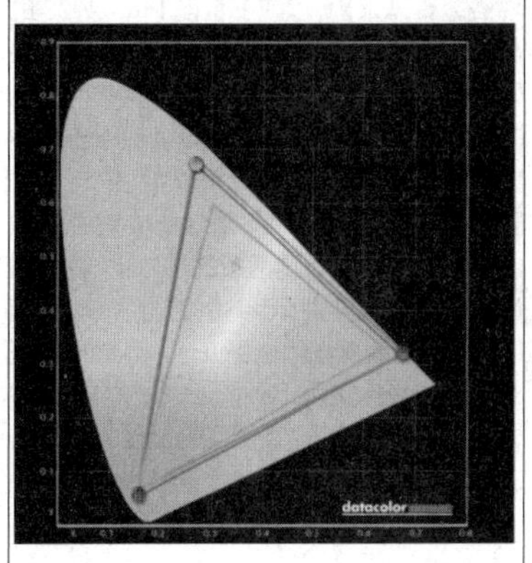

100% 的 sRGB, 95% 的 P3

华硕小金刚 Plus 2023 的 sRGB 色域为 100%，P3 色域为 95%，算是不错的色域表现了。在 48 色色彩精准度测试 ΔE 平均值仅 0.8，ΔE 最大值也不过 2.12，这表明该显示器的色彩还原精准度表现可以算得上出色。此外我们也考查了该显示器的屏幕亮度均匀性，在屏幕不同区域之间，亮度差最大值也就 11%，在同价位产品中也算是佼佼者，确保无论是影音娱乐还是游戏电竞，都能带来更好的画面体验。

除了用仪器测试之外，我们还尝试用华硕小金刚 Plus 2023 播放了高清视频、试玩了游戏，画面的颜色丰富且还原精准，整体画面鲜艳、通透，明暗过渡自然，可以将层次丰富、明暗过渡自然的画面淋漓尽致地呈现出来，带来比较不错的视觉体验。

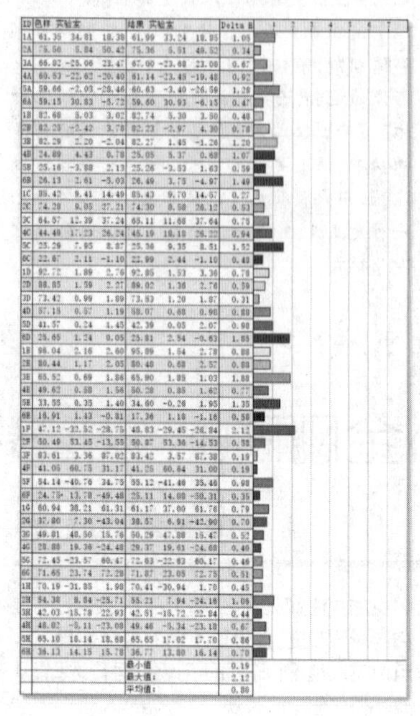

色彩精确度

ID	色样 实验室			结果 实验室			Delta E
1A	61.35	34.81	18.38	61.99	33.24	18.85	1.05
2A	75.56	5.84	50.42	75.36	5.51	49.52	0.34
3A	66.82	-25.06	23.47	67.00	-23.68	23.08	0.67
4A	60.53	-22.62	-20.40	61.14	-23.48	-19.48	0.92
5A	59.66	-2.03	-28.46	60.63	-3.40	-26.59	1.28
6A	59.15	30.83	-5.72	59.60	30.93	-6.15	0.47
1B	82.68	5.03	3.02	82.74	5.30	3.50	0.48
2B	82.23	-2.42	3.78	82.23	-2.97	4.30	0.78
3B	82.29	2.20	-2.04	82.27	1.45	-1.26	1.20
4B	24.89	4.43	0.78	25.05	5.37	0.68	1.07
5B	25.16	-3.88	2.13	25.26	-3.53	1.63	0.59
6B	26.13	2.61	-3.03	26.49	3.75	-4.97	1.49
1C	85.42	9.41	14.49	85.43	9.70	14.67	0.27
2C	74.28	9.05	27.21	74.30	8.58	26.12	0.53
3C	64.57	12.39	37.24	65.11	11.68	37.64	0.75
4C	44.49	17.23	26.24	45.19	18.18	26.22	0.94
5C	23.29	7.95	8.87	25.36	9.35	8.51	1.52
6C	22.67	2.11	-1.10	22.99	2.44	-1.10	0.48
1D	92.72	1.89	2.76	92.85	1.53	3.36	0.78
2D	88.85	1.59	2.27	89.02	1.36	2.76	0.59
3D	73.42	0.99	1.89	73.83	1.20	1.87	0.31
4D	57.18	0.87	1.19	58.07	0.68	0.98	0.88
5D	41.57	0.24	1.45	42.39	0.05	2.07	0.98
6D	25.65	1.24	0.05	25.81	2.54	-0.63	1.65
1E	96.04	2.16	2.60	95.89	1.54	2.78	0.88
2E	80.44	1.17	2.05	80.48	0.68	2.57	0.88
3E	65.52	0.69	1.86	65.90	1.85	1.03	1.88
4E	49.62	0.88	1.56	50.28	0.85	1.62	0.77
5E	33.55	0.35	1.40	34.60	-0.26	1.95	1.35
6E	16.91	1.43	-0.81	17.36	1.18	-1.18	0.58
1F	47.12	-32.52	-28.75	48.83	-29.45	-26.84	2.12
2F	50.49	53.45	-13.55	50.87	53.36	-14.53	0.58
3F	83.61	3.36	87.02	83.42	3.57	87.38	0.19
4F	41.05	60.75	31.17	41.25	60.64	31.00	0.19
5F	54.14	-40.76	34.75	55.12	-41.48	35.46	0.98
6F	24.75	13.78	-49.48	25.11	14.08	-50.31	0.35
1G	60.94	38.21	61.31	61.17	37.00	61.76	0.79
2G	37.80	7.30	-43.04	38.57	6.91	-42.90	0.70
3G	49.81	48.50	15.76	50.29	47.88	15.47	0.52
4G	28.88	19.36	-24.48	29.37	19.61	-24.68	0.40
5G	72.45	-23.57	60.47	72.63	-22.63	60.17	0.46
6G	71.65	23.74	72.28	71.87	23.05	72.75	0.51
1H	70.19	-31.85	1.98	70.41	-30.94	1.70	0.45
2H	54.38	8.84	-25.71	55.21	7.94	-24.18	1.06
3H	42.03	-15.78	22.93	42.51	-15.72	22.84	0.44
4H	48.82	-5.11	-23.08	49.46	-5.34	-23.18	0.67
5H	65.10	18.14	18.68	65.65	17.02	17.70	0.86
6H	36.13	14.15	15.78	36.77	13.80	16.14	0.70
				最小值			0.19
				最大值:			2.12
				平均值:			0.86

更丝滑的游戏体验

与之前的小金刚电竞显示器相比，华硕小金刚 Plus 2023 最大的不同在于升级了规格。具体来说，华硕小金刚 Plus 2023 的最高刷新率达到了 180Hz（超频），由于其采用的是 Fast-IPS 面板，所以也拥有了 1ms GTG 极速灰阶响应时间，可以消除游戏中的重影和运动模糊，降低模糊度，更容易在屏幕上跟踪、选取物体，使您能够对游戏做出平稳的反应。在这两项的加持下，就能保证在激烈的战斗中，可以带来丝滑流畅的画面，不仅仅是视觉体验提升了，也有利于玩家发挥出操作实力。

另外华硕小金刚 Plus 2023 支持 FreeSync Premium 技术，除了解决画面卡顿的问题之外，与普通的 FreeSync 相比，还能提供出色的高动态范围视觉效果，同时保持低延迟。同时也支持 NVIDIA G-SYNC Compatible，笔者使用的显卡是 RTX 2060，在测试过程中完全没见闪烁、卡顿等任何兼容性问题，再加上支持 VRR（可变刷新率），表明华硕小金刚 Plus 2023 的同步技术搭配各种显卡都能通吃，兼容性毫无问题。

接下来笔者主要在《英雄联盟》和《CS:GO》两款游戏中对华硕小金刚 Plus 2023 进行了体验，在 180Hz 刷新率以及 1ms GTG 响应时间的加持下，该显示器在流畅度方面的表现无可挑剔。在玩《CS:GO》这种 FPS 游戏时，画面丝滑流畅，剧烈变换的场景中没有出现拖影、残影现象。玩《英雄联盟》时，画面同样顺滑流畅，不管是光标大幅度移动还是微操，我发现操作精准度都有所提升，操作实力明显提升。再结合之前比较出色的画质表现，可以说华硕小金刚 Plus 2023 的游戏表现无可挑剔。

还有黑科技加持，游戏体验进一步提升

华硕电竞显示器给我的印象，除了硬件规格高之外，丰富的游戏功能也是其一大亮点所在。在这方面，华硕小金刚 Plus 2023 的表现同样可圈可点。

与同类产品的 OD 功能是固定挡位不同，产品提供的是 5 级可变 OD 设置，让显示器随着帧率波动，动态改变其超频驱动设置，确保各种游戏均能呈现上佳的效果。您只需要选择想要多强的整体效果，剩下的交给显示器就可以了。

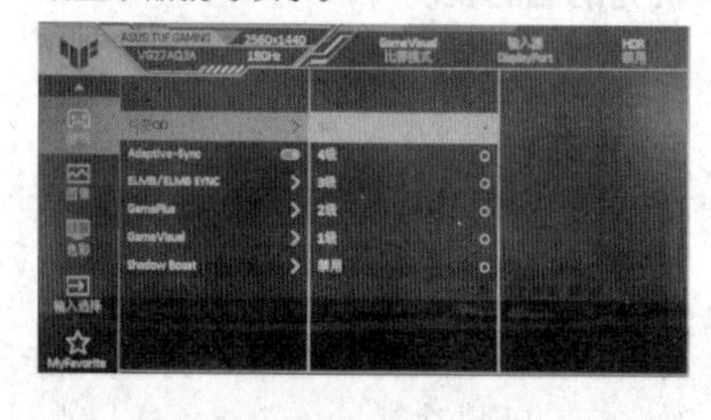

在显示器本身对自适应同步技术具有不错支持的基础上，还能在开启时启用 ELMB（低运动模糊技术），进一步提升在高帧率游戏中画面的清晰度，视觉效果自然更好了。华硕小金刚 Plus 2023 也具有暗影增强功能，可以在确保明亮区域不过曝的前提下，提升黑暗区域的亮度，让阴影中的敌人也无所遁形。

Gameplus 在华硕电竞显示器上很早就有了，如今在华硕小金刚 Plus 2023 上，相关功能又得到了扩充。除了大家比较熟悉的辅助瞄准器功能、画面帧率显示、计时器、秒表之外，又加入了将画面中心位置局部放大以便于瞄准的狙击手模式，以及当多台显示器联屏使用时，可以快速对画面进行调整的显示对齐功能。在这些黑科技的加持下，显示器的功能得到了极大增强，让玩家能更容易地获得战斗的胜利。

另外就是游戏过程中的用眼健康问题，华硕小金刚 Plus 2023 采用了蓝光过滤器和无闪烁技术，减少了有害短波蓝光的数量和画面闪烁，护眼效果通过了德国莱茵 TüV 认证，最大限度地减少眼睛疲劳感，提高长时间游戏中的舒适性。

总结：体验升级，有成为新爆款的潜质

华硕小金刚 Plus 2023 在保持了前作科幻感强、个性十足的外观设计的基础上，通过升级成 Fast-IPS 面板，在更高的 180Hz 刷新率和 1ms GTG 响应时间，以及周全的自适应同步技术和丰富的游戏黑科技功能等的共同加持下，在游戏中的各方面表现无可挑剔。

与此同时，华硕小金刚 Plus 2023 还有 2K 分辨率、130% sRGB 色域以及出色色彩精准度的加持，画质方面也同样可圈可点。总的来说，华硕小金刚 Plus 2023 在各方面的表现符合游戏玩家的预期，结合其 1599 元的指导价，有成为新一代爆款产品的潜力。

Beats Studio Buds +测评：这就是AirPods Pro最佳平替

■ 电脑报工程师 黄益甲

提到 TWS 耳机，相信大家第一个想到的肯定是苹果的 AirPods 系列。即使近几年传统音频厂商和手机厂商都推出了自家的 TWS 设备，AirPods 仍然在全球范围内牢牢坐稳了市占率第一的位置。

原因很简单，在苹果生态下，AirPods 系列无疑是最佳搭档，没有之一；在安卓阵营，竞争尤为激烈，大多也只能依靠低价吸引消费者。如此一来，一些想要追求品质，预算又不足以入手 AirPods 的用户就没得选了。

其实早在 2021 年，被苹果收购的品牌 Beats 就推出了全新的 Studio Buds 产品线，不光有过硬的产品实力，还用相对较低的价格和 USB-C 接口这两个撒手锏，成功杀入 TWS 市场，收获了不少好评。时隔两年，Beats 才发布了升级版 BeatsStudio Buds +，这就让人更加期待它的表现了。

轻若无物的佩戴体验

作为音频领域的潮牌，Beats 一直挺受年轻用户欢迎，有很大一部分原因就是 Beats 耳机的颜值在线。Bests Studio

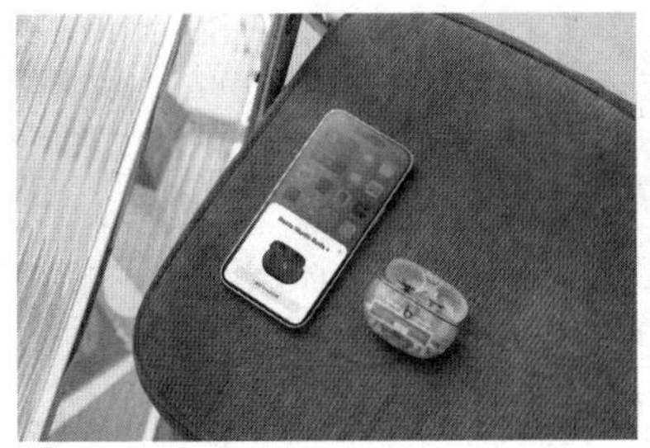

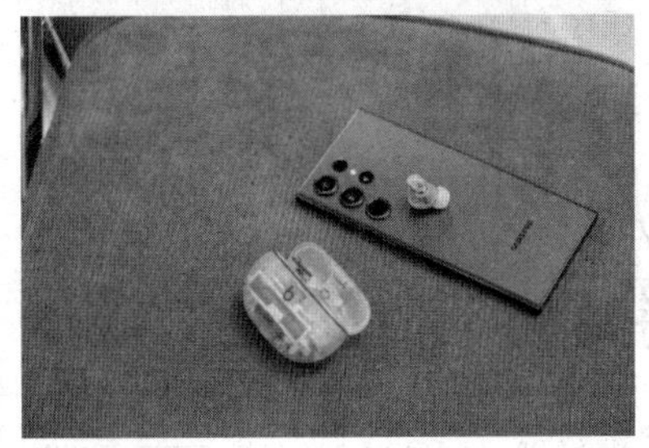

Buds + 的整体设计和前代保持一致，圆形鹅卵石般的充电盒表面为磨砂质感，开合电池仓手感清脆，还挺解压的。

这次 Studio Buds + 并没有使用 Beats 标志性的红色，而是推出了一个全新的透明版，内部各种元器件都清晰可见，组件之间光滑无缝，可以说是赏心悦目了。

由于采用了 USB-C 接口充电，它的通用性还算不错，这一点对于只用 iPhone 的用户来说反倒不是那么友好。不过现在苹果的 iPad、Mac 等产品线都在普及 USB-C，下一代 iPhone 也极有希望用上 USB-C，苹果用户也不用太担心这个问题。

Beats 为 Studio Buds + 准备了 4 个尺寸的硅胶耳塞，耳道较小的朋友也能用了。正因为提供了足够多的耳塞可选，再加上 Beats 多年以来在人体工学设计方面的沉淀，佩戴后能很好地与耳道贴合。

还有一点就是，Beats Studio Buds + 的单个耳机仅仅有 5 克，而且是没有耳机柄的豌豆造型，整体配重比较均衡，就算是长时间佩戴也能保证足够的舒适度，这点我很喜欢。

降噪水平再次提升

测评耳机，就不能不谈它的音质。Beats Studio Buds + 沿用了前代的外观设计，但它内部的声学架构进行了重新设计，振膜、驱动单元这些官方参数就不复制了，在这里直接跟大家聊聊听感。

我使用多个音乐 / 视频 App 体验了它在各种场景下的表现，整体感觉可以用一句话点评：这是一款符合大众审美的耳机。相对于被称为“白开水”音质的 AirPods 系列，Beats Studio Buds + 就像一杯无糖苏打水，对于音效的调校，没有用“动次打次”的重低音或者特别突出的高频来强调自身特色，三频发挥相对均衡，只是会比较突出人声，质感很足。

值得一提的是，这款耳机和 AirPods Pro 一样支持 Apple Music 的空间音频功能。具体来说就是在音乐中加入了音源的方位信息，就算是“木耳”，也能凭大脑的直觉明显感知到某种乐器的方位，听歌的时候会更具沉浸感，仿佛置身于演唱会中央，歌手和乐团都在自己身边一样，我还挺喜欢这种用算法模拟出来的现场感的。

稍微遗憾的就是 Beats Studio Buds + 不支持入耳检测，从耳朵上取下之后，放入充电仓才会暂停播放，算是一个小瑕疵吧。

相较于音质，其实我更看重的是耳机的降噪能力。相信很多人都和我一样，日常通勤一般都乘坐公共交通工具，在办公室工作时也需要一个安静的环境，降噪算是一个刚需功能。

Beats Studio Buds + 提供了自适应降噪功能，在户外嘈杂环境时，降噪程度直接拉满，多数环境音都被抹去了，只是能听到汽车喇叭等高频的声音；进入公司大楼，耳压会明显降低，这种感觉是很奇妙的；在办公室这种相对安静的环境，对耳朵的压迫感会进一步降低，即使是不播放音乐，一米外的同事敲击键盘、说话声都几乎听不到了。

正因为有这么好的降噪效果，即使是在地铁里，我听音乐的音量一般都不会过半，不需要用大音量去抵消环境音就能听清，对于保护听力还是有一定帮助的。在这里要提醒一下，一定要在确保安全的时候使用降噪模式，步行、骑行等户外场景就别尝试了。

至于通透模式，我觉得 Beats Studio Buds + 的效果还是要略逊 AirPods Pro。毫不夸张地说，两代 AirPods Pro 的通透模式都是目前 TWS 耳机中的一流水准，如果耳机不播放任何音频，在听感上几乎能做到和不戴耳机一样。而 Beats Studio Buds + 则像是隔了一层纱，在听歌时能听清环境音，也完全不影响和身边同事交流，但是不播放音乐时细细品味这个模式，还是有轻微感知的。

能有这么好的降噪 / 通透模式效果，也是因为 Beats 对耳机的内部结构进行了重新设计，大幅优化了声音回路，再加上麦克风规格也得到大幅升级，能准确获取外部环境状态，再通过算法进行精准调控。

还有一个好处就是，在户外打接电话时，它能很好地控制风噪，保证通话双方都能听清。我见过不少人明明戴着耳机，却要收起耳机用手机听筒接电话，就是这个原因。这也是大家在选购时比较容易忽略的地方，Beats Studio Buds + 就做得比不少安卓阵营的 TWS 耳机要好。

不光是耳机的内部空间，Beats 还重新设计了充电盒，特别是电池容量增加了不少。我这几天一般是上下班通勤以及白天在办公室使用，每天大约三小时，三天下来充电盒还剩 68% 的电量（耳机充满）。据此估算，充电盒能提供 25 小时以上的续航。另外，如果连续使用耳机，三小时之后耳机剩余电量在 65% 左右，耳机部分续航约为 9 小时，总计 35 小时左右，一周一充也没问题。

双平台兼容性俱佳

聊到这里，相信大家已经对这款耳机的音质、降噪水平等主要体验有了一定了解，而这些体验，在苹果和安卓阵营几乎完全一样，至于区别，肯定也是有的。

比如使用 iPhone 配对时，靠近手机就会弹窗提醒，同时它也支持“Hey Siri”唤醒语音助手，毕竟 Beats 拥有苹果血统，体验很接近 AirPods 系列。如果使用的是安卓手机，则需要下载 Beats App，根据提示长按充电盒上的配对按钮，或者在蓝牙设置中手动连接，在首次使用时要稍微多几个步骤。

这个 App 还有两个比较重要的功能，一是耳机定位，二是功能键设置。此前的 Beats Studio Buds 搭配 Android 手机使用，并不支持远程定位，Beats Studio Buds + 则是弥补了这一遗憾，进一步拉近了它在两个平台的使用体验。

至于功能键设置，默认状态下可长按唤起语音助手、切换降噪 / 通透模式，可在此调整为音量加减功能，还是挺方便的。在这里有一个小细节需要提一下，此前我用惯了AirPods 系列，由于按键在耳柄上，按压时几乎不会有感觉，但 Beats Studio Buds + 需向内按压，耳道会有一定的压迫感，好在不需要经常控制它，还算能够接受。

说完它的实际体验，最后来聊聊值不值得买的问题，Beats Studio Buds + 的售价为 1349 元，这个价格比第二代 AirPods Pro(1899 元)便宜 500 多元，再加上它可以几乎完美地融入苹果生态，一直眼馋 AirPods Pro，预算又不太够的苹果用户闭眼入吧。对于 Android 用户来说，以它的音质及降噪水平，再加上亮眼的外观设计以及品牌属性加持，主要功能也不会打折，仍然能提供优秀的使用体验，比较适合对耳机品质有一定追求的用户。

如果你已经有 Beats Studio Buds，我觉得升级的必要不大，因为新款升级点主要是降噪效果以及续航方面，属于锦上添花；但是对于预算有限的新用户来说，也是可以考虑的。至于 Beats Fit Pro，它搭载了 AirPods Pro 同款 H1 芯片，支持多设备联动，可以更融洽地融入苹果生态，再加上它配备了鲨鱼鳍耳翼，佩戴稳定度更高，可以看成“运动版 AirPods Pro”，比较适合喜欢健身的用户。

双霍尔加持+炫酷灯效 盖世小鸡T4幻镜手柄测评

■ 电脑报工程师 熊乐

自从 2018 年推出之后，盖世小鸡的 T4 系列游戏手柄凭借着独特的外观和优秀的操控体验，备受游戏玩家的喜爱。最近盖世小鸡又推出了全新的 T4 幻镜游戏手柄，在延续前作优点的同时，品质和配置都得到了大幅升级。下面我们就来一起了解一下盖世小鸡 T4 幻镜手柄究竟有何过人之处吧。

规格参数：

适用平台：Win10/Win11/Steam/Switch/ 安卓

产品颜色：透明

背部自定义按键：2 个

参考价格：249 元

体感控制：有

连接方式：有线

震动马达：2 个

摇杆类型：一体式的定制霍尔摇杆

按键布局：Xbox 布局

产品重量：215g

将炫酷灯效玩到极致

透明外壳是盖世小鸡 T4 系列的标志性设计元素，与前作多为磨砂质感的半透明外壳相比，T4 幻镜则采用了全透明的外壳，内部黑金 PCB 电路板以及震动马达等元件清晰可见，让手柄的外观更具科技感。

在手柄两侧分别设置了 1 条 RGB 灯带，支持 1680 万色可编程设计，只要同时操控 M 键 + 左摇杆左右切换出厂的 4 种灯效，M 键 + 左摇杆上下调整灯光亮度。如果你要进行比较细致的调校，可以通过 GameSir T4K 驱动软件进行设置。值得一提的是，T4 幻镜提供有 1 个音乐律动模式，启动该模式并插入手机之后，能让手柄灯效随着游戏音乐节拍的律动而变化，让动感的节奏在手中炫舞。

T4 幻镜的重量约 215g，对于笔者来说算是比较轻巧了。正面的透明外壳非常的光滑，触感不错，背面的手柄部分加入了细密的颗粒纹面，具有不错的防滑性能。即便在比较炎热的天气中使用，手部容易出汗的情况下，也能确保握持的稳定。

按键方面，T4 幻镜为比较常见的 Xbox 非对称布局，将视窗键、分享键的位置进行了优化，更易操作且不容易误触。在背面还有 2 个面积宽大的自定义按键，支持 12 步宏操作录制和连发，从而让玩家获得更加得心应手的操作体验。

双霍尔加持，体验非常出色

在配置方面，就不得不提 T4 幻镜的双霍尔设计。手柄的左右摇杆为国内首家使用的定制霍尔摇杆。一体式的设计拥有更高的集成度，小零件更少，而且霍尔效应传感器全程无物理接触零磨损，杜绝了因摇杆零件磨损而导致的定位能力下降、漂移、轨迹运行不稳定等问题。

手柄的肩键使用的是电磁霍尔扳机，全程电磁感应，256 级输出，每级之间的响应间隔小于 0.1mm，手感丝滑无卡顿。也可以长按 M+ 扳机键 2 秒，开启快速扳机模式，获得更为极速的操控体验。

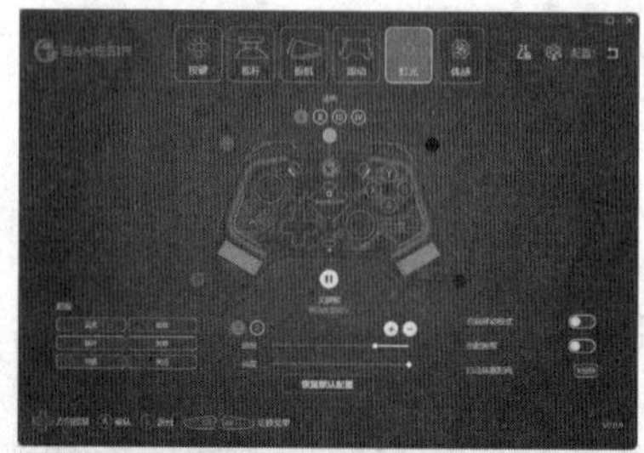

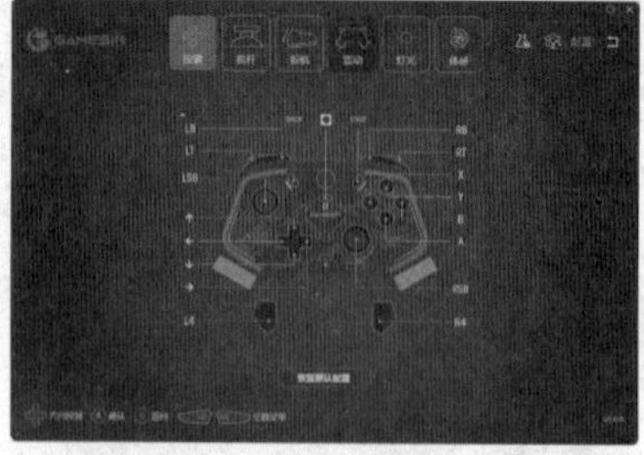

在实际体验环节，我们在《极限竞速：地平线 5》《FIFA 23》等多种类型的游戏中对 T4 幻镜进行了体验。不管笔者体验的哪个类型的游戏，T4 幻镜的操控体验都表现得可圈可点。就算是在激烈的战斗中，要连续按压 ABXY 按键，其明确的反馈让我在控制单击、点射、连射时轻松自如。霍尔摇杆果然名不虚传，调校精准具有较高的灵敏度也很跟手，在游戏中让我能够指哪打哪，各种情况都能轻松应对。摇杆可自定义 0~100% 之间的死区，也可选择纯圆或方圆外圈死区。在 FPS 游戏中，我会将死区范围尽量调小以提升响应速度，更能精确瞄准。在赛车游戏中，我会将死区范围调高，以减少操作的幅度，实现对车辆的精准操控。

T4 幻镜的霍尔扳机表现同样不错，操作线性、力度把控精准，在《极限竞速：地平线 5》这样的赛车游戏中，可以帮助我更好地掌控油门。

总结：颜值和品质俱佳的产品

盖世小鸡 T4 幻镜通过透明外壳和炫酷灯效打造出了相当炫酷的外观，特别符合当下“玩灯”的潮流。同时产品采用了定制的一体式霍尔摇杆、霍尔扳机肩键以及机械按键，无论是手感还是游戏性能均属上乘。不管你是 PC、安卓盒子还是 Switch 游戏机玩家，如果想要一款高品质且价格相对比较亲民的游戏手柄，盖世小鸡 T4 幻镜确实是个相当靠谱的选择。

1080P光追甜品，RTX4060Ti首发测评

■ 电脑报工程师 王诚

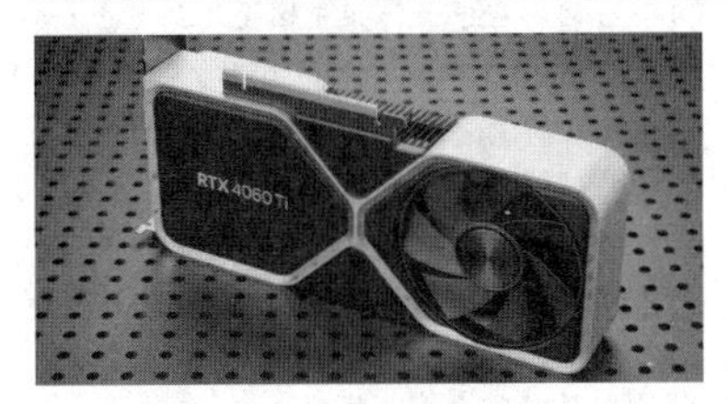

5 月 18 日，NVIDIA 正式发布了 RTX 40 家族的新成员：RTX 4060 系列，为主流游戏玩家送上了光追 +DLSS 3 甜品大礼。RTX 4060 系列包括了 RTX 4060 Ti 8GB/16GB 与 RTX 4060 三款，其中 RTX 4060 Ti 16GB 与 RTX 4060 将在 7 月上市，而定价 3199 元的 RTX 4060 Ti 8GB 则在 5 月 23 日正式解禁性能数据并开售。

RTX 4060 Ti 8GB 具备 32MB 大容量二级缓存、定位 1080P 高帧率低延迟游戏体验和 AI 内容创作，按照官方的数据来看，它的性能相较 RTX 3060 Ti GDDR6 提升了 15%~70%，相较 RTX 2060 SUPER 提升了 60%~160%。本次测试我们收到了来自 NVIDIA 的 GeForce RTX 4060 Ti Founders Edition（FE 只包括 8GB 版），这款“60”是否能再现“60”系列神卡辉煌？大家不妨和我们一起深入了解一下。

延伸阅读

1. RTX 40 关键特性

在之前的测试中，我们针对 RTX 40 系列 GPU 的新特性进行了非常详细的介绍，有兴趣的玩家可以直接查阅我们的文章进行了解。

2. NVIDIA DLSS 3 生态圈发展迅猛

NVIDIA DLSS 3 技术是 RTX 40 系列 GPU 的独门绝技，它包括 3 大功能“帧生成技术”、“超分辨率（DLSS 2 的核心）”和“NVIDIA Reflex（提供更低的游戏延迟）”。也就是说，开发者只需在游戏或者应用中整合 DLSS 3，即可默认支持 DLSS 2。

DLSS 3 得到了非常多世界领先的开发团队与引擎的支持，目前已经有超过 30 款游戏与应用支持 DLSS 3。此外，值得一提的是大家熟悉的 DLSS 2 超分辨率目前也已经得到了超过 300 款游戏和应用的支持，其中包括 Unreal Engine 和 Unity 的插件——这两大 3D 引擎也是应用非常广泛的。同时，NVIDIA Reflex 游戏低延迟技术目前也得到了 70 款游戏与应用的支持，NVIDIA Studio 更是为 110 多款创意应用提供加速功能。

扫描二维码阅读
Ada Lovelace架构解析

RTX 4060 Ti 8GB 硬件规格详解

RTX 4060 Ti 采用 4N 工艺的 AD106-350 核心，具备 3 个 GPC 和 17 个 TPC，规模大约是 RTX 4070 的 73%，比较符合它 1080P 高帧率光追游戏体验的定位。虽然和 RTX 3060 Ti 相比，RTX 4060 Ti 的 CUDA、RT Core、Tensor Core 以及光栅单元、纹理单元数量都要略少一点，但得益于领先一代的架构和更高的 GPU 频率，RTX 4060 Ti 最终的执行效率其实依然是要高不少的。

显存规格方面，RTX 4060 Ti 搭载了 128bit/8GB GDDR6 显存，看上去 288GB/s 的带宽似乎低于 RTX 3060 Ti，但不要忘了 RTX 4060 Ti 具备 32MB 二级缓存，是 RTX 3060 Ti 的 8 倍，而超大的二级缓存会极大地提升数据命中率，减少计算过程中对显存带宽的依赖。

根据 NVIDIA 的数据，在 32MB 二级缓存的加持下，RTX 4060 Ti 的实际等效显存带宽高达 554 GB/s，是远远高于 RTX 3060 Ti 的，这在游戏中也能带来更好的表现，特别是在开启光线追踪和 DLSS 3 的情况下，能够带来更多的帧率提升。

对于有视频应用需求的用户来讲，内置第 8 代 NVENC 编码器的 RTX 4060 Ti 相对 RTX 3060 Ti 也增加了 AV1 硬件编码，在视频剪辑和串流中都能提供比 H.264 编码更高的画质和更低的带宽占用。而对于目前热门的 AI 应用，拥有 Ada Lovelace 新特性与无可比拟的 CUDA 生态圈优势的 RTX 4060 Ti 也是一款性价比非常高的甜品装备。

此外，能效比方面也是 RTX 4060 Ti 的一大亮点，它的平均游戏功率仅有 140W，远低于 RTX 3060 Ti 的 197W，因此对散热和供电的要求也更低，主流玩家装机更加轻松。

RTX 4060 Ti FE 图赏

可能大家已经发现了，RTX 4060 Ti FE 和 RTX 4070 FE 采用了几乎相同的散热方案，不但尺寸完全一样，外观方面更是仅有颜色上的区别，RTX 4060 Ti 主要色调为银色，而 RTX 4070 FE 为枪灰色。

当然，由于整板功率进一步下降到 160W，所以这套小巧的双槽散热方案用在 RTX 4060 Ti FE 上更是毫无压力。对于非公版来讲，做成单风扇 ITX 短卡也是完全可以的，这对于 ITX 主机爱好者来讲是个好消息。

RTX 4060 Ti FE 依然采用了 16pin 的辅助供电接口，不过由于整板功率才 160W，所以非公版 RTX 4060 Ti 一般都会采用传统单 8pin 辅助供电，这也为玩家升级提供了一些方便。

接口方面，RTX 4060 Ti FE 提供了 3 个 DP 和 1 个 HDMI，最高支持 4K/240Hz 或者 8K/60Hz 输出。

接下来，就让我们来看看 RTX 4060 Ti FE 的实测表现吧。

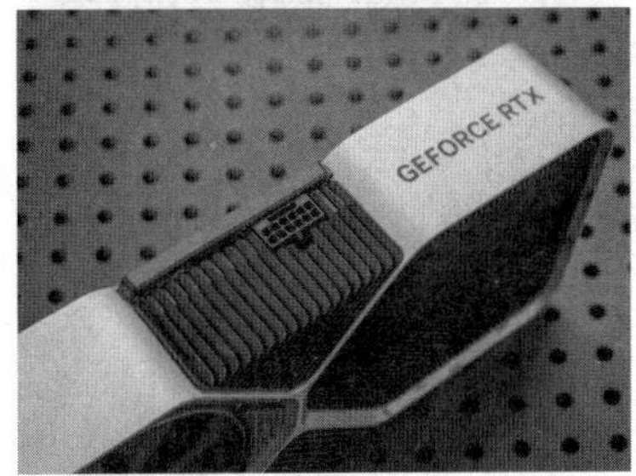

游戏性能测试：主流光追甜品，开启DLSS 3帧率暴涨

首先来看看3DMark基准测试的情况。基于DX11的FireStrike系列测试中，RTX 4060 Ti在1080P分辨率的FireStrike项目中领先RTX 3060 Ti大约18%，2K分辨率的FireStrike Extreme项目中领先14%，4K分辨率的FireStrike Ultra项目中领先2%。

基于DX12的TimeSpy系列测试中，RTX 4060 Ti在2K分辨率的TimeSpy项目中也差不多领先RTX 3060 Ti大约18%，4K分辨率的TimeSpy Extreme项目中领先12%。可以看到，在DX12的高分辨率测试中RTX 4060 Ti相对RTX 3060 Ti的提升更明显。

DLSS测试部分，RTX 4060 Ti由于支持带有光学多帧生成功能的DLSS 3，因此优势十分明显。在2K下，开启DLSS 2后领先RTX 3060 Ti大约17%，而4K下开启DLSS 3后十分夸张，优势达到了93%，可见有第四代Tensor Core与DLSS 3加持的RTX 4060 Ti游戏性能相对RTX 3060 Ti确实拥有了质的提升。

光栅化游戏实测部分，1080P分辨率下，RTX 4060 Ti在《极限竞速：地平线5》《生化危机4：重制版》中领先RTX 3060 Ti的幅度可达20%出头，在《古墓丽影：暗影》《消逝的光芒2：人与仁之战》《荒野大镖客：救赎2》《刺客信条：英灵殿》《使命召唤19》中可达17%~19%，其他游戏也有9%~15%的优势。综合下来，RTX 4060 Ti平均领先RTX 3060 Ti大约15%。

虽说RTX 4060 Ti定位1080P高帧率游戏体验，但很明显不开光追的情况下，它也是能轻松实现高帧率运行2K游戏的。2K分辨率下，RTX 4060 Ti相对RTX 3060 Ti的优势最高也可达到20%，平均可领先14%，大家关心的显存带宽并没有造成瓶颈，完全可以设成2K分辨率来玩游戏，表现一样明显好于RTX 3060 Ti。

和RTX 4070相比的话，RTX 4060 Ti在1080P分辨率下能达到RTX 4070大约78%的水平，2K下大约能达到76%，也非常符合芯片规格的定位差异。

RTX 4060 Ti拥有第三代RT Core和第四代Tensor Core，因此光追和DLSS方面的提升应该更有看点。首先是支持DLSS 2的游戏实测，光追和DLSS都打开的情况下，RTX 4060 Ti在1080P下最高可领先RTX 3060 Ti大约25%，平均下来领先幅度约为19%；2K分辨率下开启光追和DLSS，RTX 4060 Ti最高可领先RTX 3060 Ti大约23%，平均领先幅度为15%。

接下来看看RTX 4060 Ti的DLSS 3黑科技实战效果。果然，有了光学多帧生成加持的DLSS 3之后，RTX 4060 Ti立马起飞，1080P下在《赛博朋克2077》中领先开启光追与DLSS 2的RTX 3060 Ti大约89%之多，平均领先幅度则为65%，差不多高出两个档次。2K分辨率下，RTX 4060 Ti相对RTX 3060 Ti优势最高竟然达到了116%，平均领先幅度则为57%。

生产力测试方面，RTX 4060 Ti在3D渲染类应用中最多可领先RTX 3060 Ti大约78%，综合所有的项目来看，平均领先RTX 3060 Ti大约19%，这个优势甚至比游戏还要大一点点。

我们使用Stable Diffusion来考查RTX 4060 Ti的文生图出图效率。在同样的设置情况下，RTX 4060 Ti的出图效率大约是RTX 3060 Ti的121%，是RTX 4070的69%。对于想学习AIGC的主流玩家来讲，RTX 4060 Ti算得上是一个性价比非常不错的甜品级选择。

前面我们已经介绍过，RTX 4060 Ti官方给出的平均游戏功率大约为140W，那么实测的情况如何呢？从结果来看，RTX 4060 Ti的平均功率都没有超过140W，在一些游戏中甚至只保持在110W~120W的水平，可以说能效比非常出色了。同时我们也在满载考机的情况下考查了RTX 4060 Ti FE的散热水平，在跑满TGP的情况下，GPU最高温度为66.9℃，这个成绩也比较让人满意。

总结：RTX 4060 Ti堪称主流光追甜品，DLSS 3普及利器

最后来总结一下，RTX 4060 Ti作为“主流霸榜王60家族”的新一代接班人，表现是相当到位的。首先在性能方面，它在常规游戏中综合领先RTX 3060 Ti大约15%，而在开启光追和DLSS的情况下，在支持DLSS 3的游戏中最高领先幅度达到了116%之多，平均领先幅度也高达65%。其次是能效比方面，RTX 4060 Ti平均游戏功率还不到140W，对于散热和电源的要求可以说是非常宽松，玩家不管是装机还是平时使用，体验都好于上代产品。

对于轻量级生产力用户来讲，RTX 4060 Ti也是个不错的甜品装备。它在AIGC方面的性能高出RTX 3060 Ti大约20%、3D渲染输出效率高出大约19%，更是支持AV1硬件编码，对有视频应用需求的用户来说也能提升效率和视觉体验。

总而言之，目前对于主流装机用户来讲，RTX 4060 Ti可以说是一款兼顾1080P高帧率光追游戏体验、Ada Lovelace架构先进功能、不错的生产力效率还有超高性价比的爆款甜品，十分值得还在使用“60”系或更低的老显卡、需要在1080P下享受高帧率的主流玩家升级。

小米Civi 3测评：来自“原生相机”的高级感

■电脑报工程师 孙文聪

对于小米Civi 3这类手机，很多人的认识可能一直都是错的。

站在体验的角度，我们会主观认为用户会在Civi 3和它的一众竞品中进行权衡。真实的情况是，Civi 3的对手可能并不是某款同样主打自拍的手机，而是同级别的普通手机+美颜App的组合。

自拍手机效果确实好，但用美颜相机App之后的效果也不差啊，为什么我还要专门来选择一款自拍手机？这个问题Civi 3可以回答。

前置成像不能只是凑合

“直男癌”用户很多都认为自拍和美颜是没什么技术含量的事情，其实完全不是这样。

你可以去小红书上搜一搜美颜的相关教程，会发现小姐姐们在研究怎么把自己拍美的问题上，用心和细致程度并不亚于任何专业摄影师。怎么打光、怎么摆姿势、怎么后

期……绝不是我们理解的随便打开 App，一顿咔嚓的事儿。

在跟小姐姐们的交流过程中，我发现她们在怎么拍美的问题上尽管有很多“小心机”，但在最终呈现效果方面，又是追求“非刻意化”的。比如被大家夸爆的易梦玲这样的网红，还有倪妮这样的明星，她们在社交媒体上发布的自拍，很多时候更讲求一种“氛围感”和“松弛感”。在这些照片中，呈现出的是一种自然、轻松，来自某一个动态瞬间的美。

这种松弛感，客观上对手机前置成像的能力有更高的要求：前置相机要有足够优异的环境应对能力，要有稳定的对焦和色彩控制，要有足够完善的美颜算法……问题的关键在于，前置成像能力很多时候又是被忽略了的。

即便是一些旗舰手机，基本都把精力放到后置方案的堆叠上，前置相机更多时候被看作是点缀的功能。至于一些中端机型上，前置镜头就更是“凑合用”了。在素质本来就不高的前置方案上，暴力堆叠美颜算法，所呈现出的效果一定就是失真、扁平和缺失细节的。

小米 Civi 3 第一个优势就是：它有一套完善、强大的，基于软硬件综合能力的前置解决方案。

小米 Civi 3 前置方案是由两颗 32MP 前置相机（三星 GD2 CMOS）+ 四颗前置柔光灯构成。算法层面，它不仅有小米影像大脑的加持，还专门为这套影像方案加上了新研发的“人像引擎”。这套双摄方案和普通手机的前置相比，不仅在成像素质上更有保障，还能够通过柔光灯来补足极限条件下的光线缺失问题，加上影像大脑赋予的一整套基于底层的算法。不管是软件还是硬件，小米 Civi 3 都很强。

真正高级的美颜是“去美颜化”

和当前主流的审美一样，小米这次更强调原生质感的前置成像。最好的美颜，其实是“去美颜化”的。这一点很反直觉。

跟身边同事和朋友的交流中我发现，很多女生对于 iPhone 前置自拍能力拥有很高的认可度。她们很多时候追求一种“原生”“直出”的效果（比如大家熟悉的 iPhone 原

生相机挑战）。这种效果看上去更加自然，更随性。至于一些不想要的小瑕疵，她们再通过一些第三方的美颜软件修掉即可。

小米 Civi 3 在成像上的亮点就是，它能够呈现出原生质感的人像效果。和传统美颜算法通过大范围提亮肤色，增加液化、磨皮效果不同的是，新一代影像算法能更准确地判断和处理人物脸部的肤色、纹理和光影。它并不寻求绝对的“无瑕疵”，而是保留了一些面部本来就有的高光和阴影，再通过适当的美颜效果，进行精心的修饰。放大之后你会发现，面部肌肤天然的纹理和细节，是得到保留了的。

真实自然的基础之上，小米 Civi 3 还通过原生能力去解决一些更普遍的问题。上面是 Civi 3 和 iPhone 搭配第三方美颜 App 的一组前置成像效果的对比。我相信你一眼就能看出左侧人物面部的光线、细节以及整个五官的比例更加和谐。右侧由于前置相机的画面畸变问题，造成了面部的拉伸，跟我们人眼所看到的真实效果有较大的区别。这也是当前很多旗舰手机前置成像为什么拍出来总感觉有点怪的原因。小米 Civi 3 将这颗镜头称之为：美人镜。

同样也是由于双摄前置的能力，小米 Civi 3 也能够实现从“0.6x”到“2x”的成像效果。超广角适合一些前置多人成像，而 2x 的“变焦”效果也能够实现一些特写。你可以注意到，右侧 2x 的样张中，小姐姐面部的肤色和细节都是非常自然的。通过第三方美颜相机的数码裁切画面，很难获得这样真实且有质感的人像。

跟小米 13 系列的徕卡生动和徕卡经典影调一样，小米 Civi 3 也带来了两种不同的影调风格，分别是质感胶片和清新自然。前者在色彩和影调上有一种复古胶片的感觉，更加强调鲜明的对比。后者更加符合大众需求，适合呈现红润、白皙的肤色。也可以看到，小米在呈现两种色彩风格的时候，取向上也是相对克制的，并没有过分追求浓墨重彩的效果。

总的来看，在自拍效果上小米 Civi 3 相比旗舰手机以及第三方的美颜 App，都有足够的优势。原生质感人像呈现出来的效果，能够碾压大部分的普通手机。

为什么要选择小米 Civi 3 这样的手机？

除了自拍效果之外，小米 Civi 3 在其他方面也是一款很易用的手机。

习惯了用大块头的旗舰手机之后，再使用小米 Civi 3 有一种轻松畅快的感觉。它的机身既轻又薄，6.55 英寸的屏幕，机身宽度被控制到了 71.7mm（跟 iPhone14、小米 13 这样的小尺寸机型相差无几）。这就使得它拥有非常出色的单手握持效果，很适合一些手比较小的女生使用。

小米 Civi 3 这次在设计上也很有特点，前两代的 Civi 产品坦白说还有点向普通手机靠拢的样子，相对比较大众脸一些。但这次小米 Civi 3 采用了新的双拼色设计，让它看上去更加时尚、小巧，也更符合女性市场的审美和需求。

处理器方面，小米 Civi 3 使用的是天玑 8200 Ultra，可以看作是之前天玑 8200 的升级版本。由于天玑 8200 本身就是一款性能、功耗表现都比较出色的次旗舰平台，在综合性能表现方面，轻薄小巧的小米 Civi 3 也很让人放心。安兔兔平台这款手机的跑分成绩超过了 86 万。日常跑一些王者、吃鸡这类的主流游戏也能够保证 90FPS 的高帧率运行。

回到最开始的问题，为什么要选择小米 Civi 3 这样的自拍手机？

本质上它还是一款定位中端市场的机型，优势是能够提供多数旗舰手机都无法做到的原生质感自拍能力。这是它的撒手锏功能。同时又在设计、配置上做了很好的平衡，满足了特定市场用户对于手机轻薄、时尚设计的追求。在同价位的市场中，它的竞争力相比很多中端产品反倒是更强。预算在这个范围以内，又喜欢自拍的小姐姐，选它准没错。

闪迪大师PRO-G40移动固态硬盘测评

■ 电脑报工程师 胡文滔

在数字化时代，我们每个人都与数据形影不离，工作、生活中最常用到的存储设备便是移动硬盘。对于用户来说，传输视频、游戏等大容量高速存储需求越来越旺盛，另一方面这部分数字信息包含了很多有价值的数据，因此移动硬盘不仅是数据中转站，也是个性化内容的重要载体。针对这部分需求，厂商推出了专业级存储解决方案，比如全新的闪迪大师 PRO-G40 移动固态硬盘就能为用户提供三防专业级的存储体验。

闪迪大师 PRO-G40 移动固态硬盘延续了该系列一贯的硬朗造型，采用全黑色的涂装。机身线条棱角分明，其采用的“战术盾牌”造型结构配合四周的切角让它看起来并不呆板，正面的四颗六角螺丝和凸起纵向棱角突出了硬核质感，在视觉观感上给人坚固、可靠的感觉。硬盘下方的凹陷部位隐藏了一枚长条状的白色指示灯，未通电时几乎

看不出来它的存在。

作为一款专业级的存储设备，闪迪大师 PRO-G40 移动固态硬盘“硬核”当然不止体现在造型上，产品本身更是具有“军用级”的防护能力。硬盘提供 IP68 级别的防水防尘特性，即使硬盘完全沉没在水中，也可确保不因浸水而造成数据损坏。除此之外，它还提供高达 3 米的跌落保护，最高 1814 公斤的抗压能力。三防能力配合小巧便携的机身，大大扩展了闪迪大师 PRO-G40 移动固态硬盘的使用场景，能够轻松适应户外的严苛环境。

规格参数：

容量规格：1TB/2TB/4TB

尺寸重量：111mm×58mm×12mm、122g

接口标准：Thunderbolt 3/USB 3.2 Gen2

标称速度：3000MB/s（读）、2500MB/s（写）

参考价格：2499 元(6·18 折扣价)

光是有强悍的防护能力并不代表它就是一款合格的专业存储设备，出色的性能同样重要。为了发挥出 Thunderbolt 3 接口的全部实力，我们搭建了一套配置有 Thunderbolt 接口的测试平台。由于闪迪大师 PRO-G40 移动固态硬盘出厂默认文件格式为 APFS，需要在 MAC 上或配合 APFS for Windows 这种格式转换软件使用，测试前我们将硬盘格式化为能兼容 MAC OS 和 Windows 系统的 exFAT 文件格式。

性能测试部分，我们使用硬盘自带的数据线连接到测试平台的 40Gbps Thunderbolt 接口上。在 CrystalDiskMark 测试中，闪迪大师 PRO-G40 移动固态硬盘的连续读取速度达到 3118.5MB/s，连续写入速度为 2274.46MB/s，与官方宣传的性能一致。在能体现出固态硬盘日常使用情况的七读三写混合测试中，达到了 3180.84MB/s 的速度，读写性能远超普通的 10Gbps 移动固态硬盘，成绩非常优秀。

对于这样一款专业级移动存储设备来说，实际使用场景可能更偏向于创作类工作，最典型的应用是当作视频素材的中转站，这就对存储设备的读写速度提出了更高要求。接下来，我们从闪迪大师 PRO-G40 移动固态硬盘复制了 50GB 左右的视频素材到 PC 上，一共用时 29 秒，平均读取速度 1.73GB/s，30GB 以内的峰值读取速度可以达到 2.51GB/s。在小文件拷贝测试中，我们

闪迪大师PRO-G40

All	Read (MB/s)	Write (MB/s)	Mix (MB/s)
5 / 1GiB / E: 0% (0/1863GiB) / MB/s / R70%/W30%			
SEQ1M Q8T1	3118.50	2274.46	3180.84
SEQ1M Q1T1	2297.78	1397.30	1916.08
RND4K Q32T1	310.03	176.00	296.37

10Gbps移动固态硬盘

All	Read (MB/s)	Write (MB/s)	Mix (MB/s)
5 / 1GiB / E: 0% (0/932GiB) / MB/s / R70%/W30%			
SEQ1M Q8T1	934.58	840.91	771.96
SEQ1M Q1T1	634.96	754.64	624.23
RND4K Q32T1	165.98	153.38	145.30

选择了 32.4GB 的《绝地求生》游戏客户端，将它复制进闪迪大师 PRO-G40 移动固态硬盘里，用时 35 秒，平均写入速度为 926MB/s，没有出现明显的掉速，同样比 10Gbps 的移动固态硬盘快得多。

总结：稳定高速的专业级存储利器

经过一段时间的使用体验后，我们认为闪迪大师 PRO-G40 移动固态硬盘几乎能满足目前专业用户的一切“痛点”。其拥有硬核的“战术盾牌”造型和极为强悍的三防机身，无惧碰撞和水浸，能在严苛的户外环境下工作。支持 Thunderbolt 3 和大容量的特性意味着用户不用再为大文件传输/存储发愁，进行跨设备协作的效率更高。而在数据安全日益重要的当下，这样一款稳固可靠的大容量高速存储设备，毫无疑问是视频创作者或者重视数据保护用户的理想解决方案。

希捷锦系列移动硬盘测评

■ 电脑报工程师 蒋丽

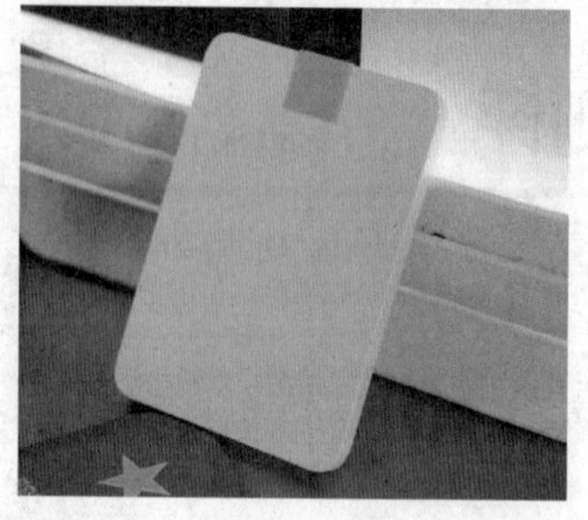

当大家都在追求高速存储时，你会选择什么存储工具来备份数据呢？如果你的数据量大，并且增长速度快，购买移动机械硬盘容价比更高。就目前来看，大多数移动机械硬盘的读取速度维持在 100MB/s~150MB/s 之间，作为数据备份盘正合适。近日编辑收到希捷锦系列移动硬盘 2TB，亮点不止于容价比，或许叫“环保数据仓库”更恰当。

环保材料打造，外观时尚

希捷锦系列移动硬盘以可持续发展为理念，产品机身至少 30% 使用环保再生材料，包装则采用 100%可回收材料。轮廓流畅自然，2TB 版仅 13.2mm 厚度，4TB/5TB 版仅 23.1mm 厚度，轻量小巧，易于携带。放在书桌上，给工作娱乐空间平添一丝柔和优雅的质感。

就像白衬衫永不过时一样，这次希捷锦系列移动硬盘 2TB 容量款采用了云白色外壳搭配墨绿色接口突出设计，主次分明。也正因为这样的配色，不管放在哪里都很显眼同时又不违和，需要使用的时候一眼就能从一堆东西里面找出来。圆角设计更柔和，确保轻松握持，磨砂质感增加摩擦力，以免手滑掉落丢失数据。如果你是一个重视桌面美学的人，这款希捷锦系列移动硬盘绝对算得上优选。

备份盘优选，性能稳定

顺应消费者主流购物趋势，希捷锦系列移动硬盘选择了 USB-C 接口，匹配大多数设备外接扩展存储交换数据。到底这款产品的实际表现如何呢？我们一起来看看。

与电脑连接时，CDM 测试中希捷锦系列移动硬盘顺序读取速度达到 129.33MB/s，顺序写入速度达到 134.41MB/s。虽说赶不上用固态硬盘的速度表现，但用于备份影视素材也足够了。尤其使用机械硬盘存储冷数据，稳定性更高。

当我们将数据存储到希捷锦系列移动硬盘中，想要用手机查看时会不会很复杂呢？完全不会。使用 USB-C 接口与手机连接之后，直接就能识别到硬盘，还可以查看数据，播放视频甚至编辑图片，相当方便。

你可以将手机相册设置为拍摄存储到存储卡，这样就能将实时拍摄的照片、视频

CrystalDiskMark 8.0.1 x64 [Admin]	Read (MB/s)	Write (MB/s)
SEQ1M Q8T1	129.33	134.41
SEQ128K Q32T1	128.44	128.85
RND4K Q32T16	1.55	1.57
RND4K Q1T1	0.55	1.64

直接保存到移动硬盘中，既不用担心占用手机存储空间，还不用来回导数据。还支持你实时编辑处理图片或视频并分享到社交媒体。

想要追剧也不用担心，将喜欢的影视剧直接存储到希捷锦系列移动硬盘中，通过数据线连接到手机，就可以愉快地追剧了。所以说，这款移动硬盘非常适合出差旅行的小伙伴随身携带。既不会错过沿途的风景，也不耽误追剧，紧急情况下用手机也能及时处理存储在移动硬盘中的工作文件。每个人的数据量大小不同，增长速度也不同，而希捷锦系列移动硬盘提供 2TB（云朵白）、4TB 和 5TB（泡泡灰）不同的容量规格选择，满足不同用户的使用需求。

预装软件实用可靠

要说希捷锦系列移动硬盘还有什么不同，那就不得不说随产品购买能够享受到的软件服务了。用上希捷锦系列移动硬盘之后，可以从官网下载 Seagate Toolkit 软件，帮助你有效管理日常数据。

如今大家对于个人信息安全越来越重视，希捷也充分意识到这一点，而希捷锦系列移动硬盘将数据安全更是放在了首位，通过设置密码的方式来有效保护信息安全。密钥长度高达 256 位，银行级高强度加密保护隐私数据，高等级的代码加密，有效避免重要文件被泄露。

除了数据管理软件之外，希捷也充分考虑到了用户的数据恢复需求。希捷锦系列移动硬盘赠送 3 年内免费原厂数据恢复服务

通过Seagate Toolkit管理硬盘数据

（Seagate Rescue Data Recovery Services，SRS）1 次。这是一项专业数据保护与恢复服务。希捷拥有一个由世界级数据恢复专家组成的一流数据恢复团队，原厂恢复可以最大限度保留硬盘内的数据。在希捷数据恢复服务的帮助下，用户的数据恢复成功率高达 90%，大部分用户的数据都可以在 2 天至 1 个月内得到恢复。此外，被恢复的数据还会被加密返还，用户的隐私也能得到严格保护。

总结：重要数据备份优选

希捷锦系列移动硬盘在外观设计上做到了简约优雅，极致隽永，只为更好地存储用户数据而生。在使用上，130MB/s 左右传输速度能够有效应对笔记本、手机稳定地传输备份数据，还能通过软件安全备份、保护数据。3 年有限质保，搭配希捷 3 年内原厂数据恢复 1 次的服务更安心。对于个人数据量大的用户来说，希捷锦系列移动硬盘绝对算得上机械硬盘里的优等生，安全、稳定，值得购买。

小屏死了，小折火了

■ 何伟权

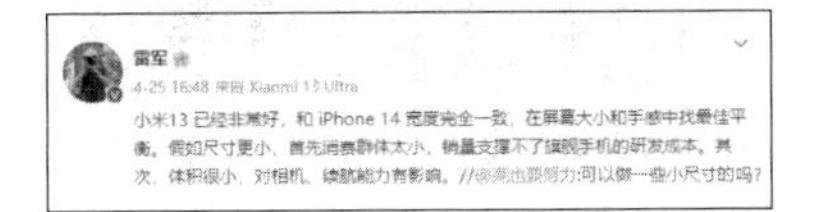

在不少用户需求调研中，小屏手机的呼声一直很高，但是市面上的机型大多都在 5.7 英寸左右，能买到的“小屏手机”也只有 iPhone 14、三星 Galaxy S23 以及小米 13——它们的屏幕尺寸也达到了 6.1 英寸和 6.36 英寸，早就不是大家印象中的小屏了。

为了解决“又要大、又要小”这个看似矛盾的需求，手机厂商转变了思路，开始转攻竖向小折叠手机，包括早期的三星、华为和入局不久的 OPPO、vivo，再加上最近的摩托罗拉，不少手机厂商都推出或者正在筹备小折叠机型。

那么，手机厂商为什么不直接推出大家一直想要的小屏直板手机，反而去攻坚技术难度更高的小折叠机型呢？

小屏手机“不赚钱”

我跟许多小屏党聊过，大家的主要需求无非就是便携、单手握持，这两点看起来很简单对吧，其实在现在的日常应用场景下，屏幕肯定不能太小，厂商只能尽可能地提高屏占比，让手机“瘦身”。

为了满足基本的流畅度需求，手机的性能必须在线，如果偶尔玩玩游戏，处理器还得加码；随之而来的散热水平也要堆上去，相机肯定不能只是扫码，续航也要至少满足一天一充……

显然，大家想要的从来就不是小屏手机，而是屏幕尽量大的小机身手机。但是在寸土寸金的手机空间中，即使只是满足基本的用机需求，将这些全都塞进寸土寸金的手机内部空间，仍然不是一件容易的事。

小米 CEO 雷军就在和网友互动中表示，小体积手机对相机、续航能力有影响，同时还提到一个最关键的信息：销量支撑不了旗舰手机的研发成本。的确，厂商不可能为爱发电，一部手机的研发、生产过程都需要大量的资金，销量上不去，产品线自然很难支撑。

即使是销量和利润率都领先的 iPhone 手机，它的 mini 和 SE 系列机型销量也不太让人满意。以 iPhone 13 mini 为例，整体销量在 iPhone 13 全系中仅占 5%，而 6.1 英寸的 iPhone 13 占比高达 51%。再往前一年，iPhone 12 mini 的销量在全系中也只达到了 6%。

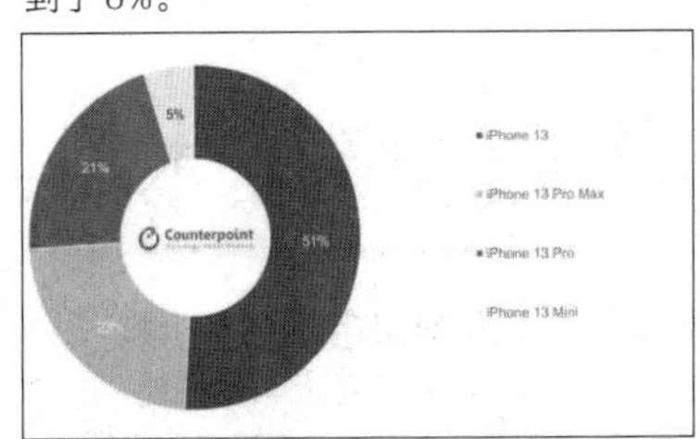

销量不好，是因为小尺寸机型不好吗？显然不是，同样来看 iPhone 13 mini，屏幕除了尺寸较小，其他参数都足够亮眼：476 PPI 和 1200 尼特峰值亮度、HDR、原彩显示……即使放在现在仍然拿得出手。此外，它还有 A15 仿生芯片，性能也完全在线，影像能力也不差，只是因为小体积导致续航受限。

但是，小尺寸机身已经无法满足大家的影音娱乐及续航需求，当销量无法支撑成本，厂商只能壮士断腕——苹果在去年的 iPhone 14 系列机型中用 iPhone 14 Plus

替换了 iPhone 14 mini，至于安卓厂商，早就不做 6 英寸以下的机型了。

竖向折叠手机成为市场主流

又要小巧便携，又不能牺牲屏幕、续航等主要体验，看似矛盾，也不是无解，近几年兴起的折叠屏手机就是很好的解决方案。据数据分析机构 IDC 统计，2022 年中国智能手机整体出货量约为 2.86 亿台，和前年相比下降了 13.2%，创下了有史以来最大降幅，这也是 10 年来，国内手机市场出货量首次回落到 3 亿台以下。

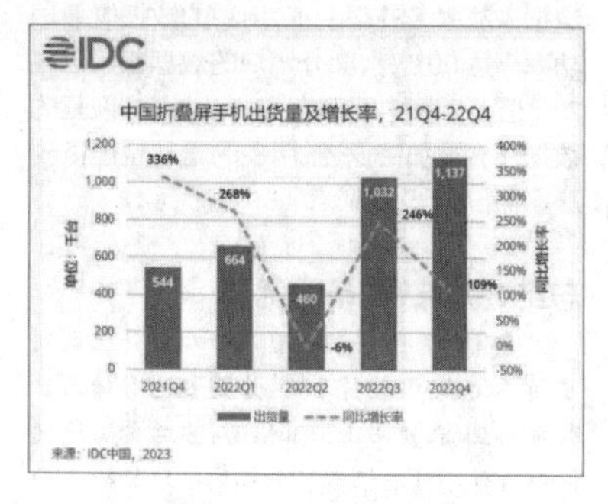

即便如此，折叠屏手机出货量也达到了 330 万台，同比增幅高达 118%。要知道，折叠屏机型大多是价格较高的旗舰机，显然消费者已经开始接受这样的产品形态，让它成为市场上的新宠。

据 CINNO Research 的数据显示，截止到今年 1 月，国内市场折叠屏机型均价从去年同期的 12839 元降至 9428 元，降幅达到了 27%。其中有很大一部分原因就是价格较为亲民的小折叠机型逐渐成为市场上的主力，占比达到 42%。

目前的国产竖折机型，起售价格大多做到了 6000 元以下，不再是动辄上万元，消费者买得起，自然就愿意关注了。

不光是价格，竖折手机因为产品形态的变化，很大程度地解决了横折手机相对厚重的问题，外观方面，它很像女生们随身携带的化妆盒，厂商在规划产品外观和功能的时候，加入了许多针对性设计，自然是吸引了很多年轻、时尚且看重颜值的女性用户。

竖折机型展开后和传统直板手机差异不大，主要设计还是体现在外屏上。比如 OPPO 的首款竖折机型 Find N2 Flip，就在外屏上加入了“任意窗”功能，可使用悬停自拍、日程安排、快捷回复、应用双屏同开等功能，让折叠屏机型扩展出更多的玩法，好看且实用。

在今年 1 月份国内折叠屏市场中，OPPO 也因此以 30%的份额跃居榜首，最大的功臣就是 Find N2 Flip——以 44%的市场份额，夺得了竖折手机市场份额第一的位置。

类似的还有 vivo X Flip，它的外观就采用了少女感满满的小香风设计，比如菱紫版配色就采用了紫色素皮菱格纹，这是一种广泛用于奢侈品牌小包上的工艺，手感软糯，不像传统手机的玻璃那样冰冷，一旦上手，相信小仙女们肯定会喜欢上的。

它的外屏同样有许多定制化功能，传统的时钟、通知等就不说了，还可以在外屏养电子宠物、回复微信、刷小红书等，不少女性用户的刚需应用都得到了适配。最实用的也许就是化妆镜功能了，很好地利用了竖折手机的产品形态，底妆、眼影、腮红……一秒上妆，简直就是化妆神器。

主流厂商 ALL IN 小折叠

类似的例子很多，除了前面提到的 Find N2 Flip、vivo X Flip，还有华为的 Pocket/Pocket S，后者也以 5000 多元的价格打入主流价位，吸引了许多想要华为折叠屏，预算又不是太高的用户，摩托罗拉也发布了多款 razr 系列小折叠机型……

主流的国产手机厂商中，只有小米和荣耀暂时还未推出竖折手机了，其实此前已经剧透过“荣耀 90Pocket”，小米也多次爆出竖向折叠手机的消息，在上个月还有一个全新的竖向外折手机的专利获批。显然，大家都在全力备战，让自家的产品更为完善的时候再正式发布吧。

现在你知道手机厂商为什么不去做真正的小屏手机了吧：各家对于屏幕尺寸在 6 英寸以下的机型都是轻车熟路，但是市场早已改变，小屏手机已经无法满足多数人的视频、游戏需求，即使是刷朋友圈，大屏的体验也会好很多。即使是有需求，也只是少数群体，销量跟不上，厂商赚不到钱只能放弃。

新兴的竖折机型就不一样了，它合起来能满足小巧便携的需求，展开后就是一部完整的直板手机，技术更迭之后，多数厂商的折痕控制已经做得很好了，观看体验并不会有什么影响。

竖折机型还有一个好处，那就是续航能力不会打折，即使是重度用户，也能满足一天的正常使用，不会存在续航焦虑，用起来也更随意。

最关键的是，大部分竖折机型的售价都和主流旗舰手机相当，只是部分体验没有那么极致，各家也针对折叠屏这个特殊的产品形态开发了许多有趣、实用的玩法，特别是一些女性用户的独有功能，足够吸引眼球。再加上这类用户大多不是参数党，相对更看重手机的颜值，无论对于手机厂商还是用户来说，竖折机型都是更优解。

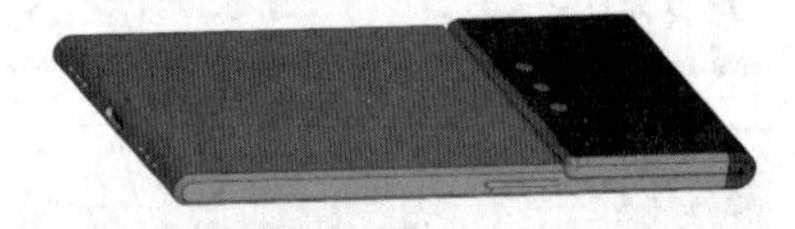

小米竖向外折叠机型专利图

电视影像技术升级：以后没这两个功能别买

■ 小杰

Filmmaker 升级后带来新功能

作为客厅娱乐的显示屏，电视是一个扩展性极强的产品，它的价格其实不算便宜，如果说尺寸的话不如投影仪，但电视是目前包容性最强的视听娱乐设备，它似乎有无限可能性，所有视频、音频相关的新技术和新功能，都可以在电视上体现并刺激用户的视觉和听觉，这或许就是电视依然能继续向前发展的原因之一。

实际上为了满足要求较高的人群在视听部分的需求，电视这几年在技术发展上一直比较快，除了更好的面板、更出色的画质优化，在涉及电视用户最关键的两个用途部分——视频和游戏，电视厂商以及整个行业也都在不停地进步。比如说 Filmmaker 模式就是让大家欣赏到原汁原味的电影；比如说游戏模式就能让大家获得最低的延迟，甚至因为 HDR 的流行还诞生了像 HGiG 这样针对游戏的 HDR 映射功能。

先来说说 Filmmaker 模式，这项功能其实就是让大家在观看电影的时候，关闭一些非必要的画质处理技术，比如说 MEMC 以及降噪等电视图像优化技术，让用户能以制作人的角度去欣赏一个原汁原味的电影画面。在这个模式中，保留了电影原有的所有图像特性，理论上也就是电影拍成什么样子，我们就能看到什么样子。这个功能是由 UHD 联盟推出的，现在已经普及到各个中高端电视上，包括国内的电视品牌不少都有这个功能。

这个功能之前也算不上太完美，因为 Filmmaker 的影像是固定的，不会根据环境来自动调整，所以如果在明暗以及不同色温的环境下观看电影，那么图像虽然在物理上不会改变，但用户的视觉体验是会受到环境影响的，从而会感觉图像有一些变化。而现在 Filmmaker 模式的功能已经升级，在最新的 Filmmaker 升级版功能中，Filmmaker 模式将成为一种自适应模式，确保在任何照明条件下都能准确再现图像。

比如在相对暖色的环境下，自适应 Filmmaker 模式会降低色温，或在极亮的环

Filmmaker自适应模式是由UHD联盟推出的功能

境中将颜色调暗一些,这样从视觉上让用户感受到统一并且准确的画面。Filmmaker 自适应模式,也是由 UHD 联盟推出的功能,所以它不属于某款电视的专属功能,理论上任何电视都可以适配这一新的模式。

不过匹配环境并自动改变一些细节,当然也需要芯片计算了,所以不知道各大电视品牌什么时候会加入这一功能。目前松下今年新的中高端电视,会支持 Filmmaker 自适应模式,理论上 2023 年的电视支持可能性比较高,特别是使用了联发科新一代芯片的产品,至于像索尼那样,在今年的电视芯片上还大量使用联发科上一代芯片,那就不好说了。

另一个值得关注的功能则是和游戏相关。我们目前在电视上玩游戏,都会自动进入游戏模式,这个功能现在各家电视都做得比较完善了。不过三星和 LG 都在自己的电视中引入了 HGiG 功能,这样在游戏的 HDR 映射中可以做得更完美(也需要游戏硬件和软件匹配),索尼电视针对 PS5 的 HDR 优化,实际上也包括了 HDR 映射方案。

这里要多说一句,国内的其他电视,包括 TCL、海信等就不支持像 HGiG 这样的游戏功能,能做好 VRR 和 ALLM 就算不错了,单独针对游戏 HDR 映射做优化就不要想太多了。有点讽刺的是,某些国内电视品牌,在海外推出的电视是有 HGiG 功能的,但是到了国内就直接阉割了,让人很是服气。

备受关注的真实游戏模式

而在联发科推出 Pentonic 系列芯片后,所有采用 Pentonic 芯片的电视,实际上都会支持 Calman 的自动调校功能,而在这个基础上,现在又衍生出一个新的游戏模式,那就是“True Game Mode”(真实游戏模式),这个游戏模式是在过去基础上,对色彩和 HDR 的映射做出了进一步的提升,实际上它是包括色彩优化和 HDR 映射两部分功能。

过去的游戏模式,其实有点类似 PC 模式,没有多余的画质优化,没有多余的色彩味精,这样可以获得最高的延迟,当然颜色是什么表现,就看游戏制作人怎么做的游戏,以及电视本身的色彩风格了。而加入了 HGiG 这样的 HDR 映射模式后,由主机以及电脑系统这样的硬件来做映射,电视就可以只匹配映射后的亮度,以达到最高的亮度以及最佳的细节表现。

而新的“真实游戏模式”则有点不同,真实游戏模式是可以将电影可用的所有色彩准确度功能带入游戏世界,这样游戏在延迟不会提升的前提下,可以获得更丰富的色彩,甚至可以在游戏中体验到电影色彩的厚重感,让用户提升游戏时的视觉体验。

另外这一模式还拥有改进的 HDR 映射功能,和 HGiG 很类似,都是从游戏设备做映射,然后输入到电视后达到适配电视的最佳亮度和细节表现。有趣的是,这个功能支持 Calman 的色彩校正功能,这也是首个官方宣布支持 Calman 的游戏模式,这意味着游戏制作人的画面色彩制作意图,其实可以通过这种方式完全展现在玩家眼前,让玩家获得最精准的游戏画面,这部分倒是和 Filmmaker 模式相似。

我们估计这个功能也需要单独的芯片支持,无论是画质芯片还是主芯片可能都会有一些要求。目前松下的电视支持这一功能,同时《暗黑破坏神 4》由于和松下合作,所以游戏软件部分应该也会适配新的游戏模式。

在我们看来,无论是 Filmmaker 自适应模式还是真实游戏模式,更多还是在提升中高端电视对于用户的吸引力,以及彰显电视厂商自己的实力。在全球厂商都在推广高端电视的时候,在这些细节和功能上的差异,或许就能决定用户的购买倾向。

新一代蓝牙技术:LE Audio带来的耳机进化

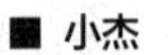
■ 小杰

蓝牙音频技术的现状

说到 LE Audio 这个新的技术规范,可能很多人都会觉得陌生,这实际上是蓝牙版本发展到 5.2 后随之演化出来的新的蓝牙音频标准。这个技术最大的亮点就是搭配全新 LC3 音频编码器,让兼具低延迟、低功耗与高音质的真无线蓝牙耳机变得指日可待。而现在,我们就一起来了解这个下一代的蓝牙音频技术。

在蓝牙技术中,协议是非常关键的,设备支持的协议越多,功能也就越广泛,也就是说在无线传输的时候能做到的事情也就越多。而手机、播放器的音源能传到耳机上面播放,主要是因为蓝牙技术中的 A2DP 规范。A2DP(Advanced Audio Distribution Profile)是蓝牙立体声音频传输协议的简称,它是现在听歌常用的传统蓝牙传输协议,其可在两个蓝牙音频设备之间传送品质较好的立体声音信号。

但为了确保传输信号的过程不会卡顿中断,以及蓝牙设备间的顺畅互通,音频信号必须在蓝牙有限的传输带宽中经过编解码器来压缩和编码传递,而这个过程便造成无线音频一直存在品质低和迟延两大痛点。不过直到现在,我们常见的蓝牙音频格式,实际上都是被 A2DP 协议所支持,它们同时也会受到相应的限制。

几种常见的蓝牙音频格式

目前我们常见的蓝牙音频格式,主要有 SBC、AAC、aptX 以及 LDAC 几种。理论上它们都是由智能手机、电脑等发射端将所要播放的音频信号解码成 PCM 格式的数字信号,然后再通过双方都支持的 SBC、AAC 或 aptX 编码格式进行编码,最后再经由蓝牙发送至蓝牙音箱或蓝牙耳机等接收端的蓝牙接收器,解码成 PCM 格式,最后再转换成原始音频信号播放,不过在执行编码和解码的过程中都需要时间,所以这就造成了在原始信号和解码后重建信号间的延迟,同时在压缩与编码过程中,对音质产生了影响。

这几种主要编码格式中,SBC(Sub-band Coding)是广泛支持的早期格式,但会造成音质失真。

随着蓝牙带宽与芯片效能进步,蓝牙音频技术进而发展出拥有较高压缩比的 AAC(Advanced Audio Coding)格式,这也是目前苹果相关产品所使用的主流编码格式。和 SBC 比较起来,AAC 在相同的位元率之下能提供更大的压缩比和更小的信息量,在音质与大小部分都要优于 SBC,也就是单个音频文件容量更小,但是音质却更好。

至于很多人推崇的 aptX,最早是由 Audio Processing Technology 公司所提出,使用高音频压缩技术,让蓝牙得以在接近无损的情况下传送声音。aptX 是非开源的技术,所以厂商需要支付授权费才能使用。从市面的产品来看,不少获得授权的手机或者音频厂商,都会支持 aptX 以及 LDAC,不过同时支持这两种音频格式的蓝牙耳机其实不算特别多,索尼的耳机会更多支持 LDAC,而真无线耳机中甚至支持

aptX 的都不算多。

蓝牙 5.2 和 LE Audio 音频技术

而最新的 LE Audio 音频技术，绕不开蓝牙 5.2 了，因为这两个东西是紧密联系起来的，或者说只要设备支持蓝牙 5.2 这个版本，那就会支持 LE Audio 技术了。2020 年蓝牙技术联盟在 CES 上发表了蓝牙核心规范 5.2 版本，同时新一代蓝牙音信技术标准 LE Audio 低功耗音信传输技术也随之问世。而在 2021 年，具体的技术标准算是确立了下来，从 2022 年末开始，逐渐有支持 LE Audio 技术的蓝牙 5.2 设备出现了。

蓝牙 4.1 到 5.1 版本，提升了蓝牙的传输速度、范围、延迟和蓝牙定位等功能，但在音频方面几乎没有进步。而蓝牙 5.2 版本就迎来了史诗级的进化，有三大技术更新：一是 EATT (Enhanced Attribute Protocol)增强属性协议，更新了蓝牙信号封包发送模式，让蓝牙信号能更密集地传输；二是新加入了 LE 同步传输通道(LE Isochronous Channels)，蓝牙技术联盟定义了蓝牙低功率音频(LE Audio)信号的传输与时间同步的方式，确保在进行一对多的音频传输时，每个接收到的装置之间的音乐是同步的；三是低功耗蓝牙功率控制(LE Power Control)技术，这项技术能动态调整低功耗蓝牙传输功率，让设备更省电，连接也更稳定。

SBC、aptX、AAC 以及 LDAC 其实都是 A2DP 协议所支持的编码格式，而 LE Audio 是基于蓝牙 5.2 版本规范的全新蓝牙音频技术标准，而非传统的 A2DP 规范，它主要强化音频方面的应用，同时具有节省运作时电力消耗的特色。LE Audio 可以兼容传统经典蓝牙频谱的 Classic Audio 装置，同时拥有全新编解码器 LC3 与更多新功能的支持。也就是说只要蓝牙芯片支持 5.2 版本就可以支持 LE Audio，不需要去使用很高端的蓝牙芯片，这样也算给用户和厂商降低了成本。

根据官方的说法，和之前蓝牙音频设备使用的 SBC 编解码器相比，LC3 能在 240~345Kbps 的码率下提供更出色的音质，并能在维持音质表现的前提下将码率压到 160~192Kbps，更可通过节省带宽需求的方式降低工作量，进一步发挥省电的功效。但是蓝牙技术联盟也提醒，LC3 编解码还是采用破坏性的压缩，所以在压缩过程中仍会牺牲少许音质。

当然耳机支持蓝牙 5.2，不代表就一定支持 LE Audio 技术，只能说支持 LE Audio 技术的蓝牙耳机，至少就是蓝牙 5.2，所以目前实际上支持 LE Audio 技术的蓝牙耳机还并不多。不过像三星、索尼一些支持 LE Audio 的真无线蓝牙耳机也不算太便宜，如果尝鲜可以试试，否则也可以等支持 LE Audio 技术的耳机多了，价格下来再购买。

显示器HDMI2.1，如何正确识别带宽

■ 小杰

HDMI 2.1 到底有几种带宽?

关于 HDMI 2.1 接口，这本不是一个新鲜的话题，笔者最近遇到一款显示器，号称满血 HDMI 2.1，实际上 HDMI 2.1 带宽却远远达不到满血 48Gbps，只有 24Gbps，所以今天的编辑观察，一方面可以说说为啥会有这种情况出现，另一方面也可以说说各种显示器品牌会在 HDMI 2.1 接口上做怎样的设计。

我们都知道 HDMI 2.0 的带宽是 18Gbps，这也是过去 HDMI 接口 TMDS (Silicon Image 公司开发的一项高速传输数据技术，可用于 DVI 与 HDMI 的视频传输接口)传输模式能达到的极限带宽。而到了 HDMI 2.1，除了兼容 TMDS 模式之外，新的标准还增加了 FRL 模式。简单来说有了 FRL 模式，HDMI 2.1 就可以采用最大四组传输通道来传输数据，每组通道最大 12Gbps，这样算起来满血 HDMI 2.1 就能达到 48Gbps 了。

但实际上，在 FRL 模式的规范中，最小通道为三组，每组最小带宽为 3Gbps，这样最小的带宽就只有 9Gbps，这显然就太小了，所以也没人敢说这是正儿八经的 HDMI 2.1，怎么也要超越 HDMI 2.0 的 18Gbps 才行。

以这个底线为前提，在拥有四组通道的时候，单独通道的带宽分别有 6Gbps、8Gbps、10Gbps 以及 12Gbps 这四种，也就是说总共的带宽分别为 24Gbps、32Gbps、40Gbps 以及 48Gbps。

这几种 HDMI 2.1 接口，支持的带宽不同，所能达到的最高视频规格也不同。不过就算是只有 24Gbps 的带宽，厂商也可以说自己是 HDMI 2.1，这没有问题，只是说自己是满血 HDMI 2.1 接口，那么多少有点虚标。只不过在 HDMI 联盟宣布取消 HDMI 2.0，并将 HDMI 2.0 接口并入 HDMI 2.1 后，整个行业都“放飞自我”，比如电视厂商也可以堂而皇之将 HDMI 2.0 接口说成是 HDMI 2.1 了，那么现在一些厂商将 24Gbps 的 HDMI 2.1 接口说成是满血 HDMI 2.1，消费者其实并不容易去分辨。

HDMI 2.1 视频规格和 DSC 那点事儿

HDMI 2.1 不同的带宽，所能支持的最高视频格式自然也就不同。以 4K 分辨率为例，满血 48Gbps 可以做到 4K/120Hz 下，以 12bit 色深在 YUV 444(或者 RGB)输出画面；40Gbps 在 4K/120Hz 下，则会降到以 10bit 色深在 YUV 444 下输出画面；32Gbps 在 4K/120Hz 下，可以以 8bit 色深在 YUV 444 下输出画面；而最低的 24Gbps 带宽，在 4K/120Hz 下，则进一步降低规格，只能在各种色深下输出 YUV 420 的画面。

要注意的一点是，在 HDMI 2.1 规范中加入了 DSC 这一功能，DSC 大家应该都比较熟悉，是一种称为无视觉差异的信号压缩，这一功能只能在 FRL 传输模式下实现，所以 HDMI 接口的 DSC 功能也只能在 HDMI 2.1 下才能实现。关于 DSC 功能我们不说太多细节，我们需要知道的是，DSC 允许信号压缩的最大比例为 3:1，所以当 DSC 功能开启后，HDMI 2.1 的带宽问题当然也就能很轻易解决了。

按照这个比例，那么 48Gbps 的 HDMI 2.1 带宽，有效带宽就变成了 144Gbps；而最小的 24Gbps 带宽，也就变成了 72Gbps，这样实际上哪怕是带宽最低的 HDMI 2.1 接口，也能满足高分辨率、高色深、高采样率以及高刷新率的带宽需求了。所以为什么很多显示器的 HDMI 2.1 接口只有 24Gbps，但同样能在 4K 分辨下做到 144Hz 的刷新率，同时还能保持 10bit 色深以及 YUV 444 的输出，这都是 DSC 的功劳了。

要注意的是，目前 DSC 功能并不是一个 HDMI 2.1 的默认功能，所以要不要使用 DSC 功能，完全由设备厂商自己决定。另外 DSC 功能也需要输出设备和输入设备同时支持才行，这点就和我们了解的大多数情况相同。

比如说在输入设备部分，电视厂商的

HDMI 2.1 接口基本都不会支持 DSC 功能，而显示器厂商则大多数会支持；而在输出设备方面，PC 显卡目前都会支持 DSC 功能，从上一代 RTX 30 或者 RX 6000 开始就没问题，而影音设备比如蓝光机、游戏机则大多数不支持。所以其实这很有趣，涉及 PC 部分的，包括显示器和显卡，都能支持 DSC；而在电视或者娱乐设备上则没这个必要，所以基本都不会支持。

显示器厂商的选择

在具体谈显示器厂商在 HDMI 2.1 上的选择之前，我们要先说关于什么决定 HDMI 2.1 接口带宽这件事。说白了就是设备的 HDMI 芯片，比如说电视基本就是主芯片整合了 HDMI 芯片，而显示器部分则需要单独的 HDMI 芯片。

做这个 HDMI 芯片的就很多了，这里不一一列出，要知道的是，单独芯片也好整合也好，总是有厂商做出不同带宽的 HDMI 2.1，FRL 模式的四个通道没有疑问，只不过有的厂商单条通道做 6Gbps，这样接口就只有 24Gbps，有的厂商单条通道做 12Gbps，那么接口就只有 48Gbps。

可以肯定的是，24Gbps 肯定会比 48Gbps 节约成本一些，当然由于 DSC 也需要芯片来支持，所以如果 24Gbps 加上 DSC 芯片，其实估计也节约不到什么地方了。很多时候，我们看到显示器厂商，在 HDMI 2.1 上如果采用 48Gbps 的带宽，那么基本不会采用 DSC 功能；而在 HDMI 2.1 接口上支持 DSC 技术的，多半也不会支持 48Gbps 的带宽了。当然这里还是要说明，我们主要说的是显示器的 HDMI 接口，不涉及电视机也不涉及 DP 接口。

千元级NAS极空间Z2Pro体验

■ 电脑报工程师　蒋丽

如今，越来越多的用户选择 NAS 存储来备份大容量数据，将它作为 24 小时可以随时访问、不用随身携带的超级移动硬盘。而且 NAS 早已过了操作复杂，配置困难的时代，千元级也能给你功能全面、应用齐全又流畅的使用体验。这其中极空间新发布的千元机 Z2Pro 私有云，让你知道什么 NAS 才叫真正好用的存储设备。

简单 | 装上硬盘，通电就用

在使用之前，安装硬盘是重要的一个步骤。极空间 Z2Pro 提供两个机械硬盘位以及一个 M.2 SSD 位置，你可以根据自己的数据量情况来选择安装多大的硬盘(PS：如果你选择的是带硬盘版 Z2 Pro，就无需这个步骤了)。

硬盘安装完毕，NAS 设备的体验之旅正式开始了。有人会问，NAS 设备设置不是一直都很繁琐吗？但是极空间 Z2Pro 私有云配置却非常简单，注册账户后按照配置向导很快就能完成设置。

事先下载“极空间”客户端，选择新设备注册，扫描设备上的二维码进行操作，可以确保能够访问这款设备的人都是你周边且熟悉的人，进一步保证数据的安全性。通过手机号注册，每个设备有一个管理员账号，其他的均为普通账号，每个人的权限各有不同，这样也更有利于管理硬盘的资料隐私性。

账号注册绑定之后，系统会直接指引你进行硬盘配置。相对传统的 NAS 配置前需要输入 IP 地址、建立磁盘群组、设置同步模式等复杂的操作而言，极空间 Z2Pro 图形化界面简单易懂，跟随步骤操作就能轻松连接到 NAS 使用。而这一份“简单”来自极空间研发人员无数次的尝试、调整和优化，只为了让大家能够更便捷自由地使用 NAS。就冲这一点，我们必须给极空间鼓鼓掌。

全面 | 多客户端访问，共通性与个性化并存

一个账号，不同客户端通用，你以为极空间 Z2Pro 的优势只有这一点点？极空间 Z2Pro 支持手机、PC、电视设备，同时在手机端又细分了 APP 和小程序，PC 端细分了 Web 和客户端，并兼容 Windows 和 Mac，另外电视端还做了大量优化。与其他品牌 NAS 不同的是，极空间 NAS 还准备了适合老人使用的亲情版本，充分考虑了全家人的数据存储和使用需求。

·缓解手机容量焦虑，Z2Pro是真懂用户痛点

对于大部分人来说，存储容量焦虑主要来自手机，极空间 Z2Pro 也充分考虑到了这一点，所以极空间的手机客户端的功能相当全面。

在手机 APP 首页，我们就能看到极空间 Z2Pro 提供多样化的应用功能，并且针对每个应用都提供文字或者是视频形式的使用说明，不至于让小白用户在操作中感到迷茫，这样也进一步淡化了大家对于 NAS 难用的观念。另外，从每个应用的命名上就能看出极空间私有云与其他 NAS 设备的不同与用心。手机备份功能想必是大家最喜欢的吧，这就是缓解手机空间焦虑的最好办法。使用极空间 Z2Pro 可以直接进行相册备份和微信备份，方便了不少。

极相册和极影视也是极空间 Z2Pro 的特色功能。这两个功能的使用就跟我们手机本地进行图片、视频分类整理一样简单，更贴近于用户日常数据保存和整理习惯，丝毫不会让用户觉得使用 NAS 来存储会变得很麻烦，而这恰恰也是极空间 Z2Pro 的高明之处。

极影视则是极空间 Z2Pro 的一项行业领先的智能匹配技术的成果。用户只需要将存储影视剧的文件夹绑定到极影视即可。无须各种复杂设置，即可在手机、PC、电视各端

手机客户端功能齐全

流畅播放。切换音轨、字幕功能都具备。只要播放环境网络带宽给力，就能体会到媲美蓝光播放机的观看感受。不仅如此，用户可以根据类型进行筛选、合集整理、专辑整理等，还有智能和高级模式切换。选择智能模式可以智能分类成电影电视剧，而高级模式就可以完全按照自己的想法组织分类。

即使是你的手机、电脑跟 NAS 并不在同一个网络环境，只需要登录账号，同样可以远程快速访问极空间 Z2Pro 里的数据。这样一来，既不需要占用你的手机、电脑本地空间，查阅照片、影视播放都能轻松实现，Z2Pro 就是一个随用随取的数据站。

·PC端更符合办公使用习惯

你可以从极空间官网下载 PC 端 App，也可以直接网页端识别到极空间私有云。个人建议下载客户端更加方便使用一些。PC 端首次登录时会提示你进行安全验证，充分

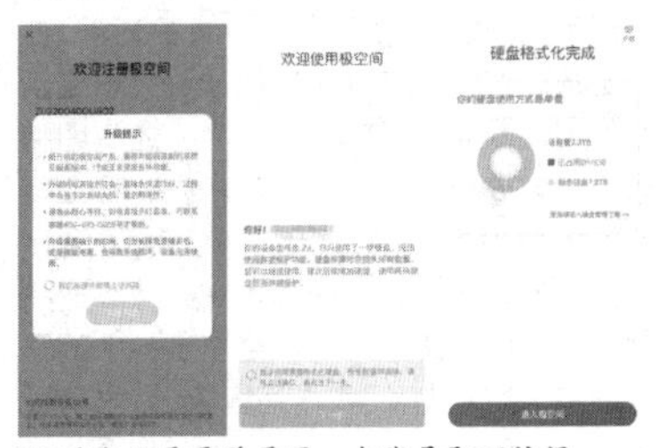

PC端也只需要登录同一个账号即可访问

PC端应用很符合办公使用习惯

保障NAS数据安全。

与手机端不同的是，在PC端增加了更多的数据备份形式，譬如Mac备份、FTP备份、迅雷网盘等，更加符合我们日常办公使用中数据备份的习惯，不管你是使用网盘备份还是整机备份，都能轻松解决，这样就能确保多终端设备访问的信息同步。

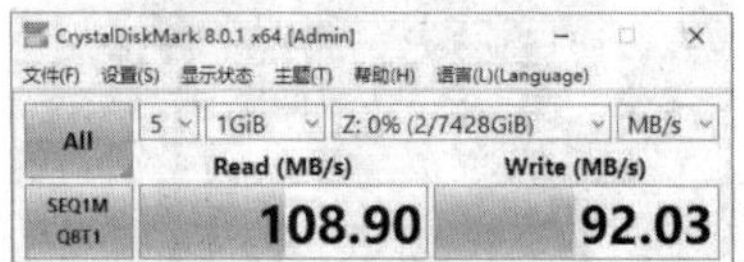

硬盘速度达到测试环境网络满速(千兆网络)

我们可以将极空间直接挂载为本地磁盘，通过电脑上传下载资料就变得方便多了。并且，在客户端使用说明中有明显的提示：自动挂载功能适用于办公场景，处理较少量办公文档等。另外，一旦设置了挂载磁盘，删除极空间里的数据就会永久删除，请谨慎操作。不得不说，极空间的这波操作真的很用心了。在这个情况下，硬盘的速度表现又如何呢？测试一下就知道了。

将极空间Z2Pro挂载为本地磁盘之后，就可以轻松随意地拖拽文件到NAS中存储了。悄悄告诉你，Z2Pro最大支持2×22TB机械硬盘设置，可实现44TB大容量，还可安装PCIe 3.0 M.2 SSD做快速存储盘，机身设计的USB接口还能连接外部存储工具，实现进一步容量扩展。这下，真的不用担心存储空间不够了。

·HDMI 2.1加持，TV直连高清播放

有了极空间Z2Pro，高清影片播放与存储也变得简单了。高清影片很占内存，百GB一部影片也很正常，喜欢珍藏影片的用户光靠笔记本或者手机存储，显然不够用。选择极空间Z2Pro就能很顺利地解决这个问题。Z2Pro自带HDMI2.1接口，可以直接连接显示器、投影仪、电视，加上Z2Pro不错的视频解码能力，完全可以直接作为一个本地高清视频播放器设备使用，普通用户省去了购买播放器的开销。

建议下载极空间TV版客户端，可以直接通过极影视应用播放高清电影。和一些蓝光视频播放器一样，“极影视”功能可以对影片提供自动搜索、外挂添加字幕、音轨切换的实用功能，自动实现很多其他NAS上需要繁琐设计才能实现的功能，对于大多数用户都非常友好。同时，用客户端播放相册资料也相当方便，可以选择视图模式、幻灯片形式，你可以挑选自己最舒服的方式来欣赏。

总结：NAS能用到好用，你缺一台极空间Z2Pro

说了这么多，回到一个最初的问题：你为什么要购买NAS呢？在数据存取过程中，NAS操作系统是否好用，才是我们更应该重视和抓住的重点。极空间Z2Pro正是抓住了用户痛点，从操作系统进行优化，让小白用户也能毫无压力地使用NAS，从这个角度来讲，它已经成功了一半。不同设备客户端也有针对性的应用设置，更加符合用户日常使用习惯。最关键的是，不管什么设备访问NAS，只需要登录账号就能连接，不需多余的步骤，就这一点就秒杀了无数“高端”NAS设备的复杂操作。

所以，什么人适合选择极空间Z2Pro呢？

·对于普通用户来说，非常重要的资料不会太多，为了应对日益增长的数据，选择这款千元级极空间Z2Pro NAS作为个人及家庭数据存储，双盘位44TB存储空间完全可以满足所有要求。还能提供网盘数据直接备份上传，相当方便。除了超大存储空间，数据高速传输、分享以外，极空间亲情版App的应用也充分考虑到了家里老年人使用手机的习惯。通过管理员账户给亲情账户分配内容，在亲情版App界面就能直接看到，点击就能查看或者播放。同时，亲情账号也可以将自己认为值得珍藏的内容上传到App，一并浏览。这样一来，家庭数据共享也变得更加方便且充满爱心了。

硬盘速度达到测试环境网络满速(千兆网络)

·创意工作室选购极空间Z2Pro也非常合适。将素材存储在NAS，小组成员通过不同的客户端都能访问。另外，管理员可以对每个访问设备的账号进行内容查看和编辑权限设置，这样也可以有效避免数据被人修改、调整导致不同步的问题。

作为一个千元级的NAS，极空间Z2Pro机身搭载瑞芯微RK3568Cortex-A55 4核心2GHz的CPU，ARM Mali G52的GPU，Neural Networks 1.0Tops的NPU；内置4GB DDR4的内存，2个SATA 3.0 HDD硬盘位以及一个M.2 SSD插槽，已经能够满足大多数普通用户的数据存储需求。

不仅如此，极空间Z2Pro有着媲美Windows系统的丰富又实用的功能，因为操作系统的细心优化，NAS存储各项操作简单且流畅。总的来说，千元级的极空间Z2Pro是一款功能全面、简洁好用的家用NAS设备，值得购买。

推荐几个靠谱又划算的苹果设备购买渠道

■ 何伟权

暑期一直是学生群体的消费旺季，特别是数码产品——每年毕业季，无论是刚刚收到录取通知书的准大学生，还是即将离开大学校园进入社会的年轻人，都会购买或更换手机、平板、电脑等产品，以迎接自己新的人生阶段。很多人在买数码产品的时候，可能第一时间都会想到品牌的官方渠道，比如官网、官方直营店、官方商城等等，要不就是京东、天猫等电商平台的品牌旗舰店，毕竟官方平台能保证正品货源，同时也提供了全方位的售前、售后服务。但其实，近几年各大品牌为了扩大销量，在越来越多的第三方平台开拓了销售渠道，比如不久前，苹果的Apple Store官方在线商店就在微信小程序中上线，让消费者有了新的选择。不仅如此，这些渠道不光提供了靠谱的货源，部分平台还有一定的折扣，能省不少钱。

官方渠道的优势是服务与政策

作为对比，我们首先来看看官方渠道。目前完全由苹果自主运营的渠道有线下的Apple Store零售店以及线上的App、官网和天猫旗舰店，还有新开的微信小程序(Apple Store官方在线商店)，这几大平台保持了价格统一，同时也提供了完全一样的

售前/售后服务。最大的区别就是天猫旗舰店会在双十一、6·18等“电商节”期间享

受平台的促销政策，在部分时间段会有一定的价格优势，其他的选购体验都是一致的。

苹果自营的优势，就是货源比较齐全，不会出现某个配置或者颜色缺货的情况，即使是新品上市期，也可以直接付款然后排队发货，不用像第三方电商平台那样卡点抢购，比较省心。

特别是 Apple Watch 系列，第三方平台的表带和表壳选择很少，一般都只有两三种搭配，缺乏个性化搭配。但官方平台根据不同尺寸、材质的 Apple Watch，拿出了几十种表带供选，还能直接看到搭配之后的效果，好不好看一眼便知，在挑选时会更直观。

除了备货充足，苹果自营平台的好处更多的还体现在服务方面，多数产品都提供了信用卡 24 期免息分期，比如 3199 元的 Apple Watch Series 8，每月只需 133 元，分期之后不存在什么购买压力。其他平台的分期服务需开通花呗、白条等第三方金融服务，还需要支付一定的手续费，相对没那么划算。

不仅是分期，官方平台还能使用免费个性化镌刻服务，无论是自己使用还是送给亲友，都会更有纪念意义。还有一点需要特别提到的是，最近苹果的返校季活动也已经正式开启（7 月 13 日到 10 月 2 日），iPad、Mac 等产品线都有不同程度的折扣。根据不同机型，大约有 10% 的降幅，上个月才发布的 M2 芯片 15 英寸版 MacBook Air，官方售价 10499 元起，使用教育优惠只需 9699 元起，优惠力度还是挺大的。

不仅是价格，在苹果的返校季活动期间购买产品还会附送额外的赠品：购买 13 英寸 /14 英寸 /16 英寸版 MacBook Pro 或者 13 英寸 /15 英寸版 MacBook Air 即可获赠第三代 AirPods，购买 11 英寸 /12.9 英寸版 iPad Pro 或者第五代 iPad Air，则会获赠第二代 Apple Pencil。

要知道，这两款赠品的价格分别为 1399 元和 999 元，加起来的套装价格，比第三方平台的百亿补贴价还要便宜。想要参与教育优惠，只需在官网上传自己的身份信息通过 UNiDAYS 认证即可，优惠活动也不只是面向大学生，包括高校学生家长、从幼儿园到大学的教职工都能参与该优惠政策。就算自己不是大学生，也可以找亲朋好友帮忙购买，算上折扣和赠品，还是挺划算的。

线下购机，别忽视了 APR 门店

至于线下渠道，仍然有不少的福利——可能有人会觉得在线下买电子产品会被坑，这其实是前几年“电脑城”给人留下的固有印象，只要选对了门店，线下购机也是很靠谱的。首先，大家肯定看到过很多挂着苹果 Logo 的线下店铺，但其中有很多都是没有经过官方授权的店铺，进去之后甚至有可能拿出其他品牌的手机，遇到这种，别怀疑，赶快撤。最靠谱的自然是苹果官方的 Apple Store 零售店，如果你所在的城市没有，不妨关注一下苹果的 APR 门店（Apple Premium Reseller，苹果优质经销商，具体位置可访问苹果官网查询：https://apr.mycoach.cn）。

它们作为苹果官方授权的经销商，在装修风格以及店员培训等各方面都完全按照苹果的 Apple Store 来执行，并且能享受完全一样的免息分期、以旧换新等优惠政策。同时 APR 门店的供货也比较齐全，特别是 Apple Watch 这类讲求佩戴体验的穿戴设备，建议在 APR 门店中试戴一下，挑选出最适合自己的尺寸、材质以及表带，这也是线下门店的优势之一。

对了，几乎每年的 iPhone 在新机上市时都会加价抢购，特别是 Pro 系列机型，如果在线上平台没有抢到，也可以来 APR 门店碰碰运气。毕竟苹果为不同渠道都准备了货源，说不定会有惊喜。

值得一提的是，在 APR 中还提供了类似天才吧的一对一私教服务，工作人员会帮你进行设备诊断 / 维修，或者教你各种设备的应用技巧，以及新机的数据导入、设置指导等服务，不定期还会举办类似 Today at Apple 的 My Weekend 周末一小时课程服务，只要是苹果用户，都能直接预约，售前 / 售后服务和苹果的 Apple Store 完全一致，而这一切，都是免费的。

不同平台和机型，“百亿补贴”的力度也不同

至于第三方平台，它们的优势自然是价格了，除了每年固定时段电商节以及平台促销，常年有效的活动就是百亿补贴。从今年 3 月份开始，淘宝和京东都花了大力气推广百亿补贴，部分产品的价格甚至比拼多多还低，想要省钱的话，不妨先比比价再做决定。

比如 512GB 版 iPhone 14，在百亿补贴之后，京东售价 7229 元，拼多多则是 7249 元（淘宝目前参与百亿补贴的机型仅有 iPhone 14 Pro Max 一款），京东相对更划算一些。

类似的还有第十代 iPad，以销量最好的 256GB 版为例，京东百亿补贴价 4169 元，淘宝和拼多多分别为 4138 元和 4209 元。当然，不同机型售价会有区别，比如原价 9899 元的 256GB 版 iPhone 14 Pro Max，在淘宝和天猫的百亿补贴专区售价分别为 8399 元、7949 元（该机型京东未参与百亿补贴），显然拼多多会更便宜。

相较于苹果官网，256GB 版 iPhone 14 Pro Max 的价格为 9899 元，百亿补贴力度接近 2000 元，这差价还是挺吸引人的。在选择产品时一定要多留意各版本的区别，即使是同一款机型，

不同颜色价格也会有较大区别（官网为统一售价），比如同样的 Apple Watch Series 8，午夜色参与了百亿补贴，售价 2518 元，而星光色则需要花费 2688 元才能入手；还有部分机型的 256GB 版本参与了百亿补贴，价格甚至比未参加补贴的 128GB 版还要便宜——大家在购买时一定要根据自己心仪的机型多方比价，别只看首页的最低价格，挑选配置之后可能会有坑哦！

还有一点就是，在购买时一定要认准拥有正品发票、平台质保、7 天无理由退货等服务的店铺，部分第三方店铺可能售价较低，但他们不一定能提供保障，切莫贪小便宜吃大亏。

如此一来，你知道该在哪入手苹果设备了吧。简单总结一下：如果有教育优惠资格，建议在返校季通过官网购买；对于未参加活动的产品，可考虑参与百亿补贴平台，在价格上有一定优势，需注意按照自己的心仪颜色 / 内存版本进行比价，提前避坑；对于不太了解数码产品的用户，建议选择线下的 Apple Store 和 APR 门店，能享受从换机到使用教学的一条龙服务，尽可能帮你解决后顾之忧，是相对省心的购机渠道。

机械硬盘销量惨淡还要涨价？这事不是没可能

来自硬盘渠道商的消息显示，8月份起硬盘厂商计划提价，最近零售版的行货硬盘价格已经上涨了。看到这，想必不少小伙伴开始疑惑了：厂商这是疯了吗？SSD快速抢占市场，冲击越来越大，机械硬盘还要涨价？或许这件事情不能仅从SSD带来的强势竞争来看待。

质疑之声源于机械硬盘的“困境”

SSD强势的竞争加上PC需求的降低，机械硬盘的日子相当难过。在今年初的时候，来自Trendfocus的报告描摹了机械硬盘三巨头过去一年的境遇，用惨烈来形容也不为过。从当时统计的出货量来看，希捷、东芝和西部数据均出现两位数的同比跌幅，即便是体量最小的东芝，也高达39%。

本以为今年上半年全球经济复苏，会有所改善，然而并没有。据统计，2023年第一季度，希捷、西数、东芝三大机械硬盘厂家共出货机械硬盘3350万-3490万块，同比大跌33.9%-36.5%，环比也跌了3.8%-7.6%。PC客户端和消费电子硬盘出货量约2250万块，同比跌了28%，其中3.5英寸硬盘约1250万块、2.5英寸硬盘约1000万块，分别跌了24%、33%。

而据最新的TrendFocus统计数据，2023年第二季度机械硬盘销售报告显示当季总量为3080万~3220万块之间，比去年同期下滑了20.2%。从数据上来看，相较于前一季度33.5%的降幅来说有所收敛，但形势依然严峻。

而这些下跌的数字，有很大一部分市场份额被SSD的销量占领了。尤其是在消费级市场，近乎白菜价的SSD已经成为用户的首选。对于大多数消费者来说，提高当前平台速度是当务之急。而这恰恰是固态硬盘的强项，也正是机械硬盘的消费困境。

尤其是在今年上半年，固态硬盘各品牌之间的竞争变得更加激烈，以至于SSD价格越来越便宜。对于大多数普通用户而言，选择SSD的性价比优势真的越来越明显了，而这势必会影响机械硬盘的生存空间。尤其是在今年6·18，消费级市场固态硬盘价格真的是白菜价了，更不要说行业、渠道价格有多低了。不得不说，SSD的这一波操作的确对于机械硬盘的销售带来了不少的冲击。

就在今年5月，存储解决方案和定制企业级SSD设备制造商Pure Storage的一位高管也曾表示，2028年之后HDD将在市场上消失，不会再销售了。虽说对于这一说法，大家的看法不一，也能看出机械硬盘目前的困局的确难破。但是，就此放任不管也绝不是硬盘厂商的作风，靠提价来提振营收也不是没可能。

涨价之由不可忽视机械硬盘的“根基”

现状已然如此艰难，机械硬盘还要涨价？或许我们该找找厂商涨价的底气和考量。不可否认，固态硬盘的价格战的确吸引了不少消费者，但也没能彻底撼动机械硬盘在企业级市场的份额占比，尤其是8TB到20TB甚至更大容量的机械硬盘的市场占比是固态硬盘一时半会儿达不到的。这或许就是机械硬盘厂商想要涨价的底气之一。

细看机械硬盘的优势，因其较高的存储容量和成本效益，常常被用于以下场景：

1. 数据备份：机械硬盘可用于存储大量数据，如备份、数据仓库等。

2. 高性能计算(HPC)：机械硬盘可以作为高性能计算集群的存储设备，为大规模数据处理和分析提供支持。

3. 企业级存储：企业级存储系统通常需要较大的存储容量和较低的成本，机械硬盘能够满足这些需求。

4. 低成本存储：对于预算有限的用户，机械硬盘可以提供较大的存储容量，同时价格相对较低。

5. 嵌入式系统：机械硬盘在嵌入式系统中广泛应用，如汽车电子、工业控制等。

·个人用户备份和NAS存储，机械硬盘优势明显

有必要跟大家说说重要数据备份的321原则：3个数据副本(保存三个数据副本，包括原始数据和至少两个副本)；2种不同的介质（使用两种不同的介质类型进行存储)；1个异地副本(这个很好理解，是为了防止由于站点故障而丢失数据的可能性)。机械硬盘在这个过程中能给消费者提供更低成本的备份支持。编辑也常常建议消费者在备份个人数据时，可选择单块容量5TB以下的机械硬盘，2TB和3TB容量款比较实用，价格也较为合适。有专业摄影素材存储、CAD制图等等应用的用户，平常需要存储大量视频素材的话，可以考虑10TB以内的硬盘或者直接搭建NAS系统，设置容灾备份，可以有效保存数据，又不用担心存储空间不够。如果是个人工作室或者中小企业，则建议搭建NAS系统更方便大家数据共享，对NAS硬盘的需求量也就大了。

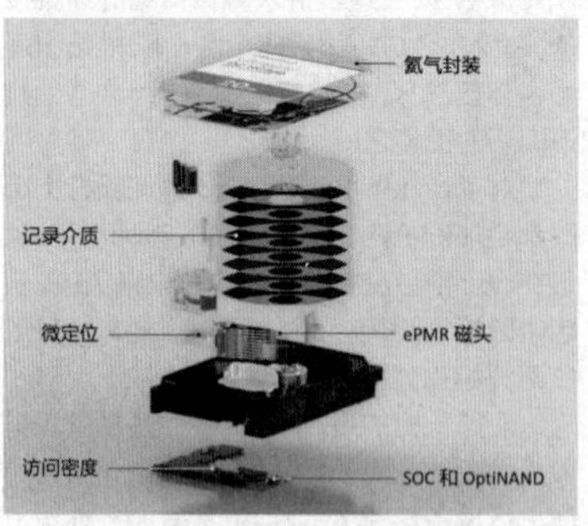

说到NAS存储，这也是目前机械硬盘出货量较大的渠道。经过厂商的不断调校优化，如今NAS存储早已不像之前那样复杂，NAS用户越来越多，NAS硬盘的需求量就变大了。虽说不少NAS支持固态硬盘快速缓存，也仅有很少用户选择大容量固态硬盘组合来作为NAS存储的主要介质，而经过NAS优化的机械硬盘才是存储主力。这类型的机械硬盘能够支持同时向多个源串流数据以及交付随机数据；扩展的错误恢复控制可以保证硬盘在即使关机的情况下，也不会出现数据丢失损毁，搭配高级电源管理、低运行温度以及智能振动容限，即使是多盘位一起使用也不会出现问题。对于数据量大的个人用户和中小企业，品牌NAS+机械硬盘的搭配是相当经济实用的。

·高性能计算和企业存储，大容量企业级硬盘仍是主力

随着5G、自动驾驶、元宇宙的逐渐普及，传统生产制造工厂、互联网、云计算和大数据等业务持续增长，各行各业每时每刻都在产生海量数据。尤其是AIGC的发展也给存储界带来更多利好的消息。根据6pen预测，未来五年10%-30%的图片内容由AI参与生成。Gartner也预计到2025年，生成式人工智能将占所有生成数据的10%。另外，IDC预测，到2025年，全球49%的存储数据可能驻留在公共云环境中，并且随着企业继续追求云技术以满足日益增长的数据处理和存储需求，云数据中心将成为新的企业数据仓库。因此凭借高容量、高可靠性以及低成本和低能耗等方面的优势，企业级机械硬盘无论是在企业级应用还是冷数据存储场景中，都是绝对的主力。

为了满足企业级用户在容量、性能、成本、稳定性等多个方面的高要求，硬盘厂商近年来也在加速创新技术的研发和使用。其中西部数据22TB Ultrastar DC HC570 HDD使用的OptiNAND技术，突破了传统存储界限的全新闪存增强型磁盘架构设计，将HDD的存储容量、性能和数据弹性提升至新的高度，在成熟的单碟2.2TB的氦气封装技术上实现了10碟更高的面密度。这项技术不仅集成了通用闪存存储iNAND UFS、嵌入式闪存盘EFD和旋转型磁碟介质，同时还革新了固件算法与SoC。进而实现了突破性的磁盘架构创新设计，带给企业级用户大容量存储更多可能性。

另外，面向云存储的希捷银河 Exos X20 为超大规模数据中心和海量横向扩展应用提供出色性能。4.16 毫秒低延迟和可重复响应，增强缓存功能，大幅提升性能，性能表现比仅使用读取 / 写入缓存的解决方案高出三倍。另外，希捷银河 Exos X20 还提供高达 285MB/ 秒的持续数据传输率（SDR）。凭借 Seagate Secure 技术和 250 万小时平均故障间隔时间（MTBF），企业可依靠希捷银河 Exos X20 在数据领域实现高效的数据运营效率以及最大化的数据存储密度。

还有，东芝 MG10 系列硬盘也在满足企业用户安全长效存储的问题上下了功夫。不仅额定工作负载高达 550TB/ 年，还具备 PLP（Power Loss Protection）断电数据保护功能。在遭遇紧急断电事件时，它可以利用碟片自身剩余动能尽量把数据从缓存写到碟片或 FROM 中，借助这个功能辅以 PWC（Persistent Write Cache），实现写缓存关闭模式 WCD （Write Cache Disabled）下的写性能接近写缓存启用 WCE（Write Cache Enabled）模式。除此之外，它还配备震动 RV 传感器，检测到过大的震动时，能实时进行性能调整补偿，以保证数据的正常读写。

另外，对于大家共同关注的 CMR 和 SMR 刻录技术问题，在品牌官网页面都有详细的说明。

希捷：输入 https://www.seagate.com/cn/zh/internal-hard-drives/cmr-smr-list/，即可打开品牌旗下不同磁记录技术的机械硬盘情况。

西部数据：在西部数据官网，搜索某一款产品的时候，就可以在每个产品的简介中找到这款硬盘的刻录技术的介绍。

东芝：已于 2020 年 4 月 28 日公布了《关于东芝消费级存储产品中采用 SMR 技术的硬盘型号》，文中详细列出了旗下使用 SMR 技术的产品。

选购决策仍取决于用户需求

回望 6·18 年中大促，不管是消费级还是企业级机械硬盘，价格都已经做出了上调。很显然，厂商为了提振营业额也确实开始实施涨价之策。面对这样的情况，还要不要买，仍是取决于用户的具体需求。

对于个人用户来说，如果需要大容量存储空间，且对数据安全性和兼容性、稳定性要求较高时，机械硬盘可能仍然是更经济的选择。譬如摄影爱好者、剪辑师等等，选择机械硬盘作为素材仓库，容量和速度是完全够用的。关于大家介意的 CMR 和 SMR 问题，NAS 硬盘或者监控盘一定要选择 CMR 硬盘。如果仅考虑性价比的话，SMR 硬盘用了更少的碟片达到了更大的存储容量，容价比优势相对更高。

对于企业用户而言，机械硬盘在大容量数据存储与分享中肯定有着独有的优势。决策者需要根据现有数据量以及增长情况来权衡利弊，选择适合的存储方案。另外，各机械硬盘厂商针对企业用户在数据安全、高速运算、数据分析等问题上也下了狠功夫。同时，也根据企业用户需求，推出了更为个性化的机械硬盘存储解决方案，至少在目前来说是更加省成本的选择。

可能有人会说，我的个人数据量并没有很大，且增速也在可控范围时，那就直接选择固态硬盘吧，如今白菜价的 SSD，相比机械硬盘的速度优势不言而喻。当然，你也可以两者都不选，直接考虑云存储，很多平台的免费存储空间可能就够用了。

大疆Air 3测评：让人重新成为航拍的主角

■ 电脑报工程师 陈小豆

最新的大疆 Air 3 来得让人有几分意外，毕竟距离前代 Air 2S 已经有两年，4 月时大疆才发布了带三摄系统的 Mavic 3 Pro，宣告航拍多焦段时代的到来；再加上去年 Mini 3 Pro 和 Mini 3 的先后更新，让很多人对大疆 Air 系列逐渐淡忘。

在我们以为 Air 系列已被大疆放弃的时候，Air 3 的出现不禁让人狠拍大腿：对啊，Air 完全可以做一个双摄系统，既与准旗舰的定位相符，又可以帮助大疆在万元内消费级无人机上做到更全面的覆盖，妙啊！

挤牙膏，但一大管！

时隔两年才更新，这回 Air 3 也算是挤了一大管牙膏，在这当中双摄系统无疑是最主要的升级之处，也是产品最大的看点。大疆 Air 3 的双摄包括一枚等效 24mm 的广角镜头和等效 70mm 相当于 3 × 焦距的中长焦镜头。这两枚镜头都采用了此前 Mini 3 Pro 同款的 1/1.3 英寸传感器。

相比 Air 2S 的 1 英寸传感器，看起来有所缩水，不过我们之前也介绍过，Air 3 的这款 CMOS 为新一代堆栈式设计，4800 万像素可以通过像素 4 合 1 输出 1200 万像素，等效 2.4 微米，广角镜头光圈更是来到 F1.7，中长焦镜头光圈也有 F2.8。如此看来，其实两者进光量并无太大差异。

更主要的是，两颗镜头一致的传感器，可以保持相近的成像质量。从对比样张可以看到，航拍时在同一位置，使用等效 70mm 的长焦镜头，将画面中的主体以相当于无损的形式拉近了三倍。

它还有另一重要升级点就是避障。Air 3 具备全向双目视觉系统，辅以机身底部红外传感器，支持全向避障，相比只有前后上下四向的 Air 2S，Air 3 直接与 Mavic 3 Pro 看齐，避障系统也采用了 Mavic 3 Pro 上的 APAS 5.0，安全性提高不少。

Air 3 的避障绕行、急刹，在茂密的树木中飞行轻松绕过，当遇到正前方遮挡时自动悬停。如果是新手，可以有足够的反应时间进行下一步操作，驾驭起来也要轻松很多。

双摄系统和避障等功能的升级，也让 Air 3 的体积和重量都有所增加，从 Air 2S 的 595g 来到 720g，如果再多配 2 块电池，再加上遥控器，那携带起来还是不轻松。毕竟对于 Air 系列来说，用户看重的就是它在便携性和画质之间的理想平衡，这一点还是要注意。

在增重的同时，Air 3 的抗风性也得到提升，最大抗风速度 12 米 / 秒，和 Mavic 3 Pro 一样。最大上升速度和最大下降速度都达到 10 米 / 秒，直接超越 Mavic 3 Pro。从飞行性能来说，我觉得这点便携性上的牺牲还是值得的。

不同以往的长焦拍摄体验

至于这次大疆 Air 3 增加长焦镜头的这一操作，我们也是再熟悉不过了，手机上长焦早就普及，但当它来到无人机上，还是为航拍体验带来了很多新鲜感。这主要是因为很多人印象中无人机就是拍摄“上帝视角”、广阔场景用的，而 Air 3 有了长焦意味着可以换个视角看航拍。

大疆Air 3搭载双摄系统

24mm广角拍摄

70mm长焦拍摄

长焦拍摄截图

例如,拍摄建筑风貌,利用中长焦段的视觉压缩感,让主体更加聚焦,主题更鲜明。另外,中长焦的加入,让航拍也能具有更强的叙事性,尤其是航拍视角上的灵活性,有着不同以往的长焦拍人体验。

有了长焦,便可在保持安全距离情况下,以人为中心来进行环绕、螺旋等常见拍摄。可以让镜头对准自己,也可以拍摄他人,或者宠物等。相比山川湖海,拍人的场景就多了去了,任何题材,人都是主角,情侣旅拍、家庭出游、周末游玩……这无疑大大增加了无人机的可玩性。

在视频规格方面,大疆Air 3也得到扩展,双主摄都支持4K/100fps的慢动作,还有2.7K分辨率竖拍,都能为拍摄带来更多的变换形式。

虽然竖拍会被裁剪,但如果拍摄主体是人,那么这种画面裁剪,其实反而可以让人物更加突出,尤其是用来发抖音、朋友圈短视频,相比横版也会更加吸睛。

只是用长焦拍摄需要注意的一点就是对焦,大疆Air 3的中长焦镜头最近对焦点是3米,广角镜头是1米,所以切换到长焦时,别离太近,不然容易失焦。还有值得一提的是,在用上双摄模组的同时,大疆Air 3的云台可控俯仰角度最大仰角依然达到了目前大疆最大的60°,实现了从下俯90度,变到上仰60度的超大范围。

不难看出,更大的俯仰角、慢动作、长焦等等,大疆Air 3的目的很明确,就是为航拍创作开启更丰富的新视角,这也让大疆Air 3足以承担起准旗舰级的定位。

大众用户进入航拍世界的丰富选择

如此一来,大疆消费级无人机的定位划分就很清晰了,旗舰级的Mavic系列、准旗舰级的Air系列、入门级的Mini系列。

但在某些方面,相比Mavic 3 Pro,Air 3甚至还有越级之处,例如,更长的续航时间,标称续航46分钟,超过了Mavic 3 Pro的43分钟。实测下来,在4K规格下,飞20分钟绰绰有余。它的带屏遥控器还支持更高级的O4图传,当然,相比不带屏版本,差价也达到了更高的1200元。

如果购买Air 3的带屏遥控器畅飞套装,价格直逼万元,和Mavic 3 Classic持平,和13888元的Mavic 3 Pro的差价也更小了。

实际上,我觉得Air 3的不带屏遥控器版本其实也完全够用了,并不影响正常操作,价格也可以控制在七八千元(取决于你是否需要更多电池),这个价格对于准旗舰级的无人机来说显然更合适。

至于旗舰级的Mavic 3 Pro哈苏主摄外加两颗长焦镜头的三摄系统,适合对于画质及多场景拍摄更有专业需求的人。

考虑到画质方面的平衡,Air 3瞄准更多的还是大众用户。这部分用户当然还有另一个选择,那就是Mini系列,这部分用户也是近年大疆致力于开拓的用户人群,这也是为什么在先更新了Mini 3 Pro之后,他们随后又带来了3000元级的Mini 3。

虽然Mini 3的提升也不小,但仅支持下视避障是一大遗憾。我还是保持着之前的那个观点,即使是航拍新手,如果想培养这方面兴趣爱好,更应该在一开始就能获得足够好的飞行体验,不然买来之后就是一个玩具或摆设,意义也不大了。

另外,Mini系列除了无损竖拍之外,更大的优势在于249g的便携性。所以如果注重便携,那么Mini 3 Pro仍然是我的第一推荐,出游无负担。而如果是喜欢航拍想要进行更多尝试的大众用户,那么这次的Air 3是带你遨游航拍世界的一个很好的引导者。

不带屏遥控器连上手机使用也很方便

售价8488元的大疆Air 3畅飞套装

暑期笔记本选购与避坑指南

■ 电脑报工程师 陈勇

每年都有大量新鲜的购机需求,而其中占据主流的,其实是不大懂行的电脑小白,对这些用户而言,如何买到合适且靠谱的笔记本是一个难题。对此,牛叔特地推出了本期笔记本选购与避坑指南贡献给大家,聊一聊一些基础但非常实用的购机知识,近期有想买笔记本的小伙伴,可以分享给需要的朋友。

购机篇

●小白用户优先考虑京东自营购买笔记本

先说第一个话题,也是一个老生常谈的话题——去哪里购买笔记本?

在之前的暑期推荐专题中,牛叔提到过,当前主要推荐大家在电商平台购机:分别是京东自营平台和拼多多百亿补贴(一般此类商品都带有中国人保品质险标识,注意甄别)。另外,品牌有线下直营店的可以去线下体验、购买。其中,对于小白用户,建议首选京东自营平台;拼多多百亿补贴可用于查询优惠价格、用作备选购机渠道。一般不建议小白考虑淘宝或者京东平台的第三方卖家,且一定要避开线下电脑城或商场数码柜台之类的混杂大卖场,虽然不良商家是少数但是电脑小白难以分辨,所以直接规避最安全。

线下电脑卖场通常是“看人下菜”,小白买电脑,大概率被坑,最典型的一招就是转型大法。你在网上看了很多测评和购买指南之后,挑好了几款备选机型,便自觉胸有成竹,自信满满地去线下买笔记本。到店之后,卖家也很爽快,让你稍等片刻,接着就让你体验一下心仪的笔记本,但当你一上手,却发现笔记本咋这么卡呢?转而选择卖家推荐的所谓“更好的”高性能笔记本。实际上,要想机器“有问题”,也不复杂,“操作”一下就行，多装点吃资源的垃圾应用，设置上做点手脚等都不是难事。结果显而易见：最后你喜滋滋地高价买了一台卖家推荐的两年前的老旧机型，回到家里，上网一看，才恍然大悟，被骗了！

所以，小白用户考虑京东自营平台购机是最靠谱的，配置参数价格全都标注得明明白白，购机体验也更好，不激活还支持 7 天无理由退货。

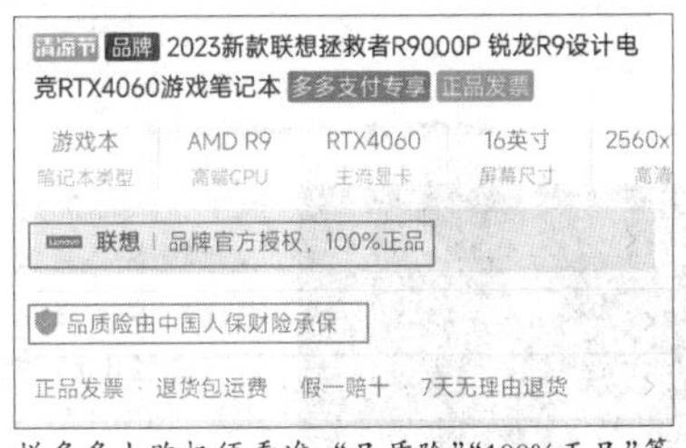

拼多多上购机须看准“品质险”“100%正品”等标签

●建议购机预算不低于3000元

如何选择适合自己的笔记本？确定购机预算是最基础的一步。而说起购机预算，牛叔的建议是至少 3000 元起步，因为 3000 元以下的超低价位机型，很多机器连最基础的硬件配置都不能保证完整，更别说使用体验了。

比如一款参考价格 2299 元（价格来自京东自营，下同）的国际品牌 15.6 英寸轻便机型，搭载的是 i3 1005G1 处理器、8GB 内存、256GB SSD——这三个基础硬件全都是坑。i3 1005G1 是第 10 代酷睿处理器，规格只有可怜的双核 4 线程，8GB 内存在当前多开几个应用就爆内存了，256GB SSD 除去系统占用空间、常用应用安装空间，还能存放多少文件呢？另外，屏幕虽然是 1920×1080 分辨率 IPS 屏，但它是低色域；至于续航能力就更不用指望了，电池缩水到了不到 40Wh……这样的机器，别看价格很便宜，你用起来绝对会非常糟心。所以，超低预算的小伙伴，也一定要有底线。

而把目光放到 3000 元价位，你会发现世界大不一样。例如 3399 元已经可以买到荣耀 MagicBook X 14 2023 这种搭载 i5 12450H+16GB 内存 +512GB SSD 的轻薄本；3499 元能买到 RedmiBook Pro 14，机身质感好，配置也能打：锐龙 5 6600H+16GB 内存 +512GB SSD，它甚至还有一块 2.5K 120Hz 高素质屏。总之，超低预算的用户加点钱，会带来翻天覆地的变化。更重要的一点是，能让你的钱花得更值得，不浪费。而这点，恰恰是超低预算用户最需要的。

还有很多小伙伴问：啥时候买笔记本最优惠？买笔记本普遍最优惠的集中时间是 6·18、双十一、双十二这种大型电商购物促销节，除了笔记本本身价格触底之外，电商平台还会有消费优惠券，这期间购机，优惠幅度最大。此外，笔记本首发上市的时候首发价格也很香。

另外，有的小伙伴在进行购机咨询时，通常会说一句“希望能用 XX 年不卡”。其实，就日常使用而言，用户感觉电脑用起来卡顿，通常都是硬盘响应速度太慢导致的问题，这在机械硬盘时代很常见，再加上前几年笔记本处理器规格低性能弱，内存容量也不大，多重因素之下，就造成了一些用户笔记本用久了会卡的印象。但在 SSD 时代，由于 SSD 的读写速度快且响应疾速，而处理器性能也迎来了大爆发，搭配 16GB 起步的内存容量，所以只要你买的笔记本基础硬件过关，那么是完全不用担心过几年后电脑“日常使用卡顿”的问题。

●笔记本买到手之后先做个全面检查

既然我们推荐大家购机的主流渠道已经成了线上，那么买到手之后就有必要先对笔记本进行一次比较全面的检查，确认是新机且功能正常。

新机验机大致分为四个步骤：第一步是查看笔记本机身、屏幕、键盘、电源适配器等各个部分有无刮痕，外观检查无磕碰刮痕之后，再通电开机；第二步注意，新机需要绕开系统的联网初始化机制（因为电商平台通常有一个激活 Windows 系统不予退换货的规定），同时按下 Shift 键 +F10 键（有的机器需要加入 Fn 按键）即可打开命令提示符窗口，输入 oobe\bypassnro 并按下回车，笔记本会自动重启，之后就会出现“我没有 Internet 连接”，点击它进行下一步，即可不联网进入桌面；第三步，利用 crystaldiskinfo 等软件查看一下硬盘通电次数、通电时间，一般来说通电时间几十个小时左右都是没问题的。

最后，再给机器来个全面的功能检查。有条件的，大家可以每个接口都验证一遍功能是否正常，同时键盘、扬声器也要试一下，确认无误之后，就可以联网激活系统和 Office 办公软件了。

硬件篇

●H处理器轻薄本买散热规格高的机型

对于轻薄本而言，今年占据主流的，不管是酷睿还是锐龙平台，都是妥妥的 H（包含 HS）处理器轻薄本。高性能平台对功耗要求高，也就对笔记本的散热能力要求高。而说到这点，市面上的 H 处理器轻薄本散热设计就五花八门了，有双风扇双热管的，也有单风扇双热管的，还有单风扇单热管的。

如何选择？牛叔建议大家优先考虑散热规格高的 H 处理器轻薄本，即双风扇双热管机型，至少也考虑单风扇双热管的机型。因为散热规格高的 H 轻薄本，不仅性能释放强、散热冗余度高，而且风扇噪声控制得也更好，日常使用中切换到中等性能模式，使用起来更安静。

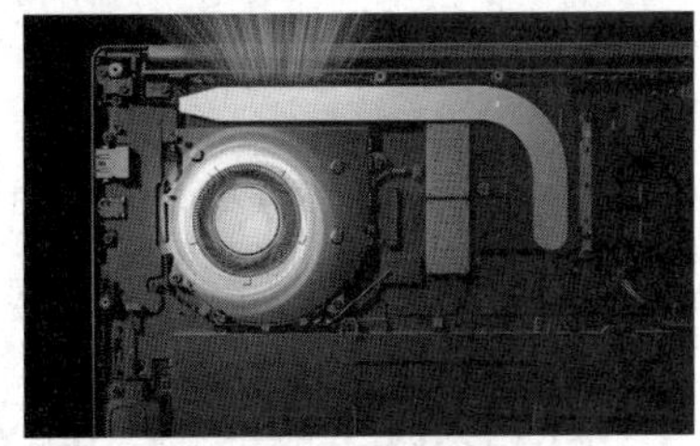
建议避开单风扇单热管散热的H处理器轻薄本

●锐龙7000系列移动处理器马甲型号多

今年锐龙 7000 系列处理器的命名规格发生了变化，不光 Zen4 架构的新一代处理器属于锐龙 7000，连 Zen3+、Zen3 乃至于 Zen2 架构的移动平台处理器，也都划入了锐龙 7000，造成了其中有非常多的马甲型号。

哪些算是真正的全新平台锐龙移动处理器呢？Zen4 架构的锐龙 7040 和锐龙 7045 系列即是，分辨也很简单，就是看处理器名字结尾的两个数字，是“40”或者“45”就是了，比如近期轻薄本上比较热门的锐龙 7 7840H 处理器，它的结尾就是“40”，就属于 Zen4 架构全新平台。

●轻薄本也建议考虑高分辨率高刷新率屏

高分高刷屏给笔记本带来的好处显而易见：显示更细腻，操作更流畅（尤其是一些平常有电竞游戏需求的用户），对提升人机交互感受立竿见影。

所以在预算允许的情况下，建议大家优先考虑高分高刷屏轻薄本。主流价位中，常见的轻薄本高分高刷屏有联想 Thinkbook 系列的 2.8K 90Hz 屏、华硕无畏系列的 2.8K 120Hz OLED 屏、小米笔记本系列的 3.2K 120Hz 屏、惠普战 X 系列的 2.5K 120Hz 屏、宏碁非凡系列的 2.8K 90Hz OLED 屏等等——现在高刷高分屏的确是非常常见了。

另外有的小伙伴问：笔记本 OLED 屏有啥优势劣势？能选吗？相比 LCD 屏，其主要优势是色域覆盖更广，显示效果更通透，响应时间疾速。缺点是存在“烧屏”的风险，因此所有 OLED 屏笔记本厂商都有一些预防措施，有的是出厂预装黑色主题，有的是内置防护程序。目前来说，如果你想要更通透的显示效果但又担心“烧屏”的问题，那么可以考虑售后完备、防护程序齐全的机型。

●谈谈游戏本的独显选择

再次提醒一下大家：游戏本只是一种高性能本的统称，有渲染、剪辑、工业制图等各种对电脑综合性能要求极高的学习 / 使用需求的小伙伴，游戏本绝对算是高性价比的选择。

今年的游戏本独显依然还是英伟达一家独大，AMD 有没有产品？有，但不多——

甚至可以说很少。不光显卡型号少，其产品也少，选择极其有限，所以对于小白用户来说，老老实实选英伟达的RTX 40系列独显机型就好。

RTX 40系列笔记本独显一共有这些型号：RTX 4050 6GB、RTX 4060 8GB、RTX 4070 8GB、RTX 4080 12GB、RTX 4090 16GB。而大家的主流选择是RTX 4050、RTX 4060和RTX 4070等独显游戏本，RTX 4080机型已经是少数人的高端选择（至少也要13000元），至于RTX 4090游戏本，动辄20000元起，已经不是咱普通用户的菜了。总体上，对于预算主流的普通用户来说，买RTX 4050或者RTX 4060游戏本性能就已经不错了——7000元左右可买到比较均衡的RTX 4060机型。

最后，如果你经常做处理器满载的应用，那么目前8500元价位就能买到i9 13900HX+RTX 4060组合的游戏本，处理器规格达到了24核32线程，性能表现十分强劲。

升级内存提升游戏体验

玩游戏时，内存在干什么？

难得好友聚齐开黑，大家都已进入战场，自己还在游戏页面加载，这心态怕是绷不住了吧。实际上，提升游戏体验，升级一下内存或许就能做到。不妨从游戏过程中内存的作用开始说起。大多数的游戏在运行时候，内存的主要作用有5个方面：游戏启动加载、临时存储数据、处理请求、图形渲染、保存数据，当这些工作全部完成，就释放内存，以腾出空间来给其他应用程序使用。

很多游戏发售时提醒玩家：推荐配置选择16GB内存。这是因为在整个游戏过程中，内存一直处于被占用的状态。游戏启动加载时，游戏文件从硬盘加载到RAM内存条中。根据游戏的大小，这可能会占用相当多的内存。随后内存会临时存储所有数据和脚本，以便在玩游戏时快速访问。这样一来，如果你在一个关卡掉线了，通过从内存的临时存储数据中快速读取检查点的内容，就能从卡住的位置重新加载游戏。游戏中，有足够的内存，才能快速处理CPU发出的指令。如果内存不足，这些请求可能无法被快速处理，导致游戏过程中出现延迟或卡顿。另外，在游戏中高分辨率的图形也需要大量的内存来创建一个视觉上吸引人的环境或正确的体验。当显存不足以存放所有渲染资源时，就会占用系统内存。当你完成一个关卡或场景时，存储在内存中的游戏会话数据将被传输到硬盘上以备将来使用，确保进度不会丢失。

多大内存才够用？

当游戏所需的可用内存不足时，游戏也能加载，只是你可能就会在竞技中变成拖后腿的那一个。如今有不少游戏在推荐配置里已经明确建议准备16GB内存了。随着游戏对内存要求越来越高，16GB容量起步是对游戏平台最起码的要求。如果你的平台并不仅仅是玩游戏，平常可能还会用到专业设计软件、剪辑软件等等，需要同时加载大量素材的时候，当然是内存越大越好。但对于游戏本身而言，内存容量维持在一个合适的平衡最好，才不至于出现资源浪费。

在升级内存前，可以看看游戏推荐配置

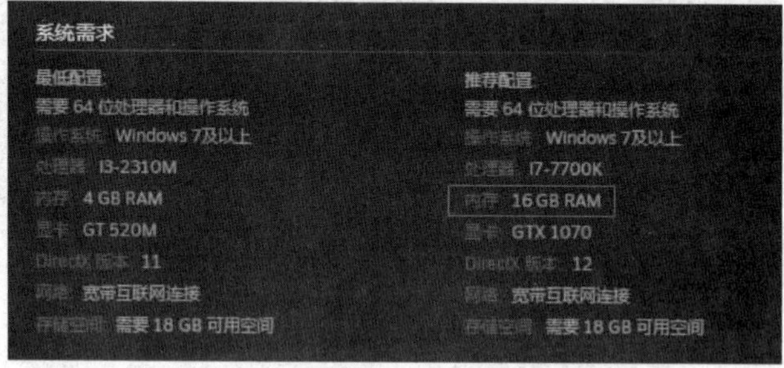

不少游戏推荐配置要求16GB内存

要求的内存容量。如果你的游戏只需要8GB RAM就能高效运行，将内存条容量升级到32GB就没有必要，只会浪费了内存性能。就目前已上市的游戏来说，4GB内存仅仅支持老旧系统的老版轻型游戏，建议你直接淘汰；8GB内存能玩一些入门级游戏，防止因为内存不足引起卡顿，建议你玩游戏时关闭其他应用；16GB内存能满足大多数游戏所用，且可在高画质状态下流畅游戏。32GB内存对于大多数平台来说已经足够，哪怕你是玩游戏、高压力生产力平台专业应用也能轻松支持。当然，如果你觉得目前价格合适，想要直接将内存插槽插满，也未尝不可。

DDR4还是DDR5内存，还得看平台和预算

如果你已经用上Intel第13代酷睿或者是升级AMD锐龙7000系列平台，自然是直接升级DDR5内存了。如今AMD锐龙7000全线以原生支持DDR5内存为主，专为DDR5内存推出了“一键超频”的EXPO技术，大幅提升内存频率、降低内存延迟，从而获得更佳的游戏体验。Intel第13代酷睿同样在内存控制器方面进行了升级，支持的基础频率从DDR5 4800升级到了DDR5 5600，环状总线频率也最多提升了900MHz，最高可达5GHz，由此可以大幅提升内存带宽和降低内存延迟。编辑要说，对于大多数用户来说，DDR5 6000性价比相当合适。当然，你想要有更为极致的体验，也可以挑选更高频率的内存，超频性能也更强。

如果平台只支持DDR4内存，从稳定性和性能以及性价比角度，3200MHz~3600MHz是相当适合游戏用户选购的。如果是内容生产力平台，则没必要计较内存频率，而是要用有限的预算升级更大的内存容量。

在进行内存升级时，尽可能选择4根或2根的套条，已经配对的产品不管是在兼容性还是超频性能上都已经经过优化，使用时更加稳定。另外，频率、总容量相同的情况下，4根套条相比2根套条通常价格更高一些，且后续想要上更大容量的内存就需要全部替换，如果是优先考虑成本，2根的容错明显更高一些。如今不管是DDR4还是DDR5内存，价格都很惊喜。尤其是国产内存的竞争力越来越强，可以出手。

足够的内存空间让游戏加载更快

“套娃升级”的S款机型值得买吗?

■杨戟

暑期以来,各大厂商相继发布了多款命名里带有S后缀的机型,包括vivo X90s、iQOO 11S、红魔8S Pro等,我们此前也介绍过,S后缀一般代表在保持主要设计的情况下,通过换芯等方式进行小改升级,算是一种新品的补强方案。

想要在近期购买手机的用户肯定要纠结了:新机发布后老款的价格肯定会下降,新款的升级幅度到底有多大,又是否撑得起新旧款之间的差价呢?那么,今天我们就来详细聊聊手机厂商的新机发布节奏,并且以最近几款半代升级的新机作为例子,看看它们到底值不值得入手。

半代升级更多是厂商的营销手段

按照厂商的升级惯例,新款机型肯定在各方面都更具优势,那为什么商家不把老款直接下架,而是继续销售呢?清库存是一方面,我认为更大的原因,还是为了让消费者看到新款机型有着明显的升级点,但价格也差不多,会有一种捡到便宜的心理,自然就更愿意下单了。

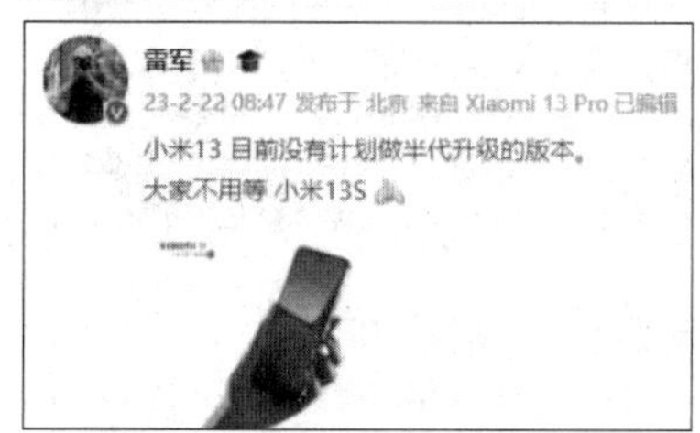

对于厂商来说,S系列机型半年一升级,也就一直有新品上市,能保持品牌的持续曝光度,让更多人看到,也许就能吸引到新用户了。同时,品牌方也用定价策略营造了一个“新款加量不加价”“老款价格坚挺产品力强”的氛围,冲首发的用户也不会觉得“被背刺”,算是很好的产品策略和营销方式。

当然,也有不少厂商没有采用这样的产品策略。比如今年初,雷军就宣布小米13系列不会做半代升级版本——其实去年的小米12S系列赢得了市场和口碑的双丰收,今年为什么没有继续推出小米13S系列呢?

去年的小米12和小米12S系列相比,处理器从骁龙8升级到了骁龙8+,主摄也升级为IMX707,关键是全系适配了原生双画质的徕卡影像系统,各方面的体验都有较大提升,自然是有升级的必要。

而今年的小米13系列,搭载的第二代骁龙8移动平台本身性能就已经很强了,完全足够应付《原神》等大型游戏。下半年推出的“领先版”在多数日常使用场景中区别不大,至于游戏等重负载场景的差距(如果不看帧率曲线)也不会太明显,毕竟追求那么一两帧游戏帧率的重度游戏用户并不多,而且他们也许更愿意选择红魔这样的游戏手机,性能方面自然不用那么纠结了。

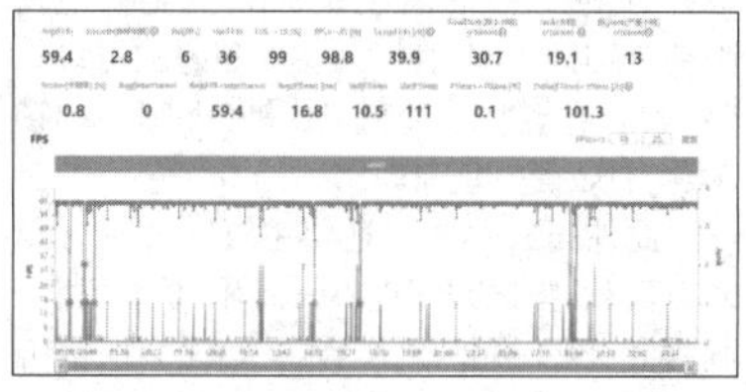

小米13运行《原神》已经接近满帧

至于影像系统,小米和徕卡的合作也是轻车熟路,小米13系列已经拥有不错的实力,综合体验在线,即使是放在现在也拥有较强的产品竞争力,自然就没必要用“小米13S”和小米13抢市场了。

是的,这正是品牌方对自身产品拥有足够自信的表现。不只是小米,像是苹果也一直保持着每年更新一代iPhone的节奏,华为在今年也恢复了上半年P系列,下半年Mate系列的更新频率,对于这些品牌来说,用产品实力说话,可能才是最好的营销手段。

认准需求,掌握自己的购机节奏

对于用户来说,其实一年一更同样是有好处的。以一直维持年更的iPhone为例,产品周期一般是在9月发布,上市初期Pro系列会有小幅上涨,在双十一期间进行第一波降价(第三方渠道),价格也只有小幅下调空间,这种状态会一直持续到春节,其间一般不会有太大的价格波动。

到了第二年的6·18之后,产品已经上市有半年左右,新款的售价就会更加亲民,不少机型都会有上千元的折扣,算是不错的入手时机了。举个例子,原价8899元的256GB版iPhone 14 Pro,目前在京东平台就有1200元的优惠券可领,拼多多百亿补贴后更是只需7300元左右,价格已经很实惠了。

从消费心理来说,相信大家还是更喜欢产品直接降价,而非加量不加价——无论是电商平台还是线下卖场,总是会写上一个划掉的原价,就是这个道理。

但是,仍然有不少厂商会持续推出S款半代升级机型,除了前面提到的维持新品的持续热度,以及清库存等原因,其实也可以理解成前几年的“机海战术”,用较多的差异化机型占领市场,以满足各价位、各需求的用户,无论消费者选择新款还是旧款,都比选择友商产品要好。所以,消费者在购机的时候完全没必要纠结冲首发还是等S款,想买的时候直接根据需求,在当前上市机型中选择就行了。

S普遍变化不大,但建议买新不买旧

想通这个道理,自然就是具体情况具体分析了,我们来仔细对比一下近期发布的几款新机:

首先来看较早发布的vivo X90s,与之对比的自然是vivo X90。新机主要升级点就是将天玑9200移动平台替换为天玑9200+,除了这些账面参数,vivo X90s还在拍摄中加入了质感色彩模式,相册的编辑功能也得到增强,拥有不少有趣且实用的图片编辑特效。

是的,其他方面就完全一样了。至于这些升级点带给用户的体验,性能方面在跑分上是有提升,但体现在日常使用以及游戏实测环节,平均帧率也就是一两帧的差距,上手体验几乎一致。影像方面倒是有一定的可玩性,据我们实测,使用质感模式拍摄的照片会通过降低亮度、增加色彩浓郁度等方式,让整个画面具有胶片相机的感觉,会更讨好眼球一些。

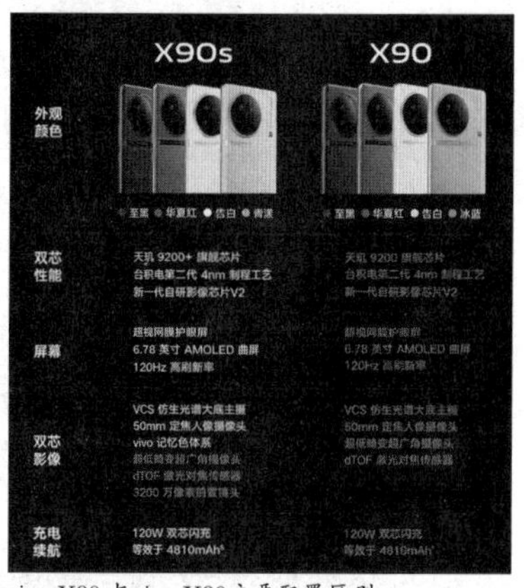

vivo X90s与vivo X90主要配置区别

两款机型的12GB+256GB版售价完全一致

但是 vivo 也已经透露过，该功能后续会在 X90 等其他机型上逐渐适配，到时候 X90s 的优势也就只剩天玑 9200+ 了。

看到这里，你也许会觉得 S 款升级不明显，老款更值——但是，还是目前这两款机型的 12GB+256GB 版在官网以及京东等电商平台售价完全一致，如此一来，应该没人会考虑 vivo X90 吧。即使是第三方的百亿补贴平台，差价也只有两百多元，需要注意的是，相对更受欢迎的告白配色，也只有 vivo X90s 有货，如果预算不是卡得太死，还是选新款吧。

类似的还有 iQOO 11 和 iQOO 11S，S 款保留了第二代骁龙 8 移动平台，将自研的独显芯片 V2 升级到了超算独显芯片，同时快充也从 120W 提升到 200W。具体体验就是在《原神》《光遇》等游戏中，支持超分和超帧并行，也就是能通过本地算力，将游戏画面精度和帧率同时提高，实现更好的游戏体验，该功能也适配了腾讯、哔哩哔哩等视频平台，有效提升画面观感。

此外，iQOO 11S 还将主摄升级到 vivo X90 同款，影像方面也有所提升。价格方面，同样是 12GB+256GB 版，iQOO 11S 售价 3799 元，反而比 iQOO 11 要少 200 元，不用纠结，选新款吧！

至于红魔 8Pro 和红魔 8S Pro，从第二代骁龙 8 移动平台升级到了“领先版”，在长时间重负载游戏场景中会有更好的表现。考虑到选择红魔手机的用户本身应该就是深度游戏玩家，这两款机型的差价也只有 200 元，对于一款 4000 多元的机型来说差价并不大，S 款能带来更极致的游戏体验，我觉得还是有必要多花这 200 元的。

综合来看，近期发布的几款 S 系列机型还是比较值得买的——注意，对于已经拥有老款的用户，就没必要升级了。毕竟相较于老款，S 系列机型升级幅度不算大，对于纠结于二选一的用户，在价格接近的情况下，明显新款会更有性价比一些。

一分钱三分货，大牌“平替款”应该怎么选？

■ 孙文聪

有句话是这么说的：便宜的东西，只有在买的那一刻是开心的，用的时候没有一天是开心的。但贵的东西，只有在给钱那一刻是心疼的，用的时候每天都是快乐的。话虽不假，但买手机却并不能完全参照这种标准。毕竟手机对于多数人也算是大额支出了。旗舰手机动辄七八千上万元，如果你本身收入就比较工薪，强行咬牙上顶配并不明智。

一分钱一分货的道理大家都懂。但仔细研究就会发现，这个行业也存在一些“一分钱三分货”的产品。作为大牌或者旗舰产品的“平替款”，它们往往能够做到前者大部分的体验，但在价格上却要亲民不少。对于预算有限的人来说，这些平替款产品才是真正有性价比，适合的存在。

大牌的子品牌，是天然的平替款

一款产品的溢价除了本身的成本之外，跟市场定位、品牌附加值有很大的关系。就跟买奢侈品是一样的道理，你买名牌包包是为了它能装更多的东西吗？显然不是。很多时候付出的购买成本并不取决于产品本身的功能属性，也有其背后的品牌附加值，或者其他层面的属性。电子消费品也是一样，国产品牌个个都在冲击高端，价格越来越贵。产品力提升了固然不假，但背后有多少的“非产品力成本”。

好在除了这些高端一线以外，市场上还有“子品牌”的存在。对于手机行业来说，子品牌在品牌和产品定位上一般都是相对亲民的。子品牌的产品在产品力层面又是跟母品牌一脉相承的，双方在产品研发、供应体系、渠道资源、售后服务层面大部分时候都是资源共享的。从这个角度来看，各大品牌的子品牌产品，天然就是母品牌产品的平替款。

最典型的例子还不是手机，是耳机。Beats 现在是苹果旗下的耳机品牌，每年都会推出新品。AirPods 系列产品这些年一直都是行业的标杆，但售价确实不便宜。随便一款都上千元，都能买一台安卓手机了。这时候，Beats 的 TWS 产品线就是 AirPods 的最佳平替。由于本身就是子品牌，Beats 在很多技术和资源上跟 AirPods 一脉相承，比如音频技术、降噪技术甚至是 H1 芯片这样的独门绝技，苹果都给了 Beats。

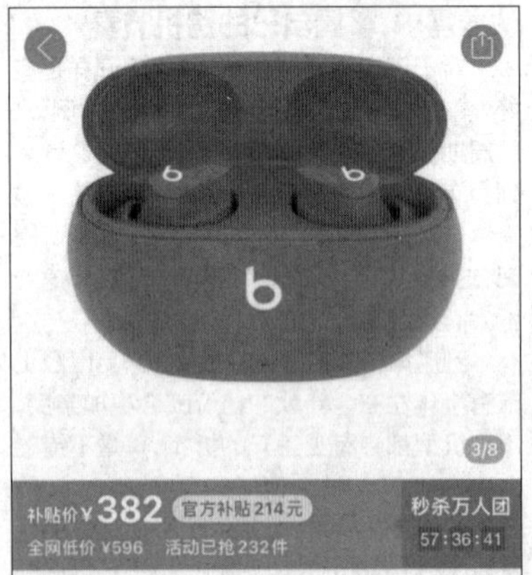

虽然 Beats 产品的官方售价并不见得比 AirPods 便宜多少，但 Beats 最大的好处就是价格会跳水。一般来说，新品在半年之后至少能够打个 7 折。更有 Beats Studio Buds 这样的跳水王，官方售价一千多，渠道价格现在只要 3XX 元，直接打了 3 折。三百多块钱，你就能买到主动降噪的大牌 TWS 产品，音质、降噪都能做到 AirPods 的七八成功力，安卓也能用，简直香爆了。

手机产品中也有不少的平替款。比如很多人喜欢蓝厂旗舰 vivo X 系列，但 X 系列的价格现在至少也要五六千元。如果你的预算并不是特别充足，直接选择子品牌 iQOO 的数字系列也不错。后者的优势在于用料、做工都很扎实。拍照方面的整体实力虽然赶不上自家大哥，但胜在软硬件成熟，成像稳定。在风格层面，也有蓝厂固有的影像能力做支撑。3000 多块钱起的价格，值得考虑。

老款也是“新款”的平替

手机产品每年都在更新，现在很多旗舰手机一年还不止更新一次。但过快的更新节奏，也就必然导致不可能维持每一代产品的“大更新”。因为产品本身的技术研发、供应需要周期。很多时候新款产品并不见得就一定比老款更值得买，尤其是一些“挤牙膏”的更新，多出来的那部分新体验，普通人往往要付出高出许多的溢价成本。

更何况，即便有重磅的更新，新功能和体

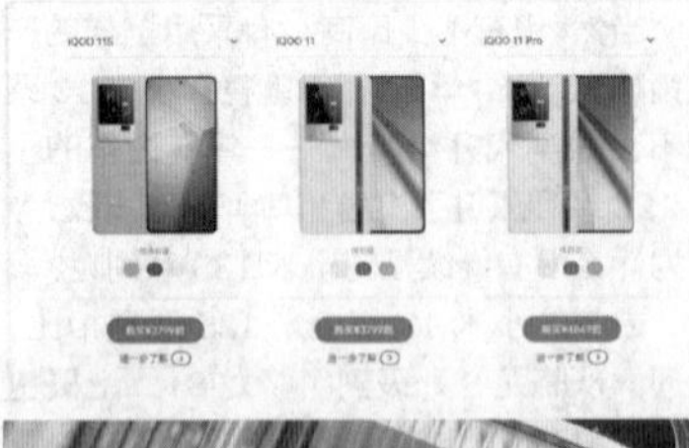

验你平时又有多少机会能够用上呢？有不少人买新款的时候就是图一个新鲜，也就是刚拿到手机那段时间拿来用用，过段时间完全就忘记了。比如这两年大家都在卷旗舰的影像，如果你平时也就是用主摄拍拍照，强大的全焦段副摄很多情况下根本就不用。那么这些影像体验的升级，对于你来说就是多余的。

再比如国产手机这些年都在高功率快充上内卷。100W、150W、200W、240W……都快赶上违规电器了。但真正落脚到充电速度上，240W 跟 100W 比也就快了几分钟时间。对于多数人来说，100W 已经非常够用了。

既然如此，那就选一些老款产品好了。比如 iPhone 14 相较于 iPhone 13 来说提升并不明显。如果预算比较紧张，买 iPhone 13 完全够用。甚至拿着 iPhone 13 到街上去，很多人根本也分不清你买的是 iPhone 13 还是 iPhone 14。有人会问：那 iPhone 12 是不是也可以考虑？一些发布时间过于早的产品，甚至是早就停产的产品就尽量别考虑了。产品合不合适另说，主要是货源方面水比较深，一般人拿捏不住。

之前我们专门写过一篇介绍老款手机值不值得买的文章，大家可以看看。我们的建议是，老款产品在价格上很有优势，可以综合自己的需求，以及老款、新款的差价来进行综合考虑。一般来说，一年半以内发布的老款产品在价格上都比较美好，如果赶上一些重要的促销节点，能省不少。

标准版并非"比上不足比下有余"

按照上面逻辑，除了老款产品之外，新款产品的标准版其实也有"平替"的意味。

当前，各家产品基本都是中杯、大杯、超大杯的配置组合，就是为了满足不同群体的细分需求而来的。厂商们在定义这些中杯、大杯之类的标准版产品时，很多时候就是看"刀法"是否纯熟。

大部分厂商的主力出货型号并不是那些大名鼎鼎的顶配，反而就是经过"阉割"之后的标准版。这些机型保留了顶配版的大部分体验，但价格却要亲民很多。在选择这些产品的时候，要综合它们的配置、价格来判断，标准版并非很多人口中的"比上不足比下有余"。

在这里我重点推荐两款标准版旗舰机型，第一款就是华为 P60。跟 P60 Pro 相比，P60 砍掉了昆仑玻璃、处理器频率、长焦体验以及充电功率。但 P60 起售价可是比 P60 Pro 整整便宜了 2000 元。考虑到 P60 砍掉的这些体验其实都并不算特别"刚需"，P60 的性价比优势就相当明显了，它反而更适合多数人。

另一款值得推荐的标准版就是 OPPO Find X6。和自家大哥 OPPO Find X6 Pro 相比，主要的差异在屏幕、主摄以及处理器三大块上。看上去 Find X6 似乎在三大件上都有减配，但其实后者在标准版的配置上也给了足够的用料，比如在相机上 OPPO Find X6 就继承了 OPPO Find X6 Pro 的 IMX890 潜望长焦方案，芯片也是用的天玑 9200 的旗舰芯。

作为标准版的 Find X6 本身的产品力还是相当不俗的，尤其是 OPPO 在影像上这次也做了很好的优化。即便你是喜欢拍照，它也能够做到相当不错的水准。在关键的价格方面，OPPO Find X6 和 Pro 版本相比也便宜了 1500 元。算上渠道层面的优惠，价格优势就更明显了。

"平替产品"并没有一个绝对的标准。之前在跟后台粉丝交流的时候，他们表示自己给家人选手机的时候，经过多方对比之后，最终选择了华为畅享 60X 这款机型。原因是家里人就喜欢它的后置圆形矩阵镜组、素皮丹霞橙机身以及"刘海屏"的屏幕，一千多块钱的机器猛一看还以为是四千块的 Mate50。这么一看，畅享 60X 这类机型也是华为 Mate 系列的平替。

任何产品都没有绝对的"值得买"和"不值得买"。关键还是看你自身的需求，在我看来平替产品很多时候就是经过权衡、选择之后的结果。预算不充足，又想获得最优性价比的体验，这些平替款就是不错的选择。

适合宿舍用的高品质快充插座推荐

■ 赢家

时间来到了 8 月底，很快就要开学了，新生们即将踏入大学校园，大学生活必备的物品你都准备好了吗？除了笔记本、平板等大件之外，我们建议你还要准备一款高品质的快充插座，以备寝室使用所需。相关产品市面上型号不少，究竟哪些值得购买呢？

航嘉充吧高能 W100

参考价格：349 元

如果你对快充插座的供电能力、扩展能力要求较高，航嘉充吧高能 W100 就是一步到位之选。产品提供了 3 组 5 孔 AC 插孔以及 3 个 USB 接口，可以同时为 6 个设备供电，扩展性能不错。同时航嘉充吧高能 W100 的 USB 接口支持 PD、QC 等多种快充协议，可以提供多种输出规格，在轻松满足智能手机、可穿戴设备快速充电需求的同时，应对平板电脑、游戏本等大功率设备也不在话下，让数码设备的充电不再挤

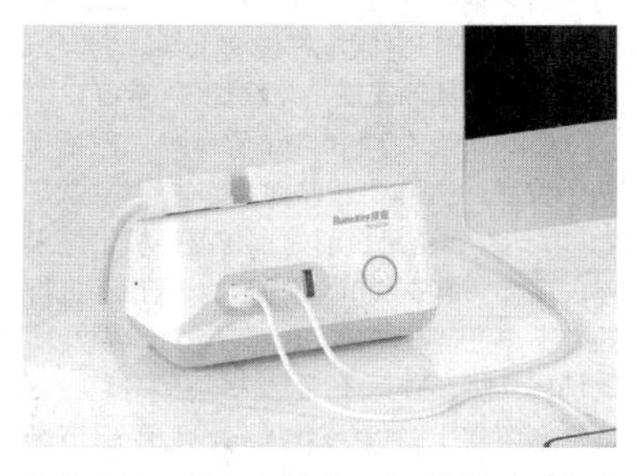

占宝贵的 5 孔 AC 插孔。在用料方面，航嘉充吧高能 W100 由载人航天技术合作伙伴航嘉出品，不仅有 CCC 新国标安全认证，还有中国质量认证中心的 CQC 认证，是同类产品中少有的通过双认证的，质量可靠，用电安全有保障。在 USB 接口部分采用了氮化镓和平面变压器技术双重黑科技加持，具有体积小、转化效率高、更省电等特点，安全又可靠。

此外充吧高能 W100 体积小巧、外观简约，底座加入宽大的吸盘，带来极致的稳定性。

飞利浦一转多 PD20W 快充插头转换器

参考价格：89 元

如果不想快充插座挤占宝贵的桌面空间，可以考虑一下飞利浦一转多 PD20W 快充插头转换器。产品的机身大小恰到好处，刚好能和 86 型插座完美贴合，不会遮挡周

边设备，32mm 的厚度对于安装空间的要求也比较低，安装牢固又美观。这款插座的扩展能力也不错，提供了 2 组 5 孔 AC 接口、2 个 2 孔 AC 接口、2 个 USB-A 以及 1 个 USB-C 接口，接口数量不少，种类也很丰富。

其中插座的 USB-C 接口支持 20W PD、QC 快充，可以用于给智能手机等设备快速充电。多个设备同时充电时，产品则通过内置的智能 IC 芯片自动分配电流，分别应对不用设备的充电需求。

飞利浦一转多 PD20W 快充插头转换器带有一键总控开关，开启、关闭轻松操控。儿童安全门、高温阻燃、柔和指示灯等设计在产品上一应俱全，可靠性高、易用性好。如果你对插座体积有较高的要求，可以考虑一下这款产品。

倍思 65W 氮化镓快充智能插座

参考价格：199元

倍思 65W 氮化镓快充智能插座长方体机身尺寸为 118.5mm ×46.5mm × 42mm，比较小巧，这就意味着其不仅能在寝室中使用，也能随身携带外出，随时为你的设备供电。在机身接口方面，产品在侧面提供了 3 组 5 孔插孔，顶部还有 2 个 USB-C 和 2 个 USB-A 接口，最多可以同时连接 7 台设备进行充电。其中 5 孔插孔

的最大负载能力都能达到 2500W，热水壶、冰箱、吹风机等常用家庭设备都能用。USB-C 接口的最大输出功率为 65W，轻松实现为轻薄本充电。

用料方面，倍思 65W 氮化镓快充智能插座采用了升级功率密度、能量转化效率的第五代氮化镓芯片，具有体积小、发热低等优势。在内部还集成了抗浪涌电路，连续吸收瞬间大电流，保护电子设备不受损坏。该插座还具有数字电源控制技术，通过主控芯片实时监控交流线路过载、过压、欠流等各种故障，精准掌控用电的异常状况。

德力西 20W PD 快充插座

参考价格：85.9 元

与前面推荐的几款产品相比，德力西 20W PD 快充插座的造型可能就显得比较传统。产品为纯白简约的机身设计，配上柔白指示灯，颜值不错，能轻松融入各种家居环境当中。产品提供了 3 组小 5 孔 AC 插孔，扩展能力不错，每组插孔之间也留够了距离，即便是大块头的插头也不会互相影响。

德力西 20W PD 快充插座提供了 1 个 USB-C 接口和 2 个 USB-A 接口，其中 USB-C 接口支持 PD3.0 和 QC3.0 协议，单口最高输出功率为 20W，USB-A 接口的单口输出功率则为 18W，用来给手机、平板、智能手环等设备充电都有不错的效率，减少等待的时间。

在用料上，德力西 20W PD 快充插座采用了 750℃高阻燃外壳、防止儿童误触的儿童安全门、一体成型的铜条、加粗 33%的铜芯线径，使用起来安全又稳定。如果你对快充功率要求有限，又想要一款价格相对比较实惠的插座，这款产品可以考虑。

24GB运存真没必要？它至少有两大好处

24GB 运存已真的到来，除了红魔 8S Pro 系列外，一加 Ace 2 Pro、Redmi K60 至尊版、真我 GT5 都推出了 24GB+1TB 版本，并已陆续开始大量出货。不过，和当初 1TB 大容量存储获得的欢呼声不同，面对 24GB 手机运存，用户明显更加克制，甚至不乏反对的声音。

网友们的疑问大抵可以归纳为两个：一是智能手机是否用得上 24GB 运存，16GB 已经完全够用了，24GB 不仅感知不强，反而“徒增功耗”；二是越来越大的运存，会否反向助推安卓 App 更无节制的臃肿化？

当基准线升到了 12GB

早在 7 月，红魔 8S Pro 系列正式开售，从发售版本可以看到，此前发布会上官宣首发的 24GB+1TB 版本并没有上架。询问官旗客服后得到的答复是“没有收到通知”。

懂的都懂，红魔 8S Pro 系列一口气抢了两个首发，一是第二代骁龙 8 领先版，二就是 24GB 运存，这是目前为止智能手机上最大物理运存。抢先发布，却不开售，这在手机行业并不少见，或许 24GB 运存就如网友吐槽的那样，更像是为发布会造势的营销噱头？

但事实上，种种迹象都表明，手机市场在经历了年初的大容量存储普及运动后，又要展开新一轮的运存大跃进了。24GB 运存的到来，既是行业内卷的必然结果，也是为了顺应市场消费的需要。

此前我们已提到，中高端机型都在逐渐淘汰 8GB 运存，除了个别厂商外，主流厂商大部分新机型都取消了 8GB 版本，直接 12GB+256GB 起步。当小内存版本逐渐消失后，可选版本就不那么多了，主推的基本就 12GB+256GB、16GB+512GB 两个版本。

虽然大家对取消 8GB 的做法无异议，但对厂商来说，可选版本太少并不利于走量，与友商之间的价格卡位争夺也可能少了优势。

“起步价”一直是手机产品一个关键的价格营销点，尤其是线上性价比机型，推出 8GB，乃至 6GB 起步的版本往往能够做到一个“相对震撼”的价格，方便让用户记住。

就拿 Redmi K60 来说，看起来卢总是在一加、真我的左右夹击之下不得不降价，同时加推 1TB 大内存版，但这也使得 Redmi K60 目前有了多达 6 个存储版本在售，无论是起售价，还是各版本价格卡位方面都更占优势。过去不久的 6·18，Redmi K60 能够成为价位的销量和销售额双冠，与这种多版本策略不无关系。

当 8GB 被淘汰后，12GB 就需要承担起这种“起步价”的责任，这时候为增加可选版本，拉开价格差距，仅 12GB、16GB 两个版本显然是不够的，更大运存的需求就显现出来了。

加上这两年手机存储市场供过于求，闪存、运存颗粒价格都在持续下行。手机厂商们也干脆抛弃套路，直接在运存和容量上给用

户“吃饱”。可以预见，在24GB LPDDR5X大量出货之后，24GB“皇帝版”将不再是发布会上的噱头，而是真正的可供购买的版本了。

不为App的臃肿负责

那么，问题来了，到底有没有必要买24GB运存的手机呢？很多人看到24GB运存的第一反应是，这怎么都超过了PC。但不同于PC的是，手机对于后台常驻应用的要求更高。大多数时候你的手机都会同时运行多个App，而且在这个过程中App还有保活的要求。尤其是一些游戏用户，很多时候一边开着《原神》，一边运行着微信、外卖或者一堆其他的应用。

当前整个手机应用生态的变化，对于手机运存的性能也有更高的要求。随便一个游戏，动辄数百MB，诸如《原神》这样的大型游戏，动不动就是十几个GB。安卓系统本身在资源调用、系统调配策略方面相比iOS就有劣势，所以最直接简单粗暴的办法就是加运存。

一般而言，相同处理器情况下，运存越大，可以同时运行的程序越多，这样当用户运行多任务时，确保后台挂着的应用不会掉线，也就是我们常说的“后台保活率”。

此前一加11宣布，在首发的“内存基因重组技术”加持下，加上16GB大运存，能实现最多44个常用应用的后台“真保活”。搭配18GB内存能做到超50个常用App的“真保活”。以此推论的话，24GB能实现60个左右的App后台保活能力。

后台保活率更高，意味着同时运行更多应用也不会卡顿，每次打开应用都能秒速进入，更快的应用响应速度，给我们的直接感受就是更流畅的使用体验。

当然，话又说回来，40多个常用应用保活，对绝大多数用户都完全够用了，极少有人能够同时用到五六十个常用应用那么多。以至于有人质疑，更大运存的到来，会否反

而为App越来越臃肿化提供了便利。

其实对这个问题的担忧有些本末倒置。要知道App体积、占用变得越来越大，并不是在手机运存变大之后才发生的。相反，正是因为App的占用越来越大，聊天、外卖、新闻、浏览器应用都想朝着超级App发展，手机厂商才需要推出更大内运存版本来满足用户对流畅度的要求。

可能还有两个好处

换个角度来看，我们不必担心更大运存的出现助长App更加臃肿的情况，反而需要提醒手机厂商和用户的是，不能因为有更大的运存就认为可以偷懒，它还需要优化跟上，除了保证大运存有更好的后台留存能力，还需要兼顾功耗，该杀杀，该保留保留，才能在流畅的同时确保续航。

毫无疑问，24GB运存的出现还是当前行业内卷的直接结果，同时24GB运存也的确是过剩的，但这也并不意味着它的到来毫无意义。

至少在较长一段时间内，手机厂商不会再出现这种疯狂升级内存、运存的做法，当内存运存都卷到头之后，卷系统，优化更加聪明、合理的后台调度策略便成了竞争的重点，获利的还是用户。

另外，它也有可能帮我们把12GB的价格给打下来，从8GB被淘汰，到标配12GB、顶配16GB，再到如今24GB，你敢信这仅仅是半年内就发生的事吗？

想想1TB刚出现的时候，很多人也在质疑1TB存储有没有必要，到如今2000多元就能买1TB手机，已经没人再讨论这个问题了。或许24GB运存也是同样的道理，只要价格足够香，我可以！

哪些人适合24GB+1TB

除了有更强后台保活能力、更大的存储空间外，24GB+1TB版本在游戏、拍照、续航等其他维度的体验和配置与其他版本并无本质上的不同。那么是否有必要加预算上24GB+1TB版本呢？

我的建议是，对缺少手机相关知识和技巧的人，完全可以加钱上这个超大内存版本。他们不是天天折腾硬件的极客，可能是我们的父母、亲戚，或是那些去一次商场，听导购一通宣传就买手机的人。

很多消费者是没有清理后台的习惯的，让运存保持足够多的空间，保持流畅就是手机本身该实现的结果，更不用说区分RAM和ROM。在现实中，消费者对存储内存ROM更有体会，因为这直接关系到手机能存多少照片、多少首歌、多少个App。

运存也很重要，它在一定程度上会影响到系统的流畅性，当你觉得手机用起来卡顿很多，或是游戏不够流畅，就可以试着清理运存，效果明显。但不折腾手机的消费者是没有这个意识的。

24GB超大运存提供了非常大的使用余量，即便后台运行着30多个App，依旧可以有很高的流畅性，用领先的硬件去解决过去要频繁查询使用技巧才能解决的问题。以Redmi K60至尊版为例，按照目前的价格，16GB+1TB版本售价3299元，24GB+1TB的价格是3599元，差价仅300元，这是完全可以接受的。

24GB和1TB一样，都可以延长手机的使用寿命，配上旗舰处理器，使用三四年甚至更长时间，妥妥的“钉子户”选择。所以，相比发烧级用户，这样的超大存储组合更适合普通用户选择。

ROG魔霸7 Plus超能版(R9 7945HX3D款)首发测评

在桌面平台，配备3D V-Cache缓存的AMD锐龙7000X3D已经拿下游戏U至尊宝座，成为游戏发烧友的装机首选。而在不久前，AMD的游戏黑科技3D V-Cache技术终于来到了移动平台上，率先登场的是旗舰型号锐龙9 7945HX3D，它不但具备16核心32线程的顶级规格，二三级缓存总容量也和桌面游戏旗舰锐龙9 7950X3D一样达到了惊人的144MB，这让我们有充分的理由相信它会在移动平台上成为游戏处理器的性能标杆。作为AMD的核心合作伙伴，ROG首发独占了锐龙9 7945HX3D的旗舰级游戏本，型号为ROG魔霸7 Plus超能版。

144MB超大缓存加持，锐龙9 7945HX3D专为游戏而生

锐龙9 7945HX3D采用了与桌面锐龙9 7950X3D同样的第二代3D V-Cache缓存技术，拥有5nm Zen4架构和8核16线程。不过，即便是增加了64MB 3D V-Cache缓存，锐龙9 7945HX3D的最高加速频率依然和锐龙9 7945HX一样都是5.4GHz(高频CCD能达到的最高频率)，可配置TDP则没有变，都是55W~75W，最高温度甚至还从100℃降到了89℃，可见能效比还有所提升。此外，锐龙9 7945HX3D还支持PBO，可以自动超频获得更好的性能，

首发独占的ROG魔霸7 Plus超能版对此也提供了完善的支持。

首发独占锐龙 9 7945HX3D! ROG 魔霸 7 Plus 超能版突破巅峰

首款搭载锐龙 9 7945HX3D 处理器的游戏本型号为 ROG 魔霸 7 Plus 超能版,和之前的锐龙 9 7945HX 版本相比除了处理器改变之外,默认内存配置也翻倍升级到了双 16GB DDR5 4800,最高功率输出则从 240W 降到了 235W(由此可见锐龙 9 7945HX3D 的能效比有所提升),显卡方面目前只有满功率 RTX 4090 顶配一款。

为了让锐龙 9 7945HX3D 充分释放性能,ROG 魔霸 7 Plus 超能版配备了强大的冰川散热架构 2.0 增强版,拥有双风扇 4 出风口的设计,均热板 + 第二代液金导热的方案也带来更好的散热效率,充分保证了整机 235W 满功率输出的稳定性与持久性。

屏幕部分,笔记本搭载了 17.3 英寸 2.5K/240Hz 电竞屏,拥有 100% DCI-P3 色域和 3ms 响应时间,支持 G-Sync 防撕裂技术,为游戏玩家提供旗舰级的流畅视觉体验。

存储部分,ROG 魔霸 7 Plus 超能版默认配备了双 16GB DDR5 4800 内存(总容量 32GB,支持扩展到 64GB)与 1TB PCIe 4.0×4 SSD,也预留了 M.2 接口供玩家扩展,并支持 RAID0 模式实现双倍的磁盘性能。显卡方面,笔记本搭载了性能释放高达 175W 的 RTX 4090 独显,支持双显三模热切换,同时也保留了冷切换的功能。

那么接下来就看看这款独占首发锐龙 9 7945HX3D 处理器的旗舰游戏本实战水平如何吧。

游戏性能登顶,锐龙 9 7945HX3D 无可匹敌

本次测试,除了 ROG 魔霸 7 Plus 超能版外,我们还加入了一款同级别的酷睿 i9 13980HX+RTX 4090 的游戏本进行对比(两款游戏本都设置为 Turbo 模式),以便玩家进行参考。

基准性能测试

我们知道,目前游戏大作对于多核心的支持已经相当成熟,在绝大多数游戏中,处理器其实都是跑在全核加速频率上的(玩游戏只看单核性能的理论已经过时了)。所以对于多数游戏来讲,线程数量相同的不同处理器,多线程性能越强的那一款游戏帧率就越高。通过处理器基准测试可以看到,在同样拥有 32 线程的情况下,锐龙 9 7945HX3D 的多线程性能得分都要高过酷睿 i9 13980HX,毕竟它拥有的是 16 个全规格大核且共享 128MB 超大三级缓存,而酷睿 i9 13980HX 只有 8 个大核,剩下的 16 个小核无论是频率还是缓存规格都显得太羸弱了,而且小核在游戏中还无法发挥作用。

处理器游戏性能对比

在桌面平台上我们已经见识过锐龙 9 7950X3D 在游戏中相对酷睿 i9 13900K 的巨大优势,而这次在移动平台上,锐龙 9 7945HX3D 同样没让人失望,在所有的 16 个游戏中都完胜酷睿 i9 13980HX,平均领先幅度高达 17.2%。

从游戏实测来看,锐龙 9 7945HX3D 在电竞网游方面的优势尤其明显,例如在《DOTA2》和《战争雷霆》中,就分别领先了酷睿 i9 13980HX 大约 51% 和 25%,堪比显卡升级两个档次的幅度。此外在《地平线:零之曙光》和《古墓丽影:暗影》中的帧率也领先了 25% 以上,在《无主之地 3》《全境封锁 2》《看门狗:军团》《F1 2022》《全面战争:三国》《最终幻想 14》《荒野大镖客:救赎 2》中的帧率优势也都达到了 10%~19%,其他游戏也有 5%~9% 的优势,称得上是大获全胜了。

由此可见,对于发烧级游戏本来讲,锐龙 9 7945HX3D 可以说是当下最强的处理器配置。特别是显卡已经达到顶配(例如 RTX 4090)的游戏本,要想游戏性能百尺竿头更进一步达到新高度的话,那选择锐龙 9 7945HX3D 机型确实是目前唯一的解决方案,毕竟它就是目前移动平台真正的顶配游戏 U。

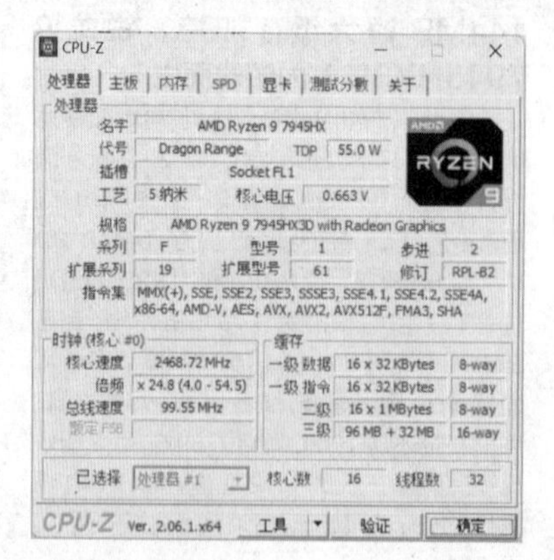

功耗与温度测试

温度与功耗部分,我们首先使用 Cinebench R23 的多线程循环测试对处理器进行单考(环境温度 27℃、湿度 63%)。从实测来看,锐龙 9 7945HX3D 的缓存 CCD 最高加速频率可以到 5049MHz,高频 CCD 最高加速频率可达 5440MHz,其实都略微超过了官方的标称频率,可见 ROG 魔霸 7 Plus 超能版的调校也是非常到位的。功率方面,锐龙 9 7945HX3D 的爆发输出功率接近 130W,而稳定下来之后保持在 96W 出头的水平,温度保持在 89℃之下并保证性能输出。相比之下,酷睿 i9 13980HX 的功率表现就非常夸张了,爆发功率高达 174W,在温度撞墙之后下降到 137W 水平并保持,能效比方面锐龙 9 7945HX3D 显然完胜。

接下来使用 Cinebench R23 + Furmark 对 ROG 魔霸 7 Plus 超能版进行双考,此时显卡可以跑满 175W 的功率输出,加上锐龙 9 7945HX3D 的 61W 之后总功率输出达到笔记本标称的 235W 总输出,可见 ROG 魔霸 7 Plus 超能版的功率释放还是很到位的,这当然也离不开它出色的散热设计。

总结:锐龙 9 7945HX3D 助力顶配游戏本突破性能极限

最后来简单总结一下。从前面的测试可以看到,得益于 64MB 超大容量的 AMD 第二代 3D V-Cache 缓存,锐龙 9 7945HX3D 在测试的游戏中完胜酷睿 i9 13980HX,最多可领先酷睿 i9 13980HX 大约 51%,而绝大多数游戏中都可以保持 10% 以上的优势,平均优势都超过 17%,游戏性能明显高出一个档次,称它为当下的游戏本最强 U 毫不为过。

总而言之,锐龙 7000X3D 系列之前已经在台式机平台上展现出了无可匹敌的游戏性能,而同样拥有第二代 AMD 3D V-Cache 技术的锐龙 9 7945HX3D 目前在移动平台上又树立了新的游戏性能标杆,为发烧级顶配游戏本突破性能极限提供了当下唯一的选择。特别是目前使用 RTX 4090 独显的顶配游戏本,由于显卡已经没有提升空间,只有搭配锐龙 9 7945HX3D 这样的游戏本最强 U,才能突破瓶颈在游戏性能方面带来进一步提升的可能。

因此,如果你想拥有一台顶配游戏 U+ 顶配独显的旗舰游戏本,那么锐龙 9 7945HX3D + RTX4090 的配置就是当下唯一的选择,而 ROG 魔霸 7 Plus 超能版则是在性能释放、散热设计、屏幕品质、操控体验和信仰外观方面都达到一流水平的可靠之选。

微信VS头条：小程序游戏迎爆发前夜

■ 郭勇

游戏圈新风口

从旅行青蛙、跳一跳到合成大西瓜，几乎每年都会涌现一至两款现象级的小程序游戏，这些现象级的小程序游戏往往仅花两三天时间就能俘获数亿用户量，在流量为王的互联网领域具有极强吸引力。而随着时间的推移，小程序游戏正悄然成为游戏圈最耀眼的存在。

近日，腾讯、网易等游戏业务存在感明显的互联网企业及游戏公司相继发布财报，除了各有侧重的产品布局，小游戏正在成为新的重点关键字。以坐拥微信这一社交平台，对小程序游戏落地拥有得天独厚条件的腾讯为例，高管近日在2023Q2业绩电话会上表示，微信游戏已有4亿月活跃用户、30万游戏开发者。另据微信小游戏团队透露，上半年小游戏流量变现和广告推广规模均实现超30%增长。根据腾讯高管表述，微信游戏平台为增量，不会蚕食App游戏市场。还将其视为进入巨大的新兴休闲游戏的机会，打造成类似海外Roblox平台。

在财报分析师会议上，腾讯总裁刘炽平表示，游戏业务的营收并没有完全反映腾讯游戏系列产品的发展，因为微信小程序游戏部分收入体现在增值服务中，游戏收入仅体现了小游戏的佣金。腾讯首席战略官James Michelle也补充道：小程序游戏的收入非常可观，其毛利润增长比游戏主业高得多，这源于腾讯对于小程序、视频号生态的建设。

小程序背后的大市场

中信建投指出，小游戏有望为游戏市场带来百亿级增量。据市场研究机构QuestMobile发布的《微信游戏小程序报告》，每5名小程序用户当中，就有4名是小游戏玩家。这意味着小游戏为游戏行业带来的流量红利十分惊人。

2022年底，《羊了个羊》意外火出圈，这只是一个微信小游戏，闯关消除类的玩法也不稀奇，然而游戏吸引了大量玩家，还在微博、朋友圈刷屏，开发者最初只想赚20万元，结果现在营收已经超过1亿元了。据在2022年度中国游戏产业年会上，《羊了个羊》创始人张佳旭透露，《羊了个羊》营收已破亿，团队由原来10人扩充到20人，并且该游戏成本仅50万元。

而据腾讯官方近期发布的《2022微信小游戏增长白皮书》显示，微信小游戏开发者数量已达到10万+，月流水千万级游戏款数同比增加50%。根据《白皮书》，目前微信小游戏主要有三种变现形式，IAP（内购付费）、IAA（广告变现）、IAP+IAA（混合变现）。以《羊了个羊》为例，主要采用的是IAA模式，用户观看一条广告可获赠道具等。

腾讯高管透露，目前小程序MAU为11亿，开发者400万，且用户黏性显著增加，“每个DAU花费的时间在第二季度同比增长了两位数”。小游戏目前则有超过4亿MAU和30万开发者，腾讯方面还特别提到“大型游戏公司和小型工作室都在积极开发和运营小游戏”。随着吉比特、星辉娱乐、巨人网络等上市公司的进入，小程序游戏不再仅是中小游戏公司的天地。

吉比特董事长、总经理卢竑岩日前在2023年半年度业绩说明会上提到，有关注到目前小游戏非常火，具体表现在小游戏流入的用户数量规模非常大，对小游戏的发展比较看好。有意思的是，吉比特待发游戏中关注度较高的一款放置RPG手游《勇者与装备》（代号BUG），近日率先上线小程序版本。对此，卢竑岩表示是出于业务上的考虑，不仅是《勇者与装备》，其他项目也会考虑发行小游戏版本。具体还是要看项目情况，因为如果不是轻量级的产品，可能需要针对小游戏版本裁减掉一部分内容，还需要耗费一些时间成本。

掌趣科技同样在2023年半年报中提到，企业将积极进军小游戏赛道，并表示小游戏产品本身具备研发周期短、研发费用低等特点，适合快速切入。

多重因素推火小程序游戏

对于大多数游戏厂商而言，中重度游戏二次开发小程序版本并不困难，通过小程序买量导流至App不仅便于获客，还有助于创收。基于此，小游戏和App“双轨并行”开始成为业内流行的一种发行方式。此前二七互娱模拟经营手游《叫我大掌柜》上线一年后推出了小程序版本迅速跻身市场头部，并且小程序长线留存趋势优于App端，进一步延长产品生命周期。之后公司在《小小蚁国》发行上，投放量也侧重于小程序版本。

同时，Unity中国正式推出Unity中国版引擎——团结引擎。此次推出的版本对小游戏赛道进行了针对性技术部署。Unity中国CEO张俊波受访时表示，非常看好小游戏平台的发展，现在版号总量调控、数量有限，但市面上有大量的存量游戏，小游戏平台可以让这些存量游戏找到新的收入来源。

微信小游戏和智能汽车是团结引擎想要抢先攻占的两座城池。从技术上来看，团结引擎以Unity 2022 LTS为研发基础，针对小游戏和智能汽车领域进行了优化和效率提升，通过一些原创本土优化与拓展，兼容适配了国内科技生态内的大量软硬件平台，极大降低了小程序游戏的开发门槛。在团结引擎创世版中，Unity中国针对性地推出了微信小游戏的解决方案，将微信小游戏平台作为在iOS、Android之外，团结引擎另一个原生支持的游戏平台。

在用户层面，小程序游戏碎片化特性明显，契合当下快节奏生活的用户游戏场景而且小程序游戏单机化属性较强。不攀比、不社交、极少排行榜、游戏压力较小。对于企业和厂商而言，在获量层面，小程序游戏的获取入口多样，且转化路径非常短。对于手游App而言，用户看到广告需要进入落地页下载，再安装后打开手游，但是小程序只需要从广告跳转。

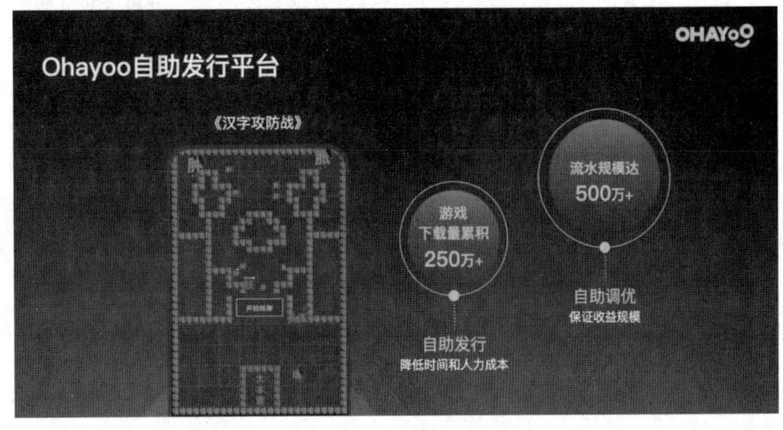

微信与头条的话语权争夺

从携手开拓市场到围绕小程序游戏展开生态竞争,微信与字节跳动关系的转换一定程度上见证了小程序游戏的成长。

2016年11月23日,微信上线了一款小游戏“跳一跳”。一时间全民“跳一跳”,微信创始人张小龙更是称自己熬夜玩这款游戏。

当时大火的“跳一跳”,已经吸引了Nike等头部品牌方的广告植入。低成本的开发、简单易上手的玩法、超大流量平台的加持、明晰的商业化手段,都让小游戏生态“看起来很美好”。一旦拥有好创意,瞬间爆发不是梦,看似休闲游戏最好的时代来了。

2019年,一直觊觎游戏市场的字节跳动,也高调宣布进军休闲游戏生态,发布了集研发发行、推广于一体的Ohayoo平台。希冀借助抖音天然的素材库以及流量,让休闲游戏成为字节游戏的一大突破口。

而随着2021年游戏未成年人保护加强,叠加游戏行业的竞争加剧,抖音自主推出小游戏的发展力度见缓。由于流量优势和监管环境的约束,抖音开始逐渐减少自有小游戏的建设,改变思路,2022年下半年起,转而向微信小游戏生态导流,依托微信小游戏的大体量,在保持自身原有盈利结构的同时,在游戏方面聚焦更有优势的广告变现。

在这些努力的基础上,2023年Ohayoo披露的成绩是发行了超200款游戏,游戏总下载量突破10亿,流水规模超过了60亿元。

看似还不错的成绩,对于字节跳动来说,却成为鸡肋般的存在。尤其是今年,腾讯加大了对视频号的基础建设,视频号的商业化能力也在财报中被重点提及。而随着视频号生态的不断成熟,小程序游戏与视频号将完成研发-推广-游玩的逻辑闭环,进一步推动小程序游戏的发展。视频号则也将受益于小程序游戏的反哺,补足自身游戏板块的内容生态。

随着腾讯小程序游戏生态的成长,显然会同抖音形成竞争,尤其是抖音本身就在尝试进入社交领域,小程序游戏同样也是其相当不错的跳板,两大生态围绕小程序游戏的竞争在所难免。

合规下健康成长

值得注意的是,国内游戏市场设有版号准入机制,小游戏虽也需要申请版号备案,但在相当长时间内处于监管的边缘地带。随着小游戏市场规模逐步扩大,未来监管有望进一步加强,目前已有迹象。

8月8日,工信部发布《关于开展移动互联网应用程序备案工作的通知》,微信也是在次日便跟进宣布,自9月1日起,微信小程序将需要完成备案后才可上架。8月31日,据广东省游戏产业协会官方微信公众号消息,广东省新闻出版局发布了关于进一步规范国产游戏小程序备案工作的通知。通知显示,在广东省内依法注册登记的游戏小程序运营机构需定期做好游戏小程序新上线备案工作,领取备案编号,原则上每月申报一次。对已上线的游戏小程序,应于一年内补办备案手续,数量巨大的可适当延长补办时限,未补办备案手续的游戏小程序不得继续上线。

由于不需要版号,之前的微信小游戏一直处于灰色地带,而随着监管部门的介入,微信小游戏将会朝着更加规范化、标准化的健康方向发展。

全价位覆盖 主流品牌手机内存差价调查

■李正浩

大家在购买手机或者电子产品时,是否会倾向购买大内存版本,即便不买也会看看其他内存版本及其价格。差距小的只有几十元,可能只够一次“疯狂星期四”,差距大的甚至够你买2g黄金,所以网友调侃部分手机的内存是金子做的也不是毫无道理。

注:以下涉及价格和内存版本数据截止到2023年7月27日,“/”前后数据分别是原价和优惠后价格。

低端机花小钱办大事

虽然百元机这几年在体验上没什么明显进步,但是每个内存版本之间的差价倒是很小,我抽取最近一段时间比较热门的百元机查看它们不同版本之间的价格差。

我发现大家买百元机时往往会把预算卡得很死,基本不存在加价的可能性。或许洞悉到了大家的心思,部分百元机内存容量差价不大,甚至只有几十块钱,或者一步到位,直接大存储起步。

Redmi 12C和10A相对更亲民,特别是新出的Redmi 12C,同样800元预算,12C可以买到6GB+128GB,10A只能到4GB+128GB,而这个版本12C目前价格为699元(见表1、表2)。

表1 内存单位:GB,价格单位:元

百元档	4+64	4+128	6+128	8+128	8+256
荣耀畅玩20	799/679	899/779	1099/899	1399/1379	/
Redmi 12C	649/619	699	799	/	/
Redmi 10A	699	799/769	899/869	/	/
OPPO A36	/	/	899/799	/	/
vivo Y53t	/	999/949	999	1099	1399/1299

表2 内存单位:GB,价格单位:元

千元档	8+128	8+256	12+256	16+512
华为畅想60 Pro	1599/1549	1799/1749	/	/
荣耀X50	1399	1599	1799	1999
Redmi Note 12T Pro	1599/1499	1699/1599	1899/1699	2099/1899
OPPO A1	/	1799/1599	1999	/
iQOO Z7	1599/1499	1699/1599	1899/1749	/

就价格来说,这五款手机都是起始版本最具性价比,如果手上刚好有内存卡,那么也就没必要加钱上更大的内存容量,因为百元机大多支持内存卡扩展,上限最高也能到512GB。

到了1000-1999元的千元价位,这个价位的手机不同内存容量加价一般在100到200元之间,可以从8GB+256GB版本开始考虑,够用而且价格也适中,优惠之后,官方零售价基本在1600-1800元之间。

如果要买这个价位的手机,建议到电商平台购买,可能会有额外的优惠以及以旧换新补贴,价格还能进一步拉低。

我要提醒一下大家,从这个价位开始,智能手机会有比较明显的分化,一种是主打性能,另一种是主打外观、影像,大家各取所需。处理器是区分两者的核心,搭载天玑8100、天玑8200,第二代骁龙7+的,基本是以性能为核心,甚至可以玩高画质的《原神》。

搭载其余处理器的大多以其他方面见长,像OPPO K11,搭载骁龙782G,配一颗5000万像素IMX890 CMOS,像这种就是主打影像和续航的中端机,但在性能上也没那么多可玩性。

尽管百元机和千元机在体验上能否有质的提升,很大程度上取决于处理器,但不同内存容量的差价不大,128GB和256GB基本就差100元,电商优惠之后的基础价格也不高,可以考虑上256GB这样的大内存版本。

大内存中端机普遍卖出白菜价

与往年不同,今年2000-3000元的中端价位手机开始普及更大内存版本,不仅2000多元就能买到1TB容量的手机,不同容量价格差距小,而且手机本身价格在优惠之后,也很有竞争力。

起售价在2000-2500元之间的手机大都开始从8GB+256GB开始起跳，部分甚至已经将12GB+256GB作为起跳版本，像一加Ace 2V、iQOO Neo8、真我11 Pro+等最近比较受欢迎的手机，这些手机起跳版本就可以直接冲，基本可以不用考虑更大的版本（见表3、表4）。

在优惠之后，2000元出头的价格就可以买到12GB+256GB的手机，加最高300元的预算，就能买到12GB+512GB或16GB+256GB，甚至是16GB+1TB的手机。

这里说的就是真我GT Neo5 SE和Redmi Note 12 Turbo，两部手机的1TB版本在发布之初的到手价都是2599元，目前两者都降到2299元。

对于这两部手机，除非预算限制很严格，否则1TB版本就是性价比最高的，完全是"钉子户"标配。注意，但也不是所有手机的1TB版本都有这么高的性价比。

按照目前平台优惠后的价格，真我11 Pro+从12GB+256GB升级到12GB+512GB需要补300元的差价，但如果从12GB+512GB提升到12GB+1TB，就要补600元。相较之下，目前2199元的12GB+512GB是一个更划算，也是更适合长期使用的选择，1TB就有些大可不必了。

3000挡价位的热门机型情况与2000元档相似，但因为配置更高，起步价格相对较高，不同容量之间的差价也基本在200到400元。

不过这个价位可以关注一加Ace 2、荣耀90，这两款都是直接12GB+256GB起步，都是那种起始版本就可以直接冲的手机。

总的来说，中端价位的手机普遍是"大内存，白菜价"。且不说12GB和16GB运存，1TB内存在过去基本是万元旗舰的专属配置，即便是在6999元级的旗舰手机都是很少见的，更不用说在2000元价格段了。

高端机的内存堪比"黄金"

到4000元及以上价格段，已经是高端机的范畴了，更高的配置，更好的影像，更精致的外观，有更高的起售价和价格差也在情理之中。

为了降低入手门槛，或是让价格显得亲民，相当一部分旗舰手机反而保留8GB+128GB或是8GB+256GB，大部分旗舰机不同内存容量价格差大多在400到500元，如果对体验有要求，还是优先选择12GB+256GB版本。

这里主要注意三款机型，华为P60系列、小米13 Ultra和iPhone 14系列。

华为P60从128GB升级到256GB，华为P60 Pro从8+256GB到12GB+256GB，价格差分别是500元和300元，还是合理的价格差。

但是华为P60从256GB升到512GB要足足1000元，按照7月27日的金价595/克，都快够买2克的黄金了。更离谱的是华为P60 Art，512GB和1TB版本之间差价达2000元，相当于近4克黄金，都够打一条手链了。

Pro的256GB版本到12GB+512GB差800元，这个价格差也很高，但相比上面两款手机反而显得有些性价比。

该系列手机推荐买华为P60 256GB版本和P60 Pro的12GB+256GB，这两个版本价格是相对合理的。如果无所谓预算，建议华为P60 Art直接拉满。iPhone 14系列和华为P60系列一样，内存也是"金子"做的。

全系从128GB到256GB，差价统一900元；256GB到512GB，差价统一是1800元；iPhone 14 Pro和Pro Max多了1TB版本，与512GB的价格差同样是1800元。

有一说一，当差价来到1800元，我认为不如买一部大容量安卓中端机，不仅能当半个移动硬盘，还能当游戏机，必要时给iPhone充当热点，或是去购买iCloud云服务，价格相比1800元的差价真的九牛一毛。

如果觉得自己的iPhone真的要装很多App、文件资料，觉得保存在手机上更让人放心，这时候再考虑上512GB甚至1TB版本。

不同内存组合应该怎么选？

如果从内存容量的角度出发，不同价位手机的选择方式也不一样，百元机更多的还是看预算，在有限的预算内尽可能购买大容量的手机。

至于是否需要选择1TB版本，我的建议是除非是真我GT Neo5 SE和Redmi Note 12 Turbo这种低价就能买到的，否则最高512GB就够用了。

那么12GB+512GB和16GB+256GB怎么选？我的意见是，选12+512GB。当运存到12GB及以上时，它给多任务处理和流畅度带来的提升，没有8GB到12GB那么明显，至少目前来说是这样的，而512GB容量实实在在扩大了手机存储空间。

12GB+256GB和16GB+256GB，严格来说前者就足够用了，后者感知不强，保后台能力基本一致，除非差价就只有100元，最多补200元，否则没必要升级。

表3　内存单位：GB，价格单位：元

2000档	8+128	8+256	12+256	16+256	12+512	16+512	12+1T	16+1T	24+1T
华为nova 11	2499	2799	/	/	/	/	/	/	/
荣耀90	/	/	2499	2799	2799	2999	/	/	/
Redmi Note 12 turbo	1899/1699	1999/1799	2199/1899	/	2399/1999	/	/	2799/2299	/
Redmi K60	/	2499/2099	2599/2199	2699/2299	2899/2499	2999/2599	/	3299/2899	/
Redmi K60至尊版	/	/	2599	2799	/	2999	/	3299	3599
OPPO Reno10	/	2499/2399	2799	/	2999	/	/	/	/
一加Ace 2V	/	/	2299/2199	2499/2349	/	2799/2549	/	2999/2749	/
真我GT Neo5 SE	/	2099/1999	2299/2199	/	2399/2299	/	/	2799/2399	/
真我11 Pro+	/	/	2099/1899	/	2399/2199	/	2799		/
vivo S17	/	2499/2399	2799	/	2999	/	/	/	/
iQOO neo 8	/	/	2499	/	2799/2599	3099/2899	/	/	/

表4　内存单位：GB，价格单位：元

3000档	8+128	8+256	8+512	12+256	16+256	12+512	16+512	18+512
华为nova 11 Pro	/	3499/3399	3999/3949	/	/	/	/	/
荣耀90 Pro	/	/	/	3299	3599	/	3899	/
OPPO Reno 10 Pro	/	/	/	/	/	3499	3899	/
一加Ace 2	/	/	/	2799	3099	/	3499	3699
vivo S17 pro	/	3099/2989	/	3299	/	3499	/	/

买得起修不起？起底折叠屏手机维修费用

■ 小美

折叠屏正在变得越来越主流。市场研究机构 Counterpoint Research 近日发布《白皮书：折叠屏智能手机未来可期》显示，2022年，中国市场占到了全球折叠屏出货量的26%，已成为全球折叠屏智能手机发展的领导者。

调研显示，随着折叠屏手机价格日趋下降，用户最关注的重点转向产品本身，尤其对屏幕可靠性、耐用度等最为关心，同时售后维修等服务也较为关注，排名第三。用户关注度中，屏幕可靠性和使用寿命排名第一，其次是屏幕折痕影响观感。也因此，用户特别关注的是购买后的售后服务，比如屏幕问题日趋严重后的维修价格是否高昂等。

因此对厂商来说，可以考虑针对不同性别推出性能更强，或者更易于维修的产品，同时要考虑持续降低成本和售价，让更多消费者乐于接受新产品。

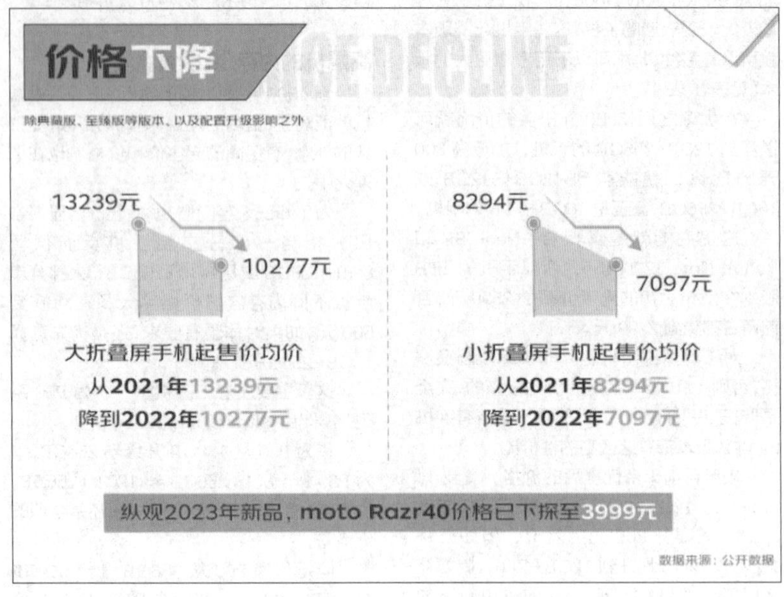

可以放心买了吗

目前最便宜的折叠屏手机应该是摩托罗拉 razr 40，价格进一步下探至 3699 元。怎么样？对比以前折叠屏手机的动辄上万元，现在是不是足够亲民了？

折叠屏手机的价格确实在逐年下降。之前京东统计信息显示，大折叠屏手机（Fold）起售价均价从 2021 年的 13239 元降到 2022 年的 10277 元，小折叠屏手机（Flip）起售价均价则从 8294 元下降到 7097 元。

今年的下降趋势更是明显，以大家印象中售价较高的华为为例，其折叠屏手机 Pocket S 入手价格已控制在 5000 元以内；最新发布的 OPPO Find N3 Flip 起售价 6799 元，与其旗舰 Find X 系列已处在同一价位水平。

大折叠屏手机中，最新的小米 MIX Fold 3 在各项配置全面升级的情况下，依然保持了和前代一致的 8999 元起售价；早前荣耀也推出了同样售价的折叠屏手机 Magic V2 以及更便宜的 Magic Vs……

无论是统计数据，还是实际的入手价格，都显示出，折叠屏手机售价已经越来越接近一部传统高端旗舰手机，在价格和使用体验已经足以与直板手机平起平坐的情况下，现在的折叠屏手机是不是可以放心买了呢？

那也不一定。

换屏费用高昂

试想，我们平常在使用手机的时候难免磕磕碰碰，如果是折叠屏手机，那使用时还得更加小心翼翼。这是否让人闹心暂且不说，更关键的是，折叠屏手机本身因为折叠属性、重量等因素，又更容易磕到碰到，可能出现碎屏的概率比普通直板手机更高。也就是说，你即使使用时再小心，它还是比一般手机更容易损坏。

那么，折叠屏手机的屏幕维修费用现在又是什么水平呢？我特意查看了各品牌折叠屏手机的屏幕组件价格，发现并没有像手机售价那样呈现出下降趋势，仍然可以用高昂来形容。

小米 MIX Fold 3 的官方维修价格已经公布：维修费用最贵的就是显示屏，保外物料指导价 3650 元，这应该是内屏的价格，加上人工费 40 元，修一个屏幕就要 3690 元。

对比了一下，上代 MIX Fold 2 的内屏价为 4139 元，看起来似乎变便宜了，但第一代 MIX Fold 的内屏费用 3170 元，反而更贵了。相比小米 13 Ultra，小米 MIX Fold 3 够它换三次屏了。

内屏组件费用最高的还是华为 Mate X3，为 5199 元，购机一年时间内，享有一次 3999 元优惠换内屏的价格。另外，还有官翻特惠屏，但价格也不便宜，要 2999 元。

让我有些意外的是，vivo X Fold 2 的内屏要价也这么高，达到 5080 元，跟华为一样，在购机一年的时间内，享有一次 3810 元优惠价。还有荣耀 Magic V2 的 4379 元的内屏费用同样不便宜。

大折叠这么贵，小折叠又如何呢？看了下，OPPO Find N3 Flip 的官方维修价还没公布，N2 Flip 的内屏组件要 2600 元，N3 Flip 的价格可能在此之上；vivo X Flip 内屏组件依然价格更贵，要 3000 元，购机一年内，可享 7 折优惠。

华为 Pocket S 的换屏价 3319 元更贵，享受活动优惠后也要 2699 元。最便宜的小折叠摩托罗拉 razr 40 换屏费用为 1682 元。可以看出，屏幕费用基本上都占到了手机本身价值的 40%~50%。

从手机保修政策来看，厂家通常会把外观的磕碰，认定为手机屏幕出现问题的直接原因，据此认为，屏幕问题为人为原因，无法保修。换屏就需要用户自掏腰包了。如果碎两次，基本上等同于再买一部新手机了。

强烈建议购买碎屏保

直白点说，摔不起，可能是目前很多用户入手折叠屏手机的最大障碍。对于这一问题，厂商其实也给出了应对方案——碎屏保。

手机品牌官方的碎屏保服务很早已出现，购买了碎屏保的用户，一年内，如果出现碎屏、漏液、破碎等情况，可以免费更换一次原装屏幕组件，更换后也不影响手机原有的保修服务。这也是官方碎屏保相比第三方碎屏保最大的优点。

碎屏保的价格与屏幕费用本身成正比，2000 元左右的中端机型，其碎屏保通常在 100 元左右，五六千元的旗舰机，比如小米 13 Ultra、华为 Mate50，碎屏保价格三四百元。

到了折叠屏手机这儿，碎屏保价格和维修费用一样，也是成倍攀升。价格较高的，依然是华为和 vivo，华为 Mate X3 碎屏服务宝售价 1299 元，更换内屏还要收取 499 元服务费；vivo 为 X Fold2 提供的意外宝售价 1699 元，小米 MIX Fold 3 的碎屏保价格也达到 1399 元。

相比之下，OPPO、三星、荣耀的碎屏保价格在千元以内，相对更低。不过，让人有些意外的是，3000多元的摩托罗拉 razr 40，碎屏险要价999元，结合前面提到的换屏费，就显得不那么值当了。

碎屏保最便宜的反而是售价较高的三星，三星 Galaxy Z Fold5 起售价12999元，一年优惠换屏服务699元，如果仅更换内屏，只需要再支付280元，加起来还不到1000元。另外，OPPO Find N3 Flip 则直接将碎屏保作为首发购机的赠品，相当于优惠了千元左右，还是很划算的。

事实上，厂商在为碎屏保定价的背后，一定有一个成本概率的计算。如产品销量高，意味着有更多的人来分摊维修成本，碎屏保的价格一般可以更低。拿三星来说，碎屏保能做到比别家更便宜，也是规模和产业链效应在背后发挥作用。而摩托罗拉虽然手机本身价格低廉，但销量和生产成本摆在那里，碎屏保价格低了，对其利润也会造成更大影响。

虽然，目前折叠机的碎屏保价格普遍还是偏高，但对于折叠屏用户，购买碎屏保还是很有必要的。同时戴壳也是基操。至于那些平时不爱使用保护壳，或者经常摔手机的人，不管买不买碎屏保，都不建议在现阶段购买折叠屏手机。

市场真正爆发才会迎来改善

当然了，未来的折叠屏手机一定是向着更高可靠性发展的，目前各品牌在发布新品折叠屏手机时，都会强调其在屏幕技术、材料技术、铰链技术等方面的突破，说白了就是为了解决折痕、可靠性等问题而生的。

例如，三星 Galaxy Z Fold5 就用到了装甲铝边框，可降低跌落时的碎屏风险。小米 MIX Fold3 则自研了龙鳞纤维，内部由两层芳纶纤维夹着一层陶瓷纤维，强度达到微晶玻璃的36倍，提供更强的抗冲击能力。

此外，价格因素也对折叠屏手机的销量起着决定性影响，价格一旦下探，市场立刻会有敏感的反应。比如当三星小折叠手机价格降低到6000元上下时，销量立刻攀升。OPPO 之所以能够在中国折叠屏手机市场异军突起，很大程度得益于 OPPO Find N2 系列当初明显低于友商的定价策略。

可以预见的是，伴随着 OLED 面板产能释放和产业链完善，折叠屏手机价格将更加亲民，屏幕成本有望进一步拉低，这也意味着折叠屏的维修成本也会有所降低。尤其是当市场销量提升之后，换屏费用、碎屏保也会来到更低的水平，对于折叠屏手机买得起，修不起的问题也能很大缓解，届时或许才是折叠屏手机真正的市场爆发时机。

HKC天启OG27QK OLED电竞显示器测评

■ 电脑报工程师 胡文滔

OLED 显示器相对传统的 LCD 显示器拥有无可比拟的画质优势，在响应速度、功耗控制等方面都全面领先，早期的 OLED 显示器由于制造成本、生产规模等客观因素，往往售价比较高昂。好在现在随着面板厂商发力，制造工艺的不断进步和制造成本的进一步下降，OLED 显示器也进入了平民化时代，比如 HKC 推出的天启 OG27QK 就是一款旗舰素质的“国民 OLED 机皇”。

5.9mm 的简约美学

不同于大家印象中千篇一律的电竞风外观，HKC OG27QK 没有夸张的配色组合和充满攻击性的造型，而是采用了钛灰配色加上简洁的线条来突出显示器本身的设计感。显示器正面为窄边框设计，配上钢制的方形底座和灰色支架看起来低调沉稳，在屏幕最下方有一块梯形的金属小铭牌，上面印有 HKC Logo，在通电后会亮起来，整机的质感表现很不错。

由于 OLED 面板不需要单独的背光模组，HKC OG27QK 实现了极致的纤薄设计，上部和两侧的屏幕只覆盖了一层金属背板，显示器最薄处只有5.9mm，侧面的造型十分犀利。显示器背面的中部有一个正方形的“小书包”，在屏幕与“小书包”接缝处配置了一条 RGB 灯带。这种巧妙的设计使得灯光在关闭时可以完美隐藏在显示器的线条之间，而当灯光亮起时，悬浮式灯效又能很好地衬托出电竞氛围，视觉效果惊艳。

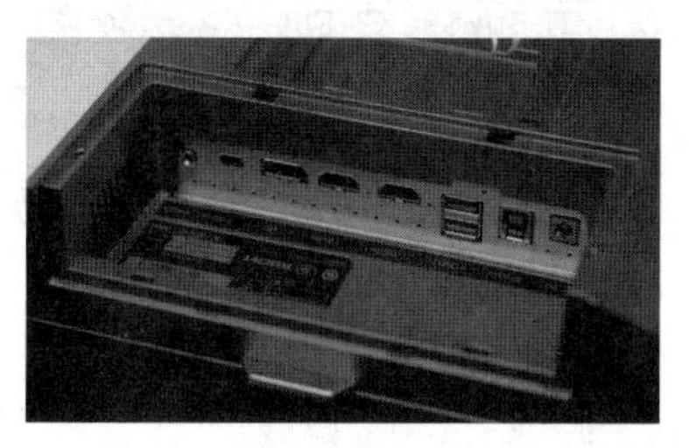

显示器的支架外壳采用了塑料材质，上刻印着“GAME WORLD”的 SLOGAN，凸显了这款显示器高端电竞的定位。从正后方看过去，宽大的菱形造型支架仿佛和方正硬朗的显示器背板融为一体，这种充满现代感的外观设计灵感来源于西格拉姆大厦建筑物，呈现出了与其他显示器不同的独特美感。与支架搭配的是方形小巧底座，纯金属底座的做工相当扎实，足够稳重同时不会占用太多的桌面空间。

HKC OG27QK 拥有比较丰富的接口配置，视频接口方面，具备2个 HDMI 2.0 接口、1个 DP 1.4 接口以及1个全功能 Type-C 接口。其中 DP 1.4 接口支持 DSC 压缩技术，使用单条 DP 线连接电脑即可做到 2K/HDR/10bit/240Hz 全开。全功能 Type-C 接口不仅支持90W 的反向充电功能，还支持一线投屏功能，方便连接笔记本、手机、平板等设备。其他接口方面，搭载3个 USB 接口（包括一个 USB-Type B 上行接口）和1个3.5mm 音频接口，支持 KVM 功能，满足玩家多样化的连接需求。

原生高刷广色域 OLED 面板表现优异

HKC OG27QK 和普通显示器最大的区别是搭载了一块 LGD 原厂的27英寸的 OLED 面板，规格方面非常亮眼。拥有2560×1440的2K分辨率，支持240Hz的

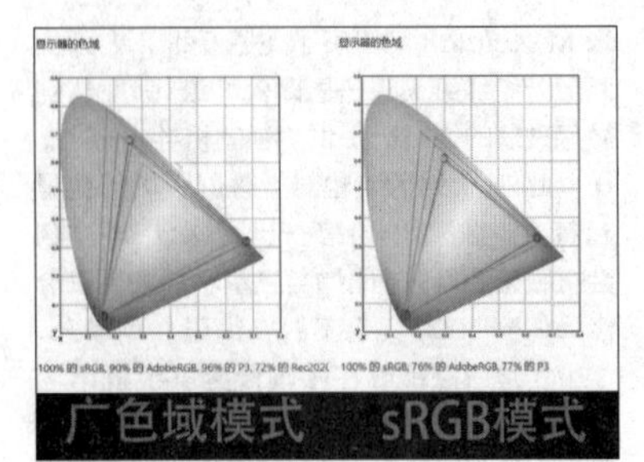

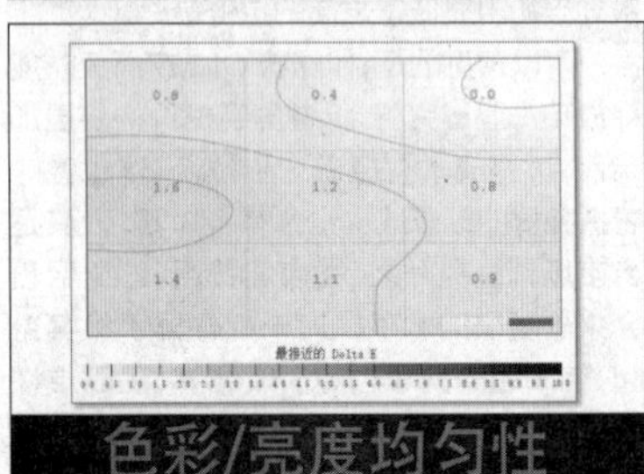

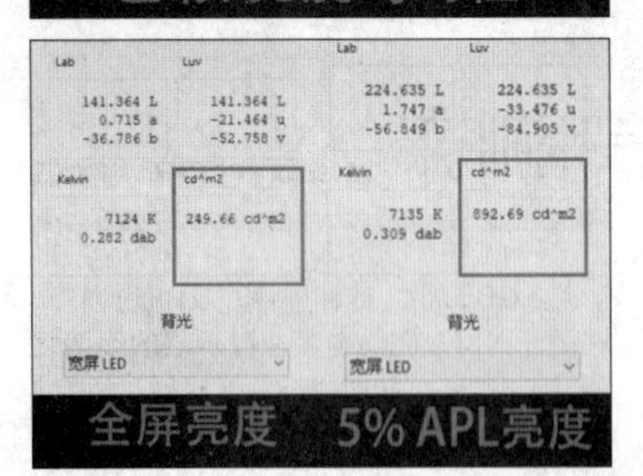

刷新率，还具备 0.03ms 的超低 GTG 灰阶响应时间，几乎可以完全克服动态场景中画面拖影模糊，即使是经过特别优化的 Fast-IPS 面板，响应速度也只在 1ms 左右。显示器支持 NVIDIA G-Sync Compatible 和 AMD FreeSync 技术，能够有效避免画面撕裂，获得更流畅的游戏体验。

得益于 OELD 面板自发光的特性，可以带来像素级的精准控光效果，实现更加通透、绚丽的画面显示。体现到参数上，HKC OG27QK 的屏幕对比度高达 1500000:1。它的色彩表现也非常有优势，面板具备原生 10bit 色深、拥有 98.5%的 DCI-P3 和 100%的 sRGB 标称色域。此外，显示器还支持防眩光低反射技术，可以在多种环境和光源照射下减少对显示画面干扰，不惧强光反射，提供更稳定的画面输出和体验。

接下来，我们使用 Spyder X2 Ultra 校色仪，对 HKC OG27QK 进行分析，测试前我们将显示器恢复出厂设置。从测试结果来看，HKC OG27QK 在默认的广色域模式下，拥有 100% sRGB、96% DCI-P3 以及 90% Adobe RGB 的色域覆盖，符合标称值。除此之外，显示器还可以在 sRGB、AdobeRGB、DCI-P3、Mac Mode 色彩空间中进行切换，并做了相应的色域限缩，能够满足创作者在不同使用场景创作时对色彩的需求，实测 sRGB 模式下依然有 100%的 sRGB 色域覆盖，表现非常优秀。

OLED 屏幕无背光模组和自发光的特性同样拥有更好的屏幕一致性，在色彩亮度均匀性的测试中，可以看到在 100%亮度下，屏幕右上区域的第三象限最接近 D65 标准(6500K)。相对来说屏幕下方的七、八象限与标准色温值有细微差距，不过差异值都在 Delta E 1.5 以内。显示器整体的均匀性表现相当不错，远超传统的 LCD 屏幕，更重要的是 OLED 屏幕不存在漏光的问题，实际使用表现会更好。

亮度测试部分，我们在系统中开启 HDR 模式后进行，比较令我们惊喜的是，显示器的全屏亮度为 249cd/㎡，而 5%APL 左右时的峰值亮度则可以达到 892 cd/㎡，如果按照官方的 3% APL 标准，也能达到 1000cd/㎡的峰值亮度。值得一提的是，在两种模式下的测试时间都在 10 分钟以上，在这个过程中显示器的全屏和 APL 亮度没有出现明显的降低，对 OLED 显示器来说，这样的表现相当不错了。

而在电竞辅助功能方面，HKC OG27QK 搭载暗场亮效（黑色稳定器）、游戏准星、计时器等辅助功能，还配置了 FPS/RTS 两种预设游戏模式，提升玩家在游戏中的的体验。另外，该显示器的人体工学支架拥有很大的调节范围，支持 -30° ~30° 的左右旋转调节、-90° ~90° 的横竖调节、-5° ~20° 的俯仰调节以及 110mm 的上下升降，方便玩家根据自身情况随时调整上佳视野，营造舒适顺心的游戏工作环境。

实际的使用体验上，HKC OG27QK 在 240Hz 超高刷新率和 0.03ms 超低响应时间的加持下，画面几乎没有拖影和延迟，激烈的战斗场面都可以捕捉到敌人的动态，不管是 3A 大作还是电竞网游，都能获得良好的游戏体验。当然，对于喜欢看电影的玩家来说，使用 HKC OG27QK 看一部大片也是一种享受，特别是在观看 HDR 片源时，OLED 饱满的色彩和极致对比度可以呈现出通透而有沉浸感的画面。

总结：电竞玩家的第一台 OLED 显示器

作为一款高端的 OLED 电竞显示器，HKC OG27QK 在外观设计、面板素质、接口功能等方面都有着突出的亮点，在数据测试环节和实际使用方面表现也非常优秀。最直观的感受是显示器 240Hz 刷新率和 0.03ms 响应时间带来的超流畅游戏体验，除此之外 HKC OG27QK 出众的显示效果同样令人印象深刻，不愧为“国民 OLED 机皇”。如果你想体验出色的次时代的游戏画面，那么入手一台像 HKC OG27QK 这样的高素质 OLED 显示器是物超所值的选择。

德塔颜色Spyder X2系列校色仪上手体验

■ 电脑报工程师 戴寅

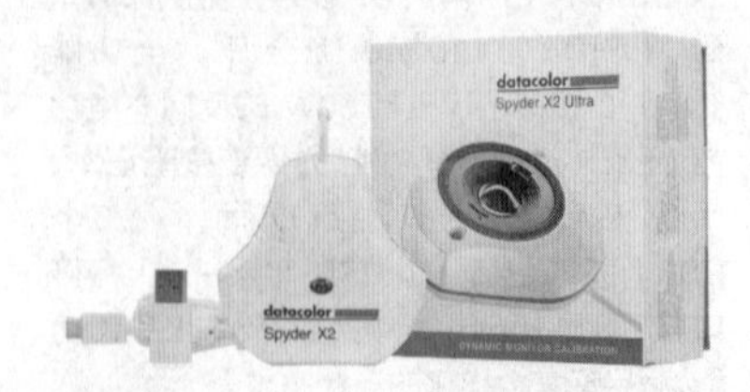

德塔颜色(Datacolor)的红蜘蛛 / 蓝蜘蛛系列校色仪是消费级色度计校色仪中应用非常广泛的产品。在我们之前的显示器测评中，一直使用的是德塔颜色在 2019 年发布的 SpyderX Elite。近些年来，随着 HDR 显示器的不断升级，SpyderX Elite 在某些应用场景下显得有些捉襟见肘，于是德塔颜色在前不久就发布了全新的 Spyder X2 系列校色仪，带来了更强的检测和校准性能，下面我们就一起来看看。

经典造型，功能更强

一代的德塔颜色 Spyder X2 系列校色仪拥有 Spyder X2 Elite 和 Spyder X2 Ultra 两个型号，和上代 Spyder X 系列校色仪采用相同的外观设计。Spyder X2 系列校色仪依旧采用卡扣开合设计，校色仪的正面设计有一个小的椭圆形窗口，是校色仪的光线传感器，用于检测环境光线的强弱，从而对用户进行提示和对数据进行修正。校色仪的底部保留了 1/4 螺丝孔位，方便用户在校准时搭配脚架使用。

随着当下 Type-C 接口的普及，德塔颜色 Spyder X2 系列校色仪的连接线变成了原生 USB-C 接口，连接使用更方便。为了适配更多的接口，包装中也附带了 USB-C to USB-A 的转接器。

规格对比表可以看出，新版的 Spyder X2 系列能够支持更广阔的 Rec.2020 色彩空间的检测，对有 HDR 视频制作观看需求的用户更加友好。另外一个变化就是可检测亮度的提高。由于上代 Spyder X Pro 最高能检测的亮度只有 750 尼特，Spyder X Elite 也只有 1000 尼特，在面对近年来通过了 HDR1000 甚至 HDR1600 认证的旗舰

德塔颜色 Spyder 系列规格对比			
	Spyder X Pro	Spyder X2 Elite	Spyder X2 Ultra
显示测量 & 分析工具	基础	高阶	高阶
校准设置选择	12	无限制	无限制
校准专家控制台	–	√	√
视频 & 电影校准目标	Rec.709	Rec.709/Rec.2020	Rec.709/Rec.2020
打印软打样	–	√	√
投影仪校准	–	√	√
工作室显示器匹配	–	√	√
并列显示器视觉微调匹配	–	√	√
用户信息	摄影 / 数码设计	摄影 / 视频 / 数码设计 / 内容创作者	摄影 / 视频 / 数码设计 / 内容创作者 /HDR 爱好者
白点设定	Native 5000K/		
5800K/6500K	无限制	无限制	
可测量最大亮度	750 尼特	750 尼特（可升级到更高）	2000 尼特
支持显示器类型	一体机 / 标准笔记本电脑 / 台式机	一体机 / 标准笔记本电脑 / 台式机 / 投影仪	一体机 / 标准笔记本电脑 / 台式机 / 投影仪 / 大多数 HDR 显示器

HDR 显示器时有些力不从心，而新的 Spyder X2 Ultra 将可检测亮度提高到了 2000 尼特，就能很好地完成这个工作流。

全新 UI 交互界面，支持更多色彩空间

除了硬件上的提升，Spyder X2 系列还搭配了新的校准软件。这次的 6.0 版软件在 UI 交互界面上相对于之前的版本有较大改进，加入了新的白色界面，看上去更加清爽，现代感更强。在软件的工作流界面上也做出了一些改进，易用性更好，即使是没有使用过的新手也能很轻松地完成检测和校准工作。

德塔颜色的 Spyder 系列的检测和校准速度在同类产品中一直都有着比较明显的优势，Spyder X2 系列也不例外，用户在短短几分钟内就可以完成基础的检测和校准工作流，非常方便。

值得一提的是，虽然在前面的规格表中，只提到了 Spyder X2 系列加入了 Rec.2020 色彩空间，但实际操作中可以看到，在色域检测和校准中除了 Rec.2020 外，还加入了 ACES 和 DaVinci 色彩空间的支持。这两种色彩空间是这几年兴起的新标准，目

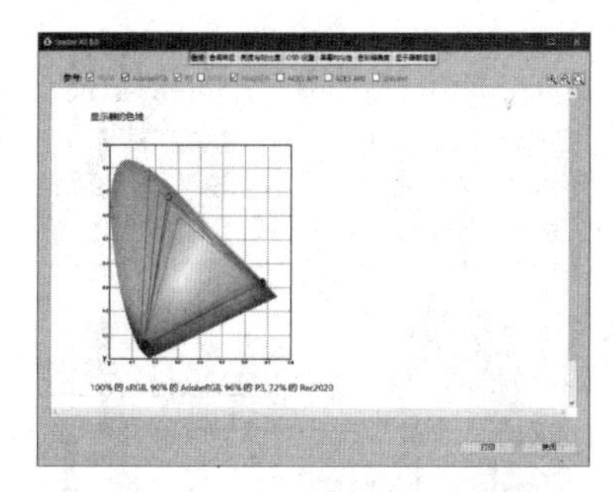

前在日常工作流中还比较少见。ACES 色彩空间在越来越多的电影和广告制作中被使用，而 DaVinci 色彩空间则是伴随着名剪辑调色软件 DaVinci Resolve 17 发布的一个超宽的广色域空间。新色彩空间的加入，让 Spyder X2 系列不但能够适应日常视频流程的使用，即使是针对高端电影制作工作流也能游刃有余。

总结：精准色彩显示的生产力必备工具

生产力相关专业显示器大多都具备了出厂校色，但随着使用时间的增长，面板的衰减老化，依旧可能出现色彩偏差的情况，所以对色彩有较高要求的专业用户来说，定期校色就成了必选项。德塔颜色 SpyderX2 系列在保持原有校色迅速等优点的情况下，进一步提升了校色能力，并加入了高亮度工作流，非常适合有相关需求的创作者选购使用。

若购机预算充足，建议挪出一部分买大屏显示器扩展

这些年牛大叔一直鼓励笔记本用户再购买一台大屏显示器扩展；而针对那些购机预算相对充足的消费者，我甚至建议直接挪出一部分预算用于购买 27 英寸 2.5K 分辨率及以上规格的大屏，构建“1+1 方案”——因为这样做的好处非常多，至少有四大方面！在这里，牛大叔就给大家一次性说明白。

好处 1：视觉感受更好，办公学习及专业应用更高效

只要你用过大屏显示器，就会明白，视觉感受是“一寸大，一寸强”——玩游戏，画面大，视觉震撼感呈指数级提升！办公学习，字大一点、图片大一点，看着也更舒适！

另外，外接大屏有时还能获得“额外的好处”，比如游戏本用户，外接大屏和键鼠后，不仅玩游戏视觉更震撼，还可获得更好的操控体验，且能完全避开游戏本的机身（C 面）发热（玩游戏时机身发热是正常现象，但手能避开发热自然有更好的体验）。

且有时，笔记本扩展大屏，还能带来更高的工作效率。比如 Photoshop 图片处理，笔记本的屏幕面积本来就比大屏显示器小很多，再加上软件界面占据了一部分空间，真正有效的“工作面”就更小了，甚至不到大屏显示器的 1/10，处理图片的效率可想而知！

好处 2：利于眼部和脊柱健康，这可是一辈子的事情

笔记本外接大屏显示器，字更大、图片更大、视频或游戏画面都更大，看得更清楚，

肯定对眼睛是有好处的，也就是说有利于眼部健康。

而玩电脑数十载的牛大叔还要告诉你一个更重要的价值：外接显示器还能保护脊柱，包含颈椎和胸椎！

▲以上哪种使用笔记本电脑的姿态是健康的？抱歉，只要你的胸椎和颈椎任意一处是前倾的，长久来说就不利于健康。长期使用笔记本电脑的用户（也包含手机的重度用户）恐怕都有颈部、胸部和背部不适的问题，症状轻的是相关部位的肌肉僵硬所致；严重的，问题就会发展到颈椎和胸椎上，颈椎骨质增生、椎间盘膨出甚至椎间盘突出……牛大叔非医学专业人士，但结合自己的情况和周围不少长期电脑用户的情况，可以负责任地警告大家：颈椎和胸椎问题是相当折磨人的，严重时甚至会导致无法正常生活！且这些问题和带来的痛苦是一辈子的，也无法根治——而这，也就是牛大叔我常年、持续建议笔记本电脑用户外接大屏显示器的最重要原因——保护你一辈子的健康！

而外接大屏显示器，可说是保护笔记本电脑用户脊柱健康的终极方案！这一方案，结合正确坐姿，可让你在“胸椎和颈椎基本不前倾”的情况下，平视显示器▼，以保障脊柱的长期健康。

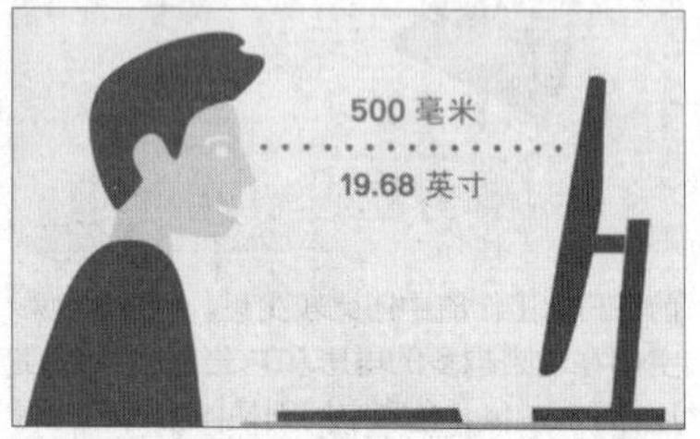

当然，这里面也有相当多的考究：

比如必须是可升降 / 俯仰支架的大屏显示器，这样才能适应每个人不同的身高和视觉习惯。

另外，如果你在外接大屏时还要使用笔记本屏幕（扩展显示方案），建议也用笔记本支架垫高笔记本电脑——屏幕面垫得越高越好（不超过平视高度）。

还有屏幕尺寸和分辨率的选择问题，建议至少是 24 英寸起，日常办公用户主要考虑 24 英寸和 27 英寸的 2.5K 分辨率款型。

好处 3：Type-C 一线连，桌面整洁有保障

▼如今不少大屏显示器都支持 Type-C 连接，而且支持反向给笔记本供电的功能，借助这类显示器和无线键鼠，轻薄 / 轻便类笔记本的扩展可以整洁而优雅，整个桌面上就显示器电源线和一根 Type-C 线。

▲而在具体的大小选择上，牛大叔更推荐 27 英寸，文字编辑和日常使用主要考虑 2.5K 屏，4K 分辨率则更适合有高频率照片编辑、视频编辑需求的用户，以及平面设计师。

好处 4：外接大屏显示器 = 连接了多功能扩展坞

如今笔记本产品竞争激烈，以轻便、轻薄本为例，在飞速提升屏幕规格、SSD 规格、电池规格和处理器功率释放的大趋势下，接口却是越做越省——没办法，又要轻，又要核心配件规格高，又要性能强散热好，还要价格实惠，总要有所妥协。所以，接口简化，是轻便、轻薄本的发展趋势。部分轻薄本甚至只剩下 Type-C 口和 3.5mm 音频口了。那么，日常使用的 U 盘、HDD 形式的移动硬盘，打印机扫描仪复印机、扫码机、读卡器等，咋连接呢？

使用外置扩展坞？但终归看起来不美观不简洁。而带有大量 USB 接口甚至 RJ-45 网线接口的 Type-C 接口大屏显示器则是更好的解决方案——不多说了，看图就能明白。甚至于，你不用担心“接口都在背部不好插接”的问题，因为这类显示器多半底部也有 USB 口（甚至是 Type-C 口），日常使用的 U 盘、USB Key 等可以方便插接。

怎么样，牛大叔总是建议笔记本用户扩展大屏，现在，大家充分了解好处和价值了吧！如今大量显示器近乎白菜价，Type-C 接口的显示器也不贵（尤其是相对笔记本电脑来说）。还没扩展的各位，也赶紧去弄一台吧 ^___^。

RX 6800为何是2K游戏卡的真香之选？

■ 电脑报工程师　熊乐

2020 年 RX 6800/6800XT 的发布标志着 AMD 显卡重返高端序列，到如今将近 3 年时间过去了，其高端市场已经让位于全新的 RX 7900 系列、RX 7800 XT，那么现在这些老卡还值不值得买呢？建议大家重点关注一下 RX 6800，当前其价格只有 3000 元出头，性能在同价位产品中优势明显，是当前 2K 游戏的真香之选。

规格比较：RX 6800 堪称降维打击

RX 6800 采用的是 7nm RDNA2 架构，该架构被评价为“突破性的高速设计”，可以实现更高的工作频率与更高的能效比。

Radeon RX 6800 规格	
架构	RDNA2
制造工艺	7nm
晶体管数量	26.8billion
核心面积	519mm
CU 单元	60
光追加速单元	60
流处理器	3840
游戏频率	Up to 1815MHz
最高加速频率	Up to 2105MHz
单精度峰值性能	Up to 16.17 TFLOPS
半精度峰值性能	Up to 32.33 TFLOPS
峰值材质填充率	Up to 505.2GT/s
光栅单元	96
峰值像素填充率	Up to 202.1GP/s
AMD Infinity Cache	128MB
显存容量	16GB GDDR6
显存带宽	512GB/s
显存位宽	256-bit
整板功耗	250W
推荐电源	650W

在 GPU 具体规格方面，RX 6800 拥有 268 亿个晶体管，核心 CU 数量为 60 个，总共有 3840 个流处理器，还有 60 个光追加速单元、96 个光栅单元，这样的规格并不算低。

RX 6800 还采用了 AMD Infinity Cache 解决方案，包括相当于传统缓存四倍密度的 L2 Cache，容量为 128MB，专为高游戏负载命中率设计。从官方规格来看，AMD Infinity Cache 与 RDNA2 引擎之间通过 1024 B/C 的 AMD Infinity Fabric 总线进行通信，16 ×64 位的通道最高可达 1.94 GHz 工作频率，提供 4 倍于 256 位 GDDR6 显存的峰值带宽，而极高的带宽则带来了突破性的游戏性能提升。从对比数据来看，AMD Infinity Cache + 256 位 GDDR6 显存的组合，带宽可达传统 384 位 GDDR6 显存的 2.17 倍，而能耗只有后者的 90%。AMD Infinity Cache 同时也带来了更好的高频适应性，让 RDNA2 引擎能实现领先业界的工作频率。

显存方面，RX 6800 拥有的是 16GB GDDR6 显存，位宽为 256-bit，显存带宽达到了 512GB/s。该显卡的显存配置同样算得上是非常的厚道。要知道当前同价位的 RTX 4060 Ti，虽说其采用的是 GDDR6X 显存，不过其显存带宽为 554GB/s，只是略微高于 RX6800，可是 8GB 的容量对于这样一款产品来说，就不如 RX 6800 的

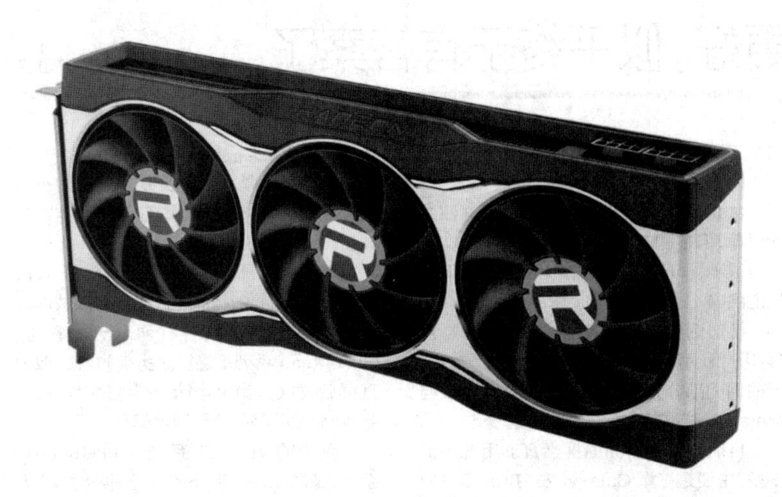

12GB 在高分辨率游戏中那么游刃有余。

另外，AMD 还推出了 SAM 模式可以允许 AMD 锐龙 5000 系列及其以上处理器通过 PCIe 4.0 通道访问 Radeon RX 6000 系列显卡的全部显存，从而在游戏中带来平均 6%的额外性能提升，因此，现在的 3A 平台不再只有信仰加成，会带来实实在在的性能提升。

总的来说，作为 RX 6000 系列的高端型号，RX 6800 这样的 GPU 规格放到现在的 3000 元价位主流显卡中，堪称是降维打击，依然有着非常明显的优势。

性能对比：RX 6800 优势明显

为了能让大家更为清晰直观地了解到 RX 6800 的性能表现水平，我们引入了其同价位的竞争对手 RTX 4060 Ti 来进行成绩的对比。

基准性能测试

在基于 DX11 的 FireStrike 系列测试中，RX 6800 在 1080P 分辨率的 FireStrike 项目中领先 RTX 3040 Ti 大约 40%，2K 分辨率的 FireStrike Extreme 项目中领先 36%，4K 分辨率的 FireStrike Ultra 项目中领先 49%。

基于 DX12 的 TimeSpy 系列测试中，RX 6800 在 2K 分辨率的 TimeSpy 项目中也差不多领先 RTX 3060 Ti 大约 51%，4K 分辨率的 TimeSpy Extreme 项目中领先 24%。

在光线追踪性能的 Port Royal 测试中，RX 6800 获得了 8384 分的成绩，仅仅比 RTX 4060 Ti 低了 3%，差距可以说是微乎其微。

光栅化游戏性能

在光栅化游戏性能测试中，我们选择了分别在 1080P 以及 2K 分辨率下考查两款显卡的实际游戏性能。

不管是在 1080P 分辨率还是 2K 分辨率下，RX 6800 的游戏表现全都超过了 RTX 4060Ti。其中 1080P 分辨率下，RX 6800 平均领先幅度达到了 11%。其中在《看门狗：军团》《刺客信条：英灵殿》《古墓丽影：暗影》《孤岛惊魂 6》《赛博朋克 2077》等 5 款游戏中，RX 6800 都实现了 10%以上的领先，在《看门狗：军团》中领先的幅度最大，更是达到了 19%。

当分辨率提升到 2K 之后，RX 6800 进一步拉大了性能优势，平均领先幅度达到了 18.7%。而且《古墓丽影：暗影》《看门狗：军团》《杀手 3》三款游戏的优势都在 20%以上。

由此可见，作为定位 2K 游戏的产品，RX 6800 的表现大幅优于 RTX 4060 Ti，前者几乎就是更高一档的水准。很明显，RX 6800 就是当前 3000 元出头价位上性能最强的显卡。

3DMARK GPU 基准测试

	RX 6800	RTX 4060 Ti
Fire Strike	45522（+40%）	32538
Fire Strike Extreme	22240（+36%）	16359
Fire Strike Ultra	10953（+49%）	7335
Time Spy	20696（+51）	13722
Time Spy Extreme	78219（+24%）	6314
SpeedWay	3075（-3%）	3171
DXR	28.11（-23%）	38.38
Port Royal	8384（-3%）	8119

光栅化游戏测试（最高画质 / 单位：fps）

	RX 6800	RTX 4060 Ti		
	1080P	2K	1080P	2K
《刺客信条：英灵殿》	134（12%）	103（14%）	120	90
《古墓丽影：暗影》	204（12%）	142（21%）	182	117
《看门狗：军团》	120（19%）	89（20%）	101	74
《孤岛惊魂 6》	161（10%）	121（19%）	146	102
《杀手 3》	200（3%）	159（21%）	194	131
《最终幻想 14》	228（9%）	167（19%）	210	140
《赛博朋克 2077》	117（15%）	76（17%）	102	65

RX 6800 光追性能测试（最高光追画质 / 单位：fps）

	1080P	2K		
	FSR OFF	FSR ON	FSR OFF	FSR ON
《赛博朋克 2077》	34	79	23	57
《杀手 3》	34	71	22	62
《银河破裂者》	185	441	116	336

光追性能测试

在当下流行的光追性能方面，虽说 RX 6800 只搭载了 AMD 第一代光追加速单元，性能相对来说比较有限，但是其支持 FSR，在测试中我们开启了 FSR 超级质量挡之后，可以看到三款测试游戏的画面平均帧率都实现了翻倍。

开启 FSR 之后，在《赛博朋克 2077》中，1080P 和 2K 画面平均帧率分别提升了 132%和 148%，《杀手 3》的画面平均帧率分别提升了 109%和 182%，流畅的画面与之前的卡顿形成了非常鲜明的对比，让玩家在这些游戏中也能获得不错的游戏体验。

有了 FSR 神技的加持，RX 6800 也能确保在 2K 分辨率和较高的光追画质设置下流畅运行大作。接下来 AMD 的 FSR3 马上就将和玩家见面了，RX 6800 能使用完整的带有升频和帧生成功能的 FSR3，相信在光追游戏中性能表现还会有进一步的提升。

总结：晚买享折扣的典范，2K 性价比新标杆

在硬件玩家中流传着“早买早享受，晚买享折扣”的说法，指的是当新产品上市之后，老产品必然会降价给新产品让出市场，而此时的老产品性能不落伍，价格还实惠，自然成为玩家的高性价比之选。RX 6800 就是这一说法的完美诠释。

在上一代 RX 6000 系列中，RX 6800 是仅次于 RX 6950XT、RX 6900XT 以及 RX 6800XT 的高端型号，如今随着 RX 7000 系列的上市，其一路降到了 3000 元出头的价位上。凭借着放到现在依旧不算低的核心规格，无论是 1080P 还是 2K 光栅游戏中，RX 6800 都展现出了高于同价位竞品 RTX 4060Ti 一档的强悍实力。再凭借着帧率提升神技 FSR，让 RX 6800 在光追游戏中的表现也游刃有余。

综上所述，RX 6800 算得上是当前 3000 元出头价位性能最强的显卡。对于想要打造 2K 高性能游戏平台的玩家来说，RX 6800 无疑是个性价比非常出色的选择。

直屏和曲屏究竟谁更好，似乎终于有答案了

■ 电脑报工程师 李正浩

和咸豆腐脑好吃还是甜豆腐脑好吃一样，关于曲面屏和直屏谁更好的争论从来没有停过，直到今年，产品形态和市场竞争态势的变化，让彼此之间的天平出现了一丝倾斜。

数据咨询机构 Canalys 发布报告，列出了中国市场 3500 元以上出货量前 10 的手机。如果用屏幕形态进行区分，结果就很有意思了，10 款手机中，直屏占了 7 款，曲面屏仅 3 款，直接打破往年五五开的态势。

"曲改直"成为一种趋势

毫无疑问，曲面屏为智能手机带来了好的卖相，屏幕延伸到原来的中框，不仅提升了手机的屏占比，同时也能让边框看起来更窄，这是直屏手机无法做到的。

随着使用人群的扩大，曲面屏对屏幕保护不够、边缘色差、显示不全等不足也被放大。尽管现在曲面屏的主流形态是更好用的微曲面，上述问题也缓解了许多，但因为自身的物理特性，这些情况多多少少还是存在的。

或许是洞悉到了曲面屏的不足，三星在 Galaxy S23 Ultra 上做了一点"小改动"，把 S22 屏幕两侧弧度做小，弧形区域减少了 30%，直屏区域增加 3%，只留下轻微的曲面，所以这代视觉上的改变明显。

如果以实际操作区域作为衡量标准，三星 Galaxy S23 屏幕的使用感觉和直屏几乎一样。同样得益于直屏区域增大，S-Pen 的工作区域也都是直屏，不再会被曲面屏干扰。

有一说一，三星这样的做法，在某种程度上算是一种倒退，因为直接减弱了正面大屏极致的视觉观感。相对的，颜值的牺牲换来更高的实用性，突出手机的工具属性。不只是三星，其他手机厂商也有类似操作，比如华为。

Mate 60 Pro 搭载一块 6.82 英寸四曲面屏幕，但它和 P40 系列那块不一样，实际曲率很小，屏幕弧度区域基本控制在正面黑边范围内。

换句话说，屏幕实际控制区域都是直屏，因此使用体验与普通直屏并无二致。至于曲面的部分，更多是起到装饰，以及与 Mate 60（直屏）形成区分的作用。

目前市面上将曲面屏当直屏用的手机不多，主要是三星 GalaxyS23 Ultra 和华为 Mate 60 Pro 系列。但是要注意到，三星和华为，一个是供应链本身，一个是行业巨头，而且后者使用的是国产屏。

预计今年年底随着新平台陆续发布，新旗舰很有可能会在屏幕形态上进行一些改动，除了直屏曲屏双方案，针对曲面屏可能会有一些微调，保证曲面精致感的同时，让使用体验接近或等于直屏。

讲到这里，那是否能意味着，在这场直屏与曲面屏的决斗中，前者赢得了胜利呢？我觉得也不能，因为目前曲面屏在功能性上，较直屏仍然有较大优势。

曲面屏对于影像旗舰的功能价值

在未来相当长一段时间，曲面屏还是旗舰，尤其是顶格旗舰的主流选择，其中很重要的原因在于，当前旗舰机主打的影像功能。

按照今年的标准，一部影像旗舰一定要有高像素、超大底，以及超广、主摄、长焦组成的全焦段覆盖。

但超大底传感器体积也更大，占用内部空间更多，因此必须要借助曲面屏和曲面背板，扩展出足够的空间来容纳这些大体积的零配件，同时也能营造出"轻薄机身"的视觉感受。如果选用直屏，那带来的一定是一款厚度超规，镜头更加凸出的手机，很难讨人喜欢。

值得注意的是，今年年底和明年的影像旗舰已经开始考虑亿级像素长焦摄像头，这显然会对手机内部空间提出更多的挑战。这种趋势下，让影像旗舰去使用直屏多少有些大可不必，能坚持小曲率的微曲面就值得消费者为它的工业设计点赞。

这也是为何影像旗舰大多选择曲面屏和曲面机身的原因，是眼下兼顾质感和功能性的最优解。不过，也有特例——小米 13。

小米 13 自发布以来，热度一直很高，在它身上能找到很多让消费者喜欢的元素，比如小屏旗舰、直屏旗舰、徕卡影像……似乎该有的都有了，称为影像旗舰好像也不为过。这么好的手机怎么没有其他厂商跟进呢？

核心原因是小米的受众，愿意为小米 13 这样的小屏 & 直屏旗舰买单，这点放在其他厂商上恐怕就未必受用了。

每个品牌的用户结构和受众都不一样，同样一条产品线，其他厂商将直屏改成曲面屏后，销量不降反升，像 vivoS 系列、OPPOReno 系列都经历过类似过程，改成直屏后，真正买单的消费者大幅减少，反而是改回曲面屏后，销量开始起飞。

今年的 vivoS17 系列、OPPOReno10 系列、荣耀 90 系列，还有 3 分钟卖了 20 万台的一加 Ace 2 Pro，都是清一色的曲面屏。也正因如此，小米 13 缺少真正意义上的竞品，注定成为智能手机市场中特别的存在。

除此之外，曲面屏也是营造产品差异化的手段之一，有很强的可塑性，比如上半年大火的华为 MateX3，以及最近开售的华为 MateX5，将外屏做成了四曲面，是目前折叠屏市场的独一份，同时配合轻薄机身，塑造出相当不错的手感。

在 2000 元到 3000 元价位市场，性能机用直屏，影像机用曲面屏，那么有没有使用曲面屏的性能机呢？有，比如一加 Ace 2 系列，它和小米 13 有点类似，如果你想在这个价位选择一部兼顾颜值、质感、性能、不错影像的机型，恐怕除了它，鲜有更好的选择。

当千元机普及曲面屏

在 2023 年，千元机开始大规模 OLED 化，曲面屏化也是大势所趋，似乎成了当下千元机的版本答案。

今年 6·18 期间，几个主力的性价比产品的市场表现都不尽如人意，在目前得大环境下，性价比敏感群体的购买力和购买意愿大幅下降，导致面向这部分市场的产品销量锐减。反倒是几款主打外观、影像、自拍、质感，且面向线下市场的中端机销量下滑不严重。

而当这种线下中端机的产品定义进入千元机市场，却获得了足以让人眼红的销售成绩和市场表现，其中最典型的就是我们多次提到的荣耀 X40 和 X50。

荣耀 X40 和 X50 的亮点有曲面屏、亿级主摄、大电池、大内存、不错的外观、够用的性能、流畅的系统……基本每一个亮点都击中了消费者的痛点。这样的产品帮助荣耀稳定了市场份额，甚至还与其他 6·18 期间销量下滑的品牌形成了鲜明对比。

于是，OPPO、vivo、真我等都陆续推出了自己千元价位的曲面屏手机，包括 vivoY78+、真我 11 Pro+、OPPOA1 系列、

OPPO A2Pro。值得注意的是，Redmi 也推出了自己首款曲面屏手机——Note 13 Pro+。

至此，几个主流品牌都推出了自己的千元级曲面屏手机，不同于性价比机型，上述产品都面向的是社会渠道，真正的全渠道，对于稳定市场份额，扩展用户群体是很有价值的。

曲面屏以及中端机的产品定义进入千元机市场后，消费者用一样的钱，可以买到卖相更好的手机。对于手机厂商，正如上文所说，可以巩固甚至扩大自己的市场份额，一旦形成正向循环，也更有动力推出素质更高的千元机。

回到开篇提出的问题，与其说直屏和曲面屏谁赢了，倒不如说是厂商对待它们的态度更理性，曲面屏可以做成直屏，直屏手机可以成为旗舰，千元机也能用上曲面屏……根据产品定义和实际要求选择合适的形态，把自己的产品特点发挥出来，让消费者感知到产品带来的良好体验，才是最重要的。

双十一选移动存储不盲目

如今进入到全民摄影时代，不管是图片、视频分辨率都变得越来越高，占用的存储空间也越来越大，你的那些数据都存在哪里呢？有人选择用 NAS 存储家庭数据，也选移动硬盘备份重要数据，还会挑选 U 盘作为临时存储工具，你会怎么选呢？一年一度大型购物节即将来临，想挑选移动存储产品，可以准备清单啦！

先强调点小知识

·IP防护等级是什么？

对于存储设备使用环境较为严苛的用户，肯定有关注到 IP 防护等级这个重要参数，但你可能并没有深究这个等级到底能起到怎样的保护作用。今天我们在这里强调一下：IP（Ingress Protection）防护等级系统是由 IEC 所起草，将电器依其防尘防湿气之特性加以分级。它主要由两个数字所组成，第 1 个数字表示电器防尘、防止外物侵入的等级（这里所指的外物含工具、人的手指等均不可接触到电器内之带电部分，以免触电），第 2 个数字表示电器防湿气、防水侵入的密闭程度，数字越大表示其防护等级越高。

也就是说，你可以根据自己的使用环境，选择对应防护等级的存储设备，可以确保数据安全。当然，此防护等级也同样适用于其他设备，并不仅仅是存储产品。如果你需要经常在极端严苛的环境下保存数据，譬如捕捉野生动物的生活轨迹、记录生活习性等，就需要选择防护级别很高的产品。

IPXX 防护等级释义

接触保护和外来物保护等级（第一个数字）			防水保护等级（第二个数字）		
等级	名称	说明	等级	名称	说明
0	无防护		0	无防护	
1	防护 50mm 直径和更大的固体外来体	探测器，球体直径为 50mm 不应完全进入	1	水滴防护	垂直落下的水滴不应引起损害
2	防护 12.5mm 直径和更大的固体外来体	探测器，球体直径为 12.5mm，不应完全进入	2	柜体倾斜 15 度时，防护水滴	柜体向任何一侧倾斜 15 度角时，垂直落下的水滴不应引起损害
3	防护 2.5mm 直径和更大的固体外来体	探测器，球体直径为 2.5mm 不应完全进入	3	防护溅出的水	以 60 度角从垂直线两侧溅出的水不应引起损害
4	防护 1.0mm 直径和更大的固体外来体	探测器，球体直径为 1.0mm 不应完全进入	4	防护喷水	从每个方向对准柜体的喷水都不应引起损害
5	防护灰尘	不可能完全阻止灰尘进入，但灰尘进入的数量不会对设备造成伤害	5	防护射水	从每个方向对准柜体的射水都不应引起损害
6	灰尘封闭	柜体内在 20 毫巴的低压时不应进入灰尘	6	防护强射水	从每个方向对准柜体的强射水都不应引起损害
注：探测器的直径不应穿过柜体的孔注：探测器的直径不应穿过柜体的孔			7	防护短时浸水	柜体在标准压力下短时浸入水中时，不应有能引起损害的水量浸入
			8	防护长期浸水	可以在特定的条件下浸入水中，不应有能引起损害的水量浸入

·Type-C ≠USB3.1

一说起存储设备，就会想到用来简单区分产品速度的 USB-IF 命名方式，说到 Type-C 就会有人认为是 USB3.1。事实上，这两者并不是“等于”的关系。

存储设备所用的 USB 接口可能是这个世界最通用的接口之一，我们大多数人见证了从 USB 2.0 规范到如今 USB 3.2 规范的蜕变。我们这里所说的真正的 USB3.1 叫作 USB 3.1 Gen2，USB 3.1 相比 3.0 在数字上仅提高“0.1”，但其变化可谓改头换面。

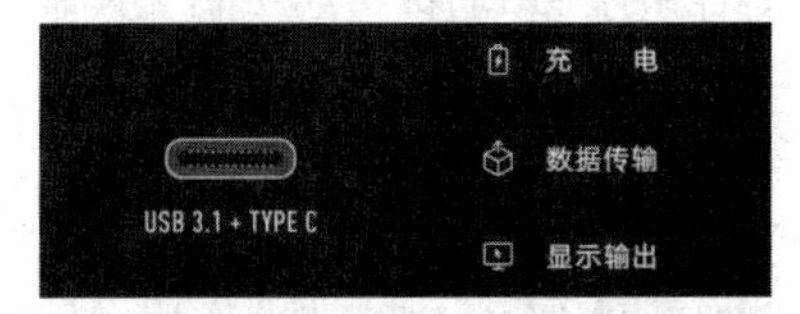

相比 USB 3.0，USB3.1 在硬件不变的前提下，通过修改传输协议等方式，传输速度翻了番，达到了 10Gbps。USB 3.1 的接口标准共有三种，分别是 USB Type A、USB Type B（Micro USB）以及 USB Type-C。也就是说，Type-C 只是 USB 3.1 的接口标准的一种。很显然，Type-C 不等于 USB3.1，USB 3.1 与 USB Type-C 之间也并没有绝对的关联。

而真正能够代表产品速度的，仍然是 USB-IF 速度等级，在这里也做了汇总：

发布时间	名称	理论带宽
2008 年	USB3.0	5Gbps=640MB/s
2013 年	USB3.1	10Gbps=1.25GB/s
	USB3.1 Gen1	5Gbps=640MB/s
	USB3.1 Gen2	10Gbps=1.25GB/s
2017 年	USB3.2	20Gbps=2.5GB/s
	USB 3.2 Gen 1	5Gbps=640MB/s
	USB 3.2 Gen 2	10Gbps=1.25GB/s
	USB3.2 Gen2x2	20Gbps=2.5GB/s

当你在选购移动存储产品时，看到商品详情页有关于 USB 接口的对应说明，就可以参照这个等级来挑选适合自己的设备。当然，因为存储设备所选用的芯片可能存在体质上的差别，如果出现速度上有偏差的情况，也是正常的。所以建议大家挑选大品牌，售后有保障。

各类存储优势各异，选购重点有差别

介绍完一些选购的小参数之后，可能有人又要纠结了。移动存储里包含 U 盘、存储卡、移动硬盘（还分移动机械硬盘和移动固态硬盘），还有移动硬盘盒，到底又该怎么选择呢？其实，这些不同类型的移动存储产品，都有自己的优势与劣势，根据使用场景来选择，就很好解决了。

·临时存储，选U盘最方便

U 盘应该算是大多数人最早接触的移动存储工具了，也是临时存储常用的存储工具，且在中小容量中的性价比相当高。如今 USB3.2 Gen1 协议的 64GB U 盘不足 30 元，折合 1GB 成本不到 5 毛钱，的确很吸引人。尤其是在用于保存和更新日常办公文档、零星照片和影音文件的时候，U 盘是相当经济且实用的选择。

除了日常临时资料存储以外，U盘的用处还有很多。譬如系统启动盘、移动系统盘（已有操作系统推出带有原装系统的U盘供消费者选择）、电脑硬盘锁等等。有人说这些功能是不是用硬盘也能实现，但却不是最划算的选择。另外，U盘相对小巧，便于携带的同时，还有不同材质的设计作为选择，搭配品牌产品自带的数据保护软件，也能作为一个可靠的重要资料存储仓库。毕竟，现在U盘也有1TB容量了。

在读取速度上，固态U盘（带有NVMe主控芯片）也达到了1000MB/s，当然价格也不便宜。另外，大多数USB3.2 Gen1的U盘速度也可以达到200MB/s甚至更快，价格相当合适，就看你怎么选了。

·大容量数据存储，仍建议选移动硬盘

一说移动硬盘，就会有人想到我们常说的冷数据和热数据。在这里重申一下概念：热数据指的是需要被频繁访问的在线类数据，如近期内经常查询的数据；冷数据指的是不经常访问但需要保留的数据，如备份类、统计类数据。肯定很多人都知道编辑接下来要说什么了，那就是移动机械硬盘和移动固态硬盘的区分，与冷热数据相对应的，建议大家把常用的热数据存在移动固态硬盘里，不常用的冷数据存在移动机械硬盘里，这样既兼顾了速度，又降低了成本。可以说是一举两得啦！

有人说机械硬盘这么慢，还有必要买吗？就目前来看，大多数移动机械硬盘的读取速度维持在100MB/s~150MB/s之间，但写入速度则因盘而异，有时候甚至在50MB/s以下，确实不太理想。但是，瑕不掩瑜，移动机械硬盘的容价比优势是相当明显的，并且对于个人数据量多的用户而言就相当好用了。还有一点很重要，移动机械硬盘相比闪存结构的设备而言，物理结构更为稳定。当数据不小心删除或者丢失时，在没有进行重复写入操作的情况下，可以选择数据恢复软件来恢复移动机械硬盘丢失的数据，

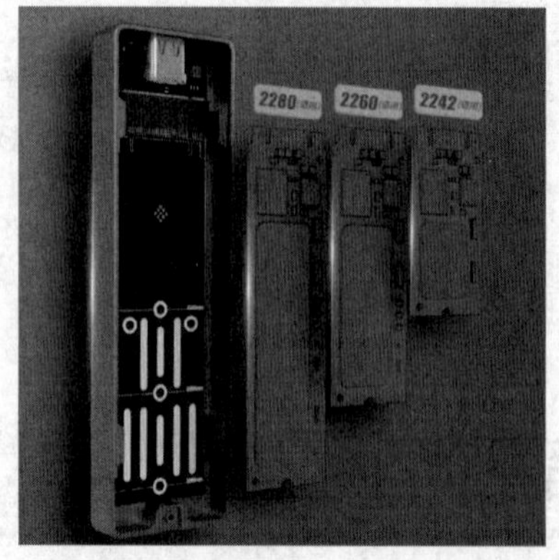

闪存介质的存储设备则不一定能行。

当然，要追求速度，还是选移动固态硬盘，如今市面上移动固态硬盘普遍达到1000MB/s的速度，如果你对传输速度有更高的要求可以看2000MB/s传输的产品。如果你对传输速度有硬性要求，也可以有更加专业的选择。另外，在这里尤其要提醒专业摄影用户，如果有户外摄影需求，选择移动硬盘时不仅仅要看速度，还要兼顾前面我们提到的IP防护等级问题。为了匹配主流终端设备，也建议选择Type-C形态接口，方便在不同设备之间交换和更新数据。

另外，相比U盘，移动硬盘能提供更大的存储容量。5TB移动机械硬盘通常能满足大多数用户的存储需求，如果时常需要存4K素材，那可能要准备更大容量了。如果选移动固态硬盘，1TB较为合适。

除了直接选品牌移动硬盘之外，还可以通过硬盘盒搭配硬盘的方式来实现。因为要考虑到兼容性与耐用性问题，通常我们都建议你在进行老平台硬盘升级时，购买一款移动硬盘盒将替换下来的硬盘装起来，当作移动硬盘使用，避免造成资源浪费，同时也能随时查看原有数据。此外，硬盘盒+SSD可是能省不少钱的。

·存储卡，不止于摄影拍照

相比于其他存储设备，存储卡可能并不被所有人需要，却是摄影者的命根子。高清拍摄，存储卡的优势比单独手机拍摄可后期发挥的空间更大。选一张带有U3和V30标识的存储卡，视频录制的写入速度达到了30MB/s以上，绝对能提供你可以直观感觉到的快速体验，同时，就算是拍摄4K超高清画面，也不用担心存储速度不足导致掉帧丢帧。另外，智能门锁、网络摄像头、早教机器人、智能投影、智能电视等，也成为TF卡新阵地。

尽管存储卡的火爆程度不如当年，厂商也没有停止创新提速的脚步。如果你的笔记本还支持读卡器功能，选择一款大容量的存储卡作为扩容工具也未尝不可。为了满足未来存储需要，64GB-128GB容量较为合适；速度上150MB/s以上已经能够满足大多数专业使用需求。

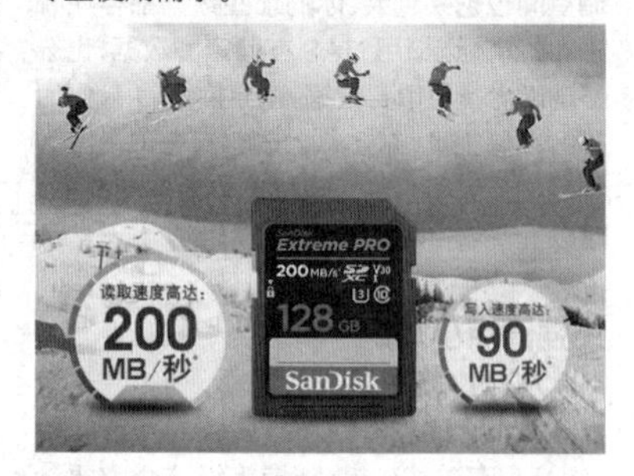

选购点拨：撇开性价比，买存储还要重视安全性能

看到这里，想必大家已经可以根据自己的使用需求来挑选合适的移动存储设备了吧。不过，还有一点要提醒一下：在权衡选择哪种形式的移动存储产品时，除了我们一直在说的价格和速度以外，更重要的是数据安全存储。所以，在大家都重视信息安全的时代，那些自带数据保护软件、数据安全防护等级高的产品是自带加分项的。当然，因为这些附加功能，价格可能会有所提高，你愿意为这样的安全设计买单吗？从安全角度而言，是有必要的，毕竟数据无价。尤其是在进行重要数据备份时，更要选择安全可靠的产品。

大疆Mini 4 Pro测评：让新手更安心地飞

■ 电脑报工程师 李正浩

如果你想尝鲜无人机，建议先从大疆Mini 4 Pro开始。

新人上手无人机，最大的难点是不敢飞。

第一次双手握着遥控器，无数的想法冲击大脑：它会不会掉下来砸到人？它会不会突然失联？完了，它飞出我视线了……算了算了，不飞了，还是陆地适合我。

或许是洞悉到了新人飞手的小情绪，大疆在最新的Mini 4 Pro上实现了全向避障，这也是该功能第一次出现在Mini系列上，用更加完善的功能填补新人缺失的安全感。

除此之外，全向自动跟随、无损竖拍、最大20km图传距离……这一切都汇集在大疆Mini 4 Pro不到249g的机身上。可以看出，大疆这次有意将它打造成一款全能迷你航拍机。

全向避障系统首次下放

大疆Mini 4 Pro是一款可以放心且简单上手的无人机，因为这次支持全向避障系统，不至于让放飞变成放生。

大疆Mini 4 Pro支持全向避障，你可以理解成无人机的辅助驾驶，机身的头部和中部有4颗鱼眼摄像头，底部配备2颗摄像头，还有TOF测距传感器和补光灯，构成完

整的全向视野，整体规格与大疆 Air 3 基本一致。

区别在于，大疆 Mini 4 Pro 没有将摄像头放在机身尾部，而是中部，并且摄像头的安装角度比 Air 3 偏上，预计是为了让摄像头的视角能够更好地覆盖后方、上方和侧边视角。这个稍微朝上的镜头方向，让我想起有顶部避障相机的 Mavic 3 Pro。

在没有设计顶部避障视觉相机的前提下，这是个更具性价比的方案，保证安全的同时，让价格有更大的下降空间。相比 Mini 3 Pro，大疆 Mini 4 Pro 的全向避障显然更有保障。

避障功能开启后（运动挡自动关闭），无人机自动检测飞行路径上的障碍物，会根据机主的设置选择绕行或停止。大疆也保留了"激进"选项，削减避障系统的干预强度，但也对飞手的经验提出了更高的要求，不建议初次使用的用户使用。

除了让人安心的全向避障，大疆 Mini 4 Pro 还有全向自动跟随功能。

你在电影中一定看过这样的效果，画面以角色为中心进行跟踪、环绕、渐进、渐远、直上等运镜效果，完成这样的效果需要一个专业团队。

大疆 Mini 4 Pro 的全向自动跟随就是让你用一部无人机，低成本地实现类似运镜效果。配合全向避障，提前规划路线，绕开障碍物。现实中无人机的飞行路线有树木阻挡，大疆 Mini 4 Pro 会绕开树木继续航拍。

除了设置跟随方向，现在还能设置更加具体的方向和位置变化，比如一个离你越来越近的镜头，或是越拉越远，这时候加一个花体的"The End"字幕，满满的电影感。

大疆 Mini 4 Pro 还支持无损竖拍，前代备受好评的"大师镜头"，选定好拍摄区域后，它就能完成多种经典运镜效果。大疆在遥控器中内置了一些视频模板，可直接套用。不过，这些模板不会显著改变原视频的色彩，如果想调整视频的色彩，或是其他特效，还是建议导到其他设备上制作。

总的来说，大疆 Mini 4 Pro 上手和飞行难度非常低，全向避障系统为飞行提供了一层安全保障，全向智能跟随更是降低了航拍的难度，让新人飞手可以大胆飞，放心飞。

摄像头配置不差，甚至有点豪华

大疆将 Mini 4 Pro 定义为"全能迷你航拍机"，那么成像质量就是其核心竞争力之一。

在这个不到 249g 的机身里，大疆给它配备了一颗 4800 万像素摄像头，1/1.3 英寸大底，F1.7 光圈，24mm 焦段。

有一说一，这颗摄像头本身参数不差，甚至有点豪华。去年见诸于多个价位手机的 IMX766，它是 5000 万像素，1/1.56 英寸大底，CMOS 尺寸还没有大疆 Mini 4 Pro 用的这颗大，这也是为何它能在能见度不高的天气下，拍出还不错的照片。

24mm 焦段意味着它是一颗广角镜头，取景画面大小与小米 13 Ultra、vivo X90 Pro+、OPPO Find X6 Pro 相近，很适合用来拍摄比较大的城市、自然风光，这一点也符合无人机航拍的定位。

值得注意的是，大疆 Mini 4 Pro 在画面清晰度上有"1200 万像素"和"4800 万像素"两个选择，选择前者会多出一个变焦选项，选择后者则无法变焦，但会带来更清晰的画质。

从拍照角度出发，我更推荐使用 4800 万像素模式，拍出来的照片是真的清晰，也更能展现画面中的细节，也方便后期处理，占用空间也相对更大一些。

1200 万像素模式拍摄的照片，在清晰度上也不错，大光圈配合 2.4μm 四合一大像素，也可以保证不错的画面纯净度和画面细节，但在四合一，也就是 1200 万像素的基础上再变焦，画质就比较普通了。

我认为大疆其实可以借鉴 iPhone 15 系列的拍照逻辑，用一张 1200 万像素照片和一张 4800 万像素照片，合成一张 2400 万像素的照片，兼顾高清晰度和较小体积。这种逻辑对处理器的性能要求不高，核心还是在于算法。

如果大疆能搞定类似算法，对于无人机的航拍能力未尝不是一次提升。除了基础的拍照功能，大疆 Mini 4 Pro 还支持 4K60 帧 HDR 视频、4K100 帧慢动作视频、全景照片、一键短片、延时摄影等功能，这些提升也让它有了一些专业拍摄设备的味道。

全景模式

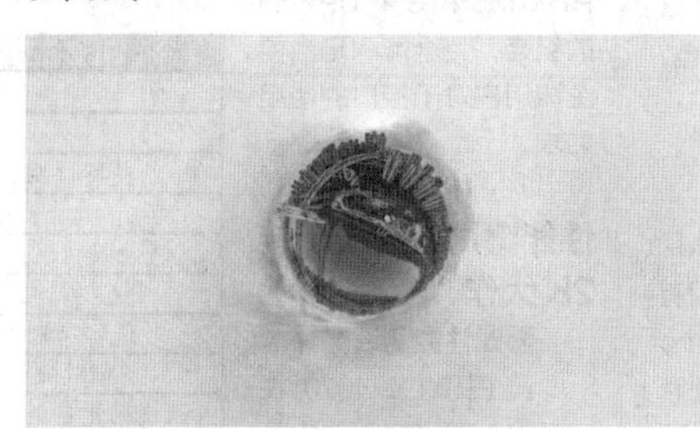

小星球

顺带一提，使用全景模式拍摄的照片一定要用 360° 模式查看，选择小星球、隧道、水晶球模式，用这种方式截取的照片，非常适合小红书、朋友圈、QQ 空间等社交平台。

在续航上，大疆 Mini 4 Pro 表现还不错，我手上这款用一块电池可以飞 30 分钟左右，更长的续航提供了更高的容错率，特别是在拍延迟视频和全景照片的时候，可以有更多的时间调整参数和构图。

如果你觉得 30 分钟左右的续航有点短，大疆 Mini 4 Pro 还有长续航版本，续航时间在 45 分钟左右。

尽管大疆 Mini 4 Pro 隶属于 Mini 系列，但成像质量和影像功能却一点都不 Mini，该有的功能都有，完全能满足新人飞手的航拍需要。

这么多型号该怎么选?

在 Mini 4 Pro 发布之后，大疆今年 Mavic、Air、Mini 三条产品线都完成了更新。这时候问题来了，这三款应该如何选择，是一步到位上 Mavic，还是从门槛比较低的 Mini 系列开始?

为了方便大家理解，我们实际上可以将三款无人机类比 iPad，Mavic、Air、Mini 分别对应 iPad Pro、iPad Air、iPad。

Mavic 系列就像 iPad Pro，是一款偏向专业用户的产品系列。如果你靠无人机制作内容，甚至以此谋生，可能 1 天的收入就能赚回一部大疆 Mavic 3 Pro，那么它就是你最好的选择。

Air 系列类似 iPad Air，是一个折中的选择，产品力也能满足内容制作，部分功能甚至足以让一部分 Mavic 系列用户羡慕。但是它与 Mavic 系列之间较大的价格差距，应该不太会让你有"选 iPad Air 还是加点钱上 Pro"的纠结。

Mini 系列基本可以看作基础款 iPad，但它的卖相可比后者好多了，全向避障和全向智能跟随两个核心功能的下放，足以让它一些表现媲美旗舰产品，这也是我认为大疆 Mini 4 Pro 是一款非常适合新人飞手且高性价比的选择。

普通人有必要买一部无人机吗?

我自己也有考虑过这个问题，大地的景色如此美丽，从天上看、从地上看又有什么区别呢? 可当你真的飞上天空，借助无人机的视角俯瞰大地时，连绵的山脉、湍急的河流、盎然的绿意、忙碌的城市，以一种全新的视角展现在你面前，当年莱特兄弟飞上天空，大概也有这种感觉吧。

华硕TX GAMING GeForce RTX4070-O12G天选显卡测评

■电脑报工程师 熊乐

华硕天选系列产品深得颜值控的好评，其产品线已经覆盖了笔记本、主板、外设，只是很多用户觉得天选全家桶少了显卡是个很大的遗憾。如今这一遗憾终于被填补，近期华硕推出了多个型号的天选系列显卡，其中定位最高的莫过于TX GAMING GeForce RTX4070-O12G天选，堪称是二次元显卡中的顶尖战力。

超亮丽的二次元风格外观

作为天选系列的产品，华硕TX GAMING GeForce RTX4070-O12G天选在外观设计上融入了大量的“天选”元素。

显卡的包装盒上就印有天选系列的品牌二次元原创IP代言人“天选姬”，其拥有以月光银和魔幻青色调相结合的清新活泼配色，身着未来科技轻机甲战衣，更好地展现了科技美感与消费体验温度的融合。在包装盒内，华硕TX GAMING GeForce RTX4070-O12G天选也附送了天选姬贴纸以及海报，方便玩家装点电脑主机或游戏空间。

华硕TXGAMINGGeForceRTX4070-O12G天选散热器外壳为天选系列标志性的月耀白，显得非常醒目且有质感。散热器外壳正面由不规则的造型配以大量斜切线条组成，再加上从不同的角度察看，会呈现出不同视觉效果的4处较大面积的月光银装饰条，和“天选姬”的战甲相呼应。

在华硕TX GAMING GeForce RTX4070-O12G天选显卡上下两侧加入了大家熟悉的魔幻青配色塑料装饰条，上面印有“TX GAMING”和“ASUS”等字样。再加上金属背面上的魔幻青线条装饰，整个显卡呈现出简约干净、清新优雅的气质，处处显示出不同的二次元风格，将显卡设计带入了次元美学新高度，使其在一众游戏显卡中拥有相当鲜明的辨识度。

除了包装和产品外观，华硕TX GAMING GeForce RTX4070-O12G天选显卡相关的配套软件GPU TWEAK Ⅲ的界面也经过了修改，在直观易用、功能更丰富的基础上，主打的就是天选姬造型和配色，能够给玩家带来更加沉浸的二次元体验。

优秀用料为性能释放打好基础

华硕TXGAMINGGeForceRTX4070-O12G天选采用的是RTX 4070核心，拥有4组GPC、23组TPC，SM单元为46个，CUDA核心数量则为5888个。此外，还有184个纹理单元、64个光栅单元、46个RT Cores、184个Tensor Cores。显存方面，RTX 4070的显存系统与RTX 4070 Ti是一样的，都是12GB/192bit/GDDR6X，带宽也同为504GB/s。

做工用料方面，华硕TX GAMING GeForce RTX4070-O12G天选采用了华硕标志性的全自动化工艺制造，消除了人工在操作过程中的不确定性，让显卡的品质更出色。同时显卡具有相当强悍的供电能力，确保产品在2550MHz(OC模式)高频率满负荷运行时也能保持全力输出。

华硕TXGAMINGGeForceRTX4070-O12G天选显卡通过顶部的单8pin接口供电，官方建议搭配650W及其以上功率的电源。

散热器部分，华硕TX GAMING GeForce RTX4070-O12G天选配备了体积较大的散热器，即便如此其长度控制在317mm，能兼容更多的主流MATX尺寸的机箱。三个性能强劲的Axial-tech轴流风扇，都保留了全高阻隔环，能大幅提升静压，风扇还配备双滚珠轴承，寿命是传统风扇的两倍。

显卡的金属背板加入了镂空设计增强了通风效果，使得风扇冷风可以更好地吹透鳍片，以提升散热系统的工作效率，在控制GPU温度的同时，也能降低风扇运行的噪声。

在显卡背面的接口方面，华硕TX GAMING GeForce RTX4070-O12G天选提供的是1个HDMI2.1和3个DP 1.4a的组合，完全能满足当前主流用户对于接口的使用需求。

性能测试：轻松玩转2K大作

游戏性能测试

虽说RTX 4070在NVIDIA的官方定位中是一款2K高帧率游戏显卡，不过在我们的测试中，就算是在4K和最高画质的设置下，除了《赛博朋克2077》《控制》《刺客信条：英灵殿》等个别对性能要求极高的游戏之外，在测试的大多数游戏中，华硕TX GAMING GeForce RTX4070-O12G天选都能保证60fps以上的画面平均帧率。

至于在2K分辨率下，华硕TX GAMING GeForce RTX4070-O12G天选的游戏平均帧率都在96fps以上，确实能够获得相当流畅的游戏画面。总体来看，这款显卡的表现是符合其定位的。

光栅化游戏测试（最高画质/单位：fps）

	RTX 3070 Ti		RTX 4070		RTX4070 Ti	
	2K	4K	2K	4K	2K	4K
《极限竞速：地平线5》	105	71	123	84	149	106
《古墓丽影：暗影》	130	72	161	80	197	102
《杀手：暗杀世界》	162	87	102	112	233	132
《荒野大镖客：救赎2》	89	58	115	64	125	78
《刺客信条：英灵殿》	95	62	96	65	135	83
《看门狗：军团》	84	48	134	53	121	68
《孤岛惊魂6》	113	66	272	74	161	89
《毁灭战士：永恒》	109	121	156	151	346	203
《控制》	99	51	191	52	140	70
《绝地求生》	139	74	99	79	206	102
《APEX英雄》	159	93	123	106	232	138
《使命召唤19》	79	53	160	57	126	75
《最终幻想14》	166	87	102	90	217	113
《赛博朋克2077》	74	33	112	36	103	49

光追+DLSS游戏测试（最高画质/DLSS质量/单位：fps）

	RTX3070 Ti		RTX 4070		RTX4070 Ti	
	2K	2K DLSS2	2K	2K DLSS2	2K	2K DLSS2
《古墓丽影：暗影》	83	110	107	146	132	181
《杀手3》	44	73	55	86	69	109
《地铁：离去》增强版	44	62	55	76	71	97
《看门狗：军团》	47	65	54	83	69	102
《控制》	61	105	69	122	83	156
《F122》	74	116	86	134	112	169
《我的世界RTX》	53	110	66	136	81	163
《生化危机4：重制版》（无DLSS）	122	-	151	-	188	-
《孤岛惊魂6》（无DLSS）	97	-	113	-	137	-

DLSS3游戏测试（2K/光追最高画质/单位：fps）

	RTX 4070		RTX 3070 Ti	
	原生	DLSS3	原生	DLSS 2
《赛博朋克2077》	39	124	31	56
《极限竞速：地平线5》	124	169	105	111
《瘟疫传说：安魂曲》	57	125	41	71
《光明记忆：无限》	73	163	53	101
《F122》	86	172	74	116
《微软模拟飞行》	72	137	60	82
《消逝的光芒2：人与仁之战》	56	128	47	73

在开启光追之后，华硕 TX GAMING GeForce RTX4070-O12G 天选在面对像《地铁：离去》增强版、《看门狗：军团》、《杀手 3》等游戏的时候，确实有了一些压力。不过开启画质最好的 DLSS 质量挡之后，所有游戏帧率均达到了 70fps 以上，画面实现了流畅。

DLSS 3 是华硕 TX GAMING GeForce RTX4070-O12G 天选的撒手锏技术，所以我们也专门对其进行了测试。从游戏的测试结果可以看到，在开启了 DLSS 3 之后，所有游戏的画质均有了非常大幅度的提升。

比如《赛博朋克 2077》在 2K 超级光追预设下，华硕 TX GAMING GeForce RTX4070-O12G 天选开启 DLSS 3 性能模式后，帧数从 39 fps 暴增至 124 fps。而只能开启 DLSS 2 的 RTX 3070 Ti 最高也只有 56fps，差距相当明显。

《极限竞速：地平线 5》中，华硕 TX GAMING GeForce RTX4070-O12G 天选开启 DLSS 3 后可以提升 45fps，是 RTX 3070 Ti 开启 DLSS 2 的 1.5 倍。《消逝的光芒 2》中，RTX 4070 使用 DLSS3 同样也实现了帧率的翻倍提升，对比 RTX 3070 Ti 的话，差距也是非常明显的。

总体来看，开启 DLSS 3 后，华硕 TX GAMING GeForce RTX4070-O12G 天选确实可以实现“2K 百帧”光追游戏体验，相比 RTX 3070 Ti 的 DLSS 2 优势非常明显。这显然也是未来提高游戏帧率的发展方式。

散热表现优秀

一般来说，显卡在运行游戏时的最高频率会高于考机满载频率。让笔者有些惊喜的是，华硕 TX GAMING GeForce RTX4070-O12G 天选即便是在 FurMark 考机测试中，最高频率也能达到 2820MHz 和游戏频率相当，远超 2520MHz 的默认游戏频率，这算是相当亮眼的表现了。

同时在半个小时的考机测试之后，华硕 TX GAMING GeForce RTX4070-O12G 天选的核心温度也不过 60.9℃，散热算得上是非常强悍。此时满载显卡整板最高功耗也没超过 200W，能耗比表现也算不错。

总结：二次元全家桶补上重要一环

从显卡本身的做工和性能表现来说，华硕 TX GAMING GeForce RTX4070-O12G 天选采用了全自动工艺配以优质元件，在默认状态下就能达到 2820MHz 的高频率，使得显卡性能释放极为充分，流畅玩转 2K 游戏毫无压力不说，在适当的设置以及开启 DLSS 的前提下，就算是面对 4K 光追游戏也不在话下。

得益于华硕 TX GAMING GeForce RTX4070-O12G 天选强悍的散热配置，就算满载运行，其 GPU 最高温度也才 60.9℃，无论在什么季节使用，用户完全不用担心散热问题。

在此基础上，华硕 TX GAMING GeForce RTX4070-O12G 天选还有一大卖点在于拥有高端显卡中少有的二次元外观，颜值非常出众。而且搭配其他天选系列硬件，还能打造出二次元风格游戏主机，对于很多游戏和二次元双修的玩家来说是很有吸引力的。如果你想打造出天选游戏主机，这款显卡非常值得推荐。

华硕TUF-RX7700XT-O12G-GAMING显卡测评

■ 电脑报工程师 熊乐

AMD 的最新一代 RX 7000 系列显卡目前只有 RX 7900 XTX、RX 7900 XT 以及 RX 7600 等 3 款产品上市，定位差距较大，显然还需要更多的型号来充实产品线。就在日前，大家期盼了很久的 RX 7800/7700 系列正式上市。华硕在第一时间就推出了 TUF-RX7700XT-O12G-GAMING 显卡，下面我们就来一起详细了解一下这款产品吧。

豪华的做工和用料

华硕 TUF-RX7700XT-O12G-GAMING 采用的是新一代 TUF GAMING 显卡的家族式外观设计，硬朗的机身线条搭配质感满满的金属框架，彰显硬汉气质。在显卡侧面设置了 TUF GAMING LOGO 灯以及 ARGB 灯带，在 ARMOURY CRATE 软件中可以对灯光颜色、灯光模式等进行设置。当然该显卡也支持 AURA SYNC 神光同步，可以和其他支持该技术的硬件实现灯光联动，打造出更为统一的整体灯效。

显卡的 PCB 由华硕标志性的全自动制程技术打造而成，采用的是 14 相供电设计，搭配能在 105℃环境下稳定运行 2 万小时的军规级别电容，确保显卡在较为恶劣的使用环境中，也能在 2599MHz 的最高加速频率下长时间稳定运行。

华硕 TUF-RX7700XT-O12G-GAMING 的散热器为 2.96 槽设计，更大尺寸的散热鳍片更有利于将 GPU 上的热量传递出来。散热器的风扇为经过升级的轴流风扇，通过加大尺寸，带来 140%以上的风量，提高了散热效率。同时轴流风扇内部采用的还是超长寿命的双滚珠轴承，让显卡的使用更为持久。

大尺寸的散热器虽然能提供更为强劲的散热性能，但是也给显卡或主板的 PCB 施加了更大的压力，对此华硕 TUF-RX7700XT-O12G-GAMING 早已有所考虑。整个显卡的框架都由坚固的金属材质打造而成，其中正面散热器外壳为压铸金属制成，背板则为铝制，可以为 PCB 提供牢固的支撑，防止弯曲。同时在显卡的附件中提供了一个显卡支架，用来支撑显卡，防止显卡过重导致主板和显卡变形弯曲。

接口方面，华硕 TUF-RX7700XT-O12G-GAMING 提供的是 1 个 HDMI 2.1 和 3 个 DP 2.1 的组合，属于当前比较主流的配置，可以轻松满足用户的各种使用需求。

性能测试

本次测试采用了酷睿 i9 13900K 搭建一个旗舰平台，确保处理器性能不会成为瓶颈，影响显卡性能的发挥。此外，为了让大家更为清晰地了解华硕 TUF-RX7700XT-O12G-GAMING 的性能水平，我们也选择了 RTX 4060 Ti 显卡来进行对比。

基准性能测试

首先是基准性能测试。DX11 部分，在 FHD 分辨率的 FireStrike 项目中，华硕 TUF-RX7700XT-O12G-GAMING 相较于 RTX 4060 Ti 的性能提升幅度达到了 30%，这算是比较大的差距了。将分辨率提升到 2K 和 4K 的 FireStrike Extreme 与 FireStrike Ultra 项目中，华硕 TUF-RX7700XT-O12G-GAMING 领先的幅度大约在 27%和 43%，优势依旧稳固。

DX12 部分，无论是 TimeSpy 默认的 2K 分辨率，还是在 4K 分辨率的 TimeSpy Extreme 项目中，华硕 TUF-RX7700XT-O12G-GAMING 均领先 RTX 4060 Ti 大约 23%。

从整个基准测试的成绩来看，无论是 DX11、DX12 还是光追等各个测试项目中，华硕 TUF-RX7700XT-O12G-GAMING 的表现都明显优于 RTX 4060 Ti。

光栅化游戏测试

总的来说，除了在《极限竞速：地平线 5》这一款游戏中，华硕 TUF-RX7700XT-O12G-GAMING 在 2K 分辨率和 4K 分辨率下，分别以 4%和 1%的差距小幅落后之外，其余 10 款游戏均处于上风。

在 1080P 分辨率下，华硕 TUF-

3DMARK GPU 基准测试		
	华硕 TUF-RX7700XT-O12G-GAMING	RTX 4060 Ti
Fire Strike	42264	32538
Fire Strike Extreme	20748	16359
Fire Strike Ultra	10480	7335
Time Spy	16817	13722
Time Spy Extreme	7757	6314
SpeedWay	3135	3171
DXR	29.78	38.38
Port Royal	8903	8119

光栅化游戏测试（最高画质/单位：fps）				
	RX 7700 XT		RTX 4060 Ti	
	1080P	2K	1080P	2K
《APEX》	243	177	206	155
《星空》	64	52	46	37
《极限竞速：地平线 5》	133	116	136	115
《刺客信条：英灵殿》	134	102	120	90
《古墓丽影：暗影》	206	142	182	117
《看门狗：军团》	124	95	101	74
《孤岛惊魂 6》	169	126	146	102
《杀手 3》	213	157	194	131
《使命召唤 19》	176	122	108	78
《最终幻想 14》	252	173	210	140
《赛博朋克 2077》	125	82	102	65

光追/FSR 2 游戏性能测试 最高画质/单位：fps				
	1080P		2K	
	FSR OFF	FSR ON	FSR OFF	FSR ON
《赛博朋克 2077》	38	83	24	62
《杀手 3》	46	72	31	61
《生化危机 4》	105	117	84	108
《极限竞速：地平线 5》	118	122	101	109
《银河破裂者》	197	412	115	284

RX7700XT-O12G-GAMING 性能领先幅度最大的是《使命召唤 19》，其 174fps 的成绩领先幅度达到了 61%之多，这也是所有测试游戏中显卡成绩差距最大的一款。最近很火的新作《星空》中，显卡也获得了 64fps 的成绩，领先 RTX 4060 Ti 的幅度达到了 37%。在《杀手 3》《APEX》《赛博朋克 2077》等游戏中，华硕 TUF-RX7700XT-O12G-GAMING 性能领先的幅度也在 9%~22%不等。

将分辨率提升到 2K 之后，华硕 TUF-RX7700XT-O12G-GAMING 的性能优势依然明显，领先幅度与 1080P 分辨率接近。《使命召唤 19》中，122fps 的画面帧速，领先了 RTX 4060 Ti 54%；《星空》凭借 52fps 的帧速，领先了 38%。

作为一款“以 60+fps 帧率畅玩 1440P 游戏大作”的显卡，华硕 TUF-RX7700XT-O12G-GAMING 在光栅化游戏中的表现完全符合其定位。而且与同为 2K 游戏定位的 RTX 4060 Ti 相比，其在游戏中的表现处于全面上风，领先的最大幅度达到了 61%，优势非常明显。

光追/FSR游戏测试

RDNA 3 配备了第二代光线加速器，相对上代进一步提升了效率，因此在支持光追的游戏大作中，华硕 TUF-RX7700XT-O12G-GAMING 的表现会更加出色。从测试结果可以看到，在 2K 分辨率和最高光追画质下，《生化危机 4》《极限竞速：地平线 5》《银河破裂者》的画面平均帧速都在 80fps 以上，流畅玩耍毫无压力。

虽说在《赛博朋克 2077》和《杀手 3》两款游戏中，开启光追之后，画面平均帧率也不算高，画面不算流畅。但是华硕 TUF-RX7700XT-O12G-GAMING 可是支持 FSR 的，这是 AMD RDNA 显卡的撒手锏，目前已经有 300 款游戏大作支持或即将支持 FSR/FSR 2。

可以看到，开启 FSR 之后，游戏帧率暴增：在《赛博朋克 2077》中，1080P 和 2K 游戏帧速分别达到了 83fps 和 62fps，《杀手 3》的游戏帧速分别达到了 72fps 和 61fps，实现了极致光追特效和流畅画面的兼得。我们还注意到，在《银河破裂者》中，开启 FSR 后，画面帧率直接翻倍，提升幅度分别在 110%和 147%。

功耗和温度测试

由于 GPU 核心采用了 5nm + 6nm 工艺制造，再加上华硕 TUF-RX7700XT-O12G-GAMING 自带的高规格散热器，我们对其散热表现相当期待。通过 FurMark 半小时以上的考机测试，显卡的核心频率最高达到 2356MHz（在运行 Time Spy 测试时，GPU 的最高频率达到了 2627MHz），此时 GPU 的温度只有 44℃，热点温度 61℃，可以说是凉快到令人惊讶。

当华硕 TUF-RX7700XT-O12G-GAMING 满载运行的时候，整卡最高功率只有 274W，功耗表现还算不错。

总结：综合表现强悍无短板，玩 2K 游戏首选

华硕 TUF-RX7700XT-O12G-GAMING 搭载了最新 Radeon RX 7700 XT GPU，在 RDNA3 架构的加持下，在规格、性能表现方面较上代 RX 6700 XT 有了大幅度的提升，与定位相同的 RTX 4060 Ti 相比，其性能表现可以说是全面胜出。与此同时，得益于第二代光线加速器以及对 FSR 的支持，显卡即便在 2K 和最高特效下运行光追大作，也毫无压力。

同时显卡在用料、做工上也堪称豪华。产品采用了全自动制程技术、14 相供电配以军规级别电容、全金属框架等，让显卡拥有了较高的稳定性，确保能应对玩家的长时间使用。2.9 槽设计的散热器搭配升级的轴流风扇，让华硕 TUF-RX7700XT-O12G-GAMING 即便是满载运行，GPU 最高温度也只有 45℃，这是相当不错的散热表现了。

总的来说，华硕 TUF-RX7700XT-O12G-GAMING 性能强、用料豪华，表现全面无明显短板，是玩家玩转 2K 游戏的首选显卡。

有些游戏本，纵然大降价，我们也不敢推荐

过去三个月，购机帮你评做了个“谁还买不起”系列导购/推荐文章，推荐了很多高购买价值机型，包含价格特别便宜的老款高端机、旗舰机，也有上一代的高端游戏本，总之都是外观漂亮、工艺出色、体验出色的机型。

也有不少读者留言问我，说如今不少新款的游戏本降价迅猛，为什么我没有推荐。原因主要是今年游戏本“过度竞争”，导致产品品质下降很多，连以往的“标杆机型”拯救者系列都出现了质量明显下滑的问题。当然，每个机型的情况不尽相同，我们都会针对个体进行仔细的考量和判定。

比如，当下拼多多上就有某国际品牌的 RTX 4060 显卡游戏本大降价，第 13 代酷睿 HX 处理器 +RTX 4060+2.5K 高刷屏，之前要 11000 多元，现如今只要 7700 多元，但我们完全不敢推荐，原因如下：

●首先是处理器降档次了。原先是 i9-13900HX 处理器，8P+16E/32 线程；现在是 i7-13650HX，6P+8E/20 线程，处理器部分性能只有之前的 2/3，也就是处理器性能降幅在 33%左右。

●其次是该机太重，2.7kg ~ 2.88kg（视不同配置），330W 的适配器也重达 1.5kg。

●再次，该机的屏幕素质太低，虽然是 2.5K 高刷屏，但亮度仅为 300nit，而且色彩准确性非常差，之前有媒体测得的平均 ΔE 在 3 以上，而且亮度均匀性也相当不理想。

●还有就是其实际电气性能不理想，别

看整机散热功率高，但实测的游戏性能甚至不及国内某些品牌的同配置机型(后者的电气性能本身就不算太好)。

●偌大一个游戏本，竟然省料省到了连数字小键盘都取消了。

●竟然没有雷电口和PD充电功能（要RTX 4070款才支持）。

●最后，系统不太稳定，有媒体爆出蓝屏、花屏是常态。而且自带的控制平台体验也不佳。

综合来看，这样的机型，价格再便宜，我们也不敢主动推荐。

在这里我们也要再度给大家提个醒：笔记本电脑并不是“主体配置不错价格合理”就可以买的，它的综合技术含量还是非常高的。而我们即便给大家推荐低价机型，也是确保了品质和体验的。多看购机帮你评，相信你能了解并学到更多知识！

高频问题解答

偶尔玩玩AI文生图，买什么处理器平台的更靠谱？

Q：牛大叔，我打算买台14英寸笔记本，主要用途是办公、聊天、看剧，偶尔处理照片，还打算偶尔玩玩AI应用Stable Diffusion文生图，请问买什么平台的机型好？

A：你的应用综合来看，性能需求都不高，14英寸的集显笔记本都能搞定。但如果要玩Stable Diffusion文生图，那么建议考虑AMD的“真·锐龙7000”处理器机型，比如R7-7840H/HS，原因是其自带的Radeon 780M显卡能非常高效地进行Stable Diffusion运算。而相对的，英特尔处理器平台的Iris Xe集显在文生图方面的效率要低不少(都是基于微软Direct ML的对比)。另外，英特尔平台虽可使用OpenVINO技术进行文生图应用，但我们实测下来，效率也不理想，而且准确性较差，还需要调用脸部修正插件重新运算，总体耗时更长。

不过呢，全新制程的酷睿Ultra处理器今年底明年初就要登场，届时其集显性能会提升不少，而且新的酷睿Ultra处理器中引入了NPU单元提升AI应用效能，那个时候，文生图的效率情况可能会发生变化。

联想YOGA 27的2023款购买价值较高

Q：牛大叔，联想的YOGA 27一体机终于推出2023款了，价格比2022款便宜了很多，其售价才5999元，我非常心动。但是我又发现屏幕从4K缩水到了2.5K屏，所以又犹豫了。请问您的意见是什么？

A： 现在你纠结的是屏幕从4K到2.5K的“缩水”问题。但我的观点是：对于绝大部分用户，2.5K分辨率27英寸才是日常办公、娱乐的最佳选择。具体原因我已在YOGA 27 2023款的测评中详细阐述了，大家可在购机帮你评公众号看测评文章。另外，YOGA 27 2023款的升级点其实不少，比如RTX 4050独显的通用性、应用表现更好，集成显卡也更强了。另外，无线网卡也升级了规格和带宽。

简而言之，YOGA 27 2023款的购买价值是远高于2022款的，绝对值得考虑。

YOGA Pro 14s和YOGA Air 14s有没有明显的遗憾点

Q：大叔，您推荐的两款联想YOGA 14s笔记本（YOGA Pro 14s和YOGA Air 14s)新品，我一早就看上了，日光映潮配色太漂亮了，尤其是那个金色的键盘背光，太抬档次了，我非常喜欢。不过买之前，我也想落实一个问题：这两个机器有没有什么明显的遗憾点呢？

A： 两台笔记本一个是英特尔平台，一个是AMD平台，但基本是一类机型，设计和工艺相当出色，日光映潮的配色也更是异常拉风，性能总体也都很强（作为轻薄本来说)。不过注意外观上还是有明显区别的：AMD平台的YOGA Air 14s，侧边都是金色的，外观上更拉风。

非要说明显的遗憾点，YOGA Air 14s可能有一个：由于该机过于强调高品质的丝滑手感，不仅机身做得很光滑，键盘按键也非常光滑，导致打字时手指有“打滑感”。当然了，这种机器应该也不是为高频率码字的用户准备的，所以理论上也不是啥大问题——只是“感受的确很明显”。YOGA Pro 14s暂未接触，不确认是否也有此问题。

几招缓解笔记本存储焦虑

现在图片、视频都追求高画质、高清晰度，导致用户存储空间焦虑从手机蔓延到笔记本电脑了。事实上，缓解笔记本存储焦虑的办法还是很多的。

直接升级笔记本硬盘

有很多用户选择直接升级笔记本硬盘，但是有几点要提醒大家。首先确定笔记本有几个硬盘位，是什么接口的，再购买对应形态的大容量硬盘进行更换或者扩容。目前很多轻薄本就只有一个M.2 SSD硬盘位，而老款笔记本可能也只有一个2.5英寸的机械硬盘位。这种情况下，你就必须购买对应形态的硬盘来进行更换。但很多新款游戏本、高性能创作本则带有两个M.2 SSD硬盘位，也就意味着你可以在不移动原有系统盘的情况下再增加一个SSD，实现扩容提速的目的。

在如今笔记本本身性能已经过剩的情况下，给笔记本升级硬盘，更应该注重加大硬盘容量，如果你的笔记本有一个PCIe 4.0

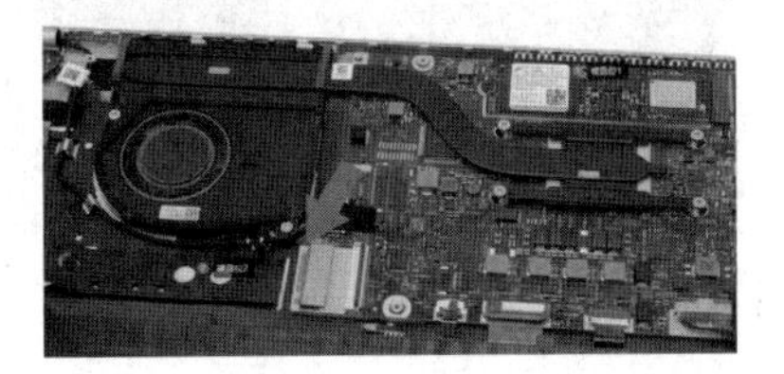

SSD硬盘位和一个PCIe 3.0 SSD硬盘位，同容量的PCIe 3.0 SSD要比PCIe 4.0 SSD便宜20%~40%，建议花相同的预算选择一个更大容量的PCIe 3.0 SSD，以应对未来日益增长的数据量。特别是有些2230/2242规格的PCIe 4.0 SSD在性能上做了一定的限制，实际体验速度并没有比旗舰级PCIe 3.0 SSD超出很多。所以，在笔记本硬盘升级挑选问题上，应更注重容量，而不必过于纠结速度是否完全匹配。

当然，如果你就是想选择更高性能的固态硬盘进行升级也没问题，只要接口相同，都是向下兼容的，也能满足未来存储速度需求。说到存储速度，主控厂商慧荣近期披露了PCIe 5.0 SSD主控的进展和规划，并预计在2024年底，笔记本厂商将陆续导入PCIe 5.0 SSD！同时结合低功耗电路设计、智能电源管理模块、智能降温策略，功耗和发热都可以得到有效控制，只需简单的散热片就可以满足，因此能够用于笔记本、游戏主机。当然，为了让SSD能够更加稳定地运行，可以考虑搭配一个笔记本散热支架或者在使用环境中配备一个小风扇帮助散热。

选择外置移动硬盘扩容

除了直接升级笔记本硬盘以外，编辑比较推荐大家选择外置移动硬盘进行扩容，操作起来会更方便。不仅可以给笔记本扩容，也能在不同设备之间交换传递数据，比较方便。而在速度和容量、材质和外观设计上也有多样化的选择。

可能有人要问，笔记本的USB接口命名花样多，外置移动硬盘也是，是否需要匹配购买？如今笔记本可能有40Gbps的雷电4接口，也有20Gbps的USB3.2 Gen2×2，也可能只是配备了USB3.0接口，而实际速度也是取决于笔记本BIOS对接口性能的支持以及外置移动硬盘本身性能的，所以只要是接口形态一致就可以选购，毕竟速度上都是向下兼容的。（不过，如果你将USB3.2 Gen2×2外置移动硬盘插在笔记本的雷电4接口上，可能会出现无法识别的情况，这是因为雷电4虽然也是向下兼容的，但是并不一定兼容USB3.2 Gen2×2，后续应该会改善。）

另外，如果你发现自己选择的2000MB/s标称速度的外置移动硬盘实际使用不到1000MB/s，这就是受到了笔记本接口的性能限制。编辑在多次测试中发现，10Gbps的USB3.1（USB3.2 Gen2）方案，且清一色的标称最高速度1050MB/s的外置移动硬盘，在笔记本上实际的大文件连续写入速度一般是750MB/s+，大文件连续读取速度一般是800MB/s+。也就是说，你选购的外置移动硬盘标称速度在笔记本上可能无法实现满速，是正常现象。实际上，这样的速度在传输文件时也已经很快了。

如今最次的笔记本新品也有5Gbps带宽的USB大口或USB Type-C口，10Gbps的全能Type-C也早已普及，甚至大量笔记本有40Gbps带宽的雷电4/USB4.0接口，搭配外置移动硬盘扩容可以充分满足日常应用。当然，如果是玩游戏，还是装在内置高速SSD里玩起来更流畅。你可以将喜欢的游戏保存在外置移动硬盘，常玩的则直接接存在内置硬盘，不担心笔记本存储空间不足，也不会因为速度拖后腿，两不耽误。最关键的是，而今SSD价格狂降，直接买个外置固态硬盘也可，大容量也不贵！

闲置存储卡也可以给笔记本扩容

除了前面提到的办法，还可以用存储卡给笔记本扩容，前提是你的笔记本有存储卡插口。如果是用外接读卡器的形式，那就没必要了。关于这一点，可能老款的苹果笔记本有更专业的选择。有存储品牌推出了不少专门针对苹果笔记本扩容的存储卡，性能和容量上都能匹配使用，比直接升级苹果笔记本硬盘来得更便宜也更加方便。如果你使用的Windows系统笔记本配备了读卡器功能，也可以选择我们日常使用的闲置存储卡进行扩容。只是，这个办法可能并不那么经济实惠，还是需要评估有无必要之后再执行。

新手机的充电好搭档！高品质快充推荐

■ 赢家

下半年是新手机密集上市的一个时期，其中比较重磅的就包括了iPhone 15系列。我们知道在全新的iPhone 15系列手机上，苹果依然没有配备充电器，用户要想实现快速充电，还是得自行购买。考虑到iPhone 15实际的充电需求，现在有哪些适合iPhone 15的快速充电器可以选择呢？

iPhone 15要搭配怎样的充电器？

我们知道苹果出于"环保"的理由，从iPhone 12开始就不提供充电器了。虽说之前苹果标配的5V/1A充电器不是不能用，可是其充电效率实在太低。好在iPhone 15依然支持PD快充协议，我们可以通过选购PD快充来提升手机的充电效率。

那么市面上的PD快充头功率有20W、35W、65W等等，究竟该如何选择功率呢？从iPhone 15系列的官方参数来看，苹果只要求搭配功率在20W以上的快充就行了。实际测出，就算是旗舰型号iPhone 15 Pro Max，在充电时的峰值功率也不过27W。

由此我们可以得出结论，对于iPhone 15系列手机，要想获得最佳的充电效率，20W快充还不够，选择一款30W或35W的快充就行了。不过考虑到当前每个人的数码产品比较多，多个设备要同时充电且保证较高效率的时候，就可以考虑65W甚至是更高功率的产品了。

产品推荐

航嘉G35氮化镓快速充电器

参考价格：169元

航嘉G35氮化镓快速充电器是一款体积小巧的35W产品。得益于采用了氮化镓材质，使得其机身尺寸仅为34mm×34mm×38mm，相当于用苹果原装5V/1A充电器的体积实现了35W快充，随身携带非常轻松，随时随地都能为手机补充电量。

产品提供了1个USB-C接口和1个USB-A接口，支持主流PD、QC快充协议，以及提供了5V/3A、9V/3A、12V/2.92A、15V/2.33A、20V/1.75A等多种输出规格。其中当USB-C接口单口输出的时候，最高功率可以达到35W，轻松满足高速充电的需求。

同时产品内置智能识别芯片，自动匹配充电设备所需的电压、电流。还拥有过温保护、过压保护、过流保护、短路保护在内的八重保护功能，使用安全有保障。如果你想要一款体积小巧、充电效率高又有高稳定性的快速充电器，选航嘉G35氮化镓快速充电器就没错。

安克30W安心充Ultra

参考价格：109元

这款安克30W安心充Ultra充电器是之前安心充Pro的升级款，产品表面采用全

新条纹防滑防指纹设计，无论是视觉效果还是手感都比上代好不少。而且安克30W安心充Ultra充电器提供了多种配色，可以与iPhone15实现同色搭配，颜值更高。同时安克30W安心充Ultra充电器采用了氮化镓快充芯片，体积更小、散热更好。其小巧的身材配上可折叠插脚，不占空间，特别适合外出携带。

在安全性方面，安克30W安心充Ultra充电器升级了温控技术，每天600万次智能AI测温，给iPhone快充不伤机，极速快充也安心。该款充电器也带有过流保护、过功率保护、过压保护、过温保护等在内的多重安全保护功能，再加上124项整机测试，确保产品使用的稳定。

如果你仅仅是为iPhone 15选择一款快充搭档，安克30W安心充Ultra充电器是个不错的选择。

苹果mophie speedport 30
参考价格：298元

对于苹果原装配件有执念的用户，那肯定别错过mophie speedport 30充电器。该产品的体积为46mm×49mm×28mm，机身还是比较小巧，再加上可以折叠的插脚，同样可以轻松装入包中甚至是口袋中，带着它外出毫无压力。在充电器背面提供了1个USB-C接口，在用料方面，mophie speedport 30充电器同样是采用了氮化镓元件打造而成，使其具备了更小的体积和更低的发热。同时mophie speedport 30的额定功率为30W，根据官方的资料，30分钟就能将iPhone 13从0%充至50%电量，完全能满足iPhone系列的高速充电需求。

当然作为苹果官方配件，298元的价格算是有些偏高。好在这价格是套装价，随mophie speedport 30充电器还附带1条2米长的USB-C线材。这款mophie speedport 30充电器肯定就适合预算相对比较充足，且注重原厂配件的用户选择。

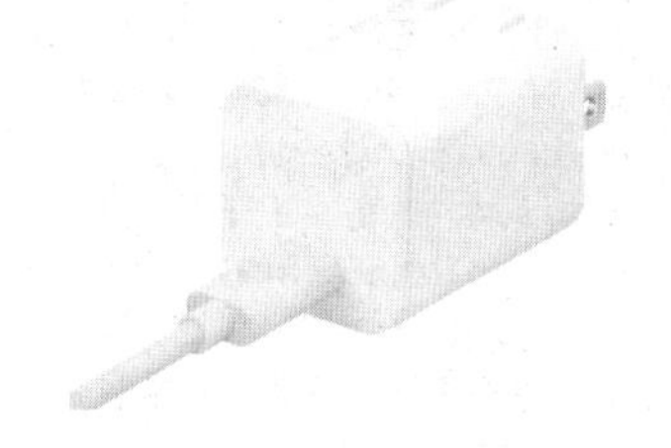

iPhone 15 Pro影像测评：既出色，又易用

■电脑报工程师 周一

iPhone 15系列发售之后，我们也在第一时间为大家带来了4款产品的上手体验。不过，由于时间有限，坦白说当时的体验是比较粗浅的，特别是对于拍照这种需要深入测试才能得出结论的部分，并没有很好的呈现。

趁着国庆长假，我带着iPhone 15 Pro系列出去拍了上千张照片，对于之前的一些疑问，包括首批媒体和用户在网上分享的样张，也有了自己的认知与判断。如果你关注这两款产品，并且还在纠结，暂时没有下单，那么今天的内容应该会对你有所帮助。

需要说明的是，所有机型均在默认设置下进行拍摄，拍摄过程中未手动选择对焦及测光点，这也是多数用户日常的使用习惯，完全考查手机在自动状态下的画质水平。

相比iPhone 14 Pro提升明显吗

作为苹果的高端机型，iPhone 15 Pro系列既是旗舰手机，也是旗舰“相机”，所以很多喜欢拍照的用户，每年都非常关心今年iPhone在影像系统上的提升，以及相比老款是否值得升级。

这里先表达一个观点：如果你用的还是iPhone 13 Pro系列，甚至更早的机型，那么不用犹豫，直接升。因为别说是从iPhone 13 Pro升级到iPhone 15 Pro，就是从iPhone 13 Pro升级到iPhone 14 Pro，感知都是比较大的。

反之，如果你正在使用iPhone 14 Pro系列，是否有必要升级到iPhone 15 Pro系列，那就得分情况了。

先来看一组iPhone 14 Pro Max和iPhone 15 Pro Max的对比样张，如果不看图说，你能从两张超广角照片中，分出哪张画质更好吗？不能吧？这也很正常，我作为拍摄者，为了不搞错，放照片时都需要通过文

超广角，左：iPhone 14 Pro Max；右：iPhone 15 Pro Max

主摄，左：iPhone 14 Pro Max；右：iPhone 15 Pro Max

100%局部放大，左：iPhone 14 Pro Max；右：iPhone 15 Pro Max

100%局部放大，左：iPhone 14 Pro Max；右：iPhone 15 Pro Max

件简介信息反复确认，更别说你们了。

在不放大的情况下，iPhone 14 Pro Max和iPhone 15 Pro Max的超广角画质不能说毫无区别，只能说一模一样。

那么放大之后呢？如果不提示，可能你也未必看得出来。

注意玻璃灯罩下方的金属部分，iPhone 14 Pro Max的精度，或者说锐度看着甚至比iPhone 15 Pro Max还略高。这是因为前者比后者的锐化程度更高导致的，也造成了iPhone 14 Pro Max的画面观感比iPhone 15 Pro Max"脏"一丢丢，噪点也更大。

从硬件上看，两款手机的超广角和主摄配置几乎完全相同，都是1200万像素、f/2.2+4800万像素、f/1.78，所以才有了这样的结果。但是，由于芯片不同，iPhone 14 Pro Max使用的是A16，而iPhone 15 Pro Max升级到了A17 Pro——业界首款3nm芯片，强悍的性能为它带来了智能HDR5（iPhone 14 Pro Max为智能HDR 4）。

当然，你要说iPhone 14 Pro Max的性能就满足不了智能HDR5的运算，或者无法通过OTA升级，我觉得也未必，毕竟同样采用A16的iPhone 15都是支持的。但是苹果，你懂的，就是这么泾渭分明。

超广角尚且如此，主摄就更不用说了，即使放大到100%，也依然是细微的涂抹感和纯净度差异，有多少人会这样欣赏照片呢？

但有一点需要注意，虽然同为4800万像素，但和iPhone 14 Pro Max只是将传感器像素四合一，输出1200万像素照片不同，iPhone 15 Pro Max新的光像引擎会从一张高分辨率图像中，选出最佳的像素部分，再与另一张为捕捉光线而优化的图像融合，从而生成一张2400万像素的照片，分辨率是之前的两倍，拥有更丰富的细节。

所以，如果你拍摄的照片经常需要放大，或者打印留存，那么在默认状态下，iPhone 15 Pro Max所拍摄的照片，在相同的输出尺寸下，就会比iPhone 14 Pro Max拥有更高的清晰度。当然，如果单纯是为了高像素输出，两代机型都可以选择4800万像素直出模式，只不过在这个模式下，手机的感光能力和拍摄体验都会略有下降，并不适合普通用户的日常随拍。

我用iPhone 14 Pro Max和iPhone 15 Pro Max的超广角和主摄拍摄了一两百组对比样张，看得我眼珠子都快弹出来了，画质的确没有太大区别。如果你目前正在使用iPhone 14 Pro Max，日常拍摄更多也是自动模式为主，而没有各种创作及生产需求，那么就可以不升级。

至于长焦，我就没有对比了，一方面是因为长焦的使用频率相对超广角和主摄低很多。另一方面，相信多数用户对于长焦的关注，更多还是在iPhone 15 Pro Max上的那颗新5倍，以及iPhone 15 Pro系列不同的长焦配置应该怎么选上。

3倍，左：iPhone 15 Pro；右：iPhone 15 Pro Max

100%局部放大，左：iPhone 15 Pro；右：iPhone 15 Pro Max

5倍，左：iPhone 15 Pro；右：iPhone 15 Pro Max

100%局部放大，左：iPhone 15 Pro；右：iPhone 15 Pro Max

Pro和Max的长焦差距有多大

这次之所以很多人会在iPhone 15 Pro和iPhone 15 Pro Max的选择上产生纠结，是因为今年是苹果继iPhone 12 Pro系列之后，又一次在长焦镜头的配置上，将Pro和Max机型做出了区隔——iPhone 15 Pro为iPhone 14 Pro同款3倍长焦，而iPhone 15 Pro Max则首次搭载了5倍长焦。

那么问题来了，iPhone 15 Pro的3倍长焦和iPhone 15 Pro Max的5倍长焦相比，画质差了多少呢？

大家都知道，5倍长焦在安卓阵营已经比较普及，目前主流大厂的影像旗舰几乎都有配备。实现方式也大同小异，就是通过横向放置玻璃镜组，以达到延长光路，增加焦距的目的。原理类似潜水艇的潜望镜，所以被称为潜望长焦。

其实iPhone 15 Pro Max所采用方案的基本原理也与之相似，不同的是苹果创造了一种四重反射棱镜，通过镜头后方的折叠玻璃结构，对光线进行四次反射，以达到相同的目的。这样做的好处是，可以在一定程度上节省寸土寸金的机身内部空间，为3D传感器位移式光学图像防抖和自动对焦模块腾出空间。

那么效果怎么样呢？我们先来看一组3倍长焦的样张。

在不放大的情况下，iPhone 15 Pro和iPhone 15 Pro Max所拍摄的照片除了白平衡之外，看上去差别并不大。但是放大之后，就非常明显了，都不用我说，两者无论解析力、涂抹感、色彩等方面，iPhone 15 Pro都有肉眼可见的优势。这是为什么？

在很多人的固有认知里，一颗长焦镜头"缩短"使用，效果应该会更好，起码不会更差才对。没错，这在相机领域的确是真理。但到了手机上，就存在一个镜头调用策略的问题。

使用iPhone 15 Pro的3倍长焦拍摄，系统调用的就是长焦镜头本身，而在iPhone 15 Pro Max上，从1~4.9倍，系统调用的都是主摄。所以你看到的画面，实际上是通过主摄放大裁切之后的数码变焦照片，画质不如iPhone 15 Pro就在情理之中了。

很多具备5倍长焦的安卓影像旗舰，几乎都配备了四颗摄像头，即除了超广角、主摄和长焦之外，还有一颗等效焦距50~85mm的中焦镜头。通常2~4倍这种中间焦段，它们就会调用这颗镜头，再进行算法融合成片。但iPhone 15 Pro Max并没有中焦镜头，对于中间焦段，就只能通过主摄裁切放大实现。

iPhone 15 Pro在3倍焦段"反杀"了iPhone 15 Pro Max，那么后者的5倍焦段能否赢回尊严呢？答案是肯定的，但不多，起码不像3倍的差距那么明显。

从样张可以看到，在不放大的情况下，两者的观感比较接近，并不能一眼就看出谁的画质更好。放大到100%后，就可以明显看到iPhone 15 Pro Max所拍摄的照片，无论锐度、高光压制还是涂抹感，都要比iPhone 15 Pro更好。

这个结果当然也合情合理，iPhone 15 Pro Max的5倍是通过长焦镜头直出的，而iPhone 15 Pro则是3倍长焦镜头放大裁切到5倍实现的，原理和之前iPhone 15 Pro Max的主摄放大到3倍类似。

但是，你可能也注意到了，iPhone 15 Pro系列的5倍样张，画质差距没有3倍那么大。这主要是两个原因造成的：1.两颗长焦镜头的素质差异本身就不大，起点就比主摄要低；2.在放大倍率上，iPhone 15 Pro Max的3倍长焦，相当于是把主摄的画面放大了3倍，而iPhone 15 Pro的5倍只是将原本的3倍长焦放大了1.6倍，画质折损要小将近一半，差距自然也就更小。

看到这儿，相信大家对iPhone 15 Pro系列的选择已经有了自己的判断，在超广角和主摄完全一致的情况下，长焦的使用频率

超广角

主摄

长焦

和场景就成为了决定性因素。

我的建议是，考虑到对于多数人来说，长焦的使用频率并不高，如果你平时的拍摄场景主要集中在3倍(77mm)左右，而不是5倍(120mm)，那么选择iPhone 15 Pro就要更为合理，可以充分调用长焦镜头，而不是主摄放大。

当然，这两款机型的体验差异，还有屏幕大小和续航等方面，只是我们今天的讨论点主要集中在与拍照相关的项目上，所以暂未考虑其他因素。

“七个专业镜头”什么水平

相比iPhone 13 Pro到iPhone 14 Pro，iPhone 14 Pro到iPhone 15 Pro在拍照方面的提升其实相对比较小，毕竟去年苹果终于换掉了祖传的1200万像素主摄，也算是“跨越式”升级了。

如果你跟我一样，无论因为工作还是别的什么原因，每年都会换手机，可能就会对这代iPhone相机的升级感知不明显。其中一部分原因是大家通常只关注硬件上的升级，而忽视了软件，而这恰恰是苹果很擅长的地方。

在官网的介绍页面中，苹果用了“七个专业镜头随身带”来描述iPhone 15 Pro的镜头配置，超广角、主摄、长焦……加上前摄一共也才4个，哪来的7个？结果，苹果是把1.2倍（28mm）、1.5倍（35mm）和2倍(48mm)这3个通过主摄裁切放大的焦段，也算成了镜头，这真的很苹果。

这里做个小调查，你平时拍照变焦是喜欢直接点击系统的默认倍数，还是通过两根手指进行缩放呢？苹果在主摄24mm的基础上，延伸出了28mm和35mm两个焦段，这种做法我认为是值得借鉴的。它给予了用户更大的创作自由度，比如有些人就喜欢35mm的人文感，就不用每次都需要进行手动变焦，而是可以将其设置为默认焦段，安卓阵营就有机型主摄为35mm。

其次，相对缩放变焦，默认倍率操作起来也更精准高效，虽然很多人也未必会强迫自己一定要在某个焦段下拍摄，但是苹果对于特定焦段的画质优化，肯定是要好于任意焦段的。

当然，苹果的这个设定也不完美，由于没有中焦镜头，iPhone 15 Pro Max的倍数2倍过了就是5倍，而没有类似3或者3.5倍这样相对更常用的焦段，只能手动进行变焦，不精准，也不方便。

至于iPhone 15 Pro的拍照素质，我过去半个月也拍了上千张照片，总体感觉是稳中有进。看到这里大家可能会有疑问，你前面不是说提升不大吗？是，但需要说明的是，我指的是日常场景，在一些逆光、大光比和光线比较复杂的夜晚，iPhone 15 Pro的整体表现和稳定性还是有显著提升的。

特别是在新的光像引擎和智能HDR 5的加持下，无论哪颗镜头，对于高光的压制、炫光控制以及自动曝光的准确性，都有一定的提升，这点相信通过部分超广角和主摄样张，大家也能感受到。

唯一遗憾的是，iPhone祖传的鬼影问题依然没有得到改善，如果你所拍摄的场景在取景框中就出现了类似的情况，只能选择改变拍摄位置和角度避开。

对于iPhone 15 Pro Max的5倍长焦，我觉得还是符合预期的，只是也不要抱过高的希望，相比目前安卓阵营的影像旗舰，坦白说绝对画质并没有优势。

尤其是在光线较暗的环境下，iPhone 15 Pro Max的涂抹感和锐化程度就会呈几何级上升，通透感和纯净度明显下降，给人一种“脏脏”的感觉。

当然，它的优势也比较明显——3D传感器位移式光学图像防抖和自动对焦模块，能在全部三个方向(XYZ)上进行位移来实现防抖，是目前行业最高水准的防抖系统之一。

从我这段时间的体验来看，所有长焦样张，无论白天还是黑夜，也不管普通还是人像模式，几乎都没有出现糊片的问题，这在以往还是不多见的。对于喜欢用长焦进行拍摄，手又比较抖的用户来说，绝对是一个好消息。

写在最后

和很多其他媒体和博主所做的测评不同，我基本没有谈及太多iPhone 15 Pro在专业功能方面的体验，这主要是因为尽管现在苹果每年都在提升iPhone的生产力，但真正用它吃饭的人还是少数，手机对于更多用户来说，就是一部随时记录生活的设备。

你如果留意过iPhone的默认设置就会发现，它甚至都没有很多安卓手机都标配的“专业模式”，而是将很多相关选项都放到了设置菜单里，ProRAW、ProRes，甚至连视频拍摄格式，默认也只是1080，而非4K。

我相信苹果是做过用户调研的，很清楚普通消费者可能用不上，或者都不知道这些模式与功能。如果你是专业用户，自行打开使用就好，反之，iPhone依然是那个最纯粹的拍照手机。

这就是我对iPhone 15 Pro相机和拍照体验的看法——5年过去了，苹果对于Pro版机型的专业化打造早已深得人心，它已然成为了这个地球上最好的生产力工具之一。但尽管如此，对于喜欢拍照，热爱分享的人来说，iPhone并没有因为专业而变得脱离大众。

既足够出色，又简单易用。

iPhone 15系列测评：极有可能成为新一代“钉子户”

■电脑报工程师 黄益甲

今年的iPhone15Pro系列更新幅度较大,5倍长焦、钛合金边框、新的操作按钮等各种特性加持之下,抢去了不少风头,无论是媒体还是消费者,大多将注意力放在Pro系列上。我们此前短暂进行了iPhone 15全系机型体验之后,也觉得iPhone 15的升级幅度和Pro系列相比,的确不够惊艳。

但是iPhone数字系列一直都是销量榜单上的常客,购买它们的消费者其实还是大多数。如今,iPhone 15系列已经正式上市了半个月,相信大家对它们也有了不同程度的了解。我在体验两款机型的这段时间,一直在想个问题:为什么很多选择数字系列的消费者都没有冲首发?

我想,这类用户应该大多都是不会年年换机的老果粉,或者是想要进入iOS阵营的安卓党。他们的预算并不那么随心所欲,每一分钱都想要花在刀刃上,看重的不一定是最新,而是实用。

所以,今天我们就来聊聊,iPhone 15系列到底值不值得升级。

外围体验首次看齐Pro

上手iPhone 15系列,一眼可见的变化就是正面的灵动岛。这个设计在去年的iPhone 14 Pro上就已经登场,但是想要体验,就得多花2000块钱,如今苹果将它下放到数字系列,也算是加量不加价了。

灵动岛的体验相信大家已经比较熟悉,经过一年的发展,如今第三方应用也适配了很多,常用的外卖、导航、音乐基本都登岛了。

就我过去一年的使用体验来看,这种常驻的信息提示会比短暂弹出的通知推送要方便很多,因为这个区域会根据用户的使用情况实时更新,比如刚点了外卖就会在这里显示小哥的送餐情况,导航时则显示主要的路口信息,打车也能看到车牌号以及预计到达时间,同时还能够实时互动,无论是查看还是操作都会更高效。

这些功能在iPhone 15上没有任何阉割,小区域的推送,即使没有高刷,体验也几乎和Pro版保持一致,不敢说“且用难回”,但也算是一个实用向升级。

外观方面还有一点可以说一下,背部玻璃从光面玻璃替换为磨砂质感,无论是观感还是手感都更高级了,表面光滑细腻,上手就很舒服。侧面仍然是直角边框,乍一看没什么区别,细看可以发现边框做了弧度处理,比前代更为柔和,即使是尺寸较大的iPhone 15 Plus,握在手上也不会有硌手感。

第三点直观变化就是USB-C接口,少带一根线什么的就不多说了,在日常使用中,充电和传数据的确会更方便。近段时间网上也传出“华为充电器不能给iPhone充电”的言论,据我实测,部分的华为充电器的确充不了(比如华为全能充电器Max 88W),这是因为iPhone使用的是PD协议,该充电器的A-to-C接口,只支持Super Charge和QC等协议,如果使用C to C接口是没有问题的。

其实,PD协议是通用充电协议,市面上多数充电器都是支持的,家里此前的其他充电头、数据线几乎都能用,不需额外购买,只要是大于20W的充电器,就可以直接使用PD快充,还是挺方便的。

和这点相比,我更喜欢iPhone 15的反向充电功能。比如Air Pods、Apple Watch等设备都能用手机充电,实测充电功率能达到4.5W左右,对于这种小电池设备,临时救急还是没问题。

不仅如此,iPhone 15还能给USB小风扇等小型电器供电,或者直连U盘、键盘鼠标,让iPhone变成一个小型工作站,甚至可以用数据线连接两部iPhone(电量较多的为输出方),用自己的电量为别人“续命”。

从这几个角度来看,iPhone 15的外围配置已经向Pro系列看齐了。

系统保活能力明显提升

和往年一样,每年的芯片就是个“例行升级”,iPhone 15系列的A16仿生芯片和上代Pro系列保持一致,这颗处理器经过了一年的市场验证,发挥足够稳定,两款机型的跑分成绩几乎一致,这也是目前iOS阵营仅次于iPhone 15 Pro的水平,性能大可以放心。

由于Perfdog目前还未适配iOS 17系统,暂时只能给大家说一下游戏试玩体验。在长时间试玩《原神》之后,会感觉到机身有热量积累,实测背部温度最高为44℃,还算可以接受。由于A16的性能上限较高,即使是机身温度升高了,也不会因此造成卡顿,只是偶尔降一下亮度。

对于老款iPhone用户,相信大家对于杀进程问题还是比较在意的。iPhone 15系列的运行内存为6GB,放在安卓阵营可能不算什么,但如果你正在使用的是iPhone14以前的机型,那么换到iPhone 15,就会有很明显的感知,举个例子,此前我玩《原神》的时候,切换到米游社领一个礼包兑换码,再回来很有可能会重新载入。

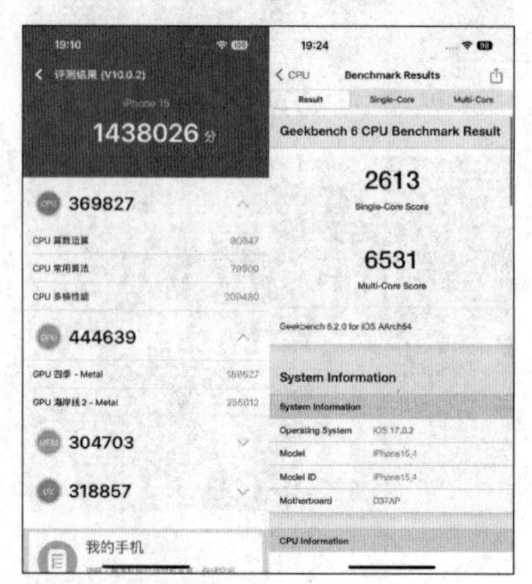

iPhone 15跑分成绩

iPhone 15 Plus跑分成绩

这个问题在iPhone 15上得到了很大的改善,即使是在玩《原神》的时候切出去回个消息、刷个微博,再回来仍然可以继续游戏,后台保活能力提升明显。当然也有不少小伙伴不玩大型游戏,据我实测,打开了十款左右常见的购物、视频、社交等应用,在它们之间反复切换,都可以做到无缝衔接,不会出现加载界面。

当然,如果是《原神》等大型应用+拍摄等场景,杀后台的情况还是会存在,常规应用保活也只能做到十款左右,这个成绩肯定比不过安卓阵营那些主打性能的机型,好在日常使用也基本够用了,省去了很多加载时间。

越来越专业的“傻瓜”相机

影像方面,这次的数字系列也终于换掉

了使用多年的1200万像素主摄，升级到iPhone 14 Pro系列同款的4800万像素。实测下来，iPhone 15系列两款机型的影像水平保持一致，要说区别，也就是iPhone 15的小机身更为轻便，长时间拍照不会手酸。

比如右侧样张，就是使用iPhone 15 Plus的4800万像素模式拍摄的样张，初看没什么特点，但是，这只是从完整样张中截取的一小部分。

使用4800万像素模式拍摄，样张的解析力会得到很大的提升，即使裁切出样张的一部分，也能保证足够的清晰度，很适合用来拍摄风光照片。如此一来，在拍摄时就不需要那么多顾虑，随手按下快门，后期再随意裁切出更有韵味的画幅，出片率会更高一些。

和iPhone 14 Pro系列的4800万像素相比，前代只能使用ProRAW格式才能进行拍摄，好处是保留了完整的拍摄信息，提供了充裕的后期空间，但这也导致照片体积高达80MB左右，如果不是专业的影像创作者，可能试几次之后就不会再用这个模式了。

而在iPhone 15中，则是提供了一个HEIF MAX模式，能直接输出4800万像素照片，感知最明显的就是成像速度，按下快门就可以立刻得到照片，几乎不会有转圈等待的时间，成片率较高。在这种模式下拍摄的成片体积也只有6MB左右，大大提升了可用性，长期使用也不会担心存储空间不够用。

当然，日常可能不一定需要高像素样张，就可以在拍摄时关掉HEIF MAX模式，这个2400万像素也是有学问的。在按下快门键的同时，系统会自动拍摄两张照片，通过光像引擎从4800万像素样张中挑选出像素最佳的部分，同时用另一张主要捕捉光线的样张进行图像融合，输出最终照片。

如此一来，照片既能保留高像素的细节，此前锐化过度的问题也能得到缓解，成片具有足够的清晰度，也能保持清爽的画面效果。

同时，iPhone 15还替换了光学镀膜，在夜间拍摄时，高光处的眩光问题得到改善，只是正对光源出现的鬼影问题仍然存在，拍摄时需要注意规避一下。

在iPhone 15上，人像模式也得到升级。在拍摄时只要识别到人物、动物或者静物，都会自动获取景深信息（取景框会出现f标志），就算忘记打开人像模式拍摄，后期也能在相册中对这张照片进行编辑，调节对焦点以及光圈。

我还是挺喜欢这个功能的，拍摄时自由度更高，不会错过精彩瞬间，特别是拍摄人像和动物的时候，那一瞬间往往是很难捕捉到的，等切完模式，完美的一瞬间早就过去了。

综合来看，iPhone 15系列和那些主打影像能力的安卓旗舰相比，成像效果互有优劣，但它只是一款标准版机型，喜欢拍照的用户还有Pro系列的两款机型呢。

iPhone的拍摄体验长期以来给我最大的感觉，就是它做到了无门槛，比如高像素及夜景模式，以及新的人像模式等，都尽可能简化了用户的操作流程，操作几乎可以说是“傻瓜化”，只需要按下快门，iPhone就会记录下各种信息，再通过A16仿生芯片的强大算力瞬间完成分析和处理，但输出的照片质量完全在线，用户不用过多介入，即可得到高质量的照片。

原来“80%充电上限”是为Plus准备的

聊了这么多两款机型的共性，还是要讲一下它们的差异之处。屏幕尺寸是一方面，大屏的优势就是影音体验更佳，小屏则会提供更好的握持手感，不过这点也因人而异，建议大家去线下门店上手体验后再做决定。

我还是比较喜欢Plus这样的大屏手机，平时看视频玩游戏会更舒适，再加上我的手比较大，iPhone15虽然小巧轻便，手感满分，但横屏使用时仍然有一种“抓握”的感觉，特别是玩游戏时键位会稍显拥挤，需要时间去适应。

两者的另一个差异就是续航。同样在WiFi场景下，开启中等亮度/音量，用最高画质玩原神一小时和观看一小时腾讯视频，iPhone 15的耗电量分别为19%和7%，而iPhone 15 Plus则为17%和5%。

当然，在实际使用中可能也不会长时间运行同一款应用，综合来看，iPhone 15 Plus的续航比iPhone 15要强20%左右。这段时间我也模拟了正常使用状态，安装了30余款常用应用并开启推送，晚上10点左右充满之后正常使用，保证每天屏幕使用时间在6小时左右，其间会进行大量拍摄及游戏测试。

一般情况下，到第二天晚上8点左右，iPhone 15的剩余电量约为20%，15 Plus则会剩下30%～40%，这是一个比较让人安心的电量。只要不是全程游戏或者录制视频等高强度状态，这两款手机的续航都足以支撑一整天的使用。

不知道大家发现没有，在iOS17系统中提供了一个仅充电到80%的功能，可有效缓解电池老化。电量上限更高的iPhone 15 Plus，让电池长时间保持峰值的80%，仍然能保证一整天正常使用，算是最大的受益者了，至于iPhone 15是否使用这个功能，还需要根据你的日常使用情况酌情考虑。

体验最完善的一代数字系列

综合来看，在iPhone 15系列上，4800万像素镜头、灵动岛、A16仿生芯片都沿用上代Pro系列机型的配置和功能，和iPhone 14 Pro相比，主要的区别就是高刷和长焦了。目前在第三方平台，iPhone 14 Pro的价格为7600元左右，和iPhone15相比差价约为1600元。

但是iPhone 15已经在部分平台开始小幅降价，双十一期间可能还有更大的优惠，进一步拉开价格差距，如果不是那么看重高刷和长焦，完全可以就买数字系列。只需要花标准版的价格，在主要体验上就已经很接近上代Pro机型了，同时它还是一部最新款的iPhone，何乐而不为？

从目前的市场行情来看，如果比较看重预算，喜欢iPhone 15 Plus的用户可以先等等，毕竟两款机型的官方售价差了一千元。按照去年的节奏，这两款机型的差价应该在双十一期间就会进一步缩小，到时候如果只有五六百元的差价，屏幕更大、续航更长的Plus就会更加划算。

回顾近几年iPhone的进化，特别是数字系列，的确不够惊艳，但今年的iPhone 15系列，有着USB-C、灵动岛、4800万像素镜头等一系列称得上刚需的重要升级，让它的体验又更加完善，这些都是看得见摸得着的改变。

按照苹果的产品更新节奏，这几项配置很有可能在未来几代都保持不变，所以，在价格稳定之后，iPhone 15系列很有可能成为新一代“钉子户”机型。

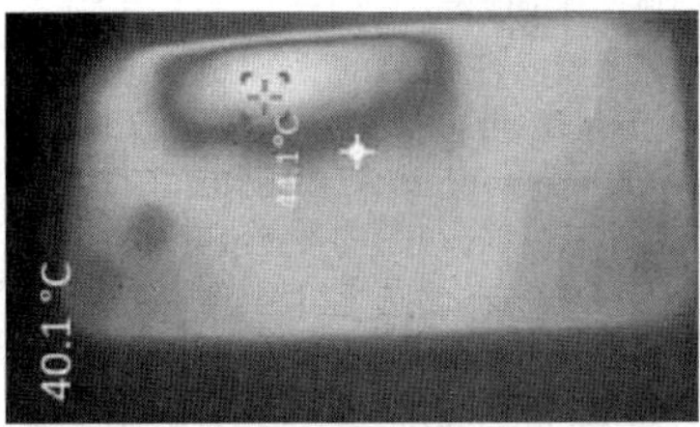

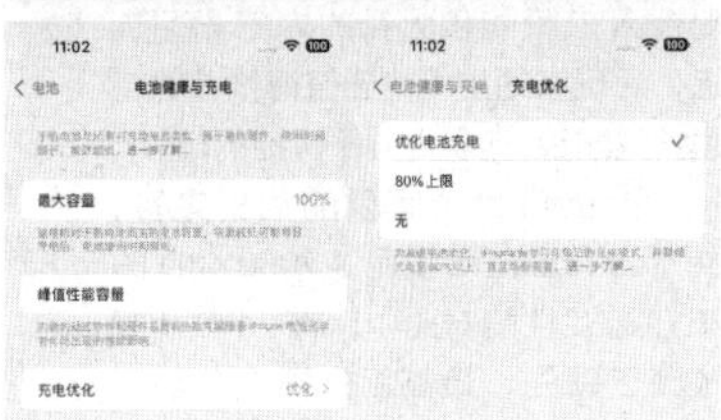

英特尔酷睿第14代台式机处理器首发测评

■电脑报工程师 王诚

在酷睿 13 代登场一年之后，Intel 终于为玩家们推出了酷睿 14 代台式机处理器，这一代相对上代提升了频率和核心数量，且同时带来了包括 WiFi 7、Thunderbolt 5、新版应用优化器和 XTU 等一系列功能在内的升级。那么作为原有命名法则下的收官之作，酷睿 14 代能否给我们带来惊喜呢？我们的首发测评将给你答案。

酷睿 14 代性能再攀新高，平台新功能全面升级

Intel 酷睿 14 代台式机处理器依旧沿用了第 13 代的 Raptor Cove 微架构，但在核心频率、核心数量、缓存以及平台支持上进行了一些更新，同时加入了新的应用程序优化。平台方面，它可以继续兼容 600 及 700 系主板，玩家只需要更新 BIOS 即可，有效降低了升级成本。

随着酷睿 14 代的发布，Intel 也为玩家带来了 WiFi 7 和 Thunderbolt 5。WiFi 7 具有更好的无线连接性能、更高的带宽和更低的延迟，并在安全性方面得到了极大改善。新的 Thunderbolt 5 在原有 40Gbps 带宽（Thunderbolt 4）的基础上提供了 80Gbps 甚至是 3 通道 120 Gbps 的下行带宽，供电能力也提升到了最高 240W。玩家将在新版 700 系主板上享受到这些功能。

此外，Intel 还推出了新的 Intel 应用优化器，它基于 Intel 动态调频技术框架，结合 Intel 硬件线程调度器，实现针对特定应用场景以及应用的调度策略，带来显著的性能提升。从官方数据来看，使用新的应用优化器后，《彩虹 6 号：围攻》和《地铁：离去》帧率分别提升了 13%和 19%。

酷睿 14 代 K 系列的超频能力也得到了提升，内存也可以轻松支持到 DDR5 8000 的规格。Intel XTU 超频工具目前开放了 SDK，方便开发者打造自己的超频工具。另外，针对入门级和普通玩家 XTU 还提供了基于 AI 的超频助手，它会根据用户硬件环境，配合人工智能和大量的内部学习训练，为玩家的主机找到值得推荐的超频参数配置，实现更方便快捷的超频。

从 Intel 官方提供的数据来看，i9-14900K 在和锐龙 9 7950X3D 的 25 款游戏性能对比中，有 14 款游戏做到了领先，最高领先幅度达到了 23%，可以算得上是重夺最强游戏处理器称号了。

同时，得益于更加合理的应用调度与优化，i9-14900K 的 99th 百分位低帧综合表现也好于竞品的锐龙 9 7950X3D 与锐龙 7 7800X3D，能够为玩家提供更流畅无卡顿的游戏体验。

对于内容创意设计工作来讲，酷睿 14 代也能提供极高的效率。从官方提供的对比数据来看，就算是 i7-14700K，在多数创意设计工具中的效率都高过了锐龙 9 7950X，而 i9-14900K 的领先幅度也就更高了，最多可达 21%。

此外，针对越来越流行的 AI 应用，酷睿 14 代台式机处理器也提供了全面的支持。Intel 不但为 CPU 提供了丰富的 AI 功能与工具，还为其内置的锐炫显卡或独立的第三方显卡提供了 AI 功能与工具支持，能够为直播与协作、游戏应用、内容创意设计应用提供全面的 AI 加速。

首批上市的酷睿 14 代台式机处理器包括了 6 款 K 系列产品。包括 i9-14900K/KF、i7-14700K/KF、i5-14600K/KF，而我们的测试则使用了其中带有核芯显卡的 i9-14900K、i7-14700K 和 i5-14600K。

i9-14900K/KF 具备 8P+16E 的核心规格，P 核 TVB 频率高达 6.0 GHz，比上代 i9-13900K/KF 的 5.8GHz 要高出 200MHz，是真正意义上的开箱即用 6GHz 处理器。

i7-14700K/KF 是本代中变化最大的产品，相较于 i7-13700K/KF，它增加了 4 个能效核，这将带来显著的多线程性能提升。同时，i7-14700K/KF 的最高睿频频率可以达到 5.6 GHz，比上代 i7-13700K/KF 要高出 200MHz。能效核的最高睿频也从上代的 4.2GHz 提升到了 4.3GHz。

i5-14600K/KF 具备 6P+8E 核心，和上代保持一致。P 核最高睿频从 5.1GHz 提升到了 5.3GHz，提升了 200MHz，E 核睿频则可达 4.0 GHz。i5-14600K 虽然规模并没有什么变化，但频率的提升让它的单核心性能更接近上代 i9-13900K，对于中端玩家来说是一个好消息。

为了让酷睿 14 代更好地发挥性能，作为 Intel 重要合作伙伴的华硕已

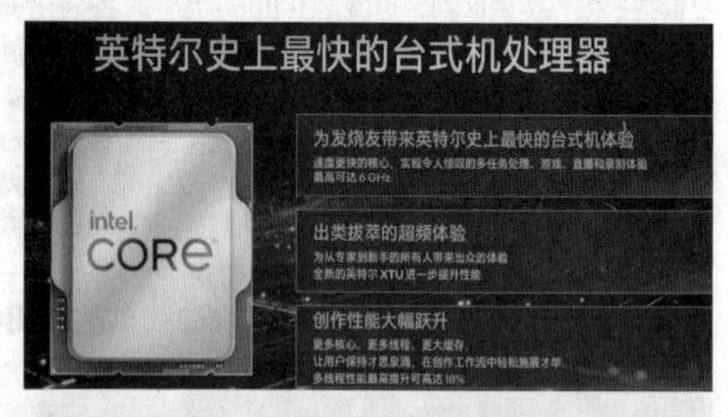

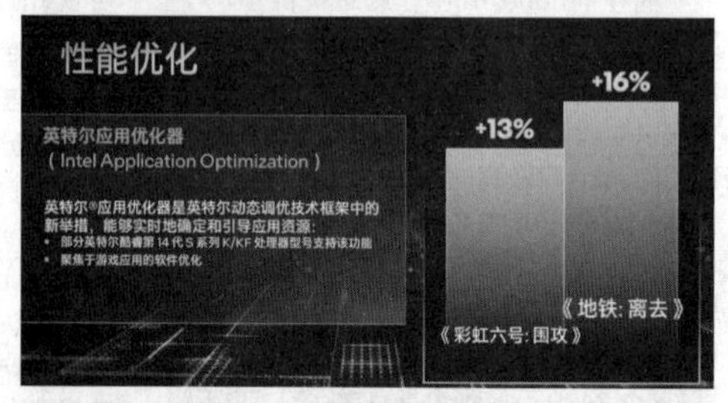

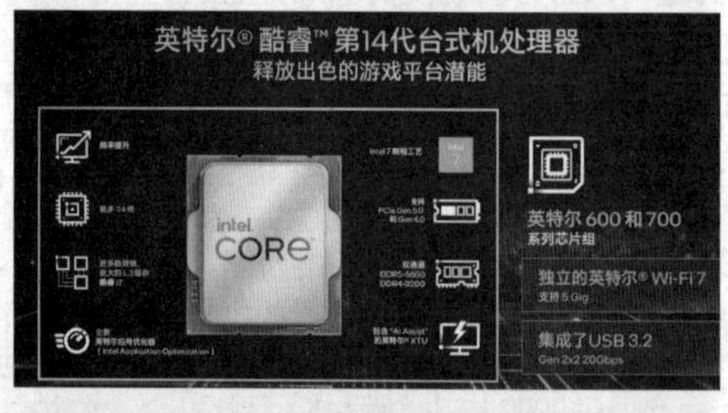

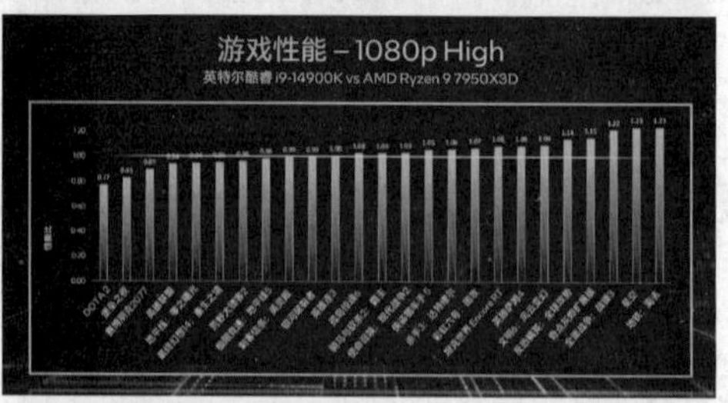

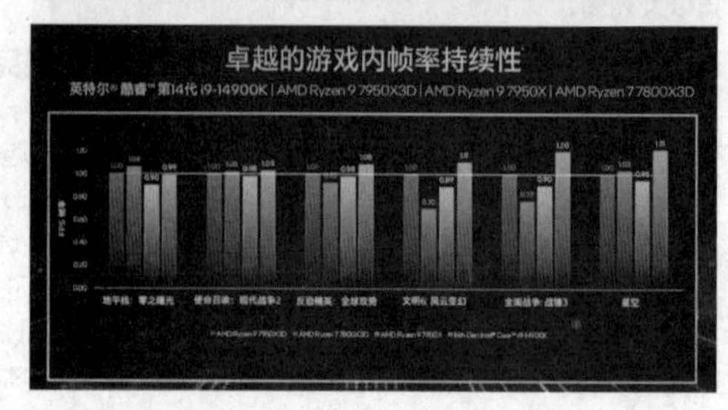

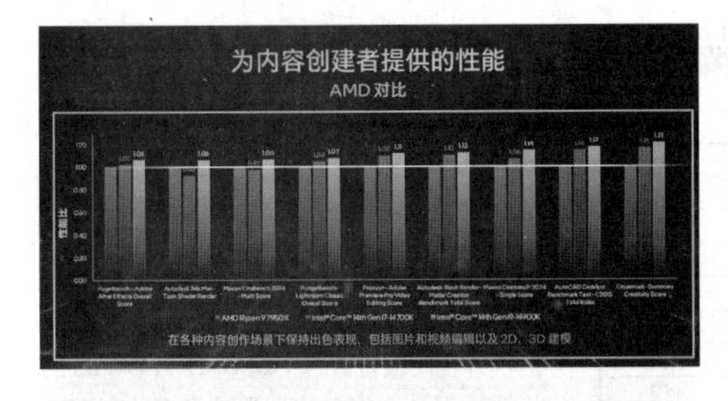

英特尔® 酷睿™ 第 14 代台式机处理器（未锁频版）

在BIOS中可以开启DIMM Flex功能

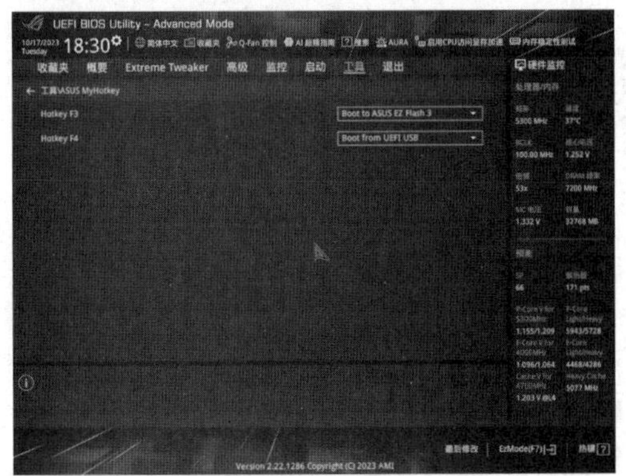

MyHotkey可以实现更快捷的设置操作

经准备好了全新的 700 系主板，其中的 ROG MAXIMUS Z790 DARK HERO 堪称其中的旗舰代表。

ROG MAXIMUS Z790 DARK HERO 赏析

ROG MAXIMUS Z790 DARK HERO（以下简称 ROG Z790 DH）外观方面继承了 DARK HERO 系列的暗黑冷酷风格，ROG 家族化视觉元素十分突出，VRM 装甲上的 Polymo 动态灯效更是凸显赛博硬核旗舰气质。

为了充分满足 i9-14900K 性能释放及超频的供电需求，ROG Z790 DH 配备了 20(90A)+1(90A)+2 的供电模组，其中 20 组处理器供电配备了 90A 的电源级芯片，因此具备极为强悍的供电能力。

此外，主板还搭载了双 8Pin ProCool Ⅱ 辅助供电接口，充分确保供电充足、稳定与可靠性。主板还为 VRM 区域搭载了非常厚实的全覆盖散热装甲，内置热管并配备了高品质导热垫，充分保证了 VRM 电路在高负载工作下的散热效率和稳定性。当然，主板的全覆盖散热装甲也照顾到了 M.2 插槽和主板芯片，同时厚实的金属背板也大大增强了主板的物理强度。

得益于强悍的供电规格与散热设计，ROG Z790 DH 在释放 i9-14900K 旗舰处理器极限性能时更加游刃有余。同时，ROG 还为 ROG Z790 DH 配备了 AI 智能超频功能，可以智能评估处理器超频能力，一步到位享受极致性能。

内存部分，由于 ROG Z790 DH 豪华用料与出色设计带来了极为优秀的电气性能，使得它可以轻松支持高频 DDR5 内存，即便是 DDR5 8000+ 频率也不在话下。同时主板还支持 AEMP Ⅱ 技术和 DIMM Flex 技术，特别是新加入的 DIMM Flex 技术，可以根据 DDR5 内存的温度来智能调节内存频率，从而获得比传统 XMP 模式更高的性能和可靠性。

扩展部分，ROG Z790 DH 配备了双 PCIe 5.0 全长插槽（支持 1 个 PCIe 5.0×16 或 2 个 PCIe 5.0×8）和 5 个 M.2 插槽，这对于需要使用 PCIe 5.0 SSD 的发烧级玩家来讲更加方便，既可以使用 PCIe 5.0×8 的扩展卡安装两条 PCIe 5.0×4 SSD，也可以直接使用 PCIe 5.0 M.2 插槽（两种方案二选一）。

高速连接部分，ROG Z790 DH 后置 I/O 面板提供双雷电 4 接口，同时也拥有 20Gbps 的前置 Type-C 扩展插座，且支持 60W QC 4+ 快充。此外，主板还支持蓝牙 5.4 和 WiFi 7 无线网络，配备 2.5 千兆有线网卡，音频部分则搭载了 ALC4082 芯片，豪华配置一步到位。

易用性部分，ROG Z790 DH 当然也拥有显卡易拆键设计、易拆式 WiFi 天线，加上 AI 智能超频、AI 智能散热 2.0、AI 智能优化，全面打造更智能更易用的旗舰级主板，为发烧级玩家提供最称手、最舒适的使用体验。

为了进一步简化装机后的步骤，在新的 700 系主板中，华硕把 F3 键设置为直达 ASUS EZ Flash3 功能，把 F4 快捷键设置为直达启动 UEFI 系统安装盘，最大化减少升级 BIOS 和安装系统的操作步骤。当然，F3 和 F4 键的功能也是支持自定义的，可以根据用户自己的个性化需要更改预置操作。

综合来看，ROG MAXIMUS Z790 DARK HERO 在规格和新功能方面完全是为第 14 酷睿旗舰量身打造，不管从实用性还是信仰值来讲都是发烧级玩家打造酷睿 14 代旗舰主机的上佳之选。

下面就一起来看看酷睿 14 代的实战表现吧。

实战测试：6 GHz 大显身手，酷睿 14 代再攀性能巅峰

测试平台

处理器：i9-14900K

i9-13900K

基准性能测试							
		i9-14900K	i9-13900K	i7-14700K	i7-13700K	i5-14600K	i5-13600K
CPU-Z	单核	966	943	907	870	861	835
	多核	17371	17052	15046	12643	10182	9957
CineBench R20	单核	892	873	841	814	792	772
	多核	15945	15640	13976	11899	9617	9341
CineBench R23	单核	2342	2273	2187	2115	2053	2004
	多核	41999	40865	36451	31099	25002	24408
3DMark CPU测试	MAX线程	16953	16734	15009	12704	10758	10421
	单线程	1266	1247	1199	1164	1141	1102
WebXPRT4网页性能		403	388	383	368	363	352
Cross Mark	总分	2724	2668	2617	2508	2446	2403
	生产率	2439	2422	2343	2233	2183	2153
	创造性	3152	2951	2988	2898	2802	2716
	反应能力	2496	2430	2457	2303	2289	2278

生产力性能测试							
		i9-14900K	i9-13900K	i7-14700K	i7-13700K	i5-14600K	i5-13600K
POV-RAY Benchmark（单位：pps）		13563	13391	11516	10047	8266	8091
CORONA（单位：秒/越低越好）		34	35	40	48	58	61
V-Ray Benchmark V5.0.2		28645	27902	25146	21506	17190	16573
Blender Benchmark（单位：samples/m）	Monster	301	293	253	220	176	172
	Junk Shop	186	175	155	136	111	104
	Classroom	135	135	117	105	82	81
Premiere Pro 2023基准		1458	1440	1409	1350	1241	1221
Photoshop 2023基准		1780	1760	1712	1593	1572	1540
达芬奇18.6基准		4215	4180	4019	3913	3785	3540

游戏性能测试						
	i9-14900K	i9-13900K	i7-14700K	i7-13700K	i5-14600K	i5-13600K
《DOTA2》	325	322	315	301	280	275
《最终幻想14》	323	312	301	297	277	268
《银河破裂者CPU基准》	271	261	252	251	246	239
《英雄联盟》	503	488	491	474	440	427
《赛博朋克2077》	223	218	213	214	207	205
《彩虹6号：围攻》	711	707	690	674	583	573
《全面战争：战锤III》	267	264	266	265	261	256
《地铁：离去》	179	177	179	177	178	178
《古墓丽影：暗影》	341	327	324	311	290	284
《刺客信条：英灵殿》	230	230	230	230	227	225
《极限竞速：地平线5》	223	221	220	218	214	213
《星空》	125	123	125	122	118	117
《看门狗：军团》	178	175	177	174	142	136
《地平线：零之曙光》	253	253	250	252	243	242
《原子之心》	220	215	218	213	206	202
《荒野大镖客：救赎2》	177	174	176	171	171	169
《使命召唤：现代战争II 2022》	252	249	248	249	248	247
《骑马与砍杀2》	356	352	356	347	345	340
《原神》（解锁帧数）	276	271	267	255	240	239

i7-14700K
i7-13700K
i5-14600K
i5-13600K

主板：ROG MAXIMUS Z790 DARK HERO

散热器：ROG 龙神Ⅲ 360 ARGB

散热硅脂：ROG RG-07

内存：金士顿 DDR5 7200 16GB×2

显卡：RTX 4090 FE

硬盘：WD_BLACK SN850X 2TB

电源：ROG 雷神Ⅱ 1200W

操作系统：Windows 11 专业版

本次的测试平台为了提供足够的散热性能、保证酷睿14代能够充分发挥性能，我们选择了ROG龙神Ⅲ 360 ARGB一体式水冷散热器。测试前，我们在ROG MAXIMUS Z790 DARK HERO主板BIOS中解锁了处理器的功率墙，并将内存XMP模式打开，由此确保系统处于最佳的性能状态。

基准性能测试

基准性能方面，i9-14900K得益于更高的频率，相对i9-13900K带来最高3%左右的分数提升。i5-14600K相对i5-13600K的提升也比较符合这个规律。i7-14700K由于增加了4个能效核，多线程提升幅度巨大，最高可达19%，单线程也有4%左右的提升。

生产力性能测试

在内容创作的生产力测试中，i9-14900K的表现与基准测试相仿，相对i9-13900K大约有3%左右的综合性能提升，i5-14600K相对i5-13600K综合提升幅度则要更高一些，最高可接近7%。i7-14700K由于增加了4个能效核，所以在吃多线程性能的专业应用中提升幅度巨大，最高可达20%，平均也能达到13%左右。

游戏性能测试

再来看看游戏玩家最关心的游戏测试。我们选择了19款热门游戏进行测试，综合19款游戏的帧率表现来看，i9-14900K相对i9-13900K最高提升幅度可达4.6%，i7-14700K相对i7-13700K最高提升幅度可达4.3%，i5-14600K相对i5-13600K最高提升幅度可达4.4%。总的来说，选择酷睿14代确实可以为玩家带来更流畅的游戏体验。

功率与超频测试

功率方面，使用Cinebench R23考机，解锁功率墙的情况下，i9-14900K的满载功率大约保持在360W左右，这对主板供电提出了较高的要求，不过这对于供电设计本身就非常强悍的ROG MAXIMUS Z790 DARK HERO主板来讲就毫无压力了，至于i7-14700K和i5-14600K就更不在话下。

超频方面，使用ROG龙神Ⅲ 360 ARGB一体式水冷和ROG RG-07散热硅脂的情况下，i9-14900K在ROG MAXIMUS Z790 DARK HERO上使用Intel新版XTU进行超频，经过简单的尝

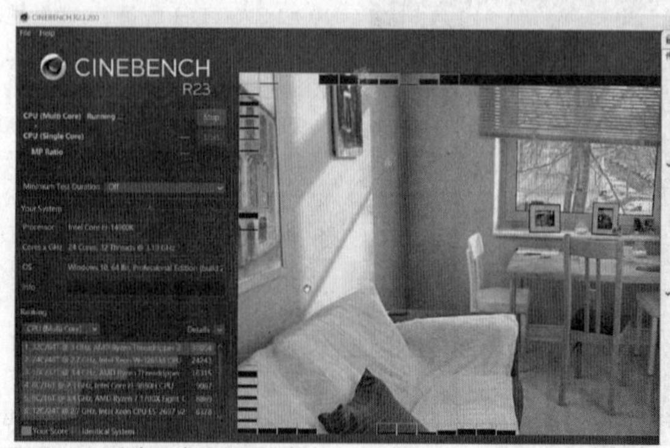

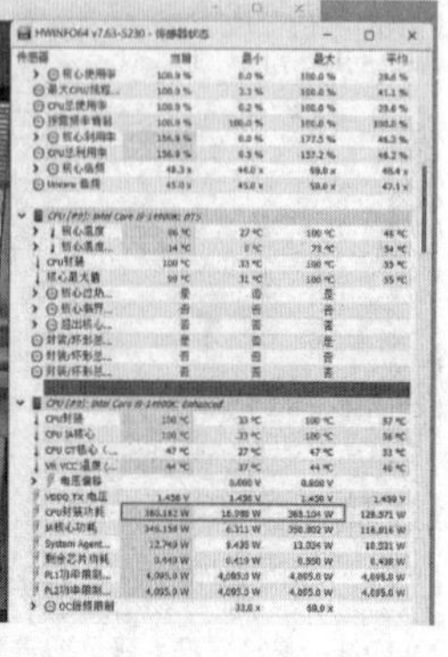

i9-14900K满载功率大约360W

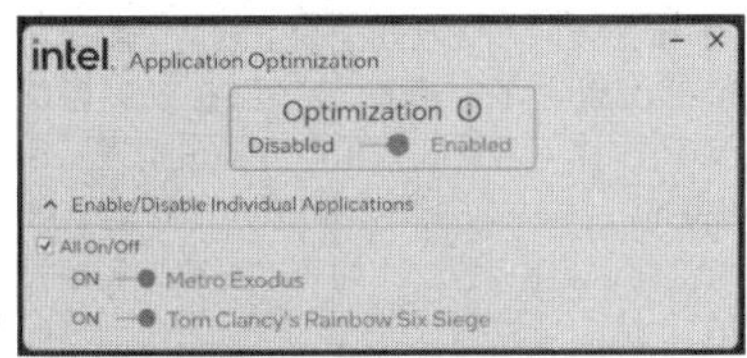

Intel应用优化器目前支持两款游戏

试，最终稳定在P核全核5.9 GHz，E核全核4.7 GHz。如果只超P核，则可以超到P核全核6 GHz稳定使用。

英特尔应用优化器实战体验

我们使用《彩虹6号：围攻》《地铁：离去》来体验Intel新推出的应用优化器。应用优化器拥有一个图形界面，在这里就能选择开启或关闭优化功能。从实测对比来看，关闭和应用优化器，《彩虹6号：围攻》的平均帧率从711 fps提升到了795 fps，幅度在12%左右；《地铁：离去》的平均帧率从179 fps提升到了215 fps，提升幅度高达20%左右，可见效果相当给力！目前应用优化器支持《彩虹6号：围攻》和《地铁：离去》，未来将会有更多的游戏加入，也就等于酷睿14代将获得更多的游戏性能提升，这对于玩家来说是非常值得期待的。

总结：原生6GHz巅峰之作，新酷睿即将开启新篇章

最后我们来总结一下。酷睿14代相对上代进一步提升了性能，为玩家和用户提供了更加出色的产品选择，也进一步丰富了当下的产品线，为玩家提供了更多的选择。特别是i7-14700K，增加了4个能效核心，多线程性能提升十分明显，而且首发售价和上代i7一样，可以说是加量不加价，对于生产力用户来讲性价比还是很高的。

除了硬件上的升级，英特尔还为酷睿14代加入了全新的英特尔应用优化器，致力于进一步提升游戏性能，从测试来看效果也非常显著，也让玩家们期待更好的优化表现。

此外，和酷睿14代同时登场的新版700系主板也很有看点，像是ROG MAXIMUS Z790 DARK HERO，不但拥有极为豪华的供电规格，还能轻松支持DDR5 8000MT/s以上内存频率且拥有全新的DIMM Flex智能温控内存超频功能，当然它也支持全新的WiFi 7无线网卡，对于发烧玩家来讲，用它来打造酷睿14代旗舰主机算得上是性能与信仰爆棚的解决方案。

从2008年"酷睿i"命名体系下的第一代产品上市，到今年品牌焕新，"酷睿i"陪伴玩家们度过了15年，这也是PC性能突飞猛进的15年，其中的精彩不言而喻。酷睿14代作为最后一代，也将为整个生涯画上圆满的句号，开启新的篇章。

DTS Play Fi技术用起来是种什么体验？

■ 小杰

走近DTS PlayFi

大家或多或少都听说过DTS Play Fi这个无线多声道方案，这种组合可以用来听歌，也可以用来看片，而且在看片部分不会受到格式的干扰，也就是说实际上可以支持杜比全景声这一类的格式。

DTS PlayFi本质上是一项标准，允许用户将音频从所有移动和固定设备无线传输到支持该标准的所有音频系统和扬声器。不过DTS Play Fi在推广部分其实一直做得不算好，在国内除了飞利浦电视之外，几乎没有其他电视支持这一技术；而在音频设备方面，国内目前只有飞利浦和TCL的回音壁会支持DTS Play Fi这个技术。当然也有一些不在国内销售，但生产代工在国内的无线音箱支持这一技术，笔者今天抛砖引玉，主要说一下DTS Play Fi的感受体验。

DTS Play Fi如何设置

笔者用的飞利浦908电视和超奥WiFi音箱，不去讨论音箱的具体音质，只是作为一个单独播放音乐的音箱并支持DTS Play Fi这一技术，能够实现哪些效果。DTS Play Fi本身是基于WiFi技术而来(未来杜比全景声的无线也应该如此)，所以要做环绕声也好，要纯听歌也罢，都得先将音箱连接到WiFi网络上，并且和其他设备在同一个局域网。

这里用户一般会遇到第一个困难，那就是设备难连接WiFi，这类型设备连接WiFi总是一个麻烦事。我们经常会遇到音箱连接不到WiFi上，这个问题其实在其他支持DTS Play Fi的设备上也会遇到。

另外理论上，在开机后，已经连接过WiFi的音箱会自动连接，但我们也遇到了找不到WiFi的情况。当然最后在多次连接后，好歹还是连接到WiFi上了。

在飞利浦电视中找到DTS Play Fi的选项就可以设置，电视此时作为DTS Play Fi的控制中心，有几个选项让用户自己去设置音箱，允许将电视的音频串流到无线音箱上，这样所有电视的声音就从无线音箱中放出。

此外还有音乐播放、耳机播放以及家庭影院，前两种在电视上不可设置，需要手机APP，而最后一种才是我们的目的。在DTS Play Fi家庭影院设置中，只要支持DTS Play Fi的音响都可以加入进来，但是前提是必须有物理音箱，DTS Play Fi不会对没有物理音箱的设置生效，简单而言，你要设置回音壁或者低音炮，那就必须有回音壁和低音炮，没有的话可以跳过，但不能用其他设备来替代回音壁和低音炮，所以这部分DTS Play Fi还是限制得比较严格。

我们最后的方案是前置部分交由电视自带的喇叭，本身电视自带B&W音质相当好，又是一个3.1的物理系统，等于我们用电视解决了中置和左右声道；低音炮没有单独的只能跳过，也交给了前置部分；而环绕我们则直接选择了两个已经连入WiFi的音箱。确认后设置两个音箱作为环绕的左右声道然后完成设置，再等一下即可。

环绕声道效果不错

设置好了之后，即使在DTS Play Fi的移动APP上，也会显示为家庭影院，而且这个时候已经被设置进家庭影院的音箱，不能再单独通过WiFi或者其他串流方式来播放音乐，比如苹果的Airplay可以串流到已经连上WiFi的音箱，但两个音箱被组合成

了飞利浦的家庭影院后，AirPlay 就找不到了，这点得注意一下。

实际效果很不错，作为一个环绕音箱，它比回音壁带的环绕声强太多了，这可能是DTS Play Fi 作为家庭影院的最大优势。在我们之前的体验中，无论是三星、TCL 还是海信的高端回音壁，环绕声的量感总是偏小，必须提升总音量才行，而 DTS Play Fi 的环绕声由于可以搭配任意支持的音响，所以自由度会更高，同时质感和量感也是由音箱来决定。

事实上用几部片子和一些测试片段来体验，笔者认为左右环绕声道这个方案足够让人满意，当然也是因为便宜，两个箱子加起来不到 800 元，还是锂电池充电式的，所以是完全无线式的。贵的几千元的产品电商上估计也有，当然似乎没太大必要了。其实这个 DTS Play Fi 的家庭影院方案个人感觉很不错，至于成本可以自己控制。这里还是要吐槽支持 DTS Play Fi 的产品太少，单一的无线低音炮也就飞利浦出了两款，FW1 要卖 5000 元，TAW8506 海淘也要 2000 多元，其他都没有可选择的了，这实际上对 DTS Play Fi 的推广很不利。

听歌略带遗憾

最后说说移动 APP 和听歌的事儿。笔者觉得这是 DTS Play Fi 最不方便的地方，至少在国内很不方便。DTS Play Fi 的程序只要是在同一个 WiFi 局域网中，都可以识别，比如我们在飞利浦电视上将两个超奥音箱都设置进了家庭影院，那么打开手机 APP，一样可以看到音箱已经被设置进了家庭影院。多个音箱的不同组合在移动 APP 端都可以自由设置，比如可以设置为扬声器组、立体声对等等。

但问题很多，当被 DTS Play Fi 技术连接起来的多个音箱，就无法再通过 AirPlay 单独播放了；另外 DTS Play Fi 所关联的音乐播放程序实在是太少了，国内流行的音乐 APP，至少在 iOS 上都是不支持的，DTS Play Fi 的音乐播放是在 APP 中去关联其他支持的第三方音乐软件，但目前来看全部都是海外的，哪怕支持的苹果音乐，也只能从手机 iTunes 中去获取播放列表。

千万别以为商用本是智商税，来仨例子

■ 小杰

可能部分资深读者已发现，牛大叔这购机帮你评公众号推荐机器更多不是看跑分和性能，而是注重“使用体验”和“使用感受”。而且，我们经常推荐一些商用本，比如戴尔的、惠普的、Think 品牌的。

其实，商用本在不少年轻消费者的认知中，算是“智商税”，因为从“配置价格比”来说，它的购买价值似乎不高。更何况，有些商用本的报价高得离谱。

牛大叔想说的是：“报价高得离谱”的情况，尤其是在非零售的“大客户采购机”领域，的确存在！这是个“历史遗留问题”！但实际购买时，实际采购价往往会“大打折扣”，并不会比常规机型贵多少。而另一方面，商用本绝对不是智商税，只是它们的产品逻辑和一般家用本不同，它们更加注重的是“常规使用稳定可靠”。

这里先从“电脑的常规使用”说起。其实对于大部分用户而言，需要高性能，只是“低频率”“短时间的”。而且，这种“需要性能的时候”，除了跑游戏必须要性能上台阶外（游戏卡顿是无法正常玩的），其他的高性能应用，大多数情况，其实快点、慢点，也都无所谓。所以，对一款电脑“好不好用”的判断，更重要的，其实是日常、常规使用的体验。屏幕、键盘（含触控板）、扬声器体验好不好，无线网络质量如何，这些，才是最重要的。另外，还有个“可靠性”层面的问题，而“可靠性”这东西，短期使用（测评）是感受不出来的，但可以从工艺上看出端倪！下面，我就用三个简单的例子让大家看看商用本和家用本的区别和差异：

■ 无线网络差异

牛大叔通常在小办公室开会，距离大办公室的无线路由器非常远，中间还隔了一个办公室，三堵墙。牛大叔之前从来没有指望过在小办公室能连上大办公室的无线信号，直到有一天用了台普通商用本，竟能稳定连接大办公室的无线信号，虽然很弱，但很稳定，甚至播放 B 站 1080P 视频都没问题！

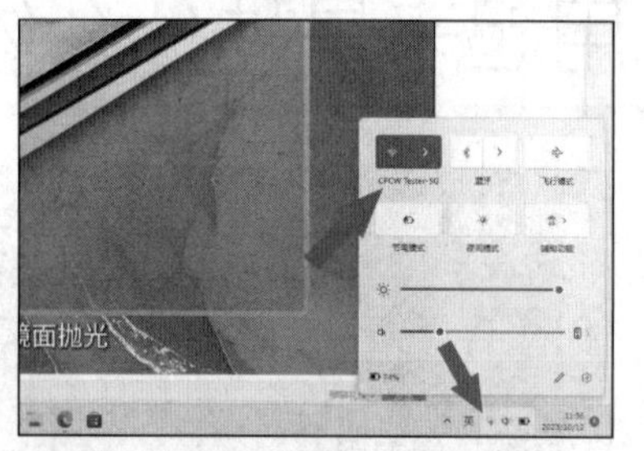

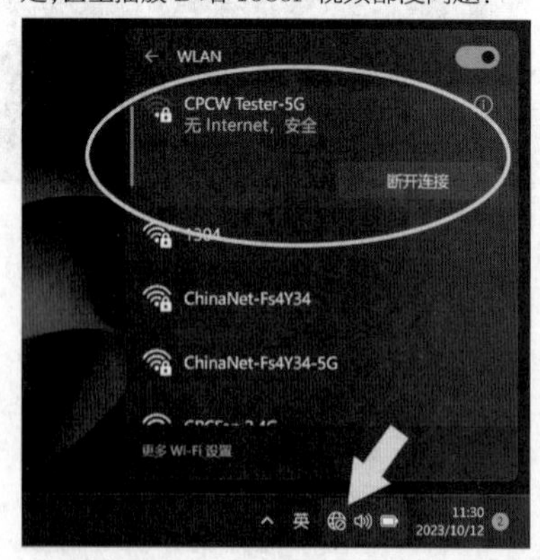

吃惊之余，牛大叔我又找了两台新平台的家用本，性能猛，设计也很规范，内部工艺质量看起来也不错，但结果依然：找到无线信号且显示连上了，但实则根本没有网络可用。后来牛大叔又换了其他品牌的商用本，又能连上！我想，这个很说明问题了！

■ 键盘差异

这个事儿之前我们在《电脑报》上简单讲过。我一直强烈推荐颜值党买联想 YOGA Pro 14s（英特尔平台）和 YOGA Air 14s（AMD 平台）两台高颜值轻薄本。后来有读者问我 YOGA Air 14s 的键盘手感如何，我特地把玩了一番，用来码了一篇文章。结果我发现，虽然其外观非常华丽，但键盘却过于光滑，打字感觉指头有些“打滑”，如果是高频打字用户，其实使用起来并不舒服。

我很困惑：为什么之前使用时没注意到这个问题呢？后来我想到了答案：因为在测试 YOGA Air 14s 的键盘前，我一直在用商用本。

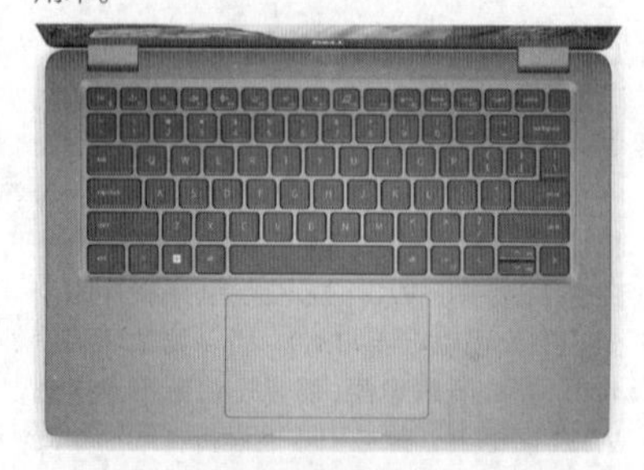

而右上这台其貌不扬的商用本，谈不上好看，我用它打字时也没觉得有多舒适。但后续当我用 YOGA Air 14s 打字，对比之下，差异就显得太明显了——商用本的键盘不打滑，且键位准确性好不少，很少按错，也不会出现家用本上常见的“手速过快导致按

键前后顺序颠倒”情况。

■ 内部工艺(合规性 / 可靠性)差异

这是一款金属外壳家用本的内部,挺规整的,热管也做了黑化,内存插槽有麦拉遮蔽,元器件排列也挺规整。相信你无论怎么看都不会觉得有啥问题。

但同样的牌子,一款塑料外壳的商用本,看起来档次比上面的家用本低一截,但内部……大家就数数金属散热 / 屏蔽罩有多少个吧! 这差距,也够明显吧!

点到即止,今天咱就说这么多了! 再次点题:商用本绝对不是智商机——至少正统商用机型不是! 这里顺便也给大家说个购机思路:普通用户,也甭一天盯着高性能释放的家用本新品了。正统序列的商用机甚至是高端商用机,老款的,价格通常很便宜,绝对是日常使用的好选择!

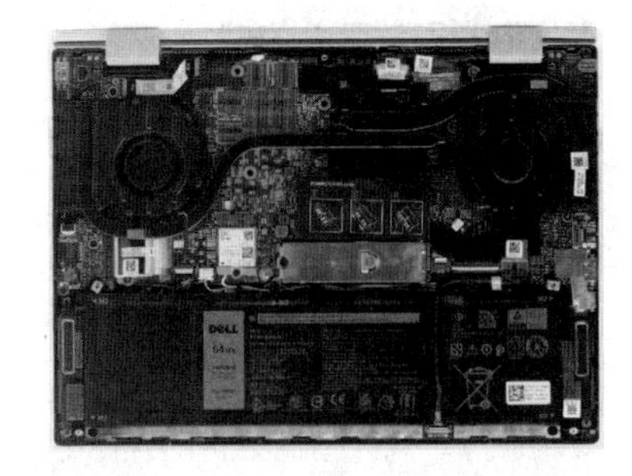

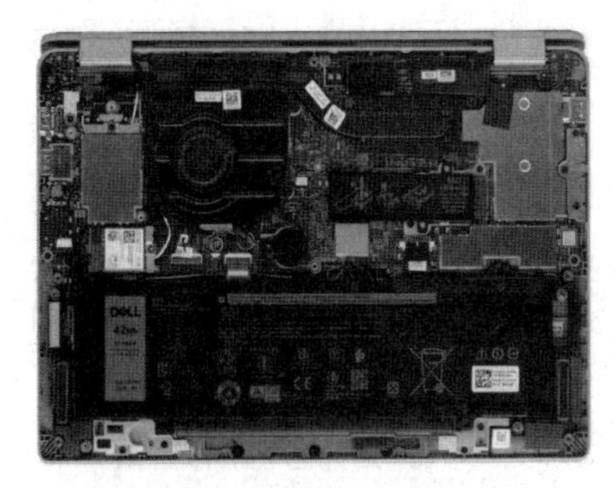

像盖图章一样造芯片? 佳能纳米压印技术不藏了

■ 记者 张书琛

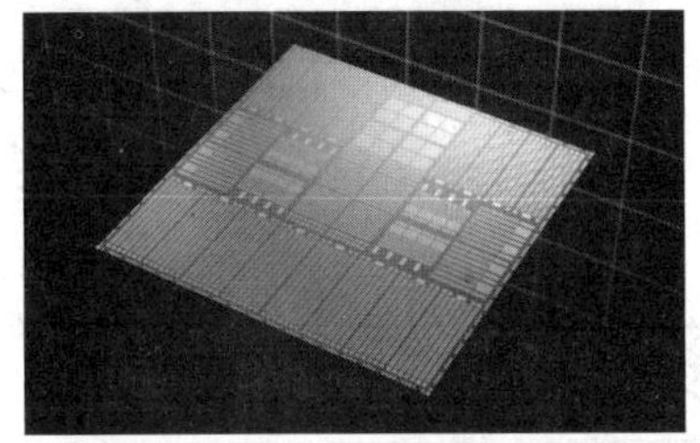

纳米压印首先要将电路设计图或其他图形通过高温加热或者紫外光线辐射的方式转移到某一类材质的模版上,然后再将图案刻印到涂抹了压印胶的硅片或其他所需材料上,压印胶的作用类似于光刻胶但成分各有不同;最后再进行刻蚀即可得到成品。

挑战光学刻印

近期,佳能闷声出了一个大招:宣布正式推出最新的纳米压印(NIL)设备集群“FPA-1200NZ2C”,并于公告发布当天开始接受订单。据了解,这台设备可以实现最小线宽 14 纳米的图案化,相当于目前常说的 5 纳米芯片制程,未来随着膜版制作工艺的升级,很有可能制造出 2 纳米制程芯片。此举对“苦光刻机久矣”的半导体行业到底意味着什么?

如果关注这几年中美之间的科技互搏,大多知道传统的芯片制造离不开光刻机,准确地说,无论生产制造什么样的芯片,在芯片制造过程中,几乎每个工艺的实施,都需要光刻的技术,光刻工艺一般能占芯片制造成本的 35%以上。

要理解纳米压印技术,可以先跟光刻技术做对比。当芯片完成集成电路设计(IC)后,就会委托晶圆代工厂进行制造封装,光刻机此时登场。目前芯片制造最主要的方式是光学投影式光刻,其原理很简单,类似于胶片相机洗印照片时,将胶片上的图像印在相纸上,只不过在光刻过程中,“胶片”变成了掩膜版,“相纸”变成了表面均匀涂抹对光敏感的物质——即涂抹了光刻胶(PR)的硅片。

刻有电路图案的掩膜版,经过光刻机特定波长的光学系统投影后被缩小,再“曝光”到硅片上,光刻胶会发生性质变化,从而将掩膜版上的图案精确地复制到硅片上。最后一步就是“显影”,也就是在硅晶圆上喷洒显影液,把多余的光刻胶洗掉,再用刻蚀机把没有光刻胶覆盖的刻蚀掉。经过一系列纳米级的雕刻工艺后,芯片才能进入下一工程阶段。

而纳米压印技术,就是要抛弃光刻机里面复杂、昂贵的光学系统,直接把带有电路设计图的模版压到硅片上,类似于盖图章或是活字印刷术的复制方式。具体来看,纳米压印首先要将电路设计图或其他图形通过高温加热或者紫外光线辐射的方式转移到某一类材质的模版上,然后再将图案刻印到涂抹了压印胶的硅片或其他所需材料上,压印胶的作用类似于光刻胶但成分各有不同;最后再进行刻蚀即可得到成品。

关注这一技术发展的半导体产业人士告诉记者,纳米压印虽然不是新技术,但在 IC 领域一直比较边缘化,不过,如果佳能的技术真的足够成熟,必然会对光刻机有一定替代作用。

“以 ASML 顶级的 EUV(极紫外线)光刻机为例,它需要功率极高又稳定的光源,这就对成像反射镜头的制作工艺和机械精度提出了极高要求。”他举例道,这一光学系统的制造难度不亚于从地球拿个手电筒照向月球,还要求光斑不能大于一个硬币。如果能有成本更低,却能达到同样或更高精度的选择,业内为什么要拒绝?

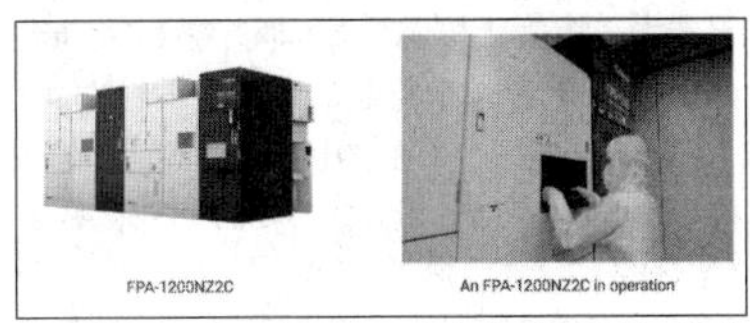

佳能最新纳米压印(NIL)设备集群 图源:佳能官网

产量与良率受限

纳米压印技术的优势不仅在于成本低,还在于其展示出的超高分辨率。如上所述,光刻原理听起来其实不难,实践中难的是准确,要实现精确的光刻,就要求机器光学设计上提高分辨率。

中国科学院微电子研究所研究员邱俊解释,光有衍射效应,投影时边缘会变模糊,造成精度下降,有较大的投影误差。投影误差大就意味着,经过系统成像后平面上有两个光斑,如果两个点距离逐渐靠近,两个光斑将逐渐变成一个光斑,这时我们就无法区分到底是一个点成的像还是两个点成的像了,这就是分辨率不足的体现。最终导致的结果是良率下降,芯片成本就会一路飙升。

而纳米压印技术主要使用的是电子衍射,克服了传统光科技的分辨率问题,因此能比传统光刻技术达到更大分辨率。此外纳米压印还有制造工艺简单、耗电量较低的优势,一台 EUV 光刻机工作 24 小时,耗电量能达到 3 万度,纳米压印完全不是一个量级。

当然,分辨率固然重要,其他的优点也值得一提;可惜的是,纳米压印的缺点也很明显,是阻碍其进入主流芯片生产领域的最大障碍。

影响最大的缺点莫过于膜版的制作。在传统光刻机中,光掩膜板不和硅片直接接触,又是用光学投影倍缩到硅片上,因此光掩膜版可以按照 4:1 的比例做成比较大的膜版。而纳米压印是“盖章”,必须要做到 1:1 精确的膜版,这种高质量的压印模版跟造芯片难度一样,同样需要复杂的制备工艺,因此也有业内人士称其为“套娃”,是一种不必要的浪费。

另一个缺点是大规模生产中的成本问题。虽然机器和EUV比起来不算贵,但是从芯片产出的良率和每小时产量来看,纳米压印可能会更“贵”。纳米压印每一次压印都需要经过喷涂滴状压印胶、定位、压模、光照固化再脱模,每一步都需要防止空气进入,还要确保压印瞬间对芯片局部加热,使纳米级形变过程中能严丝合缝地贴合掩膜版。

这一过程中其实在实际操作中更为繁琐,根据佳能员工对上一代纳米压印设备集群的论文数据显示,每小时纳米压印可以处理90张硅片(90WPH),而ASML的1980Di光刻机一小时的产量已经达到275张以上。

产能短板之外,纳米压印的良率也值得关注。佳能曾经参与该项目的员工解释,任何物理接触施压都会造成产品和模板的变形,因此,图形复杂的一般性集成电路不适合这一技术,“你很难保证不同区域压印胶的填充和溢出率,而且膜版磨损得很快,就需要频繁更换,成本不见得低”。

替代路线没有“弯道超车”

无论业界怎么权衡,佳能对纳米压印技术的看重都是显而易见的。早在2004年,佳能就开始秘密研发纳米压印技术,并于2014年以1.5亿美金收购了美国纳米压印公司Molecular Imprints,成为纳米压印技术的头部企业之一。这次佳能发布的纳米压印设备其实在2017年就有了样机,并跟下游厂商东芝有过合作,这几年可能是把膜版寿命提高了不少,才选择现在正式发布。

佳能尤其关注纳米压印在存储和逻辑芯片的制造应用,这也跟自己在光刻机领域被压着打的现状有关。全球前道设备光刻机市场已基本被ASML、尼康、佳能所垄断,去年三家光刻机出货量达551台,市场规模达189亿美元,但这其中有345台是来自ASML,ASML也占据了82%以上的市场。

独占鳌头的ASML也是唯一有顶级EUV光刻机的供应商,其在EUV上的成功,也彻底断绝了尼康、佳能一切冲击高端的企图。导致尼康现在只能定位于中高端,出货量远低于其他两家;佳能则选择在更低端的领域混口饭吃,主要做i-line、KrF两类光刻机。

想要改变这一格局,佳能只能押注另一条并行的赛道。如今佳能在纳米压印领域的专利比ASML、台积电、三菱等企业加在一起还要多,足以证明其投入之大。

但是想成为主流光刻技术的替代路线,不是高投入就能“弯道超车”,还需要上游原料技术迭代、下游应用端等共同合作、打磨,最终才能有可靠而成熟的纳米压印产业。就像光刻机从造出来的那刻起,才算是来到真正的起点。

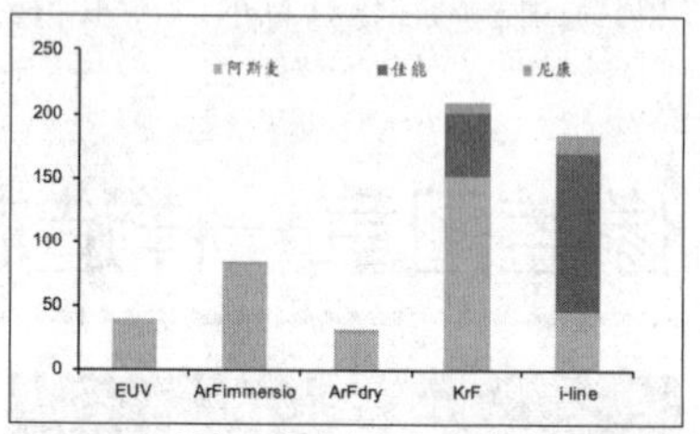

ASML(阿斯麦)高端光刻机出货量遥遥领先
图源:企查查

让AI从名词走向现实!第三代骁龙8移动平台技术解读

10月25日凌晨,高通正式开启了2023年骁龙技术峰会。作为驱动未来一年安卓旗舰手机的新一代移动平台,第三代骁龙8自然是此次活动上大家重点关注的对象。

高通宣称第三代骁龙8是其首款“专为生成式AI”而精心打造的移动平台,峰会上反复强调AI对未来人们生活、生产方式的影响和改变等,这无疑透露出这一代骁龙8不同以往、与众不同的特质。

那么全新一代骁龙8移动平台的这些变化将给智能手机带来哪些新的体验?从目前公布的技术细节和周边信息来看,我们认为主要集中在三点:1.当然是更强大的算力;2.自研Adreno GPU的一系列新特性;3.AI真正走向实用。

纯64位架构的进化

自2019年高通发布骁龙855以来,基于“大中小”三丛集的CPU架构设计,就几乎成为了旗舰手机芯片的标配,“1超大3大4小”早已成为整个行业广为接受的标准。

不过在第二代骁龙8移动平台上,高通打破了这种传统,具体来说,它采用了“1+2+2+3”的CPU方案,其中包括1个Cortex-X3超大核、2个Cortex-A715大核、2个Cortex-A710大核,以及3个Cortex-A510 Refresh小核。

而到了今年的第三代骁龙8,CPU架构再一次发生改变,采用了新的“1+5+2”架构,包括1个基于Arm Cortex-X4技术的主处理器核心,主频最高可达3.3GHz,5个最高3.2GHz的Cortex-A720性能核心(2.96GHz Cortex-A720 ×2,3.15GHz Cortex-A720 ×3),以及2个基于Cortex-A520的能效核心,最高频率为2.27GHz。

为什么高通会如此设计第三代骁龙8的CPU?实际上,在去年第二代骁龙8面市时,其仍然保留将32位应用跑在效率内核和部分性能内核上的做法,就引发了一些争议。

为此高通的工程师们还专门解释过,因彼时包括中国大陆在内的一些市场,依然有不少32位应用存在,比如部分游戏、工具和银行类的App,保证这部分应用的体验也是非常重要的。同时,高通也会逐步推动32位向64位应用的转变升级。

到了今年下半年,OPPO、vivo、小米等主流应用商店已逐步完成清理仅支持32位的应用,并不再允许仅32位的应用上架以及更新。因此,到了第三代骁龙8,理所当然完成了纯64位架构的进化。

那么,使用这种CPU架构设计会对第三代骁龙8的性能、能效带来何种影响呢?

从结果来看,得益于更多的“大核心”和

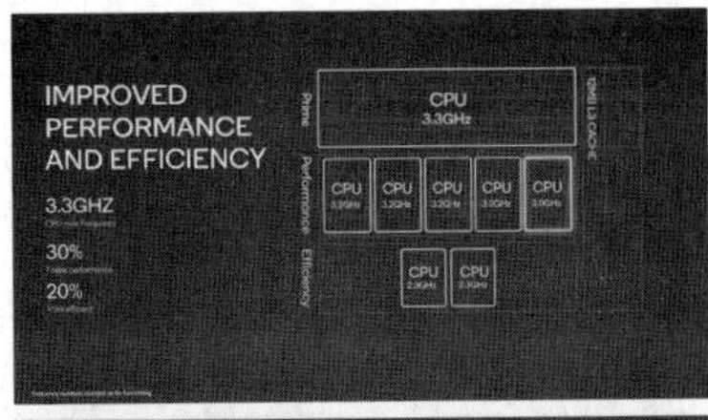

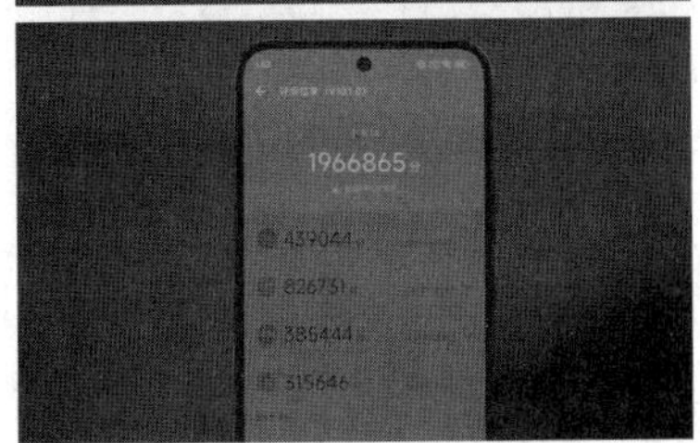

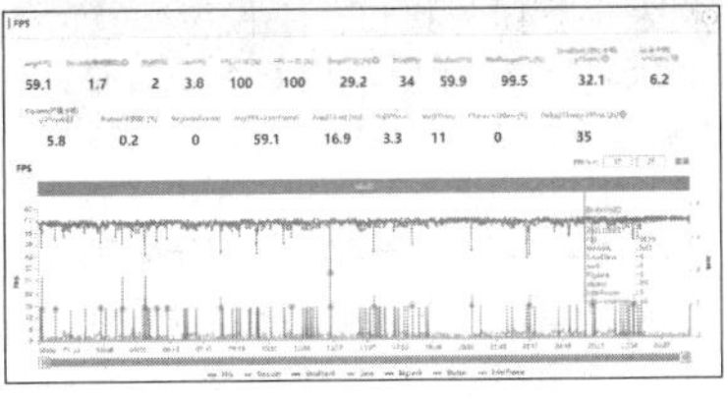

更高的平均核心主频，第三代骁龙 8 的 CPU 性能提升了 30%。在台积电 N4P 工艺、更大的缓存设计（所有核心共享 12MB 三级缓存，前代是 8MB L3+6MB 系统缓存），以及更先进的 LPDDR5T 内存加持下，其能效也有着 20%的提升。

我们也已经对全球首款搭载第三代骁龙 8 的小米 14 进行了性能实测，从跑分来看，安兔兔 1966467 分，Geekbench 单核得分 2236，多核 6816，相比上一代都有较大的提升。

相比性能表现，能效提升其实更让人感兴趣。按照卢伟冰的说法，搭载了第三代骁龙 8 的小米 14，运行《原神》能够做到 59.3fps 的帧率情况下，将机身温度控制在 43.2℃，功耗降低 10%。

我们用小米 14 实测的《原神》表现，30 分钟跑出了 59.1fps 平均帧率，且 1.7 左右稳帧指数也是目前安卓阵营最强，平均功耗 4.6W，耗电 14%，手机背面温度 42.1℃。我们不妨大胆预测，在更高的能效表现下，第三代骁龙 8 很可能是一颗“冰龙”。

真正主机级游戏体验

再来看 GPU 方面，第三代骁龙 8 搭载的是 Adreno 750 @903MHz，官方表示其性能和能效均实现了 25%的提升。提升幅度虽然看起来并不夸张，但它是在上代性能提升 25%的基础上得来的。

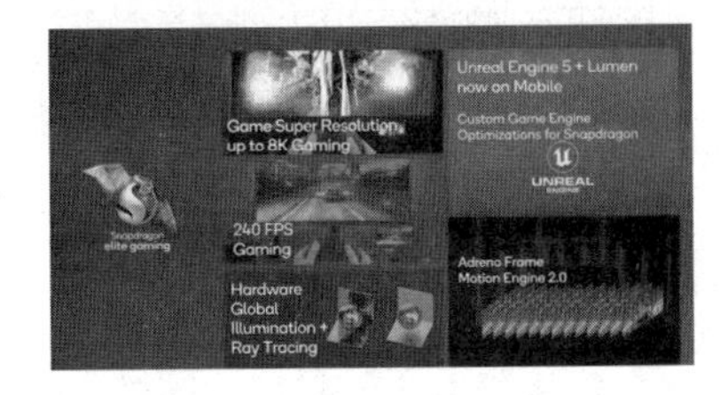

实际上高通在 GPU 上一直是领先状态，它也是目前安卓阵营中唯一一家可以不依赖外部授权，独立开发自研 GPU 架构，自主编写和优化 GPU 驱动的厂商。这也使得它不仅具备针对老机型的长期系统和驱动更新，在新技术、游戏的适配方面，也有着天然优势。

为实现“硬件光线追踪”的实装，在第二代骁龙 8 移动平台上，高通就重新设计了自研的 Adreno GPU，为其加入硬件光追单元。这次则又为第三代骁龙 8 加入了图像运动引擎 2.0，支持游戏主动提帧，无需游戏适配即可运行最高 240Hz 的超高帧率，也能原生支持最低 1Hz 的待机帧率，平衡性能和功耗。

第三代骁龙 8 还支持类似 DLSS、FSR、XeSS 的游戏超分技术，手游分辨率可以做到最高 8K。没错，8K 240Hz，手机上也能达到这样的游戏画面体验水平了。再配合新加入的实时全局光照和反射技术，可以说已经堪比 PC 级高端显卡。

当然，手机游戏对性能要求也达不到这么高。不过，从今年苹果将主机游戏移植到 iPhone 15 系列上，也可以看到，手机实现主机级游戏体验，是大势所趋，就看安卓生态下的后续优化了。目前，虚幻引擎 UE5 Lumen 已经率先支持该技术，并特别针对骁龙平台做了深度优化，使其依然具备着对标实力。

另外还有影像方面的提升，还记得第二代骁龙 8 上首次带来“认知 ISP”这一全新设计，能通过实时语义分割实现照片和视频的自动增强。第三代骁龙 8 集成了三个认知 ISP，均为 18-bit。拍照支持单个 1.08 亿像素，或者 6400 万像素 +3600 万像素，又或者三个 3600 万像素。视频支持 8K/30 HDR 格式录制的同时捕捉 6400 万像素照片，也支持 4K/120 高清慢动作视频。

不仅摄像头规格更高，第三代骁龙 8 图片语义分割可以支持到多达 12 层，对物体、场景的识别与分割更加精准。其他细节部分，超级夜景支持拍照和录像，并且大量运用有 AI，可以提高效率和能效；还有 Vlogger View 模式，能利用前后双摄像头结合 ISP，同时捕捉两个画面等。

整体来看，第三代骁龙 8 在 GPU 方面带来了诸多新特性，综合性能上有了质的飞跃，也保持了安卓阵营的领先地位。

AI 算力与实用性暴涨

在今年的骁龙技术峰会上，最大的主角其实是 AI，早前的预热海报就已透露出，AI 是第三代骁龙 8 的主要升级方向。

具体来看，第三代骁龙 8 AI 硬件单元这次升级为 Hexagon NPU，高通专门为其配备了独立的供电电路，解决了此前一些复杂的功能模块之间因为共用供电电路，导致

在不需要的时候也会被频繁唤醒、白白耗电的问题。这意味着，当手机不需要用到 AI 相关的算力时，Hexagon NPU 可以真正地实现“完全断电”，从而帮助能效提升了 40%。

高通 AI 引擎的异构计算架构，以及 Hexagon NPU 矢量单元与内存之间增加的直连通道，也意味着这次第三代骁龙 8 上的 AI 是全芯片架构的加速，CPU、GPU、ISP、DSP 各种传感器都能调用 AI 模块进行加速，整体性能相较上一代提升了多达 98%，带来强大的终端侧 AI 能力。

今年 7 月，高通便已宣布与 Meta 携手优化 Llama 2 大型语言模型，让其直接在装置上执行，不再依赖云端服务运作，之前高通已经能够在手机上脱离云端实现超过 15 亿参数的大模型运行。现在第三代骁龙 8 可处理的大模型参数超过 100 亿，每秒可执行最多 20 Token，实现了 AI 算力的大幅提升。

在 AI 计算兼容性上，第三代骁龙 8 支持 INT4、INT8、INT16、FP16 等各种整数和浮点格式，以及 INT8+INT16 混合精度。开发方面，高通提供了全新的一体化 AI Stack 开发平台，首发支持 20 多个不同模型，支持 Pytorch 等各种 AI 框架，让开发人员能够使用高通平台的 AI 功能，推出全新生成式 AI 应用。

近年来，智能手机行业开始了对大模型的应用提速，包括华为、小米、OPPO、vivo、荣耀在内的中国品牌参与者，都相继高调入局大模型。一些厂商已经将大模型正式带到手机上，一些厂商处于准备阶段，只差临门一脚。

高通的混合 AI 架构几乎适用于所有生成式 AI 应用和终端领域，无疑将驱动移动终端领域生成式 AI 阵地的扩大。这次第三代骁龙 8 在 AI 引擎的提升可以用“蜕变”来形容，对高通来说，这也是基于其技术产品的一大差异化优势。毫无疑问，它势必会成为各大安卓厂商争相追捧的一颗芯片。

不过还是那句话，骁龙原材料是端上来了，至于能做成什么水平，还要看各厂商的调校功底了。

华硕TUF GAMING Z790-PRO WIFI主板测评

■ 电脑报工程师 熊乐

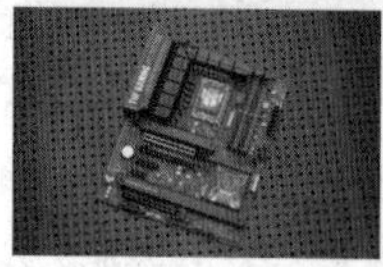

伴随着酷睿14代处理器的发布，全新的Z790主板也出现在了市场上。作为华硕旗下的高人气主板——TUF GAMING也在第一时间更新了华硕TUF GAMING Z790-PRO WIFI。这款产品用料扎实、规格强悍，堪称是打造酷睿14代主机的全能之选。

用料扎实，轻松驾驭酷睿第14代

在外观设计上，华硕TUF GAMING Z790-PRO WIFI沿用了TUF GAMING电竞特工系列家族式的美学设计，依然是黑色主色调搭配兰博基尼黄色的配色，在VRM散热装甲上还有硕大的TUF GAMING LOGO、潮流电竞文字以及印在M.2散热片上的任务名称等装饰，打造出深受玩家喜爱的个性、硬朗风范。

在灯光部分，华硕TUF GAMING Z790-PRO WIFI搭载了第二代可编程ARGB接针，能够检测设备上的LED数量，可自动调整特定设备的灯效。同时该主板也支持AURA Sync，能提供丰富的RGB灯光控制功能，实现更为炫酷和个性的灯光效果。

供电方面，华硕TUF GAMING Z790-PRO WIFI采用了豪华的16+1+1相供电，其中处理器和核显部分单相输出电流达到了60A，配以具备内阻极低兼具体积小、效率高、散热好等特性的Dr.MOS整合型高效解决方案、8+8pin ProCool高强度供电接口、DIGI+VRM数字供电控制以及有助于关键组件散热提升超频能力的6层PCB，应对高端酷睿第14代处理器的供电需要毫无压力。

整个VRM和电感区域都被硕大的散热片所覆盖，通过高质量导热贴片可以将供电区域的热量迅速传导至散热片，保证较高的散热效率。

当然华硕TUF GAMING Z790-PRO WIFI也支持AI智能超频，这个功能可以智能评估处理器超频能力与散热器的性能，为玩家提供超频的建议，有了它超频操作省时省力。

华硕TUF GAMING Z790-PRO WIFI提供了4条DDR5内存插槽，支持最新的AEMP 2.0技术，除了最高能支持7800MHz+频率之外，还能对时序等进行优化，甚至让不同品牌和颗粒的内存混用也有不错的兼容性。

由于华硕TUF GAMING Z790-PRO WIFI为ATX板型，更大的面积能容纳更多的插槽，提升了主板的扩展性能。主板提供了3个显卡插槽，其中最靠近处理器插槽的主显卡插槽为PCIe 5.0×16规格，带宽是PCIe 4.0×16的两倍，足以轻松应对旗舰显卡的需求。显卡易拆键也被应用到了华硕TUF GAMING Z790-PRO WIFI上，轻轻一按就能拆下显卡，使用方便。

主板提供了多达4个M.2 SSD插槽，均为PCIe 4.0×4通道，能满足用户对于存储设备性能的高要求。同时所有M.2 SSD插槽均配备了散热片，确保SSD在连续高速读写时也不会出现因温度过高而降速的问题。此外，所有M.2插槽还带有Q-Latch便捷卡扣设计，通过可旋转的塑料卡扣代替传统螺丝，无需工具即可实现M.2 SSD的装卸，非常的方便。

该主板采用的是一体化I/O背板，提供了包括1个20Gbps USB-C接口、1个10Gbps USB-C接口、2个USB 3.2 Gen 2接口以及4个USB 3.2 Gen 1接口在内的多达8个USB接口。主板板载有前置USB-C接口，不仅能提供20Gbps带宽而且还能支持30W PD快充。

为了让主板能工作得更稳定，主显卡插槽和内存插槽部分分别加入了金属强化层和强化型金属隔板，强度更高，能更好地支持高端硬件。在I/O接口部分则加入了ESD静电防护，强化主板USB接口的静电防护能力，延长组件的使用寿命，以及不锈钢防潮I/O背部接口、TUF LANGuard网络安全防护等配置。

华硕TUF GAMING Z790-PRO WIFI拥有WiFi 6E无线网卡，带有易拆式天线。有线网络则为当前比较主流的2.5Gbps网卡，能带来更低延迟和更流畅的网络使用体验。音频方面，主板配备了Reaaltek 7.1声卡以及TUF Gaming音频防护罩、高质量音频电容、音频分割线等配置，并且还加入了DTS定制音效，让用户能体验到身临其境的震撼音效。同时华硕TUF GAMING Z790-PRO WIFI也支持双向AI降噪，带来更为清晰的语音沟通体验。

性能测试：完美释放酷睿第14代性能

考虑到华硕TUF GAMING Z790-PRO WIFI的高端定位以及具有扎实的用料，所以在实测环节，我们选择了i9-14900K、RTX 4090与其打造成一套顶级的平台，来考查该主板对于旗舰级硬件的支持能力。

就i9-14900K的性能表现而言，无论是在基准性能测试还是生产力性能测试中，其都发挥出了应有的实力，表明华硕TUF GAMING Z790-PRO WIFI在搭配旗舰处理器使用的时候都毫无压力，非常适合用来和高端酷睿第14代处理器打造出高性能的电脑。

这套i9-14900K+华硕TUF GAMING Z790-PRO WIFI+RTX 4090配置的游戏性能表现非常出色，与我们测试的旗舰主板的成绩相比毫不逊色。

处理器性能测试		
		i9-14900K+ 华硕 TUF GAMING Z790-PRO WIFI
基准测试		
CPU-Z	单核	965
	多核	17367
CineBench R20	单核	892
	多核	15944
CineBench R23	单核	2342
	多核	41996
3DMark CPU 测试	MAX 线程	16950
	单线程	1263
WebXPRT4 网页性能		401
Cross Mark	总分	2721
	生产率	2438
	创造性	3151
	反应能力	2494
生产力性能测试		
POV-RAY Benchmark（单位：pps）		13560
CORONA（单位：秒/越低越好）		34
V-Ray Benchmark V5.0.2		28643
Blender Benchmark（单位：samples/m）	Monster	301
	Junk Shop	186
	Classroom	135
Premiere Pro 2023 基准		1456
Photoshop 2023 基准		1781
达芬奇 18.6 基准		4213

游戏性能测试（FHD/ 最高画质 / 单位：fps）	
	i9-14900K+ 华硕 TUF GAMING Z790-PRO WIFI+RTX4090
《DOTA2》	323
《最终幻想 14》	321
《银河破裂者 CPU 基准》	271
《英雄联盟》	502
《赛博朋克 2077》	222
《彩虹 6 号：围攻》	711
《全面战争：战锤 III》	266
《地铁：离去》	177
《古墓丽影：暗影》	341
《刺客信条：英灵殿》	230
《极限竞速：地平线 5》	223
《星空》	121
《看门狗：军团》	175
《地平线：零之曙光》	253
《原子之心》	221
《荒野大镖客：救赎 2》	176
《使命召唤：现代战争 II 2022》	250
《骑马与砍杀 2》	354
《原神》（解锁帧数）	274

总体来说，华硕 TUF GAMING Z790-PRO WIFI 在性能测试中的表现不错，处理器性能和显卡性能的释放方面都没有明显的短板，是打造高性能电脑的可靠主板。

总结:全能军规大板，游戏装机好选择

酷睿第 14 代相对上代产品通过提升频率、增加核心实现了进一步的性能升级，为玩家和用户带来了更加高效的选择。在体验完这款华硕 TUF GAMING Z790-PRO WIFI 主板之后，个人觉得其称得上是酷睿第 14 代的全能搭档。

华硕 TUF GAMING Z790-PRO WIFI 主板拥有系列产品特有的电竞军事风涂装，呈现出极具辨识度的硬朗视觉体验。同时作为一款高端定位的 ATX 大板，华硕 TUF GAMING Z790-PRO WIFI 主板扎实的用料配以齐全的规格，扩展能力强悍、平台稳定性高，完全能满足主流游戏玩家的各种需求。再加上华硕为其搭配了显卡易拆键、AI 麦克风降噪、AI 超频等技术，带来了更高的易用性并提升了使用体验。

总的来说，华硕 TUF GAMING Z790-PRO WIFI 主板各方面表现都不差，堪称全能军规大板，实用性很高，在首批上市的 Z790 大板中也算是相对比较实惠的一款，是玩家打造酷睿第 14 代电脑的实用之选。

HIFIMAN Svanar Wireless LE蓝牙发烧耳机体验

■ 电脑报工程师　项汉秋

前不久我们体验测试了全球第一款内置 R2R 架构 DAC 模块的 HIFIMAN Svanar Wireless 蓝牙发烧耳机，如今它又推出了一款 Svanar Wireless LE，售价便宜千元，可谓大大降低了发烧友入门门槛。那么，它的品质和老大哥比如何呢？

外观“LE”，轻奢时尚不减一分

从开箱来看，整个 Svanar Wireless LE 除了包装盒稍微显得朴素一些，其他和 Svanar Wireless 没什么区别。

整个耳机的外观上，Svanar Wireless LE 是与 Svanar Wireless 一样的仿生耳蜗外观，风格上延续了老大哥的时尚冷淡风奢侈风，而观感上最大的不同就是在耳机的内侧前腔用料上，Svanar Wireless 采用的是碳纤维复合材料配合格子纹饰，不仅重量轻，且外观更时尚、

触感更亲肤，对信号传输的影响也更小。

除了外观与佩戴感受外，Svanar Wireless LE 在易用性和降噪表现上也是非常优秀的，仍然是那个潮酷达人出街 show 出自我的上佳选择。

声学配置，丝毫不 LE

而在发烧友最关心的涉及音质的声学

	天鹅真无线	天鹅轻奢
价格	3299元	2499元
拓扑振膜单元	9mm	9mm
R2R DAC	有	有
ANC和ENC降噪	双馈	双馈
独立甲乙类平衡耳机放大	有	有
LDAC蓝牙协议	支持	不支持
前腔材料	碳纤维	塑胶
无线充电	支持	不支持

设计和配置方面，Svanar Wireless LE 和老大哥一样，采用了 Svanar Wireless 上的 R2R 架构的 DAC+ 高端耳放芯片的解决方案，但蓝牙无线 codec 不支持 LDAC 协议。不过，Svanar Wireless 的发烧级表现，证明了无线 codec 协议并不是决定无线耳机音质的核心因素，核心仍然是 DAC 和放大电路，以及发声单元的设计、用料、调校，可以说，AAC 依然能有上佳声学表现。

音质：用料相同再调优

我们采用了目前安卓平台最为流行的线上无损音乐播放平台 VIPER HIFI APP 进行测试。所有的音源均以 DSD、FLAC 高码率文件方式下载到本地进行测试。

低音方面，HIFIMAN Svanar Wireless LE 同样快速、轻巧、沉稳、清晰，但是延伸性和打击感相对 Svanar Wireless 有一定的加强。

中音表现上，HIFIMAN Svanar Wireless LE 听起来依然轻快活泼，临场感非常强。不过，有一点比较大的差异，那就是 Svanar Wireless LE 在保持轻快中性的调性的同时，中音特别是人声的表现更加圆润了，更适合听歌！

高音表现上，Svanar Wireless LE 继承了标准版的巨大推力能量，非常有气场，声场有声势，无"声嘶"。

定位解析和声场方面，Svanar Wireless LE 一样具有非常出色的解析力和声场。

可以说，Svanar Wireless LE 保留了标准版漂亮、通透、宽广的声场特色和空间感，但同时改进了调校，在人声和极限频率表现上，处理更为圆润、饱满一些。

总结：降低发烧 TWS 耳机门槛，但不妥协

Svanar Wireless LE 在设计、用料，尤其是核心元件和架构上，没有丝毫的"降级"，与标准版完全同级，保持了 Svanar Wireless 轻奢时尚的工业设计风格、毫不妥协的 HiFi 音质表现，还将价格降到了其他高端非发烧 TWS 的水平，成为了"年轻人第一款真发烧 TWS"的优秀选择！

音源尽量选择DSD高码率位深的优质音源，或FLAC等准无损格式

绕开EUV光刻机的光芯片，有什么能耐？

■李言

算力达到目前高性能商用芯片的 3000 余倍！清华大学自动化系戴琼海院士、吴嘉敏助理教授与电子工程系方璐副教授、乔飞副研究员联合攻关，近日提出了一种"挣脱"摩尔定律的全新计算架构——光电模拟芯片！"挣脱"摩尔定律束缚的同时，也让人们看到了国产芯片弯道超车的可能。

光芯片，是什么？

光芯片也被称为光子集成电路（Photonic Integrated Circuit，PIC），是基于硅基光子集成技术实现矩阵式并行计算的新型光学器件，其采用光波（电磁波）来作为信息传输或数据运算的载体，而不像传统电子芯片一样用电作为信号载体。

与电子芯片相比，光子芯片第一大优势是计算速度，它的计算速度大概是电子芯片的三个数量级，约 1000 倍，单个电子芯片的计算速度约为 7.8TFlops，而光子芯片的计算速度大概是 3200TFlops。

光芯片，如何工作？

光芯片按功能可分为激光器芯片和探测器芯片两类，激光器芯片以半导体材料为增益介质，将注入电流的电能激发，从而实现谐振放大选模输出激光，实现电光转换。

探测器芯片则是通过光电效应识别光信号，转换为电信号。光电效应是指在光照下，材料中的电子吸收光子的能量，若吸收的能量超过材料的逸出功，电子将逸出材料形成光电子，同时产生一个带正电的空穴。

不过由于光子本身难以灵活控制光路开关，也不能作为类似微电子器件的存储单元，纯光子器件自身难以实现完整的信息处理功能，目前光芯片一般依托于光波来传输导模光信号，将光信号和电信号的调制、传输、解调等集成在同一块衬底或芯片上，构成"光模块"。

"光模块"的外形有些像日常生活中见到的"U"盘，其工作原理并不复杂，光模块的发送端把电信号转换成光信号，通过光纤传送后，接收端再把光信号转换成电信号，完成信息传递。

光芯片，能否实现自主制造？

光芯片被誉为"能绕开 EUV 光刻机的芯片"，相较于电子芯片，光芯片对结构的要求较低，一般是百纳米级，因此使用我国已相对成熟的原材料及设备就能生产，而不像电子芯片一样，必须使用 EUV 等高端光刻机，这意味着光芯片完全有机会摆脱光刻机的"卡脖子"问题。

以清华大学前不久研发的 ACCEL 芯片为例，其光学部分的加工最小线宽仅采用百纳米级，而电路部分仅采用 180nm 互补金属氧化物半导体（CMOS，Complementary Metal Oxide Semiconductor）工艺，已经比 7nm 制程的 GPU 取得了多个数量级的性能提升。

除了制造门槛较低外，光芯片的制造材料为 InP、GaAS 等二代化合物半导体材料，我国也有完整的产业链体系提供，相比集成电路采用的硅片更容易获取，成本也更低一些。

此外，光芯片行业普遍采用 IDM 模式（垂直整合制造模式），企业拥有完整的生产链，包括设计、制造和封测，并保持了自主研发和生产能力，有助于生产流的自主可控外，也能及时响应各类市场需求，灵活调整产品设计、生产环节的工艺参数，满足市场需要，也为我国半导体行业弯道超车提供了可能。

天衣无缝，嘴替AI如何复刻“另一个你”

■上善若水

当“霉霉说地道中文”“赵本山教你说英文”时，人们开始更直观地感受到人工智能技术的成熟。

如何实现完美配音？

这波换声视频完美之处在于生成的视频用的是原视频中说话者的嗓音，并且口型也和发音匹配。视频效果如此之好，背后的技术是什么样的？

在推特上，一位网友就表示需要至少三步才能达到这种效果，Whisper识别、Tortoise-TTS合成带原始说话人音色的语音、Wav2lip换嘴型。事实上，完全不需要如此复杂的操作，仅一款名为HeyGen的工具即可。

用户只需要上传一段2分钟的小视频，视像手势、面容和口型这种“细微肢体语言”也能调整。即便是一个视频领域小白，也只需要“选形象—写文本—输出”三步就可以打造出逼真且流畅的视频内容。如果要论HevGen与其他同类视频AI应用最大的区别，就是它可以利用现有数据来创造全新和从未有过的内容。

同赛道的D-ID等AI视频编辑应用虽然也能帮助用户轻松打造视频内容，但无论是用户声音的采集还是照片的上传，都需要耗费掉用户大量时间和精力在准备素材上，而相较之下，HeyGen的技术则可以让用户从文本中直接生成视频，并使用多种不同的AI形象和声音，效率明显领先不少。

而这款在AI圈大名鼎鼎的工具却来自国内一家原本寂寂无闻的初创企业——诗云科技。诗云科技在2022年推出了多模态内容生成引擎Surreal Engine，将内容生产分为Understanding（理解）、Framing（视框化）、Rendering（渲染）三个步骤。

不同于Epic Game的Unreal Engine和Nvidia的Omniverse这两个当时3D内容创作巨头，诗云科技的SurrealEngine主打就是一个低门槛，让普通人也可以轻松进行高维度、可交互的内容创作。

寻找AI嘴替的技术支持

现象级应用落地的背后，往往是技术迭代“厚积薄发”的结果。从谷歌宣布Gemini具有多模态功能的消息，到OpenAI发布GPT-4V，各个AI巨头，似乎都将下一阶段竞争的焦点放在了多模态上，而诗云科技的SurrealEngine也是多模发展的产物。

“模态”指的是数据的不同类型或来源，如图像、音频、文本等。多模态模型能够处理和整合这些不同类型的数据源，使模型能够更全面地理解和分析信息。具备多模态能力后的GPT4，可以进行语音沟通，使用图片与用户互动，从而在使用形态上更接近苹果Siri等热门人工智能助手。

在多模态尚未取得突破之前，不同模态、领域之间，存在着巨大的鸿沟。写文案、做编辑的人，即使再妙笔生花，如果缺乏相应的美术知识，以及各种专业的提示词也难以用AI画出出色的作品。而一个画师如果没有受过专业的写作训练，缺乏谋篇布局的思路，也难以凭借AI写出上乘的文章。

而在多模态落地在视频应用领域以前，一个完整的视频剪辑流程，包括了调色、整理素材、配字幕等一系列工作，要想熟练地进行剪辑，必须掌握PR、Edius、剪映等多种剪辑软件，同时还需熟悉各种转场、调色、粒子特效等插件的使用。此外，素材的搜集和整理，也是剪辑工作中的一大“苦活”，倘若题材较为冷门，素材就会很不好找。有时尽管遇到了好的素材，也可能由于版权问题难以使用。

随着HeyGen等工具将AI多模态技术引入视频编辑领域，人们利用生成式AI技术，能够以自动化、智能化的方式，将文本、图像、音频、视频等多模态数据重新组合，来创造全新和从未有过的内容，在降低成本的同时，也打破了各个模态（或专业）之间的“技术壁垒”。利用多模态AI的技术，人们能够处理和关联多种信息模态，从而在内容创作过程中，更好地表达自己的个性和风格，并适应不同的场合和目的。

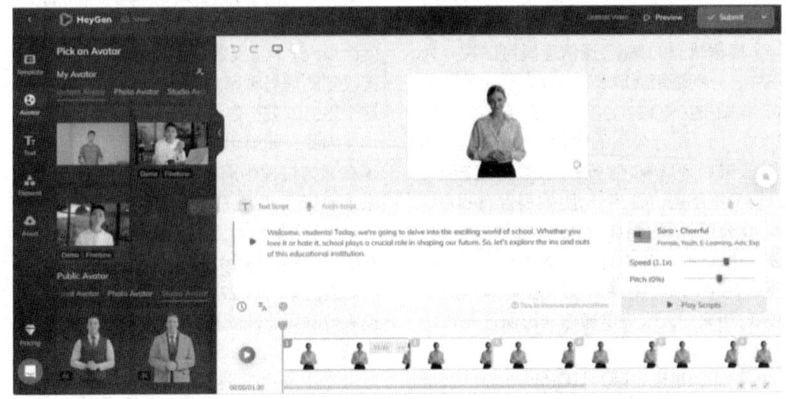

传统视频剪辑流程复杂、繁琐，专业性要求高

总体而言，多模态技术使AI能力从文本互动扩大至影视生成，再次将前沿AI技术转化为现实爆款，与当下短视频平台UGC创作属性、微短剧等轻量化内容的火爆契合，看好在AI技术的加持下，平台也有机会获得更多优质内容。

多模态已成为AI大模型发展趋势

还有多少AI嘴替工厂？

HeyGen之外，还有多少工具能够帮助人们批量制造AI嘴替？

当前，HeyGen以外Speaking.AI、Lovo AI等多家公司都在探索相关的AI应用，如Speaking.AI基于10秒的录音或10MB以内音频文件，使用马斯克、成龙等明星的声音，将给定的文本转化为一致的声音，相关技术已被ChatGPT的语音交互技术所采用，Wonder Studio这个基于网页的视频平台则可以将任意的计算机生成角色添加到任何场景。

国内目前也有一些与HeyGen类似的AI视频应用，例如腾讯智影、一帧秒创、万彩微影等，这些应用也利用了AI技术来简化视频创作过程，并提供了文本配音、文章转视频、数字人播报等功能。然而，在具体的生成效果方面，国内应用的视频清晰度、素材丰富度，以及定制化功能方面仍与HeyGen等应用有着较大差距。从总体上来说，国内应用素材有限，并且在数字人视频上，国产应用生成的视频的流畅程度也未达到HeyGen的水准。

AI嘴替的价值在哪儿？

相对于博君一笑的“乐子”，AI嘴替当下最快的落地场景出现在直播带货领域。

传统直播搭建一个质量中上的直播间，投入不菲。不仅需要寻找专业的运营团队，还要有一个灯光专业、设备完善的实体空间，此外还需要品牌方去外聘形象不错且了解产品的主播。这些投入中，仅主播的费用

虚拟主播带货早已被电商广泛应用

就要在200~300元一小时，整体的运营成本一个月至少也要10万元。即使搭建好直播间，店铺自播往往也会陷入转化率的困境。许多品牌常常无法覆盖店铺自播的成本：每月支出数十万元，但每天只能卖几千元的销售额。

而数字人可以让每一个店铺都拥有专属的虚拟主播，还有虚拟直播间的搭建，原先每个月高昂的人力、房租成本不再需要，不仅能让店铺大幅度降本增效，还可以推动实体经济进一步数字化，挖掘品牌销售潜能。根据百度智能云曦灵平台测试的带货场景显示，一个全新开播的数字人直播间，由首次露面的AI数字人售卖智能手表，首场连续开播33小时销售额就达到1.3万元，平均算下来，这33小时的总成本还不到100元！

当然，对人类思维活动和精神产品的生产替代，不可避免带来了诸多法律、伦理甚至是公共利益难题。用AI技术为视频中的人物更换声音、做"翻译"，还存在多种侵权行为。从著作权角度看，相声、小品等都属于我国《著作权法》保护的"作品"，技术使用时一定要有边界感。

低轨卫星加持6G前：技术"痼疾"要克服还是利用

■ Shoot

尚未定义的6G技术与固定角色

5G商业化方兴未艾，6G技术布局却早已开始。在各种不同的6G技术方案中，低轨通信卫星(LEO，下简称"低轨卫星")已然被视为未来高效智能互联时代的关键一环，不过在6G规模商用化之前，低轨卫星应用最大的技术考验是如何跨越的？

需要明确的是，现在在国际上关于"6G技术到底该如何定义"这一问题尚未达成一致意见，因此任何超越5G的技术都是未来6G技术的备选方案，马斯克的星链，华为利用北斗三号系统短报文功能做的"捅破天"，甚至量子通信技术等等都可以归于6G麾下。

作为下一代通信标准，实现空天地海一体化是6G的主要方向之一。而要实现人与人、人与物、物与物全球全域的互联，这就需要卫星通信尤其是低轨卫星通信发挥核心作用了，毕竟光靠地面基站还是无法在海洋、沙漠、无人区等地区形成有效覆盖。

实际的技术应用我们其实早就有所耳闻，比如从2021年7月郑州特大暴雨到今年8月的华北暴雨，都能看到的无人机应急通信系统。看似是无人机在地面通信阻断时力挽狂澜大放异彩，背后其实就是卫星通信在发挥作用。

卫星通信技术在走向C端用户之前，一直集中于专业领域，普通民众很少会感受到或者关心它的存在。简单来说，卫星通信技术就是将人造卫星作为中继站，两个或多个终端通过电磁波与人造卫星相连，继而互相通信，最常见的就是导航定位功能。自上世纪五六十年代开始，有能力发射卫星的国家都开始组建自己的卫星通信网络，中国亦然。

根据轨道的高度，通信卫星可以被分为三种，分别是距离地表在3.6万公里的地球同步轨道(GEO)卫星、距离地表2000~15000万公里的中地球轨道(MEO)卫星。最后则是6G服务的关键"低轨卫星"，低轨卫星部署位置最低，距地表仅有500~2000公里，因为距离近，使得通信时延短、数据传输率高，多个卫星组成的星座可以实现真正的全球覆盖，频率复用更有效且成本较低，用来向大众提供通信与影像遥测等功能最为合适。

然而，也正是因为其在低轨道航行，带来了一个低轨卫星通信与生俱来的难题。

速度带来技术困扰

由于离地球近，受向心力的影响，低轨卫星绕行地球的速度非常快，可达每小时2.7万公里，绕行地球一周最快只需要一个半小时。在这样的情况下，卫星相对于地面接收机处于高速移动的状态，对通信而言则是一个"噩梦"。

因为在这种情况下，通信系统设计必须考虑许多因素，其中一个重点就是"多普勒效应"(Doppler Effect)所带来的影响。

什么是多普勒效应？它与低轨卫星通信又有什么关系？1842年，奥地利物理学家多普勒发现，当一个运动的物体朝着观测者而来时，它发出的声波会因为二者间的相对运动被压缩，从而频率升高，听起来更尖锐；相反，当一个物体远离观测者而去时，声波会被伸展，频率下降，听起来更低沉。

可以想象一下当警车鸣笛靠近又远离的过程。当警车靠近，声音会变得尖锐，而后随着警车远去，声音又会变得低沉，人们很容易根据声音变化判断警车与自己的距离——声波在这个过程中的变化就是所谓的多普勒效应。

这种效应同样会发生在电磁波上。由于低轨卫星相对地球的高速运动，移动速度可高达7.4公里每秒，加之低轨卫星通信采用的是高频率频段，因此产生的多普勒频移幅度会极大。卫星发射信号频率与地面接收机接收到的信号频率之间存在着一定的差值，这个差值就被称作为多普勒频移。

因此，如果想实现稳定连续的通信，终端在通信过程中需要频繁地切换到其他波束或卫星上，也就是不断"传声"才能继续通话。以美国低轨道卫星通信群、第一代"铱星系统"为例，其最小切换时间间隔10.3秒，平均切换时间间隔277.7秒，而切换越频繁，切换失败的可能性就越大，信息传着传着就不完整了。

此外，如果同时有多颗卫星传输讯号，就有可能由于多普勒频移造成通讯频率的重叠，致使接收到的讯号有所混淆。这些都需要在设计卫星系统时有针对性地测量和补偿。

通信之外还有何用

随着近二十年来通信技术、微电子技术的飞速发展，低轨卫星通信系统信号处理能力、通信带宽都在不断提升，针对多普勒效应，研究人员发现可以在讯号格式设计上做出区隔，尽量减少通话掉线的概率；接收机的部分也可应用阵列天线进行波束追踪，以强化讯号、排除干扰等等方式抵消多普勒效应对通信的影响。

所谓“福祸相依”，当研究人员为多普勒效应绞尽脑汁的同时，也认识到多普勒频移的可预测性，也就意味着可以利用低轨卫星电磁波讯号的频移变化来进行定位。

全球四大导航系统现在主要还是依靠中、高轨道导航卫星星座进行定位，但由于其距离地球远信号传输会受到电离层干扰，且导航卫星在运行中难免产生漂移，这些因素都会导致定位误差。现有的定位精度可以满足大众消费的基本需求，但难以满足汽车自动驾驶、无人机、物联网等行业对高精度实时定位的需求。

如果能把低轨卫星信号加上，作为增强系统，那么卫星导航定位的精度和可用性也会随之提升。简而言之，用户所使用的终端需接收两组数据，其中一组是导航卫星发射的原始定位数据，另一组则是由低轨卫星发射的修正数据，终端在接收修正数据后，会修正原始定位数据，降低误差。

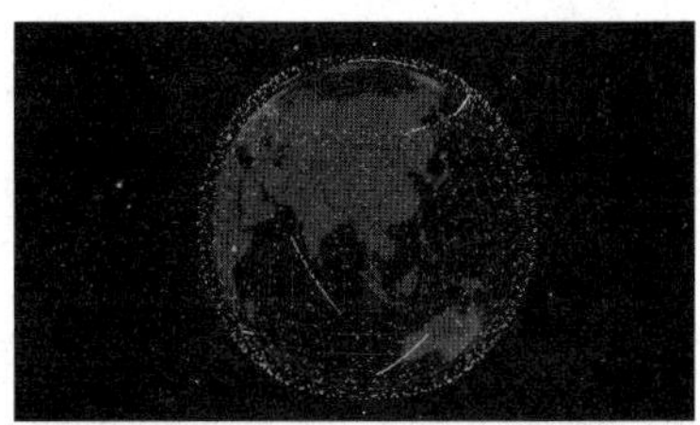
低轨卫星轨道资源与频谱资源都还处在“先到先得”阶段

无论是从通信还是定位导航角度考虑，未来6G时代低轨卫星的重要性相比5G时代都是有增无减。也正因此，轨道资源（卫星占位）与频谱资源（卫星与地面联络）的稀缺性也逐渐显现。

“车联网”后，方向盘还在自己手中吗

■ Shoot

越聪明越危险

在汽车智能化浪潮下，汽车的电子电器架构都正经历着革命性变化，传统汽车围绕动力、操控和空间而展开的竞争，演变为整车计算平台的比拼。而当汽车越来越“聪明”，或者说拥有了一个掌控全局的“大脑”，又该如何保证这个“大脑”只听从于驾驶者？

过去，传统汽车是由各个控制元件组合而成的，点火、开关空调、调整窗户等功能都需要通过分布式的电子控制单元（ECU）控制，各ECU芯片之间相互独立，一辆汽车需要50到100颗不同的ECU才能实现不同功能，驾驶员则通过按键、旋钮等机械开关来控制各项元件。自从特斯拉将控制模块按分布位置简化为左车身、右车身、中央三个域控制器后，整车尤其是标榜智能化的新能源车，其控制模块开始从分布走向集中，也因此才对底层芯片性能提出了更高的要求。

发展到现在，汽车智能化对内体现在座舱中；对外，自动驾驶则成了汽车行业新的圣杯。自动驾驶的实现意味着车辆要能够互相沟通（V2V，Vehicle-to-Vehicle），也要理解道路基础设施的讯息（V2I，Vehicle-to-Infrastructure），比如红绿灯、限速标志、临时改道标志等等，甚至还要“读懂”行人的意图与行为（V2P，Vehicle-to-Pedestrian）以避免交通事故。

这种车与外界的信息交换，业内统称为V2X，也就是“车联网”。车联网使得车与车、车与基站等之间能够通信，从而获得实时路况、道路信息、行人信息等交通信息，从而提高驾驶安全性、减少拥堵、提高交通效率、提供车载娱乐信息等。

但是在这一过程中，车辆同样要面临愈发严峻的安全风险。曾有国产芯片厂商在采访中提到，当车辆与网络连接后，车辆本身就可以视为与手机类似的终端，多加了四个

轮子也增添了更多风险，“手机会中毒，车辆同样也会”。

遥远的攻击

长期关注车联网安全的青骥信息安全小组，按照时间顺序记录了从 2014 年至今发生的汽车信息安全事件。从他们总结的安全事件中可以发现，车辆一旦成为网络中的节点，也就意味着成了黑客新的攻击目标。

细分来看，与车联网有关的攻击大概分为三类，第一种是针对车辆本身的攻击。如今，智能汽车中能和外部相连的各类传感器或 App，都可能会在用户不知情的情况下被攻击。

早在 2015 年就已经出现相关案例，安全研究员 Samy Kamkar 发现主流车载系统 OnStar 存在系统漏洞，攻击者可以通过这一漏洞拦截汽车和手机应用之间的数据通信，进而控制通用品牌旗下任何一辆汽车，实现远程解锁汽车并发动汽车引擎。2018 年，Computest 公司安全研究人员发现 2015 款大众高尔夫 GTE 车型和奥迪 A3 Sportback e-tron 所使用的由哈曼（Harman）制造的信息系统存在多处漏洞，攻击者只要将车辆连接到自己的 WiFi 网络，该系统就能够被远程利用；更严重的是，攻击者还可以通过这些漏洞控制车载信息娱乐系统主处理器的 root 访问权，从而操纵汽车的制动和转向系统。

还有如今头部新能源车企均配备的蓝牙钥匙，同样会出现可乘之机。两年前，比利时一位程序员发现特斯拉 Model S 的无钥匙进入系统缺少固件更新校验，攻击者可以通过蓝牙连接重写密钥卡的固件，再从密钥卡上解锁代码，然后利用它来解锁任何特斯拉汽车，整个过程仅需几分钟。

智能化汽车控制模块由分布走向集中

第二种是利用车联网发动对外界装置的攻击。这种手法是将汽车作为“中继站”，将错误的讯息发送给外界装置，导致其他接收讯息的装置做出错误判断。

比如让交通信号灯失灵。2020 年，信号灯控制器制造巨头 SWARCO 被爆出有严重系统漏洞，攻击者可以操纵附近车辆，再利用交通灯控制器的一个可调试开放端口就能破坏交通信号灯，甚至随意切换红绿灯，造成交通瘫痪乃至交通事故。

第三种则是针对车联网发动大规模攻击，攻击者黑入车联网的骨干后，可以使车联网提供错误资讯给路网中所有装置或车辆，例如提供路况服务的装置可能因此回报错误路况。

2022 年上海车展上就出现了这种现象，车展中有不少保时捷和奥迪车主发现车内显示屏出现“路上有枪战”的交通警告提示，上海公安局随后立即辟谣并无此类警情。那为什么车辆导航会出现错误提示？业内人士分析认为，黑客攻击的可能性较大。

现在城市内的智能交通信息发布系统都会通过 RDS（Radio Data System，无线电数据广播）发布道路交通信息，利用分布在城区的固定 LED 屏和车载移动式接收机接收文字和图标信息，实现交通诱导、分流管理等功能。攻击者很可能是利用车辆无线调频广播散布虚假消息给路网中其他车辆，或者直接破解了汽车消息推送服务。

“零信任”堵漏洞还差点助力

曾经为了维护信息安全，我们以边界为核心构造安全“防护罩”，一定程度上默认内网总是安全的，但物联网、云服务等新兴技术的出现根本性地改变了 IT 基础架构，旧时的边界安全防护逐渐失效，我们又该如何加强车联网的安全性？

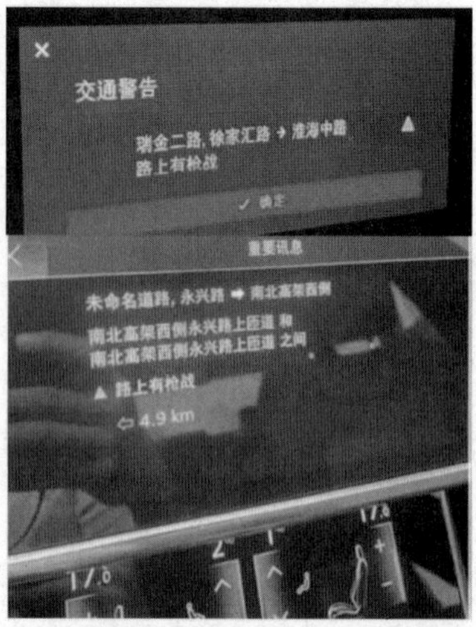

推送虚假信息

攻击车联网同样可以影响道路基础设施

业内近年的热门解决方案，就是在设计汽车架构时引入“零信任架构”。零信任架构是设计安全防护网络的方法之一，常用于政府、企业内部信息安全防护，它的核心思路是：默认情况下，所有交互都是不可信的。这与传统的架构相反，传统的信息安全架构可能会根据通信是否始于防火墙内部，来判断其是否可信。

过去车辆不具备联网能力，所以设计汽车时并不会考虑到车用控制单元可能被入侵的风险，意味着车辆内部网络会无条件地相信各个装置元件传来的讯息。现在如果站到“零信任”的角度，预先假设联网装置送来的讯息可能会有问题，必须通过数位凭证以加密传输和电子签章的方式，先鉴别此装置的“身份”，确认讯息是由该装置送来且装置处于正常运作状态，才能根据讯息执行相应动作。

问题在于，现在的智能汽车已经是一个高度复杂的小型局域网，如果增加了对身份统一认证的步骤，用户是否会适应？构建零信任安全架构不仅要考虑到安全生命开发周期，还要从整个车辆在设计、研发、测试验证、上线等阶段植入安全理念，因此，尽管软件行业已经有很成熟的一套方案，但如何将这套流程和相应的技术应用到车端还需要做很多工作。

朋友圈广告玩出新花样！微信广告原来很有趣

● 文/ 阿离

点下就能放烟花秀的朋友圈广告

除了点赞、留言聊天，微信朋友圈的广告还能在互动上玩出什么新花样呢？“点赞放烟花”的互动形式会否改变你对朋友圈广告的看法呢？

2015 年 1 月，微信首次上线朋友圈广告，以类似朋友的原创内容形式在用户朋友圈进行展示的原生广告，可帮助企业实现品牌曝光，传递品牌文化等等。眼看 2023 年新年就要到了，微信广告团队全新推出朋友圈点赞互动广告，让品牌和用户一起放烟花，迎新年。

在全新的点赞互动广告中，特别加入了“祝福”按钮，在用户点赞互动广告后，界面将出现定制特效，品牌烟花秀以类似裸眼 3D 的效果呈现给用户，在新年期间年味十足。

而除了能够放烟花的点赞互动广告外，“朋友圈橱窗广告”的出现，也让这个年末的微信朋友圈变得有趣。

全新的橱窗广告支持配置一个主要素材和三个副素材，组合形式比原来的内容更丰富，官方称其更易吸引用户停留点击。同时，主素材区支持视频素材，副素材区可同步展示系列 SKU，点击之后可以直达商品详情页，极大地提升了商户的转化率（如图）。

而对于用户来说，这种方式让购买也能更加方便了。不过网友们却提出了一个很现实的问题，很多人朋友圈广告都会推送保时捷、奔驰、LV 等高端产品、奢侈品的广告，“想买也没那个实力啊”。

一键关闭朋友圈广告

对于大多数人而言，朋友圈始终是具有私密性质存在的社交领域，凭空推送的广告无论形式多有趣，也会让人有些反感，关闭朋友圈广告也成为不少微信用户的心声。对于不喜欢单一广告的用户，可点击朋友圈广告右上角“广告”字样，在弹出窗口中选择“关闭当前广告”。

这样操作后就不会再在朋友圈中见到该广告了。而对于想要在朋友圈中完全避开广告的用户，则可依次打开微信“我”-“设置”-“关于微信”，再点开该界面下方“隐私保护指引”，一直下滑到第五条后可以看到“设置个性化广告等隐私功能”超链接，点击进入后可以对个性广告推送进行管理。

腾讯关于广告个性化管理条款表明，若开启了个性化推荐广告，腾讯方面可以将用户注册腾讯服务时所填写的信息或使用腾讯服务时产生的行为数据作为用户画像提供给广告商。但若用户不希望使用个性化广告服务，可点击相应按钮进行关闭，关闭的期限为 6 个月，关闭后用户仍会看到广告，但相关性会降低。6 个月之后腾讯方面会再次自动开启个性化广告推荐，用户仍需自己手动关闭。

这里可以说是一个非常尴尬的设置项，不少网友反映即便关闭“个性化推荐广告”，其朋友圈“被动”收到的广告信息一点没变少，而该问题也频频被各地网友投诉，只是从结果来看，恐怕还得忍耐一段时间了。

可分享金句的“划线”功能

前不久，微信 iOS 版 8.0.31 灰度测试了文章“划线”功能，用户设置文章下划线后，就会将其收藏在订阅号消息中，还能选择划线内容并转发给好友或者群聊。

对于用户来说，该功能的加入，意味着分享公众号等文章内容时，将不再需要通过截图分享的方式进行，更加简单直观，也更便于老人或其他不熟悉手机操作的用户进行，感觉又会是一项中老年用户常用功能，不过该功能目前仍处在灰度测试阶段，预计将逐步扩展用户范围，最后向所有用户正式推送。

除了“划线”功能外，微信正在测试一项名为“更多打开方式”的新功能，用户长按图片可选择“更多打开方式”，支持使用不同的小程序打开该图片，实现不同的功能。

从图片可以看到，当用户选择“更多打开方式”后，将会弹出一个“用过的可以打开图片的小程序”列表，选择不同的小程序可以实现不同的功能。比如用拼多多、京东等小程序快速搜索相似商品，用金山文档一键转为文字、表格、PDF，用百度网盘保存等等。

对于这些正在测试或不易发现的微信功能还有不少，合理使用让微信聊天变得更有趣一些吧！

让资源轻松翻倍！

玩转百度网盘社交圈

● 文/ 阿离

百度网盘的社交圈

除了分享、拷贝、下载资源，你有用过百度网盘的社交体系吗？事实上，百度网盘也存在好友、群组等概念，只不过大多时候人们将其当作网盘工具而忽视了社交属性。进入百度移动端界面后，点击中间的“共享”按钮，即可开启百度网盘的社交属性。

在“共享”界面左上方，“通讯录”点开后可以看到其分为百度网盘好友和手机联系人两个部分，后者需要使用用户的通讯录用于匹配正在使用百度网盘的好友，大部分用户默认都没有选择开启，而网盘日常社交以百度网盘好友为主（如图）。

用户在“通讯录”界面点击右上角的人物按钮即可进入添加好友 / 群界面，这里既可输入对方百度账号 / 邮箱 / 手机号 / 群号精准添加，也可以通过扫描二维码或口令完成添加。百度网盘本身想要打造其社交圈，因此还设置了专门的“通过标签查找陌生人”项。

用户点击进入后可以输入感兴趣的关键字标签，如“科幻电影”“量子力学”等，查找并结识同样拥有该标签的用户，不过目前百度网盘社交活跃度并不高，很多时候好友申请发送后，等待很长时间对方才可能回复，相对陌生人社交而言，熟人组建群组更适合当下的百度网盘用户。

百度网盘创建群组，除了直接拉好友外，还可以选择“群口令邀请”和“二维码邀请”两种形式组建群组。

完成群组创建后，用户可以将口令或者二维码分享到QQ、微信等主流社交软件上，方便好友添加群组。群组成立后，除聊天外，最为重要的还是网盘资源的交换与分享。

让资源轻松翻倍

在百度网盘建立群聊，目前一个群聊最多可容纳200人，如果超过200人，就会提示人数已达上限，此时可以选择重新建群，这样就可以解决人数过多的问题，而资源的分享是百度群组最大的特色。用户点开群组后，即可在界面右上方看到“群文件”悬浮按钮，点击后即可进入群文件界面(如图3)。

对于时常抱怨百度空间不够的用户而言，群文件完全可以当作另一种形式的“外挂”存储空间，只要资源分享者不删除源文件，那群组里的用户随时都能通过群文件下载资源，这无异于让百度网盘资源得到极大扩充。

如果群文件以相对私密的形式帮助人们免费扩充百度网盘空间，那“小飞机”功能的出现则是以资源“盲盒”的形式再次实现了百度网盘的陌生人社交。依次点击百度网盘“共享－小飞机”，进入网盘小飞机界面。

这里有点类似腾讯微信漂流瓶游戏，百度网盘用户点击发炮，打中屏幕上的小飞机后即可看到小飞机内置的资源链接，用户可以选择感兴趣的资源进行保存。当然，遇到一些非法或不文明的分享，也建议用户投诉或举报。

最高扩容至30TB的全新会员体系

相对于“省吃俭用”积攒资源和空间容量，最直接有效的莫过于充值，用会员等级

享受超大空间容量。百度网盘于2022年11月底正式推出全新的会员体系，调整后的最高等级从SVIP8直接提升到SVIP10。也就是说百度网盘会员体系将新增SVIP9和SVIP10，而最高可享有30TB超大空间存储海量数据。

在具体费用方面，如果你目前不是SVIP会员，可以直接花998元(原价1223元)升级到SVIP10，如果用户已经是SVIP，具体价格则会由当前等级计算，只不过这样的费用并不算低，相较而言恐怕更多人还是会选择百度网盘群组的“曲线”扩容方式。

实现Windows10和银河麒麟的双系统安装

● 文/沈军

确认主板是否支持UEFI

这个可以在开机后进入BIOS设置，在“Startup”(启动)选项中查看“Boot Mode”(启动方式)中是否有UEFI选项。另外还有一种最简单有效的方法就是在BIOS界面里试着移动一下鼠标，要是鼠标能用的话，那主板肯定是支持UEFI的。

制作安装U盘

首先下载两个操作系统的安装包。Windows10可以到https://msdn.itellyou.cn的网址去寻找需要的版本；银河麒麟则先登录https://www.kylinos.cn官网，点击“桌面操作系统”，然后点击“银河麒麟桌面操作系统V10”，再点击右上角的“申请试用”，进入产品试用申请界面，填写好申请用户的信息后点击“立刻提交”按钮(见图1)。

进入下载界面后，我们再点击AMD版下载，得到名为“Kylin-Desktop-V10-SP1-HWE-Release-2203-X86_64.ISO” 的2203版ISO安装包。Intel版其实也是同一文件，可能是官网为了区分不同处理器，所以搞了两个链接。

最后我们再到https://www.ventoy.net/cn/download.html下载一个名为Ventoy的软件。然后插上安装U盘，解压Ventoy压缩包并执行其中的Ventoy2Disk.exe文件，弹出如下画面(见图2)。点击“安装”按钮，确定格式化操作并完成U盘的写入后，把刚才下载的两个操作系统ISO文件全部拷到U盘中。

安装Windows10系统

插上安装U盘后重启，以U盘为第一启动设备，显示麒麟和Windows两个可选项。

这里我们先移动上下方向键选中Windows的ISO选项，回车后再选第一项“Boot in normal mode”(常规模式引导)。如果是固态硬盘也可以选第二项“Boot in wimboot mode”(WIM压缩包模式引导)，这样可以适当地提高安装速度。

进入Windows10的安装后，前面的步骤就直接跳过了，一直到“您想将Windows安装到哪里？”的界面时，按“Shift+F10”快捷键进入命令行窗口，然后逐次输入以下命令。

(1)diskpart

启动硬盘分区管理命令

(2)list disk

查看当前的磁盘(第一个是硬盘、第二个是安装U盘)

(3)sele disk 0

选中第一个磁盘(硬盘)为当前操作盘

(4)clean

清除操作盘的分区信息

(5)conv gpt

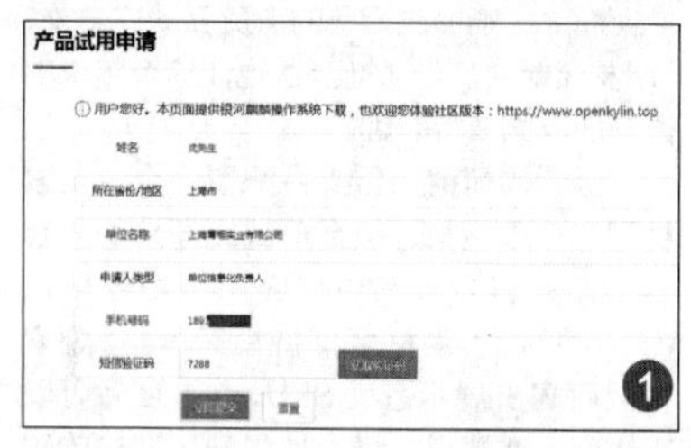

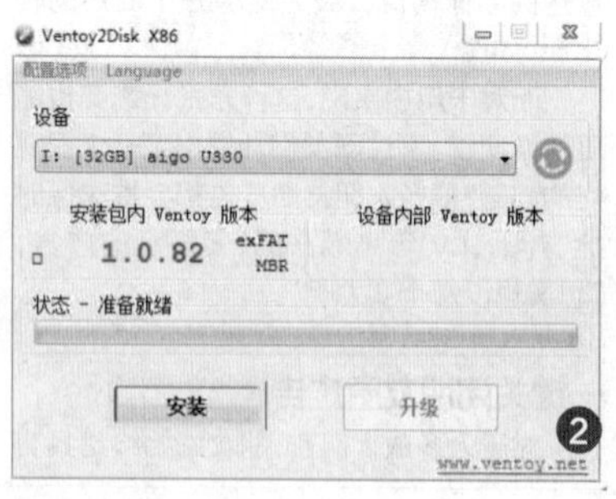

将操作盘定义为GPT格式

(6)crea part efi size=256

创建大小为256兆的EFI分区(注意原来Windows系统只要128兆，但因为麒麟系统要求该分区的最低容量为256兆，所以这里扩大到256兆)

(7)crea part pri size=102407

创建大小为100GB的主分区(即C盘，

102407 是 100GB 格式为 NTFS 的精确值）

（8）crea part pri size=307204

创建大小为 300GB 的主分区（即 D 盘，307204 是 300GB 格式为 NTFS 的精确值）

（9）exit

退出 DiskPart 硬盘分区管理

（10）exit

退出命令行窗口返回安装界面

此时再点击“刷新”，就可以清楚地看到硬盘最新的分区情况。这里强烈建议先选中 300GB 的分区 3 后执行格式化，然后再选中 100GB 的分区 2 进入后续的安装，这样进入系统后无须磁盘管理操作就能把所有驱动器盘符直接分配到位了。

后面的操作就和平常的安装步骤一样按提示进行，直到安装完成。

安装银河麒麟系统

插上安装 U 盘后重启，这次选择第一项麒麟的 ISO 安装包，第二步同样选择“Boot in normal mode”（常规模式引导），再在安装选项中选第二条“Install kylin-Desktop V10-SP1-hwe”。

此处要特别注意，系统默认是进入第一项的试用版，而且等待的时间很短，所以到了这里要集中注意力，千万不要错过了。

后面的安装步骤也省略跳过，等到了“选择安装方式”的界面时，一定要选择和点击“自定义安装”。

在“选择安装方式”这里我们可以看到硬盘已经有了几个分区，这就是前面安装 Windows 系统的结果。现在我们点中最后的空闲行，再点击右侧的“+”键。

接下来我们要创建麒麟系统的四个主分区。其中“新分区的类型”和“新分区的位置”的值全部都选默认值。

注意事项：

1.因为显示器分辨率大小的不同，所以后面的几项分区要向下拖动右侧的上下滚动条才能见到最末的空闲行。

2. 因为先前 Windows 系统已经创建了 256 兆的 EFI 分区，所以麒麟系统这里无须再建。

分区完成后点击“下一步 ”按钮，在“确认自定义安装” 界面中勾选 “确认以上操作”，再点击“开始安装”按钮，按系统提示直到完成安装。

最后要特别注意，在安装的结束阶段会有一个“安装完成，现在重启”的提示。这里笔者强烈建议在点击“现在重启”按钮后，要静等到下一个“请取出安装介质，再按 Enter 键”的界面出现时，再取下安装 U 盘。

之所以这样建议是因笔者有过两次习惯性地过早拔下 U 盘导致安装失败的教训，后来才发现这是因为在出现图 7 画面之前，U 盘仍有在读写的操作所致。

按下 Enter 回车键重启，开机时会出现四个菜单选项。

选择第一或第四项可以分别进入麒麟和 Windows 系统，另外第二项、第三项是麒麟系统的备份与还原和高级选项，有兴趣的用户可酌情试用。

手速越快红包越大？数字人民币红包来了

● 文/沈军

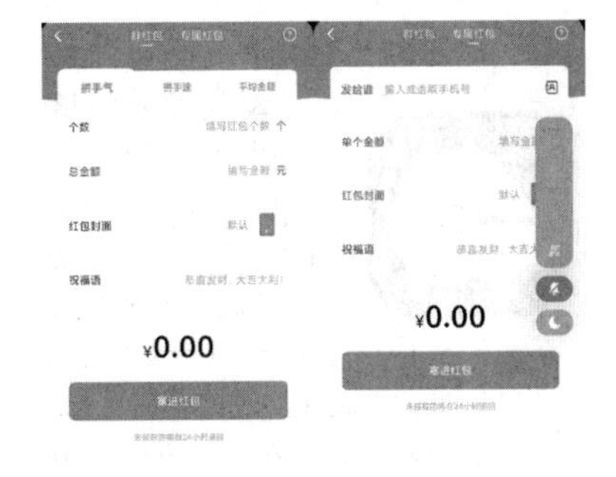

数字人民币红包来了

新春佳节，红包自然是不可或缺的元素，相对往年微信、支付宝红包，今年数字人民币的加入，为兔年新春平添了一份乐趣。

打开数字人民币 App 可以看到，“服务”页新增“现金红包”选项，该选项与“消费红包”由政府、企业等单位发放、有指定使用条件、无法存回银行账户不同，现金红包是直接计入数字钱包余额的一种数字人民币红包，现金红包领取后没有使用限制，可用于支付或存回账户（如图 1）。

目前，数字人民币红包分为专属红包和群红包。其中，专属红包是发给指定手机号联系人，联系人收到通知后打开数字人民币即可领取红包。而群红包可发给微信 /QQ/ 支付宝好友，好友通过红包分享链接领取红包。

现金红包界面显示，红包分为“群红包”和“专属红包”两类。“专属红包”可发给指定手机联系人。“群红包”可以由发放人通过微信、QQ、支付宝等社交平台发放，红包类型分为拼手气、拼手速、等额红包三种，其中“拼手速”红包为先到多得，越“手快”抢到的红包越大。

发放人还可以选择红包封面，目前 App 中有“祝福祖国”“生日快乐”“财源广进”“恭喜发财”“年年有余”等多款封面供用户选择。数字人民币 App 本次更新的第二个亮点是新增专属头像功能。用户可在“我的”页面点击左上角头像区，一次默认生成 6 个头像，用户可任选其中 1 个作为专属头像。头像图形以数字人民币 IP“圆圆”形象为基础。

说明显示，专属头像是唯一的，不会和其他用户重复。用户还可以在“头像管理”页面点击“头像挂件”为头像增加装饰性元素。

数字人民币头像这一设计颇具巧思，酷炫好玩的背后，还加入了拉新促活的策略。规则显示，“每个账号默认只有一次生成头像的机会，您可通过分享头像海报邀请未注册数字人民币 App 的用户参与活动，每成功拉新 3 位用户，您可以增加一次生成新头像的机会，拉新的用户越多，获得额外生成头像的机会越多”。

在淘宝上使用数字人民币钱包快付

除数字人民币红包在新春佳节给人们带来互动社交的乐趣外，前不久支付宝加入数字人民币受理网络，成为首家支持数字人民币钱包快付功能的支付平台。现在，在淘宝、上海公交、饿了么、天猫超市、盒马、喜马拉雅等 App 上买东西，可以用数字人民币付款啦！

下载并注册数字人民币 App，可开通任意一家银行的数字人民币钱包（如网商银行），开通数字人民币钱包后，可在淘宝 App 下单页面看到 “数字人民币” 支付入口。在淘宝下单页面选择 “数字人民币”支付，既可以选择已使用过的“数字人民币钱包”直接支付，也可以选择“添加数字人民币钱包”跳转到“数字人民币 App”进行支付。

截至目前，数字人民币 App 上支持钱包快付的商户多达 91 家，包括京东、小米商城等 30 个购物商户；美团、快手等 17 个生活商户；天府通、滴滴出行等 23 个出行商户；携程旅行、春秋航空等 6 个旅游商户；完美校园、哔哩哔哩等 15 个其他类型商户。快付商户数量持续扩容，为数字人民币深入大众生活，与传统电子支付工具互联互通提供更多的可能性。

此外，为了方便用户使用数字人民币，用户可在支付宝 App 内搜索“玩转数字人民币”了解使用技巧。目前各大银行在数字人民币开通和使用上均推出了一些优惠活动，一些开户红包多少也是一份心意和实惠，支付宝以集合的方式发出，也为用户提供了不小的便利。

2022年度编辑推荐App

TOP 1:万能小组件

借着 iOS 16 正式推送，它的热度直线上升，在各大应用下载平台持续霸榜，热度仅次于微信、抖音等国民级应用。不光拿出了针对 iOS 16 特别开发的锁屏小组件等功能，还是第一批支持灵动岛且适配良好的应用之一，实现了下载量及口碑双丰收。

不仅如此，这款 App 还提供了桌面布局美化、应用内功能快捷启动、负一屏组件等诸多实用功能，在 Android/iOS 平台都能使用，是一款实用的系统级应用。

TOP 2：意间 AI 绘画

AI 绘画，绝对是去年第四季度最火热的话题之一，该功能在社交平台掀起一股旋风，相信不少人都尝试过。

类似的 App 挺多，质量也是参差不齐，意间 AI 绘画是其中一款体验较好的 App，它不用付费，也不需要排队等待长时间处理，并且可以手动设置一些图片参数以及关键词等，制作出来的成品也更接近于用户需求。再加上小程序的迅速传播，用户量也得到极大提升。

TOP 3:笼中窥梦

这款游戏的设计十分巧妙，玩家通过旋转场景等方式，让这个神秘的立体空间呈现出不同的世界，包括工厂、灯塔、游乐园等，并且发挥脑洞和想象力，让这些场景与物体产生奇妙的互动，最终才能解密成功。

不仅是玩法独到，这款游戏的画风也足够亮眼，不少人都将其称为《纪念碑谷》的继任者，因此，它也得到苹果官方年度推荐游戏等奖项，得到了用户以及官方平台的肯定。

TOP 4:无边记

苹果官方推出的一款应用，它为用户提供了一个巨型白板，可以导入文字、手绘、视频等素材，快速制作思维导图、总结报告等。它不光能通过 iCloud 在不同设备间自动同步，还可以邀请多人协同，是一款极为实用的 App。

它的出现，可以取代不少的笔记、办公等工具，无论是学生，还是各行各业的打工人，都可以用它在多设备间进行协作，为小型团队提供了一种非常高效的学习 / 工作模式。

TOP 5:羊了个羊

这款游戏几乎是无人不知，因为极其简单的玩法，加上魔性的画风及背景音乐，迅速火爆了起来。

游戏本身很简单，入选也是因为它代表着一类上手难度低，且适合大众娱乐的小游戏。以前就出现过 flappy bird、跳一跳等现象级游戏，只是后续还需开发出更多玩法才能保持热度。

TOP 6:Keep

去年在大环境下，居家健身成为用户的主流选择，特别是去年在短视频平台出现了刘畊宏等多个运动类的头部主播，让健身成为全网热点，用户的积极性同样很高。

Keep 一直专注于运动健康，提供了海量的健身课程，兼顾不同程度的用户，提供了塑形、心肺训练、瑜伽等多种运动类型，适合每个人参与。另外，在其中还有不少的用户分享自己的经验，也能互相激励，共同努力。

TOP 7:汽水音乐

作为一款去年 6 月才上线的 App，汽水音乐战斗力十分强悍，不光顽强地活了下来，目前仍然在 App Store 音乐类应用免费版排名第一，是一款能够维持长时间热度的音乐 App。

它的操作和其他音乐平台不太一样，需要像短视频平台一样滑动，随机播放模式会更有新鲜感。汽水音乐背靠抖音，曲库多大多数都来自短视频平台的火爆 BGM，对于喜欢这类音乐的用户，应该会非常喜欢。

TOP 8:英雄联盟电竞经理

这款游戏在去年夏天正式开始全面公测，上市之后很快就登上了 App Store 游戏榜的第三名，随后也借着全球总决赛的热度，让喜爱英雄联盟的玩家有了一个新的聚集地。

游戏的玩法类似足球经理这类模拟经营游戏，只是将主题设定在英雄联盟的电竞世界中，而且是由拳头公司官方出品，拿到了职业选手的真实数据，再加上 LPL 的官方支持，让玩家可以和这些电竞选手一起拼搏。

TOP 9:木鱼 - 念经助手

这同样是一款现象级应用，它的功能十分简单，就是通过点击屏幕为自己积累“功德”，就是这样一个简单且朴实无华的应用，成为全网热点，催生了许多相关的表情包及网络热词。

就是这样一个简单的应用，让大家在比较苦闷且压力倍增的工作、生活中得到了一丝安慰。随后又开发出自动敲击、更换音效及背景音乐等功能，让网友在敲木鱼的过程中能获得更多的快乐。

TOP 10:YaoYao - 跳绳

这款应用功能比较简单，就是帮用户记录跳绳次数。入选是因为它在去年初新增了一个全新功能——通过 AirPods 计数。

它用到了 AirPods 上的 H1 芯片，通过加速传感器协同工作，从而实现精准计数并且输出运动图表。在未来，也许会有更多 App 能将硬件设备的功能彻底开发出来，实现更多的玩法。

优化麒麟操作系统的办公应用

银河麒麟操作系统缺省配置了WPS办公软件，其中包括WPS文字、WPS演示、WPS表格，可以满足文档编辑、数据表格、PPT幻灯片制作等办公日常应用的基本要求。但白玉微瑕，任何事物都难免有美中不足的地方，下面我们就对麒麟操作系统的办公应用作一些优化。

安装WPS个人免费版

麒麟系统预装的WPS办公软件只有30天的试用期，而正版的一套要好几百元了，这对个人用户来说有点小贵。好在天无绝人之路，我们可以用WPS免费版来代替。首先点击“开始”—“WPS 2019”—右击—“卸载”，卸载系统原有的WPS（见图1）。

然后我们安装WPS个人免费版（之所以用命令行安装，是因为该安装包较大，用命令行安装可以看到进展，否则在一些硬件较差的计算机上通过双击deb文件安装的话很容易误以为是死机了）。

“Win+T”组合键打开终端，输入命令

sudo dpkg -I WPS-office_11.1.0.11664_amd64.deb

这里介绍一个小技巧：我们可以先打开一个窗口，把路径引到存有WPS安装包的位置，再打开终端，输入sudo dpkg -I，然后直接把deb安装包文件用鼠标拖到终端窗口里，这样就可以省却输入复杂的路径和文件名称的操作了（见图2）。

回车后会弹出一个“发现未知来源应用安装”的提示，点击“允许”按钮后开始解压和设置（见图3），这个过程需要的时间较长，要耐心等待完成。完成后桌面出现WPS2019图标，启动后不再有序列号输入的要求。

最后就是虽然我们已经可以使用WPS免费版了，但还必须输入一条锁定WPS升级的命令，否则以后系统会自动更新到系统预装版本上，那可就前功尽弃了。

sudo echo “wps-office hold” | sudo dpkg ——set-selections

完成后再输入查询WPS是否成功锁定的命令

sudo dpkg ——get-selections | grep hold

如果出现“wps-office hold”的提示，说明锁定成功（见图4）

添加新字体

虽然麒麟系统本身已经带了很丰富的字体，但有时我们还是想添加一些自己喜欢的另类字体，下面我们就来操作一下如何将新字体加入。

按“Win+T”组合键打开终端，执行如下命令：

sudo cp * /usr/share/fonts

将扩展名为TTF的字体文件拷贝到麒麟系统目录中

cd /usr/share/fonts

进入字体文件夹

sudo mkfontdir

创建字体的fonts.dir文件用来控制字体粗斜体产生

sudo mkfontscale

创建字体的fonts.scale文件用来控制字体旋转缩放

sudo fc-cache

建立字体的缓存信息

Reboot

重启计算机

再次进入系统，这时候我们就可以使用新的字体了（见图5）

巧装惠普打印机

打印是办公应用中必不可少的一环。但安装打印机驱动是Linux系统中一个较大的难题。有时即使下载安装了官网的驱动，系统虽然显示已经识别出打印机，但却仍然没有打印的动作，令人十分困惑。在此笔者以安装HP Laser 150激光打印机为例，介绍一种非常有效的方法。

第一步在麒麟系统中安装“惠普hp-hplip打印驱动”“惠普uld打印驱动”和“惠普uld打印驱动依赖”三个deb文件。

第二步将HP Laser 150打印机的USB数据线连接到计算机上，并打开电源待机。

第三步双击“计算机”图标—“属性”—点击“打印机”—在“打印机和扫描仪”中单击“+ 添加”—在“打印机-Localhost”中选“+ 添加”。此时在“选择设备”的“设备”中会有“HP—color Laser 150”的选项，点击选中—“连接”选默认值“USB”—点击“前进”按钮（见图6）。

此时系统出现“正在搜索驱动程序”的提示，在稍后弹出的“选择驱动程序”“可安装选项”“描述打印机”全部选默认值。

最后系统出现“您想打印一张测试页吗？”的提示，选“打印测试页”。如能正常打印出测试页，就表明打印机已经能正常使用了。

其他打印机比如得实、理光等品牌的，都可以用类似的万能驱动包来实现安装。

1

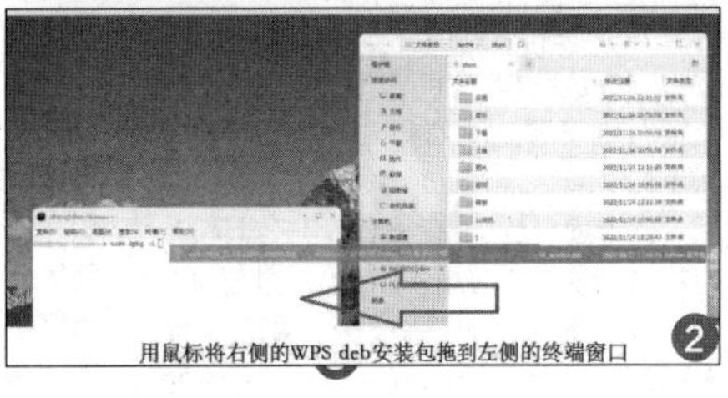
用鼠标将右侧的WPS deb安装包拖到左侧的终端窗口 2

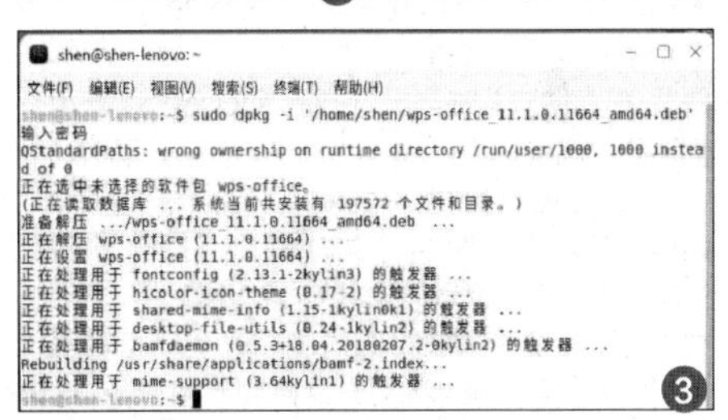

3

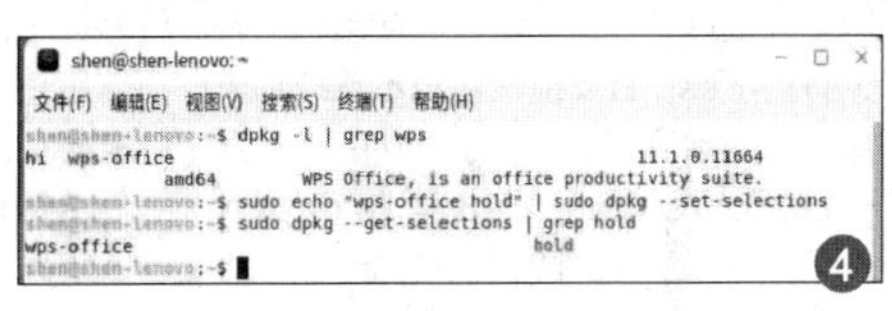

4

雅黑字体雅黑字体

方正剪体方正剪体

庞中华行书庞中华行书

5

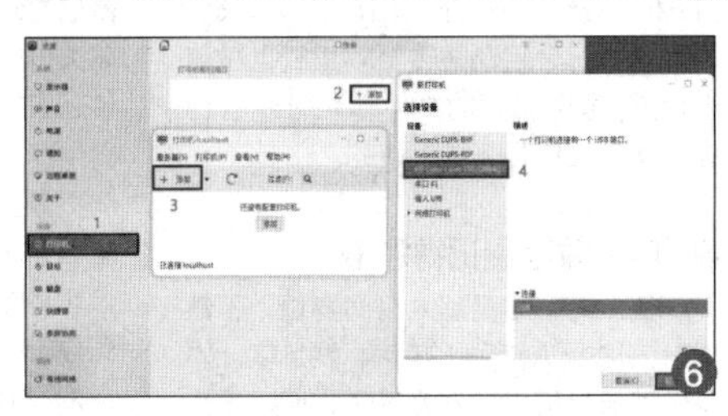
6

支持聊天文件备份！打造阿里云盘同步

● 文/阿离

支持微信文件备份

凭借不限速上传下载和超大空间容量，阿里云盘以极快的速度在终端市场崛起，不过相比百度云盘、移动云盘等产品，阿里云盘在功能设计上显得有些“单薄”，以Android 3.16.2版阿里云盘为例，其首页仅提供照片备份一个数据备份选项，而其他网盘则大多提供微信/QQ等同步备份功能。想要开启更多备份功能，用户需要在Android 3.16.2版阿里云盘“我的”界面，点击右上角设置按钮，在设置界面中点选“手机文件备份设置”，则可看到微信和QQ备份项（如图1）。

这里要提醒大家的是阿里云盘移动端备份默认是在Wi-Fi环境下进行，这样就可以最大限度节省流量，考虑颇为周到。而在PC版的阿里云盘上，虽然在工具菜单栏里设置有专门的“备份空间”，但并未直接提供针对微信/QQ等软件的专门备份项。

在PC端点击“备份空间”项后，再根据提示点击“创建备份文件夹”项，这里就可以手动选择微信或者QQ的文件夹进行备份设置（如图2）。

总体而言，虽然阿里云盘提供了常用聊天工具的备份功能，但使用起来多少有些不便，且支持软件也不算特别丰富，而随着阿里云盘iOS 4.0版正式发布，其作为阿里云盘2023年的首次重大升级，备份成为重要的升级功能。

在iOS 4.0版阿里云盘中，用户通过阿里云盘“我的备份”查看其他设备备份或选择应用数据备份。其中，应用数据备份包括阿里云盘文件转存、微信文件备份、钉钉文件备份、通讯录备份（如图3）。

以“微信文件备份”为例，单次最多可选择100个文件，备份的文件在“来自：微信备份”中查看。点击“选择聊天中的文件”后，会自动跳转至阿里云盘微信小程序，选中想要的文件即可，当然，已经过期的文件是无法上传的。

66年有效容量记得领取

备份的基础是超大空间容量，不然单微信这个“吃容量的黑洞”就足以让不少免费云盘用户感到泄气了，而对于大方的“阿里云盘”而言，获得超长有效时间的容量总是那么诱人。在“阿里云盘—我的”设置界面中，点选“福利社”，这里可以看到阿里云盘当下主推的活动，第一条便是“免费领66年容量”（如图4）。

用户只需完成“开启相册自动备份”“备份1000张照片”“文件容量使用达到80GB”即可领取该福利，完成这些任务之后系统就会自动发放福利。相比第一波推广时期打出的“永久免费”，66年的有效时限也算是非常不错了。

事实上，在2022年12月底，阿里云盘就调整过一次会员体系，新增8TB超级会员的同时，6TB会员和20TB超级会员则被下架，这对于较晚购买阿里云盘会员的消费者可就不算是特别好的消息了，不过对于第一批支持阿里云盘会员的用户而言，阿里云盘后续仅支持已订购20TB超级会员且在有效期内的用户续费购买，未在20TB超级会员有效期内的用户在商品下架后将不支持购买。

随着用户数量和规模的扩大，当下阿里云盘在推广方面也很少用容量作为诱饵了，即便是用户分享拉新活动，也是用现金激励的形式，老用户完成分享海报后，新用户通过该海报链接下单购买会员，老用户就可以获得相应的现金返佣，只不过相比拉新返容量活动，现金奖励恐怕对于阿里云盘用户而言吸引力并不是特别大。

阿里云盘微信小程序上线

阿里云盘能够在短期内崛起，同其微信小程序版本的出现，打通阿里和微信用户之间的联系有莫大关系。用户只需要在微信搜索框中搜索“阿里云盘”然后选择阿里云盘小程序就可以打开。目前阿里云盘微信小程序只支持微信一键登录操作，不支持直接用手机号登录操作，但如果用户手机里绑定的手机号非阿里云盘用的号，登录操作就会相对麻烦（如图5）。

阿里云盘小程序目前支持上传本地照片和视频（只支持图片和视频）以及导入微信文件（包含所有类型文件），点击导入微信文件，然后就可以在微信中选择一个聊天（包括单聊或群聊），之后就可以选择该聊天下的文件来上传到阿里云盘中去，其中导入微信文件功能非常方便。

其实最方便的还是分享功能，在阿里云盘小程序中可以非常方便地将云盘里的文件分享给微信好友，而对方收到你分享的文件，也必须先登录阿里云盘后才能查看，不能直接查看，登录小程序后可以进行文件的保存以及在线预览操作（文件大于200MB则不支持预览服务）。但在文件操作方面，目前阿里云盘小程序只支持文件删除以及文件重命名操作，不支持移动等操作。而随着功能的丰富，相信阿里云盘会成为更多人的选择！

1

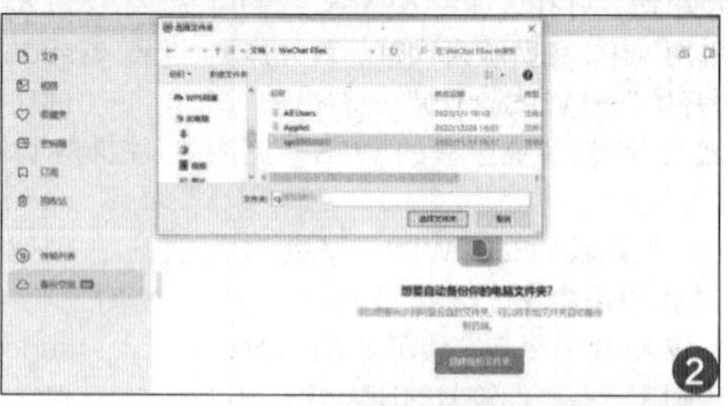
2

3

4

5

支付宝启动太慢？试试“极速模式”

● 文/木偶

支付宝 App 新增“极速模式”

支付宝 App 推出 10.3.30 版本更新，新增了“极速模式”，可根据手机运行情况，开启极速模式，自动收起首页推荐并减少后台服务，加快页面浏览。打算体验的用户，只需要在支付宝 App 首页底部菜单中，依次打开“我的”→设置→通用→极速模式下开启该选项，获得更加流畅的使用体验（如图 1）。

支付宝 App 此前已进行过多项精简，包括关闭“服务动态提醒”、搜索栏推荐、应用动态提醒、活动推荐、栏目管理等等。而今年 7 月，支付宝 App 支持关闭首页的所有推送内容，用户可以在设置→功能管理中找到“首页管理”选项，与此前相比，增加了“搜索栏推荐”和“应用动态提醒”两个选项。

显然，轻量化和快应用有望成为支付宝 App 发展的重要趋势和方向。

“深色模式”开启测试

除了前面两个人们熟悉的模式外，支付

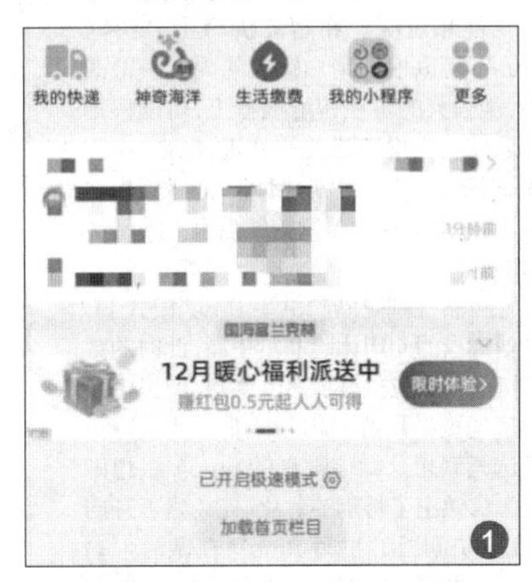

宝用户等候许久的“深色模式”也在 2022 年 12 月底开启测试。有兴趣的用户可以前往支付宝的“支付宝体验官”页面，报名申请进行尝鲜，而如果不想报名，该功能预计也会在近期开始推送（如图 2）。

虽然系统层面的全局深色模式一样可以做到让软件以黑色为主色调显示，但在面

对支付宝这样存在大量小程序的软件时，依旧会显得力不从心，经常出现点开某个页面后就被“闪光弹”晃了一下的情况。而近一段时间支付宝已经有了多项便于使用的功能改动。

包括关闭首页管理的“智能位置服务”“地下室”“服务动态提醒”等，以及关闭搜索栏推荐、应用动态提醒、活动推荐、栏目管理等，深色模式上线后将更加易用。

微信键盘vs腾讯搜狗输入法，一家人为何说两家话

● 文/上善若水

兄弟阋墙是很多人不愿意见到的，可腾讯在已经拥有了搜狗输入法之后，为什么还要“画蛇添足”地额外再来一个输入法呢？2021 微信公开课 Pro 上初次被提及的微信键盘吊足了用户胃口，而在等待近 2 年时间后，微信键盘 1.0.0 正式版终于上线。

打响存量市场争夺战

从 PC 在国内市场普及开始，输入法市场的“战事”就从未停息，尤其是中文输入法领域。1983 年，中科大教授王永民根据汉字书写的特点发明了五笔字型，并在 1989 年成立北京王码电脑有限公司，销售“王码五笔输入法”。五笔字型解决了 PC 端汉字输入的问题，新华社称“其意义不亚于活字印刷术”，而王永民也因此成为“当代毕昇”和全国劳动模范。

而后，郑码、微软拼音、紫光华宇、智能狂拼等输入法开启国内第三方输入法“战国”时代，输入法的“混战”一直持续到 2005 年，直到硕果仅存的四家——智能 ABC、紫光拼音、拼音加加和微软拼音，占据了 90% 的市场。而后，以搜狗输入法为代表的智能输入法出现，以移动端为代表的国内的输入法市场开始出现强弱分化的局面。

2022 年底，易观发布《中国第三方输入法发展分析 2022》显示，中国第三方手机输入法行业市场集中程度较高，第一梯队百度、搜狗、讯飞三大输入法的用户总市占率超过 90%。但截至 2022 年 10 月，中国网络第三方输入法活跃用户规模达 7.42 亿，全网渗透率 71.0%，用户人均单日使用时长为 50.5 分钟，启动次数为 28.7 次，该行业用户近年都表现出“饱和状态”，各家企业都在迎接“存量战”。

而 Mob 研究院出品的《2022 年中国第三方输入法行业洞察》也显示，移动互联网流量见顶，第三方输入法新增用户规模表现出增长乏力的态势，月均使用时长在一季度初出现下跌，但在近一个季度有所回升，提升使用时长，增加用户黏性或为突破口。

总体而言，第三方输入法市场本身已经出现消费者增速放缓，行业增长空间缩小，存量市场形成竞争态势，这样的大环境倒逼第三方输入法行业寻找新的增长点。对于已经拥有第三方输入法头部品牌搜狗的腾讯而言，

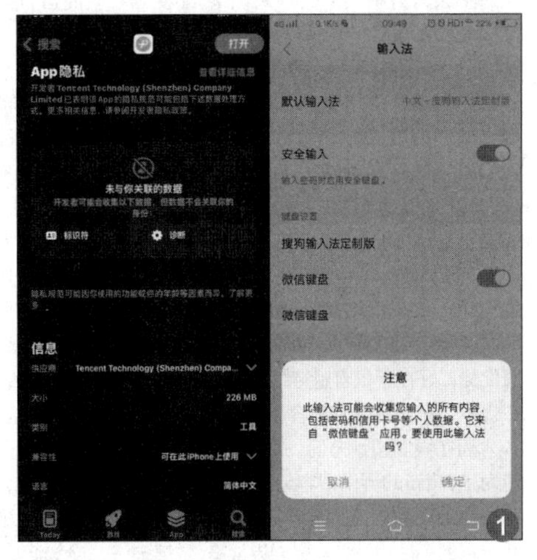

再推出微信键盘有助于细分市场的精准切割，并同搜狗形成品牌联动，在存量战争中发挥抱团优势。

主打隐私保护的微信键盘

想要在已经相当成熟的第三方输入法市场上获得属于自己的成长空间，单凭“微信键盘”四个字显然不足以应对激烈的市场竞争，而从 2021 年第一次亮相开始，隐私保护就成为微信键盘的主打特色。

一年多以前，腾讯举办的 2021 微信公开课 Pro 版微信之夜上（彼时也正逢微信上线十周年），腾讯

高级副总裁、微信创始人张小龙在会上透露团队正在研发输入法，这是属于微信自己的专属输入法，其目的并不是为了抢夺输入法市场，而是为了更好地保护用户隐私。

而从安装和 App Store 页面中，大家也看到微信键盘对隐私数据的收集情况（如图 1）。

除第一次安装明确提示个人隐私外，微信键盘仅收集了标识符和诊断信息，并且这些数据均不会与你产生关联。也就是说，许多人担心的"用微信键盘打字，下一秒就给你推广告"很可能不会出现。

美却并不小

最近一段时间，微信动辄数十 GB 的空间占用让不少用户感到腾讯重新定义了"小而美"，而作为工具型软件的微信键盘，其大小容量自然成为市场消费者关注的焦点。

2022 年 12 月 19 日，微信键盘 1.0.0 正式版发布，现已在各大应用平台上线，其中 iOS 版的体积为 225.8MB，Android 版的体积为 128MB，安装好之后占用空间容量为 255MB（如图 2）。

张小龙称："微信原来并不想去做输入法，但我们会经常收到投诉，说刚刚在微信里聊到什么，就会在其他 App 里看到这个东西的广告，是不是微信在出卖我的聊天记录给广告主，其实并不会，我们从来不会去分析用户的聊天记录，即便因此损失了很多广告收入。所以当我们的技术团队，就是机器语义理解的团队，说我们自己做输入法可能会做得更好的时候，我当然很赞成，因为至少，在安全性方面，我们可以做得足够好。"

作为对比，同样在 Android 生态下，搜狗安装包 61MB，占用空间 112MB；讯飞安装包 52MB，占用空间 112MB；百度安装包 76MB，占用空间 165MB。这样对比后，显然微信键盘在大小体积上并不具备明显优势，好在手机容量持续提升的当下，用户也不会对一两百 MB 容量太过在意。

而在界面设计方面，微信键盘以淡绿色为主，清新的界面很容易获得用户好感。第一次启动微信键盘时，其会提示用户完成一系列个性设置。从引导界面看，微信键盘设置界面分别提供"键盘管理""语音转文字""触感反馈""按键声音""模糊拼音""上滑输入数字符号"等设置，在键盘管理中可添加九宫格、全键盘、手写输入、笔画键盘、双拼键盘等键盘（如图 3）。

在基本的输入模式设置方面，微信键盘支持中英文输入，可选择九宫格、全键盘、五笔、笔画、双拼、手写等多种输入方式。在常用语上，"微信键盘"经常输入的内容可以添加至常用语，输入前三个字或首字母快速发送。

而在众多个性化功能中，相比隐私保护模式，"拼写 Plus"提供了多元化的创新功能和玩法。在智能拼写上，"拼写 Plus"可以根据用户输入的内容一键改错，更强大的是在智能推荐上，可以根据输入的文字推荐相关的书籍、影音、小程序、视频号、公众号等，相当于同微信生态做了联动，而这也是微信键盘最大的特色（如图 4）。

当然，在不开启"拼写 Plus"模式下，微信键盘的使用体验非常干净。此时的微信键盘不会有过度机灵的联想，但仍可以准确地提供候选词和 emoji、特殊符号候选与联想。微信键盘的 emoji 联想则为微信做出了特别的优化。无论是否开启"完全访问"和"拼写 Plus"，在微信中输入时，微信键盘都会优先显示微信表情。在其他 App 中输入时，则会正常显示系统 emoji。

差异化定位

在日常输入、表情符号插入等应用上，微信键盘同搜狗键盘差异并不大，包括九宫格布局上，只不过微信键盘整体更显"清瘦"一些。在具体键盘设置方面，微信键盘也提供了包括触感反馈、滑动输入等功能在内的大量自定义板块（如图 5）。

微信键盘的触感反馈提供了三挡可调，对于习惯用手机高频输入文字的用户而言，这样细微的差别感受还是非常明显的，不过微信键盘在设置菜单上，需要用户通过滑动来实现功能模块的切换和选择，搜狗键盘则在一个界面中展开，功能切换选择上反而效率更高一些。

只不过在生态方面，搜狗构建的是"输入法 + 浏览器 + 搜索"三级模式，以输入法为入口层层拉动，最后通过搜索变现，相对而言架构在社交应用之上的微信键盘显然更贴近 C 端市场个人消费者。而对于腾讯而言，输入法本质上是连接用户与互联网的门户，在 PC 时代是如此，在移动互联网时代同样如此。输入法用户频繁且连续的输入需求为其带来了不俗的黏性，且作为信息输入的源头，输入法的战略重要性毋庸置疑，其关乎信息安全，能够沉淀的信息也包罗万象，两款输入法在 C 端消费市场相辅相成，相对其他输入法而言无疑具有明显优势。

总结： *总体而言，微信正在逐步尝试将社交与内容进行相互转化，筑起一道新的防线，而微信输入法正是关键的一个步骤。通过微信输入法产生的个人数据库累积，除了能够优化用户的聊天体验，更重要的是能够深化对用户想聊内容的理解，从而孵化出更多平台内容满足需求，由此抵御来自抖音等内容平台的攻击。*

2

3

4

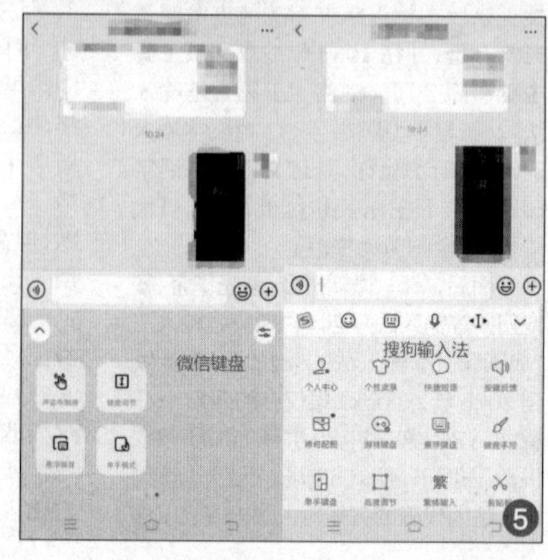

5

玩转动态图表，让PPT瞬间高大上

● 文/木偶

年终总结、新年规划、第一季度项目执行……面对一大堆已经或者正在计划中的PPT，感叹工作辛苦的同时，有否想过加入一些炫酷元素，让你的PPT脱颖而出呢？对于经常使用PPT的用户而言，动态图标的加入，绝对能让你的PPT瞬间拔高几个档次！

巧用 Excel 完成动态图表

动态图表是一种根据我们的选择，来实时展示不同信息的图表。它可以让数据由静态转为动态，更生动，更有灵魂地表现出来。在具体使用方面，以WPS Office新建或打开Excel表格为例，依次点击“插入”-“窗体”-“组合框”，在表格内插入组合框（如图1）。

鼠标右键插入的控件（组合框），选择“设置对象格式”。在“设置对象格式”弹出框中选择“控制”，根据需要设置“数据源区域”（这里选择B2:B4区域），以及“单元格链接”（选择一个空白单元格，这里选择A6，这里尽量选择A列的单元格），“下拉显示项数”是自动生成，根据需要选择是否勾选“三维阴影”，然后点击“确定”。完成上述操作后，更换项目，会根据所控制的单元格改变数值，与原始数据的编号相对应。

选中B6单元格，点击“插入函数”，选择并插入INDEX函数。在INDEX函数中，“数组”表示我们要引用的区域，这里选择（A2:H4）区域（如图2）。

“行序数”表示要引用的行的序数，这里选择（A6）；列序数，可使用（COLUMN()）返回当前单元格所在的列序数；区域序数，对一个或多个单元格区域的引用，此案例这里可忽略（注意：COLUMN函数可返回数组单元格的列数，常常用于统计列数项目）。

设置完成后即可在B6单元格生成数值，后面填充其他单元格，或复制该公式到其他单元格生成数据（注：这里公式为“=INDEX(A2:H4,A6,COLUMN())”），再选中上述函数生成的数据，依次点击“插入”—“函数”，根据需要选择一种图表类型插入（如图3）。

此时，用户只需修改控件，数值就会发生改变，即可匹配到对应的图表。

能成为视觉焦点的词云图

除了插入动态图表能让PPT格调满满外，放上一张词云图更能让你的PPT成为视觉的焦点。

词云图通过字体大小和颜色的变化，让人一眼就能看到图表中最重要的信息。词云图是一种很特殊的图表，它既没有坐标轴，也没有点线面的组合，可不同的呈现形式，令其在更具视觉冲击力的同时，内容表达也更为直接。打造词云图的过程并不算复杂，用电脑WPS打开要进行可视化的词频数据表格，选中需要可视化的数据。依次点击工具栏“插入”-“全部图表”中的“其他图表”，找到“词云图”，就可以了（如图4）。

点击图表右上角的设置，还可以调整“主题色”“标题”“附加信息”等配置项。

而除了在Excel中制作词云图，用户也可以直接在PPT中完成词云图的制作和插入。具体操作时只需打开一页空白PPT，依次点击工具栏“插入-全部图表”，在“其他图表”分类里找到“词云图”，就可以直接在PPT里插入词云图了，初始插入方式同Excel几乎一样。

插入之后，可以点击右侧的“编辑数据”，把示例数据替换成我们自己的数据。

在线生成图表

对于实在是懒得研究又或者PC未安装任何办公软件的用户，借助“镝数图表”“清流”等在线图表制作工具，同样能轻松获得想要的图表元素。

以“镝数图表”为例，进入官方主页后直接点击“免费试用”按键即可，其官方在这里提供了非常多的图表样式可供试用。选择想要试用的模板后会提示关注公众号登录，而后添加客服还可以领取7天的免费会员。图形化的编辑界面，用户不仅可以在页面中央位置看到编辑好的动态图表，更可以直接在右侧操作框中编辑图表颜色、大小或编辑其中的数据，简洁明了的界面，让职场“小白”也能轻松制作出炫酷的动态图表（如图5）。

不过当前作品无版权风险，会员用户可免费商用，非会员用户仅限个人/公益使用，而当前一个月的会员费用是25元，除可获得一些会员功能外，还能额外获得一些图文存储空间，这本身也是这类在线办公应用平台的获利方式，用户则可根据个人需求选择是否充值会员。

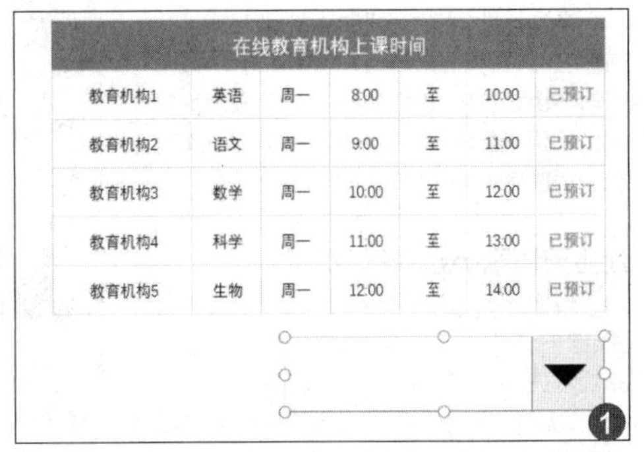

在线教育机构上课时间

教育机构1	英语	周一	8:00	至	10:00	已预订
教育机构2	语文	周一	9:00	至	11:00	已预订
教育机构3	数学	周一	10:00	至	12:00	已预订
教育机构4	科学	周一	11:00	至	13:00	已预订
教育机构5	生物	周一	12:00	至	14:00	已预订

1

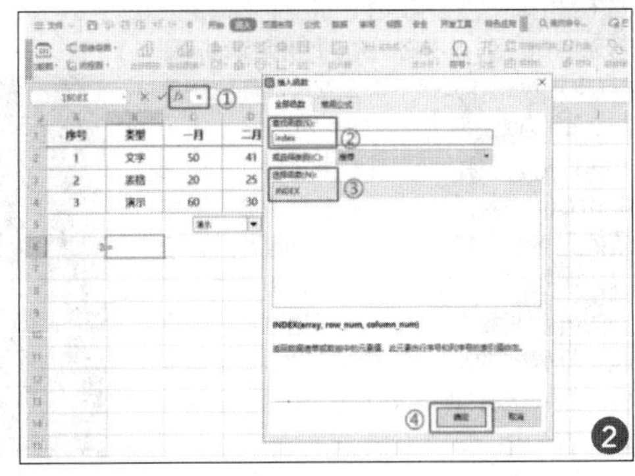

2

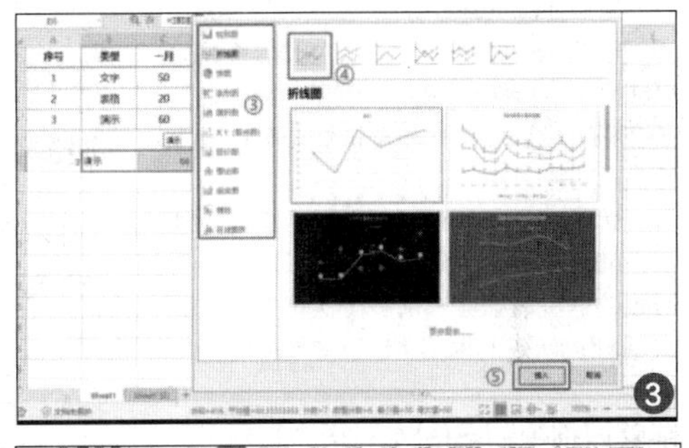

3

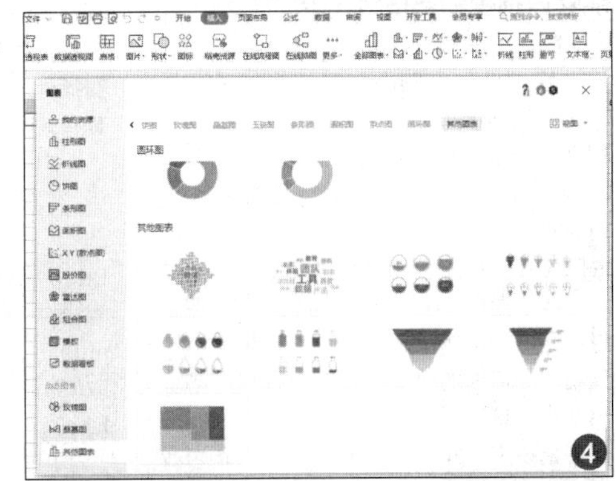

4

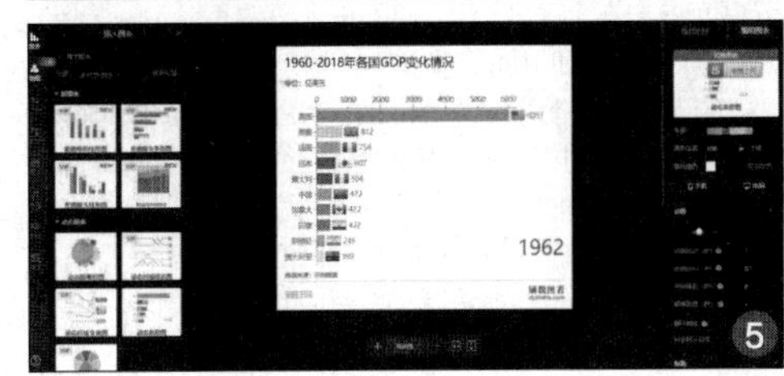

5

找歌不求人，听歌识曲助你成为音乐达人

●文/ 上善若水

亲友聚会，当听到喜欢的旋律而又不知道歌名时，是否心如猫爪？当 iOS 用户喊出一句“Siri，这是什么歌曲？”并得到准确答复时，是否羡慕得不行？别慌，Android 阵营 App 的听歌识曲功能当下已经相当强大。

让主流听歌 App 帮你找歌

当下，大多数人使用的 QQ 音乐、网易云、酷狗、酷我等音乐平台，都内嵌有听歌识曲功能，以网易云音乐为例，其“听歌识曲”功能，支持听歌、哼唱、说歌词识别，具有相当不错的精准度。用户在手机上启动网易云音乐 App 后，点击右上角的“听歌识曲”图标（麦克风图样），接下来在安静的环境下等待 App 自动识别即可（如图 1）。

此前，网易云音乐曾推出“悬浮识曲”功能和 Chrome 插件“云音乐听歌识曲”，丰富不同场景下的听歌识曲体验。网易云音乐“悬浮识曲”功能解决了同一设备不同应用间的听歌识曲需求，用户可以通过手机麦克风识别其他 App 中的音乐。Chrome 插件“云音乐听歌识曲”解决了用户在 PC 端网页识曲的需求（如图 2）。

用户在浏览网页音视频的过程中，无需通过手机 App 进行听歌识曲操作，而是可以在网页直接使用该插件实现“一键识曲”，云音乐听歌识曲插件还支持红心歌单收藏等多项功能。

然而，主流音乐 App 的听歌识曲功能虽然强大，但遇到曲库里没有收录或是没有版权的情况可能会识别多少次都无法找到或是识别错误，这时不妨试试其他路径。

能够识别视频 BGM 的华为音乐

相对主流音乐 App，华为、小米等力图打造软硬件生态的品牌同样提供了音乐 App，借助这些 App 的听歌识曲功能，一定程度上能弥补主流平台的不足。以华为音乐为例，用户在打开抖音、快手等视频 App 时，下滑左上角呼出应用助手，点击听歌识曲即可开启跨应用识别音乐（如图 3）。

在华为音乐中，用户只要点击首页搜索栏右侧的“听歌识曲”图标即可一键识别。如果用户想更快地使用该功能，还可以在鸿蒙桌面长按华为音乐图标，点击“听歌识曲”即可开始识别。此外，用户也可以进入华为音乐桌面点击右上角四个点，随即进入设置页面看到“听歌识曲”功能按钮。

目前，华为音乐的“听歌识曲”功能支持跨应用轻松识别视频的背景歌曲，快速获取歌名、演唱者等相关信息，并可一键播放、收藏。而其他品牌音乐 App 的听歌识曲功能在使用和功能上也大同小异，听歌识曲作为高频使用功能，用户基本都可以在首页醒目位置找到，而不同品牌间的曲库互补，也为找歌提供了便利。

浏览器中的音乐识别软件

苹果旗下音乐识别平台 Shazam 的强大让不少人都羡慕不已，其实，在过去二十年的发展历程中，Shazam 早已跳出苹果生态，无论是 Android 还是 PC 阵营都可以使用，后者主要是通过 Chrome 浏览器插件实现的，而除 Shazam 外，AHA music 也是浏览器中较为主流的听歌识曲软件，更可贵的是其在微软 Edge 浏览器插件中也可下载安装，具有较强的适用性。

启动 Edge 浏览器后，在右上方工具栏中点选“打开 Microsoft Edge 加载项”，即可在搜索框中直接搜索“AHA music”，完成后点击“获取”即可安装并使用（如图 4）。

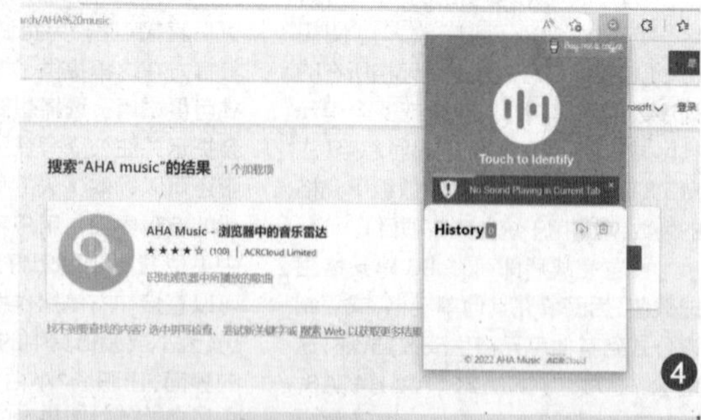

用户在网页中点开扩展图标就可以用于识别所浏览网页中正在播放的歌曲、视频等背景音乐，同时只要能识别出来的话会提供 YouTube、spotify、Apple Music 的在线播放地址。它的曲库来自 AHA music，一般来说不是太冷门的音乐基本都能找到。

除了浏览器插件帮助听歌识曲外，PC 用户还可以使用 midomi 这样的在线识别音乐网站找歌。进入 midomi 主页后，点击中间的按钮就可以播放外界音乐或是哼唱进行识别搜索，相比上面几个在识别速度以及识别率上要低一些（如图 5）。

手机“碰一碰”便能支付！玩转数字人民币重磅新功能

● 文/阿离

手机没网没电也能用数字人民币?是的!随着越来越多App加入对数字人民币支付的支持,数字人民币的功能也在日趋完善中。

没电、没网也能支付

在外面手机没电自动关机,想要支付却没带现金;在便利店结账时因为信号不好,只能站在原地等待连接……在数字支付时,因为无网无电造成的各种尴尬瞬间,相信你肯定遇到过。而随着数字人民币新一代功能的完善,这一切都不再是问题。

目前,数字人民币的钱包体系以载体进行划分,主要分为软钱包及硬钱包,前者是指数字人民币App这样的代表,而后者是指基于芯片形式存在的数字人民币硬件钱包,支持收付款双方在无网络或信号不佳的区域,可通过“碰一碰”方式完成双离线支付,还可支持通过“贴一贴”方式与软钱包相连。

数字人民币App显示,华为、荣耀、小米(红米)、OPPO、vivo五大国产手机品牌的部分机型支持该创新功能。总体而言,“无电支付”是硬钱包的一种技术功能,主要解决一些无网、无电、极端天气等场景支付问题,与手机结合则提升了硬钱包的便利性,“无电支付”也将是数字人民币移动支付方式的重要补充。

手机“碰一碰”便能支付

在部分安卓手机用户中,数字人民币App硬钱包的“支付设置”,已经新增“无网无电支付”入口。以小米手机为例,小米手机用户打开数字人民币App,点击“我的—硬钱包”,点击页面右上角“+”号,选择“小米钱包”,按照页面提示操作即可完成硬钱包添加(如图1)。

小米手机用户开通数字人民币硬钱包后,就可以看到“无网无电支付”入口。“无网无电支付”让用户在手机无网络、关机状态下仍然可以使用手机“碰一碰”收款终端完成支付。小米手机用户开通数字人民币App中的无电支付功能并设置好关机后可支付次数和额度即可。目前免密支付额度在500元以内,最高可用次数为10次。

具体在安全方面,用户可设置手机无电支付功能可支付次数和免密额度限制,后台系统根据用户设置,进行交易风险控制。在无电支付时,如果交易金额超过了免密额度,需要用户在受理设备上输入支付密码,后台系统校验通过后,交易才可进行。同样,如果在无电情况下支付次数超过限制,交易也无法进行。如果手机丢失,用户可在另外一部手机上登录数字人民币App关闭无电支付功能,防止资金损失。

用数字人民币购票乘车

“无网无电支付”功能的开启,手机使用数字人民币购票乘车有望成为一大热门应用。一方面,交通场景属于日常消费中的小额、高频场景,与数字人民币小额零售的定位天然契合;另一方面,交通领域应用场景能够为今后数字人民币大规模推广起到良好铺垫作用。

以广州地铁为例,乘客只需下载注册数字人民币App并开通数字人民币钱包后,即可在自动售票机上使用数字人民币支付。在支付方式界面点选“数字人民币”支付,再打开手机上的数字人民币App进行扫码支付立马出票。而使用广州地铁官方App乘车码进闸的乘客,也会发现支付方式一栏多了“数字人民币”的选项,点击即可跳转到数字人民币App支付环境(如图2)。

除了轨道交通之外,数字人民币在高速公路应用场景的落地也在提速。据悉,自2023年1月1日0时起,天津市高速公路收费站全部混合(人工)车道可以使用数字人民币支付通行费;2022年12月28日,重庆高速集团发布消息称,重庆高速已全面完成642条车道339个收费站数字人民币设备安装调试工作,并从2022年12月30日起,重庆高速支持使用数字人民币支付通行费。

羊毛多多的电商购物

第三方支付的推广离不开各种“福利”,而数字人民币在下沉到各应用领域的过程中,电商无疑是福利最

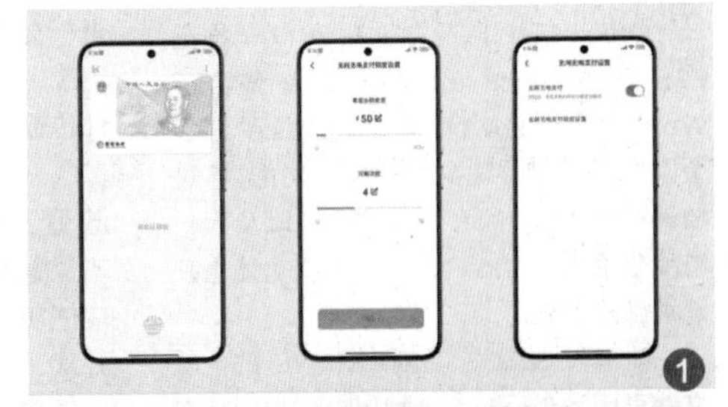

1

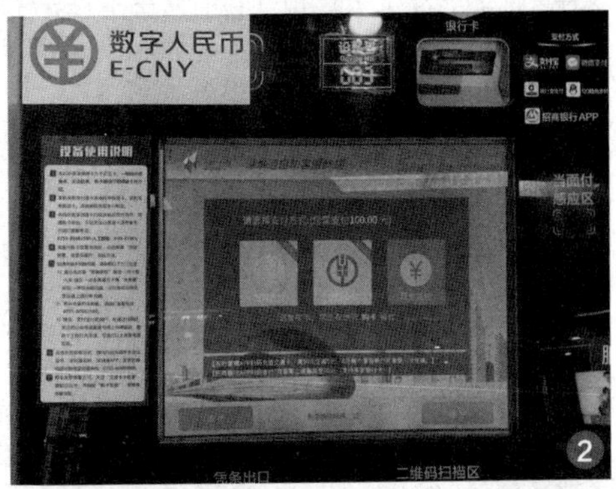

2

3

多的存在。除前面各银行推出数字人民币立减金外,不少知名企业也开始逐步布局数字人民币支付。

以i茅台为例,从2022年12月22日起,茅小凌将与交通银行合作,共同推出“品冰醇之爱,交数币好友”主题活动,该活动将在北京、上海、广州、成都四家茅台冰淇淋旗舰店开展,活动时间持续到2023年夏至(如图3)。

此外,各地为促进消费也在新春发放了不少数字人民币红包,对于先一步尝鲜的用户而言的确是相当不错的福利了,而未来,数字人民币可考虑进一步拓展应用场景,在保证资金安全的情况下尽量降低使用门槛和学习壁垒,不断提高用户体验。

拯救微软Office Mobile传文件功能

● 文/木偶

Office Mobile 传文件功能被砍

Office Mobile 是微软在 2017 年推出的移动端 Office 应用软件，它整合了 Word、Excel、PowerPoint 这 Office“三大金刚”，并附带传输文件等辅助功能，不过随着微软 Microsoft 365 的登场以及大一统战略推进，Office Mobile 一些功能也开始被微软抛弃。

前不久，微软在 Office Mobile 的传输文件页面发布公告，提醒用户该功能将在 2022 年 12 月 31 日之后不再可用。同时，微软建议用户，可以使用 OneDrive 来进行文件的传输和访问。

微软表示，虽然 Office Mobile“传输文件”功能即将退役，但是 Office Mobile 中传文件却会更加便捷。微软在移动端提供最好的 Microsoft 365，并不断寻找新的方式为用户带来价值，同时确保用户在设备上保持生产力。

但对于长期习惯使用 Office Mobile 的用户而言，“文件传输”这种实用功能的变化多少有些难受，但此次砍掉 Office Mobile 的传输文件功能，是为了让 Office 移动端与 PC 端保持一致，通过 OneDrive 进行文件的分享、传输等操作。而在微软做出改变以前，用户唯有主动改变自己的文件传输方式来适应了。

改变文件传输习惯

使用 Office Mobile 应用中的文件传输选项，可以将文件从设备发送到计算机，并从计算机或设备接收文件。以往，用户只需在 Office Mobile 应用中依次点击底部的“操作—传输文件”，在打开的“传输文件”页面上有一个网址，打开电脑浏览器，将该网址输入到地址栏，进入到微软的一个网页中。

在网页上有一个二维码，在手机上点击“发送”按钮，然后扫描电脑上的二维码。扫码之后手机上和电脑上都会出现一个六位数的代码，若两个代码相同，就点击“配对”（手机和电脑都要点）。配对成功之后，在“选择文件”页面点击“浏览”，然后选择需要发送到电脑的文件（注意文件不能超过 10MB），就能将文件发送到电脑了。

相比 WPS 等国产办公软件，Office Mobile 这样的分享方式多少有些“过时”且“麻烦”，而当下更是连这样的分享方式也砍掉了，相对而言，在 PC 和手机端都使用 Microsoft 365 会是更好的选择。以在 Office 应用中保存和打开文件为例，用户依次选择“文件”>“保存副本〉OneDrive - 公司名称”，将工作文件保存到 OneDrive（如图）。当然，也可以将个人文件保存到“OneDrive - 个人”。

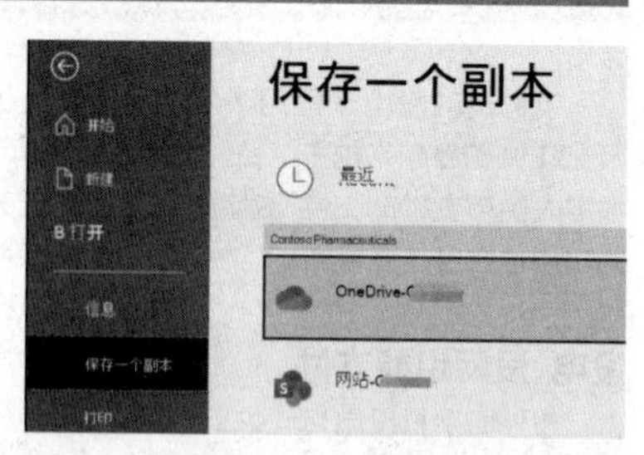

接下来选择“文件”>“打开”，然后选择“OneDrive”，打开保存到 OneDrive 的文件即可。事实上，在云办公竞争如此激烈的当下，微软打通旗下办公软件同 OneDrive 的联系，无论是对微软；还是用户都是有利的。

充分利用WPS云空间实现文件同步

● 文/颜媛媛

办公软件的云空间

无论是微软还是 WPS，以办公文件为主的内容同步都对云空间提出了需求，在这块微软 OneDrive 和金山 WPS 网盘都免费提供 5GB 的免费存储空间，想要更大就需要单独购买或升级会员。以 OneDrive 为例，当前用户付出 398 元 / 年即可获得 Microsoft 365 个人版会员的同时拥有 1TB 容量的 OneDrive 空间，而付出 498 元 / 年就能获得可供 6 人使用的 Microsoft 365 家庭版会员和总共 6 TB（每人 1000 GB）容量的 OneDrive 空间。

相较而言，WPS 这边虽然给超级会员提供的 WPS 网盘空间容量为 365GB，但其连续包年费用却仅 159 元，价格便宜不少。毕竟百度网盘、中国移动云盘加上阿里云盘，在用户有超大文件或资料想要存储或者分享的时候，都能起到备份作用，WPS 云空间更多时候还是扮演办公文件专属备份和资料双重保险的身份，其空间并不需要太大，再叠加 WPS 会员和稻壳会员的权益，两者比较下来，显然 WPS 云空间更受国内用户欢迎一些。

无感的 WPS 同步

相对于微软的文件传输与备份，“无感同步”可以说是 WPS 一大特色了，对于 WPS 用户而言，只要是在 Wi-Fi 环境下打开文件，无论是手机还是 PC 端，都会自动上传一份到云空间中，而同一账户在不同设备启动 WPS 时，也能在最近打开文档中查看近期浏览或修改过的文档资料。如果是在移动网络状态下打开较为重要的文本想要及时上传云空间备份的，用户直接点击主界面中的云朵图标，也能对单一文件进行同步。

除对单一文件的同步外，WPS 小助手还专门提供了“桌面云同步”和“同步文件夹”两个功能以便于用户提升办公效率。启动 WPS 小助手后，在主界面点击“桌面云同步”，系统就会将桌面文件自动同步到 WPS 云空间中，方便用户在其他设备访问这些文件的同时，也让习惯在桌面“扔”资料的用户能够为自己加一道保险。

而同步文件夹功能同网盘一类功能比较类似，用户选择好想要共享的文件夹后，系统会自动在联网状态下完成对该文件夹的同步，这里建议大家将经常使用的办公文件设置为同步文件夹，在这样的多个保险下，用户完全不用担心办公资料丢失的问题了。

真能免费看片？抖音放映厅功能体验

● 文/阿离

在视频App们绞尽脑汁赚钱的今天，无须充值会员即可免费观影的App是否让你感到有些不可思议呢？关键是它还是抖音出品的，这似乎又将人们的记忆拉回了视频平台混战的岁月……

真能免费看片的App

在视频App会员费用一涨再涨的今天，一款由互联网大厂出品的App为网友提供免费看片功能绝对能让人惊掉下巴，然而，抖音还真就推出了这样的福利功能。

2022年12月底，抖音官方宣布在网页版和PC端推出抖音放映厅功能，并号称“海量大片免费看”，以一股清流的态势引发行业热议。启动并登录PC版抖音后，可以在左侧菜单栏中看到“放映厅”功能项，点击后即可切换到“放映厅”主界面（如图1）。

当前，影视剧内容包括《西虹市首富》《夏洛特烦恼》《大鱼海棠》等知名作品；综艺内容包括《舌尖上的中国》《点赞！达人秀》等一系列作品；动画内容有《新世纪福音战士》等。此外，抖音每天也按照时间轴向用户直播特定的电视剧、自制综艺节目等内容。

用户选择想要观看的影片直接点击进入即可观看，而经过测试发现，目前“放映厅”上的内容均为免费的，同时也不存在讨厌的片头广告，对于用户而言相当友好。

功能过于简单

随着体验的深入，笔者发现抖音“放映厅”功能相对较为简单，在追求极简界面设计的同时，不少视频App常见的功能也被“省”掉。

在具体的视频播放界面中，左侧四分之三界面都留给了视频，而右侧传统信息框中仅留下了节目简介（内容介绍）和“正片选集”功能，而其他视频App该位置通常会出现导演、演员介绍，甚至部分互动功能以提升用户黏性（如图2）。

而在视频播放功能区域，目前仅在右下角提供自动播放、分辨率选择、倍速、悬浮小窗口设置、音量和全屏几个按钮，并没有见到习以为常的“弹幕”功能，且在画面、音效等设置上也未提供优化功能（如图3）。

抖音“放映厅”的分辨率设置也仅到1080P为止，给人刚好够用的感觉。不过相对功能上的简洁，抖音“放映厅”搜索功能却能充分发挥平台化优势。笔者尝试输入“醉拳”后，其搜索结果分为综合、视频、用户和直播四大类，除可直接点击观看影片外，用户还可以看到抖音平台上的其他内容资源，相比其他单纯播放视频的App平台而言，抖音“放映厅”在生态内容融合方面显然更占优势（如图4）。

此外，在右上部信息栏中，打通抖音平台的通知、私信、投稿等内容，也充分发挥了抖音的平台化优势。

有待建设的内容体系

在长视频平台为解决自身困境，将更多负担转嫁给用户的当下，抖音“放映厅”的“无须登录”“免费观影”则更像是一股清流，或许反而能让用户接受。“放映厅”中就有不少电影是其他视频网站的VIP内容。显然就像世界杯期间与咪咕视频的“隔空对垒”一样，抖音方面似乎也试图在春节期间用这类免费资源来“赚声吆喝”。但值得注意的一点是，抖音PC端目前的片源以“老片”和自制综艺为主，这能否对用户产生足够的吸引力，仍需打上一个问号。

显然，作为“新人”，抖音“放映厅”在内容版权方面同“爱优腾”几家还无法形成竞争，尤其是传统平台除了版权上的竞争之外，还致力于投资、自制影视作品，以确保获得更多忠实观众，而非某个剧集或电影的受众。在这一点上，抖音起步有点晚，不少热门IP影视剧已经被各大平台争先预定，即便得到字节跳动的大力支持，其在内容构建上也需要时间沉淀。

总体而言，抖音网页版的“放映厅”更像是对免费片源的整合。目前还没有太多“能打”的内容，但不排除未来可能会联合西瓜视频为其引入更多的影视内容，以及大热的短剧等。

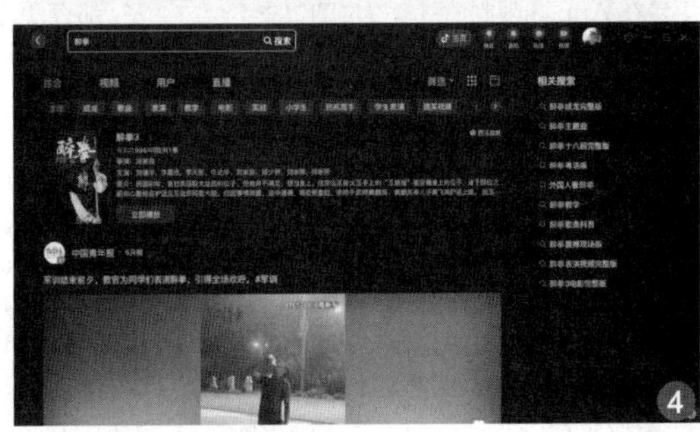

写在最后：抖音的野望

从针对PC用户的抖音聊天到放映厅，此前专注于移动端的字节跳动，似乎开始越来越重视桌面端和网页版的产品，并且抖音也提供了多端应用，其中就包括PC端、移动端、电视端、智能终端等。相对于短视频，PC端用户更偏好内容密度更高、时长更长的中长视频，而这也将有利于用户在抖音使用时长的进一步提升，以及对其短视频内容生态进行补充，从而构筑从短视频到中长视频的竞争壁垒。

不厚道！视频App投屏功能缩水调查

● 文/阿离

对利益的追求，让视频 App 们绞尽脑汁“割韭菜”，从超前点播、单片付费、VIP 广告到如今的账号限制、投屏功能限制，这些一次又一次挑战用户底线的“创新功能”设计，真的不担心某一天用户们会转身离去吗？

爱奇艺被官方点名批评

互联网平台利用流量赚钱无可厚非，可爱奇艺在投屏功能上缩水的做法就有些不厚道了。

据不少网友反馈，爱奇艺 App 开始对投屏功能做出限制，之前黄金 VIP 会员支持最高 4K 清晰度投屏，现在只能选最低的 480P 清晰度，要想进行 4K 投屏必须购买白金 VIP 会员。不少网友表示，480P 清晰度太低，几乎无法观看(如图 1)。

爱奇艺客服回应限制投屏表示，480P 以上清晰度需开通白金会员，或在电视端上观看播放。而从爱奇艺官网了解到，黄金 VIP 会员连续包年 118 元 / 年，电脑、手机、平板可用，白金 VIP 会员连续包年 198 元 / 年，拥有黄金 VIP 会员权益的同时电视也可以使用，现在降低投屏的分辨率后，逼着想要投屏电视的用户只能选择白金 VIP 会员了。

对于爱奇艺这样的改变，网友纷纷表示吃相实在太难看，其话题一度冲上热搜，而上海市消保委发文指出，内容付费已成为视频平台重要的商业模式和收入来源，视频平台的付费会员可享受独家内容。而投屏是移动端用户正常的使用场景，消费者付了钱，在手机上看还是投屏看都是消费者的权利。平台在 App 内限制消费者投屏的做法不合理，想用这种方法加收费用更不厚道。视频平台更无权不当获取手机权限、干涉消费者采用第三方 App 或者连线等方式投屏。

虽然网友和官方都声讨爱奇艺缩水投屏功能的做法，可除爱奇艺之外，其他视频 App 有没有将手伸向投屏功能呢？

视频 App 投屏功能普遍缩水

在爱奇艺之前，优酷在 2022 年 7 月就被曝开始限制投屏功能。有大量网友反映就算是开通优酷 VIP 会员权益后，也已经无法再用投屏的方式免费“蹭”大屏，只能根据提示开通酷喵会员。

而除爱奇艺、优酷之外，哔哩哔哩、腾讯视频同样对投屏做出了限制，非会员投屏的分辨率被限制到了 720P，这对于主流分辨率已经是 1080P 的投影机用户而言，显然是不够的(如图 2)。

而这样的限制主要源于当下视频 App 对会员权益的人为割裂，将用户使用频率较低的电视端会员拆分出来单独收费，而电脑 / 手机 /Pad 端设置为另一个付费体系，看似精准定位，可实际上两个会员体系在内容上并不会有任何差异，当视频平台们人为制造这种割裂时，用户自然会想办法弥补，双方的矛盾也就开始出现。

这里比较尴尬的是在消费者购买视频 App 会员时，大多数视频 App 会员服务协议中，VIP 权益并不包含投屏，所以平台方要求用户升级会员的做法并没有构成侵权，而这也是当下最为尴尬的存在。

更让人气愤的是会员登录限制

相较缩水的投屏功能，更让视频 App 用户难受的是会员登录限制。以优酷为例，早期一个优酷会员是可以同时登录 3 个手机设备的，而从 2022 年底开始，优酷更改会员规则后，用户手中的优酷会员只能登录一个手机了。根据优酷 VIP 协议规定，用户账号最多可同时登录 3 台设备，其中包含：手机端 App 1 个、Pad 端 App 1 个、电视端 3 个、电脑客户端 1 个、网页端 1 个、车载端 1 个、其他端 1 个。优酷 VIP 用户同一时间可在 2 台设备观看，酷喵 VIP 用户同一时间可在 3 台设备观看。对于本来开通优酷会员就是方便家庭其他人的用户而言，优酷改变规则以后只能一个人手机端登录，另外一个手机就不能用了。那么，其他视频应用平台呢？腾讯视频：最多允许 5 个设备同时登录，但要求别人先登录用户的微信号和 QQ 号，这就增加了与他人共享账号的难度，不过更加安全。

爱奇艺：最多允许 2 个手机同时登录，同一 VIP 账号最多可以登录的终端为 5 个，即登录第 6 个设备，那前 5 个中的一个就会被挤掉。

哔哩哔哩：会员可以登录 3 个移动设备，如果 B 站账号在多部手机登录，会导致新设备无法登录，或是原设备账号被强制下线。

芒果 TV：最多允许同时登录 2 个手机，同一个账号最多可以在 4 个设备上使用，但同时只能 2 个设备在线。可以是 2 个手机同时在线，也可以是 2 台电脑。

这样的规则变化原本是为解决“共享账号”对平台收益的冲击，但这类限制的出现，却明显降低了用户体验。

写在最后：竭泽而渔不可

视频平台用限制投屏等手段，变相加收费用，追求短期利益的做法无疑是竭泽而渔。如今，投屏技术日益成熟，很多视频 App 会员追剧，会通过手机、平板电脑的投屏功能连接电视，因为电视屏幕更大，观剧效果更好。在竞争激烈的今天，一个用户拥有多个终端，并促进大小屏之间的协同行动，才应该是常态。影视领域是投屏应用的主要场景，使用范围最大、最普遍，大小屏之间的协同，可以让视频平台衍生出更多价值。对于视频平台而言，将精力放在更多更好的内容和更佳的消费体验，获得用户黏度，才是提升平台收入的正途。

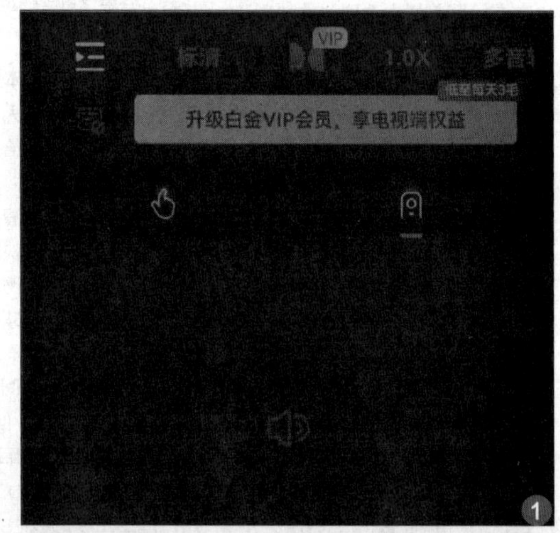

1

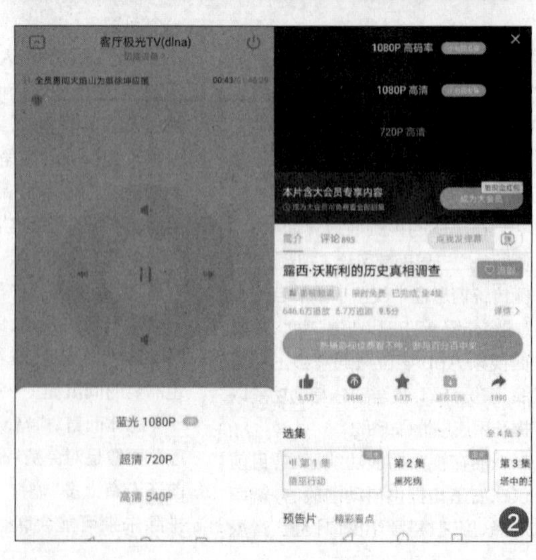

2

无需介质！通过Windows Update重装系统

● 文/阿离

微软近日在 Dev Channel 中发布了最新的 Win 11 Build 25284 预览版。然而，一项被称为“使用 Windows Update 更新修复问题”或“修复升级 / 修复安装”的新功能开始被发现，用户目前可借助 vivetool /enable /id:42550315 开启。

ViveTool 是一款开源的 CLI 工具，由名为 Vive 的 C# 软件库提供。如果用户想在 Win11 设备上解锁隐藏功能，那么请按照以下步骤进行：

1. 从 Github 官网下载 ViveTool 工具；

2. 解压到任意位置；

3. 打开解压缩的文件夹，会看到 4 个文件；

4. 在文件夹页面空白区域，按住 Shift 按钮右键；

5. 在菜单中选择“在此处打开命令行模式”或者选择“在此处打开 PowerShell 窗口”；

6. 找到你想要启用某项隐藏功能的 Feature ID；

7. 然后输入 vivetool /enable/ id:xxx（此处修改为 Feature ID）命令，例如“vivetool /enable /id:39263329 /variant:1”命令，就是短按钮，带有放大镜和“搜索”字样；

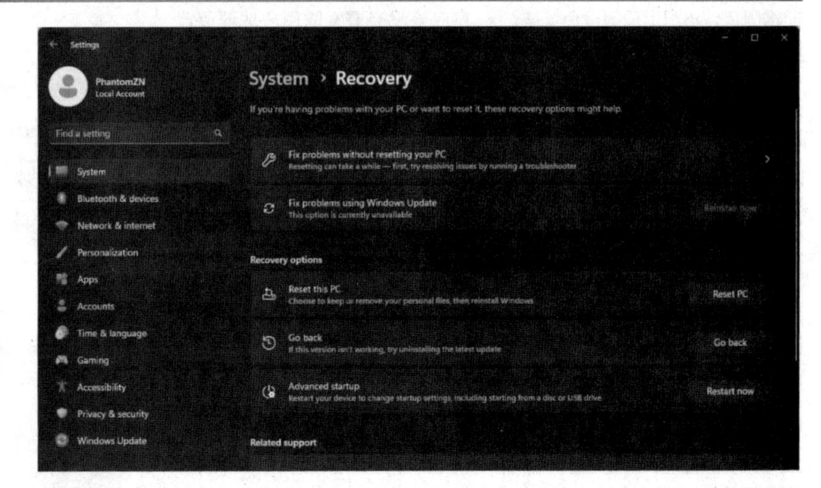

8. 如果启用成功，应该会返回“Successfully set feature configuration”的提示；

9. 关闭命令行窗口，重启系统，这些改动设置应该就会生效。

如果你想要恢复过来，只需要将命令行中的“/enable”修改为“/disable”就可以了。

简单来说，该功能可以帮助用户重新安装当前使用的系统版本，而无需使用任何安装文件 / 媒体 / 介质（ISO 镜像、U 盘或 DVD 光盘），比直接还原系统更快更清爽。当用户开启这一功能之后，只需在“设置”中的“Windows 更新”界面点一下即可实现纯净安装，又快又方便。

最后要提醒大家的是虽然系统都可以通过“无介质”的形式完成安装了，但这类方式对于网络稳定性要求较高，在使用前一定要检查环境网络状态。

不伤眼的单词卡片机，喵喵机单词卡2代靠谱吗？

● 文/轩爸

“起个大早，赶个晚集”——原本有望凭借“不伤眼”的单词卡打开一个全新细分赛道的作业帮，却因不能发声的一代产品而错失宝贵的市场推广时间，更在竞品环绕的当下推出新一代单词卡产品，加入发声功能后，值得购买吗？

颇让人失望的一代喵喵机单词卡

“当时冲着作业帮的名头，E1 才开始预购就买了，可谁知道东西到手才发现没有发音功能，只能显示单词和解释，这不是‘哑巴英语’吗？怎么让孩子学新单词呢？反正买来开过一次机就扔那里了。”家里有四年级小孩的颜女士在同《电脑报》记者讨论电子单词卡使用心得时颇有怨言，原本“墨水瓶不伤眼”的卖点加上作业帮在助学生态上积累下的口碑，在去年初亮相的喵喵机 E1 完全有机会成为电子单词卡的现象级产品，然而，没有搭载扬声器，也没有设计单词朗读功能的喵喵机 E1 却让不少作业帮的忠实粉丝感到失望。

与此同时，电子单词卡的硬件门槛似乎并不高，在预购阶段就表现非常火爆的喵喵机 E1 让不少人看到了机会，不仅有道、得力这样的大品牌开始跟进，如布、拾墨、途蛙等品牌也快速涌入这一赛道，并且专门针对喵喵机 E1 无法发声、屏幕过小等问题进行改进，快速抢占市场份额（如图 1）。

面对快速崛起的竞品，快速迭代成为作业帮的选择，但喵喵机 E1 存货销售也成为新的问题，原本官方定价 149 元的喵喵机 E1 价格体系开始混乱，很快就跌破三位数，这让本就抱怨喵喵机 E1 无法发声的用户更感郁闷（如图 2）。

在这样的状况下，作业帮单词卡二代产品喵喵机 E2 的出现除单纯的产品更迭升级外，恐怕更多还肩负着扭转作业帮单词卡产品在市场形象的重任，只是在电子单词卡市场日趋拥挤的当下，喵喵机 E2 真拥有成为黑马的实力吗？

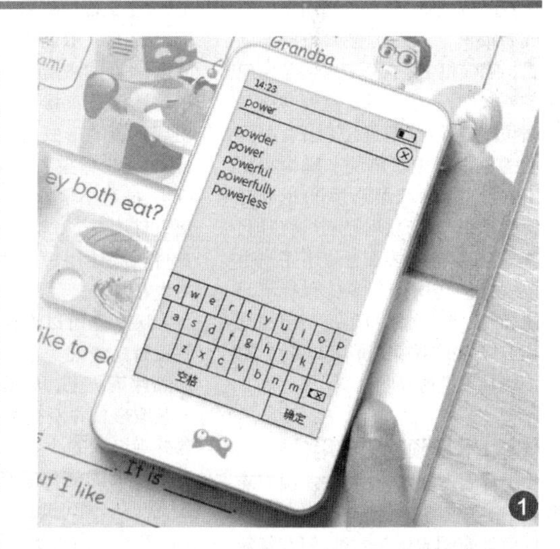

1

开箱：颜值不错，按键设计值得商榷

相对于第一代产品追求握持体验的斜边外观，喵喵机 E2 回到了传统的长方形外观，这也是当前电子单词卡最常见的外观模具，不过当前喵喵机 E2 提供白灰和橙色两种外观供消费者选择，不同颜色差异主要体现在按键颜色上，笔者选择的橙色款机身本身也是乳白色的，不过正面“O”与“X”两个大大的橙色按键非常醒目，再配上顶部橙色按键，整体外观视觉效果颇为出色。

喵喵机 E2 会给熟悉喵喵机 E1 的人“大了一些”的感觉，但实际上喵喵机 E2 依旧搭载的是和 E1 一样的 250×122 分辨率、2.13 英寸电子墨水屏，之所以视觉感觉大一些是因为其机身体积从一代 73.4mm×35.8mm×10mm 变成了 86mm×39mm×13.6mm，整个机身体积变大了，不过这有可能是为扬声器预留足够的内部空间造成的。总的来说，电子单词卡产品本身体积就比较小，即便是体积变大了的喵喵机 E2，其整体体积同大号橡皮擦接近，即便是小学三、四年级的孩子握持也不会有任何负担。

虽然整体外观感觉不错，但经过一段时间的使用，发现喵喵机 E2 在按键设计上有值得商榷的地方。在喵喵机 E2 正面右侧，“O”键代表认识，“X”键代表不认识，主要是在单词记背过程中使用。对于学习中最常用到的两个按键，喵喵机 E2 将最重要的位置让给它们无可厚非，而同样受家长重视的发音键则设计在了顶部右侧，同样是醒目的橘红色设计（如图 3）。

除此之外，机器上方还有“←”“→”两个按键，左右按键用于返回或者锁屏。从按键整体布局规划看，喵喵机 E2 充分考虑到了用户各项操作，更是有针对性地强化了高频按键设计，但是让笔者有些困惑的是由于电子单词卡基本都使用的是文字分级菜单，因此返回键使用频率非常高，但喵喵机将其同“←”合二为一，表面上省下了一个按键，但初次使用多少有些不习惯，而且“←”键本身也是菜单浏览和选择中的高频按键，合二为一的设计并不见得高明。

体验：不及预期的应用体验

背靠作业帮生态，按理说喵喵机 E2 在应用资源及与手机互动这块应具有明显优势才对，但在实际使用中发现，喵喵机 E2 并没有太多资源或互动上的亮点。

首次启动喵喵机 E2 时，设备会提示用户同手机连接，用户只需跟着提示完成按键及扫码连接即可，喵喵机 E2 需要通过蓝牙完成同手机的连接，但让笔者比较疑惑的是它会索取 GPS 权限，对于这样一个辅助单词记背工具而言，正常应该没必要索取用户地理位置才对（如图 4）。

这里要提醒大家的是初始状态下，喵喵机 E2 并没有预置任何词书，需要用户手动导入。在词书内容导入上，喵喵机 E2 分“我的词书”和“官方推荐”两种方式，前者用户可以根据个人学习进度和需求，借助拍照或手动的形式完成词书录入，而后者则提供近 1000 本词书，从小学到大学、日常英语，商务词汇，应有尽有，全面覆盖。英语教学进度匹配，覆盖全国各省份小初高英语教材词汇。

借助作业帮的内容生态，喵喵机 E2 官方词书内容可以得到持续更新，而 E2 官方也承诺会定期根据教材更新词库、考级词库，这本身是一个非常不错的设计，但实际使用发现喵喵机 E2 一次仅能实现一本词书的导入，对于已经学习完人教版小学四年级上英语的小学生而言，如果想要在学习四年级下英语单词的时候，同时复习 4 上就无法实现了，除非用户自己手动打造四年级全年的单词表（如图 5）。

喵喵机 E2 官方也提供小学阶段全部单词的记背，但明显在自定义这块很难满足学生需求。事实上，大多数需要借助 app 手动导入词书的电子单词卡都存在这样的问题，可问题是当下市场上不少电子单词卡是直接将所有的内容以出厂预置的形式全部存在单词卡上的，至少省去了反复导入词书的麻烦，毕竟小学阶段一学期单词数量只有几十个，喵喵机 E2 即便是支持一次让用户多导入两三本词书也好得多。

从这里可以看出作业帮恐怕并没有耗费太多心思在喵喵机 E2 的固件系统上，从 E1 到 E2，其内容获取形式并没有做太大的变化，除外观设计的改变外，喵喵机 E2 恐怕最大的变化就是扬声器的加入，使得单词可读。

在具体发声上，喵喵机 E2 单词发音由真人录制，有纯正美、英两种发音选择，实际体验比较清楚，相对市场上一代几十元带扬声器的产品的确有所进步，但相对于同处 2 代的产品，喵喵机 E2 待提升的地方还有不少（如图 6）。

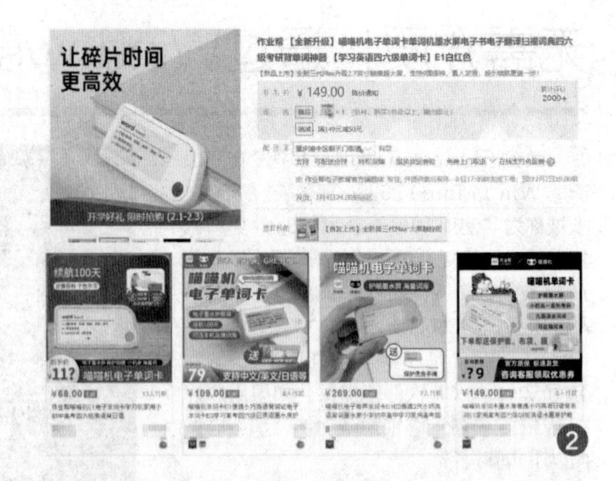

2

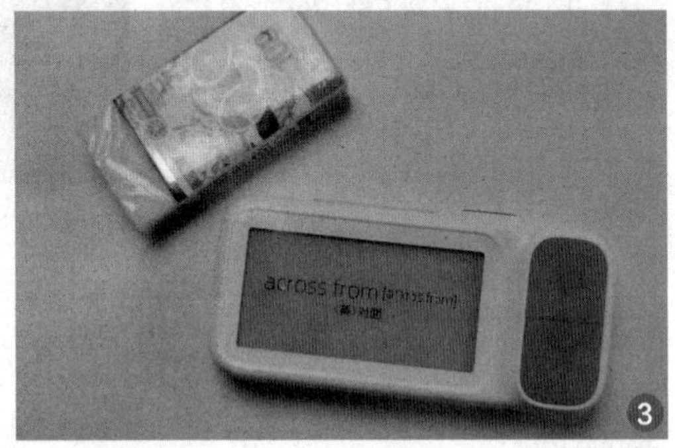

3

4

5

对比:上市即落后的喵喵机 E2

从 E1 到 E2,喵喵机单词机最大的改变就是单词发声功能的加入，但时隔一年时间,单词机市场上其他品牌产品同样完成了产品迭代。

早在去年年中,2.7 英寸屏幕就逐渐成为电子单词卡的主流配置,然而喵喵机 E2 却使用了同一代一样大小的 2.13 英寸屏幕,在视觉体验上明显逊色不少,但最为关键的是随着电子单词卡细分赛道的

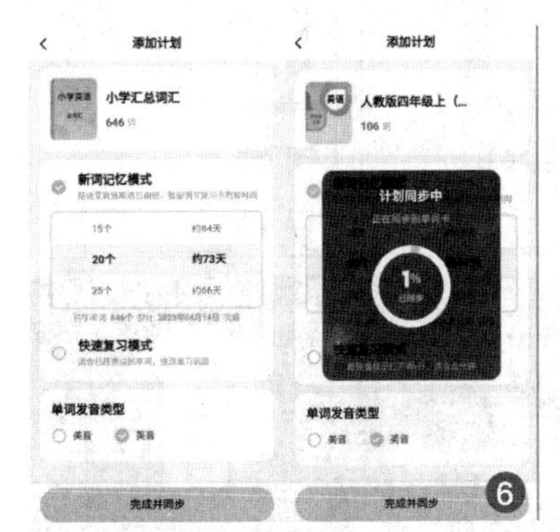

6

拓宽和消费者接受度的提升,以“百词斩”

7

为代表的应用厂商开始进入这一赛道,其产品能够同 app 高度融合,加上百词斩本身就是单词记背领域的头部,相对于还在强调内置艾宾浩斯记忆曲线帮助单词记背的喵喵机 E2 而言，显然搭载“百词斩 app”的这类新品在智能化上具有明显优势(如图 7)。

而“途蛙”这类在 app 应用上不占优势的产品,则针对护眼、大屏的优点,将电子单词机应用拓展到古诗文记背上,尤其是 3.7 英寸屏幕的搭载,更让其为产品嵌入单词查找功能，进一步拓宽产品应用领域。

事实上，作业帮在推出喵喵机 E2 的同

喵喵机电子单词卡 选购指南

产品特点	单词卡E1	单词卡E2	单词卡E3
产品特点	能看	能听	背-练-听
长-宽-高	73.4x10x35.8mm	86x39x13.6mm	80x55.3x12mm
重量	30g	33g	58g
通讯方式	蓝牙	蓝牙/Wi-Fi (发音文件)	蓝牙/Wi-Fi (发音文件)
电池容量	300mAh	450mAh	650mAh
屏幕	电子墨水屏 2.13英寸 分辨率250x122	电子墨水屏 2.13英寸 分辨率250x122	电子墨水屏 2.7英寸 支持触控操作 分辨率264x176
发音	不支持	支持	支持 根据音节 拼读单词
功能	集中背单词模块，学习复习双模式		1.背单词增测试题型 2.快速阅览功 3.随身听功

8

时，紧随着喵喵机 E3 几乎在同一时间上市(如图 8),表面上通过 149 元和 299 元的定价可以在内部产品体系上有所区别,但明显能弥补 E2 屏幕大小和操控弱点的 E3 在同一时间上市，让 E2 和尚未完全卖掉的 E1 如何应对？或许,从产品功能定位到市场营销,作业帮这一次真的有些乱了,对于正在选择电子单词机的消费者而言,不妨多看看或许再等等。

简单几步操作,让你的手机满血复活

● 文/孙文聪

我们这次来解决一个永恒的问题:帮爸妈折腾手机。

相信很多人在之前的春节长假都会有帮家人解决手机问题的经历,大家遇到的问题无非就是这几个：手机卡顿、广告弹窗、续航不行以及其他硬件问题。除了硬件问题需要借助售后、维修之外，其他问题基本都能自己动手解决。

网上各种教程繁多，并没有一个系统性的方案。于是我决定出一期保姆型的教程。不仅适合帮家人解决问题，也适合你解决自己手机存在的痼疾,如有需要尽可收藏。

四步解决垃圾清理问题

根据有关统计，牛皮癣广告和弹窗问题已经是当前用户最头疼的问题。尤其是一些对电子设备并不熟悉的中老年群体。之所以他们手机上更容易出现广告和弹窗问题，更多跟他们的使用习惯有关。比如他们对于一些网络垃圾广告、有害信息分辨能力较差，还有不少的广告伪装成了各种系统弹窗和交互界面等等年轻人都防不胜防,更不用说家里的长辈父母了。

要从根源上解决这个问题，第一步要做的是应用清理。

由于日常的“不慎点击”,很多中老年群体的手机上可能会安装上一些永远不会使用的 APP。卸载这些用不着的应用，或者是清理一些系统垃圾大家都会,不用我教。

只需要提醒两点：一是这些操作不用额外下载一些清理、管家类的 APP，目前大多数手机系统本身自带的管家类应用或者是系统设置中的应用管理就足够了;二是在清理之前,要充分跟家人沟通了解，因为很多不知名的 APP 你自己感觉用不上，但说不准就是家人每天都在使用的，需要保留。

完成垃圾的打扫之后，第二步就是:升级。

这里包含系统升级和应用升级，也是一个必要的操作。很多人都没有升级更新系统的习惯，当前的主流厂商推出的新版本系统,都在权限管理、隐私保护以及系统瘦身等层面有进步。升级新系统之后,可以在应用授权

管理选项中,对应用自启动、权限调用以及风险应用安装授权进行手动设置。

如果家人手机老是因为误操作被安装上一些莫名其妙的应用，可以直接在系统设置—特殊权限设置－安装未知应用中，将除了官方商店之外的所有应用设定为“不允许”。

当前很多手机还有一种流氓弹窗方式。手机在解锁之后,会弹出一个弹窗页面,必须手动关闭才能

进入系统主页。遇到这种情况，需要检查下应用管理中是否有一些你没有见过的 APP，如果有直接卸载。同时在通知管理中，将一些平时不怎么用或者说用不着弹窗 APP 的通知权限全部关闭，禁用所有的“悬浮通知”。

第三步要解决的就是广告问题。

手机系统广告是大家最近两年比较诟病的一个话题，也算是中国手机市场的特色。关于关闭系统广告，并没有一个通用的方案，只能根据品牌、机型甚至应用的不同，自己手动关闭。之前我们也专门出过一篇文章，大家去我们的微信公众号搜索“广告”查看。

第四步是腾空间。

这也是一个常见问题。当前手机占用存储空间的就是三大类：微信聊天记录、相册以及应用缓存。微信文件建议非必要不清理，毕竟你并不知道哪些是可删的。相册也是占用手机存储空间的大头，但删图片、视频的操作大部分也都会。我的建议是，可以用当前厂商们的云服务或者是第三方云平台来给文件腾空间。

最好的选择当然是手机厂商们自带的云服务了，但要满足存储空间的要求，大多需要额外付费（一般的免费空间仅为 5GB）。比较经济的做法是：可以买一个大容量的云服务，通过家人共享功能，共享云空间给家里人。

这样家人手机的很多照片、视频直接放到了云端，不用占用手机本地存储空间。本地访问也不受影响，当然，也可以通过阿里云盘这样的第三方网盘服务进行备份，缺点是操作稍微繁琐些，对于中老年人有一定的使用门槛。

至于应用缓存，这个也不用多说，直接去对应的 APP 设置选项中清理就是。要特别注意一些视频类、社交类、音乐类 APP，这些都是缓存文件富集的地方，是应该重点清理的对象。

厂商的售后羊毛可以薅

经过上面这些操作之后，部分人的手机使用问题基本都能够得到解决。如果这时候，你发现手机依然还存在反应慢、卡顿的问题，就要看看是否手机硬件的问题了。

造成手机卡顿、反应慢的原因有很多种，要具体问题具体分析。如果家人使用的是一些过于老旧的机型，最好的办法当然还是直接更换一台新手机。手机市场更新换代的速度很快，性能增长飞速。

回想一下，2022 年的很多千元机性能早就能够秒杀几年前的一些顶级旗舰。手机产品也的确存在生命周期，在维修成本已经超过了自身产品残值的情况下，换新就是解决问题最有效、最直接的办法。

对于一些不是特别老旧的机型，也有一些解决办法。其中电池问题，是现在很多手机长时间使用后系统卡顿的重要原因。如果家人有反馈电池不耐用了，其实可以考虑换电池。

当前主要的几家国产品牌针对电池都有不错的换新政策，比如小米官方就有电池换新服务，给一些老机型换一块新的原厂电池，也就 100 多块钱，最近官方还在搞 8 折优惠；华为也推出了一口价的服务，99 块钱就能更换一块原厂的电池。

根据品牌、机型的不同，各家目前提供的电池换新服务都有不同。建议咨询一下各家的品牌客服了解具体的政策，或者你附近有品牌直营的门店，也可以直接前往更换。当然现在也有一些第三方的更换电池服务，但我认为还是官方渠道在质量和安全上更有保障一些，收费也更为透明。

除了电池之外，各家目前还有一些升级内存配置、更换屏幕或者主板的优惠服务，也能有效提升手机的性能表现。比如华为官方推出的内存升级服务，指定机型存储内存升级 389 元起。比如你将一台华为 Nova7 8+128GB 版本升级为 8+256GB，目前官方的价格是主板无故障 559 元，有故障的情况下 759 元。

对于一款两年前的老机型来说，花费 500 多块钱来进行内存升级是否值得就因人而异了。屏幕作为手机的易损件，如果有比较优惠的活动价格，还是可以薅一薅羊毛的。还是那个原则：对于一些本身残值较低的手机，换新很多时候或许是更划算的选择。

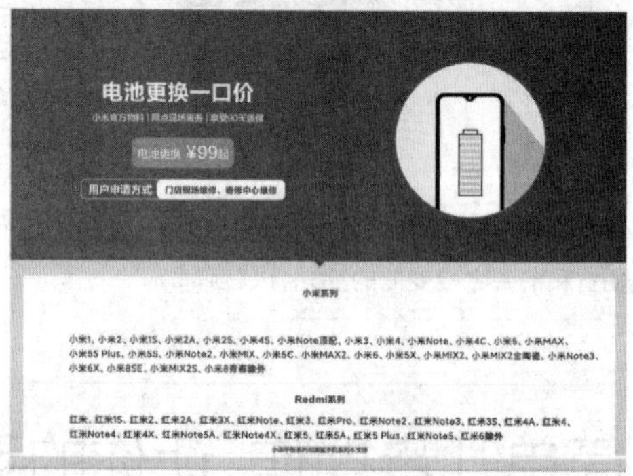

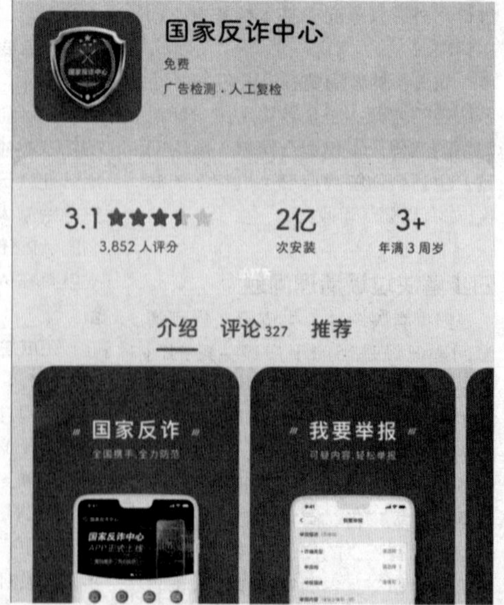

这些安装与设置必不可少

除了上述的这些清理和维修类的操作之外，为了让家人使用手机更加便利，也方便他们的日常生活，也可以适当帮他们做一些必要的设置。

首先是下载一些必要的软件。比如国家反诈 APP，能识别一些诈骗来电或者是流氓应用，对于中老年人来说是必备的；再比如丁香医生这类的 APP，能够科学指导、普及一些健康知识、用药知识。最近疫情影响，更需要这类专业 APP 的帮助。

另外如果家人经常接到一些境外的诈骗电话，可以考虑关闭境外来电服务。操作方法是直接咨询三大运营商的客服即可。但要注意，如果家人有境外的电话联系需求，这个建议并不适用。

可以看到，我们提供给大家的都是一些基础的教程和指导。或许在很多人看来，这些操作和步骤都是极其简单的，远不到教程的程度。但实际上对于很多父母、老人来说，这些就是困扰他们日常生活的问题。我们看上去很简单、很轻松的操作，对于他们来说要掌握和学习并不容易。更何况，诸如流氓应用、弹窗、广告这些问题，花样繁多，手段翻新，年轻人也不见得有好的办法去解决。

不妨用自己掌握的技巧和技能，去帮自己的家人解决一些他们日常使用手机过程中遇到的问题。看似简单的几步操作，或许比给他们换一台新的设备或者是买一件昂贵的礼物更有意义。

视频无法另存？浏览器插件下载来帮忙

● 文/小菊

也许你想要通过浏览器保存来自网络的图像或视频剪辑，因为它可以制作精美的墙纸，或者有好的素材想要剪辑在自己制作的视频中。普通共享网站，我们只需右键单击该文件并选择“将图像另存为”或类似的选项即可。但遇到商业性质的网站，这种方法不起作用。

右键菜单没有保存选项怎么办？第三方浏览器扩展可以派上用场，这些插件将深入地挖掘页面的 HTML 代码，提取你想要的图像或视频剪辑，希望本篇文章对你有所帮助。

Image Downloader Continued

打开 Image Downloader Continued（支持 Chrome/Edge），将看到当前网页上所有图片整齐排列的网格，以及每张图片的格式和尺寸，将它们保存到磁盘再简单不过了，它是下载图片的最佳插件之一。

安装方法很简单，下载最新安装文件，将安装包文件(.zip)解压为文件夹，其中类型为“crx”的文件就是接下来需要用到的安装文件。从“设置—更多工具—扩展程序”打开扩展程序页面，或者地址栏输入 Chrome://extensions/ 按下回车打开扩展程序页面，打开扩展程序页面的“开发者模式”，将 crx 文件拖拽到扩展程序页面，完成安装。

Download all Images

Download all Images（支持 Chrome/Edge）与 Image Downloader Continued 的工作方式略有不同。你在站点时单击扩展按钮，页面上的每个图像都将被打包成一个 zip 存档，非常利于保存。

安装方式和上面一样，如果出现无法添加到个人目录中的情况，可以点击 crx 文件右键，然后选择“管理员取得所有权”，再尝试重新安装。

Video Downloader Ultimate

除了上面两个保存图片的插件，如果你希望从网站获取视频素材，无论是嵌入在网页页面中还是包含在社交媒体上的帖子，这款 Video Downloader Ultimate 插件都可以助你一臂之力。

打开网站后，无需任何操作，Video Downloader Ultimate 就会在后台自动运行，当检测到合适的视频和音频内容时，会在插件图标上用计数器来提醒用户，该计数器表示检测到的文件数量。视频和音频下载只需要单击图标，弹出操作面板，列表的形式就能展现当前网页的所有视频 / 音频文件。我们可以通过播放按钮在插件中打开一个小窗口以预览视频，还可以开启画中画模式，看视频的同时也不妨碍做其他事情。

推特视频下载器

这个软件推荐给国外留学的学子们，因为“小鸟”我们国内用不着，但在境外的同学们应用还是挺广泛。Twitter Video Downloader 可以毫不费力地抓取发布到社交网络的视频剪辑，并能整齐地将素材嵌入页面中，它看起来简直像是一个原生功能。作也很便利，只需单击带有视频的推文旁边的下载图标即可保存文件。

Base Image Downloader

我们知道网络上的 GIF 可能特别难以提取，一些站点将视频发布为 GIF，另一些站点使用 MP4 格式。但无论格式如何，Base Image Downloader 都擅长抓取与 GIF 相关的内容（并支持大多数其他图像格式）。该扩展程序会打开一个图像缩略图库，可以一次保存它们，也可以一次保存一个，如果你喜欢收集表情包，不要错过它。

屏幕录像机和编辑器

屏幕录制工具中，Screen Recorder And Editor（屏幕录像机和编辑器）是最好的之一，它能提供丰富的选项来录制整个页面，甚至还包括编辑功能。

Save Page WE

从网站上大量抓取元素的另一种选择是保存整个页面，Save Page WE 这方面做得相当好，它使用简单并支持键盘快捷键。可以将图像从页面保存到磁盘，在某些情况下也适用于音频和视频文件。

Down Them All

虽然 Down Them All 与上面的某一个插件扩展名类似，但它不是同一个程序，这款插件可以与 Mozilla 的浏览器一起使用。它提供了许多选项，能够按图像大小、图像类型甚至图像 URL 过滤下载，这样你就不会不小心下载广告或其他链接的内容。

你注册了吗？微信注册“小号”并不容易

● 文/阿离

微信官方支持“双开”

作为国民级软件，微信其实很早就被很多公司默认为一种办公软件，既混淆了生活与工作的边界，又改变了公司的工作氛围，微信办公成为常态。对只有一个手机号的用户来说，时间久了，微信号上就成了领导、同事、客户、家人、朋友的“大杂烩”，除非再买个手机号注册微信用来工作上使用。不过还好，微信目前正式开放注册“小号”功能，一个手机号也能再注册新的微信账号。

微信注册“小号”的方法并不复杂，找到微信中“我—设置—切换账号”，选择“添加账号”，点击"注册一个新的账号"，最后选择“通过当前微信手机号辅助注册”，即可注册“小号”（如图1）。

为了保证注册账号的安全，需要一个手机号来完成一次短信验证，官方称，该手机号仅用于注册中的微信号安全验证，不会导致该手机号与它当前绑定的微信号解绑。

虽然注册方式简单，但也不是一点限制没有，微信对于注册“小号”做了两点限制——只有注册时长满两年以上，且近一年内没有封号记录的用户才可以使用此功能。但是，很多符合这两个限制条件的用户在测试之后，发现也不能注册。目前有很多人表示自己已经注册成功，提示安全原因无法注册“小号”的用户也有很多，这可能是因为微信并未全面开放“小号”注册功能。

PC版微信可翻译网页内容

微信在 Windows 3.8.0 正式版中已支持提取和翻译图片中的文字内容，还在群功能方面迎来更新，邀请人进群时可以分享群里的聊天记录，群管理者还可以将群里的消息置顶，而随着3.9.0正式版的更新，网页内容翻译成为一大特色。

点开微信公众号或者微信聊天窗口中的地址链接，就会在内容窗口顶部工具栏中看到翻译按钮（如图2），点击后微信就会自动翻译，对于大量内容需要阅读的用户而言，的确比截图翻译方便许多，而这类功能的加入，为用户提供了不少便利，只不过对在线翻译工具而言算是不小的打击。

1

2

手机相册几千张，教你快速锁定想要的照片

● 文/杨瞿

养成定期整理的好习惯

调查数据显示，大多数用户更换手机的周期都在三年左右，长时间使用下来，手机相册里肯定早就存了很多照片。比如春节假期，无论是返乡与家人团聚，还是和朋友一起去陌生的城市旅行，肯定都拍摄了不少照片，这些照片默默地躺在手机相册里，都是假期的珍贵回忆。

身边有不少朋友在春节期间就拍了几百上千张照片，再加上以前导入的数据，相册里的照片就更多了。不仅如此，还有不少人习惯用相册当作“备忘录”，截图保存一些重要的聊天记录，或者保留一些网上下载的表情包……这样一来，不光占用了大量内存，以后想要找某张图，更是犹如大海捞针。

比如想要找某个朋友的“黑历史”，或者截图保存的重要信息，不少人都只会在“最近相簿”中按时间线逐一查看。这种方式效率极低，而且时间越久越难找到，实属下策。

其实，现在的手机已经加入了不少的智能功能，无论安卓还是苹果手机，都提供了不少整理相册的妙招，学会这些技巧，就再也不怕找不到想要的照片了。

相信很多用户还是习惯通过文件夹来整理照片，一般来说，多数品牌的手机都会根据来源自动建立文件夹，比如相机、截屏、第三方 App 等，这显然是不够的。在这里，我建议大家定期手动整理一下相册。

方法也很简单，多选照片后，批量移动到新建的相册就行了。当然，也不用每张照片都操作一遍，只需要将某次同学会、某个景区建立一个合集即可。

只要养成习惯，旅行归来或者一两个月定期整理一下，并不麻烦。以后在需要的时候，就能够快速找到了。

不少智能手机还提供了智能分类功能，可根据拍摄地点、时间将照片自动分类保存在不同文件夹中，甚至通过 AI 智能学习，识

别出照片内容，将美食、宠物、建筑等分类归档，也能迅速找到想要的照片。

这个功能在 iPhone 以及安卓机型中都已经支持，可能很多用户默认打开的都是“最近相册”，根本没看过其他文件夹，错失

了这么好用的功能。

如果想要按地理位置筛选，需要在相机设置中开启位置权限，拍摄的照片存在自己手机上不会有什么问题，无须担心。只是记得使用安全分享功能，抹去地理位置等关键信息，避免隐私泄露。

在 MIUI 及 iOS 等系统中，还提供了相似照片优选功能，许多人在拍照时一般都会连闪好几张，特别是女性用户。这个功能可以帮你自动筛选出效果最好的一张，当然也能手动进行选择，这一整套整理下来，相册也就不会那么乱了。

超级实用的搜索功能

有了这些文件夹，找照片的效率会提高很多，要更精准锁定，还得用到搜索功能。现在的智能手机搜索功能已经比以前好用多了，随便搜几个关键词，都会有意想不到的惊喜。

比如春节时，我只是想找一下灯笼的英文单词，在 iPhone 上通过全局搜索“lantern”时，竟然出现了相册中的一张照片，点开才发现，这是之前在某地旅游时，随手拍下的一个牌坊。当时我并没有细看上面的文字，早已忘记拍过这张照片，无意间把它找了出来，也是惊喜满满。

跟大家分享这个小故事，也是想说现在手机的搜索功能真的比你想象中还要强大。比如很多人都有拍摄文件、身份证等材料的习惯，通过这个功能，只要记住几个关键字，就能快速定位到当时的照片，极为实用。

不只是 iPhone，其他安卓品牌的手机同样支持这个功能，可以尝试搜索一些画面中的元素，比如书籍、海滩等。不过试用了多款手机，我发现这个功能做得较好的还是 iPhone，能精准找出雪橇等不太常见的物品，甚至是攀岩这样的动词也能准确识别出来，命中率很高。

不仅如此，还能为一些重要的照片添加备注或者重命名文件，过得再久也能一秒找到。这个方法需要逐一对照片或者截图进行操作，会稍微麻烦一点，部分机型提供了批量重命名功能，可以使用一下。建议对一些需要重点保存的图片操作即可，不用每张都处理一遍，到时候关键词多了，反而记不住，或者一下子搜出来很多类似照片，反而会降低效率。

这样操作之后，以后想要快速找到某张照片，就使用关键词搜索功能，时间、地址以及画面中的元素都行，照片存得越多，越能体现出这个技巧的高效。

手机“认识”你相册里的每一个人

你以为这就完了？手机的智能化已经深入到方方面面，机器学习、人工智能技术也得到广泛应用，系统不光能识别物体，还能分清你相册中的每个人。

目前，包括苹果以及国内的小米、OPPO、华为等厂商都推出了类似的功能，会在待机时自动识别相册中的人物，然后将同一个人的照片统一存放在一起，生成人物相册。

以 iPhone 为例，手机在初次“看到”某个人出现在相册中时，会在照片详情左下角显示一个问号图标，毕竟手机再智能，也不会知道你的亲友叫什么名字，在这里手动输入就可以了。

另外，人物在不同面部表情以及拍摄角度、是否佩戴眼镜等诸多条件下，机器识别也不一定完全正确，所以 iPhone 提供了检查确认功能。系统会罗列几张比较有代表性的人物特写供你选择，让你判断是否为同一个人，在手动“指导”之后，识别结果就会非常准确。

这个功能很适合用来建立孩子的成长相册，小孩子长得快，每个成长阶段都能正确识别并且归纳到一起。结合 iCloud 云端存储，可以存入更多的照片，每次打开都是回忆满满，特别有纪念意义。

至于安卓阵营的机型，大多没有提供调校功能，只是在发现识别错误后，支持手动删除，功能相对没有那么完善。这就可能导致一个人的不同装束都被识别为多人，或者将不相干的人物归纳到一起，识别准确率有待提高。

最后，我还建议大家试试手机提供的短视频制作功能。不同品牌的手机名称不太一样，但是功能都是大同小异，会自动按照时间、地点或者某次旅程拍摄的照片归纳到一起，自动生成一段 vlog。还会配上一段合适的背景音乐，还会自动“踩点”，效果很不错。

这些短视频都只是生成一个预览，并不是在后台制作了 N 个视频白白占用你的内存。觉得满意的话，也可以对其中某几张照片进行替换，进行一些其他 DIY 设计，几分钟即可导出一段精美的视频，“小白”用户也能轻松上手。

值得一提的是，这些操作都是在本地完成，无须上传到任何平台，自然也不会有隐私泄露的顾虑，大可放心使用。

一些好用的第三方相册工具

在执行了以上的操作之后，相信大家已经可以快速找到想要的照片，并且已经清理了一些不必要的内存空间了吧。而这些操作，都是使用了手机的系统内置功能，不同品牌的手机，或者安卓、iOS 平台不同效果也不一样，部分功能可能有所缺失，这时候就可以使用

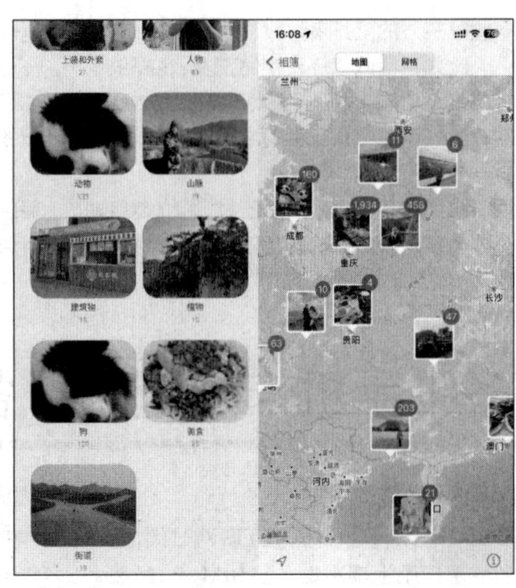

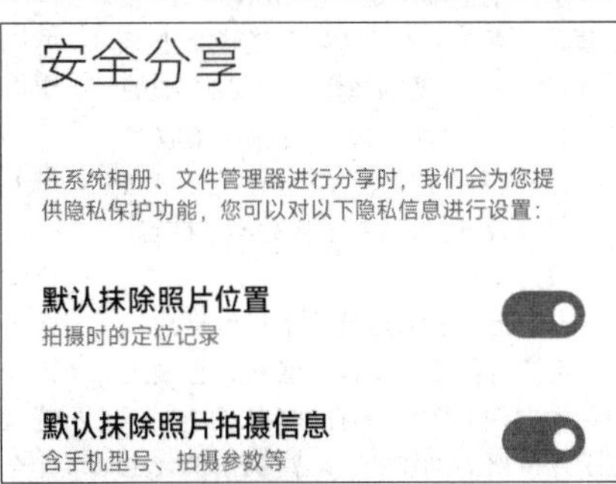

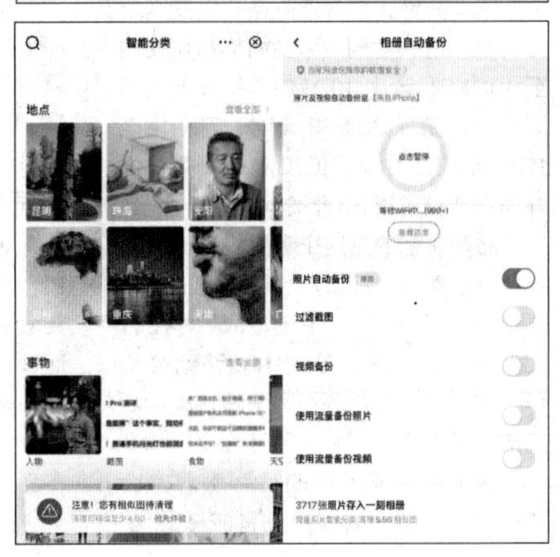

一些第三方的工具来弥补了。

比如百度网盘等云存储工具，也提供了相册整理功能。将需要整理的照片上传到云端，不光可以节省宝贵的本地存储空间，还有一些实用功能。

比如对于存入网盘的照片，系统会自动根据地理位置、人像、物品等建立文件夹，这一点和手机系统自带的功能类似。好处就是一切数据都在云端，不用自己做任何操作，要用到的时候按需下载部分文件即可，还算比较方便。

在这里，可以考虑设置照片自动备份，后台会在待机时自动同步相册照片，也就不用手动上传了。如果手机资费中流量不多，可以设置仅在 Wi-Fi 环境下同步即可。

另外，还可以将照片导入一刻相册等第三方整理工具中，它可以清理相似图片，并且还有制作动漫头像、智能配文、照片修复等功能，在整理照片的同时，还提供了一些编辑功能，同样可以试试。

多张手机卡用起来！各大运营商低价保号攻略

● 文/颜媛媛

手机保号成刚需

双卡、三卡……移动互联网时代，大多数用户手上都不止一张 SIM 卡，虽然运营商一直在“携号转网”的道路上努力，但更多人想要保留多一张 SIM 卡的初衷仅仅是为 APP 或平台注册接收验证码，又或者多注册社交平台账号，虽然使用频率较低，却不能轻易抛弃，这就让保号成为刚需。

事实上，三大运营商本身也是为低频次用户推出了一些低价套餐，也被用户称为“保价套餐”的存在（如图 1），不过因为价格的确较低，运营商很少会主动宣传这类套餐，再加上“升级容易，降级难”的问题一直存在，也让保号成为一种技巧。

运营商	费用	套外流量（1G=1024M）	套外分钟
移动	8元/30分钟	0.29元/M	0.19-0.25元/分钟
移动	8元/100M流量	0.29元/M	0.19-0.25元/分钟
联通	8元/200M流量+30分钟	10元/G	0.15元/分钟
电信	5元/200M流量	1G/20元 2-5G：10元/G 5G+：5元/G	0.1/分钟

需要注意的是不同区域运营商策略有所不同，笔者这里主要介绍具有较广适应性的套餐，不过具体保号操作并不存在太大差异，费用方面以运营商当地答复为准。

大名鼎鼎的移动 8 元保号

中国移动 8 元保号早已声名在外，不过很多用户并不清楚具体的办理办法和套餐细则。这里建议大家先了解下中国移动 8 元套餐，套餐内容：100MB 流量或者是 30 分钟通话。套餐外语音：0.25 元 / 分钟，套餐外流量：先按 0.29 元 /MB 计费，达到 10 元时，客户可使用至 10OMB，超出 10OMB 后，按上述原则叠加收费，达到 30 元时，可使用至 1GB；超出 1GB 后，仍按上述原则自动叠加收费和优惠，以此类推。

需要注意的是这个套餐当下已经很难在网上看到，而用户想要办理的话最好选择人工服务。具体办法为拨打 10086 转人工或者关注中国移动公众号→左下角人工服务→客服转接成功后直接告诉客服办理 8 元保号套餐。

这里要提醒大家的是客服通常会“友情提示”这个套餐是没有流量、希望考虑清楚等等，只要坚持己见通常就可以办理成功。事实上，一些区域运营商还是会在当地移动 APP 上将“保号套餐”放出来，不过会以“流量单价套餐”“语音单价套餐”的名义出现（如图 2）。

联通 4G 全国流量王 8 元套餐

中国联通的保号套餐名称叫作 4G 全国流量王 8 元套餐：月费 8 元。套餐内包含业务内容：国内流量 200MB，国内语音拨打 30 分钟；套餐外及其他业务资费：流量放心用，即按照 0.1 元 /MB 累计至 10 元，不再收费，直至 1GB，按照 10 元 /GB 计费，国内语音拨打 0.15 元 / 分钟，国内短彩信 0.1 元 / 条（如图 3）。

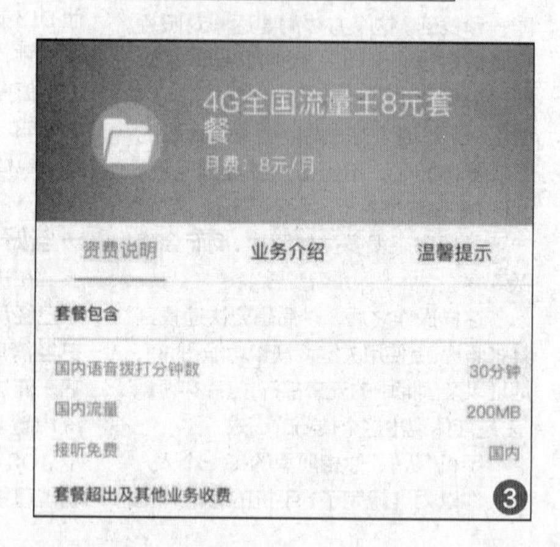

办理的话依旧是人工优先，拨打 10010 转人工或者关注中国联通客服公众号转人工服务，如果遇到客服提示该套餐在用户归属地已经下线的，可直接咨询只需要通话、最低月费的套餐，如果对方告知没有，可问询工号后，用文末分享的方式向上级部门反映。

完成业务的办理之后，建议用户发送短信“CXXZ# 姓名 # 身份证号”至联通—10010，这个短信是携号转网资格查询的，运营商为了挽留用户，一般会送话费或者流量，注意送话费或者流量的时候，是否有限制条件（如图 4）。

此外，用户也可以打开中国联通 APP，依次点击底部服务—点击查询—点击资费专区—点击沃 4G 中的公众套餐，就能看到公示出来的套餐了。

中国电信 5 元保号套餐

从 8 元到 5 元，运营商很多时候内卷也是相当厉害的。中国电信无忧卡 5 元套餐内容包括：200MB 通用流量，通话 0.1 元 / 分钟，短信 0.1 元 / 条。可订购各类流量包、语音包及短 / 彩信包产品。订购时需满足目标流量等加装包类产品的订购条件与限制条件（如图 5）。

在办理方式上也是人工优先，中国

电信用户拨打 10000 转人工或者中国电信公众号，找人工，提出需求，登记然后等待即可，据身边中国电信的小伙伴介绍，中国电信的保号套餐操作非常顺利，通常 30 分钟内就能得到办理成功的回执短信。

这里需要注意的是无忧卡套餐适用老用户（适用于原套餐为预付费和后付费老用户），并于订购次月生效。而套餐资费的有效期为 2 年，到期时中国电信可调整相关资费内容，如双方无异议自动续约 2 年。有意思的是办理完成后可以发送短信“CXXZ# 姓名 # 身份证号”至电信 10001，大概率会送话费或者流量 。

低价套餐不止可以保号

保号是我们选择低价套餐的主要目的，可既然多拥有了一张卡，除日常收短信、通话外，其实深挖下还有非常多的羊毛可以薅的。以中国移动为例，其当下正在积极推动中国移动云盘服务，这意味着只要拥有一个中国移动手机号，就可以领取中国移动云盘福利(如图 6)。

除此之外，移动 APP 本身也有各种签到积分和会员兑换，属于免费的福利范畴。值得一提的是不少保号卡用户发现，虽然保号过程很复杂，但一旦开始使用低价套餐，运营商似乎会将这类用户当作可发展群体，隔三差五会推送一些优惠短信或者体验套餐来让用户体验，至于体验之后是否打算升级就另当别论了，可实实在在的流量已经使用了。

当然，使用这些体验套餐的时候也要多留个心眼，如果默认第二月付费开通的一定要避让开来，毕竟运营商偶尔也会有些“小心眼”。

合约卡到期注销

相对于保号而言，真正让用户郁闷的还是各种合约卡。相对于从一开始就让用户明白承诺按一定资费模式在网两年、三年的模式，不少终端销售往往会以“活动”的名义，抛出 39 元 / 月或 9 元 / 月超低价的套餐让用户体验，一旦开卡后，数月后发现跳转到正常高资费，让用户非常气愤。

对于合约期已经满了的合约卡用户，可以选定当下最想办理的套餐，直接电话运营商客服让其修改套餐，也可以通过 APP 自行选择新套餐。而在合约期内想要解除合约的，可以分两种情况。一种是办理时有明确告知合约条款的，在合约期内是无法销户的，需要等合约到期后才可以办理。不注销又不继续使用的话，后付费用户如手机欠费超 3 个月，运营商将会对号码进行回收，并可能会影响征信。

另一种则是在不知情的情况下被套路办理的，则可以在公众号找到“工信部 12300”，在“服务”中找到“提交申诉”。然后如实填写相关信息，只要对方受理了就可以很快成功注销(如图 7)。

学会维护自己的权益

无论是使用低价套餐还是体验流量礼包，这些原本就是属于用户的权益，但事实上不少移动用户在遇到套餐扣费或者网络故障问题想要投诉时，反而收获的是一肚子气。不管是 10086、10010 还是 10000 也好，对方肯定会客客气气跟你说“女士 / 先生，您的问题我们已经登记，我们会在 48 小时内给您答复”。

用户通过运营商客服电话维权本身是最简单的方式，但是很多人不知道其实客服也是分类别的，普通客服、专席客服，并且还分层级。一般的客服投诉电话比如 10010，都打给相应的归属地客服，其实还有集团投诉电话。为节约时间在第一次反映问题之后，存在正当的投诉理由时，完全可以要求对方给用户接专席客服，或者你直接打运营商集团投诉电话。比如联通的集团投诉电话：10015，专门受理升级后的投诉。如果用户不知道这些电话，完全可以直接要求客服告诉你投诉电话。

而当运营商客服维权还是无法或者时效性无法让你满意时，这时候在客观事实、理由充分有依据的基础上，你可以开启你的投诉维权之路。这时候用户可以拨打当地 12315、省级通信管理局电话，甚至你还可以拨打相关媒体电话。

如果上述几个投诉途径得不到有效反馈，或者说时效性很低时，则可进入工业和信息化部电信用户受理中心进行投诉（yhssglxt.miit.gov.cn/web），网址大家可以记录下来，毕竟平时也很少登录该网站（如图 8）。

当前电信用户申诉受理中心界面非常

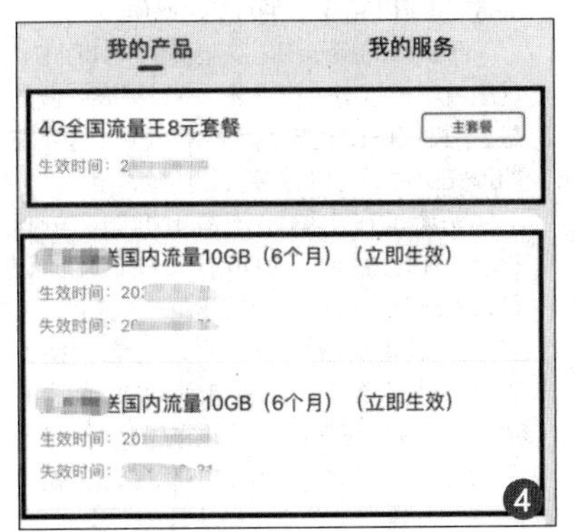

4

5

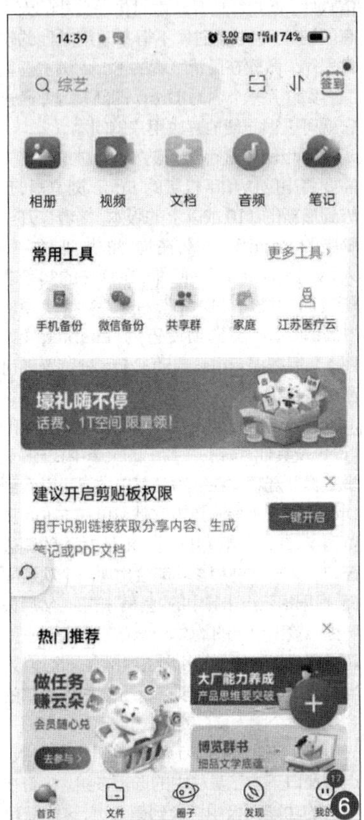

6

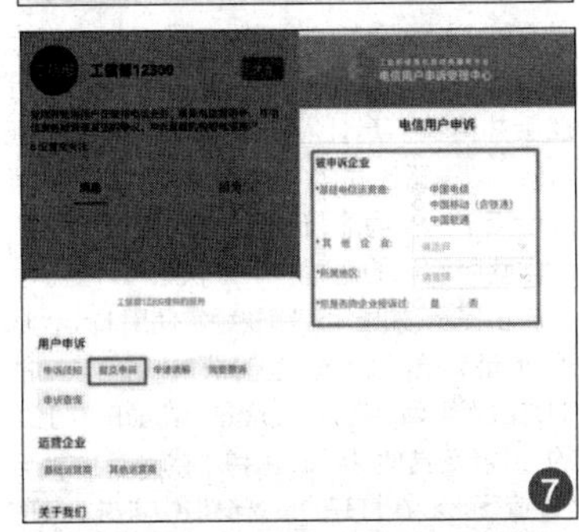

7

8

简洁明了，清楚告知用户投诉流程，而用户也可以通过顶部用户申诉、申诉查询和我要撤诉实现自己的诉求。这里再次提醒大家的是投诉一定要有事实依据，而在遇到不公或者问题的时候，也要通过截图、录音等多种方式保存证据以便核实问题。

借用Edge浏览器的Drop功能传递文件

● 文/万立夫

激活并调用的 Drop 功能

平时我们要想在电脑和手机之间传递文件，最常使用的就是微信客户端等即时通信软件。但是微信等软件对传递文件的大小有限制，所以很多时候不得不改用其他的软件程序。微软在最新版本的 Edge 浏览器里面，添加了一个名为 Drop 的新功能，通过它就可以很方便地解决用户的问题。

要想使用这个全新的 Drop 功能，首先需要将电脑版和手机版的 Edge 浏览器，升级到最新的 110 或以上的版本。接着打开电脑版的 Edge 浏览器，在其中的地址栏中输入“edge://flags”并回车，在打开的实验功能页面中搜索“Drop”。接下来将找到的“Enable Drop”选项设置为“Enabled”(如图 1)，根据提示重新启动 Edge 浏览器即可激活隐藏的 Drop 功能。

现在点击 Edge 浏览器窗口右上角的“设置及其他”按钮，在弹出的菜单中找到“更多工具”选项。在它的子菜单中就可以看到 Drop 功能的命令，点击它就可以在 Edge 浏览器窗口的右侧弹出一个 Drop 功能的侧边窗口。第一次使用该功能会出现一个欢迎界面，根据提示点击其中的“登录”按钮。然后按照提示输入自己的微软账号和密码，通过它就可以和手机版的 Edge 浏览器确立一个连接。当连接成功以后会发现，Drop 功能的窗口就会变成一个聊天窗口的样式。

接下来再打开 Edge 浏览器的手机版，点击窗口下方工具栏中的选项按钮。接着在弹出的功能面板中切换到第二页，这样就可以看到 Drop 功能的图表(如图 2)。点击它以后就可以和电脑版的 Edge 浏览器进行连接并传输信息。需要强调的是，手机版 Edge 浏览器也同样需要登录微软账号才可以使用 Drop 功能，而且还必须保证手机版和电脑版使用的是同一个微软账号才行。

小提示：如果用户需要经常使用 Drop 功能，但是又觉得 Edge 浏览器默认启用该功能的方法太繁琐，那么可以首先点击窗口右上角的“设置及其他”按钮，在弹出的菜单中找到“设置”命令。在打开的设置窗口中点击左侧的“外观”选项，然后在右侧窗口找到“选择要在工具栏上显示的按钮”区域，将其中的“Drop”选项进行激活(如图 3)。这样该功能就会显示到 Edge 浏览器的工具栏里面，以后再想使用该功能就可以变得非常方便。

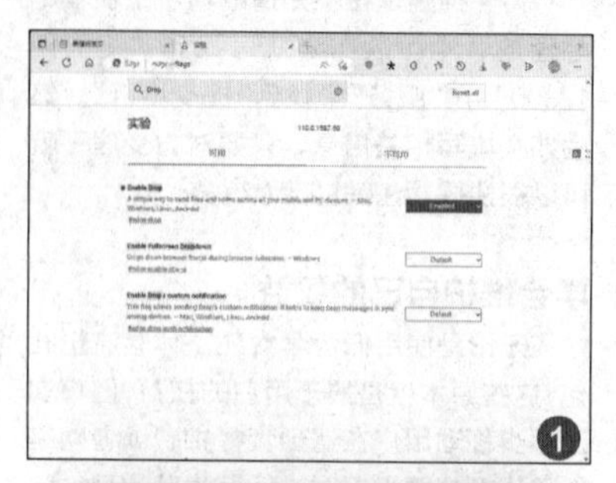

1

2

利用 Drop 功能传递信息

由于 Drop 功能的窗口和微信客户端中的“文件传输助手”非常相似，所以用户在使用方面没有任何的难度。比如要想发送文本信息的话，只需要在文本框中输入相应的信息内容，然后点击“发送”按钮即可发送成功。

如果用户要想发送图片等文件信息，那么点击文本框前面的蓝色加号按钮，在弹出的对话框中选择要进行发送的文件，再点击“打开”按钮后就会将选中的文件直接发送出去(如图 4)。

或者也可以在资源管理器中选中要进行传输的文件，利用鼠标将其拖拽到窗口中释放，也可以完成文件的发送操作。

手机版的操作和电脑版类似(如图 5)，这里就不再过多进行赘述。不过需要强调的是，手机版可以直接调用相机功能，这样在拍摄完照片后可以直接进行传输。

无论是在电脑端还是手机端，一旦 Edge 浏览器接收到 Drop 功能传输的信息，系统就会弹出一个提示框来告知用户。用户只需要双击该提示框，就能切换到 Drop 功能的窗口，在窗口列表中就能查看到接收到的所有信息。如果是文件信息的话，点击文件名称上方的“下载”按钮，就可以将文件从云端服务器进行下载。当文件下载完成后，点击文件名称右上方的“.”按钮，在弹出的菜单中选择“在文件夹中打开”命令，这样就会跳转到文件的保存目录。或者直接进行文件的复制和打开等相关操作。

总体而言，由于 Drop 功能是依托于 OneDrive 网盘来进行传输的，所以用户传输的文件体积不能超过网盘的总容量，不然的话就会造成无法传输的问题。另外相较于其他的传输工具，Drop 功能对传输文件的存放并没有时间的限制，如果下载到本地的文件被不小心删除，那么用户又可以重新从服务器进行下载。

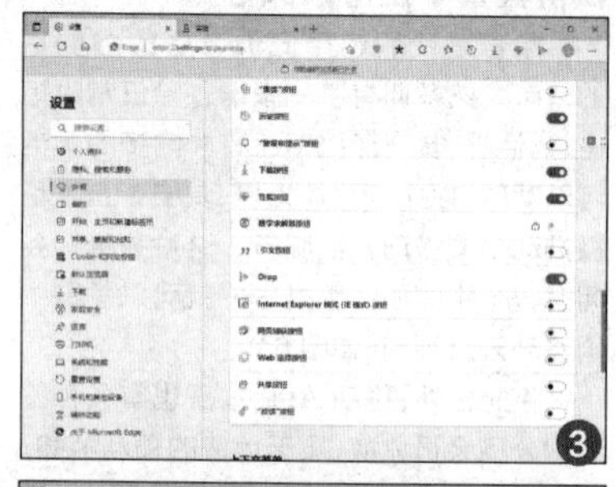

3

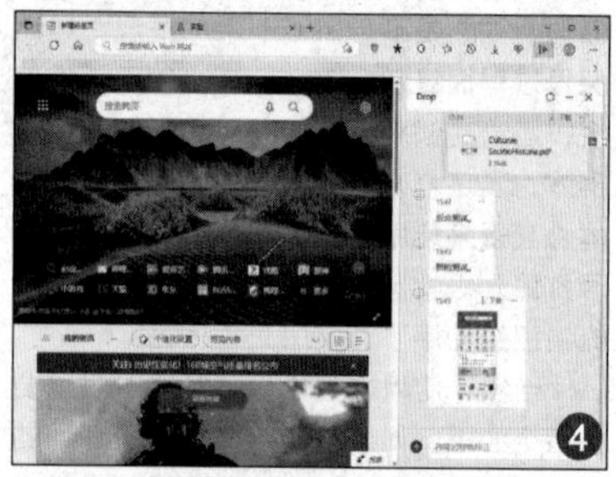

4

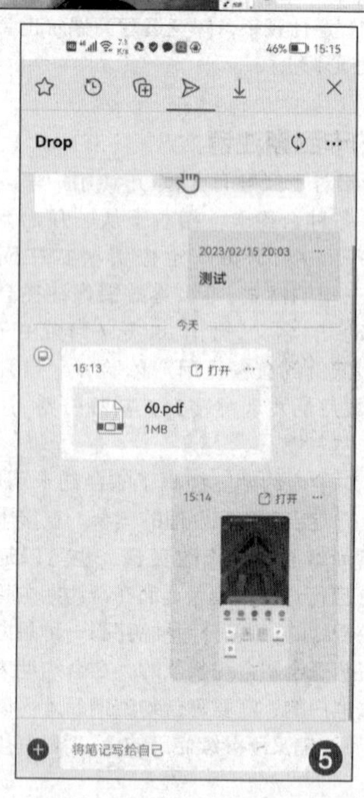

5

全面升级！最新电子社保卡使用教程

● 文/颜媛媛

电子社保卡全面升级

2023年初，电子社保卡全面升级，新改版的电子社保卡视觉形象整体升级，根据用户使用场景，将服务模块划分为人社办事、便民生活，并进一步细分服务所属业务领域，具有更加出色的交互体验。

而除了电子社保卡官方APP外，微信小程序和支付宝小程序，国家政务服务平台、国务院客户端微信小程序、掌上12333、云闪付、人社部门APP、服务银行APP等渠道均可申领电子社保卡。以重庆为例，市民在“重庆市政府（渝快办）”APP中可申领电子社保卡，登录后进入首页点击“电子社保卡”根据提示进行人脸认证、设置密码，系统提示电子社保卡签发成功，点击“立即使用”（如图1）。

升级后的电子社保卡界面新增搜索栏，用户可以直接搜索相关信息，以提高办事效率。与此同时，“扫一扫”“二维码”“亲情服务”和“长辈版”等常用的四个快捷功能被置于居中位置，而底部则是“首页”“人社办事”“便民生活”“我的”四个便签页切换按钮。

这里要提醒大家的是不同城市的“便民生活”可能有一定差异，各城市具体接入服务模块需要以当地电子社保卡展示为准。

贴合场景的服务体验

相对微信、支付宝，电子社保卡看似使用频率很低，但事关个人养老保险、参保证明、职业资格证书补发等专项服务的，电子社保卡的确能为用户带来极大便利。

点击电子社保卡下方的“人社办事”按钮，即可看到多个人社线上办事项目。在“人社办事”界面左侧，从上往下依次是“常用服务”“就业创业”“社会保障”“人才人事”等分类项目，在分类界面中，电子社保卡将常用的热门服务标注了“热”字样，方便用户快速查找。当然，“人社办事”大分类下本身也有搜索框，进一步提升了线上办事的效率（如图2）。

而除了线上办理业务外，“人社办事”比较吸引大众的还是“社会保障”界面下的“参保缴费测算”和“养老保险待遇测算”两项，前者可帮助企业或个人测算每个月需要缴纳多少参保费用，后者则是帮助了解退休后待遇如何的（如图3）。

这里的测算分全国和本地两种，对于本地尚未开通测算服务的，可使用全国预测模板进行测算，不过其测算结果并不一定准确。除此之外，当前火爆的“个人养老金”也可以在电子社保卡中开通。

用户既可在电子社保卡首界面里的“为你推荐”栏目中点选“个人养老金”进入，也可以依次点击“人社办事—常用服务—个人养老金”进入，在“个人养老金”界面点击“立即开通”后，即可根据页面提示操作完成个人养老金账户的开立（如图4）。

完成所有的步骤后再点击“开立资金账户”，并按照页面提示开立资金账户就完成了全部流程，不过相对银行方面给出的个人养老金账户开立，当前用户从电子社保卡开立个人养老金业务不会有任何返款红利，只不过电子社保卡的渠道更让普通人信赖一些。而除开立个人养老金账户外，用户还可以在该界面完成“养老待遇测算”（暂未开通），也算是该功能界面的引流方式。

玩转便民服务

不同城市电子社保卡的“便民生活”服务板块有所不同，一些拓展服务模块较多的城市，完全可以直接使用电子社保卡实现“公交乘车码”“景区购票”“图书借阅”等多项功能。

以图书借阅为例，川渝两地居民可以凭社保卡（电子社保卡）替代读者证在重庆图书馆、四川省图书馆和成都图书馆享受入馆、阅览、通借通还等服务。入馆后，在馆内自助借阅设备进行社保卡与读者证绑定或新注册。已办理过重庆图书馆读者证的读者，设备会自动检测并进行绑定。新注册完成或是绑定后，读者就可以用社保卡在自助借阅设备上刷卡（扫码）进行图书借阅或是还书了。

从便民生活看，电子社保卡未来完全有机会在居民生活应用上同微信、支付宝小程序一争高下，毕竟对于一些年龄较大的老年人而言，其更容易理解电子社保卡的使用模式，本身电子社保卡也在首页上设置了“长辈版”可选，较大的字体配上整合好的功能，能为老人提供不少便利。

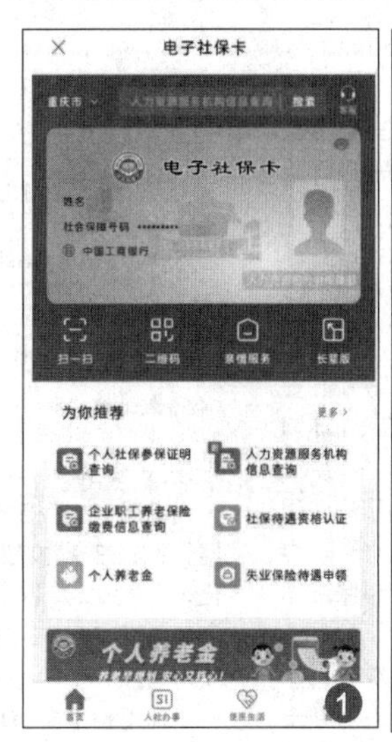

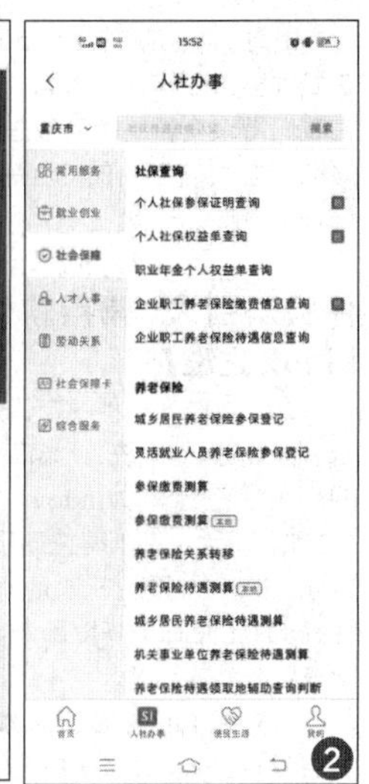

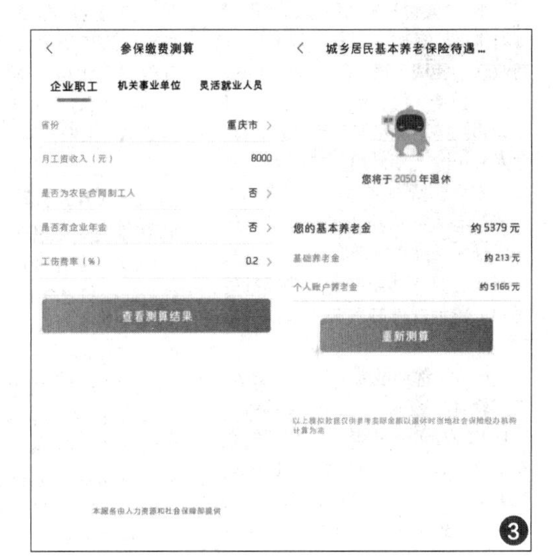

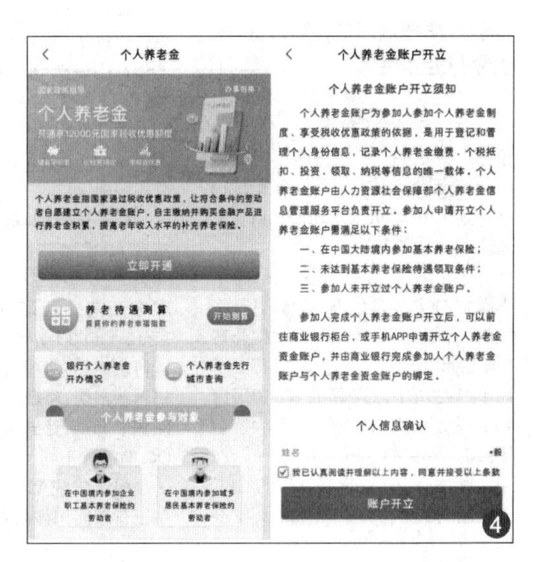

腾讯NT新架构LinuxQQ应用体验

2 月 24 日,QQforLinux3.1 版正式推出,继去年 QQ Mac 端版本外为我们带来全新的跨平台方案,这次升级标志着各平台的 QQ 未来体验统一又迈出了一步。

体验差别大,常用软件转战 Linux 之难

Linux 作为一种稳定、开源、安全、高效的操作系统,其桌面 UI 环境的易用性已经与 Windows 和 Mac OS 差距不大,而阻碍普通用户使用 Linux 的一大原因,就是软件兼容性,同时还面临着开发困难,保持体验一致困难的问题。

首先是 Linux 发行版本分支众多、各种编译差异、包依赖关系等千差万别,这使得开发通用 Linux 的难度非常大。其次,传统的 Windows 商业软件使用了很多基于 Windows 体系的独特 API、系统底层技术,开发架构已经不具备“平滑移植”性,需要为 Linux 重写底层,这对开发方从技术实力到决策魄力都是巨大的考验。最后,Windows 软件本身也在经历持续的功能和版本迭代,新功能加入很快,基于传统开发架构基础的 Linux 版本软件开发测试周期很难跟上。

这些,都造成大部分 Windows 常用软件一直未能在 Linux 系统上实现和 Windows 版“一致性”的软件体验。但是在 Linux QQ3.1 版本,新架构统一体验决策的采用,这一切都开始得到了根本性的改变。

打破多端技术壁垒,QQ Linux 引领行业新突破

在国外,众多基于浏览器架构,多平台、多操作系统版本的 UI 和体验基本一致的软件在这两年纷纷推出,仅即时通信软件就有 whats app、discord、slack、signal、skype、微软 teams 等产品。

而在国内,依托 Electron,腾讯再次将 QQ“一套代码、多端运行、体验统一,提升研发效率,持续提升客户端性能和用户的产品体验”提上了议事日程,推出了全新的 NT 跨平台框架开发体系,并推出了跨平台统一体验的新版 QQ Linux 3.1。

作为每个中国网民软件的 QQ,基于新 NT 架构 QQ for Linux 的推

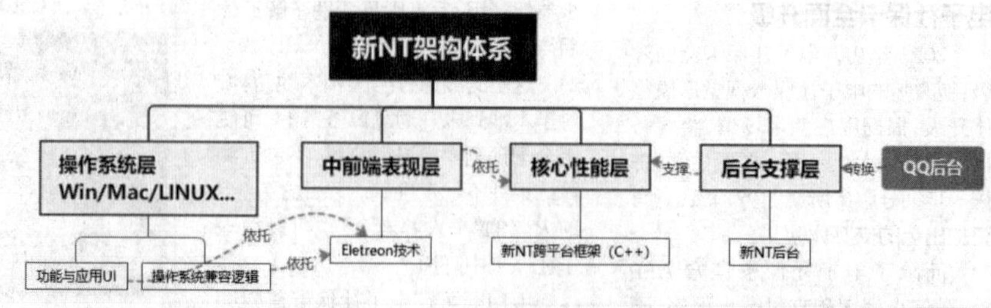

新nt桌面端架构

出,进一步解决了 Linux 国内普及的一大阻碍,二者相向而行互相促进发展。要知道,高校教育、重点行业国产化和自主化、龙芯、飞腾、神威等国产硬件普及、Linux 普及率和渗透度不断在增强。

利用腾讯新 NT 架构思路,常见的网络、影音、办公等应用,采用这套技术路线和架构后,很快就能在自主硬件平台和自主操作系统上实现功能平替,给国产主流软件跨平台一致性体验带来新希望。

Linux QQ 3.1:简洁明快、核心功能终不缺失

接下来看看新版 LinuxQQ 3.1 版带给我们的全新体验吧。

3.1 版的 Linux QQ 可以从官网 https://im.qq.com/linuxqq/index.shtml 下载,并提供有主流的 rpm、deb、dpkg 格式下载,而在硬件层面,则覆盖了 x86(x64)、ARM 以及自主的最新龙芯 loonarch64 体系的支持,真正实现了“主流系统、主流硬件”的跨平台统一。

我们使用的是 LinuxMint 21.1 系统,这是 Debian/Ubuntu 发行版本体系中最流行的几个版本之一,下载好.deb 安装包后,直接右键单击后,用软件安装包管理器安装即可,和 windows 装软件已经没有区别,简单快捷。

安装完毕后,系统开始菜单就能找到“QQ”。点击打开 Linux QQ 3.1,熟悉的扫码和密码登录 QQ 界面出现在面前。验证登录后,全新的 Linux QQ 3.1 界面就出现在了面前。运行软件后,移动 QQ 版用户界面风格熟悉亲切,将重点标签页全部改为纵置,能感受到和传统 Windows QQ 有很大不同。

相比传统 Windows QQ 界面,由于有微信和移动 QQ 的基础,因此

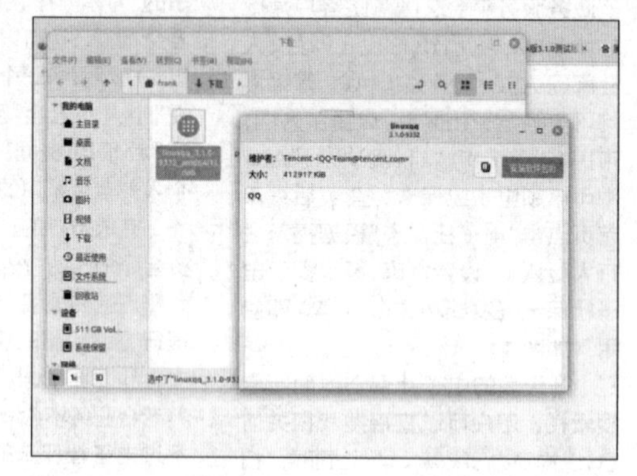

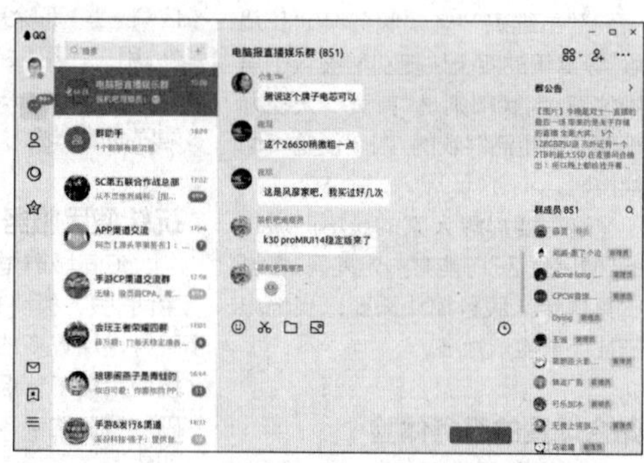

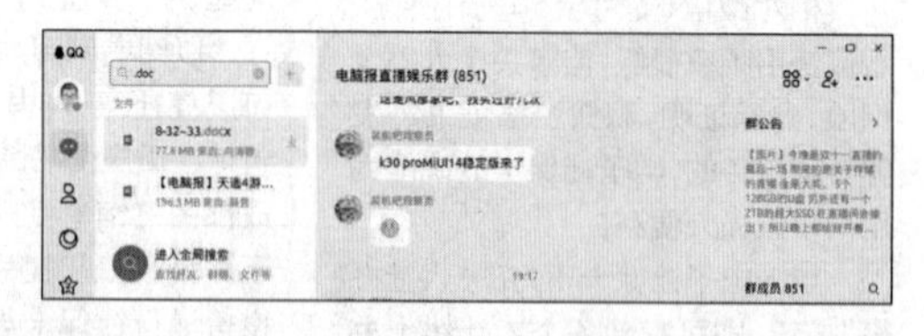

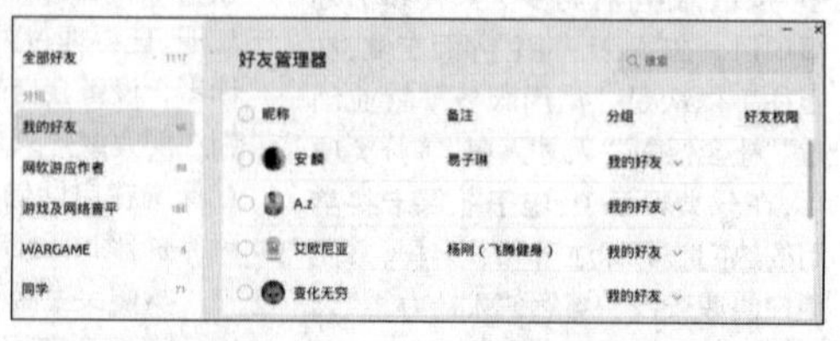

无需熟悉就能轻松上手,简洁明快的界面带给我们的是跨平台的统一体验,可以说这是一套抛掉历史包袱、面向移动 PC 合一的界面。而且,Linux QQ 3.1 在我们测试的老硬件平台上运行流畅。一连串的 QQ 群消息轰炸,打开消息窗口没有明显的滞后,也没有图片多媒体内容不能正常显示等问题。相比以前版本 LinuxQQ“只能聊天”的有限功能,3.1 版在功能增加上诚意十足,包括:

1. 可以多账号登录，并正常使用 QQ 空间和小世界！解决了多账号登录和 QQ 空间使用问题，新增的短视频社交模块“小世界”Linux QQ 3.1 也完全支持了。

2. 用户界面可以设置为跟随系统风格，或自定义白天或夜间风格，设置选项更加丰富。

3.支持全局搜索了。在主界面即可对好友、QQ 群、聊天记录内容和聊天文件进行广义全局搜索，大大方便了记录管理。

3. QQ 好用的截图和自定义表情功能也加入到 Linux 了。

4. 群禁言、群空间、群相册等核心群功能来了，当好 QQ 群管理员更轻松。

另外，还有完整的好友管理器、跟随系统风格消息框弹出、QQ 收藏夹等弥补了 Linux 用户多年来对 QQ 诸多功能的需求。

当然，针对网络上网友“Eletreon 架构占内存高，越用越卡”的说法，我们也进行了验证。首先从体验上来说，作为有上百个活跃 QQ 群的人，开一天的双号并没有觉得卡。其次从量化资源占用来看，深度“模拟版”QQ 的内存占用超 200MB，会出现卡顿。而 LinuxQQ 3.1，单个 QQ 进程(Eletreon 架构，类似浏览器窗口，有多个进程)占用内存约 100MB，总体体验不卡顿。

这是因为腾讯新 NT 架构不仅基于 Eletreon，还继承了 C++ 和后台的高效服务转发，这是和一般 Eletreon 应用最大的不同，因此，新版 Linux QQ 在开发底层和思路上还是有着很周全的考量，这也赋予这款产品出色的整体产品体验。

总结：国产软件多端体验统一的一大步

Linux QQ 3.1 作为腾讯新 NT 架构的最新代表作，体现出了很高的水平，实现了在用户体验上的多端基本统一，弥补了此前 Linux 版软件的大量功能缺失，使得桌面版 Linux 用户终于慢慢开始有机会享受到和其他平台一致的软件使用体验。

而这也为国产软件尽快应用到新的硬件平台上，做好转换和平移工作，提供了一条全新的思路。我们希望 Linux QQ 3.1 只是国产软件多端体验统一的第一步，引领国产 Linux 软件行业迈向更好体验的未来！

何必第三方，WPS也能录制屏幕

● 文/郭勇

WPS 内置录屏功能

从插件到应用商店，WPS 从简单的文字处理软件成长至今，已经能见到平台化的雏形了，而人们日常使用 WPS 办公时，可曾留意过类似录屏这样的实用功能呢？

启动 WPS 软件后，点击上方工具栏中的“会员专项”按钮，即可在新的工具菜单中看到“屏幕录制”项。首次启动 WPS 录屏需要加载，这里需要耐心等待一会儿(如图 1)。

启动 WPS 录屏以后，可以选择“全屏”或“区域”录制模式，声音选项里选择“麦克风”，点击右侧 REC 按钮。屏幕显示倒计时 3 秒(此时您可以快速将 PPT 切换至全屏)，就可以轻松开始录屏啦。

整个“屏幕录制”设计得如同独立 APP，大号字体加上图标将功能区域划分得非常清楚，而且该功能本就是作为会员福利推送，所以“预设水印”等功能也是开放的，用户可以根据个人或企业需求，在录屏的时候打造专属水印以保护自己的知识产权(如图 2)。

除了最基本的录屏功能外，用户还可以在设置中对视频输出格式、清晰度、帧率、编码等规格进行设定。而除录屏外，用户还可以使用 WPS 的“屏幕录制”功能进行截图，其设置菜单中提供各种快捷键组合，本身默认为“Ctrl+Q”组合键进行截屏抓取图片。

事实上，在使用 WPS 录屏功能时发现，其内置缩放和聚光灯区域，能够有效提升录制画面效果，单这一项其实已经压倒了很多收费的第三方录屏软件(如图 3)。

此外，对于需要定时、定期录制而用户又不一定随时在电脑前面时，WPS “屏幕录制”还提供任务计划 + 自动分割功能，通过对录屏范围、录屏时间的设置，让软件能够自动录制用户想要的内容，便利性非常出色。以任务计划录制为例，当某个时间你不在电脑旁，但又不想错过重要的在线会议、教学演示、课程直播时，便可以使用任务计划录制。依次点击计划任务 - 新建任务然后设置“开始时间”“时长 / 停止时间”等参数，最后点击“确定”即可。

提高工作效率的技巧

除“屏幕录制”功能外，“智能抠图”也是被 WPS 用户忽略却具有极强实用性的功能。WPS 智能抠图模式结合 AI 技术，即使是复杂背景的图片，也能只用几步即可快速完成背景抠除。用户首先打开抠除背景功能，在智能抠图模式下，默认便已选中涂抹“保留”区域的蓝色画笔。在图片需要保留的区域，任意涂抹。

选中涂抹“抠除”区域的红色画笔，并在图片需要抠除的区域，任意涂抹。这时候 AI 算法便会实时计算应抠除的区域，并用红色遮罩标记出来。若抠除效果不够精确，还可以继续细化涂抹保留或抠除的区域进行调整。调整完毕后，点击“完成抠图”，便会得到抠除背景后的图片，并在原文档替换原图片。无论文档中的证件照底色更换，还是 PPT 中素材抠图为透明的 PNG 格式等场景，你只需上传图片即可 100% 自动识别去除，灵活且高效。而从实际效果看，这样的抠图功能同独立软件也相差无几。

而除前面和图像有关的功能外，WPS 会员还搭载了不少能帮助用户提升效率的实用技巧，只不过平时使用或推广较少，大多处于“吃灰”状态而已。以“图片转表格”为例，可一键将纸质文件转电子版，并继续保留原格式。

WSP 移动用户只需扫描一下，就能将纸质表格转换成电子版表格文件。它还支持多图转换，扫描多张图片后可直接汇总到一个工作表里，能够有效提升用户办公效率。而 WPS“CAD 编辑”功能近期全新升级，新增了快速看图模式和导出为图片功能，同时还支持精准测量和批注。无需再下载其他软件，WPS 就能让用户在手机上处理 CAD 文件，并配上了“PDF 转 CAD”功能，支持两种文件互相转换，方便用户查阅和编辑专业图文内容。

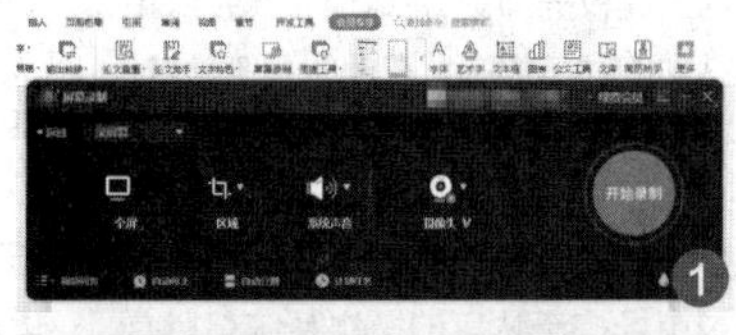
1

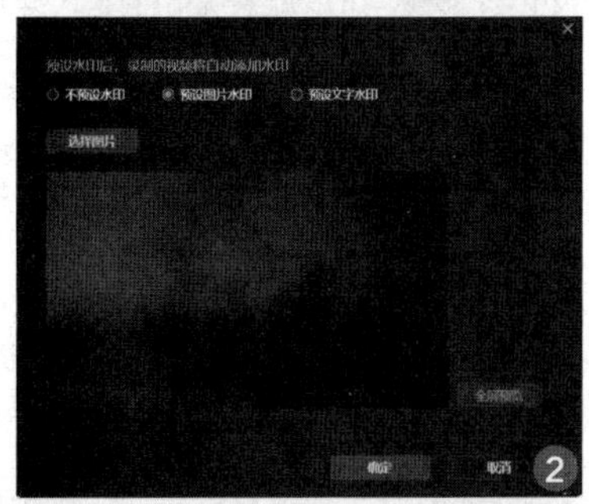
2

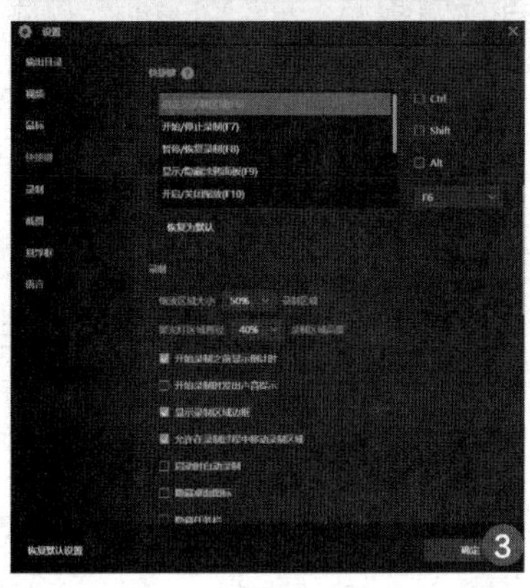
3

从可用到好用，尝鲜统信UOS系统

● 文/白二娃

一、统信 UOS 系统简介

为了不再被“卡脖子”，中国信创行业独立自主研发已经成为共识。操作系统是衔接计算机软硬件的核心，也是受国外垄断最严重的领域之一，微软、苹果、谷歌三家占据了国内操作系统的绝大部分。而鸿蒙、麒麟、统信等国内企业研发的国产操作系统，正是为了保护国家党政机关、金融、能源等关键部门电脑在特定时刻能够正常运转的底线。

统信 UOS 系统能够成功占领部分市场，可以说是多年坚持之后的厚积薄发。它是基于社区版深度操作系统(Deepin)构建的商业发行版。而深度操作系统最初基于 Linux 的 Ubuntu 发行版构建，之后又换到更上游的 Debian 社区构建，最后直接从基础的 Linux 内核开始构建，成为 Linux 的根社区之一，这样能更好地掌握系统升级的主导权。

这段统信努力掌握自身发展方向主导权的历史，正体现了其技术和实力的稳步提高。在操作系统领域，“生态”是人们老生常谈的话题，无论是桌面端的 Windows、MacOS，还是移动端的 Andorid、iOS，这些已经被市场广泛认可的操作系统都拥有完善的软硬件生态。要建立起这样一个庞大的系统生态，不是任何一家公司能够独立完成的工作。统信软件通过积极与软硬件厂商合作，这 3 年来在兼容适配方面进步非常明显，硬件能够支持全 CPU 架构，软件已经能够满足多数普通用户的基本使用了，而且运行流畅，Bug 修复速度快，可以说统信 UOS 已经从可以用向着好用在发展了。

正是基于统信 UOS 已经可以基本满足用户日常使用了，《电脑报》才在此推出系列文章，让我们一同体验这款由中国人掌控的桌面操作系统。

二、在虚拟机中安装

统信 UOS 分为桌面版和服务器版，其中桌面版又分为家庭版、专业版、教育版、社区版四个分支。对于新手来说从 Windows 直接换成 Linux 系统的成本非常高，我们不建议您直接在电脑中安装统信 UOS 单系统。你可以先在虚拟机中体验一段时间之后再过渡到统信 UOS 和 Windows 双系统。我们以免费的家庭版为例，先在 Windows 自带的虚拟机中进行安装体验。

1.下载

在统信 UOS 家庭版官网(home.uniontech.com)，下载最新版镜像文件(uniontechos-desktop-22.0-home-k510-amd64.iso)。在等待下载完成的时间里我们来启用 Hyper-V 虚拟机。

2.启用 Hyper-V 虚拟机

以 Win10 专业版系统为例启用 Hyper-V 虚拟机。在开始菜单→设置→应用→应用和功能→程序和功能（下拉到最下方）→启用或关闭 Windows 功能→Hyper-V→将 Hyper-V 管理工具和 Hyper-V 平台全部打勾，安装并重启电脑。也可以直接搜索“启用或关闭 Windows 功能”。

3.在 Hyper-V 中安装统信 UOS 系统

搜索并打开 Hyper-V 管理器，在右方点击新建→虚拟机，打开新建虚拟机向导。点击下一步，设置名称并为虚拟机选择一个存储位置；选择“第一代”；默认内存；配置网络连接“Default Switch”；创建虚拟磁盘，保存到空间充足的磁盘；选择“从可启动的镜像文件安装操作系统”，选择刚才下载的 ISO 文件，完成向导。连接并启动新建的虚拟机，等待自启动安装进程。

安装进程只需要点击两次“立即安装”即可完成。

安装成功后，依次点击：虚拟机→媒体→DVD 驱动器→弹出，弹出 ISO 文件后点击“立即重启”。

重启后，设置好用户名和密码，就能进入系统桌面了。

三、故障排除

1. Windows 家庭版没有 Hyper-V 虚拟机。家庭版只是把这个功能隐藏起来了，具体解决方案可搜索“Win10 家庭版找不到 Hyper-V 的解决办法”，按照其中的解决步骤一步步执行即可，Win11 家庭版解决方法相同。

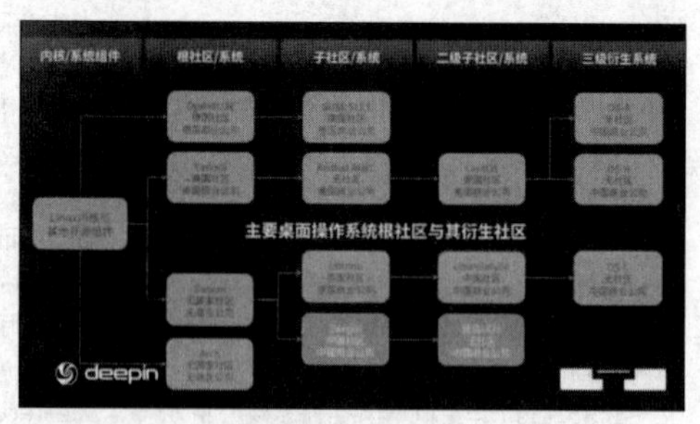

原统信UOS与Deepin在Linux阵营中的生态位

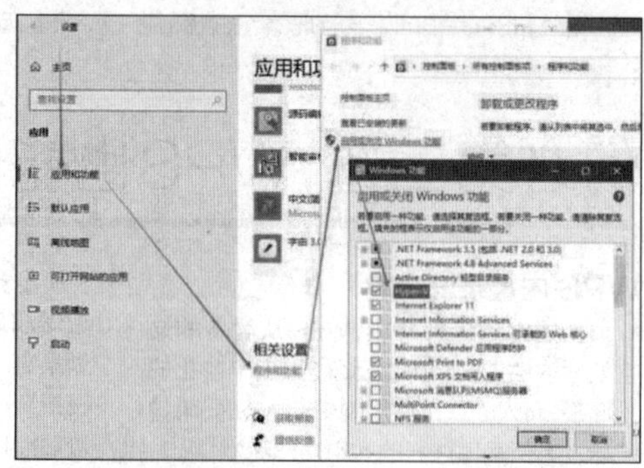

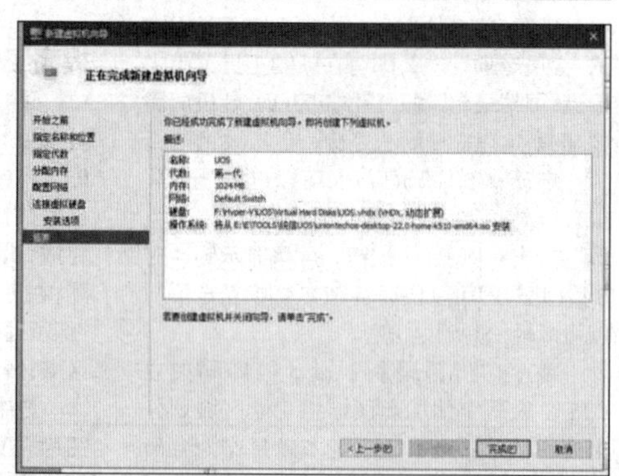

2.兼容问题，Hyper-V 虚拟机可能会与某些安卓模拟器产生冲突，导致安卓模拟器异常，不能在 PC 上玩安卓游戏了。解决方案一是重装该安卓模拟器，二是换用其他安卓模拟器如逍遥模拟器，三是改用 VMware 虚拟机，不过 VMware 不是免费软件，需要激活码。

3.使用 VMware 虚拟机安装过程类似，在系统选择时选择 Linux 即可。

4.如果遇到虚拟机中系统网络连接异常，可以通过将虚拟机的网卡和本机网卡桥接来应急，体验完成后删除桥接即可。

在本机中依次点击：设置→网络和 Internet→高级网络设置→更改适配器设置→按住 Ctrl 键同时选中以太网和 vEthernet(Default Switch)→鼠标右键菜单→桥接→等待网桥建立。

不用后在网络连接中删除网桥即可。

体验统信UOS之初入桌面

● 文/白二娃

上期我们已经在虚拟机中安装了统信UOS系统，这个安装过程可以说是做到了极致简化，除了设置用户名密码外，不需要格式化分区、不需要复杂的配置选项，其实能把安装Linux系统做到这种傻瓜的程度可不容易。而且安装统信UOS系统和Windows的双系统也很简单，你只需要给它找一个可用空间最大的磁盘就可以安装了，完全不必担心原有系统的资料丢失。

一、双系统安装

1.使用安装工具

在Windows系统中安装统信UOS双系统，最简单的方法就是使用一键安装工具。你可以在UOS之家（www.7uos.com）找到下载页面，选择"一键安装（双系统）"，下载一键安装包(uos_installer_downloader_v1.0.0.0033-jtgw.exe)或使用"UOS安装器"(uos_installer_sqty-V1.1)都可以完成双系统的安装。

下载后双击运行，这时最好关闭杀毒软件的监控，安装工具会自动检测安装环境，选择剩余空间最大的磁盘来安装系统。安装文件会保存在UOS目录中不会影响磁盘中的其他数据，同意并继续。

接下来就要等待下载统信UOS系统了，下载完成后将自动安装，这一过程不要关闭电脑。

安装成功后重启电脑。

2.用U盘安装

统信UOS的安装镜像文件(uniontechos-desktop-22.-home-k510-amd64.iso)中自带了启动U盘制作工具(DEEPIN_B.EXE)。

找一个8GB以上的U盘，这个U盘会格式化请提前备份里面的重要资料。右键点击已经下载好的镜像文件，选择"装载"，在虚拟的DVD驱动器根目录中找到DEEPIN_B.EXE并拷贝出来。运行，选择光盘镜像文件，选择可移动磁盘，勾选"格式化磁盘可提高制作成功率"，开始制作安装U盘。

通过安装U盘启动电脑。

制作好安装U盘后，插入U盘，重启电脑。当出现品牌logo的开机画面时迅速按下F2（笔记本）、F12键（联想）、F10(惠普)、C(苹果)进入BIOS界面将USB设置为第一启动项。根据主板厂家不同也可能是F8、F9、F11、ESC等按键，你可以依次试一试。在BIOS设置中选择"USB-HDD0：U盘型号"或"USB Device"等字样，设定从U盘启动。重启电脑，进入安装界面后，按提示选择并等待安装进程结束即可。

二、注册UOS ID

首次进入桌面后推荐立刻注册UOS ID。UOS ID可以对多设备(家庭版一个ID支持5台设备)绑定或解绑，帮助实现多设备配置同步、跨设备传输文件、重置密码等操作。

设置→UOS ID→注册。直接用微信扫码，在手机上完成微信和手机号的绑定，并设置密码。

回到统信UOS的UOS ID界面，打开"绑定到本机账户"和"自动同步配置"，让多设备能够统一使用配置。

如果你真的不想再使用统信UOS了，这个ID还可以在login.uniontech.com的用户中心注销。

设备绑定UOS ID后，重置密码功能设计得非常人性化。假设你忘记了密码，这时候应该会卡在开机登录页面。随便输入5次错误密码，就会出现锁定3分钟的字样，下面还会出现忘记密码的提示，点击"重置密码"，就会弹出重置密码页面，输入手机号获取验证码就可以设置新的密码了，锁定时间也会清零。密钥环内的数据也会被清空。

密钥环(keyring)是Linux系统中的一个安全功能，可以类比生活中的钥匙环上的一串钥匙，密钥环将用户的多个密码分组并存储在同一位置，由一个主密码（通常是账户的登录密码）来锁定。当使用密码登录系统后，这个密钥环中的其他密码可以自动起效解锁。这样你在日常使用时就很少需要输入密码了，这依赖于浏览器或应用程序利用了密钥环功能。日常使用时由于登录时已经输入密码，也因此无法感受到密钥环的存在。

举一个密钥环起效的例子，谷歌Chrome浏览器中记录了很多网站密码，如果开启了自动登录，且来宾未输入密码来解锁登录密钥环，系统就会反复提示解锁，如果不解锁而是反复点取消也能用浏览器，但是需要用到密码的网站并不会自动解锁，也会提示"同步暂停"。

随着你对Linux系统的掌握，你还可以在桌面→在终端中打开，用命令行的形式进一步管理和设置密钥环。

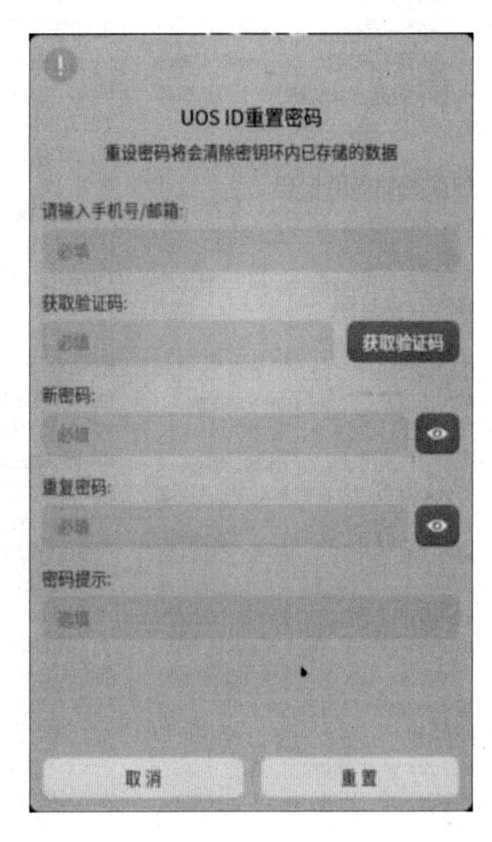

小心影响征信！别让银行卡睡眠

● 文/梁筱

被“围剿”的睡眠信用卡

2023年以来，中国银行、浦发银行、恒丰银行等20多家银行立下“战书”，将对长期睡眠的信用卡开展降额、停用或销卡手续。

2023年2月9日，平安银行发布了对长期睡眠卡的处理公告，通告“自2023年4月1日起，对连续24个月未发生交易的信用卡账户，且账户‘无欠款、无溢缴款’的长期睡眠状态账户，会进行通知，若客户未在规定期限内根据通知要求对卡片进行操作的，我行将对其采取销卡或销户措施”。

在此之前，中国银行、光大银行、浦发银行等银行皆发布了对睡眠卡的管控措施，其中中国银行对睡眠卡的管理定义也是18个月以上无任何交易且无欠款的账户，自3月20日起，将对上述信用卡账户或卡片纳入账户安全管理范围，分阶段进行信用卡降额、停用或销卡等相关处理。

众银行对睡眠银行卡的“围剿”源自去年底银保监会、人民银行发布《关于进一步促进信用卡业务规范健康发展的通知》，该通知要求银行业金融机构不得直接或间接以发卡量、客户数量、市场占有率或市场排名等作为单一或主要考核指标；长期睡眠卡率超过20%的银行业金融机构不得新增发卡。

你有“睡眠信用卡”吗

这些年银行疯狂推销信用卡，不少人都会因帮亲友完成任务或薅羊毛而开通一些信用卡，但这些信用卡通常申请下来后就直接放在角落“吃灰”。银行的“拉新”活动造成了当下海量睡眠信用卡的尴尬，而对于用户而言，这些睡眠信用卡多少会有一些不好的影响。

首先，信用卡数量太多，在持卡人个人征信系统里会有所体现，当银行或其他金融机构查询持卡人的个人征信系统时会看到他有很多信用卡账户，办理过很多信用卡。这个时候，银行或者其他金融机构就会认为持卡人信用卡额度过高，负债过多。如果持卡人是办理申请贷款或者信用卡等业务的，很有可能被拒。其次，信用卡长期睡眠的风险主要是由年费导致的逾期风险。一般的金普卡有年费，但可通过刷卡满足一定的次数或者金额得到豁免，而白金卡等高端信用卡通常年费是不可避免的。持卡人如果放置信用卡长期不用，没有刷够免年费的次数或者金额，银行就要跟你收年费了，这个年费如果又没有及时缴纳，就会导致信用卡逾期还款，从而影响个人信用记录。

早先人们想要查询自己名下有多少张银行卡，需要进入中国人民银行的个人信用信息服务平台，或直接携带本人身份证到中国人民银行网点打印征信报告查询，而现在，用户通过云闪付APP就可以实现名下信用卡的一键查询。启动云闪付APP后，在首界面的常用应用栏上可以看到“一键查卡”功能，点击后即可进入查询页面（如图1）。

在经过一系列的安全认证后，页面会提示你的申请已开始，报告将在24小时内生成，而且非常贴心的一点是，查询结果会有短信提醒。不同于征信，通过云闪付APP查询自己名下有多少张银行卡不会有次数限制，且多次操作也不影响征信。最让人满意的是云闪付APP查询结果会清楚标明用户名下银行卡类型，借记卡、借贷卡等都能清楚地显示。

主动注销睡眠卡

睡眠信用卡或多或少存在一定的风险，与其被动等待银行系统处理，不如主动注销平时不用的信用卡。这里需要注意的是当前注销信用卡远比开卡麻烦，绝大多数银行都不提供线上注销，用户只能通过电话或线下的方式进行信用卡注销，不过各家银行APP还是能为注销提供不少便利。

以建设银行为例，用户打开建设银行APP后，点击首页底部的“信用卡”，接下来点击右上角的三点图标，弹出下拉列表，点击建行客服（如图2）。

进入对话界面后，在弹出的对话窗口中输入“注销信用卡”，客服系统就会给出建行注销信用卡的全套流程，用户直接拨打建设银行客服电话，按语音提示说出“信用卡销户”，电话销户后45天内无新增应缴账款即表示销户成功（如图3）。

这里要提醒大家的是普通信用卡直接按上面的方式注销即可，但如果卡是睡眠状态的话，就需要用户回开户行激活，然后进行注销，流程相对繁琐。对于大众用户而言，非必要还是不要开通太多信用卡为妙。

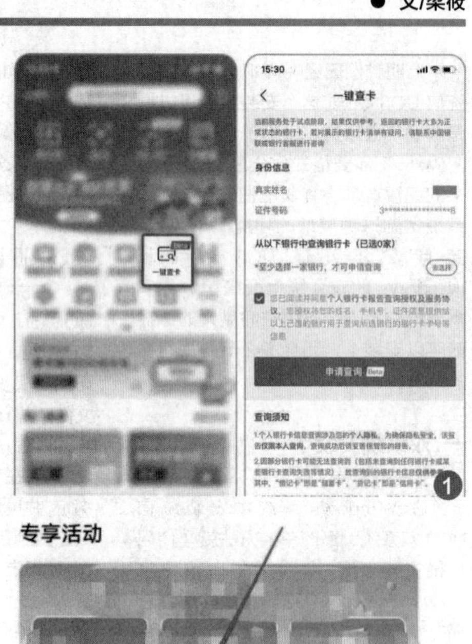

不止讯飞，语音转文字还能靠它们

● 文/郭勇

记下开会时说的每一句话

语音记录是白领办公人群日常工作刚需，无论是会议记录还是市场调查、采访，语音记录下碎片化信息后，再借助语音转文字软件，绝对能有效提升办公效率，而随着技术迭代，语音助手完全可以实现即时转录。讯飞语记正是这样一款由科大讯飞出品的云笔记APP产品，其支持录音速记、图文编排等多种语音记录功能，足以成为用户写小说、写日记、采访、记事的必备神器！而经过数个版本迭代后，当前讯飞语记已经相当成熟了，而"出口成章"可以说是该APP最大的亮点。

启动讯飞语记后，其会提示用户创建笔记，点击屏幕底部"+"号后就可以进入新建笔记界面，这里除录音速记、语音输入外，还提供了外部语音转写、文字识别等多项功能，其功能也开始有了平台化趋势(如图1)。

极简风格的软件界面设计

点击"语音输入"后即可进入内容制作界面，为语音输入定制的界面第一次使用时多少有些不习惯，但几分钟上手后发现该界面效率非常高，点下麦克风图标后，讯飞语记便会开始工作，整体语音识别正确率非常高，而且讯飞语记还会根据用户的语气、语境、语句，自动添加对应的标点符号，不需要你再手动输入标点符号(如图2)。

界面设计很符合语音输入需要

除支持普通话、英语输入外，更支持四川话、东北话、河南话、山东话等地方语言输入，更让人惊喜的是，该APP具备随声译功能，可实现中译英、英译中、中译日等功能，而且翻译效率非常高，足以满足大多数用户会议记录的需要。

不过这里比较尴尬的是，讯飞语记只提供了5分钟录入时长，临时使用没有问题，但想要完整记录一场会议或者部门头脑风暴的话，就需要充值会员了。除年费会员外，临时使用也可以考虑充值月费会员(如图3)。

当然，如果用户担心实时转录出现问题或想保存一份完整的语音记录，则可以采用传统的录音模式，先用手机录音功能把会议内容录下来。会议结束后，使用讯飞语记外部录音转写功能，导入会议录音的音频，即可自动生成文件稿。而在语音转录效率方面，讯飞也是非常强悍的，"1小时录音，5分钟就能出稿"的效率非常高。

支持视频翻译的网易见外工作室

相对于会议实时语音转录的讯飞语记，网易见外工作室则是专为视频字幕诞生。它本身是一个免费安装的AI智能识别翻译工具，通过它可以对视频和音频进行语音识别，识别后将会自动生成字幕，同时它还支持外语翻译，可制作双语字幕。网易见外工作室支持视频智能字幕、文档转写翻译、图像识别翻译、文档翻译、字幕文件翻译等功能，上传文件识别时，识别速度和准确率都非常出色(如图4)。

网易见外工作室目前需要使用网易邮箱登录，用户登录后将视频导入到编辑器中，然后在编辑器中，选择要翻译的视频片段，点击"翻译成文字"按钮。网易见外工作室会自动将视频中的对话转换为文本，并在文本框中显示，翻译完成后，可以将文本保存为SRT格式的字幕文件，或者直接添加到视频中。

该工具须注册登录才能使用，每天可以免费使用2小时，对于普通用户来说完全足够了。

性价比超高的悦录

悦录(原i笛云听写)是一款强大的录音转文字工具，曾经被不少应用达人推荐，相对于讯飞、百度等语音文字转换工具而言，悦录在正确率和效率方面并没太大差异，但其性价比相当出色。下载安装后，打开悦录APP，之后使用手机验证码登录即可使用。作为一款语音转文字APP，主要提供录音、语音转文字功能。在APP右下角有一个"60s语音速记"，点击进入即可快速录音速记一些重要的东西。

目前，悦录每天可以免费转写3小时，云端免费存储200小时，不过这个时长数据相对才推出时已经有所降低，未来不排除进一步缩减的可能，但相比大多数按分钟计费的语音转文字软件，这样的免费时长已经足以满足日常需求了。而且在体验中，悦录APP转换完的文字会自动分好段落，还支持边读边看、双击还能自动滚屏等操作，也有效提升了转录效率。

而除上面这三款软件外，迅捷录音转文字在线版、VideoSrt等软件也能实现音频转文字的操作，后者使用的是阿里云语音识别接口，准确率极高，标准普通话和英语的识别率都相当高，不过对于大多数用户而言，免费时长恐怕才是决定选择哪一款软件的关键。

1

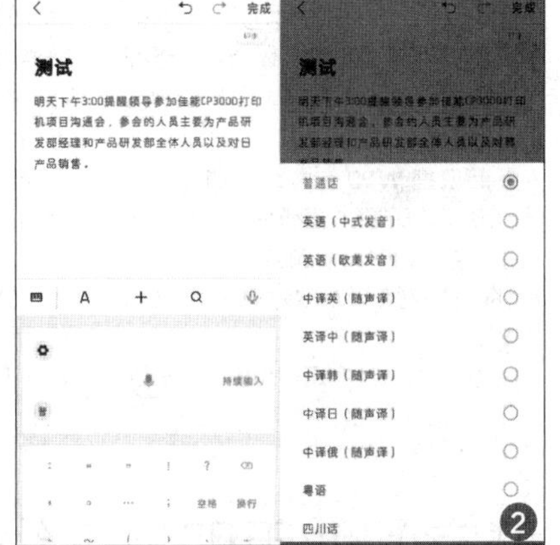

2

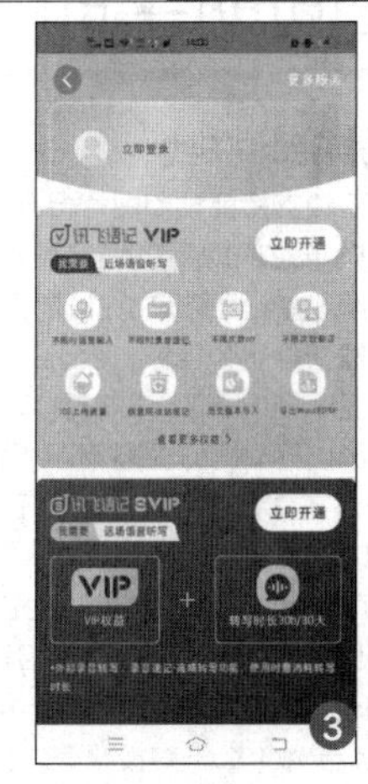

3

4

打开PC端微信接收的文档为只读模式?

● 文/颜媛媛

PC端微信接收的文件变只读

日前，不少网友反馈使用微信PC端接收的文档只能以“只读模式”打开，导致用户无法直接编辑保存。调查发现这并非个例，自更新至3.9版本之后就遇到的问题，接收的文档无论是Word还是Excel，以及无论是用WPS还是Office打开，全部都会变为“只读模式”，它支持浏览、编辑，但不能直接保存，想要保存就只能选择“另存为”(如图1)。

WPS官方称经核实，系微信3.9.0 Windows版增加的“文档格式文件接收后，权限自动设定为只读”安全特性导致。虽说用“另存为”的方式也可以解决，但相比此前的操作，多少有些麻烦，而且电脑上出现内容一样的一份文件不仅占用空间，更容易混乱，让不少“强迫症”用户一阵心烦。

而根据WPS官方给出的解决办法，用户可以前往查看微信下载文件的目录，将文件夹目录权限中的“只读”取消，取消后就可以正常访问文件了(如图2)。

除此之外，还有用户想出将微信版本降级的办法，但麻烦的是虽然微信官网提供了旧版本的降级通道，但安装下载后依然是3.9版本，因此更建议使用老版本PC微信的用户暂不升级，且在“设置—通用”界面取消对“有更新时自动升级微信”的勾选。

开启WPS文档云同步

通过微信分享WPS文件更多还是为了社交方便，实际上就同步文档内容而言，完全可以直接使用WPS的云同步功能，只需要开启云同步开关，就可以自动同步所有用WPS打开过的文档资料。

在WPS移动版中，用户依次在“云文档”或“我”标签页中选择“我的云服务”，进入页面后打开“文档云同步”即可。而在WPS Windows版中，在“快速访问”页面右上角，点击“尚未启用云文档云同步”，再点击“启用文档云同步”按钮，即可开启该功能(如图3)。

借助云同步，WPS用户也可以很好地完成PC和手机端的互动，赶紧来试一下吧!

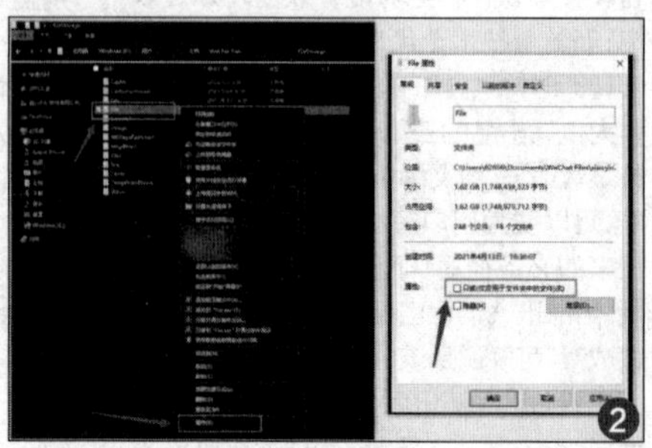

群空间助手即将下线，微信群聊文件永久保存技巧

● 文/郭勇

群空间助手即将下线

凭借免费支持视频和图片保存，由腾讯官方推出的群空间助手小程序被网友称为微信的隐藏功能，遗憾的是，日前群空间助手小程序发布停服公告称，由于产品调整，群空间小程序将于2023年3月30日下线，届时将无法访问。官方提醒用户，需要保存的文件务必在3月30日之前进行下载，以防丢失(如图1)。

微信群空间类似QQ空间，是专为微信群提供存储能力的工具，产品介绍称“海量存储、永久保存、免费领取”。群成员可共享相册、动态、步数PK、群内投票等。不过所有的通知都需要分享到群聊中才算完成，而不是直接推送到群聊中。群空间助手的出现，可以说基本补全了群聊的短板。

随着微信的不断升级，群空间小助手确实没有太多存在的必要了。核心项目中，除了能够云存储群文件之外，绝大多数功能已经被替代，尤其是“群打卡”和“群投票”，已经被“接龙”和“腾讯投票”完美取代，可微信群资料存储始终是刚需，尤其是微信群文件的有效期是6天，超过6天就会被清理和失效，这让不少人后悔没能及时保存数据资料。

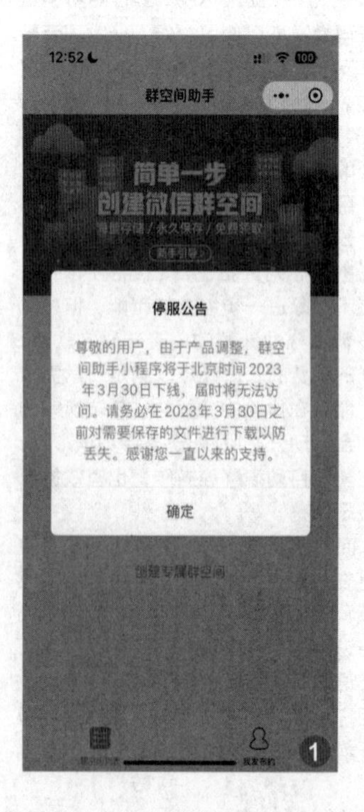

如今，既然没有官方工具可用，不妨自己辛苦一点，让微信群聊文件实现永久保存。

梳理微信群文件去处

微信本身对用户群聊文件、资料乃至图片、表情包的保存都相当重视，各种资料只要用户浏览过就会做备份，这也让微信显得“臃肿”，无论是移动还是PC版微信，往往动辄占用用户数十GB存储空间，可好处是各种资料备份寻找起来也特别方便。

以PC版微信为例，在微信聊天窗口中点开右上方“…”后，再依次点击“聊天记录—文件”，这里直接对文件点击鼠标右键后选择“在文件夹中显示”即可看到微信群聊文件默认的存储位置，只要用户及时选择了下载，就完全不用担心群聊文件会丢失了(如图2)。

除通过群聊文件定位微信默认存储位

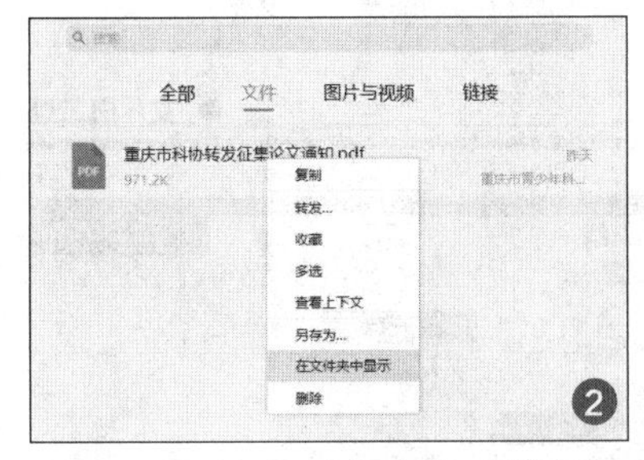

置外，点击微信对话窗左下角设置按键后，也可以在“文件管理”界面中看到文件存储位置，这里建议大家都勾选“开启文件自动下载(200MB以内)”选项，虽然会占用一定设备存储空间，但能确保文件万无一失(如图3)。

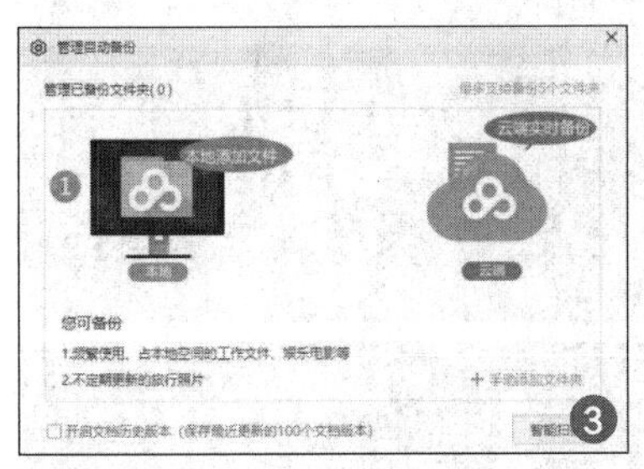

值得一提的是微信本身提供“聊天记录迁移与备份”功能，方便不同设备间微信聊天记录的永久保存。

巧用云空间同步

定期清理本地存储空间，对文件进行备份保存多少有些麻烦，而在人手一个云盘的今天，利用云空间保存微信群聊资料显然更靠谱一些。

当下绝大多数主流云盘都支持文件夹同步功能，以百度网盘为例，其支持五个文件夹实时云端备份，轻松解决微信聊天文件保存的问题(如图4)。

其实笔者更建议使用移动云盘或阿里云盘这些云盘作为单独的微信或QQ聊天记录保存云盘，一方面，专属存储不至于寻找文件的时候产生混乱，另一方面，对于非付费用户而言，无论是空间大小还是上传、下载速度都更为友好。

以中国移动云盘为例，其本身提供“自动备份”功能的同时，还设置了“家庭云”“共享盘”等功能，对于高频、大量数据需要同步的办公或家庭学习用户而言明显更为友好。

在“同步盘”功能中，移动云盘起到了“桥梁”作用，自动同步不同设备间的文件，对于在家也需要处理办公文件又不愿意或无法携带办公电脑回家的白领而言，该功能就相当实用了。当然，百度网盘也有类似功能，名为“工作空间”，也是定位电脑本地与云端之间文件的同步，多设备间文件自动保持同步。

但移动云盘会单独给用户提供数TB容量的家庭云空间，实质提升用户存储空间的同时，也方便用户家人数据共享。

除了用云盘作为桥梁，完成多设备聊天资料的传输与备份，对于用户换机或大量资料需要临时完成手机与手机、手机与PC传输的，则可尝试使用“互传”这样的独立APP进行。“互传”本身提供了文件传输功能，用户只需按提示在同一局域网下完成配对，即可将微信、QQ等聊天工具中接收到的文件进行定向传输。

而除了文件传输，“互传”本身也可以作为vivo与OPPO、小米三个品牌间换机时数据迁移使用，相对速度较慢且容易断链的微信官方迁移功能，“互传”这种品牌联盟推出来的第三方工具无论效率还是稳定性，都更值得肯定。而在多重保险之下，再也不用担心微信聊天文件丢失了。

Windows 10/11关闭虚拟化安全功能提升游戏性能

● 文/郭勇

关闭虚拟化安全功能

Windows 11发布的时候，微软默认开启了基于虚拟化的安全性(VBS)、Hypervisor强制代码一致性检查(HVCI)两项功能，引发了不小的争议，很多人担心它们是否会影响性能。最近，Windows 10似乎也开始默认打开了VBS。

然而，这原本为安全考虑的功能，却一定程度上对用户体验造成了影响，网友主要反映微软Windows 11操作系统默认开启的VBS会导致游戏跑分性能下降，最多降幅可达30%，而在使用华为eNSP模拟器注册AR设备时，也会导致注册失败，出现错误代码40。在确定VirtualBox正常使用的情况下，可以尝试把Windows 10和Windows 11系统启动的VBS功能关闭来解决这个问题。

对于怀疑自己PC性能因VBS功能而下降的用户，可先检测Windows 10/Windows 11系统是否启用VBS功能。用户可单击任务栏的“搜索”按钮，或者使用快捷键“Win+S”打开搜索功能。键入“MSInfo32”或“系统信息”，并敲击回车键。在弹出的“系统信息”窗口中，向下滚动列表，可以看到“基于虚拟化的安全性”项目，即为VBS功能。

如果显示“正在运行”则需要用户手动进行关闭，这时以管理员身份运行Windows Power Shell，在弹出的窗口中，输入“bcdedit /set hypervisorlaunchtype off”。输入完毕后，关闭窗口并重启电脑。再次打开“系统信息”窗口，发现VBS功能已关闭。

VBS对游戏体验影响较大

VBS的开启与关闭除影响华为eNSP模拟器中注册AR设备外，对PC游戏性能具有明显影响，Tom's Hardware曾专门针对该功能开启与关闭做了专项对比测试，测试系统是最新版的Windows 11 64位专业版，硬件配置有：i9-13900K、RTX 4090(528.49版驱动)、微星MEG Z790ACE、芝奇Trident Z5 DDR5-6600 16GB ×2、Sabrent Rocket 4 Plus-G 4TB。

测试游戏一共15款，包括6款光追、6款DX12、2款DX11、1款Vulkan，每款游戏都测试1080p中画质、1080高画质、2K高画质、4K高画质四个档次，考查平均帧率、1%最低帧两个指标。

结果相当惊人，总共120组对比数据，关闭VBS之后有多达118组的数据提升了。15款游戏平均下来，VBS关闭之后平均帧率在4K下提升了2.1%，1080p中画质下提升了5.3%，也就是分辨率越低、画质越低、差异越大，变化超过5%的就有26组之多。其中，《微软飞行模拟》在1080p低画质下提升了11.2%，是影响最大的，其他三组设定也提升了9%左右。最夸张的是《全面战争：战锤3》，1080p高画质下的提升幅度竟然达到了37.7%，2K高画质下也有28.6%！

所以，如果你是个游戏玩家，最好手动关闭VBS！

体验统信UOS之玩转桌面及任务栏

● 文/ 白二娃

在顺利启动后，我们进入了统信 UOS 的桌面环境，这是我们未来使用的基本环境，要熟悉和设置它。

一、桌面

统信 UOS 系统的操作习惯与 Windows 类似，桌面设计和 MacOS 类似，你很快就能习惯新的环境。桌面环境由桌面、任务栏、启动器、控制中心和窗口管理器等组成，是我们日常操作的基础空间。

1.桌面

与习惯的桌面完全一致，在桌面点击鼠标右键，除了常见的新建、排序、显示设置和屏保设置，具有 Linux 特色的就是“在终端打开”了，统信 UOS 自带的终端，是一款集多窗口、工作区、远程管理、雷神模式等功能的高级终端模拟器。用来输入一些不兼容图形接口的命令行程序，在实际应用中会经常用到，最开始你可能不习惯，时间长了你会发现命令行的效率更高。

在文件或文件夹点击鼠标右键，除了打开方式、复制、粘贴等操作，还内置了压缩、病毒查杀、用不同颜色标记信息、发送到我的手机、无线投送等常用的功能，无须安装这类软件了。

2.显示设置

不少人喜欢把新桌面设置成自己喜欢的样子才开始装软件。从桌面单击右键菜单选择“显示设置”，可以快速进入控制中心设置显示器的缩放比例、分辨率和亮度等。而“壁纸与屏保”中可以在桌面底部预览壁纸和屏保。选择屏保后点击“设置屏保”，可以选择闲置时间和恢复时需要密码。

3.剪贴板

Ctrl +C/V 一样可以用来拷贝和粘贴，而且把多个文件暂存到剪贴板中，统信 UOS 的剪贴板呼出快捷键是 Ctrl + Alt + V。双击剪贴板内的某一区块，会快速复制当前内容，且当前区块会被移动到剪贴板顶部。当使用触屏电脑时，在触摸屏上从屏幕左侧边缘划入并超过任务栏高度，可唤出剪贴板。

二、任务栏

统信 UOS 的任务栏与 Windows 的任务栏功能类似，但也有自己的特殊之处。任务栏有两种显示模式：时尚模式和高效模式，显示不同的图标大小和应用窗口激活效果。

1.启动器

任务栏最左边的图标是启动器。点击后会出现所有已安装应用的界面，这时看起来就像进入了平板屏幕。在启动器中使用分类导航或搜索功能可以快速找到需要的应用程序。最新安装应用的旁边会出现一个小蓝点提示。

启动器有全屏（像平板）和小窗口（像开始菜单）两种模式。单击启动器界面右上角的图标来切换模式。

在全屏模式下，系统默认按照安装时间排列所有应用，按左上角的图标可以把应用按分类排列。在小窗口模式下，默认按照使用频率排列应用。

2.插件

右键单击任务栏。在“任务栏设置→插件区域”中可以设置回收站、电源、显示桌面、屏幕键盘、通知中心、多任务视图、时间、桌面智能助手等插件的显示和隐藏。

3.桌面智能助手

系统激活后，可以使用语音听写、语音朗读、翻译及桌面智能助手相关功能。

说明中会告诉你呼出这个功能的快捷键是 Super + Q。而这个 Super 键就是 Linux 中对键盘的 WIN 键的称呼了。使用“你好，小华”也能唤起桌面智能助手。

选中文字按下 Ctrl + Alt + P 可以进行语音朗读；这个功能需要在控制中心开启。

在文本输入框内按下 Ctrl + Alt + O 进入听写模式，把语音输入转换为文字。

翻译功能目前仅支持中英文互译，按下快捷键 Ctrl + Alt + U 或在右键菜单中选择翻译即可。

4.关机按钮

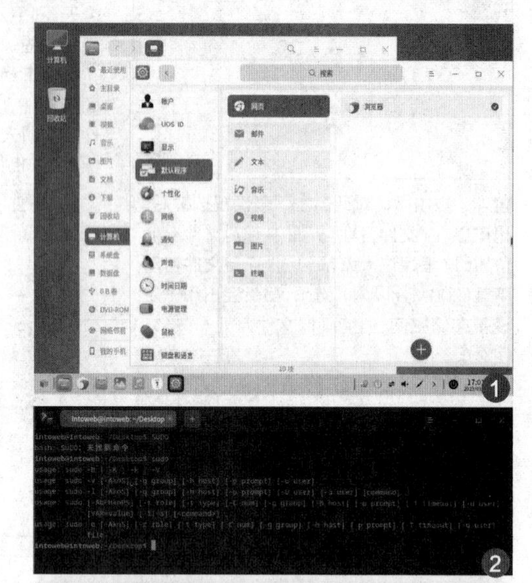

任务栏上有一个电源图标，点击可以进入关机界面，除了关机、重启、注销或切换用户，还可以进入低功耗的“待机”状态、将当前运行状态保存到 Swap 分区的“休眠”状态（需要有 Swap 分区，才会出现该选项）、锁定电脑状态。在下方还能启动系统监视器。

我们知道 CPU 的数据都来自内存，那么当内存不足的时候，为了让后续的程序顺利运行就需要将暂时不使用的程序与数据都挪到内存交换分区中，此时内存就能空出一部分空间来给需要执行的程序加载。当系统的物理内存不够用的时候，系统会将长时间没有操作的进程占用的物理内存空间释放出来，以供当前运行的程序使用。而被释放的空间会被临时保存到交换（Swap）分区中，等到那些程序要运行时，再从 Swap 分区中恢复保存的数据到内存中。如果 Swap 被用尽，将会发生系统错误。

统信建议按物理内存的大小设置同等的 Swap 分区，这需要在安装系统时选择自定义安装，格式化后根据需要设置 EFI、Root、/、Home、Swap 等分区，这些设置比较复杂且有可能清除原数据，建议等你熟悉统信 UOS 之后再试，记得提前备份重要数据。

一个系统好不好用，一是看能不能支持各种硬件，二是看有没有足够的软件来帮助我们完成日常的各种任务。下期我们将进入统信 UOS 的应用商店，找到各类基础应用。

体验统信UOS(四)——应用商店

● 文/ 白二娃

一个系统好不好用，一是看能不能支持各种硬件，二是看有没有足够的软件来帮助我们完成日常的各种任务需求。早期在 Linux 上安装各种应用软件是高级用户才能掌握的能力，虽然有软件仓库来分发软件，但是非技术人员依然会感到装软件是一件痛苦的事情，这将绝大多数普通用户挡在了 Linux 的大门外。统信 UOS 的前身 Deepin 推出的应用商店将安装软件的难度大大降低了，用户可以一键安装软件(图 1)。

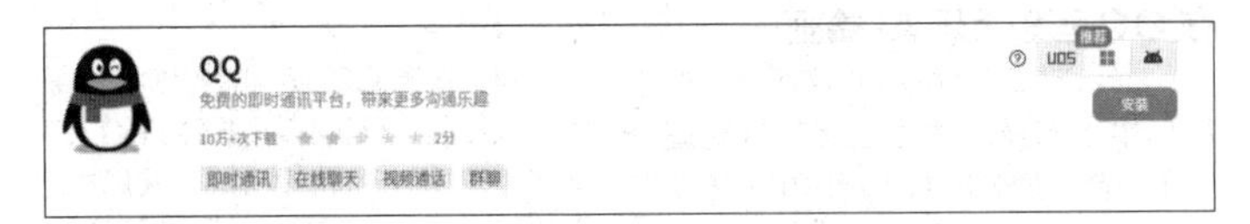

表面上你在应用商店搜索、点击、完成安装，看起来过程都一样，其实为了让各种不同来源的软件能在统信 UOS 的环境中运转起来，开发人员在后台做了大量的适配工作。比如将微信优化到和 Windows 原生的一样稳定(Ubuntu 这个最流行的 Linux 发行版上 Wine 微信常常闪退)，移植了很多安卓应用，预装了比较好用的输入法，预装了杀毒，加入了青少年模式，将很多需要命令行输入的命令做成了图形化 UI 等，这些努力就是为了让习惯了 Windows 的用户在统信 UOS 中依然可以保持早已养成的习惯。

统信 UOS 目前适配的应用数量正在快速增长，在应用商店里我们可以快捷地找到各类应用，满足日常办公、生活、娱乐等需求。这些应用根据来源包含 Linux 原生软件、从 Windows 中移植的软件和从安卓系统中移植的应用。

由于使用 Linux 的用户数量有限，很多软件开发商基于成本的考虑不会开发软件的 Linux 版，这样你就没法找到想用的软件或者找到的软件版本比较老，遇到移植版软件运行不稳定等问题。

下面我们来看看具体有哪些常用应用可用，哪些常用应用需要寻找替代品。

常用的聊天软件如微信、QQ 都有，使用也没有问题。自带的浏览器、下载器体验很好。音乐软件齐全。输入法齐全且没有广告。办公方面，微软的 Office 没有，但 WPS、LibreOffice(开源办公软件)、X-mind(思维导图)、钉钉、飞书、腾讯会议等都可以完成办公。编程开发类工具是 Linux 系统的强项，但是 UOS 的源比较老，时常需要换源(图 2)。

图形编辑方面没有 Adobe 的全家桶是最大的遗憾，你可以用 GIMP(号称 Linux 下的 Photoshop)替代。视频剪辑软件达芬奇支持 Linux，问题是免费版不能导出 H.264、H.265 编码格式的 mp4 文件。剪映等视频编辑软件有安卓移植版可用。

你可以在 ecology.chinauos.com 中查询软、硬件在统信 UOS 中的适配情况。

而第三方应用商店如星火应用商店中能找到更多软件，比如 PS CC 2018 版。问题一是不能保证这些移植软件在统信 UOS 中可以正常运行，二是软件的版本更新非常慢。

想要使用星火应用商店，除了需要下载这个软件，还需要在设置—通用—开发者模式中开启开发者模式获取 root 权限。这样虽然提升了权限同时也失去了对系统的保护，可能会因错误的操作破坏系统的完整性。

最后就是游戏了，只要游戏有安卓版那么基本上问题不大。Steam 平台有 Linux 版，但 UOS 的商店中没有，需要自己去官网下载 deb 文件安装。注意，提前升级好显卡驱动，A 卡或 Intel 核显问题不大，在自带的电脑管家中更新驱动就行；N 卡需要安装闭源驱动，过程相当麻烦，需要在官网下载驱动后，在终端用命令行卸载并更新驱动，一共要输入十多条命令，请搜索统信 UOS 安装 NVIDIA 显卡驱动教程。Steam 中本身就有很多原生支持 Linux 的游戏，如 V 社的游戏、都市天际线、欧洲卡车模拟 2 等。而当你在 Steam 设置勾选为其他所有产品启用 Steam PLay 后，就能将支持 Windows DirectX 的游戏通过 Proton 转换为 Linux 支持的 Vulkan 游戏了。这样就能玩大多数游戏了，而且这个兼容层的效率非常高，经过测试游戏的帧数能与 Windows 下持平甚至反超。不过一款游戏是否能玩还是不一定，有些游戏会因为反作弊系统而无法运行。你可以在 www.protondb.com 查询游戏适配情况，已支持四千多款游戏(图 3)。

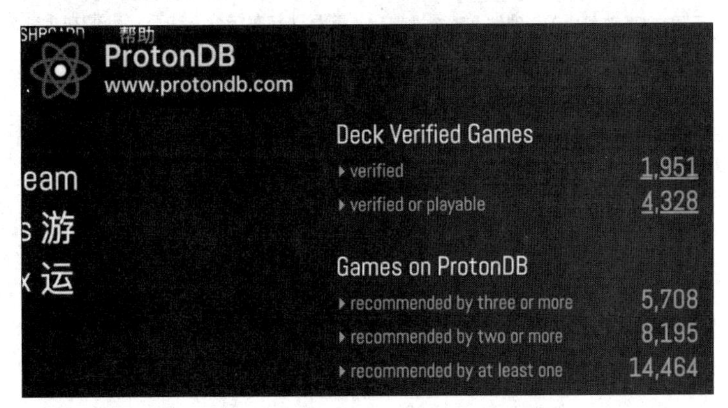

通过一段时间的使用，我认为对于普通用户来说，多数需求在应用商店里能够找到相应的软件，当然有些只是找到功能类似的替代品，Adobe 的全家桶没有可能会劝退很多人。至于游戏，就要看你玩的具体是哪一款游戏了。总的来说常用软件都有，只是版本老一点。有些软件安装不是那么方便，就算是跟着教程操作也可能会遇到一些意外情况，需要你有一定解决软件问题的动手能力。从统信 UOS 这几年的更新迭代和适配数量的高速增长来看，统信 UOS 系统完善成熟的速度非常快，让人对它的未来充满信心。

从绘画到刷短剧，QQ音乐非主流玩法

● 文/ 梁筱

在 QQ 音乐上玩 AI 绘画

QQ 音乐和 AI 绘画，这两个看似风马牛不相及的功能还真的就邂逅在了一起。最新的 QQ 音乐中内置了 AI 绘画功能，用户可以在 QQ 音乐搜索“AI 绘画”或“次元专属 BGM”进行体验。

QQ 音乐此次推出的 AI 绘画是基于 MUSE AI 算法，将用户上传图片进行二次元风格创作，同时自动生成与之适配的二次元专属 BGM，为用户带来趣味十足的音画共创新玩法。不过遗憾的是，该功能目前并未直接整合到首页功能中，而是需要用户主动搜索启用。

具体操作时，用户在启动并登录 QQ 音乐软件后，在顶部搜索框中输入“AI 绘画”，确认后即可看到“次元专属 BGM”，点击进入即可开启 QQ 音乐最新的 AI 绘画功能（如图 1）。

根据界面提示点击“立即开启”后，系统会提示用户“从相册选择”或“拍照”取得基础图片进行创作。整个过程其实不需要用户做太多操作，上传图片后等待几秒，软件就可以生成与图片匹配的二次元专属 BGM。

从生成结果看，音乐或许没太多可挑剔的地方，人物画像也很精致，但是人物性别处理上似乎有些草率了。当然，单纯从娱乐性上看，这样的 BGM 还是非常好玩的，毕竟在众多 AI 绘画软件中，音画共玩的并不多，而除了极易上手的“次元专属 BGM”，QQ 音乐还上线了“QQ 音乐 AIGC 系列”，绝对能让众多 QQ 音乐玩家眼前一亮。

用音乐叩开 AIGC 世界

当我们在搜索框输入“AI 绘画”时，“QQ 音乐 AIGC 系列”功能也会同时出现在菜单列表中，点选后即可进入（如图 2）。

“QQ 音乐 AIGC 系列”准确而言是一个平台化的功能合集，进入后可以看到其又细分为“AIGC 播放器”“AI 歌词海报”“AI 动听卡”“AI 曲谱”等多个细分功能频道。

点击“AIGC 播放器”后可以进入“AI 黑胶播放器”界面，提供“机械装甲”“雪山白”“积木游戏”“工业灰”等多种预设播放器外观可选。

原本按照 QQ 音乐的规划，“AI 黑胶播放器”应该是可以根据用户输入的文字和图片指令，快速生成不同风格的播放器样式，从而增加了播放器设计的创新性，不过目前只能选择预设的播放器模式，在互动性上略弱一些。

相较而言，“AI 歌词海报”功能在互动和趣味性上更胜一筹。“AI 歌词海报”功能原理就是通过 AI 技术对歌曲的分析理解，提炼相应的视觉风格和绘画内容，再通过文字内容转图片的算法模块，从而生成主题鲜明、“声”动有趣的歌词海报。

具体而言，“AI 歌词海报”主要是做的歌词与画面的联动，用户进入想要转换海报的音乐歌词界面后，长按歌词并点选下方弹出菜单中的“歌词海报”，系统即会为用户自动生成歌词海报（如图 3）。

这些新功能不仅能够激发网友们的互动与参与度，也可让他们在全新视听体验下欣赏音乐，而随着人工智能技术的进一步迭代，未来互动乐趣会更多。

在 QQ 音乐中刷短剧

短视频时代，QQ 音乐也可以直接追剧，这的确让不少人吃惊，可 QQ 音乐的脑洞还真就有这么大。

在最新版本的 QQ 音乐“故事”界面下，植入了专门的“短剧广场”作为入口（如图 4），进入之后简单分为“热播爆款”“复仇爽剧”“爆笑动画”等多个频道。

每一集电视剧时长都很短，却具有很强的故事性，在追求快节奏的今天，这样的剧情设计充分利用了人们碎片化的时间，很符合移动互联时代用户习惯，而且从 MV 到短剧，本身有新意却并不突兀。

值得一提的是，虽然短剧目前不是 QQ 音乐独立大频道，但无论是音频还是画面清晰度，用户都可以根据个人需要进行设置，同时还提供了画中画等实用的功能，完全称得上“麻雀虽小，五脏俱全”，大家不妨多体验一番！

云盘不再单打独斗，阿里云盘生态体验

● 文/ 梁筱

能够自动扫描外挂字幕云盘

阿里云盘 TV 版的出现，让智能电视、投影用户有了“免费”的专属片源基地，而除简单的点播外，一些影音玩家也开始琢磨阿里云盘添加字幕等个性化功能。先前在使用阿里云盘 TV 版观看需要单独添加字幕的影音资源时，用户需要打开阿里云盘上的视频，点击播放，再依次选择底部的“字幕”并选择“添加字幕”选项，最后从阿里云盘上找到要使用的字幕文件并勾选，即可为视频添加字幕。

虽然步骤不多，但对于小白而言还是有些复杂，而随着阿里云盘近期迎来了安卓 / iOS 版 4.3.1 更新，其贴心地将外挂字幕弄成自动添加模式。在最新版的阿里云盘点击播放视频，其会自动扫描相关的外挂字幕，添加字幕更方便。

除播放视频自动添加字幕外，最新版阿里云盘还新增会员到期提醒，优化了相册和漂流瓶的体验。支持在相册中找到你的全部照片、支持 RAW 和 TIFF 格式图片的浏览、转存后支持设置“更新提醒”。相比其他网盘，阿里云盘在功能设计和更新方面非常尊重用户使用习惯，临近公测两周年，阿里云盘再次放出大招。近日，阿里云盘官网上线了开放平台的内测报名通道，个人开发者、企业开发者可报名申请 30 多项开放能力，并可获取最高 30%的返佣比例(如图 1)。

在内测申请通过后，开发者可以通过 API 接口，集成阿里云盘的存储、备份等能力到开发者的应用中，并可以获取返佣，保障所开发应用的持续运营。而对于阿里云盘终端用户而言，这样的开放意味着将获得众多生态软件帮助，进一步挖掘阿里云盘生态潜力，而经过近两年时间的沉淀，一些口碑较好的第三方阿里云盘软件也开始脱颖而出。

小白云盘 TV 版

在阿里官方推出阿里云盘 TV 版以前，绝大多数阿里云盘用户想要在智能电视 / 投影上直接观看阿里云盘资源，都会选择用小白云盘 TV 版。该软件本身是由个人开发者打造的阿里云盘的电视 TV 版本，支持视频播放、图片浏览、文件管理等基础的功能，用来看你的网盘上的剧都非常不错，支持在线搜索字幕、画质选择，并且还支持多用户登录(如图 2)。

相对于官方的 TV 版软件，小白云盘因为本身是第三方开发，少了很多约束，尤其是在多账号切换方面，毕竟在不充值的情况下，一个账号通常也就能够拿到 2TB 左右的免费空间，多账号切换明显能有效拓展播放内容。

除小白云盘 TV 版外，蜗牛云盘同样也是利用阿里云盘开放的 API 接口由第三方开发的阿里云盘 TV 版本；同样也是利用阿里云盘不限速的特点，让大家可以在大屏电视上体验阿里云盘中的资源。

对于高清迷或 NAS 玩家而言，官方 TV 版操作或许是最简单的，但在功能上或多或少有些限制，在不限速的大前提下，通过第三方 TV 版软件播放阿里云盘内容，会是不错的选择。

将阿里云盘打造成本地盘

把云盘挂载到本地当作物理硬盘使用是不少云盘用户的渴望，而在开放的阿里云盘生态中，CloudDrive 就很好地满足了用户这个刚需。

CloudDrive 实际上是一款由网友开发的第三方网盘挂载工具，它支持将阿里云盘、115 网盘、天翼网盘、沃云盘、和彩云等网盘以及 WebDAV（也就是 NAS 或自建的 VPS 服务器 / 诚通网盘 / 坚果云等）映射变成电脑的“本地硬盘”，口碑非常不错，唯一的遗憾是暂不支持百度网盘。

下载并按照提示完成 CloudDrive 的安装并注册登录后，用户即可在其主界面看到当前支持的云盘列表，点选阿里云盘之后，CloudDrive 会要求用户扫码登录。直接在手机或平板上启动阿里云盘 APP 后，扫码即可(如图 3)。

完成操作后，用户打开我的电脑出现本地硬盘即为挂载成功，点进去即显示阿里云盘内的所有资源。网盘映射的硬盘，用起来就像本机硬盘一样，完全没有区别！你能在普通硬盘上做什么，这个映射硬盘同样能做到，你对此“硬盘”上的文件 / 文件夹的移动或修改也都会同步到网盘上去的。

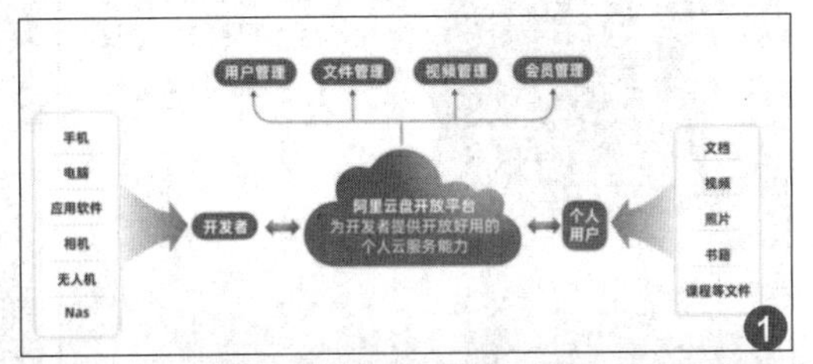

1

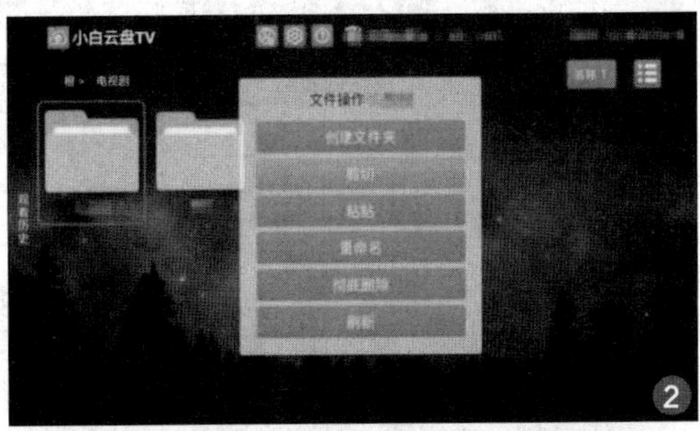

2

3

4

不过有不少网友反映使用 CloudDrive 将阿里云盘挂载到本地后，C 盘空间有时候会莫名其妙被临时文件占用，对于存在这样问题的用户，不妨试下网盘神器 Alist。它同样是一款能够把各大主流网盘的资源挂载到我们电脑上的开源软件(如图 4)。

只不过虽然都是图形化操作界面，但在挂载步骤上，Alist 引入了一些命令参数，相比 CloudDrive 会复杂一些。

随着阿里云盘开放平台的成长，相信未来会有更多第三方工具介入阿里云盘，进而为用户提供更多有趣的体验。

语音速记？藏在WPS移动版中的宝藏功能

● 文/ 梁筱

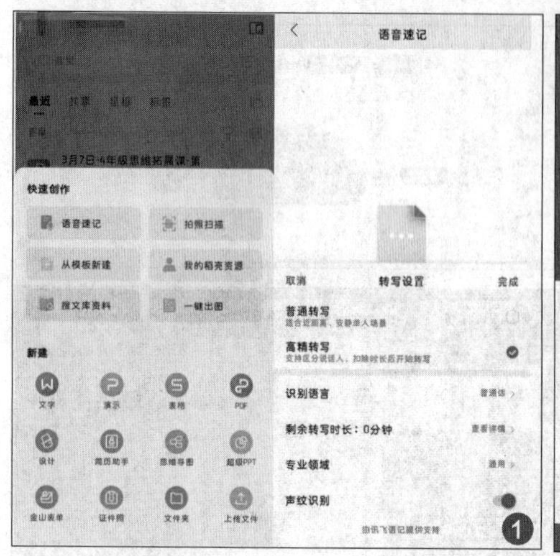

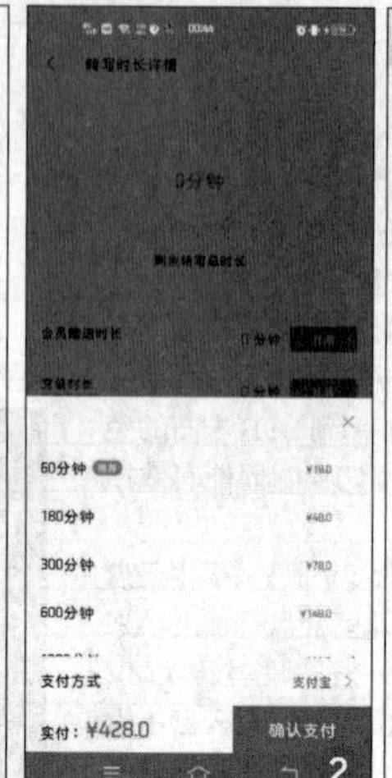

支持声纹识别的语音速记

语音速记软件不少，可问题是从速记软件转换而来的文本，往往还需要Office或WPS等软件重新编辑才能使用，不同软件间不断切换多少有些降低办公效率，而在最新版的WPS移动版中，WPS贴心提供了“语音速记”功能，该功能如今加入声纹识别，自动区分不同说话人，极大提升了识别效率和准确率，只不过很多人并不知道WPS还藏有专门的“语音速记”功能。

更新后的“语音速记”功能在使用上和之前类似，启动WPS移动版后点击右下角“+”号按钮，即可在新弹出菜单中看到“语音速记”选项，点选后即可进入该功能界面（如图1）。

在“语音速记”设置界面可以看到，该功能分为“普通转写”和“高精转写”两项，前者更适合用户一个人在相对安静的环境下使用，用于记录碎片化的想法、灵感完全没有问题，但在相对嘈杂的环境中，能够区分说话人的“高精转写”显然更为适合。

除加入声纹识别外，用户还可以在“高精转写”界面进一步选择速记的语音领域，WPS预设了教育、医疗、法律、IT科技等多个领域可选，能够进一步提升语音输入的准确性。当然，该功能比较尴尬的是需要消耗会员赠送时长或直接充值。对于WPS会员而言，付费会员每31天会获得90分钟的“高精转写”录制时长，付费超级会员则可获得180分钟“高精转写”录制时长，但这种赠送的时长并不能累加，且有效期为31天。对于体验后认同该功能且需要高频使用的WPS用户，则可以尝试直接充值购买时长（如图2）。

从实际“语音速记”效果看，WPS该功能的确能够较准确地抓住不同人的声纹，在2~3人的小组讨论会上，即便是语速较快，WPS也能轻松记录下来，不过每60分钟需要18元的套餐多少还是让人犹豫，更多时候还是使用付费会员赠送的免费时长比较划算，也能将该功能看作是会员服务的增值。

合并文档与编辑

合并文档也是WPS移动版的一大特色，文字、表格、PPT、PDF都可以使用“合并文档”功能。

点击WPS移动版底部的“服务”按钮，在“分类”菜单中点选“文档处理”，进入后就可以看到“合并文档”功能了（如图3）。在该功能中，勾选所需文档，便可将多份同类型文档首尾相连合并为新文档。

除合并文档外，PPT、工作表等项目都可以在WPS移动版中进行直接合并，大大提升了移动办公效率。同时，音频转文字及文档修复功能也是值得关注的高频功能。

事实上，WPS移动版最近一直在强化工具属性，除丰富的文档处理功能外，WPS近期新增了CAD快速看图模式和导出为图片功能，同时还支持精准测量和批注，还有“PDF转CAD”格式转换，方便查阅和编辑。

经过体验我们发现，WPS移动版的“CAD编辑”功能支持打开查看dwg/dwf/dwfx/dxf等格式的CAD文档，同时支持CAD文档内的精准测量和批注，如可查看图层的布局，切换2D、3D模式，支持极轴追踪、正交模式、颜色修改等高级编辑，对于基础应用和编辑而言，完全不需要下载专门的第三方软件。

提升工作效率的超级PPT

除了基本的文档操作，“超级PPT”功能的出现极大提升了WPS移动版的工作效率。依次点击“文档处理”—“超级PPT”，进入“超级PPT”界面，点击“新建PPT”，我们可见有封面页、目录页、正文页、结束页等。点击“封面页”可以创建PPT封面，此处可以直接输入标题和副标题。

若我们想新建述职流程目录，点击“目录页”，输入目录内容即可。“过渡页”即我们常见PPT的章节页，点击“正文页”，则可以编辑此章节的正文。用户还可以使用右上方的“更换版式”，快捷选择适合的正文内容版式（如图4）。

如果觉得单纯的文字较为枯燥，可以添加图文页，点击“图文页”，此处可以直接输入标题，插入图片。WPS Office含有丰富的图片素材库，多种风格多种场景便于选择。如果需要新增页面，可以点击右下角的“+”，选择所需新增的页面格式即可。最后点击“结束页”，智能选择结束语。

PPT制作完成后，用户可以在应用界面拖动幻灯片调整，还可以点击“调整”，进入“调整”界面，上下移动调整页面位置。完成基本操作后点击“预览/导出”预览PPT的效果。在此界面中，可以设置PPT背景，可以使用PPT美化功能。WPS可以选择各类精美主题模板，点击即可快速套用。

最后，点击底端工具栏的“导出PPT”就可以将PPT导出到云端或者本地，如此强大的功能，是否觉得PC该退休了呢？

能克隆的AI智能创作助手！腾讯智影体验

● 文/ 颜媛媛

AI 智能创作助手“腾讯智影”来了

大家好，我是数字人大亨，很荣幸能够与大家探讨一个备受关注的话题：AIGC（AI GC 即 AIGenerated Content，是指利用人工智能技术来生成内容）是否能代替人类进行创作？历史证明，人类的创造力和创作风格是随着时代和技术革新不断演进的。在内容创作，尤其是创作优质个性化内容方面，AIGC 和人类的协同是非常必要的一环。

3 月 30 日，在“2023 新榜大会”上，腾讯内容平台部副总经理姚天恒通过他的数字人“大亨”做了这样的开场演讲（如图 1）。令人关注的是，这个数字人不仅在形象上高度逼真，而且在语音、语调、唇动等方面也非常真实，甚至连姚天恒惯常的表情和动作都毫不马虎地模拟了出来。

1

数字人“大亨”是以姚天恒真人为原型打造，采用腾讯智影最新人工智能技术，通过深度学习他本人少量的真实音频、视频数据生成的分身模型。借此机会，腾讯也正式对外发布了全新的 AI 智能创作助手“腾讯智影”，通过为内容创作者提供一系列的智能创作工具，帮助创作者在内容创作时提质增效。

藏在微信里的 AIGC 工具

腾讯在 AI 领域的动作很快，距离腾讯在 2022 全年业绩财报电话会上坦言 AI“非常令人兴奋”，并表态未来可能将 AI 纳入微信和 QQ，刚刚过去一周时间，腾讯就分别在博鳌亚洲论坛 2023 年年会“下一代互联网”论坛上透露正在研发类 ChatGPT 聊天机器人，并且集成到 QQ、微信，以及腾讯云的版本“都会有”，以及正式在“2023 新榜大会”上发布“腾讯智影”。

然而，很多人都没想到“腾讯智影”发布的第一时间，人们就可以在微信小程序中找到并体验，与此同时，用户还可以使用 PC 浏览器登录 zenvideo.qq.com 开启“腾讯智影”平台，以获得更便利的操控体验。

在官方主页可以看到，“腾讯智影”主要提供“人”“声”“影”三个方面的能力。其中在“人”的方面，“智影数字人”是“腾讯智影”最核心的功能。用户输入文本或音频内容，即可生成数字人播报视频。根据用户差异化的应用需求和场景，“腾讯智影”又细分为视频剪辑、文本配音、数字人播报、视频审阅等多个功能（如图 2）。

在“声”的方面，“腾讯智影”则提供了文本配音、音色定制、智能变声等功能。在“影”的方面，通过“腾讯智影”文章转视频能力，创作者可以直接将自己撰写的文字转化为视频内容，无须进行烦琐的素材收集和处理。此外，“腾讯智影”分段式的素材呈现方式，让创作者可以快速处理分镜，添加卡点、滤镜、特效等，从而大大缩短视频制作的周期和成本。

如此强大的功能，再凭借腾讯微信小程序的覆盖面，自然在第一时间成为市场关注的焦点。

让人人都能实现数字人自由

在“腾讯智影”主界面点击“数字人播报”后即可打造属于自己的数字人主播。用户首先需要选择相应的数字人形象（提供 2D 和 3D 两个类别可供选择），即可进入数字人创作界面（如图 3）。

3

4

5

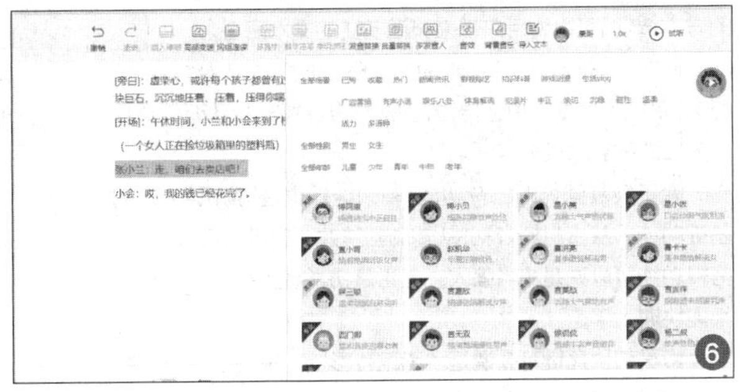

6

这里要提醒大家的是，“腾讯智影”需要在Chrome浏览器进行访问，即便是腾讯QQ浏览器也会提示PC用户更换浏览器进行工作。在3D主播生成界面可以看到，左侧主要是工具栏界面，数字人、背景、配乐等细节都可以单独编辑，以“数字人编辑”为例，用户可以对3D主播的形象及动作、画面、字幕等细节进行个性化打造。

从服装样式、服装颜色、人物姿势到动作，“腾讯智影”都提供了预设模式给用户选择，用户只需要根据个人偏好进行点选即可，上手非常快（如图4）。

追求易用性的同时，“腾讯智影”在细节上并没有完全“放权”。用户可以选择3D数字人各种动作表达，配合文字内容形成自然、连贯的播报，但数字人具体发型、面部表情其实是没办法做个性化定制的，不过在“高级编辑”中，用户还是可以上传自己的视频、音频和图片资料，进而强化数字人主播内容的差异化。

不过目前“腾讯智影”只对免费用户开放了部分体验功能，其余大部分需要用户付费使用。如免费版，可以获得每个月5分钟的免费数字人生成视频时长，每天3次的智能工具使用等；398元一年的高级会员是每个月10分钟的数字人生成视频时长或高级+专业音色的文本配音服务二选一，以及每天50次的智能工具等。而在数字人定制上，目前照片定制数字人形象的价格为首年3999元，视频定制数字人形象的价格为首年7999元（如图5）。

值得一提的是，“腾讯智影”内部已经嵌入了金币体系，部分服务需要使用“金币”付费，而金币除了注册时赠送的1000金币外，还可通过签到等活跃行为获得。

强悍的工具属性

抛开数字人的打造，“腾讯智影”本身是一款影音剪辑工具，对于不少“小白”用户而言，其在文本配音、视频剪辑等方面的工具属性更具实用性。

在“腾讯智影”主界面中点击“文本配音”后进入相应编辑界面，在顶部菜单栏找到“导入文本”的选项，平台支持doc、docx、txt等格式的文本，默认文本上限8000个字，足以满足半小时左右的配音需求了。不同于其他视频剪辑软件，用户能对配音的节奏（整体速度、局部速度）、发音等进行调校，最为强大的地方是智影“文本配音”支持不同句、不同字添加不同配音，比如旁白、开场都可以选用不同的人声（如图6）。

除配音功能非常人性化，“文本配音”本身预置了数十款配音素材可选，用户可以根据视频配音、文章播报、新闻播报、有声小说、语音助手等分类快速选择最适合自己的配音模板，而且顶部还有语气和情绪的分类，再加上“百变”标签人物下的方言选项，足以为用户带来灵活多变的文本配音。

而对于高阶玩家，“文本配音”还提供了“定制专属音色”服务，系统可根据用户上传音色进行“声音复刻”，从而打造独一无二的配音（如图7）。

除了极其强悍的配音功能，视频剪辑也是“腾讯智影”的基础功能。从素材到音轨，从转场到特效，“腾讯智影”的视频剪辑功能可以说是相当强大，无论是初学者还是专业剪辑师都能快速上手。

素材和快捷键可以说是“腾讯智影”剪辑功能的一大特

色，在轨道区进行创作，免不了对素材进行雕琢，“腾讯智影”目前已具备十余种素材调整操作功能，而且右上角的快捷键栏也上线30余个预设快捷键，极大提升了剪辑效率。

趣味十足的微信小程序

相对功能强悍的PC版，微信“腾讯智影”小程序同样能够实现数字人、智能配音等热门功能，但受限于手机操作空间，视频剪辑等功能并非其主打，而是引入了当下最热门的“AI绘画”。

进入“AI绘画”页面后，发现“腾讯智影”在绘图方面支持文本生图和图生图两种生成方式，其中，图生图只能生成动漫风格一种风格，但可以额外添加文字修饰，以更加准确地生成自己想要的效果（如图8）。

而文本生图支持的风格则比较多元，有2D动漫、2.5D动漫、国风、彩漫、素描、线稿、人像特写、油画、印象派共9种，比较遗憾的是暂时只支持生成人像。从最终生成效果来看，“AI绘画”最终成像效果还是比较让人满意了。

总体而言，“腾讯智影”本身并非全新产品，本次在AI上的升级，让其不仅兼顾了市场上已有的功能，而且更是从一个视频创作工具升级为“智慧”的创作助手，无疑能进一步解放短视频创作者生产力，更让入门级用户也能通过数字人践行自己的想法，极大地推动了AIGC内容产业落地。

阿里GPT测评报告："AI摩尔定律"时代真的来了？

● 文/张毅

半导体领域的摩尔定律正在失效，AI 世界的"摩尔定律"才刚开始。不久前，OpenAI CEO、"ChatGPT 之父"Sam Altman 发文指出，全球 AI 运算量每隔 18 个月就会提升一倍。从科技公司对 GPT 你追我赶的态势看，"AI 摩尔定律"也许正在成为全球大模型竞争的节拍器。

继 OpenAI、微软、谷歌之后，中国公司也正加速公布各自的大模型研发进展。上周，阿里云官宣其大模型"通义千问"启动企业邀测，达摩院多年磨一剑的 AI 研发工作初现真身。《电脑报》参与了"通义千问"的定向邀测，短短几天内，感受到了中国大模型"以日为进"的成长速度。

阿里云大模型"通义千问"亮相

从 OpenAI 的 ChatGPT 到百度的文心一言，同 AI 对话成功挑起了人类的好奇心，而就在人们为"哪家 AI 更聪明"争论不休时，阿里云突然宣布"通义千问"开始企业邀测。

"通义千问，一个专门响应人类指令的大模型。我是效率助手，也是点子生成机，我服务于人类，致力于让生活更美好。"——这是"通义千问"官方主页上对自己的介绍（如图 1），单从字面上理解，"通义千问"更像是一个问答平台或对话工具，但登录进入其交互界面后，"通义千问"对自己的"工作范畴"其实是有引导性解释的。

在"通义千问"页面最下方的"百宝袋"通道，展示了 9 种应用，这些应用被分为 3 类：效率类、生活类和娱乐类（如图 2）。

在娱乐类应用中，有"彩虹屁专家""写情书""为你写诗"3 个功能，比如"彩虹屁专家"，当你想夸别人，却不知道怎么夸的时候，就能让"通义千问"帮吹一些彩虹屁。

显然，从这 9 种应用定位可以看出，"通义千问"并非单纯用于对话娱乐，更有生产力工具属性，而在我们输入"通义千问自身定位是？"提问时，它是这么回答的（如图 3）。

以"日"为单位成长的 AI

"最初第一批拿到测试资格时蛮兴奋的，第一时间就尝试同'通义千问'进行对话，但对话结果却有些失望，除'牛头不对马嘴'外，更给出了不少错误答案。可当我们带着失望心情在第二天输入同样问题时，'通义千问'竟给出了近乎完美的正确答案，这种'低开高走'的测试真的很刺激，'通义千问'真是以肉眼可见的速度在成长！"

2023 年 4 月 8 日，《电脑报》记者根据热点新闻事件向"通义千问"提出"能否制作一段有关石墨烯的视频脚本？"要求时，它写出来的视频脚本非常生涩，甚至像说明文多过视频脚本（如图 4）。

然而，仅仅过了一天时间，当记者在 4 月 9 日向"通义千问"再次提出"能否制作一段有关石墨烯的视频脚本？"时，"通义千问"非常准确地理解了记者需求，且创作出可行性较高的视频脚本，从旁白对话到画面设计，都给予了详细的内容和建议（如图 5）。

每天都在变强的"通义千问"成功吊起我们好奇心，同当下主流免费的 ChatGPT（GPT3.5）和文心一言相比，"通义千问"能力究竟如何呢？

一场"谁更聪明"的对局

2023 年 4 月 9 日，我们分别从逻辑思维及语言组织能力（教育心理分析）、语言文字创作能力（小学生作文）及非线性思维能力（数学组合题目）三个方面进行了横向测试。当下各家 AI 更新太快，本次结论仅做测试当日参考。

逻辑思维及语言组织能力：如何处理同叛逆期初中生的亲子关系？

ChatGPT（GPT3.5）在该测试场景下的表现堪称完美，整体逻辑非常有条理，将同孩子关系的处理方式方法进行了罗列，具有较强的说服性（如图 6）。

文心一言回答显然简单了许多，这样的回答想要说服一个叛逆期的初

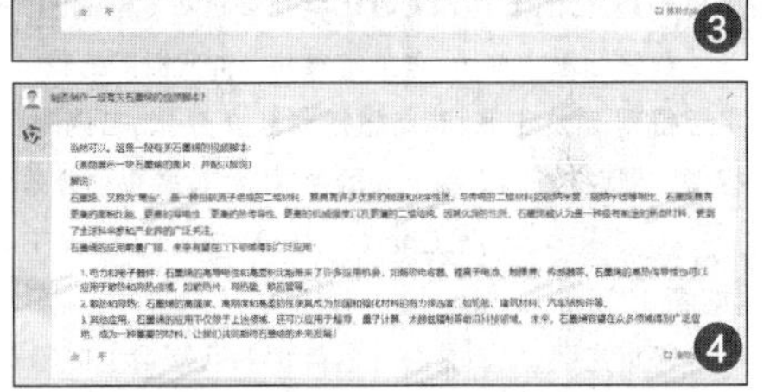

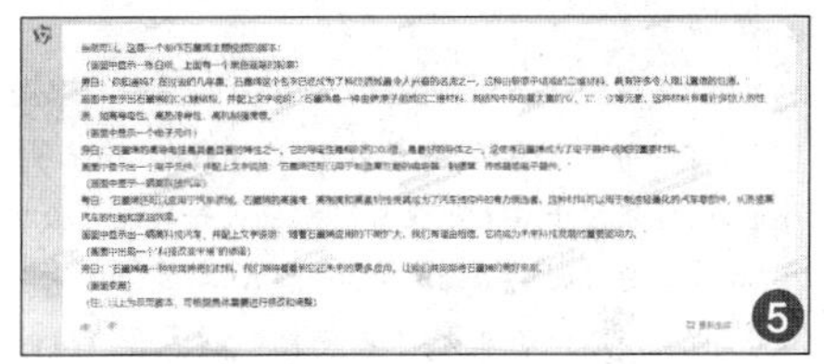

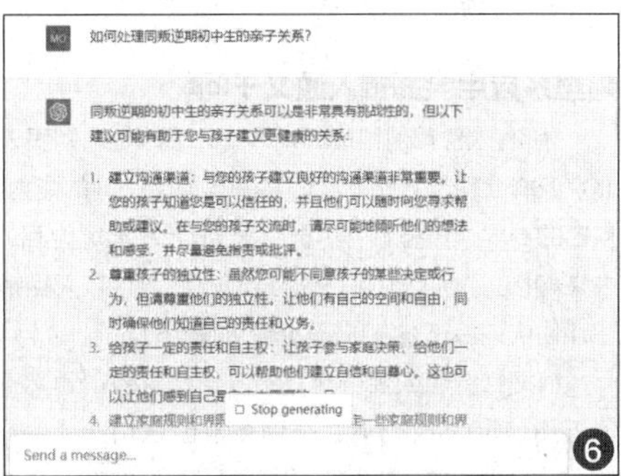

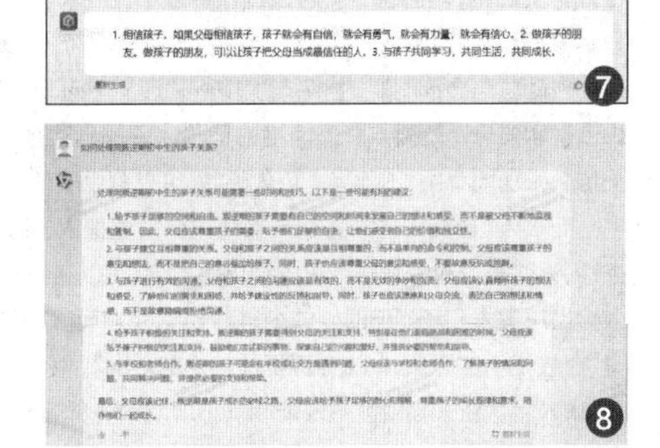

中生，显然不太具有可执行性（如图7）。

“通义千问”的逻辑性已经和ChatGPT不相上下，其给出的解决办法具有比较明显的条理性（如图8）。

点评：无论是ChatGPT还是“通义千问”，都已具备初步逻辑思维能力，完全可以应对日常交互，并针对用户需求给出符合逻辑的解决方案。

语言文字创作能力：帮我写一篇赞美秋天的作文

在文字描述细节上，ChatGPT（GPT3.5）抓住了秋天的特点，但在文章结构和具体事物的表述上显得有些僵硬，对于这样一个相对简单的入门级作文，ChatGPT（GPT3.5）的表现让人有些失望（如图9）。

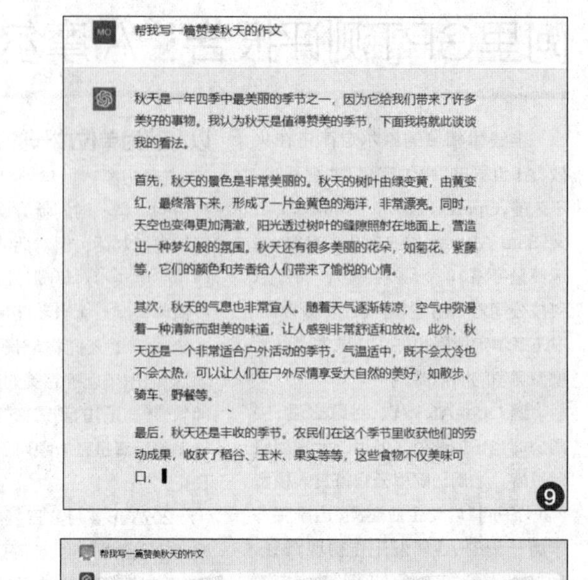

文心一言将果实作为赞美秋天的核心来展开，很好地领悟了中文作文“主次分明”的技巧。只是在对秋天整体的把控上稍欠火候（如图10）。

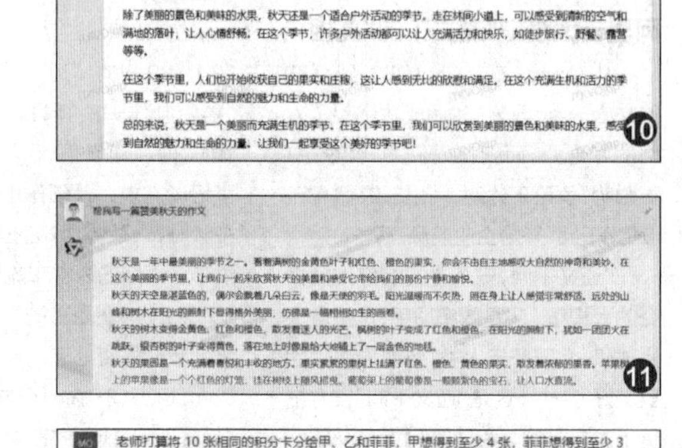

“通义千问”的作文能力多少让人有些惊喜，总一分一总的结构拿捏得十分到位，开篇明义的同时，通过树木、树叶、果园三个事物在秋天的表现，完成了秋天具象化描写，很好地表达了对秋天景色的赞美和喜爱之情（如图11）。

点评：从作品看，三款AI在语言文字创作能力上均有不错的表现，尤其是通义千问对作文的打造显得非常“老练”，稍加修改就能成为一篇传阅的优秀范文，整体作文的逻辑性上稳压ChatGPT一筹！

非线性思维能力：老师打算将10张相同的积分卡分给甲、乙和菲菲，甲想得到至少4张，菲菲想得到至少3张，乙则表示无所谓，给不给他都行，若老师打算满足每个人的要求，共有多少种分法呢？

答案错误，显然，ChatGPT（GPT3.5）这一次在一本正经地胡说八道（如图12）。

答案错误，虽然文心一言简短的回答看上去挺有自信，可答案依旧错了（如图13）。

“通义千问”这一次很老实，开小差而没有给出答案（如图14）。

点评：相对于编程、鸡兔同笼、流水行船、牛吃草等线性思维的数学学科题目，排列组合这类非线性思维模式题目能考验AI自主思考能力。显然，从这道题目的测试情况看，三家AI均败下阵来，不过非线性学科问题本身就是AI测试的难点，很期待未来AI在该领域的表现。

阿里系应用全面接入通义千问

“所有软件都值得接入大模型升级改造”，阿里云智能CTO周靖人在北京云峰会现场宣布：“我们将开放通义千问的能力，帮助每家企业打造自己的专属大模型！”据“电脑报”记者在现场传回的消息，阿里所有产品未来将接入“通义千问”进行全面改造，钉钉、天猫精灵率先接入测试，将在评估认证后正式发布新功能（如图15）。

根据钉钉当天预告的Demo演示，接入“通义千问”之后的钉钉可实现近10项新AI功能，全面激发创意和办公生产力。通过类似微软Copilot“副驾驶”的设定，用户可随时随地唤起AI，开启全新工作方式。在钉钉文档中，“通义千问”可以创作诗歌小说、撰写邮件、生成营销策划方案等，全面辅助办公。在钉钉会议中，“通义千问”可以随时生成会议记录并自动总结会议纪要、生成待办事项。“通义千问”还可以帮助自动总结未读群聊信息中的要点。最惊艳的是，钉钉展示了拍照生成小程序场景，上传一张功能草图，不用写一行代码，就可立刻生成订餐轻应用。

而接入“通义千问”后，新天猫精灵变得更拟人，更聪明，知识、情感、个性、记忆能力大幅跃升。它支持自由对话，可以随时打断、切换话题，能根据用户需求和场景随时生成内容。比如，用户可以在跑步时要求天猫精灵“合成1小时歌单，50%穿插摇滚风格的歌曲”，也可以和天猫精灵聊文化、谈人生。新天猫精灵不仅能回答小朋友的各种刁钻问题，还可以一起创作“宇宙大爆炸”的新故事(如图 16)。

科技巨头的大模型之战

通义千问并非凭空出现,而是阿里厚积薄发的结果。

阿里达摩院深耕 NLP 领域,在大模型技术路径上具备多年前瞻技术积累,阿里达摩院于 2019 年启动大模型研发,在超大模型、语言及多模态能力、低碳训练、平台化服务、落地应用等多个方面,为中文大模型的发展做出一系列探索工作(如图 17)。

动辄超千亿参数的大模型研发,不是单一的算法问题,也不是简单的堆算力的过程,这是包括了底层算力、网络、存储、数据清洗与治理、AI 框架、AI 算法、人类调优等多个方面的系统性工程问题。

目前,头部科技企业均采取“模型 + 工具平台 + 生态”三层共建模式,有助于业务的良性循环,也更容易借助长期积累形成竞争壁垒,而国内大模型厂商主要为百度、阿里两家。

根据周靖人介绍,未来每一个企业在阿里云上既可以调用“通义千问”的全部能力,也可以结合企业自己的行业知识和应用场景,训练自己的企业大模型。比如,每家企业都可以有自己的智能客服、智能导购、智能语音助手、文案助手、AI 设计师、自动驾驶模型等。

以统一底座为基础,达摩院构建了层次化的模型体系。其中,通用模型层覆盖自然语言处理、多模态、计算机视觉,专业模型层深入电商、医疗、法律、金融、娱乐等行业(如图 18)。

而如此庞大的构想底气源自阿里系庞大的算力。根据行业权威研究机构 Gartner2021 年全球云计算 IaaS 市场份额数据显示,阿里云排名全球第三,市场份额为 9.55%,连续六年实现份额增长;同时,阿里云排名亚太市场第一,市场份额为 25.53%。

在 AI 算力方面,2022 年阿里云宣布正式推出全栈智能计算解决方案“飞天智算平台”,为科研、公共服务和企业机构提供强大的智能计算服务,通过先进的技术架构,飞天智算平台实现了 90%的千卡并行计算效率,可将算力资源利用率提高 3 倍以上,AI 训练效率提升 11 倍,推理效率提升 6 倍。

阿里巴巴集团董事会主席兼 CEO、阿里云智能集团 CEO 张勇表示,让计算成为公共服务是阿里云始终不变的追求,未来核心要做好两件事情:第一,让算力更普惠,推动自研技术和规模化经营的正循环,持续释放技术红利;第二,让 AI 更普及,让每家企业的产品都能接入大模型升级改造,并有能力打造自己的专属大模型(如图 19)。

而除了开放自研的通义千问大模型,阿里云也在积极建设开源的 AI 社区生态。去年 11 月,阿里云正式提出“Model as a Service”理念,并推出国内首个 AI 模型社区“魔搭”,开发者可以在“魔搭”上下载各类开源 AI 模型,并直接调用阿里云的算力和“一站式”的 AI 大模型训练及推理平台。发布不到半年,“魔搭”社区总用户量已超 100 万,模型总下载量超 1600 万次,成为国内规模最大的 AI 模型社区。

依托于坚实的云计算底座,AI 正像水一样浸润到千行百业,帮助更多企业从数字化走向智能化,更多应用涌现出更智能的新功能和新体验。

对于这样的变革,你期待吗?

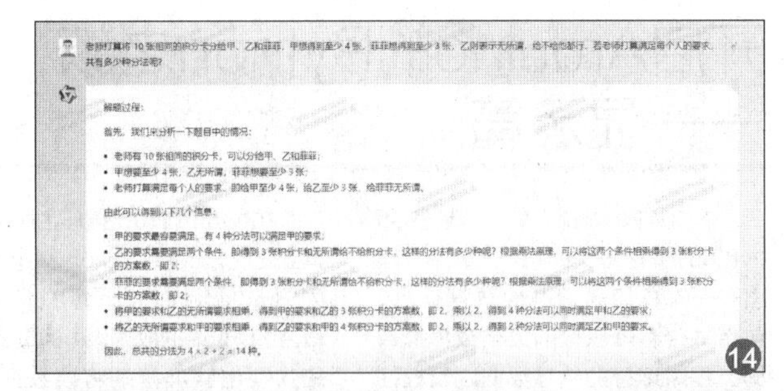

14

15

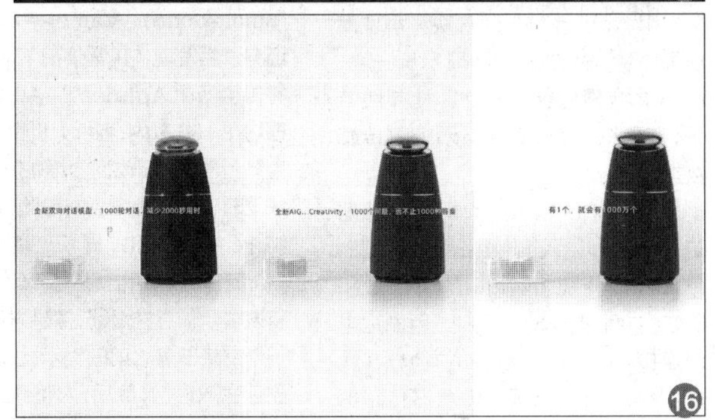

16

时间	进展
2019 年	阿里开发出了大规模预训练语言模型 structBERT 并登顶全球 NLP 权威榜单 GLUE;
2021 年	阿里开发出了国内首个超百亿参数的多模态大模型 M6;
2021 年 8 月	阿里大模型在全球机器视觉问答榜单 VQA 上首超人类得分;
2021 年 10 月	阿里探索以较低能耗训练出全球首个 10 万亿参数大模型 M6;
2022 年 9 月	阿里开发出了集成历年技术沉淀的“通义”大模型系列,相关核心模型和技术通过魔搭社区开源开放。
2023 年 4 月	阿里开放内测通义千问

17

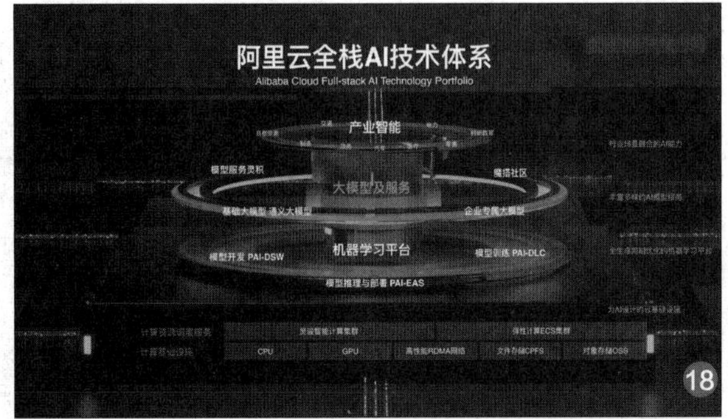

18

19

开启Arduino的Python之旅——显示篇

● 文/ 牟晓东　牟奕炫

借助 PinPong 库，我们用 Python 编程能控制其“显示”输出——向我们展示各种数据信息，包括从传感器获取的数字或模拟数据、程序运行的结果数据以及根据所设定的条件进行文字提醒等等。以常见的 OLED 显示屏、四位数码管以及 1602LCD 液晶显示屏为例，在 Arduino 中进行 Python 编程，分别进行烟雾监测数据的显示与提醒、双按钮半自动比赛计分显示和声光数据的同步显示三个创客实验项目测试。

1.OLED12864 屏

用 Arduino UNO 一块，小型面包板一块，OLED12864 显示屏一块，MQ-2 烟雾传感器一个，杜邦线若干，打火机一个，实现显示烟雾传感数据及提示。

将 OLED 显示屏和烟雾传感器的四个引脚插入面包板；用橙色和白色杜邦线分别将 Arduino 的 5V 和 GND 与面包板的红色和蓝色侧边电源连接，再用两对橙色和白色杜邦线分别将 OLED 显示屏和烟雾传感器的 VCC、GND 连接至面包板的侧边电源；用黄色杜邦线将烟雾传感器的 AO 模拟数据输出端与 Arduino 的 A0 模拟端连接；用红色和绿色杜邦线将 OLED 显示屏的 SCL、SDA 端与 Arduino 的 SCL、SDA 引脚连接；最后，通过数据线将 Arduino 与电脑的 USB 端口连接(如图 1)。

在电脑端进入 Python IDE 编辑界面开始编程：

导入相关的库模块：“import time”“from pinpong.board import Board,Pin,ADC”“from pinpong.libsdfrobot_ssd1306 import SSD1306_I2C”；接着，初始化 Arduino 板：“Board(“uno”).begin()”，再初始化 OLED 显示屏：“oled=SSD1306_I2C (width=128, height=64)”，屏幕的像素点数为横向 128、纵向 64；建立变量 SmokeSensor，为其赋值为“ADC(Pin(Pin.A0))”，作用是设置烟雾传感器通过 Arduino 的 A0 端进行模拟输入。

在“while True”循环主体部分，先建立变量 SmokeSensor_Value，赋值为“SmokeSensor.read()”，作用是读取 A0 模拟端的数据，再通过 print() 语句在电脑屏幕端将该数据输出：“print (“Smoke value:”, SmokeSensor_Value)”；接着，通过“oled.text(“Smoke value:”,8,8)”和“oled.text (SmokeSensor_Value, 60,23)”语句，作用是在 OLED 显示屏对应的坐标位置点显示输出文字提示及变量 SmokeSensor_Value 的值，后面的语句“oled.show()”作用是将显示内容生效；然后建立一个 if 条件分支结构，判断条件是“SmokeSensor_Value>=100”，因为经测试后发现，正常情况下 MQ-2 烟雾传感器在 Arduino 的 A0 端输出数据均在 100 以内，当打火机燃气进入其检测范围时，该数据会增加；当该条件成立时，表示检测到有危险气体泄漏，则控制 OLED 显示屏先显示“Alert!!! ”警示信息并持续 3 秒钟，再将该警示信息“擦除”，擦除方法是用若干个空格覆盖之前的提示，注意别忘了显示生效语句；最后，为整个循环结构添加一个 0.5 秒的等待(如图 2)。

将程序保存为“OLED 屏显示烟雾数据及警示提醒.py”，按 F5 功能键运行程序进行测试：正常情况下，OLED 显示屏显示“Smoke value:”和“37”两行信息，并且每隔 0.5 秒钟就会刷新显示一个近似范围的数据；当尝试用打火机靠近烟雾传感器并释放可燃气体时，很快就会在 OLED 显示屏上出现有“Alert!!!”的警示信息，中间的数据也显示为 219、182 之类的较大数据；直至移走打火机后，烟雾传感器监测到的数据又会恢复至 37、35、33，OLED 显示屏上的“Alert!!! ”警示信息也随之消失。同时，在整个测试过程中，电脑屏幕上也会同步显示“Smoke value:219”等提示信息(如图 3)。

2.四位数码管

用 Arduino UNO 一块，小型面包板一块，四位数码管一个，绿色和白色按钮各一个，杜邦线若干，实现双按钮半自动计分器。

1

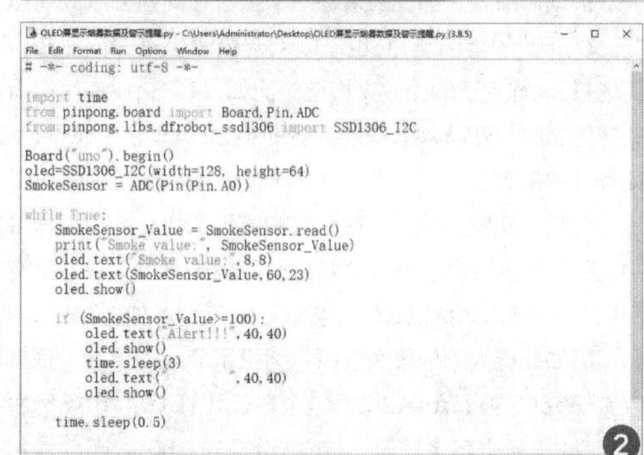

2

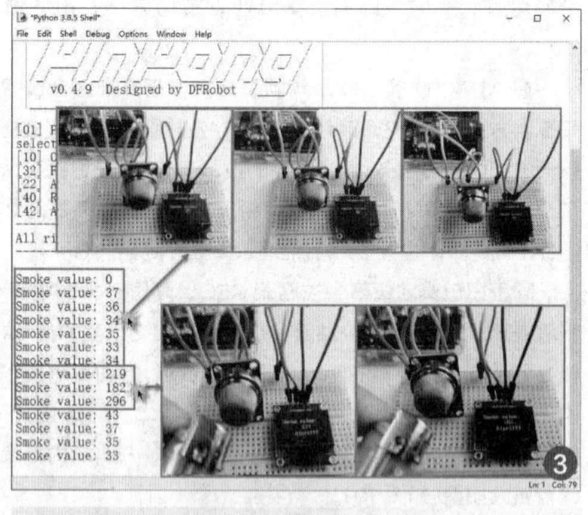

3

4

在上个 OLED 显示屏实验的基础上，先拆除 OLED 显示屏、烟雾传感器和一部分杜邦线，保持 Arduino 与面包板间的电源及接地连通；接着，将四位数码管插入之前 OLED 显示屏的位置，用橙、白杜邦线将 VCC 和 GND 端与面包板的侧边红色电源、蓝色接地相连，数码管的 SCL 和 SDA 端分别通过红、蓝杜邦线与 Arduino 的 SCL、SDA 引脚连接；然后，在数码管的左右两侧分别插入绿色和白色按钮，两个按钮的 VCC 和 GND 端均通过一对橙色和白色杜邦线连接至面包板的侧边红色电源、蓝色接地；绿色按钮的 OUT 信号连接至 Arduino 的 7 号引脚，白色按钮的 OUT 信号输出端连接至 Arduino 的 8 号引脚（如图 4）。

导入“time”“Board,Pin”“TM1650”库；初始化 Arduino 板，初始化四位数码管；建立变量 CurrentScore，赋值为““00.00””，类型为字符串型数据，再将变量 CurrentScore 存储的字符串显示在数码管上，长度为五位的字符串中间的小数点会对应点亮数码管中间的冒号（:）；建立变量 ButtonGreen 和 ButtonWhite，分别赋值为“Pin(Pin.D7, Pin.IN)”和“Pin(Pin.D8, Pin.IN)”，作用是初始化连接在 7 号和 8 号引脚的绿色与白色按钮，设置为信号输入端。

在“while True”循环主体部分，建立变量 ButtonGreen_value 和 ButtonWhite_value 并赋值，作用是读取对应引脚的电平数据，按钮未按下时为 0，按下则会触发产生 1；接着，建立 if 条件选择结构，当电平为 1 时判断按钮被按下。条件成立则将变量 CurrentScore 的值显示在数码管上。建立变量 LeftTwo 和 RightTwo 并赋值。对应从变量 CurrentScore 所存储的五位长度字符串数据的首尾两端截取前两位和后两位，注意先截取出的两位数据 CurrentScore [:2] 和 CurrentScore[-2:] 均为字符串，需先使用 int( ) 函数转换为整数再与按钮的状态值（ButtonGreen_value 或 ButtonWhite_value）进行算术加法运算，再使用 str( ) 函数将结果重新转换成字符串型数据；接下来，对于新的计算结果 LeftTwo 和 RightTwo 要分别进行“长度是否为 1”的 if 条件判断，条件成立，说明对应的比分是十以内的个位数，要在其左侧进行字符串“补 0”；接着，重新构建生成变量 CurrentScore 的值，包括左侧两位字符（LeftTwo）、中间的小数点字符（‘.’）和右侧的两位字符（RightTwo）：“LeftTwo + ‘.’ + RightTwo”；最后，通过语句“tm.display_string (CurrentScore)”，将新的比分数据显示在数码管上，为整个循环添加 0.2 秒等待（如图 5）。

保存并运行测试：四位数码管应显示比分为 00:00，按一次绿色、按两次白色按钮，比分应变为 01:02，然后还需测试十位数控制显示是否正常（如图 6）。

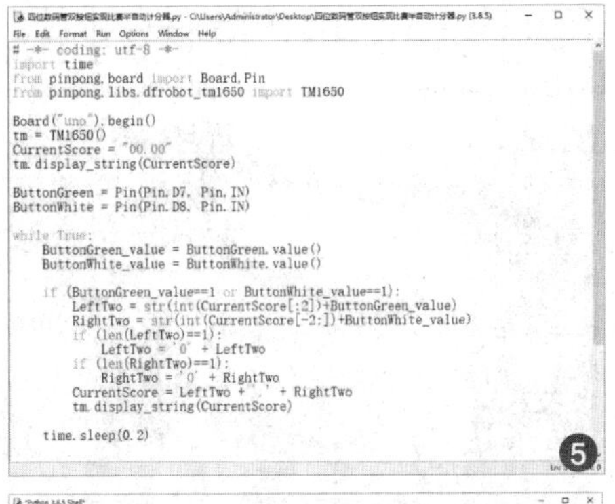

5

6

3.1602LCD

用 Arduino UNO 一块，小型面包板一块，1602LCD 液晶显示屏一块，声音传感器和光线传感器各一支，红色 LED 灯一支，杜邦线若干，实现声音与光线数据的同步显示。

将声音传感器和光线传感器各自的 VCC、GND 与 Arduino 的 5V 和 GND 相连，将二者的 AO 模拟输出引脚连接至 Arduino 的 A0 和 A1 模拟输入引脚；1602LCD 的 VCC 和 GND 引脚连接面包板的红色和蓝色电源，将 SCL 和 SDA 引脚与 Arduino 的 SCL 和 SDA 引脚相连；在 Arduino 的 13 号引脚处插入红色 LED 灯的正极（长），负极（短）插入相邻的 GND 引脚（如图 7）。

7

导入库；初始化 Arduino 板；设置 13 号引脚的红色 LED 灯为数字信号输出端，建立变量 SoundSensor 和 LightSensor 并赋值，将 A0 和 A1 模拟引脚的声音和光线传感器设置为模拟输入方式；对 1602LCD 液晶显示屏初始化，I2C 地址为 0x27、打开显示背光，清屏。

在循环主体部分，建立变量 SoundSensor_Value 并赋值，用来读取声音传感器的模拟数据；在第一组语句中，先设置 LCD 的光标位置为第一行第 0 个字符处，显示字符串“Sound:”；再设置 LCD 的光标位置为（6,0），显示变量 SoundSensor_Value 的值；类似地，第二组语句是对光线传感器所监测的模拟数据进行读取和显示，注意 LCD 光标要变为（0,1）和（6,1）对应第二行；接着，建立 if 分支结构，如果声音值大于 24 且光线值大于 100（声音传感器和光线传感器监测的数据越大，表示环境光线越暗、声音强度越大），则控制 LED 灯发光并持续 10 秒钟；为循环添加 0.5 秒等待，最后关闭 LED 灯（如图 8）。

8

保存并运行测试：LCD 液晶显示屏应显示两行实时信息，如“Sound:24 Light:84”。尝试鼓掌改变声音数值，盖住光敏电阻改变光线值，看是否达成有声音光线又暗这两个条件时，LED 灯发光并持续 10 秒的目标。测试任一条件不成立时 LED 灯熄灭。

如果只有背景光，看不到信息，可试着用螺丝刀调节显示屏背面的蓝色对比度调节旋钮。

属于Java的时代过去了？

● 文/ 陈邓新

眼下，AI 逐步起势，从梦想照进现实，赋能千行百业成为万物互联时代的基石。

赶上好时代，也成为时代的“眼泪”

人多了就有江湖，有江湖的地方就有纷争。

据公开信息显示，编程语言的数量繁多，仅 GitHub 上托管的就超过 300 种，但主流也就几十来种。

这其中，Java 被誉为“常青树”，历经风雨而不倒。

想当年，C 语言以及其一脉相承的 C++，成为桌面时代的技术底座，无论操作系统，或是游戏引擎，还是桌面应用，背后都有它们的身影。

用一统江湖来形容，也不为过。

然而，江湖人才辈出，不服“武林盟主”的大有人在，Java 就是其中一个。

1995 年，初出茅庐的 Java 抓住网页粗糙的痛点，从而一鸣惊人，成为江湖上冉冉升起的新星，甚至进入了微软的视线。

一名业内人士告诉电脑报：“服务器端原本是 C/C++ 的地盘，风刮不进雨水透不过，但当网页从静态走向动态之后，就应付不过来了，而 Java 在后台响应复杂的网站表现得更好。”

一言以蔽之，Java 赶上了好时代。

如若不是 Web 大潮到来，网站如雨后春笋般冒出，Java 就没有那么大的用武之地，也谈不上后来与 C/C++ 分庭抗礼。

尽管如此，Java 登上神坛还要等到移动时代。

随着智能手机的普及，移动互联网起势，逐渐成为人们的“刚需”，Java 也跟着扶摇直上九万里，借助 Android 打开了一个新世界的“大门”。

关于此，TIOBE 的排名可为佐证。

TIOBE 排行榜反映的是某个编程语言的热门程度，2001 年至 2019 年，Java 一直是 TOP 1 的常客，中间偶有失落，但很快就回归“王座”。

这之后，Java 的统治力大不如前，各路势力跃跃欲试。

事实上，Java 多年以来不乏挑战者，C/C++ 一直虎视眈眈，Python、JavaScript、PHP 等老牌玩家针锋相对，Go、Ruby 等新锐力量“野心勃勃”。

万万没想到，最后的“新王”竟然是 Python。

AI 起势，“新王”上位

对于 Java 的“衰败”，张文策深有体会。

毕业于 2008 年的张文策，并非计算机专业出身，而是与几个要好的同学一道参加了 Java 培训班，才半途入行。

然而想再进一步，就势必进阶为高级 Java 工程师，但这个进阶颇为不易，除非是真的热爱代码，否则仅冲着工资去，难上加难。

对此，张文策也心知肚明：“Java 都卷成麻花了，大多干的都不是 Rocket Science，顶多算合格的螺丝钉。”

更为糟糕的是，甲骨文“作死”。

2009 年，甲骨文收购 Sun，拥有了 Java 版权，次年与谷歌开启了旷日持久的诉讼，直到 2021 年才尘埃落定。

甲骨文法务总管 Dorian Daley 曾声明：“谷歌偷走了 Java 技术，并且在长达十年的时间里以一个垄断者的姿态诉诸法律。”

张文策没有等待甲骨文败诉，心中就有了一个判断：“谁敢用 Java，谁就可能招惹甲骨文，那可是出了名的专利流氓，逮谁咬谁，去 Java 化是大势所趋。”

因而，2018 年之后，张文策选择拥抱 Python，投身炙手可热的 AI 赛道。

Forrester 副总裁兼首席分析师 Jeff Hammond 曾表示：“Python 已被证明对从事人工智能或机器学习类型的人非常有用！”

譬如，当下红得发紫的 AI 绘画，从涂鸦走向了艺术创作，上演了一出 AI 与人类同台竞技的好戏，令相关从业者倍感忧虑。

此背景下，Python 超越 Java，也是顺理成章的事情。

“Java 是被互联网炒起来的，Python 是被 AI 炒起来的，要永远站到胜利者这一边。”张文策称。

与张文策不同，魏世杰对 Java 仍有信心。

作为大龄一线 coder，魏世杰对唱衰 Java 之声已感到疲惫：“说真的，有没有点新词，翻来覆去还是那一套，早就听腻了。”

魏世杰告诉电脑报，TIOBE 排名指的是热度而非市场份额，Java 的基本盘依然很扎实，拥趸者依然很壮观。

总而言之，桌面时代成就了 C/C++，移动时代成就了 Java，AI 时代成就了 Python，一个时代有一个时代的主题。

唯一不变的是，程序员永远不过时。

RPA专注流程自动化

● 文/ 陈新龙

总体上来说影刀 RPA 的优势还是非常明显的，最大的优势之一是非侵入式的，它相当于模拟了我们人正常的操作，不会像爬虫那样具有入侵性。在效率上 RPA 可以不间断地处理大量重复的工作，准确而更加高效。而且实施成本更低，速度更快。

RPA 简介

所谓 RPA 其全称为 Robotic Process Automation，译为机器人流程自动化，主要的功能就是将工作信息与业务交互通过机器人来按照事先设计的流程去执行。这样当工作信息与业务交互过多时，RPA 就可以高效解决这些复杂的流程，节约人工成本；用更加通俗的语言来说，RPA 其实是代替人工自动执行重复性流程任务的软件。

RPA 的操作方式其实并不难，类似于我们的 Scratch 编程，通过搭积木的方式将流程串联起来；RPA 内部已经帮助我们封装好了各种控件，用户通过拖拽控件，便可简单地操作生成自动化流程，在电脑上实现浏览器应用程序自动鼠标点击、键盘输入、Excel 操作、数据处理、定时执行、自动生成界面交互。市面上有很多优秀的 RPA 产品，比如 UiPath（UI）、BluePrism（BP）、AutomationAnywhere（AA）。

“影刀”简介

今天给大家介绍一款优秀的国产 RPA 软件“影刀”（www.winrobot360.com）。

影刀这款软件给我最大的感觉就是方便、高效。从界面上不难发现左侧是指令区域，包括了所有可操作的指令集合，中间部分是主流程界面，当我们需要搭建自动化流程时，我们可以将左侧的指令集合拖动到中间区域进行组合集合。右侧包括了一些流程的应用文件以及全局变量的保存，在中间流程的下方还有一些元素库、图像库用于保存从页面中获取的元素信息，还有运行日志用于记录在流程执行过程中发生的情况，以及数据表格、流程参考等。

在左侧的指令我们不难发现影刀可以进行网页自动化、桌面软件以及 Excel 处理（后期我们也会专门讲一期 Excel 的操作），可以实现所有桌面应用程序的自动化，浏览器、微信、钉钉或日常使用的任何其他应用程序；支持任何网页的自动化，如网页 JS 脚本、数据提取、数据抓取、Web 表单填写、网页操作、API 调用、收发邮件等，轻松实现自动化的 Web 任务（图 1）。

用影刀收发邮件

通常我们可以通过 Java 或者 Python 的方式以代码的形式发送邮件或者收取邮件，但是免不了代码的太长而且复杂，今天我们通过影刀服务来完成收邮件的过程。在左侧指令集合中我们找到网络—邮件，将获取邮件拖动到主流程中，双击后自动会弹出需要填写的指令属性信息，比如邮箱类型：163 网易邮箱还是 QQ 邮箱还是自定义邮箱等；还有需要获取的邮箱账号以及授权码（授权码可自行百度有详细的获取教程）。若我们想获取未读邮件的附件的话我们只需要将仅未读邮件和保存附件的复选框勾选上，同时选择保存附件目录以及邮件的数量即可，完成后点击运行，影刀会自动将未读邮件的附件下载到本地目录（图 2）。

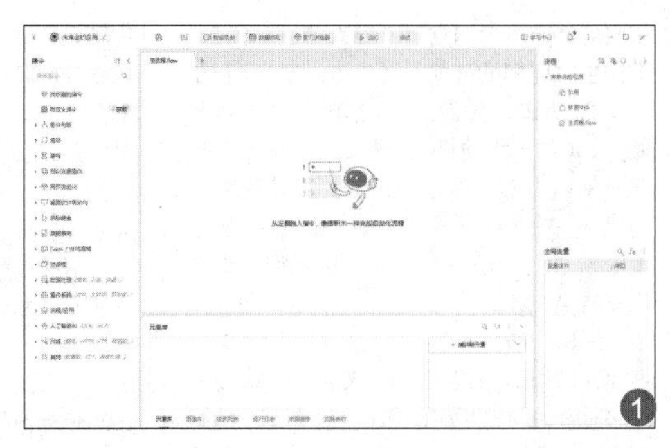

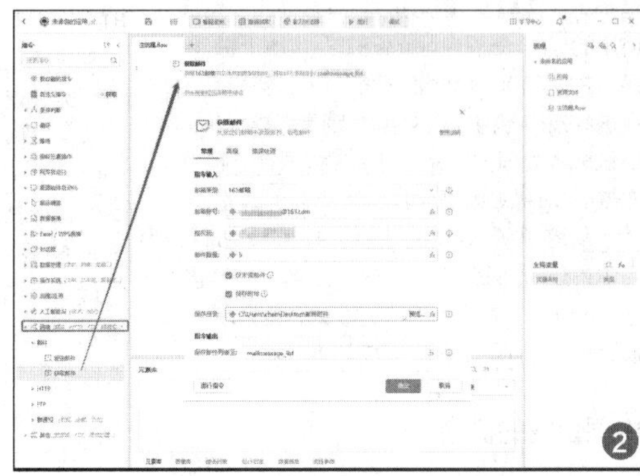

除了能够自动收发邮件影刀还可以控制我们的键盘和鼠标，就像人一样操作：发送按键或将鼠标移至何处、模拟击键、鼠标移动和单击以启动应用程序、打开文件夹、运行命令等，从而节省一些重复性的劳动时间。

逐步摆脱ARM架构？Android将支持RISC-V指令集

● 文/上善若水

Android 生态的成功同 ARM 有莫大关系，而如今，随着谷歌官方宣布安卓将支持 RISC-V 指令集架构，Android 生态会逐步摆脱 ARM 架构吗？

日前，谷歌正式宣布 Android 将支持 RISC-V 指令集架构，该公告来自去年 12 月举行的 RISC-V 峰会。目前，用户可以为 RISC-V 下载具备非常有限支持的 Android 版本，但它不支持用于 Java 工作负载的 Android Runtime（ART）。大多数 Android 应用程序都使用 Java 代码发布，这意味着目前几乎没有应用程序会在 Android 上支持 RISC-V。现在，谷歌表示官方模拟器支持即将到来，而 ART 支持预计将在 2023 年第一季度的某个时候到来。

谷歌 Android 工程总监 Lars Bergstrom 在 RISC-V 峰会上发表讲话说，他希望 RISC-V 被视为 Android 中的“一级平台”。一旦 ART 支持到来，可以一定程度上将 Java 转译为 RISC-V，因此大多数 Android 应用程序将无需开发人员额外的工作即可运行。

显然，Android 对 RISC-V 支持在加速，去年 9 月 Android Open Source Project（AOSP）项目开始加入正式的 RISC-V 补丁，现在任何人都可以去尝试 Android 的 riscv64 分支，这或许同过去几年 ARM 公司不稳定有关联。ARM 母公司软银曾尝试将其出售给英伟达，失败之后准备让公司上市。与此同时，ARM 还在与其最大的客户高通公司打起官司等等，这让 RISC-V 成为不错的“备选项”。

核心生态的源头

指令集被称为计算机生态的源头，整个生态要针对相应的指令集架构进行兼容优化，才能最大限度和稳定地发挥软件性能。

在 PC 端和服务器市场，X86 系列以极高的性能与 Windows 绑定形成“Wintel”主导联盟，主流的厂商都是基于 X86 系列对软件进行兼容优化，从而在 PC

Android将支持RISC-V指令集

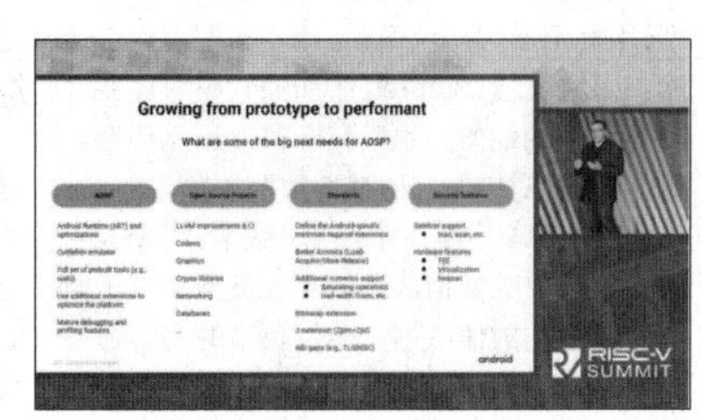

RISC-V 峰会透露出 Android 将支持 RISC-V 指令集

和服务器市场上建立起了庞大的生态体系。重构生态环境的高成本形成进入壁垒。而在移动端，ARM 凭借独特的 IP 授权的商业模式，成功在移动终端、嵌入式设备的某些细分领域占据 90%以上份额，形成完整生态闭环，并逐步尝试进入 PC 领域，目前苹果 MacOS、新版 Windows 以及华为鲲鹏均支持 ARM。

RISC-V 指令集则具有开源、精简、可扩展性强、可定制化特点，十分契合物联网、5G、AI 等新兴领域的应用，RISC-V 本身是精简指令集计算机 V 架构，这是一种开放的、免费使用的标准，无需许可或版税。从本质上讲，它是 ARM 和 X86 架构的竞争对手，公司可以在这些架构上构建芯片组。特别是那些旨在制造低成本处理器或减少对 ARM 设计、英特尔或 AMD 依赖的公司。

从这里可以看出，随着 Android 加入对 RISC-V 指令集的支持，其本身也有助于 Android 生态向物联网、AI 等领域拓展，而这也有助于相应领域快速壮大。

中国企业的机会

Android 生态的成长和繁荣同 ARM 相辅相成，但随着高通、联发科等 SoC 企业将手伸向芯片上游 IP 设计领域，想要牢牢掌握生态话语权的 Android 自然会拿出应对之策，而将资源向开源的 RISC-V 倾斜，成为 Android 最好的选择，这对于我国芯片产业链而言无疑是一大利好。

目前，我们国内许多造芯企业也在近年开始投入对 RISC-V 架构芯片的布局，25 个 RISC-V 国际顶级成员中有 13 个来自中国，其中包括阿里云、华为技术有限公司和中兴通讯、腾讯、百度等等，这些厂商都在 RISC-V 芯片上进行了提前布局，也让 RISC-V 被认为会是未来中国芯片产业的一个突破点。

在具体产品方面，阿里平头哥在 2022 RISC-V 国际峰会上展示了 RISC-V 架构与安卓体系融合的最新进展：基于 SoC 原型曳影 1520，RISC-V 在安卓 12（AOSP）上成功运行多媒体、3D 渲染、AI 识物等场景及功能。这意味着安卓系统在 RISC-V 硬件上得到进一步验证，两大体系融合开始进入原生支持的应用新阶段。

RISC-V 国际基金会安卓技术组（Android SIG）主席、平头哥技术专家毛晗表示："为更好补齐两大系统融合的生态短板，平头哥着重在测试、性能优化及开源协作等方面推进根本问题的解决。"

国内厂商积极布局的同时，RISC-V 生态也成长迅猛。RISC-V 国际基金会 CEO Calista Redmond 就曾在 2022 年 7 月对外宣布 RISC-V 架构的芯片出货量达到了 100 亿颗，中国企业可能贡献了其中的 50%。在具体应用上，Calista Redmond 则表示："正如我们所看到的，RISC-V 在数据中心、HPC、嵌入式物联网汽车芯片、手机和移动通信等行业都有着强劲的发展势头和潜力。无论是在中国还是在其他地区，这些都是非常重要的创新和机遇。"

总体而言，越来越多的企业也投入到 RISC-V 生态建设中，"中国 RISC-V 产业联盟"目前已有 150 多家会员单位，对于逐渐形成贯穿 IP 核芯片、软件、系统、应用等环节的 RISC-V 生态链起到良好作用，RISC-V 更是有望成为继 X86 和 ARM 架构之后新的技术转折，为我国掌握芯片产业的发展主动权提供机遇！

Scratch中的基本数据类型

● 文/ 流河建伟

Scratch 中的代码块形状，有椭圆形的，有六边形的。如图 1：

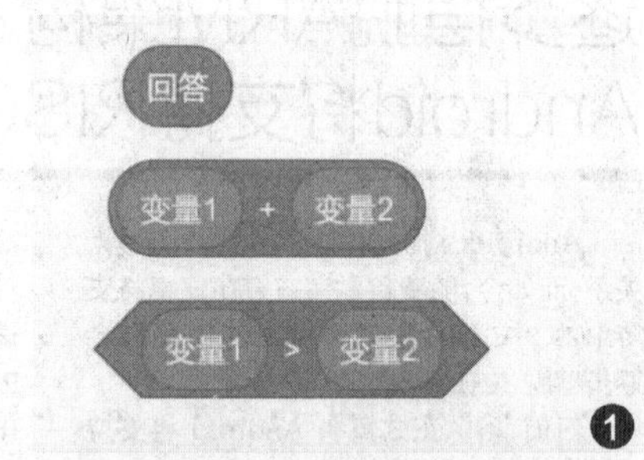

为什么会有这样的区分呢？因为不同的形状，代表着不同的数据类型。

在 Scratch 中，变量、移动的步数、面向的方向和造型的编号都是数据；与、或和不成立的结果也是数据。凡是可以放入椭圆形或六边形框内的积木块，都是数据。数据类型就是这些数据的属性，不同形状的积木块，代表不同的属性，就是数据类型。

Scratch 中有三种基本数据类型。

在 Scratch 中找到自制积木，点击制作新的积木。如图 2：

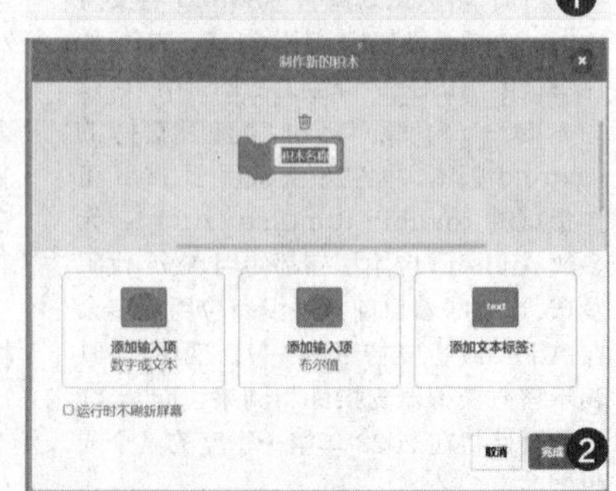

自制积木的参数提示的数字、文本或布尔值，就是 Scratch 的三种基本数据类型。从图 2 可以看出，数字类型或文本类型，用椭圆形代码块表示。布尔类型用六边形代码块表示。Scratch 中所有代码块需要填写参数的地方，也只有椭圆形和六边形的代码框，对应着三种基本数据类型。

顾名思义，数字类型表示数字，用于存储数学计算的数值数据。文本类型是用于存储文本的数值数据。布尔类型的名字是英文 Boolean 的音译，它只有两个值，分别是"是"或"非"，也称之为"真"或"假"，英文分别表示为"true"或"false"。在 Scratch 中，"假"被称为"不成立"。

Scratch 中数字类型和文本类型没有明显的区分，只有在使用的时候才能分辨此数据是数字类型还是文本类型。布尔类型比较容易区分。如图 3：

1.如图 3 代码中六边形的积木框里面放置的就是布尔类型的数据。小于积木块或等于积木块的结果，恰好是一个六边形的积木块，即布尔类型的数据。布尔类型只有两个值，"真"和"假"，满足条件为"真"，不满足条件为"假"。

2.代码 1 中，因为减是数学运算，所以变量 3 的值为数字类型。

3.代码 2 中，因为连接不是数学运算，而是文本常进行的操作，所以变量 3 的值为文本类型。文本类型和数字类型，在使用过程中是可以根据使用方式不同而进行转换的。

4.代码 3 中，因为减是数学运算，所以要把变量 1 和变量 2 的值当作数字类型，然后进行减运算。但是字母 a 和字母 b 没有办法转换为数字类型，Scratch 为了让小朋友们可以更友好地使用 Scratch 软件，没有把错误报出来，而是把这个错误设置为了 0。但在传统编程语言中，这种情况就会报错，如图 4，Python 把非数字类型的数据进行数学运算的话，就会得到红色报错，两个字符串之间不支持减运算。

上面说到，在满足条件的情况下，数字类型和文本类型是可以相互转换的。布尔类型也可以转换为数字类型或者文本类型。尝试把六边形数字放入椭圆形积木块的框中，是可以放进去的，如图 5：

布尔类型可以转换为数字类型或文本类型的。在需要数学运算时，布尔类型就转换为数字。在需要文本时，布尔类型就转换为文本。布尔类型转换为数字或文本时值是固定的。转换为数字时，值为真时，数字为 1，值为假时，数字为 0。转换为文本时，值为真时，文本为 true，值为假时，文本为 false。

数字类型和文本类型是不能转换为布尔类型的，如果想把椭圆形代码块放入到六边形代码块的框中，是没法成功的。

为什么数据要有数据类型呢？

1.程序运行时，数据都是放在内存里的。不同的数据，占用的内存不一样，把数据分成不同的数据类型，可以充分利用内存，给占用较小内存的数据分配较小的内存，以最大限度地节约内存的使用。

2.软件针对不同类型的数据，处理和操作的方式也不一样。比如：数字类型的数据，多进行数学运算；文本类型的数据，多用于显示、连接、分割等操作；布尔类型，用于条件判断。把数据区分为不同的类型，软件在遇到该类型时就用特定的处理方式，可以更高效地处理该类型的数据。

3.区分数据类型，可以增加代码的可读性。在 Scratch 中，看到六边形的代码块，就知道是布尔类型数据，是用于判断的。

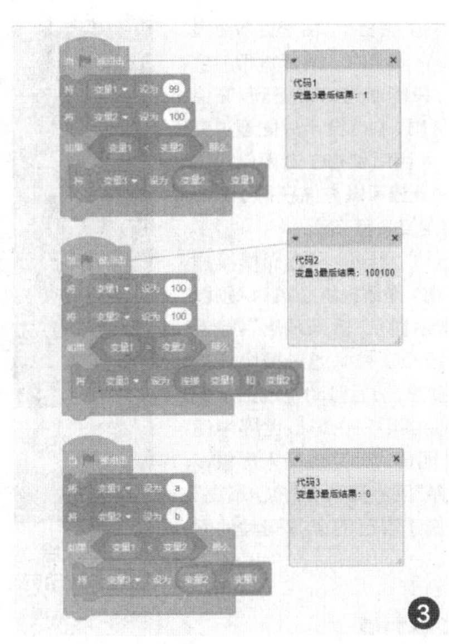

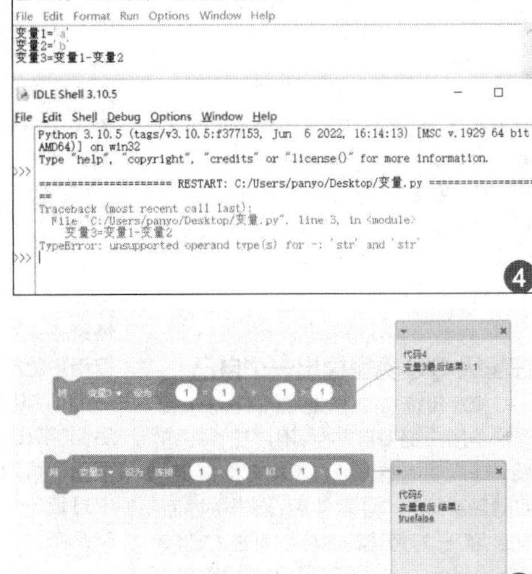

捏出虚拟自己！超级QQ秀里的互动玩法体验

● 文/ 阿离

从 70 后 /80 后的情怀到 Z 世代的新宠，超级 QQ 秀的出现让 QQ 这一"古老"的即时聊天工具焕发出新的活力，尤其是其同虚幻引擎 4、元宇宙概念的融合，更让其极具话题性，对于 QQ 秀这一曾经风靡一时的应用而言，"超级"二字究竟有何魔力？

QQ 的元宇宙入口

去年 2 月，腾讯 QQ 团队宣布，"超级 QQ 秀"功能的测试版已上线。据介绍，这是一款对 QQ 秀进行了全方位升级后的产品，将以往 QQ 秀虚拟形象由 2D 静态转变为 3D 动态，这一转换的关键是大名鼎鼎的虚幻 4 引擎加入。虚幻 4 引擎作为游戏引擎的一种，是由 Epic games 出品的 3D 图形创作平台，是全球领先的实时 3D 创作工具，已经被广泛应用于游戏开发、影视、训练与模拟、医疗和科研等多个领域。

提起虚幻 4 引擎，人们一般都和 3A 大作紧密联系在一起，而手机 QQ 则仅仅是一个即时通信软件，在 QQ 秀里面使用虚幻 4 引擎，让不少人认为有些"牛刀小用"。而且随着虚幻 4 引擎的加入，8.9.28 版 QQ 单安装包已超过 300MB，其安装完成后更占用了用户近 800MB 的手机空间，再加上想要体验超级 QQ 秀还得先加载 QQ 小窝资源（247MB），这让 QQ 软件安装空间直接突破 1GB（如图 1）。对于一款聊天软件而言，真有必要为图形画面或者应用牺牲"轻便"吗？

然而，随着时间的推移，腾讯在过去的一年时间里逐渐为超级 QQ 秀加入各种功能，不仅让人们看到超级 QQ 秀的框架构

想，更让人们看到腾讯布局“全真互联”的策略和践行！

Tips：

早在2020年，当扎克伯格还未将脸书改名为“元宇宙”并让这个概念火遍全球时，马化腾就曾提出一个类似的“全真互联网”概念：“一个令人兴奋的机会正在到来，移动互联网十年发展，即将迎来下一波升级，我们称之为全真互联网。”

在超级QQ秀里捏出一个自己

相对传统QQ秀，3D版的超级QQ秀给予用户更多自主性，用户能够在超级QQ秀中缔造各种属于自己的形象。启动最新版的QQ软件后，点击主界面右上角“+”号旁边的图标即可进入超级QQ秀界面。该界面下用户首先需要完成自己在虚拟世界中的人设形象，点击虚拟人偶后，可在右侧看到捏脸、换装、DIY原创、背包等几个热门功能按钮，底部则是相应的配饰推荐（如图2）。

这里我们发现不少出色的人脸或服饰模板都是需要付费购买的，而超级QQ秀初始只免费提供1000银币，金币则需要用户购买，不得不说这很腾讯。在超级QQ秀中，目前只有QQ金币、QQ银币等消费货币。由于目前超级QQ秀玩法正在内测中，消费货币的获取途径不多，只能通过每日签到、充值购买来获得货币。QQ金币只能通过充值购买获得，人民币和QQ金币兑换比例为1:10，一元钱可以充值获得10QQ金币，支持自定义金额充值。

这里我们注意到除了选择模板捏脸外，超级QQ秀还提供了AI识别图标，不过点击后显示“暂未开启”，笔者怀疑未来超级QQ秀可通过摄像头捕捉用户脸部画面，然后自动生成独一无二的面部模板供用户在虚拟世界中使用，非常让人期待。而完成个人形象设计后即可选择“回小窝”，在“QQ小窝”中打造一个属于自己的家并同其他网友交流。

找好友PK魅力值

完成超级QQ秀个人装扮之后，不去炫耀下简直对不起自己，而除了在首界面点击“好友”可查看好友形象，并选择“买同款”或“合拍”（类似拍照，不过提供不同背景供用户选择，更强调个性化元素）“点赞”外，目前还上线了“新年超级QQ秀魅力值PK”活动，为新春佳节亲友聚会提供了更多可玩性。

用户在QQ搜索中输入“潮搭PK”或直接扫码即可进入活动页面，这里可一键选择多个好友进行PK，通常PK赢得越多积分的机会也会越多（如图3）。

完成“新年超级QQ秀魅力值PK”活动的同时，用户可以获得专属的潮搭段位称号、新装扮以及超级QQ秀银币，也可以用积分换取一些虚拟装扮，让QQ秀变得更加有趣（如图4）。

个性PK还只是超级QQ秀互动活动的一个缩影，通过品牌联动，超级QQ秀曾和“王者荣耀”携手举办过“新次元之旅”活动，而目前“CFM全民杯S2虚拟观赛”活动的出现，更将虚拟直播同超级QQ秀融为一体，为玩家提供更大的互动空间（如图5）。

文本图像合成模型如何创造新时代meme？

● 文/张书琛

此前沉寂已久的AIGC行业，在去年下半年借着人工智能机器人ChatGPT火爆的关注度再度回到宇宙中心，而AIGC正是用于内容自动化生成的技术集合。

数字内容再生产

meme是什么？学术解释为一个文化的最小碎片，简单通俗一点讲就是一个词组或者“一张梗图”，其诞生总是基于某一群体的共同记忆，可以视作具有互动性的语言载体。那么meme这种流行文化产物是怎么跟文本图像模型这一AIGC（人工智能生成内容）热门分支概念扯上关系的？

首先是因为共同的内容基因，注定了两者的相通。

此前沉寂已久的AIGC行业，在去年下半年借着人工智能机器人ChatGPT火爆的关注度再度回到宇宙中心，而AIGC正是用于内容自动化生成的技术集合。具体来看，AIGC有文字、图片、数字人等类别，文字生成图片正是其中之一，即用户输入一段描述文字，AI就能自动生成相应图片；AI图片二创也在短视频平台走红，比如上传随意图片，都可以再生成新的漫画风格图片；AI程序员与AI作者则是根据描述生成相应的编程、文章。

meme作为一种现代社交的必备数字产品，有着流通广泛、新鲜度高的特性；而人工生产的产量有限，很难满足普遍的社交需求，能利用AI这一更简洁快速的方式合成各式各样的表情包不失为一种解决之道。

其次，谁也没想到商业落地难的AIGC真的能在表情包上找到机会。今年年初，估值高达11亿美元的美国社交独角兽企业Live Awake推出了一款名为Memix的App，唯一的功能就是借助AIGC技术将用户输入的文本合成特定主题的表情包或动图，方便用户一键分享至TikTok等社交平台。出乎意料的是，Memix上线不久就登上了美区iOS免费总榜的第一名，足见社交领域的需求之旺盛。

技术卷到哪了？

听起来高大上的技术之所以能应用于寻常社交场景，离不开技术的进步。

无论是文字生成图片还是文字生成代码，背后的逻辑都是相似的——跨模态大模型。在这一模型中，AIGC的诞生需要三个

Muse根据文字“彩虹色的企鹅”生成的图片

步骤：第一步是用户在输入端输入自然语言，AI依靠文字模型理解、处理信息；第二步则是AI在数据库中找到相应素材；第三步，通过图像编辑器，将找到的素材有逻辑地拼接在一起，生成指定内容产品。

最早出现的AI深度训练模型是“对抗生成网络”GAN，它有明显的不足，即对输出结果的控制力较弱、生成图像分辨率较低

以及难以创作出新图像等。

直到2022年8月，英国公司Stability将当时最先进的AI训练模型Stable Diffusion完全开源，才大大降低了文字生成图片的技术门槛。

技术论坛AI Summer的创始人Karagiannakos曾介绍，Diffusion作为一类新的训练模型，不仅可以生成多样化的高分辨率图像，而且还能大幅降低计算量与计算时间，“由于其对硬件要求较低，非常适合初创公司用来建立自己的图片生成平台”。因此，才会有了之后国内外图文生成产品雨后春笋般出现的现象。

如今的文本生成图片领域可以说是越来越卷，前不久谷歌刚刚发布了全新的Muse模型，号称是这一领域最新的SOTA(state-of-the-art model，目前最先进的模型)。

据该项目的官方介绍，Muse可以做到在FID(Fr é chet inception distance，评估模型生成图像质量的指标）评分优于Stable Diffusion、美国Open AI公司的图文生成产品DALL-E 2，甚至是Google自家产品Parti以及Imagen的同时，在速度和效率上，也远胜于以上产品。

官方数据显示，在生成一张256×256的图片时，Parti和Imagen分别需要6.4秒和9.1秒，在生成512×512的图片时，Stable Diffusion需要3.7秒，但Muse却可以做到0.3秒就生成256×256的图片，512×512的图片也只需要1.3秒。

阻力仍存

尽管AI文字生成图像技术刚刚找到商业落脚点，距离成熟的商业化应用仍有距离，但监管问题已经随之而来。

根本上讲，AIGC的生成内容仍然是靠事先输入大量人类创作内容，而相关企业普遍依靠公开资源进行AI训练，训练数据库带来的版权纠纷和信息安全问题逐渐成为监管难点。Stable Diffusion曾发布声明，表示其底层训练数据集来源于公开网络，目的就是普遍反映互联网上的语言－文字联系，被收录的艺术家根本无法拒绝。

市场需求尚未大规模爆发，监管问题又如同达摩克利斯之剑悬于头顶，图片生产领域的玩家想要活下去只靠meme可不够。

苹果Swift Playgrounds，非主流的青少年编程神器？

● 文/李铮

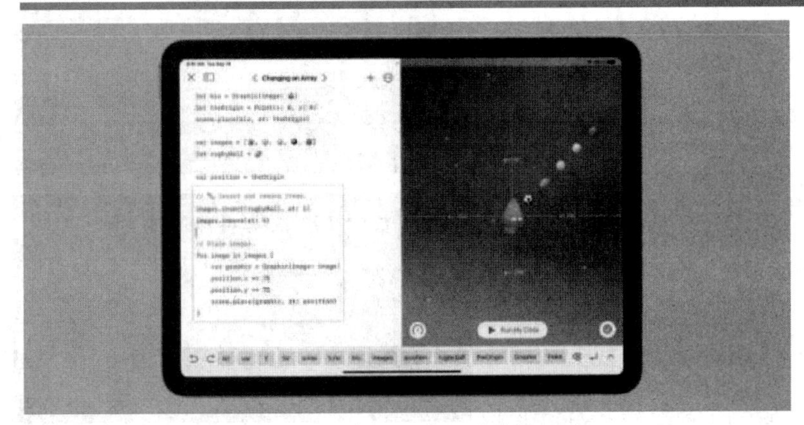

苹果Swift Playgrounds可以帮助年轻人和新手编码人员开始构建应用程序

很多获奖者有这样的感受：一开始Apple的文档让人觉得很吓人，但从程序化思考到抽象代码和使用面向对象/协议的设计，是一种精神上的飞跃。

进入2023年，国内青少年学习编程的热门程度又迎来一波小高潮，各地的编程考级又恢复了正常。作为“双减”政策之后相对稳健的一条赛道，青少年编程成为诸多K12教培机构转型的方向之一。

作为已经较为成熟的青少年编程，当前课程更多地借鉴国外优秀的编程工具和内容，所以除了Python之外，还包括苹果的Swift Playgrounds、微软STEAM创客课程和micro: bit嵌入式编程课程等。这类课程的好处是，学生不需要具备编程知识，就可以在闯关解谜中掌握编程基础知识，通过互动的方式来学习APP的各种构建要素，非常适合初学者。

苹果的Swift Playgrounds在去年末进行了迭代，新版本提供了iPad界面和专注于机器学习的新课程，可说提升颇大。培训机构神奇罗盘的王琴老师认为：“苹果的机器学习课程比较丰富，青少年通过应用程序来识别图像，运用石头、布、剪刀的游戏来训练模型。布局视图中，学生可在现有程序的代码中匹配UI模型。课程成熟度高，老师好教，孩子也易于掌握，不至于因为高深的难度失去兴趣。”

不过王老师也认为，相比麻省理工Scratch在国内编程教育行业的主导地位，苹果课程当前的“群众”基础较低，在绝大多数机构中都没有普及。为此，笔者近日带上孩子预约苹果店的Playgrounds入门课程，在一小时的时间里，培训店员以“编程一小时”这个Playgrounds主题为讲解内容，采用描述和引导结合的方法，然后把大约半小时时间用于给孩子们进行实际操作。

在一小时的时间内，小朋友们对Playgrounds这种交互式、提示型代码输入方式可以很好地掌握，也能够体会到程序顺利运行时的喜悦。但问题是回到家以后，孩子的兴趣持续并不大，“写代码”这件事情并非扔给孩子一个iPad这么简单。

内容很丰富 可教孩子开发iPhone程序

Swift Playgrounds诞生于2016年的WWDC，至今不到7个年头，Swift从3字头的版本升级到了4.X，并将在今年的WWDC上升级到5版本，关键还提供了完全中文化的界面。

目前提供的Playground主题，可以分为以下几类：1.程序入门，内容包括“编程一小时”和“编程机器”，它们都属于给学习编程的用户小试牛刀系列。而《学习编程》系列总共有三部，在内容上是循序渐进的。在《学习编程1》中，用户可以学到基础的程序知识，包括了命令、函数、循环、条件、逻辑运算符、while循环以及迷宫的基础算法。

读到这里，你会发现，其实仅仅一个Playground里居然可以涵盖这么丰富的内容，事实上，笔者觉得计算机编程的入门课程也不过如此了。

在《学习编程2》中，苹果以寻找宝石为主题，在各个章节设置了一些课题给用户解决，用户需要活用编程基础知识，加之苹果会在每个课题里面加入一些面向对象的知识，并且把参数、数组等概念也糅合到课程里面。

在结尾，苹果要求开发者在一片空白地表上自由发挥，建造迷宫、建造高楼甚至控制游戏的角色进行一场互动表演，这不是通过拖来拖去的代码块完成，而是实实在在的代码，相信从中获得的成就感也是完全不一样的吧！

《学习编程3》则是把目光投射到了2D图形编程上，它引入了平面坐标轴体系，类似于画布的概念，各个章节会一步步教用户从在平面上放置图形，控制它们运动开始，直到赋予它们物理属性，进行碰撞，然后在最后一个章节里，也提供了几个实例项目供用户进行调试。它们包括“音乐宇宙”、“舞动的表情符号”等，都兼具了实操性。

Swift学生挑战赛

一年一度的Swift学生挑战赛是一项编程挑战，要求学生根据自己选择的主题创建一个Swift Playgrounds项目，获奖者都是对编程有狂热爱好的青少年。

去年的挑战赛的获奖者之一库马尔就是这类学生，他7岁开始编程。2020年，他决定在高中毕业前开发一款iPhone应用程序——EmSafe，这是一款紧急旅行应用程序，目的是帮助难民、移民、流离失所者在全球230多个地区获得紧急服务。

在开始使用Swift编写代码之前，库马尔有一些Java和Python方面的经验，但属于自学成才。开发完毕后，他还体验了一把付费流程，即先注册Apple Developer Program（每年99美元），然后才能提交应用程序供审核并通过App Store分发。坚持了下来之后，库马尔被苹果选为2022年全球开发者大会Swift学生挑战赛的获胜者。

可喜的是，在每年300多名全球获奖者中，中国内地的学生获奖越来越多。学习iOS开发、Swift编程语言，与WWDC结缘，已经成为更多青少年展示自己编程技能与创意的方式。

更兼具性能与画质，FSR 2.2游戏体验

除了硬件上的“军备竞赛”，最近几年显卡厂商又将目光转向了分辨率缩放超采样技术，大家比较熟悉的就是NVIDIA DLSS（深度学习超采样）和AMD FSR（FidelityFX超分辨率）。AMD FSR作为后起之秀，其发展势头非常迅猛，特别是基于新一代时域图像放大的FSR 2.0使得AMD FRS技术的可用性大幅提升，有了与NVIDIA DLSS相抗衡的实力。目前最新版的FSR 2.2已经发布，并在部分游戏中开始实装，那么它的表现到底怎么样呢？

更快、更清晰的FSR 2.2

FSR是AMD开发的一种可以以低分辨率渲染输出高分辨率图像的超采样技术，让玩家在不升级显卡性能的情况下获得更高帧率。采用空间图像放大算法的FSR 1.0虽然实现了游戏帧率的提升，但画质损失较大，而从FSR 2.0开始采用了和NVIDIA DLSS一样的时域图像放大算法，通过历史帧和渲染管道内的深度、运动和色彩信息来实现画面的缩放输出，并且支持抗锯齿输出（取代游戏帧中的TAA抗锯齿效果），因此除了提升帧率的幅度更大之外，还可以像DLSS 2.x那样提供接近或者超过原始图像的画面。

基于时域图像放大的超采样算法在物体快速移动时，如果对前后帧采样并处理到一帧画面的话，就可能出现错误了，最典型的就是“残影”问题。因此在正式发布FSR 2.0后不久，AMD便更新了FSR 2.1版本，主要改善了画面重影、闪烁，还提升了缩放精度，对动态问题、火化和烟雾粒子进行了优化。最新的FSR 2.2版本在此基础上进一步增强了画质，根据AMD官方的说法，可减轻快速移动物体上的重影，例如支持FSR 2.2赛车游戏中飞驰的汽车画面。

与同为超采样技术的NVIDIA DLSS不同，FSR并不需要像NVIDIA Tensor核心这样特定的ML机器学习硬件，让FSR拥有了比DLSS强得多的通用性，这给开发者提供了一个增强游戏性能的强力选择，持有老款NVIDIA显卡的玩家也能从中受益。根据官方的统计数据，截至2023年1月5日，已经有230款游戏加入FSR技术，相比半年前的游戏阵容实现了翻倍。

值得一提的是，如果游戏本身已经加入了其他时域图像放大算法，例

《F1 22》游戏性能测试（单位：fps）

	FSR OFF	FSR 1质量		FSR 2.1质量		FSR 2.2质量		FSR 2.2性能	
2K	133	220	↑65%	192	↑44%	205	↑54%	229	↑72%
4K	72	142	↑97%	114	↑58%	131	↑82	155	↑115%

FSR 2.0性能模式下的画质明显好于FSR 1.0的超级质量模式

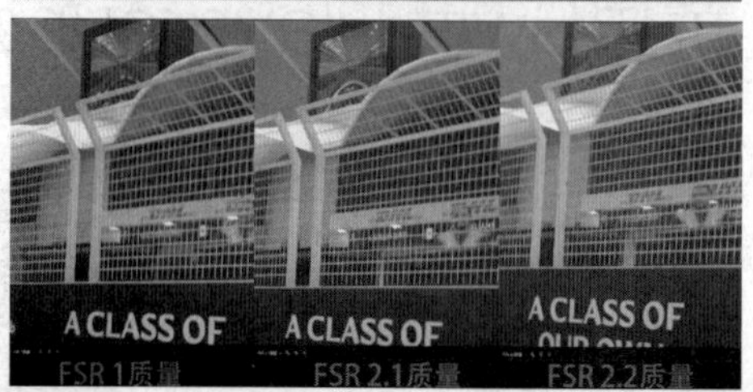

如DLSS 2.x的话，那么开发者要适配FSR 2是很快的。所以尽管FSR 2只推出了半年，但在支持FSR技术的226款游戏中，很大一部分现在已可支持或即将支持FSR 2了。根据官方数据，97款游戏将支持FSR 2，其中已发布的游戏为54款，目前有《F1 22》《极限竞速：地平线5》《极品飞车：不羁》三款游戏支持最新的FSR 2.2技术。

4K性能提升82%，帧率/画质表现再升级

说了这么多，大家可能对FSR 2.2的效果还是没有概念，下面我们就在《F1 22》游戏中体验一下它的实际表现。本次参与测试的显卡是Radeon RX7900XTX，处理器则选用了锐龙9 7950X，属于当前的旗舰配置。画面设置方面，采用最高画质预设，关闭垂直同步和帧率限制。

为了更好地对比FSR 2.2和FSR 1以及FSR 2.1的画面，我们选择在《F1 22》中以4K分辨率最高画质下进行Benchmark测试场景录像（方便观察运动画面的情况），然后借助NVIDIA ICAT画质对比分析工具观察细节表现。首先来看看FSR 1、FSR 2.1和FSR 2.2的对比表现，FSR 1画面涂抹比较严重，比如栏杆

后“尼古拉斯拉蒂菲”的车手名几乎无法识别出来了，细节损失明显。FSR 2.1 和 FSR 2.2 在观感上是非常接近的，没有出现元素缺失的情况，远处的房屋和路牌清晰可见，细节表现都不错。在 4K 分辨率的质量模式下，FSR 2.2 画面的质量已经非常接近原生画面了，实际上，即使是 FSR 2.2 性能模式下的画面都要比 FSR 1 优秀不少。

下面再来看看这次 FSR 2.2 重点提升的动态画面表现，我们主要关注了高速行驶中的赛车本身和影子。可以明显地看出来，FSR 2.2 的动态画质确实要比 FSR 2.1 出色很多，比如 FSR 2.1 中赛车左前轮导流罩上的碳纤维纹理，其高光部分的细节已经完全消失，而同画面下 FSR 2.2 中的细节基本都得到了保留，导流罩上的碳纤维纹理清晰可见。由于赛车影子的动态变化非常剧烈，表现在画面上的结果就是 FSR 2.2 的影子边缘比 FSR 2.1 平滑很多，也没有出现影子破碎的情况，如果是《极品飞车》或者《地平线》这类速度感更强的游戏，FSR 2.2 带来的提升应该会更明显。

性能测试中，我们选择了 2K 和 4K 分辨率，同时我们还会测试 FSR 1 以及 FSR 2.1 的游戏性能来对比 FSR 2.2 的提升幅度。从测试结果来看，FSR 2.2 的帧率表现令人惊喜，尽管 AMD 官方只提到其画质方面的提升，但实际的游戏帧率相比 FSR 2.1 又有了可观的进步。具体在 2K 分辨率下，FSR 2.2 质量的平均帧率达到 205fps，比原生画质下高了 54%，比 FSR 2.1 质量高了 10%。4K 分辨率下，FSR 2.2 质量的平均帧率达到了 131fps，比原生画质下高了 82%，比 FSR 2.1 质量高了 24%，提升效果明显。并且 FSR 2.2 质量与 FSR 1 质量的帧率差距已经缩小到 15%以内，在 FSR 2.2 性能模式下的帧率实现了反超，考虑到 FSR 1 超级质量模式下的画质只能对标 FSR 2.2 性能，可以说 FSR 2.2 不论在画面还是帧率上都大幅领先 FSR 1。

总结：“完全体”FSR 2.2，助力高帧畅玩 4K 大作

采用时间超采样算法的 FSR 2 在画质上拥有非常明显的进步，完全克服了 FSR 1.0 画面元素缺失、涂抹、锯齿等不足。最新的 FSR 2.2 在此基础上进一步优化运动物体的画面表现，从我们的测试来看，相比上个版本的 FSR 2.1，FSR 在《F1 22》游戏中的重影现象也得到明显改善，提升了赛车游戏中的画面体验。在性能方面，FSR 2.2 的表现更令人惊喜，4K 分辨率下，FSR 2.2 质量模式的帧率比 FSR 2.1 高了 24%，实现了 4K/120fps 的流畅画面，同画质下的帧率领先 FSR 1 20%以上。“完全体”FSR 2.2 已经展现出了不俗的实力，综合体验比较均衡，未来还会有更多游戏大作的加入，对广大玩家来说也是件值得期待的事情。

用影刀+Python 自动解析验证码

● 文/陈新龙

我们在注册账号或登录的时候通常会出现输入验证码的环节。为什么一定要有这么麻烦的环节呢，要验证什么呢？

其实验证码是为了区分用户是计算机还是人，开发者一般将这种强制人机交互的程序放置在注册或者是输入重要信息的环节。验证码主要功能是抵御自动化攻击，如恶意破解密码、刷票、论坛灌水，有效防止黑客对某一个特定注册用户使用暴力破解方式进行不断的登录尝试。

常见的验证码的类型有：随机字母或数字验证码，中文及图片组合验证码，可以随机变换的 gif 验证码，常识问题、认知问题验证码，手机短信验证码，通过滑动验证和检查验证的动作验证码等。

当我们需要自动化登录某个网站的时候，就不可避免遇到输入验证码这一环节，今天就和大家分享通过 Python 编程并配合影刀的辅助去自动完成解析验证码的功能。

一、Python 识别验证码代码

首先介绍一个通用验证码识别 OCR 库 ddddocr。ddddocr 是个免费开源专为验证码厂商对自家新版本验证码难易强度进行验证的 Python 库。

有了 ddddocr，我们可以处理绝大部分的验证码（github 地址 https://github.com/sml2h3/ddddocr）。ddddocr 通过大批量生成随机数据后进行深度网络训练，ddddocr 奉行着开箱即用、最简依赖的理念，其本身并非针对任何一家验证码厂商的产品，尽量减少用户的配置和使用成本。但是如果你熟悉深度网络训练，就能理解在解析验证码的过程中难免会碰到解析不成功或者解析失误的场景，只能多包容。毕竟你也没法提高人工智能。

解析验证码的代码也不难，相信大家都是可以理解的。

首先我们需要安装 ddddocr 库，在 cmd 环境中输入 pip install ddddocr 安装完成，其他编辑器可以在插件中搜索安装（图 1）。

安装完成后我们即可在 Python 中将 ddddocr 导入进来，导入成功后我们只需要按照要求在代码中填入对应图片路径的参数即可（with open 后填入图片的路径精确到图片完整路径，rb 代表 Python 文件读写的模式）（图 2）。

最后等待解析验证码的结果反馈到控制台就可以了，图片中的 ym8p，已经成功被解析出来了，亲测成功率还是非常高的（图 3）。

二、影刀调用 Python

通过 Python 编程我们已经实现了验证码的识别功能，但我们总不可能每次输入验证码都要去打开 Pycharm 运行一下这段程序吧。那么如何自动化地去测试呢（图 4）？

这里就要用到我们讲过的影刀软件了，影刀内置了可以添加 Python 的模

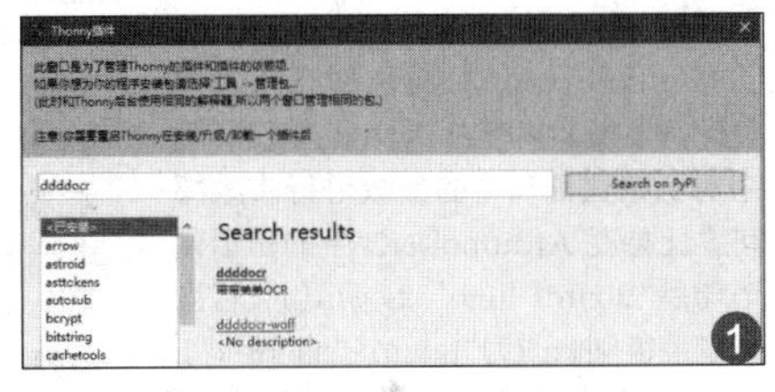

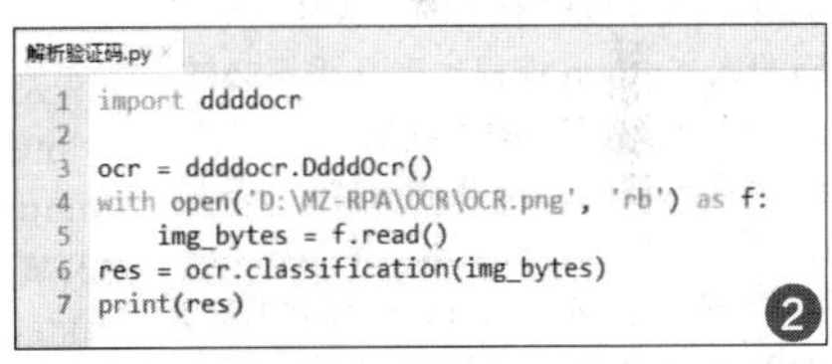

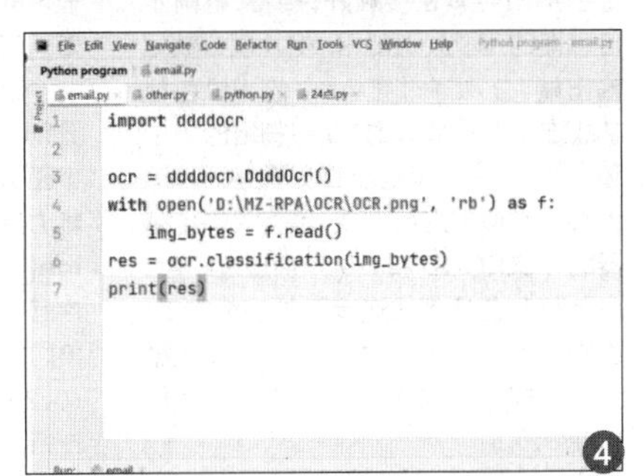

```
欢迎使用ddddocr，本项目专注带动行业内卷，个人博客:wenanzhe.com
训练数据支持来源于:http://146.56.204.113:19199/preview
爬虫框架feapder可快速一键接入，快速开启爬虫之旅：https://github.com/Boris-code/feapder
谷歌reCaptcha验证码 / hCaptcha验证码 / funCaptcha验证码商业级识别接口：https://yescaptcha.com/i/NSwk7i
ym8p

Process finished with exit code 0
```

5

块，我们将自己写的代码移植到影刀模块中，需要的时候调用该模块即可，方法过程还是蛮简单的。

1. 编写好相应的模块预备后期调用，这一步我们已经完成。根据影刀特性在主流程中移植相应的代码(图5)。

2. 这里我们将验证码图片放在固定位置便于程序获取，调用 Python 模块进行解析，完成后反馈结果(图6)。

本教程只以最简单的数字混合字母的验证码为例，主要目的是体现如何利用其他平台让 Python 编辑的代码更加实用。后期提高可以解锁滑动积木式的验证码和解析点选类验证码图片。期待和大家一起学习进步，分享更多有趣的知识(图7)。

```
import xbot
import ddddocr
from xbot import print, sleep
from .import package
from .package import variables as glv

def main(args):
    ocr = ddddocr.DdddOcr()
    with open('D://MZ-RPA//OCR//OCR.png', 'rb') as f:
        img_bytes = f.read()
    res = ocr.classification(img_bytes)
    return res
```

6

7

掌控板：Python编程实现水火情警报器

● 文/山东省招远第一中学 牟晓东

PinPong 库是一个可用于连接硬件设备进行编程的 Python 库模块，在开源硬件编程中可适用于 Arduino、虚谷号、micro:bit、掌控板、树莓派等常见的开发板。只须在 Python 编程环境中对初始化语句中的参数进行修改即可。比如在 ArduinoUNO 中的初始化语句是“Board(“uno”).begin()”，若换成掌控板则修改为“Board(“handpy”).begin()”。只要所使用的传感器连接正确的话，Python 编程代码几乎不必做改动就能够在各种开发板之间进行“无缝”跨平台移植，实现相同的功能。下面以掌控板为例，连接上雨水传感器和火焰传感器，通过 Mind+ 环境中的 Python 编程调用 PinPong 库来制作一个水火情警报器。

1.实验器材及连接

实验器材包括：掌控板和扩展板各一块，FC-37 雨水传感器一个，火焰传感器一个，各种杜邦线若干。首先，将掌控板正确插入至扩展板中，注意二者的金手指面要紧密接触好；接着，将雨水传感器的 VCC、GND 和 AO(模拟数据输出端)分别通过红色、白色和绿色杜邦线连接至扩展板的 P0 引脚组的 +、- 和 P 端，注意不是连接 DO(数字信号输出端)；类似的连接方式，再将火焰传感器的 VCC、GND 和 DO 分别通过红色、白色和黄色杜邦线连接至扩展板的 P1 引脚组的 +、- 和 P 端；最后，通过数据线将掌控板与电脑的 USB 口进行连接(如图1)。

2. 在 Mind+ 中进行 Python 编程

运行 Mind+，切换至“代码”、“Python 模式”，再点击右上角的“库管理”项查看是否之前已经安装过 PinPong 库，确保“硬件控制”区域中的“pinpong”项后面按钮显示为“已安装”。

开始在左侧的代码主编辑区进行编程。

首先，进行相关库模块的导入，包括导入时间库：“import time”、导入 PinPong 库中的开发板及引脚类：“from pinpong.board import Board,Pin”、导入掌控板扩展设备：“from pinpong.extension.handpy import *”。接着，初始化掌控板：“Board(“handpy”).begin()”，再对 P0 和 P1 两个引脚分别进行电平输入的模拟数据和数字数据的初始化设置：“P0_pin = Pin (Pin.P0,Pin.ANALOG)”、“P1_pin = Pin(Pin.P1,Pin.IN)”(如图2)。

接下来进行函数的自定义，包括控制掌控板正面三颗 LED 灯的亮与灭、OLED 显示屏分别进行“水情预警！”和“火情预警！”文字提示共两组(四个)函数。

第一组控制 LED 灯的亮与灭函数分别是 lights_on()和 lights_off()，每个函数均是通过设置 RGB 值来控制三颗 LED 灯的发光颜色，其中的 rgb[0]、rgb[1]和 rgb[2]则分别对应 LED 灯的序号，在 lights_on()函数中通过“rgb[0] = (255,0,0)”、“rgb [1] = (0,255,0)”和“rgb[2] = (0,0,255)”三行语句分别设置三颗 LED 灯的发光

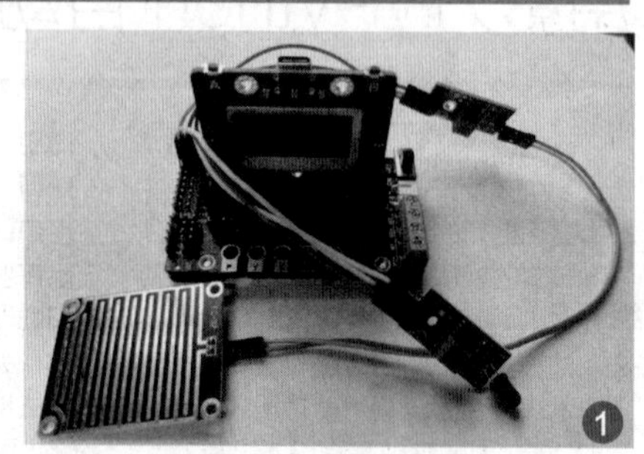

1

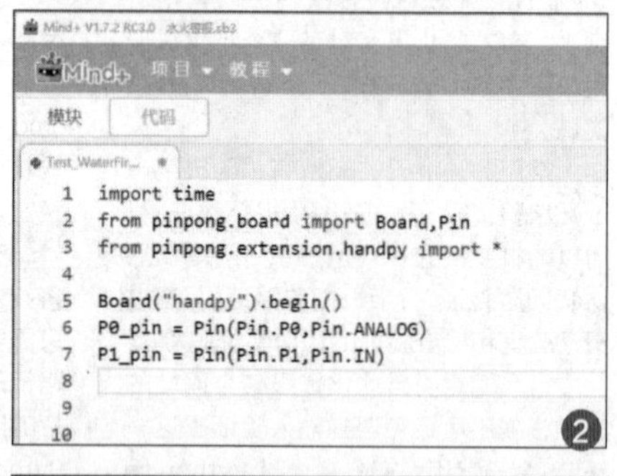

2

```
def lights_on():
    rgb[0] = (255,0,0)
    rgb[1] = (0,255,0)
    rgb[2] = (0,0,255)
    rgb.write()

def lights_off():
    rgb[0] = (0,0,0)
    rgb[1] = (0,0,0)
    rgb[2] = (0,0,0)
    rgb.write()
```

3

颜色为红色、绿色和蓝色（其中的数字255若改为127则表示对应颜色的发光强度降低为50%）；而在lights_off()函数中，三颗LED的RGB值均设置为0，表示不发光（即熄灭状态）；最后，再通过“rgb.write()”语句使其生效（如图3）。

第二组控制OLED显示屏提示“水情预警！”的water_alert()函数和“火情预警！”fire_alert()函数代码类似，以water_alert()函数为例，先通过语句“oled.DispChar('水情预警！',32,16)”来设置文字提示信息的内容显示及坐标，再通过语句“oled.show()”使OLED显示屏生效，并且添加时间等待语句“time.sleep(3)”，作用是控制文字信息的显示提示时间为3秒钟；接下来，语句“oled.fill(0)”的作用是将低电平输出至OLED屏，满屏均为黑色，最终也仍需添加语句“oled.show()”使显示生效（如图4）。

最后编写“while True”循环主程序：建立变量water_value，为其赋值为“P0_pin.read_analog()”，作用是读取雨水传感器所获取的检测数据（AO模拟端）；建立变量fire_value，赋值为“P1_pin.value()”，作用是读取火焰传感器所获取的检测数据（D1数字端）；再通过两个print()语句将检测的数据信息在电脑屏幕上显示输出：“print（“水信号的检测（模拟）数据为：”，water_value）”、“print（“火信号的检测（数字）数据为：”，fire_value）”；建立第一个if条件分支结构，其判断为“water_value<1000”，因为通过测试发现雨水传感器的检测板在“无水”时的输出值为1040左右，而“有水”时的输出值为960左右；若该条件成立，说明检测到“有水”，则分别执行亮灯函数lights_on()、水情预警函数water_alert()和灭灯函数lights_off()；第二个if条件分支结构类似，只是判断条件修改为“fire_value==0”，因为通过测试发现火焰传感器在“无火”时的输出值为1（“有火”则为0），条件成立则执行亮灯函数lights_on()、火情预警函数fire_alert()和灭灯函数lights_off()；最后，为循环结构添加0.3秒钟的时间等待语句“time.sleep(0.3)”。

3.测试水火情警报器

将程序保存，点击右上角的“运行”

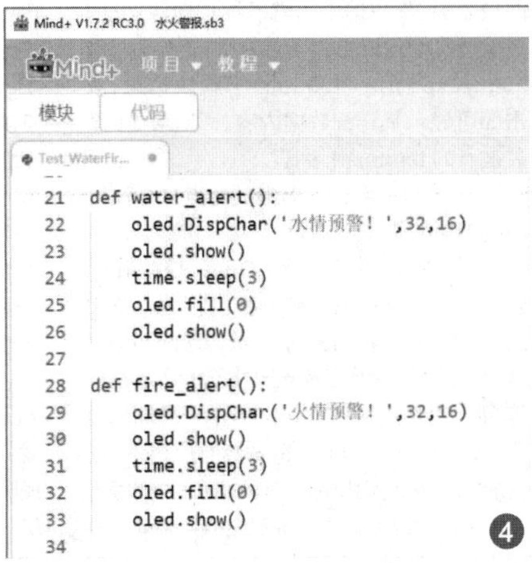

```
Mind+ V1.7.2 RC3.0  水火警报.sb3
Mind+  项目  教程
模块  代码
Test_WaterFir...
21  def water_alert():
22      oled.DispChar('水情预警！',32,16)
23      oled.show()
24      time.sleep(3)
25      oled.fill(0)
26      oled.show()
27
28  def fire_alert():
29      oled.DispChar('火情预警！',32,16)
30      oled.show()
31      time.sleep(3)
32      oled.fill(0)
33      oled.show()
34
```
4

进行测试：在“无水”、“无火”的正常情况下，掌控板的LED灯不发光，OLED屏也不显示任何信息，电脑程序下方的“终端”处每隔0.3秒会显示一组水与火信号的检测数据；当在雨水传感器的检测板上滴几滴水时，三颗LED灯发光，同时在显示屏上出现“水情预警！”的提示，直至将水滴擦除才会解除灯光和文字警报；当在火焰传感器附近点燃打火机时，LED灯发光，显示屏提示“火情预警！”，直至熄灭打火机才会解除警报。

基于MediaPipe的Python编程手势识别应用

● 文/云南中医药大学2020级　牟奕炫

MediaPipe是一个以视觉算法为核心的机器学习工具库，集成了包括人脸及关键点检测、手势和姿态的检测与识别等多种模型的训练数据，识别的运行速度非常快，尤其适用于实时监控和流媒体视频画面内容的检测和识别。

以识别与检测人的单只手掌为例，MediaPipe中的训练数据会识别出总共21个手指关键点（标注为0–20），比如0号点是WRIST（腕关节），7号点是INDEX_FINGER_DIP（食指下第一关节），16号点是RING_FINGER_TIP（无名指指尖）。

一、在Windows中识别关键点与标注

1.前期的准备工作

台式机接好摄像头或使用笔记本电脑；在CMD窗口定位至Python3.8的安装路径，用“pip install mediapipe”安装MediaPipe。根据Python环境安装或升级matplotlib等相关库，注意确保提前安装好OpenCV，直至“Successfully installed”的成功提示。

启动PythonIDLE，新建文件开始程序代码的编写及运行测试。

2.检测单（双）手并进行关键点的标注及连线导入OpenCV和MediaPipe库模块；定义变量camera，并赋值为0，如果默认的摄像头编号不是0则更改为1，打开摄像头；建立变量hand_detector，用于创建检测人手关键点的检测对象，判断并获取视频画面中是否有符合“手”特征的信息，该参数保持为空时默认状态是“model_complexity=0，min_detection_confidence=0.5，min_tracking_confidence=0.5”，分别表示动态画面跟踪速度增益、检测及跟踪的置信度。

在循环中，通过语句“ret，img = camera.read()”实现对摄像头所拍摄画面的数据读取；变量img_rgb，用于将OpenCV读取的BGR模式图像转换为常规的RGB模式；变量result，通过检测模型来提取变量img_rgb所存储的图片信息（比如每帧画面检测出几只手）；每次在检测到画面中出现一只手时，就可以通过语句“print（result.multi_hand_landmarks）”来打印输出对应的数据信息：一个内嵌有21个字典数据（对应手的21个关键点）的列表，其中的每个字典均包含一组相对位置信息，形式为“landmark{x:0.81499302387 23755，y:0.7734243273735046，z:−0.11069 273203611374}”，其中的x、y分别表示该点在视频画面中位置的百分比，z表示该点距离摄像头的远近。在内嵌的“for handlms in result.multi_hand_landmarks:”循环中，语句“mp.solutions.drawing_utils.draw_landmarks（img，handlms，mp.solutions.hands.HAND_CONNECTIONS）”的作用是在img图片上进行“作画”操作，其中的参数handlms对应的是每个关键点（默认为红色小圆点），参数mp.solutions.hands.HAND_CONNECTIONS对应的是相邻两个关键点进行连线（默认为白色细线段）。

语句“cv2.imshow（'Video'，img）”是Python调用OpenCV的常规操作，对应的功能是将摄像头捕获的画面（包括使用MediaPipe进行画点和连线的内容）输出显示在电脑屏幕上；变量k的值为“cv2.waitKey(1)”，等待键盘响应事件时间为1毫秒，如果检测到用户按下了q键（“if k == ord（'q'）:”）则执行break跳出“while True:”循环；语句“camera.release（）”和“cv2.destroyAllWindows()”的功能是分别对应释放摄像头资源和关闭Video监控窗口。

程序保存为“[01]Get_Points_Draw_Lines.py”并运行：当手掌朝向摄像头，在监控窗口中会即时标注有21个关键点以及白色连接线；当手背朝向摄像头或者同时伸出

两只手时，程序能否正常捕捉和标注；此时还会在PythonShell窗口中不断显示有"Squeezed text(106 lines)"模块信息，双击即可显示其详细数据内容，即对应21个关键点的landmark列表。

3. 检测右手三个指尖关键点并标注为不同颜色的圆点

将"[01]Get_Points_Draw_Lines.py"复制粘贴并重命名为"[02]Draw_Three_Points.py"，代码段的开始库文件的导入、变量camera和hand_detector等初始化代码，以及"while True:"循环体中的"cv2.waitKey(1)"等待键盘响应事件，还有最终摄像头资源释放、程序窗口关闭等不变。现以检测和标注右手三个指尖关键点为例，进行其他代码的编写：

语句"h,w,c = img.shape"中的变量h和w对应摄像头所捕获画面的高度与宽度(c对应的是通道)，这些数据是从img.shape中获取的；而在"while True:"循环体嵌套的"for id,lm in enumerate(hand_lms):"中，通过语句"x,y = int (lm.x * w),int (lm.y * h)"来实现变量x、y的动态赋值，也就是将视频画面中横向与纵向的百分比值(lm.x和lm.y)分别与宽度w、高度h进行乘法运算，再通过int()取整得出视频画面中某手指关键点的真实相对二维坐标值(x,y)。当摄像头正常捕获到监控画面时("if ret:")，对变量img进行镜像翻转处理，赋值为"cv2.flip(img,1)"，否则左手和右手的对应识别标志会有Right和Left的"错位"；建立变量position，赋值为"{'Left':{},'Right':{}}"，用来保存两只手各自的21个关键点坐标数据（此处可添加语句"print(position)"来测试）；在"for point in hands_data.multi_handedness:"循环中，建立变量score，赋值为"point.classification[0].score"，对应判断是否为某关键点的置信度，如果该值超过80%("if score >= 0.8:")，则为变量label赋值"point.classification[0].label"，也就是从classification分类信息中获取其中的label值。

变量right_finger_4、right_finger_8和right_finger_12分别对应拇指、食指和中指的指尖位置共三个关键点，也就是MediaPipe内手的训练数据（21个关键点）:4号THUMB_TIP、8号INDEX_FINGER_TIP和12号MIDDLE_FIGER_TIP；为变量right_finger_4赋值为"position['Right'].get(4,None)"，表示右手的4号关键点（拇指指尖），而"position ['Right'].get (8,None)"和"position['Right'].get(12,None)"则分别表示右手8号(食指指尖)和12号(中指指尖)关键点。接着，在三个if判断语句(是否检测到对应的三个指尖关键点)中，分别为三个关键点进行不同颜色的圆点区域填充操作——如果检测到有右手拇指指尖出现，则调用OpenCV中的circle开始画圆："cv2.circle (img,(right_finger_4 [0],right_finger_4 [1]),10,(0,0,255),cv2.FILLED)"，注意其中的"(0,0,255)"颜色代码是BGR模式，也就是表示纯红的颜色；同样，为右手食指和中指的指尖分别绘制绿色和蓝色圆点所对应的颜色代码就是"(0,255,0)"和"(255,0,0)"；另外，其中的参数10表示的是所绘制圆点的半径为10个像素大小。

测试时看是否能准确识别右手，掌心方向、掌背方向、侧向(也包括各种手指弯曲状态)时三个指尖的实时位置，并分别以红、绿、蓝颜色的圆点进行标注。

4. 左手食指指尖关键点的二维坐标值获取及标注

再将"[02]Draw_Three_Points.py"复制粘贴并重命名为"[03]Get_IndexFinger_TIP.py"，继续进行代码更新，以左手食指指尖关键点为例实现二维坐标值的获取并绘制红色圆点。

除了需要在开始部分导入时间库("import time")之外，"while True:"循环体部分的代码基本上保持不变，用变量left_finger_8来替代之前的right_finger_4、right_finger_8和right_finger_12，赋值为"position['Left'].get(8,None)"，即左手食指指尖的关键点；如果检测到该关键点出现（条件"if left_finger_8:"为真），则先执行语句"cv2.circle (img, (left_finger_8 [0],left_finger_8 [1]),10, (0,0,255),cv2.FILLED)"，在左手食指指尖上绘制半径为10个像素的红色圆点；再执行语句"print(left_finger_8[0],left_finger_8[1])"，作用是打印输出该关键点的二维坐标值——左上角为坐标原点(0,0)，右下角为(640,480)，由于程序中在关键点坐标值计算时会进行小数位数精度取舍以及取整等运算，存在一定的误差。考虑到截图显示左手食指指尖关键点二维坐标值，循环中加有延时语句"time.sleep(100)"，控制每次循环等待100毫秒。

程序保存之后按F5运行测试：当右手出现在摄像头前时，画面中没有对任何一个关键点进行标注；换为左手时，食指的指尖立刻会出现一个红色圆点，同时会在程序界面不断有一组数据输出：在左上角区域时，显示为"105 57""103 58"等；在右上角区域时，显示为"560 72""561 74"等；在左下角区域时，显示为"206 289""202 290"等；在右下角区域时，显示为"601 394""598 383"等。

二、在树莓派中进行关键点识别与LED灯操控

在Windows中进行各种测试成功的基础上，我们就可以到树莓派中再结合开源硬件库(像GPIOZero)进行许多创客项目的开发，比如使用左手的食指指尖来控制LED的亮度变化。

1.前期的准备工作

实验硬件包括树莓派3B+主板一块，古德微扩展板一块，P5V04A SUNNY定焦摄像头(带排线)一个，红色LED灯一支。首先将树莓派主板"CAMERA"卡槽接口黑色塑料锁扣轻轻向上拉起，然后将摄像头的"金手指"一面对准15根竖纹金属接触面，小心插入进去(银色部分差不多都要插进白色塑料插孔)；接着，扶住软排数据线，将黑色塑料锁扣小心向下压紧、锁好，使摄像头与树莓派主板紧密接触；再将古德微扩展板安装上去，注意要特别小心别夹断摄像头的软排数据线，将其从侧面缝隙中引出；最后，将红色LED灯按照"长腿正、短腿负"的原则，正确插入扩展板的5号引脚处。

接下来，给树莓派加电，启动操作系统，通过Windows的远程桌面连接(IP: 192.168.1.120)程序进入后，运行"LX终端"开始安装MediaPipe，输入命令："sudo pip3 install mediapipe-rpi3"，其中的参数"-rpi3"表示安装版本为树莓派3，回车，直至最终出现"Successfully installed"的成功提示即可。

2.在Thonny中进行Python代码编程

将"[03]Get_IndexFinger_TIP.py"复制粘贴并重命名为"[04]Control_LED_Bright.py"，开始代码的修改——

首先，要导入GPIOZero中的PWMLED："from gpiozero import PWMLED"，目的是以PWM模式来控制LED灯的亮度；接着，建立变量Red_LED并赋值为"PWMLED(5)"，作用是初始化插入5号引脚的红色LED灯，并且通过语句"Red_LED.value = 0"将其默认状态设置为"不发光"(亮度为0)，其他的代码基本不需要改变，在"while True:"循环的"if left_finger_8:"识别左手食指指尖判断中，除了在该关键点上绘制红色圆点外，增加语句"Red_LED.value = left_finger_8[1]/500"，作用是为控制LED亮度的变量Red_LED.value重新赋值，其中的"left_finger_8[1]"表示摄像头捕获画面中左手食指指尖所处的竖向纵坐标值，由于其范围为0-480，而GPIOZero库中控制LED灯亮度的PWM范围是0-1，所以添加"除以500"的运算来匹配对应的数据区间。

3.测试左手食指指尖操控LED灯的亮度

运行程序，左手出现在摄像头的捕获画面中，识别并标注出左手食指的指尖关键点，红色LED灯的亮度会随之变化：当食指指尖处在屏幕靠上的区域时，LED灯的亮度比较低，因为此时该关键点的纵坐标值小；当食指指尖向屏幕下方滑动时，LED的亮度会越来越高，因为它的纵坐标值在逐渐变大。

音悦台回归，还能找回曾经的体验吗

● 文/ 郭勇

14 年老牌 MV 网站回归

TFBOYS 在此一战成名、EXO 投票事件让其蒙羞……最早于 2009 年创立的音悦台曾是不少人的追星启蒙地，“我的学生时光，只要放学，每天必定打开音悦台!!!”绿色的界面，回忆的独奏！曾是不少人共同的记忆。

音悦台最初以 MV 视频上传、播放为主要业务，在那个时代，MV 是粉丝关注偶像动态的重要渠道，借着韩流的势头，音悦台迅速成了日韩音乐粉的集中地，粉丝可在上面看偶像的演唱会视频或分享饭制 MV。但随着 MV 这种形式的衰落，音悦台遭遇了发展瓶颈。2019 年，音悦台于创立的第十年在倒闭的传言中悄然退场。4 月 13 日，带着“回归初心”的口号，音悦台重回大众视线。

音悦台官方表示，此次回归的音悦台将在保留一如既往的高品质的同时，给用户带来全新的交互和体验。此外，老用户收藏、评论和上传的音乐视频 MV 也将同步回归。

熟悉而又陌生的体验

启动音悦台 APP 界面后即可看到兴趣分类，用户可在金曲、新歌、宝藏、欧美等领域选择自己想要浏览的 MV 内容，而比较醒目的位置则是“私人定制”栏目，点击后用户可根据个人偏好填写喜欢的艺人（最多 10 个），系统会根据用户偏好推荐相应的歌手内容（如图）。

而在中间的“发现”界面，除当日热门推送外，音悦台还制作了专门的“一键重启你的青春”界面，在这里多年前注册的老账号可正常登录，除了部分作品被下架，所收藏的 MV 大多得以保留。音悦台还提示账号成为了音悦台终身荣誉会员，不过并未列出具体的服务特权。

而在具体的音乐 MV 界面，用户可以选择点赞、留言、转发等功能，也可以在点击右下角的“+”号后将歌曲添加到自己的“悦单”里面。

回归后的音悦台在界面设计上并没有太多的商业元素，整体界面更类似当前的短视频界面，不过内容上属于 MV。在 MV 界面左上角，音悦台贴心地准备了下拉菜单，用户可对地域、风格等元素进行选择，从而获取更符合自己偏好的内容。

总体而言，沉寂多年的音悦台重新回归，不过当前 MV 已属小众路线，凭借曾经的情怀，到底能打动多少用户呢?

生产力工具的新形态！智能文档尝鲜

● 文/ 张毅

何为文档协同办公 3.0 时代

2020 年，新冠肺炎疫情发生后，远程办公需求直线上涨，行业流量争夺战加剧。以腾讯文档、金山文档为代表的在线协同文档行业实现快速发展，其中，腾讯文档月活跃用户更达 2 亿 +，在移动办公应用领域具有较大影响力。

而随着工作模式恢复，企业对协同办公的需求从满足协作过程中的沟通管理需求向沉淀并调用内容、提升企业管理与员工工作效率升级。在此过程中，员工更加关注办公体验、创造性与便捷性，管理者更注重产品能为时间成本、沟通成本带来的减法效果。终端市场需求的变化，推动以文档协同办公软件产品为代表的协同办公应用不断升级，尤其是第三方插件的开放解除了 ChatGPT 的联网限制后，AI 与文档协同办公软件产品的融合成为时下移动办公领域最为关注的话题。

智能文档便是在这样的背景下诞生的一款面向未来的新一代文档类型。作为一种生产力工具的新形态、提效赋能的新方式，智能文档本身是腾讯文档的全新文档品类，更是文档协同办公 3.0 时代的产物。

文档 1.0 周期：Microsoft Office 定义的 OOXML 格式，用户在本地对文档进行编辑。

文档 2.0 周期：本地文档的延伸，用户可以在线对文档进行编辑和协作。

文档 3.0 周期：以智能文档为代表的新一代文档协同办公产品对“文”“表”“图”进行了全新定义（如图 1）。

智能文档究竟有何不同

智能文档是腾讯文档的全新文档品类，用户可以在页面上乐高式拖拽块，制作高融合、无品类差异的应用文档。

对于智能文档同传统文档的区别，后者可以看作格式丰富、排版工整的“一本词典”，用户如果想把词典搬到线上，并且做到 100% 还原，这就只能通过 Office 来做；而智能文档比喻为“一盒乐高”，块（block）是信息最小单元，所有编辑 / 应用能力都是一个 block，可以根据场景需要去拼装成所需要的形态，不强调编辑能力，更加侧重 block 的使用和形态拓展。

而根据腾讯文档官方公众号文章介绍，智能文档拥有多页面结构、组件化内容、数据可视化、乐高式布局等四大产品特性，对于沉寂许久的在线文档应用领域而言，智能文档一经推出就受到移动办公人群高度关注，而有幸于第一批拿到内测邀请码后，笔者对其进行了一番深入体验。

1

2

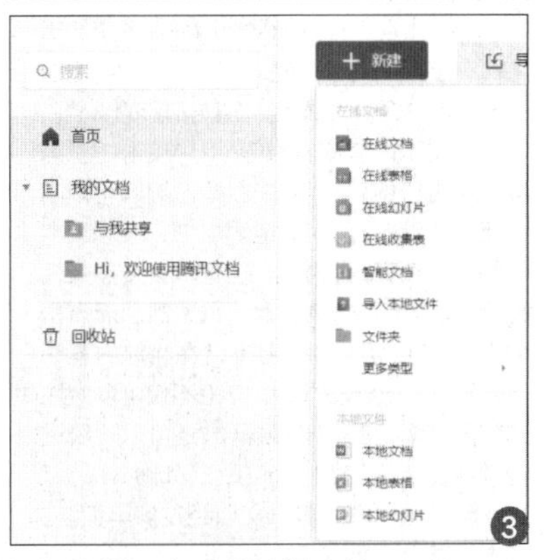

3

如何像搭乐高一样编辑文档

“乐高式搭建，灵活布局”是智能文档主要特色之一，对于习惯公式化布局的文档协同办公用户而言，智能文档在功能板块上的设计的确有很多独到之处。

启动腾讯文档后，在首界面点击“新建”即可在下拉菜单中看到“智能文档”选项，不过该选项目前排在在线文档、在线表格、在线幻灯片等传统文件格式之后(如图2)。

进入智能文档编辑界面后，这里会提示用户新建或直接选择模板快速添加内容，智能文档官方目前给出待办清单、需求文档、公司知识库、活动策划、会议纪要等多个预设好的模板方便用户导入，用户点选相应的模板即可进入具体的编辑界面。

在具体内容编辑界面中，默认左侧为“页面管理”边栏，预设模板对整个内容流程节点进行了预设，而右侧则为内容区域。用户需要在全屏模式下编辑内容时，“页面管理”边栏可以收叠起来(如图3)。

在内容编辑界面，包括头图在内的所有内容均能自定义修改，而这些就是智能文档定义的块(block)。智能文档中的所有内容都是块化的，用户可以根据自己的需要添加块、操作块、排版块，如同拼乐高一样完成自己的内容构建。

具体而言，正文、页面、分级标题、项目列表、编号列表等均属于智能文本基础块，而思维导图、流程图等则属于进阶图表，表格、看板等则被划分到了智能表块。同时，腾讯文档、腾讯视频、Figma、QQ音乐、哔哩哔哩、印象笔记等则可以作为嵌入页面块存在。

将内容元素切分成块后，智能文档在内容打造方面给予用户极大自由，用户可以通过添加块新建分栏块，或拖拽块形成无限分栏，甚至可以在左侧页面管理界面插入一个完整的空白页，并选择一个新的模板(如图4)。

不过这里有些好奇的是，目前智能文档提供九个预置模板，不确定未来会否升级添加新的模板。同时，对于一些动手能力较强的专业用户，能否开放自定义功能，从而打造属于自己的模板也颇让人期待。

如何帮助新媒体编辑完成工作

块的出现，让智能文档用户在内容编辑上拥有了极大的自由度，而丰富的插件，更让普通人都能轻松、高效地打造出精彩的文档。

以文本内容编辑为例，用户单击任意内容即可进行编辑，而双击鼠标左键即可弹出快捷文本编辑栏，可对字体粗细、下划线、字体颜色等项目进行操作，还可以直接插入超链接，覆盖用户日常文本编辑所需。而点击内容块左上角“+”号，则可以在当前内容块下方添加块，旁边的菜单按钮不仅可以对块文字内容进行整体转换操作，还可以对块进行颜色设置，以突出内容重点(如图5)。

除了块概念，腾讯文档经过多年积淀，其本身整合了智能表格、思维导图等多种元素，让内容组件化成为智能文档特色之一。在智能文档中，用户可以很轻松地插入智能表格，后者本身在智能文档中也是作为一种块类型存在，用户可以参照一般块新建的流程新建智能表块。

一方面，用户可以在智能表格界面，点击“+”号唤起块类型列表，选择智能表类型下所需的视图添加(如图6)。

另一方面，移动办公达人们也可以通过输入“/”唤起块类型列表，或使用对应的斜杠命令语法直接添加块——

智能表格通用：/znbg，/zhinengbiaoge，/智能表格

表格视图：/bgst，/biaogeshitu，/表格视图，/grid

看板视图：/kbst，/kanbanshitu，/看板视图，/kanban

甘特视图：/gtst，/ganteshitu，/甘特视图，/gantt

画册视图：/hcst，/huaceshitu，/画册视图，/gallery

日历视图：/rlst，/rilishitu，/日历视图，/calendar

这里需要注意的是，智能表格块目前在移动端只能新建默认模板，用户更多时候还是需要在PC端才能使用更多智能表格功能。而对于已经在腾讯文档智能表里有数据，想要迁移至智能文档的用户，可以通过复制粘贴记录实现数据迁移，但通过复制粘贴记录实现数据迁移，仅能对页面可见和通用的数据进行迁移，目前会受到一些限制：

1. 原有记录里已经设置的分组、筛选和排序无法保留。

2. 引用列无法保留。

3. 创建人信息无法保留。

除智能表格外，思维导图也是智能文档中使用频率非常高的块。腾讯文档思维导图本身提供基础图、树状图、组织结构图等多种图形结构，可插入图片、链接、备注等丰富内容，能够进一步提升用户文档表现效果。

在智能文档内容界面点击“+”号即可唤起块类型列表，选择进阶图表类型下的思维导图。点击思维导图块右下角的放大按钮，即可进入思维导图的编辑界面，点击右上角的按钮，即可保存并退出当前思维导图的编辑界面(如图7)。

相对专业独立的思维导图软件，腾讯文档提供的思维导图在模板设计上还有一定提升空间，不过足以满足大部分主流办公用户所需。这里要提醒大家的是，思维导图块目前无法在移动端被新建和编辑，但是用户可以正常查看已添加的思维导图。

而作为一款文档协同办公软件产品，智能文档同样在协作和交互上有所改进，这里主要体现在评论和分享两个功能上。智能文档支持用户对文档内容进行评论，用户可以对文档内的各种块进行评论，其中对于文字部分，还可以划词选中内容评论(如图8)。

分享功能的话，智能文档目前的权限控制都是对整个文档范围生效的。举个例子，以当前页面进行分享意味着被分享用户打开链接，将会被定位到当前页面，但无法控制用户查看其他页面。

写在最后：值得期待的智能文档

智能文档的出现给予笔者不小惊喜，尤其是块概念的引入，让用户在文档编辑过程中获得极大自由度，而腾讯文档已有的丰富插件也可以无缝接入，极大丰富了智能文档内容元素，很好地提升文、表、图之间的数据流动，从而打造无品类差异的“容器”。

Tips：留言有奖

智能文档正处于内测邀请阶段，扫描《电脑报》旗下壹零社微信二维码，留言“智能文档”，将有机会获得智能文档内测邀请码及腾讯视频会员(为期1个月)福利(如图9)！

4

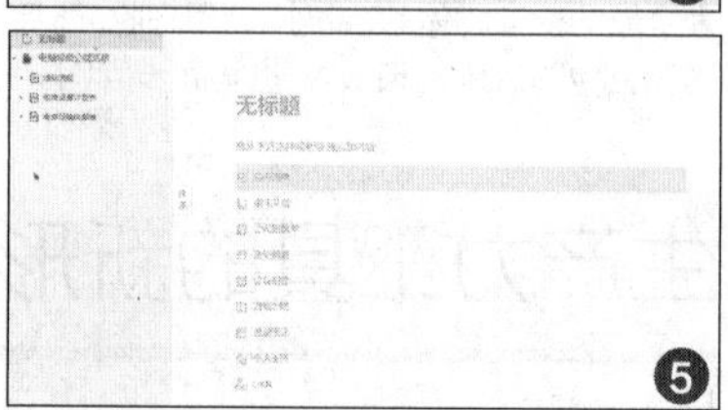

5

6

7

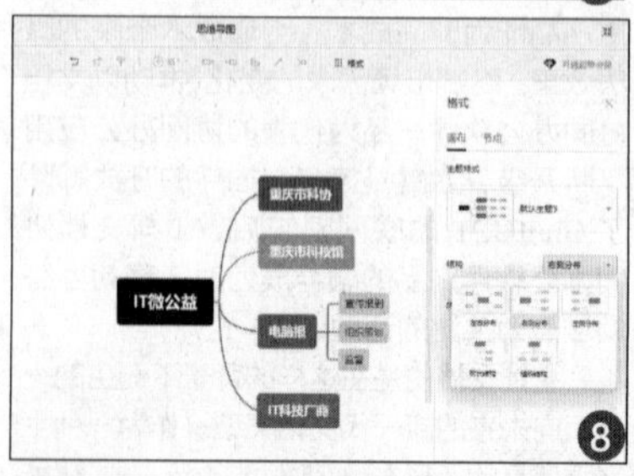

8

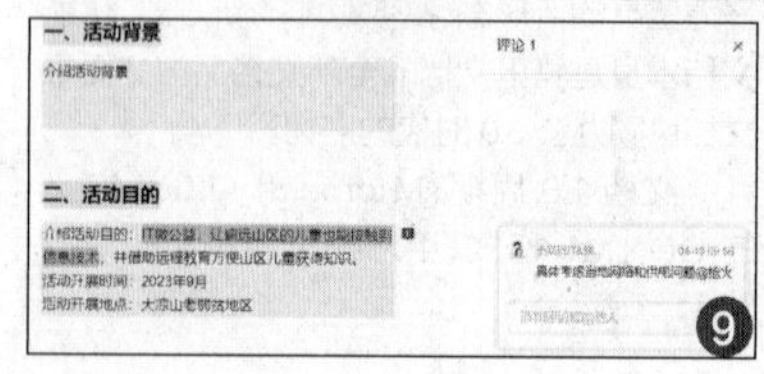

9

从收作业到小飞机，提升效率的百度网盘文件功能

● 文/ 颜媛媛

妙用传输工具

回想起学生时代，最痛苦的时刻莫过于收作业，又多又杂的作业，收集和整理都特别麻烦，有想过百度网盘能挑起重任吗？

在百度首页面点开“我的工具”，在中部位置可以看到排列好的“传输工具”选项，再点选“当面收文件”。而在“收集文件”界面中就可以看到“收作业”一项（如图 1）。

学生将作业文件上传网盘，通过“收作业”功能整合作业文件并编辑好名称、描述、姓名或班级等信息，再进行分享即提交作业，老师就能轻松对多个学生的作业进行集中管理与批量查阅了。

使用的时候，老师只需把链接分享到班级群，群成员就能自行把文件上传到老师的网盘中，收集文件真的超级方便！该功能针对性较强的收作业功能最多支持 60 人传输文件，而发送到群里的链接有效期为 7 天，对于影视专业或视频较多的作业，百度网盘“收作业”功能显然能解决大问题（如图 2）。

当然，除了用来“收作业”，“收集文件”本身是一个具有很强实用性的功能，其首页面默认就是“面对面传文件”功能，百度网盘用户扫码即可发送文件，而“远程收文件”，只需把链接分享到群里，群成员就能自行把文件上传到老师的网盘中。

而“向好友求资料”也是伸手党神器，直接将所需资料信息发送给朋友，也方便朋友在他的百度网盘中寻找，从而高效完成大文件的分享。

实际上，在百度网盘传输工具中，“当面收文件”和“收集文件”在功能上具有一定的重叠，不过传输工具中的“纸飞机”功能往往能让人们感到一些惊喜。“纸飞机”功能偏向娱乐化，用户以发射炮弹的形式捕获屏幕上的“纸飞机”，而每一个纸飞机对应相应的资源，多少有些盲盒的味道（如图 3）。

除了单方面接收别人的资料，用户还可以将自己的资料打包进“纸飞机”扔出去。不过从目前的功能状况来看，“纸飞机”有了一定社交、互动的基础，未来或许会给百度用户一些惊喜，毕竟只要鼓励“扔飞机”，哪怕是奖励以 GB 为单位的百度网盘容量，也能极大促进网盘资源的流动，从而推动社交功能的落地。

抢活儿的文档和 PDF 工具

试卷去手写、图片转 Word、PDF 合并、PDF 提取等功能在不少办公软件中属于会员才能开启的应用，可当下各种软件都要充值会员，预算紧张的情况下，何不利用百度网盘提供的这些内置功能最大限度满足用户需求呢？

“文档工具”和“PDF 工具”是百度网盘工具中的两个主要分类，提供了非常多的实用工具。以“文档工具”中的“试卷去手写”为例，用户启动拍照功能后可以非常方便地对试卷进行拍照并擦除手写痕迹，从而获得一张“干净”的试卷，方便孩子在学习过程中错题、试卷重做。事实上，除了“试卷去手写”功能，百度网盘会员还可以使用证件扫描、文档扫描、文字识别等多种功能，相当于在网盘中嵌入了单独的扫描 APP（如图 4）。

“PDF 工具”方面最常用的应该就是“PDF 合并”与“PDF 提取”两个子功能了，后者其实就是人们日常使用的“PDF 拆分”，只不过叫法不同而已。除这两个常用功能外，“PDF 转 PPT”“PDF 去水印”等功能也具有很强的实用性。

除上面这些功能外，百度网盘在 APP 端整合了非常多的使用工具，这样一来多少有些“抢活儿”的味道，毕竟众多亲子家庭都会充值百度网盘会员，当百度网盘内置功能能覆盖其日常应用所需时，就没必要再反复充值了。

享受生活便利的第三方服务

经过多年沉淀与发展，百度网盘似乎已经不甘心于单纯的线上存储工具，从各种工具的搭载可以看出百度网盘有平台化发展的趋势，尤其是第三方服务的介入，有些类似微信、支付宝的小程序，但在第三方选择上更偏向文档、图片打印应用。

单照片打印这一块，就有“乐凯云印”“你彩冲印”接入百度网盘，前者业务更偏向传统照片打印，方便用户将网盘中的照片制作成相册、日历等产品，也能够打印登记照，后者则偏创意打印，用户可以将照片打印在手机壳、马克杯等物件上，给用户的生活增添了一些趣味元素。

这里比较有意思的是目前百度网盘 APP 和 PC 端在工具分类上有一定差异，大多数功能均被设计到了移动端，这点不知道是否有意为之，毕竟类似文本 /PDF/ 图片等编辑应用，用户在 PC 端操作的效率明显会更高一些。此外，百度网盘深度内嵌文石 BOOX 阅读系统打开了阅读的内容源，也打开了网盘的应用空间。

150元激活打印机潜力，深挖小白学习打印潜力

● 文/ 颜媛媛

让老打印机也能微信打印

在打印机成为亲子家庭标配的今天，无线打印更是大行其道，不过熟悉打印机的小伙伴都清楚，是否支持无线打印功能，往往意味着打印机三五百元的价差。移动互联网时代，无线打印的确能为用户提供不少便利，虽然惠普、爱普生等打印机厂商通过功能和价格差实现了产品定位区隔，但聪明的终端销售却懂得“变通”，通过外设的搭售让普通型号的打印机拥有 Wi-Fi 功能，让消费者仅需额外付出百元左右的预算，即可拥有一台支持无线功能的产品。

同打印机改装连续供墨系统一样，改装无线原本是一个相对小众的打印机外设赛道，但随着家庭打印市场的爆发式成长以及市场激烈洗牌之后，目前出现小白学习打印一家独大的局面，其除同打印机厂商或经销商合作，绑定销售硬件小白打印棒 / 打印盒之外，同样单独向外销售硬件产品。

小白学习棒和小白学习盒子本身除价格不同外，在使用方式上也有一定差异。小白学习棒通过网线直插路由器，在开机后会同处于同一局域网下的 Wi-Fi 打印机自动配对，而家用传统 USB 打印机则更适合选择小白学习盒子，其同打印机连接后充当了无线模块的作用（如图 1）。

对于家中拥有传统 USB 打印机，而希望实现无线打印的消费者，选择小白学习盒子除可赋予打印机无线功能外，更能获得 1 年期限的小白打印 VIP 会员（小白学习棒单独购买赠送半年 VIP 会员）。购买之后的硬件配对也非常简单，根据说明完成线缆连接后扫描盒子背面二维码，关注小白盒子小程序，然后选择“学习盒子”，并登录，在我的页面选择“请先添加设备”，找到“小白学习盒子”，长按盒子配网键 5 秒。手机连接 Wi-Fi，在小程序找到“下一步”，选择“立即配网”即可。

完成软硬件连接后，用户通过“小白学习打印”即可进行无线打印，相对普通的无线打印小程序，“小白学习打印”近乎一个庞大的学习平台，从功能到内容资源都极为丰富。

定制化设置与丰富打印功能

不同于普通打印 APP，用户首次使用“小白学习打印”时，其有非常详细的注册流程，首先会让用户在“家庭教育”和“生活办公”中进行选择，选择前者的话就需要依次确认目前在读年级、学校、教材版本等情况（如图 2）。

相对详细的个人信息填写，多少会有隐私泄露的担忧，但学习功能本身是“小白学习打印”的核心与重点，相对详细的用户信息能够让 APP 给用户推送更适合的学习资源。

进入“小白学习打印”APP 首界面可以看到，除顶部文档打印、照片打印、扫描复印与趣味打印四项打印功能外，其整个界面四分之三的内容为各式学习功能与资料，其底部更是直接划分出“AI 精准学”“教辅考试”和“专项提升”三个分类。

“文档打印”作为用户使用频率最高的功能，点击进去后即可看到具体的操控界面，“微信文档打印”和“图片转文档”成为最突出的两块，而用户还可以直接打印 QQ 文档、腾讯文档、金山文档、百度网盘、WPS 文档、钉钉文档及 QQ 邮箱中的文档资源，体现出极好的兼容性（如图 3）。

以“微信文档打印”为例，“小白学习打印”APP 会引导用户对微信聊天中的文档进行导入，且在打印界面会直接提示用户勾选黑白、彩色打印，也会提醒用户打印页数，而用户还可以在更多设置中选择纸张大小、打印顺序、文档页边框等项目，用户甚至还可以直接在小白打印界面中进行编辑和预览操作，整体功能非常强悍。

此外，“小白学习打印”还专门提供了压缩包打印、电子发票打印、长图拆分、图片转 PDF 等小工具，极大提升了打印便利性。

而作为打印机的配套应用，“小白学习打印”在打印方面还提供了照片、扫描和趣味打印三个模块，在照片打印中，提供 5 英寸照片、A4 照片、LOMO 照片、照片拼接等四个预设功能，用户最常用的 6 英寸照片和 7 英寸照片打印功能则被放到了顶部。同时，照片打印功能下，除提供主流的智能证件照（自动更换背景）和普通证件照打印外，老照片修复功则能唤起不少人的回忆（如图 4）。

“趣味打印”部分则默认提供“姓名贴”“台历”“明信片”三种常用的场景，用户可以在每个模板之下，再根据个人需要进行个性化定制。以小学生为例，其对姓名贴的需求量一点不小，个性化的姓名贴也能很好地俘获小孩，而“小白学习打印”本身在严选商城供应耗材，方便用户的同时，也为平台带来盈利。

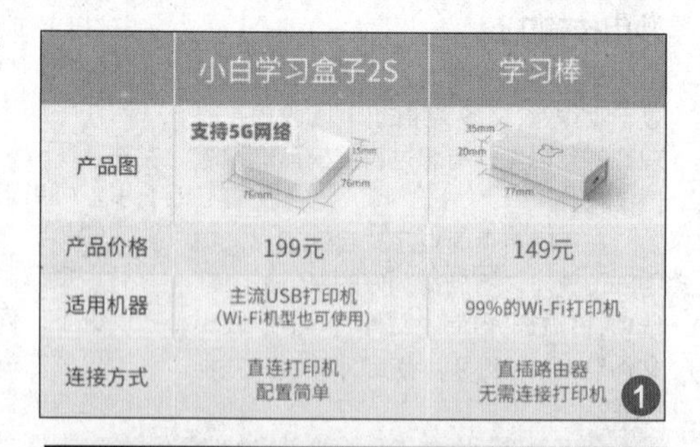

	小白学习盒子2S	学习棒
产品图	支持5G网络	
产品价格	199元	149元
适用机器	主流USB打印机（Wi-Fi机型也可使用）	99%的Wi-Fi打印机
连接方式	直连打印机 配置简单	直插路由器 无需连接打印机

1

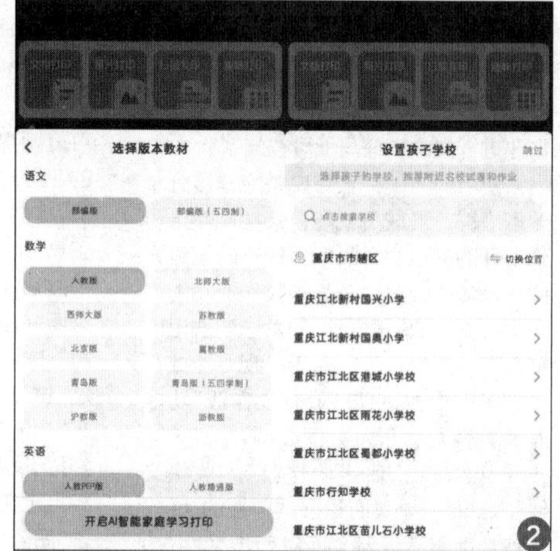

2

3

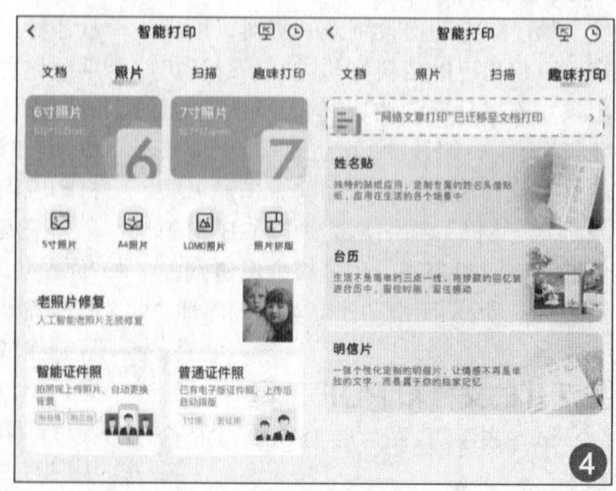

4

事实上，打印功能只是“小白学习打印”的基础应用，其真正吸引家长的还是在“学习”资源上。

让人惊喜的学习资源

首次使用并登录“小白学习打印”时，软件会提示用户输入孩子详细的学习信息，进而方便软件平台推荐相关的学习资源。“小白学习打印”首界面中部位置为学习专区，这里提供语文、数学、英语三科的校内同步学习资源，从课前视频预习、课堂巩固到课后练习实现了全覆盖，用户可以自行根据学习情况选择教材年级、单元、章节，进而完成定制化学习（如图5）。

其课后练习资源源自“53”、全品等常见教辅资源，拓展练习资源的同时，针对每一课进行了资源配对，为家长甚至老师都省下不少麻烦。值得一提的是，“小白学习打印”同好未来进行了深度合作，其SVIP会员本身就能获得“数学·逻辑空间”和“语文·素养天地”两大板块课程，用户也可以根据需要选择是否购买“语文分级阅读”“剑桥少儿英语”等课程（如图6）。

从某种意义上讲，单看预习、随堂练习、课后复习这个闭环，“小白学习打印”已经在功能上同部分学习机实现了“重叠”，辅以“好未来”专题，完全能够满足用户校内学习所需。而对于日常没法投入太多时间和精力辅导孩子学习的家长而言，“小白学习打印”提供的“AI精准学”则很好地扮演了“1对1”老师的角色。

在“AI精准学”界面中，软件清楚地列出了每个章节课时的考点，辅以知识点视频讲解帮助孩子巩固和理解，并会生成学习报告以供家长了解孩子学习情况。与此同时，“AI精准学”还会针对孩子课后练习的错题，找出孩子学习中的薄弱环节，通过资料库再次出题，通过难易程度分级的精准练习，帮助孩子在学习中查漏补缺（如图7）。

从单元、期中到期末，完整覆盖孩子的学习周期，而且试卷资源极为丰富，且本地化做得相当好，这点其实让笔者非常好奇“小白学习打印”是如何拿到如此多重庆本地试卷资源的，毕竟很多时候学校的资源还是有些“私密”的。

与此同时，“教辅试卷”也是“小白学习打印”海量资源库的体现，除前面提到的“53”、全品两大教辅资源外，华东理工、新作文同样被收入其中，再加上复习宝典、小升初必备等专项资源，各种数据资料随时可以打印，绝对会让众家长感叹“我缺资料吗？我缺的是做资料的娃。”

当然，对于试卷做不动的娃，“专项提升”板块就显得很有必要了。新学期基本功、每天100道口算题等资料，帮助孩子巩固学习过程中最底层的技能，稳步提升孩子底层学习能力（如图7）。

超实用功能全覆盖

“小白学习打印”功能设计更偏向平台化，除打印和学习资源两大板块外，其本身还搭载了“试卷翻新”“错题打印”等超实用的功能。“试卷翻新”其实就是对孩子已经做过的试卷进行拍摄并清楚批阅和答题信息，让试卷再次成为一张干净的“白卷”，方便家长让孩子重新做一遍重、难点试卷。

相对整张试卷的重做，“错题打印”则更具针对性，通过拍照的方式“录入错题”，“小白学习打印”会自动去除答题痕迹，多页录入功能极大提升了录入效率。完成错题录入后，可以根据学科、错误原因等进行错题组卷，方便孩子多次练习。

这类功能的配备，足以让“小白学习打印”在功能上同橙果错题、作业帮一较高下，尤其是“小白学习打印”还提供了默汉字、默单词、手抄报等同样极具实用价值的功能，根据教材同步的字词默写，绝对能让孩子夯实学习基础。

当然，在会员制大趋势下，“小白学习打印”提供强大功能和资源库的前提，也是希望用户能够充值成为其付费会员。但需要注意的是，“小白学习打印”本身和小白学习棒、小白学习盒子绑定的，因此，用户在购买硬件的时候，往往能获得一定时限的会员权限。另一个比较好的是，目前“小白学习打印”依旧在进行拉新送会员活动，用户只要邀请三名会员，就能获得一个月时限的免费VIP会员，且奖励无上限。而如果在使用完购买打印机或硬件赠送的SVIP时长后，用户单独购买一年的SVIP会员权限的费用在330元左右（系统会发放优惠券），是否划算就需要用户自行评判了。

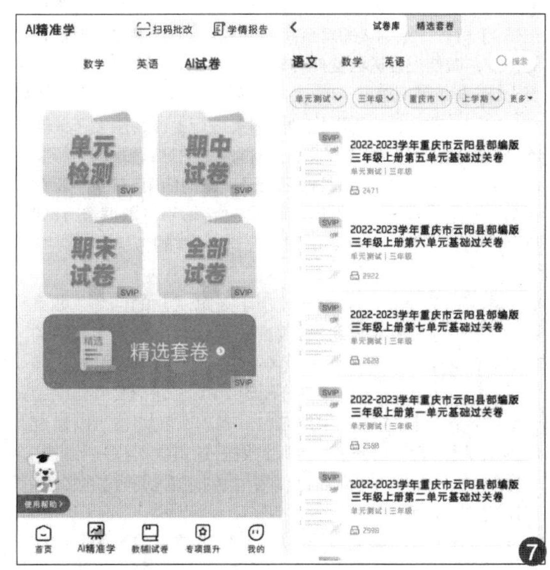

自己同自己聊天？玩转微信文件传输助手

● 文/ 郭勇

会“回话”的文件传输助手

“小蕊是个细致的女孩，她习惯把自己工作、生活中的文件、照片等发到‘文件传输助手’进行备忘。除此之外，阿花还喜欢在发语音前，先把语音发到‘文件传输助手’上，听听自己的声音好不好听。”这不是一个段子，确是有不少人经历过恶作剧般“文件传输助手”回话的惊吓。

在竞争激烈的职场里，大概没有谁比文件传输助手更能聊、更体贴、更能保守秘密了。每当微信又更新了新功能，或者又新出了什么口令特效，你都可以随心所欲地在文件传输助手里尽情试用。它可以成为你唯一置顶的秘密好友，你可以肆无忌惮地对它说出你想说的任何话，无论是肉麻的、咒骂的，还是抱怨的、吐槽的，它都能照单全收并很好地帮你保守秘密。

然而，就是这样一个“贴心”的树洞，却被不少人利用，通过更换头像 + 名字的做法，伪装成“文件传输助手”，潜入微信用户朋友圈后开启“偷窥”模式。随着这类问题被多次投诉，微信对“文件传送助手”“文件传输助理”“文件传输助手”等昵称进行了封禁，且“文件传输助手”配套的头像也无法为个人用户使用。即便上传成功，不多久也会被微信初始化，回归为默认头像，导致不少用户以为被封号(如图 1)。

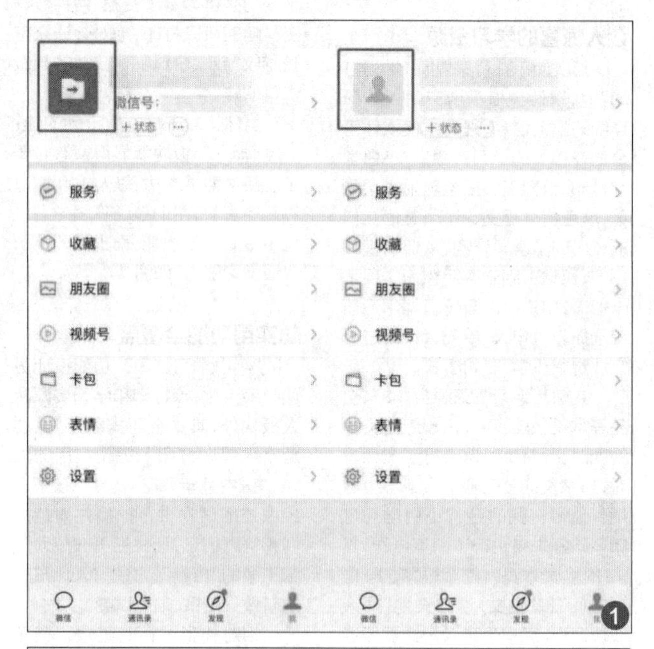

微信这样做的原因很简单，就是为了防止一些用户冒充文件传输助手套取他人信息，同时避免用户误发内容信息，要考虑保护用户隐私和防止错误操作的问题。而随着大量“李鬼”被清退，“文件传输助手”再次成为微信用户的“树洞”。

文件传输助手基础功能体验

从应用功能来讲，微信文件传输并不算是太新的功能，其推出主旨在于可通过文件传输助手发送文字、图片、音频、视频等消息，实现手机与电脑间的数据传输。微信手机用户登录客户端会话界面，在搜索栏输入“文件传输助手”，点击进入即可。如手机端搜索不到文件传输助手，请登录电脑端使用文件传输助手发送一条消息后，再使用手机端重试。

除了移动版和 PC 版微信互相传输数据资料，微信文件传输助手还有网页版可选。用户地址栏输入“filehelper.weixin.qq.com”即可访问微信文件传输助手网页版，使用手机微信扫码，手机微信上确认即可登录。打开界面后就是聊天对话框的样子，微信上发送给文件传输助手的文件会同步出现在网页上，点击即可下载。

电脑上的文件也可以拖动到网页进行上传，用完了关闭或刷新网页即可自动退出登录。值得注意的是，登录网页版文件传输助手，不会影响到其他已登录设备的使用，对于不愿意在第三方电脑登录个人微信，却又需要传输手机数据资料(如打印店、会议室公用电脑)的用户而言，这样的传输方式就非常方便了。

除了日常使用，另一个微信用户比较关注的话题是如果不小心删除了文件传输助手，如何找回文件传输助手删除的资料呢？对于 iOS 用户而言，苹果手机自带了备份功能，我们可以利用 iTunes 将备份文件还原到手机上，包括文件传输助手中的数据。若之前开启了 iCloud 备份，我们也可以通过 iCloud 来恢复文件传输助手中的数据，这里依次打开“设置”—“通用”—“传输或还原 iPhone”，找到之前备份过的文件，点击“恢复”即可。

而对于安卓或鸿蒙系统用户，则直接去微信系统文件存储的文件夹里寻找文件来得更直接一些——

1.Android12 或 HarmonyOS2.0：手机存储 /android/data/com.tencent.mm/micromsg/download。

2.Windows10：文档 \WeChat Files\“微信 ID”\FileStorage\File\“日期”，“微信 ID”表示已登录的微信账号，“日期”表示接收文件的日期。

如果觉得记不住上面的地址信息，也可以提前在微信文件传输助手对话窗口中，用鼠标右键点击传输好的文件，再点选弹出菜单中的“在文件夹中显示”项，这里就能提前找到并复制好文件夹地址，然后用文本文件或者向 QQ、微信亲友号发送地址信息以便日后查询(如图 2)。

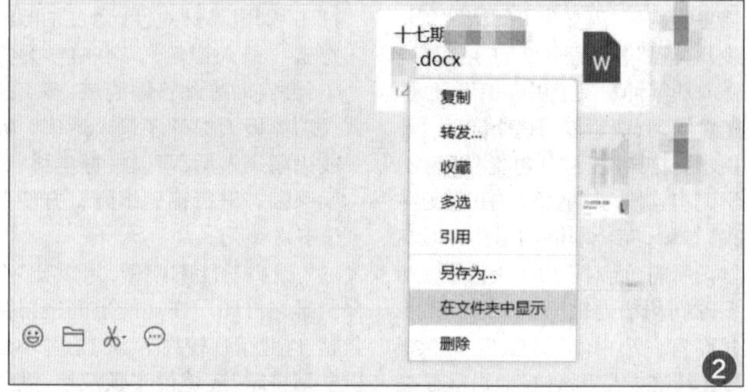

用单人群玩转微信文件传输

相对于微信文件传输助手，用专属微信群来做数据资料备份更为方便。在微信主界面，点击右上角的“+”—“发起群聊”—“面对面建群”，然后随意输入 4 位数字，即可在不需邀请他人的情况下建成一个单人群。

通过以上方式可以创建出多个单人群，然后点击群聊右上角的“…”—“群聊名称”，然后将其改成你想分类的名称即可，比如可以按内容类型分为数学、语文、英语，也可以按照内容的格式分为图片、文档、视频等。

单人群的创立明显打开了新的微信“树洞”，但这里要提醒大家的是，如果使用微信群作为文件资料的存放场所，临时存放问题并不大，但如果要长期存放或发送的文件资料比较重要，一定要注意微信群临时文件的过期时间，一旦群文件过期就得不偿失了。

同虚拟人聊天，百度输入法AI侃侃体验

● 文/ 郭勇

输入法与 AI 的新融合

ChatGPT 开放应用后，AI 与终端应用正以前所未有的速度融合。而微软将 BingAI 集成到 iOS 和 Android 版 SwiftKey 输入法，让人们看到了新一轮 AI 入口之争。作为中文输入法的代表，百度输入法同样在 AI 融合这条道路上践行许久。

依靠百度文心 PLATO 模型，百度输入法不仅为用户带来“林开开”和“叶悠悠”两个虚拟人，更加入了 AI 造字、AI 语音等多样化的 AI 功能，多种 AI 功能的加入，不仅让百度输入法带给用户更优的体验，更在交互和定制化上俘获了大量年轻用户。

随着 IOT、AI 等软硬件技术形成生态圈，输入法帮助用户在虚拟世界也能实现无障碍畅聊，而数据学习的精细化、边缘计算以及终身学习技术的不断精进，也让 AI 输入法的功能更加多元和拟人。

藏在输入法里的虚拟人

同输入法这个极具工具属性的应用聊天？这个听上去有些天方夜谭的想法却在百度输入法上得以实现。

新版本的百度输入法加入了“林开开”和“叶悠悠”两个虚拟人，“叶悠悠”的人设是 27 岁的温柔御姐，长相性感又甜美，可以全天候陪伴聊天，带给你别人给不到的温暖，一经发布就成为广大宅男心目中的完美女神。“林开开”的人设则是 22 岁阳光少年，拥有乌黑深邃的眼眸，泛着迷人的色泽，让用户零距离接触“爱豆”（如图 1）。

安装并启动百度输入法后，即可在右下角“我的”页面看到“AI 侃侃”选项，进入之后用户可以根据个人偏好选择同“林开开”或“叶悠悠”聊天，笔者这里选择“遇见她”。

点击“遇见她”后，即刻出现一段动态视频，而高颜值的“叶悠悠”拿着单电相机正在拍摄热带鱼。当她放下相机的那一刻，会有多少人产生心动、触电的感觉？进入“叶悠悠”的聊天界面后，系统会提示从“我应该叫你什么呢？”开始。

在聊天过程中发现，“叶悠悠”不仅可以进行简单对话打发时间，更在百度文心 PLATO 模型的支持下变身为无所不能的“知心小姐姐”，既能教你水煮鱼，也可以教你做冰淇淋（如图 2）。

需要注意的是，“叶悠悠”在答案展现上更偏对话模式，当用户发现答案并非完整时，可以直接问“叶悠悠”“然后呢？接下来该做什么？”等类似话语，进而引出下文。除基本对话外，“叶悠悠”还内置了“叫早”和“哄睡”功能。以“叫早”功能为例，用户可以自由设置时间，到了设置的时间点之后，“叶悠悠”会用带有撒娇的语气提醒你该起床了，或者在晚上的时候，会用比较亲昵的语气提醒你要睡觉了。

经过一段时间的体验发现，“叶悠悠”不仅在功能上满足了 24 小时陪伴的需求，且以用户为中心的聊天模式，也在一定程度上满足了用户情感需求。

不仅仅帮你聊天的 AI 助聊

AI 助聊是百度手机输入法的 AI 功能之一，其具体位置在虚拟键盘和输入框中间的右侧，有一个小人头像的图标，点击后即可调出 AI 助聊功能。AI 创作是百度输入法 AI 助聊的第一个能力，可根据用户输入内容智能改写、扩写。通过 AI 创作，就可以帮你智能地创作出你可能要打出的语句，还可以点击“换一换”，进行随机更换，直到选出满意的语句（如图 3）。

除了 AI 创作，AI 助聊拥有的 AI 校正能力，可结合 AI 技术智能识别已输入的错字，在用户输入过程中就能迅速标注出来并提示用户订正为正确词句，帮助用户在表达更严谨的同时提升输入效率。如此校对功能对于喜欢用手机软件随时随地记录灵感创意的白领办公人群，或在写作文前喜欢使用手机 / 平板打提纲的中小学生而言极具实用性。

事实上，文本内容优化只是百度输入法 AI 助聊的功能之一，其搭载的“神句配图”能够根据用户输入 的语句，自动搜索并提示用户可使用个性化图片，让聊天“斗图”无往不利，不过该功能仅支持在微信、QQ 等社交软件打字时使用。

百度输入法对于个性的追求不仅体现在“神句配图”上，“花漾文”和“特效字”两个功能也是为优化输入内容个性元素设计的。

使用一段时间后发现，百度输入法的 AI 助聊功能不仅能够针对用户不同场景的需求，提供极具差异化的细分功能，而且本身同 AI 融合较好，能够在只输入几个字的基础上自动为用户补充完整的语句。如：在购物场景与客服对话时输入“能不能”，智能预测功能将补全为“能不能帮我改一下地址”等语句供用户选择，达到事半功倍的输入效果。

出境游开放，出国支付技巧秒懂

● 文/ 梁筱

银行卡仍是首选

出境游开放后，出境游客愿意花费更多时间且消费意愿更强。万事达卡的《中国游客出境游及境外支付行为》报告对比了中国游客新冠肺炎疫情前后跨境出行活动，凸显出新冠肺炎疫情后中国游客高涨的出境意愿，而支付宝发布的“五一消费洞察”同样显示，受益于旺盛的旅游需求，“五一”假期出境游人均消费比 2019 年同期增长达 40%。相比 2019 年，“五一”微信支付境外日均线下消费笔数增长 88%，日均线下消费金额增长 75%。

在如此高的消费需求下，用户更青睐于何种支付方式？万事达卡的报告显示，银行卡、电子钱包、现金三大支付方式满足了中国游客绝大部分的支付需求。98%的受访者使用过银行卡、境内电子钱包和现金中任意一种方式支付，且银行卡最受青睐，87%受访者曾使用过。厚雪研究首席研究员于百程对此解释道，出境游的支付方式，主要还是与当地的支付基础设施和商业习惯有关，游客往往需要银行卡、电子钱包和现金三种支付方式相结合。双币银行卡作为传统支付方式，在全球都具有广泛的覆盖度，所以被游客普遍使用；微信、支付宝等电子钱包非常便利，在国内使用率高，但在境外可能并不是所有商户都支持；在一些国家和特定场景，现金支付也是必要的。

不过对于久未出行的游客而言，在出行前一定要仔细检查自己手里的银行卡（信用卡），确认是否还能正常完成境外支付。以中国建行的信用卡为例，在出境前可通过“中国建设银行”APP、“建行生活”APP、“中国建设银行”微信公众号、短信等多种渠道自助查询，并尝试申请调高卡片临时额度（如图 1）。

建议在出境前先尝试使用几次信用卡，确保卡片正常。并多携带 1-2 张龙卡信用卡作为备用。而对于长期未用的信用卡（如信用卡自激活日起 6 个月无交易），银行往往会以短信形式通知客户，收到提醒后，可回复短信或通过“中国建设银行”APP、“中国建设银行”微信公众号、网点等渠道解除管制，恢复使用。

具体在境外刷卡时，如在非美元、欧元地区，建议告知收银员使用当地货币结算，以免交易时选择美元、欧元等非当地币种，产生不必要的汇兑差。如：在迪拜使用信用卡刷卡时，可要求商户以迪拉姆（当地货币）结算。当然，并非每一笔交易都会遇到此类情况，建议在中国香港、中国澳门、中国台湾、中东、东南亚、欧洲等地区多加留意。

挖掘支付优惠信息

准备好信用卡以后，不妨从多个渠道了解下目的地支付优惠信息，毕竟当下境外游消费处于多家混战阶段，各家为获得更多市场份额，往往推出了不少补贴活动。以支付宝为例，用户在搜索框中输入“惠出境”即可调出小程序，查询并领取有关出境游优惠券，并查询实时汇率、退税指引等（如图 2）。

而在支付宝上新的出境游服务里，更可以购买韩国火车票。中国游客只要上支付宝搜“韩国 Korail 火车票”小程序，即可根据出发地、目的地和计划时间，在手机上从韩国 200 多个火车站里选购自己想要的车次，无需到现场排队，更不用下载当地 APP。

而除支付宝外，携程一类专门的 OTA 平台，同样有专门的支付优惠活动。用户启动携程 APP 后，在首页搜索框中输入“# 消费返现 #”，即可查看当下热门的返现活动（如图 3）。

境外返现活动基本都需要报名，以及拿着实体卡线下境外消费，注意参与卡种、支付线路、名额限制、起步返现金额，需境外线上还是线下消费大家报名的时候自己再核对一遍，这也让提前准备显得非常有必要。

信用卡返现活动需多关注

长期以来，刷卡（信用卡）返现一直都是薅境外支付羊毛的重头戏。以农业银行为例，境外消费享笔笔返现 3%，活动期间每人返现上限 100 美元，奖金池 20 万美元。而精选线上商户享笔笔返现 6%，活动期间每人返现上限 100 美元，奖金池 5 万美元。同时，在中国香港、中国澳门、泰国、新加坡指定商户消费享 6%返现，每卡每月返现上限 200 元，奖金池 70 万元。中国农业银行用户登录 APP 后，在信用卡— 中部滑动条“乐游天下”中即可看到并报名参加该活动。

需要注意的是，活动依旧需要报名，而且是中国农业银行目前参与活动

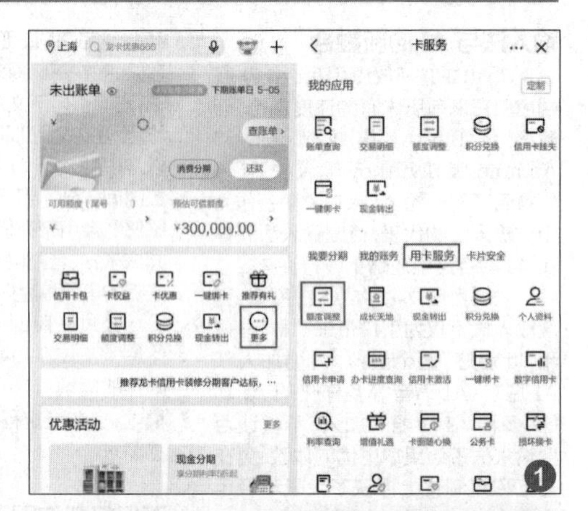

1

2

3

简单不少，且增加了银联渠道。虽然有奖金池限制，但各渠道的活动页面上都有剩余名额模糊提醒，不用太担心名额的问题。同时，各渠道的返现是可以叠加的，比如 VISA 在境外线下使用一拍即付，就可以享 3%+6%返现。

而除了各个银行单独的活动，类似万事达这样的卡组织在境外支付返现活动上的力度同样非常大。用户通过万事达卡小程序 — 精选优惠—本季精选—消费大挑战，即可看到当下热门活动并报名参与。

总体而言，当下境外支付各种优惠活动非常多，但同国内“领券购买”“消费直接抵扣”等活动不同，境外支付的活动往往需要提前报名参与，才能拿到活动资格，这点一定要多加注意。

花呗支付变银行信用购，影响征信吗

● 文/ 颜媛媛

花呗支付变银行信用购

购物支付时习惯性地选择用支付宝，原本以为会习惯性弹出的花呗升级提示却没有出现，反倒是告知笔者使用了“光大银行信用购”，这让一直对花呗支付心有疑虑的笔者感到警惕(如图1)。

经过一番调查后发现，今年4月10号之后，花呗通过短信告知的方式，已经强制升级为“信用购丨花呗”。按照品牌方的解释，升级是将“花呗”产品进行品牌区隔，由蚂蚁消费金融提供授信额度的叫“花呗”，由其他银行等金融机构全额出资的叫“信用购”，比如中国光大银行信用购就是由中国光大银行提供的授信额度。

以前的花呗授信额度，并非蚂蚁消费金融一家机构提供，还有很多合作的银行金融机构也共同参与了，但体现得不够明确，不利于消费信贷的监管工作，因此，花呗必须要升级、改变，区分授信服务机构。以后花呗就是蚂蚁消费金融的专属品牌，至于其他银行出资授信的，就要挂上该银行的机构名称，称为“信用购”，不能再挂在“花呗”品牌名下了。

然而，相比花呗内部的更名和改组，用户的关注点显然在征信、还款等方面。下面，笔者就从征信、还款等方面，对如今的“信用购丨花呗”进行一番梳理，希望能够对决定继续使用花呗的小伙伴有所帮助。

信用购会否上征信?

对于大众关注的征信问题，首先明确的是不管是否升级信用购，征信都要上报的。按照国家对于征信管理的要求，只要是正规、持牌的金融机构提供的信贷服务，都是要上征信的。而正常使用花呗和信用购，不会对个人征信产生负面影响。

升级到信用购之后，由于信用购属于银行直接提供的服务，那么就会由银行来报送相应的征信记录。花呗依旧是由提供服务的蚂蚁消费金融公司来上报征信。升级之后，对于消费者而言，在进行借款的时候，可以清楚地知道钱来自哪里，以后一旦进行责任划分的时候，也能够准确地找到对应的负责人。

这里可以提醒大家的是，“上报征信就等于坏征信”的说法并不正确，银行在日常贷款审批中，会根据用户的整体负债、现金流、是否有违约记录等综合判断。良好的征信记录体现了用户的还款意愿与能力。因此，合理使用花呗、按时还款，在银行贷款的审批中不会带来负面影响。

借款与还款是否受到影响?

好不容易将花呗的额度提升上去，强制升级成“信用购丨花呗”后，会否影响到用户额度呢?

从目前终端市场反馈和官方解释可以看到，升级后，额度会分成两部分，蚂蚁消费金融给到的花呗额度和银行给到的信用购额度，从网友反馈的普遍情况看，两部分额度加起来会比升级前的额度要略高一些。当然，也不排除有些人发现自己借款额度变少，但总体上下浮动额度并不会太大。只要以后正常消费，正常还款，额度都会恢复正常的。

而在升级“信用购丨花呗”后，用户查账、还款的方式并没有任何变化，花呗和信用购都是通过“支付宝—我的—花呗”页面进入，进行查账、还款，还款支持提前还款、主动还款、系统自动代扣还款、最低还款、分期还款，这些都是一样的(如图2)。

升级之后，在账单查询界面，用户“信用购”和花呗账户已经分开，除额度分开外，查询账单也可以分开查询。在使用上除了感觉多了一个平级菜单外，并没有太大的差异。

无论是花呗还是信用购，两款产品在使用上并没有区别，但对于习惯了花呗渠道付款的用户而言，多少还是希望以花呗为第一优先，对于这部分用户，可以在“我的—消费偏好”设置中进行付款优先级的设定，而同样可以设定的还有还款时间(如图3)。

实际体验发现，信用购使用起来和花呗几乎没有差别，同样能在网店和线下实体店使用；同样有最长40天的免息期，只要按时还款，就不会有任何额外的费用；也同样不能提取现金，只能用于消费时的付款。

能否关闭花呗、信用购?

同关掉花呗一样，即便是升级为“信用购丨花呗”，用户也可以根据个人的意愿申请关停。

想要关闭花呗信用购的话，首先打开支付宝APP，在首页点击“我的”选项，点击“花呗”功能。接下来在新界面中点击右上角“设置”功能，再点击底端“关闭花呗丨信用购”选项。这里有时候会提醒大家“服务进行中，暂时无法关闭”(如图4)，并不需要太多担心。

之所以暂时无法关闭，通常是因为用户有需要付款的项目没有结清而已。当所有的项目都结清后，用户可以根据个人需要，关闭花呗或信用购，也可以同时关闭两者。总的来说，强制升级虽然有些让人不舒服，但从各项服务体验上看并没有太大变化，是否使用的主动权依旧在用户手中。

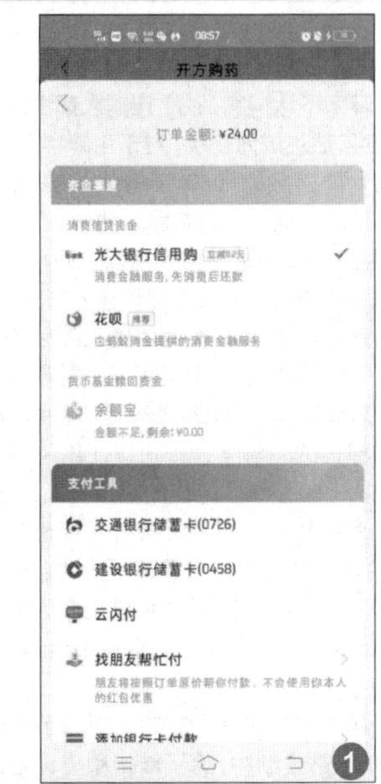

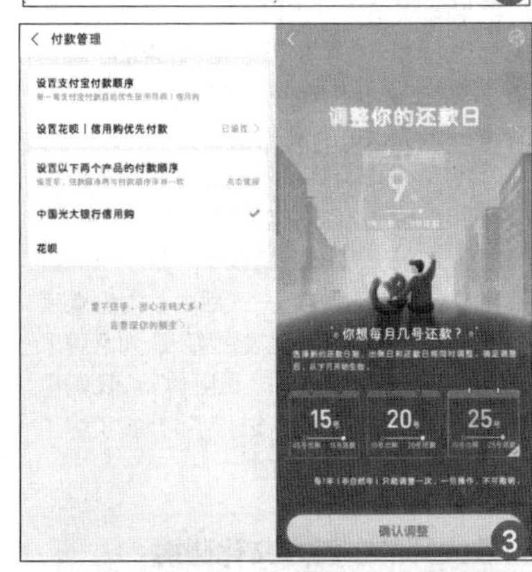

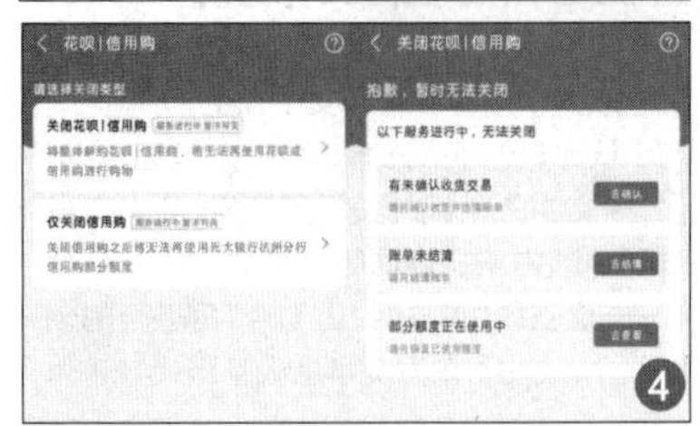

生僻字不认识?用好它俩就不担心了

● 文/ 梁筱

生僻字键盘来了

生僻字不认识怎么办?连输入都没法输入,百度自然也成为空谈。对于生僻字查询,搜狗输入法搭载的“生僻字键盘”可以说是非常实用的工具。在搜狗输入法中,点击上方的键盘图标,选择“生僻字键盘”即可。

“生僻字键盘”总共有三种输入方式,首先是部首输入法,用户按顺序输入部首的拼音即可完成,如“畾”字即可用三个“目”的部首拼音完成输入。而如果遇到“王”这种没办法识别部首的生僻字,则可以使用笔画输入,通过“－－丨－、”这样的笔画输入,也能将字快速打出来并去百度出结果。而最后则是“混合输入法”,通过部首和笔画混合输入的方式,让“生僻字键盘”去识别用户想要输入的字,然后再去查询字的意思和读音(如图)。

生僻字的存在有一定的历史原因和价值,而在日常生活中,除了敲击和查询自己遇到的生僻字,用户也可以主动发现并向其他网友介绍生僻字。

微信“生僻字征集”小程序

遇到生僻字确实很头疼,为了解决每个国人都可能遇到的问题,腾讯上线了一个专用的微信小程序,由工信部电子工业标准化研究院指导和推荐,只需提交生僻字的图片即可帮助他人认识生僻字。在微信中搜索“生僻字征集”即可进入小程序,点下面的“提交生僻字”,然后拍照上传即可。

所有被提交的汉字后续将经过考证、审查、赋码等一系列环节,专业审核通过的生僻字将被收录国标字库,并最终实现在电脑、手机等设备及信息系统中的输入与显示,让生僻字走进数字世界,让更多人认识生僻字。

除征集生僻字功能外,“生僻字征集”小程序还设置了科普特色栏目:“生僻字广场”展示最新上传的生僻字,点击可以了解该文字的编码状态、文字释义和来源故事等;“汉字有意思”通过互动游戏形式,让用户在猜字解字中,了解生僻字知识。

对于发现并上传生僻字的用户,将获得“汉字守护志愿者”数字徽章。提交的汉字通过初筛,可以在小程序内实时了解后续进展情况。

一张支持空间音频的专辑是如何诞生的

● 文/ 杨戟

自从 1877 年爱迪生发明留声机以来,音频技术一直在飞速发展。从单声道、双声道、立体声,到杜比全景声……近两年又出现了一个全新的概念:空间音频。

简单来说,就是能够用数字音频软件模拟出乐器环绕的声场表现,是一种能让用户身处三维空间的技术。它最早是在 2020 年由苹果公司正式推出的,近几年,网易云音乐及华为、vivo 等音乐平台和手机厂商也迅速跟进,发布了自家的空间音频技术 / 产品,进一步推动了行业的发展。

显然,空间音频技术已经为音频制作领域指明了方向,作为这项技术的发起者,苹果也在 Apple Music 上线了一张以空间音频为制作基础的合辑——《活水》,为听众带来了一场全新的听觉盛宴。为了让大家更了解空间音频技术的制作、试听体验,我们也与这张专辑的主创团队进行了沟通,了解了许多制作原创音乐的故事。

致敬大师的东西方文化碰撞

说到这张专辑的创作思路,其实是为了纪念旅美华人作曲家周文中先生,可能国内的小伙伴对他不太熟悉,早在 20 世纪 40 年代,周文中先生就赴美学习音乐,凭借自身对于中国古乐、诗词等传统文化的深刻理解,一直坚持“东与西,古与今”再融合的创作理念,成功将东方美学融入了当代音乐体系中,是一位泰斗级的音乐大师。

2023 年适逢周文中先生诞辰百年,国内知名音乐厂牌 bi é Records(BIE 别的音乐)为致敬前辈,邀请了李化迪、33EMYBW、胡超、孙大威等九组来自世界各地的音乐制作人,一起创作了这张名为《活水》的专辑,传达了音乐不断演进、发展以及中西方文化交流的创作理念。

专辑中的歌曲都秉承了这样的创作理念,比如《龙宫》,据创作者 Gooooose 介绍:Gong 是中国的传统打击乐器“锣”,这首歌使用的核心素材是一个延音很长(Long)的锣的采样,因此叫“Long Gong”。有了英文名字以后,自然就有了中文名“龙宫”,也正好符合了这首歌的意境。

在制作这首歌时,Gooooose 深刻理解了周文中先生的理念,通过简单和复杂、东方和西方的碰撞,将锣这个简单的打击乐器通过现代的声音合成方法进行处理,再将处理的结果作为各种非打击乐器来演奏。同时,这也是中国传统音乐的现代变体,将这些传统乐器的采样,制作成了比较现代的曲子,既符合当代听众的审美,也传播了传统文化,这就是《活水》想要传达的思想。

对于音乐人意味着什么

不光是传统与现代的结合,制作人们在和我们的沟通中,多次提到了空间音频技术

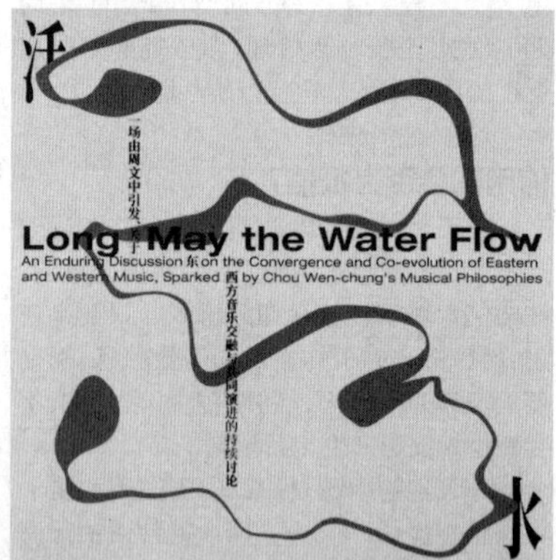

旅美华人作曲家周文中先生

带给他们的影响。对于行业不了解的小伙伴可能不了解空间音频，对此，花伦乐队的胡超介绍道：“以前的音乐是2D的，空间音频让它变成了3D。对听众来说沉浸感更强了，由于维度的提升，以往一些在立体声中可能被忽视的音乐细节也会更容易被听众听到。”

也许有人会觉得自己是“木耳”，对音效感知不强，空间音频对自己没用——这就太小看这项技术了。举个简单的例子，在户外步行的时候，突然听到汽车喇叭声，你可以第一时间反应出声音来自哪个方向，这其实是动物的本能，大脑在接收到声音信号时，不需要做任何思考，就能作出正确的判断。

当然，这其中的生物原理很复杂，我们只需要知道，人类可以判断出声音的方向、距离等信息，而空间音频技术就是通过声音的强度、时间差等信息，用数字化技术让听众得到“身处音乐中心”的感觉。

曾经获得过 Soulection 年度百佳的“电音大佬”李化迪(Howie Lee)在这张专辑里也创作了一首《阢觉》，对他来说，空间音频弥补了立体声弥散的限制，让声音变得浓密，动态尤其地提高了。同时，李化迪也是一个注重细节的人，会很在意小的声音，空间音频能让大脑弥补出那部分若有若无的声音，让音乐和人产生共鸣，真正做到身临其境。

对于普通用户来说，空间音频能带给人直观的感受，模拟出类似电影院中极具空间感的音效。比如在看电影的时候，人耳能明显感知子弹从耳边划过的动态声效，或者听音乐时听清某个乐器的方位，仿佛置身音乐会现场，这种感觉是十分微妙的。所以，空间音频让平面的听感变得立体起来，仿佛置身于音乐的中心，带来直观的听音感受。

大幅降低制作成本与流程

显然，空间音频带给人的感受肯定不是“玄学”，相较于高频低频、声场、动态等晦涩难懂的音频专业名词，空间音频是任何人都能感知到的，自然能明显提升听音体验。

那么，要制作这样的音乐一定很难吧？的确，在以往，即使是录制一首普通的音乐，也需要在录音棚里，使用专业麦克风、声音采集卡、监听器以及各种音效调节器才能完成。制作支持空间音频的歌曲就更难了，往往需要在房间里架设多个麦克风组成阵列，以获取不同音源进行合成，还有假人头录音技术，也能实现模拟人耳对于声音的方向、距离感知……

这一整套下来，不光是设备价格昂贵，还需要专业的技术团队协同工作才能完成歌曲的制作，对于不少对歌曲制作感兴趣的初学者来说，门槛极高，即使是不少从业人士，也很难组建一套属于自己的DAW设备(Digital Audio Workstation，也就是数字音频工作站)。

不过随着数字音乐技术的发展，这个问题也得到了改善，许多工作通过软件就能实现。比如《活水》专辑的制作人们大多都会用到的Logic Pro就是一个很有代表性的工具，它可以让音频信号实现多通道独立输出，从而将音乐“翻译”到3D空间中，制作者能方便地移动音频对象，而这一切都是可视化操作，在制作和试听时都更为直观。

《足境》的创作者孙大威向我们介绍道，自己从2003年开始就一直使用Mac制作音乐，使用Logic Pro给他最大的感受就是仿佛置身于一个真正的“声音房子”，每一个采样对象的元数据与音频信号都会分开储存，结合各种音频插件，给后期保留了足够的操作空间。

不仅是软件好用，在和制作人的沟通中，不少人都提到了苹果生态的高度协同性。比如Gooooose就很喜欢苹果这套“一站式”工作流，能够大幅减少音频文件在各个设备之间的转换环节，让内容生产者可以更专注在创作上面。

Mac系统提供了Aggregate Audio和MIDI over network功能，就可以让他方便地整合外接音频设备和家里的多台Mac，在局域网上传输MIDI和AoIP音频，效果非常棒。另外，新款MacBook的自带音箱也支持空间音频功能，作为监听之外的混音参考音箱很方便。

李化迪也表示，在使用Logic Pro制作音乐时，他喜欢用AirPods Max作为监听耳机，不光音质好，降噪效果也很突出，自己甚至在火车上都用MacBook+AirPods Max这套组合在工作，随时随地抓住创作的灵感。

正如这些制作人所说，创作者使用Mac创作歌曲，再通过Apple Music发布作品，这样“一站式”的工作流，无论是设备成本还是技术难度，都得到了大幅降低。

的确，科技的发展让更多热爱音乐的人能用较低的成本，实现自己的创作梦想。如此一来，不光能

《活水》专辑的制作人们

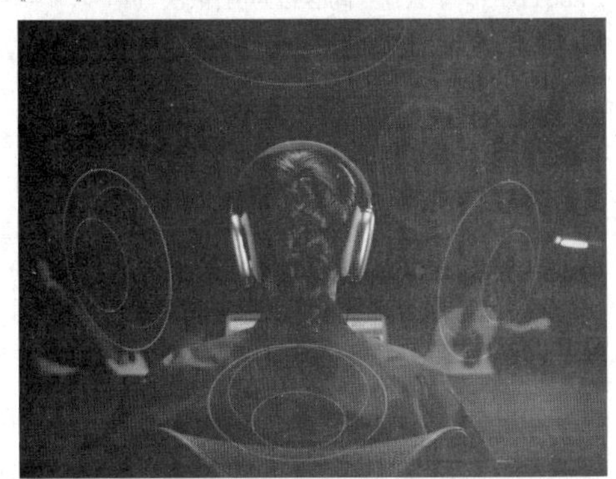

空间音频能让听众明显感知到声音来自何处

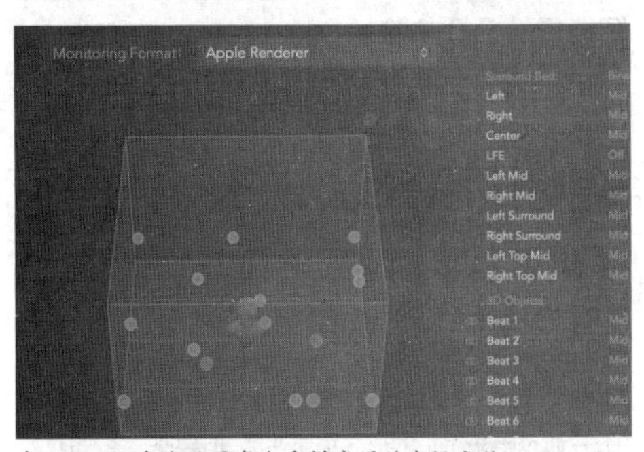

在Logic Pro中能设置每个采样音源的空间方位

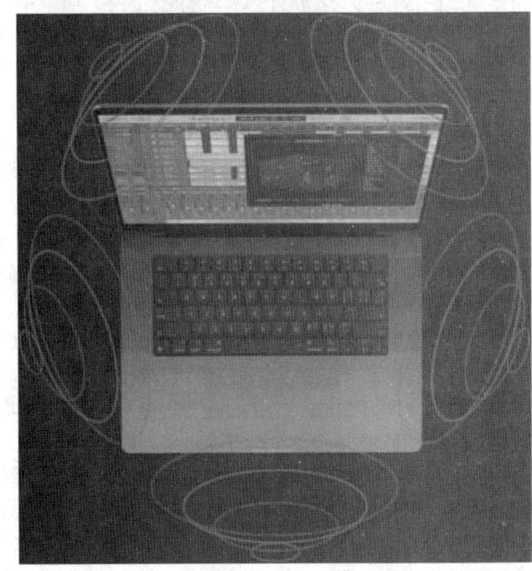

新款MacBook的音箱支持空间音频功能

省钱，还更省力，让“做音乐”这件事也会变得更简单、高效，想要创作的年轻人也能够发挥自己的才能，不再受限于设备。无论是对于创作者，还是整个音乐行业来说，都充满了积极的正面意义。

阿里云盘全新备份功能体验

● 文/ 颜媛媛

超大永久云盘空间

云盘空间容量往往同会员等级绑定，但很少人注意到云盘容量的组成结构，其中既有充值会员获得的、有效期一年的空间容量，也有系统赠送，属于永久有效的空间容量，后者显然更具吸引力一些。以笔者21.86TB的阿里云盘空间容量为例，依次点击“我的—容量管理—明细”，就可以查看网盘空间组成结构（如图1）。

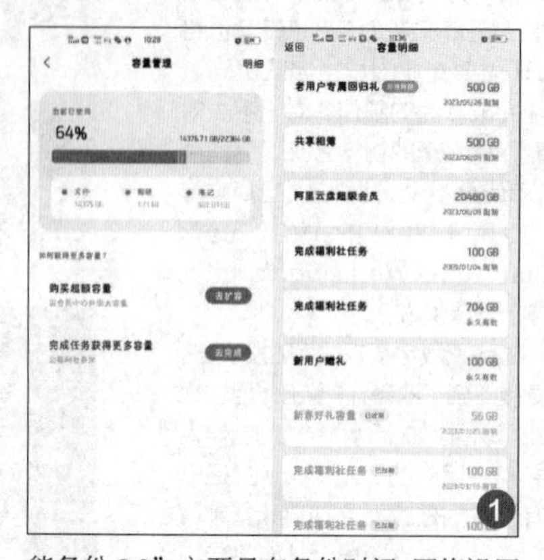

虽然容量最大的会员空间会有时效性，但阿里云盘通过“福利社”（阿里云盘APP—我的里面的活动专区）赠送出来的704GB空间却是永久有效的，对于日常备份、同步而言，这样的空间容量绝对足够了。

事实上，同步备份作为网盘用户黏性最高的功能，各网盘平台也是非常重视，而阿里云盘前不久发布iOS 4.6.0版本时，就特别强调新版支持手动选择备份范围并新增睡眠备份，进一步提升备份体验。

智能备份 2.0 体验

阿里云盘将自己的备份体系称为“智能备份2.0”，主要是在备份时间、网络设置上进行了优化，且睡眠备份也在不影响用户使用的情况下实现数据备份，具有较强的实用性。

启动智能备份2.0后，用户可以在备份设置界面对网络状况（是否在3G/4G/5G流量数据下备份）、是否允许后台备份以及电量低于20%时暂停备份等进行设置。需要注意的是，“睡眠备份”功能并非默认开启，需要用户手动勾选才能使用（如图2）。

除睡眠功能并非默认开启外，应用数据备份同样需要用户进入“我的备份”中设置，目前阿里云盘已经支持微信/钉钉/通讯录等应用备份，能为用户带来不少便利，尤其是同样属于阿里系的钉钉文件备份，阿里云盘能够直接备份钉钉家校群文件，用户完全不用担心看漏文件以至于忘记作业/任务的事情发生。

生僻字不认识？用好它俩就不担心了

● 文/ 郭勇

不输 Evernote 的微信“笔记”

Evernote、OneNote一类软件往往能在移动互联网时代帮助人们捕获碎片化的灵感，并通过电子笔记的形式记录生活，但要坚持使用笔记，对不少人都是件不容易的事儿，可如果微信里面就有单独的“笔记”功能块，你愿意尝试使用吗？

因为整合在操作菜单中，所以微信“收藏”功能大家都经常接触到，但除非查找重要信息，大多数人日常却很少使用该功能。事实上，“收藏”功能完全可以成为一个数据入口平台的存在，这里不仅有文件、聊天记录、语音等数据资料，更有笔记、语音这样的微信隐藏功能等待开启（如图1）。

这里有意思的是点击“笔记”项，默认进入的是我们以前收藏的笔记内容界面，而想要新建笔记的话，需要用户点击“我的收藏”界面右上角的“+”号，即可切换到笔记编辑界面。

同Evernote文字笔记界面相比，微信收藏的“笔记”功能在界面设计上简单许多，但仔细查看会发现，微信“笔记”底部工具栏功能还是相当丰富，图片、位置到文件、录音等资料均可在编辑的过程中直接插入，也能用系统自带的对笔记内容进行编号（如图2）。

单从文字录入功能看，手机里的备忘录、便签工具也可以满足笔记功能的需求，但是使用该功能的优势就是，与其他载体相比，只需要用一个微信APP就能轻松实现笔记加分享的功能。发送给对方后，能快速打开，马上阅读，并且收藏栏中的“笔记”可以单独发给好友，也可以发到朋友圈，一致的阅读体验备受亲友推崇。

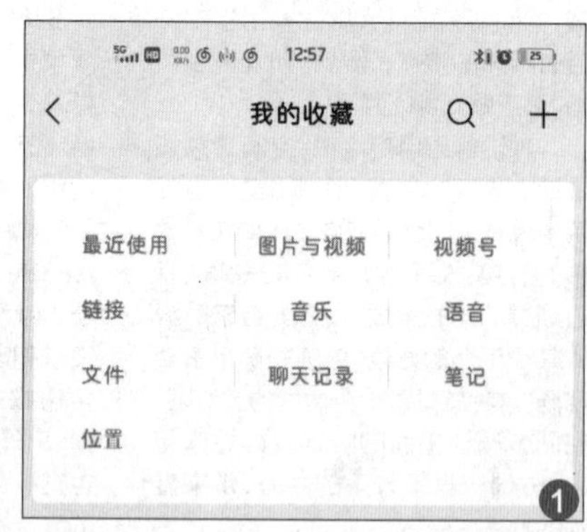

该功能在制定行程或旅行攻略时非常管用，在制订出行计划或者旅行攻略时，最有效的方法就是直接插入地理位置。很多时候，我们只能加个地图截图，在上面做标注。等到达目的地后，再用软件来导航具体位置，十分麻烦。现在我们可以在微信笔记中快速制订旅游攻略了，先用文字写好旅游计划，然后在每个游玩景点下插入对应位置，出发当天，我们直接翻看笔记，点击位置并选择导航到该位置，微信即会自动跳转到地图软件进行导航。

开启笔记中的录音功能

“录音”本身是笔记编辑界面提供的功能，但除以音频形式插入笔记内容外，其完全可以当作单独的录音功能使用，而且同我们与“文件助手”交谈不同，我们在“笔记”中的录音是可以超过60秒的，且支持永久保存。

在笔记界面点击“话筒”按钮，即可开

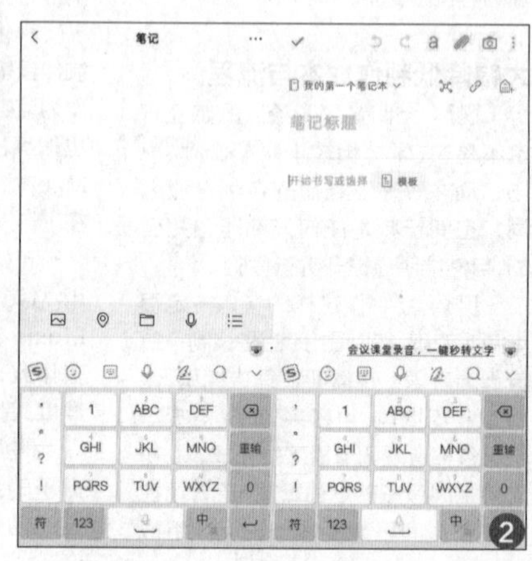

始录音。需要注意的是，录音过程中不能退出微信收藏的笔记界面，如果想停止当前的录音，只需点击录音框任意位置完成当前录音即可。而开启录音后，我们无论是离开微信，还是直接锁屏，微信的录音依旧会继续进行，与其他手机操作互不干扰。在手机黑屏情况下也不会看出录音的状态；无意间点亮屏幕或者来消息后，也只会在左上角看到红色的小话筒标志（如图3）。

录音完成后，还可以点击右上角的“…”，把当前录音笔记转发给好友或者分享到朋友圈，也可以直接退出，这时候它会自动保存在微信收藏里。不过遗憾的是，目前仅苹果手机支持微信锁屏录音的功能，安卓手机一旦退出收藏的笔记界面会被要求继续完成录音，而直接锁屏的话那么录音就会停止。

即使在微信设置中开启了“后台运行”“保持屏幕常亮”等功能，但在手机锁屏后，微信录音也会自动停止，这是由于手机系统的安全限制。

经常被忽略的列清单功能

要出差，需要准备的东西不少，花了好长时间准备，结果出门在外，才发现没带雨伞，落下水壶，写下一大堆文字或者用语音的方式提醒自己，看起来可行，可操作起来和最终呈现效果多少有些麻烦，这个时候一张清单列表绝对能帮上大忙。

而相比位置比较“隐蔽”的笔记功能，清单列表更是隐藏在笔记子功能的下一级。在符号功能的展开界面，有专门的“待办”功能选项，点击后就可以看到内容输入界面出现带小方框的图标，光标闪烁的地方，就能输入。输入文字、图片、声音、小视频都可以（如图4）。

如果待办事项多，列清单时建议标序，并把重要的、急着要完成的放在前面，而对于已经完成的项目，点选前面的小方框，即可勾选表示通过。用户在独立编撰的过程中，点左上角的“<”就直接保存。想再编辑，就再点一下就进入，随时能修改，而点右上角三个点，再点下方的“发送给朋友”或“分享到朋友圈”即可进行分享。

相对第三方笔记工具，凭借微信在社交生态领域的强势，其“笔记”完全能满足大众需求，从这个角度看，我们在抱怨微信容量“臃肿”的同时，或许更应该注意这些潜在功能的开发和使用。

还在用QQ远程控制？这款超强远程控制软件值得一试

● 文/郭勇

QQ远程控制的局限性

提到远程控制，不少人第一反应就是QQ远程，可随着技术、系统迭代，QQ远程控制各种局限性已经开始出现。

除需要添加QQ好友这一硬性规定外，远程控制本身并非QQ的专属工作范围，因此在速度、稳定性、流畅度方面都做得比较差。尤其是MacOS同Windows两大系统阵营在QQ远程控制上的体验更是被众多用户吐槽，卡顿的画面让不少工作、学习中需要远程控制的用户选择远离，进而使用专门的远程控制软件以获得更好的用户体验并提高工作效率。

而在选择专门的远程控制软件时，用户除根据自己的使用需求和场景来进行筛选外，还需要从以下几个方面来考查远程控制软件的性能——

● 平台兼容性：好的远程控制软件应该能够支持多种操作系统和设备之间的互联互通，比如Windows、macOS、Linux、Android、iOS等，如此方便用户在不同的平台上进行远程控制。

● 画质清晰度：远程控制画质也是影响使用体验的一个重要因素，尤其是在进行一些对画面要求较高的操作时，比如玩游戏、做设计等，一款能够提供高清画质和低延迟的远程控制软件能起到事半功倍的效果。

● 文件传输速度：一款能够提供快速和便捷的文件传输功能的软件，比如支持复制粘贴或拖拽文件传输，以及大文件传输，能极大提高用户工作效率。

此外，远程控制毕竟涉及用户设备核心数据，远程控制软件的安全性也是相当重要的因素，而在这样的条件下，笔者综合选择了当下口碑极好的ToDesk。

兼容性极强的ToDesk

诞生于2020年的ToDesk是由一个拥有超过10年软件开发经验的技术团队，在新冠肺炎疫情期间开发的一款远程控制工具，距今也不过3年的时间，累计注册用户却超过千万，迅猛的发展势头让人惊叹。而作为国产软件新秀，其不仅能很好地兼容Windows、macOS、Linux、Android、iOS等主流操作系统，近期也是积极和国产系统合作，支持麒麟、统信UOS、Ubuntu、方德等多种操作系统，在兼容性上具有非常明显的优势（如图1）。

除在兼容性上表现出色外，ToDesk具有极佳的易用性。以Android手机和

PC 互联为例，两款设备均下载 ToDesk 软件后即可使用。

ToDesk 整体界面为令人舒适的清爽蓝色，引导清晰且细致，左侧菜单栏列有 4 个子栏，右侧则是各个菜单栏的详细内容，软件设置与功能的层级关系非常明确。作为一款远程控制软件，ToDesk 优先以远程连接为核心，进入首页后直接展示本地设备的设备代码与临时密码，以及输入远程的代码窗口等，只要获取被控设备的双码并输入到窗口，即可连接，简洁明了。还能直接增加连接设备，以便以后免输直连(如图 2)。

连接后会竖屏全部显示被控制的电脑界面，将手机横屏或者点击右侧菜单栏的“横屏”，即可横屏展示与操作。软件的界面指示清晰，步骤简单，没有什么复杂的操作，并且连接的速度很快，几秒就能连上，稳定性也很强，在长达数小时的网课连接中，没有出现过一次掉线问题，整体体验感相当不错。

双向操控极为流畅

以手机控制电脑为例，完成连接之后，PC 端的 ToDesk 即会提示有设备进行远程控制并询问是否需要修改连接密码。值得一提的是，ToDesk 的控制不仅仅是针对 PC 屏幕内容，默认更是获得声音、摄像头、键盘、鼠标等硬件的控制权限，如果 PC 端用户认为不需要释放如此多硬件权限给手机端用户的话，可直接取消对这些设备的勾选(如图 3)。

完成连接之后，手机端用户即可在屏幕上看到 PC 端的桌面情况，这里通常会选择“横屏”以获得最佳视觉效果。

需要注意的是，在手机控制界面右侧，提供键盘、快捷键、触屏模式、指针模式等多种操作模式供用户选择，个人更倾向使用默认的“触屏模式”，叠加鼠标操控，已经能够非常高效地控制 PC 了。在操控过程中，整个画面字体非常清晰，而且虚拟鼠标操作起来非常方便。在中国电信 200MB 宽带的环境下，整个操控和反应基本可以做到同步(如图 4)。

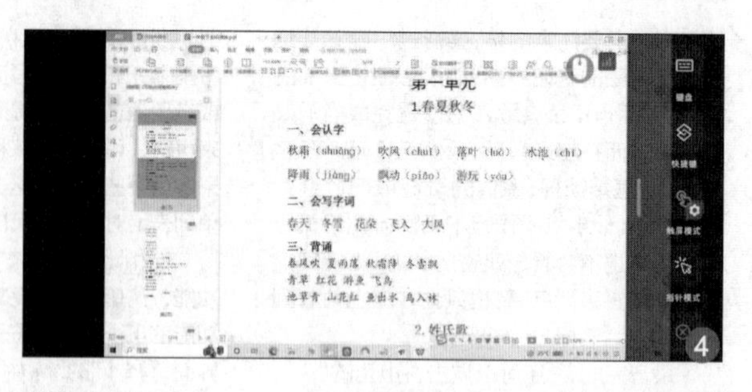

对于网络环境不佳的用户，ToDesk 设置菜单的“画面模式”选项还提供了流畅优先、画质优先等手动选项，以便于用户获得最为满意的体验。

远程控制能帮助我们解决不少问题，尤其是即将到来的暑期，通过手机与 PC 的连接，能够帮助家里老人、孩子轻松解决各种问题。而除了基本的手机控制 PC，ToDesk 还支持免 Root 控制安卓移动设备，不过属于付费插件，多少让人有些遗憾，但对于绝大多数有基础远程控制需求的用户而言，ToDesk 搭载的免费功能已经足以满足日常应用需求了。

随意组Mesh？中兴小方糖5G路由器应用揭秘

● 文/ 颜媛媛

解决全屋网络覆盖的 Mesh 组网

很多人在选购路由器的时候，一个重要关注指标就是信号好不好，能否覆盖到家中的每一个角落。其实对大户型或者多层建筑来说，一个路由器通常是不够的，5G 信号穿墙弱，很难保证全屋每个角落都有良好信号。

在 Mesh 技术出现并普及之前，我们曾经主要采用无线中继的方式来扩大信号覆盖。而 Mesh 相对于无线中继来说，出色的易用性很好地降低了网络拓展学习成本，受到不少普通用户欢迎。总体而言，Mesh 系统是一个整体，添加 Mesh 节点和修改 Mesh 网络设置都非常简单，修改主节点信息自动同步整个 Mesh 网络中其他的路由器，新增节点也无需设置 SSID、密码、上级路由器等信息，接入后会自动同步，自动组网。只需要一键即可轻松完成配网，老人小孩都会用(如图 1)。

除配置简单外，“智能组网，自我修复”也是 Mesh 系统备受欢迎的原因，其会根据节点数量和网络情况，自动构建最优的网络环境。可根据户型和摆放位置，自动组成星状、链状或是菊花状网络，使网络中的设备在任何位置都可以有极佳的信号覆盖和高速网络。即使其中一个节点发生故障，Mesh 网络也能自动重新建立起最优的网络环境。

这也是无线中继模式无法做到的，无线中继的网络拓扑结构是固定的，是由用户设置之初就已经定义好的，整个网络无法保证是最优的效果。一台路由离线后，可能导致此节点后所有的节点瘫痪，而无法自动修复。

出色的实用性加上易用性，让 Mesh 路由很快就成为市场上的爆款，华硕、华为、Linksys、TP-LINK 等知名品牌都推出过相应产品，不过动辄单只三五百元的价格让不少打算体验 Mesh 网络的消费者望而却步。

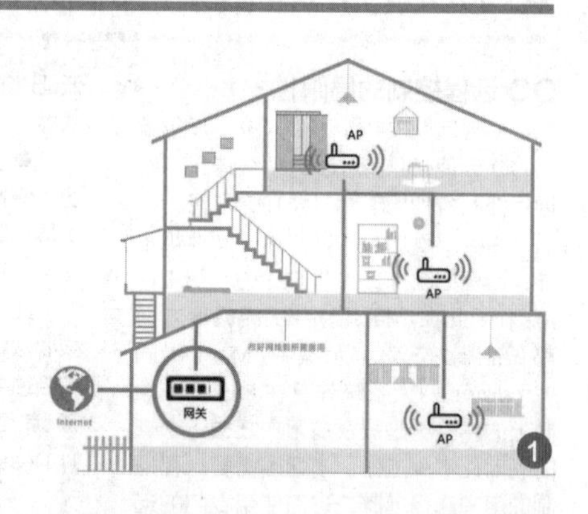

百元级的 Mesh 路由

小方糖 AC1200 5G 双频千兆智能无线路由器能够从众多 Mesh 路由中脱颖而出，除中兴在网络领域的号召力外，价格绝对是其赢得大众青睐的关键。单只中兴小方糖的售价为 139 元，不过各大电商平台经常打出 104 元的活动价，在 618 这样的电商大促时，更会出现 99 元的限时抢购价(如图 2)。

在具体规格参数方面，中兴小方糖同时支持 2.4GHz 和 5GHz 两种频段，让你可以享受更稳定、更快速的无线网络传输。它采用全千兆高速网口和无线双频 1200M 高速 Wi-Fi，2.4GHz&5GHz 双

频并发互不干扰，轻松实现千兆级别的光纤宽带接入(如图3)。

单作为一台百元级的AC1200双频路由而言，中兴小方糖硬件规格也算不错了，除其宣称搭载第三代双核处理器，相比上一代性能提升25%，平均功耗下降15%，双核主频高达1GHz，算力强悍数据高效转发以及内置自研“爬墙虎”高增益正交互补双频偶极子天线强劲穿墙，百平方米户型高速覆盖，卫生间、阳台等处时刻拥有好信号，让影音娱乐、电竞办公、全屋智能打破距离限制外，真正吸引消费者的还是“Mesh一键组网”上。

具有一定误导性的Mesh组网宣传

“Mesh组网兼容”“一键组网、全屋覆盖”“兼容友商品牌、各运营商路由器”等宣传口号放到一起的时候，绝对是非常具有吸引力的，毕竟当下不少人家里至少都有一台路由器，如果中兴小方糖能够实现对用户已有路由器的兼容组网，显然利用率会非常高(如图4)。

事实上，Mesh组网虽然具有不少优点，但Mesh组网在品牌上或多或少会有一些限制，虽然从底层技术上说，Mesh组网并不会受品牌、芯片规格限制，但当下各个厂家都有自己的Mesh组网技术，不同厂家的Mesh都是不开放的，如TP-LINK的易展组网、华硕的Aimesh组网领势Linksys的Velop等，不同品牌将Mesh组网功能写入固件中，即便是同品牌、同型号路由，很多时候由于固件版本不同，一键Mesh也会失败。

在这样的情况下，中兴小方糖的Mesh兼容宣传就具有相当大的吸引力了，笔者在购买以前还认真看了其关于Mesh组网的小号备注字体，其清楚写明“可作为大部分友商、运营商路由器产品的上级/下级路由器，通过DHCP有线/无线中继等形式兼容。与绝大多数中兴品牌路由器及部分友商/运营商路由器可Mesh组网”，然而，实际Mesh组网和阅读广告后的认知多少出现了一些差别。

以Mesh组网为亮点的中兴小方糖在Mesh功能上非常人性化，用户根据说明书扫码下载并安装中兴“智慧生活”APP后，即可根据首页提示添加设备。这里本身可以通过扫描实现设备的添加，不过在完成第一次网络设置之前，更倾向于以扫码的形式进行设备初次连接(如图5)。

每一款中兴小方糖设备底部都有一个二维码，用户扫码后不仅可以在中兴智慧生活APP中进行设备绑定，还可以进行Mesh设置。初次使用，用户根据中兴智慧生活APP提示进行每一步设置即可，整个操作流程并不复杂(如图6)。

然而，原本非常简单的设置，却发现根本无法实现无线Mesh设置，按下中兴小方糖WPS键后其指示灯虽能顺利进入闪烁状态，但等待三五分钟后，其依旧是红灯闪烁，无法同家中已有的华硕Blue Cave(支持AiMesh)路由进行无线Mesh配对。

而尝试按照说明书上的说明，进行有线连接后，两台路由使用均正常。多次重启并恢复出厂默认设置后，依旧无法实现无线Mesh连接，而尝试按说明书给的微信二维码关注中兴智慧家庭公众号后，联系客服才得到一个“您好，不同品牌的产品由于芯片不同，是无法组网的哦”的答复(如图7)。

显然，中兴小方糖宣传中的“Mesh兼容性”并没有人们误以为的好，而其客服更是明确告知“不同品牌产品由于芯片不同无法组网”，那产品电商宣传页上“与绝大多数中兴品牌路由器及部分友商/运营商路由器可Mesh组网”又如何解释？作为品牌方，如果强调自己“Mesh兼容性”，又表示“部分友商/运营商可Mesh组网”，那是否应该明确写出具体兼容的友商/运营商路由品牌及型号，以免浪费用户时间反复折腾。

而从网上其他网友发布的信息看，遇到笔者类似问题的网友并不少，显然，中兴小方糖无线Mesh兼容性恐怕并没有人们预想的出色。

易用性表现不错，性能中规中矩

友商路由无线Mesh组网失败后，中兴小方糖的定位和应用就显得有些独立，对于渴望体验Mesh的用户而言，购买2~3只中兴小方糖路由组网恐怕才是最好的选择。而作为一台独立的路由器使用，中兴小方糖在易用性上表现还是相当不错的。

同中兴智慧生活APP完成设备绑定后，即可在图形化的界面中对家庭无线网络进行查看和设置。APP网络界面主要分为组网管理、接入设备、访客Wi-Fi、上网管理、安全防护以及网络优化等六个模块，功能相对全面且分区清晰。

更贴心的是，针对用户忘记Wi-Fi密码这件小事，中兴也给出了解决方案，用户点击Wi-Fi设置相关模块，会分别出现2.4GHz以及5GHz Wi-Fi的相关二维码，识别二维码，即可获得密码。而

	中兴小方糖	普通路由器A	普通路由器B	其他友商同级产品
CPU核心	第三代高性能双核	双核	单核	单核
CPU主频	1.0GHz	880MHz	580MHz	500-800MHz
独立硬件加速引擎	有	无	无	无
天线	自研爬墙虎高增益隐藏天线	普通外置天线	普通外置天线	普通外置天线
运行内存	128MB	16MB	8MB	16MB
闪存	128MB	64MB	64MB	64MB
操作系统	自研电信级网关操作系统	家用级路由器操作系统	家用级路由器操作系统	家用级路由器操作系统
尺寸	95x95x82mm	188x100.5x175mm	257x162x213mm	200x120x[illegible]mm

3

4

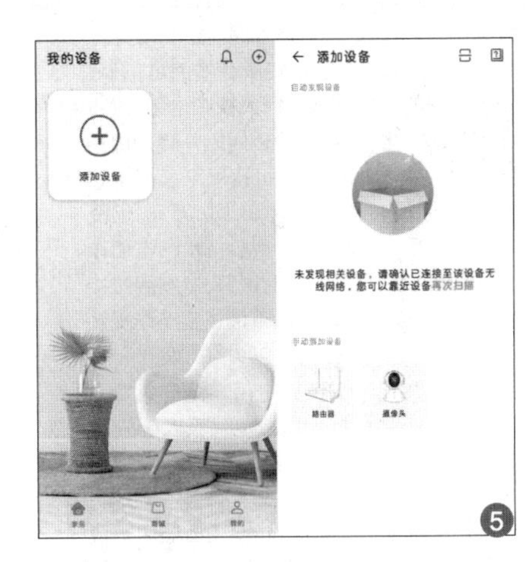

5

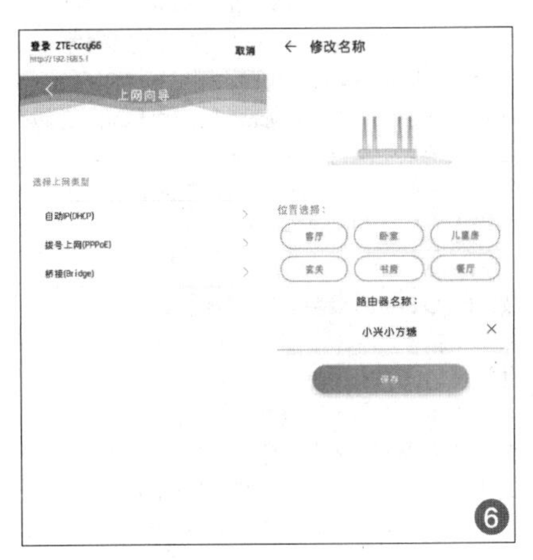

6

在上网管理功能中，用户还可以设置设备断网时间以及恢复时间，尽可能避免暑期儿童长时间上网情况的发生。

而在性能方面，我们则尝试让华硕Blue Cave和中兴小方糖作为两台独立的路由使用，在重庆移动同一个网络环境下，两者下载速度略有差别，不过上传等性能基本一致，对于一款百元级别的路由而言，这样的性能也基本能够满足家庭用户日常影音娱乐应用需求了（如图8）。

编辑点评：适合入门级用户选择

作为一款百元级的双频路由，中兴小方糖表现中规中矩，对于并不太看重性能且重视路由外观设计的家庭用户而言，拥有隐藏式天线设计的中兴小方糖很容易得到用户青睐，不过冲着“Mesh兼容性”购买的消费者，中兴小方糖可能就要让人失望了，其在Mesh组网上恐怕更多还是同其本品牌、本系列进行。

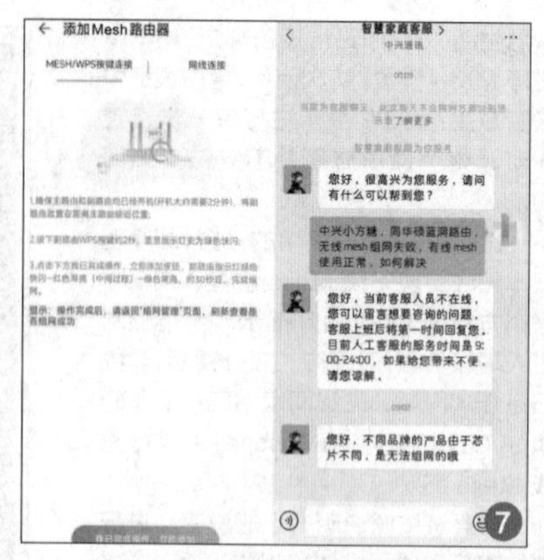

7

当然，这里并非一味追捧Mesh组网，毕竟其提升网络覆盖的限制也是存在的，两台Mesh路由之间更多还是需要直线连接以确保信号传播得畅通，Mesh和穿墙并不能简单画上等号，对于环境格局相对复杂的跃层、独栋用户而言，Mesh路由的摆放也是一大学问。与此同时，Mesh是多条网络，自身的延迟也被大大地放大，以至网络游戏或实时视频通话这类对延迟很敏感的应用都会受到一定影响，这往往需要路由品牌厂商在固件中进行优化，不过也造成了Mesh组网时各品牌间的壁垒。

8

AI诈骗进入高发期，普通人如何防范

● 文/颜媛媛

AI诈骗进入高发期

从AI换声到AI换脸，当AI被诈骗犯盯上后，大众开始在新技术面前瑟瑟发抖。

2023年5月底，据安庆公安消息，近日安徽安庆的何先生接到熟人视频电话，对方让其帮助转账，视频9秒后便以开会为由挂掉电话。由于视频中的面孔和声音都是熟人，何先生没有多想，就转了132万元。但没想到，这是一起利用AI换脸技术的电信诈骗。幸运的是，何先生及时报警，专案民警接到报警后，连夜赶赴北京抓获3名涉诈嫌疑人。而就在一个月之前，包头警方发布一起利用人工智能（AI）实施电信诈骗的典型案例，福州市某科技公司法定代表人郭先生10分钟内被骗430万元。

AI换脸技术不仅被运用于电信诈骗，还出现在明星直播带货中。有主播盗用明星的脸进行商业带货，误导消费者（如图1）。与此同时，各应用商店也有多款AI换脸软件上架，几乎可以以假乱真。某短视频平台还推出一款“AI随拍”玩法，用户可以将自己的脸带入明星身上，即可发布视频。

面对频繁发生又难以辨识的AI骗局，普通人应该如何防范呢？

做好个人信息安全第一责任人

诈骗手法在不断翻新，那么广大群众该如何预防，防止被骗呢？

首先要增强防范意识，在涉及钱款时，群众要增强安全意识，通过电话、视频等方式确认对方是否为本人，在不能确定真实身份时，可将到账时间设定为“2小时到账”或“24小时到账”，以预留处理时间（如图2）。

这里需要注意的是，微信到账时间设定同以前有些变化，新版微信中到账时间设置没有直接放到支付设置的一级设置界面，而是放到了，帮助中心中。用户在微信软件中选择“服务”，然后点击“钱包”后再选择“帮助中心”。接下来在“帮助中心”中点击“查看更多”，选择“交易问题”，找到“关于转账到账时间的说明”进入，进入页面后，点击蓝色文字。待页面跳转后，即可设置支付到账时间。

此外，可以选择向对方银行汇款，避免通过微信等社交工具转账。因微信等工具均会绑定银行卡，向对方银行卡转账，一方面，便于核实对方信息，确认钱款去向；另一方面，对方能通过短信通知得知转账信息，此外，即使是本人操作，也不影响对方提取钱款。

而且一定要加强个人信息保护意识，在任何情景中都应该谨慎使用人脸、指纹、身份证号码等个人生物信息；对于不明平台发来的广告、中奖、交友等链接更要提高警惕，不随意填写个人信息。同时，做好家人和朋友的骗局防范工作。尤其要提醒家人在接到电话、短信通知亲人遇到紧急情况时，先保持冷静，再拨打亲人或朋友的电话多方确认，不要轻易相信对方，更不能贸然转账。

1

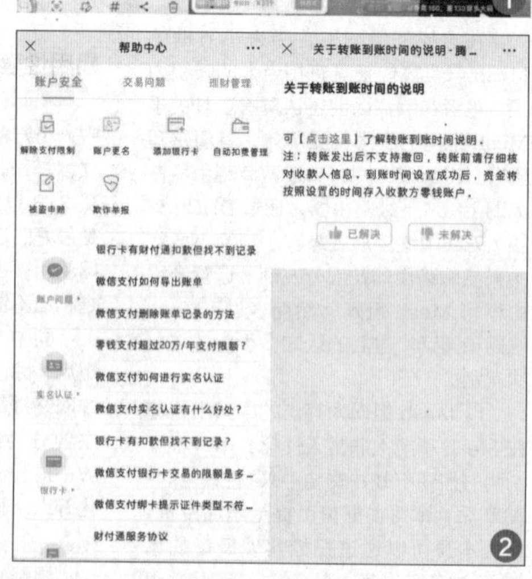

2

主动举报，共同净化网络环境

成本较低、成功率较高等特点让AI诈

骗快速流行，个人用户除保护好个人信息外，遇到这类诈骗的时候也可以主动举报，以防更多人上当受骗。

12321.cn是中国互联网协会受工业和信息化部委托设立的举报受理机构，主要负责关于互联网、移动电话网、固定电话网等各种形式信息通信网络及电信业务中不良与垃圾信息的举报受理、调查分析以及查处工作。网友通过互联网网站、论坛、电子邮件、即时消息、博客、短信、彩信、彩铃、WAP、IVR、手机游戏、电话、传真、其他信息通信网络或者电信业务传播、发送的不良与垃圾信息都可在此平台进行举报(如图3)。

除了PC网站举报，“12321”还提供了专门的APP，用户也可以直接在手机上进行举报，不过“12321”更偏向信息举报，对于违法、诈骗、色情类的互联网信息举报，则可到12377.cn（中央网信办违法和不良信息举报中心)投诉。

当越来越多网友主动检举AI诈骗行为的时候，一定程度上能够提高平台监管效率，且能对诈骗起到一定威慑作用。而在用户加强自身保护的同时，相关监管机构针对新兴技术被用于诈骗的问题也推出了相应措施。

2022年12月，国家互联网信息办公室等三部门发布《互联网信息服务深度合成管理规定》，对人脸生成、替换、操控，合成人声、仿声等都有明确约束。但就目前AI换脸诈骗形式和手段来看，还需要进一步加强防范和治理。这需要加大对AI换脸技术的研究和防范措施的开发力度，提高AI换脸技术的安全性和可靠性，研发更加智能化的识别系统用于辨别真伪，减少此类诈骗行为的生存空间。

而在新一代主动防御技术推出以前，网友其实多少可以从主观感受来判断影音图像的真实性。AI合成的人脸和虚假音视频通常会有一些特征，如画面不真实、语音不连贯

等。如多数假脸是使用睁眼照片合成的，假脸极少甚至不会眨眼，是否眨眼是判断一个视频真假的好方法。辨识“深度伪造”换脸视频的方法还包括语音和嘴唇运动不同步、情绪不符合、模糊的痕迹、画面停顿或变色。随着公众主动防御及辨别意识的提升，AI换脸诈骗一定能得到有效防范和治理。

赶紧上车 微信视频号赚钱并不难

● 文/梁筱

微信视频号上线三大原创能力

腾讯大生态对于微信视频号的支持与投入有目共睹，而对于用户而言，多一个视频内容渠道也是喜闻乐见的事情，尤其是创作者，多一个平台意味着内容价值有望进一步得到体现并有更多的变现机会，而近日，视频号上线了原创标记外显、原创保护记录、创作分成计划等三大原创能力，保护原创内容的同时，让好内容也有更好的回报。

以“原创标记外显”为例，创作者在视频号发布视频、声明原创，并通过原创声明审核后，这条视频的评论区将展示“已声明原创”标签，而创作者个人主页将展示累计原创条数。注意！一定要先打开原创开关来完成原创声明(如图1)。

这相当于是一种事前喊话，告诉别人这条视频是我的原创内容，任何搬运或者模仿都需要提前沟通授权。这个功能可以帮助用户区分原创来源，保护创作者权益。

“原创保护记录”则是针对声明原创成功的视频，平台会帮助原创作者发现站内搬运内容，并对这些内容进行限流，作者也可以采取进一步处理措施，包括“授权使用”和“投诉并删除”，也可点击“显示原作者信息”，侵权视频上就会显示原作者的头像和视频号的名称。

创作者可以前往“创作者中心－创作者服务—账号管理—原创保护记录”查看。每个你声明原创成功的视频，平台已经帮你发现了站内相关的搬运内容，并对这些内容进行限流。你还能进一步采取处理措施，包括“授权使用”和“投诉并删除”(如图2)。

这是一种事后反馈机制，借助这一能力，被侵权的原创作者可以采取行动快速维权。

“创作分成计划”则是广大视频号创作者最为关注的存在，为鼓励创作者专注优质内容生产，获得更多变现回报，视频号发布了全新的创作分成计划。符合一定条件的优质创作者，发布作品时开启原创声明，将有机会在评论区展现广告，获得分成收益(如图3)。

目前视频号内容创作者登录视频号，前往“创作者中心 — 创作者服务 — 创作分成计划”，点击“申请加入”，就可以加入创作分成计划，不过目前该计划还是有一定的门槛存在——

1.有效关注人数(粉丝数)在100及以上。

2.内容符合规范。

3.优质原创作者。

需要注意的是，该计划暂不支持企业号、政务号和媒体号加入，这样的规定似乎透露着现阶段微信视频号更希望号召更多个人用户入驻的打算。

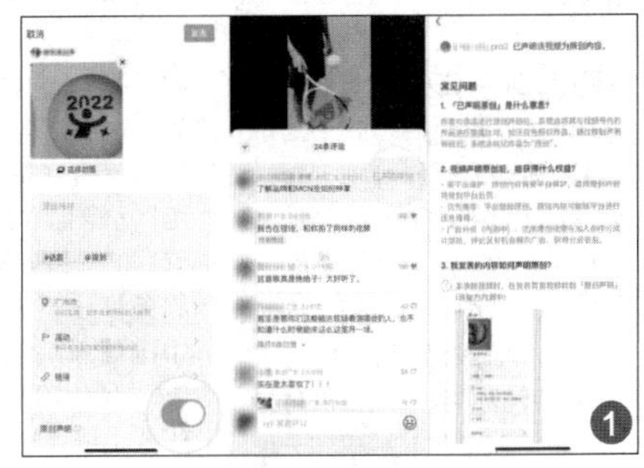

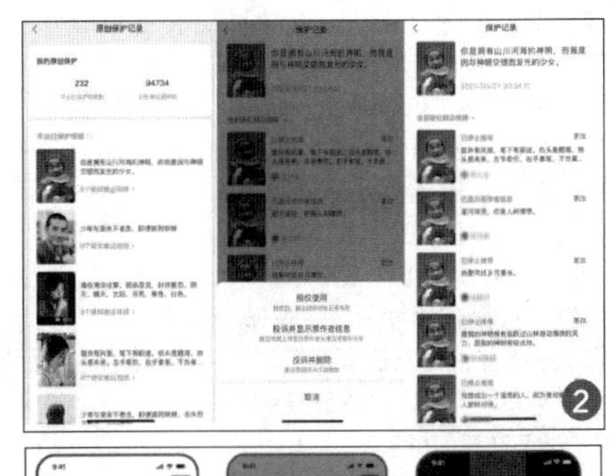

从游戏到带货，全方位变现

除了坐等内容流量分成，主动承接一些推广任务，能让视频号创作者更主动地获取收益。目前视频号的任务主要是“推游戏功能”，借助这一功能，游戏厂商（含客户端游戏、小游戏）在视频号上架游戏推荐任务，视频号主播可在任务广场领取任务；直播游戏时，主播进入副设备直播间 / 视频号助手 Web 端，点击“一起玩”即可推送已经领取的游戏任务，引导粉丝预约、下载、启动游戏，实现私域流量变现。

具体操作流程为主播进入视频号页面后，点击“创作者中心—创作者服务—更多—直播游戏任务”，选定一款游戏，点击“推荐”，将该游戏添加至直播间，这里需要注意的是主播需要信用分大于 90 且没有违规行为才能领取游戏推荐任务（如图 4）。

主播直播游戏时，点击下方“一起玩”游戏手柄，即可推送已经领取的游戏任务，引导粉丝预约、下载、启动游戏，实现私域流量变现。使用“一键开播”的主播可以通过“推游戏”便捷推送任务。在粉丝完成预约、下载、启动游戏等任务规定动作后，主播便可得到佣金奖励。主播在推游戏后台，可查看“有效推荐用户数”与“可提现收益”，并发起提现。

而对于非游戏领域视频创作者，则可以考虑“视频号小店”的形式，直接实现流量变现。用户只需将公众号绑定一个视频号，并且视频号已经开通商品橱窗权限、完成选品，就可以在公众号文章中添加商品卡片。

具体而言，用户可在公众号内容编辑页，点击上方功能栏“橱窗商品”，选择要插入的商品即可插入到文章中。如用户想要替换商品，可单击卡片后点击右上角“替换商品”，选中新商品后点击“替换”。

推游戏任务领取入口
4

相信在一系列激励措施的刺激之下，视频号内容有望得到快速提升填充并形成正向循环，而对于有意在内容创业方面努力的网友，不妨多考虑一下。

查询与解除互联网授权服务

● **文/** 梁筱

一证通查很有必要

我名下手机号关联了多少互联网账号？是否被别人冒用注册了互联网账号？如发现被冒用注册了账号，该怎么办？

在众多 APP 频繁要求绑定手机号注册或激活的今天，人们很难清楚记得自己手机号到底给多少 APP 做过授权。“一证通查 2.0”的出现，让人们可以直观了解自己手机号当前绑定的 APP 状态。用户通过工业和信息化部政务微信号“工信微报”和“工信部反诈专班”“中国信通院”微信公众号即可进入查询入口。以“工信微报”查询为例，在微信中搜索“工信微报”公众号，并点击“关注”，在下方菜单栏选择“政务服务”中的“一证通查”功能。

进入查询首页面后，点击“互联网账号”，填写本人手机号、身份证号后 6 位和验证码，即可进行查询。查询结果将在 48 小时内通过“10699000”统一的短信端口进行回复。如需查询明细或解绑账号，可以点击查询页面的“解绑与明细查询说明”，进入相应互联网企业的页面进行相关操作。

这里比较遗憾的是中国信息通信研究院“码号服务推进组”就曾上线了手机号“一键查询”与“一键解绑”服务，然而该服务推出不到一周就下线了。中国信通院相关人士解释说，“一键解绑”为测试版，并没有正式上线。这主要是由于每一个平台解绑、销号都是一个严谨的过程，很难支持第三方“一键解绑”，即便支持风险也很大。从这个角度看，用户显然根据“一证通查”给出的结果，按照官方程序进行解绑相对安全一些。

解除微信与支付宝授权

除手机号授权外，不少 APP 都支持微信和支付宝授权，让用户首次使用获得便利，不过频繁授权之下，多少也有些担心个人信息的泄露，毕竟这两款软件涉及用户太多个人隐私与支付安全了。

在微信端，用户可以通过“我的—设置—个人信息与授权”查看“授权管理”，从而查看当前微信账号给哪些应用授权了。与此同时，用户还可以在“系统权限管理”界面，对敏感的麦克风、相机、读取通讯录等权限进行个性化设置，最大限度保护个人隐私安全（如图）。

而在支付宝这边，用户则需依次点击“我的—用户保护中心—隐私设置”，然后就能在“隐私设置”界面看到“授权管理”项，这里有包含授权时间在内的详细授权目录，用户点击某一个应用项，即可取消对它的授权，操作也相当容易。

“12306”购票能选上下铺了

● 文/ 梁筱

“12306”买卧铺票可以在线选铺了

“12306”可以选择上下铺了！据“12306”官方公告，乘客可以在购票时选择上铺或下铺。这项新政策的实施，不仅解决了旅客的实际需求，也为短途旅行的人们提供了更多的选择。不过，有不少网友表示，这项政策对于身高较高的人来说仍然不太友好。毕竟，在上铺睡觉时，很容易碰到车顶，甚至难以翻身。而且，上下铺之间的距离也相对较小，容易产生尴尬的身体接触。

具体操作方面也较为简单，旅客在“12306”网站购买试点车次卧铺车票，首先要选择车次，根据“铺”字标识，选择乘坐列车。接下来就是选铺位，当用户选择支持选铺的席别时，界面展示相应的铺位。可在线自主选择试点列车的上、中、下铺等铺别，系统将自动为旅客分配符合要求的铺位(如图)。

目前将有230趟高铁、普速旅客列车作为试点。而除了主动选择，系统还是会继续实行对60岁以上老人等重点旅客优先分配下铺的服务。如剩余铺位无法满足选铺需求，系统将随机分配铺位，旅客可根据自身情况选择接受或者取消。旅客线下购票仍可自主选择铺别。

此外，旅客通过铁路“12306”网站或铁路“12306”APP购买车票，提交购票信息页面时，可通过“选座服务”或“选铺服务”选择同一席别的座位或铺位。但一个订单里有5个人购票，其中2个人想坐软卧，3个人想买硬卧是无法一起选铺的，只能选择分开购票。

今年暑假起可网上核验学生火车票

在火车票全面电子化的当下，大学生火车票还使用传统的学生证磁卡方式核验身份，是对资源的浪费，而随着用户普遍反映，“12306”也作出了相应改变。国铁集团近日表示，拟通过铁路“12306”系统对接中国高等教育学生信息网，在中国高等教育学生信息网按时完成每学年学籍电子注册的普通高校学生，即可通过铁路“12306”手机客户端进行学生优惠资质在线核验，这一功能将于普通高校暑期放假前实施。

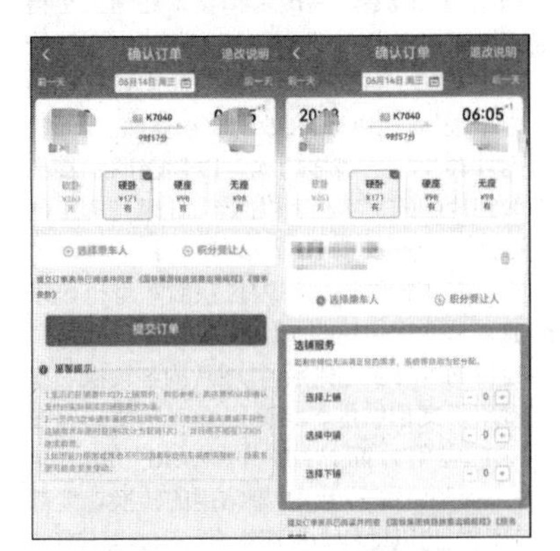

具体使用时，“12306”APP的“学生”用户在“我的”页面中会显示“学生优惠资质核验”专区，如果“已注册会员”或“已经在本机完成人脸认证”，进入学生优惠资质专区后，就可以直接核验学生资质信息。

同时，铁路仍保留线下核验渠道，符合优惠票条件的学生可继续选择原方式核验购票，进一步为学生群体提供便利。

打开腾讯文档“工具箱”

● 文/ 梁筱

从插件库到工具箱

在线文档追求“轻、快”的同时，在重度办公应用上同本地办公软件多少有些差异，不过大多数在线文档都会选择通过插件或工具箱的方式弥补其在重度办公应用上的不足。

以腾讯文档为例，其在去年年中的时候上线了插件库，全面覆盖图文创作、多媒体文档创作以及处理专业设计、合同内容等不同使用场景。腾讯文档插件库实现了从创意文档到专业文档的全场景应用，在文档、表格和幻灯片中皆可使用。用户在进行图文创作时，可以快速搜索并插入表情包，一键生成可视化图表，自动纠错并润色文字；输入数据即可一键生成可视化图表、网页交互图表、数据动图和数据视频等，轻松编辑数据，满足数据可视化和数据报告写作需求；添加iSlide插件可使用海量的正版优质图片以及PPT设计服务，提升内容创作效率和质量，赢得了不少用户好评。

一年后的今天，腾讯文档“工具箱”正式上线，内置PDF工具、简历求职、图片处理等众多实用工具，方便用户快速发现、高效处理文档。想要尝鲜体验的用户只需从小程序腾讯文档进入主页面，并在腾讯文档主页面选择工具箱，就能看到各种“工具箱”工具了(如图1)。

目前腾讯文档“工具箱”分为“PDF工具”“简历求职”“图片处理”和“实用工具”四类，其顶部则是“简历助手”“文件转图片”“提取图中文字”的悬浮功能块，将使用最频繁的工具推给用户。

恰逢毕业季的求职简历

一份简洁大方的简历是求职者找到就业机会的关键。而“简历助手”是第一步，它能够帮助你快速制作出HR青睐的高分简历。不仅质量高，而且上手简单，支持表单式编辑、调整美化排版，即使是零经验新手也能够轻松上手(如图2)。

“简历助手”提供多种风格预设模板供用户选择。用户点击底部的“+”号后即可新建简历，这里提供“经典求职简历模板”“零经验求职”“学生求职”等模块可以选择。非常有意思的是，“申请研究生”和“评奖评优”也有对应的选项，为校内学生提供了极大便利。

在具体的简历制作过程中，简历范文功能也提供了海量的简历案例，方便求职者根据不同行业/岗位/经验值，寻找适合的简历案例进行参考。而“制作证件照”功能可以在线拍摄或使用相册中的图片，一键生成证件照，方便放置在简历中。

此外，简历分析匹配功能可以对写好的简历进行分析，获取专业的简历修改建议。

图文处理功能得到强化

除了正好邂逅毕业季的“简历助手”，腾讯文档“工具箱”在图片和文本处理上也得到加强。使用腾讯文档智能扫描 / 图片转PDF功能，你可以轻松将纸质文件转换为电子版，实现快速、高效的文档管理。同时，图片转文字 / 表格功能可以快速识别和提取图片中的文字和表格内容，让用户的工作更加便捷高效（如图3）。

这些智能识别和内容获取本身也可以通过其他软件完成，但腾讯文档本身打通了自身的内容生态体系，其图片内容转换后直接用于文档编排，具有更强实用性。而在PDF应用方面，“PDF转Word”“PDF转Excel”“PDF转PDF”等常用的转换功能都可以在腾讯文档中直接实现，不过当下有些郁闷的是需要充值会员才可以使用这三个功能，不过“PDF提取页面”功能倒是可以直接使用。

用户可以对PDF进行页面提取，即提取PDF某一页或多页并保存为新的PDF，

3

这对只需要其中几页的办公党 / 学生群体而言可太友好了！

更多使用工具

“工具箱”更像是一个应用平台，除了前面提到的几个常用功能，腾讯文档还专门设置了“实用工具”分区，将一些使用频率较低却非常实用的工具放到了一起，目前有“文

4

件转图片”“网页剪存”“电子合同”“PaperPass论文查重”4款工具（如图4）。

以“网页剪存”功能为例，用户可以轻松将网页链接、公众号文章等内容一键存为腾讯文档，方便随时查看和编辑。随着“工具箱”功能的丰富，未来会有更多类似功能的出现，而平台化发展的腾讯文档，也能为用户带来更多选择与便利体验。

在UOS系统中格式化U盘并用于系统备份和还原

● 文/白二娃

以前FAT（本文专指FAT32）是格式化磁盘时默认选择的文件系统，当初微软为MS-DOS发明这种文件系统时，由于当时电脑性能极其有限，所以FAT文件系统设计得很简略，它的优点是与所有主要操作系统兼容，最大缺点是单个文件上限只有4GB。为了克服FAT文件系统的局限性，微软推出了exFAT文件系统。Linux从5.4内核开始内生支持exFAT，UOS原生支持exFAT文件系统。

一、在UOS中格式化U盘

在UOS系统中没法直接格式化U盘，需要先卸载。打开计算机，右键点击U盘，选择卸载（如图1）；卸载U盘后，再次右键点击U盘，选择格式化（如图2）。在弹出的格式化工具对话框中，选择格式化的目标文件类型ntfs或exFAT（如图3），勾选快速格式化，点击格式化按钮，在下一步界面中点击继续。等待格式化完成，重新挂载即可使用（如图4）。

二、使用命令行格式化

fdisk用于创建和操作硬盘上的分区表和分区。它被认为是Linux最好的分区工具之一。这种方法适用于所有Linux系统。

启用exFAT支持。

在Ubuntu 20.04及更低版本中，您可以使用以下命令：

sudo apt install exfat-fuse exfat-utils

对于Ubuntu 22.04及更高版本，您应该改用以下命令：

sudo apt install exfat-fuse exfatprogs

插入U盘，在终端中键入命令：

sudo fdisk -l

这将列出计算机中的所有硬盘和分区。根据磁盘容量确定U盘序号。这里U盘被标记为/dev / sda1（如图5）。

确定U盘后，使用以下命令将其格式化为exfat。将/dev/sdXn替换为磁盘的设备名。LABEL是要给磁盘起的名称，如Data、MyUSB等（如图6）：

sudo mkfs.exfat -n LABEL /dev/sdXn

完成格式化可以运行fsck检查格式化是否成功（如图7）：

sudo fsck.exfat /dev/sdXn

三、系统备份

为了避免重装系统时丢失原有的系统数据、应用数据和用户个人数据，避免因软件缺陷、硬件损毁、人为操作不当、黑客攻击、电脑病毒、自然灾害等因素造成数据缺失或损坏，您可以使用UOS系统自带的备份还原功能，备份系统等数据，保障系统正常运行、应用和用户数据的备份恢复。由于选择全盘备份时，保存路径不能为本地磁盘，只能选择外部存储介质，所以需

1

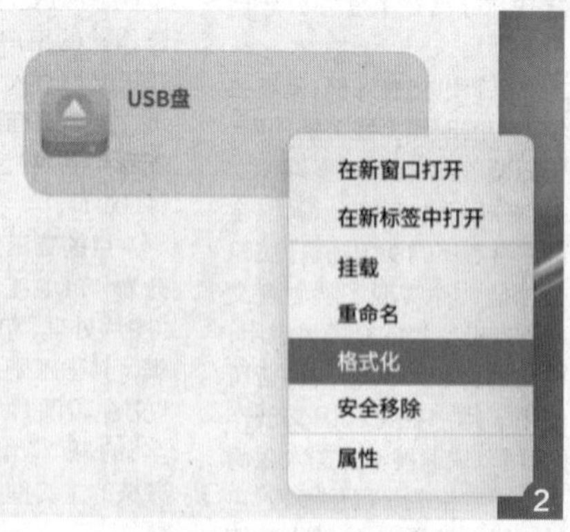

2

要提前准备好移动硬盘或大容量U盘。我们刚才已经准备好了空白U盘。

打开“控制中心”，选择“系统信息”下的“备份还原”，选择“备份”。勾选“全盘备份”或“系统备份”，路径选择外接U盘。

全盘备份会备份全磁盘的系统文件和用户文件。系统备份会备份根分区、启动分

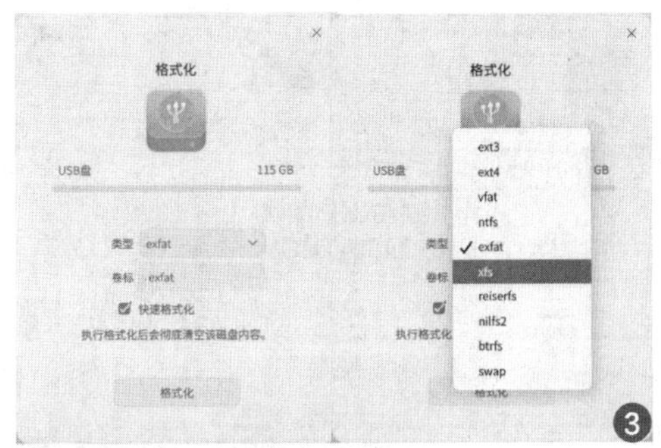

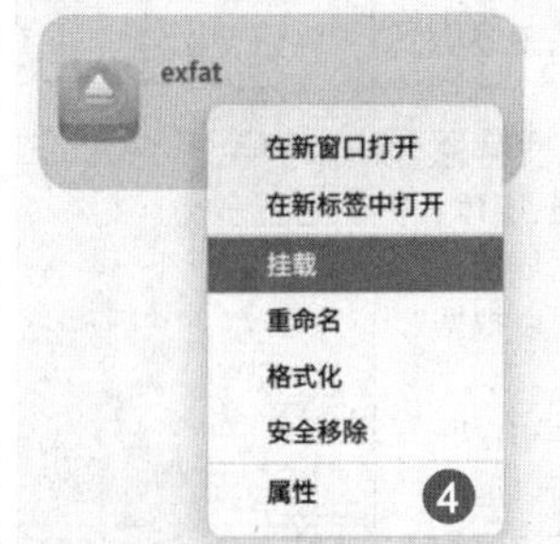

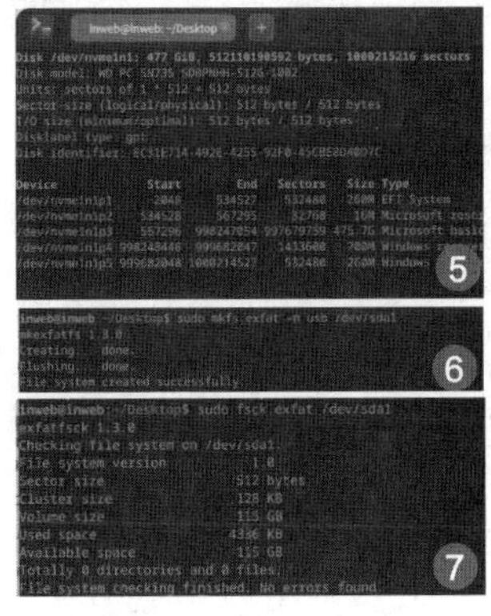

区。选择全盘备份时保存路径不能为本地磁盘路径，只能选择外部存储介质。备份还原仅支持 EXT4 和 NTFS 格式的存储介质。

点击“开始备份”，在弹出的授权认证对话框中输入用户名和密码，并点击“确认”，进行下一步。

确定重启，设备立即重启并进入备份进度界面，直至显示备份成功提示，点击“立即重启”，即可回到系统。

备份完成后，可在外接存储介质中按生成日期命名的文件夹下，找到备份文件。

四、系统还原

在控制中心、系统信息的备份还原选择还原。选择恢复出厂设置或自定义恢复，单击“开始还原”，在提示对话框中确认。

恢复出厂设置：将设备恢复到出厂的默认状态，清除保存的参数设置。

保留个人数据时：系统还原后会保留设备数据盘中的个人文件数据。

自定义恢复：选择外部存储介质中的备份文件，可将设备恢复到前期备份系统状态。

输入用户名和密码后重启就可以开始还原系统了（如图 8）。

微软更新PowerPoint引入多项辅助功能

文/ 梁筱

PowerPoint 辅助功能区更新

根据过去 18 个月里用户的反馈建议，微软为今年的全球无障碍意识日（GAAD）更新了适用于 Windows 和 macOS 平台的 PowerPoint 辅助功能区。PowerPoint 中的全新辅助功能区可以帮助用户将所需的所有工具集中在一处，用户要打开“辅助功能”功能区时，只需点击“审阅”选项卡中的“检查辅助功能”即可。

在使用新版的辅助功能区时，用户打开 Alt Text Pane 和 Reading Order Pane 之后，就会出现辅助功能栏（accessibility ribbon）。而在功能栏中，点击“Inspect without Color”按钮，帮助色盲人员阅读相关的内容（如图 1）。

功能区现在使您能够标记演示文稿中包含的图像，从而帮助视障人士了解图片信息。与此同时，功能区还引入新的“插入标题行”和“插入标题列”命令，通过一个简单的步骤加快了向表中添加标题行或列的速度。

需要注意的是，目前新版 PowerPoint 已可供 Office 预览体验成员试用 Windows（版本 2304 – Build 16327.10000 或更高版本）和 Mac（版本 16.72 – Build 23040900 或更高版本）。

自带录制功能的 PowerPoint

办公演示的时候不少人都会开启录屏功能，除备份外还可以作为“复盘”使用，而在人们寻求第三方免费录屏工具的同时，PowerPoint 本身就嵌入了录制工具，完全能够满足人们日常需求。

新版 PowerPoint 拥有全新的录制选项卡，在“显示”标签中可以找到录制按钮。用户可以录制 PowerPoint 演示文稿，或录制一张幻灯片，并捕获语音、墨迹手势和视频状态。录制完成后，用户可以分享给他人，并在幻灯片放映时播放。当然，用户还可以根据需要导出为视频文件（如图 2）。

新的“记录”窗口有两个屏幕：记录和导出。选择“记录”时，默认情况下会打开记录屏幕。如果选择记录屏幕右上角的“导出”，“导出”屏幕随即打开。用户可以使用记录和窗口顶部栏中的 “导出”按钮在记录和导出屏幕之间切换。

该功能可以在幻灯片的录制过程中，添加摄像头的画面，十分便于网课的录制。在录制过程中，用户可以在右下角的“相机模式”菜单中，选择“模糊背景选项”，使人物周围的背景模糊处理（如图 3）。

点击“重拍”按钮，可以在当前幻灯

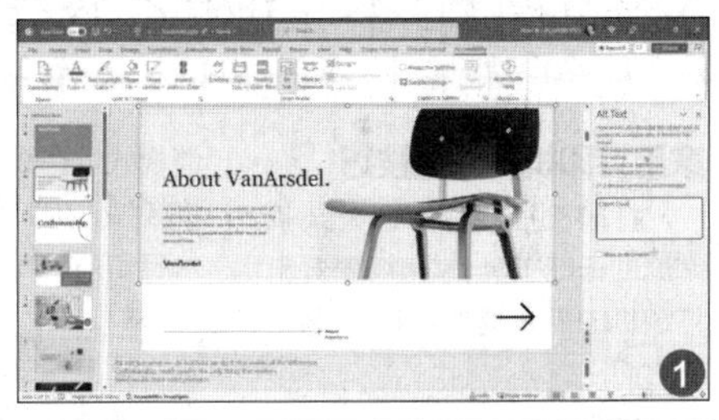

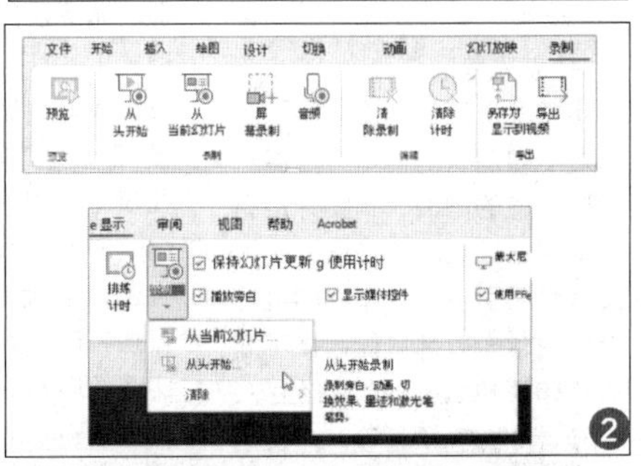

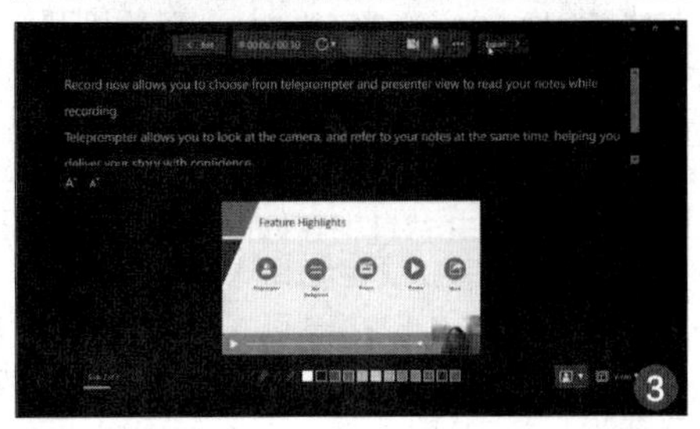

片或所有幻灯片上快速重新录制视频。预览录制功能则允许用户在当前幻灯片上预览录制的旁白、动画、墨迹和激光笔手势，而无需退出录制窗口。

微软 PowerPoint 全新的录制“导出”选项，支持输出 1080P mp4 格式视频，计时、旁白、动画、切换、媒体、墨迹和激光笔手势都可以选择导出。默认情况下，导出的视频的文件名与演示文稿的文件名相同，但你可以根据需要为导出的视频创建唯一的文件名。

根据演示文稿的大小，可能需要几分钟才能导出。导出开始后，可以在“导出”窗口中跟踪其进度。还可以退出记录窗口，并在 PowerPoint 中的状态栏中跟踪进度幻灯片。除了录制功能，微软当下还邀请 Microsoft 365 预览体验成员，为 PowerPoint for Windows 应用中的 Recording Studio 功能，测试全新的提词器功能。提词器会位于屏幕前方，用户在录制视频中可以保持和摄像头的眼神交流，更自然、更自信地传递信息（如图 4）。

微软目前已邀请 Beta 频道的 Microsoft 365 用户参与测试，需要安装 2306（内部版本 16529.20000）或更高版本。通过引入提词器功能，演讲者在录制视频过程中，可以根据滚动的字幕提醒，更清晰、更有条理地表达阐述自己的内容。

用 GIF 动图导出幻灯片

除 PC 版 PowerPoint 持续优化更新外，微软对移动版 PowerPoint 的改进也相当积极。在基础应用方面，微软在苹果 iPad 上的 PowerPoint 功能库中增加了行间距等功能。

除此之外，微软还提供了一系列选项，包括段落前后、文本块内的行间距，几乎就像在台式电脑上的操作和功能一样。和桌面版 PowerPoint 类似的是，行间距功能可以通过主界面上 Home 标签上的一个专用按钮来实现。

而相对文本编辑，更让用户心动的还是“用 GIF 动图导出幻灯片”功能了。用户使用 PowerPoint 创建动画 GIF 非常简单。在 PC 或 Mac 上，打开演示文稿并导航至“文件”—“导出”—“创建动画 GIF”。

在 iPad 上，用户需要先打开所需的演示文稿，然后点击文件菜单（三点视图）以显示创建 GIF 选项。接下来你可以指定哪些幻灯片，每张幻灯片应显示多长时间以及要导出的动画 GIF 的质量。

诸多实用功能的加入，无疑让 PowerPoint 具有更强的生产力属性，不过更让人期待的还是未来 AI 功能的融入。

文档打印不清晰？设置很重要

● **文/** 梁筱

家用打印机的配置技巧

打印机已经成为广大亲子家庭的标配工具，家用场景对于打印机的需求越来越多，问题也随之而来。

期末、暑假，各种学习资料、计划表单的打印中，不少小伙伴发现自己打印出来的内容总是不如别人的清晰，抱怨打印机质量的同时，其实并没有注意到这很大程度是由于个人设置错误引发的。在打印机的设置中，一般都可以选择不同的打印质量，常见的有：经济、ECO、标准、高质量等。在使用经济模式打印时，确实可能会出现质量不佳的情况，这时只需调整质量标准即可。

以爱普生 L485 打印机为例，在设置菜单中，找到“打印机模式”选项，点击进入。在“打印机模式”选项中，有三种模式可供选择普通模式、经济模式和高清模式。在高清模式下，打印速度较慢，但打印质量非常高，适合打印高清晰度的图片、文档等（如图）。

经济模式 / 节能模式也并非一无是处，在经济模式 / 节能模式下，打印速度较快，但打印质量较低，适合打印大量的草稿、备忘录等简单文档。此外，在喷墨打印机的整个使用过程中，印刷介质对打印效果的影响也非常大。相对日常使用的普通打印纸，喷墨打印机在打印图像内容时使用高质量的亚光纸、光面纸、照片纸时，用户在打印机属性中选择“高级—纸张 / 输出”即可看到打印纸张设置项，选择与当前使用纸张相匹配的设置项，往往能起到事半功倍的效果。

打印机喷头“清洗”

这里的“清洗”并非用清水冲洗，而是使用打印机设置，当打印机长时间未使用，导致传输墨水的导管进入了空气，影响打印效果时，通过“设置”项启动打印机“清洗”程序。

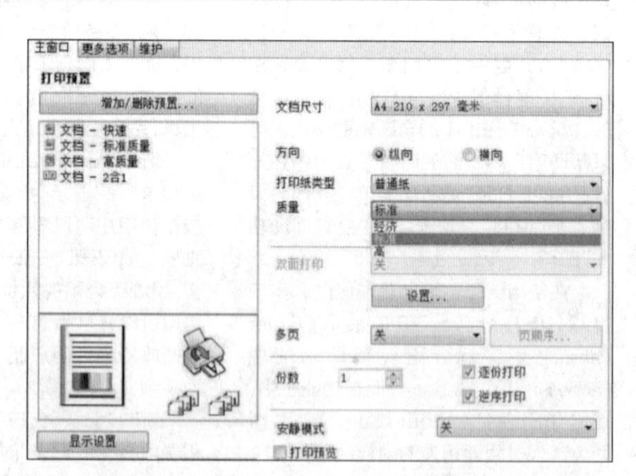

进入打印机设置界面，找到“清洗”选项。选择“大墨量冲洗”，然后按照提示操作即可。整个过程可能需要一段时间，具体时间取决于墨盒的墨量和清洗程度。大墨量冲洗是指通过打印机自带的清洗程序，将墨盒内的墨水全部喷出，以清洗墨盒、喷头等部件。这种冲洗方式比普通清洗更彻底，可以有效防止喷头堵塞和墨水干燥。

通过上面设置技巧的使用，往往能有效提高打印效果，让打印内容从此不再模糊。

暑期来临，青少年上网管控完全手册

● 文/郭勇

限制儿童屏幕使用时间

平板、手机、手表电话……电子设备总能在暑期中找到属于它们的位置，而辛苦一学期的孩子们除了在家长管控范围内使用电子设备放松一下外，漫长的暑假总有这样那样的网课、在线课程需要独自在家的孩子们使用电子设备，可谁又能保证颇具好奇心的小孩不会额外使用电子设备奖励自己一些游戏时间呢？管控变得非常重要，尤其是屏幕使用时间。

以 iPhone/iPad 为例，首先，打开 iPad“设置”，左侧选择“屏幕使用时间”。然后，按情况选择“这是我的 iPad”或“这是我孩子的 iPad”。选择“APP 限额”为特定 APP 设置时间限制。在右侧点击“添加限额”后，在弹出的窗口里，点击勾选打算限制孩子游玩的 APP，然后点击“下一步”。最后滑动调整适合孩子的限制时间，点击右上角“添加”即可（如图 1）。

完成一系列设置之后，一定要回到屏幕使用时间界面，点击右侧的“为屏幕使用时间设置密码”来设置密码。不然，孩子可以忽略这个限制。正确设定后，当孩子每天玩了一定时间的应用之后，系统会自动弹出限额界面，阻止 APP 的继续运行。

iOS 设备之外，华为手机平板用户也可以设置屏幕使用时间。打开“设置”应用程序，然后向下滑动并点击“安全与隐私”或者“健康使用手机”。在“安全与隐私”或者“健康使用手机”页面中，向下滑动并点击“更多设置”或者直接开启。接下来在“更多设置”页面中找到“青少年模式”选项并点击“进入”或者选择“孩子使用”，点击“确定”。在使用者界面选择“孩子使用”进入，并点击“可用时长”，设置每天允许孩子使用手机的总时长。点击“应用限额”，选择需要设置的应用，设置允许使用该应用的时长（如图 2）。

点击“停用时间 —添加停用时间”，根据提示设置停用手机的时间段。您还可以点击“家长防护”，并按提示登录您的华为账号，避免手机被强制恢复出厂设置，而导致屏幕时间管理失效。

用户需要输入一组密码，以便以后可以取消或更改青少年模式设置。您还可以设置定时任务，在设定的时间范围内自动开启和关闭青少年模式。可以根据个人需求自定义设置。

其他支持屏幕使用时长设置的安卓手机在整体设置流程上大同小异，当孩子无法点亮电子设备屏幕时，自然也就没法用电子设备玩耍。

防止孩子下载 APP

不少孩子都有自家平板、手机的指纹解锁，而防止购买 iTunes Store 与 App Store 应用则可前往“设置”，然后轻点“屏幕使用时间”。轻点“内容和隐私访问限制”（如果系统要求你输入密码，请照做）。接下来轻点“iTunes Store 与 App Store 购买项目”，选取一项设置，并设置为“不允许”，用户还可以更改 iTunes Store 与 App Store 或“图书商店”中其他购买项目的密码设置。请按照步骤 1—3 操作，然后选取“始终需要”或“不需要”。

而国产安卓手机在这一块做得更为贴心，以 vivo 手机为例，通过下滑右上角或者在手机桌面上找到“设置”，在设置下滑中找到“健康手机”并点开。点击“开启”并选择“我是孩子”，设定密码，再找到应用限额，搜索选择游戏，设置使用时间。

除此之外，不少国产手机都搭载有儿童保护模式。但界面和功能使用起来始终有些让人不习惯，相对而言不如限制部分应用的使用和安装。

阻止访问儿童不宜内容

除了从终端着手限制儿童上网，家中路由器也是一个非常好的管控渠道，当前华硕、TP-LINK、腾达等路由器都具备限制设备访问互联网的功能。如果在路由器中设置，孩子会自动无法在线玩游戏和上网，可以避免终端设备限制，从而引发孩子哭闹等直接对抗。

以华硕 RT-AC86U 路由器为例，其网页与 APP 过滤是家长电脑控制程序的一项功能，开启此功能之后可以允许您禁止访问不必要的网页和应用程序。路由器用户在网页浏览器上手动输入无线路由器初始 IP 地址“http://router.asus.com”后进入华硕路由器后台管理界面（华硕路由手机 A 也可以设置），在导航面板中，依次点击“一般设置—AiProtection 智能网络卫士”。

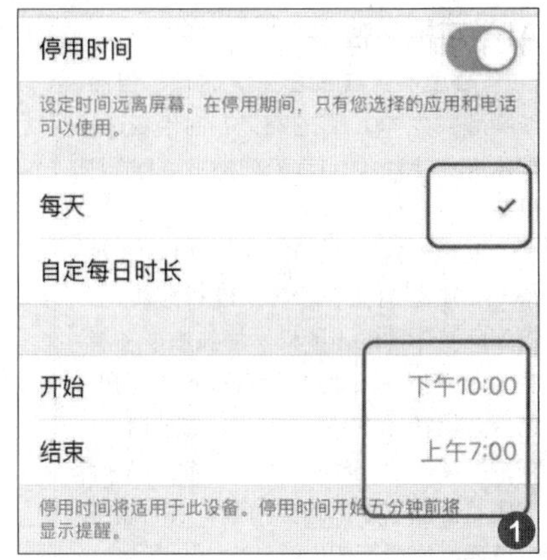

在“AiProtection 智能网络卫士”主页面，点击“家长电脑控制程序”图标进入“家长电脑控制程序”标签页。然后选择“网页与 Apps 过滤”栏位，点击“ON”后启动。当终端用户许可协议消息提示出现时，点击“我同意”，再继续下一步。在“客户名称（MAC 地址）”栏位中，从下拉列表中选择或手动输入客户端名称（用户也可以在“客户名称 <MAC 地址 >”栏位输入客户端 MAC 地址）。

在“内容类别”栏位，从四个主要选项中选择过滤条件——成人、即时信息和通信、P2P 和文件传输、流媒体和娱乐。最后点击“+”号添加客户端文件，设置您要禁止设备访问的网页或 APP，再点击“应用本页面设置”保存设置。

经过上面系统的设置，相信这个暑期不用太过担心孩子们无节制地使用电子设备了。

暑假不会辅导课业？这几款APP一定要掌握

● 文/ 李言

AI 学习机平替

“哪里不会点哪里”——这句广告语能唤醒多少“80 后”的回忆？时代变迁，技术进步，曾经的点读机已然被 AI 学习机替代。

小度、科大讯飞、学而思、作业帮……临近暑假，AI 学习机渐行渐火，正如同多年前的点读机一样风靡亲子消费市场，但当前市场上主流的 AI 学习机售价普遍在 4000 元上下，虽然能请 AI 帮忙批阅作业、全程陪同“学、练、考”，可问题是居高不下的购买门槛，依旧让不少普通家庭望而却步。

然而，在平板电脑早已成为亲子家庭标配的今天，通过“平板 / 手机 +APP”的方式，一定程度上也可以实现对 AI 学习机的平替。这里首先要给大家推荐的是一款名为“小点斗”的 APP，其专为中小学生打造的智能 AI 学习软件，拥有智能教育、作业管理、辅导监督的功能，能够有效地减轻家长辅导孩子的压力，绝对是广大亲子家庭孩子暑期学习的重要“学伴”。用户第一次使用“小点斗”时，需要填入孩子年级、教材版本等信息，以便 APP 能更精准地提供学习资源（如图 1）。

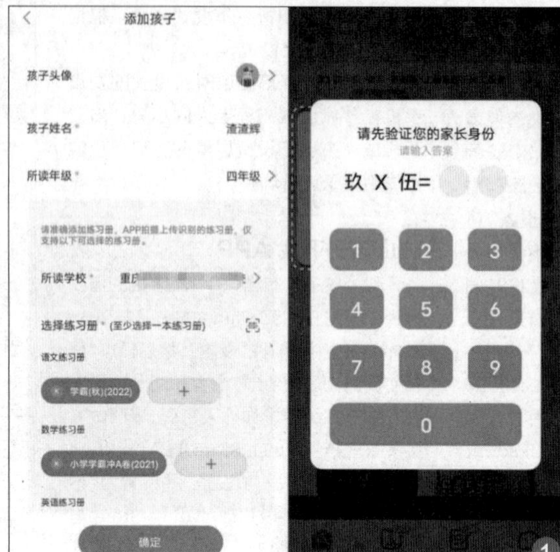

“小点斗”对孩子信息的收集比较具体，从年级、学校到日常使用教辅，进而能够相对准确预判孩子日常学习水平。而在正式使用软件之前，还会通过题目考核是否家长，从而开启平台权限，较好地避免了孩子直接用“小点斗”搜答案。

在“小点斗”主界面最醒目的位置是“对错笔记”和“错题本”这两个最常用的功能，前者类似作业帮和题拍拍等软件，主要是帮助用户快速批改作业，AI 智能识别出练习册答案，而家长只需在答案上点一点就可以快速批改作业。如果答案识别不准确，用户还可以点击“搜索答案”手动搜索。而智能错题本让孩子根据批改结果订正作业，且点击“错题本快速打印”，做到高效复习错题（如图 2）。

除了以上功能，“小点斗”还搭载了学习诊断和专属练习功能，前者只需用户点击“学习评估”，就可以查看孩子的学习情况，这里按需查看“周报”“单元报”“学期报”。有些遗憾的是，目前“小点斗”不少核心优势功能都属于 VIP 会员使用范畴，好在其购买相对灵活，用户可分时间段购买一周七天、一个月或者半年的 VIP 使用权限，对于身处暑假的用户而言，这样的功能的确非常有效。

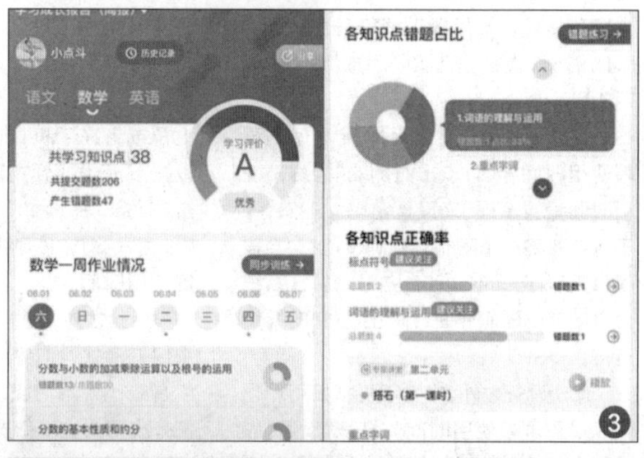

事实上，不少 AI 学习机本身主打的也是精准学情报告，而“小点斗”实现平替的关键也是学情报告，其分阶段为孩子做“学习体检”，且智能生成学情周报、单元报、学期报快速定位薄弱项，为进一步提升指明方向（如图 3）。

相对于普通搜题软件，“小点斗”比较强的还是学情报告这一块能够检验孩子学习状况的功能，不过遗憾的是需要付费购买，而 2 个月的暑假中，如果孩子在家自学时间较多，完全可以购买一个短期的会员权限使用。

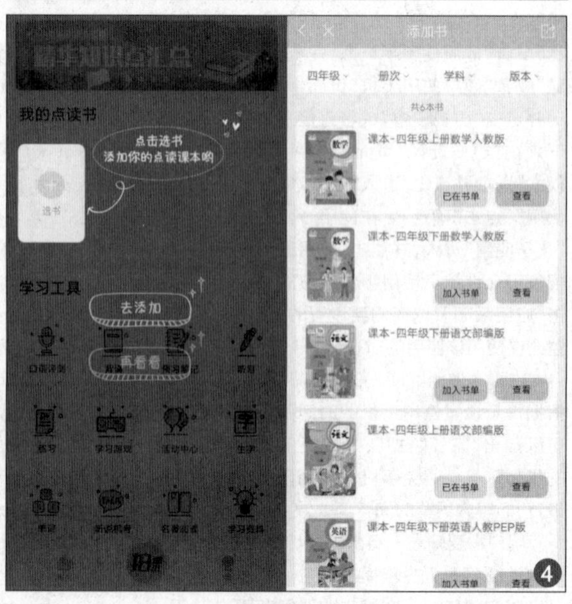

预习有窍门

“暑假是弯道超车的最好时间”——想要弯道超车，在学习上有所突破，预习是必不可少的环节，而相对学校老师的指点，暑假的预习更多是在家长的引导下完成，这时，一款专业的预习APP就非常必要了。

“倍速点读”来自大名鼎鼎的倍速课堂，下载并首次启动时，其会要求用户添加当前使用的课本（如图4）。

这里添加的“点读”课本主要是英语课本，通过点读的方式完成对英语的预习，不过仅第一单元为试用版，随后就需要用户付费，这点多少有些不太划算。而在学习工具区域，“预习笔记”是非常实用的功能，用户按照年级将课本全部添加后，即可点开查看每篇课文的预习笔记（如图5）。

倍速系列原本在预习上就具有非常好的口碑，“倍速点读”同样以批注的方式完成对一篇课文的笔记预习。除了最核心的“点读”与“预习”两大功能，“倍速点读”还搭载了“听写”“练习”“听说机考”等非常实用的功能，完全可以很好地扮演“助教”的角色，而一些“学习游戏”也是围绕“学、练”展开，帮助孩子进一步巩固学习成果。此外，“口算检查”和“作业答案”也能有效提升暑期甚至平时学习效率，不过一定要防止孩子私自使用这两个功能来抄答案。

“倍速点读”虽然称得上预习神器，可不少功能同样需要充值才能使用，而“国家中小学智慧教育平台”就是官方出品、全免费的预习帮手了。在“国家中小学智慧教育平台”首页面的“课程教学”板块选择自己的年级。

进去之后用户即可看到全国各地中小学名师录制的课程讲解，在新学期正式开课之前听一遍这些名师讲解，能让孩子对新学期内容有一个初步了解，而即便开学之后，也能用该平台上的内容进行复习，且每课都配有“课后练习”，能够较为系统地帮助孩子掌握知识。

搜题得有专业工具

“学、练、考”能够成为一个孩子掌握知识的闭环。想要检测孩子暑期学习效果，一定的练习题是必不可少的，何况暑期作业也会对知识体系进行温故知新，可问题是随着孩子年级的增长，题目难度也在增加，许久不碰这些知识的家长并非每一道题都能顺利解出，而且即便家长会做，在方法上也不一定符合小孩接受范围，这个时候就需要搜题软件帮助家长答疑解惑了。

事实上，市面上有不少搜题软件，而笔者这里更推荐的是夸克APP，该软件以类似浏览器的设计形式，嵌入了“夸克学习”“夸克高考”“夸克扫描王”等实用型工具，能极大提升暑期学习效率。以“夸克学习”为例，在夸克APP首页点击进入后即可看到其顶部的“拍照答疑”和“1Ⓥ1答疑”两个功能选项。

“拍照答疑”本身又细分为“口算批改”“拍单题”“拍整页”和“拍教辅”四个功能项，选择“拍单题”后拍摄想要解答的题目即可。

对于每一道想要解决的难题，夸克APP会搜索给出多个可供参考学习的答案，不同答案在题目解答细节上多少有些差异，家长和孩子都可以通过视频和文字解答完成对难题的攻克。同大多数单独搜题软件一样，夸克APP视频解答需要充值会员，不过同样充值，夸克APP提供“1Ⓥ1连麦解答”，真人解答往往能更好地让人学懂。而对于夸克会员用户，还可以免费查看“本题考点”视频，以实现举一反三的效果。

相对于针对题目的解惑，“1Ⓥ1答疑”更像是为知识点准备，在暑期学习和练习过程中，往往会因为一些知识点的关联产生困惑，就可通过“1Ⓥ1答疑”寻找真人老师远程连线解决。用户可以根据学科选择不同的老师进行解答。通过每个老师的卡片资料，能够了解他所擅长的领域以及其教育经历，并通过好评率等口碑对其做初步了解。

除了答疑，这些兼职老师还提供“学习群”，在老师对话窗口点击“加入学习群”按钮，即可在弹出对话中看到“云自习室群”的群号，复制号码后打开QQ即可加入，同一群人一起学习，往往能更好地激发学习兴趣。当然，真人答疑也是需要费用才可以形成良性循环，目前的优惠促销活动中，含10次免费提问的答疑卡，目前售价是69元，而每次答疑解惑同样是以一道题计量，这意味着在正式咨询问题之前，一定要梳理好自己的问题，尽量简单明了地表达且清楚提出诉求。

“自学”是选择夸克APP的另一个原因，点击夸克软件界面底部的“自学”按钮即会提示用户选择在读年级，完成后即会显示所在年级所有的科目课程。

这里更像是一个学习包内容的销售平台，用户可以根据个人需要选择购买相应的课程，大部分课程售价在三四十元，且小学阶段大多以动画形式授课，也较容易被低年级学生接受。以人教版语文四年级下册为例，28讲的内容售价为49.9元，无论是总价还是单课售价都并不算贵，不过这里需要注意的是，不少AI学习机本身内置了大量免费课程，相对而言，APP购课一次性付费门槛较低，但购买多个课程叠

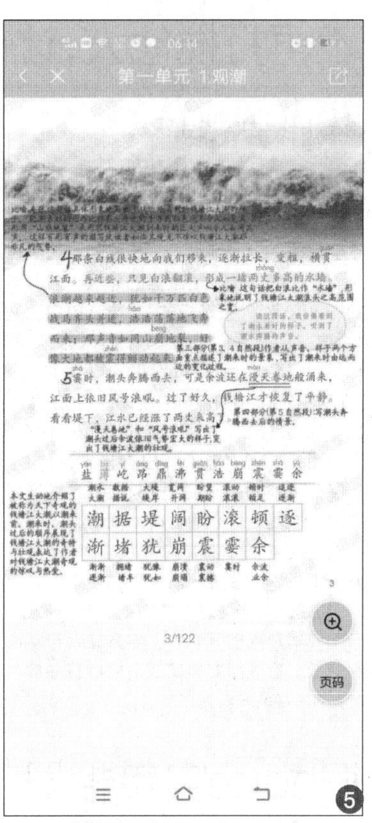

加的话，总体价格也不算低，购买时一定要想清楚是否真的需要和对学习帮助大小。

除夸克APP之外，作业帮也是当下比较主流的搜题软件。同样是通过拍照的形式，即可完成“作业批改”和“搜索答疑”。作业帮重点推荐的项目，应该也是瞄准暑期争夺用户流量，不少课程打出了1元甚至0元的价格，的确有些诱人。

笔者这里要提醒大家的是，这类低价甚至免费的课程在订购过程中，一定要反复确定是否存在连续续费等附加条款、后续课程价格等因素，在同客服沟通过程中也多用截屏软件保存对话记录，以免薅羊毛的时候被割了韭菜。

在搜题领域多年的沉淀让作业帮如今成为平台化的存在，除简单的搜题功能操作外，还提供了错题本、教辅商城等功能。而其SVIP会员中心也包含了AI精准测、AI精准练等功能，很好地完成AI学习机的部分功能覆盖，当然，用户也需要支付一部分费用。

总体而言，这些软件能在功能和内容上实现对AI学习机的一定覆盖，对于暑期打算自学和“超车”，却又对AI学习机有些迟疑的亲子家庭而言，多花费一些时间选择定制化的学习内容，一定也会在暑期取得收获。

不再打搅他人，让微信开启“安静模式”

● 文/ 李言

微信上线“安静模式”

开会、讲座时，原本开着微信只想安静地“摸鱼”，可消息通知、音视频通话、视频号内容播放等场景下闯入的声音，会否让你生出挖个地洞钻进去的想法呢？为满足人们在安静环境下刷微信的想法，最新版 iOS 微信带来“安静模式”功能。用户通过“微信”—“我”—“设置”—“关怀模式”，打开“关怀模式”后，可以看见这里多了一个“安静模式”的选项，勾选就能开启(如图)。

“安静模式”同系统音量进行了区分，开启后，进入微信，会弹出音量条，且可见其自动调整为最低。退出微信后，系统音量会自动恢复到原来的设置。同时，在“安静模式”下，如果你需要临时开启声音，可以点击手机“+”音量。微信会提示是否开启声音播放，点击“播放”按钮就会有声音了。当用户离开当前界面后，声音又会自动调到最低。若关闭安静模式，微信将播放声音，并响应系统音量控制。

微信称，这个功能是专门为了那些听不见声音的人开发的。微信团队经过对听障人士的调查得知，他们最主要的感受是害怕声音外放，害怕别人听到他们用手机时发出的声音。而他们多数时候会忘了手机声音已经打开。他们也无从得知，那个被误调节到最高的音量柱，发出的声音有多大。其实这个模式对于普通用户而言也很实用。尽管普通人群可以直接禁音或者随时手动调低音量，但去往公共场所时若提前开启这个模式便可以避免很多尴尬的场面。

为长辈准备的“关怀模式”

除为听障人士开发的“安静模式”外，微信为老年人群体也开发了“关怀模式”。如果有长辈需要使用微信，你可以在“我”—“设置”—“关怀模式”这里开启，打开之后不仅文字和按钮变得更大，也有更多适老性功能加入进来，比如全部文字都可以通过点击进行收听、添加朋友无需滑动就可直接点击等等，为长辈们提供轻松的使用体验。

对于细分市场受众而言，这类“定制化”功能明显能带来更好的使用体验，普通用户不妨也尝试一下。

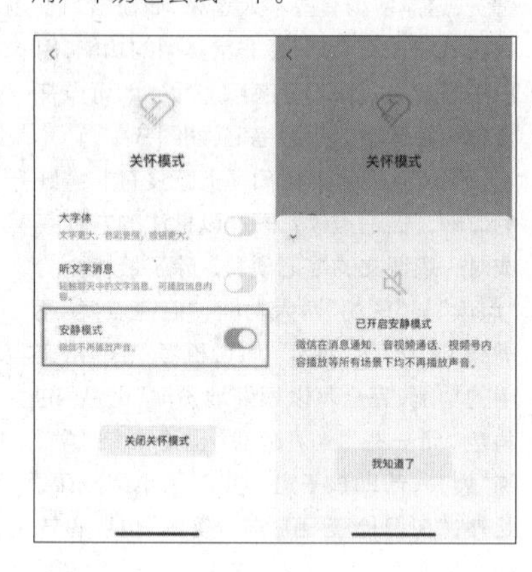

iPhone自带相册就能调出“富士味儿”

● 文/ 阿贵

在此前“6·18”期间，为了促销，不少产品都“打骨折”，但在这当中，有一个例外，那就是富士相机。在相机市场越来越疲软的当下，富士相机却被炒到飞起，动不动就断货、溢价，根本不愁卖，想买还要靠“抢”。

要问为什么，小红书出来挨打(bushi)。打开小红书，搜索“富士”两个字，可以看到满屏的复古胶片风，正是小红书用户们最爱的风格。自然它的种草能力也十分了得，把价格都给冲高了，“以前没钱买富士，现在没钱买富士”。

于是他们又开发了全新的赛道——iPhone 调出富士味儿。在小红书上以“iPhone 富士”为关键词，会发现搜出来的帖子几乎全是“iPhone 真的很富士”“iPhone 原相机调出富士感”……

有一说一，这些博主调出的照片还真的很有富士相机的那种胶片感觉，随便挑几张，大家看看：

这些照片都是借助 iPhone 相机自带的调参功能调出来的，在这里我也总结了几个可以把 iPhone 相机调出“富士味儿”的参数，大家还可以参照着学：

打开 iPhone 相册，选择“编辑”，在“滤镜”里找到“反差色”(或直接 iPhone 原相机，用反差色的滤镜拍也是一样效果)。

具体参数

曝光	鲜明度
-10	+10
高光	阴影
+16	-12
自然饱和度	色温
+15	-15

数值也可以根据自己的照片进行加减，调色思路就是增加高光 / 降低阴影，画面有较高的对比，同时色彩上整体偏蓝绿调，右侧是我们调出来的前后对比图。

其实要把 iPhone 调出“富士味儿”，得要明白到底什么是“富士味儿”。富士相机的不同之处，除了它复古的造型，还在于凭借自身对胶片色彩深刻而透彻的理解，并在数码时代大胆将胶片色彩移植到了数码相机上，让数码相机也能直出胶片味的风格化色

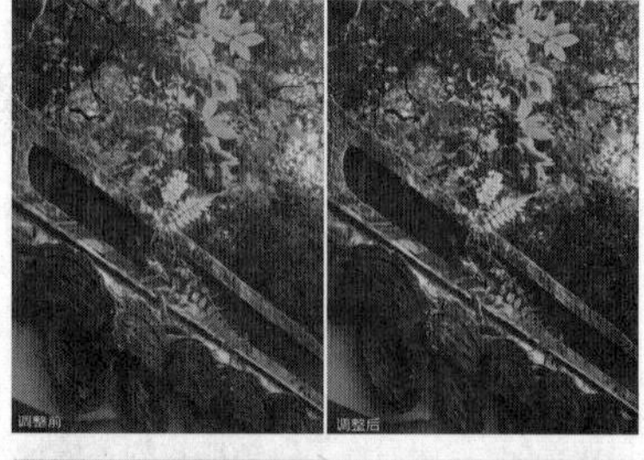

拷贝/粘贴编辑点可批量复生制

彩，轻松一拍即可营造复古风。

这也是为什么别的相机品牌学不了富士的胶片感，富士通过机内滤镜还原，对于算法和机内处理能力是有很高的要求。这恐怕也是在众多手机品牌当中，iPhone 会成为小红书用户眼中那个最能调出“富士味儿”的手机的原因。说到底把胶片数码化，不仅仅是加个暗角就完了，同样也存在着色彩科学。

iPhone 调出“富士味儿”的灵魂，就是它的反差色滤镜，其在图片的对比度和明暗反差上下功夫，整体会呈现出一种低饱和、高对比的效果。这种效果往往会有复古、增加年代感的感觉。

最后是关于滤镜参数的保存，怎样将调好的参数适用于其他照片？

iPhone 照片的拷贝 / 粘贴编辑点功能，以前就介绍过，照片调好色后，点右上方的三个点图标，会看到“拷贝编辑点”，点击选择；点开要编辑的照片，选择“粘贴编辑点”，就可以将参数转移过去。

当然，也可以在相簿中批量选择照片，点击下方的三个点，然后进行粘贴编辑点，这样你的 iPhone 就更“富士”了！

对标微软Microsoft 365 Copilot，WPS AI或更懂打工人

● 文/ 颜媛媛

AI+ 推动办公效率革命

在数字办公领域，AI+ 的生产力属性展露无遗。

AIGC 技术在演进的过程中，逐渐形成了数字内容孪生、编辑、创作三大核心能力，为办公软件嵌入更多新功能提供支撑，三大核心能力支撑的一系列文本生成功能可以赋能办公场景，推动办公产品迈入智能化发展新阶段，助力办公产品从效率工具向生成工具转变。如今，AI 通过提升人类的内容生成能力、人机交互能力和非结构数据处理能力，来赋能办公场景：一是 AIGC 技术开启办公软件发展新阶段，办公产品从效率工具向生成工具转变；二是大模型提升人机交互能力，降低办公软件使用成本；三是 AI 提升办公软件非结构化数据处理能力，帮助企业更加高效地挖掘数据资源价值。

AI 与办公应用的融合，国内外厂商已有诸多实践案例。微软和谷歌都发布了融合 AI 的办公应用 Microsoft 365 Copilot 和 Workspace，帮助用户提高工具生产力；Salesforce 通过“接入通用大模型 + 自研小模型”的方式，推出 GPT 程序赋能协作产品，提升沟通效率；NotionAI 和印象笔记等笔记类应用，通过接入大语言模型实现文档自动写作；飞书推出 AI 助手“MyAI”，以对话形式提供多种功能，包括优化和续写文字内容、创建日程、自动汇总会议纪要、搜索公司内部知识库等。

而作为办公领域的两大现象级产品，Microsoft 和 WPS 这两个国内办公市场的头部阵营，同样在 AI+ 办公领域积极布局。

对标 Microsoft 365 Copilot 的 WPS AI

年初，微软宣布将刚刚发布的最新一代 AI（人工智能）模型 GPT-4 植入 Office 办公软件中，引来叫好声一片。业内称其有望成为下一款 AI 超级应用，甚至有评论认为，微软的新产品将“开启 AI 协同人类办公的时代”。

3 月 16 日，微软正式宣布推出 Microsoft 365 Copilot（如图 1），把 Word、Excel、PPT 之类的办公软件，Microsoft Graph，以及 GPT-4 做了一个超强联合，所有软件互通，GPT-4 穿梭其中。在接入 GPT-4 之后，Microsoft Office 的功能将会得到极大的增强，即便你不懂技术，但只需要你懂得描述需求，Office 就可以给你生成很多强大的功能，甚至帮你解决很多棘手的问题。

Microsoft 365 Copilot 无疑勾勒出一幅美好的智能办公蓝图，不过对于国内用户而言，Microsoft 365 Copilot 更多还是“水中月”一般的存在，各种功能体验需要复杂的流程，国内办公用户更期待 WPS 在 AI 方面的努力，而金山办公这一次也没让大众失望。

4 月 18 日，金山办公展示了其具备大语言模型能力的生成式 AI 应用——WPS AI！据官方介绍，WPS AI 是国内协同办公赛道上的首个类 ChatGPT 式应用。它的第一站，便是搭载到金山办公新一代在线内容协作编辑产品——轻文档。

5 月，金山办公宣布，WPS AI 将把大模型（LLM）能力嵌入四大组件：表格、文字、演示、PDF，支持桌面电脑和移动设备。同时，金山办公表示 WPS AI 将进一步向三个方向迈进，包括 AIGC、阅读理解和问答、人机交互。

嵌入 WPS 的 AI

虽然当下金山办公已经将 WPS AI 嵌入“全家桶”，但同其他大模型一样，用户需要先在 WPS AI 官网上申请体验资格。申请通过后账号自动获取权益，而 WPS 也会发出手机短信提示，用户根据提示下载相应版本的 WPS 安装程序即可（如图 2）。

新版的 WPS 会对原有程序进行覆盖，用户登录信息这些都会直接保留沿用。启动新版的 WPS 后发现，其排版界面使用较大的图标，且界面切换立体感更强，整体风格更亲近一些。

在唤起 AI 上，以文本内容创作为例。新建一个文本后，在文本界面输入“@AI”，系统即会提示用户“按 Enter 唤起 WPS AI 助手”，用户也可以直接点击鼠标右键，在弹出对话框中点击“WPS AI”唤起（如图 3）。

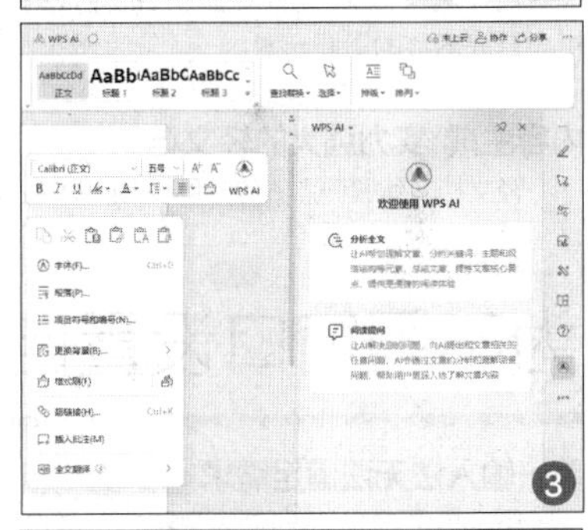

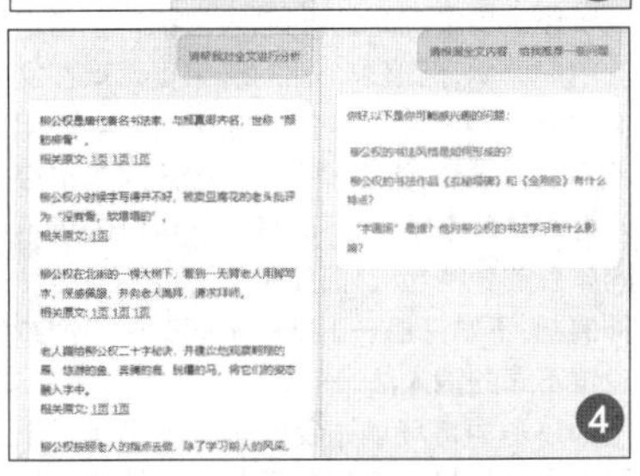

事实上，在 WPS 顶部工具菜单中，早已嵌入了“WPS AI”按键，用户点击后即可调出“WPS AI”操作面板。在文本创作界面，“WPS AI”分为“分析全文”与“阅读提问”两大功能模块，底部则是对话窗口，整体界面相对简洁，而笔者将主要从文本应用方面，检验“WPS AI”的生产力属性。

文本解析：强悍的分析能力

相对于交互式对话窗，“WPS AI”操控界面提供的对话窗本身更像是快捷功能调用界面，这里默认提供“请写出文章的核心观点、请写出文章的概述、请列出文章的大纲”三个主流功能，用户点选之后会根据命令给出答案。

笔者以人教版小学四年级上册语文课文为例，让“WPS AI”列出文章的大纲，后者非常清晰地将文章内容进行了解析，从引言到各个段落的中心点提炼及解析，都非常详细，能够很好地帮助我们实现对文章的理解。

而除了预设的几个问题之外，用户也可以直接点击“分析全文”，让“WPS AI”对全文进行分析，以“柳公权拜师”一文为例，“WPS AI”的“分析全文”功能类似完整的批注，对文章段落、句子进行了非常详细的批注（如图4）。

点选“阅读提问”后，“WPS AI”则会对这篇文章进行问题的列举，为用户全方位品鉴文章提供了便利。

“WPS AI”非常强大的是其不仅支持中文文本的解析，同样可以对外文进行解析，对于想要快速理解海外文献的用户而言，“WPS AI”算是给出了一条捷径。略有遗憾的是，“WPS AI”操控界面并未提供解析内容导出按钮，不知是否因为目前处于公共测试的缘故，这点倒是非常希望加入，毕竟对长文章的解析、文章架构的分析，能够极大提升用户阅读效率，也能让解析、批注成为用户打造内容的重要元素。

内容生成：实力强大的轻文档

轻文档，体验一点不轻。轻文档原本是“WPS AI”的第一站，经过一段时间的体验后也直接并入了WPS客户端中。点击“新建”或“+”号后，软件会提示用户选择想要新建的文本类型，这里选择“在线文档格式”中的“轻文档”，就能进入文本编辑界面（如图5）。

事实上，该界面与当下流行的在线智能文档类似，不过在非常醒目的地方加入了“WPS AI”按钮提示，相对于传统“文章大纲”“SWOT分析”“工作周报”，在轻文档中启动“WPS AI”后，其对话框提供了多种预设内容模板可选，目前总体分为“起草”和“选择文档生成”两大类，这里尝试选择“新闻稿”（如图6）。

AI会在对话框中提示我们输入“新闻主题”，这里尝试继续输入“暑期游学”，点击右侧执行按钮后，“WPS AI”即可自动为我们生成一篇新闻稿。不同于笔者以往使用的大模型在文本领域的应用，“WPS AI”不仅会提供文本内容，更会在左侧提供类似大纲的目录，整个文章内容架构非常清晰。

完成一篇文章的基础构建后，用户点击屏幕任意位置，即可退出“WPS AI”编辑界面，返回WPS轻文档界面后，用户除对字体颜色、大小、段落进行基础的编辑外，也可以在顶部工具栏中点选“插入”按钮，从而为文章插入图片、表格、超链接、高亮块等轻文档元素内容。

作为一名称职的办公助手，“WPS AI”除能自己独立完成新闻、广告等极具生产力属性的文字内容创作外，还可以对用户创意、想法进行续写、扩充或润色。在写下一段奇幻故事的开篇后，笔者尝试圈选后鼠标右键调出“WPS AI”，再点选“续写”功能，一篇逻辑清晰、生动形象的故事就真的跃然纸上。

这里建议用户在文章完成“续写”的同

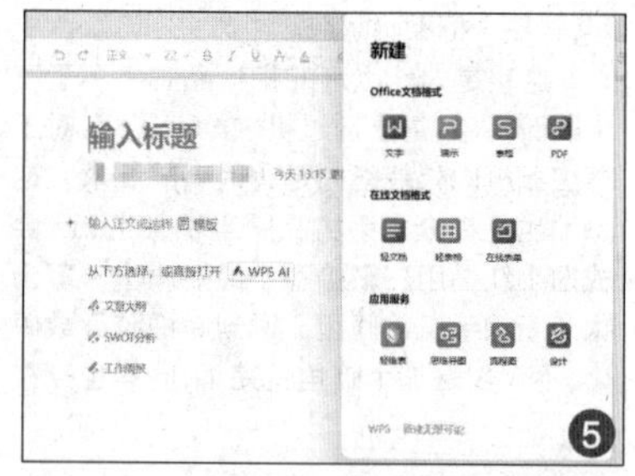

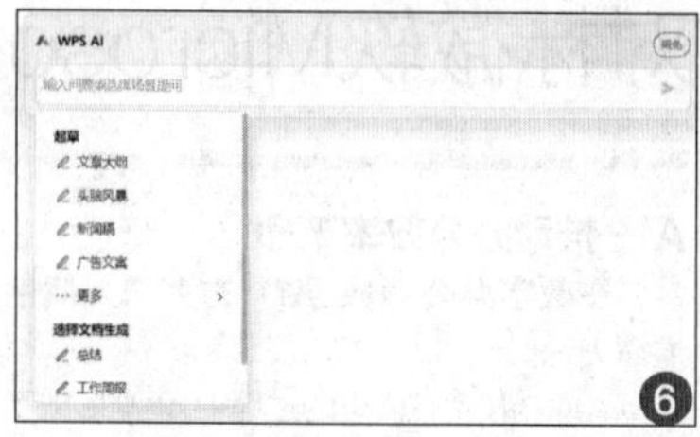

时，再点击“润色”按钮，再一次对文章进行修饰，笔者对比了一下，“润色”后不仅删掉了原本冗余的词语，情节设计也更为紧凑一些。这意味着一篇要求不太高的文章，经过“WPS AI”两次修改之后几乎可以直接使用，具有极强的实用性。

总 结：重塑办公模式

直接输入一句简短的描述，就能生成初稿；只需输入要演示的信息、想要的风格，点击生成，一份排版精美、动画丰富的PPT就诞生了……当办公软件得到人工智能的加持后，人们的工作方式或许会从根本上改变，“AI+办公”等生成式AI应用将在更大程度上释放人们的生产力。而对于企业而言，能否把握这一波技术浪潮带来的机会，将成为其是否能在新一轮角逐中拔得头筹的关键。

为不同窗口设置自动输入法切换

● 文/梁筱

单一输入法无法满足需求

经过多年沉淀，不同输入法都有了各自的用户群体，而追求个性的玩家更喜欢在文本输入、游戏、聊天等各项应用窗口中使用不同的输入法，提高输入效率的同时也能很好地满足玩家个性（不同输入法可以内置不同体系的表情包）。而如果你有以下任意一种情况，不妨考虑一下针对不同的应用窗口设置不同的输入法——

1. 多语言环境：我们可能需要在多个语言之间切换，而每种语言都有其独特的输入法。

2. 特定应用需求：某些应用程序可能对特定输入法有要求或优化，使用相应的输入法可以提供更好的体验。

3. 个人喜好：每个人对输入法的偏好不同，因此为每个应用窗口选择不同的输入法可以提供个性化定制。

而对于终端用户的刚需，Windows、Macos和Linux等主流操作系统其实都提供了应用窗口输入法设定，能够根据不同应用自动完成输入法切换。

针对不同应用配置输入法

以Windows 11为例，点击“开始”—“设置”—“时间和语言〉”输入〉高级键盘设置，勾选“允许我为每个应用窗口使用不同的输法”复选框即可。

如果小伙伴使用的是的老版本系统，在以上路径没有找到的话。可以尝试在“控制面板”“时钟、语言和区域”“语言”，找到左侧的“高级设置”，在这里勾选“允许我为每个应用窗口设置不同的输入法”。

此外，某些输入法可能在同时使用时产生冲突或不兼容性。确保您选择的输入法能够正常工作并与其他应用程序兼容。

Windows11输入法切换不出来

输入法自动切换固然好，但习惯了手动切换输入法的小伙伴，有否遇到过无法切换输入法的情况呢？

这时，用户可以右键点击任务栏上的开始图标，在打开的菜单项中，点击“设置”，左侧点击“时间和语言”。打开的时间和语言窗口中，找到并点击“语言&区域”（Windows和某些应用根据你所在的区域设置日期和时间的格式）。

接下来在相关设置下，点击键入“拼写检查—自动更正—文本建议”，再在弹出窗口中点击“高级键盘设置”，找到并点击语言栏选项后，文本服务和输入语言窗口，切换到高级键设置选项卡。

在这里点击再更改按键顺序，然点击选择自己熟悉的快捷键组合，除了解决问题外，这样的设置也能明显提升用户输入效率。

浏览器鼠标手势设置

● 文/ 梁筱

在 Edge 浏览器上启用鼠标手势

微软在今年 3 月引入启用鼠标手势的“MouseGestureEnabled”策略之后，近日面向 Beta、Dev 和 Canary 频道发布的版本中，已提供鼠标手势功能。微软官方并未公布鼠标手势功能，不过已在上述频道的 Edge 预览版中嵌入该功能，感兴趣的小伙伴可以按照下面的操作体验一番。

访问 edge://settings/help 页面，确认升级到 Edge 114 及更高版本。然后用鼠标右键点击 Edge 浏览器快捷方式，在弹出菜单中选择“属性”。

选中目标一栏，在路径文末添加一个空格，然后输入以下命令：

--enable-features=msEdge-MouseGestureDefaultEnabled, msEdgeMouseGestureSupported

点击“确定”后使用修改后的快捷方式重新打开 Edge 浏览器即可看到鼠标手势设置。Edge 浏览器当前会提供 14 种鼠标手势，用户可以据自己偏好进行定制。

收藏夹可隐藏站点缩略图

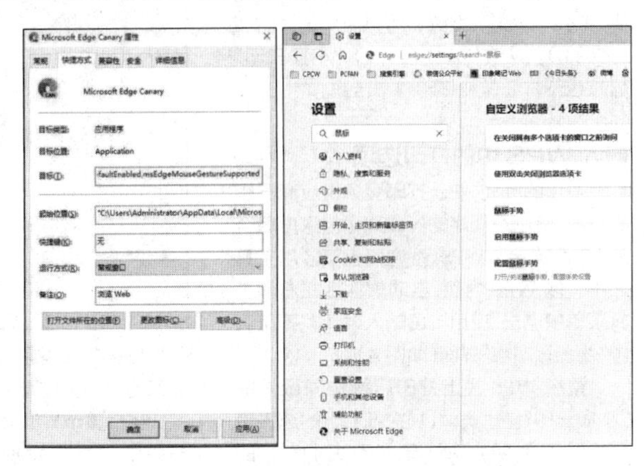

除了浏览器鼠标手势设置之外，微软还更新了 Canary 频道 Microsoft Edge 浏览器，添加了新的设置选项，允许用户禁用收藏夹浮窗中“图像生成”特性。微软目前邀请少量 Canary 频道用户测试该选项，得到邀请的用户在首次打开收藏夹浮窗时会跳出一个小字说明：

你的收藏夹已更新！现在，我们将捕获所有收藏夹、现有和新保存的图像，以改进你的体验。若要关闭映像生成，请访问 Edge setting。

用户启用之后在收藏夹中将不再显示对应网站的缩略图。此外报道中还指出微软正在测试包括“小”“中”和“大”三种缩略图视图。事实上，除了收藏夹之外，用户查看浏览器历史记录的时候，同样可以看到链接缩略图。iOS 版本 Edge 浏览器在升级之后，新增了退出 InPrivate 模式的按钮；安卓版本通过全新的 Drop 功能，将内容保存到相册中。

低至0.05元/页，足不出户即可打印资料

● 文/ 李言

云打印解决批量打印问题

信息爆炸的时代，各种学习资料让不少家长感叹“我缺资料吗？我缺的是一个能做题的孩儿”，可问题是面对各种优质资料，不少家长依旧有打印出来的冲动，可家里的打印机本身设备和耗材费用不低，偶尔打印下作业和期中、期末复习资料是很方便的选择，可却没多少人舍得用自己家里的打印机打印动辄几百页的“内参”“自研”资料，原本为办公用户设计的云打印逐渐受到越来越多亲子家庭青睐。

“小猴云印”便是这样一款以云打印应用为核心的小程序，用户全程自助上传文件，自行打印文件出纸，其间无需麻烦其他客服来协助操作，无论是学生党刷题背书、上班族打印文件还是考研考证复习资料、宝妈育儿辅食早教书籍等，“小猴云印”都能轻松地将电子资料转化为纸质的（如图 1）。

用户在微信即可启动“小猴云印”小程序，也可以通过其同名官方微信公众号启动小程序，其界面绝对称得上极简二字，其首界面就两个部分，除开顶部自己嵌入的广告外，就是提示用户上传打印资料的“立即打印”按键了。该程序目前支持 PDF、Word、PPT 三种格式文件，基本能够满足市面上绝大多数用户所需。

在上传界面中我们可以看到，除常见的“微信上传”与“本地上传”两个选项外，“小猴云印”还支持“百度网盘”与“腾讯文档”直接打印，能为用户打印提供极大便利。

“小猴云印”之所以受到众多用户喜爱，同其在打印上的细节设定有很大关系。笔者尝试上传一份 92 页的资料，其默认费用为 7.56 元，加上 6 元邮费后的总价是 13.56 元，而笔者将打印份数设定为 3 份之后，包邮价变为 22.68 元，单面算下来不足 0.09 元。

除价格比较亲民外，“小猴云印”各项设置也是给予了用户极大的选择权。除了 A3/A4/B5 等纸型以及黑白 / 彩色、单双面打印外，其纸张部分贴心提供“护眼纸”和“普通纸”两种纸张类型可选，充分满足亲子家庭父母的需求。

更有意思的是，用户还可以在“小猴云印”设置中选择装订类型，在打印较厚的资料时，能够带给用户非常不错的阅读体验。当然，不同的细节选择，也会带来价格的变动，“小猴云印”默认为“护眼纸”打印，如果选择普通纸的话，打印费用可以降低 45%左右，大量打印的话，成本控制非常明显（如图 2）。

“小猴云印”另一个很赞的地方是其快递默认为顺丰，对于总价也就二三十元的商品，搭配顺丰速运后，明显给用户更好的观感。有意思的是除了扮演打印工具的角

1

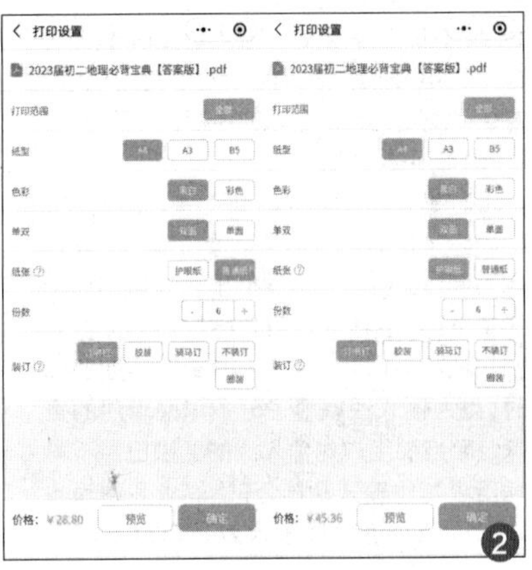

2

色外,"小猴云印"还带有"资料库"。

通过与华图教育、粉笔教育、学科网等平台合作,"小猴云印" 提供了从 K12 到考研、考公等多个类型资料可供用户选择购买(如图 3)。从资料库的设计看,"小猴云印"显然也不甘心做纯打印赚辛苦钱。

嵌入 WPS 中的打印选项

多年的沉淀,使云打印服务供应商已相当成熟,除以小程序的形式同微信深度融合外,其同样嵌入 WPS、百度网盘等应用工具之中。以 WPS 为例,启动软件后在左侧工具菜单中点击"应用",再输入"打印"即可调出"线上打印店"界面(如图 4)。

整个 WPS 线上打印店操作同微信的"小猴云印"基本类似,其在细节上的选择设置提供了更多的选项。笔者测试时 60 页的默认打印费用为 4.2 元,同样低于 0.08 元 / 面的价格,不过快递配送需要 3 元的费用,但比较有意思的是其提供快递配送、隔日达

3

和当日达三种快递方式可选,在快递上倒是给了笔者不少惊喜。

虽然整个界面并没有品牌元素,但通过扫码加入微信发现目前是由 "66 印"为 WPS 提供的服务,而作为国内新一代智能云打印供应服务商,"66 印" 与金山 WPS、福昕软件达成战略合作,配合 16000+ 家遍

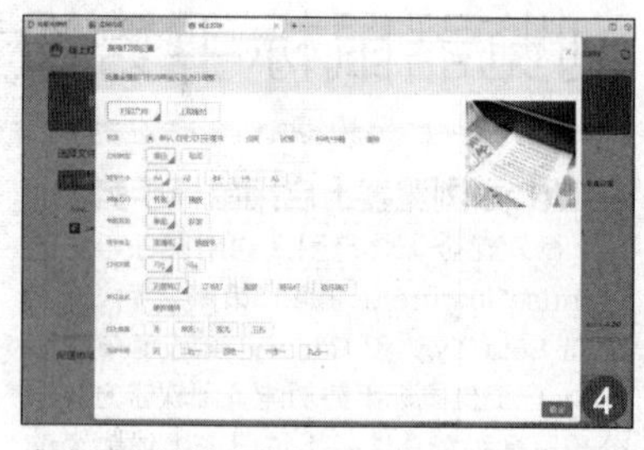
4

布全国各地的合作加盟网点,的确能很好地满足用户足不出户的打印需求。

而百度网盘的"线上打印"功能则放在"工具—效率助手"栏中,点击进去后发现其也是使用的"小猴云印"作为服务商。显然,目前云打印市场已经开始出现头部品牌以生态合作争夺市场的局面了,尤其是两大平台当下价格都非常便宜的情况下,生态服务将是未来云打印市场比拼的重点,而这样立体化的比拼,显然能为用户带来更好的体验。

AI造字哪家强? 讯飞PK百度输入法

● 文/ 李言

输入法成 AI 新入口

从浏览器、办公软件到独立 APP,"百模大战"中的科技巨头不断尝试将 AI 融入人们日常应用中,以获得更高的用户黏性与用户数量,而就在大部分人盯着人机对话、AI 生图等多少有些"同质化"观感的 AI 主流应用时,以微软、腾讯为代表的科技巨头,已经将目光放到了输入法上。

微软 Beta 版 SwiftKey 输入法的出现不仅将 Bing 人工智能聊天机器人整合到了键盘图标上,更提供多种对话模式可选且宣称可以预测用户输入内容,完全可以成为 AI 新的入口(如图 1)。微软之外,同样推出大模型且早已在第三方输入法领域有所布局的百度、讯飞等科技企业早些年都有发布融入 AI 概念的输入法产品,不过这批产品更多围绕字词联想、语音输入等方面进行优化,强调语音、语义理解和用户习惯偏好采集与优化,同当下人机对话有较大差异,以至于多年来输入法一直都是成熟而稳定的市场。

随着 AI 技术更迭和大模型的推出,国内输入法开始寻找自己新的定位,以百度为例,AI 侃侃功能的推出,为用户提供情感 AI 对象林开开和叶悠悠两位虚拟人物,推动 AI 应用在输入法领域落地的同时,也为输入法赢得了更多年轻用户的青睐。而当前用户对输入法的要求已经不再满足于基本输入功能,开始追求多种输入方式以及个性化的输入效果以满足不同

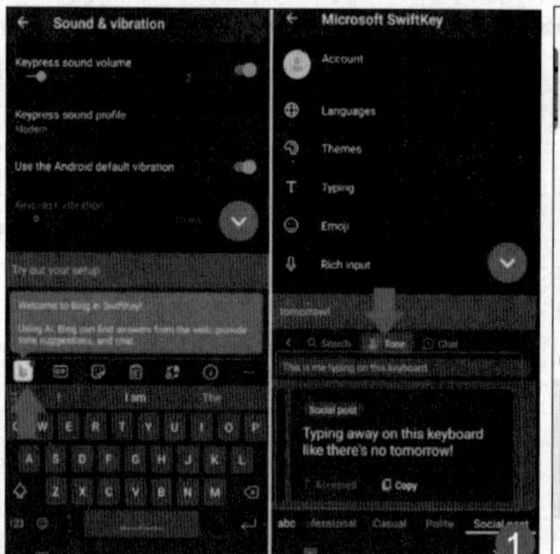

1

场景下需求。面对这样的大环境趋势,百度输入法上线国风键盘,升级 AI 造字、助聊等功能,讯飞输入法在行业内打造首个原创内容生态圈"颜计划",推出高品质的键盘皮肤,满足用户对"颜值"和"言值"双重提升的需求。

今天,我们就以 AI 造字功能为核心,对比下讯飞和百度两家输入法在个性化上的差异。

界面对比:让输入法独立出来

作为使用最频繁的 APP,位于"后台"的输入法往往以幕后角色出现,很少有用户会单独研究输入法 APP 的设置和使用。事实上,作为 AI 时代潜藏的入口,输入法们

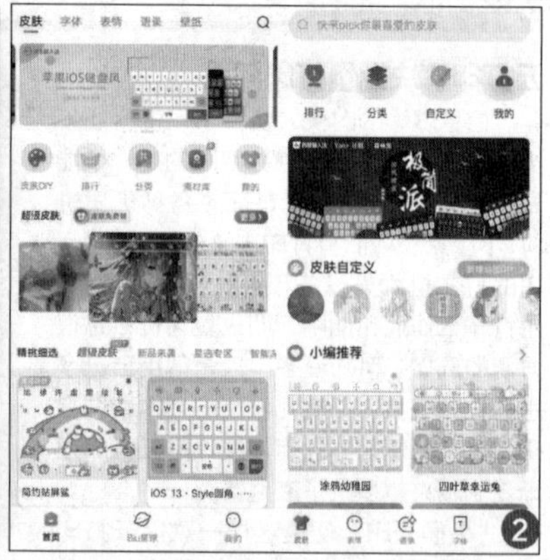

2

早已不满足于"幕后英雄"的定位,相对独立的 APP 设置,为用户提供更多功能服务的同时,也拉开彼此间的应用差异。

启动讯飞和百度两款输入法的独立 APP 后,对比可以发现两者 UI 界面设计差异非常明显,讯飞界面使用图标较小,除展现的信息量较大外,整体也显得精巧,而百度输入法默认图标较大,能有效缓解用户视觉疲劳(如图 2)。

两款输入法 UI 界面均采用上、中、下的三段式设计,顶部为分类菜单,中间内容部分以特色皮肤展示为主,而底部则是工具菜单。两款输入法在底部菜单设计上有较大差异,百度输入法分为 "皮肤""表情""语录""字体""我的"五个部分,讯飞输入法则简单

分为“首页”“Biu 星球”“我的”三个部分，将“字体”“表情”等放到了顶部，用户可以根据需要选用。

从界面设计可以看出，目前输入法独立APP设置是以更换皮肤为主，这本身也是当前输入法用户最常用的功能，而我们重点希望体验的“AI 造字”功能则位于“字体”菜单中，并未独立出现在首界面（如图3）。

点开两款软件的“字体”菜单，“AI 造字”功能区均位于“字体”界面的最中间醒目位置，百度输入法对“AI 造字”功能赋予的口号为“每个人的字都值得留下”，讯飞输入法则简单明了地表示“拍照生成属于你的个性手写体”。

除“AI 造字”功能外，两款输入法还在“字体”界面提供了许多个性化十足的文艺字体供用户选择下载，除限时免费之外，还有大量需要付费的字体可供选择（如图4）。对比后发现百度输入法这边目前提供了大量明星达人的免费字体供用户下载使用，这里的明星字体也是由“AI 造字”打造，为用户提供福利的同时，也为自身功能做了宣传。

拍照造字：创造属于自己的字体

“见字如晤”这或许是只有中国人才懂的浪漫，比起千篇一律的电脑字体，书写的字体总能让人浮想联翩，让人在字里行间感受到温情。

关于“AI 造字”，百度输入法官方的介绍是通过全新设计的内容编码网络及风格编码网络，实现了内容与风格的解耦。可以完整建模用户的手写风格特征，精准还原不同用户手写字体的大小宽窄、笔锋、书写速度和力度、倾斜度及371种连笔习惯，在充分保留用户个性化书写特征的同时，只需要手写30个字就可以生成一套属于自己的字体，涵盖汉字、字母和数字。讯飞输入法则是通过AIGF造字系统（AI Generated Font）将人类手写字体转换成电脑可编辑的新汉字。该系统通过FGHA（Fine-grained handwriting analysis）提取目标字迹、分析字体结构，用真实笔迹作为基础模型；搭载DLHM（DL based Handwriting Modeling）手写字迹建模算法，结合机器小样本学习和图像合成能力，生成专属AI字体引擎，从而方便打造你的个人字库。

两者在表述上或许有一定差异，但在使用方式上就大同小异了，均通过拍照的方式识别并采集用户字体，然后分析并生成属于用户的字体。具体使用上先以百度输入法为例，在“字体”界面点击“创作我的手写体”按钮，系统弹出新的窗口让用户选择“屏幕手写”或“纸上造字”，前者主要是让用户在屏幕上直接手写12个字，然后系统创造属于用户的字体，不过用手指在屏幕上写字多少有些不习惯，更多人还是喜欢选择“纸上造字”。

用户只需要根据屏幕提示完成字体准备，这里需要注意的是一定要逐行书写且文字大小均等，排版工整。百度输入法给用户提供了30个字的模板，需要用户按照模板上的字进行书写而不是随意书写30个字让用户识别。

完成书写后即可拍照上传，系统会对字体进行逐一比对，然后自动生成专属字体。系统提示需要用户等待10分钟左右，笔者实际上等待了不到3分钟即完成了专属字体的生成（如图5）。

完成字体生成后点击“立即使用”即可在日常社交、文本输入等场景下做各项输入，而笔者手写字体的确不太好看，就不愿意分享给亲友了，但对于写字非常漂亮的小伙伴，完全可以通过微信、微博、QQ等社交软件将自己的专属字体分享给亲友。

讯飞输入法在使用上大同小异，不过其并不支持“屏幕手写”，而是让用户通过“本地相册”或“拍照上传”手写字体，同样要求30个字体，但讯飞输入法并没有提供书写汉字标准，也就是说用户可以随意书写了拍照识别（如图6）。

比较夸张的是讯飞这边提示生成新的手写字体需要30分钟，不过最终还是在5分钟左右完成了专属字体的生成。而对于笔者生成的专属字体，大家觉得哪一家输入法打造得更好一些呢？

总结：第三方输入法加速与AI融合

目前，中国各大输入法厂商不断更新AI功能，吸引更多的潜在用户，除了以上两款输入法，新版搜狗输入法也上线了“AI购物评价助手”“AI评论助手”“AI剪贴板”等五大功能，全方位帮助用户在购物、聊天以及社交等各种场景下，实现高效、有趣和简单的输入及表达，AI已成为第三方输入法比拼的关键。

随着AI技术的拓展和成熟，“AI辅助功能”有效降低了拼音输入法的操作门槛，并提高其输入的准确率和输入效率，有效提升用户使用体验，可使用户更加青睐于该输入法。对比目前三大主流第三方手机输入法的AI功能布局，百度输入法在全面布局行业共有功能的基础上，凭借百度生态强大的人工智能技术支撑，推出了“AI造字”“凌空手写”等功能，进一步丰富其功能矩阵，具有一定的优势。

而“AI造字”功能的背后，是输入法强大的AI人工智能技术，AI的特性就是学习的样本越多，最后给出的结果越精确，也就是说从AI的原理上来讲，我们输入的字越多，最终形成的专属字体会越贴近我们自己的手写风格。对于追求个性的小伙伴而言，在打字时拥有个人的专属字体也超酷的事情，字在人便在，那些封存的、发黄的记忆，不管多久，都会伴随每一次打字盈满爱人的回忆！

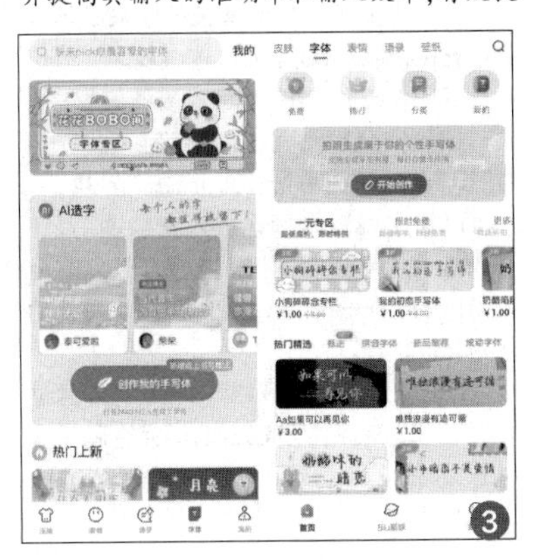

3

4

5

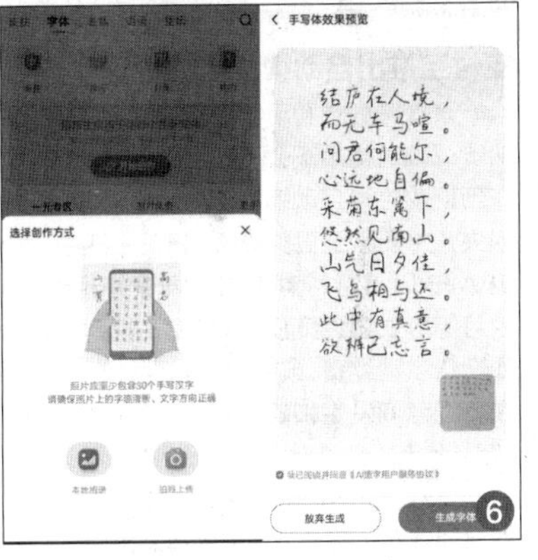

6

三大运营商“SIM卡硬钱包”设置

● 文/梁筱

运营商上线 SIM 卡硬钱包产品

日前，中国移动、中国联通、中国电信在数字人民币 APP 上线“SIM 卡硬钱包”产品。

SIM 卡硬钱包，即通过把数字人民币软钱包关联至运营商发行的超级 SIM 卡(5G 国密 NFC SIM 卡，以下简称“SIM 卡”)，从而使 SIM 卡具备数字人民币支付功能（目前仅具备 NFC 功能的安卓手机支持 SIM 卡硬钱包使用）。数字人民币用户只需在手机插上运营商发行的 SIM 卡，登录数字人民币 APP，开通 SIM 卡硬钱包，利用手机 NFC 功能“碰一碰”即可完成数字人民币支付(用户需在运营商的营业厅更换或新领取超级 SIM 卡)(如图)。

在日常使用中，SIM 卡硬钱包可以单独设置支付限额，用户设置好小额免密支付金额之后，在商家进行付款时，无需扫码或者调出二维码，只需要把锁屏状态的手机碰一碰商家 POS 机，即可轻松完成付款，使用更方便，尤其对老年人、儿童群体更加友好，有利于缩小“数字鸿沟”。同时 SIM 卡硬钱包具有更高和更强的安全等级，使用安全密钥管理，遵循 GP 规范，支持国密算法。

一键开通使用 SIM 卡硬钱包

以中国移动为例，打开数字人民币 APP，输入手机号及登录密码，登录数字人民币钱包，点击右下角“我的”，点击“硬钱包”—右上角“+”，选择“SIM 卡”，进入开通流程，选择已开通的工商银行钱包，点击“立即关联”，进行 SIM 卡硬钱包开通。

开通之后，用户可以根据需要灵活设置小额免密支付金额；如果担心资金风险，也可以不开启小额免密，这样用户需要在 POS 机上验证密码后才可支付。此外，如果手机丢失，用户可在另外一个手机上登录数字人民币 APP，挂失 SIM 卡硬钱包，防止资金损失。

需要注意的是，数字人民币现仅面向试点地区开展试运行，地区包括北京、天津、上海、河北省、大连、江苏省、杭州、宁波、温州、

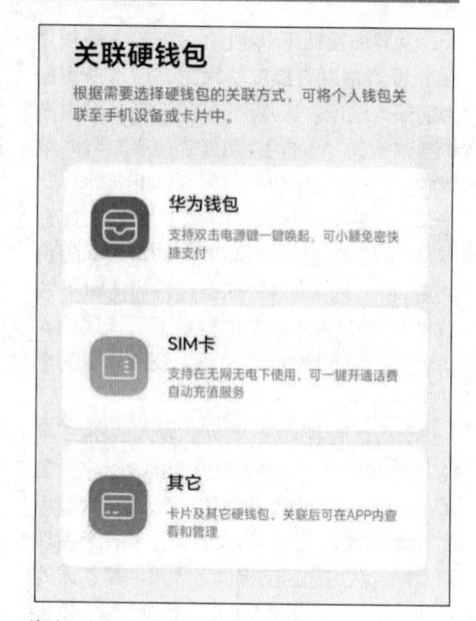

湖州、福州、厦门、济南、海南省、重庆、西安等，如果不在试点地区的话则无法注册数字人民币 APP。目前三家运营商在北京已经开始试点 SIM 卡硬钱包。

不止续费提醒，支付宝实用功能揭秘

● 文/梁筱

支付宝推出自动续费提醒功能

原本只是想利用低价首充体验下平台功能或临时使用下会员功能，可谁想忘记在到期前关掉自动续费功能，以至于白白损失几十元甚至更多费用。日常生活中，不少 APP 以首月特惠来吸引用户开通连续包月等形式的会员服务。但由于规则复杂，如默认自动续费，或者用户忘记关闭服务，在不经意间发生扣款，长此以往产生不少“冤枉钱”。

当然，对于平台或商家而言，这样的到期自动续费也是非常不错的盈利手段，只是多少让消费者有些不开心，而近期，支付宝却推出自动续费提醒功能，通过手机首屏消息推送和消息盒子发送提醒，提示将有服务于近期扣款。这条提示在自动扣款发生的前几天发送给用户，点击后可以查看扣款方式，或者关闭服务(如图 1)。

支付宝这个新功能会在自动扣费前几天向用户发出提醒，如果用户不希望被扣费可按指引关闭自动扣费服务。

这个新功能显然会得罪不少商家，毕竟不少商家靠自动扣费坑了不少钱，现在弹出提醒可能影响商家的收入。当然作为支付平台支付宝早就该做这类功能，毕竟钱是从支付宝付出去的，提前给用户提醒也是分内的事儿。

而在该功能推出之前，支付宝本身也是支持用户手动关闭自动扣费的。支付宝用户可以依次在“我的”—“用户保护中心”中查看已开通的免密支付 / 自动扣款功能，方便用户一站式管理(如图 2)。

Tips：对于授权微信自动扣费后，想要结束服务的用户，可以不在“我的”—“服务”—“钱包”—“支付设置”中点选“自动续费”，在这里关闭或者查询有多少“自动续费”的服务进而避免一些不必要的开支。

为熊孩子量身打造的“游戏锁功能”

暑期中，孩子用父母手机玩游戏几乎是亲子家庭难以避免的操作，可当下各种游戏付费坑也让家长防不胜防，与其事后追讨不如提前设防。支付宝其实低调上线了“游戏锁”功能，主要用于帮助家长管理未成年人游戏支付，预防未成年人沉迷游戏。

用户在支付宝首界面直接搜索“安全锁”，找到安全锁小程序后即可看到“安全锁”和“游戏锁”两个选项，点击“游戏锁”后可以自主设置金额，进入安全锁后，还可以选择“大额保护”功能，修改保护金额，并进行身份验证，验证通过修改成功(如图 3)。

当家长账号选择开启游戏锁后，如通过支付宝向主流游戏厂商充值，输完密码后就会出现刷脸验证提示，验证为家长本人才能成功支付。

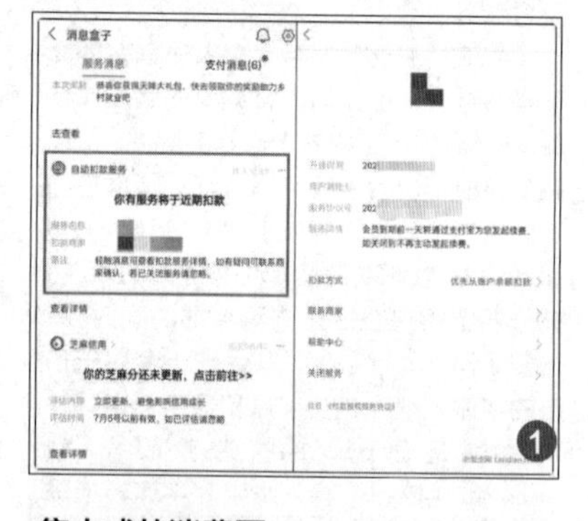

集大成的消费圈

除了安全和管控之外，支付宝各种生活优惠也非常多，以前支付宝消费券、优惠团、春选等总让人有目不暇接的感觉，而且各种消费券领取和寻找起来也相当麻烦，而上个月，支付宝将这些优惠券领取渠道合并为一个“消费圈”，让用户在一个界面中即可浏览各种活动并领取各种优惠券。

进入“消费圈”最直接的办法依旧是在首界面输入“消费圈”查找，在搜索结果界面点击即可进入消费圈专属界面，当然，首界面本身也是有“消费圈”快捷按键，可见支付宝对该功能的重视了。从日常消费券到周边餐饮团购，凭借支付宝庞大的生态，“消费圈”在应用场景覆盖上表现相当出色(如图 4)。

值得一提的是，“消费圈”很多时候还会

有新人专享券活动，用户进入消费圈会场，若页面下方提示“添加‘消费圈’到首页，最高可领1元消费圈新人券”活动，有机会可领取消费圈新人券，同一个用户仅可领取一张新人券。

不过无论是“新人专享券”还是各式“大促优惠券”，“消费圈”发放的抵扣券数量往往是有限制的。除固定点蹲守外，更多还是需要亲友分享才能在第一时间抢到优惠券，这或许也是支付宝提升交互性的小心机吧！

付款码隐私保护功能

除了上面提到的实用功能，“付款码隐私保护功能”也是相当不错的功能。当下骗子的骗术不断升级，近期有用户在远程视频时展示了自己的付款码，就被对方扫码收走了钱。

为了防范不经意地泄露付款码信息，用户可以打开支付宝的“付款码隐私保护功能”，开通后付款码会直接隐藏，确保周边环境安全后点击屏幕才会出现。同时，“一

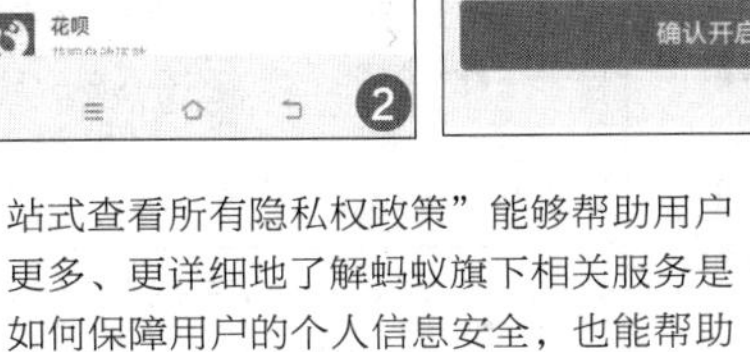

站式查看所有隐私权政策”能够帮助用户更多、更详细地了解蚂蚁旗下相关服务是如何保障用户的个人信息安全，也能帮助用户更好地挖掘支付宝一些不常用却非常实用的功能，不妨多了解一下。

印象VS有道，云笔记赛道C位之争

● 文/颜媛媛

历经10年沉浮的云笔记行业

“好记性不如烂笔头”，移动互联网时代，以Evernote为代表的云笔记APP从小众赛道走向大众，进而在绝大多数人手机上占据一席之地。

让我们一同将时间线拉回10年前，2012全球移动互联网大会(GMIC)上，全球知名笔记软件公司Evernote发布了其软件的中国版本“印象笔记”，从此开启了我国云笔记市场。最早一批云笔记，即印象笔记、有道云笔记等，在上线时，独占了国内的一大批市场。以操作简单、能够跨平台使用、随想随记为特点吸引了一大批用户，并且持续发展到了现在。但是随着云笔记与办公软件之间的界限越来越模糊，这两者之间逐渐向着新一代协同办公方向靠拢，形成了一个新而大的用户群体。紧接着越来越多的云笔记产品横空出世，进入该领域。

轻应用的属性让Evernote在那个战火纷飞的岁月成功打败了巨头微软旗下的Onenote，成为笔记市场现象级的存在，但正如同它“大象”一般的LOGO，拿到市场绝对话语权的Evernote在产品功能、界面设计上却开始变得缓慢，后期更分化出“国际版”“中国版”两个版本，再加上各种让用户抱怨的付费价格，成功让以有道云笔记为代表的国产笔记软件崛起。2011年上线后的有道云笔记继承了网易的一贯的稳健风格，纯国产血统在本土化上显然做得更好，其采用空间计费，最早的是2GB，现在已经升为3GB免费空间，这储存空间，已经比很多免费云盘的空间都要大了，出色的性价比让其同Evernote(印象笔记)在很长一段时间里成为笔记软件领域两极的存在。

而随着2023年ChatGPT引爆全球AI应用市场，笔记软件也开始将AI引入软件中，一场新的角力由此展开。

笔记APP开启AI时代：印象笔记界面占优

2023年6月底7月初，印象笔记和有道云笔记预热许久的AI功能版本终于陆续上线，同一个时间段上线AI功能的两大巨头，无疑重新点燃笔记APP市场战火。6月底，印象笔记开放“印象AI”功能，基于“大象GPT”的“印象AI”目前已经上线，可以帮助用户提升记录笔记的效率。Windows版印象笔记用户启动软件后点击“同意并使用”即可在“超级笔记”桌面端内直接使用“印象AI”服务(如图1)。

比较尴尬的是作为笔记APP，印象笔记在PC端加入了AI功能，但在移动端却没有看到相应的功能入口，或许还要等上一段时间才可以。而网易则在7月底升级的

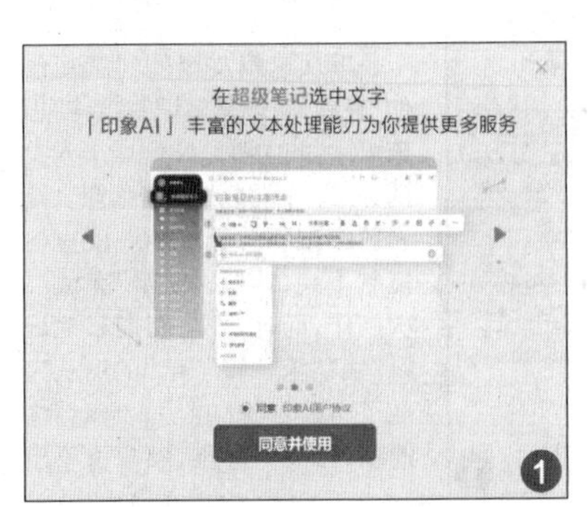

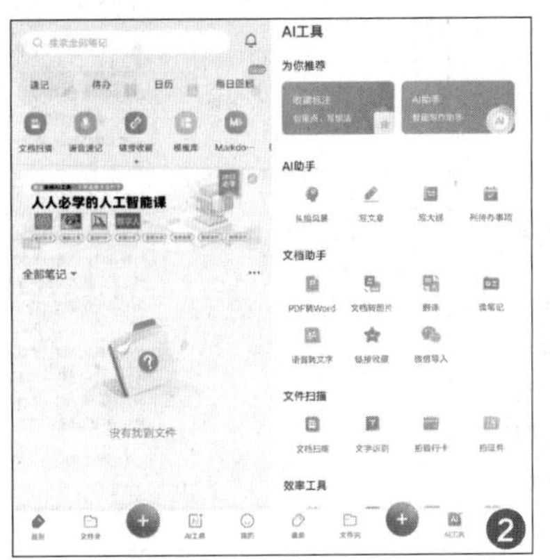

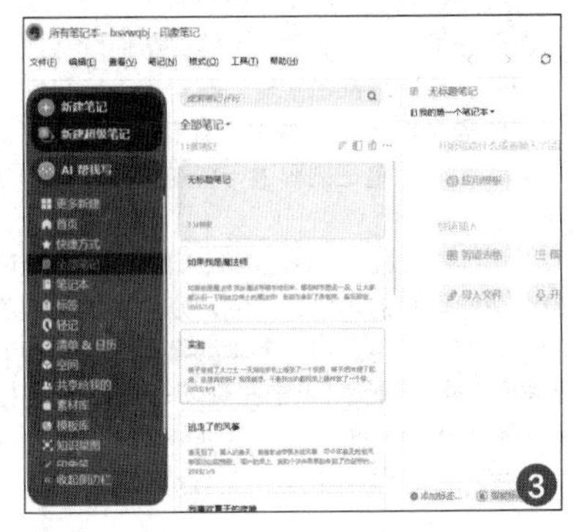

7.4.26 版本中直接加入了 AI 功能，其入口就直接设计到了软件入口底部，用户点选后即可进入（如图 2）。

有道云笔记的“AI 工具”包含 AI 助手、文档助手、文件扫描、效率工具四大类，其中，AI 助手支持头脑风暴、写文章、写大纲、列待办事项。

Tips：印象笔记官方提示“印象笔记”移动端提供“印象 AI”功能的入口，点击“印象 AI”功能，即会自动弹出“同意并使用”的弹窗，点击即可马上享受“印象 AI”服务，但比较尴尬的是截至发稿时，笔者 10.8.03 版的安卓“印象笔记”移动端点击软件内部“检查更新”时均提示“已是最新版本”，重启数次依旧没有提示笔者在移动端开启“印象 AI”服务，直接在超级笔记内容界面敲击“/”也无法唤出 AI 选项，其版本更新有待改进。

单就设计界面看，有道云笔记“一步到位”将 AI 工具直接置入的做法显然更符合国人操作习惯，明显有些抢占先机的味道，不过两者具体的操控界面进行对比的话，笔者可能更倾向印象笔记，其整体界面无疑更符合移动互联时代用户操作习惯（如图 3），而有道云笔记多少有些将 PC 设计理念直接引入移动端的感觉，多样化的功能统统放入 UI 界面之中，很好地充实了内容，但多少有些庞杂。从功能布局上看，有道云笔记将所有的核心功能放在一级页面，一些核心功能需要在编辑时才能发现。

AI 功能体验让人惊喜：各有所长

目前印象笔记 AI 功能放在 PC 版本上，而有道云笔记则直接将 AI 工具以平台的形式整合到了移动端中。不同的使用情景带来体验上的差异，单从 AI 功能落地而言，两款软件均让人非常惊喜。

对于 Windows 版印象笔记而言，用户在印象超级笔记输入“/”或点击“+”即可让“印象 AI”帮你来创作，这样的启动方式同 WPS AI 轻文档有些类似（如图 4）。

在文本编辑窗口，用户只需要点击“AI 帮我写”即可唤醒“印象 AI”，它不仅可以帮用户进行头脑风暴、写提纲、写会议议程，还可以帮用户撰写创意故事、现代诗、翻译等。当然你也可以从“更多新建”或右上角“印象 AI”图标直接召唤“AI 帮我写”，一键即达。

除了完整的创造之外，写到一半，想再找找灵感，只需要输入“/”，“印象 AI”就会再次出现。细心的用户会发现，在不同的场景下，“印象 AI”可以为你提供不同的服务，不管是帮你续写还是总结摘要、翻译等都能实现。而对于已经写好的内容，“印象 AI”也可以帮用户优化调整，只需要选中文字即可对笔记内容进行智能修改或翻译（如图 5）。

从续写、改进到风格转换，“印象 AI”完全可以扮演写作导师的角色，为白领办公或学生人群各种文案稿件润色。另一个非常强悍的就是新建思维导图笔记功能了，点击左侧“印象 AI”的图标即可唤醒你的 AI 助手，在对话框中输入你想生成的思维导图内容，并点击应用至导图（如图 6）。

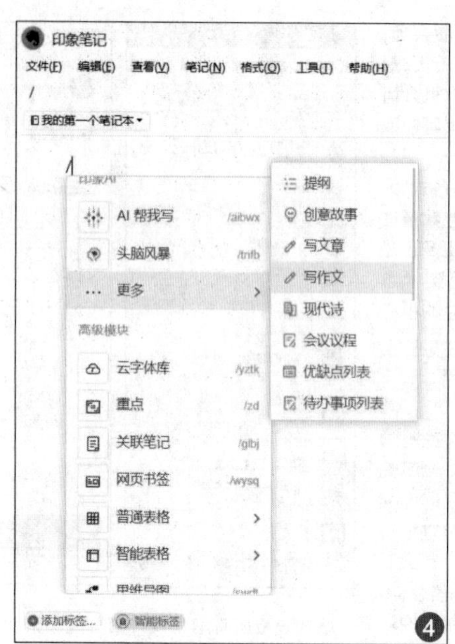

4

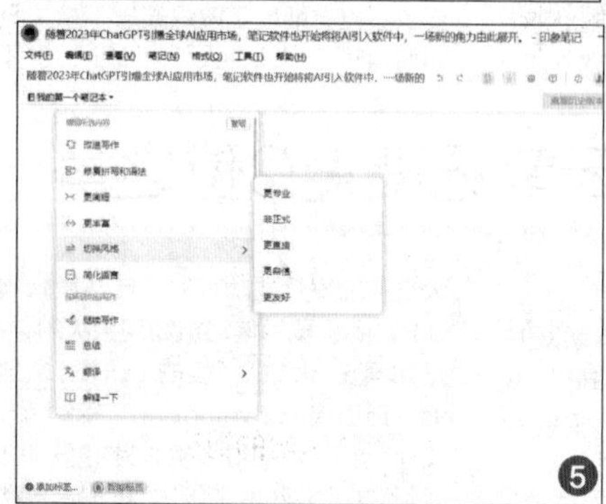
5

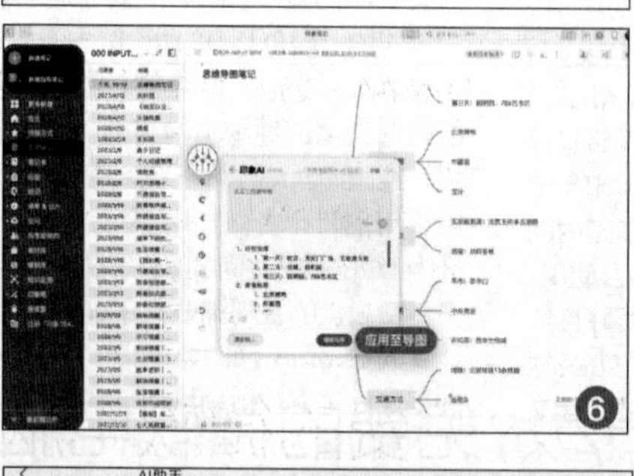

6

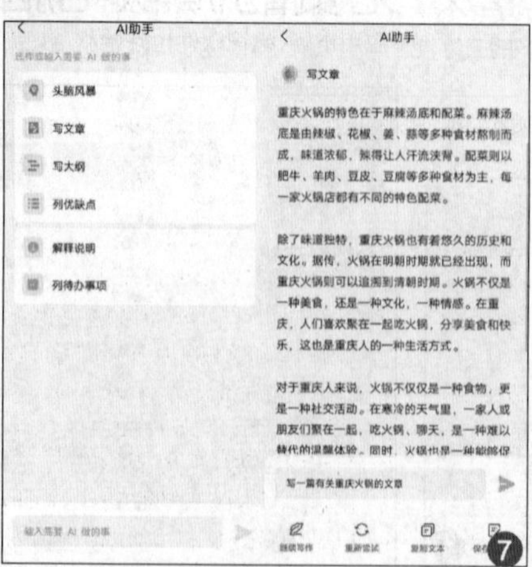

7

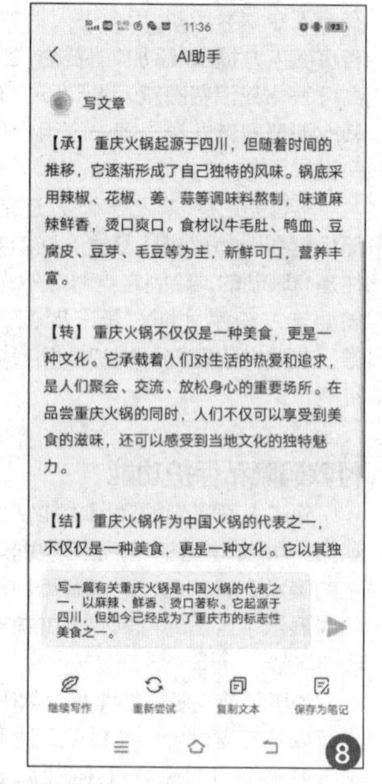

8

相对而言，有道云笔记移动端的“AI 工具”体验就相当流畅了，切入“AI 工具”界面后，“收藏标注”和“AI 助手”位于顶部，点击后者后即可进入“AI 助手”的操作界面，该界面设计也非常符合有道云笔记一贯以来简洁干练的设计理念，直接将“头脑风暴”“写文章”“写大纲”等 AI 常用功能罗列出来供用户选择，点选“写文章”后，有道云笔记会提示用户“写文章或输入一个主题”，笔者在这里输入“写一篇有关重庆火锅的文章”尝试考验有道云笔记对于命题的理解和文章撰写能力（如图 7）。

根据命题，有道云笔记的 AI 助手直接写出了一篇“总分总”结构的范文，从特色、味道、历史等多个方面对“重庆火锅”进行了介绍，完全有小学五六年级的水平，而如果对于内容不太满意的话，还可以直接点击“重新尝试”又或者“继续写作”让 AI 助手重新或继续创作（如图 8）。

单从这篇文章的“续写创作”来看，有道云笔记直接将“重庆火锅”的内容延伸到城市人文精神上，写作能力相当强悍。笔者还尝试将总起的第一段直接复制下来，让“AI 助手”完成二次创作，而这一次，有道云笔记以“引”“承”“转”“结”的形式完成了文章内容的撰写，不仅结构清晰，且文字优雅，丝毫看不出是AI创作的内容。

当然，有道云笔记作为移动端产品，目前还没有提供思维导图等拓展功能，其“AI工具”这个分类其实更像是“AI+工具”，毕竟AI助手部分目前仅涉及头脑风暴、写文章等四个部分，单看AI应用功能的话，印象笔记由于是PC版体验的缘故，其生产力属性更占优一些。

AI打开笔记APP新成长空间

2023年已经注定是AI的元年，笔记类APP纷纷在AI的赛道展开厮杀，超十年的成长周期，早已让笔记类APP不再满足于碎片化的信息记录、备份，其从定位和功能逐渐向着在线办公领域进发，进而同WPS、腾讯文档、钉钉文档、石墨等在线办公平台有了正面碰撞的机会。

而在笔记类APP横向发展的过程中，在线办公平台同样在向笔记类APP固有市场进发，尤其是WPS AI轻文档这样的产品出现，几乎直接攻入了笔记类APP腹地，随着AI应用的深入以及移动办公市场的成长，两大阵营的碰撞在所难免。

当然，也有部分笔记类APP重新走向小众、细分赛道，凭借专业应用上的优势，不断融入新的技术以满足人们笔记应用的需求，Notion无疑是这类APP的代表，其通过链状关系，将Page、Block、Database融为一体，为用户提供了极强的设计和思维属性，只不过一定程度上也提升了使用学习成本。

未来，随着AI的持续增强，双链甚至多链笔记APP有望落地，依靠对于思维和创意的整合让笔记成为AI时代用户的“标配”应用。

钉钉私人盘资料迁徙办法

● 文/梁筱

钉盘即将关闭

钉钉日前宣布，为更加专注于服务组织协同办公数字化、智能化，钉盘的功能将于2023年8月1日起进行优化调整：私人文件存储服务将进行关闭调整并转由阿里云盘提供。对于经常用钉钉办公的用户而言，钉盘放有不少同工作有关的资料，关停之后，这些资料的保存就成了问题。

目前，钉钉官方提供三种备份方案。第一种方案为通过“备份到阿里云盘”进行备份；第二种方案是将钉钉文档以及暂存在私人盘中的工作文件添加或移动到对应组织的知识库或钉盘中；第三种方案是将私人盘文件直接下载到本地设备中。这里以“备份到阿里云盘”为例，钉钉用户进入私人盘页面，将鼠标放到需备份的文件上方，选择属于个人的多个文件（夹），点击“备份到阿里云盘”，跳转到阿里云盘页面进行登录授权，即可开始备份（如图1）。

钉钉生态非常友好的是即便用户没有阿里云盘账号也可备份私人盘文件。所有个人版用户首次进入阿里云盘需要首先授

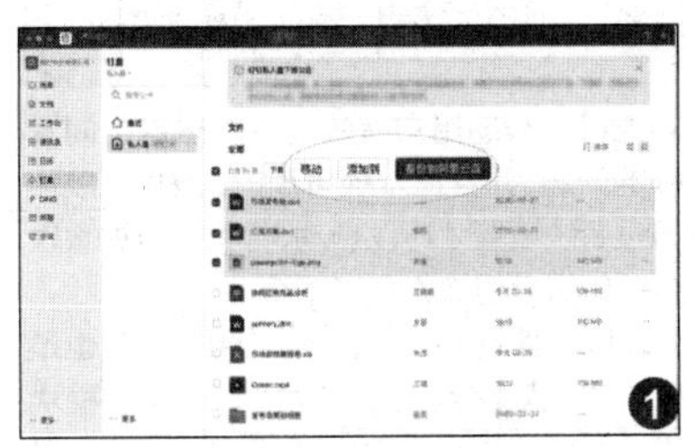

权登录成功后方可进入，新用户可一键注册云盘账号免费获取100GB永久容量。除钉钉文档、快捷方式外，归属于个人的文件均可以直接备份副本到阿里云盘。

需要单独备份的钉钉文档

需要注意的是，目前钉钉文档不支持备份到阿里云盘，私人盘正式下线并清理数据后，将无法查看。故建议导出到本地，或者转移到钉钉的知识库内。对于钉钉文档、快捷方式、暂存在私人盘内的工作文件，用户可以将其转移到归属于某一钉钉上企业/组织的钉盘或者知识库中。

进入私人盘页面，将鼠标放到需备份的文件上方，选择属于个人的多个文件（夹），点击“移动”或者“添加（副本）到”，在弹出的窗口中选择目标保存的组织和保存位置，即可迁移钉钉文档和暂存在私人盘内的工作文件（如图2）。

当然，用户也可以选择将这些文件直接放到本地存储空间中，因为钉钉文档无法直接下载，建议参照上文指引将其导出到本地，只是导入本地后，失去了部分线上操控的便利性。

文件清理重磅升级，免费的微软电脑管家真香

● 文/梁筱

频频迭代的微软电脑管家

从2022年4月的1.0版到如今的3.4版，微软电脑管家历经多次版本迭代，这点同微软Windows系统升级的风格颇为类似，不过软件虽然频繁升级，但其作为微软官方的电脑管家类软件，没有其他无关紧要的功能，且界面也很纯净，最重要的是没有广告弹窗的干扰，让习惯了“全家桶APP”的用户十分惊喜，而从界面到功能，升级到3.4版之后，微软电脑管家整体应用性也得到极大加强。

安装并启动微软电脑管家后，其直接嵌入Windows系统右下角的工具栏中，浮窗式的呈现方式同“今日热点”类似，但界面设计非常清爽，而本次升级特内嵌了炫酷的“深色”模式，同系统和其他软件的“夜间模式”相互呼应（如图1）。

用户通过“微软电脑管家—设置”即可手动转化深浅两种模式，同时，设置中还提供了“智能加速”功能，开启后，电脑内存占用过高或临时文件达到1GB时，微软电脑管家将自动加速，减少电脑卡顿，其默认为关闭状态，对于PC硬件配置并不高的用户而言，建议手动打开该选项。

有意思的是，虽然在一年多时间里经过多次版本迭代，但目前3.4依旧为“公测

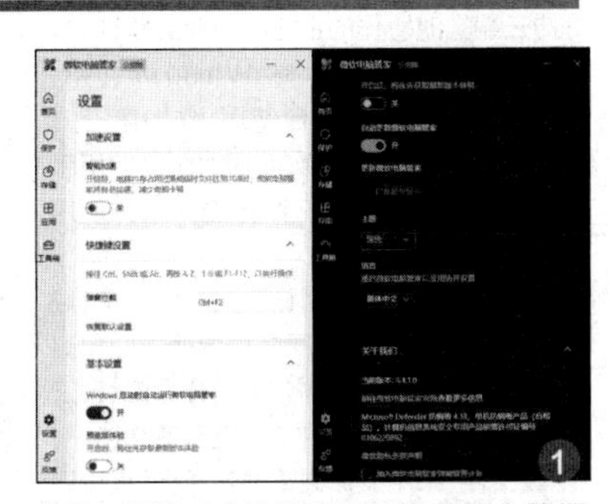

版”，微软对电脑管家显然有着较大的期望。除设置之外，微软电脑管家左侧工具栏分为“首页”“保护”“存储”“应用”“工具箱”

五个类别，并贴心地将“立即加速”设计在了“首页”界面最醒目位置。同时，还将“全面体检”“进程管理”“深度清理”和“开机管理”四个最常用的功能设计到了“首页”界面中（如图2）。

有意思的是在微软电脑管家底部还有“已清理29694TB空间 ≈7601t碳排放 绿色行动进行中”的信息，宣扬绿色环保的同时也对自身做了宣传。事实上，在“首页”界面中，用户可以很清楚地看到内存占用、临时文件大小等情况，也为深度清理功能埋下伏笔。

相当贴心的文件清理功能

“文件清理功能”是3.4版微软电脑管家最大的升级亮点，其在原有基础上全面升级，能够按照文档、图片、视频等类别，快速扫描电脑中的下载文件和大于10MB的大文件。在“存储”界面中可以看到“深度清理”“文件清理”两大功能，操作步骤也很简单，打开最新的“微软电脑管家”—点击“存储”—找到“文件清理”—进行“下载文件或大文件清理”即可（如图3）。

用户还能按照下载来源或文件大小进行筛选，从而批量删除或移动文件，高效清理电脑空间。相对于第三方的文件管理工具，微软电脑管家对电脑文件内容的扫描明显快不少，除“深度清理”等待时间稍长外，基本都是十几秒钟即可完成扫描工作。

而除文件的清理外，用户还可以在“存储”功能界面直接调出“存储感知”功能，该

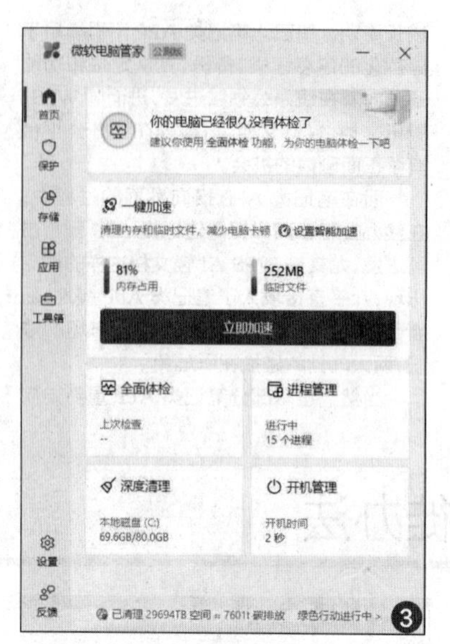

功能可以帮助用户有效地解决磁盘空间紧张的问题，并管理本地可用的云内容，以往通过系统设置才可以启动，将其整合进微软电脑管家后显然方便了不少。

除文件管理之外，“保护”和“应用”也是微软电脑管家两大核心功能。在保护模块里，可以一键启动Windows Defender进行病毒查杀，另外也可以在这里查找系统更新，进行浏览器保护和弹窗管理等。这里要提醒大家的是，“弹窗管理”功能默认也是关闭的，需要用户手动打开，而在弹窗功能开启后，各种应用打扰也就随之减少，该功能

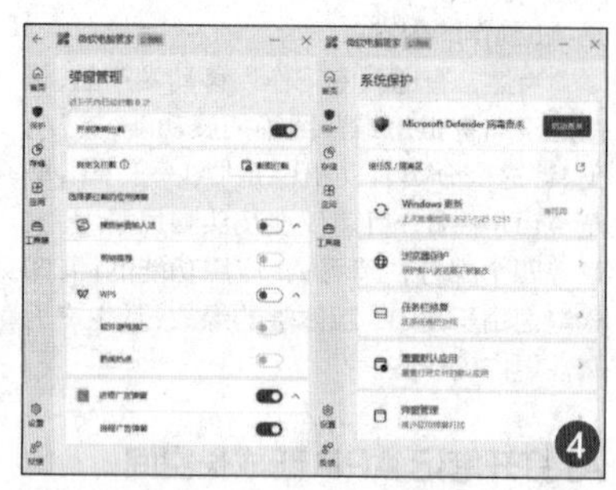

在电商大促前后特别管用，毕竟那时候各种软件弹窗非常多。

弹窗管理方面，可以针对电脑上已经安装的应用程序，有针对性地开启关闭弹窗。借助操作系统上，微软电脑管家显然在权限这一块占据明显优势。而在“应用”界面，用户PC当前进程管理会显示现在正在运行的进程，并按内存占用大小进行排序，比任务管理器直观，发觉后台占用过大的，可以直接点结束进程。

除了上面几个大的板块，微软还将截图、录音、记事本、计算器等常用小工具软件放到了微软电脑管家的“工具箱”模块中，除快速启动为用户提供便利之外，用户还可以使用必应翻译、货币换算等网页工具，常用的一些链接也可以放在这里，一键打开，而不用点开浏览器。

总体来看，微软电脑管家更像是贴合系统的综合应用平台，从目前的发展看，未来不排除将AI也整合到其中，进而给用户带来更好的使用体验。

大幅提升生产力，玩转石墨文档隐藏功能

● 文/ 上善若水

一款纯粹的在线文档

经过多年的发展，在线文档领域格局已经相当成熟，在WPS、腾讯文档收获大量小白用户的同时，石墨文档一类老牌在线文档凭借干净的界面以及纯粹的在线办公功能，依旧得到不少办公用户青睐与推荐。

上线至今已有八年的石墨文档是一款支持云端实时协作的企业办公服务软件，本身支持网页版、MaWindows、iOS、Android、小程序等平台使用，作为第三方在线办公软件，用户初次使用时可以使用手机号、微信号、钉钉等多个账号登录，方便用户个人信息的打通。

登录后即可跳转到石墨文档的主页，经过多次升级后，当前石墨文档界面依旧保留了浅色、清新的设计风格，主要分为首页、云端、本地三大模块，在PC版石墨文档中，“新建文件”采用类似浏览器的风格，直接以新建标签页的形式存在，具有很强的互联网风格，用户也可以直接新建表格、幻灯片等常用文件格式（如图1）。

选择“新建”或“导入”之后，就进入到了编辑界面。其中，文档编辑界面的顶部菜单栏去掉了一些很少用到的选项，保留了使用频率较高的选项。石墨文档还引入了翻译功能，包括翻译所选内容、翻译文档。在实际使用过程中是一个不错的体验。

用户在文档右上角，点击“协作”按钮，添加协作者，就可以展开多人协同编辑。用户可以对添加的协作者分别设置：可以编辑、只能评论、只能阅读权限，文件的创建者默认为管理者，可添加其他管理者共同管理文件。

当然，相比以上石墨文档常用的基础功能，用户更感兴趣的还是其隐藏的那些“效率加速器”！

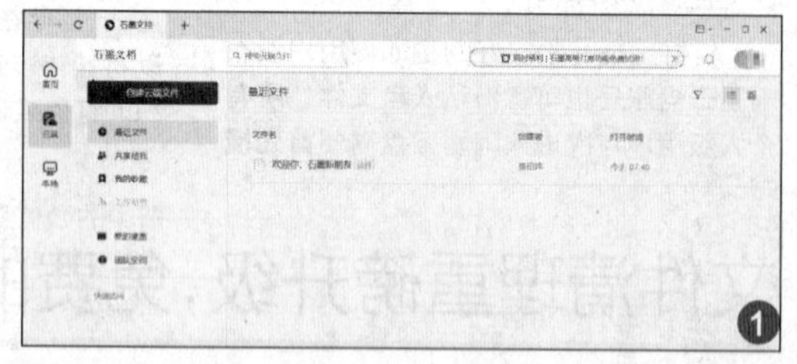

一键生成云端副本

用过石墨桌面客户端的都知道，它的一大特点就是“端云一体”，既可实现本地文件

的编辑与处理，又可实现云端文件的协作与共享。

随着3.3.0版本的发布，石墨桌面客户端“端云一体”的能力进一步增强，现在本地创建的文件可以一键上云。用户在本地文档编辑页的右上角，点击“生成云端副本”，就可以一键生成同名云端副本文档。需要注意的是，本地文档与云端副本是两份独立的文档，这意味着其中一方的内容更新不会被同步至另一方（如图2）。

本地文档支持生成云端副本，这看似只是一个小的功能改善，实则打破了本地云端文件内容转换壁垒，实现了云端本地文件格式、数据无缝衔接。

用@完成任务分工

在石墨文档里，@也是一个强大的功能，通过@，我们可以提及日期、联系人和文件。

@日期，我们在做一些工作计划、个人Todo时就非常实用，文档里我们列出具体事项，然后插入完成日期，勾选提醒我，到期时就能收到邮件及消息提醒，从而摆脱遗忘症、拖延症，确保工作任务如期完成（如图4）。

@联系人，能够帮助我们快速完成信息传达和人员分工。比如会议Todo，我们可以直接在会议记录文档里明确@相关负责人，比如在做头脑风暴、总结复盘等涉及多人协作的工作时，我们也都可以直接@相关人员，完全可以不用开会、不用通过IM软件烦琐沟通。

当然，我们还可以通过@提及相关文件，如此一来，我们就可以在一个文档内实现任务、人员、文件的聚合关联，方便协同也方便管理。

学会使用快捷菜单

文档编辑时会高频使用到的快捷菜单，它可以极大简化我们的操作步骤，从而提高内容处理的效率。

打开一份石墨文档，我们只需要将鼠标悬停在某段文字上，三个小横线的快捷菜单按钮就会在段首出现。用户点击该按钮，就可以快速对该段落进行复制、剪切、删除等操作，还可以快速将其转换为不同层级的标题，或者采取有序列表、任务列表等呈现样式，对应的文档左侧目录也会自动调整变化（如图4）。

在这里，要重点向大家介绍一下快捷菜单里的“复制段落链接”，该功能能够针对段落内容生成专属链接，我们将链接插入其他文档或者分享给相关协作人后，大家点击就可以直接跳转到文档的对应位置。不需要过多的言语解释，信息的传递沟通变得更加精准高效。

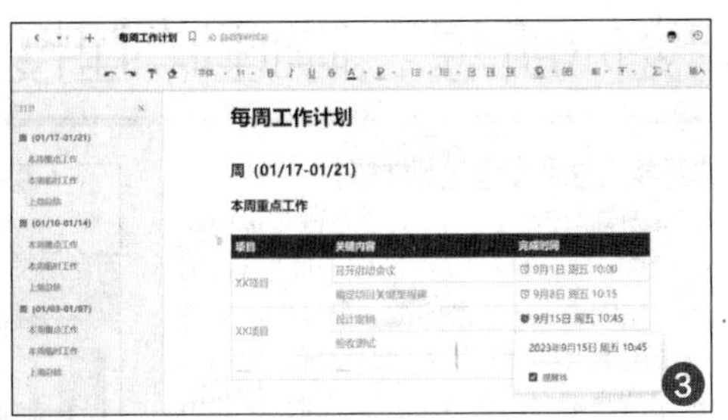

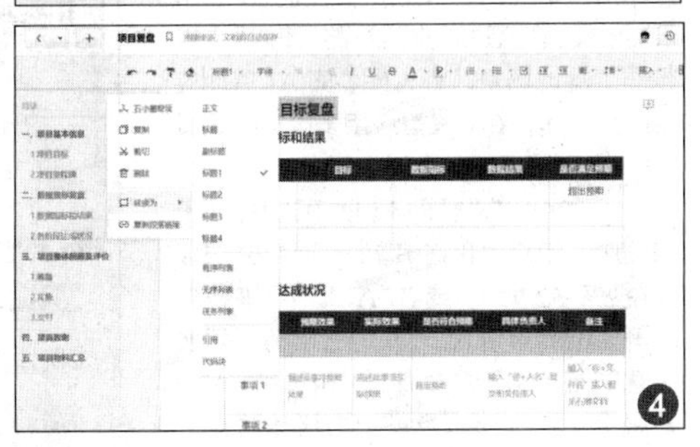

快捷菜单还有一个隐藏的小彩蛋，点击打开菜单，如果我们长按，就可以对该段落内容进行拖拽移动，这会为我们的内容整理提供了极大的便利。

看完这些，赶紧打开久违的石墨文档尝试一番吧！

微信Bug级应用，防拉黑功能体验

● 文/梁筱

原来微信可以防拉黑

“喜欢你看不惯我又拉黑不了我的样子”——日前，微信曝出Bug级应用，用户发现“申请成为被监护人后，对方想拉黑你时不能直接拉黑，会有弹窗提醒监护人的身份，只有先把你移除监护人身份，才能拉黑”。对此，网友开发出了新的玩法，偷偷将对方微信账号设置为被自己监护的青少年模式，对方就不能将自己拉黑了。

具体的操作其实并不复杂，首先在微信设置中开启青少年模式，将对方作为监护人，然后用对方手机同意被监护。此后，在他/她想要删除拉黑你的时候，就会有弹窗提醒无法删除（如图）。

一个手机可以有两个账号了

除了Bug一样的监护人功能外，微信现已支持一个手机号可同时拥有2个微信号显然让用户更为关注。事实上，这并非微信全新功能，而是一个手机号可以注册两个账号，而且这也不是微信的新功能了，去年就已经多次内测，并在今年2月正式上线。

其注册流程：微信进入“我–设置–切换账号”，选择“添加账号”，点击“注册一个新的账号”，最后选择“通过当前微信手机号辅助注册”，即可完成注册。

为了保证注册账号的安全，需要一个手机号来完成一次短信验证，官方称，该手机号仅用于注册中的微信号安全验证，不会导致该手机号与它当前绑定的微信号解绑。

微信朋友圈可以置顶

朋友圈置顶功能也是众多用户期盼已久的功能，毕竟自己的朋友圈，自己完全可以当作自己个性或者重要信息的展示场地，而微信朋友圈置顶功能也开始了内测。

具体操作方法如下：

1. 更新手机微信至8.0.34版或更新版本，进入自己的“朋友圈”。

2. 在你的朋友圈中，找到需要置顶的朋友圈内容，点击进入详情页面。

3. 在右上角点击“…”三个点按钮。

4. 最后在弹出的设置中选择“置顶”，即可将该条朋友圈在你的个人朋友圈置顶显示。

这个功能已经测试了一段时间，只有被选中的参与内测的用户才能用，而微信也提醒称，置顶朋友圈为内部体验功能，后续版本可能取消或保留。

搜你所想？哔哩哔哩搜索AI助手体验

● 文/ 颜媛媛

“另类”的大模型落地方向

问答对话、文字生图、文章撰写……自 ChatGPT 在全球掀起 AI 应用风暴后，国内很快就进入大模型混战，但仔细观察各家推出的大模型及其落地会发现，总绕不开图文生成、对答等应用。然而，bilibili index 大模型登场的同时，将“搜索”应用当作了落地场景，将 AIGC 同 AI 落地应用融为一体，在大模型应用多少有些同质化的今天，给用户带来不少新意。

B 站目前的“搜索 AI 助手”功能处于内测中，用户可以在 B 站官方 APP 内搜索“搜索 AI 助手”或者“AI 助手”来找到内测资格的申请入口，并进行申请。需要注意的是，用户须确保将哔哩哔哩 App 升级至 7.36.0 版本及以上方可体验这一功能（如图 1）。

一经获得内测资格，用户可以在 APP 内的搜索框中输入所需的关键词，然后 bilibili“搜索 AI 助手”将为用户生成相应的搜索结果，并提供参考的视频内容列表，甚至分析并给出了参考视频内容的来源。笔者提交内测申请后，等待了 3 天的时间即收到站内短信通知，即可享受 bilibili“搜索 AI 助手”的功能。

AIGC 时代的搜索雏形

“AIGC 的作用是能够让产出内容的效率极大地提升，同时成本很大地降低，让更多的人能够去创造内容。”时任 B 站董事长兼首席执行官的陈睿曾在 2022 年底的财报电话会上说道，“AIGC 对 B 站的搜索体验会有很大的增益。以测评视频为例，面对 B 站上众多产品的测评视频，用户就可以通过询问 AIGC 获得更有价值的信息，B 站可以直接把视频里面有价值的部分告诉他，无论是视频片段，还是把它翻译成文本。”

不到一年时间，B 站以“搜索 AI 助手”的形式让陈睿勾勒的蓝图落地。“已经非常成熟的搜索应用能玩出什么花样”是笔者体验之前的想法，但经过一段时间的体验发现，“搜索 AI 助手”不仅勾勒了 AIGC 时代的搜索雏形，更有希望实现对现有搜索模式的颠覆。

获得“搜索 AI 助手”内测资格后，建议将哔哩哔哩升级到最新版本，即可直接在 APP 内的搜索框通过输入想要的词条进行搜索，最终 bilibili“搜索 AI 助手”会为你生成对应的结果，并且其生成结果还会列出参考了哪些视频内容，甚至还会分析给出所参考的视频内容，首次使用的时候会弹出操作提示界面。尝试输入“如何自学 C++ 编程？”后，稍等十余秒后即可看到

1

2

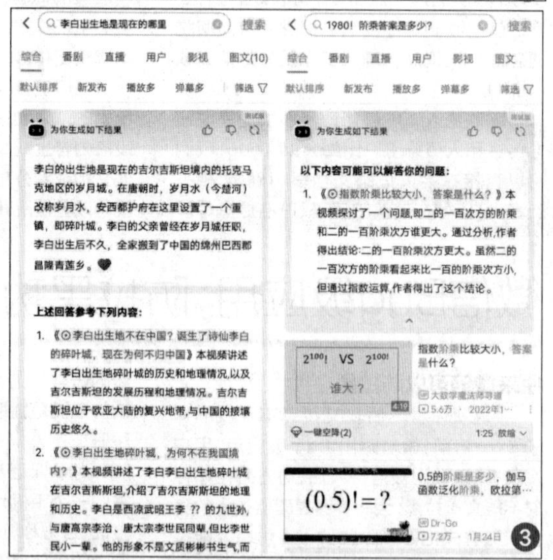

3

“搜索 AI 助手”给出的答案（如图 2）。

相对于传统的知识条搜索，“搜索 AI 助手”带来的是一个完整的知识体系乃至解决方案。在答案中，“搜索 AI 助手”不仅给出了详细的学习计划，更明确列出了“上述回答参考下列内容”，再以参考文献的形式罗列出相应的视频资源。对于小白或者新人而言，完全可以根据“搜索 AI 助手”的内容直接开始学习。

值得一提的是，“搜索 AI 助手”多次提示要在搜索框输入“？”号，可以是在开头、中间或者结尾，或者不加问号，只要是带有疑问属性的问句，也有概率召唤出这个 AI，但实际操作发现，只要输入搜索问题描述足够详细，“搜索 AI 助手”都可以自动识别为疑问句并给出相关答案，只不过相对“李白出生地是现在的哪里”这类具有探讨性质且 B 站本身拥有多个视频内容可以解答的问题。“1980！阶乘答案是多少？”这样的基础数学问题却让“搜索 AI 助手”败下阵来（如图 3）。

显然，“搜索 AI 助手”更擅长给出一些方案、计划性质的问题答案，而对于一些相对基础的内容则明显不如传统搜索引擎，这样的结果应该是由 B 站目前的内容决定，其以长视频为代表的知识 UP 主内容构建了搜索的数据库，这些 UP 主的内容几乎不会去讨论“1+1 的答案是多少”“6×6 等于几”这样的内容。

长视频新趋势

B 站视频内容以 PUGC 为主，创作者更有意愿制作高质量内容，“搜索 AI 助手”的出现，使未来 AIGC 工具渗透率的上升有助于提升创作者内容制作和变现的效率，也将助力虚拟主播等新品类内容的加速落地，进一步优化平台内容供给，也帮助平台探索更为可持续的商业模式。总体而言，如果你将“搜索 AI 助手”同百度、必应相比，它有些笨，可如果你正在寻求一份相对详细的学习建议或者打造计划，它会给你带来不少惊喜。

从电视到手机，杜绝偷跑流量

● 文/ 小竹

“偷跑”用户流量的视频平台

前不久，杭州市民罗先生（化名）在某社交平台发帖称：他家里刚买的电视机，居然在待机状态下奇异果 TV 软件也会跑流量（每秒 1~5MB 的上传），他联系客服后被告知跑流量是因为爱奇艺的加速技术 HCDN，关闭 HCDN 后流量不再偷跑。

该事件闹得沸沸扬扬后，有博主对其他电视版 APP 也进行了测试，发现芒果 TV 电视版也会偷跑流量。从大段的用户协议中，可以找到芒果 TV 对该功能的介绍，与爱奇艺采用完全一样的 HCDN 服务，连介绍都基本相同。

作为故事的“主角”，HCDN 加速技术其实很早就已经被直播、视频行业采用来降低卡顿和延时，现在不少主流视频网站也都在使用，并且用户协议里也都写了会使用 HCDN 或类似的分布式网络加速技术。HCDN 作为通用的一项加速技术，从名称中的“加速”即可看出，把闲置带宽收集起来，提高网络速度是该技术的初衷。也就是说，用户使用的时候是贡献者也是获利者，只是同时能够为企业节省部分带宽成本。对企业和用户来说，在国内带宽费用高企的情况下，不失为一个双赢的选择。

可理论上，电视和网络带宽都是用户自己付费购买的私人财产，视频平台在未得到用户许可的情况下，是无权擅自使用的。即便是使用，理论上也应当给予用户一些经济方面的补偿。当然，用户最大的不满其实源于知情权，尤其是在待机状态下依旧会占用带宽的做法让人感到很不舒服。

关掉 HCDN 功能

不仅仅是爱奇艺，其实国内主要的视频平台之前也被曝出有类似的操作。所涉及的设备也不只是电视，你的 PC、手机、路由器，都有可能被利用。如果你想知道你家电视有没有被白嫖，平时可以查看一下电视平时的网络情况，如果经常在悄悄跑流量，大概率就是了。

想要查看 APP 网络使用状况的，用户可以使用路由器 APP 查看家里各个设备的网络使用情况，对于明明在休眠状态时，依旧在使用网络的设备，则可以针对该设备单独查看各个 APP 的网络流量使用情况，对于一些流量使用特别高的 APP 就需要留意了（如图 1）。

大多数时候通过圈定都可以发现“疑似偷跑”流量的 APP，视频平台之所以会在硬件休眠、待机状态下“跑流量”，大概率就是 HCDN 功能了，该功能本身是可以手动关闭的。在电视上打开奇异果，点击“我的”进入个人设置界面，再点击新界面中的“关于”按钮，点击进入后选择“软件信息”。

非常有意思的是，在“软件信息”界面看不到任何操作提示，需要用户长按遥控器左键调出隐藏的设置界面，在这里才可以看到 HCDN 功能的开关设置项（如图 2）。

全面围堵手机 APP 偷跑流量

TV 版 APP 偷跑的流量更多时候的确是家中网络闲置带宽。但对于手机用户而言，APP 偷跑的流量就是实实在在用户真金白银购买的网络流量，即便是一个月 50GB、100GB 的包月流量，也扛不住多款 APP 的“蚕食”。

手机用户除通过系统网络设置查看各 APP 的流量使用状况外，还可以在“流量管理”中对各应用进行“联网管理”（如图 3）。

直接取消“数据网络”模式下一些非必要应用的勾选，让其只能在 WLAN 状态下使用，无疑能最大限度避免流量的浪费。同时，每个月月底包月流量紧张的时候，也可以开启“省流量模式”，阻止应用在后台使用移动数据流量，从而避免数据流量的浪费。

除了通过系统对应用的使用状况进行“定制”，微信、QQ 一类聊天工具本身也是网络流量的使用“大户”，尤其是参与较多群的用户，日常群内斗图、语音、视频等元素虽然能让群聊变得有趣，可数十个群的多媒体聊天元素叠加起来，往往意味着每天动辄数 GB 的流量消耗了。在开启 PC 同步微信内容或者手机流量告急的情况下，完全可以通过设置，减少微信、QQ 等即时聊天工具对流量的消耗。

1

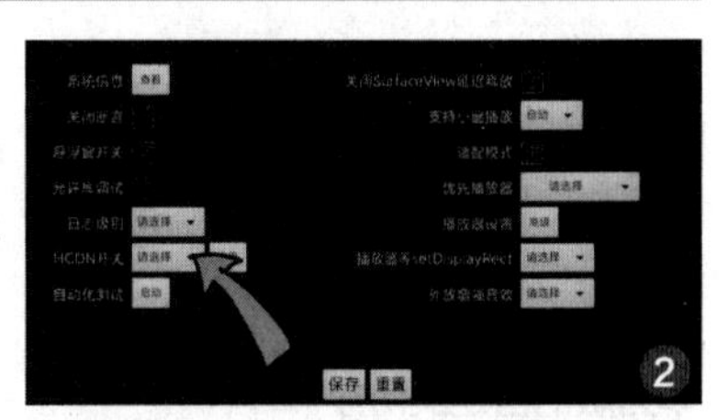

2

3

以微信为例，用户进入“我的—通用”设置界面后，在点击进入“照片、视频、文件和通话”设置后，将“自动下载”项关闭，即可节省不少用户流量（如图 4）。

总体而言，虽然如今不少用户的包月流量都奔 100GB 而去，但 5G 给用户带来流畅网络体验的同时，流量消耗也几乎是成倍递增，合理管控可以说是非常有必要的。

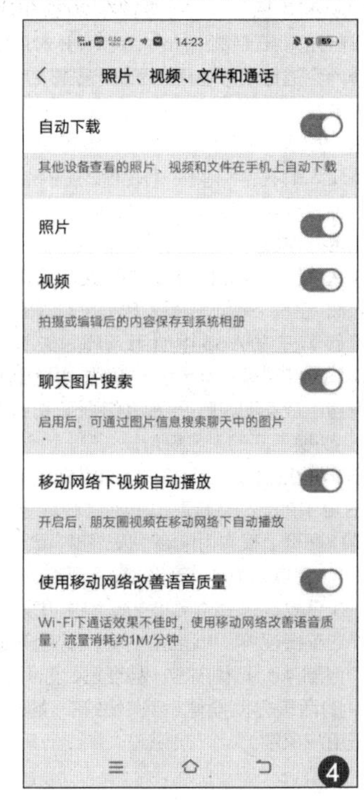

4

鸿蒙4测评：华为才是最大的果粉

● 文/ 电脑报工程师　李正浩

鸿蒙 4 给我的感受主要有两个，一是系统在更新后变得非常流畅，二是 4.0 版本的风格设计和功能呈现与过往鸿蒙稍显老成的画风有很大的不同，有些功能甚至看起来有点像苹果。

华为版的自定义海报

在 iOS 16、iOS 17 两大版本中，苹果更新自定义锁屏和名片海报。按照官方说法，让用户用个性化的方式打造自己的锁屏和通话界面，包括设置自己喜欢的照片、字体和小组件。

鸿蒙 4 主打亮点之一的个性化主题，在原理上与 iOS 17 类似。以艺术主角为例，选择人像照片，系统会自动截取照片中的人像部分，除了可使用原图，用户还可自定义人像背景。

值得注意的是，iOS 17 是有人物背景分离遮罩的显示效果，能够做到这点是因为它能够完整调用照片本身景深信息，再利用算法来完成，而且景色照片同样适用。鸿蒙 4 并无这种效果，更多的还是停留于表面上。

鸿蒙 4 在这部分也有自己的优势，除了原图，可选择不同的纹理、渐变、模糊效果，图标色也能更改，自定义空间比 iOS 更大。其中，虽然图标色的更改范围取自照片中出现的主体颜色，为用户自定义手机提供比过去更大的操作空间，也更年轻。

除了人像壁纸，鸿蒙 4 这次也支持类似 iOS 的 emoji 和天气主题，但表现形式与后者有所不同。

首先鸿蒙 4 重绘 emoji 表情，并对其中部分内容进行了本地化适配，设置完成后自动生成对应的 AOD、锁屏、壁纸。但现在 emoji 表现方式太少了，相比 iOS 尽管看着有点让人眼花缭乱，好在有足够的选择空间有多种表现形式可选。

另外，鸿蒙 4 重绘的 emoji 表情与小艺输入法挂钩。换句话说，只要使用的是小艺输入法，这些 emoji 表情就能在 QQ、微信、钉钉等第三方 App 中使用。同为天气主题，鸿蒙 4 的特别之处在于它可以通过重力感应与用户互动，我们平视、俯视、仰视手机时，会切换不同的天气视角。

值得注意的是，我不建议老手机使用艺术主角中的漫画纹理，因为这种线条在 OLED 屏幕上很有可能会引发烧屏，留下印记，虽然会自动消失，但终究影响观感。

在平板上，在 2.0 和 3.0 版本中，华为平板开启平行视界，中间会有一条明显的分界线。但到 4.0 版本，这条线就消失了，一个 APP 的两级界面同样是几乎融在一起，不方便用户识别。

如果说平板去掉分界线是为了规避之前的烧屏，但在两个 APP 分屏时，因为要承接一些分屏功能，这条线又是存在的。这就让鸿蒙 4 在平板上的功能有些割裂。

另外，iOS 17 可以在锁屏界面增加小组件，提升日常的交互效率，而且从 iOS16 到 iOS17，几乎把小组件全部拓展到整个硬件生态。鸿蒙 4 暂时没看到这方面的进步，现在只能通过第三方主题实现类似的效果。

鸿蒙 4 比过去更加年轻化，可以看出华为在努力尝试新风格去面向自己广泛的消费群体，这值得肯定。只不过从目前的效果来看，给人感觉很像那种努力学习年轻人潮流，最终搞得自己不土不洋的中老年人。

全新的个性化功能与整个鸿蒙的 UX 界面在设计上存在一定的割裂，我认为华为倒是可以趁这个机会稍微调整一下很久没改的系统图标及其风格，去匹配自己主打的新风格。同时在一些更深层次的功能上，鸿蒙 4 在个性化上与 iOS 17 仍有一定差距。

逐渐“灵动化”的信息通知

鸿蒙 4 重新调整了信息通知的逻辑和呈现方式。一个是通知中心不再根据时间线，而是根据推送消息的轻重缓急调整推送信息的位置，将实况通知、社交通信等重要通知置顶，营销资讯类信息则置于统一区域显示。

假设手机收到了系统、微博、王者荣耀、快手的信息推送，于是鸿蒙 4 将系统推送的充电提醒置顶，微博、WPS 放在后面，最下方的是 APP的营销信息。

另外，有适配过的系统 APP 和第三方 APP以“实况窗”的形式进行了置顶推送。显然华为对于如何将通知优雅地展示在桌面上，想法和苹果是类似的，将 APP的实况信息以“药丸”动画的形式放置于顶部状态栏。

这是一项方便的功能，问题在于这项功能非常倚仗于适配 APP 的数量和质量。目前仅包括美团、华为通话、畅连、播控、录音、录屏、蓝牙等少数功能，例如在华为 Mate50 Pro 上，高德地图并不支持实况窗。

另一方面，实况窗目前对双打孔屏幕的手机不友好，比如华为 Mate40 Pro。顶部状态栏去掉双打孔的空间、信号、时间、电池容量后，所剩空间寥寥无几，这时再加一个实况窗，顶部状态栏会显得格外拥挤。

如果华为没有发挥出强大的生态号召力，号召全球开发者为这项功能做适配，消费者体验到的成品与宣传的大相径庭，最终只会沦为噱头，学了个 iOS 的皮毛。

受限于顶部状态栏的空间，实况窗无法

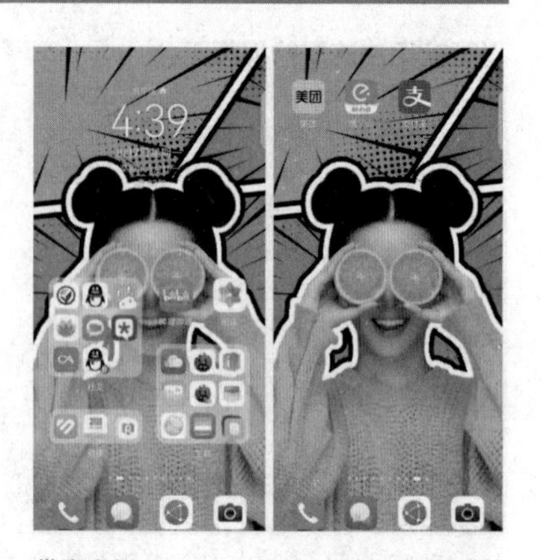

带来类似 iPhone 14 Pro“灵动岛”那种酷炫的通话和交互，更多的还是起到一个显示通知的作用，何况 3.0 版本的通话显示也能做到类似的效果。

更好用的超级中转站

“超级中转站”是鸿蒙 4 上最好用的功能之一，这次加入智慧识屏功能，通过双指按压屏幕进入识别界面，获取当前界面的文字和图片。

像 B 站的视频轮播图、视频封面同样可以保存。通过智慧识屏获取的文字、图标可以保存在本地或中转站里，需要在微信、微博、WPS 等 App 中用到这些内容时，可直接从“超级中转站”内拖拽即可，而且中转站中的资料还能流转给其他华为手机，比 3.0 版本的更加高效。

一些关于鸿蒙 4 基础体验的问题

鸿蒙4最大的更新点是什么？

严格来说，这次鸿蒙 4 最大的亮点是接入盘古大模型的小艺、星闪传输、鸿蒙 NEXT。

新版小艺要等到 8 月中下旬才会开启邀请测试，不过相比小艺是否聪明，解决小艺“耳聋”的问题恐怕更为重要。星闪是更快更稳定的传输标准，官方说法是“将在 2023 年正式走进我们的生活，为用户带来无线互联体验全面升级。”

而鸿蒙 NEXT 是网友所说的“纯血鸿蒙”，无法使用安卓 APP，需要开发者适配新环境，重新开发 APP。相当于现在的公测版鸿蒙 4 还不能算完整，真正核心的功能还没有上线。

更新鸿蒙4后，为何彼此功能不同？

部分机型，比如华为 Mate40 Pro~ 华为 MatePad Pro 11 在更新之后，没有趣味心情或艺术主角主题，从功能实现的角度来说，应该是没有难度的，目测是华为还没来得及适配。

已经有开发者从 P60 系列等机型中抽取该功能，如果更新之后发现没有这个功能，可在贴吧之类的垂直平台上搜索"趣味心情"安装包，可手动安装实现该功能，但毕竟还没有适配，可能会遇到一些显示 BUG，但总体来说还是能稳定运行的。

华为P60 Pro在更新之后温度有降低吗？

续航有提升吗？会杀后台吗？

华为 P60 Pro 的发热问题更新之后并无改善，因为这部手机高刷策略激进、机身不堆散热，发热难以避免。华为 P60 Pro、华为 Mate50 Pro、华为 MatePad Pro 11 三款设备的续航甚至有点小幅倒退。

同样是鸿蒙 4 和骁龙 8+，华为 Mate50 Pro 更新之后的流畅性远不如华为 P60 Pro。即便是搭载骁龙 888 的华为 MatePad Pro 11 性能版，都有非常高的流畅度，体感甚至比 P60 Pro 还要流畅。

华为 Mate50 Pro 作为华为重回智能手机市场的第一款旗舰，这样的优化水平实在是让人难以接受。

总的来说，鸿蒙 4 是改变比较大的一代，为了尝试新风格，直接借鉴了许多 iOS 17 的设计，直接到不禁让人以为华为才是最大的果粉。目前，鸿蒙 4 新学 iOS 的部分还是止步于皮毛，看之后的正式版本，特别是华为 Mate60 系列使用的版本，是否有让人出乎意料的表现。

找回儿时记忆，这些渠道都能玩街机游戏

● 文/ 郭勇

口袋里的街机

拳皇、街霸、三国、恐龙快打、合金弹头……在男生的"回忆杀"里面，街机绝对会占一席之地。有意思的是，为了引流和让客户打发无聊的时间，如今各大电影院、商场、步行街等场地运营者纷纷将存在记忆中的街机重新请了回来，只不过数量不多，很多时候都被一群"10 后"小孩占据，手痒的时候不如考虑一下直接将街机揣到口袋里。

带上一台 Switch 掌机陪老婆或女友逛街显然是不现实的，可将 Switch 换成带掌机功能的充电宝呢？将掌机同移动电源融合在一起的创意产品经过不断试水后，如今不仅升级了屏幕和操控，连带着掌机芯片也实现了迭代。更夸张的是还支持 TF 插卡拓展游戏内容，并且可以外连电视或手柄，兼顾实用性和可玩性（如图 1）。

这类设备售价往往不足 150 元，不过有些遗憾的是搭载的充电宝容量很少超过 8000 毫安时，相对而言，直接在智能手机上安装模拟器玩街机游戏成为不少人的选择。

呆萌 PS2 模拟器最新版本是一款超好用的安卓手机模拟器，诸多经典 PS2 独占游戏通过本模拟器即可再次感受当初的乐趣。用户在手机应用商店中可直接搜索并下载安装呆萌 PS2 模拟器，经过简单的授权即可进入体验界面（如图 2）。

虽然呆萌模拟器画面和操控备受好评，可免费的情况下需要忍受不少广告，但充值 39 元会员费去广告的话，还不如前面提到的充电宝。当然，对于真正的街机爱好者而言，手机屏幕始终还是小了点，家里的智能电视、智能投影才是街机游戏最好的平台。

大屏才能获得更好的体验

客厅大屏体验街机游戏，绝对能让人找回儿时记忆，而从易用性出发，小霸王街机游戏盒这样的产品无疑是相当不错的选择。经历过红白机时代的小伙伴，本身对小霸王这个品牌就有亲近感，而小霸王街机游戏盒直接将模拟器和游戏整合在一起，用户只需通过 HDMI 接口将游戏盒同电视、投影连接即可。

强大的兼容性是这类设备最大的特色，小霸王街机游戏盒就可以支持 CPS/FBA/FC/GB/GBA/GBC/MD/SFC/PS1 等格式游戏，而且支持有线 / 无线手柄连接，家庭娱乐时可以进行四人对战，更强的是，玩家还可以中途保存退出，这两点对玩家而言极具吸引力。

当然，毕竟硬件需要接近 300 元的预算，对于拥有智能电视 / 投影的小伙伴而言，为偶尔体验下街机游戏就购买一台单独的设备多少有些犹豫，事实上，轻度街机游戏玩家和打算偶尔怀旧下的用户，完全可以使用小鸡模拟器。相对于其他手机或 PC 模拟器而言，小鸡模拟器目前已经实现从智能手机、PC 到 TV 大屏的全覆盖。

对于大屏玩家而言，小鸡模拟器 TV 版本身就是一款专为智能电视和盒子设计的游戏模拟器。它支持多种游戏机平台，包括 GBA、GBC、MD、NDS、DC 等，用户在智能电视 / 投影应用商店可以直接下载安装。启动小鸡模拟器 TV 版后，其本身扮演的是平台的角色，用户根据自己的喜好选择游戏再进行下载（如图 3）。

单个游戏下载完成后，点击启动进入启动页面。在进入游戏前，可自定义玩家的手柄设置，点击"启动"，选择"正常启动"。小鸡模拟器比较强的地方是其除了提供软件解决方案，本身还提供硬件手柄，实体手柄在操控体验上的确领先手机模拟按键不少。

PC用户也可偶尔放松

相对于手机和客厅大屏，在 PC 上玩街机游戏的需求就不那么高了，而且 PC 用户完全可以通过网页游戏的方式体验一些儿时的游戏。而模拟器方面，winkawaks 算是非常经典的"合集"类工具，完全可以满足用户体验一把的需求。

对于 PC 玩家而言，将 PS/XBOX 等主机游戏搬到 PC 上明显更具诱惑力，而在 RPCS3 这样的 PS3 模拟器受市场追捧多年后，开发商 InoriRus 最近发布了首个 PC 平台的 PS5 模拟器"Kyty"。它不仅可以模拟 PS5，还可以模拟 PS4。

只不过由于发布并不久，Kyty 模拟器仍有不完善的地方，对 PS5 的支持尚未完全到位，因此会出现锯齿、崩溃、冻结或者掉帧等问题，目前尚待完善的功能还包括音讯输入、输出、MP4 影像、网络、多用户切换等，而且虽然是 PS5 模拟器但暂时还不能显示 / 运行任何 PS5 游戏。

但不管如何，对于想要找回儿时记忆，体验一下街机或主机游戏的玩家而言，多一个选择和思路总是好的。

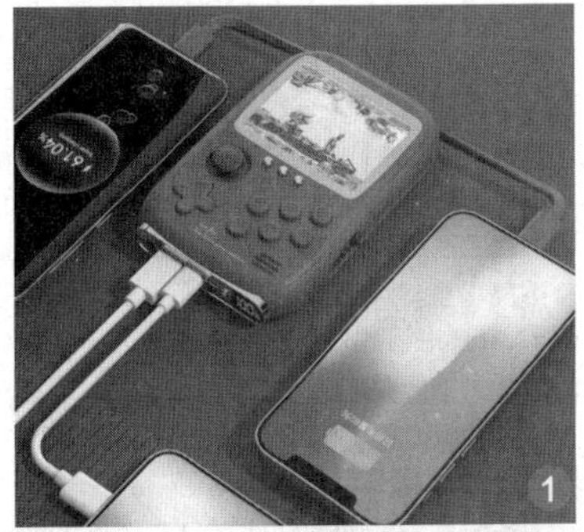
1

2

3

高效背单词:百词斩VS扇贝单词

● 文/上善若水

十年磨一剑,背单词 APP 的成长

在众多学习类 APP 中,以百词斩、扇贝单词为代表的单词记背类 APP 无疑是极为成功的存在,极强的工具属性本身能够满足用户刚需,而日积月累的学习又满足了软件对于用户黏性、活跃度方面的需求,以上市较早的百词斩为例,其前身为囧记单词(一种看搞笑图片记单词的英语学习方式),一开始百词斩的整体风格就相对卡通,走幽默诙谐路线,随着版本的迭代,百词斩陆续推出单词 TV、单词 FM、单词 PK、好友圈、小讲堂、斩家活动等功能,丰富了单词数据库,满足了用户的非核心需求,用户数量迅速增长,成为在线外语教育产品之中的领头羊,也成为不少背单词 APP 研发参考的对象。

而从 2012 年 9 月百词斩上线至今的十余年时间里,背单词阵营一度涌现了墨墨背单词、沪江开心词场、知米背单词等十余款定位功能接近的单词记背软件,不过随着时间的推移和用户沉淀,一些背单词 APP 逐渐成了历史名词。

而十余年的成长,令如今剩下的单词记背软件在功能、词库等领域都相当完善,软件基本进入了成熟期。作为高黏性软件,用户往往会长达数年持续使用一款 APP,拥有极高的忠诚度,不过对于英语学习小白而言,却经常苦恼于不知道如何在百词斩和扇贝单词间作选择。对于这两款在微信群、论坛上点名率极高的软件,笔者尝试从单词记背功能设计、学习资源、互动等多个方面对两款 APP 进行比较,以便大家能选出同自己最匹配的一款。

界面设计:极简风

多年发展让两款软件均具备较好的适配性,用户可以通过微信、手机号等多种方式授权登录 APP,而在界面设计上,两款软件的风格颇为类似,这恐怕也是不少英语小白最初不知该如何选择的原因。

以扇贝单词为例,其界面总体分为单词页、课程页、发现页和我的四个部分,单词页主要展示当前的学习计划,包括词汇书、时间进度、每日进度等内容,而课程页则提供一些扇贝单词的付费课程,这也是扇贝英语的主要变现途径。而发现页则作为社交社区存在,用户可以组建小组、参与挑战、参与话题活动等互动(如图 1)。

百词斩方面则分为单词页、学习页、一起背、商城和我的五个部分,其实内容大同小异,也是围绕学习计划、付费课程、社交展开。不过百词斩的商城里面,提供一些学习用具的销售,整体生态闭环明显做得更好一些。

而单就两款软件单词记背界面论,百词斩除了提示用户记单词的按钮,更在下方放置了“单词训练”“单词本”“单词自检”“爱阅读”四个细分板块供用户使用,扇贝单词则需要用户二次点击软件左上方的设置按钮,才能调出“更多功能”,从而选择短语、阅读、听力等功能选项(如图 2)。

单从界面上,两款软件在 UI 设计上都走简约设计风格,不过扇贝英语 UI 设计更偏向极简,将更多功能放入二级菜单的做法,强化了界面的简洁,却也放弃了一些高频功能使用的便利性。百词斩则将高频训练功能放到了一级界面,但也充分利用界面上下两端插入了平台内部广告,偶尔的误触还是会让用户有些不满。

单词记背:百词斩有趣,扇贝更专业

在用于单词记背的词书方面,两款 APP 经过多年沉淀,如今均能覆盖从 K12 教育到四六级考试、考研以及 FCE/PET 的核心词汇,足以覆盖绝大多数人的应用需求。用户在使用时,可以首先选择好自己打算记背的单词词书,APP 会提示该词书有多少个单词需要记背且提示用户选择是否导入之前已经学过的单词,并引导用户设置每天记背单词数量和计划完成天数(如图 3)。

这里我们注意到扇贝单词的“每日学习任务”设置中,不仅有新词数量,更有复习单词数量,两者结合明显能取得更好的学习效果,百词斩在单词计划上不妨改进一下。

相对于学习计划上的小差别,两者在单词记背设计上就有非常大的差异了。扇贝单词每日先复习旧词,再学习新词。每学习一个新的单词时,可以选择我认识、提示一下和直接标记太简单即可进入单词介绍界面,标记太简单则此词不再出现,直接进入下一词,点错了也有一些补救的机会。单词详情页可以看到词义、例句和其他人的笔记,还可购买智慧词根、派生联想、柯林斯词典辅助学习或开通会员,每学习一组单词后有小结,红色为未记住的单词,黑色为认识的单词(如图 4)。

百词斩则是极具特点的“象形单词助记”,其给每个单词设计图片、LOGO、意形合一,大大增加了单词的趣味性,可帮助用户更容易记住单词,这个特色是百词斩有别于其他同类产品的核心竞争力(如图 5)。

从单词记背界面可以看出,扇贝提供了两种学习模式:再认和拼写。再认模式即自评模式,若用户认为自己认识这个单词,即进入单词解释页面,且今天不再学习这个单词。但自评模式可能出错,所以在单词解释页面显示了撤销今天不再学习该单词的按钮,保证用户真正认识这个单词。再认模式可以加入听音辨义,但同样属于自评。再认模式需要用户较高的自觉性,帮助用户记住

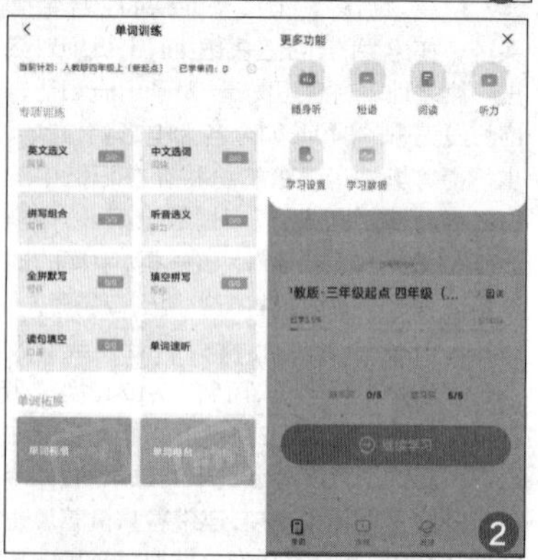

单词的中文含义。

百词斩则通过图片选择(选择符合英文例句意思的图片)认识单词,用户可根据需求在学习过程中加入听音辨意、拼写提醒和中文选词。不过百词斩的图形化加选择题模式背单词相对很快,且具有不错的趣味性,这让每次记背单词的预计时间相对较短,但这也是一个缺点,仿佛记忆了但其实没有,遗忘很快,而这也是不少用户的吐槽点。

毕竟在“图片 + 单词”的界面中,某种意义割裂了单词间的联系,遇到长得像的单词就有一点混淆了,尤其是后期阅读和写作经常遇到的近义词问题,这点扇贝单词设计更优(如图 6)。

在词义和知识点展现效果上,扇贝单词

将主要内容一页展示，用户不需要去翻页，学习效率高，但缺点是不如百词斩单词内容丰富。扇贝单词搜索条放在主页，使用方便，内容上用户可以编辑笔记或者查看、收藏、置顶其他用户的笔记。可通过付费扩展包显示词根、词缀、派生联想、柯林斯词典功能；百词斩单词内容丰富，包含变形词、图文例句、英文释义、象形图片等，缺点是变形词无扩展知识或链接。

互动性：百词斩领先不少

作为应用针对性极强的单词记背软件，扇贝单词和百词斩都内置了“社交”模块，在扇贝单词中，除了常见的“打卡挑战”，还有各种种草文、经验帖和话题板块的设计，但以“话题”板块为例，笔者点击进入后发现其话题内容显示的时间都是 2021 年了，明显缺乏维护，这点多少有些打击用户积极性，不如替换或者日常维护帖子更新，也会好很多（如图 7）。

百词斩这边的“一起背”里面的互动就非常强了，其本身设计了一个虚拟校园场景，小卖铺、招新广场、小班、同桌等模块各司其职，用户也可以在各个环节领取并完成任务，从而赚取虚拟币。

以“同桌”为例，用户可以在百词斩中邀请陌生人当同桌，也可以直接邀请微信、QQ 等熟人社交软件的好友来百词斩当同桌一起记背单词。虚拟的教室环境下，用户除了通过站内短信等方式与同桌交互，互相督促学习，还可以通过购买虚拟物件对任务及课桌进行装饰整体，互动体验相当不错（如图 8）。

总的来说，两款 APP 在学习方面具有较高的重合度，在单词学习方面扇贝单词比

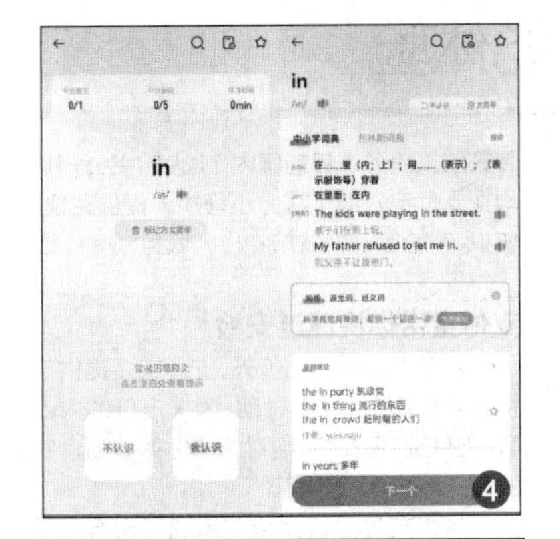

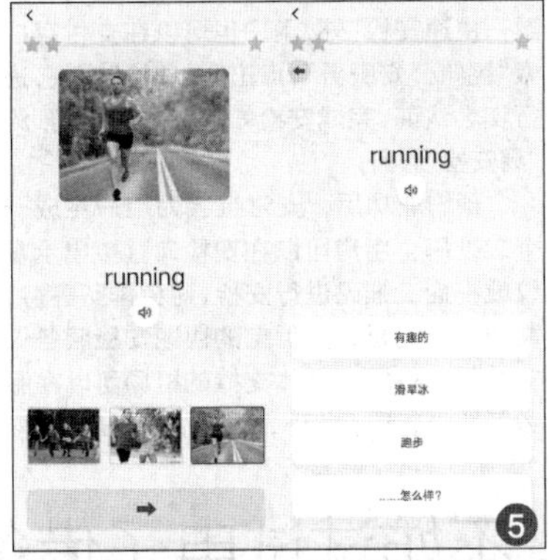

	扇贝单词	百词斩
学习模式	再认/拼写	图片选择
单词发音	有	有
中文解释	有	有
例句	有	有
单词视频	无	有
英文解释	有（按钮）	有
单词笔记	有	有
单词象形	无	有
词根	有，需购买	有，免费
派生联想	有，需购买	无

6

百词斩多出添加笔记、打卡日记以及美 / 英

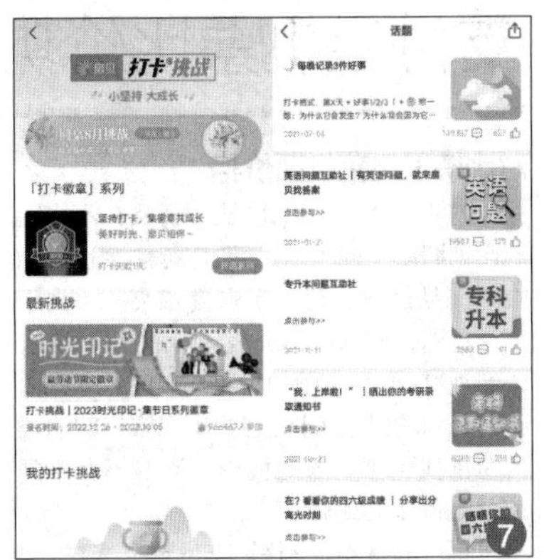

发音切换的功能，而在单词学习方式上有拼写和英文再认，复习方式有中英互选、全拼默写和随声听（随声听功能主要用于播放单词，方便用户默写），可选方式则落后于百词斩，这里更建议低龄及入门级用户选择趣味性更强的百词斩记背单词，而有一定英语基础且侧重语法、联想单词记忆的用户，则可以选择使用扇贝单词。

巧存Edge浏览器历史

● 文/ 梁筱

微软 Edge 离奇改动

微软经常会对旗下软件做一些让人难以理解的改动调整，甚至不止一次被吐槽“为改而改”。

微软 Edge 浏览器和 Chrome 一样，在用户登录之后，自动同步收藏夹、设置历史记录、密码、打开的标签、扩展程序、自动填写表单条目、付款信息和所有已登录设备上的其他类型的数据。用户有时候可能希望重置同步到云端的数据，并希望删除所有相关内容。用户在 Edge 113 浏览器中，可以通过访问“设置— 配置文件—同步”—点击“重置同步”按钮，允许从 Microsoft Servers 中删除数据。

然而在 114 版 Edge 中，微软就移除了 Edge 设置中的“重置同步”按钮，用户将无法再删除并重置已经同步到云端的数据。取代这一功能的，是“立即重新同步”功能，它能够将用户的本地数据与云端的同步数据合并。

导出浏览历史为 CSV 文件

少了系统功能，针对单个历史浏览文件进行手动导出保存是否更好的选择？以前用户无法将浏览历史导出为一个单独的文件，或者将其移动到另一个 Edge 浏览器中，除非使用同步功能。

微软 Edge 似乎是第一个给用户提供把浏览历史保存为 CSV 文件功能的浏览器，CSV 文件是一种通用的数据格式，可以用表格软件如 Excel 打开和编辑。要使用这一功能，用户需要采取以下几个步骤：

1. 前往 edge://settings/ help，将 Microsoft Edge Canary 更新到 117.0.2026.0 版本 。

2. 按 Ctrl + H 或点击 “菜单—历史记录”，或者直接输入 edge://history。

3. 点击历史记录弹出窗口上的三点按钮，选择“导出浏览数据”。

4. 巧存 Edge 浏览器历史。

目前，Edge Canary 还没有一个完善的界面来使用 CSV 文件导入历史记录。不过，用户可以简单地将备份文件拖放到一个 Edge 窗口中来导入，希望微软能够尽快添加一个更优雅的解决方案来管理历史记录备份。

除了直接导出外，微软近日更新 Canary 和 Dev 频道的 Microsoft Edge 浏览器，引入了名为“可保存历史记录网站的屏幕截图”功能。微软官方对该功能的描述如下：“我们将截取你访问的网站的屏幕截图并保存它，以便你可以从历史记录中快速重新访问所需的网站。”

用户后续即便在没有网络的情况下，也可以通过截图重新访问曾经访问过的页面。用户打开历史记录之后，移动光标到已保存的页面，在左侧会跳出页面缩略图。

不过总体而言，单同步这一块，能同微信、QQ 账号绑定的腾讯浏览器给人更强一些的感觉。

支付宝机票比价功能体验

● 文/梁筱

对比携程飞猪机票价格

暑期游余温未散，国庆出行又在不少人的计划清单里面了。然而，出行热潮也带动旅游产品价格出现一定幅度增高——由于需求高涨，国内机票价格涨幅进一步推高，达到 1032 元（即国内机票均价已过千元）。面对高涨的机票价格，想要出门旅行的消费者为了找到更划算的机票，不得不在不同 APP 之间来回跳转。

面对消费市场刚需，支付宝上线“机票比价”功能，首批接入携程、飞猪两大平台，为用户提供更多航班组合的同时，方便用户一键对比不同航班的机票价格，节省比价时间。以北京飞往上海为例，支付宝 APP 首页点击“出行”，选择“机票”，就能看到机票比价功能(如图)。

在输入行程信息后，即可查看来自携程、飞猪两大平台提供的各航班价格对比，一目了然作选择。除了机票比价外，支付宝上还有快速安检、临时乘机证明、电子登机牌等航旅服务。目前国内 11 大航空公司也均在支付宝开通了官方小程序，提供购票、值机、升舱等一站式航空出行服务。

支付宝带你快速过安检

除了购买机票比价外，支付宝还提供了快速安检服务，对于暑期、国庆出行的人而言，支付宝“易安检”绝对能让你体验到贵宾服务还节省大把时间。

除在支付宝首页依次点选“出行—机票—快速安检”外，用户也可以在支付宝搜索“民航公安服务”，点击“易安检”模块，进行实名认证，完成安检知识在线测试，预约“易安检”服务。

预约成功后，支付宝会为用户生成一个二维码，用户可以在安检口直接出示掌纹或扫描二维码进行安检，避免排队等待。需要注意的是，支付宝的快速安检服务仅支持部分机场，具体支持的机场可以在服务页面中查看。此外，出行前一定要仔细核对填写的信息，确保信息的准确性，以免影响出行计划。

事实上，除了购买机票外，支付宝出行在火车、汽车上同样可以使用，能为用户带来不少便利，也有很多功能值得挖掘哦！

担心朋友借钱不还？不妨试试电子借条

● 文/梁筱

小程序里面的电子借条

“借钱容易，要钱难”——亲友同事间借钱应急并不稀奇，可出具纸质借条时，总有那么几分尴尬，如果换成电子借条是否更好一些呢？

如今，电子支付方式越发普及，借贷行为也常常通过微信转账进行，然而这种方式并不方便留下借贷证据，导致很容易出现借款人拖欠的情况。为了解决这一问题，近日微信上线了一款名为“腾讯电子签”的小程序，其中的“借条功能”主要用于管理各种收款收据和签订租房合同等。据称，借助这个功能，借款人将能够更加方便地催收债务，并且借条具备法律效力。

在微信界面搜索框中输入“电子签”即可看到“腾讯电子签”小程序，选择启动后即可进入操作界面。对于亲友、同事的小额借款，用户只需在首页单击小借条进入预览模板，单击创建借条，仔细阅读告知书后单击我已理解并接受上述内容，即可进入发起人填写借条界面。发起人进入到填写借条页面后，通过单击顶部借给我和我出借可以切换当前使用者身份。如下图 A 区域，选定借款人身份后，填写您的个人信息(姓名、证件号和手机号)，您可单击由我填帮出借人填写个人信息，或保持当前状态，将对方信息留给付款人本人填写(如图 1)。

用户根据提示，完成借款金额、借款事由、借款期限、约定利率等项目的填写后，单击下一步。这里需要注意的是若借款金额大于 10 万元，需填写补充信息。当用户没有填写出借人或借款人的身份信息时，此时需发起人确认借条后由签署方先补充信息。

当出借人和借款人的信息都填写完成后，发起人可以预览借条信息，确认无误后单击借款人签署区或下方的签署借条签名，选择对应签名后单击完成签署，然后单击确认签署进入身份核验页面(如图 2)。

签署完成后进入身份认证页面，单击开启人脸识别进入人脸核验身份，人脸识别通过后借条发起成功，页面显示待出借人签署。系统会自动给出借人发送短信提醒，用户也可单击发送给出借人通过微信分享给借款方签署。非常贴心的是用户可在如下页面开启还款提醒，系统将根据您在借条中约定的还款计划在每个还款日发短信提醒本人，同时，在对方未签署时，发起人若发现信息有误，可通过文件夹 > 我的合同找到该借条，进入详情页单击撤销。

此外，已完成签署的借条支持解除，借款人和出借人均可发起解除操作。双方确认解除后此借条变为已解除状态。用户在文件夹找到该借条，单击进入借条详情页，单击更多操作 > 申请解除。而若对借款事宜双方已达成一致，双方均可在小程序发起结清。确认结清后此借条变为已结清状态，借条将不再作为欠款凭证。

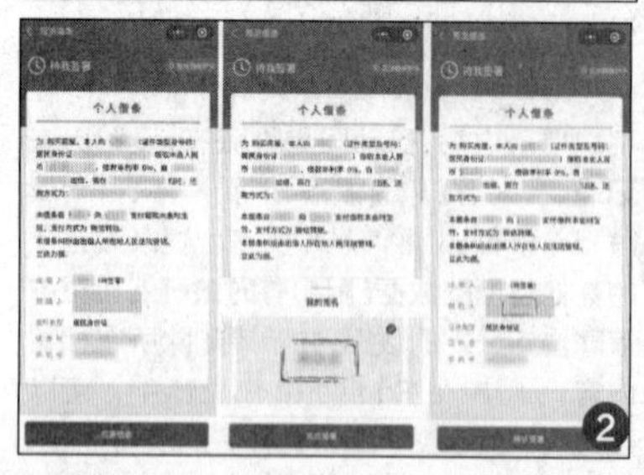

而在支付宝方面，在搜索框中输入“电子借条”后可以看到由“支付宝(杭州)信息技术有限公司”提供的“信任奉”，其“小借

条”的操作同“腾讯电子签”比较类似，以“借条”功能为例，用户可选择以“借款人”或者“出借人”身份发起借款合同。合同约定内容包括出借金借款用途、出借日期、还款日期等。付款方式支持支付宝支付、银行卡转账以及其他支付方式（比如现金）等（如图3）。

由于两款小程序都是官方提供，因此用户个人信息会默认直接填写上去，整个电子借条从发起到完成签订，仅仅几分钟即可完成，为人们生活带来不少便利。

具有法律效力的电子签

电子借条是否具备法律效力呢？答案是肯定的。

根据《中华人民共和国民法典》第四百六十九条，当事人订立合同，可以采用书面形式、口头形式或者其他形式。书面形式是合同书、信件、电报、电传、传真等可以有形地表现所载内容的形式。以电子数据交换、电子邮件等方式能够有形地表现所载内容，并可以随时调取查用的数据电文，视为书面形式。而随着技术的发展，电子签具有更好的可靠性，其可对双方签署过程的关键电子证据进行区块链存证，将电子证据的哈希值上传至区块链可信存证服务平台，最终确保合同内容的安全与不可篡改。

而除借款外，“腾讯电子签”和“支付宝信任牵”还可以针对房屋租赁、物品买卖、车位租赁等场景签订电子合同，能为用户提供极大的便利。虽然很多时候人和人之间以信任为纽带，就可以完成很多事情，但花上几分钟为财务行为拟定一份电子合同，何乐而不为呢？

3

实测阿里云盘是否限速

● 文/上善若水

争议中的阿里云盘

凭借“无论免费付费，未来都不限速”的宣传口号，阿里云盘吸引到不少用户，但日前有网友向媒体反映，他的阿里云盘账号近期出现了明显下载限速的情况，“家里安装的是千兆宽带，理论上下载满速应该接近每秒100MB，但现在购买超级会员后，下载速度也只有每秒十几MB”，余先生称经过电信工作人员多次检查，确认宽带没有问题，而是阿里云盘疑似限速。

对此，阿里云盘相关工作人员表示，将会安排技术人员对用户的情况进行排查。目前排查发现该用户不存在限速的情况，对于下载速度较低的问题，需要进一步排查。

此外，也有不少网友反映，发现部分账号在高峰时期下载，会出现“当前下载高峰”的提示，同时下载速度被大幅限制，从十几MB/s掉到1~3MB/s，严重时甚至只有100KB/s左右，需要开通SVIP会员才能进入“快速下载通道”（或者只能免费试用体验3分钟），让最初为了“不限速”而转到阿里云盘的用户们大失所望。

实测阿里云盘网速问题

对于阿里云盘是否存在限速问题，测试无疑能给出最明确的答案。

测试环境：重庆移动光纤200M、Intel (R) Dual Band Wireless-AC 8265网卡、华硕Blue Cave路由、Windows 10 64bit操作系统、阿里云盘版本4.9.4。

测试方法：1.对比会员与非会员状态下，阿里云盘下载和上传文件速度；2.对比会员状态下，阿里云盘和百度网盘下载及上传文件的速度。

这里选择的测试文件为两种，一种是3.16GB大小的压缩包，代表超大单个文件，另一种则是包含119个文件、1.47GB大小的微信聊天文件夹，从而综合对比阿里云盘当前上传和下载的速度状态（如图1）。

在非会员状态下，首先选择上传单个文件，在“状态”显示栏中，其速度维持在3.83MB/s上下，最快能到5.41MB/s，最低也有2MB/s的上传速度，对于3.16GB的单个压缩文件，阿里云盘在15分钟之内完成了上传。而对于包含119个文件、1.47GB大小的文件夹，速度同单个文件比较类似，大多数时候速度维持在3.5MB/s上下，偶尔会提升至4.9MB/s，应该是同文件的类型有关，整体也在6分钟内完成了文件的上传（如图2）。

而下载方面，单个文件的下载速度能维持在45MB/s上下，只不过在下载文件夹时，速度就只能维持在13MB/s上下了（如图3）。

这里要说明的是在两次合计21分钟的测试过程中，除软件窗口底

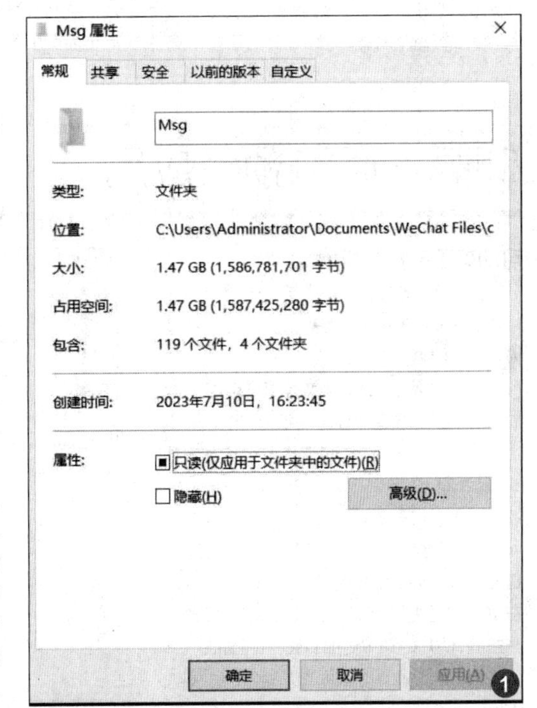

1

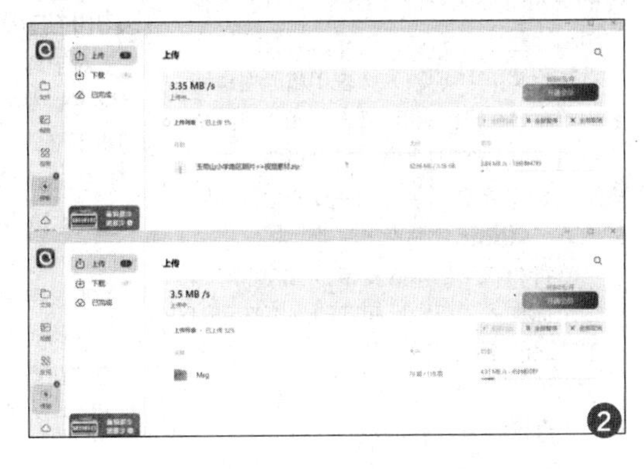

2

部一直有“礼遇开学季 8TB SVIP 低至 129 元 / 年。立即抢购”的提示外，全程并无任何关于上传 / 下载速度的提示。

接下来将刚才上传的文件彻底删除，然后开通阿里云盘超级会员，重新测试上传和下载速度。让笔者感到后悔的是开通会员后，无论是单个文件还是文件夹，上传速度和下载速度同非会员几乎没有差异，当然，无差别的速度从另一个角度看，反而佐证了阿里云盘并未在速度上有任何动作(如图 4)。

比较尴尬的是阿里云盘会对上传文件做提前校验，所以开通会员后，我们重新选择了单个文件以及文件夹，主要还是观察速度的变化。

两大主流网盘速度 PK

从阿里云盘自身测试结果看，其对会员和非会员并没有做出限制，而在同一个网络环境下，对比百度网盘(版本号 7.32.0)上传下载速度同阿里云网盘的差异。

在上传速度的测试中，百度网盘 SVIP 1 级用户上传单个文件和文件夹的速度也能维持在 3.6MB/s 上下，而在下载速度方面，无论是单个文件还是文件夹，百度网盘的速度均维持在 18MB/s 上下。

通过对比发现，在单个文件的下载上，阿里云盘的速度明显快于百度网盘，而文件夹的下载速度则相差无几。从这里可以看出，对于影视爱好者或者有大量视频网课需要下载的亲子家庭用户而言，阿里云盘下载速度明显能为用户节省更多时间。

从上面的测试结果看，阿里云盘限速大概率是误会，只不过从最初的免费到推出会员体系，再到会员体系、外链规则的变化，阿里云盘用户对于平台规则的变化多少有些紧张也是可以理解的。

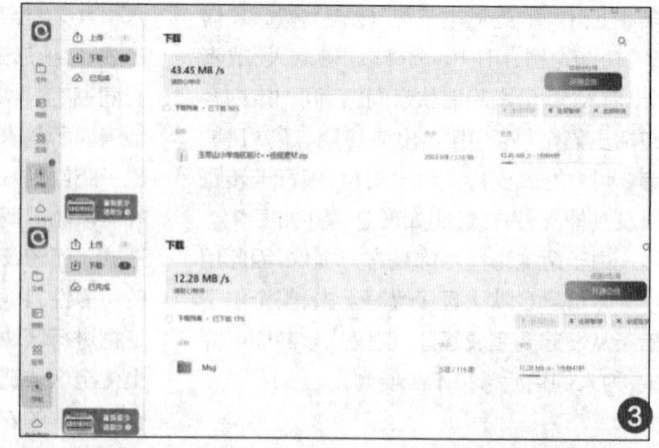

3

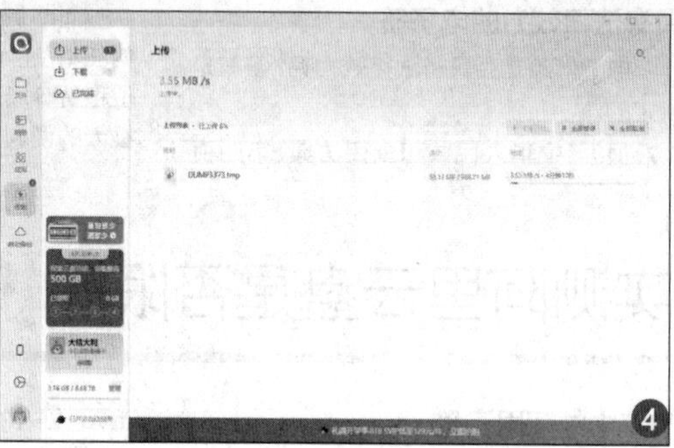

4

卸载Win11预装应用

● 文/ 梁筱

可卸载更多预装应用

众所周知的是 Win11 系统内置了很多应用，一些是集成到系统功能中的，一些是 Win 商店中的。

此前这些软件应用要么不给用户卸载的机会，要么就是卸载起来很麻烦，对于小白用户来说比较复杂，而若使用第三方工具卸载又担心会带来一些后门问题。在用户持续反馈下，微软最近在 Canary 频道发布了 Win11 预览版更新，带来了一个改进，那就是允许用户卸载更多的预装应用。用户可以右键点击这些应用，选择卸载，继而节省一些空间，使开始菜单更加清爽干净(如图)。

根据 25931 版本的发布说明，Windows 11 现在允许卸载照片应用、人脉应用和远程桌面客户端。不过，只有照片应用在开始菜单中可见，人脉应用和远程桌面客户端需要在设置应用中卸载。用户可以按 Win + I 键(或者其他方式打开设置)，进入应用 > 已安装的应用，点击想要删除的程序旁边的三点按钮，然后点击卸载。

随着 25931 版本的发布，人脉、照片和远程桌面加入了可轻松卸载的预装应用的名单。之前，微软已经允许用户使用非常规方法(如 Winget 或第三方卸载器)就可以删除相机应用和 Cortana。

装机时选择“英文”绕开第三方应用

对于第三方应用比较敏感的用户，可以尝试下载安装 Win11 系统过程中，在“时间和货币格式”下选择“英语(全球)”，有不少用户表示这样选择的话，系统就不会预装 TikTok、Instagram、ESPN、Spotify 等应用程序。

不过用户选择该选项之后，在 OOBE(首次开机引导)期间可能会跳出错误。操作系统将花费一段时间来加载初始区域选择屏幕，然后抛出典型的“Something wrong”错误与 OOBEREEGION 代码。用户可以选择绕过这个问题，请单击“跳过” - 可以稍后在“设置”应用程序中更改区域和格式。

进入桌面之后，开始菜单不再预装第三方应用程序。接下来您可以前往设置 > 时间和语言 > 语言和地区，并设置自己的国家和地区格式。不过这种方式仅能阻止预装第三方应用，像 Mail & Calendar、Climchamp、Edge、Teams、Cortana、地图、天气等应用依然会预装。

新BIOS加持,锐龙9 7950X高频DDR5内存随心玩!

● 文/ 电脑报工程师 王诚

AMD 锐龙 7000 系列台式机处理器彻底舍弃了 DDR4,全面支持频率更高、设计更先进的 DDR5 内存, 这样的设计突出体现了 AMD 平台“战未来”的特点。而且,从目前市场的情况来看,价格已经十分平易近人的 DDR5 内存明显已经占据了主导,新装机的玩家不管是选哪家的处理器,都会优先考虑 DDR5 内存, 这也充分证明 AMD 的决定是非常正确的。不久前,AMD 将 AGESA 的版本更新到了 Combo AM5 PI 1.0.0.7c, 在这个新微码的支持下, 锐龙 7000 系列处理器的高频 DDR5 内存支持能力进一步增强。目前不少主板厂商已经给自家的 600 系主板更新了基于这个微码的新 BIOS,那么实战效果如何? 一起来看看吧。

更新微码,AM5 平台 DDR5 内存轻松上高频

去年发布的时候,AMD 官方就表示锐龙 7000 的甜点内存频率是 DDR5 6000,而玩家实测常规情况下,锐龙 7000 平台普遍支持到 DDR5 6600 就差不多到顶了。但目前 DDR5 6800~7200 的价格也已经降到主流玩家可接受的程度,锐龙 7000 平台支持高频 DDR5 的需求越来越旺盛。经过足够的优化之后,AMD 终于推出锐龙 7000 平台支持高频 DDR5 内存的微代码, 从而实现了高频 DDR5 内存“随心用”,能超多少完全只看内存体质如何了。

实际上, 从 AGESA Combo AM5 PI 1.0.0.7B 开始, 锐龙 7000 的高频 DDR5 内存支持度就已经得到了明显增强,而 AGESA Combo AM5 PI 1.0.0.7c 进一步进行了优化并修正了一些 BUG。从截图可以看到,像华硕这样的一线品牌已经给旗下 600 系主板更新了 AGESA Combo AM5 PI 1.0.0.7c 的 BIOS, 下载升级即可完全释放锐龙 7000 的高频 DDR5 支持能力。

接下来我们就用锐龙 9 7950X 和 B650 这样的组合来测试一下 AGESA Combo AM5 PI 1.0.0.7c 的高频 DDR5 支持能力。

实测内存带宽大增,一键享受高频很稳定

测试平台方面,处理器部分我们选择了锐龙 9 7950X,作为锐龙 7000 系列的顶级旗舰,它拥有顶配的 CCD+IOD 规格,并且体质相对来说也要更出色一些。当然,对于追求顶级生产力性能的用户来讲, 高频 DDR5 内存带来的收益在锐龙 9 7950X 上也显得更有价值。

主板部分我们选择了华硕 TUF GAMING B650M-PLUS WIFI,它是市场中人气爆棚的甜品级 B650 主板, 它拥有 12+2 相数字供电, 并配备了厚实的 VRM 散热装甲, 因此像锐龙 9 7950X 这样的旗舰也可以轻松 HOLD 住。此外,主板的用料与设计也十分出色,因此电气性能出众,可以满足 DDR5 内存在高频状态下稳定工作的需求。主板 BIOS 中还提供了“EXPO Tweaked”功能,可以进一步提升内存带宽和降低内存延迟。

内存部分,我们使用的是阿斯加特博拉琪 DDR5 7200 16GB ×2 套条, 它具备 1680 万色灯效,支持主流灯效同步技术。参数方面,它的时序为 38-44-44-105,XMP 频率默认为 DDR5 7200。

参数不变的情况下,DDR5 7200 相对 DDR5 6000 的读写速率分别提升了 10% 和 13%

我们的 DDR5 7200 内存在锐龙 9 7950X 和 B650 的平台上只需要打开 EXPO 就可以直接享用 DDR5 7200 的高频了,看来新 BIOS 确实非常靠谱。

接下来先看看 DDR5 6000 和 DDR5 7200 的对比, 毕竟现在很多锐龙 7000 用户都还在使用 DDR5 6000 的内存。从实测对比来看, 将内存频率提升到 DDR5 7200 之后,内存读速率提升了大约 10%,写速度提升了大约 13%,效果还是非常明显的。

不过大家可能也注意到此时内存延迟反而增加了一点点, 从 71.8ns 来到了 74.3ns。其实这是因为在 DDR5 6000 模式下 BIOS 中 UCLK/MCLK 的比例默认是 1:1, 而在 DDR5 7200 模式下, UCLK/MCLK 的比例默认是 1:2,提升的频率还不能完全弥补分频导致的延迟增加,所以最终的延迟反而有少许增加。

可能有朋友要问了,频率高了延迟也高了,那我要高频内存来干什么?别急,这并不是 AM5 平台高频 DDR5 内存满血的表现。

实际上, 一线品牌的 600 系主板基本上都配备了类似的功能,建议大家开启获得免费的内存性能提升。

从实测来看,开启 EXPO Tweaked 之后,同样是 DDR5 6000 的频率,也能获得 10%的读速率提升与 13%的写速率提升,已经与没开启 EXPO Tweaked 的 DDR5 7200 打平了, 而且延迟还大幅下降到了 65.8ns。而在 EXPO Tweaked 与 DDR5 7200 高频率的双重加持下, 内存读速率大增 19%、写速率大增 21%,延迟进一步降低到 64.8ns——这才是锐龙 9 7950X+DDR5 7200 高频内存的真正实力!

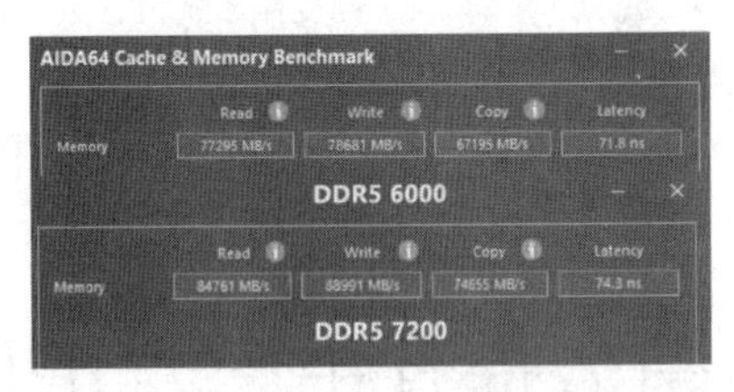

参数不变的情况下,DDR5 7200相对DDR5 6000的读写速率分别提升了10%和13%

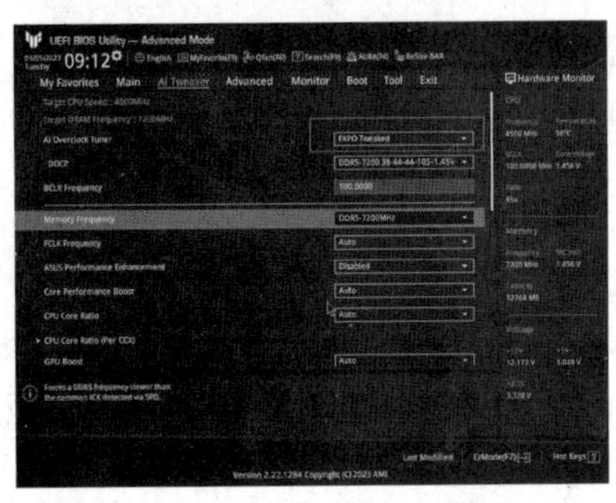

华硕的600系主板BIOS中提供了一项"EXPO Tweaked"功能,开启之后可以进一步增加内存带宽、降低内存延迟

那么锐龙 9 7950X 平台还可以支持更高的内存频率吗?我们尝试了对普通玩家来讲最简单、最直接的内存超频方式,直接把内存拉到 DDR5 7800 (开启 EXPO Tweaked), 没有修改任何时序参数和电压,实测非常稳定。而且从测试成绩来看,超频到 DDR5 7800 后, 读速率大增 21%、写速率大增 23%,延迟也降到了 62.6ns,大约降低了 13%,效果非常出色。

我们知道,在不少生产力工具中,内存带宽确实能带来更高的工作效率,而像锐龙 9 7950X 这样的旗舰级处理器本来就是设计师们特别青睐的生产力利器,这次更新得到高频 DDR5 内存的加持无疑是如虎添翼,在生产力方面的竞争力更加强大。

总结:打通高频 DDR5 任督二脉,锐龙 7000 全能更强大

简单总结一下。锐龙 7000 系列本身在 DDR5 内存支持方面就有着先天优势,例如在 DDR5 6000 这样的主流频率下,它就能以 UCLK/MCLK=1:1 的分频实现最佳的延迟表现, 而第 13 代酷睿在这个内存频率下只能使用 1/2 分频,延迟方面的表现自然要逊色一些。不过,早期的锐龙 7000 平台在 DDR5 内存频率的支持方面还没有达到最佳状态, 直到 AGESA Combo AM5 PI 1.0.0.7C 微代码更新, 才彻底解锁了锐龙 7000 在高频 DDR5 支持方面的潜力。

从我们的测试来看，对于大多数玩家来讲，影响锐龙 7000 平台 DDR5 内存频率上限的主要因素只有内存本身的超频体质与主板的电气性能了，只要内存和主板够给力，超到 DDR5 8000+ 都没有问题。对于只想一键超频的普通玩家，也可以用体质较好的 DDR5 6000+ 内存轻松实现 DDR5 7200~7800 的频率，享受巨大的性能提升和极致的性价比。

综上所述，如果你已经拥有锐龙 7000 平台或者正打算组建锐龙 7000 主机，那么只要资金允许，完全可以选择频率尽量高的 DDR5 内存，从而获得更高的性能体验。特别是对于锐龙 9 7950X 来讲，有了 DDR5 7000+ 内存高数据带宽的支持无疑是如虎添翼。从我们列出的生产力装机配置对比来看，锐龙 9 7950X 搭配 DDR5 7200 的主机相对酷睿 i9 13900K 搭配 DDR5 7200 内存的主机有高达 2450 元的价格优势，性价比可以说是完胜，因此锐龙 9 7950X+ 高频 DDR5 内存对于追求极致生产力效率的设计师用户来讲确实是非常值得选择的装机方案。

有效提升生产力，PDF自动处理秘籍

● 文/ 梁筱

PDF 自动朗读

网页、Word 自动朗读并不稀奇，可很多人不知道 PDF 其实也是可以自动朗读的。

以福昕 PDF 为例，用户在福昕 PDF 编辑器中，先点击【视图】–【朗读】–【朗读】–【激活朗读】，以激活文档朗读功能。激活后，点击【视图】–【朗读】–【朗读】–【朗读当前页】/【从当前页开始朗读】，即可自动朗读文档内容。同时也支持对朗读的速度、音量进行相应的设置（如图 1）。

同样，在 WPS PDF 工具中也有“朗读”功能，不过该功能位于【批注】菜单下，点击之后可以让系统以默认声音朗读，不过没办法像福昕 PDF 一样选择是否朗读当前页。

两款 PDF 软件的朗读设计其实非常不错，未来如果能引入语音、音色等选择，相信会更受用户欢迎。

PDF 自动搜索文件夹

忙碌的时候将办公文件随手一保存，回头就找不到了，相信很多人都遇到过这种情况，但也别慌，福昕 PDF 编辑器支持自动搜索文件。在福昕 PDF 编辑器中，点击右上角搜索图标，选择高级搜索。在右侧的设置栏中选择要搜索的文件夹位置、搜索字或搜索词组、附加条件后，点击【搜索】即可（如图 2）。

搜索后点击搜索结果即可快速打开文档，使用起来非常简单。

除了文件夹搜索，内容搜索也是文本编辑时的高频操作，相对于福昕 PDF 编辑器对文件夹的搜索，使用 WPS PDF 工具时更喜欢调出 WPS AI 工具。点击顶部工具栏上的“WPS AI”按键，即可在右侧窗口菜单中看到 WPS AI 操作界面，用户可以在底部输入问题，然后让 WPS AI 通过文章的分析和理解回答问题，帮助用户更深入地了解文章内容（如图 3）。

随着 AI 等工具的进入，文本搜索显然有更多潜力值得挖掘，尤其是文章摘要解读、大纲生成这一块应用，能很好地提升用户工作效率。

PDF 自动导出全部图像

想要保存 PDF 文档中的图片可以通过另存的方式进行，但当文档中有多张图片需要保存时，也需要一张张保存吗？在福昕 PDF 编辑器中，点击【转换】–【导出全部图像】，即可一键导出 PDF 文档中的全部图像，无需一张张保存，效率直线提升（如图 4）！

点击【设置】还可以对页面范围、图像质量、颜色等进行相应的设置。不过 WPS PDF【转换】功能中未提供【导出全部图像】功能，不过提供了“提取页面”“提取表格”“提取图片”这样的功能，可以根据用户选定范围，对原 PDF 内容进行提取。

PDF 的批注与导出

我们常使用 WPS PDF 阅读、编辑 PDF 文件，而批注才是大多数用户同 PDF 交互的关键，这里更多从福昕 PDF 介绍开始，主要也是因为不少平板、PC 系统内置的是该软件。

用户在福昕 PDF 中打开阅读的内容后，点击菜单栏中的【注释】选项，选择【添加注释】，然后选择要添加的注释类型，如文字、高亮、下划线等。在 PDF 文件中选择要添加注释的位置，然后输入相应的内容，而福昕 PDF 还

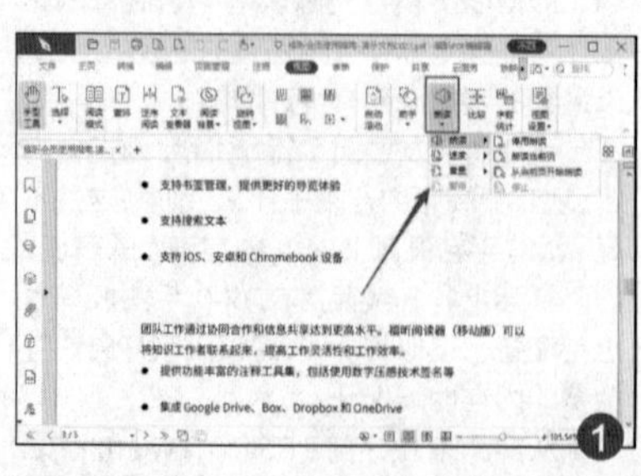
1

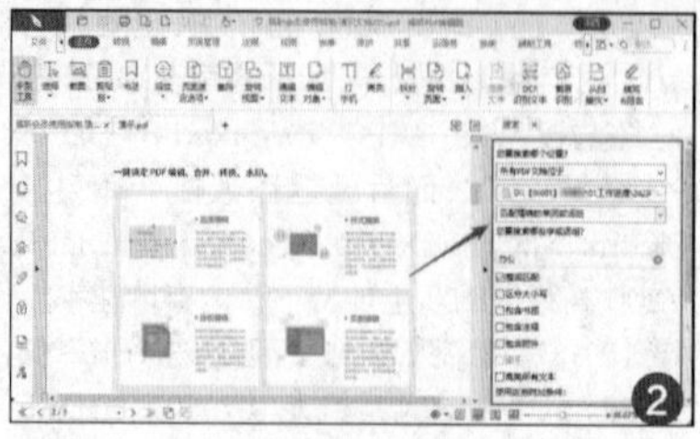
2

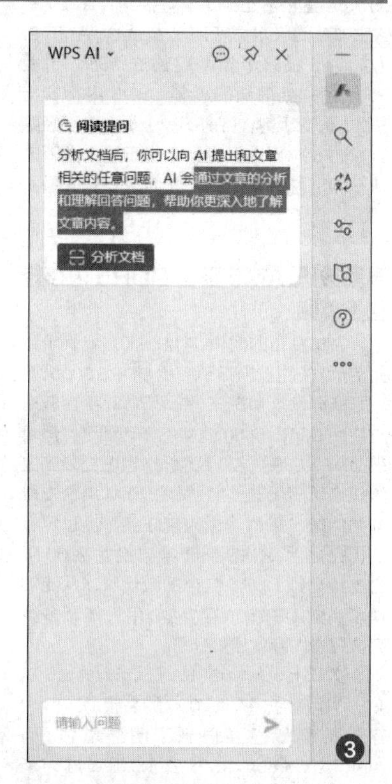

3

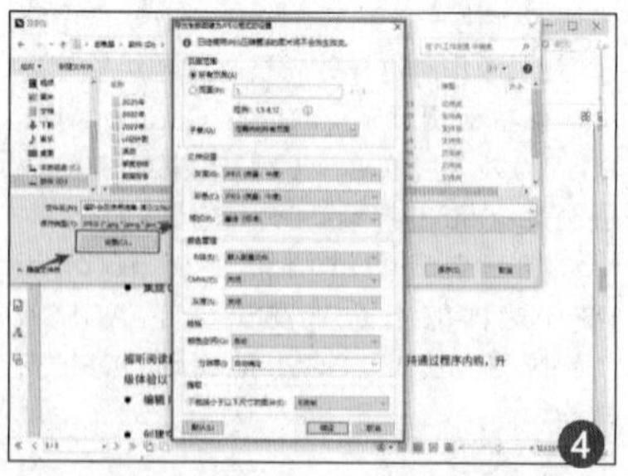
4

5

贴心地提供了PDF自动导出小结注释功能。很多人习惯在PDF文档中以添加注释的方式来对文档的重点做补充或者标记，标记多了查找起来就变得很麻烦。在福昕PDF编辑器中，点击【注释】-【小结注释】，即可小结并导出文档中的所有注释，这样查找其重点就方便多了（如图5）。

而在WPS PDF这边也有专门的【批注】模式，此时进入WPS PDF的批注模式，在此模式下，我们可以对PDF文件内容添加批注。如选中PDF文件中的内容，选择编辑文字，即可编辑选中的文本内容。用户也可选中批注区域，对选中内容添加下划线、高亮、擦除等操作，这里建议用户在右侧对操作进行注解，便于理解。若我们想隐藏批注内容，点击隐藏批注，这样就可以啦。

相信在一系列秘籍的加持下，绝对能让用户办公效率得到有效提升。

谁是最佳办公助理？腾讯文档AI对决WPS AI

● 文/上善若水

微软Microsoft 365 Copilot的出现，让无数打工人看到了改变传统办公模式的机会，而国内WPS AI、腾讯文档AI也先后将AI同办公应用相融合，争相成为打工人AI助理的同时，也让不少人疑惑究竟谁才更懂中国办公群体？带着这个疑问，我们对两款搭载AI助手的办公软件进行了对比，以期让读者选出最适合自己的AI办公助理。

落地：WPS AI先一步向社会全面开放

从轻文档到公测再到正式面向社会开放，WPS AI在落地速度上的确快上不少，如今WPS用户只需将软件升级到最新版本，即可在顶部工具栏最后侧看到“WPS AI”字样，对于想要体验该功能的用户而言，新建一个文本后，在文本界面输入“@AI”，系统即会提示用户“按Enter唤起WPS AI助手”，用户也可以直接点击鼠标右键，在弹出的对话框中点击“WPS AI”唤起（如图1）。

在文本创作界面，“WPS AI”分为“分析全文”与“阅读提问”两大功能模块，底部则是对话窗口，整体界面相对简洁。腾讯文档AI助手功能目前则需要申请才有机会开启，通过申请后，用户在网页或者PC版腾讯文档中第一次使用智能助手，会有弹窗提示开启授权，接下来点击“智能文档”即可看到“召唤智能助手，体验畅快写作”的提示（如图2）。

可能是测试的关系，目前腾讯文档在新建“在线文档”“在线幻灯片”等应用时未能见到“智能助手”按钮，而WPS则开始在表格、PPT等应用中加入AI助手，落地速度目前快于腾讯文档。

功能配置：腾讯文档AI更为丰富

相对聊天对话，AI办公助手在功能上具有明确的指向性。WPS AI开启后，AI会提供“内容生成”和“分析全文”两项让用户选择，后者主要让AI帮用户总结文章大意、提炼核心要点，而“内容生成”则是我们主要对比的功能。

点击WPS AI“内容生成”按钮后可以看到其对用户给出一些提示，如“帮我写一份请假条”“帮我写一份放假的通知”等非常明确的内容生成指令。而腾讯文档AI则给出了更为详细的内容类别提示菜单，按照提示，用户可以让腾讯文档AI帮忙生成“待办清单”“方案报告”“周报”等内容，在功能选项的提供上，腾讯文档明显更多一些（如图3）。

因此，我们在对比两款办公软件搭载AI助手功能时，分别选择了“广告文案”“方案报告”“请假条”和“代码编程”四个模块考核两款软件AI助手的实力。

●写一篇广告文案，关于原产地橙子的，在甜度上可以对标褚橙。

●写一篇方案报告，关于IT微公益活动的总结。

●帮我写一份请假条，理由是回家探亲。

●简单的背包问题。有n种物品的体积分别为s[1]、s[2]、…、s[n]，价值分别为p[1]、p[2]、…、P[n]，现有一只容量为C的背包，在不超过背包总容量的情况下，如何在n种物品中选择若干种装入背包，使所装物品的总价值最大？程序要求先输入n和c，然后输入n种物品的体积和价值，最后输出最大的总价值。

广告文案：腾讯文档AI略胜一筹

从需求信息来看，“写一篇广告文案，关于原产地橙子的，在甜度上可以对标褚橙”本身给出的信息较少，明显需要强化“原产地”概念，而“褚橙”更多是为了快速拉抬品牌知名度。

从生成内容结果来看，腾讯文档AI助手撰写的内容更适合传播，且开篇“品味自然之甜，尽享阳光滋味！”点明了品牌属性和特点，WPS AI在内容表述上多少有些生硬（如图4）。

除了生成内容，两家AI助手均可对生成内容进行“续写”“润色”等操作，不过腾讯文档AI还提供了“校阅”“翻译”“总结”三个功能，不过以“润色－更加正式”为例，两个平台AI助手实际上也是根据已生成内容进行字词的优化，改变并不大，但这样的设计给予用户很大的想象空间。

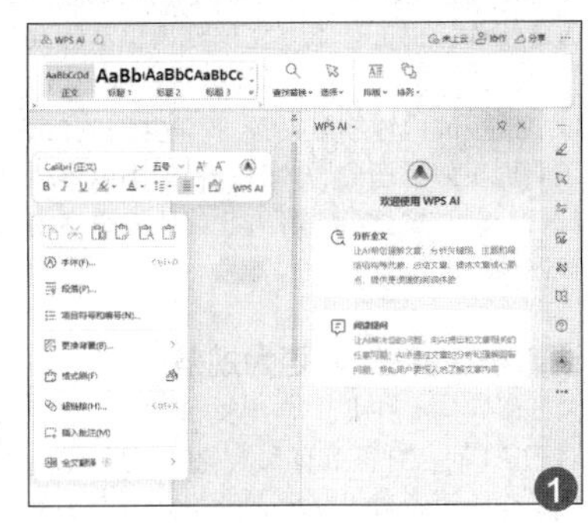
1

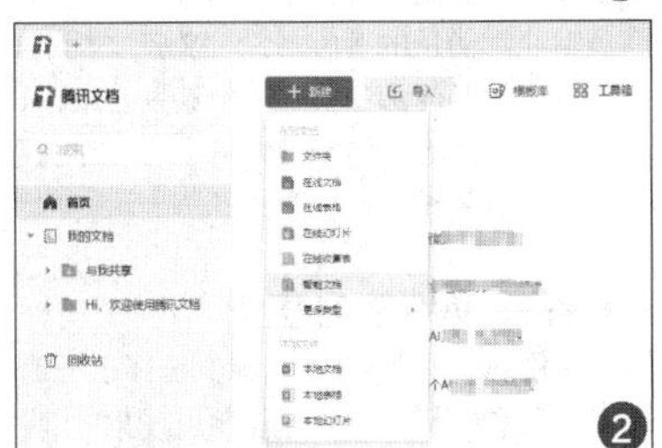
2

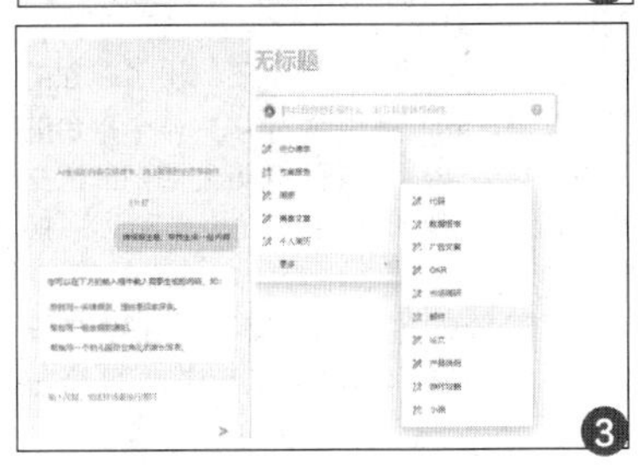
3

4

方案报告：腾讯文档AI表现惊艳

相对广告文案，“写一篇方案报告，关于IT微公益活动的总结。”的指令更为模糊，但两个平台AI助手硬是在如此模糊的指令下完成了内容的生产，的确给笔者带来不少惊喜，但从生成内容属性来看，两个平台AI助手生成的内容只需要加上一些图片和文字描述优化，已经可以在极短的时间里生成一份PPT文件了，但细看会发现腾讯文档AI助手生成的内容在细节构成上更出色一些（如图5）。

除了结构细节更强外，腾讯文档这边本身是在其“智能文档”的基础上进行操作，因此最小的操作单位被锁定到了“块”，用户可以选定任意一段文字进行排版样式、内容插入等操作，进而让整个文档变得丰富起来（如图6）。

从生成内容结果来看，腾讯文档AI助手明显更好地适应“方案报告”这类内容生成，尤其是“块”编辑操作，让整体编辑变得非常灵活。

请假条：WPS AI更为规范

请假条本身属于“应用文”写作，按理说对于AI而言并不会有太大难度，但测试结果多少让笔者有些惊讶，WPS AI写出了条理逻辑非常清楚的请假条，但腾讯文档AI生成的请假条仿佛在撰写一份计划方案，从这里也可以看出两个平台AI助手在内容生成上的框架和思路（如图7）。

代码编程：WPS AI更优

在代码编程的比拼上，我们选择了一道源自“信息学奥赛一本通”的题目，原本代码编程应用在通用AI大模型测试中都较容易通过，腾讯文档AI助手还给出了单独的“代码编程”功能指引，原本以为两个平台的比拼结果会非常难取舍，可谁能想到腾讯文档AI助手竟然给出了中文方案策划一般的程序（如图8）。

反观WPS AI这边，不仅给出了C++代码，同时还可以根据用户需要给出Python代码，在“代码编程”应用上表现让人满意（如图9）。

通过以上的对比测试我们发现，腾讯文档AI在处理策划方案、总结计划等内容时，最小单位为“块”的编辑界面设计加上AI助手，能够给予用户足够的灵活性，打造出自己想要的内容，但其生产的内容模式目前有一定的模板，以至于生成的“请假条”“代码编程”等内容明显不符合实际应用需要。而WPS AI虽在广告文案、方案策划上略逊于腾讯文档AI助手，但其综合发挥未稳定。

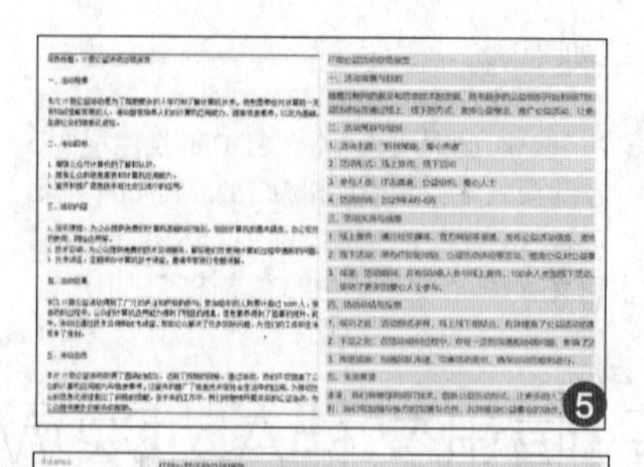

5

6

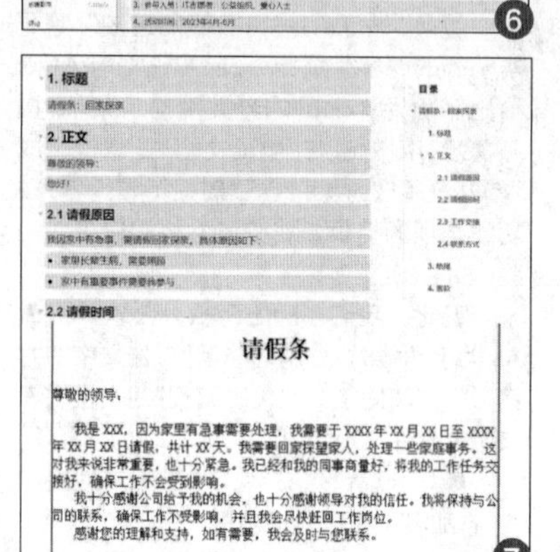

1. 标题

请假条：回家探亲

2. 正文

尊敬的领导：

您好！

2.1 请假原因

我因家中有急事，需请假回家探亲，具体原因如下：

- 家里长辈生病，需要照顾
- 家中有重要事件需要参与

2.2 请假时间

请假条

尊敬的领导：

我是XXX，因为家里有急事需要处理，我需要于XXXX年XX月XX日至XXXX年XX月XX日请假，共计XX天。我需要回家探望家人，处理一些家庭事务。这对我来说非常重要，也十分紧急。我已经和我的同事商量好，将我的工作任务交接好，确保工作不会受到影响。

我十分感谢公司给予我的机会，也十分感谢领导对我的信任。我将保持与公司的联系，确保工作不受影响，并且我会尽快赶回工作岗位。

感谢您的理解和支持，如有需要，我会及时与您联系。

请假人：XXX

7

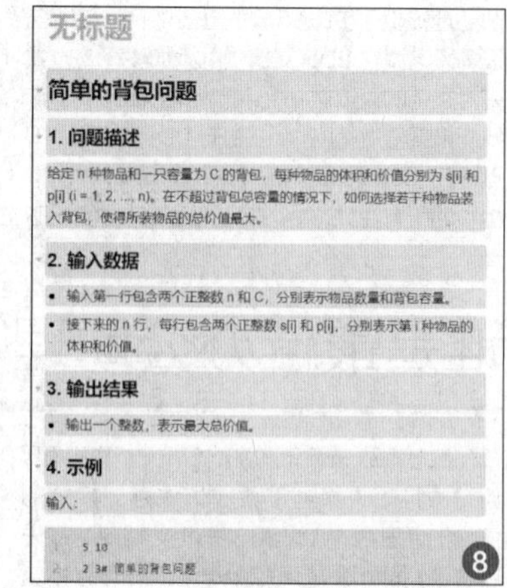

无标题

简单的背包问题

1. 问题描述

给定 n 种物品和一只容量为 C 的背包，每种物品的体积和价值分别为 s[i] 和 p[i] (i = 1, 2, ..., n)。在不超过背包总容量的情况下，如何选择若干种物品装入背包，使得所装物品的总价值最大。

2. 输入数据

- 输入第一行包含两个正整数 n 和 C，分别表示物品数量和背包容量。
- 接下来的 n 行，每行包含两个正整数 s[i] 和 p[i]，分别表示第 i 种物品的体积和价值。

3. 输出结果

- 输出一个整数，表示最大总价值。

4. 示例

输入：

```
5 10
2 3# 简单的背包问题
```

8

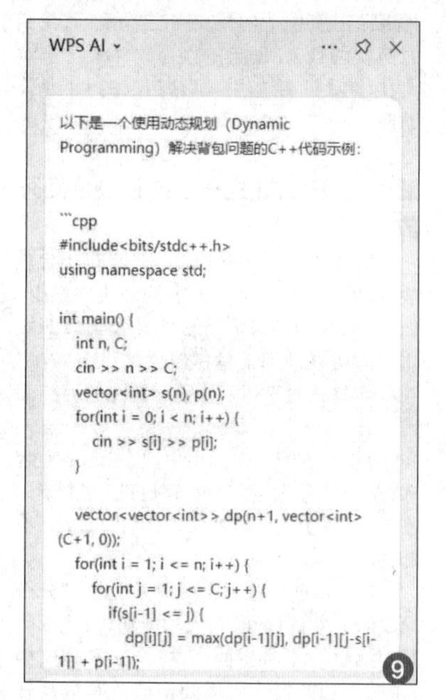

WPS AI

以下是一个使用动态规划（Dynamic Programming）解决背包问题的C++代码示例：

```
```cpp
#include<bits/stdc++.h>
using namespace std;

int main() {
    int n, C;
    cin >> n >> C;
    vector<int> s(n), p(n);
    for(int i = 0; i < n; i++) {
        cin >> s[i] >> p[i];
    }

    vector<vector<int>> dp(n+1, vector<int>(C+1, 0));
    for(int i = 1; i <= n; i++) {
        for(int j = 1; j <= C; j++) {
            if(s[i-1] <= j) {
                dp[i][j] = max(dp[i-1][j], dp[i-1][j-s[i-1]] + p[i-1]);
```

9

记事本、画图等 Win 11原生应用悄悄发生了这些变化

● 文/梁筱

拥有深色模式的画图

微软终于向所有Win11用户开放了画图应用的深色模式。任意Win11用户都可以前往Microsoft Store，点击“应用库”（Library），选择“更新应用”（Get updates），将画图应用升级到最新版本。在功能方面，新版Win11画图应用并未带来太多的变化，最大的亮点就是原生支持深色模式，可以跟随系统设置自动切换深色、浅色主题（如图1）。

本次更新还优化了缩放控件，方便用户更灵活地控制画布上内容的视图。用户在默认的经典预设基础上，可以通过调整缩放滑块，实现更精细的放大和缩小，或者可以自定义缩放值。

除了面向所有Win11用户开放的功能外，微软在9月初还邀请Canary和Dev频道的Windows Insider项目成员，测试和体验新版画图（Paint）应用，最新版本号为11.2306.30.0。本次版本更新最值得关注的新功能是一键抠图功能，用户只需要点击一下，就能自动消除背景，凸显画面主体，便于用户后续操作。

相对于这样的小改进，最让粉丝们期待的还是有关Win11画图应用将整合AI工具Windows Copilot的传闻了。网友@zeealeid近日发布推文，展示了Win11画图应用整合Windows Copilot后的示意图。负责Bing AI聊天和Copilot的Mikhail Parakhin随后转发该推文，暗示该功能在未来会成为现实。

增强版的颜色过滤器

微软在Win10和Win11系统中内置了6种颜色过滤器，帮助色盲用户在不借助第三方软件的情况下，看清屏幕内容。而
```

微软在 Win11 Canary Build 25921 预览版更新中，提供了更灵活的用户体验，允许用户调整某些颜色过滤器的强度。

想要设置的用户需要通过按 Win + I 或右键单击开始菜单并选择设置来打开设置应用程序。导航到“辅助功能”部分，然后单击“颜色过滤器”。接下来打开“颜色过滤器”选项并选择所需的颜色过滤器。向下滚动并找到重置按钮上方的两个滑块，只是这两个滑块目前并未配有文字说明。

第一个滑块用于调整过滤器的强度，第二个滑块用于调整增强颜色。只是灰度（grayscale）、灰度反转（grayscale inverted）和反转（inverted）过滤器并不支持调整。此外，关闭重置按钮可以恢复更改。

携手升级的截图工具和记事本

对于大多数 Widnows 用户而言，截图工具（Snipping Tool）和记事本（Notepad）应用程序可以说是再常见不过的原生应用了，而在最新的 Canary、Dev 和 Beta 频道更新中，截图工具升级到 version 11.2307.44.0，本次更新重点引入了截图导航条，方便用户在不打开应用程序的情况下，切换截图和屏幕录制（如图 2）。

用户可以使用 Print Screen 按钮或者 Win + Shift + S 键盘组合键打开导航条，用于快速截图。用户也可以继续使用 Win + Shift + R 键盘组合键实现快速录屏。此次更新，微软积极听取用户的反馈和建议，改善了录屏体验，麦克风可选录制 PC 音频和画外音。

而在记事本方面，记事本应用升级到 version 11.2307.22.0 之后，记事本可自动保存会话状态，允许用户在任何中断对话框的情况下关闭记事本，然后在返回时从停止的地方继续。记事本将自动恢复以前打开的选项卡以及未保存的内容，方便用户继续编辑。

用户仍然可以选择在关闭选项卡时是保存还是放弃对文件的未保存更改。如果您希望每次打开记事本时都重新开始，可以在应用程序设置中关闭此功能。

需要注意的是微软并非会为所有的原生应用提供更新升级，比如写字板。微软前不久就宣布将在 Win10 / Win11 系统中移除拥有 28 年历史的写字板应用，这引发了不少用户的强烈反对，纷纷在 Feedback Hub 上留言表达不满。不少用户在 Feedback Hub 表达的观点之一是，写字板是 RTF 文件的最佳应用，并提供了记事本

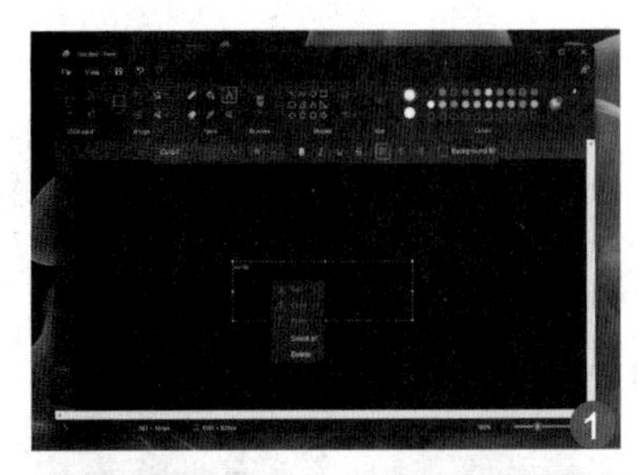

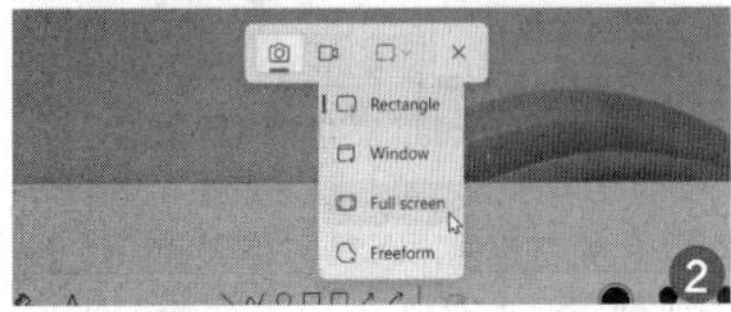

没有的图片显示功能。一位用户认为，写字板加载 RTF 文件的速度是微软 Word 无法比拟的。据了解，写字板应用最早可以追溯到 1995 年发布的 Win95 系统，随后一直是 Windows 系统的预装应用程序之一，满足用户基础的文档处理需求。在 2020 年 2 月发布的 Win10 Build 19551 中，用户可以勾选附加功能继续使用。

对于这些 Windows 原生系统的变化，有兴趣体验一下吗？

全新生产力平台，钉钉个人版试用

● **文/** 上善若水

没有已读、不用打卡的钉钉

钉钉个人版，第一次听到这个名字的时候多少有些“排斥”，难道我个人电脑还得在休息时安装一个钉钉来打卡吗？然而，经过一段时间的体验后发现，钉钉个人版和名字带来的想象大不一样。根据阿里官方介绍，钉钉个人版是钉钉推出的一款强大的个人生产力工具，用户可以使用它生成个人知识库，搭建个人网站，管理各项工作流，存储管理海量资料，也可以随时发起会议与他人进行沟通协作。同时钉钉个人版也具备强大的 AI 能力，可以随时为用户解答各种问题，制定策划方案，创作图片视频，提供无穷灵感。

如此庞大的功能显然不止“工具”，钉钉个人版从功能设计来看更偏平台属性一些，不过目前内测版本仅有“空间、AI、云盘、会议”4 项功能，用户在钉钉上申请体验，通过后就可以在官网上下载 PC 版的钉钉个人版使用了。有意思的是钉钉个人版单安装文件就接近 500MB 大小，更需要用户 1.2GB 的硬盘空间，庞大的功能显然对硬盘空间提出了需求。首次进入钉钉个人版界面，会提示用户同时按下“Ctrl + Shift + 1”可以切换个人版和以前的版本（如图 1）。

在钉钉个人版界面中，空间、AI、云盘、会议这四大功能在最左边依次排列，每一个功能在右侧又会有一个单独的功能界面，用户可以在侧边栏找到空间及个人相关信息、常用的工具栏、页面列表、模板中心等，再往右则是主要的编辑区域。

此外，右上角则是页面辅助功能区，用户可以查看页面编辑历史，查看页面关系图，收藏和分享该页面等，例示页面选项和一些全局设置。单从界面 UI 设计看，钉钉个人版在钉钉的基础上变化非常大，完全可以看作一个独立存在的办公软件平台。

空间，同“我来 wolai”的完美融合

很多人对钉钉个人版的关注都在 AI 板块，但实际上空间才是钉钉个人版的核心。

“个人空间”功能类似于一个专属于自己的工作、生活空间。你可以在空间中任意创建、复制、删除页面，而且也支持多个子页面的创建。所有的页面以目录方式呈现在导航栏中，非常清晰（如图 2）。

笔记可以是平行的，但同一个框架下的知识是有逻辑关系的，像文件夹一样去整理笔记，这就是页面。这样的设计对于熟悉“我来 wolai”、Notion 一类笔记软件的用户而言并不陌生，从标题到表格，从文字到图片，从钉钉会议到思维导图，以及各式各样的外部链接，一篇笔记就是由一个又一个块去组

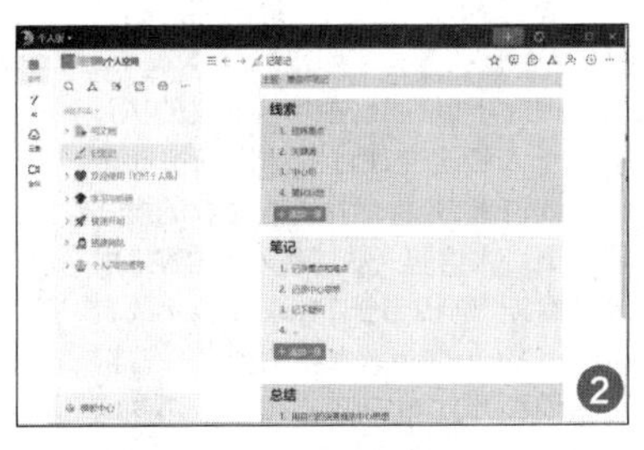

成的。“页面”和“块”把笔记拆分成了独自的积木，积木能用来搭建你想搭建的任意内容，小技巧，页面和块之间可以通过链接建立联系。

此外，在空间的模板中，提供了自定义模板，可以定义空间的页面布局。此外还搭配了个人管理、个人兴趣、今日速记、四现象法工作中心、每日时间规划、旅行检查清单等丰富的工作、生活工具。

从功能界面设计到使用方式，“个人空间”同“我来 wolai”都非常接近，当然，全新的钉钉个人版加入了 AI 创作，用户可以用 AI 去创作，去续写，去总结，而 AI 生成的内容同样是块。

AI，挑战微软 Copilot

钉钉个人版的 AI 既可以融入“空间”中为用户内容生成服务，又属于单独的板块，用户可以在其中进行 AI 对话、绘图等操作。钉钉个人版的 AI 功能主要由“贾维斯”文生文 AI 和“缪斯”文生图 AI 构成，用户可以通过自然语言与 AI 进行对话，解答问题、制定计划，甚至进行绘画创作。有趣的是，AI 对话机器人还支持角色设定，根据选择的角色不同，AI 的回答会更加专业和贴近相关领域的知识(如图 3)。

贾维斯的指令中心十分全面，包含推荐、创作、工作、生活、角色、编程、自媒体、学习、写作、其他、娱乐等 11 大类以及数百个指令，完全可以覆盖大众绝大多数应用所需。

以 PPT 大纲生成为例，用户只需在 AI 提示下输入 PPT 主题，可为用户生成 PPT 大纲，整体结构逻辑清晰，而在类似“学习路线”置顶方面，钉钉不仅要求用户按照模板提交计划核心，更会提出一些引导性的问题让用户回答，从而掌握更多的资料后，再给出用户建议(如图 4)。

相对于以往凭空给出建议的 AI，钉钉个人版这样通过主动提问主动采集详细信息，分析后再给出建议的模式显然更让人信服一些。除文字内容生成外，“缪斯”则相当于 Midjourney 或者 Stable Diffusion，本身预置了一些指令集模板，用户也可以点击右上角的闪电符号创作自己的指令集(如图 5)。

除“贾维斯”和“缪斯”外，钉钉个人版目前还搭载了可以帮助用户定制各种证件照片的鹿班相机 beta，既然开放体验，这里建议大家不妨多为自己生成一些。

事实上，AI 真正让钉钉个人用户看重的还是其在个人空间中的使用，用户在每个页面都可以通过“/”调用 AI 魔法棒进行创作，提供 AI 写作（续写）、内容生成（总结、翻译）、编辑（文本润色、智能纠错、简化扩写、切换语言风格）、起草（文章大纲、内容简介、社交媒体帖子、电子邮件、广告文案、短篇故事、思维导图等），还可以嵌入数据表格，预定会议等，功能上看起来比较丰富(如图 6)。

该功能目前同样是“限时免费”，不过从 AI 工具大趋势看，后面大概率都会以会员或按次付费的形式供用户使用，大家不妨在免费时多体验一下。

云盘 & 会议，打通阿里生态

阿里这些年一直都在努力将阿里云盘同钉钉融合在一起，这次更是直接将阿里云盘功能整合到了钉钉个人版里面。

个人云盘分为文件和工具两大类，文件之下分为备份盘和资源库，工具之下包括快传、分享、回收站三大功能。其中，备份盘分为基础模式和智能模式，基础模式可上传文件、文件夹、新建文件夹、备份私人文件；智能模式的主要区别是，可以按主题、类型进行智能分类(如图 7)。

资源库的功能是，别人分享给自己的文件会出现在这里。它的玩法比较有意思，通过“翻牌子”来随机抽取内容，点击“翻”字之后，会弹出一个“好运瓶”界面，打开瓶子可查看分享链接。而工具下面的各项功能偏辅助角色，更像是文件的操作记录，比如“我的快传”需要依托于备份盘中各文件的“快传”功能(将口令链接发给好友即可)，快传给好友的文件会在这里留下记录。从这里看，钉钉个人版完全是将整个阿里云盘内置到了里面，当然，其本身登录账号也是互通的。

钉钉个人版的“会议”功能则同阿里云盘有些类似，几乎可以看作是钉钉会议的完整版，直接整合到钉钉个人版里面，用户使用起来非常方便。

总体而言，钉钉个人版的内测版本集中提供了四项核心功能，分别是空间、AI、云盘以及会议。这四项功能均以人工智能为核心，简而言之，钉钉个人版 = Notion + ChatGPT + Midjourney + Dropbox + Zoom。通过为个人和团队提供高效、智能的工作工具，进而提升个人和团队办公效率。

总 结：谁会是钉钉个人版的用户

披着钉钉外衣的在线办公平台？体验完钉钉个人版后，脑中不禁出现这样的印象。2023 年初，钉钉收购了国内最早的类 Notion 产品和团队 “我来

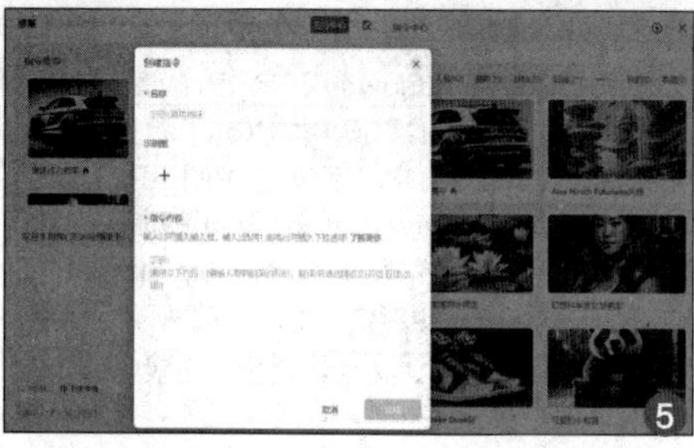

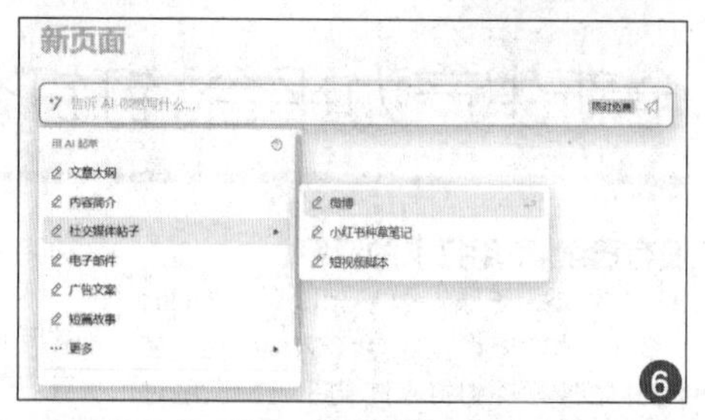

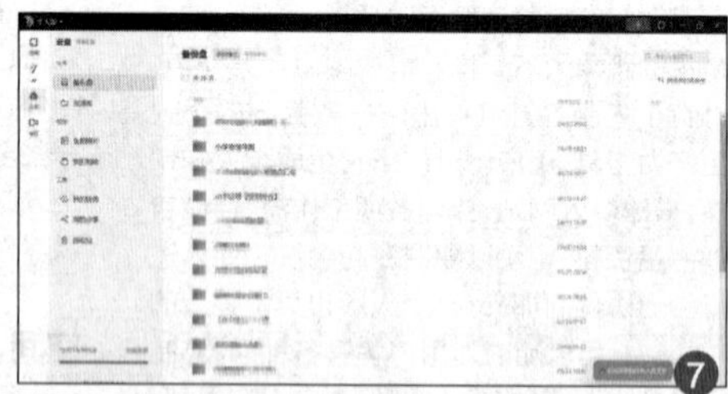

wolai”，而随着钉钉个人版的出现，我们发现阿里已经成功地将两者进行了融合。

从定位上看，钉钉个人版属于工具，但它又成功地将云盘、笔记软件、在线文档等功能整合到了一起，成为平台化的存在。在功能和应用上，其不仅覆盖了部分 WPS 轻文档和腾讯文档的功能，更有望在组织和链接方式上同印象笔记、Lattics、Notion 等生态阵营进行较量。

从这个角度看，钉钉个人版同 All in one 的 Notion 必有一战，两者在功能定位上的接近注定会因同一个用户群发生竞争，但相比已经构建完整生态闭环的 Notion，钉钉个人版显然还有一段路要走。

iPhone 15可设置80%充电限制，什么人需要开启

首批购入 iPhone 15 的人最近开始陆续收到货了，新机到手第一件事——贴膜、套壳，然后呢？相信还有很多人会先去设置里开启“充电优化”，毕竟 iPhone 用户有几个没有电池焦虑的呢。

这次在 iPhone 15 系列的电池健康设置里有了一处小变化，之前只有一个“优化电池充电”的选项，现在新增了一个 80%上限的开关，开启后 iPhone 将仅充电至 80%左右就停止充电。

嗯？这是什么道理？看似缓解了大家的电池寿命焦虑，但这一限制明显会影响手机续航，真的有必要吗？

为什么要新增这个上限

在 iOS 11 时，苹果引入了电池健康功能，提供了有关设备电池状态的更多信息。后又在 iOS 13 中，在电池健康中添加了“优化电池充电”功能，旨在从充电方式上延长电池寿命。

具体来说，开启“优化电池充电”后，iPhone 会记录并学习用户的充电习惯，当手机充电至 80%后便暂缓充电，直至手机被重新使用前再充满。

例如，你平常是晚上 12 点开始充电，早上 8 点使用手机。那么它就会在正常充至 80%时停止充电，再到 8 点前的一个小时左右充满剩下的 20%，这样减少了电池长时间处在满电状态的时间，从而减少电池损耗。

iPhone 会使用设备上的机器学习功能来学习你的日常充电习惯，并仅在 iPhone 预测到将长时间连接充电器时才启用“优化电池充电”。这种算法是为了确保 iPhone 在拔掉充电线时仍然保持完全充满电状态。

优化充电功能只会在你停留时间最长的位置（例如你的家和办公地点）发挥作用。如果你的使用习惯比较多变（例如在外出旅行期间），则这项功能将无法发挥作用。因此，要激活“优化电池充电”，必须启用某些位置设置，包括在定位服务中开启“重要地点”功能。

同时，优化电池充电至少需要 14 天来学习你的充电习惯，如果学习时间未满 14 天，这项功能将无法发挥作用。此外，你的 iPhone 需要在特定位置至少充电 9 次，每次充电时长至少为 5 小时，才能发挥作用。

这是一个学习用户充电习惯，并不断优化充电速度的过程。在清楚掌握了用户的充电习惯后，理论上对于延长电池寿命是能起到一定作用的。

不过，很多人可能并没有固定的充电规律，比如我就没有晚上睡前给手机充电的习惯，平时在工位也是想起了充一下，就算开启了优化电池充电，对电池健康帮助也不大。

iPhone 的电池健康一直是用户关注的重点，前不久“iPhone 14 电池老化过快”还冲上过热搜。此次，苹果为 iPhone 15 系列新增 80%上限的选项，也应该是基于大量用户数据，在“优化电池充电”功能开放多年后，对延长电池寿命做出的进一步补充手段。虽然有些一刀切，但显然会奏效得多。

开启 80%上限也意味着，日常充电永远不会完全充满，相当于续航直接打了 8 折，这样的设计，等于让用户在更长

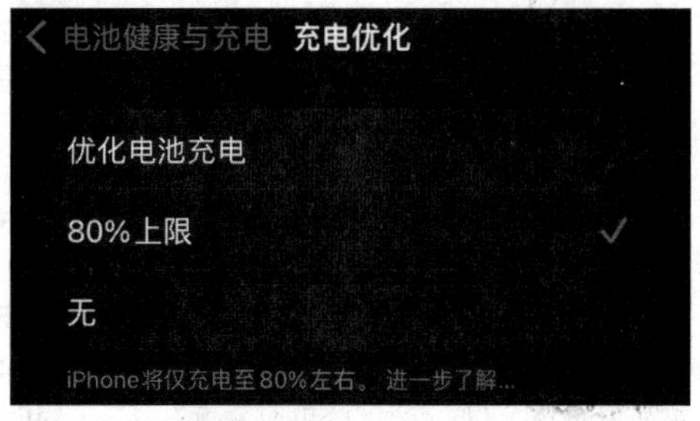

iPhone 15新增80%充电上限

优化电池充电

为减缓电池老化，iPhone会学习你每日的充电模式，并暂缓充电至80%以上，直至你有需要。

旧款iPhone支持暂缓充电至100%

电池 电池健康与充电

手机电池与所有可充电电池类似，属于易耗部件。使用时间越长，能效越低。了解更多...

最大容量 95%

这是相对于新电池而言的电池容量。容量较低可能导致充电后，电池使用时间缩短。

iPhone用来指示电池健康的百分比，实际是指最大电池容量

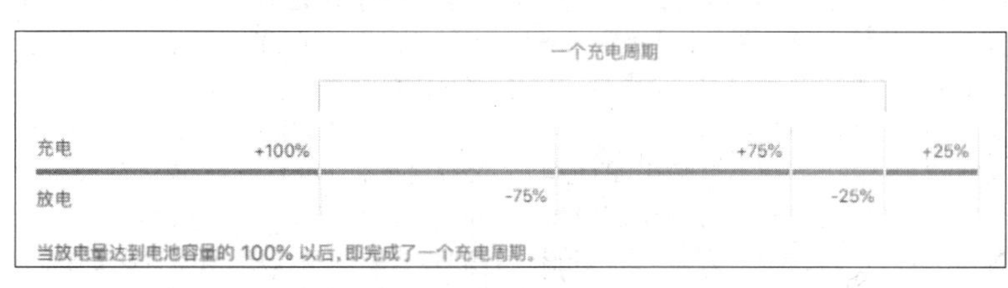

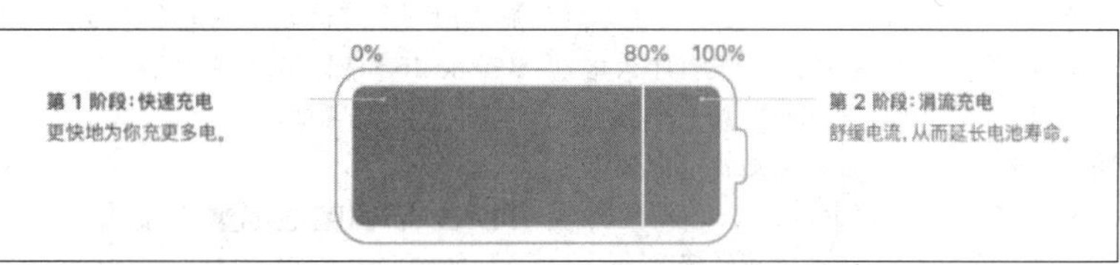

iPhone、iPad、iPod 和 Apple Watch 适宜温度带

0° C　35° C

温度过低　室温　温度过高

iPhone、iPad、iPod 和 Apple Watch 运行的最佳温度在 0°C 至 35°C（环境温度 32°F 至 95°F）之间。存放温度：-20°C 至 45°C（环境温度 -4°F 至 113°F）。

的续航和更长的电池寿命之间做出选择。

对于是否应该开启，目前能看到的建议一般是：日常使用程度较轻的用户可以开启；重度用户对续航要求更高，还是不开启为好。这看起来讲得通，但实际情况可能正好相反。这里就不得不提到 iPhone 电池健康这件事。

iPhone 电池健康真的是玄学吗

iPhone 用来指示电池健康的百分比，实际是指最大电池容量。新手机刚到手时，电池健康为 100%，也就是电池容量为 100%。随着电池的化学年龄增加，此时显示的电池容量可能会低于 100%。所谓电池健康降低，其实就是电池容量减少，使用时间缩短了。

自从 iPhone 可以直接查看电池健康，这一数字变化在很多人看来就成了“玄学”。有的人手机才用了一个月，电池健康掉到 98%，有的用了一年还是 100%，还有的甚至不降反升……结果因人而异，千奇百怪。

实际上，iPhone 电池健康并不是什么玄学，在苹果官网有关电池使用的文档，已经揭示了这个数字是怎么来的。

iPhone 锂离子电池以充电周期方式工作，一个充电周期，即放电的电量相当于电池容量的 100%，但它并不是通过一次充电来完成的。比如，你可能一天使用了 75% 的电量，然后在夜间将设备充满电。当次日再使用了 25% 的电量，总放电量达到 100%，才算两天累计完成了一个充电周期。

这里就能看出来了，当一个日常使用程度较轻的用户，又拥有良好规律的充电习惯，比如保持每天一次睡前充电，那么他可能几天时间才完成一个充电周期，无形中延长了电池寿命。

换言之，重度使用用户，没有什么充电规律，一天之内就可能有好几个充电周期。锂离子电池的容量，会随着每个充电周期的完成，略微减少，这也是为什么刚买一个月的新手机，电池容量就快速下降的原因了。

回到开头的问题，重度使用且充电不规律的用户，如果想要减少充电周期次数，最好的办法就是尽量限制充电到 100%，变相延长完成充电周期的时间。也就是说，正是重度使用的用户，更有开启这个 80% 充电上限的需要。

一个易被忽略的因素

有的用户还会发现，明明自己使用手机不多，充电也很规律，为什么电池健康还是比别人掉得快呢？

事实上，对于 iPhone 电池健康的影响，除了充电周期次数带来的电池损耗之外，另一个很重要但又容易被忽略的因素是带壳充电。

我们知道锂电池最大的杀手是高温。在苹果官网的电池文档中有这么一句话：“快充为便捷，慢充保寿命。”实在是非常中肯。

iPhone 锂离子电池的快充方式，是先迅速达到 80% 的电量，然后转换至较慢的涓流充电。同时，当电池超出建议的温度时，软件也会在电量达到 80% 之后限制充电，目的就是减少快充发热带来的额外电池损耗。目前各厂商虽然快充功率不同，但对温度控制都有相似的设计，这也是为什么如今的快充并不会对电池寿命有过多损耗的原因。

反而是带壳充电，在苹果的电池文档中特别提到，当你把设备放在某些款式的保护壳内一起充电时，可能会产生过多热量，从而影响电池健康。理论上，不带壳使用手机确实更有利于电池健康。

不过还是要提醒一下，自从 iPhone 可以直接查看电池容量，用户就开始关注这个数字，电池健康焦虑的人不在少数。其实，不管是重度还是轻度使用，都不用过度在意电池老化速度，正常范畴的电池损耗不应该成为我们日常使用手机的负担。更何况，换一块电池，手机再战三年的情况已经很普遍了。

当然，不管你是重度还是轻度用户，选择开启 80% 充电上限也无可厚非，既能延长电池寿命，更进一步说，也可以延长换机周期，即便未来出二手，电池健康数值高更能卖出一个好价。站在这个角度，这次 iPhone 15 系列新增 80% 上限，也满足了这部分用户的需要。

TIPS 节省电池电量小技巧

除了上面提到的有关电池健康的影响因素，想要延长电池寿命，苹果官方也给出了不少提示。

1.通过查看电池使用信息节省电量

通过查看电池使用信息，你可以看到各款 App 所使用的电池电量比例，以及在后台运行的 App 所消耗的电池电量。

要延长电池使用时间，你可以关闭允许 App 在后台刷新的功能。前往“设置”>

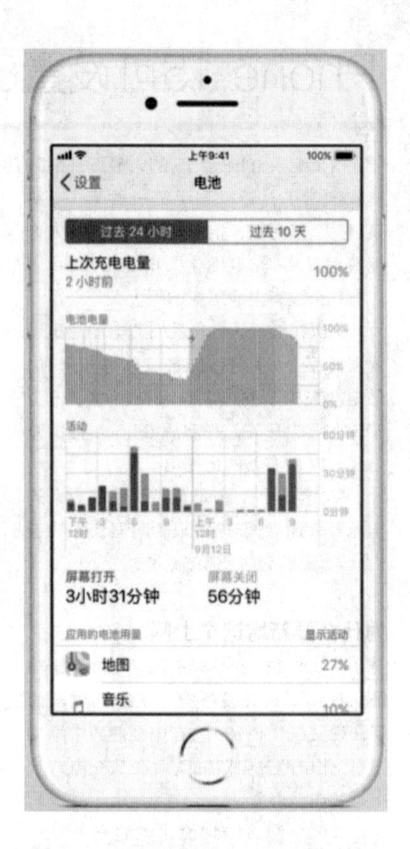

“通用”>“后台应用刷新”，然后选择“WLAN”“WLAN 与蜂窝移动网”，或选择“关闭”彻底关闭后台应用刷新功能。

如果一款 App 因接收通知而频繁唤醒显示屏，你可前往“设置”>“通知”，关闭这款 App 的推送通知功能。

2.长期存放时，请保持一半电量

如果长期不使用设备，有两个关键因素会影响电池的整体运行状况：环境温度与电池在断电存放前充电的百分比。因此，我们建议如下：

请勿完全充电或完全放电，设备充电量应为 50% 左右。如果你在电池电量完全耗尽的状态下存放设备，电池可能会陷入深度放电状态，从而造成不能再充电的后果。相反，如果你长时期存放完全充电的设备，便可能失去部分电池容量，从而缩短电池使用时间。

关闭设备电源，从而避免额外的电池使用。将设备置于阴凉而不潮湿的环境中，温度低于 32℃(90)。如果你打算将设备存放六个月以上，应每隔六个月为设备充至 50% 电量。

根据设备存放时间的长短，再次使用经长期存放的设备时，它可能会处于电池电量不足状态。若要再度使用，你可能需要先用原装电源适配器为其充电 20 分钟。

网络布线，少走弯路的技巧在这里

● 文/电脑报工程师　项汉秋

现在说到家装，基本上免不了提到家庭的网络布线。特别是智能家居系统的普及，家庭网络怎么布线，也是很多朋友关注的问题。今天我们就来给大家分享一下自己的一些小小经验，希望能帮助大家走更少的弯路！

如果组 mesh 无线网，最低一两条网线就可以

很多朋友在组网的时候，往往遵循“每个点（房间）铺满”的原则。理论上，这确实是最好的方案，能够保证未来最好的网络覆盖升级能力。不过这样做的网线、线管投资和施工费用也是最高的。

实际上，如果你的户型不够大，或者你对网速的要求不算特别高，没有接入高速有线 NAS 之类的需要，而且又打算买信号能力相对较强的中高端无线路由器的话，那么实际上只需一两条网线，就能拥有一个带有线回程的 mesh 无线网系统，满足最基本的需求。

在这种情况下，只需要将网线从主路由器的位置铺设到 mesh 子路由器的位置。主路由，理论上一般是放在入户的弱电箱处。

那么子路由在物理上，一般放房子的另一端，或者至少是房子的物理的中间，也就是客厅或饭厅附近。而光猫到路由器这层一般来说运营商都包了。

当然，现在也有一种模式，更方便使用 IPTV 的家庭，就是弱电箱到电视墙布设光纤一根、网线一根。然后光猫和主路由、IP 电视盒都在电视墙处，接着再从这里拉一根独立网线到子路由处（图 1）。

这个一线或双线通模式，特别适合 PC 放客厅（小狮子见过不少，都是孩子要用电脑的家庭，方便监管），或者家里没有专用书房的一室一厅的户型，或者说主要使用无线网的家庭。费用最低，理论故障率和排障成本也最低：如果是网线故障，直接重新扯掉换新网线就行了，排查非常简单。

另外：

1.对于别墅、洋房等多层住宅的网络布线，需要考虑宽带上网和 IPTV 电视两套布线系统，因为涉及楼上楼下都要看电视的问题；

2.可以使用软路由（图 2）+AC+AP，软路由放书房和电脑一起，可控度更高。

家用机柜与“乘以 2”原则

另一方面，如果想把整个家都布满线，就需要有一个地方让所有网线的 A 端汇聚在一起。最好把它们都放在一个机柜里，一般这个地方，这里推荐用开发商的入户弱电箱位置改，或者入户玄关改（做入户鞋柜时一起让木工师傅做了最省事）。

来谈谈为何更推荐机柜。

那就是大部分的网络硬件可以直接在这里！形成集成网络中心！看图 3，独立的成品低矮机柜直接放入了有线交换机（如果家里上万兆网，那么用有光模块的交换机成本更低）、POE 监控交换机、软路由、光猫、8 盘位 NAS、单盘监控硬盘机等众多设备。而且这样的机柜移动也非常灵活，你甚至可以绕过开发商的弱电箱，直接通过熔纤操作，把运营商的光纤延长到你觉得方便的任何地方，比如封闭生活阳台、杂物间、书房等等，然后更为从容地安排设备和布线施工。

而第二个机柜案例（图 4），实际上是玩家用全塔式电脑机箱改造，并通过打孔，和玄关墙上的两块铝合金型材进行固定，即可完成一个非常低成本、高设备容量的机柜建设。这个机柜体积虽然小，但容量还是大大高于一般开发商给你预留的小得可怜的“弱电箱”，因此机柜甚至还能放入一个 UPS 不间断电源，这样 NAS 的工作更加安全稳定！

因为集成化，所以它们的初始布线调试成本很低，出了问题可以快速在一个地方进行排查，增加设备也是模块化安装。所以购买或者定制（一般让做柜子的木工师傅或者铝合金门窗师傅定制就可以）一个成本不高的家用机柜替代弱电箱，未尝不是一个更好的集中解决方案，有别于传统的家庭网络分布解决方案。

接下来，再将网线接到房子的不同地方，数量不限。如果房子未来的智能家居设备非常多，例如包括了 POE 摄像头、AP、家居传感器、游戏主机等，那建议每个房间都布两条线，这样以后装有线设备就不用因为只有一个网口而一定要增加一个交换机。这就是“乘以 2”原则。图 5 中，使用了便宜的空白双口面板满足“乘以 2”原则，然后使用我们后面要提到的无需工具的免打线网络模块，就可以自己轻松完成安装，甚至不需要工人施工。

另外，这还涉及一个原则，就是网线布设施工越难，就越应该使用更高级、更昂贵的网线，初始网线也最好集中、短距。机柜中的普通网络设备互联，最多用六类线就可以了，因为距离短，甚至超五类就 OK。

“菊花链”，发挥普通线材的潜力

大家知道，网线根据其等级、长度不同，能够跑到的最高网速、稳定度也是不同的。高品质网线，达到万兆（10Gbps）速率的传输速度的长度限制如下：

超五类线：45 米

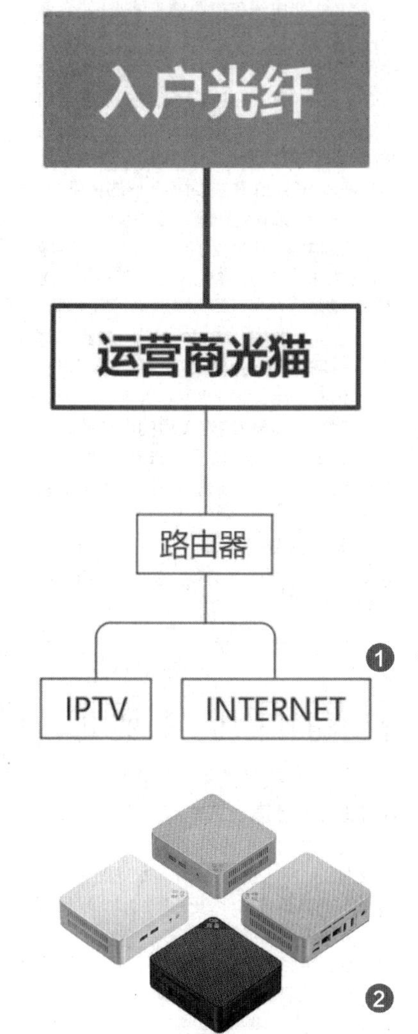

1

2

3

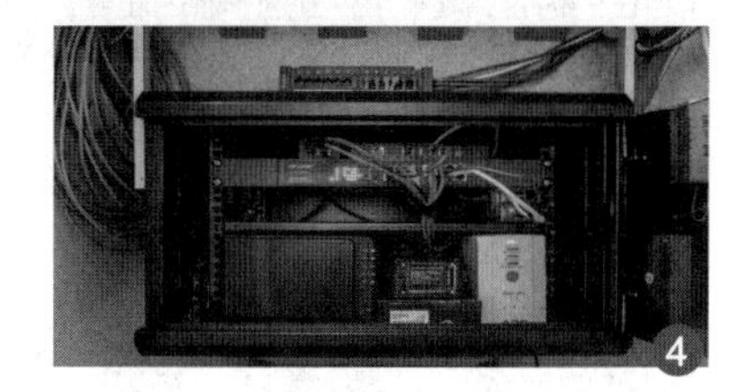
4

六类线:55 米

超六类线: 100 米

七类线:100 米

当然,如果线和模块施工缩水,就会导致网络质量缩水。图 6 就是普通五类线和六类线的水晶头的对比,可见六类线的线股位置是错开的(有效规避干扰),因此水晶头和压线钳都是需要专门适配,不能与五类线的水晶头和工具混用。

好线、长线价贵,这时候我们的意见是,可以用一个“菊花链”的解决方案。

从弱电入户点到客厅布一条网线。客厅设置交换机 / 无线主路由器。这条网线连接主路由器。

从客厅到书房 / 卧室,布另一条线。这条线一端连接主路由器,另一端连接子路由器,作为有线回程。

子路由器再有线连接房间内其他的布线点,此时只需要很短的 2 条网线了(因为一般都在房间内,2 条线是遵循 “乘以 2”原则)。

所有的网络分段,就不用从入户点开始直接接到最终点的最长方案,这种接力布线可以使用普通网线以较短距离进行传送。

5

免打模块更好用

最后,我们推荐大家使用更好用的免打模块。只需要按照线材的规范购买相应模块就可以了,使用时无需压线钳等工具,一般剪刀即可搞定。无需担心模块不规范以及工人施工不规范的问题——只要你不是色盲,就可以自己打好模块,因为上面是有线序颜色对应的,按颜色分好网线股,放进线槽,盖子一盖,啪一声就好了(图 7)。

总之,只要提前做好周全考虑,网络布线,的确就能做到多快好省!

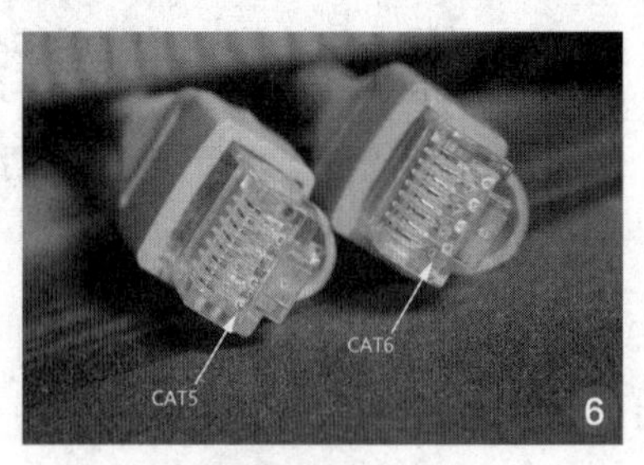

6

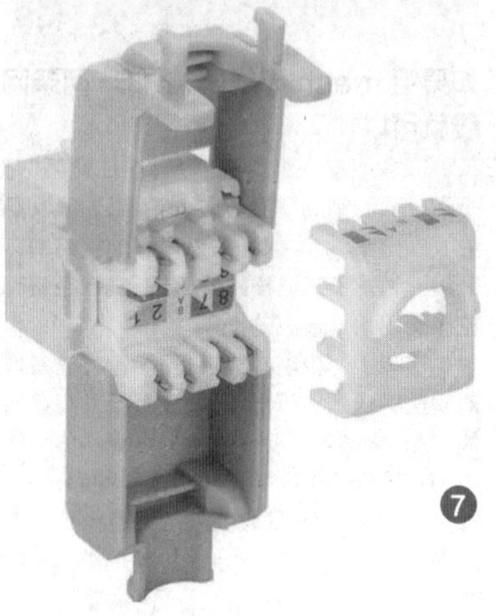

7

秒简相机VS剪映,微信为视频号打造工具矩阵

● 文/ 李言

小工具,大赛道

互联网巨头们绝不会放弃任何一个可能成为互联网入口的赛道,而本身具有工具属性的视频剪辑软件,更是同 UGC 视频内容生态属于相互成就的存在。

随着小影科技、来画视频、秒影工厂等第三方视频剪辑完成终端市场用户“启蒙培训”后,抖音的剪映、B 站的必剪、腾讯的秒剪等作为大厂的配套剪辑软件相继问世。得益于巨头们的生态光环,这类含着金钥匙出生的剪辑工具崛起并不困难。通常短视频平台会在内容的推荐页面加入剪辑工具的导流链接,以“剪同款”的方式将平台的用户转化到视频剪辑工具的创作界面。以剪映为例,在抖音母平台的流量供给下,剪映吸引了一大批抖音用户从“观众”转向“创作者”,从用户画像上看,剪映也和抖音类似。

而对于巨头的短视频生态而言,这类视频剪辑工具成长起来后,不仅能为创作者提供便利,更能以极低的门槛吸引用户创作属于自己的内容,实现用户到创作者的转变,从而激励其为平台产出更多内容,反哺短视频平台的内容生态,进而依靠内容吸引更多用户来到平台。

这样相互促进的大循环生态中,有一个非常重要的点就是视频剪辑软件要 “低门槛”,越是易于上手,越能吸引用户尝试并被高频次地使用。从选择模板到填充图片、视频元素,不到一分钟就能为用户生成一个视频内容的工具才能最大程度吸引用户使用。而这,显然是科技巨头才能胜任的。

发力视频剪辑工具的腾讯

视频平台经过前几年的跑马圈地之后,目前市场格局基本已定,抖音、快手、B 站成为三大头部公司,三家公司配套的视频剪辑工具也逐渐成为第一阵营的存在。剪映、快影、必剪成为不少短视频 UP 主人生第一支视频剪辑工具,而随着腾讯这两年来加码发力视频号,也开始推出属于自己的官方视频剪辑工具秒剪。

不过腾讯入局视频剪辑工具市场相对较晚,彼时市场其他几家剪辑工具受视频平台内容风格影响, 已经逐步形成了自己的 Slogan, 如 B 站必剪的素材集市页面有着大量的鬼畜视频素材,抖音剪映的剪辑模板中多为“卡点视频”,快手快影的模板更偏向恶搞、搞怪等风格,这明显与平台的内容特性一脉相承。

腾讯则在已有秒剪的基础上,在今年 7 月底推出主打游戏视频创作的视频剪辑 App“捧塔”,主要定位“QQ 小世界”“微视”和“《王者荣耀》”用户群,开启差异化细分赛道工具的孵化。而 9 月底, 微信方面在

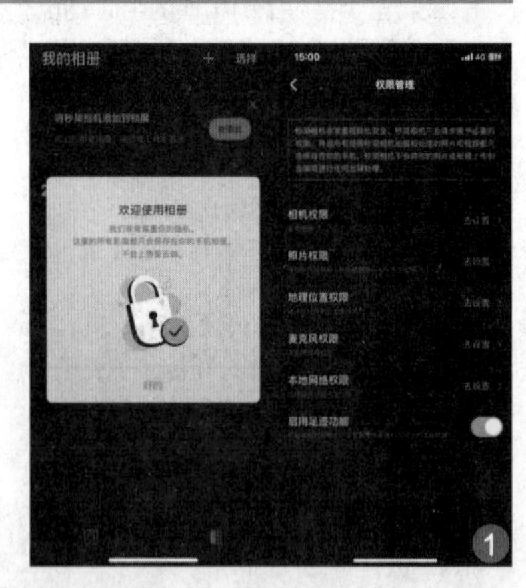

1

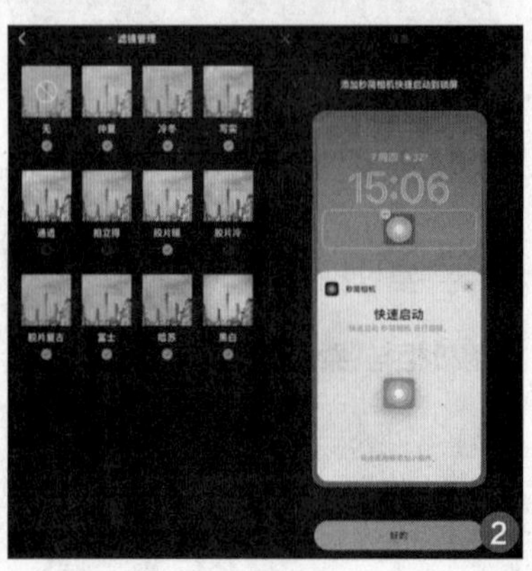

2

App Store 上线了一款名为“秒简相机”的App，这是一款集拍摄、影像美化、拼图分享于一体的相机类工具产品，并号称能够帮助用户“告别反复修图，按下快门就能得到满意的影像”。如此，腾讯在视频剪辑领域相当于同时存在秒剪、秒简相机、捧塔三款产品，初步构建出产品矩阵。

微信 2V1 抖音：秒简相机更偏辅助

已有秒剪的情况下再推出秒简相机，会否存在内部冲突？带着这样的疑问我们首先对比了下腾讯自己的两款剪辑工具。目前“秒简相机”只提供 iOS 版本，但比较好的是无需注册账号就可以使用，将门槛降到了最低。另外，“秒简相机”重点提到影像数据都只保存在用户手机相册，不会上传至云端，不会采集你的任何个人身份信息（如图1）。从微信键盘到“秒简相机”，腾讯在新App 推出时，对个人数据的重视程度相当高。

除使用门槛极低外，“秒简相机”操作也非常简单，其主界面底部只有拍摄和我的相册两个选项，右侧快捷键栏里也只有 四个焦距可选，长按可以进入拍摄模式，右上角的按钮下拉可以选择滤镜、网格显示、照片的比例大小。另外拍摄完毕后支持面对面快速分享。滤镜方面目前看来也是比较常见的效果，整体滤镜效果算不上丰富，还好支持快速启动功能，在 iPhone 锁屏自定义添加相机按钮（如图 2）。

在细节上，秒简相机可自动记录拍摄时的时间、地点、天气等环境信息，用户还可为照片添加说明。在照片下会显示当时的拍摄参数等信息。其他功能方面，支持记住相机使用配置、水平仪提示、录制高帧率视频、支持开启超级防抖、高画质拍照。值得一提的是，相机权限管理还特别醒目地标注了隐私安全，不会上传云端。

在视频应用上，“秒简相机”虽然在软件介绍中提到了影像优化，但实际使用时发现其影响优化功能暂时为默认开启，对于视频拍摄完成后的操作也仅提供“保存”和“分享”两项，目前没有看到有关剪辑的功能选项（如图 3）。

从这里看，“秒简相机” 更像是手机、平板自带相机的优化提升，其视频拍摄能够为秒剪提供素材，而真正要同剪映们搏杀的还是专门用于视频剪辑的秒剪，“秒简相机”的定位明显偏辅助，只是这样的“基层”架构能够从源头为视频剪辑提供源源不断的素材资源。此外，“秒简相机”支持一键生成拼图，多图分享不受限，拍得再多也不怕，并提供多种拼图排版，可适配不同的多图分享场景，这明显比视频剪辑功能更实用一些，结合微信朋友圈分享倒是非常实用。

用户通过“秒简相机”获得优质的图片、视频素材后，短视频剪辑编辑重任就自然落到了秒剪身上。对比秒剪和剪映两款软件会发现，秒剪的大分区、大图标在 UI 视觉上更让人舒服一些，而剪映界面功能明显更多（如图 4）。在 UI 界面功能上，秒剪更强调快捷创作，其首界面中部的“快捷创作模式”提供“快闪卡点”“超快闪卡点”“电影感短片”“分段配文”四个预设模式，本身从体验上看类似剪映的剪同款，但在导向性上更为准确，用户进入秒剪提供的快捷创作模式后，只需根据提示导入图片或视频素材即可。

剪映方面虽然没有直接在首界面上提供预设模板，但点击右上角箭头后可以展开工具菜单，除“一键成片”“图文成片”等常用功能外，剪映还提供了“创作脚本”“提词器”等实用功能。单从界面设计可以看出，秒剪对零基础的入门级用户更为友好，而剪映明显在功能上丰富一些，更适合有一定基础的用户使用。

事实上，为让更多用户剪辑出自己的视频内容，两边各自打造了“模板”“剪同款”这样的功能，而这也成为两款软件吸引视频剪辑初学者的关键。对比发现，虽然笔者对比测试时间为 9 月底，但剪映的“剪同款”界面已经充满浓浓的国庆节氛围，且在“AI 玩法”“秋日”“卡点”等分类项下面，还有专门的带 # 号话题方便用户选择（如图 5）。

两相比较，秒剪在时效性和话题性上显然还有提升空间，毕竟如今视频剪辑工具同UGC 短视频平台紧密捆绑在一起，带话题属性且时效性更强的剪映，能更好地发挥两者之间的纽带作用，相较之下，秒剪同微信视频号话题联系就显得有些弱了。

而在日常剪辑功能上，两款软件无论是音乐、滤镜还是开场特效又或者文字，诸多细节功能在使用体验上都较为相近，不过随着用户群的成熟，剪映不少功能都开始会员专属，这对于使用频率不高的个人用户而言多少有些郁闷。

平心而论，剪映目前功能的确更全一些，特效可以每段单独设置，音乐根据分类很好找到合适的、音乐可以设置卡点、自己根据卡点设置片段、片头模板比较多等特点都让用顺手了的用户喜欢使用它来剪辑视频发朋友圈或抖音，但会员设置又会让不少人尝试秒剪这样的产品。而这个问题延伸来看，其实是视频剪辑工具自身“造血”变现的关键，毕竟单纯依附平台生态扮演工具角色无法盈利的话，始终不利于软件发展。

期待视频号工具矩阵进一步完善

从剪映推出会员制开始，是否值得为视频工具付费的话题争论就没停息过，从用户角度看，我明明为 UGC 视频平台提供了内容，已经作出了自己的共享，就应该免费使用平台官方提供的视频剪辑工具，可作为UGC 生态独立存在的部门，剪辑工具功能的迭代、日常运营的维护都是笔不小的开支，想要通过会员制的方式完成流量变现也属正常，只不过在整个视频剪辑工具市场格局尚未稳定的当下，收费的剪映显然给予竞争者切入市场的机会。

而从 UGC 视频平台目前的结构看，“横屏 B 站，竖屏抖音 / 快手”的大趋势已经形成，视频号想要切入市场，显然得直面抖音、快手的竞争，而通过秒剪、秒简相机、捧塔三款产品打出组合拳的策略的确可圈可点，只是从目前的工具体验上看，“秒剪 + 秒简相机”的组合恐怕很难在短时间内撼动剪映的地位，但凭借微信庞大的社交生态，以及免费、个人隐私数据保护的亮点宣传，也并非全无机会。

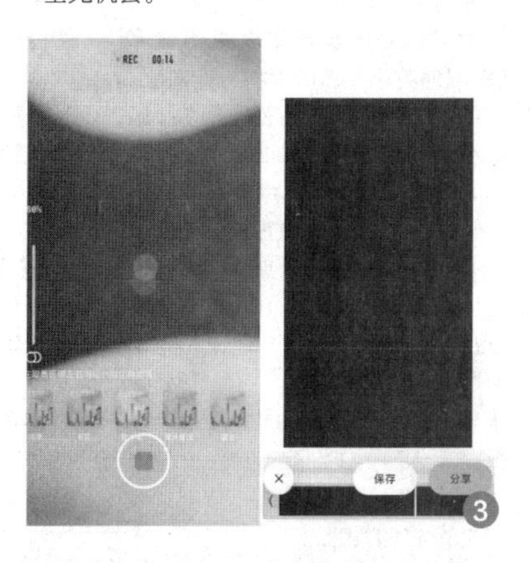

3

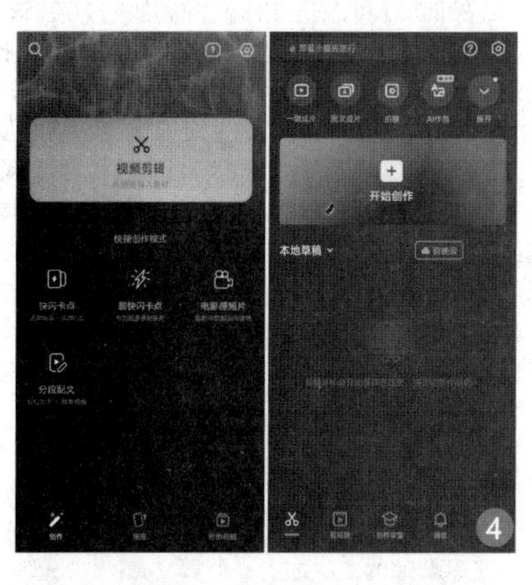

4

5

智商税还是真为家长减负？AI作文批改软件对比测试

● 文/ 上善若水

作文批改 3.0 时代

让 AI 批改作文并非新鲜应用，早在 2011 年前后，以批改网为代表的企业就开始进入英文作文批改应用，不过受限于当时 AI 发展水平，作文批改流程相对简单，作文提交后，网站将作文从“词汇”“句子”“篇章结构”“内容相关度”4 个大类 192 个维度进行拆分，每个维度都会与批改网建立的英语本族语语料库（即国外英语文章的素材）作对比。比如，在作文中经常出现“learn knowledge”这样的中式英语。将这样的语言搭配与语料库资料对比后发现，以英语为母语的国家中，使用“learn knowledge”的频率为 0 次，使用频率最高的是“have knowledge”。所以，会建议学生使用“have knowledge”。然而，受限于当时的 OCR 识别技术水平以及数据库构建，AI 批改英文作文并未大规模落地，但也成为 AI 智能批改作文的 1.0 时代。

然而 AI 批改英文作文的高效让不少人看到了未来发展的方向，让 AI 辅助中文作文写作和批改成为不少教育工具布局和发展的重点。2015 年前后，百度、学而思、高思相继以内部项目或合作的方式推出了各自的作文 APP，虽思路略有差异，但都是希望解决学生写作文没思路、没素材的痛点，为学生提供作文思路、素材、范文等。学而思麦格作文、百度作文宝均采用文库形式为用户提供写作素材，而高思则选择了与乐乐课堂合作的方式，其作文 APP 乐乐作文里的内容均来自高思老师的二次加工，每篇文章均有老师评语，高思老师在产出内容时，会有一定的报酬，尝试人机结合的模式推进中文作文的创作与批改。这一时期的 AI 作文应用更像是百家争鸣，各企业不断践行自己的 AI 智能批阅理念，也成为 2.0 发展时期。

如今，在 ChatGPT 的刺激下，AI 智能批改作文成功进入 3.0 时代。经过 10 余年的发展，ChatGPT 们开始真正具备了思维的能力、推理的能力、演绎的能力，以及归纳总结的能力。尤其是在国内“百模大战”的当下，几乎市面上主流智能学习机都将 AI 作文批阅当作了标配功能，“子曰”等教育赛道的大模型同样将中文作文批改功能当作了必备，AI 中文作文批阅能力也上了一个新的台阶。

人人能用的 AI 作文批改软件

虽然主流智能学习机都内置了 AI 作文批改功能，但动辄三五千元的价格无疑会劝退不少家长，而校内语文老师一对多也很难照顾到每一个孩子作文练习，这就让以“笔神作文”为代表的 AI 作文批改软件受到众多家庭用户的欢迎。

本次我们特选取了“笔神作文”“光速写作”和“AI 学神作文”三款在家长圈口碑不错的 AI 作文批改 APP 进行对比，以展示当前 AI 在中文作文批改应用上的实力。在测试内容方面，选取人教版四年级上册二单元校内作文“小小动物园”的一篇范文作为批改标的（如图 1）。

注：篇幅有限，此处省去最后一段，该段为总结全文，首尾呼应，在软件批注中会有完整内容范文，本身逻辑清晰、语言通顺，且在各个段落以及人物上带有批注，笔者将内容以纯文本形式抓取出来后，再以宋体字体打印到 A4 纸张上，让三款 AI 作文 APP 识别，进行二次批注，相互之间对比的同时，也可参照范文批注，以充分展示 AI 对于作文的理解能力。

付费 VS 免费：光速写作完胜

AI 批改作文需要付费，且费用还不便宜。以名气较高的“笔神作文”为例，其 AI 批改作文功能需要购买单独的“聘请 AI 辅导老师”服务，该服务目前没有次数或月度、季度会员，用户只要想使用就需要付 168 元 / 年的年费，该费用还不属于软件会员费用，如果同时想聘请 AI 辅导老师并购买会员，就需要 266 元 / 年，而目前“AI 学神作文”则是 38 元的永久会员，在费用上对比很强烈（如图 2）。

而与两者不同的是“光速写作”目前的 AI 批改作文功能属于免费，这样的对比下难免让人好奇是否真的越贵越好，还是使用免费的就足以满足大多数用户需求。而除 AI 批

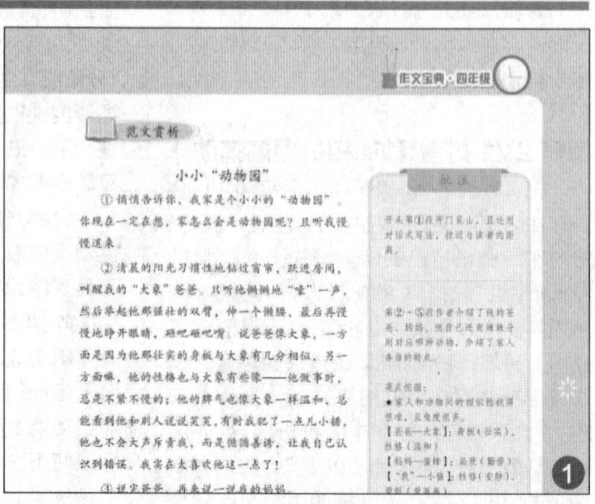

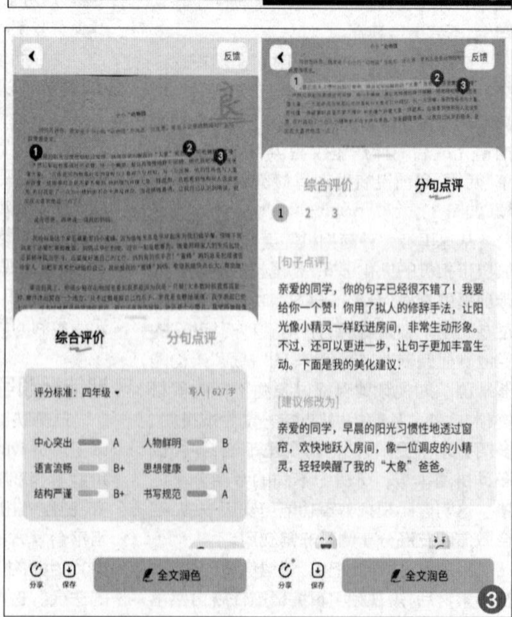

改作文功能费用不同外，三款软件本身在功能设计上也有较大的差异。

“光速写作”主界面UI非常醒目地提供了“AI写作”和“作文批改”两项功能，“AI学神作文”的UI界面同样是以这两个功能为主，两者在功能和界面设计上非常类似，总体感觉更偏工具属性，而“笔神作文”除在UI界面中部显眼位置推送“人工批改”和“AI辅导老师”之外，还在头部工具栏中提供今日文摘、素材分类、作文题库、模板库等项目，具有较强的平台化属性（如图3）。

作文批改对比:笔神作文能力出众

“批在筋节上，改在要害处”——在作文学习中，“批”和“改”本身就是两个概念，让学生自己“悟”到有修改的必要，又得斫轮之法，那才算是“批改”到点子上。“光速写作”的“作文批改”功能将范文判定为“良”，其本身判定有“中心突出”“人物鲜明”“语言流畅”“思想健康”“结构严谨”“书写规范”六个评分项目，综合为良的原因可能是“人物鲜明”“语言流畅”和“结构严谨”三项没能拿到A（如图4）。

除了综合评定外，还提供了“分句点评”功能，可以对文章内容语句给出针对性的修改意见，完成评价交互后，用户也可以点击“全文润色”，让AI帮忙将这篇文章通篇修改。细看修改意见，有理有据，通过AI的润色和修改，文章的确能更为生动、形象，对于一款免费的AI批改作文工具而言，“光速写作”的表现已经值得肯定了。

“AI学神作文”在界面设计和功能上同“光速写作”都非常类似，一度让笔者以为这两个软件或许是一家出的“套壳”APP，但查阅了“隐私政策”后才明确这两款软件的确是两家企业研发。“AI学神作文”在作文批改应用上多少让笔者有些失望，首先是它识别时，需要内容以稿子网格的形式才能被软件识别，而即便是用网格书写作文，也容易因篇幅大于1页而产生识别错误，这极大地限制了识别和使用的范围，使用体验非常差（如图5）。

除识别错误率较高外，其评价也相对简单，直接给出90分的评分，却没有一个相对令人信服的评分体系，仅仅是对通篇文字内容进行综述式点评，作为一款付费软件，这样的评价体系显然有些草率了。

相对于前两款软件，“笔神作文”则在作文批改环节细致了许多，用户拍照后，“笔神作文”会直接将其转换成电子文档重新排版以便于批改，这里就会提醒用户进行比对，以确保OCR识别无误。转换成电子档以后，还会要求用户选定年级，以匹配相应的评价体系。

在“笔神作文”中，这篇范文得分为90分，且专门划分了“综合评价”板块，分为“基础等级”和“发展等级”两方面做综合打分，图形化的界面让用户一眼就能看明白，同时也让评分体系更为科学、透明。而在批改详情界面，“笔神作文”对全文进行了完整的批注，从句子到词语，用户可以清楚地看到自己文章的亮点、好词好句乃至引申内容（如图6）。

而除综合测评与批改详情外，“笔神作文”还在全文润色区提供两篇润色后的文章供作者参考，并且在拓展阅读中提供了类似的文章方便作者学习比对。完成以上的批改后，用户还可以让其生成一份完整的PDF报告，以更具结构化的形式为读者展示作文批注，不仅有利于学习作文的改进，更能学习如何对文章进行批注。

写在最后:注意避坑

总体而言，AI批改作文应用目前的水平给笔者带来一定的惊喜，尤其是“笔神作文”对于文章的批改，最后生成PDF报告从字词句到段落，均进行了非常详细的批示及评价，加上好词好句的释义和延伸阅读，整体应用体验非常好。当然，也有“AI学神作文”这样收费却体验感较差的存在，无论是困难重重的拍照抓取内容还是简单的评价体系，都很难让人产生“物有所值”的感觉。而对于仅仅想体验一下AI批改作文应用的用户而言，“光速写作”会是相当不错的存在，毕竟“笔神作文”168元/年的服务费门槛并不算低。

使用RadioBOSS软件实现广播播放

● 文/关信章

RadioBOSS是一款功能强大的自动广播播放软件，支持长期无人值守的稳定运行，被广泛地运用于各种音乐场所，也可运用于各类考试（比如高考）的广播语音指令播放，支持定时自动播放及与人工司铃相配合的手工播放。

取消“淡入淡出”设置

为保证语音指令的完整播放，必须取消全部“淡入淡出”效果（系统默认为开启状态）。

菜单“设置”（Settings）——“淡入淡出”（Crossfades），取消所有的勾选项。

设置自动播放的计划

菜单“视图”（View）——“计划程序”（Scheduler）进入设置界面（也可直接按键盘上的F3）。

自动播放计划可以灵活设置为指定时刻、指定24小时内固定小时/分钟/秒钟、指定日期、指定星期几、指定周次等形式。

添加或编辑计划事件的界面如下图：

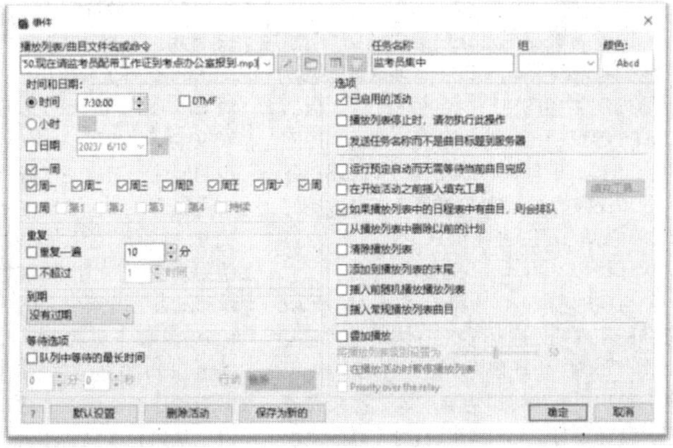

设置人工播放的指令（铃声）

菜单“铃声”（Jingles）——“分配”（Assign）。

可将需要人工播放的音频文件分配到0–9共十个数字键上，用户可随时点击对应的数字键进行快捷播放。

应用场景为：比如考试规定以人工司铃信号为开考信号，则可以在人工司铃后，敲击指定的数字键以播放音频指令，达到人工司铃与软件播放指令的完美配合。

数据迁移

使用数据迁移功能，可以将编辑好的播放计划迁移到另外的终端进行播放，相当于准备了一套备用播放系统，对于高考等可靠性要求很高的考试很有必要。迁移的音频文件，必须复制到相同的盘符、相同的目录下，才能在迁移后的终端中正确播放。备用终端可与主控终端同步运行，达到备份的目的。

源数据保存：点击“计划程序”窗口下方的“名单”（List）——“保存”（Save），将编辑好的播放计划保存为“sdl”文件。

数据迁移：将上面保存的播放计划文件（.sdl）复制到欲迁移的终端中，点击“计划程序”窗口下方的“名单”（List）——“导入”（Load），将播放文件导入即可。再次提醒：音频数据文件保存的路径（包括盘符、目录名）必须与源数据的路径保持一致。

轻薄本AI出图谁更强？锐龙7 7840S完胜i7 13700H

● 文/电脑报工程师 陈勇

搭载AMD锐龙7040系列移动处理器的笔记本产品已经在市场中热卖，新一代的锐龙移动处理器不但采用了高效率的Zen4架构和领先的4nm制程，还将支持本地AI硬件加速的Ryzen AI引擎首次带到了X86平台，这也代表着锐龙笔记本率先进入了AI时代。实际上，锐龙笔记本的AI能力并不止于此，借助锐龙7040系列移动处理器内置的RDNA3显卡，还能进一步提供方便快捷的本地AIGC加速功能——例如支持时下最流行的Stable Diffusion本地出图。

Ryzen AI + RDNA3 GPU，锐龙7040系列AI加速更全面

前面已经提到，AMD锐龙7040系列移动处理器率先内置了Ryzen AI引擎，可以针对本地AI应用进行硬件加速，从而为移动平台提供更高能效的本地AI解决方案。

而在之前的文章中，我们已经对AMD的Ryzen AI引擎进行过详细的介绍，其中的AI引擎单元采用类似Mesh的专用方式进行互联，各个单元之间都可以直接通信，因此不存在传统CPU架构那样的数据阻塞情况，同时也保证了时序的确定性。此外，每个AI引擎单元都配备了分布式本地内存，不会出现缓存未命中的情况，同时也拥有更高的访问带宽，也降低了对内存容量的需求。

由于内置在锐龙处理器中的AI引擎可以脱离云端工作，所以在本地也可以无延迟地处理不同的AI神经网络计算，包括CNN（卷积神经网络）、RNN（循环神经网络）、LSTM（时间递归神经网络）等，还具备实时多任务能力，可处理最多4条并发空间流，峰值算力可以达到10TOPS（每秒10万亿次计算）。

目前的很多AI计算都是通过云端AI服务器和本地处理器与GPU来实现，而现在有了X86处理器专属的Ryzen AI引擎，就可以在本地以更高的能效比来完成了。特别是对于笔记本来说，由于能效比极高的Ryzen AI引擎可以解放处理器和GPU的AI运算压力，所以还能够在使用这些AI应用时有效延长电池续航，因此即便是不插电，锐龙笔记本也可以利用高能效的Ryzen AI引擎来实现长时间的AI应用加速。

另一方面，在用户追求更高效、更广泛的AI加速应用时，锐龙7040系列移动处理器内置的RDNA3显卡也能大展拳脚。例如锐龙7 7840S内置的Radeon 780M显卡，性能已经超过了GTX 1050 Ti独显，更是可以手动分配4GB显存，能够很好地运行Stable Diffusion这样的本地AI出图工具，完全能满足轻量级AIGC用户的需求。

因此，同时拥有Ryzen AI引擎和最强集成显卡的锐龙7040系列轻薄本，在AI应用的支持方面更加全能，能够更好、更全面地满足日常AI应用和AIGC应用的需求。

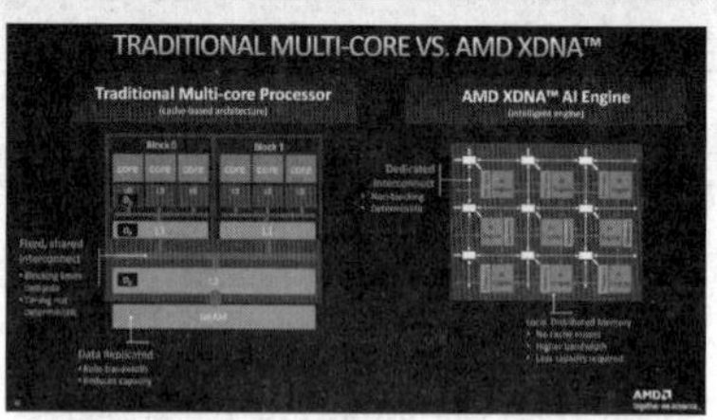

Ryzen AI引擎为移动平台提供了极为高效的本地AI加速解决方案

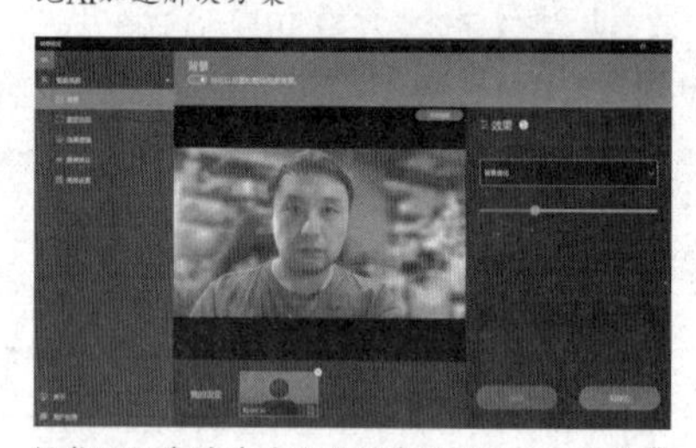
锐龙7040系列移动处理器内置的Ryzen AI引擎可以实现本地AI加速，例如为摄像头添加背景虚化、面部追踪、效果增强、眼神矫正和智能美颜的特效

谁是真正的全能AI处理器？锐龙全面胜出

眼下AIGC应用人气爆棚，而其中的Stable Diffusion本地AI出图更是全民级AI应用，相比在线AI出图，Stable Diffusion拥有无与伦比的高自由度，同时也拥有大量免费的资源，因此受到广大创意设计用户的青睐。不过，在Stable Diffusion本地AI出图加速方面，GPU相对CPU拥有更大的先天优势，例如锐龙7040系列内置的RDNA3显卡，出图速度也明显快于常规处理器，并且RDNA3显卡本身也可最高手动设定4GB显存，这对于提升AI出图的尺寸、每批次数量等都更有帮助。因此，对于选择锐龙7040系列轻薄本移动办公的用户，可以充分利用其内置的RDNA3显卡来完成一些轻量级的Stable Diffusion本地AI出图工作，这对于经常需要制作图片资源的数字媒体工作人员来讲也是具有极高实用价值的。当然，由于Stable Diffusion可以支持DirectML API，这也就意味着Intel平台的Iris Xe Graphics核显也能运行，那么具备96个EU的顶配Iris Xe Graphics核显与Radeon 780M到底谁的AI性能更强呢？接下来我们就进行实战PK。

锐龙7040内置的RDNA3显卡也能很好地支持Stable Diffusion出图，效率远高于普通处理器

AMD平台方面，我们选择了YOGA Air 14s 2023，它内置的锐龙7 7840S其实是AMD专门为联想定制的型号，采用了领先的4nm制程和全新的Zen4架构，具备8

YOGA Air 14s 2023搭载定制版锐龙7 7840S处理器，内置Ryzen AI引擎与Radeon 780M显卡

个全规格大核和16线程，最高加速频率为5.1GHz，内置Radeon 780M显卡。而在YOGA Air 14s 2023上得益于联想的精心调校和强悍的散热设计，它可以在野兽模式下做到50W的峰值功率输出，这对于一款超轻薄本来讲确实非常惊人。

Intel平台方面，我们选择了一款配备酷睿i7 13700H的14英寸超轻薄本机型，酷睿i7 13700H内置96个EU的Iris Xe Graphics核显，代表了Intel核显的最高水平，定位方面与Radeon 780M比较一致。内存方面，两套平台都配备了32GB内存，硬盘为PCIe 4.0 SSD 1TB。

Stable Diffusion方面，使用了B站UP主秋葉aaaki的4.2整合包，AMD和Intel平台统一使用DirectML GPU模式。出图参数如下：迭代步数：20、采样器：DPM++ 2M Karras、CFG scale：7、图片分辨率：512×512、模型：墨幽人造人_V1040、正向提示词：1girl,eye contact,sunlight,JK_style。

Radeon 780M和Iris Xe Graphics都可以通过DirectML来支持Stable Diffusion的AI出图，不过Radeon 780M毕竟是当下性能最强的集成显卡，因此在AI算力方面的优势也非常明显。在我们统一的参数设置下，Radeon 780M生成一张图大约需要99秒，而Iris Xe Graphics（96EU）则需要192秒，出图速度大约只有Radeon 780M的一半多一点点。此外，Radeon 780M可以手动分配4GB显存，因此在连续出图方面也有优势，5×1张图完成时间大约为467秒，而Iris Xe Graphics（96EU）在5×1连续出图过程中Stable Diffusion直接崩溃了。由此可见，在轻量级的Stable Diffusion本地出图应用中，Radeon 780M不但效率远胜Iris Xe Graphics（96EU），实用性也是更加可靠的。由此可见，如果要用轻薄本完成Stable Diffusion本地出图任务，那么选择配备锐龙7040系列处理器的全能AI轻薄本显然是效率和实用性高得多的选择。

总结：AI笔记本选锐龙才是真"全能"

在之前的测试中，我们已经体验过锐龙7040系列移动处理器内置Ryzen AI引擎在视频会议方面带来的AI特效，而且越来越多的AI应用也将开始加入对Ryzen AI引擎的支持。而现在我们通过Stable Diffusion实战AI出图测试也可以看到，锐龙7040系列移动处理器内置的RDNA3显卡同样也能提供对于轻薄本来讲已经算是非常出色的本地AI加速性能，AI出图的效率差不多是Intel Iris Xe Graphics（96EU）核显的两倍，连续出图的可靠性也相当可观，对于移动办公用户的轻量级AI出图需求来讲具备非常高的实用价值。由此可见，AMD目前在移动平台上已经占据了AI应用的先机，同时拥有Ryzen AI引擎和RDNA3显卡的锐龙7040轻薄本堪称当下最全能的AI笔记本，能够为移动办公用户提供最高效、最持久和最全面的本地AI加速支持，从而大大提升工作效率。总而言之，如果你要选择一台全能型的超轻薄AI笔记本，那么配备锐龙7040系列处理器的产品无疑是最值得优先考虑的解决方案。

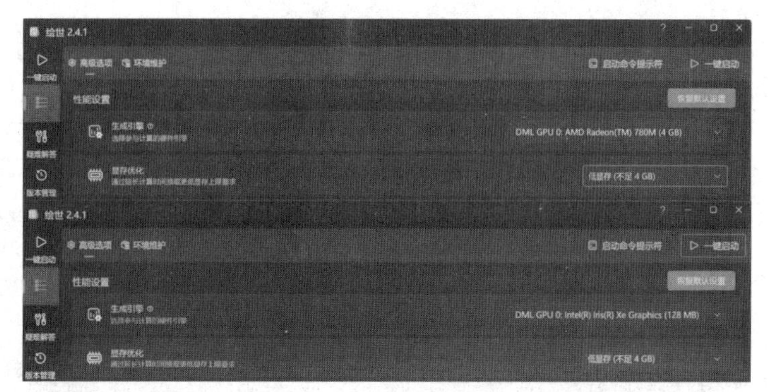

在Stable Diffusion整合包的绘世启动器中可以选择Radeon 780M和Iris Xe Graphics核显

Radeon 780M的出图速度大约为1分39秒1张

Radeon 780M连续生成5批次/5张图的时间为7分47秒

Stable Diffusion文生图性能测试（核显DirectML加速）		
	AMD锐龙7 7840S Radeon 780M	Intel酷睿i7 13700H Iris Xe Graphics（96EU）
单张图完成时间（越低越好/单位：秒）	99	192
5X1张图完成时间（越低越好/单位：秒）	467	程序崩溃无法完成

对标夸克？抖音“闪电搜索”好用吗

● **文/** 郭勇

第四次发力搜索赛道

无论是PC还是移动互联时代，搜索永远都是流量入口，各大互联网巨头围绕搜索的争夺也从未停息。

日前，一款名叫闪电搜索的应用悄然上线各大应用商店，开发方写着北京抖音信息服务有限公司（即原北京字节跳动科技有限公司）的名字。在上一款独立App悟空搜索改名小悟空之后，闪电搜索拿过接力棒，为字节延续搜索赛道的火种。而这也是继头条搜索、悟空搜索、抖音搜索之后，字节启用的第四个搜索品牌，也是第四个搜索类别的独立App（如图1）。

据悉，该App用户可使用抖音账号登录，可按用户所需设置搜索范围以及优先级，实现搜索的“广、全、快”，其中搜索结果则均由头条搜索提供。在相对成熟的搜索领域，这样的“新人”真能取得成功吗？

主打视频内容搜索

从名字和介绍看，“闪电搜索”本身是主打“快”字，但启动软件第一时间就发现，视频内容恐怕才是这款搜索主要的亮点。

这款应用首页十分简洁，主要分为两个独立的Tab，顶部为搜索框，下方为推荐内容，其中包括图文、短视频，浏览体验类似抖音，其整个主界面基本是以视频内容填充，这点同其他搜索应用有很大的不同（如图2）。

选择一个话题进入搜索界面可以看到，其分为综合、视频、问答、咨询、小视频等几个栏目，在综合栏目里，“闪电搜索精选”会在顶部为用户呈现最匹配的搜索答案，也会显示答案来源，从而提升用户的内容获取效率。

笔者也在好奇心的驱使下用“鸡蛋能放冰箱吗”这个问题分别对“闪电搜索”和“百度移动App”进行答案搜索，单从该问题的结果看，“闪电搜索”在答案和问题匹配度上明显更优一些，不过百度这边的答案由医院医生提供，在说服力上或许更强一些（如图3）。

此外，闪电搜索App支持个性化定制，用户可以根据自己的需求设置搜索的范围和优先级，以快速找到所需要的信息。

“撒币”吸引用户

即便有抖音在背后撑腰，“闪电搜索”始终是移动搜索领域的新人，想要在短时间内积累到足够庞大的用户群，“撒币”可以说是最直接有效的手段。

用户首次启动“闪电搜索”时，App就会自动提示红包入账，使用抖音账号登录后，就可以点击右上角的红包图案按钮，了解“闪电搜索”的金币激励模式规则。

这里明确告知用户“7天签到必得5元”，而且还有做任务领金币活动。“闪电搜索”内部的支付体系为虚拟金币，这里金币提现比率大约为33000:1，该比率受到每日广告收益影响，会有浮动（活动期间可能为部分用户提供实时兑换的功能，请以活动页面为准），因此，虽然用户可以通过完成搜索、看文章/视频、搜索等任务获得大笔金币，但金币兑换提现并不会太多。而提现除第一次可以1元提现外，最低门槛是15元/次，好在提现方式非常方便，用户可以直接将“闪电搜索”中积累到的奖金提现至支付宝账户中。

金币激励的确能够很好地为“闪电搜索”落地作铺垫，但作为搜索App，内容始终是其赢得用户的关键。

“闪电搜索”有机会吗？

内容始终是搜索App的核心竞争力，闪电搜索的搜索结果大多来自今日头条创作者生态，头条号所有图文、视频内容用户均可查询。严格意义上讲，闪电搜索其实更像今日头条的升级版：搜索界面的推荐、顶部资讯展示，以及视频、小视频、问答、微头条、图片、百科等栏目分类均有相似之处。真要说不同，也就是闪电搜索的首页采用的双列信息流中，视频+图文混合展示的方式更为新颖，且页面简洁，广告含量暂时不高。

1

2

3

但是，这些功能在目前的通用搜索中并不少见，甚至较之悟空搜索，闪电搜索的定位更不明确。当然，在获客与留客之间，“闪电搜索”选择先用金币激励获得流量，至于用户是否能够沉淀下来就另当别论了。

虽然坚定看好搜索领域且持续多年投入，但如今字节在搜索领域并不占优，截至目前，字节曾经的“三大搜索”除了抖音搜索能凭借抖音本身丰富的内容生态，以及庞大的用户体量维持之外，头条搜索、悟空搜索早已“泯然众人矣”，分别转型为“有柿”和AI小工具“小悟空”，“闪电搜索”想要开辟一个属于自己的空间恐怕并不易。

三款AI写真软件PK，总有一款适合你

● 文/ 上善若水

妙鸭相机推出免费体验模式

“AIGC 的产品从一开始就应该收费，如果把互联网所有业务抽象出来看，本质上都是一种信息流通和渠道生意，平台把信息从 A 点流通到 B 点，抽象看平台就是渠道。但 AI 时代改变的不是渠道，而是工厂，AIGC 产品本身是工厂，工厂生产货品。如果第一天生产就卖不到钱，以后也卖不到钱。这就是为什么我们把商业化前置。”妙鸭相机产品负责人张月光虽然依旧坚持“开始就该收费”的观念，但作为 AI 写真软件的风向标，妙鸭相机还是在前段时间推出了免费版，用户只要上传 8 张照片即可得到和之前同样的数字分身，并获赠一套“都市正装”写真模板（如图 1）。

对于做出这种改变的原因，妙鸭相机相关负责人表示，首要目的在于降低软件的使用门槛，同时通过调整收费模式逐步将妙鸭相机的用户圈层从写真爱好者向普通用户拓展。附赠正装模板也是因为正装照是应用场景最多的一类照片。

事实上，推出免费版前，妙鸭相机还曾与同道大叔联名推出系列模板、上线“发型设计”功能、引入设计师与模板设计等等。从一系列举措中都能看出妙鸭相机在扩展用户群、丰富使用场景方面的野心，而这背后，也是当前 AI 写真软件激烈竞争的结果。

开始内卷的 AI 写真们

9.9 元拍出媲美海马体的形象照——AI 写真软件们的爆火让整个赛道变得躁动起来。距“妙鸭相机”一夜爆红没多久，“45ai 写真”“AI 画室”等定位类似的产品开始登场，甚至还有同名的假冒产品，这也从侧面表明妙鸭的技术门槛并不高。关于生成 AI 写真的技术原理，业内人士普遍推测，大概率是 LoRA 微调模型。

LoRA 的全称为 Low-Rank Adaptation of Large Language Models，可以理解为 Stable Diffusion（SD）的一个插件，它可以在不修改 SD 大模型的前提下，利用少量数据，以更快的速度训练出一个微调模型。具体到 AI 写真，可以理解为用你上传的照片，为你单独训练一个 LoRA 微调模型，让这个模型学习你长什么样，然后通过限定模板，固化提示词，生成不同风格但像你的写真。

而 20 张照片的数量，被认为是训练成本和生成效果的平衡点。太多，训练时长会变长，训练不充分可能就没那么像。太少，容易过拟合，生成的结果不容易产生变化。妙鸭深度用户 Sylvia 在社交平台上展示了自己“训练”妙鸭算法的过程：连续点击“更像我”的按钮，一般“训练”三次以上就会明显更像本人。Sylvia 表示，自己“入坑”妙鸭是因为一直很关注 AI 和照片生成技术，但是在使用后期就陷入了疲惫，“感觉其他软件与妙鸭相机与同类型产品的相似度非常高，从体验感而言不算新鲜”。

三款 AI 写真软件的较量

新鲜感褪去意味着用户流量爆发式增长阶段的结束，而随着 AI 写真软件市场暂时进入稳定发展期，我们特选定“妙鸭相机”“AI 画室”“45ai 写真”三款 AI 写真赛道的产品进行横向比较，为用户揭示 AI 写真软件现状。

首先从定位上看，“妙鸭相机”直接提出“AI 帮你拍写真”的概念，而“AI 画室”给自己的定义则是“智能生成创意画作”，不过这两款产品均由独立 App 提供，“45ai 写真”目前则是以小程序的形式出现，给自己的定位则是“人生第一个 AI 摄影师”。而从首界面 UI 设计看，三款软件功能差异化也非常明显（如图 2）。

妙鸭相机除顶部大幅的 Banner 广告外，“制作写真”和“发型设计”两大主要功能被放到了首界面 UI 中间位置，而底部则主要用于展示模板。“AI 画室”则在功能设计上相对规整一些，除顶部较大面积界面用于 AI 绘画功能展示外，“AI 绘画”“老照片修复”“图片编辑”“照片动起来”等功能则放到中间最醒目位置，底部虽然命名为“流行趋势”，但实际上可以理解为一些预设模板。“45ai 写真”的界面设计则比较跳跃，进去后就直接是各种模板推荐，这有些抖音“拍同款”的既视感，不过对于习惯玩短视频拍摄的用户反而很容易上手。

在测试上则考虑到肖像权和隐私权方面的保护，笔者使用同一个描述指令，让美图 WHEE 生成了 8 幅人物肖像（如图 3），以此作为测试模板，看看各家在功能控制和效果方面的体验，毕竟不同的模板在效果上肯定会有明显区别，这里更多是以展示为主。

妙鸭相机：免费依旧出色

登录妙鸭相机后就会提示用户制作数字分身，这里就会进入前面提到的“体验模式”和“专家模式”，这里我们选择免费的

1

2

3

"体验模式"进行尝试。根据"妙鸭相机"提示上传8张照片,每次上传一张,"妙鸭相机"都会提示多角度扫描中,这里还是很担心被"妙鸭"识别出来使用的是AI合成照片,不过比较幸运的是顺利通过了上传检测。上传完成后根据提示点击制作就可以了,这里不同于日常AI绘画,需要用户等待较长时间,系统提示笔者需要等待将近1个小时才可以完成,不过好在可以开启进度通知,开启后我们即可干自己的事情而不用一直等待了(如图4)。

完成数字分身的制作后,笔者的确有眼前一亮的感觉,原本就很漂亮的生成图片,经过"妙鸭相机"处理之后,显然有种更鲜明的个性和风格,而且除大头贴之外,还提供了"都市正装"和"奢感光"两种风格可选,这里需要注意的是虽然"体验模式"能够生成图片,但下载或生成高清版的话还是需要用户付出一定额度的虚拟钻石。在"妙鸭相机"里,18元可以获得200个钻石,算下来一元钱10个虚拟钻石,通过充值实现流量变现。

4

AI画室:功能丰富

相比"妙鸭相机","AI画室"在功能上非常丰富,从创作属性的AI绘画到功能属性的老照片修复,其定位更像是一款图片应用平台,而在人物写真这块,其"照片动起来"和"漫画脸"两个功能很受欢迎。

在"照片动起来"功能界面,上传照片后会提示用户选择心仪的"动效模板",不过目前仅提供"动态照片""Only You""AI眨眼"三个模板,等待制作大概需要1分钟的样子,这里出来的结果还是非常有趣的,配上背景音乐加上嘴唇或眼神的动态,趣味性还是拿捏得相当好(如图5)。

而漫画脸这边则提供手绘风、3D风、漫画风、日漫风等预设风格,整体效果多少有些见仁见智。这里要提醒大家的是,"AI画室"很多功能使用时其实是有"免费体验"选项的,只不过免费体验功能下,可选择的模板会少些而已,付费的话目前终身会员为128元,但月度会员需要68元,显然是倾向于激励用户充值终身会员。

5

45ai写真:模板让人心动

"45ai写真"推出了很多模板让用户选择,如动漫风格的"挚爱角色"、沉淀文化的"国风"、追求潮流的"时尚大片"等等,每个风格类别下都有数个风格模板让用户选择使用,笔者尝试选择"中秋限定·月下逢"。类似"妙鸭相机"的虚拟钻石,"45ai写真"在生成操作时也需要用户付出虚拟胶卷,笔者这次为生成9张照片就付出了18元购买了200张虚拟胶卷,使用后还剩下70张(如图6)。

"45ai写真"对笔者上传的照片只给出了60分的及格分,显然AI也不是好糊弄的,没有好的原始数据,AI也难为无米之炊,这点严苛让笔者比较满意,"45ai写真" 并没有为获得用户流量而随便降低原始数据门槛。从具体生成效果看,"45ai写真"的成品最让笔者满意。

总体而言,用户需要流畅、舒适地使用三款软件,付费的确是绕不开的门槛,但从生成效果看,明显"妙鸭相机"和"45ai写真"能更好地满足用户对于写真的需求。

写在最后:综合实力的比拼

能够支持向普通用户开放的前提在于算法优化与算力提升,算力也是各AI写真软件比拼的关键。当妙鸭相机在上线初期,曾出现了等待时间超数小时甚至1天的情况,背后的限制就在于算力资源不足,这意味着任何一个AI写真软件想要成为"国民级",就必须过算力资源这一关,而算力日常运维需要企业投入大量资金,这就意味着AI写真软件们需要快速商业变现,与其相互厮杀内卷,更重要的恐怕还是对传统线下写真商户的替代,如此才能说服用户心甘情愿付费。

6

菜鸟裹裹送货上门需设置

● **文/** 梁筱

淘宝设置让快递送货上门

不知从何时起，快递送货上门成为无数人网购的心病。明明人就在家里，可快递依旧送到了驿站或快递柜，小件下楼取还好，遇到大件或者生鲜，真的让人很不舒服，但实际上菜鸟驿站的送货上门功能是可以由用户手工设置的。

打开手机淘宝App点击右下方“我的淘宝”页面，进入页面后，选择“我的订单”。找到需要送货上门的商品，点击“查看物流”，在商品提货码旁边可以看到“需要上门”按钮，点击进入，继续选择“确认上门”。当出现菜鸟驿站派件准备中，大家即可在家等待送货上门。

菜鸟驿站官宣只要是淘宝包裹，在淘宝里设置后，快递都会送货上门，但目前只支持北京、上海和杭州这三个城市。在派送时间上，选择在同一天的15:00之前上门的包裹可以在同一天送达，而在同一天的15:00之后订购的包裹将在第二天送达。

事实上，用户除在淘宝上针对某一包裹设置送货上门服务外，也可以在菜鸟裹裹中更改设置，对于家中长期有人的消费者，完全可以默认为送货上门。具体操作为进入菜鸟App首页，点击底部“我的”，在我的页面下方点击“设置偏好”进入，进入设置偏好页面，点击“确认”送货上门即可（如图）。

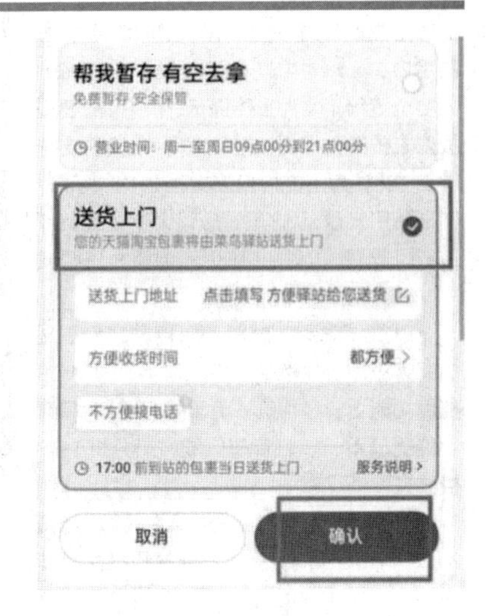

快递免费送货上门或将有次数限制

对于大众关心的快递送货上门问题，国家邮政局就《快递服务》国家标准（征求意见稿）公开征求意见。

意见稿中提出，快递服务主体应对上门投递快件提供至少2次免费投递，上门投递2次未能投交的快件，快递服务主体可与收件人约定采用延迟投递或者箱递、站递方式投递；收件人仍选择上门投递的，快递服务主体可收取额外费用，但应事先告知收件人收费标准。

据了解，意见稿中的2次免费投递服务，指的是快递企业对同一个快件的投递次数，而不是快递企业总的投递次数。该要求也并不是首次提出。在2011年底发布的旧版《快递服务》系列国家标准中，也提出了“2次免费送货上门，超出可收费”的要求。

当然，从目前来看这并未强制执行，而且随着快递行业内部竞争的激烈，相信送货上门会成为快递间竞争的“卖点”。

AI文档阅读理解力PK：司马阅对上WPS AI

● **文/** 上善若水

让AI帮我们阅读文档

随着AI理解能力的提升和AI应用细分化趋势的出现，当下市场上开始出现一些产品基于AI与文档对话，重新定义阅读方式。这类产品可以帮助用户更快速、更高效地完成阅读文献、处理文档等任务。

这类基于AI与文档对话的产品可以帮助用户更快速、更高效地阅读学术论文、报告、产品手册等文档，更能根据用户的需求，通过对话的方式帮助用户查找相关文档摘要、关键信息等。同时，这种应用还可以分析文档的内容，提取出关键信息，帮助用户更好地理解文档的主旨和重点。

极强的实用性让这条AI应用细分赛道迅速火热起来，除WPS AI将文本阅读作为三项主要功能之一外，司马阅这类针对性极强的独立PDF阅读应用也在短时间内俘获了大量用户，而这也让更多人好奇AI们的阅读理解能力究竟如何。

AI与文档对话赛道：平台VS专一

AI与文档对话绝对是极具想象力的AI落地场景，其能力一旦能够满足人们日常办公所需，完全可以重新定义阅读方式与文档处理方式。这使得WPS这样的综合办公平台对于文档阅读理解能力极为看重，在最新版的WPS中，点击顶部工具栏的“WPS AI”功能，即可在侧边栏中看到“文档阅读”“内容生成”“文档排版”三项功能，作为办公平台，WPS AI对于“文档阅读”功能的描述是“你可以直接问我，关于文档的内容，我能帮你理解文档，总结关键信息；但我还不能很好回答文档以外的问题。”（如图1）。

而司马阅则是一款纯粹的AI文档阅读分析工具，目前仅提供PC网页版，用户通过浏览器使用，这点多少让人有些意外，不过纯云端操作倒也省去了对用户设备硬件资源的占用，毕竟单纯的文档阅读与分

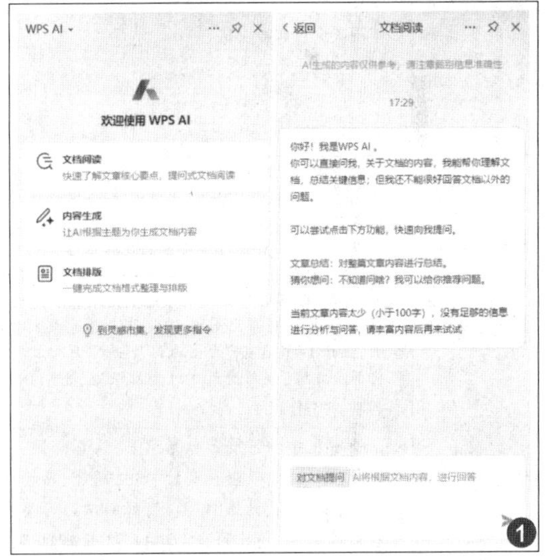

析功能，更多时候需要的是交互与结果内容的拷贝。

通过司马阅官网即可进入其操作界面，左侧工具栏分为“文档”和“文档库”两块，方便用户在云端对内容进行归类整理，而右侧主要位置给了文件上传提示，用户只需要拖放要上传的文档到指定位置即可，目前支持 PDF 文档（暂不支持扫描文档）。下半部分则是使用权益，从这里看应该会根据会员权益进行收费，毕竟 AI 应用需要算力资源支撑（如图 2）。

单独从产品功能设计看，两款产品在文档阅读应用上虽然是直接的对手，但 WPS 整体功能上已经构筑了明显的闭环，司马阅功能更显单一，且目前只能阅读分析 PDF 格式文件。

因此，本文选择测试对象为“【微播易】2022 年中国新消费品牌发展趋势报告”，其文件大小仅 4898KB，71 页的长度在行业报刊中也较常见，而具体内容也包括图文、表格等多种形式，方便测试文档阅读应用综合实力。此外，同时准备了 16 页的“【零壹智库】全球保险科技独角兽及案例报告”和 25 页的“怎样才能学好高中化学”两个较小的

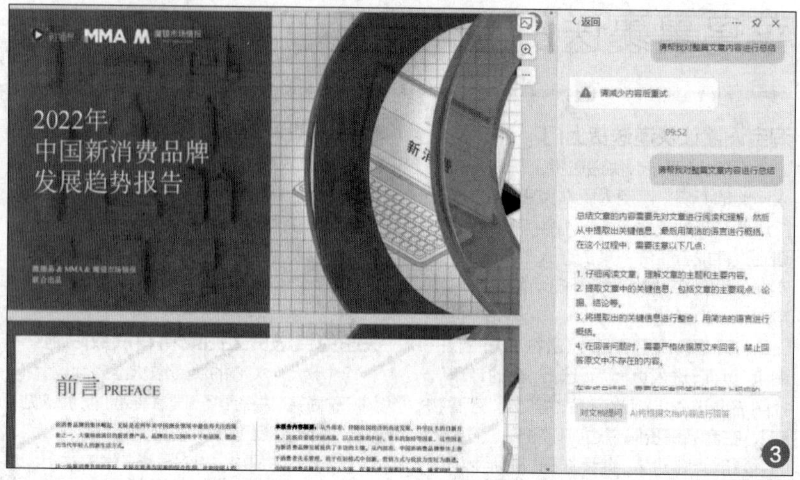

3

PDF 文件。

文章内容总结：司马阅完胜

将三篇测试内容上传（或开启）后，均以“请帮我对整篇文章内容进行总结”对 AI 进行交互，进而测试两款软件对文档内容的理解能力。

从表格中的测试结果看，WPS AI 与司马阅在文档阅读理解上的能力差异非常明显，WPS AI 在面对“【微播易】2022 年中国新消费品牌发展趋势报告”时，直接给出了“请减少内容后重试”的答复，再次提交同样的问题后，WPS AI 开始给出一堆阅读方法建议，但无法对 PDF 内容进行概括（如图 3）。而司马阅却清晰地给出了文章结构及内容，尤其是最后一句“文章没有提供整篇文章的总结，但以上是文章中的主要内容。”人性化地诠释了“理解”二字。

	WPS AI	司马阅
【微播易】2022 年中国新消费品牌发展趋势报告	请减少内容后重试	根据提供的信息，文章主要围绕中国新消费品牌的发展趋势展开讨论。文章指出，消费需求是推动新消费品类发展的主要趋势之一。中国新消费品牌在管理模式上将发生变化，并且营销重点将聚焦在智能尝新、悦己为先、多元懒宅、健康图鉴、元热延申、萌物陪伴等领域。此外，文章还提到了知乎、B 站和视频平台可能成为下一个红利中心。总体而言，中国新消费品牌的发展趋势将包括智能化、场景化、生态化和国际化。文章没有提供整篇文章的总结，但以上是文章中的主要内容。
【零壹智库】全球保险科技独角兽及案例报告	零壹财经·零壹智库发布的报告显示，截至 2021 年 8 月，全球共有 21 家保险科技独角兽企业，总市值或估值超过 770 亿美元。美国和中国是保险科技独角兽最多的国家，保险科技独角兽数量在 2019 年和 2021 年出现井喷。保险科技独角兽的业务类型包括保险技术供应商、健康险、综合保险、数字化车险、定制保险等。Zego 为司机提供私人用车保险等，Boltech 提供保险产品对比，Sidecar Health 提供个性化健康保险平台，Clearcover 提供数字化车险，Tractable 通过人工智能技术实现全自动视觉识别，Shift Technology 为全球保险业提供人工智能驱动的决策自动化和优化解决方案，镁信健康通过金融保险、金融分期等方式帮助患者解决自费医疗支付问题。	这篇文章是关于全球保险科技独角兽及案例介绍的内容。文章提供了关于保险科技领域的一些独角兽公司的案例介绍。然而，由于没有提供具体的内容摘要，无法对整篇文章进行详细总结。建议阅读全文以获取更多信息。
怎样才能学好高中化学	高中化学学习技巧包括预习、认真听课、及时复习、规范解题、适量做题、总结规律、重视实验、建立题库、巧记等。学习方法包括比较记忆、歌诀记忆、勤练、归类、良好的学习习惯和重视实验。学习过程中要规范答题，精练题目，归纳总结基础知识，培养实验能力，把握当下社会热点。课后复习是巩固知识的关键，有意识记系统掌握知识，增加课外阅读以适应信息时代，科学归纳知识学习过程。课内学习是搞好学习的关键，课后复习要再阅读教材，阅读教材之后再做作业，常回忆，多质疑，有计划地安排课外时间。化学计算方法包括审题、析题、解题，运用质量守恒定律，注意解题规和思想，掌握解题技巧。高中化学知识体系包括元素周期率、化学平衡、电解质溶液、重要金属和非金属及化合物的有关方程式、化学实验、电化学等。学好高一化学的方法包括准备错题集、找出错误原因、总结方法，以及学会为方程式分类。	这篇文章主要是关于如何学好高中化学的建议和方法。文章强调了化学在理科综合中的重要性，以及化学成绩对考生的影响。文章提到了化学的分值分布、难度系数和题型设计，以及化学学科的稳定性。作者建议学生重视基础知识的复习，并提供了听课和课后复习的注意事项。此外，文章还强调了预习的重要性，建议学生在假期和名师的指导下学习化学。总的来说，这篇文章提供了一些建议和方法，帮助学生学好高中化学。

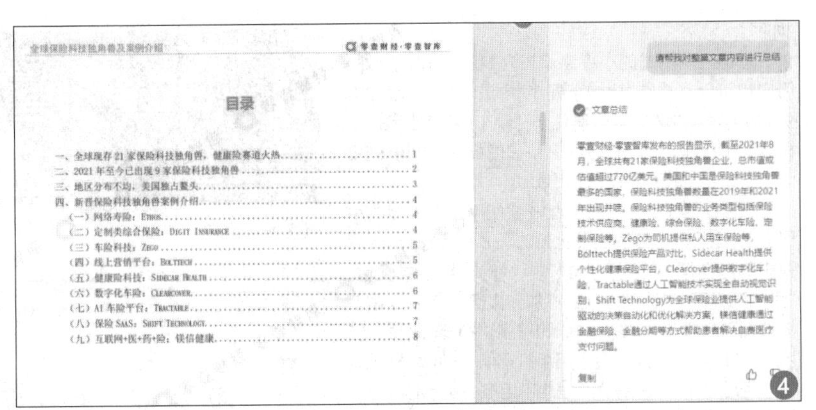

而对“【零壹智库】全球保险科技独角兽及案例报告”一文的阅读理解上，司马阅的理解能力优势表现就相当明显了。WPS AI看似对该文章进行了非常详细的总结概括，而实际上当我们人工阅读这篇文章时发现，WPS AI给出的答案无非是对文章标题的复制、粘贴，甚至排版还不如人家文档目录（如图4）。相比之下，司马阅就直接将文章内容概括为“这篇文章是关于全球保险科技独角兽及案例介绍的内容。文章提供了关于保险科技领域的一些独角兽公司的案例介绍。然而，由于没有提供具体的内容摘要，无法对整篇文章进行详细总结。建议阅读全文以获取更多信息。”

同样的问题也出现在对“怎样才能学好高中化学”一文的理解上，司马阅给出的答案更贴合真人思维方式，其答案更多是从理解的角度去分析和总结，遇到“【零壹智库】全球保险科技独角兽及案例报告”这种本身由多个内容堆砌而成的文章时，也很诚恳地给出阅读建议，整个交互极具人性化（见右表）。

文档深度阅读：司马阅略胜一筹

选择“【零壹智库】全球保险科技独角兽及案例报告”一文作为深度阅读目标，以“帮忙总结全球保险科技现存独角兽公司区域分布情况”为提问内容，对比WPS AI和司马阅两款APP在深度阅读应用上的表现。

该问题属于信息检索，WPS AI和司马阅均给出了正确答案，不过仔细阅读会发现WPS AI在信息源上仅指引到第七页，实际上第一页和第十四页上也有该问题的答案，司马阅的答案在信息源指引上却又掉了第七页，两款软件在该问题的细节处理上战成平手。

接下来用“请概括‘保险科技独角兽’的定义”检测两款软件对于文章概念的理解和诠释。在该问题的答案上，司马阅给出的是“保险科技独角兽是指在保险科技领域具有卓越创新能力和高市场价值的企业。它们通常是初创公司，通过运用技术和创新解决方案来改变传统保险行业的方式。这些企业在市场上具有巨大的潜力，并且在融资方面表现出色。保险科技独角兽的定义可以在全球保险科技独角兽及案例介绍的第15页找到。”而WPS AI则为“保险科技独角兽是指在保险科技领域中，估值达到或超过10亿美元的初创公司。这些公司通常利用先进的技术，如人工智能、大数据、区块链等，来改善保险行业的运营效率、降低成本、提高客户体验等。”

两相比较下，司马阅给出的理解明显更符合“保险科技独角兽”的定义。

总体而言，在对PDF文档的理解应用上，司马阅无论是对全文的概括还是深度阅读后对细节内容的总结概括上，表现都明显好于WPS AI，而且每个答案下面还给出了信息来源页码超链接，方便用户查阅。从这里我们也可以看出，随着AI应用细分赛道的崛起，不少新兴势力开始找到了自己的方向，一场变革正在悄然进行。

找不到用过的小程序？这些功能建议收藏

● 文/梁筱

整理堆积如山的小程序

用过一段时间的小程序之后，在“发现”里的小程序列表，就会有一串小程序出现。这原本是一个贴心的设计，方便用户快速找出使用频繁的小程序，但我们发现无论是微信公众号文章还是朋友圈广告，总会有意无意地引导开启小程序，这样一来，只要使用时间稍长，微信“发现”列表就会变得很长，而且还不能直接调整顺序。这时候，想要快速找到以往用过的小程序，就变得很麻烦。

在微信官方推出“分类小程序”之前，用户只能抽闲暇时间手动管理小程序列表了。在“发现”的小程序列表里，只需要从右向左滑动（iOS），或是按住某个小程序（Android），就会弹出两个常用选项：删除，以及标为星标（如图1）。

定期清理小程序列表，将不需要的小程序删除多少有些“聊胜于无”，不过实际上本身还是将小程序分为“最近使用小程序”和“我的小程序”两个大类，前者只要开启过就会出现在列表里面，很容易出现堆积问题，后者则需要用户手动进行设置，我们可以将使用频率最高、重要性最高的小程序设置为“我的小程序”，以提高寻找和启动的效率。

在微信首界面顶部拉下小程序快捷菜单后，点击“最近使用小程序”-“更多”，可以看到我们所有使用过的小程序，在这里选择使用频率最高的小程序，长按后可以看到底部会弹出“拖到此处添加为我的小程序”和“删除”按钮，根据提示长按拖拽，即可将小程序设置到“我的小程序”列表中

(如图2)。

除将已使用过的小程序添加为“我的小程序”外，用户也可以直接在“我的小程序”中进行搜索，添加需要的小程序。此外，对于“鹅打卡”“乘车码”等使用频率极高的小程序，完全可以将其快捷图标添加到手机桌面上，进一步提升小程序使用效率。

具体操作是，用户开启某一款使用频率极高的小程序后，点开小程序界面右上角的“…”号，即可在底部弹出的操作框中看到“收藏”“从我的小程序中移除”“添加到桌面”等选项，点选“添加到桌面”后，即可在手机桌面看到同独立APP一样的程序快捷启动图标，使用起来非常方便，还不会占用手机存储空间(如图3)。

经过这样一系列操作，再也不用担心实用的微信小程序“消失”了，尤其是添加快捷启动图标到桌面，更将使用便利性提到新高度。

仅靠截图就能启动小程序

通过归类整理，一定程度上能提升微信小程序的启动速度，而为进一步提升微信使用效率，目前微信已经开始小范围测试图片跳转小程序的功能。具体来说，如果在微信小程序页面进行截图，并把图片转发到聊天群或者其他聊天界面时，点开图片后，会在图片下方出现一个小程序的按钮，同时会弹出“进入某小程序”的提示字样(如图4)。

点击图片之后，即可自动跳转到图片对应的小程序界面中。

据悉，目前该功能已覆盖多个小程序，均可通过截图快速跳转，不用再通过搜索进入小程序界面了，十分方便。不过目前该功能处于小范围内测阶段，并非所有用户都能发现。

此外还有用户发现，就算是同一个手机的同一张小程序图片，分两次不同的时间发送，都会出现有一张有链接，有一张没有链接的情况。没有获得测试资格的小伙伴也别着急，预计新功能很快就会推送给所有人。

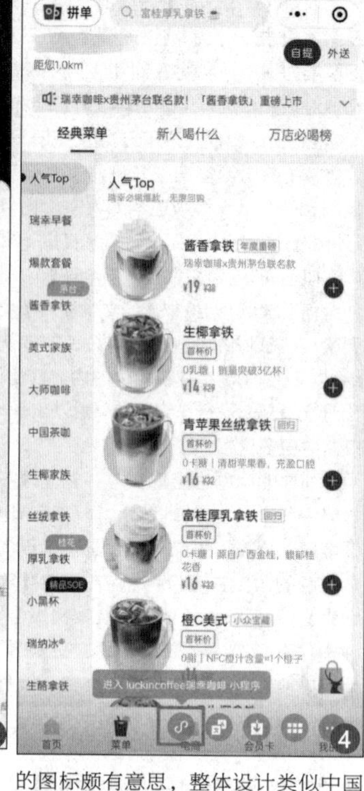

“腾讯混元助手”微信小程序开放内测

相对于各种使用小技巧，腾讯自己的“腾讯混元助手”小程序现已开放内测申请，用户可申请排队体验，审核通过将短信提醒。据介绍，腾讯混元助手可以回答各类问题，也能处理多种任务，如：获取知识、解决数学问题、翻译、提供旅游攻略、工作建议等。

值得一提的是，“腾讯混元助手”的图标颇有意思，整体设计类似中国传统的太极阴阳图案。感兴趣的小伙伴可以前往申请内测。

据腾讯官方介绍，混元大模型拥有超千亿的参数规模、超2万亿tokens的预训练语料，支持“强大的中文创作能力、复杂语境的逻辑推理能力、可靠的任务执行能力”。

对于这样的小程序，小伙伴们有兴趣体验一番吗？

“一对一”服务的淘宝问问体验

● 文/梁晓

淘宝也有了“一对一”导购

ChatGPT席卷全球伊始，人们就在尝试AI与电商的融合，而在淘宝、京东等互联网电商平台上，AI客服的出现让人们看到了AI+电商的商业落地前景。事实上，早在2018年，阿里巴巴在首届智能服务技术峰会上，向大家介绍了一位新朋友——“店小蜜”，它完全由人工智能技术支撑，向咨询产品的消费者提供服务。这是阿里在人工智能服务上的一次重要尝试。

数年时间过去，人工智能客服已经成为各大电商平台的标准配置，一定程度上实现了电商平台全天候客户服务，但相对退换货纠纷、商品质量纠纷和售后政策争议等“售后”应用，不少消费者和电商经营者更好奇AI能否在“售前”介入，进而给予用户实体店铺“一对一”的导购服务体验，而接入了通义千问的“淘宝问问”则是以AI购物助手的身份出现，在“售前”服务消费者的同时，也开启全新电商导购体验。

目前，消费者可以在淘宝上使用“淘宝问问”来获取商品信息、价格、评价等，并可以根据消费者的需求，获得商品推荐。在业内人士看来，“淘宝问问”的出现，代表着电商或将实现“无人化”的高效办公模式，给消费者带来全新的购物体验。

无需申请即可体验

不同于其他需要申请并经历漫长等待才能审批的AI+应用，整合到淘宝APP内部的“问问”可被直接调用。用户将APPS升级到最新版（苹果手机更新到iOS14以上系统）后，直接在淘宝首界面搜索框输入“淘宝问问”，即可进入专属对话窗口(如图1)。

在“我叫问问”的UI界面，除明确介绍自己是“你的淘宝AI助手”外，还会再给出一些热门问题作为悬浮内容，引导用户进行提问，而在悬浮内容下面，则设计了一些角色功能块，目前有“用我挑商品”“婚礼策划师”“旅行策划人”“资深导购员”“生活小能手”“美食达人”“灵魂写手”等几个角色可供用户选择，显然，“淘宝问问”的定位并不仅限于“导购”。

当然，用户除点击角色块进入相应角色对话外，也可以直接在“淘宝问问”底部的对话框输入内容直接输入想问的问题与“淘宝问问”进行交互。这里我们首先点选“资深导购员”情景，输入“小学一年级学生入学应该准备哪些东西”后，“淘宝问问”不仅分类罗列出物品清单，更在底部植入了一些淘宝产品介绍的视频以便用户更详细了解产品信息(如图2)。

底部则显示“你可能感兴趣以下商品”，用以直接对商品进行推荐。而用户点击相应的商品缩略图后，即可进入淘宝购买链接，主打一个无缝衔接，而这样图文＋视频组合的交互内容，的确能够给用户购物带来不少便利。不过从交互结果看，相对“露营应该准备什么”这类“淘宝问问”引导的范式问题回答明显更详细和让人满意，罗列物品清单的同时，理由阐述也非常清楚。

“用我挑商品”则让AI从导购变身闺蜜，其能够帮助用户对选择的商品进行PK比较，让用户更好地选择适合自己的商品。进入“用我挑商品”界面后，其会读取用户淘宝信息，从足迹、购物车到收藏的商品，均会罗列出来让用户勾选比较。笔者勾选两款同类型不同品牌的商品后，AI即会罗列出商品的各项优势并给出选择建议，非常直观地比较，绝对能让你摆脱选择困难症（如图3）。

除导购外，笔者最感兴趣的莫过于“旅行策划人”这个场景了，点击进入后，“淘宝问问”简单介绍了“旅行策划人”的职责，并给出了几个引导问题，笔者尝试使用“西江千户苗寨周边有哪些景点”同其交流，AI在给出景点列表及介绍的同时，也会推荐酒店资源供用户选择（如图4）。

“淘宝问问”不仅能够提供选购建议，更会在“美食达人”这样的情景对话中为用户提供菜品烹饪方法，当然，同步也会推荐一些商品链接，而由于整合的是通义千问大模型，用户也可以让其帮忙生成产品使用、推广文案。

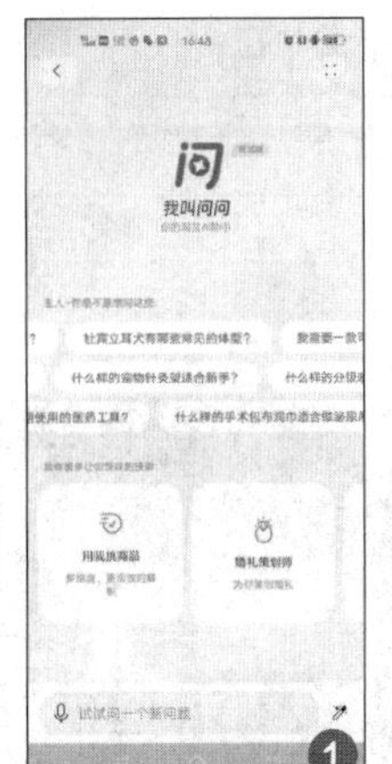

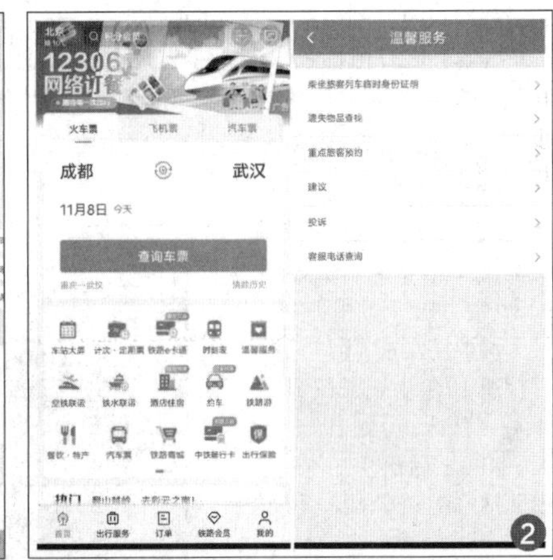

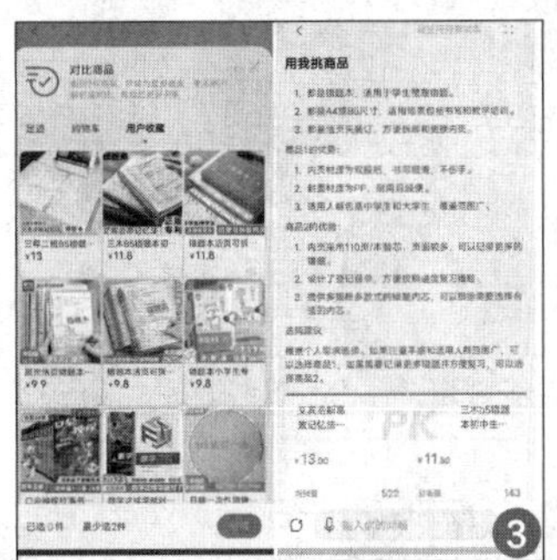

写在最后：阿里想用AI改造电商

从技术上看，“淘宝问问”是基于阿里云的通义千问做的一个垂直应用相关的模型，总体来看的话，由于推出时间没有多久，成熟度还不是非常高，未来还需要基于大量用户、数据，包括一些商家的反馈情况完善大模型的精准度。

但从应用上看，“淘宝问问”不仅扮演了搜索入口的角色，更重要的是它能够给出完整的解决方案。通过分析用户的浏览历史、购买记录等数据，AI可以了解用户的兴趣爱好和需求，从而为每个用户提供更加精准的商品推荐。这种个性化推荐的精准度不仅可以提高用户的满意度，还可以帮助电商平台提高销售额和用户黏性。这恐怕才是“淘宝问问”存在的真正价值。

一键开启剪映AI创作功能

● 文/上善若水

在AI+功能大趋势下，剪映这样的工具软件也开启了升级模式，通过内置AI创作功能，进一步降低AIGC门槛，让用户能轻松获得更多素材。

AI绘画是剪映内置的AI创作模式，不过其目前位于三级菜单中，用户启动抖音界面后，可以先选择一张图片作为素材（目前不支持视频内容的加工），进入编辑界面后点击底部功能项的“剪辑”按钮，再在二级功能菜单中点选“抖音玩法”。在新弹出的底部窗口中可以看到各种推荐的“抖音玩法”，而上面工具栏中则提供了“AI写真”和“AI绘画”两项（如图1）。

AI写真有些类似“妙鸭相机”一类独立APP软件，提供“月下少女”“环游世界”“遇见芳华”等多个预设模式可选，相对于独立APP，剪映“AI写真”功能完成效率非常高，一张图片仅需数秒就可以完成“换头”操作。笔者对比发现，其写真效果同原图有一些神似，整体变化不小。“AI绘画”的改变就更大了，该功能提供“春节”“神明”“天使”等预设模式供剪辑使用，相对于AI写真而言，AI绘画在人物设计上更偏漫画感，整体变化对比明显（如图2）。

用户可以在不同模式间点击切换，最终选择到自己满意的模式后，再点击右下角的√后即可生成图片元素。

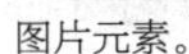

除了针对图片二次绘画的玩法，视频目前还提供了“留影子”“吃影子”“丝滑变速”三种预设模式，不仅可以直接调用预设模式对视频做二次加工，还可以根据个人偏好调整预设模式参数，以获得更佳的视频效果，不过这些预设模式对视频拍摄形式、内容有一定要求，才能展现更好的视频效果，从某种意义上讲，其可以看作是“拍同款”的另一个玩法了，不过这些AI创作功能的出现，的确为创作者提供了不少素材。

小白也能玩转的抠图技巧

● 文/ 郭勇

iOS 自带一键抠图功能

相对美颜拍照，抠图本身也是不少手机系统的“标配”功能。苹果手机系统更新到 iOS16 版本之后，相册中就自带一键抠图功能，用户只需打开相册中的图片，长按图片主体 1-3 秒钟，就会自动进行抠图，抠图之后松开主体，就会出现粘贴和共享的选项（如图 1）。

接下来粘贴到备忘录或者其他地方就可以使用了，也可以直接发送到社区软件中，部分社交软件中还会显示为透明度图片。

这其实是 iOS 实况文本的升级功能，用户现在可以点击并按住图片主体将其从背景中移出，再放置在信息等 App 中。另外，利用设备端智能，实况文本现在可以识别系统中所有视频的文字。用户可以在任何帧暂停视频、与文本互动并选择快速操作，如复制粘贴、翻译、转换货币等。

自带抠图工具的鸿蒙系统

鸿蒙系统本身就搭载了“一键抠图”功能，用户既可以把图片中的人物或物体、图形抠出来，也可以把实景中的人物或物体抠出来。

用户在使用“一键抠图”功能时，需要用手指从手机屏幕的左下角或右下角，轻轻地向上滑动一下，就会打开我的服务”。在“我的服务”的搜索框中输入“抠图”2 个字，点击搜索按钮，就会搜索到一个”“稳定抠图”（如图 2）。

点击这个“稳定抠图”，就可以打开“一键抠图”功能，并且会把“一键抠图”添加到我的服务界面。以后，用户只需进入到“我的服务”，点击这里的“一键抠图”卡片，就可以打开它进行抠图了。

打开“一键抠图”，就会直接进入到实景抠图界面，屏幕中间有个取景框，把它对准想要抠图的人或物，就可以进行

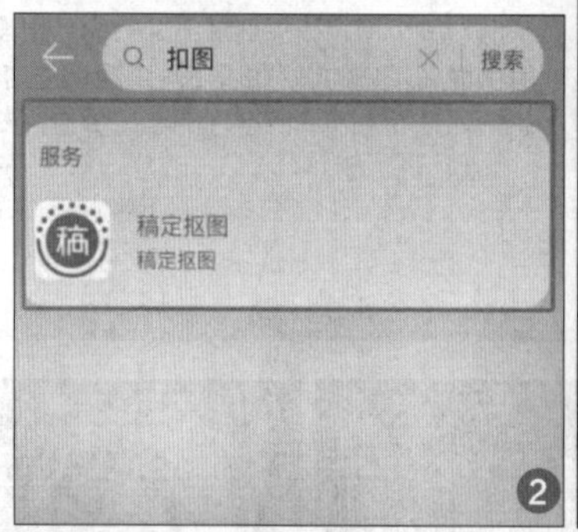

抠图。在抠图界面的底部，有 3 个按钮：人像、物体、图形——

点击人像按钮，然后把取景框对准实景中的人物，比方说，看到路上来了一个美女或帅哥，把取景框对准她或他，然后点击一下取景框，就可以很轻松地把它抠出来。

点击“物体”按钮，在实景中找到一个想要抠图的东西，把它放到取景框中，再点击一下，就会自动抠出来。

点击“图形”按钮，然后把想要抠图的人或物放到取景框中，点击一下取景框，就会把实景中的人或物的图形都抠出来。

小米相册里的魔法抠图

小米手机自带抠图功能，进入相册的【推荐】页面，找到【魔法抠图】功能，它可以自动识别图片里的人像，自动抠出来，变成透明背景。抠图完成后，还有一些简单的背景可以替换。

当用户有更多的抠图需求，可以试试【一键抠图】，支持抠出照片中的人像、物品、植物、动物，里面的背景素材更多，点击就能更换预览。此外还有一键换天、动画动作、消除笔等功能（如图 3）。

除抠图之外，“魔法消除”也是小米手机非常实用的功能。“魔法消除”功能是基于小米自研的 AI 检测和消除算法，帮助用户一键去除这些恼人的“不速之客”，不论是抢镜的路人，还是干扰天空简洁的电线都可以实现完美去除。

用户在使用时点击选择“相册”软件，选择需要进行编辑的图片，点击选择“编辑”。如果没有编辑选项，只需要点击一下图片就可以了。接下来就可以在新弹出的工具栏中点击选择“AI 创作 ”，然后点击“智能去物”，将需要消除的地方圈起来，比如图上的一些标志，圈起来的地方会变成黄色。将需要删除的地方圈起来之后，AI 会进行计算自动补充画面，达到既删除了不需要的地方又让图片和谐的程度，如果一次效果不好就可以进行二次删除填充（如图 4）。

除了上面这些手机系统自带的抠图功能外，“美图秀秀”这样的常用第三方软件同样搭载有抠图功能，其抠图的方法也比较简单，打开首页在工具页面找到“智能抠图”，接着上传图片，上传成功后它会自动识别图片上的人物，很快就可以看到完成的抠图，完成的抠图会直接保存为透明背景图片。

对于想要一张纯粹图片的你而言，学会以上办法，抠图完全不必找 PS！

从借钱到收款，银行APP技巧三则

● 文/ 上善若水

银行 APP 的电子借条

借钱这个事儿，白纸黑字显然比一句“朋友义气”来得靠谱，在电子支付发达的今天，微信“腾讯电子签”小程序和支付宝“信任牵”其实都能够帮助人们在借钱的时候完成电子借条的拟定，《电脑报》也曾在 2023 年第 35 期“应用达人”栏目做了详细介绍，不过更多人还是偏向使用银行 APP 上的电子签完成电子借条的签订。

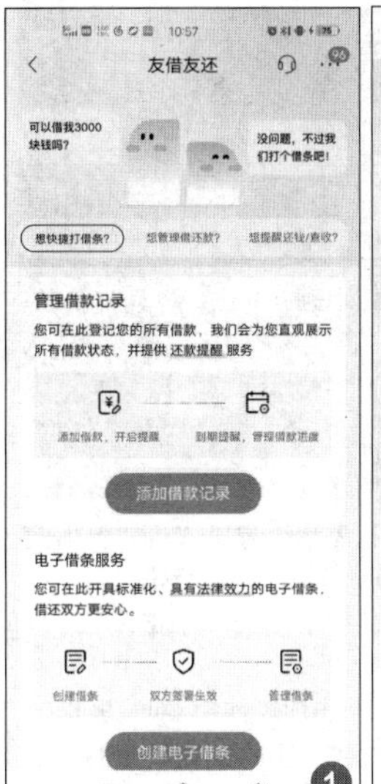

这里以招商银行“友借友还”的电子借条为例，用户启动并登录招行 APP 后，可以直接在搜索框中输入“友借友还”关键字进行搜索，点击小程序图标后进入“友借友还”界面，其 UI 界面顶部有“想快捷打借条”“想管理借还款”“想提醒还钱 / 查收”三个功能项的介绍，而下部则是“添加借款记录”和“创建电子借条”两个主要的功能区（如图 1）。

对于亲友间即将发生的借款操作，用户可以选择“创建电子借条”，进入后根据招行 APP 提示完成电子借条的创建，这里会要求借款双方详细填写借款事由、个人信息、借款金额以及借款年利率及还款日期等事项。

借条通常由出借人创立，而各条款参数也多为选择，仅一两分钟就可以开具一张借条。相较微信、支付宝这样的第三方平台，使用银行 APP 完成电子借条的签订，比较方便的是在借条创立界面，可以直接选择“关联转账记录”，为已经发生的借款补办借条，内部关联性明显更优。

完成电子借条的拟定后，用户还有一个确定操作，点选预览界面底部的“确认，邀请对方补充”后即可通过微信邀请对方补充信息，完成电子借条的签订动作（如图 2）。

对于发生多笔借款的用户，则可以使用“友借友还”的“添加借款记录”来管理用户个人之间的借款情况，其最大的作用是可以根据用户设置的还款日期提供到期提醒服务，无论用户是借款人还是出借人，这样的及时提醒都非常有必要。

点击“添加借款记录”按钮后，招行 APP 首先会让用户选择“我借给朋友”或“朋友借给我”，明确借贷关系后，招行 APP 会直接跳转到“关联一笔转账记录”的界面，在这里，用户可以直接点选转账记录，从而填选相应的借款信息，并生成提醒日志。当然，用户也可以直接手动填写借款提醒信息（如图 3）。

一键开具电子收据

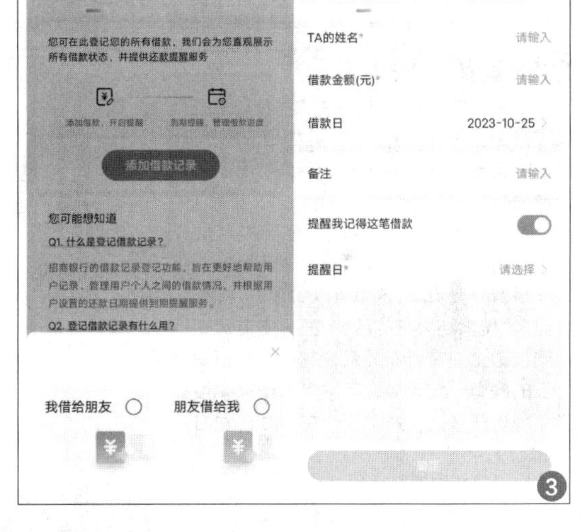

有电子借条，自然也会有电子收据，不过不同于微信、支付宝里面的第三方电子签，银行 APP 往往是将电子借条、电子收据单独划分出来，作为独立的小程序功能使用。同样以招行 APP 为例，用户在搜索框中输入“电子收据”即可启动“电子收据”模板。用户只要点击创建收据按钮后，同样会直接跳转到“关联一笔转账记录”的内容界面，用户点选后 APP 即会读取基本的转账信息，用户只需要再手动填写“收款事由”及选择填写“备注”即可。

整个收据都使用的是标准模板，免除了手工填写的麻烦，且资金用途也清晰明了，而读取银行转账记录也是非常方便的，而电子收据也是可以下载打印成纸质文档留存。

这里要说明的是使用招商银行电子收据服务开具的电子收据，基于已发生的实际交易，经过实名认证确认用户身份真实。同时，经过电子签名技术确保用户意愿真实并由招商银行区块链证据平台提供存证服务确保收据内容不可篡改，符合我国法律对于电子证据的要求，具有法律效力。

专属银发族的“长辈版”

手机功能越来越多对父母来说问题也越来越多。看不清屏幕，用不会功能……当前大多数 APP 都内置了“长辈版”，这类长辈版在功能设计上并没有太大的区别，但字体、功能图标通通放大，父母用起来非常方便。

而对于银行 APP 而言，除功能显示变大外，还会在首页直接展示网点服务入口，最近网点轻松定位选择网点预约服务更快一些。对于习惯去线下办理业务的父母而言，这样的功能可是非常受欢迎的。

与此同时，在 AI 盛行的当下，不少银行 APP 都推出了“定制在线客服”服务，父母在“长辈版”界面底部点击“客服”按钮后，即可看到“客服人工”图标，再次点击后即可进入对话窗口。对于孩子不在身边的老人，办理银行业务或者付款遇到困难时，都可以在这里进行咨询，绝对不会有不耐烦的情况出现，对于长辈而言也算是另外一种陪伴了。

腾讯视频贴心的“胆小模式”

● 文/ 梁筱

“又菜又爱玩”——恐怖片里常见的就是脸色惨白、双眼空洞的“鬼”，这唰地一下出现真的很吓人。心理承受能力低的小伙伴，来不及捂眼睛的，看一个画面要缓好久才能接着看。对此，常见的“护体”当然是弹幕护体啦！

然而，随着腾讯视频推出“胆小模式”，那些胆小却又爱看恐怖电影的小伙伴可就有福了。该模式的开启办法并不复杂，用户在观影过程中，点击一下屏幕，在左上角标题的左上角，右侧有【正常模式】，点击一下就会弹出来正常模式和胆小模式了，选择【胆小模式】即可打开（如图）。想要关闭的时候，在标题右侧的这里，选择【正常模式】就可以关闭了。

开启“胆小模式”后，在高能恐怖镜头时会有魔法弹幕进行遮挡，遇到毛骨悚然的背景音乐还能自动调低音量，更有意思的是，

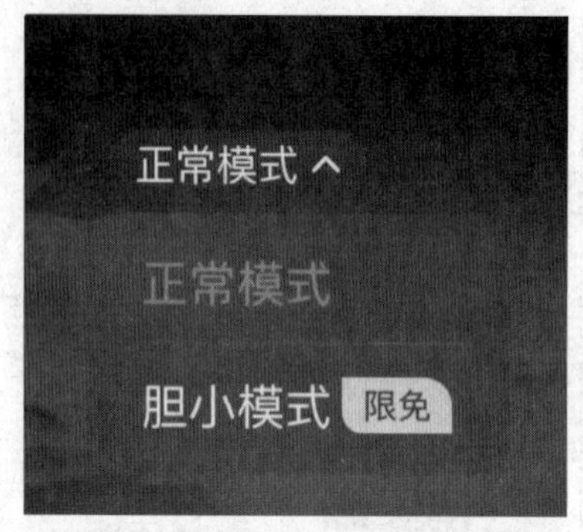

很多恐怖片会有黑漆漆背景，有了“胆小模式”就能一键“开灯”照亮阴森背景。

具体来说，“胆小模式” 有以下几个特点：

雾气遮挡：当出现恐怖镜头时，屏幕上会出现一层雾气，遮挡住令人毛骨悚然的画面，让你可以避免直接面对恐怖元素。

音量调低：当出现惊悚音乐时，音量会自动调低，减少对你的刺激和压迫感，让你可以安静地聆听剧情。

一键开灯：当出现阴森背景时，你可以点击屏幕上的“开灯”按钮，照亮黑暗的场景，让你可以看清楚周围的环境和细节。

心理辅导：当你感觉紧张或害怕时，你可以点击屏幕上的“心理辅导”按钮，获得一些安慰和鼓励的话语，让你可以放松心情和情绪。

需要注意的是“胆小模式”还在适配推广中，目前已经适配了《黄庙村怪谈》《阴阳先生》《兴安岭猎人传说 2》《打更人怪谈》和《河神》等五部影片，电视剧《西出玉门》第11~13 集也支持该功能，有兴趣的小伙伴可以趁限免体验一番。

把客厅打造成KTV，投影K歌软件推荐

● 文/ 梁筱

为投影配备一个麦克风

巨大的投影荧幕加上多媒体输出，家庭投影完全具备秒变 KTV 的实力，差的仅仅是一个蓝牙话筒（大部分投影家庭都配了蓝牙音箱）。

对于打算借投影将家里客厅打造成 KTV 的小伙伴而言，首先得去电商平台购买一款蓝牙麦克风，这里可以关注下“投影麦克风”搜索结果下的品牌，部分麦克风企业同投影企业有合作关系，其产品在适配性上的确有一定优势，用户可根据家中投影品牌进行选购，通常售价在 300 元左右（如图 1）。

如果用户家里尚未购买蓝牙音箱的，则可以考虑当贝家庭 KTV 套装这样的“套餐”，其包括一个音响、两只无线麦，麦克风采用双 DSP 数字音频处理技术，可以有效抑制周围环境噪声，支持智能降噪防啸叫。

蓝牙麦克风或蓝牙音箱同投影的连接非常简单，开启终端设备的蓝牙电源后，在投影仪端上搜索周边蓝牙设备，找到蓝牙麦克风或音箱并点击完成配对连接即可。

功能丰富的当贝酷狗音乐

完成硬件系统的组建后，就可以为客厅 KTV 选择一款软件了，这里比较推荐的是“当贝酷狗音乐”。它本身是一款强大的听歌软件，软件界面简洁，拥有 4000 多万正版曲库资源，收录了各大平台的音乐，可推荐热门歌曲，发现更多好音乐，还可自定义设置皮肤，用美观的壁纸，让你家电视秒变壁

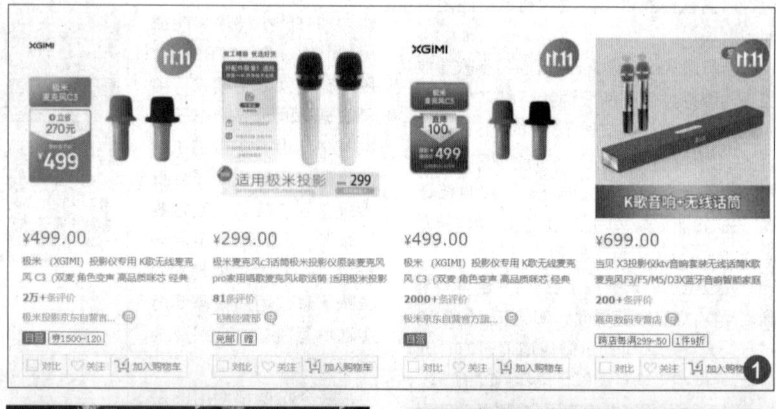

纸电视，氛围感十足。

为了满足更好的用户体验，当贝酷狗音乐还具备了快捷的智能搜索引擎功能，支持用户按照热榜、拼音或是歌手名称等多种选歌方式轻松在线选歌，带来“私人定制”般 K 歌包厢体验，同时还支持导入网易云中的歌单。当贝酷狗音乐软件界面简洁，整体界面以黑色为主色调，采用了交互页面的设计，整体视觉表现出一致性和美观性。K 歌的时候，一般我们都会直接搜索自己喜欢的歌曲，当贝酷狗音乐还可直接扫码点歌。在 K 歌系统中做到了老少咸宜，涵盖了华语欧美日韩流行音乐、粤语、80 年代

的曲目(如图2)。

同时，当贝酷狗音乐还设定了儿童专区。既可锻炼孩子的开口能力，同时也成为亲子交流的一大纽带，提升与孩子的感情交流空间。

非常有意思的是当贝酷狗音乐自带打分系统，以“SSS、SS、S、A、B、C”的等级进行评分，用户可以和家人一起PK唱歌，唱歌分数高的可以获得奖励，有很强的趣味性。在唱歌的时候有字幕的出现会遮挡住歌词，而当贝酷狗音乐可以通过控制台将自带字幕隐藏，从而更好地感受大屏K歌的快感。同时在伴奏中有倒计时的提醒，可以帮助及时抓住歌曲节奏来获得高评(如图3)。

值得一提的是当贝酷狗音乐虽然有“当贝”二字，但基本所有的智能投影都可以使用该软件，只不过安装过程稍微麻烦一些。以极米投影为例，用户首先从电脑里下载好当贝市场apk，然后将apk文件拷贝到U盘，再将U盘连接极米投影仪USB接口。打开U盘设备，找到当贝市场apk文件，然后选择“其他”打开方式，选择“软件包安装程序”，即可成功安装。安装完成后，打开当贝市场，在应用搜索里输入首字母“DBKGYY”，点击应用即可下载。

其他品牌如果官方应用商店没能搜索到“当贝酷狗音乐”的小伙伴，也可以用上面的步骤完成安装。

背靠中国移动的咪咕爱唱

咪咕爱唱是中国移动旗下家庭音乐服务平台，覆盖手机、电视、投影等多个领域，相对手机和电视而言，无线投屏+超大屏幕的投影往往能为用户带来更好的沉浸式体验，也成为咪咕爱唱最好的舞台。在智能投影应用商店搜索“咪咕爱唱”即可根据提示完成安装，这里要提醒大家的是各大投影品牌应用商店中的“咪咕爱唱”版本可能有些不同，在登录账户正式使用前，建议先升级到最新版本。

咪咕爱唱内容区以音乐MV为核心，而且针对以往依赖遥控器进行按键操作的电视端/投影端产品一般采用一屏内容的展示形式，其界面设计也非常符合KTV用户习惯。在K歌页面，“咪咕爱唱”将资源展示为“热门歌手”“抖音精选”“排行榜”等分类楼层，满足用户的各种点歌习惯，还提供手机扫码点歌的便捷功能，更引入了“专业教唱”的K歌教唱视频，帮助K歌爱好者提升唱功(如图4)。

除了以上两款软件之外，全民K歌、天籁K歌等产品其实也是可以尝试的，毕竟很多时候会遇到功能或者内容收费的情况，这时候不妨换一款APP继续体验。

避免尴尬，微信聊天的隐私设置

● 文/梁筱

微信聊天记录加密

“我临死前，要把所有的聊天记录都删除”——虽然是一个段子，但无比真实地写出了人们对微信聊天记录的重视。发展至今，微信早已不仅仅是一个交友软件，同时也将支付、出行、购物等功能结合在一起，我们每天使用微信聊天的频率越高，聊天记录也就越多。可能会有一些聊天内容比较隐私，一旦手机被别人拿到了，这些信息就会完全暴露出来。

很多人习惯性将重要的聊天记录或者窗口删除，但即使在移动电话中进行了删除，也不会将你的对话彻底抹去。你只不过是把手机里的通话记录给抹去了，备份保存在云端，到网络上一查，立刻就能还原出来！而大多数人不清楚，微信能够与朋友进行“加密聊天”。以iPhone手机为例，想要使用“加密聊天”时，首先添加快捷指令。新建一个快捷指令，设置指令的名字并添加操作，设置这三个功能：“要求输入”“使用Microsoft翻译文本”“拷贝至剪贴板”，这样就完成了快捷指令的设置(如图1)。

为了更加方便使用这个指令，咱们可以设置为敲击手机背部快速地“翻译”。点击“手机设置”，进入“辅助功能”—“触控”。选择“轻点背面”，选择“轻点两下”或“轻点三下”，添加“文字加密”的快捷指令。接下来，只要在跟好友的聊天框中输入一段文字，将这段文字拷贝到剪切板。然后轻点手机背面两下或者三下，就会弹出“文字加密”的快捷指令(如图2)。

点击“加密”这段文字就会生成一串神秘的符号，加密的文字会复制到剪切板。然后把这些乱七八糟的代码，发给你的朋友

们！其他人可能会觉得这只是一个拼图。这里需要注意的是仅有双方才能看懂聊天内容的前提是，对方也要用同一指令的功能程序才可以实现。

总体而言，这其实是利用了iPhone手机中的快捷指令功能，跟Siri有点像，只需要一句话就能让它干活。而快捷指令，可以做得更复杂，能实现逻辑性和程序性的功能，华为、小米等品牌手机同样也有类似的灵活指令设置，感兴趣的小伙伴可以深入挖掘一下。

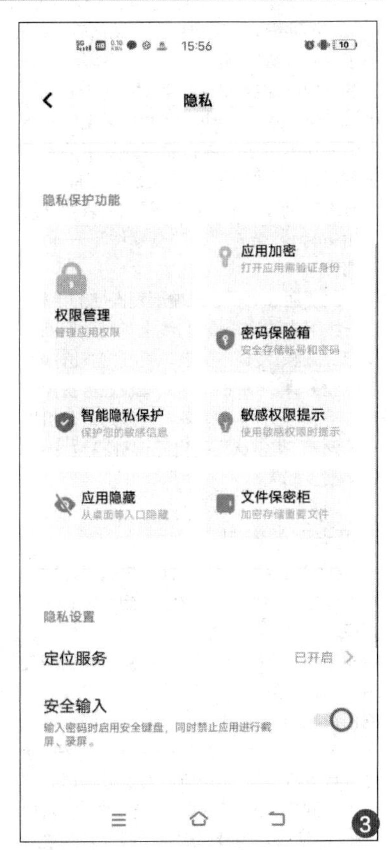

直接将App锁定

偶尔将手机借给别人使用，是否多少有些担心别人会“好奇”点开你的聊天软件？面对这种情况，不妨对聊天软件做单独的加密操作，进而避免出现聊天App在未经允许

的情况下被他人使用的情况。

打开手机，点击手机桌面上的设置图标。在设置窗口中，点击安全和隐私。在安全和隐私窗口中，点击隐私与应用加密选项（如图3）。

在隐私与应用加密窗口中，点击应用加密。接下来在应用加密窗口中，找到微信应用，点击右侧的开关，打开即可。这时候就会要求你输入两遍密码给手机微信单独加密了，没有密码就连你自己都进不了微信了，所以自己设置完密码，自己要记住哦，不然只能卸载重装了！

鸿蒙系统帮助隐私管理

作为本土操作系统，华为更新鸿蒙4.0系统以来，一直在给用户带来惊喜，在聊天领域也不例外。用户打开微信聊天界面，长按界面两秒会自动调出控制台，控制台会出现显眼的“隐藏”选项，点击隐藏头像和昵称，系统自动给头像、昵称打码，快速又高效，保护聊天当中的私密信息，用户也可以选择手动打码（如图4）。

这样操作的话就不用截图之后再去美图软件一个一个涂鸦了，非常方便用户，聊天更私密，提升用户体验。而除加密外，翻译也是鸿蒙操作系统为用户准备的贴心功能。长按微信对话框，调出边写边译功能，点击使用，用户就能边聊天边实时查看使用翻译内容，极大提升了用户聊天交互的效率。

对于以上聊天隐私设置，有兴趣的小伙伴赶紧体验一下吧！

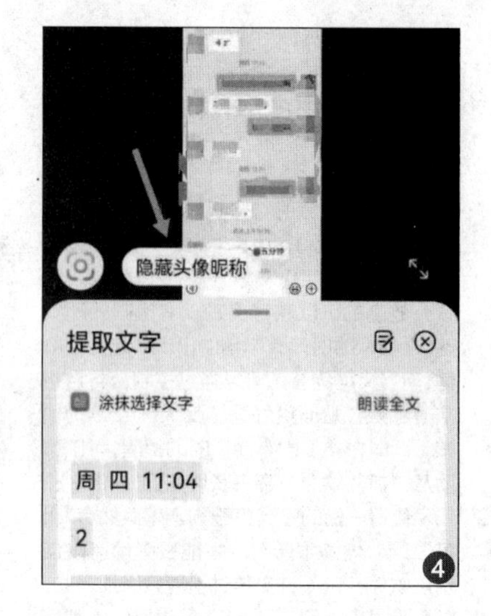

自动扣费盯上老人机，赶紧替老人检查

● 文/ 上善若水

超1400万部老年机被植木马

前不久，四川攀枝花市公安局召开“2023年网络安全宣传周”新闻通气会，公布了这起非法控制计算机信息系统案。网安民警发现，这些手机网络数据都链接到同一个域名的服务器，经远程勘验，确定该服务器即为犯罪分子实施犯罪行为使用的木马服务器。通过数据追踪，竟发现全国有1400余万部手机被该木马服务器控制，其中涉及四川省有60余万部，涉及攀枝花市4000余部。

民警通过对“疑似被远程操控的手机”进行线下走访调查核实，线上开展数据回溯来追踪溯源，发现不少老年机在“自动订购”增值业务，每月被扣除相关增值业务费用为1元至10元不等。很多老人因为对手机操作不熟悉，常常认为是自己误触导致，因而长期蒙受损失。

手机卡账单查询

在扫描手机中木马之前，先通过运营公司查询当前话费情况，才能做到心里有底地去找解决办法。以中国移动为例，手机安装中国移动APP，手机号码和验证码登录之后，点击“我的”中的“账单查询”即可看见手机扣费明细（如图1）。

APP上能够查询的账单非常详细，而且按月进行统计，用户可以对最近半年甚至一年时间里，每个月的账单及扣费项，通过对比，能够直观查看到用户话费中多出来的项目。

通过账单对比后，对于多出来的项目多少能够心中有数，然后再进入“我的－已订业务”中，查询这些业务所在的类别，对于非自愿订购的业务，则可以直接点选“退订”。

如果觉得安装单独的APP比较麻烦的话，则可以在微信小程序搜索“中国移动10086+”电话登录之后，点击“服务”中的“一键查询”即可查询到想要的话费账单。当然，不排除老年机性能实在太弱，则可尝试短信或者电话查询。在老人机短信中，打开10086短信对话框，短信功能快捷方式点击“话费账单”，跳转输入电话号码和验证码，即可查看账单明细。用户还可以直接拨打中国移动客服电话10086是最方便的方法，目前服务升级，可以直接对AI助手说出自己想要查询话费账单，稍等一下就有账单明细发送到短信。

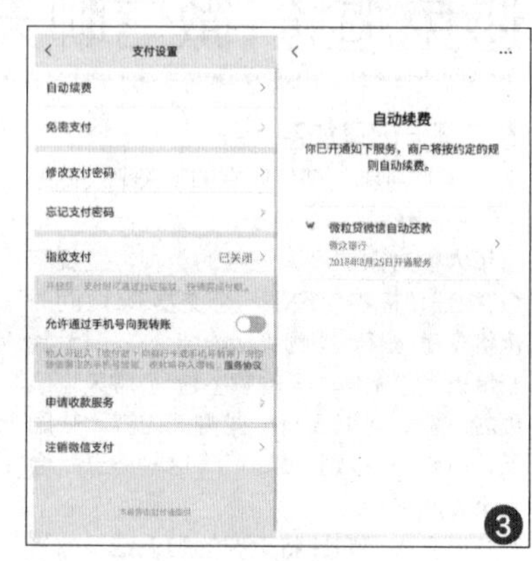

警惕软件自动扣费

除自动订购运营商业务外，不少木马或软件，同样会让用户在不经意间点选“自动扣费”项。今年10月，北京的郑女士向媒体反映今年10月8日，她登录优酷视频App时发现一则会员扣费通知。她经过查询才得知：自2018年8月以来，在她不知情的情况下，优酷每个月都会从她支付宝中扣15元的会员费，已经持续扣费5年2个月，总计金额915元。虽然最终经协商后，平台答应退款，却也引发了大众自查。

以支付宝为例，打开支付宝，点击右下角的“我的”，紧接着点击右上角的“设置”按钮。在设置界面中，找到并点击“支付设置”，接下来点击“免密支付／自动扣款”，选择需要取消的手机App自助服务，将其关闭即可（如图2）。

微信方面的设置则大同小异，打开微信，点击下方最右侧的“我－服务”，再点击“钱包”，进入钱包界面。接下来再点击“支付设置－自动续费”。在“自动续费”菜单中，就能查看有所有绑定微信的自动续费的手机App了。点击不想要续费的手机App，手动取消自动续费服务就好了（如图3）。

此外，苹果手机开通了自动续费功能后，却发现在微信和支付宝中找不到相关的App自动续费服务。这个时候可以通过苹果手机特有的“订阅”功能来取消手机App自动续费。

用照片打造数字人

● 文/ 梁筱

从电商直播带货到自媒体新闻播报，数字人技术的不断落地，让广大创作者打造真人数字人分身，为自媒体视频制作增添新选择的同时，也大大降低成本。相对于纯虚拟主播的打造，腾讯智影前不久上线“照片播报”功能，创作者们可以用自己上传的照片生成数字人形象，也可以用AI绘画绘制自己想要的形象，每个人都拥有属于自己的数字人。

智影数字人“照片播报”功能在智影小程序和智影网页版均已上线，智影小程序主页选择“照片播报”即可进入功能（如图）。

点选启动“照片播报”功能后，用户可以选择“照片主播”和“AI绘制主播”两种形式生成自己的虚拟数字人IP。如果用户选择用照片生成播报，腾讯智影本身提供一些预设的主播样式，要是都不满意或者有其他想法的话，则可以从相册中选择1张照片上传即可。选择好想要打造照片播报的照片后，点击“使用当前照片播报”。

这里用户需要进入内容生成界面，主要是根据软件提示输入配音内容，然后选择相应的主播声音，并且可以在“配置”中设置好音量和语速，完成这些内容之后就可以点击生成，然后等待系统自动处理。数分钟之后，一个由AI参与打造的虚拟主播即可为我工作了。

无论是声音还是脸部表情，从目前的效果看，由照片打造的数字人看上去非常真实。而从网上分享的经验看，上传的照片形式非常关键。当我们准备上传照片的时候需要注意照片质量：中景正面照，脸部居中；光线充足，五官清晰；表情自然，嘴部闭合；图片大小不超过10MB；脸部占照片50%左右，涵盖肩部。

此外，在“AI绘制主播”项，用户可以通过一些关键词的输入和提示，让AI为我们生成一位独一无二的主播，有兴趣的小伙伴也可以趁“限时免费”尝试一下。

混元大模型加持！ QQ浏览器PDF阅读助手尝鲜

● 文/ 李言

腾讯混元大模型落地QQ浏览器

同AIGC应用结合后，“百模大战”正向深水区进发，各个细分应用领域成为大模型们比拼的关键，而作为腾讯自主研发的通用大语言模型，混元大模型宣称具备“跨领域知识和自然语言理解能力”，除微信上单独的“腾讯混元助手”小程序外，混元大模型目前正积极接入浏览器、会议等腾讯内部业务，从而为用户带来更好的应用体验，如在腾讯文档中，提供文档创作、文档编辑、表格公式生成等功能；在游戏场景，提供游戏智能助手、游戏NPC、剧本生成等功能。

前不久，QQ浏览器推出了一款名为“PDF阅读助手”的智能工具，用户可以申请加入体验测试。该工具由腾讯混元大模型支持，可以在手机或电脑上随时使用，其主要功能如下——

智能摘要：信息获取不再需要逐字阅读，一键形成智能摘要。

智能问答：资料文档不再需要“亲自”阅读，只需提问就能获取想要的信息。

多轮提问：针对上一个问答信息，可以追加提问。

原文定位：点击一下直接跳转到原文引用处，方便对照阅读。

其本身应用定位同前段时期电脑报测评的WPS AI、司马阅类似，均是针对PDF内容的AI阅读及对话交互工具，但作为QQ浏览器这一互联网入口的“附件”使用，显然能占据生态的优势，而在拿到测试权限的第一时间，笔者就从手机和PC两个平台对QQ浏览器“PDF阅读助手”进行了深度体验。

一键召唤，兼顾移动与PC端

“PDF阅读助手”并不需要单独安装，移动端和PC端上的QQ浏览器升级到最新版本之后就会自动搭载，这里稍需注意的是手机版QQ浏览器会自动提示升级到最新的“实验版”，PC版QQ浏览器则为“全新12.0版”，需要用户手动升级（如图1）。

升级到最新版本后，移动版

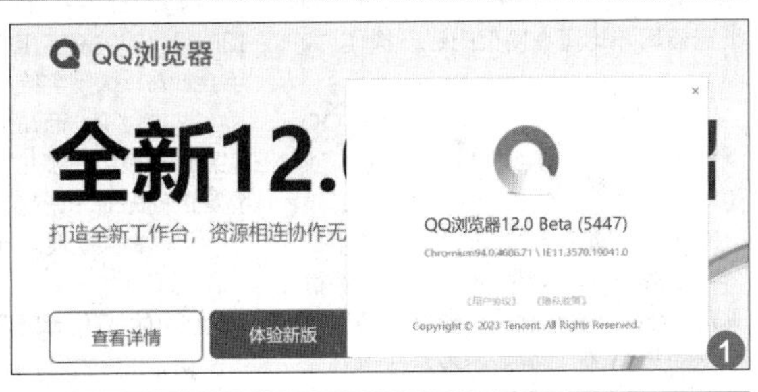

"QQ 浏览器" 界面并不会有什么变化，但 PC 版 QQ 浏览器右上角菜单键旁边的工具栏中，则会出现一个全新的蓝色十字星图标，将鼠标光标移动过去后，系统会提示"阅读助手"。

对于移动版 QQ 浏览器用户而言，点击浏览器底部的"文件"按钮，即可选择需要打开的文件。在"文件"界面，QQ 浏览器俨然将 ES 文件管理器这样的独立 APP 功能整合了进去，除下半部分的操作界面清楚显示 "最近文档""本地""在线"三个选项，方便用户打开需要的文件外，上部"文件管理"中还可以对用户手机里各个文件夹进行管理，能够很方便地开启用户手机上的 PDF 文件(如图 2)。

最强大的还是"文件"界面右下角的"+"号，点击后可调用"扫描文件""提取文字""提取表格"等多项功能，而且在线文档、表格、幻灯片等也可以直接新建或提取，这意味着 QQ 浏览器将以在线办公为主的"轻办公"功能同浏览器进行了整合，为用户使用提供便利的同时，也对其内部业务进行了整合，这样的应用优势是非常明显的，用户仅需要一个浏览器就能完成日常办公操作。

而在 PC 版的 QQ 浏览器，相应生态圈业务入口则被放到了后侧边栏底部，从宝藏网址到腾讯办公，PC 版 QQ 浏览器用户均可在网页内进行操作(如图 3)。

相对于 WPS AI、司马阅而言，QQ 浏览器不仅扮演了互联网入口的角色，更对腾讯生态业务进行了大整合，通过一个账户打通的做法，极大提升了用户日常工作、学习效率，这是其他软件很难媲美的，即便 WPS AI 如今已经有平台化的趋势，但其更多还是专注于办公领域，无法像 QQ 浏览器一样，用户不仅可以通过浏览器、PDF 阅读助手们获取海量信息，更能通过腾讯文档对信息进行整合并借助腾讯会议进行分享。

PDF 阅读助手：多轮交互表现出色

对于 PDF 阅读功能的测试，本次选择"【零壹智库】全球保险科技独角兽及案例报告(16 页)"和"【微播易】2022 年中国新消费品牌发展趋势报告(71 页)"两个文本让 QQ 浏览器 PDF 阅读助手辅助阅读。

打开文档之后，点击右上角十字星图标即可召唤出 PDF 阅读助手，比较有趣的是在引导问题方面，PC 版 QQ 浏览器的 PDF 阅读助手给出 "本文主旨是讲什么""总结全文大意"和"中国新消费品牌所处的环境现状如何"三个问题，而移动版 QQ 浏览器的 PDF 阅读助手给出的引导问题则有 "新消费品牌在 KOL 投放方面采用了哪些合作模式""新消费品牌在发展后期容易陷入流量'舒适期'的原因是什么"等问题(如图 4)。

不同的引导问题，给人的直观感受就是移动版 QQ 浏览器的 PDF 阅读助手有对文章进行了深度阅读并在理解的基础上给出了一些问题，而 PC 版 QQ 浏览器的 PDF 阅读助手给出的引导问题就显得有些敷衍了。

接下来我们分别用"中国新消费品牌所处的环境现状如何""新消费品牌在 KOL 投放方面采用了哪些合作模式"及"新消费品牌未来发展突破口在哪儿"三个问题进行连续提问，考验 QQ 浏览器 PDF 阅读助手对文章理解及多轮交互能力。

无论是移动版还是 PC 版，这一次两者对于问题的答案并没有差异，并且都在答案的末尾给出 "来自原文" 的指引，方便用户进行人工验证，但在具体使用时，PC 版 QQ 浏览器 PDF 阅读助手会在回答完问题后以竖排的形式再次给出三个引导问题，用户在没有明确想法的情况下，完全可以通过点选这些引导问题进一步了解文本内容，而移动版 QQ 浏览器 PDF 阅读助手新给出的引导问题依旧为横排，浏览和点选操作并不是特别方便(如图 5)。

仔细观察会发现，当我们的问题落地指向具体的关键字"KOL"时，PDF 阅读助手会针对该关键字给出引导问题，以便于展开深度讨论。而在面对"新消费品牌未来发展突破口在哪儿"这样话题属性比较宽泛的问题时，PDF 阅读助手随后衔接的引导问题在关联性上就比较弱。

强大的生态优势：PDF

PDF 阅读助手帮助 QQ 浏览器用户理解 PDF 文档内容的同时，用户还可以直接使用 QQ 浏览器对 PDF 内容进行"高亮""下划线""添加 / 删除水印"等操作，而类似 PDF 格式转换等其他办公软件需要付费才能使用的功能，目前 QQ 浏览器也打出了"限免"的宣传口号以吸引更多用户(如图 6)。

除了 "看"，QQ 浏览器还在右上角提供了"摘抄小技能"，让用户可以边看网页边摘抄重要内容，同时分屏记录笔记，还可以将摘抄笔记导出成 Word、PDF、图片等各种格式。

打开 QQ 浏览器左侧的摘抄工具，新建一条摘抄笔记，就可以将右侧网页中的内容粘贴、拖动到左侧的摘抄面板内。也可以选中网页里的内容，点击右键，选择"添加至摘抄"。所有的摘抄笔记，都会自动保存在 QQ 浏览器左侧的摘抄工具里，点击左上角的返回，就可

3

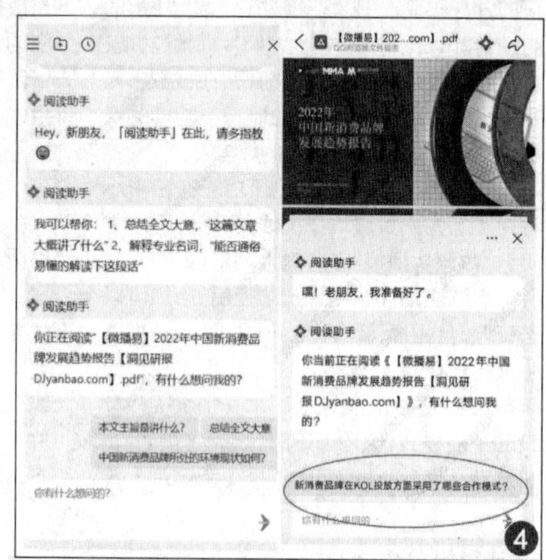
4

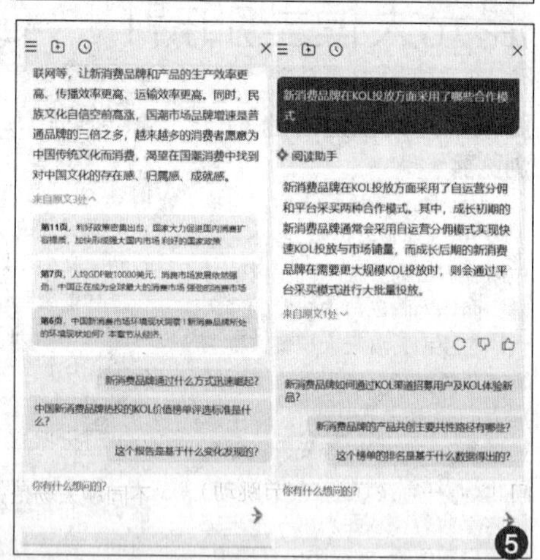
5

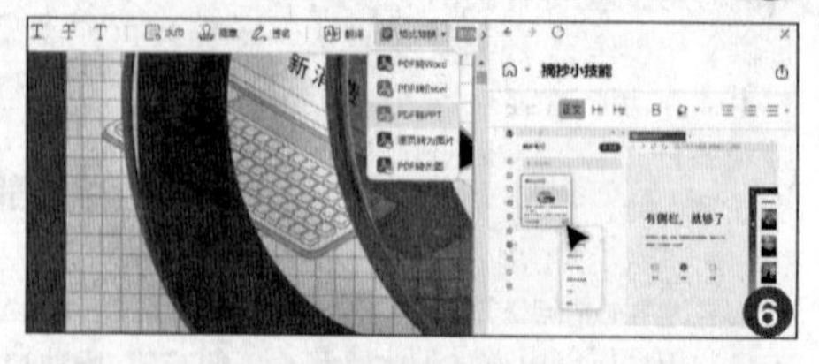
6

以看到啦！当用户需要导出时，可以在摘抄编辑页，点击右上角的导出按钮，也可以在全部摘抄笔记页面，选中想要导出的笔记，右键选择导出即可。

单从功能上 看，QQ 浏览器在 PDF 文件的阅读和编辑上已经完全不逊于独立的办公软件了，尤其是在搭载 PDF 阅读助手之后，完全可以满足主流用户在 PDF 办公方面的需求，且通过打通与腾讯生态其他软件的联系，也大幅提升了用户办公效率。

大模型进入APP混战时代，通义千问们路在何方

● 文/上善若水

抢滩手机的大模型

大模型的火，终究还是烧到了智能手机市场。一方面，华为、小米、vivo 等手机厂商纷纷推出自己的大模型 APP 植入旗下手机产品，另一方面，通义千问、文心一言等大模型纷纷推出 APP 版抢滩智能手机产品，大模型与智能手机的结合，不仅仅让手机助手变得更聪明，更能让搭载 AI 的智能手机帮忙写邮件、写总结文档甚至帮忙制定旅游行程攻略，打开了手机应用新的空间。

1

从左到右分别为通义千问、文心一言及豆包（字节跳动）

不过相对于影像、游戏等具体应用性能的比拼，大模型从进入手机似乎就选择了不同的道路。单就手机助手而言，在最新版本的 iOS 系统中，已经有了部分机器学习的功能融入 Siri 中。其官网显示，机器学习（ML）APP 使用模型来执行图像识别或查找数值数据之间的关系等任务。通过使用算法和数据模型分析数据中的模式并从中进行推断，从而无须遵循明确指令即可学习和适应。这意味着阿里、百度等第三方大模型在手机 AI 助手应用领域并不具备优势，而这些通用大模型在产品设计上也走上了各自的“问道”之路。

单看 UI 设计界面，通义千问、文心一言及豆包（字节跳动）三款大模型 APP 的定位分化就相当明显了，通义千问 APP 不仅仅是一款大型预训练语言模型，其更整合了创意文案、办公助理、学习助手、趣味生活等多个方面预设对话角色，其本身在 App Store 上的介绍也是“生活和工作的智能助手”（如图 2）。

2

字节旗下的“豆包”则很精准地定位语言对话模型，除陪用户聊天对话外，还会主动给用户发消息以强化虚拟社交属性。而文心一言通过多轮升级后，当前已经具有非常明显的平台属性，虽然目前看到的文心一言默认主界面是“对话”，但 1.8.1.10 版文心一言全新搭载“社区”和“发现”两个栏目，分别针对用户交互和差异化应用需求，平台化的定位已经非常明显了。

从功能设计和定位看，同属通用大模型的通义千问和文心一言选择了平台化的发展方向，“大而全”路线是否意味着两款大模型未来将成为“AI 大模型应用商店”一般的存在呢？

生活助手路线：文心一言领先一步

想要抢滩智能手机，成为用户的生活助手，必然需要海量的应用落地，覆盖人们日常生活学习乃至工作的方方面面，才能让软件获得更高的用户留存率以及用户使用时间。通义千问 APP 的主界面设计走简约路线，其每一次默认给用户推送 4 个细分应用赛道让用户选择，用户如果不满意的话也可点选右上角的“换一批”，以获得更贴合当前应用需求的大模型细分应用场景。用户点选需要的场景后，通义千问 APP 会在底部对话框中弹出预设好的聊天模板，用户可根据个人具体需求的不同，对聊天模板内容进行替换，然后点击发送（如图 3）。

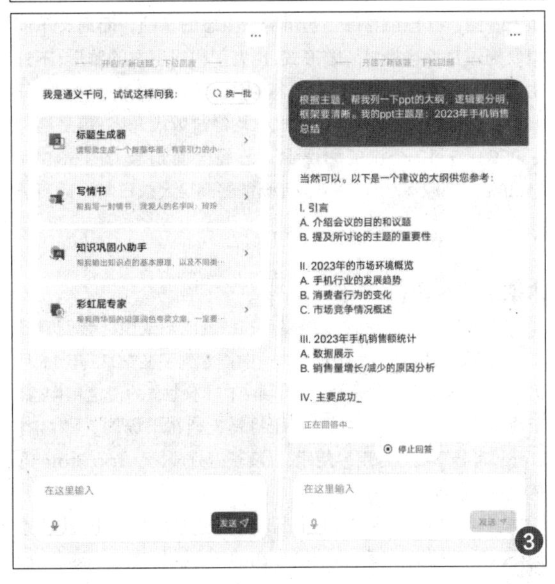

3

相当于通义千问 APP 针对不同聊天场景，做出了预设的用户对话内容模板，用户只需要根据个人需求，在模板的基础上进行修改即可，为用户带来便利的同时，也更方便 AI 理解用户意图和指令。

用户完成一个情景对话之后，可以点击右上角的“…”图标，然后选择“新建对话”，则可以在全新的对话窗口中选择新的预设场景进入，只不过这时的预设场景位于底部。除此之外，通义千问 APP 还提供语音对话模式，进一步降低用户同 AI 大模型的沟通成本（如图 4）。

事实上，每一个预设的场景对话模式完全可以再进一步深挖，令其成为独立的 AI 应用，进而通过持续的用户对话实现语料投喂和单独的升级，通义千问 APP 也可以成为应用平台一般的存在，文心一言在该领域明显做得更好一些。

启动文心一言 APP 后，点击顶部“发现”选项，可以看到新界面针对角色、职场、学习、绘画等细分应用领域打造了不同的品类集合，绝大多数用户都可以在这些品类中找到，点击进入某一个细分品类的应用后，AI 会以该应用角色出现，进而引导用户完成对话（如图 5）。

而在“文心一言”的社区中，则展示了用户分享出来的各种

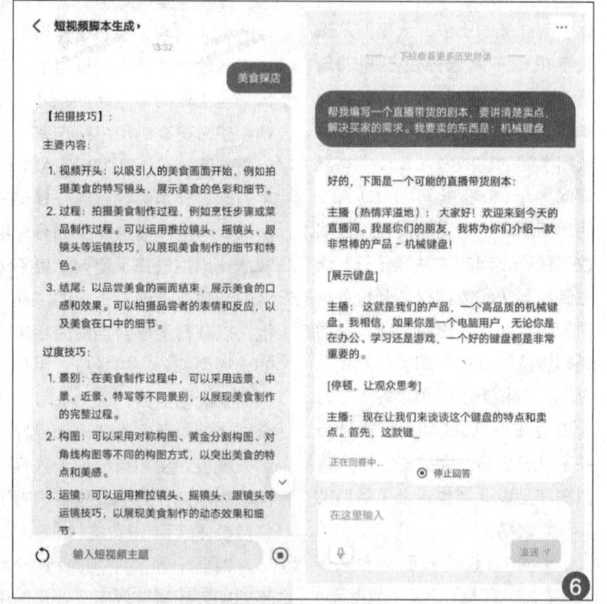

对话作品以供用户学习，同时，用户点击文心一言左上角“AI”按钮时，也可以看到当前对话的虚拟人物和自己的历史对话。目前文心一言的助手仅提供了虚拟的洛天依一个角色，希望未来会有很多虚拟人物加入，进而提升产品的丰富度。

显然，单从功能设计上看，平台化明显的文心一言显得更强大一些，其已经具备了初步构造生态的基础，而通义千问APP通过预设场景对话的形式，也有了构造生态的雏形，不过在具体的应用调用上多少有些不便利。至于最终对话内容效果则相差无几，目前主流通用大模型均经过数代升级，单是通义千问2.0在10个权威测评中，已经全面超越GPT-3.5和Llama2，加速追赶GPT-4，完全能够满足大众日常对话所需（如图6）。

大模型生态初现

国内大模型APP对应用集合的打造或多或少让我们看到了应用商店的雏形，这让我们第一时间想到了在2023年11月初的OpenAI开发者大会上，OpenAI对于生态的设定和构想。企业不仅可以打造GPTs，还能将其上架在市场内，即GPT Store，可分享给其他用户使用，以及获得分成，类App Store的商业生态由此为出发点。

OpenAI GPT-4升级Turbo版本后，虽在技术上给人“查漏补缺”的感觉，但OpenAI发布的all tools工具、assistant API（助手API）则很好地解决了开发者们的痛点，在OpenAI打造的全流程工具链上开发运行，将降低研发的门槛，缩短研发、测试周期，同时节省人力成本，这让OpenAI生态有望在未来出现爆炸式增长的局面。

而国内通义大模型系列中语言大模型AliceMind-PLUG、多模态理解与生成统一模型AliceMind-mPLUG、多模态统一底座模型M6-OFA、超大模型落地关键技术S4框架等核心模型及能力已面向全球开发者开源，同样也是在生态上的布局。大型企业壮大自己“朋友圈”的同时，各类AI应用也有望出现井喷的局面。

期待大模型的App Store时刻

2022年底推出的ChatGPT一夜爆火，成为有史以来增长最快的应用。英伟达CEO黄仁勋为此感叹道：我们正处于AI的iPhone时刻。

但鲜少被关注的是，苹果于2008年推出的App Store在某种程度上的重要性甚至高于iPhone，因为它重新定义了手机应用的装载逻辑。只有在吸引海量软件供应商入驻后，iPhone才从一个稍微有点用的电子设备变成革命性的智能手机。

大模型同样如此。通义千问、文心一言等通用模型一定程度上成为AIGC时代的基石，在具体的产业应用中同第三方企业或开发者合作，共同打造细分赛道的解决方案。而当AI的智力成为未来必备的生产要素时，相应的供应公共产品和服务的企业就一定会出现，而大模型也必将出现基础设施服务商，这或许也是阿里、百度们共同期待的。

从移动端到PC，微信输入法靠什么跨平台

● 文/梁筱

微信输入法的重大更新

从微信键盘到微信输入法，微信从未掩饰过对输入法市场的野心，而前不久，微信输入法 Win、macOS 双端迎来 1.0.0 正式版升级，更新后支持跨设备复制粘贴文字、同步词库和常用语，同时优化体验并修复问题。

打通移动端与 PC 端数据的互联互通后，微信输入法已经顺利在终端设备上完成闭环，不过同步必然涉及数据信息上传，而张小龙曾表示，团队推出微信输入法的目的不是为了与其他输入法应用抢占市场，而是为了更好地保护用户隐私。在《微信输入法隐私政策》中，官方称在隐私保护模式下，用户所输入的内容不会被上传至腾讯服务器，仅在本地设备储存，用以向其提供基础的输入功能。在隐私承诺和数据打通应用上，微信输入法这一次将如何取得平衡呢？

与众不同的跨设备同步

跨设备同步虽然成为微软输入法最新更新的主要亮点，但该功能并非默认开启。用户在 PC 上安装微信输入法桌面版后，调出“微信输入法”设置并选择“跨设备”，这时可以看到界面右侧的“跨设备”框中，各选项均为未开启状态(如图 1)。

在开启各项功能之前，用户需要先对设备进行关联。这里比较有意思的是微信输入法是通过匹配码进行设备间的关联，用户既可以查看本机微信输入法的匹配码，填到另一台 PC 上的微信输入法中，也可以查看手机移动端微信输入法的匹配码，填入这台 PC 微信输入法的匹配码窗口中进行关联。

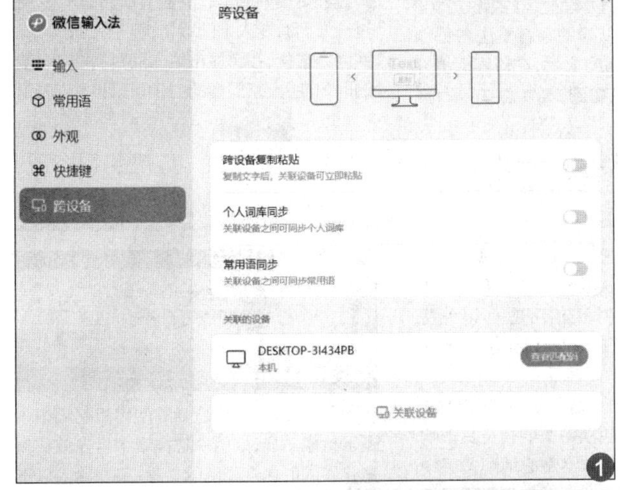

目前在移动端微信输入法中查看匹配码步骤稍显繁琐，用户首先需要将 iOS / Android 端的微信输入法升级至 1.2.0 版本。目前微信输入法 iOS / Android 端正式版还是 1.1.4，官方已提供 Android 1.2.0 灰度测试版下载，需要用户手动下载。简言之，Android 用户已经可以抢先体验跨设备复制粘贴功能，iOS 用户还需等待。

1.2.0 版微信输入法 APP 同 1.1.4 版主要的改变在于“拼写 Plus”项，从原先围绕字、词联想输入到现在针对“跨设备粘贴和同步”，功能改变非常明显。点选进入“拼写 Plus”界面后，就可以看到“查看匹配码”选项了(如图 2)。

将查看到的“匹配码”填入 PC 端，即可进行设备的关联，而在关联好设备后，用户可根据个人需要选择开启或关闭“跨设备复制粘贴”“个人词库同步”“常用语同步”等功能。该功能的使用非常简单，用户在微信上聊天时，只需将想要复制粘贴的文字选中并点选“复制”按钮，再在 PC 上开启一个 TXT 或 Word 文本，即可直接粘贴使用(如图 3)。

除直接跨设备复制粘贴文字外，不同设备间的词库、常用语等等都能同步，这意味着用户能在任何一台搭载微信输入法的终端设备上获得定制化、符合个人喜好的输入体验，其输入效率能得到极大提升。

当然，单纯的跨设备使用并非微信输入法独有，搜狗、百度等常用的输入法同样搭载有同步功能，方便用户输入法词库、配置等同步，但大部分输入法同步功能的使用均需用户登录账号，再在账号的基础上实现数据同步。

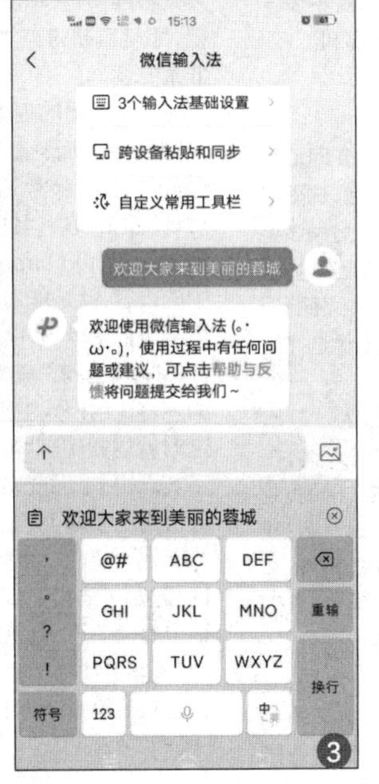

然而，这一次微信输入法却利用匹配码而非用户系统，实现了跨设备的词库同步，解决了当初的用户需求。相对于传统以 ID 为核心的互联网数据同步应用而言，这次微信输入法的最新版本，似乎把输入法变成了主体。不需要有个账号，也不需要知道你这个人是谁，两台设备上的输入法之间彼此握手就可以了，事情是它们之间的相互确认。

总体而言，微信输入法此次跨平台同步设计非常有意思，既实现了不同设备间输入体验的一致性，又最大限度确保了用户账户信息的保密，而摆脱账号系统限制的微信输入法，有望迎来加速落地。

开启12306寻物及快递技能

● 文/ 梁筱

寻找丢失的物品

坐火车丢东西了怎么办？据中国铁路官方介绍，火车站每天都会有大量的被丢失的产品入库失物招领处，单单成都东站平均每月就有超 4000 件物品入库。一般来说，身份证、保温杯、钱包这三种最多，其次还有行李箱、玩具、拐杖等等，面对这些“失物”，12306 其实有非常妥善的找回攻略。

首先，我们可以拨打铁路 12306 客服电话，工作人员会电话回复查找情况，当然，人工查找多少有些麻烦，不如直接使用 12306APP 来得方便。在首页点击【温馨服务】——点击【遗失物品查找】——按要求填写相关信息（如图 1），遗失物品找回后，铁路工作人员会与用户联系，只需要提供联系方式、领取车站等信息，即可前往车站服务台或遗失物品招领处查询领取。

这里要需注意的是本人领取时需携带有效身份证件，提供乘车信息。代领人领取时需携带有效身份证件，以及失主的委托

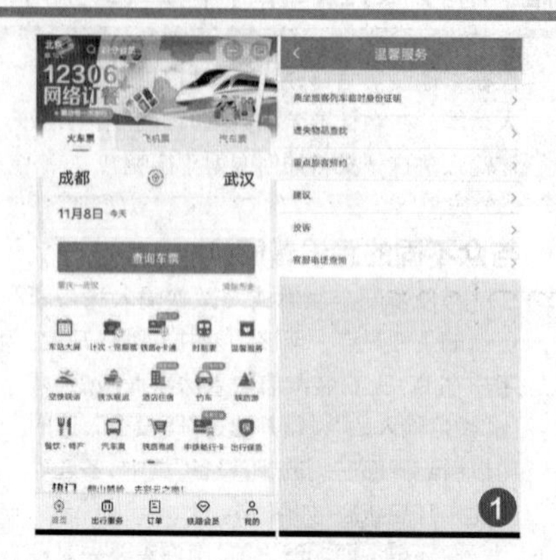

书和失主的有效身份证件复印件，并提供乘车信息。

个人铁路托运

铁路 12306 如何办理托运？铁路 12306 具有托运功能，可以帮助乘客发送各种物品。打开铁路 12306APP 后，在首界面滑开“全部应用”，就可以看到“高铁急送”项，点

击后会引导用户在微信上打开“中铁快运”的小程序（如图 2）。

在进入急送页面后，我们可以根据相应的信息填写，然后我们就可以完成托运。整个过程其实同顺丰、韵达等快递差不多，不过一方面有专人上门取货，另一方面通过高铁网络送货，在跨城市快递时具有非常不错的时效性，大家需要的时候可以试一下哦！

学术同享新选择，公益学术平台体验

● 文/ 李言

公益学术平台上线

近日，中国科学院文献情报中心正式发布了 PubScholar 公益学术平台的消息。这一平台不仅向公众开放，还提供了超过 8000 万篇免费的学术资源。这将为广大读者及研究者提供一个难得的学术研究和交流资源（如图）。

相对于之前知网一家独大的局面，PubScholar 公益学术平台的发布对不少学生和科研工作者而言属于不小的福利。

全面的信息检索

在浏览器中输入 pubscholar.cn 网址后即可访问 PubScholar 公益学术平台，这里用户可以通过微信、手机和邮箱的形式登录该平台，登录完成后即可使用该平台的检索功能。这里要提醒大家的是，为了能获取更多服务，建议大家绑定个人身份信息，点击头像选择认证，输入邮箱获取验证码即可。

PubScholar 公益学术平台分为“基本检索”“高级检索”和“专业检索”三大类，在“基本检索”中，用户可以通过主题、标题、关键词等查询想要的东西。以关键词为例，我们输入关键词 X86 芯片，即可得到所有 × 86 芯片相关结果。对于检索出的结果，我们可以按照时间和相关性进行排序。

一般我们进行文献调研的都是论文，但有时候，我们想要查找的是关于关键词的专利、图书等文献信息。那么我们只需要选择上方的专利、图书等模块即可。顶部功能项中还有 PDF 和开放获取的开关，用户勾选后就可在检索结果中筛选出那些可以免费下载的文献，这也是 PubScholar 深受大众喜欢的原因。

随意选择其中的一篇文献，就能得到文献更为详细的信息，包括所属期刊及其影响因子。PubScholar 还非常贴心地配备了中英文转换按钮，单击文章标题右侧的翻译按钮，即可自动将英文内容翻译为中文，使用非常方便。

除了实用的翻译工具外，位于 UI 界面左侧 的“页面导航”则将整个页面划分为“基本信息”“参考文献”“相关推荐”和“交流讨论”四个模块，其中“相关推荐”有点类似于 Connected Papers 和 Research Rabbit 中的内容，就是能通过一篇文献帮助你找到更多类似文献，有助于我们进行迁移阅读。

“基本检索”虽然给出海量内容，但过多的内容让用户人工筛选起来还是耗时耗力，这时就需要用到“高级检索”和“专业检索”了。点击 PubScholar 主界面右上角的“高级检索”按键，就会弹出全新的检索窗口。“高级检索”窗口会要求用户填写标题、关键词、起始 / 结束时间等信息，方便用户精准锁定检索信息，有意思的是每一个关键信息项末尾的“精确”为可选，当用户希望尽可能多地获得检索内容时，可将下拉菜单切换到“模糊”项。

使用发现，高级检索的使用思路和布尔逻辑检索一样，如用户想搜索包含光催化和氮化碳同时包含降解的文献，只要输入以下表达式“光催化 AND”“氮化碳 AND 降解”，就能得到我们想要的结果了。

至于“专业检索”方面，其使用类似 WOS 里面的功能，它能十分精准地触及我们想要查询的东西。

在具体的内容收录方面，PubScholar 的论文大多数为科技类论文，尤其是中国科学院旗下的特色学术数据，对于科学工作者和教师来说是“绝对利好”，只不过 PubScholar 提供的公益学术资源主要是科学领域的，且自有资源大多是近十年的，其第三方资源没有中国知网，维普等资源需要第三方注册与付费下载，这也是令人比较遗憾的。

使用一段时间后发现，PubScholar 虽然号称公益学术研究平台，但真正能实现免费阅读的文献，主要还是中国科学院旗下的刊物和国际顶级期刊（国内的维普等第三方还是要收费的），但它的出现的确打破了知网一家独大的局面，而且对于《Nature（自然）》等国际顶级期刊提供文献直达链接，且能免费下载，为大众提供了更多的选择。

三维设计软件XRmaker——模型运动

● 文/ 辽源市金钥匙机器人编程工作室 王德贵

模型运动和摄像机运动一样，是在设计相对运动时常用的应用。为了研究问题的方便，本文将模型运动分为直线运动、曲线运动和空间运动三种，最后做个案例，龟兔赛跑。

一、直线运动

模型的运动轨迹是一条直线。移动的距离和速度，由循环次数和每次移动的距离决定，需要进行计算。

1.固定模型运动

例如，汽车移动 10 米，比较下列两种情况移动的速度。容易看出，绝对值越大，速度越快，而负号仍然表示方向（图 1）。

2.会动模型的运动

每个会动的动物，运动模式和运动状态都有各自的特点，使用时按模型的特点设置即可。比如让乌龟爬行 2 米，再向前游 2 米，然后死掉（图 2）。

二、曲线运动

即当物体所受的合力（加速度）与速度方向不在同一直线上，则物体做曲线运动。简单的曲线运动，就是在平面上运动，比如模型在 x，z 平面上运动，那么 x，z 两个值都在发生变化，而且非线性。我们只讨论两种基本的曲线运动：匀速圆周运动和斜抛运动。其他曲线运动形式，涉及高中平面解析几何知识。

1.圆周运动

可以用中心旋转法、正多边形法、圆标准方程法三种方法实现圆周运动。

（1）中心旋转法

中心旋转法，即是让模型绕中心（0,0,0）旋转而得到。如果想要出现轨迹，需要设置画笔的粗细和颜色等相关属性，画的时候需要落笔，否则没有笔迹，画完要抬笔，这和 Scratch 类似。这种方法比较好理解，也是经常使用的一种方法（图 3）。

（2）正多边形法：即前进一定距离，转过一定角度，如此重复画一个正多边形，那么旋转 360 度才是圆。假设每次转过 10 角，那需要移动的距离是多少呢？可以随意设置吗？不可以！

用勾股定理来求解。半径 50，顶角 1°，做等腰三角形底边上的高，则：$l=2\times50\times\sin(0.5\times3.1416/180)\approx0.8726556$ 米（图 4）。

实质上这是 360 边形，程序设置如图 5。

一般认为正多边形边数超过 36，即认为是圆，且边数越多误差越小。如果以四十边形代替画圆，则每次旋转 90（顶角），程序如图 6。

$l=2\times50\times\sin(4.5\times3.1416/180)\approx7.845928$ 米。

也可以用余弦定理（高中数学知识）求解（图 7）。

（3）圆标准方程法

这涉及高中平面解析几何知识和变量。圆心（0,0,0），半径 50，则圆标准方程为：$x^2+z^2=502$（图 8）。

2.斜抛运动

当我们把物体抛向空中，物体下落过程中，留下的轨迹就是抛物线，我们称为斜抛运动，本文只研究斜上抛运动，不考虑阻力，并且设定在 x，y 平面上（图 9）。

简单模拟一下投篮球的过程。这里涉及“二次函数”的知识，抛物线方程设置为：$y=-x^2+8$，球的初始坐标为（6,2,0），这里用到了“直到型”循环，即直到满足条件才终止循环（图 10）。

三、空间运动

空间运动更为复杂，所研究的内容也不是中学知识在此不作叙述。在此用中心旋转法做一个半球。

1.设计思想

半球的做法，是由底层开始向上画圆，半径依次减小。变量设置 y 从 0 增加到 50（大圆半径），那么根据勾股定理，就能求出小圆半径的值 x，同时将 x 坐标设定为画小圆的初始位置（图 11）。

$x^2+y^2=502$

2.程序设计

仍然用的直到型循环。在 y 值增大

1

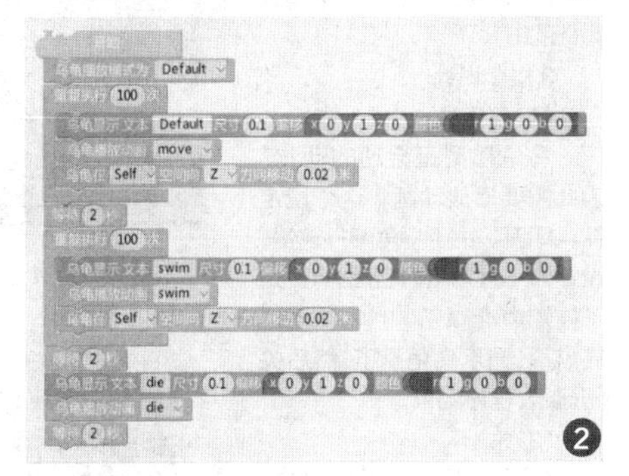
2

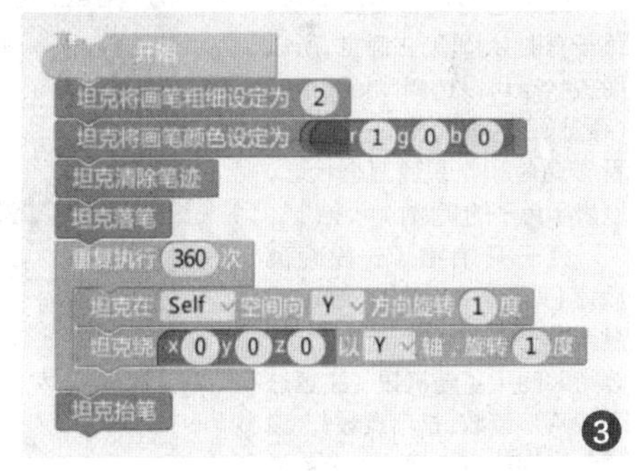

3

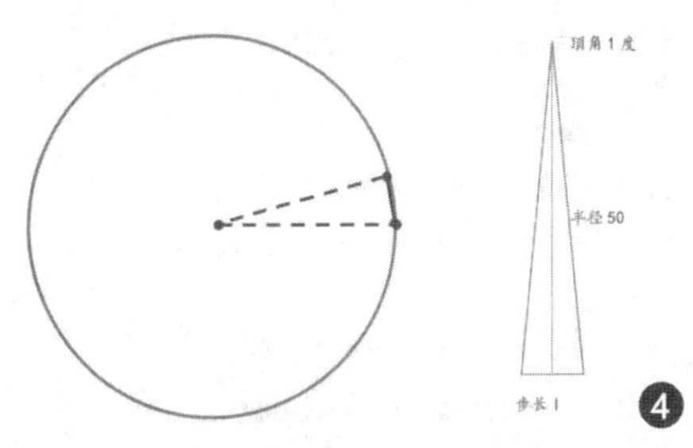

4

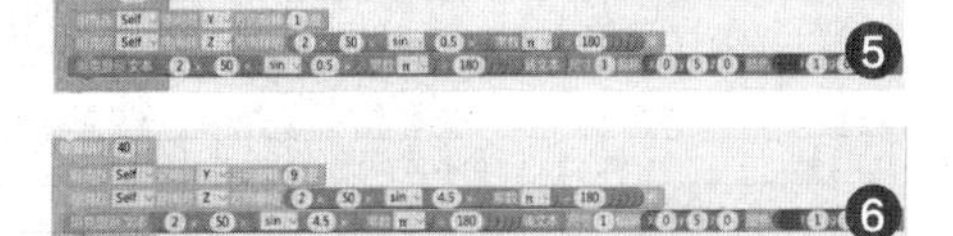
5

6

的循环过程中，求出相应的 x 值，然后确定模型的位置，再让模型绕中心旋转（见前圆周运动方法 1），即可得到一个半球。这里可以调整 y 值的增大量和中心旋转法画圆的角度，来改变曲线疏密和画圆的精度（图 12）。

3.效果图

画出的效果如图 13，大图是编辑视图，小图是发布视图（图 13）。

四、案例－龟兔赛跑

1.资源列表（图 14）

2.导入模型

会动的兔子，原资源库中没有，需要导入一个模型。导入方法如图 14。从图中也可以看出，还可以导入图片、环境和音频（图 15）。

3.程序设计

（1）乌龟

乌龟模型是会动的动物，因此需要播放动画，这个设定默认即可。由于乌龟爬行较慢，设定为一直前进，直到终点。为了能知道谁赢了，当乌龟到达终点后，显示乌龟赢了，然后关闭显示，程序结束。

（2）兔子

兔子也要设置播放模式。兔子有时会骄傲，去睡觉，所以播放状态可以选择“Sleeping”（睡觉），这里我加了一个回头看看乌龟和吃东西两个状态，以表示兔子的骄傲。

兔子开始跑了一段距离后，回头看到乌龟在慢慢爬，于是就吃上东西，然后就睡觉了，等待时间用了随机数（注意这个数不是整数，是浮点数）。设置兔子到达终点时，显示兔子赢了，然后关闭显示，程序结束（图 16）。

4.效果分析

实际效果。还可以给兔子加一些嘲笑乌龟的台词。

7

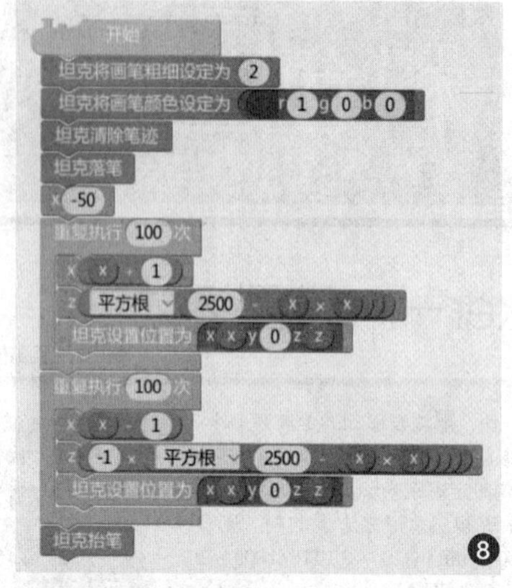

8

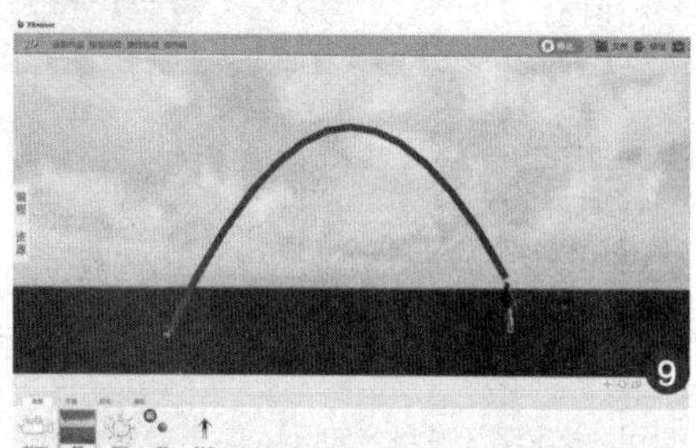
9

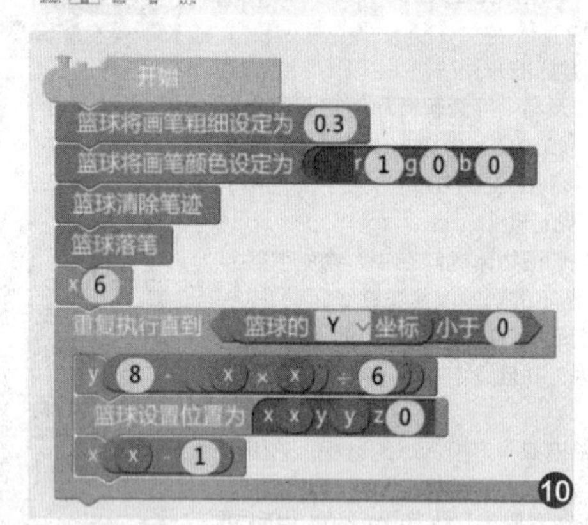

10

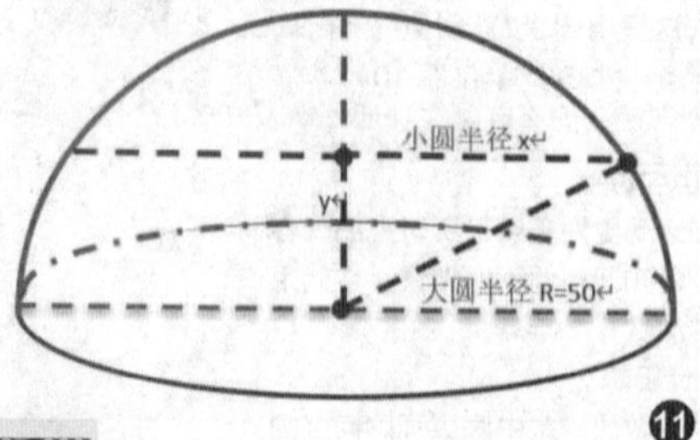

11

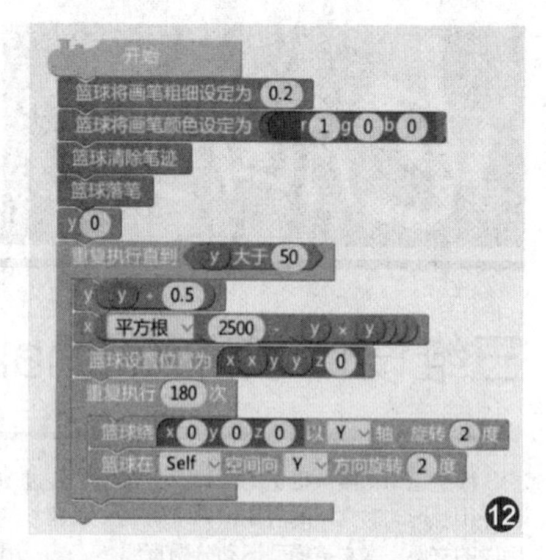

12

13

序号	资源名称	资源库	资源位置	位置坐标	角度	缩放
1	摄像机			0,12,−7	45,0,0	1,1,1
2	地面 09	公共资源	地面	−10,0.1,10		2,1,2
3	地面 13	公共资源	地面	20,0.1,10		2,1,2
4	乌龟	公共资源	会动的动物	−11,0,2	0,90,0	1.5,1.5,1.5
5	会动的兔子	个人资源	会动的兔子	−11,0,5	0,90,0	2,2,2

14

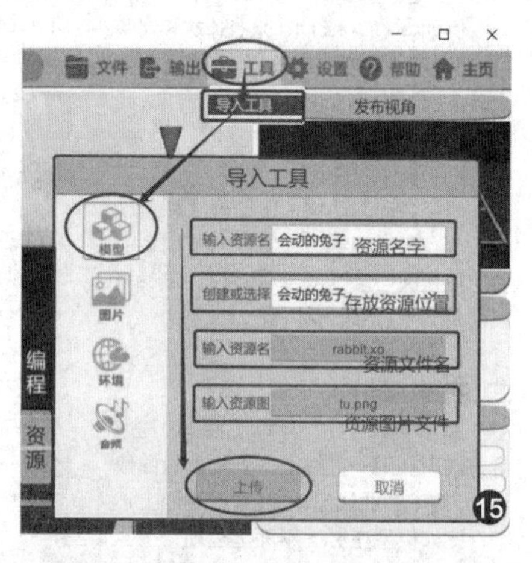

15

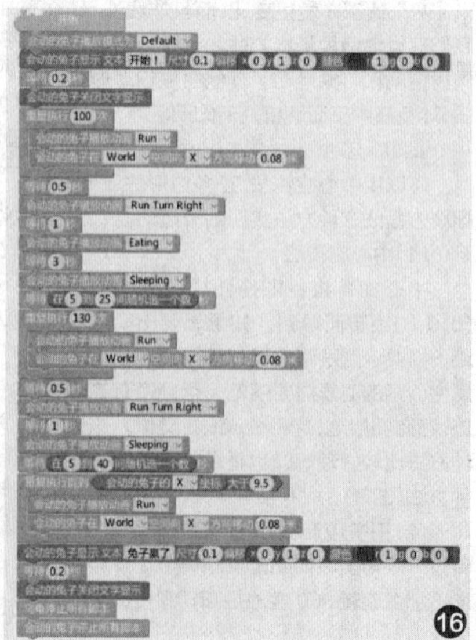
16

三维设计软件XRmaker(2)——菜单操作

● 文/ 青岛黄海学院副教授　孙学进　王德贵

通过前面的学习我们已经可以控制模型运动了，本文我们继续分享XRmaker的菜单操作。

在设计作品时，需要确定作品的类型。制作作品后，我们可能想保存作品的原始文档，或是想输出视频等，这就需要导出作品，或是把作品分享给其他人等等这些操作，都是关于菜单操作问题(图1)。

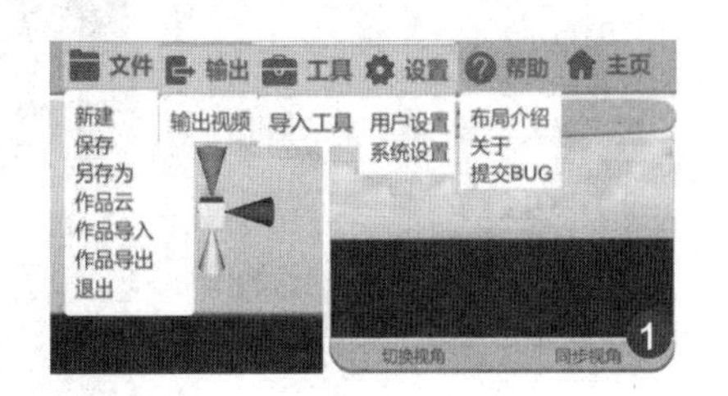

一、文件操作

1.新建作品

当我们新设计一款三维作品时，就需要新建一个作品。在XRmaker里，作品类型有两大类:3D和VR，要设计怎样的作品，就要选择相应的类型。

(1)3D

新建3D作品包括安卓手机和Windows，其含义是建立的作品是三维模式，可以在手机或是电脑上观看，但3D效果不如VR(虚拟现实)好(图2)。

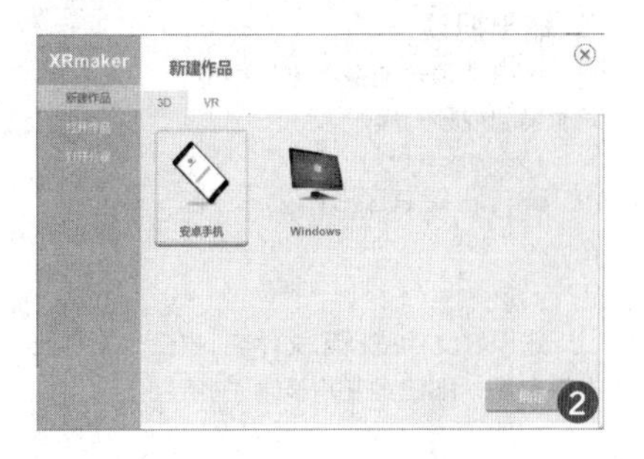

如果只能用电脑，就选择Windows即可，那么当保存作品后，会显示出作品类型(图3)。

(2)VR

如果你有VR设备或是自制手机盒子，则可以新建VR作品，选择VR设备的名称或类型。

比如选择了手机盒子或是PicoG2，则在作品名字下面会显示出VR设备名称。这类作品可以在VR设备上播放，观看时，立体感会更强一些，更真实一些(图4、图5)。

2.保存作品

(1)保存

点击“保存”按钮，如果是新建作品，则需要输入文件名，否则就直接保存，并有保存成功的提示。

文件名不能有特殊字符，建议输入能识别作品特征的名字，以方便以后查阅，特别是作品多的时候。

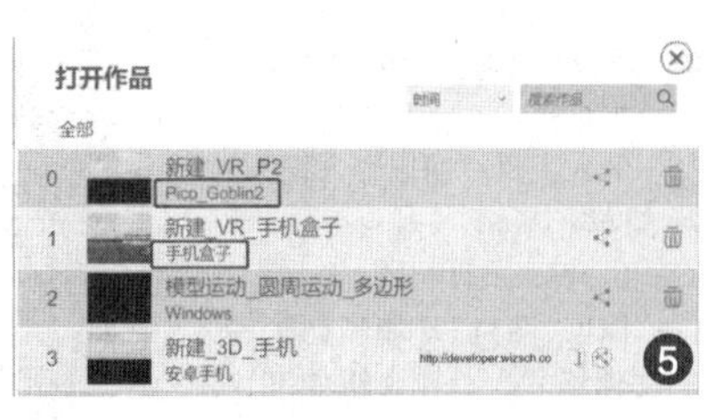

(2)另存为

这个功能其实非常好，因为大家学一段时间就会知道，XRmaker操作时，没有撤销功能，也就是你一旦删除或修改了资源属性或是代码，则无法恢复！那么怎么才能保存每一步重要的操作呢？

对，另存为(图6)！

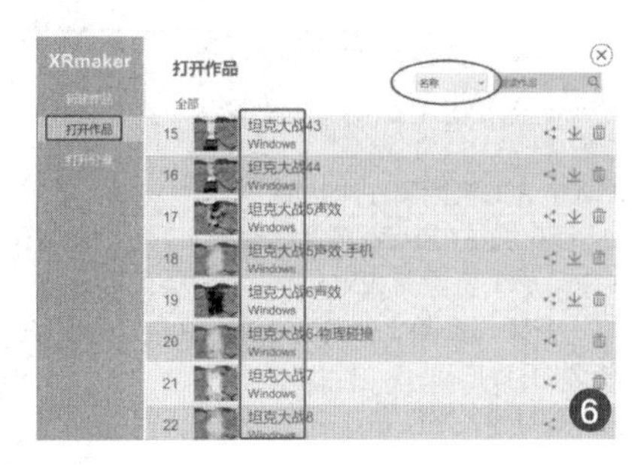

把关键的操作步骤，都用“另存为”保存下来，并连续编号，这样当想找到某一操作步骤时，就能很轻松地找到并重新开始设计。当然作品做好以后，可以删除中间步骤，我之所以没有删除，是怕某时又想起修改，那就真的找不到了。第16项“坦克大战44”其实和前面的“坦克大战43”都是“坦克大战4”的修改版本，这样另存时标注好作品的特征，方便简捷。

3.作品云

功能较多，新建作品前面讲过，不再叙述(图7)。

(1)打开作品

当我们在设计某个作品时，可能会修改模型或程序或是继续设计未完成的作品时，就需要打开已经保存的作品。

当我们选择打开作品时，看到的系统默认的排序方式是“名称”，可我们近期设计的作品，按名称查找很麻烦，可以选择另一种排序方式:时间。即按作品最后保存的时间排序。

①名称

排序方式为，数字·字母·汉字。从前向后，查找就可以了(图8)。

②时间

按时间排序，感觉还是方便一点，我们近期保存或是操作的作品，显示在前面，方便打开(图9)。

③下载作品

当我们想打开一个作品时，有时会有提示:该文件未下载，请先下载。这种情况一般是在另外电脑上登录账号，作品没有保存在本地磁盘上。那么当点击作品名称后面向下的箭头，等待下载完毕，有“作品下载成功”的提示后，就能正常打开了。而下载以后的作品，就不会有向下的箭头标识了(图10)。

④搜索

当作品保存时间很长了，作品又多的时候，可以使用搜索功能。打开作品云界面，在搜索框里输入作品名字，点击后面放大镜确定即可。

注意，在XRmaker里，有时输入汉字会遇到问题，那么可以在其他能输入汉字的地方输入后，复制到这里(图11)。

(2)分享作品

当我们的作品，需要其他人观看或修改时，可以分享作品。在作品名字后面，有个分享按钮，点击一下，就会在其前面出现分享地址，发给其他人即可完成分享(图12)。

(3)打开分享

可以打开他人分享的作品地址。打开分享的作品后，也可以保存到本地(图13)。

4.作品导出

把作品导出，可以自己留存，或是想分

享给其他人，方便快捷。菜单里选择“作品导出”，选择备份路径，输入文件名，点击“保存”即可（图14）。

5.作品导入

其他人发给你的作品文件，可以直接导入到客户端。菜单里选择“作品导入”，选择已备份路径，选择相应的文件，点击“打开”即可。导入的作品，也可以保存在你的作品集里（图15）。

二、输出视频

输出视频功能是将作品播放，同时录制视频的操作。

1.视频格式

默认只支持MP4格式（图16）。

2.录制

选择好文件路径和文件名，点击保存后，即已经开始录制了，所以一定要点击“开始”，才能录制设计的作品，否则录制当前发布视角的静止画面。

3.发布视角

录制的视频内容是发布视角窗口内容，录制完成后，点击录制小窗口中的停止按钮（红色正方形）即可停止录制，然后自动切换到视频保存的路径下，可以播放查看了。

4.分辨率

录制前如果没有切换到发布视角，则录制的是发布视角的小窗口，如果切换到发布视角，则录制当前窗口大小。录制小窗口时，生成的MP4文件较小，视频图像较虚（图17、图18、图19）。

三、其他操作

1.工具

导入工具，可以导入模型、图片、环境和音频。

（1）导入文件格式

模型、图片、环境和音频导入的文件格式，分别说明如下（图20）。

模型：资源文件类型：XO，资源图：PNG/JPG

图片：资源文件类型：PNG/JPG，资源图：PNG/JPG

环境：资源文件类型：PNG/JPG，资源图：PNG/JPG

音频：资源文件类型：WAV，资源图：PNG/JPG

（2）导入路径

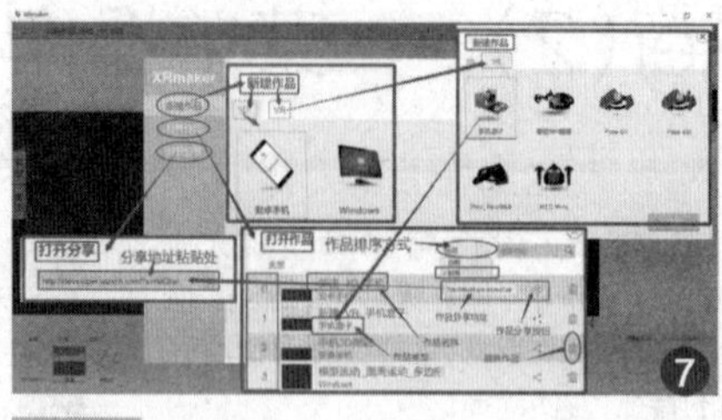

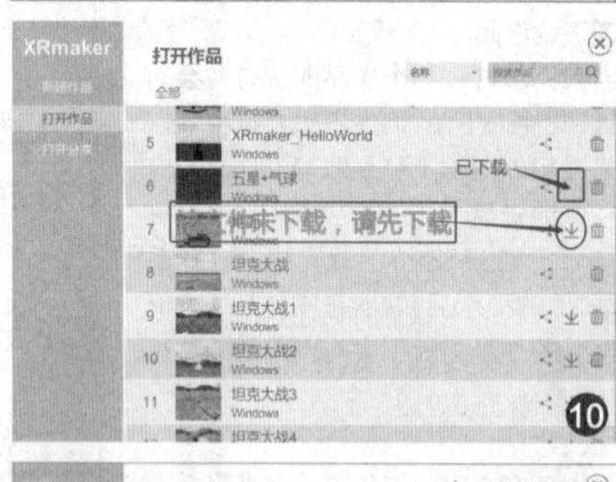

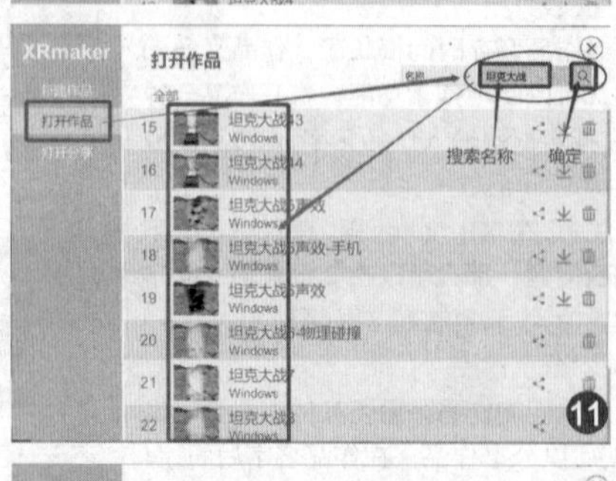

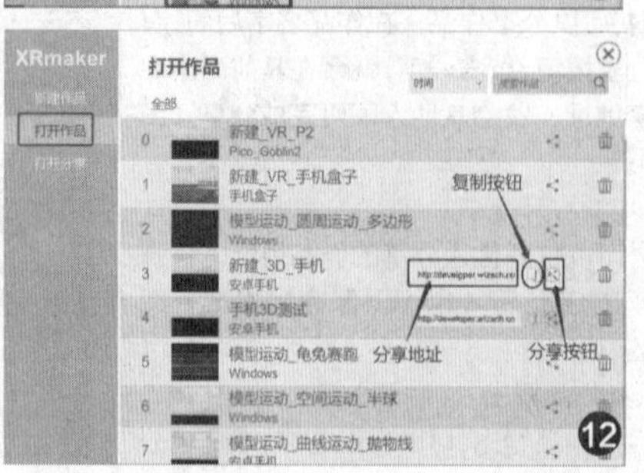

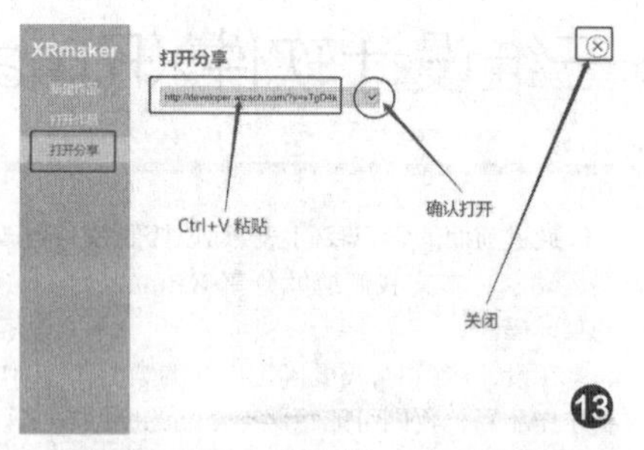

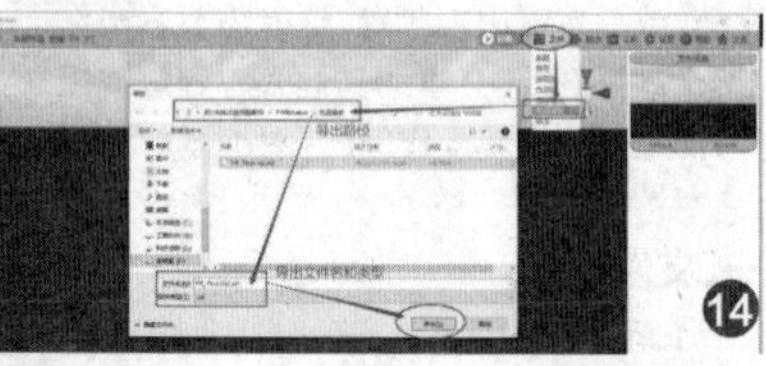

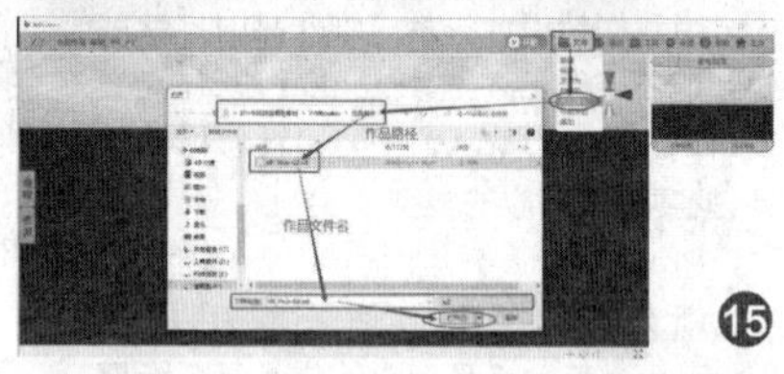

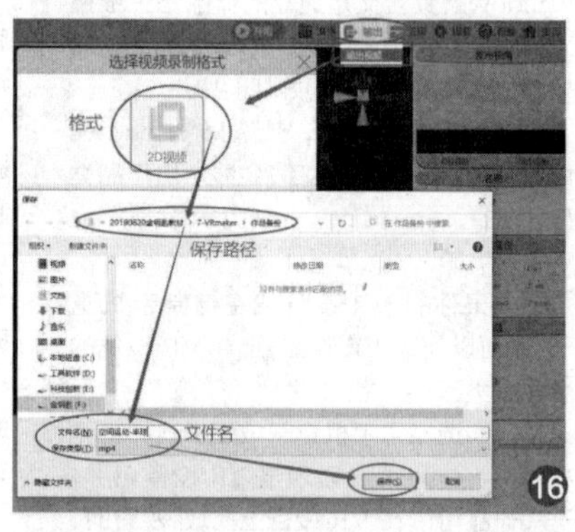

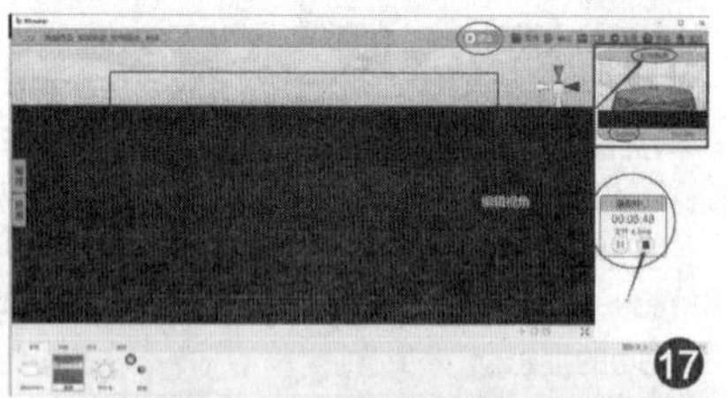

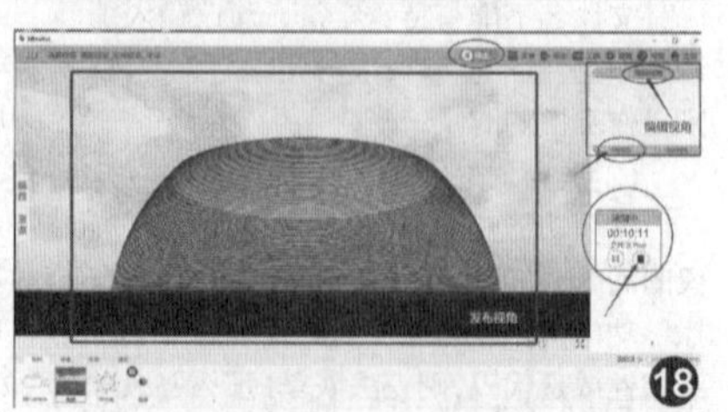

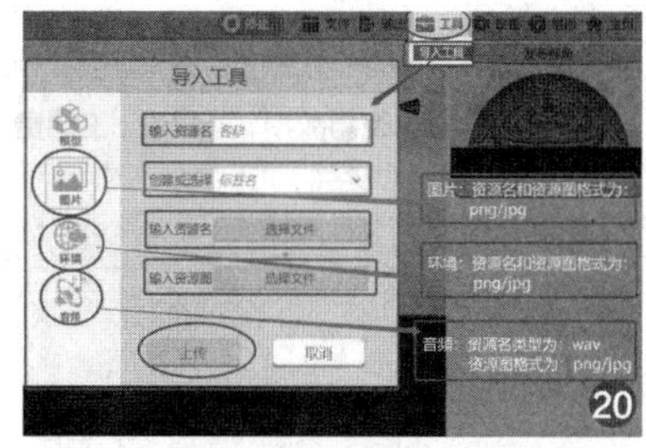

20

21

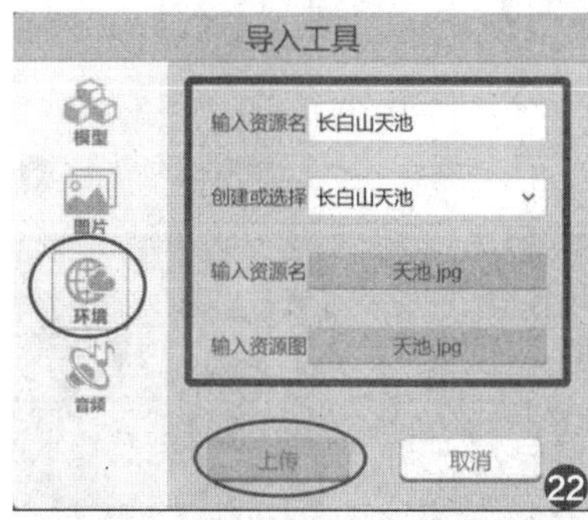

22

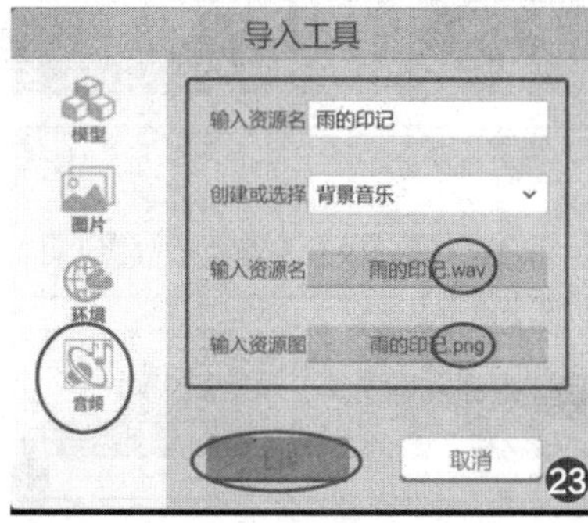

23

提示

上传失败：模型名称不能大于5个长度，请重新输入！

确定

24

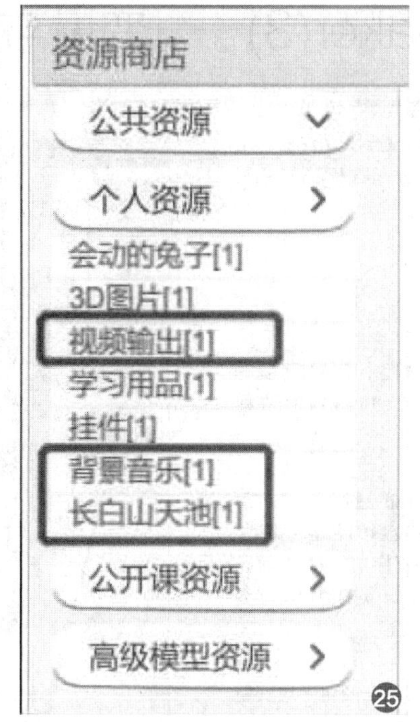

25

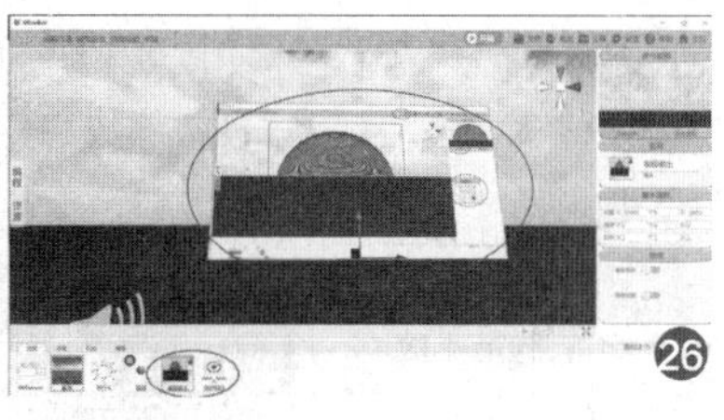
26

27

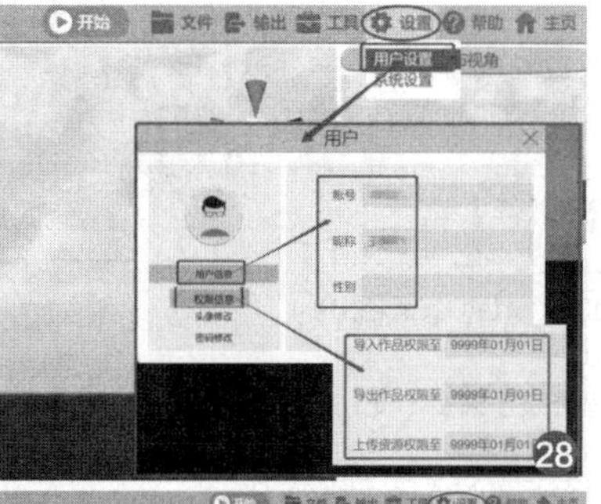

28

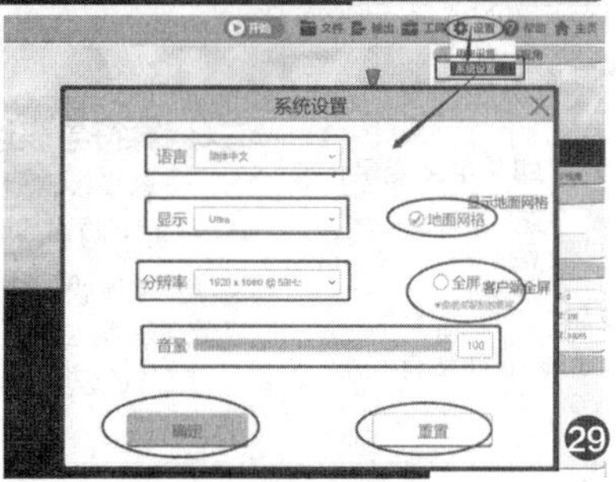

29

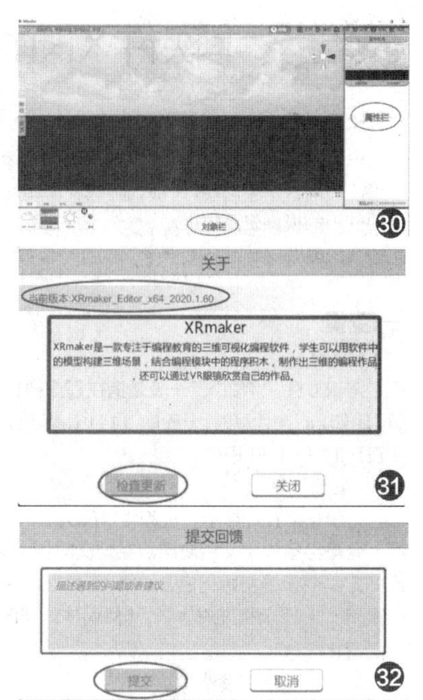

30 31 32

导入的模型保存在“个人资源”库里。可以导入到已有的文件夹里，也可以重新输入名字，则自动创建新位置保存。

（3）导入实例

上一篇介绍了导入模型的方法，图片、环境和音频的导入，可以个性化设计，但模型制作非常麻烦，这里不做介绍。

①导入图片

导入的图片，是一个模型类图片，效果见图 21。

②导入环境

环境即是天空球环境，要注意图片的明亮要均匀，否则会影响效果。例如，导入长白山天池环境，方法和效果如图 22。

③导入音频

导入音频文件，只支持 WAV 类型。点击“开始”后，会播放音频文件（图 23）。

（4）导入注意事项

模型的名字不能超过 5 个汉字。导入成功会有提示（图 24）。

导入成功后，在个人资源里可以查看，并可以使用（图 25、图 26、图 27）。

2.设置

（1）用户设置

用户设置，主要是修改头像和修改密码（图 28）。

（2）系统设置

系统设置可以设定语言、显示方式、分辨率和音量，同时可以设置是否显示地面网格，是否全屏，全屏状态下切换界面很不方便，所以一般不设置全屏（图 29）。

3.帮助

（1）布局介绍

显示窗口布局（图 30）。

（2）关于

是关于 XRmaker 的简介、当前版本和检查更新的信息（图 31）。

（3）bug 提交

当你在使用 XRmaker 时，遇到有什么问题，发现了 bug，可以提交到后台（图 32）。

关于 XRmaker 的菜单操作就介绍到这里。

三维设计软件XRmaker(3)——变量与运算

● 青岛黄海学院副教授 孙学进 王德贵

由于 XRmaker 官网迁移，前段时间有读者遇到无法注册新用户无法访问官网等问题，目前已解决。XRmaker 是收费软件，免费用户使用的模型资源较少。

我们通过青蛙跳高案例学习变量与运算。

一、变量

1.常量

常量亦称“常数”，一般是指在程序执行过程中不能被改变的量。比如，π 在计算时，一般取 3.1416，就可以定义 PI=3.1416，在程序设计时，使用 PI 即可。

2.变量

一般是指在程序运行过程中可能会随时变化的量。

变量必须先定义后使用。在定义时指定该变量的名字和类型。比如定义变量并初始化后，x=12，y=1.2345，在程序执行时，就可以直接用 x，y 表示相应的值了，当然程序运行时。x，y 的值也可能会发生变化。

3.XRmaker 变量类型

变量设置在“数据”中，点击“管理变量”，即可在窗口中对变量进行添加、删除等操作(图 1)。

XRmaker 变量类型有 5 种，分别是：

(1)文本：string，也称为字符串。

(2)浮点：float，有两种表示方法。

①十进制小数形式由数字和小数点组成。如：123.456，0.345，-56.79，0.0，12.0 等。

XRmaker 初始化浮点型数据时，不能超过 6 个字符，包括小数点。

②科学记数法

科学记数法也称指数形式，虽然初始化浮点型数据不能超过 6 位，但当输出计算的结果值超过 6 位时，直接采用科学记数法，能精确到小数点后 6 位。

比如，12.34e3(代表 12.34×10 的 3 次方)，-346.87e-25(代表 -346.87×10 的 -25 次方)，0.145E25(代表 0.145×10 的 25 次方)等。由于在计算机输入或输出时，无法表示上角或下角，故规定以字母 e 或 E 表示以 10 为底的指数。但应注意：e 或 E 之前必须有数字，且 e 或 E 后面必须为整数。如不能写成 e4，12e2.5(图 2)。

(3)布尔：bool，只有两个值：真和假。可以简单理解为对与错，1 与 0 等等。真假测试程序(图 3)：

(4)矢量：包括三个值，x，y，z，就是三维坐标值，浮点型。

(5)颜色：定义颜色，三个值范围均为[0，1]，即大于等于 0，小于等于 1，浮点型。而且是用 RGB 构成，即由红色(R)、绿色(G)、蓝色(B)构成。颜色也可以在前面颜色框里使用鼠标选取。

目前变量类型里没有整型(int)数据，给编程带来了诸多不便。

4.变量初始化

定义变量时直接赋值。在使用中，变量可以进行初始化，也可以不进行初始化，这主要决定于设计者使用情况。

5.变量添加与删除

输入名字、选择类型、初始化，然后点击“添加”即可定义变量，如果不需要可直接删除。

6.变量作用域

即变量的作用范围，分为全局变量和私有变量。

全局变量是所有模型的程序中都可以使用或调用，而私有变量

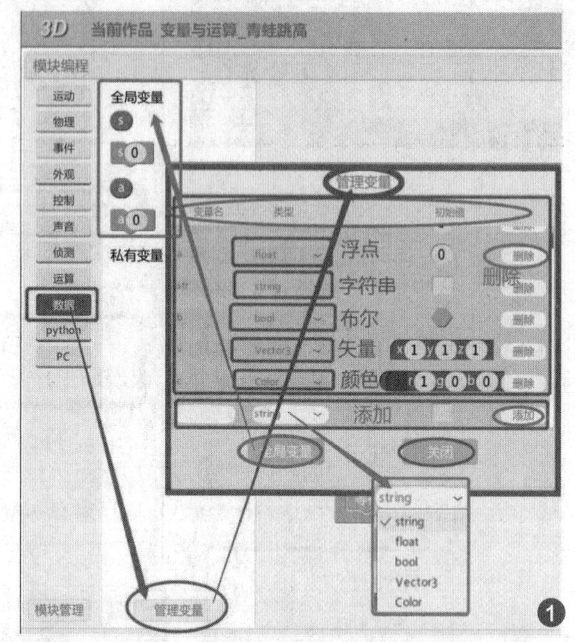

1

2

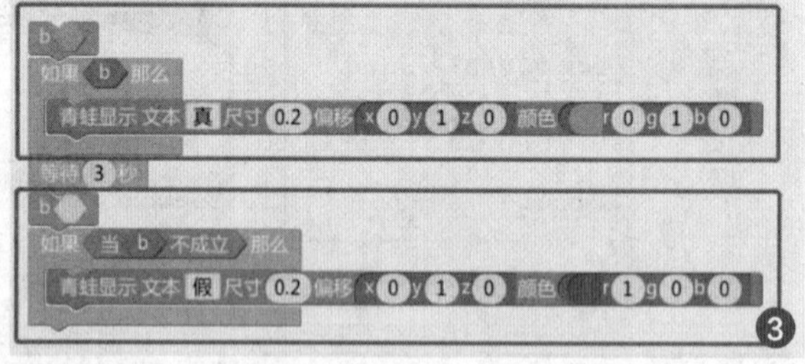

3

就只能在当前模型中使用，其他程序不能调用。

7.变量的使用

添加变量后，有两个模块，一个是赋值模块，一个是获取值模块，在程序运行过程中，变量的值会随着程序的运行而发生变化。

在使用时，运算结合起来，才能发挥其更大的作用，在后面内容中详细说明(图 4)。

二、运算符与表达式

运算模块，包括 4 个内容：逻辑运算(三角 + 六边形)、关系运算(三角 + 圆形)、算术运算(圆形 + 圆形)和文本运算(方形)。用运算符将变量、常量结合而构成的式子，称为表达式。一个常数、一个变量都是表达式(图 5)。

1.算术运算与算术表达式

算术运算是程序设计中应用非常重要的知识点，包括加减乘除、求余、随机数、幂运算、常数(π,e 等)、绝对值、取整、四舍五入、平方根、三角函数、反三角函数、对数和指数等运算，基本满足所有的数学运算。这里不一一举例，有些涉及高中数学知识，后面用到的时候，我们再做叙述。例如：

x+y,a*x+b,3*a+b-2*c……都是算术表达式。

2.关系运算与关系表达式

关系运算，就是判断两个表达式的关系，也称为比较运算，其运算结果为布尔值。主要包括大于、小于、等于、不等于四个运算，“等于”和“不等于”是判断两个值是否相等或不相等，结果为布尔值，非真即假。

例如：“3>2”“3<4”都是成立的，为真。“1+4>8”“4<1-2”结果为假。

x==y,a>b,c<d……都是关系表达式。

3.逻辑运算与逻辑表达式

逻辑运算包括与、或、非三种运算。

(1)与：即是条件要同时满足，才为真。即两个条件皆为真，“与”运算才为真，否则就是假。

“与”运算可以理解为乘法运算，即：

1×1=1,1×0=0,0×1=0,0×0=0

(2)或：或运算的两个表达式有一个为真，结果即为真。

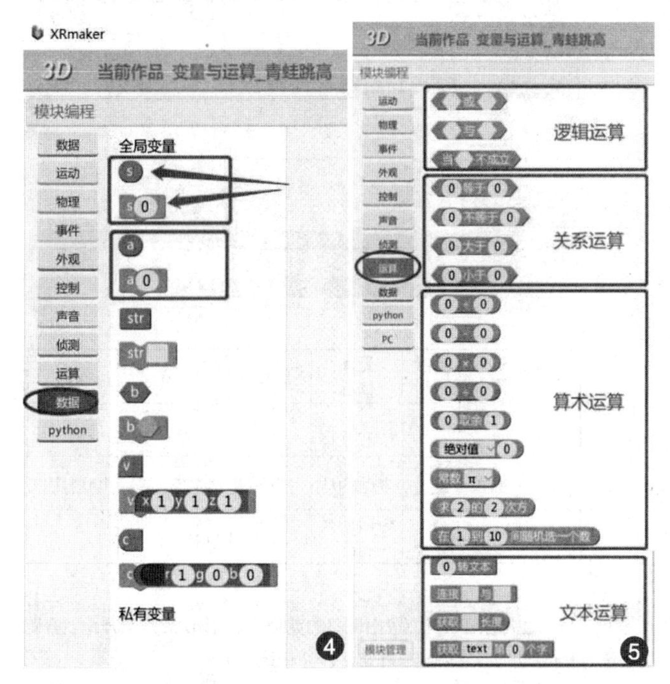

序号	资源名称	资源库	资源位置	位置坐标	角度	缩放
1	摄像机			0,1.7,−10	350,0,0	1,1,1
2	公园01	公共资源	动物园	0,0,0		
3	青蛙	公共资源	会动的动物	0,0,0	0,−90,0	2,2,2

表1

1+1=1,1+0=1,0+1=1,0+0=0

(3)非：非即是否定，真变假，假变真。

例如，“‘3>1’与‘1<2’”为真，“‘3<1’与‘1<2’”为假，“‘3<1’或‘1<2’”为真，“‘3<1’或‘4<2’”为假。

4.文本运算

文本运算也就是字符串运算，包括数值转换为文本、连接两个文本、求文本长度和获取文本第几个字符。

求文本的长度和获取文本中第几个字符比较好理解，这里举例说明数值转换为文本问题，即如果数值 12.34 转换为文本就是“12.34”，这里感觉没有什么变化，但在运算的时候，就完全不一样了。例如，12.34+1.1=13.44，这是数值运算，如果是文本运算，“12.34”+“1.1”=“12.341.1”，就是直接连接两个文本了，不做数值加法。

在运算模块里，算术运算积木两端是圆角，结果为数值，逻辑运算和关系运算积木两端为尖角，结果为布尔值，而文本运算积木是矩形，结果为文本或数值。

三、青蛙跳高实例

这个案例主要是应用所学知识，模拟跳高。

1. 资源列表(表 1)

2.青蛙动画设置

(1)播放模式：Default

(2)跳起时，动画状态为“move”，播放 1 秒，跳到最高时状态为不动“ide”，关闭文字显示，再落到地面，动画状态为“move”。

3.变量和随机数

(1)添加变量

添加 float 型变量，保存青蛙跳起高度值，然后让青蛙再向下回到原来位置。

(2)随机数

运算模块里的随机数积木产生的随机数是浮点数，值的范围根据发布视角的情况取值，在发布视角能看到即可。

4.文本显示

青蛙跳起后，在最高点显示高度值，即显示存储的变量值，但需要转换为文本，在青蛙落下时，关闭显示。

5.代码

青蛙等待 3 秒后，继续跳起(图 6)。

6.学习三部曲：

(1)抄：作品基本内容完全抄下来学习。

(2)改：在抄下来的作品理解以后，按自己的思路进行修改，变成自己的创意。

(3)造：自行设计作品。

关于 XRmaker 变量与运算就介绍到这，由于都是自己学习的感受和体会，难免有错误或是理解不到位，请斧正。

三维设计软件XRmaker(4)——克隆

● 辽源市第三实验小学 王薇 王德贵

克隆是指生物体通过体细胞进行的无性繁殖,以及由无性繁殖形成的基因型完全相同的后代个体。在 XRmaker 中克隆可以理解为模型的复制,也称为拷贝。

当我们需要很多同样的模型、执行一样的程序时,如果先把模型搭建好,很难分清哪个模型不说,也非常占用内存空间,更容易宕机,所以我们在需要的时候,克隆本体,然后再适时删除,这样既可以达到效果, 也可以很好地利用内存空间了。XRmaker 的克隆模块在控制中。

一、克隆自己

1.克隆自己

这是"动物 _15"克隆自己,复制一个原模型,克隆模型和原模型重合。

2.实例

重复执行 10 次,"动物 _15"克隆自己,并等待 1 秒。运行后 10 个模型与原模型位置重叠,看起来还是一个。我们需要继续编程控制,才能按我们设计的思路,呈现出来。

二、作为克隆体启动

1.克隆体控制

从上面的实例看出,克隆体需要程序控制,才能达到更好的效果。比如让克隆体在一定范围内的位置出现。比如"当作为克隆体启动时",设置位置为一定范围。让这 10 个克隆体,出现在不同的位置上。

2.模型克隆时原型处理

如果事先设计好了模型位置,在克隆时,原模型会一直停在那里,影响整体效果,所以这个时候可以设置为"存在"或"不存在"。其实就是隐藏和显示的功能。因此一般对本体"设为不存在"。"当作为克隆体启动时""设为存在"。这样在运行程序时,才不会看到原型,而只能看到克隆体了。

三、删除克隆体

程序设计时根据具体情况,来删除克隆体。

1.删除本克隆体

克隆体按程序运行以后,如果不需要了一定要删除,否则克隆体增多时,会占用大量内存,电脑就会宕机。复制克隆体后,会记忆克隆顺序,进行删除。

2.清除所有克隆体

在程序运行过程中,如果克隆体全部完成运行,则根据需要可以"清除所有克隆体",释放内存。

3.自动删除

如果在程序运行时,没有删除克隆体,则当程序关闭后,克隆体也会自动删除。

四、克隆体数目

"已有克隆体总数"是一个运算积木块,运算结果为浮点数。

五、案例——骏马奔腾

1.资源列表

2.设计思路

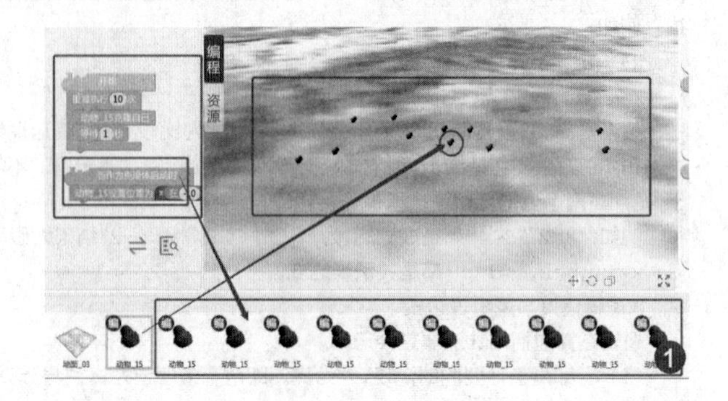

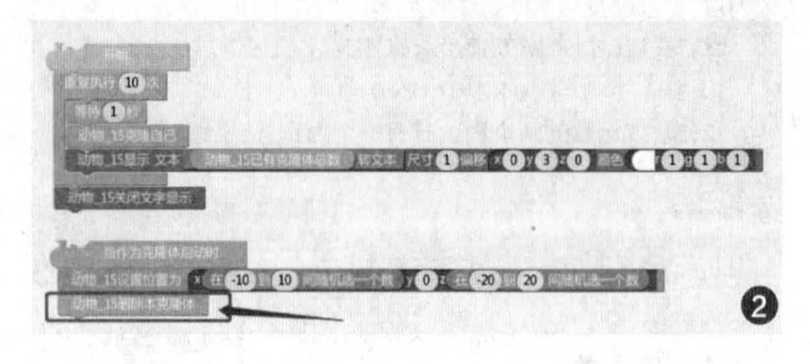

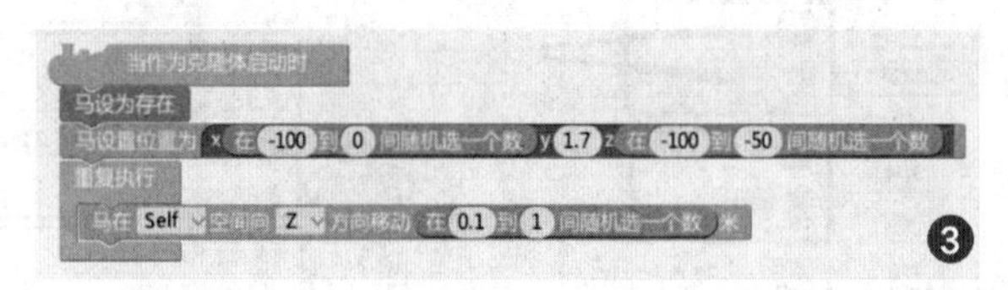

序号	资源名称	资源库	资源位置	位置坐标	角度	缩放
1	摄像机			50,20,0	16,270,0	
2	地面	免费资产	地面_03	−100,0,0		100,1,100
3	马	公共资产	会动的动物	30,1.7,−100		

表1

随机时间随机位置出现马的克隆体,在出现后开始奔跑。奔跑一定时间后,则删除克隆体,可释放内存空间。

3.程序设计

(1)克隆

设置马为不存在,重复执行马克隆自己,设置 0.01 到 0.05 时间随机。开始本马设置不存在,是因为它一直在原地跑,就不需要看它了,只看克隆体就可以了。

(2)骏马奔腾

当每个克隆体出来以后,必须让它出现在画面上,为了能更直观地观看效果,设置为一定范围内的随机位置,然后一直向前奔跑,可以看到骏马奔腾的大场面。

(3)删除克隆体

马的克隆体运行 15 秒后删除,释放内存空间。

4.小结

克隆,在程序设计时经常用到,主要是掌握了基本方法,就运用自如了。

三维设计软件XRmaker(5)——PC操作

● 辽源市第三实验小学 王薇 王德贵

XRmaker的作品有安卓手机和PC-Windows两种类型，在创建作品时就需要确定下来。本期我们通过案例“飞行员”来学习PC操作。

一、模块管理

1.模块管理

在“编程”选项卡里，模块最下方的“模块管理”。它可以修改作品的设备类型，也可以设置多个设备类型。

2.作品类型

PC操作的前提，是在创建新作品时选择3D→Windows类型，这样在“编程”时，才会有“PC”模块。

3.修改作品类型

用“模块管理”在编程时也可以修改或是添加为“3D→Windows类型”，而新建作品时只能选择一种类型。

设置时必须先选择模型后，才能使用“模块管理”。

二、键盘操作

在PC模块中，有鼠标和键盘操作的模块，用于侦测用户的交互动作。下面分别讨论键盘操作和鼠标操作(图1)。

1.键盘操作

“键盘‘按住’‘A’”，这个键盘的操作积木是尖角，属于逻辑操作符，结果为布尔值真或假。操作方法：按住、按下和松开。

(1)按住：响应按下时间稍长的操作。(2)按下：响应按下时的动作，即按下某键时，才会检测到动作，一般与松开对应使用。(3)松开：只有某按键松开时，才会响应的事件。一般与按下事件对应使用。

2.获取键盘属性

“键盘按住左右”“键盘按住上下”获取按下的方向按键，积木为圆角，属于运算模块。按上和右键，输出0到1的浮点值，下和左是-1到0的浮点值。

三、鼠标操作

1.左右键操作

左右键操作也有按住、按下和松开三种操作。积木为尖角，属于逻辑运算，结果为布尔值真或假。

2.获取鼠标位置操作

“鼠标在屏幕中‘X’位置”积木为圆角，属于算术运算，能获取鼠标当前x，y坐标的浮点值。屏幕左下角坐标为(0，0)，右上角为屏幕分辨率值。

3.选中模型

鼠标操作的“XX被选中时”非常实用，当鼠标与模型接触时，即是“被选中”状态，其实它也可以理解为鼠标与模型的碰撞事件，测试该积木代码如图2。

四、案例－飞行员

1.资源列表(见下表)

2.设计思想

(1)思路

用XRmaker模拟航模训练。键盘控制飞机起飞和降落。机场设置标识，以备飞行时识别，同时显示飞行数据：位置坐标、方位角和飞行速度。

键盘设定：上：油门+；下：油门－；左：左翻转；右：右翻转；A：左转弯；D：右转弯；W：机头俯；S：机头仰。

(2)油门

通过上下键控制油门，同时也控制了飞行速度。

(3)起飞

必须达到一定速度方能起飞，通过按S键实现仰角控制，对应W键是俯角控制。

(4)翻转

翻转即Self空间Z轴方向的角度变化。

(5)音效

飞机在飞行时，有飞行音效，音量与速度匹配，即速度越大，音量也越大。

(6)跑道

地面设定不同方向的几个跑道，以备飞机降落。

(7)机场标识

机场设置了树木、建筑物等标识，四周设置了热气球标识，方便飞机降落。

3.程序设计

作品稍复杂，程序较多，请先在

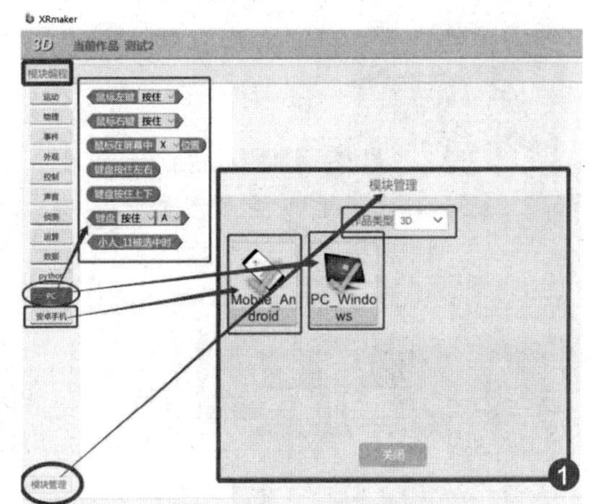

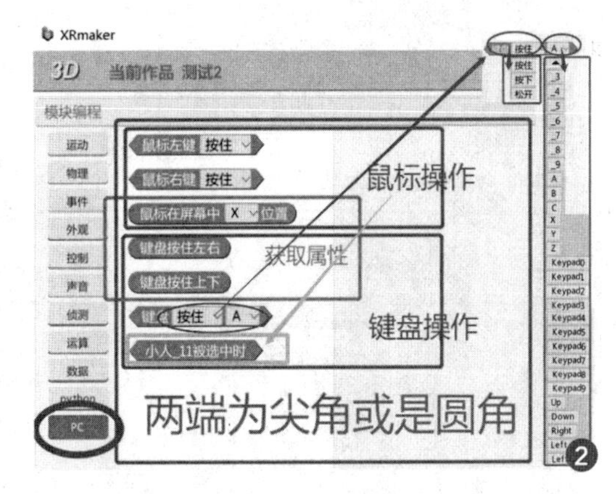

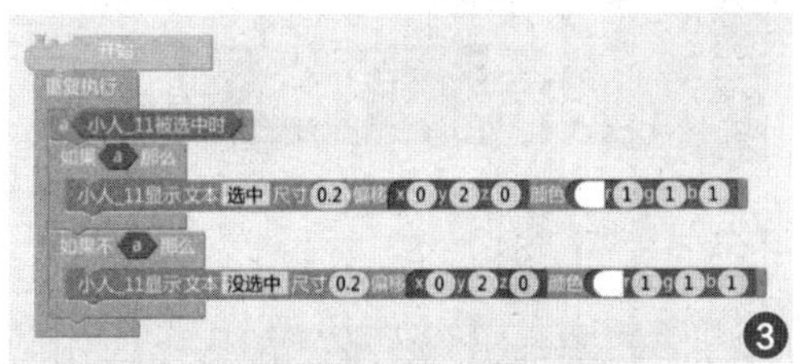

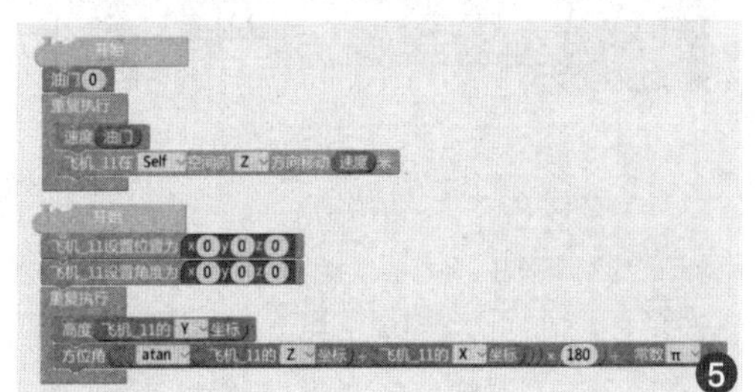

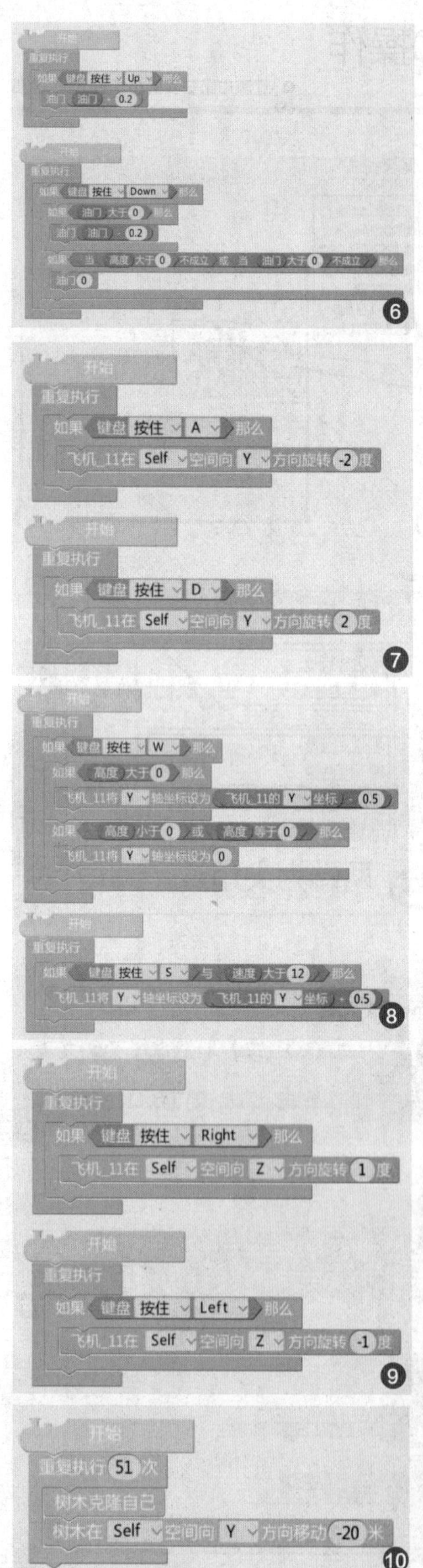

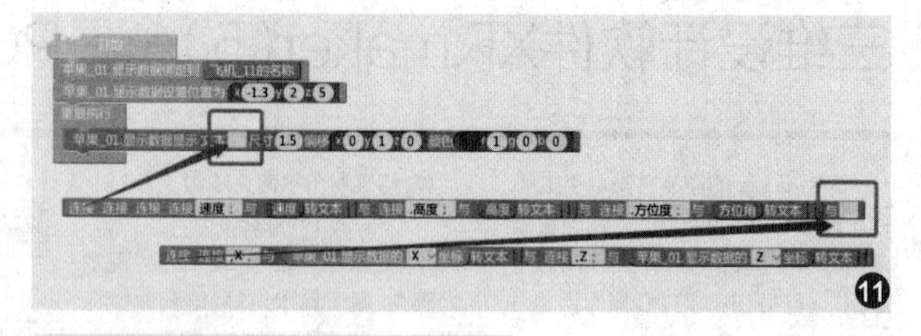

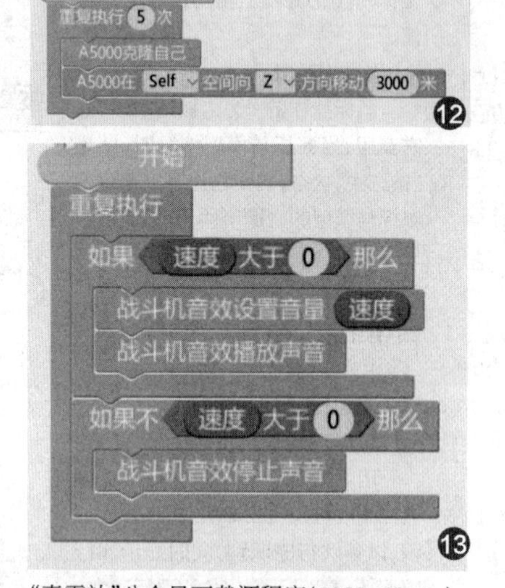

“壹零社”公众号下载源程序(2023-20.zip),在“文件→新建→导入作品”后再对比学习。

(1)摄像机:摄像机需要绑定在飞机上,否则无法控制。关于绑定的知识,以后会单独介绍(如图3)。

(2)飞机_11:即是我们控制的飞机。飞行中让飞机Self空间前进,速度来自上下键(如图4)。

油门控制(如图5)。

左右方向控制(如图6)。

俯仰控制(如图7)。

翻转控制(如图8)。

(3)树木标识:树木在起飞跑道两侧,也是为了降落时方便辨识。两棵树木克隆自己,程序相同(如图9)。

(4)苹果_01:将苹果绑定到飞机上,显示飞行数据,所以苹果设置比例很小,不需要看到它(如图10)。

(5)热气球标识:热气球放在机场四周,标识作用(如图11)。

(6)音效(如图12)。

4.小结

案例是前面学习知识的综合运用,比较复杂,请比对源程序学习。

序号	资源名称	资源库	资源位置	位置坐标	角度	缩放
1	摄像机			0,2.3,2		
2	草地1	免费资产	森林	0,-6,650	270,0,0	200,200,1
3	飞机_11	公共资产	交通工具空中	0,0,0	0,0,0	
4	地面10	免费资产	地面	-10,0,0	0,180,0	1,1,200
5	树木	免费资产	森林	-20,0,-20	270,0,0	3,3,5
6	树木	免费资产	森林	20,0,-20	270,0,0	3,3,5
7	楼房建筑05	公共资产	建筑物	-750,0,-100	270,0,0	0.1,0.1,0.2
8	楼房建筑12	公共资产	建筑物	820,0,-100	270,0,0	0.1,0.1,0.2
9	苹果_01	免费资产	水果食品	-1,4,5		0.01,0.01,0.01
10	热气球_01					
(A5000)	免费资产	交通工具空中	-5000,50,-6000			
11	热气球_02					
(A2000)	免费资产	交通工具空中	-2000,50,-6000			
12	热气球_03					
(A200)	免费资产	交通工具空中	-200,50,-6000			
13	热气球_04					
(A10000)	免费资产	交通工具空中	-10000,50,-6000			
14	热气球_01					
(B200)	免费资产	交通工具空中	200,50,-6000			
15	热气球_02					
(B2000)	免费资产	交通工具空中	2000,50,-6000			
16	热气球_03					
(B5000)	免费资产	交通工具空中	5000,50,-6000			
17	热气球_04					
(B10000)	免费资产	交通工具空中	10000,50,-6000			
18	地面10	免费资产	地面	-300,0,0	0,180,0	4,1,200
19	地面10	免费资产	地面	300,0,0	0,180,0	4,1,200
20	地面10	免费资产	地面	500,0,200	0,90,0	4,1,200
21	地面10	免费资产	地面	500,0,800	0,90,0	4,1,200
22	地面10	免费资产	地面	500,0,0	0,135,0	4,1,280
23	地面10	免费资产	地面	500,0,1000	0,45,0	4,1,280
24	战斗机音效	创作资产	音效	0,0,0		

做个树莓派“防瞌睡”警示仪吧

● 山东省招远第一中学　牟晓东

在利用 MediaPipe 对人脸进行“面部网格”识别之后，我们通常会选择其中的某些特定关键点进行二维坐标点的定位和追踪，或者是进行点与点间距的计算，进而开发实现一些比较有趣的功能模块，比如树莓派“防瞌睡”警示仪——通过摄像头实时监测用户的双眼活动状态，当发现有频繁眨眼或闭眼时则进行亮灯警示。

1.“瞌睡”判定标准之一：界定单眼六个“标点”纵横间距的比例值

“瞌睡”的表现状态包括打哈欠、无规律地频繁点头以及眨眼闭眼等，在此仅以频繁眨眼或闭眼作为瞌睡判定的标准。MediaPipe 能够检测出两只眼的几十个关键点，我们简单地选择每只眼的六个“标点”即可进行计算判断是否在瞌睡状态。以左眼为例，将最靠近鼻根的眼角处标定为点 P0，再按顺时针方向将上眼皮横向三等分的两个点分别标定为点 P1 和点 P2，最外侧的眼角标定为点 P3，下眼皮横向三等分的两个点分别标定为点 P4 和点 P5(如图 1)。

按照 MediaPipe 对左眼各关键点的序号标注，从点 P0 到 P5 分别对应的点是 362、385、387、263、373 和 380；同理，右眼对应 P0 到 P5 的分别是 33、160、158、133、153 和 144。在 Python 编程判定是否为瞌睡状态时，可以先分别计算三组点相互的距离（横向：P0 与 P3，纵向：P1 与 P5、P2 与 P4），再计算两个纵向距离和与横向二倍距离的比值，该值越小则表示疑似瞌睡的可能性就越大。

2.实验器材及连接

实验器材包括树莓派 3B+ 主板和古德微扩展板各一块，摄像头一个，红色和绿色 LED 灯各一支，分别安装至扩展板的 5 号和 6 号引脚(“长腿正、短腿负”)；连接数据线给树莓派通电，启动操作系统(如图 2)。

3.编程：库模块的导入、比例值计算函数及初始化

首先导入 OpenCV、MediaPipe 和 GPIOZero 等库模块；然后，定义函数 scale_value(point)，其中的变量 p15、p24 和 p03 分别表示点 P1 与 P5、P2 与 P4、P0 与 P3 之间的距离，计算公式为二者各自的横纵坐标取差再求平方和，最后开平方，比如：“p15 = math.sqrt((point[1][0]−point[5][0])**2 + (point [1][1]−point [5][1])**2)”。给函数传入的参数 point 是一个包括 6 个数据的列表，像 point[1][0]和 point[5][1]分别表示点 P1 的横坐标值、点 P5 的纵坐标值。函数 scale_value(point)最终返回的是变量 ScaleValue，其值为“(p15+p24)/(2*p03)”，即 6 个“标点”纵横间距的比例值。

接下来进行相关的初始化操作，建立变量 mp_face_mesh、model、mp_drawing 和 mp_drawing_styles 并赋值的作用是 MediaPipe 进行“面部网格”识别的前提；建立变量 close_eye_level 并赋值为 0.1，作用是设置闭眼的阈值(越大就越灵敏)，过大的话会将正常的“睁眼”也认定为“闭眼”；建立变量 max_counter 并赋值为 4，作用是设置闭眼的时间阈值，意思是“多少次连续地闭眼才会被认定为瞌睡”；变量 camera 的值为“cv2.VideoCapture(0)”，仍是对摄像头进行数据读取；建立变量 left_ScaleValue 和 right_ScaleValue，均赋值为 0，分别表示左眼和右眼的初始纵横间距的比例值；变量 counter 的初始值为 0，作用是对连续闭眼动作进行记录；变量 Red_LED 和 Green_LED 分别赋值为“LED(5)”和“LED(6)”，对应红色和绿色 LED 灯的引脚初始化(如图 3)。

4.编程：“while True:”循环

在对摄像头进行常规的图像读取及色彩转换等之后，建立变量 left_eye 和 right_eye，分别赋值为“[362,385,387,263,373,380]”和“[33,160,158,133,153,144]”，存放的数据即为左眼、右眼各自的六个“标点”序号；在人脸各关键点的遍历“for face_landmarks in results. multi_face_landmarks:”循环中，先建立变量 point 并赋值为“[]”空列表，再通过“for i in left_eye:”循环对左眼六个“标点”进行遍历，通过“int(results. multi_face_landmarks [0]. landmark[i].x * w)”和“int(results.multi_face_landmarks[0].landmark[i].y * h)”获取每个“标点”的横坐标和纵坐标值，并通过语句“point.append((x,y))”将其追加至 point 列表中；建立变量 img，赋值为“cv2.circle(img,(x,y),3,(0,255,0),−1)”，作用是对每个坐标点绘制实心的绿色圆点，最终效果会叠加出现在监控画面中用户的左眼周围 P0 至 P5 共六个“标点”上；建立变量 left_ScaleValue，调用

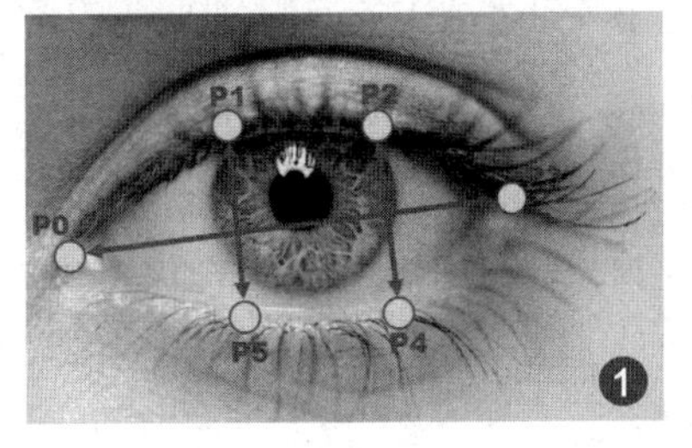

1

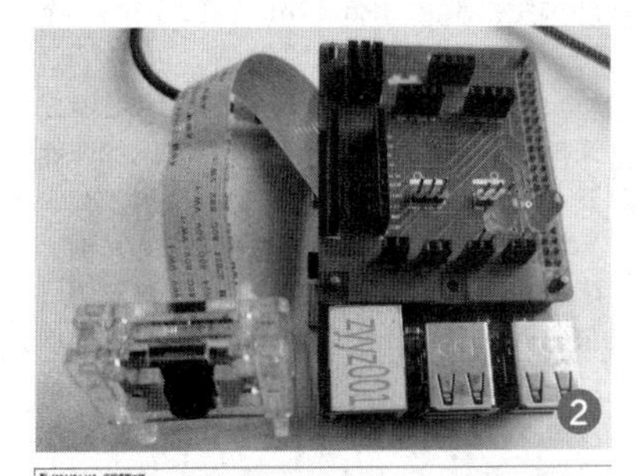
2

3
4

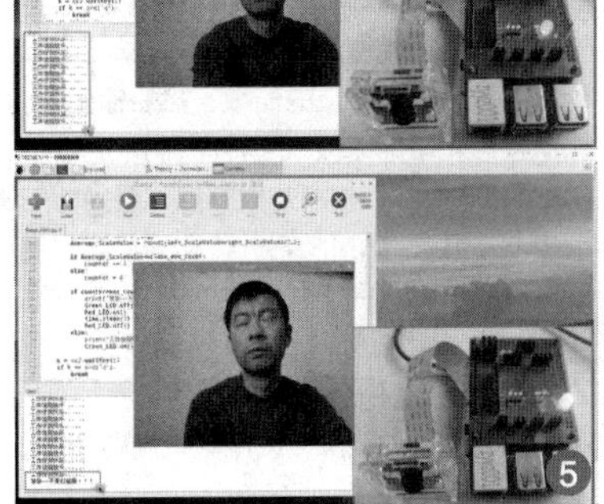
5

scale_value(point)函数进行左眼六个"标点"纵横间距比例值的获取。

同理,再对右眼进行相同的操作,最终通过变量right_ScaleValue 获取右眼六个"标点"纵横间距的比例值。语句"cv2.imshow('Camera',img)"的作用是建立窗口 Camera,将变量 img 所存储的图像等内容显示出来;建立变量 Average_ScaleValue,赋值为"round((left_ScaleValue+right_ScaleValue)/2,2)",作用是对两只眼各自的"标点"纵横间距比例值进行平均(保留两位小数);在"Average_ScaleValue<=close_eye_level:"选择结构中,条件为真则给计数器 counter 加 1,否则便重置为 0;在"if counter>max_counter:"选择结构中,条件为真(表示判定为打瞌睡)则依次执行输出文字信息"警告——不要打瞌睡!!!"、关闭绿色 LED 灯("Green_LED.off()")、打开红色 LED 灯("Red_LED.on()")、持续 3 秒钟时间("time.sleep(3)")、关闭红色 LED 灯("Red_LED.off()");条件不成立,则先输出文字信息"工作使我快乐……",再打开绿色 LED 灯("Green_LED.on()")。

最后,仍然是常规的程序退出(热键 q)、释放摄像头资源和窗口的关闭(如图 4)。

5.运行程序进行测试

将程序保存为"Sleep_Alert.py",点击"运行"按钮开始测试。正常情况下,没有在短时间内进行超过 5 次的连续眨眼,或是没有进行连续几秒钟的闭眼,程序都会判定用户是清醒状态,屏幕的提示信息为"工作使我快乐……,此时的绿色 LED 灯发光、红色 LED 灯关闭;如果模拟进行打瞌睡的连续眨眼及闭眼动作,屏幕的提示信息则变为"警告——不要打瞌睡!!!",绿色 LED 灯关闭、红色 LED 灯亮起(如图 5)。

源代码可在"壹零社"公众号编程相关中下载"2023-28"。

乐动掌控板模拟智能垃圾桶

● 新疆昌吉州第四中学 付春蓉

一般垃圾桶为了美观和避免散发异味,都设计了桶盖,但是这样也带来了不便,每次扔垃圾的时候都需要打开桶盖,特别是桶盖比较脏时,有些人就不愿意打开桶盖,将垃圾随意放在桶外。能否制作一个智能垃圾桶,当有人想要丢垃圾时,只要走到靠近垃圾箱的位置,它感应到有人在旁边,自动把盖子打开;扔完垃圾后,它又自动把盖子合上,这样就能解决这个问题。

设计思路:用掌控板作为主控,利用超声波传感器检测距离,当检测到有人靠近时,通过舵机带动垃圾桶盖打开,一段时间后,垃圾桶盖自动闭合。

科技的发展,智能硬件在生活中得到了广泛的应用,现在一些酒店、商场已经有了智能垃圾桶,有人靠近时就会自动打开。今天我们利用掌控拓展板和舵机模拟制作一个智能垃圾桶(图 1)。

1

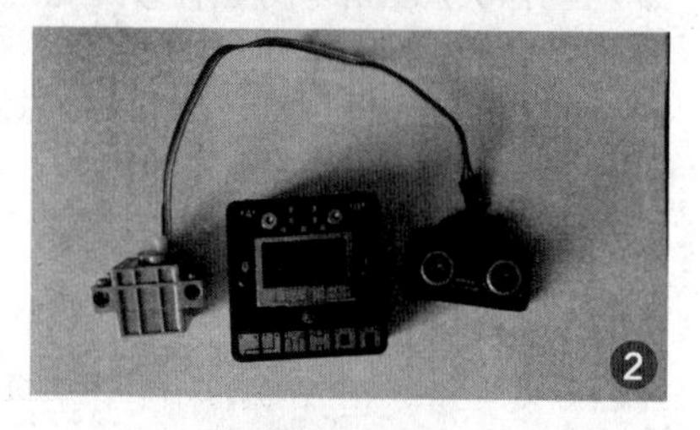
2

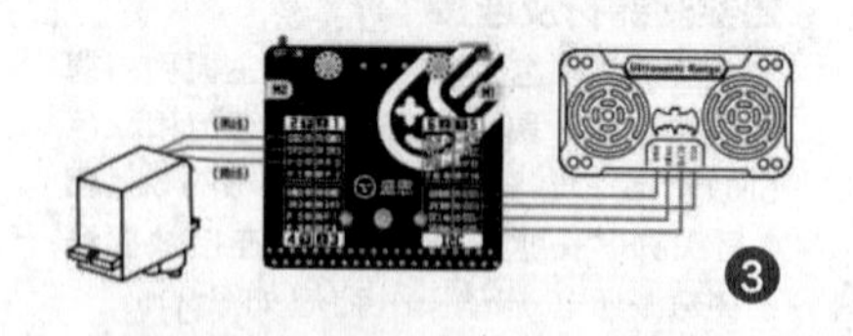
3

1.认识舵机

舵机,是一种控制驱动器,它可以旋转至 0~180 度的任意角度,舵机常用于需要高精度定位的领域,比如机床、工业机械臂、机器人等。标准的舵机有三条引线,分别是地线 GND(棕色舵机连接线)、电源线 VCC(红色)、控制信号线(橙色)。

舵机的工作原理是控制电路接收信号源的控制信号(PWM),并驱动电机转动,齿轮组将电机的速度呈大倍数缩小,并将电机的输出扭矩放大相应的倍数,然后输出;电位器和齿轮组的末级一起转动,测量舵机轴转动角度;电路板检测并根据电位器判断舵机转动角度,然后控制舵机转动到目标角度或保持在目标角度(图 2)。

2.认识舵机的指令

选择舵机的引脚,设置舵机旋转角度。舵机是通过脉宽调制信号来控制角度的。脉宽调制是一种对模拟信号电平进行数字编码的方法,所以舵机需要连接到模拟输出引脚,舵机可以连接使用的引脚包括:p0、p1、p13、p14、p15、p16。

设置舵机脉冲宽度参数,不同舵机脉冲宽度参数和角度范围会有所不同,可以根据舵机型号自行设置,这里我们使用舵机 pwm 信号脉宽的默认值,其中最小宽度为 750,最大宽度为 2250,单位微秒。舵机的转动角度由脉宽决定,所以这里舵机转动的最大角度为 180。

3.构思

我们的构思是要制作一个智能垃圾桶,实现有人靠近时垃圾桶盖自动打开的功能,可以将任务分解为两个部分:

一是利用超声波传感器检测距离;

二是当检测到的距离小于设定的数值时,垃圾桶打开盖,当检测到的距离大于设定的数值时,垃圾桶关闭(见下表)。

4. 硬件连接图(图 3)

(1)利用超声波传感器监测距离(图 4)。

(2)判断是否有人靠近,有人靠近时垃圾桶自动开盖,否则垃圾桶保持关闭状态。

判断超声波传感器的值是否小于 20,如果小于 20 设置舵机的角度为 90 表示,有人靠近垃圾桶打开,否则舵机角度为 0,表示没有人靠近垃圾桶处于关闭状态(图 5)。

4

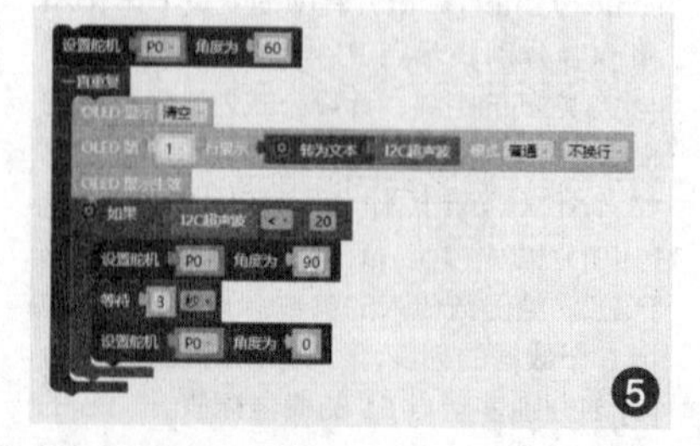

5

5.编写程序并调试

智能垃圾桶除了此方法之外,还可以根据光线强弱来控制垃圾桶盖子的开合,或者红外线传感器来控制盖子的打开或者关闭,非常实用(参考代码如图 6)。

打造本地人脸门禁系统(一)——数据采集

● 山东省招远第一中学 牟晓东 牟奕炫

目前很多中小学创客项目中有关“人脸识别”都是通过使用百度的AI开放平台来实现的。需要提前注册账号并采集“人脸库”信息,然后借助于个人账号的APIKey和SecretKey进行在线数据的调用比对,最终获取置信度百分比实现对人脸的识别判断。这种方式的优点是用户编程时人脸识别的底层算法及实现过程是一个黑箱,只需通过接口进行数据的双向传输即可。缺点是必须保证网络的通畅,而且免费账号可能有时间段或有效使用次数等限制。

我们以树莓派为基础平台,借助开源计算机视觉库OpenCV、多维数组计算的Numpy库、连接硬件设备的PinPong库以及PIL库、OS库等,就可以通过摄像头采集人脸进行数据的本地训练,最终实现脱离网络环境的人脸识别本地门禁系统。

一、实验器材及连接

实验器材包括:树莓派3B和古德微扩展板各一块,带数据排线的P5V04A SUNNY定焦摄像头一个,SG90舵机一个,RGB三合一红绿灯模块一个,小型面包板一块,杜邦线若干。

首先,将树莓派主板CSI卡槽接口(标注为“CAMERA”)的锁扣两端向上轻轻拉起,再将摄像头数据排线末端的“金手指”一面小心插至卡槽底部,并从两端压紧锁扣。接着,将古德微扩展板四角对齐,轻轻压进树莓派的边槽引脚组,注意将摄像头的数据排线从另一侧引出。然后,将RGB红绿灯模块的四个引脚并列插入面包板,再使用红色、黄色和绿色杜邦线分别将红绿灯模块的R、Y和G引脚对应连接至扩展板的5号、6号和12号引脚的“+”极,用白色杜邦线将红绿灯模块的GND引脚连接至扩展板5号引脚的“-”极;接着,将舵机插入扩展板的18号引脚组,注意黄色、红色和棕色线分别对应D数据端、VCC和GND端;最后,给树莓派通电,启动操作系统(如图1)。

二、获取人脸图片的源数据

通过编程让树莓派的摄像头拍摄一批我的脸部图片,作为训练AI的源数据。

运行Windows的“远程桌面连接”程序,输入树莓派的IP地址(192.168.1.120)后点击“连接”按钮,进入树莓派的操作系统,准备开始Python代码编程。

1.安装库模块

笔者的树莓派操作系统中Python版本是3.7.3,需要在“LX终端”先安装OpenCV库,命令是“pip3 install opencv-python”;用“pip3 install numpy”命令安装Numpy库。同样安装好PIL库、OS库以及PinPong库。

2.拷贝人脸识别文件

接下来,在/home/pi/pycode中建立Recognize_Face项目文件夹,文件夹中分别建立PicData和Data两个空目录,前者用来保存摄像头捕获人脸的照片文件,后者则用来保存训练好的trainner.yml数据文件。

然后,从/usr/local/share/opencv4/haarcascades文件夹中将已经训练好的人脸正面识别检测模型haarcascade_frontalface_default.xml文件复制进来,待调用(如图2)。

3.采集并将人脸图转灰度图

为了提高人脸图片的识别度,要将摄像头捕获的BGR格式人脸照片转换成GRAY灰度图。

首先,导入numpy和opencv库:“import numpy as np”“import cv2”;接着,建立变量cap,赋值为“cv2.VideoCapture(0)”,作用是控制摄像头开始抓拍生成视频画面;建立变量face_cascade,赋值为“cv2.CascadeClassifier(“haarcascade_frontalface_default.xml”)”,作用是使用人脸检测的级联分类器读取之前保存在当前文件夹中的识别检测模型文件haarcascade_frontalface_default.xml;建立变量sampleNum,赋值为0,对人脸采集的数目进行零初始化计数;建立变量ID,赋值为“input(“请输入您的数字ID:”)”,作用是在屏幕上输出提示信息并为人脸采集照片文件进行命名的归类。

在“while True”循环结构中,先通过语句“ret, img = cap.read()”对摄像头的人脸捕获画面进行读取,其中的ret返回值为布尔型,读取正确则返回True,变量img中存储的是矩阵形式的一帧图片信息;再建立变量gray,赋值为“cv2.cvtColor(img,

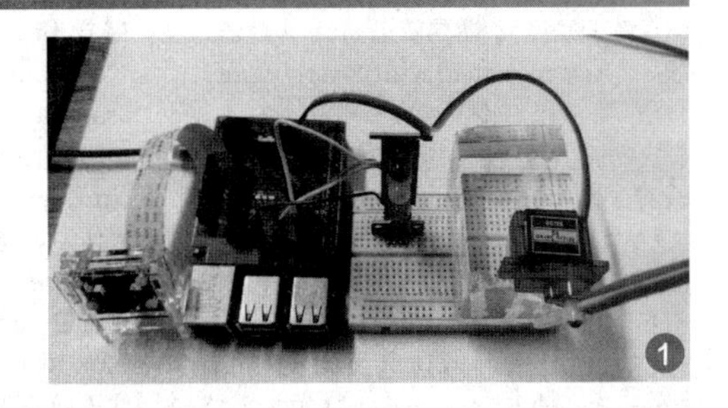

1

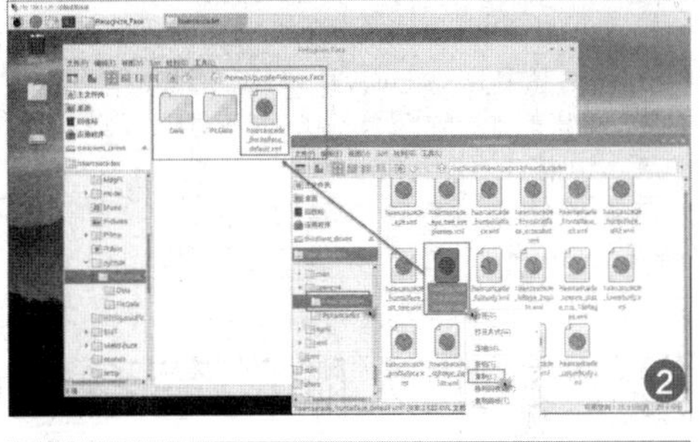

2

```
import numpy as np
import cv2

cap = cv2.VideoCapture(0)
face_cascade = cv2.CascadeClassifier("haarcascade_frontalface_default.xml")
sampleNum = 0
ID = input("请输入您的数字ID: ")

while True:
    ret, img = cap.read()
    gray = cv2.cvtColor(img,cv2.COLOR_BGR2GRAY)
    faces = face_cascade.detectMultiScale(gray,1.3,5)
    for (x,y,w,h) in faces:
        img = cv2.rectangle(img,(x,y),(x+w,y+h),(255,0,0),2)
        sampleNum = sampleNum + 1
        cv2.imwrite(
            "PicData/user." + str(ID) + "." + str(sampleNum) + ".jpg",
            gray[y:y+h,x:x+w],
        )
    cv2.imshow("img", img)
    if cv2.waitKey(1) & 0xFF == ord("q"):
        break
    if sampleNum == 1000:
        break

cap.release()
cv2.destroyAllWindows()
```

3

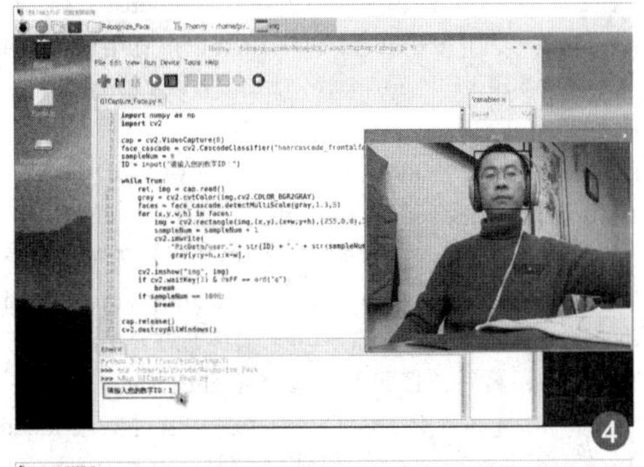

4

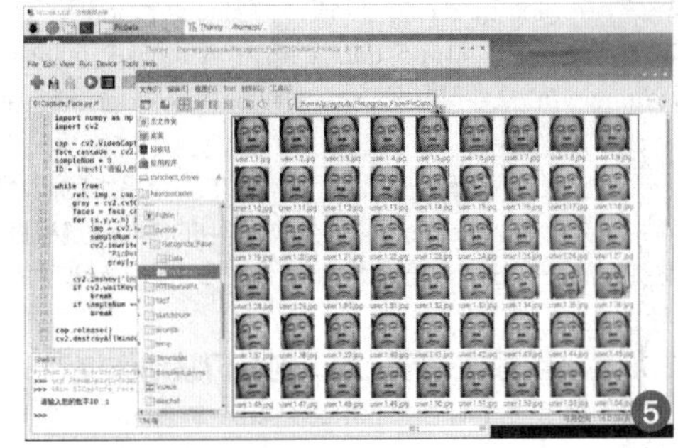

5

cv2.COLOR_BGR2GRAY)”，作用是将读取到的 BGR 格式图片进行 GRAY 灰度颜色转换，生成对应的灰度图片(目的是提高图片的识别度)；建立变量 faces，赋值为“face_cascade.detectMultiScale (gray, 1.3,5)”，作用是设置缩放参数为 1.3、人脸确定的最小次数为 5，实现对应精度的人脸识别，返回值是 OpenCV 对图片的探测结果；在“for (x,y,w,h) in faces”内循环中，(x,y) 是左上角的像素点的二维坐标值，w 和 h 则分别表示宽度和高度；对变量 img 进行二次处理并赋值为“cv2.rectangle (img, (x,y), (x+w,y+h), (255,0,0), 2)”，作用是使用 rectangle 进行人脸的矩形框标记，其中的“(x+w,y+h)”表示矩阵右下角像素的坐标值，“(255,0,0)”所对应的是 BGR 格式的蓝色 Blue 颜色值，“2”表示画框的线宽；语句“sampleNum = sampleNum + 1”的作用是进行人脸采集“加 1”计数。

4.保存采集数据

通过 cv2.imwrite 进行图片文件的保存操作，文件主名由四部分组成：““PicData/user.”+str (ID)+ “.”+str (sampleNum)”，然后是扩展名““.jpg””(最终的文件名格式为“user.id.num.jpg”)，“gray[y:y+h,x:x+w]”的作用是将灰度图片作为二维数组进行人脸区域的检测；语句“cv2.imshow(“img”, img)”的作用是显示变量 img 所存储的图片，该显示窗口的名称也同为“img”；接下来，通过两个 if 条件语句实现摄像头拍照和图片存储操作的 break 中断，一个条件为“cv2.waitKey(1) & 0xFF == ord(“q”)”，表示延时 1 毫秒的切换来等待键盘是否按下字母“q”(quit)；另一个条件为“sampleNum == 1000”，表示人脸采集的数目是否超过 1000 张。

最后，添加摄像头的资源释放语句“cap.release()”，并且关闭图像窗口：“cv2.destroyAllWindows ()”，将程序保存为“01Capture_Face.py”(如图 3)。

5.测试人脸采集程序

运行程序，在“请输入您的数字 ID:”提示信息后面输入数字“1”后回车，此时会弹出一个名为“img”的摄像头预览窗口，显示的内容即为摄像头的实时拍摄画面；尽量保持正脸或是小角度的侧脸及仰视和俯视，摄像头会将识别到的人脸区域用蓝色矩形框进行标识(如图 4)。

经过一段时间的人脸采集后，按一下键盘的 q 键退出，摄像头的实时预览窗口画面关闭；此时进入 PicData 文件夹查看，是不是保存着若干张人脸照片文件(134 张)？眼神和姿态可能各不相同，但共同点是均对人脸区域进行了截取——即蓝色矩形框内的“人脸”信息(如图 5)。

下一期，我们将用这些“源数据”来训练人脸数据模型。

打造本地人脸门禁系统(二)——训练AI

● 山东省招远第一中学 牟晓东 牟奕炫

本期我们要用在《打造本地人脸门禁系统(一)——数据采集》中获得的人脸照片灰度图对 AI 进行训练，并用 AI 控制门禁。

1.用照片进行数据训练

新建第二个程序“02Train_Face.py”，先导入库：“import cv2”“import os”“import numpy as np”和“from PIL import Image”；建立变量 recognizer，赋值为“cv2.face.LBPHFaceRecognizer_create ()”，作用是使用 LBPH (Local Binary Patterns Histograms：局部二进制编码直方图)算法生成 LBPH 人脸识别器的实例模型，也就是先以每个像素为中心去判断自己与周围像素灰度值的大小关系并进行二进制编码，获得整幅图像的 LBP 编码图像，最终通过比较不同的人脸图像 LBP 编码直方图来实现人脸识别；建立变量 detector，赋值为“cv2.CascadeClassifier (“haarcascade_fronalface_default.xml”)”，作用是加载调用人脸检测分类器，类似于上一步的使用人脸检测的级联分类器读取识别检测模型 haarcascade_frontalface_default.xml 文件。

接下来，使用 def 自定义 get_images_and_labels (path) 函数，其中的参数 path 是文件路径。建立变量 image_paths，赋值为“[os.path.join(path,f) for f in os.listdir(path)]”，作用是返回当前路径下的文件名列表；再建立 face_samples 和 ids 两个空列表，通过“for image_path in image_paths”循环，完成图片文件的读取转换以及数据取样训练等功能，最终通过 return 语句返回变量 face_samples 和 ids 的值；最后，将保存人脸照片的 PicData 文件夹名称作为参数传入函数：get_images_and_labels ("PicData")，通过变量 faces 和 ids 对应获取函数中 face_samples 和 ids 的返回值；再将 faces 和 ids 传入 recognizer.train()中进行训练：“recognizer.train (faces,np.array (ids))”，训练结束后将生成的训练数据 trainner.yml 文件保存至 Data 文件夹中：“recognizer.save("Data/trainner.yml")”(如图 1)。

运行程序，一段时间之后(与第一步人脸采集的照片数量有关)，在 Data 文件夹中就会有 trainner.yml 文件生成，其中的内容就是根据人脸照片进行各种特征信息提取的数据，这个 yml 文件就是第三步进行人脸识别的“纲领”(如图 2)。

2.加载训练数据进行人脸识别及门禁动作控制

新建第三个程序“03Recognize_Face.py”，先导入待用的各种库模块：

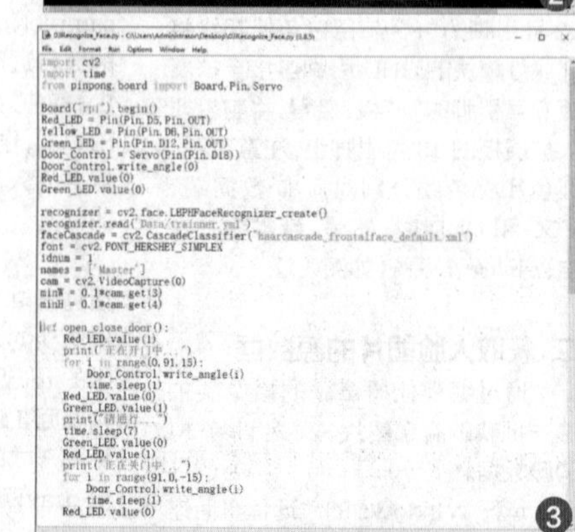

“imp ort cv2”“import time”“from pinpong.board import Board,Pin,Servo”；接着，进行外设硬件及人脸识别的初始化操作：初始化主板型号为树莓派：“Board("rpi").begin()”；红色、黄色和绿色 LED 灯分别接在扩展板的 5 号、6 号和 12 号引脚，均设置为数字输出状态：“Red_LED = Pin(Pin.D5,Pin.OUT)”“Yellow_LED = Pin(Pin.D6,Pin.OUT)”“Green_LED = Pin(Pin.D12,Pin.OUT)”；初始化连接在 18 号引脚的舵机：“Door_Control = Servo (Pin(Pin.D18))”，并且将其横杆的默认状态设置为 0 度关门：“Door_Control.write_angle(0)”；再将红色和绿色 LED 灯的默认状态设置为关闭：“Red_LED.value(0)”“Green_LED.value(0)”。建立变量 recognizer，赋值为“cv2.face.LBPHFaceRecognizer_create()”，作用是准备好人脸识别方法，并且读取并调用第二步训练好的 trainner.yml 文件：“recognizer.read ('Data/trainner.yml')”；建立变量 faceCascade，赋值为“cv2.CascadeClassifier ("haarcascade_frontalface_default.xml")”，作用是再次调用人脸分类器 haarcascade_frontalface_default.xml 文件；建立变量 font，赋值为“cv2FONT_HERSHEY_SIMPLEX”，作用是加载正常大小的无衬线字体；语句“idnum = 1”的作用是设置与 ID 号对应的用户名，语句“names = ['Master']”的作用是人脸识别结果满足设置条件时显示用户标识，如果之前采集和训练的人脸数目不止一人的话，此时可设置对应用户的名称（比如“ZhangSan”“LiSi”等）；然后，调用摄像头进行人脸捕获：“cam = cv2.VideoCapture(0)”“minW = 0.1*cam.get(3)”“minH = 0.1*cam.get(4)”。

接下来，使用 def 自定义 open_close_door()函数，实现的功能是控制红绿灯模块和舵机执行人脸识别成功之后的动作——先亮红灯并有文字提示：“Red_LED.value(1)”“print(" 正在开门中...")”，循环“for i in range(0,91,15)”的主体语句是“Door_Control.write_angle(i)”和“time.sleep(1)”，作用是控制舵机每次逆时针转动 15 度、停顿 1 秒钟，6 次循环结束后，舵机的门禁杆会从之前的 0 度转至 90 度停止；然后，警示红灯熄灭、亮通行指示的绿灯，并且有文字提示信息出现，时间周期为 7 秒钟：“Red_LED.value(0)”“Green_LED.value(1)”“print(" 请通行...")”“time.sleep(7)”；通行结束后，绿灯熄灭、红灯亮起，并且仍有文字提示：“Green_LED.value(0)”“Red_LED.value(1)”“print(" 正在关门中...")”；再次通过类似的循环“for i in range(91,0,-15)”，控制舵机从 90 度顺时针方向恢复至 0 度：“Door_Control.write_angle(i)”“time.sleep(1)”，结束后熄灭红灯：“Red_LED.value(0)”（如图 3）。

在“while True”循环结构中，先设置黄灯为熄灭状态：“Yellow_LED.value(0)”，再从摄像头读取视频画面并进行灰度转换：“ret，img = cam.read ()”“gray = cv2.cvtColor (img, cv2.COLOR_BGR2GRAY)”；接下来的人脸检测“faces = faceCascade.detectMultiScale”以及循环“for (x,y,w,h) in faces”与第二步类似，而且基本上都是 OpenCV 编程调用的固定用法，在此不再赘述。值得一提的是，循环中的“if confidence >=80”选择结构是对人脸识别置信度进行判断，如果条件成立，表示识别出的人脸是“合法用户”，则执行开门通行 open_close_door()函数，否则便会在人脸区域标注“Stranger!”（陌生人）；每次循环均设置有 0.2 秒钟的停顿，控制黄灯在未识别出正常人脸时不停闪烁；同样，检测期间可随时通过按下字母“q”键进行程序的退出和资源的释放以及监测窗口的关闭等操作：“if cv2.waitKey (10) & 0xFF == ord("q"):break”“cam.release()”“cv2.destroyAllWindows()”（如图 4）。

03Recognize_Face.py - C:\Users\Administrator\Desktop\03Recognize_Face.py (3.8.5)

```
while True:
    Yellow_LED.value(0)
    ret, img = cam.read()
    gray = cv2.cvtColor(img, cv2.COLOR_BGR2GRAY)

    faces = faceCascade.detectMultiScale(
        gray,
        scaleFactor=1.2,
        minNeighbors=5,
        minSize=(int(minW), int(minH))
    )

    for (x,y,w,h) in faces:
        cv2.rectangle(img, (x,y), (x+w,y+h), (0,255,0), 2)
        idnum, confidence = recognizer.predict(gray[y:y+h,x:x+w])

        if confidence >=80:
            idnum = names
            confidence = "{0}%".format(round(confidence))
            open_close_door()
        else:
            idnum = "Stranger!"
            confidence = "{0}%".format(round(confidence))

        cv2.putText(img, str(idnum), (x+5,y-5), font, 1, (0,0,255), 1)
        cv2.putText(img, str(confidence), (x+5,y+h-5), font, 1, (255,255,0), 1)

    cv2.imshow('camera', img)
    Yellow_LED.value(1)
    time.sleep(0.2)

    if cv2.waitKey(10) & 0xFF == ord("q"):
        break

cam.release()
cv2.destroyAllWindows()
```

4

5

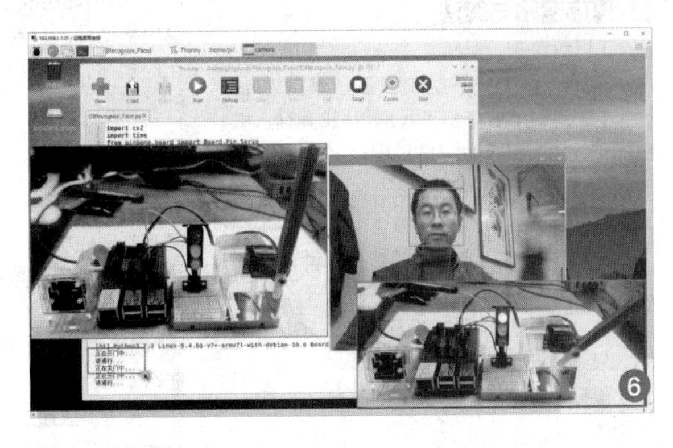

6

3.测试本地人脸门禁系统是否正常工作

运行程序“03Recognize_Face.py”，舵机会保持在 0 度水平位置（禁行状态），同时黄灯会不停闪烁；尝试在摄像头前拍照，如果识别出的人脸置信度低于设置的 80%，摄像头即时预览画面中的人脸区域顶端显示为“Stranger!”，同时左下角显示其识别置信度为 79%，黄灯持续闪烁，舵机无动作（如图 5）。

再次尝试，当显示的人脸置信度显示为 84%（不低于 80%）时，人脸区域顶端的显示提示信息变为“['Master']”（主人），此时的红灯会亮起，舵机控制门杆逐渐从 0 度转至 90 度，接着绿灯亮起（红灯熄灭），此时，“合法用户”有 7 秒钟的时间通过门禁（同时在屏幕上也有对应的文字提示信息出现）；然后红灯亮起（绿灯熄灭），舵机控制门杆从 90 度反方向恢复至 0 度，再次进入黄灯闪烁的人脸检测状态（如图 6）。

Scratch制作五子棋人机对战版

● 重庆万州区童翼园编程 任亚飞

一、游戏概述

我们曾经在《电脑报》2021 年第 3 期和 2022 年第 42 期介绍过用 Scratch 制作五子棋游戏,当时我们确定了绘制棋盘、限制光标移动、实现落子功能、判断棋盘状态、判断五子连珠和实现人机对下等目标。通过那两篇文章的学习,我们已经实现了前五项设计目标,今天我们要实现和 AI 对下五子棋的最终目标。而且我们还希望能够通过合适的 AI 算法,创建一个能战胜人类玩家的五子棋 AI(图 1)。

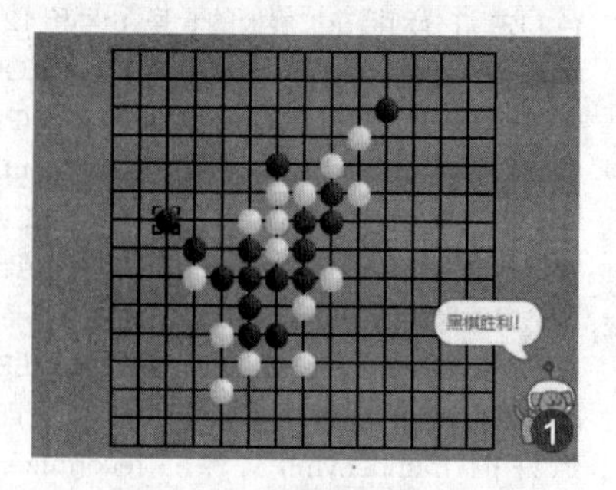

本文的重点在于算法思路,实现其他基本功能的代码如有疑问,可以查看"壹零社"公众号,我们将会把其他两篇文章放到公众号中。

二、游戏规则

五子棋是一款简单的策略游戏,玩家通过在 15×15 的棋盘上轮流落子,试图使自己的五颗棋子横、竖或对角线连成一条线,即为胜利。游戏采用回合制,黑方先手,然后交替进行。本程序中没有考虑禁手。

三、程序流程图

通过流程图,可知我们的重点在于广播算法阻挡(图 2)。

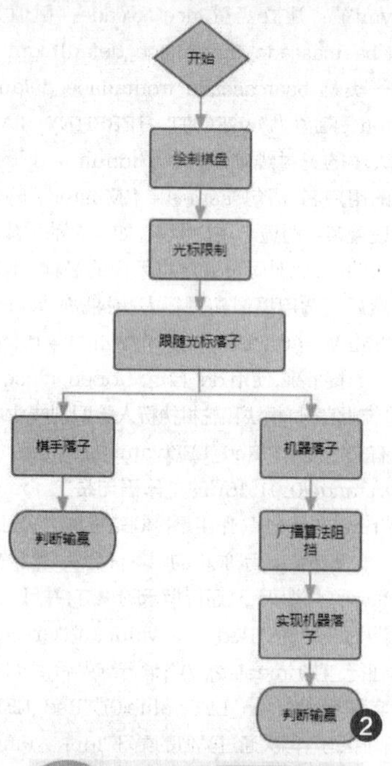

四、程序逻辑与算法

1.棋盘绘制

初始化数据,并绘制棋盘。棋盘为 15 行×1 5 列的 196 个小正方形组成的棋盘,棋盘间距为 23,棋盘绘制是从舞台 X 轴 -161,Y 轴 161 开始绘制(图 3)。

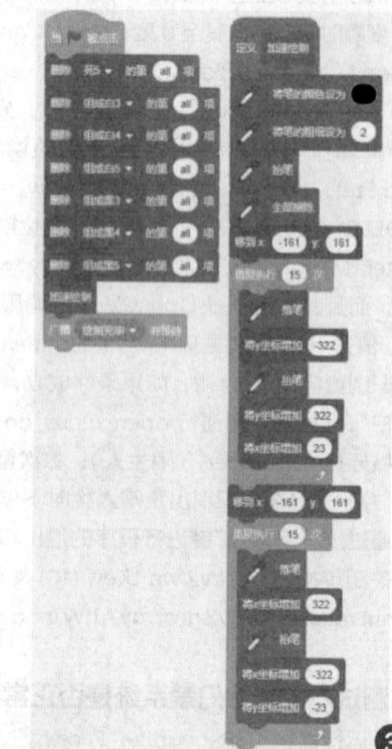

2.光标限制

鼠标在棋盘内光标跟随鼠标指针,在棋盘外不跟随(图 4)。

实现算法:鼠标 X 坐标大于 -161 与鼠标 X 坐标小于 161

鼠标 Y 坐标大于 -161 与鼠标 Y 坐标小于 161

3.计算行列与作用

Y 储存列的值:行 = 鼠标的 Y 坐标 +161/ 间距

X 储存行的值:列 = 鼠标的 X 坐标 +161/ 间距

行列作用于计算落子点;记录落子点状态;落子点米字型方向计算。

计算落子点:X 坐标 = 列×间距 -161;Y 坐标 = 行×间距 -161(图 5)。

落子点状态:列表储存落子点状态,0 为空状态;1 为棋手状态;2 为 AI 棋手状态(图 6)。

4.五子棋连珠方向:

落子点右上方向:列 +1,行 +1

落子点右下方向:列 +1,行 -1

落子点向上方向:列 +0,行 +1

落子点向左方向:列 +1,行 +0

反方向:乘以 -1(得到 8 个方向:米字型)(图 7)

5.落子坐标计算:

坐标号的作用是用于记录每一个落子点的编号,每一个编号储存棋点的状态,0 为空状态;1 为棋手状态(黑棋);2 为 AI 棋手状态(白棋)(图 8)。

6.棋手落子功能(黑棋)

角色光标接收到游戏开始,每按下鼠标一次,广播落子消息一次,棋子接收到落子消息实现落子(黑棋),光标发送消息判断五子连珠一次(图 9)。

7.机器 AI 落子(白棋)

按下鼠标落子成功之后判断连珠,连珠成立停止所有程序,不成立广播算法消息,算法 OK 之后实现机器人落子(图 10)。

8.判断输赢

原理:

(1)判断五子连珠首先要知道五子棋的连珠规则,以最近一个棋子落下为原点,横竖斜等八个方向有 5 颗同色棋子连成一条线代表此方胜利。

(2)创建绘制新的角色"判断"。鼠标在棋盘内移动,注意行列的变量,你会发现方向变化的规律,总结出往八个方向每走一格数据的变化:

(3)正方向,向上走 X 增加 0、Y 增加 1;斜上走 X 增加 1、Y 增加 1;右走 X 增加 1、Y 增加 0。依次方向连续 5 次造型编号相同,说明连珠成功。

9.AI 算法阻挡进攻落子

算法原理:在 Scratch 中,可以使用"控制"模块中的"重复"模块和"条件"模块来实现搜索算法。

搜索算法通常包括搜索空间的生成、状态评估、剪枝等步骤。在实现搜索算法时,需要根据五子棋的规则和特点,设计合适的搜索空间和评估函数。当一方连成五子后,需要计算其胜利点的周围八个位置将阻挡对方落子。

阻挡范围的计算方法如下:对于横向或竖向的五子连成一线,阻挡范围为上下左右四个方向各一个格子。例如,当黑方在水平方向上连成五子时,白方不能在黑方胜利点的上下两个格子落子。对于对角线上的五子连成一线,阻挡范围为左右两个格子。例如,当黑方在对角线上连成五子时,白方不能在黑方胜利点的左右两个格子落子。

实际阻挡落子在计算出阻挡范围后,需要将实际的阻挡效果应用到游戏界面上。我们可以通过修改对应格子的属性来实现这一功能。列表组成黑.2.3.4.5 与列表组成白.2.3.4.5 用于储存黑白方连珠方向的落子点记录。棋手落子加入下棋记录后,根据下棋记录计算 AI 防守与进攻坐标,利用条件如果组成黑 2 计算进攻坐标,黑 3 计算防守坐标。条件判断列表组成黑 2 与组成白 2 返回进攻落子点坐标,组成黑 3 与组成白 2 返回防守落子点坐标,白 3 黑 2 返回进攻落子点坐标,根据棋手先后顺序依次类推列表组成黑白的逻辑关系。根据黑棋落子点,计算棋盘落子点 0 状态,如果连续计算一个方向都是 0 状态,确定最终落子坐标。根据黑棋坐标进行函数进攻防守,函数排序,广播计算完毕消息 AI 落子。

10.变量和列表的功能简介

行:储存行

列:储存列

Winner:黑白棋控制

个数:储存棋数

返回值:落子点状态

落子坐标:棋盘 ID 号

坐标:所有的坐标 ID 号,起始值为 1,最终值为 256

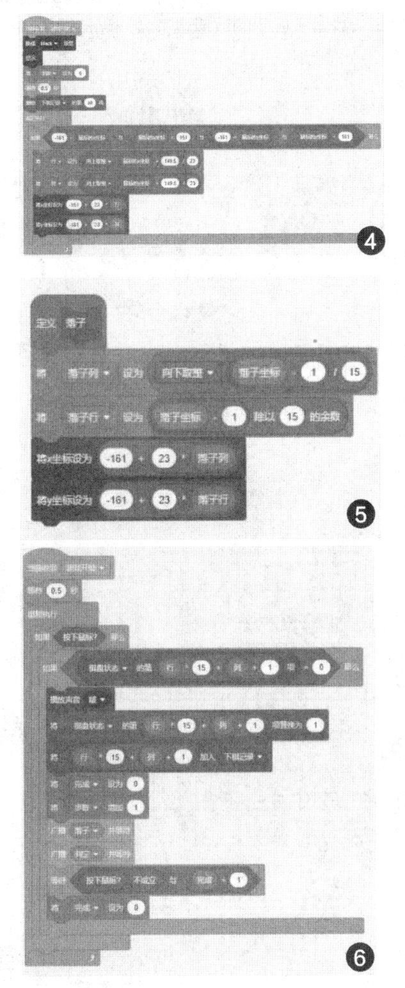

列表判定结果:空,有棋子黑或白

列表黑:记录黑棋状态

列表白:记录白棋状态

列表:组成白 2345 分别代表连珠 12345

列表:组成黑 2345 分别代表连珠 12345

列表候选落子:可选落子点

列表最终候选:最终落子点

列表进攻防守:进攻与防守落子坐标

11.小结

本项目参加了重庆科协组织的科技竞赛并获奖。通过本项目的编程学习不仅培养了我们的编程和 AI 开发能力,还增强了我们对策略游戏的认知和理解。在未来的版本中,我们可以进一步优化成神经网络的结构和强化学习算法的参数,加入三三或三四禁手的判断,提升 AI 的性能。此外,我们还可以添加更多的玩法模式和功能,以满足不同玩家的需求。

本文源代码在"壹零社"公众号编程相关中下载 2023-38.zip。

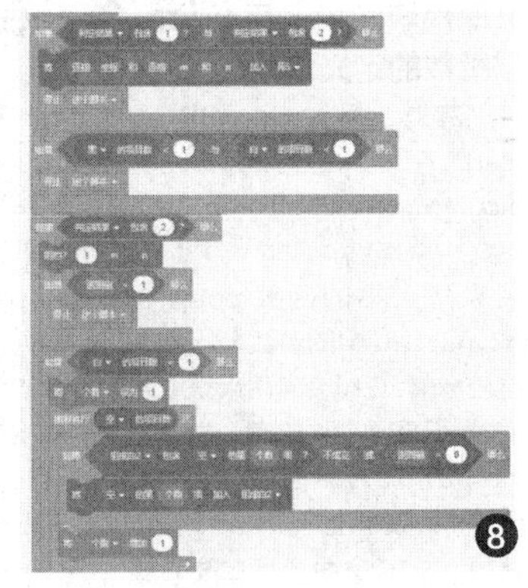

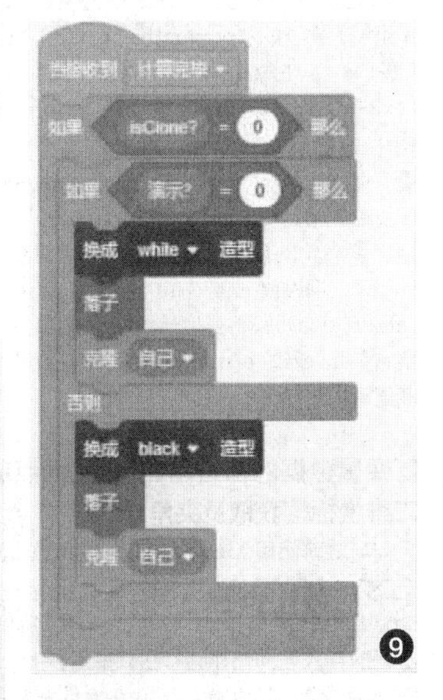

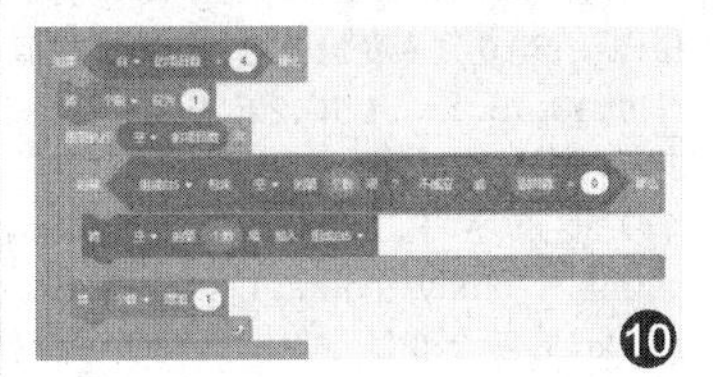

用MediaPipe视觉识别制作健身计数器

● 山东省招远第一中学 牟晓东

利用 MediaPipe 识别人体 33 个关键点的姿势侦测，再结合一些相邻关键点连线求夹角，最终通过对应夹角度数的大小来判断某些预定的健身动作是否有效并进行计数输出，实现健身计数器的简易计数功能。

以简单的双手握举哑铃和双腿深蹲（或是高抬腿）为例，在进行姿势侦测时需要用到四组三个点，分别是：11、13 和 15 对应左肘，12、14 和 16 对应右肘，23、25 和 27 对应左膝，24、26 和 28 对应右膝。如果每组三个点所形成的夹角度数在 30 度之内，则判断握举哑铃或高抬腿动作有效，对应的计数器进行"加 1"操作（如图 1）。

1.库模块的导入与 point_3_angle()函数的定义

首先，导入 OpenCV、MediaPipe 和 math 库模块："import cv2""import mediapipe as mp""import math"；再来定义一个能够计算同一平面内三个点的连线夹角大小的函数 point_3_angle（p1，p2，p3），其中的参数 p1、p2 和 p3 均为二维坐标值，三组变量用来获取对应参数点的横坐标和纵坐标值："x1，y1=p1""x2，y2=p2""x3，y3=p3"；新建变量 pc、pa 和 pb，根据数学上的余弦定理公式，分别赋值计算对应其余两个点之间的模大小——横坐标之差的平方与纵坐标之差的平方先取和再开平方："pc=math.sqrt（（x1-x2）**2+（y1-y2）**2）""pa=math.sqrt（（x3-x2）**2+（y3-y2）**2）""pb=math.sqrt（（x1-x3）**2+（y1-y3）**2）"；新建变量 angle_cos，赋值为"math.acos（（pa**2+pc**2-pb**2）/（2*pa*pc））"，求解出该夹角的反余弦弧度值；再新建变量 angle，赋值为"int（math.degrees（angle_cos））"，将弧度转换为角度值并取整；最后，通过"return angle"将夹角的角度值返回（如图 2）。

2.变量数据的初始化、四组关键点的二维坐标值获取及夹角计算

与之前使用 MediaPipe 进行姿势侦测一样，分别建立变量 mp_pose、mp_drawing 和 pose，完成人体姿势侦测模型的导入等操作；同样，建立变量 camera 并赋值为"cv2.VideoCapture（0）"来调用摄像头；建立列表变量 key_points，赋值为"[11，13，15，12，14，16，23，25，27，24，26，28]"，依次对应左肘、右肘、左膝和右膝的三个关键点序号；建立 count_L_elbow、count_R_elbow、count_L_knee 和 count_R_knee 四个变量，同时均赋值为 0，对应各自部位的计数器（即初始化计数为 0）；此时必须要解决"动作到位后一直保持但计数不能重复增加"的问题，方法是建立 flag_L_elbow、flag_R_elbow、flag_L_knee 和 flag_R_knee 四个标志变量，同时均赋值为 1，只有当动作有效并且对应的 flag 标志变量为 1 时才会将计数加 1，每次加 1 后再将 flag 标志变量重置为 0。

在"while True："循环中，仍是读取摄像头的捕获画面并获取画面的高度和宽度的常规操作："ret，img = camera.read（）""h，w = img.shape[0]，img.shape[1]"；建立变量 key_location 并赋值为空列表"[]"，用来存放 key_points 列表中各关键点的二维坐标值；同样是在"if ret："中，先建立变量 img_RGB 并赋值为"cv2.cvtColor（img，cv2.COLOR_BGR2RGB）"，进行 BGR 到 RGB 颜色模式的转换；再建立变量 results 并赋值为"pose.process（img_RGB）"，将转换模式后的图像信息输入至训练模型并获取姿势侦测的结果；接下来的"mp_drawing.draw_landmarks（img，results.pose_landmarks，mp_pose.POSE_CONNECTIONS）"作用是进行可视化，描绘关键点及相邻点间的连线。

在"for i in key_points："循环中对 12 个关键点进行轮询，通过"location_x=int（results.pose_landmarks.landmark[i].x*w）"和"location_y=int（results.pose_landmarks.landmark[i].y*h）"分别依次获取各个关键点的横坐标和纵坐标值，再通过"key_location.append（（location_x，location_y））"追加至列表变量 key_location 中；建立 left_elbow、right_elbow、left_knee 和 right_knee 四个变量，其值均通过调用 point_3_angle（）函数来获取，不同的是传递的参数，分别对应各自的关键点二维坐标（x，y）值，以对应求解左肘夹角的 left_elbow 为例，为其赋值为"point_3_angle（key_location[0]，key_location[1]，key_location[2]）"，其余三个变量的参数则进行对应设置即可（如图 3）。

3.四组夹角大小的判断及计数信息的反馈输出

分别构造四组内嵌 if 的"if…else…"选择结构，对应四个部位夹角度数是否在 30 度以内的判断，仍以左肘为例：如果"if left_elbow<=30："条件成立，并且对应的标志变量值为 1（"if flag_L_elbow==1："），则先进行有效计数加 1："count_L_elbow+=1"，再进行标志变量赋值为 0 的操作："flag_L_elbow=0"；外层 else 所对应语句是"flag_L_elbow=1"，作用是将标志变量赋值为 1。在四组夹角大小的判断之后，再通过四组 cv2.putText 语句将各自的动作名称及计数值分别以红色、黄色、绿色和蓝色显示在画面的右上方；同样，添加程序退出响应、摄像头资源的释放以及窗口的关闭等语句。

4.健身计数器程序的运行测试

将程序保存为 Sports_Counter.py，按 F5 键进行测试，在摄像头前分别尝试做左右手哑铃的握举动作，也可以同步再进行高抬腿或是深蹲动作。此时会在摄像头的 Camera 窗口实时监测显示有人体 33 个关键点及连线的姿势侦测，右上角则会随着各种健身动作的有效到位进行实时计数，从上到下依次对应左右手握举哑铃和左右腿的高抬腿动作的完成数量。如果某个动作不到位（没有达到设定的 30 度或 60 度阈值），计数器会保持之前的数值不变；如果某个动作已经到位但一直保持为有效状态不变，计数器所显示的数值也不会一直持续增加。

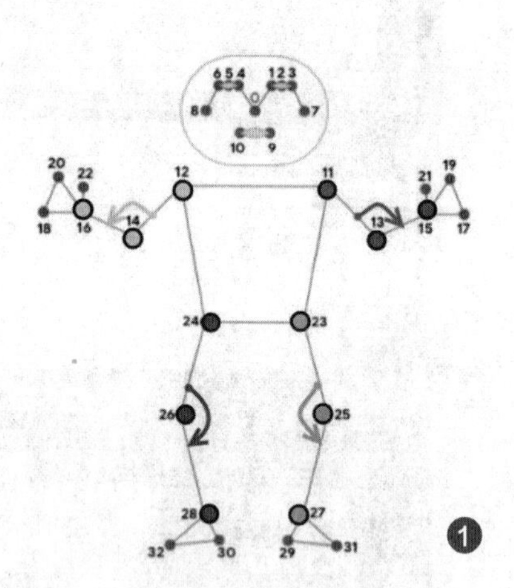

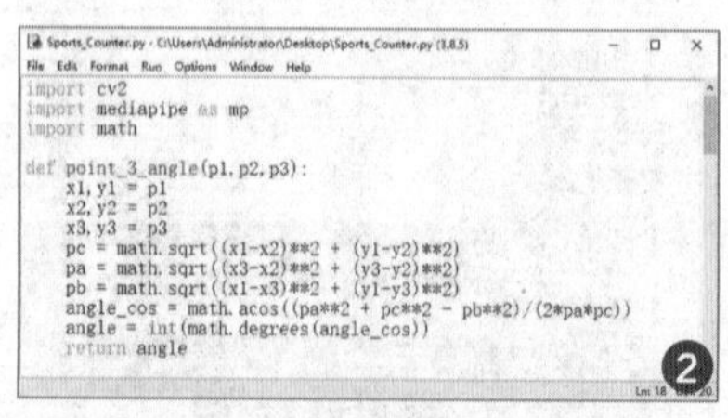

```
import cv2
import mediapipe as mp
import math

def point_3_angle(p1, p2, p3):
    x1, y1 = p1
    x2, y2 = p2
    x3, y3 = p3
    pc = math.sqrt((x1-x2)**2 + (y1-y2)**2)
    pa = math.sqrt((x3-x2)**2 + (y3-y2)**2)
    pb = math.sqrt((x1-x3)**2 + (y1-y3)**2)
    angle_cos = math.acos((pa**2 + pc**2 - pb**2)/(2*pa*pc))
    angle = int(math.degrees(angle_cos))
    return angle
```

2

```
mp_pose = mp.solutions.pose
mp_drawing = mp.solutions.drawing_utils
pose = mp_pose.Pose(static_image_mode=False, model_complexity=2, smooth_landmarks=True,
                    enable_segmentation=True, min_detection_confidence=0.5, min_tracking_confidence=0.5)
camera = cv2.VideoCapture(0)
key_points = [11, 13, 15, 12, 14, 16, 23, 25, 27, 24, 26, 28]
count_L_elbow, count_R_elbow, count_L_knee, count_R_knee = 0, 0, 0, 0
flag_L_elbow, flag_R_elbow, flag_L_knee, flag_R_knee = 1, 1, 1, 1

while True:
    ret, img = camera.read()
    h, w = img.shape[0], img.shape[1]
    key_location = []
    if ret:
        img_RGB = cv2.cvtColor(img, cv2.COLOR_BGR2RGB)
        results = pose.process(img_RGB)
        mp_drawing.draw_landmarks(img, results.pose_landmarks, mp_pose.POSE_CONNECTIONS)
        for i in key_points:
            location_x = int(results.pose_landmarks.landmark[i].x * w)
            location_y = int(results.pose_landmarks.landmark[i].y * h)
            key_location.append((location_x, location_y))
        left_elbow = point_3_angle(key_location[0], key_location[1], key_location[2])
        right_elbow = point_3_angle(key_location[3], key_location[4], key_location[5])
        left_knee = point_3_angle(key_location[6], key_location[7], key_location[8])
        right_knee = point_3_angle(key_location[9], key_location[10], key_location[11])
```

3

Blender如何将图片转换为3D模型

■张毅

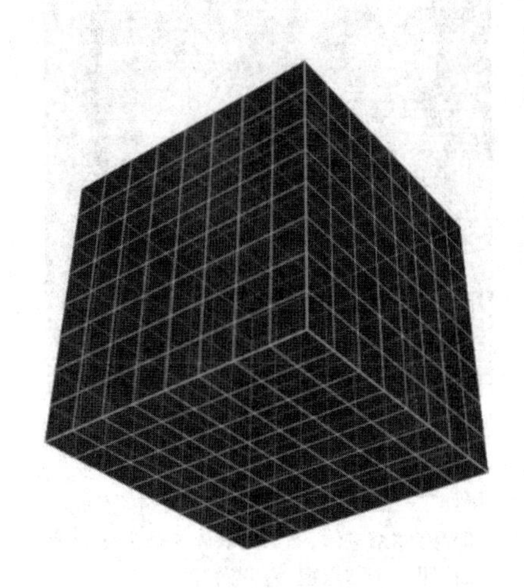

咱们在“上网冲浪”时都会看到很多让人心动的图片,作为一个长期摸索 3D 设计的玩家,常常都在想“我能不能把这张图片”转换成一个 3D 模型呢?事实上这个思路在大多数情况下都是可行的,而且方法有两种,那么该如何操作呢?

方法一:将 PNG 图片作为镂版进行雕刻

首先,咱们需要将图片转换为图形中只有主体,背景为透明的 PNG 图片,这样才能满足图片转 3D 模型的基本要求,如果是复杂背景图里的某一个物体或角色就需要大家在 Photoshop 等软件里自行抠图了。当然,目前网上也有很多现成的 PNG 图片,咱们本期就以一个龙形 PNG LOGO 为例来进行讲解。

打开 Blender 后新建一个平面,然后在编辑模式下对它进行多次的细分,细分次数越多画面越精细,当然也可以用一个“多级精度”修改器来实现同样的目的。在细分完成后进入雕刻模式,选择“遮罩”笔刷,在“笔刷设置”里找到“纹理”,选择之前下载的 PNG 文件,然后将“映射”调整为“镂版”。

设置完成后回到 3D 视图界面,这时候移动鼠标就会发现咱们的 PNG 图片变成了一个镂空蒙版效果,直接往模型上涂色就能把龙形 LOGO 给涂出来,涂完之后只需要按 F3 搜索“遮罩提取”,取消掉“提取为实心”后再点“确定”,即可获得咱们想要的 3D 模型基板啦!接下来只需要使用“实体化”修改器就能让它呈现立体质感了。但要注意的是,这个方法所实现的效果,可能在实体化的过程中出现法向问题,这时候就需要请出我们的第二种方案了。

方法二:将 PNG 转换为 SVG 直接导入

如果觉得第一个方法需要太多操作步骤比较麻烦,只想要一步到位省事儿的话,可以尝试先将 PNG 转换为 SVG 矢量图,目前网上有很多免费的在线转换服务,可以将 PNG 转换为 SVG 矢量图并任意下载,转换完成后咱们可以在 Blender 的文件、导入里找到 SVG 选项,选择刚刚得到的 SVG 文件即可。

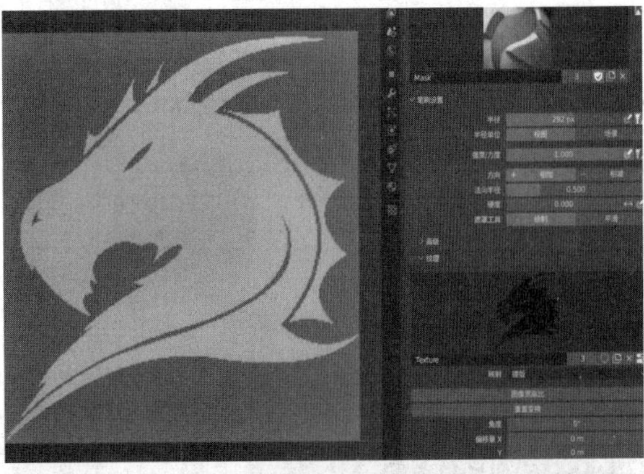

导入后的物体会以曲线的形式呈现,像咱们本期的这个龙形 LOGO 因为缺乏连接性,所以被识别成了四个曲线,但不难看出模型精度明显比方法一要高很多,而且因为是曲线,所以每个顶点还能调整位置,自由度也更高。

不过,曲线形态下我们就不建议使用“实体化”修改器来让它“变厚”了,在曲线工具里可以通过“几何数据”的“挤出”来实现,同时建议配合一定的倒角来增加真实感。

事实上除了 PNG 转换的图片,文字效果也可以通过 SVG 格式进行导入,特别是一些在 Adobe Illustrator 等其他专业软件中制作的艺术字体,通过 SVG 格式导入再制作立体灯牌效果图也是非常常见的操作,比直接在 Blender 里调用现成字库制作来说,这种方法的自由度更高,可满足大多数设计工作需求。

单元总结:方法简单但很实用

严格来说今天的这两个方法都没有太大的上手难度,尤其是转换为 SVG 导入,基本上不涉及任何需要大量动手的操作就能实现,所以这个技巧很适合用来制作场景中提升细节质感的小道具,值得大家学习。

只用修改器！Blender剥离破碎效果教学

■ 薛山

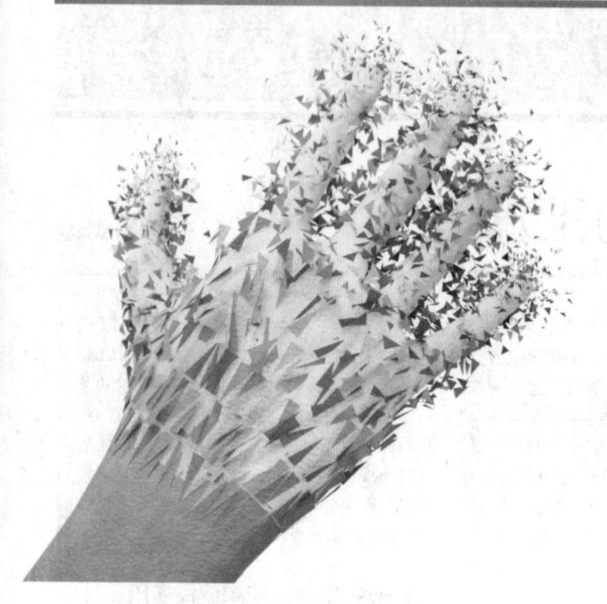

在各类动画效果里，让物体表面覆盖物一点点破碎并剥离的效果都是极具眼球性的存在，在很多电影里也都是展现“万物新生”或“物体消失”的第一选择。事实上在Blender里我们也能比较快捷地实现这个效果，而且是在不需要动用几何节点，只使用修改器和布料系统的情况下就能实现！感兴趣的读者朋友们赶紧打开Blender跟我们一起来学习吧！

第一步：以爆破效果为基础，分离几何体

剥离破碎效果其实从几何角度来说就是把物体的各个面切割，并结合物理效果散落，而事实上Blender本身就自带一个简单的爆破效果，我们可以在左上角的菜单界面找到物体、快速效果、快速爆破来进行添加，这时候播放视频你就会看到物体瞬间被拆成数个碎片，随重力向下散落。

这个效果虽然很简单，但有一个比较明显的问题，那就是它会在第一帧就立马爆破，根本来不及让观众看到原物体到底是什么东西，所以我们需要先弄清楚爆破效果的工作原理，其实它就是利用一个简单的粒子系统来作为爆破碎片的物理规则，然后将物体沿网格边缘切割后随重力掉落。所以如果我们想要控制爆破的时机，

就只需要到粒子系统里调整爆破起始帧和结束点就行了，比如调整成第10帧才开始，第60帧结束，生命周期则完全覆盖整个动画流程，这时候再播放视频，破碎效果就不会来得那么剧烈了。

但显然，这个爆破方式也是有问题的。首先是它的效果起始点是随机的，并没有我们想要的“剥离”效果。其次是因为它的物理效果源自粒子系统，这时候我们如果用一个平面作为碰撞物体，就很容易发现所有爆破后的碎片都无法正常跟其他物体进行碰撞。即便你打开了动态旋转效果，它也只能是一个点在碰撞，而不是以破碎物体的面来进行碰撞，效果很难让人满意，所以这时候我们就需要用别的方法来“另辟蹊径”了。

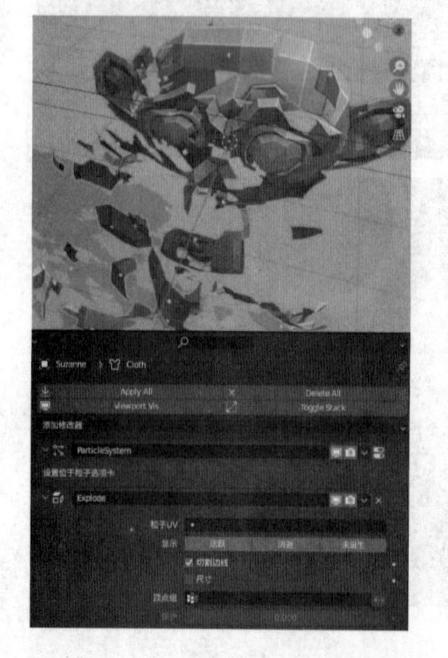

第二步：修改顶点权重并结合布料系统

我们保留爆破效果最关键的功能是切割边线，当然，也可以直接使用“拆边”修改器来实现破碎效果。接下来就是利用布料系统来为碎片赋予物理效果，之所以选择布料效果而非刚体物理效果，最重要的原因就是布料效果可以设置钉固顶点组，也就是可以通过顶点权重，来控制具体顶点在具体时间开始物理模拟，以此来实现我们想要的逐层剥离的效果。

既然重点是修改顶点权重，这时候我们就可以利用“顶点权重邻近”修改器来进行

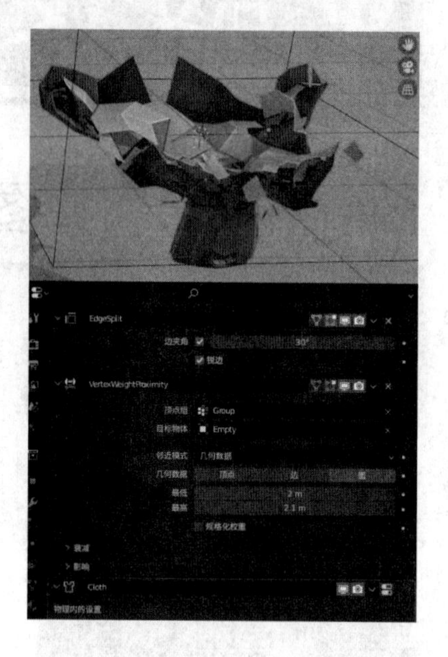

操作了。此时我们需要新建一个空物体，比如立方体空物体，然后为破碎物体的所有顶点新建一个顶点组，设置为“顶点权重邻近”的顶点组，目标物体就是空物体，

再将邻近模式修改为几何数据，并设置最低值为2m，最高值为2.1m，具体参数可按需调整，这时候在破碎物体的绘制权重模式下移动空物体，就会看到权重跟随两者之间的距离变化而变化了，我们只需要设计一个空物体从上到下的位置动画，就能实现权重绘制效果了。

接下来我们为破碎物体添加布料系统，最重要的就是在“形状”参数里为它添加钉固顶点组。为了效果更具真实性，我们还可以添加自碰撞效果，在调整参数之后再播放视频，就可以看到物体从上到下逐渐被剥离破碎的效果了。满意之后记得一定要烘焙数据，否则可能会出现一些意料之外的问题，建议最好是把模拟的步长或品质调高一点，更容易获得准确的效果。

单元总结：好用但仍有提升空间

从效果来说，本期教程只是提供了一个最基本的逻辑，在实际项目中仍需要添加更多的环境物体才能更加真实。比如为动画物体制作表面脱离效果时，需要复制动画物体、缩放尺寸并新增碰撞效果，空物体的权重邻近效果也需要重新以骨骼为基础来制作动画，细节上的把控会更多一些，但效果自然也会更上一层楼。建议大家各自深挖一下，或许会给你提供更多的设计思路哦。

一笔画出奔跑小人，Blender蜡笔+几何节点教学

■ 薛山

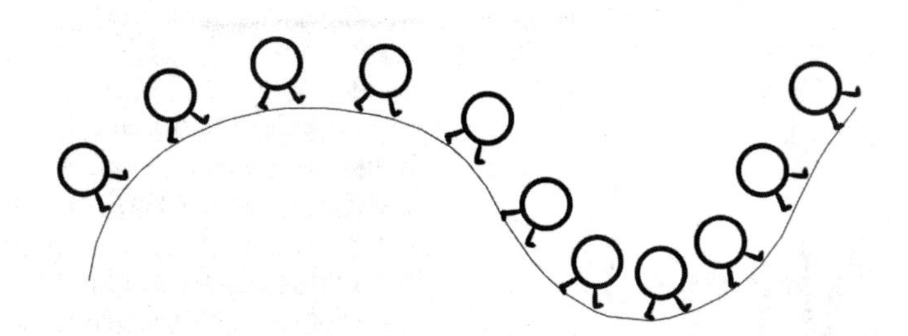

一笔画系列教程咱们也做过很多期了，今天我们继续做一个比较有意思的：画出一条曲线，让 2D 动画小人沿着线奔跑。需要用到的 Blender 功能主要有两个，其一是用蜡笔绘制奔跑小人的 2D 动画，其二是用几何节点让这个小人沿着咱们画的线来奔跑。话不多说，直接进入主题吧！

第一步：
制作奔跑小人的蜡笔 2D 动画

为了简单演示效果，咱们的蜡笔小人就不用做太复杂了，一个圆形作为身体，再画两条腿来做动画即可。首先我们要新建一个空白蜡笔，然后进入它的绘制模式，将笔刷的强度调整到最大，这样可以在默认情况下画出纯黑色的线稿，再利用左侧的预设圆环画笔工具，按住 Shift 绘制一个圆环，这就是咱们小人的身体了。

接下来在蜡笔的物体属性数据里找到“层”，新建一层来画小人的腿，这时候我们需要逐帧绘制腿部在奔跑状态下的不同形态，可以遵循最基本的绘制方法，用四个不同帧来表现腿部在奔跑时的不同状态，完全没有绘画基础的也不用担心，照着网上的教程依葫芦画瓢就行，非常简单。

具体的绘制过程就是在第一帧画上小人的两条腿，然后在视图叠加层工具里打开“洋葱皮”效果，这个效果的作用就是在蜡笔模式下显现前一个关键帧的绘制图像，方便咱们制作动画效果。接着来到第 4 帧，选择“在活动层插入空白帧”，这时候你会发现第 1 帧画的两条腿变成了绿色，这就是咱们的洋葱皮效果，结合就按奔跑的定格动画绘制方法，在第 4、7、10 帧制作总计四个关键帧。

完成绘制后我们需要让这个动画循环播放，这时候最简单的方法就是为蜡笔小人添加一个“时间偏移”修改器，勾选“自定义区间”选项，起始帧为 1，结束点为 10，当然，这个具体的关键帧位置大家可以自行摸索，也和你具体设置的视频帧率有一定关系。

第二步：
配合几何节点输出动画效果

新建一个曲线，删掉所有顶点然后重新手动绘制一条随机曲线，我们接下来要做的就是让蜡笔小人在这条线上奔跑起来，实现逻辑其实很简单，就是要在这条咱们一笔画的曲线上取若干个点，让这些点沿着曲线路径进行移动，然后把我们的蜡笔小人放置到点上，并沿切线进行旋转即可。

理清思路之后就可以开始操作了，进入曲线的几何节点编辑器，将曲线重采样后，利用“实例化于点上”将蜡笔小人放置到曲线上，这时候它还在原地跑，没有位移也没有跟随曲线切线旋转，这时候我们需要通过“设置位置”来实现曲线顶点的移动，但如果直接在“偏移量”里调整它并不会沿曲线移动，所以我们必须回到一开始的“曲线重采样”之后，使用“捕捉属性”来获取曲线的“样条线参数”，当然也可以用“存储已命名属性”和“已命名属性”的组合来实现这个操作，然后将得到的属性结合“相加”“分数”并连接“采样曲线”来实现蜡笔小人在曲线上的平均分布，这时候只需要给“相加”的值添加一个“场景时间”，蜡笔小人就会沿着曲线欢快地奔跑起来了。

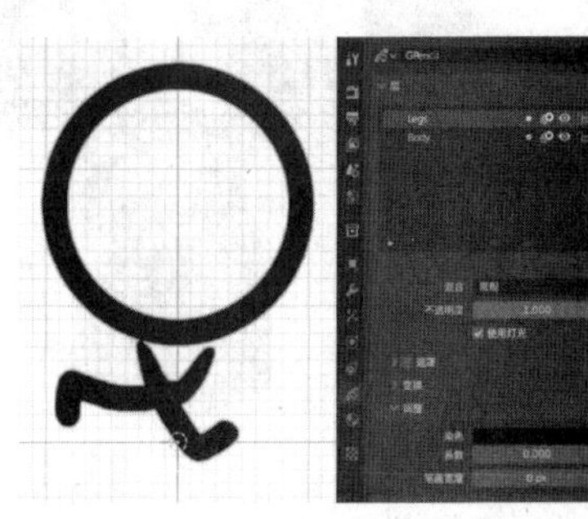

最后一步就是让蜡笔小人按曲线切线旋转，只需要把“采样曲线”的“切向”通过“对齐欧拉至矢量”，连接到“实例化于点上”的旋转，就能获得一个非常完美的最终输出啦。

单元总结：3D设计也讲逻辑

虽然本期教程从某种角度来说更像是在教大家做 2D 动画，但其实从过程来看更多是对设计逻辑的一种梳理，在对功能充分熟悉的情况下，将顺逻辑顺序就能轻松做出自己想要的效果。一笔画即便不是 2D 的蜡笔小人奔跑而是 3D 角色，或者 3D 立方体滚动，也能用类似的逻辑制作出来，所以 3D 设计其实非常依赖严密的设计逻辑，所以大家可别放松思考哦！

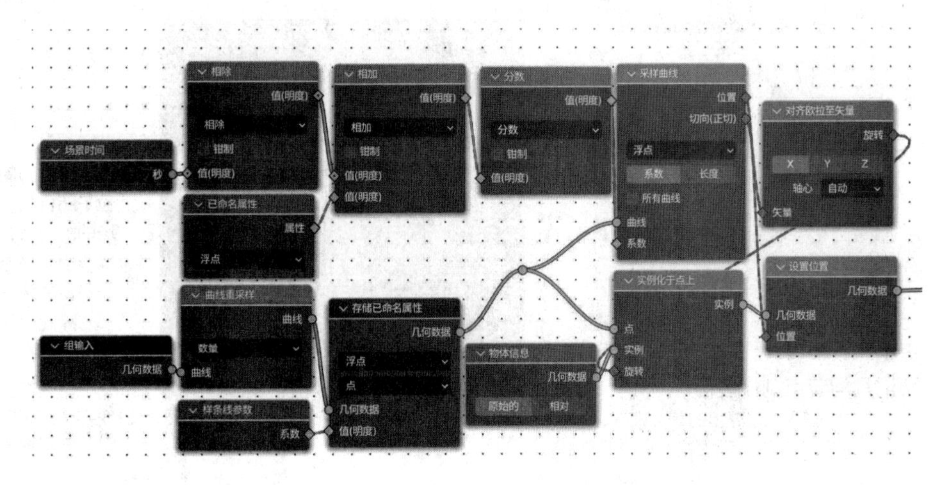

瑞雪兆丰年，Blender雪景制作思路解析

■ 薛山

虽然当大家看到这期报纸的时候应该都要上班了，但年还没过完，依然祝各位读者朋友新年快乐哦。新年的到来对于很多地方来说，雪无疑是有最代表性的环境要素之一，俗话说得好“瑞雪兆丰年”，但作为南方孩子，雪对我来说还是一个稀罕的东西，所以如果能在 Blender 里复现雪景的细节，也算是小小地满足一下心愿吧！话不多说，直接开工！

不用特别复杂的几何节点就能制作简单的雪花效果

思路一：利用几何节点制作雪花

要说雪在微观世界里的美学表现，雪花无疑是典范，虽然每一片雪花形状都不尽相同，但却都有着精美六边形图案，所以咱们的思路也就是沿着六边形这个方向去展开。

在制作之前大家最好是先在网上搜索一下雪花的形状，形成一个大致的印象，然后再开始操作。我的基本思路大概是这样：先制作一个六边形，然后用它的每一个顶点作为基础，各放置一个沿该点法向生长的曲线直线，然后在这些曲线直线的左右两侧再生长几组曲线直线，就得到雪花的基本线条形状了，最后只需要通过曲线转网格，就能得到雪花的网格形态了。

想好思路之后就可以开始操作了，六边形我们可以用网格圆或曲线圆环来实现，只需要设置顶点数量为 6 个即可，想要物体沿着它的法向生长，就需要通过“法向”“对齐欧拉至矢量”来连接旋转值。

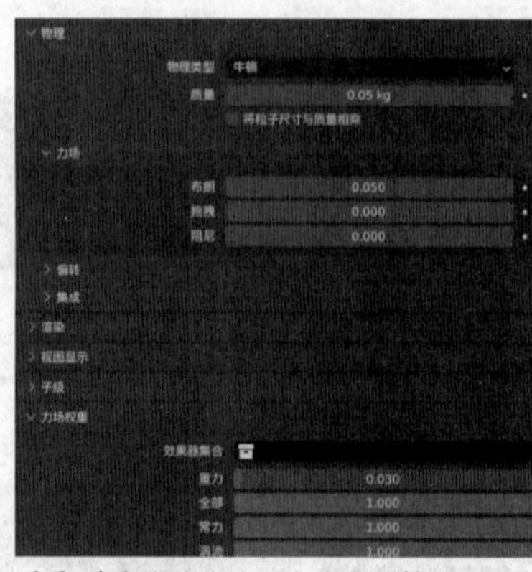

质量、布朗和重力这三个值是互相制约的关系

至于雪花的结晶细节，我们需要结合曲线直线来制作，这里又要注意雪花主分支和细分支的区别，主分支就是雪花的六个大分支，需要使用曲线转网格，并结合曲线重采样和设置曲线半径等设计来实现不规整的冰晶效果，这一步相对简单。比较关键的设计点就是每个主分支上的细分支，因为我们更希望它出现在主分支偏尖端的位置，这时候就需要回到主分支的曲线直线，重新使用“曲线到点”来将它转换为点，并通过实例化于点上来另外设计一个曲线直线，这里最重要的就是通过“编号”来控制哪些点才能生成细分支。完成后就需要和主分支一样，利用曲线转网格等一系列操作形成冰晶效果，最后记得单独连一个“转换”，将 X 或 Y 轴缩放乘以 -1，再合并输出，就能得到完整的雪花冰晶效果了。

除此之外还有一些设计细节需要提示一下，咱们曲线转网格所使用的曲线圆环，分辨率可以低一点，因为雪花往往比较小，即便是 12 个顶点的圆环也完全够用了，除此之外在最后输出时尽量带上“实现实例”，并按距离合并一下顶点，特别是你还需要将雪花用到其他的设计，比如接下来我们要说到的下雪效果时，顶点太多只会让整个动画的设计变得非常卡顿。

思路二：雪花纷飞的粒子特效

做好了雪花，我们就能做雪花纷飞的效果了，这个效果很适合在视频后期里作为前景来点缀氛围。我们首先要新建一个平面，以此作为生成雪花的发射体。在默认设置下有几个比较明显的问题，比如粒子的掉落速度太快，生成和结束时间不理想，同时在下落时还没有随机的位置变化，所以咱们的这一个步骤要做的，就是实现这些更为真实的物理效果。

粒子掉落速度的问题，我们可以有两个解决办法。第一是在力场权重里调低重力，同时记得还要调低粒子的质量，同时添加一定的力场布朗值，就可以获得一个比较好的粒子随机飘荡效果了。第二个方法是调整力场的阻尼值，这个数值会减缓粒子的运动速度，结合一定的布朗值和质量，同样可以实现类似的效果。

除此之外，我们还需要勾选“旋转”选项，这样雪花会随着下落而自由旋转，然后在渲染选项里将“渲染为”设置为物体，再选择上一步刚做好的雪花，就能得到一个雪花纷飞的效果了。这时候我们需要将摄像机摆

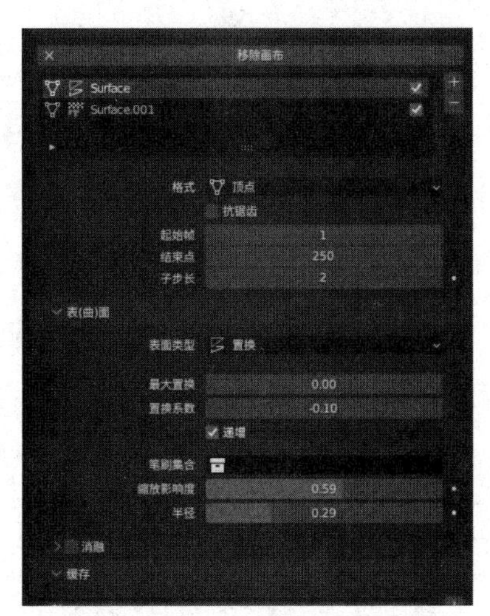

两个不同的动态绘画，实现不同的关键功能

在场景的正前方，渲染时记得选择输出为带透明底的单帧PNG的照片，就能获得一个可以放在视频里作为雪花前景的素材片段了。

思路三：为场景物体添加积雪效果

积雪是雪景里必不可少的场景之一，那么如何在Blender里实现积雪效果呢？这一步就需要使用动态绘画功能了，首先我们需要给刚刚做好的粒子系统添加动态绘画的“画笔”效果，这时候注意“源”一定要选择“粒子系统”。

然后在场景中我们添加一个猴头，我们的设计目标是让粒子系统的雪堆积到猴头上，这时候先为猴头添加表面细分修改器，然后再添加动态绘画的“画布”效果。接下来需要设置两层画布，第一层是让猴头与雪接触的位置变成白色，第二层则是让这个接触部位通过置换的方式隆起，看起来就像是有一层积雪覆盖了那样。

这两个步骤分别都有一些细节点需要注意，第一个图像绘制层一定要手动去添加一下涂料贴图层和打湿贴图层，这两项都可以在材质的着色器编辑器里起到区分积雪和物体本身位置的作用，而第二个置换层则需要将置换系数设置为负数，这样才能正确地让积雪隆起而不是坍塌，同时一定要勾选“递增”选项，才能形成雪的堆积效果。

除此之外，我建议给猴头再添加一个碰撞物理效果，在粒子选项中勾选“消除粒子”，这样雪花飘落下来的时候碰到猴头就会消失，不会因为继续往下落而导致其他不该积雪的地方也同样出现积雪。

单元总结：勤于思考才能获得有趣的效果

在Blender的各类教程中我反复强调思路的重要性，因为Blender严格来说其实就是一个编程工具，我们需要通过严密的逻辑来实现最终效果，所以任何的项目在动手前一定要想清楚大致的步骤，然后在操作的过程中优化设计，查漏补缺，有时候甚至需要完全将设计推倒重来，但这也是Blender的学习乐趣之一。

铁链效果如何实现?Blender设计思路解析

■ 薛山

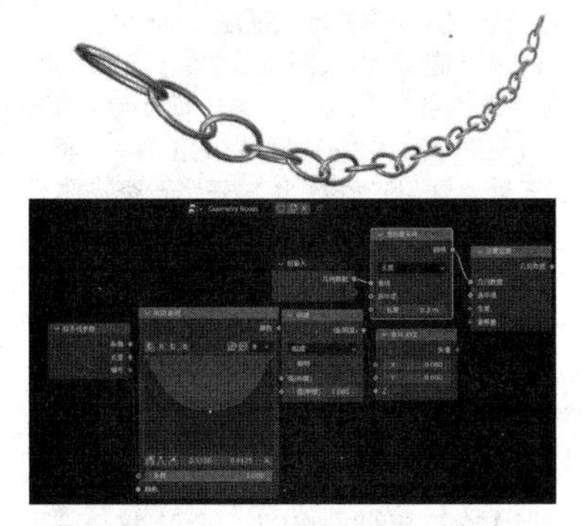
锁链下垂弧度可以自行调整是几何节点方案的优势之一

对于绝大多数街景设计来说，护栏铁链都是细节刚需，但一个一个去做铁环肯定不是高效之选，我们需要更快捷，最重要的是一劳永逸、可随意复制的方法来实现，从这个角度来说，物理模拟、几何节点都在考察范围之内，但问题是如何去实现它呢？咱们本期就来一步步剖析吧！

方法一：修改器组合+布料系统模拟

我们知道铁链都是以一定弧度自然下垂的，所以设计就既需要环环相扣的铁链，造型也要足够自然，因此这是一个“两步走”的设计，第一步是设计铁链效果，新建一个环体，并沿X或Y轴进行缩放，让它变成一个椭圆，然后一定记得应用缩放。接下来就是使用阵列修改器，来沿X或Y轴进行分布，但这时候问题来了：铁环要相互扣入就必须要进行旋转，所以此时就需要在铁环的原点位置，加入一个空物体，在阵列修改器的“物体偏移”里选择这个空物体，然后只需要沿Y或X轴将空物体旋转90度，就能得到一个铁环正确分布的铁链效果了。

第二步就需要让咱们刚刚做好的铁链按两端锁定，中间自然下垂的形态进行呈现了。这一步我们可以通过布料系统模拟来实现：新建一条曲线直线并转换为网格，为它两端的顶点分配一个新的顶点组，然后添加布料系统，在“形状”选项里将刚刚得到的顶点组设置为钉固顶点组，这时候播放视频就能看到网格直线以我们想要的方式进行自然下垂了。

接下来为网格直线添加蒙皮修改器，记得要完整覆盖整条铁链，然后选择铁链物体，为它添加表面形变修改器，目标选择为网格曲线，点击绑定，回到第一帧播放动画，就能看到铁链跟随网格直线的布料系统来进行运动了，至此，设计目标已初步达成。

方法二：几何节点自由调节

方法一虽然可以很快速地实现铁链效果，但也有很突出的问题，其一是需要调整和烘焙布料系统数据，其二是只能单个做，无法一次制作多次复用，最重要的是参数固定，想调整铁链长短、下垂力度都要从头再做一遍，比较麻烦。所以相对来说我更推荐大家选择几何节点的方式来实现这一效果，

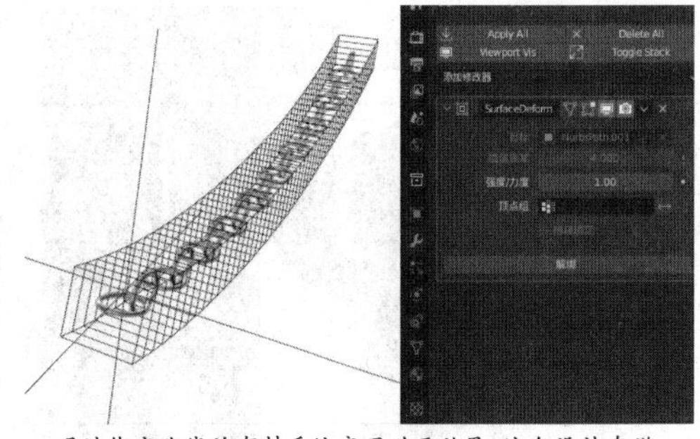

通过绑定曲线的布料系统实现动画效果，这个设计在游戏领域很常见

逻辑上也是相似的，让直线的顶点按自然下垂的方式来进行呈现，然后为这些顶点添加圆环作为实例即可。

有了基本的逻辑基础，我们就能上手操作了——新建任意曲线，在它的几何节点编辑器中我们需要先进行曲线重采样，然后通过设置位置来实现两端固定、中心自然下垂的效果，方法也很简单，只需要利用“样条线参数”的系数作为参数，结合“RGB 曲线”，将其设置到设置位置“偏移量”参数的 Z 轴数据上，就能通过调整 RGB 曲线来获得铁链的摆放方式了。

然后我们还需要给曲线的每个顶点添加实例，也就是铁环，可以像方法一那样利用环体作为实例，也可以就在几何节点编辑器里调用曲线圆环，结合“变换”来沿 X 或 Y 轴缩放，但这时候记得要再次将曲线重采样，让顶点的位置分配恢复均衡后，再连接“实例化于点上”。然后通过“曲线切向”和“对齐欧拉至矢量”，以“编号”为 X 轴旋转系数来进行矢量加法，就能得到一个旋转相扣且自然下垂的圆环组合了。最后只需要将它从曲线转换成网格，就能实现我们想要的效果了。

要的就是科幻感！Blender物体破碎分离效果教学 ■薛山

在很多科幻电影电视里，物体沿网格边缘进行破碎分离，或者从破碎状态还原成整体状态是一个很常见的效果，比如物体的爆破、魔法的还原等等，这时候很多读者朋友可能会好奇：这样的效果是如何实现的呢？其实在 Blender 里就能够通过各种手段来实现，本期我们就来为大家抛砖引玉一下吧！

方法一：多种修改器组合

逻辑上其实很好理解，这个效果就是让网格模型以面为单位，先进行边缘分离，再沿法向或其他自定义方向进行置换，有了这个基本的逻辑，我们就能开始动手搭建修改器组合了，首先就是“拆边”修改器，这个修改器的作用就是将面从网格物体中拆分出来，但注意如果要拆掉每一个面，就需要把“边夹角”的值设置成 0°，否则可能出现一些问题。

接下来就是使用“置换”修改器，如果你的“拆边”修改器设置正确的话，这时候应该就能通过调整置换的强度 / 力度，看到每一个面都以自己的法向进行拆分并置换了。不过新的问题也接踵而至：破碎分离效果一般都是递进式逐步显现的，目前这样的组合则是所有面都统一置换，显然不符合咱们的预期，因此我们还需要通过控制顶点权重来进行细节操控。

在三维设计空间里新建一个空物体，最好是立方体或球体，然后回到需要破碎分离效果的物体，比如本次教程所使用的猴头，进入编辑模式，全选所有顶点并分配一个新的顶点组，然后在“拆边”和“置换”修改器之间插入一个“定点权重临近”修改器，顶点组选择刚刚新建的顶点组，目标物体选择空物体，邻近模式切换为“几何数据”，这时候调整最低和最高值，并让空物体靠近猴头，就能看到猴头的面以有序渐进的方式来进行置换了，具体的范围可以通过最低和最高值来进行控制，至此，咱们通过修改器组合就能实现物体的破碎分离效果了。

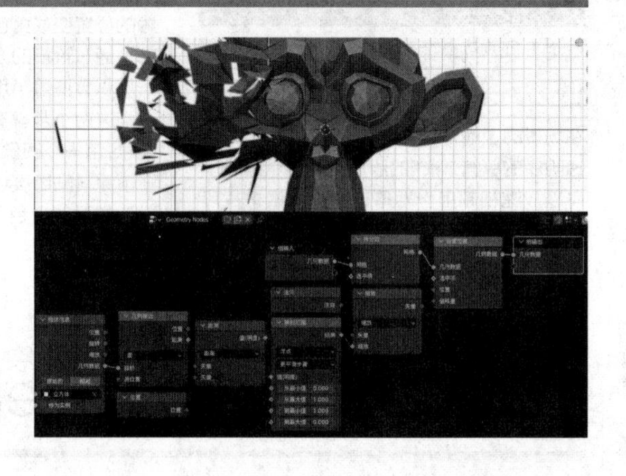

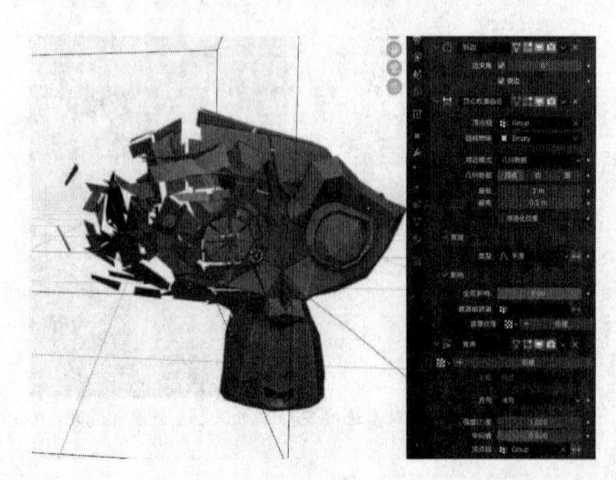

方法二：几何节点编辑

修改器的组合方案虽然并不复杂，但可能还是有不少懒人希望更简练一点，最好是通过一套设置就能应用到不同的模型上，而且调参也尽量整合到同一个区域，方便后期处理。如果你也有这样的需求，那几何节点无疑是更合适的解决方案，事实上物体破碎分离效果通过几何节点来实现也的确更容易。

首先进入猴头的几何节点编辑器，我们第一步要做的还是拆边，使用“拆分边”节点就能实现这一功能，接下来我们就需要通过“设置位置”来改变这些顶点的位置，但要沿着什么方向来调整呢？答案就是法向，几何节点编辑器里正好可以调用法向信息，我们只需要将其通过“矢量计算”的“缩放”，连接到“设置位置”的偏移量，就能实现这一效果。

但这时候的问题和方法不相同，我们仍需要通过一定的方法来控制它发生偏移量的区域，进而实现逐步破碎分离的效果，此时可以继续利用咱们刚刚新建的空物体，把它拖到几何节点编辑器里，使用相对数据来获取它的位置，并通过“矢量计算”的“距离”计算来比较空物体和猴头之间的距离，再通过“映射范围”来调整数值，连接到“缩放”上，就能通过调整“映射范围”的四个数值，来控制变化范围了。

如果不想单纯靠两个物体的原点位置信息来判断距离的话，也可以重新建一个网格物体，将它作为“几何渐进”的对象，获取位置信息，这样我们的置换效果范围就能以两个物体交接的区域作为中心了，这个设计比较适合需要做碰撞并破碎的视觉效果，也是不能被忽略的。

单元总结：多种方法多条路，全都掌握才靠谱

从实现效果来看，两种方法各有各的好，对于不想去抽象思考具体设计流程的读者朋友来说，修改器组合的方案很好用，但对于想要更多控制权，希望做出更丰富效果的读者朋友而言，几何节点的发挥空间无疑更大……从学习的角度出发的话，我是建议大家把这两种方法通通掌握，毕竟“技多不压身”，多学一点技巧在关键时刻一定可以更加游刃有余。

自动打字机！Blender按键特效几何节点教学 ■薛山

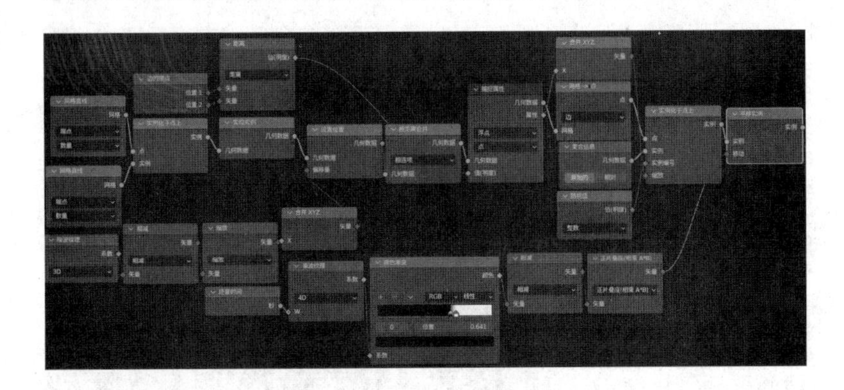

键盘相信是各位办公室打工仔天天都离不开的生产力工具，你有没有想过这世上如果有能自动打字的键盘该有多省事，当然，这种想法在现实生活中并不是太现实，但在天马行空的“Blender 宇宙”里，这样的事情当然是允许发生的！不过，具体要如何实现就需要大家动动脑筋了，话不多说，今天我就来教大家怎样利用几何节点，实现键盘自动按键特效吧！

第一步：制作键帽

想要有键盘，那第一步当然是制作键盘最重要的组成部分：键帽。大家可以观察自己手里的键盘，会发现大多数的键帽是一个顶面面积相对底面面积稍小一些的立方体，为了让咱们的设计更精确，可以选择长宽 1 厘米，高 0.5 厘米的规格来制作单个键帽，在制作时可以给键帽添加倒角修改器，以避免键帽边缘过于锐利的问题。

完成后我们进入键帽的着色器编辑器，现在的键盘大多给不同的按键配置了不同的颜色，咱们也给不同的键帽使用不同颜色的着色器，本教程中使用了三种不同的颜色：白色、黑色和橙色，这个组合搭配个人感觉还挺好看的，大家也可以根据自己的喜好来组合。在设计完成后记得把这三个键帽单独放到一个集合里，方便咱们在几何节点里进行调动。

第二步：生成键盘布局

有了键帽，接下来就需要将它们一个个放置到合适的位置上了，逻辑上来讲，就是生成一个棋盘格一样的顶点阵列，然后把这些键帽作为实例放到这些顶点上。有了这个想法咱们就可以开始制作了，可能你第一时间想到直接使用“栅格”，没错，如果你制作的键盘键帽是完全整齐排列的话，这个方案就是可行的，但其实你观察一下你的键盘，就会发现大多数键盘除了最右侧的数字键盘区有一部分是整齐排列，字母区域其实都是错落摆放的，所以我们在制作效果时也要让键帽的摆放有一定的错位，才显得更为真实。

因此，我们不能使用栅格而是要用两条网格直线来摆放顶点，一条沿 Y 轴长 10 厘米，以它为基础，放置沿 X 轴长 10 厘米的网格直线作为实例，这样我们同样获得了一个类似栅格的效果，但所有的边都是沿 X 轴生长，方便我们做错位和后续需要用到的融合效果。

在“实例化于点上”之后我们需要接一个“实现实例”，然后通过“设置位置”来调整顶点在 X 轴的位置，方法很简单，只需要用噪波纹理，连接矢量计算的“相减”，所有参数设置为 0.5，再接矢量计算的“缩放”，并将输出通过“合并 XYZ”连接到设置位置的“偏移量”上，这样就能获得一个任意在 X 轴调整位置的顶点阵列了。

然后我们再接一个“实例化于点上”，将第一步制作的键帽集合放进来，记得勾选“分离子级”、“重置子级”和“选择实例”，这时候切换到材质预览模式，就能看到三种键帽都正确使用了，如果你想要它们的分布更为随机，那就用“随机值”来连接“实例编号”，通过调整“随机种”就能实现这个目的。

第三步：缩放键帽并生成按键动作

完成第二步之后你可能会发现，虽然按键是错位摆放了，但中间出现了很多缝隙，同时也有一些按键因为距离太近导致穿模了，这个问题该如何解决呢？其实也不难，我们只需要获取每两个顶点之间的距离，然后把它们在 X 轴之间的缩放对应这个距离值，就正好可以实现填补缝隙的效果了，但考虑到键帽的宽度是有下限的，所以我们还可以结合“按距离合并”来设置一个最小值，从而解决穿模的问题。

如果这时候发现按键之间还是有较多缝隙的话，可以在键帽的实例化之前将网格转换为点，然后以“边”为基础来进行生成，但这时候因为边都转换为点了，所以我们需要再更前一步，用捕捉属性，结合“边的顶点”和矢量计算的“距离”来获取顶点之间的距离值，再结合“合并 XYZ”的 X 值，连接到“实例化于点上”的缩放值上。

此时咱们的键帽应该都准确地实现错位摆放的效果了，最后就是让这些键帽随机动起来，实现按键的动作效果，我们在最后接一个“平移实例”，通过 4D 的噪波纹理、矢量计算的“相减”和“相乘”，来控制它在 Z 轴方向的运动，可以使用“场景时间”来连接噪波纹理的 W 值，让它随时间变化来实现按键效果，可以通过“颜色渐变”或“映射范围”来细微控制按键的速度和范围，至此，咱们的整个设计也就完成了！

单元总结：全盘思考是设计的核心

其实如果只是做一个键盘按键的效果，或许并不需要那么费劲，但如果想要效果足够的真实，或者在视觉上足够的有特点，就需要从开始设计时就做好周全的考虑，这也是学习 Blender 必须要有的基本技能，否则很容易牵一发动全身，整个设计都有需要推翻重来的可能哦！

用对这些插件，让你的Blender设计事半功倍

■ 薛山

对于任何设计软件来说，插件的重要性都不言而喻，它们不仅可以大大提高我们的工作效率，改善软件原生设计里的不合理之处，同时还能避免重复劳动，甚至是让原本可能非常枯燥的设计工作变得更有“沉浸感”，本期我们就来为大家介绍一些 Blender 里隐藏的“官配插件”，这些插件为什么没有被默认开启的原因尚不得而知，但它们的实用性可都不容小觑，一起来看看吧！

Node Wrangler：为节点编辑添加快捷操作模式

无论是利用几何节点设计动画效果，还是使用着色器编辑器设计物体材质，或是在合成面板混合各个渲染层，节点编辑都是 Blender 学习和使用过程中必不可少的步骤。但节点编辑是一件非常麻烦的事情，我们需要将每个模块的功能输出，对应到相对模块的功能输入，一个个手动去进行连接，有时候甚至弄错了也毫不知情。事实上在 Blender 的隐藏插件里，就有一个名为“Node Wrangler”的插件，它的作用就是在各类节点编辑器里支持快捷键操作。

举个例子，比如在着色器编辑器里，我们完成了“原理化 BSDF”的设置，想要输出到“材质输出”，常规操作就是将“BSDF”手动连接到“表（曲）面”，但开启了 Node Wrangler 插件之后，我们只需要把鼠标移动到原理化 BSDF 上，按住“Shift+Ctrl”并单击左键，这时候 BSDF 就会自动连接到材质输出上，而且保证连接完全正确，不会出错。

除此之外，Node Wrangler 插件还可以对节点连接线进行切断、合并等操作，按住 Shift 和鼠标右键拖动就是合并，而按住 Ctrl 和鼠标右键拖动就是切断，按住“Shift+Ctrl”和鼠标右键，拖动选中两个可直接输出材质的节点模块，就会把它们自动连接到“混合着色器”上。除此之外对于各类纹理材质而言，选中纹理后按“Ctrl+T”可以自动调出“纹理坐标”和“映射”，按“Shift+Ctrl+T”还可以直接选择存储于本地硬盘的各类现成的 PBR 材质……插件的功能还有很多，大家可以使用“Shift+W”呼出菜单，不过这个菜单并没有中文化，大家就自行多加摸索和熟悉，尽量多使用功能快捷键吧。

A.N.T.Landscape：自动生成大型地形效果

场景设计是 Blender 用户必备的技能之一，但当面对一些大型场景，比如广袤的山川、崎岖的峡谷、葱郁的丘陵等地形时，如果自己从零开始徒手建模，必然会花费大量的时间和精力，而且很难一次成型，推倒重来的情况也屡见不鲜，所以我们在面对大型地形效果时，选择插件生成是更快捷的起手步骤。

在 Blender 的隐藏插件里，A.N.T.Landscape 就是专门生成大型地形效果的插件之一，它本质上其实就是通过各种内置的预设纹理来对网格进行置换，默认为山体效果，可以通过左侧弹出的设置项来进行调参。比如它提供了包括山体、峡谷、悬崖、沙丘、河流、丘陵在内的多种地形预设，并且每种预设都有大量的可调整空间，比如调整 XY 轴分辨率和细分级数增减细节，修改噪波类型和强度来调整置换的强度。除了可以快速生成各种酷炫的地形效果之外，它也能生成随机形状的各种石块效果，只需要下载好对应的 PBR 材质就能让场景里的碎石细节更加丰富。

3D Navigation：像玩游戏那样操控相机视角

和影视拍摄一样，动画设计对镜头运转的要求也非常高，好的动画一定有好的运镜，但在 Blender 的默认操作方式里，相机和其他物体并没有区别，是用直观的参数来调整位置、朝向、视角大小，但这种方法的问题就是在设计时非常不直观，有时候甚至会导致设计时间的大幅增加，那么有没有一个好的方法可以解决呢？

Node Wrangler

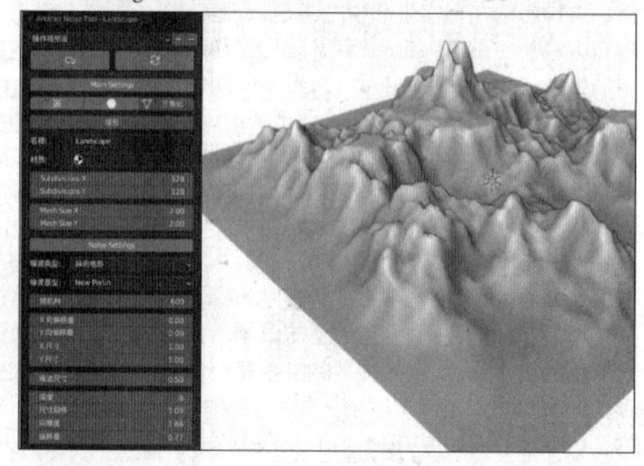

A.N.T.Landscape

3D Navigation

我认为最好的方法就是开启 Blender 自带的 3D Navigation 插件，这个插件的作用就是通过快捷键来开启视角游览功能，简单来说就是让镜头可以像玩射击游戏那样，通过 WASD 键控制前后左右移动，通过 Q/E 键控制镜头上下移动，还可以按住 Shift 来加速，操作非常直观。但要注意的是这个插件默认的快捷键其实和其他功能是有冲突的，所以我们需要在“编辑”—“偏好设置”—“键位映射”里找到“视图导航（步行/飞行）”，把快捷键改成一个不冲突的组合，比如“Shift+F”，就能在 3D 视图里进行快速飞行操作了，配合时间轴的自动关键帧功能，能一边播放动画一边移动摄像头，实用性很高。

旋转阶梯怎么做，Blender设计思路分析

■ 薛山

旋转阶梯的设计一直都算是 Blender 比较经典的课题之一，虽然看上去不是那么复杂，但如果没有一定的巧思，就会变成大量重复劳动的堆积，设计效率会非常低下，所以一般来说我们都需要使用一些比较讨巧的技法才能实现旋转阶梯的效果。本期我们就用两套不同的方案，来为大家解读如何做一个经典的旋转阶梯效果吧。

方法一：传统建模＋修改器组合法

思路上来说，旋转阶梯也就是一层层的阶梯按螺旋形态向上爬升，所以一是要有螺旋，二是要有阶梯，三是要让阶梯以正确的姿态沿着螺旋来布置。有了这个基本设计概念之后我们就能着手操作了，首先是螺旋，默认状态下 Blender 是没有预设螺旋曲线的，这时候需要打开 Blender 的偏好设置，找到插件里的“Add Curve：Extra Objects”并打开，它就会为我们提供额外的数个预设曲线模型，其中就包括了螺旋。

回到 3D 视图后，在新建曲线里，找到“Curve Spirals”，选择第一个“阿基米德螺旋”，这时候的螺旋其实就是个曲线圆环，而同时左下角会弹出一个对话框，在这里面最重要的就是找到“高度”，预设值为 0，大家可以按需调整，只要大于 0，螺旋就会向上爬升，在这里我们可以设置为 1，然后“圈数”就是设置螺旋的旋转次数，这次教程我们选择 3，如此一来就能得到如图 1 的螺旋效果了。

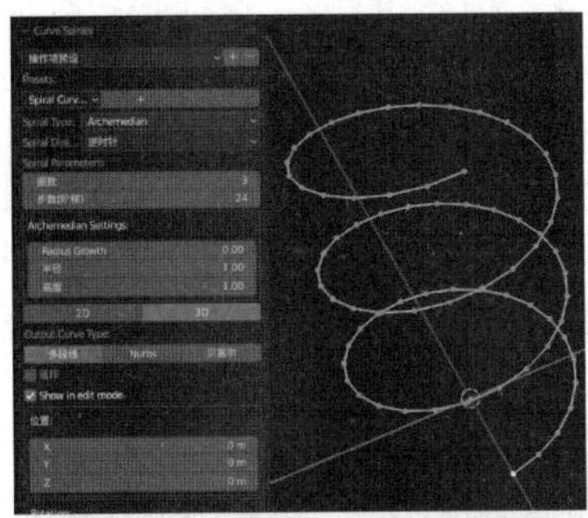

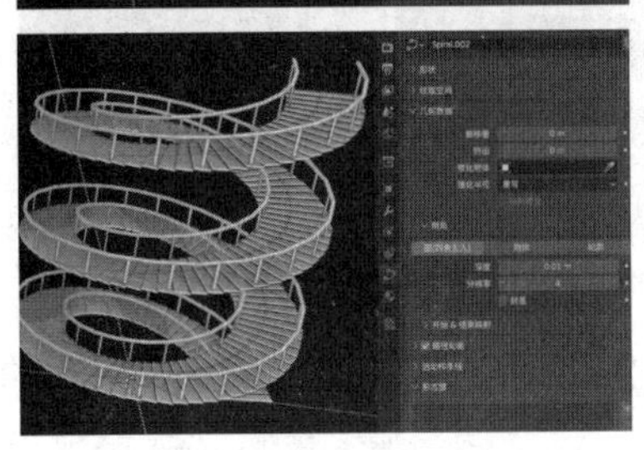

螺旋设置完成后我们需要进入曲线的属性菜单，将“扭曲方法”从“最小值”修改为“Z 朝上”，也就是将曲线的法向强制朝上，这样咱们在后续的操作里就不会出现阶梯旋转问题了。

接下来我们来设计阶梯，只需要一个最简单的网格立方体就好，但注意一定要先将游标放在螺旋的原点，然后再新建立方体，本次教程里它们的原点都是世界原点。新建完成后我们就可以为它添加修改器了，第一个修改器是“阵列”修改器，我们将“适配类型”修改为“适配曲线”并选中刚刚做好的螺旋，然后“相对偏移”的 Z 值为 1，XY 均为 0。接下来加载第二个修改器“曲线”，同样选中刚刚做好的螺旋，然后“形变轴”选择为 Z 轴，这时候就能看到立方体沿着螺旋向上延伸了，但也出现了两个问题，第一是立方体的形状不对，第二是立方体的朝向不对。

解决这两个问题的方法也很简单，在修改器菜单，将“曲线”修改器的“编辑模式”点亮，这时候咱们进入物体的编辑模式时也依然可以看到修改器效果，这时候就只需要在编辑模式下按 XYZ 轴适当调整立方体的形状就行。至于阶梯是顺着曲线成坡道的问题，咱们也只需要在编辑模式下根据你的具体设计，沿 X 或 Y 轴来进行小幅度旋转即可，设计完成后就能得到如图 2 的螺旋阶梯效果了。

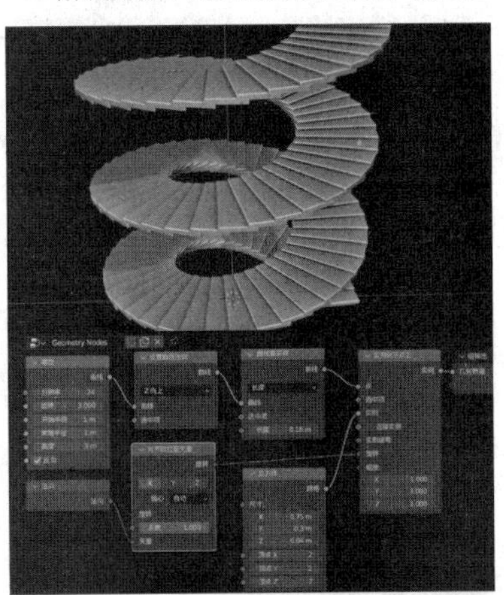

接下来就是制作扶手，咱们只需再次新建一个曲线螺旋，然后在编辑模式下向上移动一定距离，沿 XY 轴进行缩放作为内侧扶手，并复制一条曲线同样沿 XY 轴缩放作为外侧扶手，回到曲线属性菜单选择“倒角”，深度值可自己设定，本教程设置为 0.01，即可获得两圈扶手效果，如果觉得扶手完全浮空看上去有点空，也可以为它添加栏杆效果，可以用柱体或立方体，逻辑上依然是阵列和曲线修改器的组合，调整方式也是在编辑模式下进行缩放和旋转，最终都能达到如图 3 的效果。

方法二：自由度更高的几何节点

传统的方法来做螺旋阶梯效果，优点是很直观，每个步骤之间的逻辑衔接都可以通过建模的形式表达出来，但缺点也非常明显，曲线螺旋的参数一旦确定后就不能更改了，如果你做到一半觉得螺旋高度太低、直径太大等，只能从头来过，修改起来非常麻烦，复用性比较差，而这些恰恰就是几何节点的优势，所以螺旋阶梯效果，我其实更建议大家尝试几何节点。

动手操作前还是先捋一捋思路，几何节点制作螺旋阶梯其实就是以螺旋的每个顶点作为基础来放置实例，这个操作非常简洁且不需要再到立方体的编辑模式下去调整旋转值，简单易懂。想清楚原理之后新建任意网格模型，进入它的几何节点编辑器，咱们可以直接调出“螺旋”节点，然后“设置曲线法向”为“Z 朝上”，接下来就是“曲线重采样”，这个操作是为了让曲线顶点的分布更自动化，所以可以选择为“长度”，具体数值大家按自己的具体设计来进行调整即可。

接下来就是用“实例化于点上”来布置“立方体”，这时候我们需要按需调整立方体的 XYZ 尺寸，然后新建“法向”节点，连接“对齐欧拉至矢量”的“矢量”，再输出到“实例化于点上”的“旋转”值上，这时候就能看到如图 4 那样一个完整的螺旋阶梯形态自然呈现了。

接下来就是做扶手和扶手栏杆，这两个步骤的逻辑也是利用咱们几何节点编辑器里最基础的那个螺旋，这样做的好处是我们只需要调整螺旋的参数，阶梯、扶手和栏杆的参数就会自动跟随调整，一劳永逸。

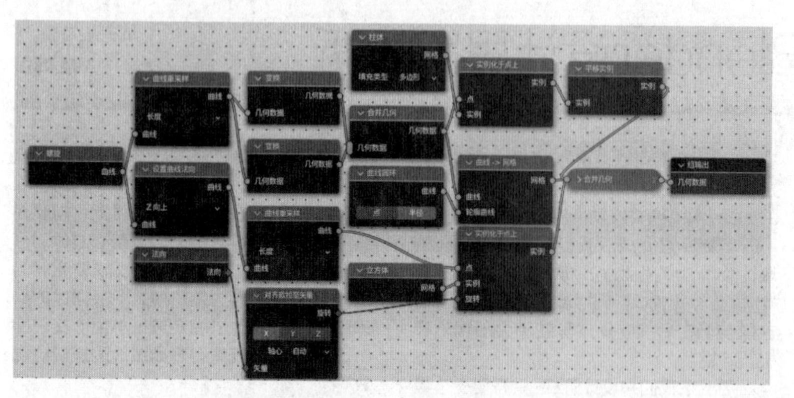

本文所使用几何节点一览

具体的操作方式就是从最开始的“螺旋”节点重新引出，连接一个“曲线重采样”，方式选择为“长度”，数值大家按需设置，然后分别用两个“变换”节点，来让螺旋曲线沿XY轴进行缩放，分别作为咱们内侧和外侧的扶手，接下来将它们合并几何，利用“曲线转网格”，以“曲线圆环”为轮廓曲线来进行输出，这样一来我们就得到了两条扶手效果，这时候可以跟螺旋阶梯合并几何输出，适当调整两个“变换”节点的缩放值。

最后就是做扶手栏杆，咱们刚刚不是做好了内外侧的扶手曲线么，正好就利用它们作为顶点来放置实例吧，通过“实例化于点上”，以“柱体”作为实例进行输出，为了让柱体正确放置在阶梯上，咱们可以在“实例化于点上”之后连接一个“平移实例”来调整Z轴的位置，最后也将其连接到“合并几何”上。如果再适当添加灯具甚至爬楼梯的小人，并添加环境照明和各项材质的话，就能获得如图5的最终效果了。

单元总结：多种方法都需掌握

很明显，从便利性的角度来说，几何节点的优势是巨大的，寥寥数个节点就能实现多种参数的调整，省去了重复劳动的麻烦。但几何节点的缺点是不直观，学习起来相对枯燥，而且有时候我们也不一定需要那么高的参数自由度，所以传统的设计思路也不应被抛弃。在我看来“技多不压身”对于Blender而言也是成立的，所以我的建议是大家把这两套方案统统学到手，后续自己做设计就会更加游刃有余。

折叠窗帘如何做？布料系统碰撞效果教学

■ 薛山

我们在去年做过几期“强迫症专用”的Blender视频教学，收获了不少读者朋友的好评。那么今天我们继续这个话题，打算通过布料系统和碰撞物理，实现让一条“窗帘”沿着一排栏杆反复折叠的效果。这个效果目前来看基本上只能通过物理模拟的方式来实现，也从侧面反映出Blender这款软件的全面性，可别只顾着学建模和几何节点，忘了物理系统哦。

第一步：建立场景模型

新建一个平面作为咱们的“窗帘”，然后在编辑模式下将其沿X或Y轴旋转90°，并为它添加多级的细分。这样做的原因是布料系统需要足够多的顶点来进行计算，必须要有足够多的细分级数，但注意：细分级数越高，对电脑性能的要求就越高，烘焙所需要的时间就越长。所以具体分多少级就看你自己的硬件规格和对效果的要求了，建议先用低级数做试验，提高工作效率。

窗帘建模完成，接下来就该轮到让窗帘折叠的栏杆了，整体的设计构思是让窗帘在一条横杆的左右穿插下反复绕过栏杆，形成折叠效果，所以在这里就需要设计两套用于碰撞的栏杆系统，一个是推着窗帘在栏杆中穿插的横杆，另一个就是一排栏杆。

建模设计大家可以自由发挥，可以新建一个柱体，然后进入编辑模式将其横过来，删掉其中一个顶部面，然后用“镜像”修改器让它左右分离，这样做的好处就是只需要设计栏杆或横杆的一侧即可，另一侧会自动以镜像的形态分布，非常规整。整个过程也不需要过于复杂的模型，基本上就是柱体和立方体就能解决，完成后为了保险起见，最好是回到物体模式应用一下缩放。

第二步：设置布料和碰撞系统并制作动画

下来我们就需要对物理模拟系统进行详细设置了，首先是“窗帘”，在细分完成后我们需要在编辑模式里选择“窗帘”最上方一排顶点，按“Ctrl+G”为它们分配一个顶点组，这个顶点组就是作为布料系统的钉固顶点组来使用的，作用就是它不受布料系统影响，就像给布料物体钉了钉子一样。

然后我们需要给阻挡“窗帘”的栏杆，以及推动“窗帘”反复穿插的横杆都添加碰撞效果，基本的设置也就完成了。接下来才是最耗时的阶段：为横杆位置设置动画、调整布料系统参数、烘焙动画数据。

首先是设置横杆的位置动画，我们需要让横杆在栏杆的缝隙之间来回穿梭，同时要注意让它有一定的停顿，而且位移的距离要足够长，才能让“窗帘”在完成穿插后从横杆上滑落，而且时间间隔也不能太短，否则“窗帘”会因为横杆移动速度过快而反复弹跳，一不小心就会搭到更高的栏杆位置，导致动画效果失败。

其次是“窗帘”的布料系统有几个重要的参数设置一定要反复测试和调整，第一是质量步数，也就是每一帧之间布料系统要计算的次数，这个数值越大，计算时间就越长，但准确度会明显提高，横杆直接穿过“窗帘”的错误概率就越低，本次教程设置的数值为15。与之类似的还有布料系统里的“碰撞”品质，也是越高越准确，本次教程设置的数值为10，同时还要打开“自碰撞”功能，才能获得更真实的效果。

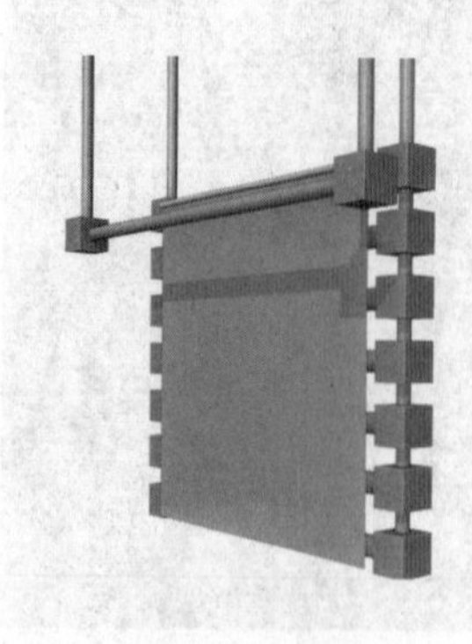

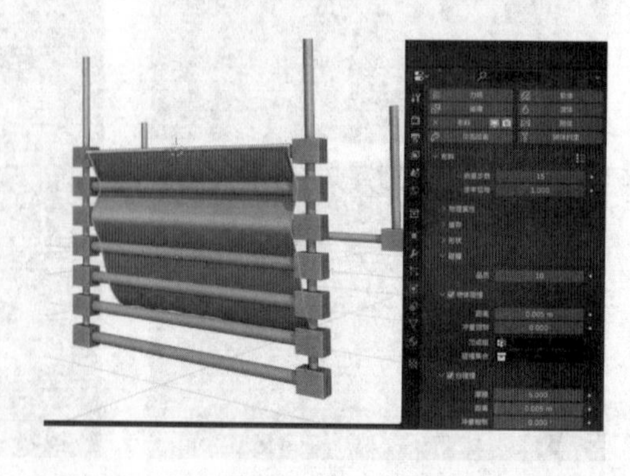

完成这一步设置后，我们需要将“顶点质量”设置得尽量低，这样布料就不会因为速度太快而产生剧烈的反弹，提高动画效果的成功率。而当一切都设置完成后就可以尝试播放动画了，如有穿模就需要调高质量步数等参数。还有一点需要提醒大家的是，布料系统的默认缓存帧数为250帧，对于咱们这个效果来说这个总帧数不太够，如果是以30帧/秒来制作15秒动画的话，也需要足足450帧才够看，所以在烘焙数据前也需要准确调整才能实现最终目标。

单元总结：把玩布料系统需要很多的耐心

如果设置成功后回头看，布料和碰撞系统的组合设置并不复杂，但最大的麻烦往往就是设置参数的过程，需要反复调整横杆的位置和关键帧，同时还需要可能遇到各种穿模的问题，如果电脑性能相对一般的话，烘焙效率也会受到影响，所以布料系统等物理模拟效果玩起来确实需要一定的耐心，这也是Blender学习过程中的必经之路了。

不想做动画但想要拉链效果？Blender几何节点教学

■ 薛山

第一步：利用曲线制作拉链分合效果

拉链效果的核心就在于线性且丝滑的分离合并效果，如果是传统设计想要做到这一点还是有难度的，因为拉链的效果实质上是在定义两个物体之间的顶点关系，想要做到丝滑的效果有一定难度，最直观的方法就是使用布料系统，通过第三个物体来重新绘制钉固组权重来实现分离，但这个效果做起来比较麻烦，而且每一次都需要重新调整和烘焙数据，所以如何使用几何节点来设计就成了重点。

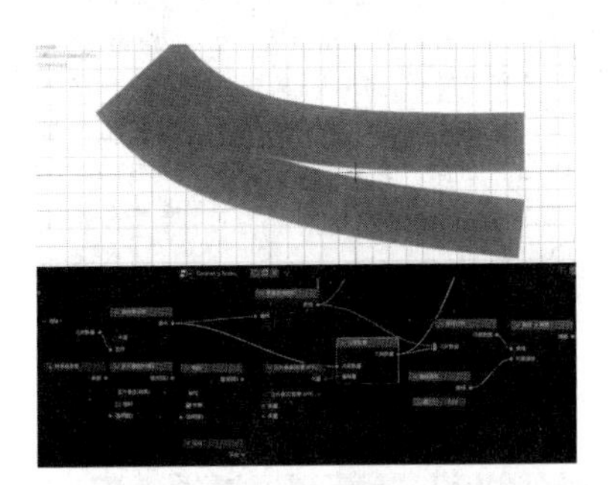

我的基本思路是使用两条曲线来作为拉链的两条边，在拉链合并时它们紧贴在一起，而当拉链拉开时就沿着曲线的路径逐渐分离，而且为了方便实现后期编辑，我们可以直接用贝塞尔曲线作为模型，直接进入它的几何节点编辑器里进行操作。

首先，大多数关于曲线的几何节点操作，都需要使用“曲线重采样”来细化曲线的顶点数量，因为我们需要使用两条曲线，但考虑到拉链的特殊性，这两条曲线的形状其实是一样的，只是处于不同的位置，所以我们只需要用“设置位置”来进行偏移，再将它与原曲线“合并集合”，就能通过一个曲线来控制拉链两边的效果了。

那么，要如何“设置位置”才能让拉链丝滑地拉开合并呢？我们可以利用“样条线参数”作为系数，连接“相乘”“相加”，然后将输出的结果，通过“矢量计算”的“正片叠底”和“法向”相乘，这时候只需要调整“相乘”“相加”的值，就能控制两条曲线的靠拢与分离了，对了，记得要把“相加”的“钳制”属性勾上，否则两条曲线在靠拢后会穿过而不是停留，就达不到我们想要的效果了。

但这时候我们只得到了两条曲线，无法进行渲染，所以接下来还需要把它们都变成网格平面才行，这一步其实也很简单，通过“曲线转网格”，并以曲线直线作为轮廓曲线就能实现这个目标。但这时候你会发现两条曲线会朝着同一个方向来生成面，而我们想要的是它们朝着相反的方向来生成，产生这个错误的原因就是两条曲线的法向是完全相同的，所以我们只需要给其中一条曲线添加180°的“平滑曲线倾斜”，就能得到满意的效果了。

第二步：为曲线添加拉链链条

在第一步完成后，我们的拉链分离合并效果就实现了，但看上去更像是在撕扯一张纸，因为拉链本身是有链条的，所以我们第二步就是给它添加两组链条。这个操作其实也不难，也就是将两个曲线的顶点作为基础，通过“实例化于点上”来放置链条就行。

如果有仔细观察自己衣服上的拉链，不难发现左右链条是互相错位的，所以我们如果直接使用“实例化于点上”，就会发现两条边的链条在拉链拉上后是重叠的，因此还需要通过一定的设置来让它们位置错位。

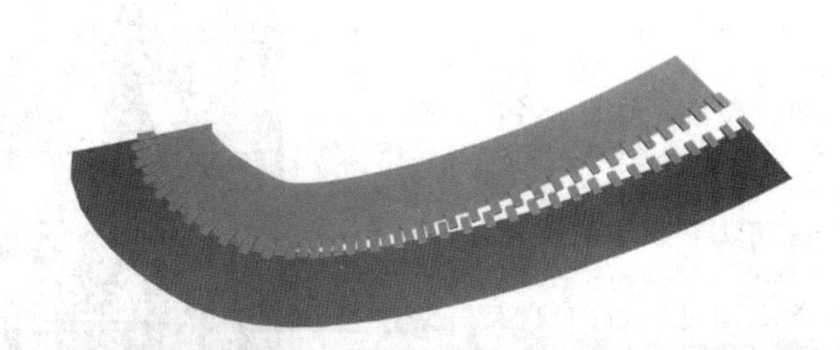

这一步我们需要使用“采样曲线”这个节点，将它连接到“平滑曲线倾斜”之后，系数则选择“样条线参数”和“相加”，这个“相加”的值就是曲线顶点的位移量，大家可以根据自己的设计来具体调整，然后通过“设置位置”来改变曲线顶点位置，再把它和另外一条曲线的“设置位置”进行合并，最后再用“实例化于点上”来放置链条模型。

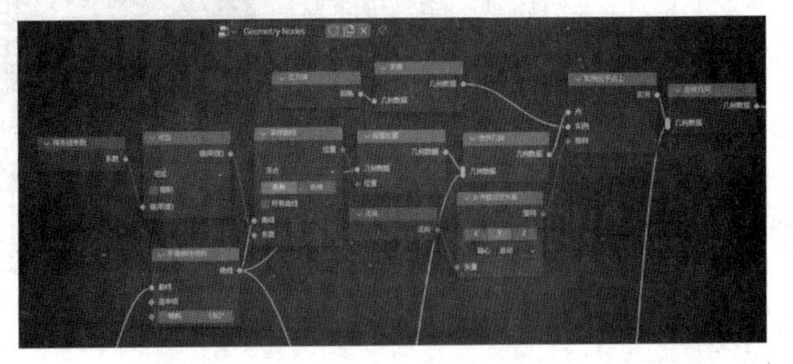

链条模型我们可以用立方体来做简单的示例，因为拉链的链条即便在合并的时候也会有一些左右错位，所以我们可以用“变换”来进行些微的位移，实现我们的最终设计效果。

单元总结：理清思路就能实现看似复杂的效果

本期制作的拉链效果几何节点最大的优势就是可以随意复用，在原始曲线的编辑模式下，我们可以任意调整曲线的长度、角度，拉链效果都能正确跟进，非常方便。事实上几何节点在实现这些看起来可能很复杂的效果时往往都有奇效，因为准确来说它就是编程逻辑的图像化表现，只要理清了思路，很多设计其实都能迎刃而解，这也是我们为什么一直推荐大家学习几何节点的根本原因。

飘逸又洒脱，Blender如何实现毛发效果？

■ 薛山

最近陪孩子看了经典的动画电影《怪兽大学》，孩子对苏利文这个毛茸茸的怪兽充满了好奇心，而我这个做 Blender 教程的老师傅却对它的毛发系统十分感兴趣。那么如果大家也想复现动画片里的毛发效果的话该如何操作呢？今天我们就从传统方法和几何节点两个角度来入手分析吧！

方法一：粒子系统制作毛发效果

Blender 最基本的毛发系统其实就是粒子系统，任意物体都可以添加毛发系统，但需要注意的是毛发系统一般默认是基于每个面的法向来生成，你可以在设置页面修改这个参数，比如你只想要顶点有毛发，就可以将“发射源”设置为“点”，在毛发系统里，首先要调整的就是发射的“数量”和“头发长度”，完成后可以得到一个均匀分布且长度相等的毛发系统。

不过这时候的问题也很明显，首先是毛发分布和长短都太均匀，显得很不自然，其次毛发就像是一根根铁丝，没有毛发的柔和感，所以这时候我们需要进一步进行设置。可以先调整“毛发形状”，这个功能可以修改毛发两端的直径，但要注意的是这个效果只能在 Cycles 渲染器下才能实现，具体的参数大家可以自行调整，找找感觉。

设置好毛发的形状后，咱们需要为它添加“子级”，也就是以每一根毛发为基础来进行复制，那为什么不直接使用高数值的毛发量呢？大家可以自行试试 30000 个毛发数量的效果，你会发现系统变得非常卡顿，几乎无法进行下一步的操作，这是因为 Blender 需要计算的毛发数量太多，而如果是 3000 个毛发再加上子级，就可以在较小的计算量下堆积足够多的毛发量，毕竟没有谁会真的去“数毛”。

“子级”建议选择“插值型”，注意默认它会把渲染数量设置为 100，大多数时候其实我们用不着这么高的数值，大家在设置时按需调整即可，然后“簇集”“糙度”等设置都可以为咱们的毛发子集添加随机性，可以发挥一下主观能动性，自己尝试一下不同的设置组合。

完成这一步之后我们可以打开“毛发动力学”，这时候只要播放视频，毛发就会随重力下垂了，可以通过调整“质量步数”“碰撞品质”“顶点质量”来控制毛发的动态效果。如果你的毛发物体也有动画效果的话，“毛发动力学”就是必须要勾选的，这一点大家可得注意啦。

但这时候我们只得到了两条曲线，无法进行渲染，所以接下来还需要把它们都变成网格平面才行，这一步其实也很简单，通过“曲线转网格”，并以曲线直线作为轮廓曲线就能实现这个目标。但这时候你会发现两条曲线会朝着同一个方向来生成面，而我们想要的是它们朝着相反的方向来生成，产生这个错误的原因就是两条曲线的法向是完全相同的，所以我们只需要给其中一条曲线添加 180° 的“平滑曲线倾斜”，就能得到满意的效果了。

方法二：利用几何节点，生成可高度自定义的毛发

粒子系统的毛发效果虽然做起来很方便，但毛发的细节却很难把控，如果你打算做一个比较酷的毛发效果，几何节点就是更优先的考虑。在选中目标物体的情况下按“Shift+A”，选择新建“空白毛发”，这时候虽然 3D 场景里什么也没有，但你会发现在目标物体的子级里出现了一个曲线物体，此时只需要选中这个曲线物体，然后在 3D 场景左上角将“物体模式”切换为“雕刻模式”，就能利用左侧的工具来添加毛发了。相对于只能通过粒子编辑或权重编辑来控制具体位置毛发量的方法一来说，几何节点的毛发设置无疑更具自由度，而且各个工具的配合也算得上相得益彰。

完成毛发编辑后，我们就可以进入它的几何节点编辑器了，我们可以像编辑普通的曲线那样，使用“曲线转网格”和“样条线参数”来实现毛发直径的不规则分布，同时为了更具视觉效果，我们还可以通过“实例化于点上”来给毛发添加一些装饰，比如添加一些立方体，并让它们沿着“曲线切向”来进行旋转分布，看上去更加自然。

单元总结：毛发设计可玩性很丰富

虽然我们民用级的电脑无法支撑动辄上亿根毛发的好莱坞特效，但“五毛特效”还是没有问题的，Blender 无论是粒子系统还是几何节点都能很好地完成视觉感受还不错的毛发系统，而且设计过程往往都比较有趣，可以激发很多的创作热情，毕竟毛茸茸的小玩意儿做出来还是很可爱的，建议大家都多多尝试，挖掘更多的细节！

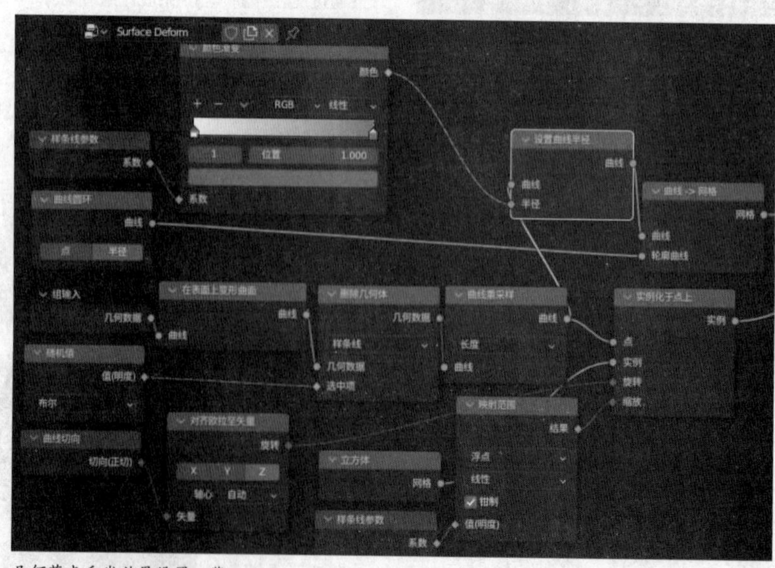

几何节点毛发效果设置一览

毛发系统大升级，Blender 3.5版本解读

■ 薛山

相信各位 Blender 爱好者都应该很清楚，自 3.x 版本以来，几何节点就成为 Blender 发力最明显的功能模块，除了大量试验性功能，比如物理模拟加入到 Beta 版本之外，正式版本也做出了诸多改进，刚发布的 3.5 正式版就大幅加强了基于几何节点的毛发系统，重点就是内置了多种预设几何节点方案来实现不同的毛发效果，一起来看看和以前有多大的区别吧。

多项功能丰富了毛发系统的自定义效果

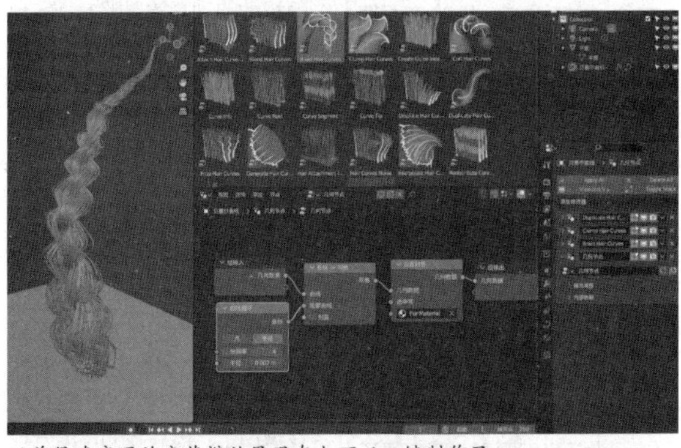

以前很难实现的麻花辫效果现在也可以一键制作了

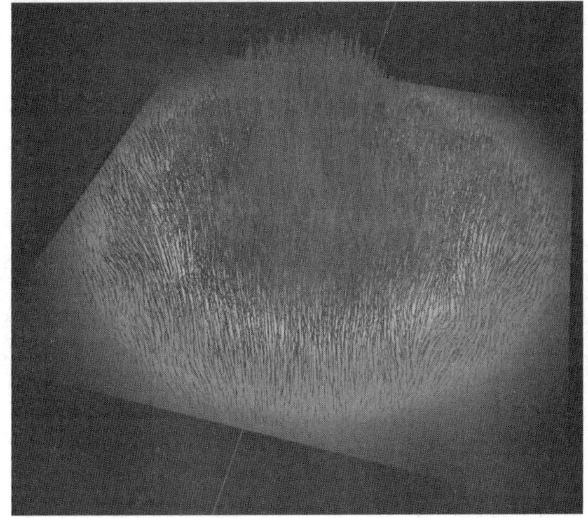

新毛发系统的属性自定义功能很强大

内置多种实用节点，按需采用省时省力

使用几何节点毛发系统的第一步就是选中想要生成毛发的网格模型，然后按 Shift+A 选择“曲线”“空白毛发”，完成后可以在大纲视图的网格模型子级里找到这个空白毛发，选中它之后，在 3D 视图左上角，从“物体模式”切换为“雕刻模式”，这时候就可以在左侧菜单栏中选择“添加”或“密度”笔刷，来为网格物体表面添加毛发了。

添加完毛发之后，我们切换回物体模式，然后单独拉出一个窗口，选择“资产浏览器”，这时候你会发现如图 1 所示的毛发资产库，这些就是咱们今天学习的重点：内置毛发节点。注意，目前这些节点还没有中文版，大家在学习时如果记不住英文，认清样式图片也没问题。

接下来我们只需要把这些资产，用拖拽的方式放到毛发上，你就会发现毛发发生了相应的变化，比如我们添加“Duplicate Hair Curves”，也就是复制毛发曲线这个节点，毛发数量就会立马增加，同时在修改器菜单中你会看到它自动添加了一个同名的几何节点，并且可以直接调整复制的数量、半径、分布形态等等，要知道在传统的毛发系统里，我们虽然也可以通过插值来添加毛发，但无法如此细致地量化操控。

接下来我们可以继续尝试，比如添加“Clump Hair Curves”，中文翻译过来就是毛发簇集，简单来说就是让多根毛发在某个位置，比如尖端位置聚集在一起，我们在很多宠物毛发、毛毯绒毛上都能看到这个特性，虽然在传统的毛发系统里我们也可以通过插值来实现类似的效果，但也同样达不到如此细微的控制。

除了可以调用空白毛发之外，我们也可以直接用现成的曲线来进行毛发制作，比如想做一个麻花辫的效果，我们可以在前面介绍的两个节点的基础之上，再加入一个“Braid Hair Curves”节点，这个节点就是麻花辫效果，只需要调整它的细分等级，就能快速获得咱们想要的效果，这在以往的毛发系统里是非常难实现的，基本都需要通过第三方插件才能做到。

联动其他属性，实现更自由的编辑效果

几何节点的另一大优势就是可以联动其他的属性，比如权重绘制，以人物毛发为例，有多种毛发系统，以及在不同位置有不同的发量、长短区别都实属正常，如果纯粹靠雕刻系统来控制实在是过于麻烦，这时候就可以联动顶点权重来实现这个目的。

首先我们需要一个细分程度较高的网格模型，因为权重绘制是基于顶点的，如果顶点数量不够，就很难得到准确的效果，和毛发的雕刻模式一样，我们只需要把网格模型的模式从物体模式切换到权重绘制就行，利用笔刷工具来对具体的权重区域进行绘画，这时候会自动生成一个名为“群组”的顶点组，实际工作时因为可能需要使用多个顶点组，所以建议为它取一个容易区分的名字。

权重绘制完成后，我们回到毛发曲线，为它再添加一个新的几何节点模块“Trim Hair Curves”，顾名思义，也就是修剪毛发曲线，先取消“Replace Length”的勾选，否则它会重新计算长度，得不到我们想要的效果，接下来在它的“Length Factor”，也就是长度系数选项点选右侧的十字图像，选择刚刚绘制的顶点组，这时候你就会发现，毛发的长度跟随咱们绘制的顶点权重变化而变化了。

单元总结：新毛发系统可玩性很高

现在使用 Blender 制作人物、动物或者其他创作时，如果需要毛发，就基本上都会调用新的几何节点毛发系统，从我的多次对比使用来看，工作效率远高于原来的毛发系统，而且可调整空间明显更大，可玩性也更强，当然目前唯一的不足就是无法制作动画效果，以单帧的效果图为主。相信未来应该会融合物理模拟系统，实现更丰富的玩法。

放飞吧！Blender气球碰撞效果教学

■ 薛山

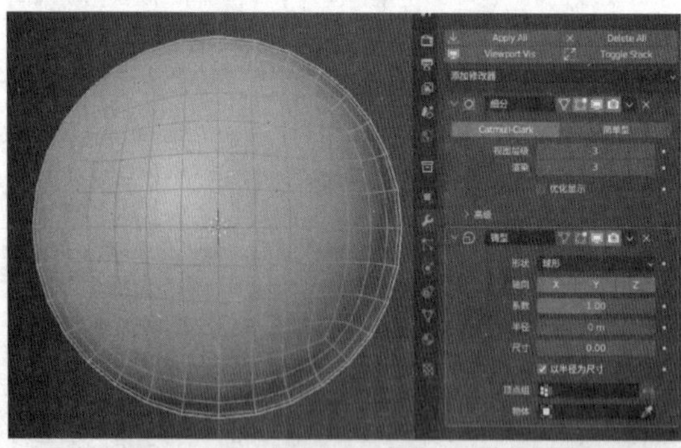

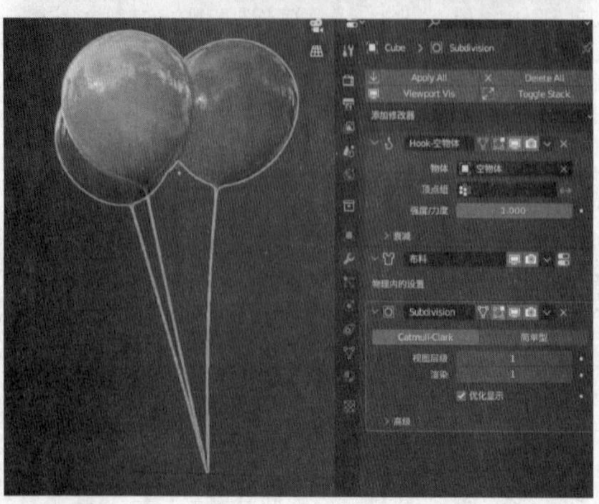

第一步：制作气球

五一假期将至，如果说要选一个最具有“假期”代表性的物品，气球或许会是孩子们的第一选择，而 Blender 作为一款 3D 设计和物理模拟软件，要怎样制作一个气球飘浮在空中，甚至还可以互相碰撞互动的场景呢？一起来学学看吧！

球的制作其实是比较简单的，我们可以使用经纬球作为基础来进行设计，但经纬球有一个问题就是顶点分配不均匀，它呈现的形态是顶点在两极非常密集，而中间部分则相对稀疏，因为我们最终的物理计算是基于顶点进行考量，所以这样的顶点分布其实是不太合理的，所以我们要稍微改一下设计思路。

直接利用系统默认的立方体，为它添加 3 级的表面细分修改器，这时候你会发现立方体变成了一个不那么圆的球体，如果想要它变成规整的球型也很简单，只需要再添加一个“铸型”修改器，将系数设置为 1，这样就能得到一个顶点分布非常均匀且形状规整的球型了。

第二步：添加布料系统制作物理效果

接下来就是关键了，要让气球动起来，就必须要有物理系统，而最适合气球的物理系统就是布料系统，因为布料系统的碰撞效果很好，也不像软体系统那么容易出错，比较直观。那么具体该如何操作呢？首先我们要给“气球线”最底部的四个顶点新增一个顶点组，这个顶点组的作用就是让气球呈现出拴在一个固定位置的样子，接下来就给气球添加布料系统，但我们知道布料系统的默认重力是向下的，所以我们要先找到它的“力场权重”，把重力改成 -1，这样气球就能往上飘了。

如果只有一个气球，看上去可能会有些空洞，所以我们可以进入气球的编辑模式，复制多个气球并适当调整旋转角度，但注意要把底部顶点放在尽量重叠的位置上，这样可以获得比较好的视觉效果，然后再打开碰撞和自碰撞，调整步数和碰撞距离，在设计完成后播放视频就能看到气球之间可以互相碰撞了。

但这时候可能又有一个新的问题，那就是气球之间碰撞会发生不可逆的形变，这显然和真实的气球明显不符，所以我们需要再给气球添加“压力”值，这样一来气球就会自动膨胀，碰撞后也能迅速复原，不同的压力值也有不同的回弹效果，大家可以自行尝试。

如果想要做一个气球跟随移动的动画效果呢？其实也很简单，进入气球的编辑模式，选中所有气球线最下面的顶点，或者在顶点组里直接选择咱们之前做的钉固组，然后使用“Ctrl+H”为它们添加一个新的勾挂空物体，这时候你会在修改器页面看到勾挂修改器，把它放到布料系统的上方，然后这时候一边播放视频一边移动空物体，你就能看到气球就像被空物体牵着一样在飘动了。最后我们再给气球加载材质和布设环境，一个完整的气球飘浮碰撞效果就完成啦！

总结：不要遗漏操作细节

总体来说，气球飘浮碰撞的效果实现起来还是非常容易的，但整个过程里会有不少稍有不慎就会无法实现最终效果的细节，比如勾挂修改器必须在布料系统前面、压力值的设置不能过高、编辑模式下最好使用 3D 游标作为轴点等等，所以大家在自己设计的时候可千万不要粗心大意，忽略这些细节哦。

一笔画出科幻管道模型 Blender设计思路解析

■ 薛山

方法一:传统的直观设计

最近可以说是动画电影大丰收，前有《马力欧》,后有《灌篮高手》,而作为一名游戏老玩家来说,水管工马力欧可以说是我最喜欢的角色之一,看完电影我就在想,如果我们能用 Blender 来制作一个非常复杂的管道效果,是不是也算一种对经典游戏的致敬呢? 在这种想法的驱使下,咱们就来试着做做看吧。

管道的设计其实就是一个可以变换方向的柱体,从传统设计思路来说,用曲线工具画一条曲线,再通过曲线的几何属性来添加倒角,就能得到一条管道的雏形了,如果想要在上面做一些效果,比如管道的出口要略向外挤出,就需要将它转换为网格,再选中想要的区域来进行挤出操作。

但这个方法的坏处是显而易见的,那就是一旦成型就无法再进行修改，没有任何“后悔药”,而如果你想要更进一步地为管道添加细节，比如赛博朋克风格的管道纹理,那就需要在加载表面细分或多分辨率修改器的情况下,进入雕刻模式来绘制,或者使用着色器的置换功能,结合现有的图像纹理在 Cycles 渲染器下进行操作，总体来说虽然可行,但并不方便,所以最好的方法依然是使用几何节点。

方法二:纹理工具 + 几何节点

既然要做可调整且纹理复杂的管道模型，我们首先就需要制作想要的纹理图样，建议大家使用 JSplacement 这款免费软件,它可以生成类似 PCB 板的复杂纹理,将纹理保存到硬盘之后我们就可以开始 Blender 的操作了。

首先是新建一条贝塞尔曲线,在它的几何节点编辑器里添加“曲线转网格”节点,并使用“曲线圆环”作为轮廓曲线,在线框模式下我们可以看到它的顶点分布情况,建议在“曲线转网格”之前再加一个“曲线重采样”,让这个管道柱体的顶点分布趋近于正方形，这样咱们在后续的操作里才会看上去比例正常。

接下来就是为它添加表面细分节点,这一步就是为了增加可操作的顶点数量,然后我们就要做一个按照 JSplacement 生成的纹理,来删除面和挤出面的复杂管道表面模型,但做这一步之前就需要解决一个问题——在几何节点状态下,默认是没有 UV 的,也就是说咱们的纹理图如果是直接放进来，也会因为没有 UV 而无法定位坐标,自然无法起到我们想要的作用,所以这就涉及到本次教程最关键的一步:重设 UV。

将纹理图拖到几何节点编辑器中,为它的“矢量”添加一个“合并 XYZ”,因为 UV 其实就是沿 X 和 Y 轴展开的一个二维面,换句话说就是找到管道的 X 和 Y 方向,就找到了它的 UV，而管道的这两个方向其实很容易找，一个是咱们贝塞尔曲线的长度,另一个则是轮廓曲线,也就是曲线圆环的长度。

理清思路之后,我们就需要使用“捕捉属性”来捕捉贝塞尔曲线和曲线圆环长度值,也就是“样条线参数”的“长度”值,并将它们分别引入到图像纹理“合并 XYZ”的 X 和 Y 上,这时候我们如果通过预览器来进行预览的话,就能看到纹理正确分布在管道上了。这里注意一定要用“长度”而不是“系数”,因为长度是一个固定值,图像纹理默认的 UV 拼接方式是“重复”，所以当我们在编辑模式下修改贝塞尔曲线时,已形成的区域会正常展现不受影响,如果选择“系数”则会拉伸纹理,效果并不相同。

在纹理已经正确使用之后,咱们就可以做很多个性化的操作了,比如结合纹理来删除或分离几何体,将一部分面删掉,再结合“挤出网格”来为表面添加细节,这些都可以结合图像纹理和颜色渐变来完成,只要表面细分的等级足够高,就能得到足够真实的效果,当然,如果你的效果图可以看到管道内部,记得把未挤出的原管道模型删除同样的面之后进行合并,这样就能得到一个视觉质感更出色的复杂管道了。

总结:三维设计,思路必须要清晰

按照方法二的设计,最大的好处就是咱们可以任意调整贝塞尔曲线的顶点,所有的表面细节都会跟随生成,可以实现一次设计多次复用的目的。现在回过头去看,其实本期的内容也并不复杂,只需要将设计思路理解透彻,也就是准确将 UV 重新铺设到管道之上，就能在比较短的时间内完成设计目标，其实 Blender 的设计过程中有很多类似的情况,大家一定记得要“三思而后行”哦!

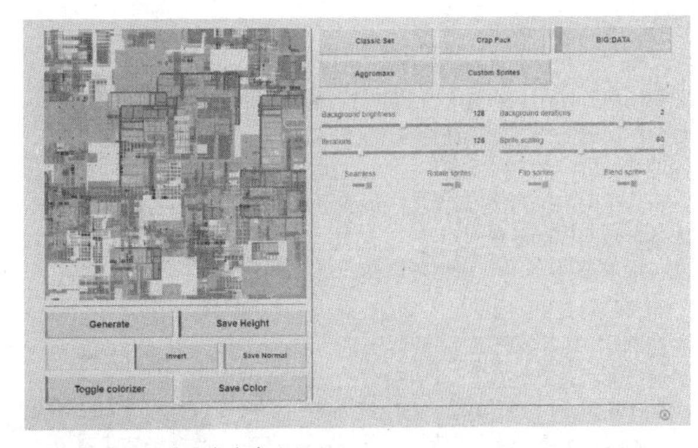

使用JSplacement生成复杂表面纹理

本文所使用几何节点编辑器一览

传送带动画怎么做？Blender设计思路教学

■ 薛山

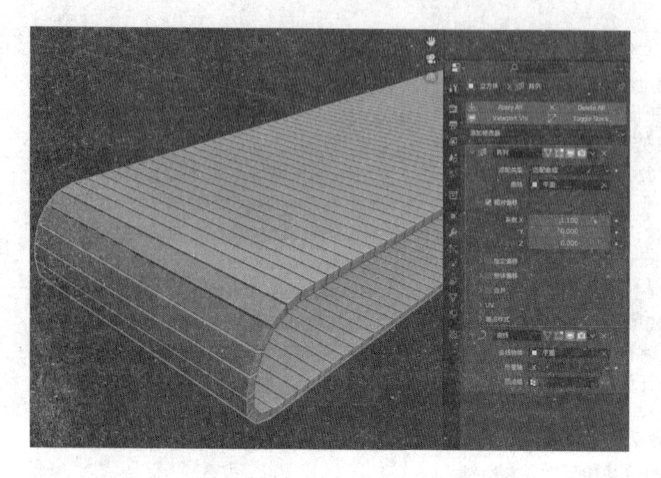

但既然是传送带，它至少应该是可以动的吧，所以最后一步的操作就是让它运动起来，其实也非常简单，我们只需要来到立方体的物体属性，给它的位置X添加“#frame/200”这个驱动器命令，这时候播放视频就会发现传送带跑了起来，如果想要掉转方向，就只需要修改成“#frame/-200”就行，如果想跑得更快就改成200以下的数值，想跑得更慢就改成200以上的数值。

方法一：传统的直观设计

所谓的传送带，也就是一块块板材在滚轮的带动下沿着固定轨迹循环移动，类似的效果还有坦克履带等，从设计逻辑来看，最直观的建模方式就是利用曲线作为运动轨迹，然后让立方体作为传送带或履带，以阵列的形式跟随曲线排列，有了这个思路咱们就可以进行实际操作了。

第一步就是在Blender里新建曲线，虽然我们可以使用曲线圆环，在编辑模式下调整两侧位置的方式来形成传送带运行轨迹，但这样做的问题是形状很难控制，可能需要花费一定时间来微调，而为了生成一个形状比较自然的运动曲线，我们建议大家直接新建一个平面，然后进入编辑模式将它拉成长方形，再选择四个顶点后按“Ctrl+Shift+B”添加倒角，最后仅删除面，就得到了一个形状更自然的运动轨迹了，这时候我们只需要回到物体模式，按右键选择“转换到曲线”就能得到满意的效果了。

第二步我们就要利用立方体作为传送带，并将其沿曲线分布了，这时候需要把光标放回曲线的原点，然后新建一个立方体，进入编辑模式，将它设置为一个高度较小(Z值较小)，宽度较大(Y值较大)的长扁形物体，然后添加“阵列”修改器，“相对偏移”的系数设置为X轴1.1，“适配类型”则选择“适配曲线”，曲线就是咱们第一步设计的轨迹曲线。然后再添加一个“曲线”修改器，将“曲线物体”同样选择为轨迹曲线，“形变轴”为X轴，这时候立方体就会沿着曲线进行分布和自适应旋转了，而且在编辑模式下我们改变立方体的X轴长短，阵列也会随之变化，比较方便。

方法二：几何节点设计

跟以往一样，传统设计的不足在于灵活性相对欠缺，方法一虽然可以快速得到传送带效果，但方向却是固定的，如果你进行旋转操作就会立马看到它产生了非常严重的扭曲，这个问题显然是我们在实际项目中不想遇到的，所以如果想要得到一个更全能的方案，那也还得是几何节点。

咱们可以直接使用方法一所制作的轨迹曲线来进行设计，进入曲线的几何节点编辑器，首先还是老规矩，先给它进行“曲线重采样”，当然如果你的曲线本身顶点数量较少的话还可以在前面加一个“圆角曲线”让两端的过渡看上去更顺畅。然后通过“实例化于点上”来分布立方体，立方体的设计和方法一也是一样的，需要注意的就是立方体的X轴长度，其实是和“曲线重采样”的“长度”相关的，比如“曲线重采样”是0.05米，那立方体的X轴长度差不多0.04米就行。为了实现自适应性，也可以通过“值”和“减法”来进行同步控制，但一定注意在修改数值的时候不要一不小心改得太小，否则等待你的只有内存溢出和重启Blender，别问我是怎么知道的，建议最好养成随时保存文件的好习惯……

接下来我们要让立方体沿“曲线切向”进行旋转，将“曲线切向”连接到“对齐欧拉至矢量”的“矢量”，再连接到“实例化于点上”的“旋转”，这时候就可以得到一个正确的分布了，最后就是让这个传送带跑起来，准确来说就是让曲线的顶点跑起来，所以我们需要在“实例化于点上”之前加上“设置位置”，结合“采样曲线”去采样“样条线参数”作为系数，结合“相加”和“分数”就能让传送带动起来啦！

总结：两种方法都要掌握

相对传统方案，几何节点的优势就是调整非常方便，而且因为默认以本地坐标作为基础，所以可以任意旋转也不用担心旋转轴出现问题，甚至可以实现“一笔画”的效果，还可以很方便地给传送带添加“货物”。但很明显，几何节点的设计是比较抽象的，不像传统方案那么直观，所以我们的建议是两个方法都学会，在实际工作中就能按需选择了。

PhotoLab 6 让RAW格式编辑更进一步

■Ringcao

大大改进的克隆

摄影的后期在不断演变，大家熟知的DxO PhotoLab 6 引入全新的 DeepPRIME XD(eXtreme Details)模式，这是一种由人工智能驱动的 RAW 转换技术，可突破降噪和细节增强的界限，进一步提升摄影师的 RAW 文件品质。它非常适合高 ISO 拍摄的图像，可以去除噪点、恢复此前看不见的细节，重现鲜艳、自然的色彩。

DeepPRIME XD 使用了一个基于数十亿图像样本训练的神经网络，可为摄影师提供超过 2.5 挡的增益。例如，以 ISO 4000 拍摄的图像在噪点、颜色和清晰度方面更接近以 ISO 500 低照度下拍摄的“干净”图像。由于该软件是 RAW 转换过程的基础，DeepPRIME XD 可以增加动态范围，为摄影师在暗光条件下拍摄提供更大的灵活性，而原有的 DeepPRIME 模式依然适用于图像增强。

DxO 在升级中，强化了 PhotoLab 6 中的克隆工具，其中 ReTouch 比 PhotoLab 5 的修复工具更加通用。和以前版本一样，软件可以移除场景中的对象，PhotoLab 则尝试用选择的与周围区域相匹配的数据填充留白。用户还可以在事后更改选择，比如使用简单的笔触添加或减去细节，并调整羽化/不透明度。

用户还可以重新缩放、旋转甚至镜像源选择，这样可以更轻松地填充空白而不会留下明显的重复痕迹。例如，在左侧的飞机驾驶舱图像中，我从图像的右侧克隆了一个区域，对其进行镜像以掩盖驾驶舱左侧的一些干扰。

为 Elite 用户内置梯形失真，ViewPoint 也集成其中

PhotoLab 6 现在包括用于校正梯形失真的内置工具，但它们仅在 Elite 版本中可用。该工具看起来很熟悉，那是因为它已经通过单独的 DxO ViewPoint 应用程序存在多年，Elite 用户无需为 ViewPoint 额外付费即可校正梯形失真。

ViewPoint 集成在 PhotoLab 6 Essential 中，这样做不仅方便用户访问梯形失真校正，还可以访问 ViewPoint 的其他工具，如变形校正和类似倾斜/移位的微型效果。比如 ReShape 工具，它将图像划分为用户控制的网格，然后通过移动网格上的点来局部扭曲图像。

PhotoLab 6 现在包括用于校正梯形失真的内置工具，但它们仅在 Elite 版本中可用。该工具看起来很熟悉，那是因为它已经通过单独的 DxO ViewPoint 应用程序存在多年，Elite 用户无需为 ViewPoint 额外付费即可校正梯形失真。

ViewPoint 集成在 PhotoLab 6 Essential 中，这样做不仅方便用户访问梯形失真校正，还可以访问 ViewPoint 的其他工具，如变形校正和类似倾斜/移位的微型效果。比如 ReShape 工具，它将图像划分为用户控制的网格，然后通过移动网格上的点来局部扭曲图像。

观点：Lightroom 之外绝佳的选择

DxO PhotoLab 一直是 Adobe Lightroom 的主要竞争对手之一。它继续提供始终如一的出色图像质量与大量的自动和手动控制，随着新版本的发布，它的功能比以前更强大。

与 Lightroom 相比，它的主要缺点仍然是不支持全景图、HDR 和焦点堆叠等多重拍摄技术。这是我们真正希望开发者在下一个主要版本中解决的问题，因为如果这些功能可用，那么推荐 Lightroom 会容易得多。

实际上，我们大多数人只会在摄影中惯用到一些技能，对于大部分照片，PhotoLab 为用户提供了与 Lightroom 效果几乎一样的表现。而且它的自动算法足够可靠，可以为摄友完成大部分“繁重”的工作。

一方面，我们可以理解 DxO 需要推动用户的购买力，尽量挖掘他们的钱包。但另一方面，特别是要求 Fujifilm 用户支付近两倍的费用才能处理他们的 RAW 文件，感觉有点不公平。

ReTouch 工具变换、旋转和镜像选区的能力非常强大

ReTouch 工具比较：在这里，移除了一个人，并对身后的墙壁的背景进行了克隆，看不出来吧

ReShape 工具现在允许手动校正局部变形，用户可以手动控制网格大小并一次选择/移动多个点

Photoshop Elements 2023试用：面向初学者更简单的套件

■Ringcao

新版本新在何处？

Adobe 最近发布了其消费者编辑软件的最新版本：Photoshop Elements 2023。它以 Adobe Photoshop 的强大功能为核心，融入了其高端产品的许多功能，被盛赞为未来几年都是用户后期处理的“中坚力量”软件。

新版本中，用户可以选择自己编辑照片、使用自动调整或从软件的 Guided Edits 获得帮助。想要为图像添加艺术或有趣效果的用户，通常会因其创意内容和易用性而被吸引。

Adobe Photoshop Elements 于二十多年前首次发布，成熟度毋庸置疑，其许多更新都属于革命性的。时至今日，Adobe 提升了 Photoshop Elements 2023 的 Sensei AI 技术，可以简化许多任务。

Adobe 添加了新的引导式编辑（以及用于编辑的搜索功能），使总数达到 87 个分步指南。其中包括“透视叠加”可以添加多个元素到照片中，它还有一个选项可以调整叠加层的模糊度以提供深度感，另外包括新背景、天空、新图案、拼贴画和动画幻灯片模板也已更新。

特殊功能

Photoshop Elements 2023 配备了许多特殊功能，这些功能非常有用且省时。但是注意，天空替换等 AI 功能仅在处理某些图像时才会成功。例如在更换天空时，用户需要将主图像的照明和曝光与所选的替代天空相匹配。将明亮、阳光普照的天空添加到阴天拍摄的照片中会显得格格不入，这也是 AI 无力的一种表现。

同样，使用内容感知填充的功能（如移动和缩放对象），将年轻模特移动到右侧，围绕主体的黑暗部分无缝处理，小细节很不错。另一个特殊功能是移动叠加，可以在其中为静止图像添加动画，在线发帖或通过电子邮件向朋友发送问候很有趣。

该软件附带的视觉效果可以添加到图像的角落以增加深度或用作装饰，就像这里看到的前景芦苇一样

用户界面的“小怪癖”

Photoshop Elements 2023 组织有序且易于浏览，但也有一些“小怪癖”。例如默认情况下不会安装 Camera Raw，必须下载。如果双击管理器中的图像，希望它在照片编辑器中打开，则没法开启。相反，必须使用下拉菜单来选择是要在外部编辑器中还是在本机照片编辑器中打开它。这些怪癖都不是什么大问题，但要充分利用该应用程序，最好探索所有下拉菜单以更好地了解可用的内容。

该软件分为三个不同的部分：主页、管理器和照片编辑器（如果已安装，还有 Premiere Elements 视频编辑器）。主页是开始屏幕，提供对新闻和特殊任务的直接访问，例如创建幻灯片和访问最近的项目和图像。

在 Organize 中，用户可以通过电子邮件和一些社交媒体网站共享图像。通常情况下，照片编辑器是大多数用户会花费时间的地方。主窗口顶部出现三个选项：快速、指导和专家。为一些基本的编辑选项选择快速，包括智能修复。要获得更多控制，可以选择调整曝光、照明、颜色（饱和度、色调、振动）、颜色平衡（温度和色调）以及锐化。

整体性能表现

Photoshop Elements 2023 的整体性能有了显著提高；安装和启动速度以及大多数任务都更快。该软件的占用空间更小，节省了硬盘空间，而且重要的是，该软件现在可以在基于 Apple Silicon 的 Mac 上本地运行。软件在 Mac 上获得了较好的速度提升，启动速度比基于 Intel 机器上的 Photoshop Elements 2022 快了 62%。

试用期间，该软件在我们的 2019 款 MacBook Pro 上运行速度不俗，但处理大文件或执行复杂的调整和编辑任务会减慢速度，也许在某些情况下我们的期望有点过高。Adobe Photoshop Elements 是一个可靠的编辑应用程序，对于那些想要通过引导式编辑轻松提高技能的人来说，它是一个很好的学习工具。

清晰的烟花，来自稳定的三脚架

■Ringcao

每个人都需要一个三脚架

我们总是希望尽可能得到一幅清晰的影像，这是摄影最基本的诉求，如果影像是模糊的，那么即使图像再具创造性，其结果必然也是失败的。为什么一幅影像到头来其结果会是模糊的呢？可能有下面两个原因：一个原因是没有精确地聚焦；另外一个原因就是照相机的震动，这看似简单的操作其实很常见，不容易避免。

采用下面两项简单防范措施可以避免照相机的震动：

第一，以足够高的快门速度进行拍摄，消除明显的照相机震动结果。

第二，对于一位严谨的摄影者来说，三脚架肯定是一件必不可少的装备，就如同有很多视频摄友喜欢用大疆的稳定器，一定程度也是为了让视频更加流畅，看起来不眩晕。为什么我们要如此强调这一观点呢？因为在初学的学生所递交的所有照片中，最多的单一性失误就是照相机的震动。

理想的三脚架应该足够轻，以便于四处携带；但也不能太轻，以至于无法稳固地支撑照相机，价格贵的一般就是碳纤维，铝制脚架便宜并且常见，要求不高可以小几百元先买来练手。三脚架的用途是为照相机提供一个稳定的安放平台，而且有分量才能产生稳定性。比如在桥上，有汽车飞驰而过，或者轻轨站有列车进站，三脚架基本没有什么震动，这才是我们所需要的。购买三脚架时必须要尝试打破轻型三脚架的方便性与重型三脚架的稳定性之间的平衡。有些三脚架可能几斤重，有些配有专业云台则可能超过十斤。

作为一个摄影者，首先要确定自己的目标。如果作为一个以此谋生的职业摄影者，那么就没有必要两次购买同一设备。事实上，三脚架可以使用很长时间，不如一开始就购置一个重型三脚架。当然，如果只是一个偶尔拍照的业余爱好者，那么购置一个中型三脚架或许更为合适。

烟花拍摄中三脚架的一些应用提示

春节期间，拍摄烟花，稍纵即逝的影像如何便利地切换角度，更换镜头，需要我们做一些功课。拍摄的烟花一般是中长距离，所以一般我们会用到 28mm 或者 50mm 的镜头来拍摄，这个自己把握构图，体现烟花的壮观，通常不会用超广角。此外，很多三脚架都具有“快速装卡”机构，这是一种非常方便的装置，能够瞬间就将照相机安装在三脚架上，并且还可以快速地从三脚架上取下照相机。首先，要将快速装卡机构中的转接部件拧到照相机底部的螺孔内。然后，每次想将照相机安装到三脚架上时，只需简单地“咔嗒”一下把转接部件按进三脚架云台的槽中即可。

快速分离二者时，通常扳动一个控制杆即可从三脚架上取下照相机。当然，也有很多类型的摄影机并不需要快速装卡式的云台。如果确实需要这种快速装卡的能力，可以在照相器材商店为三脚架配一个快速装卡的附件。我们的建议：三脚架一定要买个好的。因为确实需要我们才使用它，而照相机和三脚架之间的任何附件都可能会成为不稳定因素的来源。

此外，有些三脚架具有可互换的云台，其中有的云台可以安装在中心柱的底端，供低角度拍摄。拍摄烟花通常建议选择 B 门拍摄，将 ISO 设置为 100，避免噪点过多，将光圈设置为 F5.6~F8。手动控制快门线防震，曝光时间一般建议在 5~20 秒不等，主要看周围的城市环境光和烟花本身的曝光值，切记不要过曝。

4个镜头概念彻底改变摄影效果

■曹欣

焦距为何影响视角

如果你已经是老司机，可能已经对所使用的焦距如何影响视角有所了解，同样的场景为什么每个人拍出来不同？或者说用什么器材才能达到你心目中的效果？本篇的讨论正在于此。

例如，让我们看看这张图像，它们是从同一点在 24 毫米、45 毫米和 105 毫米处拍摄的。你注意每张画面包括了多少的景象？

较短的焦距（如 24mm）可提供更宽的视角。这意味着更多的场景被捕捉到画面中。例如，全画幅相机上 24mm 的焦距可捕捉 84° 的视觉场景，物体在画面中会显得更小。

较长的焦距提供较窄的视角，即捕获场景的较小部分。例如，全画幅相机上的 45mm 焦距覆盖了大约 51.4° ，而 105mm 覆盖了大约 23.3° 视觉场景，物体在框架中会显得更大。

当然，你与拍摄对象的距离也很重要。当离拍摄对象更近时，即使使用更短的焦距，也可以捕捉到宽幅画面。

小提示：焦距影响的不仅仅是取景

改变焦距不是一个简单的应用，它也会影响其他视觉因素，例如虚化和透视。比如你希望拍摄对象在画面中显得更大，同时使用短焦距，通常会靠近它拍摄，让拍摄的物体看起来更宏伟。与使用较长焦距放大拍摄对象相比，这种视觉效果完全不同。

景深和虚化控制成片

如果场景“很深”（前后景之间距离很长），即使是收窄到很小的光圈，也无法将所有东西都对焦。大多数摄影师都熟悉虚化和光圈之间的关系：

较小的 f 值（更大的光圈）= 浅景深，更多的虚化；镜头最大光圈越大，从相同位置以相同焦距拍摄时，背景和前景模糊的可能性就越大。

除了大光圈，更长的焦距也会产生更浅的景深，这就是为什么这里的背景即使在 f/11 小光圈下看起来也非常模糊。

同样的摩天轮，看起来比105mm更大，因为拍摄点更近了

镜头与透视的关系

在摄影中，透视指的是物体之间看起来有多近或多远，俗称空间感。这与照片中物体的大小有关，当某物看起来更大时，我们倾向于认为它离我们更近。当某物看起来较小时，我们倾向于认为它离我们更远。

短焦距会夸大透视，靠近镜头的物体看起来比平时大，而远离镜头的物体看起来比平时小。

同时，在更长的焦距下（拍摄更多的长焦），透视被压缩。远处的物体被“拉近”，看起来更大更近，使图像看起来更平坦。

小提示：如何实现不同的透视效果

50mm 拍摄（左侧）稍微倾斜相机向上拍摄，透视夸张效果会更加明显。200mm 拍摄（右侧），从水平的相机角度的位置以更长的焦距拍摄的，背后的大厦似乎靠近了。

虽然两张照片在画面中的大小相差不大，但是空间感体现则完全不同。

透视压缩的“扁平化”效果可以通过侧面、正面角度拍摄来体现差异，比如右上图是 359mm 焦距，稍微借点角度；右下图是 300mm 焦距，正面拍摄。

相比之下，右侧的密集程度显然更高，感觉拱门铁架是挨在一起了。下次当你对图像感到不满意时，可以尝试做一些改变，因为轻微的倾斜，也会让影像产生巨大的差异。

最近对焦距离

最近对焦距离，顾名思义指物方焦平面（被摄物体）到像方焦平面（图像感应器）的直线距离。说简单就是在靠近被摄物体的情况下，镜头能够合焦的最近拍摄距离。镜头的最近对焦距离就像大家的眼睛一样，你眼睛太过靠近一个物体也看不清，往后退点就能看清了，差不多就是这个原理。

当我们使用虚化效果拍摄食物特写时，将焦点放在被摄体的正面通常不会出错，如果镜头靠得太近，将无法对焦。

当我们想要最大化透视夸张效果时，例如使用 14mm（超广角）拍摄，镜头非常靠近树干底部进行拍摄会增加透视夸张效果，从而使树干看起来特别长。镜头相对较短的 0.2 米最近对焦距离使附近的细节能够清晰对焦，再靠近镜头会出现“拉风箱”无法对焦现象。

不同镜头，其最近对焦距离是不一样的，一般来说“镜头焦距越长，最近对焦距离越长；镜头焦距越短，最近对焦距离越短”。但是微距镜头除外，微距镜头不是这样的，微距镜头的最近对焦距离不仅取决于镜头的焦距，还和微距镜头的设计有关，微距镜头在设计时允许镜头组在调焦时离开底片更远点。

这支镜头的最近对焦距离为 0.3m，0.30 和上面的 0.99 所表达的意思是一样的，表示最近对焦距离为 0.99 英尺（ft 为英尺，1 英尺 =0.3 米）。另外，镜头是没有最远对焦距离一说的，所有镜头都是无限远的，一般会用符号“∞”来表示。所以大家在镜头上除了看到最近对焦距离外，还会看到这个符号。镜头的最近对焦距离一般会在镜头上标注清楚的，有些可以设置不同长短，比如百微最近对焦距离可以是 0.3 米，也可以调节成 1 米，由侧面的另一组拨盘钮控制，主要是为了实现微距在感光元件上的成像比例。

景深是指场景中看起来在图像中对焦的区域。虚化指的是在此对焦区域外的部分中产生的模糊“美学”

镜头“放大率”是什么意思？

■曹欣

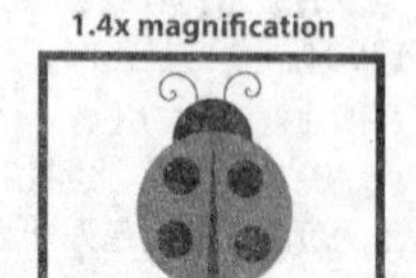

最大放大倍率是微距摄影的一个重要规格，决定了微距分毫毕现的能力

什么是摄影中的“放大”？

大家可能经常在镜头规格中看到“最大再现比”或“最大放大倍率”，这指的是什么，为什么重要？

在摄影中，“倍率”通常用来指代镜头的放大倍率或再现率。它可以写成小数（例如“0.5x”）或比率（例如“1:2”），但数字指的是同一件事：真实物体与相机的图像传感器的比率。

当镜头的最大放大倍率为 1:1 或 1.0 倍时，它会将与现实生活中物体大小相同的物体图像投射到图像传感器上，我们说这个镜头能够进行真实物体大小的放大。

如右图所示，任何低于 1.0 倍放大率的物体实际上都是一种“缩小”形式：投射在图像传感器上的图像比实际物体小。在现实生活中，瓢虫要小得多。

最大放大倍率和微距镜头

如果镜头的最大放大倍率为 0.5 倍（或 1:2），则通常将其视为微距镜头。一般大于 0.5x，我们会说这支镜头是个“小微距”，拥有不错的近摄能力，而 1:1 则是专业微距镜头的象征，放大倍率为 1.4x，那么相当于比传统的 1:1 放大率还要更进一步，微距能力更强。

最近对焦距离和焦距之间的关系

物体在图像传感器上的放大程度取决于焦距和拍摄距离等因素，您可能凭直觉知道这一点理论，因为靠近或放大拍摄物体时，LCD 屏画面中的主体就显得较大。

为什么超长焦镜头的最大放大倍率比短镜头要小呢？例如，百微 100mm f/2.8L

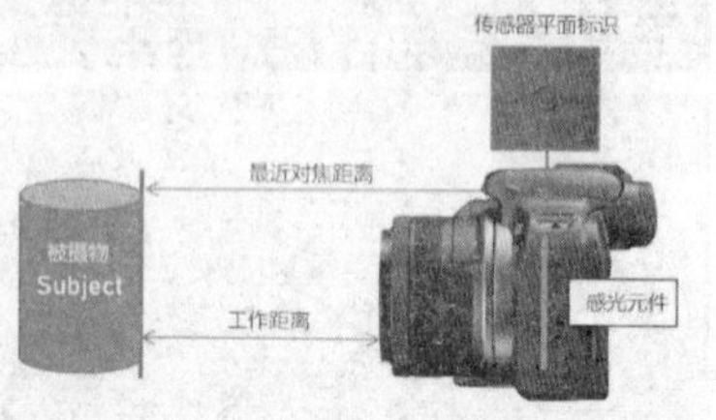

最近对焦距离的理论是：为了使镜头能够对焦，图像传感器与被摄体的焦平面之间必须放置的最短距离，更长的焦距通常涉及更长的对焦距离

Macro IS USM 的最大放大倍率为 1.4 倍，而 600mm f/4L IS USM 的最大放大倍率为 0.15 倍。这是因为镜头有不同的最近对焦距离，也称为最近拍摄距离。

即使长焦镜头不是微距镜头，其焦距的放大效果也可以捕捉到非常有趣的微小事物的特写镜头。一些摄影师将此类图像称为“长焦微距”，球鞋和树枝上的樱花都实现了特写镜头。焦距足够长，摄友无需走近即可拍摄。

微距拍摄，很多人认为越近越好，其实不然，物理上更近并不总是更好，太近会阻挡光线。比如一枚镜头有着 23 厘米最近对焦距离，从镜头前端到拍摄对象的距离约为 9 厘米，镜头投射阴影就不会影响被摄物光线。如果使用微距镜头拍摄昆虫等生物，将镜头放得太近可能会干扰拍摄对象并导致其飞走或逃跑。

焦距和最大放大倍率

两枚镜头的长度大致相同，实际上 50mm 头是在更远的地方拍摄，然而 16mm 镜头上的主体在画面中显得稍大（“更近”），这是一种独特的效果，可以称之为广角微距。

摆脱传统思维，用AI提高后期处理的效率

■曹欣

AI 去除水印

用于实现照片级真实感艺术作品的人工智能，已经在摄影行业引起了巨大反响，但到底哪个好用？今天来看看这款新工具——WatermarkRemover.io。

WatermarkRemover.io 目前属于免费应用阶段，正如其名称所表述的那样，它使用 AI 从图像中删除水印。其实从图像中删除水印，是用户长久以来的需求，但为了保证摄影师的版权权益，大部分的网站或者论坛，甚至微信、今日头条都有水印加载设置，即便你找到没有水印的版本，精度也是相当令人难以言喻的。

当然，这里着重介绍 Watermark Remover.io，并不是指它是一个剽窃工具。作为软件，它拥有正当合法的权利，开发者确实也不能决定用户是否下载该工具去做一些非法的事情，删除水印、窃取照片用于商业用途在大多数国家仍然是非法的，所以还是回归讨论 AI 技术本身。

如果你是一个老鸟，已经可以使用 Adobe Photoshop 等照片编辑应用程序编辑图像中的水印。在某些情况下，这样做非常容易，但 AI 的作用是使复杂的任务变得更加容易，例如去除具有不同透明度值的多色水印，这点普通的用户用 Adobe Photoshop 不易实现。

左边有水印，右侧是AI处理后的效果

Ocudrone的天空交换 AI

一键抠图替换天空，流浪地球特效一秒完成

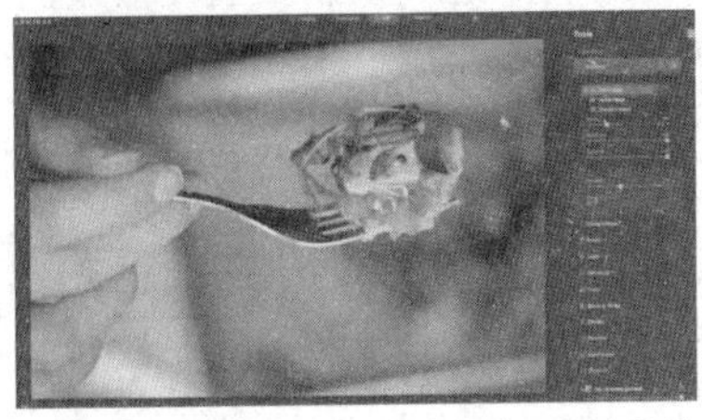

Luminar AI提供蒙版功能，渐变蒙版可用于创建渐变混合设置

一百多个天空背景选择，让滤镜无处可用

目前几乎每个主要的照片编辑应用程序都或多或少地包含 AI 功能。例如使用 ON1 Photo RAW 2023，可以使用 AI 对图像的特定区域执行一键式编辑。如果想编辑天空，点击天空，软件的机器学习技术会创建天空的遮罩，允许精确的局部调整，而不需要繁琐地手动创建遮罩。与 Ocudrone 合作后，ON1 Photo RAW 2023 包括了 125 个天空背景，还增强了 Sky Swap AI 以利用 Mask AI 技术，增加了调整天空角度和更好地匹配边缘的选项。裁剪和平整照片并扩展照片画布并用逼真的细节填充新边缘，新的自动选项可检测色边或色差，并自动将其移除。

AI 驱动下的软件自适应预设很强，可适应每张照片中的不同主题、场景、动物、人物等。你一定记住，要抛弃传统思维，这些软件强大的功能完全开始改变我们的工作流程。新的 Super Select AI 工具只需单击几下即可将调整图层、滤镜甚至整个预设添加到照片中的对象或区域，而且无需刷涂。

复杂蒙版成过去时

再来看看 Skylum，该软件一直在照片编辑领域不断尝试 AI，Skylum 总共为应用添加了 13 个 AI 功能。用户可以使用这些来改善自己的构图、在自己的图像中替换天空并相应地重新点亮场景、添加雾和薄雾并通过简单地拖动一些滑块来操纵自己肖像主题的脸和身体。

Skylum 的 AI 照片编辑器 Luminar AI，有着非常高级的滤镜，远超 Instagram。应用会自动对图像进行分类并给用户一个匹配的模板列表。Luminar AI 的主要功能是 Sky AI，可以让用户通过点击几下就能替换掉图片中的天空。为此，用户可以从一组预先制作好的天空中进行选择，或创建自己的库。另外还有一个 Augmented Sky AI，这是一个有点噱头，让用户可以添加鸟、飞机和气球天空的功能。

这款软件有着强大智能的编辑面板，除了整体的调整外，几乎每项局部调整都依靠 AI 识别，完全不必使用如 Photoshop 中复杂的蒙版功能！一键抠图替换天空、智能更换虹膜、一键瘦身通通解决。

虽然一些摄影师有点担心人工智能会从照片处理和图像编辑中夺走人工后期饭碗，但对更多的摄友来说，人工智能让工作变得更加容易。制作蒙版和执行复杂编辑的时间越少，就有越多的时间做其他事情。

改变你的眼，活用滤光镜出大片

■曹欣

滤光镜原理解读

滤光镜是能够明显改变照片外观的最便宜的一种镜片附件，其实就是拍摄时放在照相机镜头前端的一块玻璃片或塑料片。滤光镜的种类繁多，基本上可以分为几类：有些滤光镜可以用来校正照片的外观，有些可以用来加强照片效果，而特殊效果滤光镜可以完全改变照片的外观。

黑白摄影中，我们用滤光镜使某种颜色在黑白底片或照片上产生的灰色调变亮或变暗。彩色摄影中，滤光镜的使用要更复杂一些，因为滤光镜自身的颜色对照片或幻灯片上每种颜色都会产生影响。

然而，如果适当地加以运用，可以证实滤光镜在许多彩色的场合中都极其有效。首先，考虑一枚简单的红滤光镜。如果用它来拍摄彩色胶片，那么幻灯片或照片上将会有很强的红色调。如果我们喜欢红色的天空而不是蓝色的天空，使用红滤光镜就可以实现愿望。这就是通常所说的“特殊效果”。

滤光镜有两种基本形式：最普通的滤光镜就是镶在圆形金属框内的透明着色玻璃片或塑料片，通过金属框上的螺纹可以将滤光镜拧到镜头上。另一种典型的形式是“滤光镜系统”的一部分，在镜头前端附加一个某种形式的框架，而滤光镜通常是一块方形着色的塑料片，通过滑槽嵌在框架上。

使用天光镜前后（蓝色调消减）

无论哪种形式滤光镜的功能是一样的。光线经过滤光镜后会发生改变，然后通过镜头投射到胶片上。既然所有感光元件所记录的都是投射到胶片上的光的影像，因此改变光线就可以改变胶片所“看到”的图像。我们非常清楚，由有色玻璃或塑料片构成的普通滤光镜改变的是光的颜色。然而，对于偏振滤光镜、中灰密度镜、多影滤光镜、星光效果滤光镜等其他各种特效滤光镜而言，颜色本身已显得不那么重要了。

对我们的眼睛来说，对光线的颜色是非常敏感的。例如，用人眼去看，多云或雾天的光线与晴天的光线是完全一样的，感觉不到什么异样。

但对于相机来说，这两种光线是不一样的，是有区别的。穿过云层或薄雾的光线比直接的太阳光偏蓝，感光元件能够“看到”这种蓝色，并把它记录下来。在拍摄风光片的过程中天空往往会给整体画面带上淡淡的蓝色调，使用天光镜之后这种淡淡的蓝色调就消失了，虽然从某种程度上讲使用天光镜会导致色彩不够真实，不过它拍摄出来的效果的确是大多数人喜欢的。

天光镜（Skylight filter 简称 SL 镜），能够吸收紫外线，我们知道 UV 镜能够有效吸收紫外线，但对色彩平衡作用不大，而天光镜除了具备 UV 镜的功能以外，还能起到色彩平衡的作用。

天光镜一般分为 1A 和 1B 两种，其中 1A 呈浅橙红色，而 1B 呈浅品红色。这两种天光镜除具有 UV 镜功能以外，还分别对 500nm 处绿光（1A）550nm 处黄绿光（1B）吸收约 10%的量，以减少天空中的散射光引起的景物偏蓝色调的现象，也能矫正闪光摄影的偏淡蓝，1A 纠正蓝色的程度比 1B 稍强一些。

偏振滤光镜

滤光镜中最有价值的还有偏振滤光镜，偏振滤光镜与其他大多数类型的滤光镜构造不一样，它是由两块玻璃构成的，并且这两块玻璃相互独立地安装在一个圆形的框架内。随着旋转，偏振滤光镜会消除越来越多的炫光和雾霭。如果我们具有单镜头反光照相机，通过取景器我们能真实地看到所发生的这种变化。

假如我们想拍摄一幅镶在玻璃框内的绘画，但是由于玻璃的反射光，拍摄出的照片有反光，使用偏振滤光镜便可以。又比如我们想拍摄一潭湖水，由于水面的炫光，显得湖水平淡无奇，这时使用偏振滤光镜，湖面变得平静湛蓝。

由玻璃、水面、光滑的木质表面、绸缎等产生的反射光都是偏振光，都只在某一个方向上振动。科学名词“偏振”可以理解为在一个平面内进行振动。偏振滤光镜的功能就是阻止这种振动，从而消除这种偏振光。这也就是偏振滤光镜必须旋转的原因。随着偏振滤光镜的旋转，就可以去除本来可以通过的偏振光。

天光镜和暖调滤光镜

使用CPL前后（右侧反光变小，湖水显得湛蓝）

正面交锋：三大AI分辨率放大软件有话说

■ringcao

三种不同的 UI

AI 的后期处理越来越丰富，过去我们曾使用过 Adobe 的 Super Resolution 和 ON1 Resize AI 等分辨率提升工具，给人的印象也颇为深刻，即使在处理分辨率非常低的照片时，它们也能提供可用的放大效果。今天我们讨论的三个软件是：Adobe Super Resolution、ON1 Resize AI 和 Topaz Labs Gigapixel AI。

对于 Adobe 而言，所谓的 Super Resolution（超级分辨率）功能实际上只是一个开关，用户点击就可以将图像的线性分辨率（即宽度和高度）加倍，如果是 800 百万像素，就能达到 1600 万像素。除此之外没有操作，无论源文件格式如何，结果导出来显示为 DNG 文件。

尽管使用超分辨率处理 Raw 文件在技术上是可行的，但笔者实操比较了无数放大

Adobe Camera Raw和Lightroom中的超分辨率工具是一个开关，不提供控件

ON1 Resize AI应用程序，没有Gigapixel AI这么复杂

Topaz Labs Gigapixel AI 拥有三款软件中最复杂的界面并提供最多的控制，并且简单易用

文件，发现除了JPEG的其他格式兼容性都不行，这也能够理解，毕竟各家的Raw格式算法不同，都要用本家软件打开才能读取，否则技术壁垒在哪里？对于JPEG，Adobe Photoshop有保留细节的2.0算法，进行重采样相比后其实不大看得出有什么改进，而Super Resolution的结果稍微清晰一些，但代价是更容易出现像素化。

Topaz Labs Gigapixel AI可以在用户微调之下完成任务，比如在针对不同类型图像的六种不同AI模型中选择一种，调整滑块以抑制噪声或者消除模糊修复图片。当然，Gigapixel AI只会将其机器学习算法用于最初的6倍放大，然后再使用更传统的重采样方法处理其余部分。

和插值运算不同，Topaz Labs Gigapixel AI的神经网络在各种样本上训练，在从数百万张图像中学习，这款软件的新版本还提供了面部恢复工具。

ON1 Resize 2023采用了Genuine Fractals（获得专利的、基于分形的照片大小调整插值算法）技术，具有ON1 Photo Raw的Raw处理引擎，运算更快，并保持更好的颜色和细节。ON1 Resize 2023既可用作Photoshop和Lightroom的插件，也可用作独立应用程序。

ON1 Resize AI使用深度机器学习来研究物体的细节，比如树皮、动物皮毛、羽毛、草、树叶、岩石和皮肤等自然纹理，还有混凝土、织物等人造纹理，与传统的照片放大方法相比，Resize AI保证了更清晰的结果和更少的噪点，最大的放大比率是10倍。

当然，不管是放大6倍还是10倍，像Topaz Labs Gigapixel AI一样，实际上限还是取决于用户的源图像，毕竟都是插值方法，软件对锐化和颗粒生成进行一些控制，但无法调整超出极限范围，做出自动生成和渲染的一些结果。

AI放大不同图片的实际表现

为了得出结论，笔者使用多款数码相机拍摄的数十张Raw和JPEG照片测试了以上三个应用程序，经过多次比较看到图像在提高分辨率之后的表现。

根据我们的比较，Adobe的超分辨率和原图之间几乎没有区别，只是清晰度有非常非常小的改进。ON1的Resize AI算法帮助更大，结果更清晰，紫色桥墩也更锐利。Topaz Labs Gigapixel AI总体上做得较好，色彩比较均衡，如果放大会发现下方阴影中的细节则没有多大提升。

在分辨率放大4倍以上之后，放大发现AI的模糊效果比较明显。可以这样说，如果仅仅是用于电脑观看，AI分辨率提升工具还是有一定效果，但是你想要靠此化腐朽为神奇，把一张低分辨率的图片打印出一张精度很高的印刷品，人工智能还不能达到这种"细节"，现阶段的应用，更多的是给眼睛带来清晰的视觉效果。

学会用光，让画面更具质感

■ringcao

光线是拍摄的"油彩"

摄影师把照相机比作"画笔"，那么光线就是他的"油彩"，摄友们用光来涂抹照片，就像画家挑选他的油彩一样，会仔细地选择所要用的光。如何创造性地使用光，真是个难题，每个人的洞察力不同，如何了解阳光的不同特性，感觉光真的是门玄学。

有人拒绝正午灿烂的阳光下的灼热光，喜爱多云天气里天鹅绒般柔软的光；有人喜欢透过树叶间隙闪烁的斑斓的日光拍摄，有些人喜欢夜色中银色的月光。当你走在街上，坐在车里，学会用光，将用一种新的、令人兴奋的眼光来观察光的世界。

从物理光学性来说，所有的光，无论是自然光或人工室内光，都有其特征。

首先是明暗度，明暗度表示光的强弱，它随光源能量和距离的变化而变化。其次是光的方向，如果只有一个光源，方向很容易确定，而有多个光源则属于漫射光，方向就难以确定，甚至完全迷失。再者就是光线带来的色彩，光经过折射，通过不同源，变化出多种色彩。比如自然光与白炽灯光或电子闪光灯作用下的色彩不同，而且阳光本身的色彩，也随大气条件和一天时辰的变化而变化。

光的基本方向

正面光是常见的光线，使被摄体对象没有一点阴影。被摄体的所有部分都直接沐浴在光线中，朝向相机部分全有光。其结果是展现出一个几乎没有色调和层次的影像。由于深度和轮廓靠光和阴影的相互作用来表现，正面光制造出一种平面的二维感觉，因此通常被称为平光。

正面光可以是低位的，像清晨或傍晚的太阳；也可以是高位的，像正午的太阳。每种位置都产生出不同的效果。当拍摄面部时你会发现，使用高位正面光线可能在眼窝和鼻子下面投下很深的阴影。而使用低位正面光时，可以平射脸部，不会引起眯眼。

45度侧光出现在上午九十点钟和下午三四点钟，被许多人认为是人像摄影的最佳光线类型。事实上，室内拍摄人像使用的主要光线，多数为45度侧光，由补光灯来进行配合。45度侧光能产生良好的光和影的相互作用，比例均衡。形态中丰富的影调体现出一种立体效果，表面结构被微妙地表现出来。为此，45度侧光被看作是最接近自然的光。

90度侧光是用来强调光明和黑暗强烈对比的戏剧性光线，被摄体朝向光线的一面"沐浴"在强光之中；而背光的那一面掩埋进黑暗之中，阴影深重而强烈。表面结构由于每一个微小凸起而突出地表现出来，因此这种光有时也被称作"结构光线"。

逆光很好理解，当光从相机对面被摄物的后面照过来时，会获得极具艺术效果的逆光，此时被摄物就会变成一个黑色的剪影。如果采用兼顾曝光，尽管被摄物与背后的光反差强烈，也仍然可以捕捉到影像的细节。

如果光源处于高位,就会在被摄对象的顶部勾勒出一个明亮的轮廓,所以也被叫作“轮廓光”。

怎样在室外拍摄人像

实作一把,在室外拍摄人像时,采用哪种类型的光线?初学者往往选择从身后直接照射过来的明亮阳光,直接照射被摄物的正面光。但很不幸,你的被摄对象不得不痛苦地眯起眼睛。如果太阳所处的位置低,眯眼的脸上上的光线是扁平的。如果太阳所处的位置高,那么眼睛和鼻子下面就会产生黑影。不管哪个角度,都不尽如人意。

解决办法之一就是不要让被摄对象身处直射的阳光下。确切地说,应置被摄对象于温和的漫射日光中。这点可通过几种办法达到,你可以等待一个阴云天气,正像人们所知道的那样,拍摄室外人像,许多行家宁可选择多云的阴天,而不是阳光明媚的日子。

或者你可以等待一个云遮住直射阳光的机会,事实上,这与等待阴云天气是一样的。或者你可以移动被摄对象,从阳光直射区域移开到有阴影的地方。树下的阴凉不错,但要当心,因直射的阳光透过树叶,投向被摄体面部而产生的光块和斑点。

还有个办法就是转动被摄对象的脸部,直到太阳光不再直射到眼睛,从而避免眯眼。但在背对太阳那侧的脸上会留下阴影,你还是需要补光。

这其中也有窍门,反光板要放至脸的附近,大概举到半米远,如果还不能使阴影获得足够的光线,那就前后移动反光板,仔细观察反射光在阴影区产生的效果。总之,控制光线是个体力活,希望你能掌握。

何须租拍,家庭摄影室自己布置

■ringcao

把摄影间搬回家

最近拍摄商业产品,在外面租房拍摄了几次,顿时觉得扛不住了,一次费用三四百元,而且还得自己带设备和灯具去,房东看到是商务活儿,还坐地起价。其实,可以考虑自己的公寓或者住房,拿居室一隅辟出自己的“摄影室”,投资不大,灵活好用。建立一个家庭摄影室,也许难也许不难,就看你怎么搭建,今天我们来布置一把。

首先,“摄影室”不是固定的格局,找一个小卧室,或者书房,把家具挪开,腾出一块约 3 米×3 米的空地即可,有图案或花纹、颜色为白色或浅色的墙壁可以作为背景。若墙上贴有易分散注意力的壁纸,或是有裂缝、杂色或污迹,就得在墙上挂一张平展的白纸充当背景。用熨斗除去纸上的皱褶,悬挂时要小心谨慎,用图钉或遮蔽胶带固定,以确保纸张平整光滑,皱褶会造成非常令人不快的阴影,要防止背景喧宾夺主。

三脚架方面,不一定价格昂贵,但要牢固,之前我们在摄影技术中说过,如果你现在觉得品牌的碳纤维三脚架太贵,可以将相机支在椅子背上,或者买个 200 元左右的铝合金脚架,只要稳定就行,不要在意它能用多少年,当个消耗品。

好用的无缝背景纸

为使摄影室更加专业化,可以购买无缝背景纸。这种纸结实、厚实,包装规格大概每卷长度分为 7.6 米、15.2 米或 30.5 米;宽度为 2.4 米至 3.6 米不等;颜色多种多样,如:白色、灰色或黑色。建议你在开始时选用稍微长点的白色无缝背景纸,在照相器材商店和某些美术用品商店均有出售。

在专业摄影室中,我们把整卷背景纸固定在天花板的挂轴上,可以根据拍摄需要把它垂下一定的长度。在家庭摄影中,较好的办法是把背景纸裁开,每次拍摄时再把你所需要的那张纸钉在墙上。或者采用一张简易的无缝置物架。

通常,无缝卷纸不仅用于做背景,而且还可以沿地面铺展开。这样背景就一贯而下,与地面连接成一个无缝整体,后期拍摄便可以通过变换布光方式来改变主体身后或地面的影调,从而制造出处于精心调控之下的效果。

摄影灯的类型

电商上的摄影灯套件很多,要买到自己合适的,还是要了解一下功率和类型,比如标准 250 瓦和 500 瓦摄影泛光泡是摄影室的必备品,我们分别称之为 1 号灯泡和 2 号灯泡。其外形看上去与家用灯泡没有两样,而且基本会装有反光罩。

如果你使用反光罩,那么无论里面安装哪一种类型的灯泡,这盏灯都属于泛光灯。如果你用的是外形更狭窄的反光罩,那么它即为聚光灯。

各种不同功率的反光罩摄影泛光灯泡(如 200 瓦、375 瓦和 500 瓦)都可作为正规摄影泛光灯泡。这些灯泡的内层都镀有一层银,其作用相当于内置反光罩。这些反光罩灯泡经过改装之后同样也能投射出狭窄的强光束,我们因此称之为聚光灯。任何一种反光罩灯泡的后面都装有固定的反光罩,灯与罩接合紧密,便于安装。但其售价较高。

通常在商业摄影室里,专业摄影师用的是标准灯泡,原因之一是它的价位低。而另一个因素是金属反光罩可以“聚焦”并且由于采用“扩散器”,从而改变灯泡与反光罩的距离,这样可以更为精确地控制布光。

最常用的专业泛光灯泡可产生 3200K 光线。让我们来看看其意义何在,光线的温度是用“开尔文温标”来衡量的,因此 3200K 的含义是:灯泡中的钨丝发光时的绝对温标是 3200K。随着光源温度的升高,光线的颜色会发生变化。光在低温状态下是红色的,随着光源温度的不断升高,光线会变黄。当温度继续升高时,光线就会变成蓝色。

在白天,光线的温度约为 5500K,这时光的实际颜色为蓝色。天空也因此呈现为蓝天。与日光相比,摄影钨丝泛光灯泡发出的温度在 3200K 左右的光线颜色略黄。我们用肉眼辨别不出日光与钨丝灯光之间的色差,但 CMOS 却可以做到。

家用灯泡产生的光线的温度为 2800K,所以其颜色甚至比专业泛光灯泡产生的 3200K 的光线更黄。如果你是拍黑白照片,就无须考虑光源。只有在拍摄彩色照片时才需要注意 CMOS 的白平衡。

另外再提一下石英碘钨丝,普通石英碘钨丝灯可发出功率高达 600 瓦至 1000 瓦的强光。由于其结构紧凑轻松,深受众多专业摄影师的青睐,它便于携带的特性备受行家珍视。但其售价却比传统的摄影专用泛光灯或照明器材高得多。因此,初学者不必贸然购置。

器材党还不了解闪光灯，赶紧补一课

■曹欣 崇光

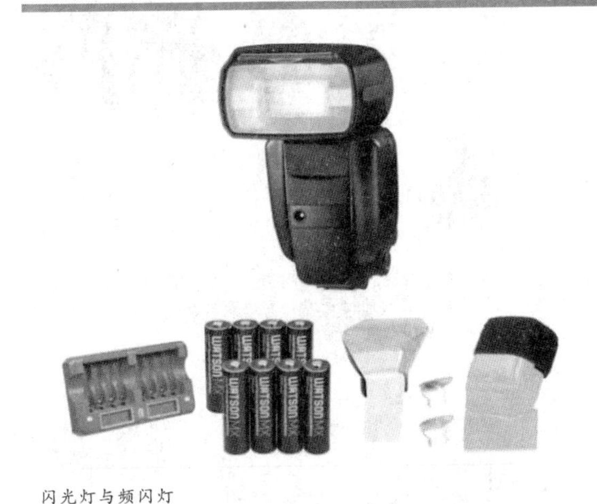

闪光灯与频闪灯

闪光灯可以用镍镉充电电池

前几期我们讨论了户外用光，本期让我们来探讨间歇的人造光照明——闪光灯泡和电子闪光灯(即频闪灯)照明。

从物理上讲，光就是光，不管它来源于太阳、散光灯、闪光灯泡还是电子闪光灯。连续的散光照明和间歇的闪光或频闪光照明的根本区别就在于光线的持续时间。从曝光前、曝光中到曝光完成，散光照明一直是持续不断的；而闪光灯或频闪灯却只在曝光的一瞬间才释放出强烈的光线。

当然，它们在其他方面也有区别，如光线的热量、光线的颜色等等。但最主要的区别还是光线的持续时间。

首先，简要地说明一下"频闪灯"(strobe)和"电子闪光灯"(ElectronicFlash)这两个词。"频闪灯"(strobe)实际上是单词"频闪放电管"(strobescope)的缩写。频闪放电管是一种能够近乎连续不断重复出现的高速闪光的电子光源，曾用来拍摄高尔夫球手的击球动作，以及像飞行中的子弹等快得让人眼难以捕捉的运动，频闪放电装置能够在1秒钟之内连续闪光超过20000次。

"电子闪光灯"则用于一般的摄影，它与频闪灯是有区别的。电子闪光灯在每次闪光后，必须等待一段时间给电容器充电，才能再次闪光。

由于一般摄影用的电子闪光灯是早期进行频闪放电实验时取得的一项成果，所以"频闪灯"这个词就逐渐被普遍地用来代表一切电子闪光灯了。多年不严谨的使用，让大多数摄影者都认为"频闪灯"就是"电子闪光灯"。

电子闪光灯

"上古时代"闪光灯泡还是最主要的便携式摄影光源，在新闻发布会上经常能听到闪光灯爆鸣声汇成的背景声。现在，专业摄影者都用重量较轻的电子闪光灯取代了闪光灯泡，其原因很明显：

1. 电子闪光装置可以一次接一次地重复使用，可以闪光数千次，从而可以节省每次拍摄后更换灯泡的时间和随身携带很多灯泡的费用。

2. 峰值强度的闪光持续时间极其短暂，普通的电子闪光装置只有1/50000秒，而相比之下典型的闪光灯泡则大约1/200秒。

3. 闪光的强度可以电子的方式加以控制，切换电子闪光装置上的开关就可以增强或减弱闪光强度。

4. 电子线路能够自动控制闪光量。在我们进行调焦和拍摄时，闪光灯会自动释放出适当的闪光量。

5.电子闪光灯又叫高速闪光灯、频闪闪光灯或频闪灯。前面已经说过，我们也可以使用频闪灯这个词。频闪装置可以用电池或家用交流电源供电。电池可以是普通的闪光灯电池，不过闪光达一定次数后不能再用了；也可以使用由家用交流电源充电的镍镉电池。对于小型频闪装置，电池就装在闪光灯壳体内部；而对于大型的频闪装置，电池可能和其他的电子部件一起装在独立的电源箱内。

电池可以给电容器充电，聚集高压电荷。频闪灯闪光时，聚集的电荷在电势差的作用下涌进充气的闪光灯管，激发气体，瞬间释放出明亮的强光。大多数摄影室专用的频闪装置和便携式闪光装置一样，也可以用家用交流电作电源。通过闪光装置里的变压器将110伏(在我国为220伏)的电压升为高压。

无论是使用电池还是交流电，完成一次闪光后，都需要一段时间给电容器重新充电。这个充电过程所用的时间随闪光装置和电源的不同而不同，使用交流电或新干电池通常只需要几秒钟就可以完成充电过程。电池使用的时间越长，充电的时间也就越长。对于可充电的镍镉电池，要把频闪灯的插头插进一个配套的小型充电器中，把充电器的插头插在交流电源插座上。一旦电池充电完毕，充电的时间又可以缩短到几秒钟。以前电池充一次电通常需要24小时，而现在快速充电可以在1小时内完成。

有些专业的频闪装置，可以将镍镉电池取出来脱离闪光灯进行充电。这样做有一个好处，专业摄影师可以换上另一块已经充满电的镍镉电池继续工作，而不用等原来的那块电池充满电或用另外的闪光灯才能继续拍摄。我们可以想象到，在某些场合这是多么有价值的，例如婚礼场面、新闻事件、运动盛会等等。在这些拍摄场合，不允许我们说："等一等，等我的电池充满以后再继续进行。"

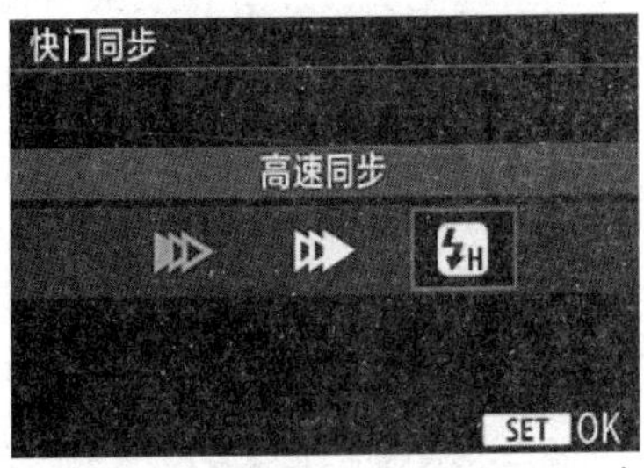

现在的中高端相机都有指定的闪光灯快门高速同步功能

闪光灯同步和高速闪光同步

正常情况下，闪光灯在一次拍摄中，只发光一次，这次发光发生在快门完全开启后，在快门闭合前。只有这样，该次拍摄才能用到闪光，我们管这个过程叫作闪光灯同步。

倘若闪光灯在快门开启前就已经发光完毕，或在快门关闭后才发光；或快门未完全开启时已发光完毕，该次拍摄将没有运用到本次闪光(或不完全运用到)，称之为闪光不同步。

目前的单反大多采用了焦平面帘幕快门，即快门是利用前后帘幕缝隙的大小来控制曝光量的，开合方式为一帘一帘纵走的形式。也就是说，只有在快门速度低于某一个数值的时候，快门才是全开的，这个数值就是所谓闪光同步速度。

如果速度低于闪光同步速度时闪光，整个画面都能够接收到闪光灯的光线；而如果使用高于闪光同步的快门速度，就相当于切掉了闪光灯闪光时末端的一段闪光时间，这时候闪光灯闪光的时候会减少一部分曝光时间，体现在照片上就是局部(底部)欠曝，即底部出现黑条，且随着快门继续提高，黑条更宽，直至什么都拍不到。

为什么会出现上面的情况？因为你的快门速度比闪光灯同步速度快；另外一个原因就是你的闪光灯不支持高速同步。

高速闪光同步，也称为FP闪光（Flat-Pulse），可以使相机在任何高速快门挡下闪光摄影。FP闪光的原理就是：在快门帘幕速度过高而不可避免地部分开启呈狭缝状态扫过整个底片范围，这时让闪光灯连续发出多个闪光脉冲，直到整个帘幕狭缝扫过整个画面范围，从而近似地达到所谓同步效果。

可能很多人就问了，既然都能使用高速快门，为何还需要闪光灯。答案是闪光灯的运用不仅仅是弱光时补光，很多时候还要运用于强光下的修饰，还有帮助实现小景深。

例如在一个晴朗的午后，拍摄一张逆光人像，如果我们使用闪光灯普通同步速度去补光，那么通常快门速度在1/200秒以内，这个时候我们的光圈要收得很小，而此时又想要那种背景虚化的效果，高速同步就能发挥作用。

那么，用高速同步拍摄是不是就没有缺点呢？当然不是，高速同步拍摄时会影响闪光灯的输出功率。使用高速同步时，闪光灯会以很快的速度发射出很多束频闪闪光，输出功率会变小，所以就需要更加接近拍摄对象，这样才能产生和全功率输出时一样的曝光。快门速度越快，闪光灯与拍摄对象之间的距离就要越短。

外置闪光灯上还有一个TTL测光设置，比如尼康的iTTL和佳能的e-TTL，TTL测光是通过镜头测量光线的一种方法。它们会在主闪光之前发出一次或多次预闪光，此时，相机会根据之前的光线进行调整，然后进行准确的曝光。

在测光的时候，可能会遇到暗光或者背景的影响，导致拍摄效果并不理想，这时需要调整闪光灯的参数来补偿曝光。那如何改变TTL闪光灯的曝光？在TTL模式下，无论你的光圈、ISO或快门速度如何（只要它的速度比闪光灯同步速度慢），闪光灯都会自动控制闪光灯的曝光。换句话说，闪光灯的功率完全可以满足拍摄对象的任何需求。

但是如果你的闪光灯太远，你的主体可能会变得更暗，这时候你就需要把闪光灯放近一点，或者选择更大的光圈，提高ISO值，这些应用需要经常练习。

机顶闪光灯又称热靴闪光灯，它的功率和照射范围都远强于机内闪光灯，且比影室闪光灯更便宜、易携带，是使用频率最高和效果最好的闪光灯。它可以通过改变灯头的方向和角度实现向天花板、墙面跳闪，使补光更加柔和。更进阶的玩法是用引闪器来实现离机补光，甚至能用多台闪光灯组成闪光灯群实现多灯离机闪灯的效果。

使用闪光灯最重要的就是要在拍摄瞬间得到充足的光源。所以必须要同时满足"充足"和"瞬间"两个条件。首先，光源充足与否可以看闪光指数，也称为GN值。它直接代表光线输出的强弱，数值越大说明闪光能量越强，光线越充足（简单说一下GN值的原理，ISO为100时，GN值=光圈 <f> 距离 <d>，GN值就是在准确曝光的临界点以这个公式计算出来的最大值）。

相机在快门速度较高的时候需要依靠高速同步功能，才能配合闪光灯捕捉到光源最充足的"瞬间"实现正常曝光，其他还有一些选择时需要注意的点：

1.自动测光模式

新手一定要选择带有（TTL/ETTL）自动测光模式的闪光灯，在此模式下可以根据环境亮度来确定相应的闪光输出量，即使毫无经验也可以放心使用。

2.灯头的可调角度

选择灯头可调节范围较大的闪光灯，可调节范围越广越有助于反射补光。

3.闪光灯的接口

通用接口的闪光灯只有一个触点，所以可以适配所有品牌、型号的相机。但不支持TTL自动测光，不支持高速同步。所以新手不建议购买通用型。专用型接口闪光灯有多个触点，往往和自己对应品牌相机的热靴触点数量相同，有各个相机品牌对应的类型可供选择（不包括奥巴、宾得、松下等品牌），根据自己相机品牌购买即可。

4.全功率输出次数

全功率输出次数是指充满电后在最大功率下能够闪光多少次，可以简单理解为续航值的直观呈现。续航当然是越大越好。

此外，只有支持无线模式的闪光灯，才能够组建灯群实现离机引闪的效果。如果有多只闪光灯想要组建灯群实现多灯离机引闪的需求，一定要看闪光灯是否支持无线模式，是否支持主控模式与从属模式，而且最好购买同一品牌闪光灯以及引闪器。

白天明亮的逆向斜射光线在模特的脸上形成阴影，为了在开大光圈的同时也能得到适合的曝光，这里利用了高速同步常用的外闪如何挑？

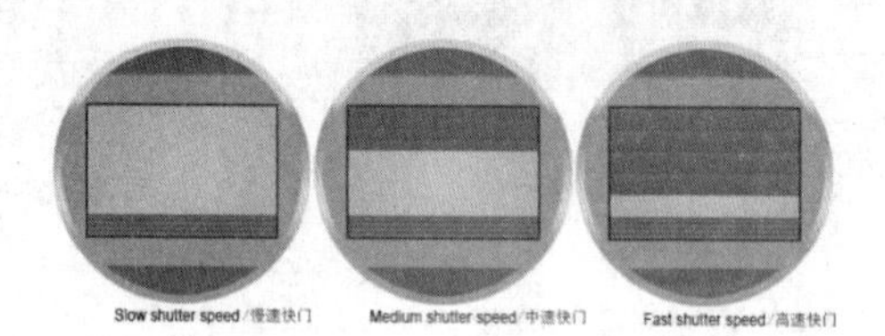

从左至右分别是慢速、中速、高速快门下的幕帘运作方式

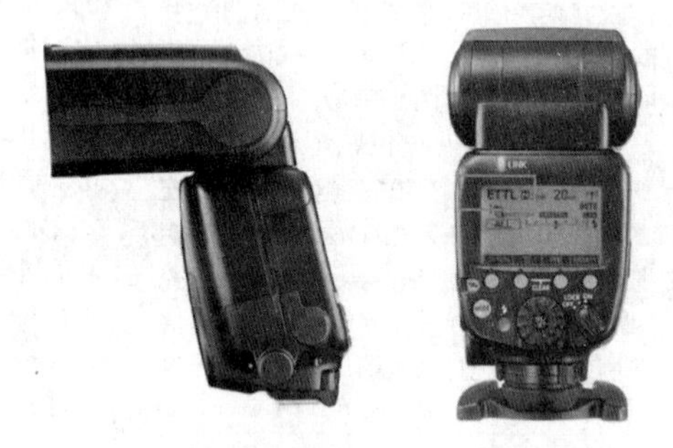

佳能的e-TTL测光

TTL无线电闪光触发器

隐藏绝技，iPhone锁屏景深模式怎么用?

■李铮

自从苹果给 iOS 16 锁定画面加入景深效果后，让 iPhone 也能够实现类似 Apple Watch 人像表面的新功能，可以替 iPhone 锁定桌布更改景深效果，让主体与背景分离，漂浮在解锁画面时间上方，通过景深就能避免宠物、食物、建筑或人脸自拍照被时间遮挡。

至于要怎么开启 iPhone 锁定画面景深效果和景深调整，以及要如何关闭 iOS 16 景深桌布呢？今天我们来讨论一番。

如果你已经用惯了传统的 iPhone 锁定桌布照片，就明白如果简单设置一张家人的照片或者自己拍的美图，人脸或主体经常会被时间遮住。运行 iOS 16 的 iPhone 使用 AI 来处理图像并将其主体与背景区分开来，同时设置锁定屏幕壁纸。

利用 AI 智能，它会将一个图形创建一个分层的效果，第一层是图像背景，第二层是锁屏时钟，第三层是图像主体。因此，iPhone 锁定屏幕上的一小部分时间指示器位于壁纸的主要主体之后，使照片主题突出，并创造出不错的 3D 视觉分层效果，苹果将此称为景深效果。如果你的 iPhone 想要有景深效果，那么要确保你的机器配备 A12 仿生芯片或更高版本的 iPhone，支持机型在 iPhone SE（第 2 代、第 3 代）以上。

步骤 1：新增背景图片

想在设定 iPhone 锁定景深桌布，可以通过以下两种方法先新增背景桌布：进入 iOS“设定”——“背景图片”点选“新增”桌布（图 1）。长按 iPhone 锁定画面不放进入桌布编辑模式，往右滑到底点选“新增”桌布，在加入新的背景图片设定页面中，直接点选“照片”按钮。

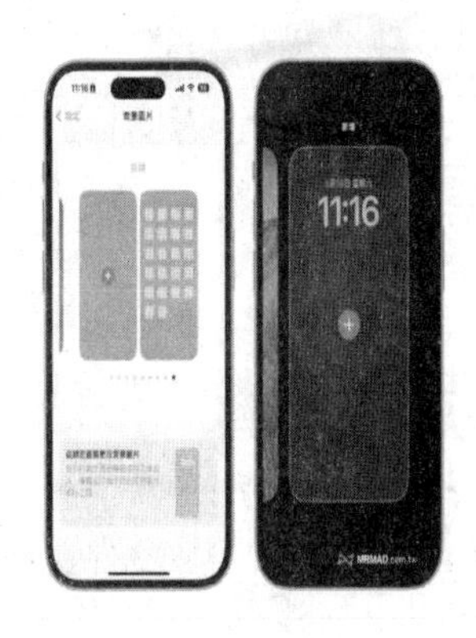

步骤 2：选择景深桌布

在照片分类中，系统会自动侦测人物、城市、宠物、自然等主题，直接从里面点选（图 2）。

要是想挑选的景深照片没在分类里面，从顶部选单切换成“相簿”，就可以直接从手机相簿内挑选想要的 iPhone 锁定画面景深效果桌布图片。

步骤 3：开启 iPhone 景深模式与景深调整

只要是符合 iPhone 景深效果的桌布，例如建筑物、山脉风景照、人像或自然植物照片等，图片中央有明显主体，就能够通过两指缩放调整 iPhone 景深与位置，让照片内的主体浮在时间上方，这时候也可以顺便修改 iPhone 锁定桌布时间字体与颜色。

要是发现 iOS 16 景深效果不能用，点选右下角“●●●”按钮，确定是否有打开景深效果功能（图 3），要是没看见功能选项，代表桌布或照片不支持景深，可以尝试换成其他图片。

最后都确定后，就可以点击右上角“完成”，可以设定成“背景图片组合”或“自定义主画面”，前者能够让 iPhone 主画面桌布直接随锁屏桌布改为模糊背景效果，后者可以自定义其他不同的主画面桌布。

步骤 4：实现 iOS 景深桌布效果

最后就会看见 iPhone 景深桌布效果，锁定画面桌布能够避免主体会被锁屏的时间遮住。要是不想让 iPhone 解锁画面有景深桌布，或者关闭景深效果功能，可以利用以下方法操作：

先长按 iPhone 锁定画面空白处不放，并且点选“自定义”按钮，随后选择“锁定画面”。点击右下角“●●●”按钮将“景深效果”功能关闭（图 4），就能够将 iPhone 锁定画面恢复成原本效果，时间能正常覆盖在桌布上。

常见问题集锦：

●为什么锁屏景深效果在我的 iPhone 上不起作用？

一般情况下主要是由于锁定屏幕上有小组件或者是壁纸本身没有能在时间区域形成景深效果，注意多换几张图片试试。

●所有壁纸都支持锁屏景深效果吗？

并不是，只有那些在数字时间部分附近有清晰主体的部分才会显示景深效果。

●在 iPhone 8 老机器上可以使用景深效果吗？

明确的是，iPhone X、iPhone 8 和 iPhone 8 Plus 与 iOS 16 兼容，但也无法在这些机型上使用景深效果锁屏壁纸，因为它们没有 A12 仿生或更新的处理器。旧的芯片无法提供快速理解图像并将其主体与背景分开的强大功能。

●景深效果是否适用于壁纸滤镜？

可以的，在设置锁屏壁纸时，可以向左滑动使用滤镜，景深效果仍然可以使用。

●黑白壁纸是否支持锁屏景深效果？

可以，如果黑白图像的照片主体清晰，则可以用景深效果的锁屏壁纸。

无人机远程ID来了，空中摄影也要合法合规

■曹欣

Remote ID（远程 ID）法规即将落地

说了几年的无人机 Remote ID（远程ID）法规今年可能要落地了，根据 FAA（美国联邦航空管理局）的时间表，2023 年 9 月 16 日凌晨开始，无人机飞行员都需要遵守远程 ID 的法律法规。

对全球各地的无人机制造商来说，这是一个重要的技术更新。Remote ID 指的是无人机必须广播有关该设备与控制台 / 飞行员的身份及位置信息，以让其他的无人机用户或地面上的人们得以接收，制造商可以直接打造内置 Remote ID 的无人机，也可在无人机上附加 Remote ID 模块，若是在 FAA（美国联邦航空管理局）认可的识别区域内飞行的无人机，则不需要 Remote ID。该 Remote ID 规定适用于必须向 FAA 注册的无人机，也即重量超过 0.55 磅（250 克）的机型。

无人机于 2013 年引入消费市场，随着技术的逐渐进步，越来越多的人开始将其作为一种爱好或工作流程的一部分，也令法律法规更加严格，首要条件是无人机要在国家空域内安全飞行。Remote ID 将于今年下半年推出，到时候无论你是哪种类型的无人机飞行员，都需要遵守新规则。

Remote ID 目的是解决每年购买的无人机数量不断增加的问题，但新法律的最大问题是保障远程飞行员的隐私不遭到泄露。目前附在无人机操作员身上的序列号将以电子方式显示，在飞行时可以做到明示，使其成为一种“数字车牌”。

因为远程芯片，有人会击落我的无人机？

目前市面上有合法合规的公司生产干扰和回收无人机的枪支，《电脑报》也在 2021 年的 3·15 报道中提到过，主要用于安全警备空域的无人机管理。这些无人机干扰枪自重大概 5.5 公斤，无人机干扰枪的前端其实并不是枪管，而是一个能够发射干扰电波的天线，能够阻断无人机的信号。

在阻断信号方面，无人机干扰枪主要针对的是两种信号，一个是 GPS 导航信号，另一个就是无人机和地面遥控之间的数据通信通道。这种干扰方式对于大疆这一类的民用消费级无人机来说尤其管用，但不会因为具备了远程芯片，就随意遭到击落，无人机是私人财产在规定范围内使用，也是用户正常的行为。

为解决我国无人机领域产生的诸多法律问题，全国人大常委会、国务院、中央军事委员会、工信部、民航局相继颁布一系列法规，力求完善民用无人机监管等方面的法律性文件。虽然国家及地方性法律法规对无人机等相关名词规范的定义，以及驾驶人员审核登记、实名制登记管理、无人机适航管理、空中交通管理、无人机飞行空域、市场准入等问题已有规制，但在实际应用中仍存在一些需要完善的地方。

Remote ID 真的有必要吗？

Remote ID 目的是将来自各种类型的专业和娱乐远程飞行员的无人机集成到国家空域系统中，它最受益的群体是商业（专业）部门。

实施 Remote ID 将确保信息的透明度，因为速度、航向和高度参数将在无人机空中飞行时始终显示。如果用户不希望在 Remote ID 下操作，将被限制在认可的识别区域（FRIA）内。这是一个指定的开放区域，任何人都可以在没有远程 ID 的情况下飞行，但在其中他们必须保持在视线内。如果你购买的无人机已经内置了 Remote ID，那么相当于出厂即具有 Remote ID 广播功能，但 250 克以下的无人机不受此限制。

广播模块会不会增加无人机成本，让机身变得笨拙？

有用户关心，我的是老机器，没有内置 Remote ID 功能的无人机呢？如果是较旧的无人机，要购买相关模块确实会增加费用，每台信号发射器售价约 300 美元。但是随着合规日期的临近，将会有更小、更轻、更便宜的选择，芯片由厂商来嵌入机身当然是最佳方案。

关于大家最关心的隐私问题

Remote ID 的开发前提肯定是规范无人机的应用，既然无人机操作员担心自己的隐私，那么有几点需要理解：无人机的信息管控就像智能手机一样，一般人肯定无法获得飞行者的 APP 信息，如果警方出于安全需求，联系航空局并向他们提供序列号以获取用户身份，这个可能也是需要一个正常流程的。

航空摄影师张璐在微博中表示：“所有有人驾驶的飞机都有 ADS-B（广播式自动相关监视）跟踪。海上船只，从小型帆船到大型货船，都有称为 AIS 的广播设备，Plane Finder 和 BoatNerd Ais 等应用程序上都可以看到和追踪到它们。尽管如此无人机的应用肯定会存在一些潜在的问题，Remote ID 的意义在于，监管部门需要掌握这些飞行信息，因为如果他们做错事或违法，就可以找到人来承担责任。由于已经存在数百万架没有远程 ID 的无人机，而且大量的人无疑不知道远程 ID 规则的存在，因此法律执行起来还有难度，需要时间来消化老一代的机型。”

远程 ID 信号将广播到多近（或多远）？

Remote ID 信号是从无人机发出，而不是从遥控器或手机。人们非常关心的是执法部门或公众能在多远的地方发现它们，答案取决于无人机制造商广播模块的频段。比如 Mavic 3 就符合 Remote ID 的要求，它通过蓝牙或 Wi-Fi 进行无线传输，可以飞行几千米。

本期整理了一些内置了 Remote ID 的无人机，它们只需要更新软件或固件，而不需要额外的其他硬件。包括：Autel Lite 系列、索尼 Airpeak S1 Skydio 2+、大疆御 Mavic 3 系列、大疆阿凡达、大疆航海 2S、大疆 Mini 3 Pro。

携带无人机出境旅游，需要注意的事项

■李铮

无人机需要注册

出境游放开，我们带着便携的无人机去记录旅游生活，正如上文提到，要尊重其他国家的法律法规。

如果您的无人机重量超过 250 克，需要向当地政府部门注册。一些型号，如大疆的 Mini 系列和 Autel 的 Nano 系列，只要不将它们用于商业（付费）工作，就可以免于注册。在美国，只需要向联邦航空管理局（FAA）注册新无人机。你需要创建一个账户并提供包含无人机序列号的信息，支付 5 美元费用后，无人机的合法飞行有效期为 3 年。

在欧洲，需要在国家航空管理局（NAA）注册无人机。欧盟航空安全局

(EASA)最近通过对无人机操作员实施统一注册覆盖范围,简化了其所有 27 个成员国(包括法国、德国、希腊和荷兰)的无人机操作员的注册程序。冰岛、瑞士、列支敦士登和挪威也采用了 EASA 无人机法规。

在日本,要求无人机操作员在飞行前通过联系其 UA/ 无人机咨询服务请求特别许可。总的来说,如果你计划在国外使用无人机,提前进行研究以确保你遵守其各自的航空规则是明智的。

考取"信任"证书

美国联邦航空局有"休闲无人机安全测试(TRUST)",主要是希望确保所有飞行员都了解无人机飞行的基本规则。考试是免费的,大约需要 5 分钟即可完成,用户将获得可打印的证书和数字副本,随身携带,以防执法部门或 FAA 官员等权威人士要求查看。

欧盟培训考试和 TRUST 略有不同,在某些情况下也没有年龄限制。安全措施和飞行等级分别分为开放、特定和认证,或 A1、A2 和 A3,具体取决于无人机在起飞时的重量,250 克以下的无人机同样被视为"玩具"。

自英国脱欧通过以来,英国与欧盟是分开的,并且有自己的一般 VLOS 飞行和注册指南在线理论考试。要进行飞行摄影务必向民航局办理手续,并为飞行特权支付 10 英镑,有效期为 5 年。

随时掌握自己可以飞到哪里

已经注册了,就可以在任何地方驾驶你的无人机了,对吧?并不是,除了受控空域外,还会出现一些特殊事件,例如体育赛事或总统访问,这些事件会实施临时飞行限制。如果在这些情况下被抓到飞行,几乎可以保证被处以大约 25000 美元的巨额罚款(并且遭到起诉)。

你可以使用免费的无人机交通管理系统(UTM)应用程序,方法是打开应用程序,例如 Aloft 或 FAA 的 B4UFly,提前计划并在出发前输入位置。或者采用 LAANC(代表低空授权和通知功能),它是一种使无人机飞行员能够通过自动批准流程进入受控空域的系统。

如果你的无人机发射点恰好在受控空域内,LAANC 会在你计划的操作区域周围画出一个正方形,你需要在限制范围内输入日期、时间段和最大高度。

WHAT TYPE OF DRONE CAN I FLY?
Applicable until 01 of January 2024

Operation		Drone Operator/pilot			
x. Take off Mass	Subcategory	Operational restrictions	Drone Operator registration?	Remote pilot qualifications	Remote pilot minimum ag
<250g Including privately build drones	A1 Fly occasionally over people Not over assemblies of people (can also fly in subcategory A3)	Operational restrictions on the drone's use apply (follow the QR code below)	No Yes if fitted with camera sensor	Read user's manual	No minimum a
<500g			Yes	Check out the QR code for the necessary qualifications to fly these drones	16
<2kg	A2 Fly close to people (can also fly in subcategory A3)				
<25kg	A3 Fly far from people				

EASA #EASAdrones together 4safety

欧盟的无人机使用规则的说明表格

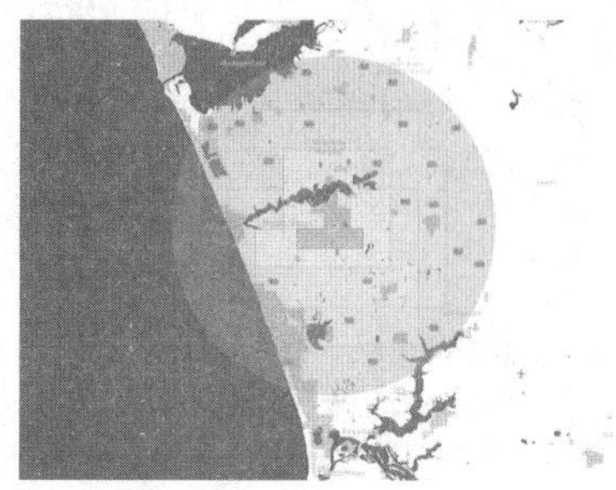

LAANC允许你在受控空域(通常是机场周围区域)申请批准,当靠近跑道时,0~400 的小数字代表航班的网格和高度限制

摄影看细节:深入了解影像动态范围

■ 李铮 曹欣

左图为普通动态范围,右图调高了动态范围

原始文件

什么是动态范围

动态范围(Dynamic Range,简称 DR)被广泛引用,有时也被当作图像质量的衡量标准来讨论。实际上,动态范围是图像质量的一个方面,体现摄影的细节和层次以及质感。我们需要了解的是什么是动态范围,以及怎么调整参数,让相机性能的优势发挥出来。

图像质量作为一个整体包含一系列属性,例如颜色和分辨率(因此需要考虑白平衡和清晰度等)。但即使你只是考虑相机或传感器对不同亮度水平的色调响应,动态范围数字仍然是你需要了解的重点。

简而言之,动态范围是你的相机可以捕捉到的主体亮度范围,从最亮(信息"剪辑"的地方)到最暗的可用色调。它可以很好地指示从相机中输出的 Raw 文件有多灵活。但它并没有告诉你更多。

动态范围的差异通常存在于图像的阴影中。数字传感器在高光中有一个"临界点":任何额外的信号都会简单地记录为最大原始值,超出此范围的任何东西都无法恢复。

如果一种新的传感器设计对光线有更大的容忍度,它的基本 ISO 范围就更广,参数上带给用户更多信心,在更广泛的光线范围内应用。这类相机的影像素质,可以让摄友在阴影中找到额外的动态范围,并且与其他相机传感器相比,差异也比较明显。

应用动态范围主要"靠感觉"?

当前评估 DR 的下限存在模棱两可的情况。DR 数字描述了最亮的捕获色调和最暗的可用色调之间的距离,但它们不会告诉你关于这两点之间任何色调的信息。即使你已经确定了较低的截止值,提供了 12 挡

在Adobe Camera Raw中将曝光设置为+5

DR 的相机在第 11、10、9 挡处,用肉眼也看不出太大差异。比如松下 GH6 具备 12+ 挡动态范围,如果开启动态范围增强能够达到 13+ 挡动态范围(ISO 只能设定为 2000)。松下 GH6 搭载的是 V-Log 伽马曲线,对于色彩的保留更好,对于高光保留更好,后期处理更舒服。各个机器的内部参数调节和

技术不一样，对于用户来说，其实不是很直观能了解到。

通过 DR 参数判断相机有点像被蒙上眼睛并抓住动物的尾巴，你可以根据它离地面的距离和感觉来猜测，但最终你不能完全确定尾巴是附在大象还是驴子身上。要了解影响动态范围的因素，还需要了解到什么是噪点，包括为什么图像中测得的噪点值可能位于你认为在图像中最干净的地方。

实际拍摄中，摄影的动态范围还是有一点回旋余地，因为传感器的红色、绿色和蓝色通道不会都在相同的亮度水平下剪辑。但是一旦一个通道达到“极限”（高光过曝），重建颜色的准确性就很小了。相机通常会尽其所能利用更多的高光信息，比如 Raw 文件包括了更多色彩信息，但是恢复高光的可能性也要看运气。

令人烦恼的噪点

噪点是图像中一种亮度或颜色信息的随机变化（被拍摄物体本身并没有），通常是电子噪点的表现，图像噪点是图像拍摄过程中大家最不希望看到的“信息”。图像噪点的强度范围可以存在于具有良好光照条件的数字图片中，也可以满画幅充斥在光学天文学或射电天文学中。

噪点为什么产生？CCD 和 CMOS 感光元件都存在有热稳定性（Hot pixel）的问题，与成像的质量和温度有关，如果机器的温度升高，噪点信号过强，会在画面上不应该有的地方形成杂色的斑点，这些点就是我们所讲的噪点。各个品牌各种型号的相机对噪点的控制能力也不尽相同，同一型号的相机也有一定的个体差异，也有些相机有降噪功能。但噪点问题是现在所有 DC 都没能完全克服的问题（调高感光度（ISO），特别是长时间曝光，或相机温度升高时）。噪点的多少因传感器构造以及处理器差异而不同。

回到动态范围上，将下限设置为最暗的“可用”色调，是一种主观判断。DR 有一个技术定义，通常称为“工程 DR”，它使用噪点级别等于场景信号强度的点（信噪比为 1），这其实比大多数人在视觉上接受的噪点要多得多，只是平时我们没有 100%的放大图片去数而已。

除了相机具有多少可用动态范围之外，摄友的工作流程也会对结果产生影响。由于 DR 的下限基于噪点，因此它还受到缩放图像和降噪的影响。如果摄影师应用一些复杂的降噪功能，或者持续拍摄视频让相机无法冷却，也会改变相机可用动态范围的表现。

信噪比是什么

如上所述，噪点是一种我们可以直观看到的现象。一般来说，噪点是真实信号的偏移，表现为与背景不相容的杂信号。例如，在一个红色的物体上出现绿色的信号，或者在一个灰色物体上出现了白色信号，这些信号就是我们所说的噪点。这就涉及一个问题：噪点与信号是相辅相成的，或者说噪点本身也是信号的一种，无非是我们不需要的信号，抑或不正确的信号。

噪点是不正确的信号，因此在单色的背景上往往会更加明显，比如天空的图像中就非常容易观察到噪点。在同一幅照片中，亮度较低的部分噪点水平也会更高，这是由于光子噪点更明显而造成的。

大部分感光元件采用 RGBG 的形式排列像素，所以数码相机捕捉的彩色图像上也会出现彩色噪点。显然，撇开信号来谈论噪点是没有意义的。噪声是模拟设备与电子设备普遍存在的问题，噪点是噪声在数码图像上的表现形式。

假设某个采样设备获得的噪声是 1，你能否判断这样的噪声是否明显呢？答案是否定的。因为我们只有在了解信号的强度以后才能够判断“1”到底是较强的噪声还是微弱的噪声。如果采样设备获得的信号也是 1，这时候信号相对噪声的比值是 1:1，噪声就非常高，高到信号本身已经失去意义。假如采样获得的信号是 10000000，这时候信号相对噪声的比值就非常大，噪声就显得相对很低。

为了评判噪声相对信号的强弱，我们通常用信噪比（Signal Noise Ratio，SNR）来衡量某个设备或者系统的噪声水平。信噪比的定义非常简单，它就是信号与噪声的比值：SNR=S/N

等式中 S 代表信号，N 代表噪声。信号越高、噪声越小，信噪比就越高；信号越低、噪声越大，信噪比就越低。信噪比一般用分贝（dB）来表示。分贝的定义是：dB=10lg（S/N）

在上面的例子中，信号与噪声都为 1，其信噪比为 0（lg1=0）。直观地说，由于信号与噪声是一样的，根本就无法区分信号和噪声，所以也就没有所谓的信噪比了。而在信号与噪声比值为 10000000:1 的情况下，其信噪比为 70dB。

信噪比直观地体现了设备的信号采集性能。表现在数码摄影中，采集的图像信噪比越低，噪点就越明显；信噪比越高，画面就越干净。在数码图像的生成过程中，有很多环节会引入噪点。

为什么信噪比如此重要

与直觉相反，从数字上看，高光的变化程度比阴影的变化更大，但我们认为阴影是图像的“噪声”部分。这是因为噪声的程度并不是你认为的噪声，重要的是信号和噪声之间的关系。与构成高光的强信号相比，少量噪声对构成图像阴影区域的微小、微弱信号的影响要大得多。

让我们看看这两种噪声源的影响，即电子读取噪声和光子散粒噪声。表一显示了能够保留多达 40000 个光电子的相机理论信号（蓝线，左侧刻度）。右侧刻度绘制了我们通常可能期望的光子散粒噪声（橙色线）和读出噪声（绿色线）的量，从最暗的可记录色调（底部刻度，0% 亮度）到削波（100% 亮度）。

需要认识到的一个关键问题是，即使是一台完全不向其图像添加电子噪声的假想相机，仍然会有嘈杂的阴影。光子散粒噪声（光的随机性）意味着捕获的图像总是有噪声。但为了弄清楚为什么这种噪声通常出现在阴影区域，我们将把橙色线计入蓝色线，并查看由此产生的信噪比。

表二的两张图显示了图像中不同亮度级别的信噪比，展示了信噪比如何随着亮度（信号）的增加而增加。轴绘制在对数刻度上，因此每个格代表亮度或信噪比的加倍或减半。

现代数码相机中的传感器并不完美：在捕获光线时会添加少量电子噪声，并且会在读出过程中进一步添加更多噪声，直到信号被相机的编码器转换。这种电子 /“读取”噪声有多种来源，包括传感器变热时的热噪声，长时间曝光尤其会让这个数值上升。

高ISO下，噪点基本充斥着整幅图片

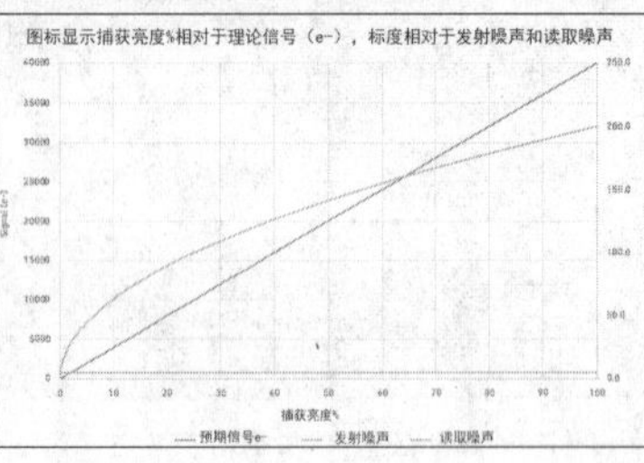

表1：相机理论信号

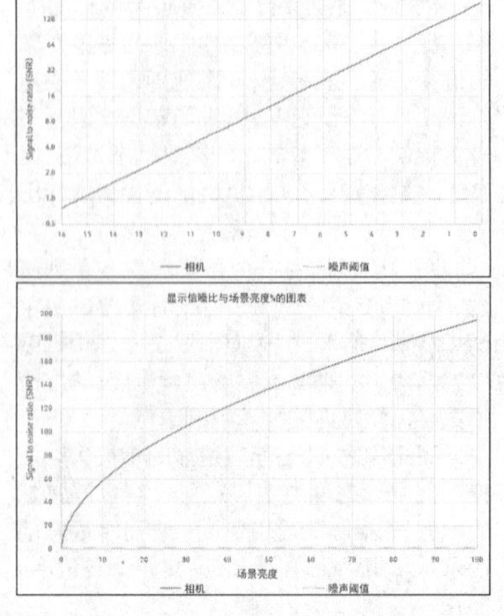

表2：不同亮度级别的信噪比